U0250822

生态环境保护文件选编 2019

生态环境部办公厅　编

中国环境出版集团・北京

图书在版编目（CIP）数据

生态环境保护文件选编. 2019 / 生态环境部办公厅编.
—北京：中国环境出版集团，2020.12
ISBN 978-7-5111-4522-2

Ⅰ. ①生… Ⅱ. ①生… Ⅲ. ①生态环境保护—文件
—汇编—中国—2019 Ⅳ. ①X-012

中国版本图书馆 CIP 数据核字（2020）第 251372 号

出 版 人 武德凯
责任编辑 曹 玮
责任校对 任 丽
封面设计 彭 杉

出版发行 中国环境出版集团
（100062 北京市东城区广渠门内大街 16 号）
网 址：http://www.cesp.com.cn
电子邮箱：bjgl@cesp.com.cn
联系电话：010-67112765（编辑管理部）
010-67113412（第二分社）
发行热线：010-67125803，010-67113405（传真）
印装质量热线：010-67113404
印 刷 北京中科印刷有限公司
版 次 2020 年 12 月第 1 版
印 次 2020 年 12 月第 1 次印刷
开 本 787×1092 1/16
印 张 72
字 数 1750 千字
定 价 299.00 元

目　录

（六）部办公厅文件、部办公厅函

一、中共中央、国务院有关生态环境保护文件

中共中央办公厅　国务院办公厅印发《关于建立以国家公园为主体的自然保护地体系的指导意见》的通知

中办发〔2019〕42号

建立以国家公园为主体的自然保护地体系，是贯彻习近平生态文明思想的重大举措，是党的十九大提出的重大改革任务。自然保护地是生态建设的核心载体、中华民族的宝贵财富、美丽中国的重要象征，在维护国家生态安全中居于首要地位。我国经过60多年的努力，已建立数量众多、类型丰富、功能多样的各级各类自然保护地，在保护生物多样性、保存自然遗产、改善生态环境质量和维护国家生态安全方面发挥了重要作用，但仍然存在重叠设置、多头管理、边界不清、权责不明、保护与发展矛盾突出等问题。为加快建立以国家公园为主体的自然保护地体系，提供高质量生态产品，推进美丽中国建设，现提出如下意见。

一、总体要求

（一）指导思想。以习近平新时代中国特色社会主义思想为指导，全面贯彻党的十九大和十九届二中、三中全会精神，贯彻落实习近平生态文明思想，认真落实党中央、国务院决策部署，紧紧围绕统筹推进“五位一体”总体布局和协调推进“四个全面”战略布局，牢固树立新发展理念，以保护自然、服务人民、永续发展为目标，加强顶层设计，理顺管理体制，创新运行机制，强化监督管理，完善政策支撑，建立分类科学、布局合理、保护有力、管理有效的以国家公园为主体的自然保护地体系，确保重要自然生态系统、自然遗迹、自然景观和生物多样性得到系统性保护，提升生态产品供给能力，维护国家生态安全，为建设美丽中国、实现中华民族永续发展提供生态支撑。

（二）基本原则

——坚持严格保护，世代传承。牢固树立尊重自然、顺应自然、保护自然的生态文明理念，把应该保护的地方都保护起来，做到应保尽保，让当代人享受到大自然的馈赠和天蓝地绿水净、鸟语花香的美好家园，给子孙后代留下宝贵自然遗产。

——坚持依法确权，分级管理。按照山水林田湖草是一个生命共同体的理念，改革以部门设置、以资源分类、以行政区划分设的旧体制，整合优化现有各类自然保护地，构建新型分类体系，实施自然保护地统一设置，分级管理、分区管控，实现依法有效保护。

——坚持生态为民，科学利用。践行绿水青山就是金山银山理念，探索自然保护和资源利用新模式，发展以生态产业化和产业生态化为主体的生态经济体系，不断满足人民群众对优美生态环境、优良生态产品、优质生态服务的需要。

——坚持政府主导，多方参与。突出自然保护地体系建设的社会公益性，发挥政府在自然保护地规划、建设、管理、监督、保护和投入等方面的主体作用。建立健全政府、企业、社会组织和公众参与自然保护的长效机制。

——坚持中国特色，国际接轨。立足国情，继承和发扬我国自然保护的探索和创新成果。借鉴国际经验，注重与国际自然保护体系对接，积极参与全球生态治理，共谋全球生态文明建设。

（三）总体目标。建成中国特色的以国家公园为主体的自然保护地体系，推动各类自然保护地科学设置，建立自然生态系统保护的新体制新机制新模式，建设健康稳定高效的自然生态系统，为维护国家生态安全和实现经济社会可持续发展筑牢基石，为建设富强民主文明和谐美丽的社会主义现代化强国奠定生态根基。

到 2020 年，提出国家公园及各类自然保护地总体布局和发展规划，完成国家公园体制试点，设立一批国家公园，完成自然保护地勘界立标并与生态保护红线衔接，制定自然保护地内建设项目负面清单，构建统一的自然保护地分类分级管理体制。到 2025 年，健全国家公园体制，完成自然保护地整合归并优化，完善自然保护地体系的法律法规、管理和监督制度，提升自然生态空间承载力，初步建成以国家公园为主体的自然保护地体系。到 2035 年，显著提高自然保护地管理效能和生态产品供给能力，自然保护地规模和管理达到世界先进水平，全面建成中国特色自然保护地体系。自然保护地占陆域国土面积 18% 以上。

二、构建科学合理的自然保护地体系

（四）明确自然保护地功能定位。自然保护地是由各级政府依法划定或确认，对重要的自然生态系统、自然遗迹、自然景观及其所承载的自然资源、生态功能和文化价值实施长期保护的陆域或海域。建立自然保护地目的是守护自然生态，保育自然资源，保护生物多样性与地质地貌景观多样性，维护自然生态系统健康稳定，提高生态系统服务功能；服务社会，为人民提供优质生态产品，为全社会提供科研、教育、体验、游憩等公共服务；维持人与自然和谐共生并永续发展。要将生态功能重要、生态环境敏感脆弱以及其他有必要严格保护的各类自然保护地纳入生态保护红线管控范围。

（五）科学划定自然保护地类型。按照自然生态系统原真性、整体性、系统性及其内在规律，依据管理目标与效能并借鉴国际经验，将自然保护地按生态价值和保护强度高低依次分为 3 类。

国家公园：是指以保护具有国家代表性的自然生态系统为主要目的，实现自然资源科学保护和合理利用的特定陆域或海域，是我国自然生态系统中最重要、自然景观最独特、自然遗产最精华、生物多样性最富集的部分，保护范围大，生态过程完整，具有全球价值、国家象征，国民认同度高。

自然保护区：是指保护典型的自然生态系统、珍稀濒危野生动植物种的天然集中分布区、有特殊意义的自然遗迹的区域。具有较大面积，确保主要保护对象安全，维持和恢复珍稀濒危野生动植物种群数量及赖以生存的栖息环境。

自然公园：是指保护重要的自然生态系统、自然遗迹和自然景观，具有生态、观赏、文化和科学价值，可持续利用的区域。确保森林、海洋、湿地、水域、冰川、草原、生物等珍贵自然资源，以及所承载的景观、地质地貌和文化多样性得到有效保护。包括森林公园、地质公园、海洋公园、湿地公园等各类自然公园。

制定自然保护地分类划定标准，对现有的自然保护区、风景名胜区、地质公园、森林公园、海洋公园、湿地公园、冰川公园、草原公园、沙漠公园、草原风景区、水产种质资源保护区、野生植物原生境保护区（点）、自然保护小区、野生动物重要栖息地等各类自然保护地开展综合评价，按照保护区域的自然属性、生态价值和管理目标进行梳理调整和归类，逐步形成以国家公园为主体、自然保护区为基础、各类自然公园为补充的自然保护地分类系统。

（六）确立国家公园主体地位。做好顶层设计，科学合理确定国家公园建设数量和规模，在总结国家公园体制试点经验基础上，制定设立标准和程序，划建国家公园。确立国家公园在维护国家生态安全关键区域中的首要地位，确保国家公园在保护最珍贵、最重要生物多样性集中分布区中的主导地位，确定国家公园保护价值和生态功能在全国自然保护地体系中的主体地位。国家公园建立后，在相同区域一律不再保留或设立其他自然保护地类型。

（七）编制自然保护地规划。落实国家发展规划提出的国土空间开发保护要求，依据国土空间规划，编制自然保护地规划，明确自然保护地发展目标、规模和划定区域，将生态功能重要、生态系统脆弱、自然生态保护空缺的区域规划为重要的自然生态空间，纳入自然保护地体系。

（八）整合交叉重叠的自然保护地。以保持生态系统完整性为原则，遵从保护面积不减少、保护强度不降低、保护性质不改变的总体要求，整合各类自然保护地，解决自然保护地区域交叉、空间重叠的问题，将符合条件的优先整合设立国家公园，其他各类自然保护地按照同级别保护强度优先、不同级别低级别服从高级别的原则进行整合，做到一个保护地、一套机构、一块牌子。

（九）归并优化相邻自然保护地。制定自然保护地整合优化办法，明确整合归并规则，严格报批程序。对同一自然地理单元内相邻、相连的各类自然保护地，打破因行政区划、资源分类造成的条块割裂局面，按照自然生态系统完整、物种栖息地连通、保护管理统一的原则进行合并重组，合理确定归并后的自然保护地类型和功能定位，优化边界范围和功能分区，被归并的自然保护地名称和机构不再保留，解决保护管理分割、保护地破碎和孤岛化问题，实现对自然生态系统的整体保护。在上述整合和归并中，对涉及国际履约的自然保护地，可以暂时保留履行相关国际公约时的名称。

三、建立统一规范高效的管理体制

（十）统一管理自然保护地。理顺现有各类自然保护地管理职能，提出自然保护地设立、晋（降）级、调整和退出规则，制定自然保护地政策、制度和标准规范，实行全过程统一管理。建立统一调查监测体系，建设智慧自然保护地，制定以生态资产和生态服务价值为核心的考核评估指标体系和办法。各地区各部门不得自行设立新的自然保护地类型。

（十一）分级行使自然保护地管理职责。结合自然资源资产管理体制改革，构建自然保护地分级管理体制。按照生态系统重要程度，将国家公园等自然保护地分为中央直接管理、中央地方共同管理和地方管理 3 类，实行分级设立、分级管理。中央直接管理和中央地方共同管理的自然保护地由国家批准设立；地方管理的自然保护地由省级政府批准设立，管理主体由省级政府确定。探索公益治理、社区治理、共同治理等保护方式。

（十二）合理调整自然保护地范围并勘界立标。制定自然保护地范围和区划调整办法，依规开展调整工作。制定自然保护地边界勘定方案、确认程序和标识系统，开展自然保护地勘界定标并建立矢量数据库，与生态保护红线衔接，在重要地段、重要部位设立界桩和标识牌。确因技术原因引起的数据、图件与现地不符等问题可以按管理程序一次性纠正。

（十三）推进自然资源资产确权登记。进一步完善自然资源统一确权登记办法，每个自然保护地作为独立的登记单元，清晰界定区域内各类自然资源资产的产权主体，划清各类自然资源资产所有权、使用权的边界，明确各类自然资源资产的种类、面积和权属性质，逐步落实自然保护地内全民所有自然资源资产代行主体与权利内容，非全民所有自然资源资产实行协议管理。

（十四）实行自然保护地差别化管控。根据各类自然保护地功能定位，既严格保护又便于基层操作，合理分区，实行差别化管控。国家公园和自然保护区实行分区管控，原则上核心保护区内禁止人为活动，一般控制区内限制人为活动。自然公园原则上按一般控制区管理，限制人为活动。结合历史遗留问题处理，分类分区制定管理规范。

四、创新自然保护地建设发展机制

（十五）加强自然保护地建设。以自然恢复为主，辅以必要的人工措施，分区分类开展受损自然生态系统修复。建设生态廊道、开展重要栖息地恢复和废弃地修复。加强野外保护站点、巡护路网、监测监控、应急救灾、森林草原防火、有害生物防治和疫源疫病防控等保护管理设施建设，利用高科技手段和现代化设备促进自然保育、巡护和监测的信息化、智能化。配置管理队伍的技术装备，逐步实现规范化和标准化。

（十六）分类有序解决历史遗留问题。对自然保护地进行科学评估，将保护价值低的建制城镇、村屯或人口密集区域、社区民生设施等调整出自然保护地范围。结合精准扶贫、生态扶贫，核心保护区内原住居民应实施有序搬迁，对暂时不能搬迁的，可以设立过渡期，允许开展必要的、基本的生产活动，但不能再扩大发展。依法清理整治探矿采矿、水电开发、工业建设等项目，通过分类处置方式有序退出；根据历史沿革与保护需要，依法依规对自然保护地内的耕地实施退田还林还草还湖还湿。

（十七）创新自然资源使用制度。按照标准科学评估自然资源资产价值和资源利用的生态风险，明确自然保护地内自然资源利用方式，规范利用行为，全面实行自然资源有偿使用制度。依法界定各类自然资源资产产权主体的权利和义务，保护原住居民权益，实现各产权主体共建保护地、共享资源收益。制定自然保护地控制区经营性项目特许经营管理办法，建立健全特许经营制度，鼓励原住居民参与特许经营活动，探索自然资源所有者参与特许经营收益分配机制。对划入各类自然保护地内的集体所有土地及其附属资源，按照依法、自愿、有偿的原则，探索通过租赁、置换、赎买、合作等方式维护产权人权益，实现多元化保护。

（十八）探索全民共享机制。在保护的前提下，在自然保护地控制区内划定适当区域开展生态教育、自然体验、生态旅游等活动，构建高品质、多样化的生态产品体系。完善公共服务设施，提升公共服务功能。扶持和规范原住居民从事环境友好型经营活动，践行公民生态环境行为规范，支持和传承传统文化及人地和谐的生态产业模式。推行参与式社区管理，按照生态保护需求设立生态管护岗位并优先安排原住居民。建立志愿者服务体系，健全自然保护地社会捐赠制度，激励企业、社会组织和个人参与自然保护地生态保护、建设与发展。

五、加强自然保护地生态环境监督考核

实行最严格的生态环境保护制度，强化自然保护地监测、评估、考核、执法、监督等，形成一整套体系完善、监管有力的监督管理制度。

（十九）建立监测体系。建立国家公园等自然保护地生态环境监测制度，制定相关技术标准，建设各类各级自然保护地“天空地一体化”监测网络体系，充分发挥地面生态系统、环境、气象、水文水资源、水土保持、海洋等监测站点和卫星遥感的作用，开展生态环境监测。依托生态环境监管平台和大数据，运用云计算、物联网等信息化手段，加强自然保护地监测数据集成分析和综合应用，全面掌握自然保护地生态系统构成、分布与动态变化，及时评估和预警生态风险，并定期统一发布生态环境状况监测评估报告。对自然保护地内基础设施建设、矿产资源开发等人类活动实施全面监控。

（二十）加强评估考核。组织对自然保护地管理进行科学评估，及时掌握各类自然保护地管理和保护成效情况，发布评估结果。适时引入第三方评估制度。对国家公园等各类自然保护地管理进行评价考核，根据实际情况，适时将评价考核结果纳入生态文明建设目标评价考核体系，作为党政领导班子和领导干部综合评价及责任追究、离任审计的重要参考。

（二十一）严格执法监督。制定自然保护地生态环境监督办法，建立包括相关部门在内的统一执法机制，在自然保护地范围内实行生态环境保护综合执法，制定自然保护地生态环境保护综合执法指导意见。强化监督检查，定期开展“绿盾”自然保护地监督检查专项行动，及时发现涉及自然保护地的违法违规问题。对违反各类自然保护地法律法规等规定，造成自然保护地生态系统和资源环境受到损害的部门、地方、单位和有关责任人员，按照有关法律法规严肃追究责任，涉嫌犯罪的移送司法机关处理。建立督查机制，对自然保护地保护不力的责任人和责任单位进行问责，强化地方政府和管理机构的主体责任。

六、保障措施

（二十二）加强党的领导。地方各级党委和政府要增强“四个意识”，严格落实生态环境保护党政同责、一岗双责，担负起相关自然保护地建设管理的主体责任，建立统筹推进自然保护地体制改革的工作机制，将自然保护地发展和建设管理纳入地方经济社会发展规划。各相关部门要履行好自然保护职责，加强统筹协调，推动工作落实。重大问题及时报告党中央、国务院。

（二十三）完善法律法规体系。加快推进自然保护地相关法律法规和制度建设，加大法律法规立改废释工作力度。修改完善自然保护区条例，突出以国家公园保护为主要内容，推动制定出台自然保护地法，研究提出各类自然公园的相关管理规定。在自然保护地相关法律、行政法规制定或修订前，自然保护地改革措施需要突破现行法律、行政法规规定的，要按程序报批，取得授权后施行。

（二十四）建立以财政投入为主的多元化资金保障制度。统筹包括中央基建投资在内的各级财政资金，保障国家公园等各类自然保护地保护、运行和管理。国家公园体制试点结束后，结合试点情况完善国家公园等自然保护地经费保障模式；鼓励金融和社会资本出资设立自然保护地基金，对自然保护地建设管理项目提供融资支持。健全生态保护补偿制度，将自然保护地内的林木按规定纳入公益林管理，对集体和个人所有的商品林，地方可依法自主优先赎买；按自然保护地规模和管护成效加大财政转移支付力度，加大对生态移民的补偿扶持投入。建立完善野生动物肇事损害赔偿制度和野生动物伤害保险制度。

（二十五）加强管理机构和队伍建设。自然保护地管理机构会同有关部门承担生态保护、自然资源资产管理、特许经营、社会参与和科研宣教等职责，当地政府承担自然保护地内经济发展、社会管理、公共服务、防灾减灾、市场监管等职责。按照优化协同高效的原则，制定自然保护地机构设置、职责配置、人员编制管理办法，探索自然保护地群的管理模式。适当放宽艰苦地区自然保护地专业技术职务评聘条件，建设高素质专业化队伍和科技人才团队。引进自然保护地建设和发展急需的管理和技术人才。通过互联网等现代化、高科技教学手段，积极开展岗位业务培训，实行自然保护地管理机构工作人员继续教育全覆盖。

（二十六）加强科技支撑和国际交流。设立重大科研课题，对自然保护地关键领域和技术问题进行系统研究。建立健全自然保护地科研平台和基地，促进成熟科技成果转化落地。加强自然保护地标准化技术支撑工作。自然保护地资源可持续经营管理、生态旅游、生态康养等活动可研究建立认证机制。充分借鉴国际先进技术和体制机制建设经验，积极参与全球自然生态系统保护，承担并履行好与发展中大国相适应的国际责任，为全球提供自然保护的中国方案。

中共中央办公厅　国务院办公厅
关于印发《国家生态文明试验区（海南）实施方案》的通知

厅字〔2019〕29号

为贯彻落实党中央、国务院关于生态文明建设的总体部署，进一步发挥海南省生态优势，深入开展生态文明体制改革综合试验，建设国家生态文明试验区，根据《中共中央、国务院关于支持海南全面深化改革开放的指导意见》和中央办公厅、国务院办公厅印发的《关于设立统一规范的国家生态文明试验区的意见》，制定本实施方案。

一、总体要求

（一）指导思想。以习近平新时代中国特色社会主义思想为指导，深入贯彻党的十九大和十九届二中、三中全会精神，全面贯彻习近平生态文明思想，紧紧围绕统筹推进“五位一体”总体布局和协调推进“四个全面”战略布局，按照党中央、国务院决策部署，坚持新发展理念，坚持改革创新、先行先试，坚持循序渐进、分类施策，以生态环境质量和资源利用效率居于世界领先水平为目标，着力在构建生态文明制度体系、优化国土空间布局、统筹陆海保护发展、提升生态环境质量和资源利用效率、实现生态产品价值、推行生态优先的投资消费模式、推动形成绿色生产生活方式等方面进行探索，坚定不移走生产发展、生活富裕、生态良好的文明发展道路，推动形成人与自然和谐共生的现代化建设新格局，谱写美丽中国海南篇章。

（二）战略定位

——生态文明体制改革样板区。健全生态环境资源监管体系，着力提升生态环境治理能力，构建起以巩固提升生态环境质量为重点、与自由贸易试验区和中国特色自由贸易港定位相适应的生态文明制度体系，为海南持续巩固保持优良生态环境质量、努力向国际生态环境质量标杆地区看齐提供制度保障。

——陆海统筹保护发展实践区。坚持统筹陆海空间，重视以海定陆，协调匹配好陆海主体功能定位、空间格局划定和用途管控，建立陆海统筹的生态系统保护修复和污染防治区域联动机制，促进陆海一体化保护和发展。深化省域“多规合一”改革，构建高效统一的规划管理体系，健全国土空间开发保护制度。

——生态价值实现机制试验区。探索生态产品价值实现机制，增强自我造血功能和发展能力，实现生态文明建设、生态产业化、脱贫攻坚、乡村振兴协同推进，努力把绿水青山所蕴含的生态产品价值转化为金山银山。

——清洁能源优先发展示范区。建设“清洁能源岛”，大幅提高新能源比重，实行能源消费总量和强度双控，提高能源利用效率，优化调整能源结构，构建安全、绿色、集约、高效的清洁能源供应体系。实施碳排放控制，积极应对气候变化。

（三）主要目标。通过试验区建设，确保海南省生态环境质量只能更好、不能变差，人民群众对优良生态环境的获得感进一步增强。到 2020 年，试验区建设取得重大进展，以海定陆、陆海统筹的国土空间保护开发制度基本建立，国土空间开发格局进一步优化；突出生态环境问题得到基本解决，生态环境治理长效保障机制初步建立，生态环境质量持续保持全国一流水平；生态文明制度体系建设取得显著进展，在推进生态文明领域治理体系和治理能力现代化方面走在全国前列；优质生态产品供给、生态价值实现、绿色发展成果共享的生态经济模式初具雏形，经济发展质量和效益显著提高；绿色、环保、节约的文明消费模式和生活方式得到普遍推行。城镇空气质量优良天数比例保持在 98%以上，细颗粒物（$PM_{2.5}$）年均浓度不高于 18 微克/米^{3}并力争进一步下降；基本消除劣Ⅴ类水体，主要河流湖库水质优良率在 95%以上，近岸海域水生态环境质量优良率在 98%以上；土壤生态环境质量总体保持稳定；水土流失率控制在 5%以内，森林覆盖率稳定在 62%以上，守住 909 万亩永久基本农田，湿地面积不低于 480 万亩，海南岛自然岸线保有率不低于 60%；单位国内生产总值能耗比 2015 年下降 10%，单位地区生产总值二氧化碳排放比 2015 年下降 12%，清洁能源装机比重提高到 50%以上。

到 2025 年，生态文明制度更加完善，生态文明领域治理体系和治理能力现代化水平明显提高；生态环境质量继续保持全国领先水平。

到 2035 年，生态环境质量和资源利用效率居于世界领先水平，海南成为展示美丽中国建设的靓丽名片。

二、重点任务

（一）构建国土空间开发保护制度

1．深化“多规合一”改革。深入落实主体功能区战略，完善主体功能区配套制度和政策，按照国土空间规划体系建设要求，完善《海南省总体规划（空间类，2015—2030）》和各市县总体规划，建立健全规划调整硬约束机制，坚持一张蓝图干到底。划定海洋生物资源保护线和围填海控制线，严格自然生态空间用途管制。到 2020 年陆域生态保护红线面积占海南岛陆域总面积不少于 27.3%，近岸海域生态保护红线面积占海南岛近岸海域总面积不少于 35.1%。科学规划机场、铁路、高速公路以及工业企业选址，及时划定调整声环境功能区，从规划层面预防和控制噪声污染。建立常态化、实时化规划督查机制，运用国土空间规划基础信息平台对规划实施进行监测预警和监督考核，适时开展规划实施评估。建立规划动态调整机制，适应经济社会发展新需求。

2．推进绿色城镇化建设。因地制宜推进城镇化，在保护原生生态前提下，打造一批体现海南特色热带风情的绿色精品城镇。加强城市特色风貌和城市设计，合理控制建筑体量、高度和规模，保护自然景观和历史文化风貌。在路网、光网、电网、气网、水网等基础设施规划和建设中，坚持造价服从生态，形成绿色基础设施体系。落实海绵城市建设要求，全面开展“生态修复、城市修补”工程，实施城市更新计划，妥善解决城镇防洪和排水防涝安全、雨水收集利用、供水安全、污水处理、河湖治理等问题。在海口、三亚重点城区大力推行海绵城市建设、垃圾分类处理、地下空间开发利用和新型节能环保低碳技术应用。

3．大力推进美丽乡村建设。实施乡村振兴战略，以“美丽海南百镇千村”为抓手，扎实有效推进宜居宜业宜游的美丽乡村建设。建立完善村镇规划编制机制，开展引导和支持设计下乡工作，强化村庄国土空间管控，按“一村一品、一村一景、一村一韵”的要求，保护好村庄特色风貌和历史文脉。加强村庄规划管理，使建筑、道路与自然景观浑然一体、和谐相融。大力开展农村人居环境综合整治，补齐农村环保基础设施、农村河湖水系系统治理保护短板。到2020年“美丽海南百镇千村”建设取得明显成效。

4．建立以国家公园为主体的自然保护地体系。制定实施海南热带雨林国家公园体制试点方案，组建海南热带雨林国家公园统一管理机构。整合重组海洋自然保护地。按照自然生态系统整体性、系统性及其内在规律实行整体保护、系统修复、综合治理，理顺各类自然保护地管理体制，构建以国家公园为主体、归属清晰、权责明确、监管有效的自然保护地体系。加强自然保护区监督管理，2019年年底前完成海南省自然保护区发展规划修编，扩大、完善和新建一批国家级、省级自然保护区。2020年年底前完成自然保护区勘界立标、自然资源统一确权登记试点等工作。逐步建立空天地一体化、智能化的自然保护地监测和预警体系。

（二）推动形成陆海统筹保护发展新格局

1．加强海洋环境资源保护。严格按照主体功能定位要求，加强海岸带保护，2019年年底前编制完成海南省海岸带保护与利用综合规划，实施海岸带分类分段精细化管控，推动形成海岸带生态、生产、生活空间的合理布局。实施最严格的围填海管控和岸线开发管控制度，除国家重大战略项目外，全面停止新增围填海项目审批。加快处理围填海历史遗留问题。到2020年全省海岛保持现有砂质岸线长度不变。严控无居民海岛自然岸线开发利用。2020年年底前编制完成海南省海洋自然资源资产负债表。加强海洋生态系统和海洋生物多样性保护，开展海洋生物多样性调查与观测，恢复修复红树林、海草床、珊瑚礁等典型生态系统，加大重要海洋生物资源及其栖息地保护力度，加强海洋类型各类保护地建设和规范管理。在三沙市开展岛礁生态环境综合整治专项行动，实施岛礁生态保护修复工程。

2．建立陆海统筹的生态环境治理机制。结合第二次全国污染源普查，全面清查所有入海（河）排污口，实行清单管理，强化对主要入海河流污染物和重点排污口的监测。完善陆源污染物排海总量控制和溯源追究制度，在海口市开展入海污染物总量控制试点，2019年制定海南省重点海域入海污染物总量控制实施方案。建立海洋资源环境承载能力监测预警机制，构建海洋生态灾害和突发生态环境事件应急体系，建立海湾保护责任体系。出台海南省蓝色海湾综合整治实施方案，在全省各主要港口全面建立和推行船舶污染物接收、转运、处置监管联单制度，港口所在地政府统筹规划建设船舶污染物接收转运处置设施，着力加强船舶油污水、化学品洗舱水转运处置能力建设，确保港口和船舶污染物接收设施与城市转运、处置设施的有效衔接，强化船舶、港口和海水养殖等海上污染源防控。加快建立“海上环卫”制度，有效治理岸滩和近海海洋垃圾。

3．开展海洋生态系统碳汇试点。调查研究海南省蓝碳生态系统的分布状况以及增汇的路径和潜力，在部分区域开展不同类型的碳汇试点。保护修复现有的蓝碳生态系统。结合海洋生态牧场建设，试点研究生态渔业的固碳机制和增汇模式。开展蓝碳标准体系和交易机制研究，依法合规探索设立国际碳排放权交易场所。

（三）建立完善生态环境质量巩固提升机制

1．持续保持优良空气质量。科学合理控制全省机动车保有量，开展柴油车污染专项整治，加快淘汰国Ⅲ及以下排放标准的柴油货车、采用稀薄燃烧技术或“油改气”的老旧燃气车辆。实施非道路移动机械第四阶段排放标准，划定并公布禁止使用高排放非道路移动机械的区域。港口新增和更换的作业机械、车辆主要使用新能源或清洁能源。鼓励淘汰高排放老旧运输船舶，加强渔业船舶环保监管。船舶进入沿海控制区海南水域应严格执行相关船舶排放控制要求。大力推进船舶靠港使用岸电，免收需量（容量）电费，降低岸电使用成本。鼓励液化天然气（LNG）动力船舶发展。沿海港口新增、更换拖船优先使用清洁能源。建立完善城市（镇）扬尘污染防治精细化管理机制。加强餐饮油烟、烟花爆竹燃放等面源污染防控，全面禁止秸秆露天焚烧、土法熏烤槟榔。实施跨省域大气污染联防联控，构建区域重大建设项目环境管理会商机制。对标世界领先水平，研究制定环境空气质量分阶段逐步提升计划。

2．完善水资源生态环境保护制度。坚持污染治理和生态扩容两手发力。全面推行河长制湖长制，出台海南省河长制湖长制规定，完善配套机制，加强围垦河湖、非法采砂、河道垃圾和固体废物堆放、乱占滥用岸线等专项整治，严格河湖执法。加强南渡江、松涛水库等水质优良河流湖库的保护，严格规范饮用水水源地管理。建立重点治理水体信息公开制度、对水质未达标或严重下降地方政府负责人约谈制度。加强河湖水域岸线保护与生态修复，科学规划、严格管控滩涂和近海养殖，推行减船转产和近海捕捞限额管理，推动渔业生产由近岸向外海转移、由粗放型向生态型转变。按照确有需要、生态安全、可以持续的原则，完善海岛型水利设施网络，为海南实现高质量发展提供水安全保障。在重点岛礁、沿海缺水城镇建设海水淡化工程。全面禁止新建小水电项目，对现有小水电有序实施生态化改造或关停退出，保护修复河流水生态。严控地下水、地热温泉开采。

3．健全土壤生态环境保护制度。实施农用地分类管理，建立海南省耕地土壤生态环境质量类别划定分类清单，强化用途管制，严格防控农产品超标风险。建立建设用地土壤污染风险管控和修复名录，完善部门间污染地块信息沟通机制，实现联动监管，严格用地准入，将建设用地土壤生态环境管理要求纳入国土空间规划和供地管理。全面实行规模养殖场划分管理，依法关闭禁养区内规模养殖场，做好搬迁或转产工作，鼓励养殖废弃物集中资源化利用。推进病虫害绿色防控替代化学防治，实施化肥和农药减施行动。

4．实施重要生态系统保护修复。实施天然林保护、南渡江昌化江万泉河三大流域综合治理和生态修复、水土流失综合防治、沿海防护林体系建设等重要生态系统保护和修复重大工程。全面实施林长制，落实森林资源保护管理主体、责任、内容和经费保障。按照生态区位重要程度和商品林类型分类施策，严格保护天然林、生态公益林，封禁保护原始森林群落，鼓励在重点生态区位推行商品林赎买试点，探索通过租赁、置换、地役权合同等方式规范流转集体土地和经济林，逐步恢复和扩大热带雨林等自然生态空间。实施国家储备林质量精准提升工程，建设海南黄花梨、土沉香、坡垒等乡土珍稀树种木材储备基地。实行湿地资源总量管控，建立重要湿地监测评价预警机制。严格实施《海南省湿地保护条例》，开展重要湿地生态系统保护与恢复工程。支持海口市国际湿地城市建设。实施生物多样性保护战略行动计划，构建生态廊道和生物多样性保护网络，加强对极小种群野生植物、珍稀濒危野生动物和原生动植物种质资源拯救保护，加强外来林业有害生物预防和治理，提升生态系统质量和稳定性。

5．加强环境基础设施建设。加快城镇污水处理设施配套管网建设，统筹推进主干管网、支管网、入户管建设与驳接，治理河湖海水倒灌、管网错接混接，因地制宜实施老旧城区雨污管网分流改造，着力解决污水处理厂进水浓度低和系统效能不高问题。到 2020 年全省县城以上城镇污水处理率达 85%以上，污泥基本实现无害化处置。按照补偿污水处理和污泥处置设施运营成本并合理盈利的原则，合理调整污水处理费征收标准。对已建成污水处理厂的建制镇全面建立污水处理收费制度。加快推进农村生活污水处理设施建设，到 2020 年实现行政村（含农林场场队）处理设施覆盖率显著提升。到 2020 年基本实现全省生活垃圾转运体系全覆盖，生活垃圾无害化处理率达到 95%以上，统筹布局、高标准建设生活垃圾焚烧发电项目，大幅提升焚烧处置比例。着力提升危险废物处置利用能力，加快推进医疗废物处置设施扩能增容。

（四）建立健全生态环境和资源保护现代监管体系

1．建立具有地方特色的生态文明法治保障机制。以生态环境质量改善为目标，推动出台清洁能源推广、全面禁止使用一次性不可降解塑料制品、垃圾强制分类处置、污染物排放许可、生态保护补偿、海洋生态环境保护等领域的地方性法规或规范性文件，加快构建与自身发展定位相适应的生态文明法规制度体系。突出目标导向，研究构建全面、科学、严格的地方绿色标准体系，编制绿色标准明细表和重点标准研制清单，出台实施生态环境质量、污染物排放、行业能耗等地方标准，以严格标准倒逼生产生活方式绿色转型。严格行政执法，对各类生态环境违法行为依法严惩重罚。强化生态环境司法保护，深化环境资源审判改革，推进环境资源审判专门化建设。完善司法机关环境资源司法职能和机构配置，探索以流域、自然保护地等生态功能区为单位的跨行政区划集中管辖机制，推行环境资源刑事、行政、民事案件“三合一”归口审理模式。健全生态环境行政执法与刑事司法的衔接机制。坚持发展与保护并重，打击犯罪和修复生态并举，全面推行生态恢复性司法机制。在珊瑚礁保护修复、海上溢油污染赔偿治理等方面充分发挥司法手段的作用。完善环境和资源保护公益诉讼制度，探索生态环境损害赔偿诉讼审理规则。推进构建科学、公平、中立的环境资源鉴定评估制度，加强生态环境损害司法鉴定机构和鉴定人的管理，依法发挥技术专家的作用。建立健全统一规范的环境和资源保护公益诉讼、生态环境损害赔偿诉讼专项资金的管理、使用、审计监督以及责任追究等制度，推进生态环境修复机制建设。

2．改革完善生态环境资源监管体制。科学配置机构职责和机构编制资源，加快设立海南省各级国有自然资源资产管理和自然生态监管机构。实行省以下生态环境机构监测监察执法垂直管理。整合生态环境保护行政执法职责、队伍，组建生态环境保护综合行政执法队伍，统一实行生态环境保护行政执法。健全流域海域生态环境管理机制。建立健全基层生态环境保护管理体制，乡镇（街道）明确承担生态环境保护责任的机构和专门人员；落实行政村生态环境保护责任，解决农村生态环境保护监管“最后一公里”问题。

3．改革完善生态环境监管模式。严守生态保护红线、生态环境质量底线、资源利用上线，建立生态环境准入清单。以改善生态环境质量和提高管理效能为目标，建立健全以污染物排放许可制为重点、各项制度有机衔接顺畅的环境管理基础制度体系。深入推进排污许可制度改革，出台排污许可证管理地方性法规，对排污单位实行从环境准入、排污控制到执法监管的“一证式”全过程管理。健全环保信用评价、信息强制性披露、严惩重罚等制度。建立环境污染“黑名单”制度，使环保失信企业处处受限。逐步构建完善环保信用评价等级与市场准入、金融服务的关联机制，实行跨部门联合奖惩，强化环保信用的经济约束。2019 年出台海南省环保信用评价办法（试行）。建立省内重点污染源名录单位环境信息强制性披露机制，出台相关实施办法，构建统一的信息披露平台。

4．建立健全生态安全管控机制。实行最严格的进出境环境安全准入管理机制，禁止“洋垃圾”输入。加强南繁育种基地外来物种环境风险管控和基因安全管理，建立生态安全和基因安全监测、评估及预警体系。研究建立系统完整规范的资源环境承载能力综合评价指标体系，定期编制重点区域承载力监测预警报告，完善公示、预警提醒、限制性措施、考核监督等配套制度。围绕服务能源储备基地建设、海洋油气资源开发等，完善区域环境安全预警网络和突发环境事件应急救援能力建设，提高风险防控、应急处置和区域协作水平。

5．构建完善绿色发展导向的生态文明评价考核体系。全面建立完善以保护优先、绿色发展为导向的经济社会发展考核评价体系，强化资源消耗、环境损害、生态效益等指标约束。完善政绩考核办法，根据主体功能定位实行差别化考核制度。出台海南省生态文明建设目标评价考核实施细则（试行）和绿色发展指标体系、生态文明建设考核目标体系。压紧压实海南省各级党委和政府生态环境保护责任，实行“党政同责、一岗双责”。开展省级和试点市县自然资源资产负债表试编，2020 年正式编制全省及各市县自然资源资产负债表。对领导干部实行自然资源资产离任审计，建立经常性审计制度。出台开展领导干部自然资源资产离任审计工作的实施意见，按照全覆盖要求建立轮审制度，探索建立自然资源与生态环境信息面向审计机关的开放共享机制。将生态环境损害责任追究与政治巡视、生态环境保护督察等紧密联系，发挥制度叠加效应。

（五）创新探索生态产品价值实现机制

1．探索建立自然资源资产产权制度和有偿使用制度。结合第三次全国国土调查，查清各类自然资源分布、土地利用现状及权属情况。选择海口市、三亚市、文昌市、保亭县、昌江县作为省级试点，开展水流、森林、山岭、荒地、滩涂以及探明储量的矿产资源等全要素自然资源资产统一确权登记，出台试点工作方案。开展国有自然资源资产所有权委托代理机制试点。推动将集体土地、林地等自然资源资产折算转变为企业、合作社的股权，资源变资产、农民变股东，让农民长期分享产权收益。探索建立水权制度，在赤田水库流域开展水权试点。完善全民所有自然资源资产评估方法和管理制度，将生态环境成本纳入价格形成机制。2019 年年底前出台海南省全民所有自然资源资产有偿使用制度实施方案，选取典型区域试点研究国有森林资源有偿使用制度，深入开展海域、无居民海岛有偿使用实践，开展无居民海岛使用权市场化出让试点。

2．推动生态农业提质增效。全面建设生态循环农业示范省，加快创建农业绿色发展先行区，推进投入品减量化、生产清洁化、产品品牌化、废弃物资源化、产业模式生态化的发展模式。围绕实施乡村振兴战略，做强做优热带特色高效农业，打造国家热带现代农业基地，培育推广绿色优质安全、具有鲜明特色的海南农产品品牌，保护地理标志农产品，加强农业投入品和农产品质量安全追溯体系建设，形成“一村一品、一乡一业”。实施农产品加工业提升行动，支持槟榔、咖啡、南药、茶叶等就地加工转化增值，完善现代化仓储、物流、电子商务服务体系。加强国家南繁科研育种基地（海南）建设，打造国家热带农业科学中心。支持海南建设现代化海洋牧场。探索包括“保险+期货”在内的价格保险、收入保险等试点，保障农民收益，稳定农业生产。建立以绿色生态为导向的农业补贴制度，按规定统筹整合相关支农资金，用于鼓励和引导科学施肥用药、绿色防控、生态养殖等。

3．促进生态旅游转型升级和融合发展。加快建设全域旅游示范省，充分发挥海南特有的热带海岛旅游资源优势，推动生态型景区和生态型旅游新业态新产品开发建设，构建以观光旅游为基础、休闲度假为重点、文体旅游和健康旅游为特色的生态旅游产业体系。统筹衔接生态旅游开发与生态资源保护，对重点旅游景区景点资源和热带雨林、海岸带、海岛旅游资源，由省级进行统一规划、统筹指导，禁止低水平、低品质开发建设。探索建立资源权属清晰、产业融合发展、利益合理共享的生态旅游发展机制，鼓励对农村宅基地、闲置房屋进行改造利用，发展度假民宿等新型住宿业态，建设一批设施完备、功能多样的休闲观光园区、森林人家、渔村渔家、康养基地，创建一批特色生态旅游示范村镇、黎苗文化特色村寨精品旅游线路。

4．开展生态建设脱贫攻坚。对自然灾害高风险区域内的居民有计划、有重点、分步骤地实施生态搬迁，对迁出区进行生态恢复修复；按区位就近、适宜就业、便利生活为原则规划建设集中安置点，确保搬迁居民的基本公共服务保障水平、收入水平和生活水平有明显提升。利用城乡建设用地增减挂钩政策等，建立健全生态搬迁后续保障机制。在国家级、省级自然保护区依法合规探索开展森林经营先行先试，依法稳定集体林地承包权、放活经营权、保障收益权，拓展经营权能，推行林权抵押贷款，有效盘活林木林地资源，惠及广大林农和林区职工。选聘建档立卡贫困人口担任生态护林员，拓宽贫困人口就业和增收渠道。

5．建立形式多元、绩效导向的生态保护补偿机制。中央财政性资金加大对海南重点生态功能区的支持力度。加快完善生态保护成效与财政转移支付资金分配相挂钩的生态保护补偿机制，根据绩效考核结果，实施相应奖惩措施。完善生态公益林补偿机制，实行省级公益林与国家级公益林补偿标准联动。在赤田水库流域和南渡江、大边河、昌化江、陵水河流域开展试点，实行以水质水量动态评估为基础、市县间横向补偿与省级资金奖补相结合的补偿机制。出台海南省流域上下游横向生态保护补偿试点实施方案。健全生态保护补偿机制的顶层设计，2020年年底前出台海南省生态保护补偿条例，明确生态保护补偿的领域区域、补偿标准、补偿渠道、补偿方式以及监督考核等内容。

6．建立绿色金融支持保障机制。支持海南开展绿色金融改革创新试点。发展绿色信贷，建立符合绿色产业和项目特点的信贷管理与监管考核制度，支持银行业金融机构加大对绿色企业和项目的信贷支持。鼓励开展集体林权抵押、环保技术知识产权质押融资业务，探索开展排污权和节能环保、清洁生产、清洁能源企业的收费权质押融资创新业务。推动绿色资产证券化。鼓励社会资本设立各类绿色发展产业基金，参与节能减排降碳、污染治理、生态修复和其他绿色项目。发展绿色保险，探索在环境高风险、高污染行业和重点防控区域依法推行环境污染强制责任保险制度。建立完善排污权、碳排放权等环境权益的交易制度。

（六）推动形成绿色生产生活方式

1．建设清洁能源岛。加快构建安全、绿色、集约、高效的清洁能源供应体系。大力推行“削煤减油”，逐步加快燃煤机组清洁能源替代，到2020年淘汰达不到超低排放要求的企业自备燃煤机组，各市县建成区范围内全面淘汰35蒸吨/时及以下燃煤小锅炉。编制出台海南省清洁能源汽车发展规划，加快充电桩等基础设施建设，加快推广新能源汽车和节能环保汽车，在海南岛逐步禁止销售燃油汽车。加大天然气资源开发利用力度，加快推进东方气田、陵水气田、文昌至三亚天然气东部管线项目，按需有序推进清澜、洋浦、万宁、琼海气电项目规划建设，全面实施城镇燃气工程，在切实落实气源的前提下全面推广农村用气。加快推进昌江核电二期，有序发展光伏、风电等新能源，推进海洋能发电示范。推动清洁低碳能源优先上网，拓宽清洁能源消纳渠道。结合智能电网升级改造、现代农村电网建设、微电网示范建设、蓄能供冷等新型储能技术，实现可再生能源的规模化应用。

2．全面促进资源节约利用。实施能源消费总量和强度双控行动，制定碳排放达峰路线图，提升各领域各行业节能标准要求。大力推行园区集中供热、特定区域集中供冷、超低能耗建筑、高效节能家电等，推广合同能源管理，完善市场化节能机制。到2020年全省能耗总量控制在2 598万吨标准煤以内。实行最严格的节约用地制度，实施建设用地总量和强度双控行动，确保全省建设用地总量在现有基础上不增加，人均城镇工矿用地和单位地区生产总值建设用地使用面积稳步下降。实行城市土地开发整理新模式，推进城市更新改造，对低效、零散用地进行统筹整合、统一开发。继续深化全省闲置建设用地清理处置，推动低效土地再开发利用。建设用地指标主要用于基础设施和重大产业项目。针对不同产业类别、不同区域，将单位土地投资强度、产值等作为经营类建设用地出让控制指标，实施产业项目用地准入协议制度，建立履约评价和土地退出机制，提高土地利用效益。全面实施节水行动，落实最严格水资源管理制度，实施用水总量和强度双控行动。加快推进节水型社会、节水型城市和各类节水载体建设，深入推进农业水价综合改革，2020年年底前全面实行城镇非居民用水超定额累进加价制度。有计划、分阶段、分区域地推进装配式建筑发展，提高新建绿色建筑比例。

3．加快推进产业绿色发展。支持海南制定实施产业结构调整负面清单和落后产能淘汰政策，开展“散乱污”企业综合整治，全面禁止高能耗、高污染、高排放产业和低端制造业发展，推动现有制造业向智能化、绿色化和服务型转变。培育壮大节能环保产业、清洁生产产业、清洁能源产业。以产业园区和重点工程建设为依托，广泛推行环境污染第三方治理和合同环境服务。推动低碳循环、治污减排、监测监控等核心环保技术工艺、成套产品、材料药剂研发与产业化。制定实施“限塑令”，2020年年底前在全省范围内全面禁止生产、销售和使用一次性不可降解塑料袋、塑料餐具等。推进快递绿色包装产品使用，2020年基本实现省内同城快递业务绿色包装应用全覆盖。推行生产者责任延伸制度，探索在全岛范围内采取押金制等方式回收一次性塑料标准包装物、铅酸蓄电池、锂电池、农药包装物等。鼓励生产企业加快建立动力电池回收体系。

4．推行绿色生活方式。加快推行生活垃圾强制分类制度，选取海口市等具备条件的城市先行实施。出台海南省生活垃圾分类管理条例和海南省垃圾分类收集处理标准体系。在教育、职业培训等领域探索共享经济发展新模式。提倡绿色出行，优先发展公共交通，提高公共交通机动化出行分担率，促进小微型客车租赁和自行车互联网租赁规范健康发展。将生态文明教育纳入国民教育、农村夜校、干部培训和企业培训体系，融入社区规范、村规民约、景区守则。将生态文明教育摆在中小学素质教育的突出位置，完善课程体系，丰富教育实践。挖掘海南本土生态文化资源，创作一批生态文艺精品，创建若干生态文明教育基地。积极创建节约型机关、绿色家庭、绿色学校、绿色社区、绿色出行、绿色商场、绿色建筑等。2019 年全面推行绿色产品政府采购制度，优先或强制采购绿色产品。支持引导社会组织、志愿者在生态环境监管、环保政策制定、监督企业履行环保责任等方面发挥积极作用，健全举报、听证、舆论监督等公众参与机制，构建全民参与的社会行动体系。

三、保障措施

（一）加强组织领导。海南省各级党委和政府要全面贯彻党中央、国务院决策部署，把生态文明建设摆在全局工作突出地位，坚决落实生态文明建设和生态环境保护责任。按照本方案要求，从实际出发，研究细化分阶段、分年度、分区域的工作目标和重点任务，制定具体措施，明确时间表、路线图，推动各项政策措施落地见效，切实解决群众关切的突出问题。中央和国家机关有关部门要认真贯彻落实本方案提出的任务措施，加强对海南建设生态文明试验区的指导和支持，强化沟通协作，协调解决方案落实中的困难和问题。进一步理顺工作管理体制，强化陆海统筹和涉海综合管理。

（二）引进培养人才。引进和培养一批生态文明建设领域的领军人才、高层次创新人才，打造高素质专业化干部队伍。加强海南与国内外生态文明水平领先地区的学习交流。支持海南大学等科研院所培育发展与生态文明建设密切相关的优势学科专业、重点实验室。鼓励国内外知名科研院所在海南设立分支机构，开展与生态文明建设密切相关课题研究。创新“候鸟型”人才引进和使用机制，设立“候鸟”人才工作站。

（三）强化法治保障。海南省人大及其常委会可以充分利用经济特区立法权，制定海南特色地方性法规，为推进试验区建设提供有力法治保障。试验区重大改革措施涉及突破现行法律法规规章和规范性文件规定的，要按程序报批，取得授权后施行。

（四）开展效果评估。及时总结生态文明试验成果，加强对改革任务落实情况的跟踪分析、督促检查和效果评估。对试验过程中发现的问题和实践证明不可行的举措，要及时予以调整，提出相关建议。

（五）整合试点示范。整合资源集中开展试点试验，将已经部署开展的儋州市、琼海市、万宁市等综合性生态文明先行示范区统一整合，以国家生态文明试验区（海南）名称开展工作；将海南省省域“多规合一”试点、三亚市“城市修补、生态修复”试点、三沙市和三亚市国家级海洋生态文明建设示范区等各类专项生态文明试点示范，统一纳入国家生态文明试验区（海南）平台整体推进、形成合力。

中共中央办公厅　国务院办公厅
关于印发《中央生态环境保护督察工作规定》的通知

厅字〔2019〕37号

各省、自治区、直辖市党委和人民政府，中央和国家机关各部委，解放军各大单位、中央军委机关各部门，各人民团体：

《中央生态环境保护督察工作规定》已经党中央、国务院同意，现印发给你们，请认真遵照执行。

中共中央办公厅
国务院办公厅
2019年6月6日

中央生态环境保护督察工作规定

第一章　总　则

第一条　为了规范生态环境保护督察工作，压实生态环境保护责任，推进生态文明建设，建设美丽中国，根据《中共中央、国务院关于全面加强生态环境保护坚决打好污染防治攻坚战的意见》《中华人民共和国环境保护法》等要求，制定本规定。

第二条　中央实行生态环境保护督察制度，设立专职督察机构，对省、自治区、直辖市党委和政府、国务院有关部门以及有关中央企业等组织开展生态环境保护督察。

第三条　中央生态环境保护督察工作以习近平新时代中国特色社会主义思想为指导，深入贯彻落实习近平生态文明思想，增强“四个意识”、坚定“四个自信”、做到“两个维护”，认真贯彻落实党中央、国务院决策部署，坚持以人民为中心，以解决突出生态环境问题、改善生态环境质量、推动高质量发展为重点，夯实生态文明建设和生态环境保护政治责任，强化督察问责、形成警示震慑、推进工作落实、实现标本兼治，不断满足人民日益增长的美好生活需要。

第四条　中央生态环境保护督察坚持和加强党的全面领导，提高政治站位；坚持问题导向，动真碰硬，倒逼责任落实；坚持依规依法，严谨规范，做到客观公正；坚持群众路线，信息公开，注重综合效能；坚持求真务实，真抓实干，反对形式主义、官僚主义。

第五条　中央生态环境保护督察包括例行督察、专项督察和“回头看”等。

原则上在每届党的中央委员会任期内，应当对各省、自治区、直辖市党委和政府，国务院有关部门以及有关中央企业开展例行督察，并根据需要对督察整改情况实施“回头看”；针对突出生态环境问题，视情组织开展专项督察。

第六条　中央生态环境保护督察实施规划计划管理。五年工作规划经党中央、国务院批准后实施。年度工作计划应当明确当年督察工作具体安排，以保障五年规划任务落实到位。

第二章　组织机构和人员

第七条　成立中央生态环境保护督察工作领导小组，负责组织协调推动中央生态环境保护督察工作。领导小组组长、副组长由党中央、国务院研究确定，组成部门包括中央办公厅、中央组织部、中央宣传部、国务院办公厅、司法部、生态环境部、审计署和最高人民检察院等。

中央生态环境保护督察办公室设在生态环境部，负责中央生态环境保护督察工作领导小组的日常工作，承担中央生态环境保护督察的具体组织实施工作。

第八条　中央生态环境保护督察工作领导小组的职责是：

（一）学习贯彻落实习近平生态文明思想，研究在实施中央生态环境保护督察工作中的具体贯彻落实措施；

（二）贯彻落实党中央、国务院关于生态环境保护督察的决策部署；

（三）向党中央、国务院报告中央生态环境保护督察工作有关情况；

（四）审议中央生态环境保护督察制度规范、督察报告；

（五）听取中央生态环境保护督察办公室有关工作情况的汇报；

（六）审议中央生态环境保护督察其他重要事项。

第九条　中央生态环境保护督察办公室的职责是：

（一）向中央生态环境保护督察工作领导小组报告工作情况，组织落实领导小组确定的工作任务；

（二）负责拟订中央生态环境保护督察法规制度、规划计划、实施方案，并组织实施；

（三）承担中央生态环境保护督察组的组织协调工作；

（四）承担督察报告审核、汇总、上报，以及督察反馈、移交移送的组织协调和督察整改的调度督促等工作；

（五）指导省、自治区、直辖市开展省级生态环境保护督察工作；

（六）承担领导小组交办的其他事项。

第十条　根据中央生态环境保护督察工作安排，经党中央、国务院批准，组建中央生态环境保护督察组，承担具体生态环境保护督察任务。

中央生态环境保护督察组设组长、副组长。督察组实行组长负责制，副组长协助组长开展工作。组长由现职或者近期退出领导岗位的省部级领导同志担任，副组长由生态环境部现职部领导担任。

建立组长人选库，由中央组织部商生态环境部管理。组长、副组长人选由中央组织部履行审核程序。

组长、副组长根据每次中央生态环境保护督察任务确定并授权。

第十一条 中央生态环境保护督察组成员以生态环境部各督察局人员为主体，并根据任务需要抽调有关专家和其他人员参加。中央生态环境保护督察组成员应当具备下列条件：

（一）理想信念坚定，对党忠诚，在思想上政治上行动上同以习近平同志为核心的党中央保持高度一致；

（二）坚持原则，敢于担当，依法办事，公道正派，清正廉洁；

（三）遵守纪律，严守秘密；

（四）熟悉中央生态环境保护督察工作或者相关政策法规，具有较强的业务能力；

（五）身体健康，能够胜任工作要求。

第十二条 加强中央生态环境保护督察队伍建设，选配中央生态环境保护督察组成员应当严格标准条件，对不适合从事督察工作的人员应当及时予以调整。

第十三条 中央生态环境保护督察组成员实行任职回避、地域回避、公务回避，并根据任务需要进行轮岗交流。

第三章 督察对象和内容

第十四条 中央生态环境保护例行督察的督察对象包括：

（一）省、自治区、直辖市党委和政府及其有关部门，并可以下沉至有关地市级党委和政府及其有关部门；

（二）承担重要生态环境保护职责的国务院有关部门；

（三）从事的生产经营活动对生态环境影响较大的有关中央企业；

（四）其他中央要求督察的单位。

第十五条 中央生态环境保护例行督察的内容包括：

（一）学习贯彻落实习近平生态文明思想以及贯彻落实新发展理念、推动高质量发展情况；

（二）贯彻落实党中央、国务院生态文明建设和生态环境保护决策部署情况；

（三）国家生态环境保护法律法规、政策制度、标准规范、规划计划的贯彻落实情况；

（四）生态环境保护党政同责、一岗双责推进落实情况和长效机制建设情况；

（五）突出生态环境问题以及处理情况；

（六）生态环境质量呈现恶化趋势的区域流域以及整治情况；

（七）对人民群众反映的生态环境问题立行立改情况；

（八）生态环境问题立案、查处、移交、审判、执行等环节非法干预，以及不予配合等情况；

（九）其他需要督察的生态环境保护事项。

第十六条 中央生态环境保护督察“回头看”主要对例行督察整改工作开展情况、重点整改任务完成情况和生态环境保护长效机制建设情况等，特别是整改过程中的形式主义、官僚主义问题进行督察。

第十七条 中央生态环境保护专项督察直奔问题、强化震慑、严肃问责，督察事项主要包括：

（一）党中央、国务院明确要求督察的事项；

（二）重点区域、重点领域、重点行业突出生态环境问题；

（三）中央生态环境保护督察整改不力的典型案件；

（四）其他需要开展专项督察的事项。

第十八条 中央生态环境保护例行督察、“回头看”的有关工作安排应当报党中央、国务院批准。

中央生态环境保护专项督察的组织形式、督察对象和督察内容应当根据具体督察事项和要求确定。重要专项督察的有关工作安排应当报党中央、国务院批准。

第四章 督察程序和权限

第十九条 中央生态环境保护督察一般包括督察准备、督察进驻、督察报告、督察反馈、移交移送、整改落实和立卷归档等程序环节。

第二十条 督察准备工作主要包括以下事项：

（一）向党中央、国务院有关部门和单位了解被督察对象有关情况以及问题线索；

（二）组织开展必要的摸底排查；

（三）确定组长、副组长人选，组成中央生态环境保护督察组，开展动员培训；

（四）制定督察工作方案；

（五）印发督察进驻通知，落实督察进驻各项准备工作。

第二十一条 中央生态环境保护督察进驻时间应当根据具体督察对象和督察任务确定。督察进驻主要采取以下方式开展工作：

（一）听取被督察对象工作汇报和有关专题汇报；

（二）与被督察对象党政主要负责人和其他有关负责人进行个别谈话；

（三）受理人民群众生态环境保护方面的信访举报；

（四）调阅、复制有关文件、档案、会议记录等资料；

（五）对有关地方、部门、单位以及个人开展走访问询；

（六）针对问题线索开展调查取证，并可以责成有关地方、部门、单位以及个人就有关问题做出书面说明；

（七）召开座谈会，列席被督察对象有关会议；

（八）到被督察对象下属地方、部门或者单位开展下沉督察；

（九）针对督察发现的突出问题，可以视情对有关党政领导干部实施约见或者约谈；

（十）提请有关地方、部门、单位以及个人予以协助；

（十一）其他必要的督察工作方式。

第二十二条 督察进驻结束后，中央生态环境保护督察组应当在规定时限内形成督察报告，如实报告督察发现的重要情况和问题，并提出意见和建议。

督察报告应当以适当方式与被督察对象交换意见，经中央生态环境保护督察工作领导小组审议后，报党中央、国务院。

第二十三条 督察报告经党中央、国务院批准后，由中央生态环境保护督察组向被督察对象反馈，指出督察发现的问题，明确督察整改工作要求。

第二十四条 督察结果作为对被督察对象领导班子和领导干部综合考核评价、奖惩任免的重要依据，按照干部管理权限送有关组织（人事）部门。

对督察发现的重要生态环境问题及其失职失责情况，督察组应当形成生态环境损害责任追究问题清单和案卷，按照有关权限、程序和要求移交中央纪委国家监委、中央组织部、国务院国资委党委或者被督察对象。

对督察发现需要开展生态环境损害赔偿工作的，移送省、自治区、直辖市政府依照有关规定索赔追偿；需要提起公益诉讼的，移送检察机关等有权机关依法处理。

对督察发现涉嫌犯罪的，按照有关规定移送监察机关或者司法机关依法处理。

第二十五条 被督察对象应当按照督察报告制定督察整改方案，在规定时限内报党中央、国务院。

被督察对象应当按照督察整改方案要求抓好整改落实工作，并在规定时限内向党中央、国务院报送督察整改落实情况。

中央生态环境保护督察办公室应当对督察整改落实情况开展调度督办，并组织抽查核实。对整改不力的，视情采取函告、通报、约谈、专项督察等措施，压实责任，推动整改。

第二十六条 中央生态环境保护督察过程中产生的有关文件、资料应当按照要求整理保存，需要归档的，按照有关规定办理。

第二十七条 加强边督边改工作。对督察进驻过程中人民群众举报的生态环境问题，以及督察组交办的其他问题，被督察对象应当立行立改，坚决整改，确保有关问题查处到位、整改到位。

第二十八条 加强督察问责工作。对不履行或者不正确履行职责而造成生态环境损害的地方和单位党政领导干部，应当依纪依法严肃、精准、有效问责；对该问责而不问责的，应当追究相关人员责任。

第二十九条 加强信息公开工作。中央生态环境保护督察的具体工作安排、边督边改情况、有关突出问题和案例、督察报告主要内容、督察整改方案、督察整改落实情况，以及督察问责有关情况等，应当按照有关要求对外公开，回应社会关切，接受群众监督。

第五章 督察纪律和责任

第三十条 中央生态环境保护督察应当严明政治纪律和政治规矩，严格执行中央八项规定及其实施细则精神，严格落实各项廉政规定。

中央生态环境保护督察组督察进驻期间应当按照有关规定建立临时党支部，落实全面从严治党要求，加强督察组成员教育、监督和管理。

第三十一条 中央生态环境保护督察组应当严格执行请示报告制度。督察中发现的重要情况和重大问题，应当向中央生态环境保护督察工作领导小组或者中央生态环境保护督察办公室请示报告，督察组成员不得擅自表态和处置。

第三十二条 中央生态环境保护督察组应当严格落实各项保密规定。督察组成员应当严格保守中央生态环境保护督察工作秘密，未经批准不得对外发布或者泄露中央生态环境保护督察有关情况。

第三十三条　中央生态环境保护督察组不得干预被督察对象正常工作，不处理被督察对象的具体问题。

第三十四条　中央生态环境保护督察组应当严格遵守中央生态环境保护督察纪律、程序和规范，正确履行职责。督察组成员有下列情形之一，视情节轻重，依纪依法给予批评教育、组织处理或者党纪处分、政务处分；涉嫌犯罪的，按照有关规定移送监察机关或者司法机关依法处理：

（一）不按照工作要求开展督察，导致应当发现的重要生态环境问题没有发现的；

（二）不如实报告督察情况，隐瞒、歪曲、捏造事实的；

（三）工作中超越权限，或者不按照规定程序开展督察工作，造成不良后果的；

（四）利用督察工作的便利谋取私利或者为他人谋取不正当利益的；

（五）泄露督察工作秘密的；

（六）有违反督察工作纪律的其他行为的。

第三十五条　生态环境部以及中央生态环境保护督察办公室应当加强对生态环境保护督察工作的组织协调。对生态环境保护督察工作组织协调不力，造成不良后果的，依照有关规定追究相关人员责任。

第三十六条　有关部门和单位应当支持协助中央生态环境保护督察。对违反规定推诿、拖延、拒绝支持协助中央生态环境保护督察，造成不良后果的，依照有关规定追究相关人员责任。

第三十七条　被督察对象应当自觉接受中央生态环境保护督察，积极配合中央生态环境保护督察组开展工作，如实向督察组反映情况和问题。被督察对象及其工作人员有下列情形之一，视情节轻重，对其党政领导班子主要负责人或者其他有关责任人，依纪依法给予批评教育、组织处理或者党纪处分、政务处分；涉嫌犯罪的，按照有关规定移送监察机关或者司法机关依法处理：

（一）故意提供虚假情况，隐瞒、歪曲、捏造事实的；

（二）拒绝、故意拖延或者不按照要求提供相关资料的；

（三）指使、强令有关单位或者人员干扰、阻挠督察工作的；

（四）拒不配合现场检查或者调查取证的；

（五）无正当理由拒不纠正存在的问题，或者不按照要求推进整改落实的；

（六）对反映情况的干部群众进行打击、报复、陷害的；

（七）采取集中停工停产停业等“一刀切”方式应对督察的；

（八）其他干扰、抵制中央生态环境保护督察工作的情形。

第三十八条　被督察对象地方、部门和单位的干部群众发现中央生态环境保护督察组成员有本规定第三十四条所列行为的，应当向有关机关反映。

第六章　附　则

第三十九条　生态环境保护督察实行中央和省、自治区、直辖市两级督察体制。各省、自治区、直辖市生态环境保护督察，作为中央生态环境保护督察的延伸和补充，形成督察合力。省、自治区、直辖市生态环境保护督察可以采取例行督察、专项督察、派驻监察等方式开展工作，严格程序，明确权限，严肃纪律，规范行为。

地市级及以下地方党委和政府应当依规依法加强对下级党委和政府及其有关部门生态环境保护工作的监督。

第四十条 省、自治区、直辖市生态环境保护督察工作参照本规定执行。

第四十一条 本规定由生态环境部负责解释。

第四十二条 本规定自2019年6月6日起施行。

报废机动车回收管理办法

中华人民共和国国务院令 第715号

现公布《报废机动车回收管理办法》，自2019年6月1日起施行。

总理 李克强

2019年4月22日

报废机动车回收管理办法

第一条 为了规范报废机动车回收活动，保护环境，促进循环经济发展，保障道路交通安全，制定本办法。

第二条 本办法所称报废机动车，是指根据《中华人民共和国道路交通安全法》的规定应当报废的机动车。

不属于《中华人民共和国道路交通安全法》规定的应当报废的机动车，机动车所有人自愿作报废处理的，依照本办法的规定执行。

第三条 国家鼓励特定领域的老旧机动车提前报废更新，具体办法由国务院有关部门另行制定。

第四条 国务院负责报废机动车回收管理的部门主管全国报废机动车回收（含拆解，下同）监督管理工作，国务院公安、生态环境、工业和信息化、交通运输、市场监督管理等部门在各自的职责范围内负责报废机动车回收有关的监督管理工作。

县级以上地方人民政府负责报废机动车回收管理的部门对本行政区域内报废机动车回收活动实施监督管理。县级以上地方人民政府公安、生态环境、工业和信息化、交通运输、市场监督管理等部门在各自的职责范围内对本行政区域内报废机动车回收活动实施有关的监督管理。

第五条 国家对报废机动车回收企业实行资质认定制度。未经资质认定，任何单位或者个人不得从事报废机动车回收活动。

国家鼓励机动车生产企业从事报废机动车回收活动。机动车生产企业按照国家有关规定承担生产者责任。

第六条 取得报废机动车回收资质认定，应当具备下列条件：

（一）具有企业法人资格；

（二）具有符合环境保护等有关法律、法规和强制性标准要求的存储、拆解场地，拆解设备、设施以及拆解操作规范；

（三）具有与报废机动车拆解活动相适应的专业技术人员。

第七条 拟从事报废机动车回收活动的，应当向省、自治区、直辖市人民政府负责报废机动车回收管理的部门提出申请。省、自治区、直辖市人民政府负责报废机动车回收管理的部门应当依法进行审查，对符合条件的，颁发资质认定书；对不符合条件的，不予资质认定并书面说明理由。

省、自治区、直辖市人民政府负责报废机动车回收管理的部门应当充分利用计算机网络等先进技术手段，推行网上申请、网上受理等方式，为申请人提供便利条件。申请人可以在网上提出申请。

省、自治区、直辖市人民政府负责报废机动车回收管理的部门应当将本行政区域内取得资质认定的报废机动车回收企业名单及时向社会公布。

第八条 任何单位或者个人不得要求机动车所有人将报废机动车交售给指定的报废机动车回收企业。

第九条 报废机动车回收企业对回收的报废机动车，应当向机动车所有人出具《报废机动车回收证明》，收回机动车登记证书、号牌、行驶证，并按照国家有关规定及时向公安机关交通管理部门办理注销登记，将注销证明转交机动车所有人。

《报废机动车回收证明》样式由国务院负责报废机动车回收管理的部门规定。任何单位或者个人不得买卖或者伪造、变造《报废机动车回收证明》。

第十条 报废机动车回收企业对回收的报废机动车，应当逐车登记机动车的型号、号牌号码、发动机号码、车辆识别代号等信息；发现回收的报废机动车疑似赃物或者用于盗窃、抢劫等犯罪活动的犯罪工具的，应当及时向公安机关报告。

报废机动车回收企业不得拆解、改装、拼装、倒卖疑似赃物或者犯罪工具的机动车或者其发动机、方向机、变速器、前后桥、车架（以下统称“五大总成”）和其他零部件。

第十一条 回收的报废机动车必须按照有关规定予以拆解；其中，回收的报废大型客车、货车等营运车辆和校车，应当在公安机关的监督下解体。

第十二条 拆解的报废机动车“五大总成”具备再制造条件的，可以按照国家有关规定出售给具有再制造能力的企业经过再制造予以循环利用；不具备再制造条件的，应当作为废金属，交售给钢铁企业作为冶炼原料。

拆解的报废机动车“五大总成”以外的零部件符合保障人身和财产安全等强制性国家标准，能够继续使用的，可以出售，但应当标明“报废机动车回用件”。

第十三条 国务院负责报废机动车回收管理的部门应当建立报废机动车回收信息系统。报废机动车回收企业应当如实记录本企业回收的报废机动车“五大总成”等主要部件的数量、型号、流向等信息，并上传至报废机动车回收信息系统。

负责报废机动车回收管理的部门、公安机关应当通过政务信息系统实现信息共享。

第十四条 拆解报废机动车，应当遵守环境保护法律、法规和强制性标准，采取有效措施保护环境，不得造成环境污染。

第十五条 禁止任何单位或者个人利用报废机动车“五大总成”和其他零部件拼装机动车，禁止拼装的机动车交易。

除机动车所有人将报废机动车依法交售给报废机动车回收企业外，禁止报废机动车整车交易。

第十六条 县级以上地方人民政府负责报废机动车回收管理的部门应当加强对报废机动车回收企业的监督检查，建立和完善以随机抽查为重点的日常监督检查制度，公布抽查事项目录，明确抽查的依据、频次、方式、内容和程序，随机抽取被检查企业，随机选派检查人员。抽查情况和查处结果应当及时向社会公布。

在监督检查中发现报废机动车回收企业不具备本办法规定的资质认定条件的，应当责令限期改正；拒不改正或者逾期未改正的，由原发证部门吊销资质认定书。

第十七条 县级以上地方人民政府负责报废机动车回收管理的部门应当向社会公布本部门的联系方式，方便公众举报违法行为。

县级以上地方人民政府负责报废机动车回收管理的部门接到举报的，应当及时依法调查处理，并为举报人保密；对实名举报的，负责报废机动车回收管理的部门应当将处理结果告知举报人。

第十八条 负责报废机动车回收管理的部门在监督管理工作中发现不属于本部门处理权限的违法行为的，应当及时移交有权处理的部门；有权处理的部门应当及时依法调查处理，并将处理结果告知负责报废机动车回收管理的部门。

第十九条 未取得资质认定，擅自从事报废机动车回收活动的，由负责报废机动车回收管理的部门没收非法回收的报废机动车、报废机动车“五大总成”和其他零部件，没收违法所得；违法所得在5万元以上的，并处违法所得2倍以上5倍以下的罚款；违法所得不足5万元或者没有违法所得的，并处5万元以上10万元以下的罚款。对负责报废机动车回收管理的部门没收非法回收的报废机动车、报废机动车“五大总成”和其他零部件，必要时有关主管部门应当予以配合。

第二十条 有下列情形之一的，由公安机关依法给予治安管理处罚：

（一）买卖或者伪造、变造《报废机动车回收证明》；

（二）报废机动车回收企业明知或者应当知道回收的机动车为赃物或者用于盗窃、抢劫等犯罪活动的犯罪工具，未向公安机关报告，擅自拆解、改装、拼装、倒卖该机动车。

报废机动车回收企业有前款规定情形，情节严重的，由原发证部门吊销资质认定书。

第二十一条 报废机动车回收企业有下列情形之一的，由负责报废机动车回收管理的部门责令改正，没收报废机动车“五大总成”和其他零部件，没收违法所得；违法所得在5万元以上的，并处违法所得2倍以上5倍以下的罚款；违法所得不足5万元或者没有违法所得的，并处5万元以上10万元以下的罚款；情节严重的，责令停业整顿直至由原发证部门吊销资质认定书：

（一）出售不具备再制造条件的报废机动车“五大总成”；

（二）出售不能继续使用的报废机动车“五大总成”以外的零部件；

（三）出售的报废机动车“五大总成”以外的零部件未标明“报废机动车回用件”。

第二十二条 报废机动车回收企业对回收的报废机动车，未按照国家有关规定及时向公安机关交通管理部门办理注销登记并将注销证明转交机动车所有人的，由负责报废机动车回收管理的部门责令改正，可以处 1 万元以上 5 万元以下的罚款。

利用报废机动车“五大总成”和其他零部件拼装机动车或者出售报废机动车整车、拼装的机动车的，依照《中华人民共和国道路交通安全法》的规定予以处罚。

第二十三条 报废机动车回收企业未如实记录本企业回收的报废机动车“五大总成”等主要部件的数量、型号、流向等信息并上传至报废机动车回收信息系统的，由负责报废机动车回收管理的部门责令改正，并处 1 万元以上 5 万元以下的罚款；情节严重的，责令停业整顿。

第二十四条 报废机动车回收企业违反环境保护法律、法规和强制性标准，污染环境的，由生态环境主管部门责令限期改正，并依法予以处罚；拒不改正或者逾期未改正的，由原发证部门吊销资质认定书。

第二十五条 负责报废机动车回收管理的部门和其他有关部门的工作人员在监督管理工作中滥用职权、玩忽职守、徇私舞弊的，依法给予处分。

第二十六条 违反本办法规定，构成犯罪的，依法追究刑事责任。

第二十七条 报废新能源机动车回收的特殊事项，另行制定管理规定。

军队报废机动车的回收管理，依照国家和军队有关规定执行。

第二十八条 本办法自 2019 年 6 月 1 日起施行。2001 年 6 月 16 日国务院公布的《报废汽车回收管理办法》同时废止。

二、生态环境部有关文件

（一）部令

民用核安全设备焊接人员资格管理规定

生态环境部令　第 5 号

《民用核安全设备焊接人员资格管理规定》已于 2019 年 3 月 21 日由生态环境部部务会议审议通过，现予公布，自 2020 年 1 月 1 日起施行。2007 年 12 月 28 日原国家环境保护总局发布的《民用核安全设备焊工焊接操作工资格管理规定》（国家环境保护总局令　第 45 号）同时废止。

生态环境部部长　李干杰

2019 年 6 月 12 日

民用核安全设备焊接人员资格管理规定

第一章　总　则

第一条　为了加强民用核安全设备焊接人员（以下简称焊接人员）的资格管理，保证民用核安全设备质量，根据《中华人民共和国核安全法》和《民用核安全设备监督管理条例》，制定本规定。

第二条　本规定适用于焊接人员的资格考核和管理工作。

第三条　从事民用核安全设备焊接活动（以下简称焊接活动）的人员应当依据本规定取得资格证书。

第四条 国务院核安全监管部门负责焊接人员的资格管理，统一组织资格考核，颁发资格证书，对焊接人员资格及相关资格考核活动进行监督检查。

第五条 民用核安全设备制造、安装单位和民用核设施营运单位（以下简称聘用单位）应当聘用取得资格证书的人员开展焊接活动，对焊接人员进行岗位管理。

第六条 本规定所称的焊接人员是指从事民用核安全设备焊接操作的焊工、焊接操作工；焊接方法是指焊接活动中的电弧焊（包括焊条电弧焊、钨极惰性气体保护电弧焊、熔化极气体保护电弧焊、埋弧焊等）和高能束焊（包括电子束焊、激光焊等）以及国务院核安全监管部门认可的其他焊接方法。

第二章 证书申请与颁发

第七条 申请《民用核安全设备焊接人员资格证》资格考核的人员应当具备下列条件：

（一）身体健康，裸视或者矫正视力达到 4.8 及以上，辨色视力正常；

（二）中等职业教育或者高中及以上学历，工作满 1 年；

（三）熟练的焊接操作技能。

第八条 有下列情形之一的人员，不得申请《民用核安全设备焊接人员资格证》资格考核：

（一）被吊销资格证书的人员，自证书吊销之日起未满 3 年的；

（二）依照本规定被给予不得申请资格考核处理的期限未满的。

第九条 国务院核安全监管部门制定考试计划，组织承担考核工作的单位（以下简称考核单位）实施资格考核。

考核单位负责编制考试用焊接工艺规程，实施具体考试工作，检验考试试件，出具考试结果报告。

第十条 申请人员由聘用单位组织报名参加资格考核，并提交下列材料：

（一）申请表；

（二）学历证明；

（三）二级及以上医院出具的视力检查结果。

第十一条 国务院核安全监管部门对提交的材料进行审核，自收到材料之日起 5 个工作日内确认申请人员考试资格。

第十二条 首次参加资格考核的申请人员应当通过理论考试和相应焊接方法的操作考试。参加增加焊接方法资格考核的申请人员只需要进行相应焊接方法的操作考试。

理论考试主要考查申请人员对核设施系统基本知识，核安全设备及质量保证相关知识，核安全文化，焊接工艺、设备、材料等焊接基本知识的理解和掌握程度。

操作考试主要考查申请人员按照焊接工艺规程及过程质量控制要求熟练地焊接规定的试件并获得合格焊接接头的能力。

第十三条 所有考试成绩均达到合格标准视为资格考核合格。

考试成绩未达到合格标准的，可在考试结束日的次日起 1 年内至多补考两次，补考仍未合格的，视为本次考核不合格。

第十四条 国务院核安全监管部门收到考核单位的考试结果报告之日起 20 个工作日内完成审查，作出是否授予资格的决定。

资格证书由国务院核安全监管部门自授予资格决定之日起 10 个工作日内向合格的人员颁发。

第十五条 资格证书包括下列主要内容：

（一）人员姓名、身份证号及聘用单位；

（二）焊接方法；

（三）有效期限；

（四）证书编号。

第十六条 资格证书的有效期限为 5 年。

第十七条 资格证书有效期届满拟继续从事焊接活动的人员，应当在证书有效期届满 6 个月前，由聘用单位组织向国务院核安全监管部门提出延续申请，并提交下列材料：

（一）申请表；

（二）二级及以上医院出具的视力检查结果；

（三）资格证书有效期内从事焊接活动的工作记录和业绩情况。

第十八条 对资格证书有效期内焊接活动工作记录和业绩良好的，由国务院核安全监管部门作出准予延续的决定，资格证书有效期延续 5 年。对资格证书有效期内从事焊接活动不符合国务院核安全监管部门有关工作记录和业绩管理要求的，不予延续，需要重新申领资格证书。

第十九条 已取得国外相关资格证书的境外单位焊接人员，需经国务院核安全监管部门核准后，方可在中华人民共和国境内从事焊接活动。

第二十条 申请核准的境外单位焊接人员，应当由聘用单位组织提交下列材料：

（一）持有的资格证书；

（二）相关核安全设备焊接活动业绩；

（三）未发生过责任事故、重大技术失误的书面说明材料；

（四）境内焊接活动需求材料。

第三章 监督管理

第二十一条 聘用单位应当对申请人员相关申请材料进行核实，确保材料真实、准确，没有隐瞒。

第二十二条 聘用单位应当对本单位焊接人员进行培训和岗位管理，按照民用核安全设备标准和技术要求实施焊接人员技能评定，合格后进行授权，并做好焊接人员连续操作记录管理。

第二十三条 焊接人员应当按照焊接工艺规程开展焊接活动，遵守从业操守，提高知识技能，严格尽职履责。

第二十四条 焊接人员一般应当固定在一个单位执业，确需在两个单位执业的，应当报国务院核安全监管部门备案。

焊接人员变更聘用单位的，应当由其聘用单位向国务院核安全监管部门提出资格证书变更申请，经审查同意后更换新的资格证书。变更后的资格证书有效期适用原资格证书有效期，原资格证书失效。

第二十五条 任何单位和个人不得伪造、变造或者买卖资格证书。

第二十六条　考核单位应当建立健全考核管理制度，配备与拟从事的资格考核活动相适应的考核场所、档案室、焊接设备和仪器，具有相应的专业技术人员和管理人员。

考核工作人员应当严格按照考核管理规定实施资格考核，保证考核的公正公平。

第二十七条　考核单位应当建立并管理焊接人员考试档案。考试档案的保存期限为10年。

第二十八条　焊接人员资格管理中相关违法信息由国务院核安全监管部门记入社会诚信档案，及时向社会公开。

第二十九条　对国务院核安全监管部门依法进行的监督检查，被检查单位和人员应当予以配合，如实反映情况，提供必要资料，不得拒绝和阻碍。

第四章　法律责任

第三十条　焊接人员违反相关法律法规和国家相关规定的，由国务院核安全监管部门根据情节严重程度依法分类予以处罚。

第三十一条　申请人员隐瞒有关情况或者提供虚假材料的，国务院核安全监管部门不予受理或者不予许可，并给予警告；申请人员1年内不得再次申请资格考核。

第三十二条　焊接人员以欺骗、贿赂等不正当手段取得资格证书的，由国务院核安全监管部门撤销其资格证书，3年内不得再次申请资格考核；构成犯罪的，依法追究刑事责任。

第三十三条　焊接人员违反焊接工艺规程导致严重焊接质量问题的，依据《民用核安全设备监督管理条例》的相关规定，由国务院核安全监管部门吊销其资格证书。

第三十四条　伪造、变造或者买卖资格证书的，依据《中华人民共和国治安管理处罚法》的相关规定予以处罚；构成犯罪的，依法追究刑事责任。

第三十五条　聘用单位聘用未取得相应资格证书的焊接人员从事焊接活动的，依据《中华人民共和国核安全法》的相关规定，由国务院核安全监管部门责令改正，处10万元以上50万元以下的罚款；拒不改正的，暂扣或者吊销许可证，对直接负责的主管人员和其他直接责任人员处2万元以上10万元以下的罚款。

第三十六条　考核工作人员有下列行为之一的，由国务院核安全监管部门依据有关法律法规和国家相关规定予以处理：

（一）以不正当手段协助他人取得考试资格或者取得相应证书的；

（二）泄露考务实施工作中应当保密的信息的；

（三）在评阅卷工作中，擅自更改评分标准或者不按评分标准进行评卷的；

（四）指使或者纵容他人作弊，或者参与考场内外串通作弊的；

（五）其他严重违纪违规行为。

第五章　附　则

第三十七条　资格考核的具体内容和评定标准由国务院核安全监管部门制定发布。

第三十八条　考核单位不得开展影响资格考核公平、公正的培训活动，不得收取考试费用。

第三十九条　本规定自2020年1月1日起施行。2007年12月28日原国家环境保护总局发布的《民用核安全设备焊工焊接操作工资格管理规定》（国家环境保护总局令　第45号）同时废止。

民用核安全设备无损检验人员资格管理规定

生态环境部令　第6号

《民用核安全设备无损检验人员资格管理规定》已于2019年3月21日由生态环境部部务会议审议通过，现予公布，自2020年1月1日起施行。2007年12月28日原国家环境保护总局和国防科学技术工业委员会联合发布的《民用核安全设备无损检验人员资格管理规定》（国家环境保护总局令　第44号）同时废止。

生态环境部部长　李干杰

2019年6月13日

民用核安全设备无损检验人员资格管理规定

第一章　总　则

第一条　为了加强民用核安全设备无损检验人员（以下简称无损检验人员）的资格管理，保证民用核安全设备质量，根据《中华人民共和国核安全法》和《民用核安全设备监督管理条例》，制定本规定。

第二条　本规定适用于无损检验人员的资格考核和管理工作。

无损检验人员的资格等级分为Ⅰ级（初级）、Ⅱ级（中级）和Ⅲ级（高级）。

第三条　从事民用核安全设备无损检验活动（以下简称无损检验活动）的人员应当依据本规定取得资格证书。

第四条　国务院核安全监管部门负责无损检验人员的资格管理，统一组织资格考核，颁发资格证书，对无损检验人员资格及相关资格考核活动进行监督检查。

第五条　民用核安全设备制造、安装、无损检验单位和民用核设施营运单位（以下简称聘用单位）应当聘用取得资格证书的人员开展无损检验活动，对无损检验人员进行岗位管理。

第六条　本规定所称的无损检验方法是指无损检验活动中的超声检验（UT）、射线检验（RT）、涡流检验（ET）、泄漏检验（LT）、渗透检验（PT）、磁粉检验（MT）、目视检验（VT）以及国务院核安全监管部门认可的其他无损检验方法。

第二章　证书申请与颁发

第七条　Ⅰ级无损检验人员在Ⅱ级或者Ⅲ级无损检验人员的监督指导下方可承担下列工作：

（一）安装和使用仪器设备；

（二）按照无损检验规程进行无损检验操作；

（三）记录检验数据。

第八条　Ⅱ级无损检验人员承担下列工作：

（一）根据确定的工艺，编制无损检验规程；

（二）调整和校验仪器设备，实施无损检验活动；

（三）依据标准、规范和无损检验规程，评价检验结果；

（四）编制无损检验结果报告；

（五）监督和指导Ⅰ级无损检验人员；

（六）本规定第七条所列工作。

第九条　Ⅲ级无损检验人员承担下列工作：

（一）确定无损检验技术和工艺；

（二）制定特殊的无损检验工艺；

（三）对无损检验结果进行评定；

（四）编制验收准则；

（五）审核无损检验规程和结果报告；

（六）本规定第八条所列工作。

第十条　申请Ⅰ级资格考核的人员应当具备下列条件：

（一）身体健康，裸视或者矫正视力达到4.8及以上，辨色视力正常；

（二）大专及以上学历，工作满1年，或者中等职业教育、高中学历，工作满2年。

第十一条　申请Ⅱ级资格考核的人员应当具备下列条件：

（一）身体健康，裸视或者矫正视力达到4.8及以上，辨色视力正常；

（二）持有拟申请方法Ⅰ级资格证书满 2 年且业绩良好，或者持有特种设备相应方法Ⅱ级资格证书满1年且业绩良好，或者持有特种设备相应方法Ⅲ级资格证书。

第十二条　申请Ⅲ级资格考核的人员应当具备下列条件：

（一）身体健康，裸视或者矫正视力达到4.8及以上，辨色视力正常；

（二）持有超声检验（UT）、射线检验（RT）、涡流检验（ET）中1种及以上方法的Ⅱ级资格证书；

（三）持有泄漏检验（LT）、渗透检验（PT）、磁粉检验（MT）、目视检验（VT）中1种及以上方法的Ⅱ级资格证书；

（四）持有拟申请方法Ⅱ级资格证书满 5 年且业绩良好，或者持有特种设备相应方法Ⅲ级资格证书满2年且业绩良好。

第十三条　有下列情形之一的人员，申请Ⅱ级或者Ⅲ级资格考核的，其有关工作年限在本规定第十一条或者第十二条有关规定基础上延长2年：

（一）脱离无损检验工作1年以上的；

（二）违反无损检验操作规程或者标准规范，未造成严重后果的。

第十四条　有下列情形之一的人员，不得申请民用核安全设备无损检验人员资格考核：

（一）被吊销资格证书的人员，自证书吊销之日起未满 3 年的；

（二）依照本规定被给予不得申请资格考核的处理期限未满的。

第十五条　国务院核安全监管部门制定考试计划，组织承担考核工作的单位（以下简称考核单位）实施资格考核。

考核单位负责管理检验设备、仪器，维护试块和试件，实施具体考试工作，出具考试结果报告。

第十六条　申请人员由聘用单位组织报名参加资格考核，并提交下列材料：

（一）申请表；

（二）学历证明；

（三）二级及以上医院出具的视力检查结果；

（四）相关资格证书。

第十七条　国务院核安全监管部门对申请材料进行审核，自收到材料之日起 5 个工作日内确认申请人员考试资格。

第十八条　Ⅰ级和Ⅱ级的资格考核包括理论考试和操作考试。Ⅲ级的资格考核包括理论考试、操作考试和综合答辩。

资格考核按不同的检验方法和级别进行。

第十九条　Ⅰ级和Ⅱ级的理论考试主要考查申请人员对核设施系统基本知识、核安全设备及质量保证相关知识、核安全文化和无损检验基础知识的理解和掌握程度，以及将有关无损检验技术应用于民用核安全设备的能力。

Ⅲ级的理论考试除包括前款规定的考查内容外，还应当考查申请人员对无损检验新技术、特殊工艺和相关标准规范的理解和应用能力。

第二十条　操作考试主要考查申请人员正确应用无损检验仪器设备进行操作，出具检验结果并对结果进行评价的能力。

第二十一条　综合答辩主要考查申请人员对民用核安全设备无损检验理论、方法和实践操作等方面的综合应用能力。

第二十二条　所有考试成绩均达到合格标准视为资格考核合格。

考试成绩未达到合格标准的，可在考试结束日的次日起 1 年内至多补考两次，补考仍未合格的，视为本次考核不合格。

第二十三条　国务院核安全监管部门收到考核单位的考试结果报告之日起 20 个工作日内完成审查，作出是否授予资格的决定。

资格证书由国务院核安全监管部门自授予资格决定之日起 10 个工作日内向合格的人员颁发。

第二十四条　资格证书包括下列主要内容：

（一）人员姓名、身份证号及聘用单位；

（二）方法和级别；

（三）有效期限；

（四）证书编号。

第二十五条 资格证书的有效期限为5年。

第二十六条 资格证书有效期届满拟继续从事无损检验活动的人员，应当在证书有效期届满6个月前，由聘用单位组织向国务院核安全监管部门提出延续申请，并提交下列材料：

（一）申请表；

（二）二级及以上医院出具的视力检查结果；

（三）资格证书有效期内从事无损检验活动的工作记录和业绩情况。

第二十七条 对资格证书有效期内无损检验活动工作记录和业绩良好的，由国务院核安全监管部门作出准予延续的决定，资格证书有效期延续5年。对资格证书有效期内从事无损检验活动不符合国务院核安全监管部门有关工作记录和业绩管理要求的，不予延续，需要重新申领资格证书。

第二十八条 已取得国外相关资格证书的境外单位无损检验人员，需经国务院核安全监管部门核准后，方可在中华人民共和国境内从事无损检验活动。

第二十九条 申请核准的境外单位无损检验人员，应当由聘用单位组织提交下列材料：

（一）持有的资格证书；

（二）相关核安全设备无损检验活动业绩；

（三）未发生过责任事故、重大技术失误的书面说明材料；

（四）境内无损检验活动需求材料。

第三章　监督管理

第三十条 聘用单位应当对申请人员相关申请材料进行核实，确保材料真实、准确，没有隐瞒。

第三十一条 聘用单位应当对本单位无损检验人员进行培训和岗位管理，保证其按照民用核安全设备标准和技术要求从事无损检验活动。

鼓励聘用单位对Ⅱ级和Ⅲ级无损检验人员在职称评定、薪酬待遇、荣誉激励等方面给予政策倾斜。

第三十二条 无损检验人员应当按照无损检验规程进行无损检验活动，遵守从业操守，提高知识技能，严格尽职履责。无损检验人员对其出具的无损检验结果负责。

第三十三条 无损检验结果报告的编制和审核应当由取得相应资格证书的无损检验人员承担，并经其聘用单位批准后方为有效。

第三十四条 无损检验人员超出资格证书范围从事无损检验活动的，其检验结果无效。

第三十五条 无损检验人员一般应当固定在一个单位执业，确需在两个单位执业的，应当报国务院核安全监管部门备案。

无损检验人员变更聘用单位的，应当由其聘用单位向国务院核安全监管部门提出资格证书变更申请，经审查同意后更换新的资格证书。变更后的资格证书有效期适用原资格证书有效期，原资格证书失效。

第三十六条 任何单位和个人不得伪造、变造或者买卖资格证书。

第三十七条 考核单位应当建立健全考核管理制度，配备与拟从事的资格考核活动相适应的考核场所、档案室、检验设备和仪器，具有相应的专业技术人员和管理人员。

考核工作人员应当严格按照考核管理规定实施资格考核，保证考核的公正公平。

第三十八条 考核单位应当建立并管理无损检验人员考试档案。考试档案的保存期限为 10 年。

第三十九条 无损检验人员资格管理中相关违法信息由国务院核安全监管部门记入社会诚信档案，及时向社会公开。

第四十条 对国务院核安全监管部门依法进行的监督检查，被检查单位和人员应当予以配合，如实反映情况，提供必要资料，不得拒绝和阻碍。

第四章 法律责任

第四十一条 无损检验人员违反相关法律法规和国家相关规定的，由国务院核安全监管部门根据情节严重程度依法分类予以处罚。

第四十二条 申请人员隐瞒有关情况或者提供虚假材料的，国务院核安全监管部门不予受理或者不予许可，并给予警告；申请人员 1 年内不得再次申请资格考核。

第四十三条 无损检验人员以欺骗、贿赂等不正当手段取得资格证书的，由国务院核安全监管部门撤销其资格证书，3 年内不得再次申请资格考核；构成犯罪的，依法追究刑事责任。

第四十四条 无损检验人员违反无损检验规程导致无损检验结果报告严重错误的，依据《民用核安全设备监督管理条例》的相关规定，由国务院核安全监管部门吊销其资格证书。

第四十五条 伪造、变造或者买卖资格证书的，依据《中华人民共和国治安管理处罚法》的相关规定予以处罚；构成犯罪的，依法追究刑事责任。

第四十六条 聘用单位聘用未取得相应资格证书的无损检验人员从事无损检验活动的，依据《中华人民共和国核安全法》的相关规定，由国务院核安全监管部门责令改正，处 10 万元以上 50 万元以下的罚款；拒不改正的，暂扣或者吊销许可证，对直接负责的主管人员和其他直接责任人员处 2 万元以上 10 万元以下的罚款。

第四十七条 考核工作人员有下列行为之一的，由国务院核安全监管部门依据有关法律法规和国家相关规定予以处理：

（一）以不正当手段协助他人取得考试资格或者取得相应证书的；

（二）泄露考务实施工作中应当保密的信息的；

（三）在评阅卷工作中，擅自更改评分标准或者不按评分标准进行评卷的；

（四）指使或者纵容他人作弊，或者参与考场内外串通作弊的；

（五）其他严重违纪违规行为。

第五章 附 则

第四十八条 资格考核的具体内容和评定标准由国务院核安全监管部门制定发布。

第四十九条 考核单位不得开展影响资格考核公平、公正的培训活动，不得收取考试费用。

第五十条 本规定自2020年1月1日起施行。2007年12月28日原国家环境保护总局和国防科学技术工业委员会联合发布的《民用核安全设备无损检验人员资格管理规定》（国家环境保护总局令 第44号）同时废止。

生态环境部关于废止、修改部分规章的决定

生态环境部令 第7号

《生态环境部关于废止、修改部分规章的决定》已于2019年7月11日由生态环境部部务会议审议通过，现予公布，自公布之日起施行。

生态环境部部长 李干杰
2019年8月22日

生态环境部关于废止、修改部分规章的决定

根据《国务院办公厅关于开展生态环境保护法规、规章、规范性文件清理工作的通知》（国办发〔2018〕87号）和《国务院办公厅关于做好证明事项清理工作的通知》（国办发〔2018〕47号），我部决定对下列规章予以废止或者修改：

一、决定予以废止的规章

（一）全国环境监测管理条例（1983年，城环字〔1983〕483号）
（二）环境监理人员行为规范（1995年，国家环境保护局令 第16号）
（三）电磁辐射环境保护管理办法（1997年，国家环境保护局令 第18号）
（四）环境信息公开办法（试行）（2007年，国家环境保护总局令 第35号）
（五）环境行政执法后督察办法（2010年，环境保护部令 第14号）

二、决定予以修改的规章

（一）国家环境保护总局建设项目环境影响评价文件审批程序规定（2005年，国家环境保护总局令 第29号）

删去第八条建设单位应当提交材料第三项“建设项目建议书批准文件（审批制项目）或备案准予文件（备案制项目）1份”。

（二）国家级自然保护区监督检查办法（2006年，国家环境保护总局令　第36号，2017年12月20日经环境保护部令　第47号修改）

删去第十三条第四项“涉及国家级自然保护区且其环境影响评价文件依法由地方环境保护行政主管部门审批的建设项目，其环境影响评价文件在审批前是否征得国务院环境保护行政主管部门的同意”。

（三）危险废物出口核准管理办法（2008年，国家环境保护总局令　第47号）

1．删去第五条第一款申请出口危险废物应当提交材料第十一项中的“出口者为危险废物收集者、贮存者、处置者或者利用者的，还需提交危险废物经营许可证”；

2．删去第五条第一款申请出口危险废物应当提交材料第十二项“危险废物国内运输单位危险货物运输资质证书及承运合同”。

（四）消耗臭氧层物质进出口管理办法（2014年，环境保护部、商务部、海关总署令　第26号）

1．删去第七条进出口单位应当提交材料第一款第一项“法人营业执照和对外贸易经营者备案登记表”，第二项“消耗臭氧层物质进出口单位年度环保备案表”，以及第三款中的“该危险化学品的国内生产使用企业持有的危险化学品环境管理登记证”。相应将第七条修改为：

“进出口单位应当在每年10月31日前向国家消耗臭氧层物质进出口管理机构申请下一年度进出口配额，并提交下一年度消耗臭氧层物质进出口配额申请书和年度进出口计划表。

“初次申请进出口配额的进出口单位，还应当提交法人营业执照和对外贸易经营者备案登记表，以及前三年消耗臭氧层物质进出口业绩。

“申请进出口属于危险化学品的消耗臭氧层物质的单位，还应当提交安全生产监督管理部门核发的危险化学品生产、使用或者经营许可证。

“未按时提交上述材料或者提交材料不齐全的，国家消耗臭氧层物质进出口管理机构不予受理配额申请。”

2．删去第十条第二款中的“应当持有回收单位所在省级环境保护主管部门签发的回收证明”，相应将第十条第二款修改为：

“出口回收的消耗臭氧层物质的单位依法申请领取进出口受控消耗臭氧层物质审批单后，方可办理其他手续。”

（五）排污许可管理办法（试行）（2018年，环境保护部令　第48号）

删去第四十四条申请变更排污许可证应当提交材料第三项“排污许可证正本复印件”和第四十七条申请延续排污许可证应当提交材料第三项“排污许可证正本复印件”。

（六）放射性同位素与射线装置安全许可管理办法（2006年，国家环境保护总局令　第31号，2008年12月6日经环境保护部令　第3号修改，2017年12月20日经环境保护部令　第47号修改）

1．删去第十八条申请领取许可证应当提交材料第二项“企业法人营业执照正、副本或者事业单位法人证书正、副本及法定代表人身份证原件及其复印件，审验后留存复印件”，第三项“经审批的环境影响评价文件”；

2．删去第二十二条第一款申请办理许可证变更手续应当提交材料第二项“变更后的企业法人营业执照或事业单位法人证书正、副本复印件”，第三项“许可证正、副本”。相应将第二十二条第一款修改为：“辐射工作单位变更单位名称、地址和法定代表人的，应当自变更登记之日起 20 日内，向原发证机关申请办理许可证变更手续，并提供许可证变更申请报告。”

3．删去第二十四条第一款申请延续许可证应当提交材料第四项“许可证正、副本”；

4．删去第二十八条第一款申请进口列入限制进出口目录的放射性同位素应当提交材料第一项“进口单位许可证复印件”，以及第五项中的“以及使用单位许可证复印件”；

5．删去第三十条第一款出口列入限制进出口目录的放射性同位素应当提交材料第一项“出口单位许可证复印件”；

6．删去第三十二条第一款转入放射性同位素应当提交材料第一项“转出、转入单位的许可证”；

7．删去第三十五条第一款转移放射性同位素到外省、自治区、直辖市的“持许可证复印件”。

（七）民用核安全设备设计制造安装和无损检验监督管理规定（2007 年，国家环境保护总局令　第 43 号）

1．将第九条第一款“申请领取民用核安全设备设计、制造、安装或者无损检验许可证的单位，应当提交申请书和符合第八条规定条件的证明文件”修改为“申请领取民用核安全设备设计、制造、安装或者无损检验许可证的单位，应当提交申请书和符合第八条规定条件的证明文件，具有法人资格的证明文件除外”；

2. 删去第十八条第一款办理许可证变更手续应当提交材料中的“工商注册登记文件”。

（八）进口民用核安全设备监督管理规定（2007 年，国家环境保护总局令　第 46 号）

1．删去第十四条第一款办理注册登记确认书变更手续应当提交材料第二项“原注册登记确认书复印件”；

2．删去第三十三条第一款进口民用核安全设备报检应当提交材料第二项“注册登记确认书复印件”。

（九）放射性物品运输安全许可管理办法（2010 年，环境保护部令　第 11 号）

1．删去第十一条第二款申请延续设计批准书应当提交材料第一项“原设计批准书复印件”；

2．删去第二十条第二款申请延续制造许可证应当提交材料第一项“原制造许可证复印件”；

3．删去第二十八条第二款申请延续使用批准书应当提交材料第一项“原使用批准书复印件”；

4．删去第三十五条第二款申请延续核与辐射安全分析报告批准书应当提交材料第一项“原核与辐射安全分析报告批准书复印件”；

5．删去第三十七条第一款一类放射性物品启运前托运人应当提交材料第二项“一类放射性物品运输的核与辐射安全分析报告批准书复印件”。

（十）放射性固体废物贮存和处置许可管理办法（2013 年，环境保护部令　第 25 号）

1．删去第八条申请领取贮存许可证应当提交材料第二项“从事放射性固体废物贮存管理和操作人员的培训和考核证明，注册核安全工程师证书复印件”，第三项“放射性固体废物贮存设施环境影响评价批复文件复印件”；

2．删去第十一条申请领取处置许可证应当提交材料第三项“放射性固体废物处置设施环境影响评价批复文件复印件和建造批准文件的复印件”；

3．删去第十四条第二款申请延续许可证应当提交材料第四项“原许可证复印件”；

4．删去第十五条第一款申请变更许可证应当提交材料第三项“原许可证复印件”。

此外，对相关规章中的条文序号作相应调整。

核动力厂、研究堆、核燃料循环设施安全许可程序规定

生态环境部令　第 8 号

《核动力厂、研究堆、核燃料循环设施安全许可程序规定》已于 2019 年 7 月 11 日由生态环境部部务会议审议通过，现予公布，自 2019 年 10 月 1 日起施行。1993 年 12 月 31 日国家核安全局发布的《核电厂安全许可证件的申请和颁发》、2006 年 1 月 28 日国家核安全局发布的《研究堆安全许可证件的申请和颁发规定》同时废止。

生态环境部部长　李干杰

2019 年 8 月 26 日

核动力厂、研究堆、核燃料循环设施安全许可程序规定

第一章　总　则

第一条　为规范民用核动力厂、研究堆、核燃料循环设施等核设施安全许可活动，根据《中华人民共和国核安全法》《中华人民共和国行政许可法》《中华人民共和国民用核设施安全监督管理条例》，制定本规定。

第二条　在中华人民共和国领域及管辖的其他海域内，民用核动力厂、研究堆、核燃料循环设施（以下统称核设施）的选址、建造、运行、退役等安全许可事项的许可程序，适用本规定。

核设施转让、变更营运单位和迁移等活动的审查批准，适用本规定。

第三条 核动力厂、研究堆、核燃料循环设施，是指：

（一）核电厂、核热电厂、核供汽供热厂等核动力厂及装置；

（二）核动力厂以外的研究堆、实验堆、临界装置等其他反应堆（以下统称研究堆），根据潜在危害由大到小可划分为Ⅰ类、Ⅱ类、Ⅲ类研究堆；

（三）核燃料生产、加工、贮存和后处理设施等核燃料循环设施。

核设施配套建设的放射性废物处理、贮存设施的安全许可，应当在主体核设施的安全许可中一并办理许可手续。

第四条 核设施营运单位申请核设施安全许可，以及办理核设施安全许可的变更、延续，应当依照本规定，报国家核安全局审查批准。

第二章 申请与受理

第五条 核设施营运单位，应当具备保障核设施安全运行的能力，并符合下列条件：

（一）有满足核安全要求的组织管理体系和质量保证、安全管理、岗位责任等制度；

（二）有规定数量、合格的专业技术人员和管理人员；

（三）具备与核设施安全相适应的安全评价、资源配置和财务能力；

（四）具备必要的核安全技术支撑和持续改进能力；

（五）具备应急响应能力和核损害赔偿财务保障能力；

（六）法律、行政法规规定的其他条件。

第六条 核设施营运单位应当按照有关核设施场址选择的要求完成核设施场址的安全评估论证，并在满足核安全技术评价要求的前提下，向国家核安全局提交核设施场址选择审查申请书和核设施选址安全分析报告，经审查符合核安全要求后，取得核设施场址选择审查意见书。

第七条 核设施建造前，核设施营运单位应当向国家核安全局提出建造申请，并提交下列材料：

（一）核设施建造申请书；

（二）初步安全分析报告；

（三）环境影响评价文件；

（四）质量保证文件；

（五）法律、行政法规规定的其他材料。

核设施营运单位取得核设施建造许可证后，方可开始与核设施安全有关的重要构筑物的建造（安装）或者基础混凝土的浇筑，并按照核设施建造许可证规定的范围和条件从事相关的建造活动。

核设施营运单位在提交核设施建造申请书时，本条第一款规定的初步安全分析报告中关于调试大纲的内容不具备提交条件的，可以在征得国家核安全局同意后，由核设施营运单位根据核设施建造进展情况，按照国家核安全局的要求补充提交。

核设施建造许可证的有效期不得超过十年。

第八条 有下列情形之一的，核设施营运单位可以一并向国家核安全局提交核设施场址选择审查申请书和核设施建造申请书。国家核安全局在核发核设施建造许可证的同时出具核设施场址选择审查意见书：

（一）新选场址拟建核设施为Ⅲ类研究堆的；

（二）在现有场址新建研究堆，若新建研究堆对场址的安全要求不高于该场址已有核设施，且该场址已经过安全技术评价并得到国家核安全局的批准的；

（三）在现有核燃料生产基地内建设核燃料循环前端设施（铀纯化转化、铀浓缩和元件制造设施）的；

（四）由工厂制造或者总装、并在工厂内完成首次装料和调试的浮动式或者移动式核动力装置，其场址已经过安全评价并得到国家核安全局的批准的。

第九条 核设施首次装投料前，核设施营运单位应当向国家核安全局提出运行申请，并提交下列材料：

（一）核设施运行申请书；

（二）最终安全分析报告；

（三）质量保证文件；

（四）应急预案；

（五）法律、行政法规规定的其他材料。

核设施营运单位取得核设施运行许可证后，方可装投料，并应当按照核设施运行许可证规定的范围和条件进行装投料，以及装投料后的调试和运行等活动。

第十条 核设施营运单位在提交核设施运行申请书时，本规定第九条规定的最终安全分析报告中下列章节或者内容不具备提交条件的，可以在征得国家核安全局同意后，由核设施营运单位根据核设施建造调试进展情况，按照国家核安全局的要求向国家核安全局补充提交：

（一）维修大纲（不适用Ⅲ类研究堆及核燃料循环设施）；

（二）在役检查大纲（不适用Ⅲ类研究堆及核燃料循环设施）；

（三）装换料大纲（不适用Ⅲ类研究堆及核燃料循环设施）；

（四）役前检查结果报告（不适用Ⅲ类研究堆及核燃料循环设施）；

（五）实验和应用大纲（不适用研究堆之外的核设施）；

（六）核设施装投料前调试报告。

第十一条 核设施营运单位取得核设施运行许可证后，应当按照许可证规定的范围和条件运行核设施。

核设施营运单位应当按照批准的调试大纲所确定的顺序、方法等要求完成调试试验项目。核设施营运单位应当在调试大纲确定的所有调试试验项目完成后两个月内，向国家核安全局提交调试报告。

国家核安全局对核设施首次装投料以及装投料后的重要调试活动，可以设置控制点，并在运行许可文件中载明。

第十二条 核设施运行许可证的有效期为设计寿期。

运行许可证有效期内，核设施营运单位应当按照要求对核设施进行定期安全评价，评价周期根据核设施具体情况和核安全法规和标准的变化情况确定，一般为十年。评价结果应当提交国家核安全局审查。

第十三条 用于科学研究的核燃料循环设施，根据设施潜在风险和复杂程度，核设施营运单位可以向国家核安全局申请合并办理核设施安全许可事项。

第十四条 拟转让核设施的，核设施拟受让单位应当符合本规定第五条规定的条件，并重新申请核设施安全许可。

前款规定的核设施安全许可申请，由持有核设施安全许可证的核设施营运单位和核设施拟受让单位共同向国家核安全局提出申请，并提交以下材料：

（一）转让核设施的申请书；

（二）核设施拟受让单位质量保证文件；

（三）核设施拟受让单位应急预案；

（四）其他需要申明的事项。

拟变更核设施营运单位的，依照本条第一款、第二款的规定执行。

第十五条 国家核安全局审查认可转让核设施或者变更核设施营运单位的，向核设施的受让单位或者变更后的核设施营运单位重新颁发核设施安全许可证，并同时注销原核设施安全许可证。

核设施的受让单位或者变更后的核设施营运单位，应当继承原核设施营运单位在核设施安全管理方面的全部义务，并遵守原核设施营运单位在申请原核设施安全许可证时所作的全部承诺，但经核设施的受让单位和变更后的核设施营运单位申请并得到国家核安全局审查认可免除的义务和承诺除外。

第十六条 迁移核设施的，核设施营运单位应当向国家核安全局提出申请，并提交下列材料：

（一）核设施迁移申请书；

（二）新场址的选址安全分析报告；

（三）新场址的环境影响报告书；

（四）新场址的应急预案；

（五）核设施迁移活动的质量保证文件；

（六）核设施安全分析报告相关内容的修订文件；

（七）法律、行政法规规定的其他材料。

迁移核设施的申请取得国家核安全局批准后，核设施营运单位方可开始进行核设施迁移活动。

核设施迁移过程中存在核设施转让或者变更核设施营运单位情形的，适用本规定第十四条、第十五条的有关规定。

第十七条 核设施终止运行后，核设施营运单位应当制定停闭期间的安全管理措施，采取安全的方式进行停闭管理，保证停闭期间的安全，确保退役所需的基本功能、技术人员和文件，并接受国家核安全局的监督检查。

第十八条 核设施退役前，核设施营运单位应当向国家核安全局提出退役申请，并提交下列材料：

（一）核设施退役申请书；

（二）退役安全分析报告；

（三）环境影响评价文件；

（四）质量保证文件；

（五）法律、行政法规规定的其他材料。

国家核安全局向核设施营运单位颁发退役批准书。核设施营运单位应当按照退役批准书的内容开展退役活动。

第十九条 国家核安全局按照规定对核设施安全许可申请材料进行形式审查，申请材料不齐全或者不符合法定形式的，在五个工作日内一次告知申请单位需要补正的全部内容。对于申请材料齐全、符合法定形式，或者申请单位按照要求提交全部补正申请材料的，应当受理核设施安全许可申请。

国家核安全局受理或者不予受理核设施安全许可申请，应当出具书面凭证；需要对核设施安全许可申请组织技术审查的，应当一并告知申请单位技术审查的流程、计划节点和预计的技术审查时间。

第二十条 核设施营运单位对核设施安全许可申请材料的真实性、准确性负责。核设施安全许可申请材料的格式和编写内容及形式，应当符合如下规定：

（一）格式和内容满足国家核安全局相应的要求；

（二）应当具有总目录；对篇幅较长的，应当有分卷目录；

（三）所有文字、图纸和图表应当清晰，不使用放大设备能直接阅读；

（四）对所使用的图例、符号应当给予说明；

（五）涉及国家秘密、商业秘密和个人信息的内容应当予以注明。

第三章　审查与决定

第二十一条 国家核安全局依照法定条件和程序，对核设施安全许可申请组织安全技术审查。

技术审查内容包括申请材料与法规标准的符合情况、分析计算结果复核、试验结果审核等。

技术审查流程包括文件审查、校核计算、试验验证、技术交流和专家咨询等。

国家核安全局根据核设施的种类和复杂程度，对技术审查时间作出适当的安排。核设施营运单位应当按照国家核安全局的要求答复国家核安全局在技术审查中提出的问题，必要时补充相关文件资料予以说明。

技术审查时间不计入作出核设施安全许可的期限。

第二十二条 国家核安全局组织安全技术审查时，应当委托与许可申请单位没有利益关系的技术支持单位进行审评。受委托的技术支持单位应当对其技术评价结论的真实性、准确性负责。

国家核安全局在进行核设施重大安全问题技术决策时，应当咨询核安全专家委员会的意见。

第二十三条 国家核安全局对满足核安全要求的核设施安全许可申请，在技术审查完成之日起二十个工作日内，依法作出准予许可的决定，予以公告；对不满足核安全要求的，应当书面通知申请单位并说明理由。

国家核安全局审批核设施建造、运行许可申请以及核设施转让或者变更核设施营运单位申请时，应当向国务院有关部门和核设施所在地省、自治区、直辖市人民政府征询意见。

国家核安全局审批核设施迁移申请时，应当向国务院有关部门以及核设施迁出地、迁入地的省、自治区、直辖市人民政府征询意见。

第二十四条 核设施安全许可证件应当载明下列内容：

（一）核设施安全许可的单位名称、注册地址和法定代表人；

（二）核设施的名称和所在地址；

（三）准予从事的核设施安全许可活动范围和条件；

（四）有效期限；

（五）发证机关、发证日期和证书编号。

第二十五条 在核设施运行许可证的有效期内，国家核安全局可以根据法律、行政法规和新的核安全标准的要求，对许可证规定的事项作出合理调整。

第二十六条 国家核安全局依法公开核设施安全许可文件。涉及国家秘密、商业秘密和个人信息的，按照国家有关规定执行。

第四章 变更与延续

第二十七条 核设施营运单位变更单位名称、注册地址和法定代表人的，应当自变更之日起二十个工作日内，向国家核安全局办理许可证变更手续。

第二十八条 核设施建造许可证有效期届满，尚未建造完成的，核设施营运单位应当在核设施建造许可证有效期届满三十日前向国家核安全局办理延期手续，经国家核安全局审查批准后方可继续建造活动。有下列情形之一且经评估不存在安全风险的，无须办理延期审批手续，核设施营运单位应当将安全风险评估报告提交国家核安全局备案：

（一）国家政策或者行为导致核设施延期建造；

（二）用于科学研究的核设施；

（三）用于工程示范的核设施；

（四）用于乏燃料后处理的核设施。

第二十九条 核设施营运单位调整下列事项的，应当报国家核安全局批准：

（一）作为颁发运行许可证依据的重要构筑物、系统和设备；

（二）运行限值和条件；

（三）国家核安全局批准的与核安全有关的程序和其他文件。

第三十条 对在运行许可证有效期内长期不启动运行的核设施，需要改变原有运行限值和条件或者其他安全管理措施的，核设施营运单位应当制定长期停堆（运）计划和相应的管理措施，并依据本规定第二十九条的有关规定，报国家核安全局批准。

实施长期停堆（运）管理的核设施如需恢复正常运行的，应当依据本规定第二十九条的有关规定，报国家核安全局批准。

第三十一条 核设施运行许可证有效期届满需要继续运行的，核设施营运单位应当对核设施是否符合核安全标准进行论证、验证。满足核安全标准要求的，应当于许可证有效期届满前五年，向国家核安全局提出运行许可证有效期延续申请，并提交下列材料：

（一）核设施运行许可证有效期延续申请书；

（二）核设施运行许可证有效期延续的安全论证、验证报告，以及老化管理大纲、修订的环境影响评价文件、核安全相关的工程改进措施和计划等与核设施安全论证、验证相关的材料；

（三）增补或者修改的最终安全分析报告；

（四）法律、行政法规规定的其他材料。

核设施运行许可证有效期届满，运行许可证有效期延续申请经国家核安全局审查批准后，核设施方可继续运行。未获得国家核安全局批准的，核设施不得继续运行。

第三十二条 核设施运行许可证有效期延续的期限按照核设施的实际状态和安全评估情况确定，但每次不超过二十年。

第五章 附 则

第三十三条 本规定有关的术语定义为：

研究堆：核动力厂以外的研究堆、实验堆、临界装置以及由外源驱动带功率运行的次临界系统等核设施或装置的统称，包括反应堆堆芯、辐照孔道、考验回路等实验装置，以及为支持其运行、保证安全和辐射防护的目的所设置的所有系统和构筑物，还包括燃料贮存、放射性废物贮存、放射性热室、实物保护系统等反应堆场址内与反应堆或实验装置有关的一切其他设施。

Ⅰ类研究堆：功率、剩余反应性和裂变产物总量都较高的研究堆，热功率范围 10 MW～300 MW。这类研究堆一般在强迫循环下运行，通常必须设置高度可靠的停堆系统，需要设置应急冷却系统以保证堆芯余热的有效排出；对反应堆厂房或者其他包容结构需要有特殊的密封要求。

Ⅱ类研究堆：功率、剩余反应性和裂变产物总量属于中等的研究堆，热功率范围 500 kW～10 MW。这类研究堆可采用自然对流冷却方式或强迫循环冷却方式排出热量；反应堆需要设置可靠的停堆系统，停堆后必须保证堆芯在要求的时间内得到冷却，对反应堆厂房无特殊密封性要求。

Ⅲ类研究堆：功率低、剩余反应性小、停堆余热极少、裂变产物总量有限的研究堆，其热功率小于 500 kW，如果具有较高的固有安全特性，热功率范围可扩展至 1 MW。这类研究堆通常无特殊的冷却要求，或通过冷却剂自然对流冷却即可排出热量；利用负反馈效应或简单的停堆手段即可使反应堆停堆并保持安全状态；对反应堆厂房无密封要求。

核设施迁移：是指将核设施由一个场址搬迁至一个新的场址。

安全重要构筑物：是指具有安全要求并执行核安全功能的构筑物，包括其失效可能导致核设施安全水平的降低或者事故，以及用以缓解事故可能引起的辐射照射后果的构筑物。

长期停堆（运）：是指核设施运行期间一种较长时间的停堆（运）状态。在此状态下，核设施处于卸料状态，或处于深度次临界状态且无须采取冷却措施，核设施不必采取与正常运行要求完全一致的监测、试验、维护和检查等措施。

第三十四条 本规定自 2019 年 10 月 1 日起施行。1993 年 12 月 31 日国家核安全局发布的《核电厂安全许可证件的申请和颁发》、2006 年 1 月 28 日国家核安全局发布的《研究堆安全许可证件的申请和颁发规定》同时废止。

附表 1

<table>
<tr><td colspan="2">核设施场址选择审查申请书（样表）</td></tr>
<tr><td>申请单位名称</td><td></td></tr>
<tr><td>统一社会信用代码</td><td></td></tr>
<tr><td colspan="2">法定代表人姓名　　　　　　　　　　职务
电话（传真）</td></tr>
<tr><td colspan="2">注册地址　　　　　　　　　　　　　邮政编码</td></tr>
<tr><td colspan="2">拟建核设施名称</td></tr>
<tr><td colspan="2">拟建核设施类型和数量</td></tr>
<tr><td>设计功率（热、电）/生产能力</td><td></td></tr>
<tr><td>场址所在地</td><td></td></tr>
<tr><td colspan="2">附件：1．营运单位营业执照或登记证书复印件
2．法定代表人身份证件复印件</td></tr>
<tr><td colspan="2">法定代表人保证：
本申请书及提交的文件内容真实有效，否则愿承担法律责任。

法定代表人签字

（申请单位公章）

年　月　日</td></tr>
</table>

附表 2

<table>
<tr><td colspan="3">核设施建造申请书（样表）</td></tr>
<tr><td>营运单位名称</td><td colspan="2"></td></tr>
<tr><td>统一社会信用代码</td><td colspan="2"></td></tr>
<tr><td>注册地址</td><td colspan="2">邮政编码</td></tr>
<tr><td>法定代表人姓名
电话（传真）</td><td colspan="2">职务</td></tr>
<tr><td>核设施名称</td><td colspan="2">编号</td></tr>
<tr><td rowspan="2">核设施类型和数量</td><td colspan="2">主体设施</td></tr>
<tr><td colspan="2">配套设施</td></tr>
<tr><td>使用目的</td><td colspan="2"></td></tr>
<tr><td>设计功率（热、电）/生产能力</td><td colspan="2"></td></tr>
<tr><td>核设施所在地</td><td colspan="2"></td></tr>
<tr><td>预计开工时间</td><td colspan="2"></td></tr>
<tr><td colspan="3">附件：1．营运单位营业执照或登记证书复印件
2．法定代表人身份证件复印件</td></tr>
<tr><td colspan="3">法定代表人保证：
本申请书及提交的文件内容真实有效，否则愿承担法律责任。

法定代表人签字

（营运单位公章）
年　月　日</td></tr>
</table>

附表 3

<table>
<tr><th colspan="2">核设施运行申请书（样表）</th></tr>
<tr><td>营运单位名称</td><td></td></tr>
<tr><td>统一社会信用代码</td><td></td></tr>
<tr><td>注册地址</td><td>邮政编码</td></tr>
<tr><td>法定代表人姓名
电话（传真）</td><td>职务</td></tr>
<tr><td>核设施名称</td><td>编号</td></tr>
<tr><td rowspan="2">核设施类型和数量</td><td>主体设施</td></tr>
<tr><td>配套设施</td></tr>
<tr><td>使用目的</td><td></td></tr>
<tr><td>设计功率（热、电）/生产能力</td><td></td></tr>
<tr><td>核设施所在地</td><td></td></tr>
<tr><td>预计首次装（投）料时间</td><td></td></tr>
<tr><td>设计寿期</td><td></td></tr>
<tr><td colspan="2">附件：1．营运单位营业执照或登记证书复印件
2．法定代表人身份证件复印件</td></tr>
<tr><td colspan="2">法定代表人保证：
本申请书及提交的文件内容真实有效，否则愿承担法律责任。

法定代表人签字
（营运单位公章）
年　月　日</td></tr>
</table>

附表 4

<table>
<tr><td colspan="2">核设施运行许可证有效期延续申请书（样表）</td></tr>
<tr><td>营运单位名称</td><td></td></tr>
<tr><td>统一社会信用代码</td><td></td></tr>
<tr><td>注册地址</td><td>邮政编码</td></tr>
<tr><td>法定代表人姓名
电话（传真）</td><td>职务</td></tr>
<tr><td>核设施名称</td><td>编号</td></tr>
<tr><td rowspan="2">核设施类型和数量</td><td>主体设施</td></tr>
<tr><td>配套设施</td></tr>
<tr><td>使用目的</td><td></td></tr>
<tr><td>设计功率（热、电）/生产能力</td><td></td></tr>
<tr><td>原运行许可证编号</td><td></td></tr>
<tr><td>申请延续期限</td><td></td></tr>
<tr><td colspan="2">附件：1．营运单位营业执照或登记证书复印件
2．法定代表人身份证件复印件</td></tr>
<tr><td colspan="2">法定代表人保证：
本申请书及提交的文件内容真实有效，否则愿承担法律责任。
法定代表人签字
（营运单位公章）
年　月　日</td></tr>
</table>

附表 5

<table>
<tr><td colspan="2">核设施转让（变更营运单位）申请书（样表）</td></tr>
<tr><td>核设施受让单位（拟变更营运单位）</td><td></td></tr>
<tr><td>统一社会信用代码</td><td></td></tr>
<tr><td colspan="2">注册地址：　　　　　　　　　　邮政编码</td></tr>
<tr><td colspan="2">法定代表人姓名　　　　　　　　职务
电话（传真）</td></tr>
<tr><td>核设施出让单位（原营运单位）</td><td></td></tr>
<tr><td>统一社会信用代码</td><td></td></tr>
<tr><td colspan="2">注册地址　　　　　　　　　　　邮政编码</td></tr>
<tr><td colspan="2">法定代表人姓名　　　　　　　　职务
电话（传真）</td></tr>
<tr><td colspan="2">核设施名称　　　　　　　　编号</td></tr>
<tr><td rowspan="2">核设施类型和数量</td><td>主体设施</td></tr>
<tr><td>配套设施</td></tr>
<tr><td colspan="2">核设施原许可证件名称　　　　　　编号</td></tr>
<tr><td colspan="2">核设施所在地</td></tr>
<tr><td colspan="2">附件：1. 核设施受让单位（拟变更营运单位）营业执照或登记证书复印件
2. 核设施受让单位（拟变更营运单位）法定代表人身份证件复印件
3. 核设施出让单位（原营运单位）营业执照或登记证书复印件
4. 核设施出让单位（原营运单位）法定代表人身份证件复印件</td></tr>
<tr><td>受让单位（拟变更营运单位）
法定代表人签字
（公章）
年　月　日</td><td>核设施出让单位（原营运单位）
法定代表人签字
（公章）
年　月　日</td></tr>
</table>

附表 6

核设施迁移申请书（样表）		
营运单位名称		
统一社会信用代码		
注册地址	邮政编码	
法定代表人姓名	职务	
电话（传真）		
核设施名称	编号	
核设施类型和数量	主体设施	
	配套设施	
核设施功率（热、电）/生产能力		
是否变更营运单位		
核设施所在地		
拟迁往场址所在地		

附件：1．营运单位营业执照或登记证书复印件

2．法定代表人身份证件复印件

法定代表人保证：

本申请书及提交的文件内容真实有效，否则愿承担法律责任。

法定代表人签字

（营运单位公章）

年　月　日

附表 7

核设施退役申请书（样表）		
营运单位名称		
统一社会信用代码		
注册地址	邮政编码	
法定代表人姓名 电话（传真）	职务	
核设施名称	编号	
核设施类型和数量	主体设施	
	配套设施	
核设施所在地		
退役范围		
退役目标		
预计开始退役日期		
预计退役完成日期		
附件：1．营运单位营业执照或登记证书复印件 2．法定代表人身份证件复印件		
法定代表人保证： 本申请书及提交的文件内容真实有效，否则愿承担法律责任。 法定代表人签字 （营运单位公章） 年　月　日		

建设项目环境影响报告书（表）编制监督管理办法

生态环境部令　第9号

《建设项目环境影响报告书（表）编制监督管理办法》已于2019年8月19日由生态环境部部务会议审议通过，现予公布，自2019年11月1日起施行。2015年9月28日原环境保护部发布的《建设项目环境影响评价资质管理办法》（环境保护部令　第36号）、2019年1月19日生态环境部发布的《关于取消建设项目环境影响评价资质行政许可事项后续相关工作要求的公告（暂行）》（生态环境部公告　2019年第2号）同时废止。

生态环境部部长　李干杰

2019年9月20日

建设项目环境影响报告书（表）编制监督管理办法

第一章　总　则

第一条　为规范建设项目环境影响报告书和环境影响报告表［以下简称环境影响报告书（表）］编制行为，加强监督管理，保障环境影响评价工作质量，维护环境影响评价技术服务市场秩序，根据《中华人民共和国环境影响评价法》《建设项目环境保护管理条例》等有关法律法规，制定本办法。

第二条　建设单位可以委托技术单位对其建设项目开展环境影响评价，编制环境影响报告书（表）；建设单位具备环境影响评价技术能力的，可以自行对其建设项目开展环境影响评价，编制环境影响报告书（表）。

技术单位不得与负责审批环境影响报告书（表）的生态环境主管部门或者其他有关审批部门存在任何利益关系。任何单位和个人不得为建设单位指定编制环境影响报告书（表）的技术单位。

本办法所称技术单位，是指具备环境影响评价技术能力、接受委托为建设单位编制环境影响报告书（表）的单位。

第三条　建设单位应当对环境影响报告书（表）的内容和结论负责；技术单位对其编制的环境影响报告书（表）承担相应责任。

第四条　编制单位应当加强环境影响评价技术能力建设，提高专业技术水平。环境影响报告书（表）编制能力建设指南由生态环境部另行制定。

鼓励建设单位优先选择信用良好和符合能力建设指南要求的技术单位为其编制环境影响报告书（表）。

本办法所称编制单位，是指主持编制环境影响报告书（表）的单位，包括主持编制环境影响报告书（表）的技术单位和自行主持编制环境影响报告书（表）的建设单位。

第五条 编制人员应当具备专业技术知识，不断提高业务能力。

本办法所称编制人员，是指环境影响报告书（表）的编制主持人和主要编制人员。编制主持人是环境影响报告书（表）的编制负责人。主要编制人员包括环境影响报告书各章节的编写人员和环境影响报告表主要内容的编写人员。

第六条 设区的市级以上生态环境主管部门（以下简称市级以上生态环境主管部门）应当加强对编制单位的监督管理和质量考核，开展环境影响报告书（表）编制行为监督检查和编制质量问题查处，并对编制单位和编制人员实施信用管理。

第七条 生态环境部负责建设全国统一的环境影响评价信用平台（以下简称信用平台），组织建立编制单位和编制人员诚信档案管理体系。信用平台纳入全国生态环境领域信用信息平台统一管理。

编制单位和编制人员的基础信息等相关信息应当通过信用平台公开。具体办法由生态环境部另行制定。

第二章 编制要求

第八条 编制单位和编制人员应当坚持公正、科学、诚信的原则，遵守有关环境影响评价法律法规、标准和技术规范等规定，确保环境影响报告书（表）内容真实、客观、全面和规范。

第九条 编制单位应当是能够依法独立承担法律责任的单位。

前款规定的单位中，下列单位不得作为技术单位编制环境影响报告书（表）：

（一）生态环境主管部门或者其他负责审批环境影响报告书（表）的审批部门设立的事业单位；

（二）由生态环境主管部门作为业务主管单位或者挂靠单位的社会组织，或者由其他负责审批环境影响报告书（表）的审批部门作为业务主管单位或者挂靠单位的社会组织；

（三）由本款前两项中的事业单位、社会组织出资的单位及其再出资的单位；

（四）受生态环境主管部门或者其他负责审批环境影响报告书（表）的审批部门委托，开展环境影响报告书（表）技术评估的单位；

（五）本款第四项中的技术评估单位出资的单位及其再出资的单位；

（六）本款第四项中的技术评估单位的出资单位，或者由本款第四项中的技术评估单位出资人出资的其他单位，或者由本款第四项中的技术评估单位法定代表人出资的单位。

个体工商户、农村承包经营户以及本条第一款规定单位的内设机构、分支机构或者临时机构，不得主持编制环境影响报告书（表）。

第十条 编制单位应当具备环境影响评价技术能力。环境影响报告书（表）的编制主持人和主要编制人员应当为编制单位中的全职人员，环境影响报告书（表）的编制主持人还应当为取得环境影响评价工程师职业资格证书的人员。

第十一条 编制单位和编制人员应当通过信用平台提交本单位和本人的基本情况信息。

生态环境部在信用平台建立编制单位和编制人员的诚信档案，并生成编制人员信用编号，公开编制单位名称、统一社会信用代码等基础信息以及编制人员姓名、从业单位等基础信息。

编制单位和编制人员应当对提交信息的真实性、准确性和完整性负责。相关信息发生变化的，应当自发生变化之日起二十个工作日内在信用平台变更。

第十二条 环境影响报告书（表）应当由一个单位主持编制，并由该单位中的一名编制人员作为编制主持人。

建设单位委托技术单位编制环境影响报告书（表）的，应当与主持编制的技术单位签订委托合同，约定双方的权利、义务和费用。

第十三条 编制单位应当建立和实施覆盖环境影响评价全过程的质量控制制度，落实环境影响评价工作程序，并在现场踏勘、现状监测、数据资料收集、环境影响预测等环节以及环境影响报告书（表）编制审核阶段形成可追溯的质量管理机制。有其他单位参与编制或者协作的，编制单位应当对参与编制单位或者协作单位提供的技术报告、数据资料等进行审核。

编制主持人应当全过程组织参与环境影响报告书（表）编制工作，并加强统筹协调。

委托技术单位编制环境影响报告书（表）的建设单位，应当如实提供相关基础资料，落实环境保护投入和资金来源，加强环境影响评价过程管理，并对环境影响报告书（表）的内容和结论进行审核。

第十四条 除涉及国家秘密的建设项目外，编制单位和编制人员应当在建设单位报批环境影响报告书（表）前，通过信用平台提交编制完成的环境影响报告书（表）基本情况信息，并对提交信息的真实性、准确性和完整性负责。信用平台生成项目编号，并公开环境影响报告书（表）相关建设项目名称、类别以及建设单位、编制单位和编制人员等基础信息。

报批的环境影响报告书（表）应当附具编制单位和编制人员情况表（格式附后）。建设单位、编制单位和相关人员应当在情况表相应位置盖章或者签字。除涉及国家秘密的建设项目外，编制单位和编制人员情况表应当由信用平台导出。

第十五条 建设单位应当将环境影响报告书（表）及其审批文件存档。

编制单位应当建立环境影响报告书（表）编制工作完整档案。档案中应当包括项目基础资料、现场踏勘记录和影像资料、质量控制记录、环境影响报告书（表）以及其他相关资料。开展环境质量现状监测和调查、环境影响预测或者科学试验的，还应当将相关监测报告和数据资料、预测过程文件或者试验报告等一并存档。

建设单位委托技术单位主持编制环境影响报告书（表）的，建设单位和受委托的技术单位应当分别将委托合同存档。

存档材料应当为原件。

第三章　监督检查

第十六条 环境影响报告书（表）编制行为监督检查包括编制规范性检查、编制质量检查以及编制单位和编制人员情况检查。

第十七条 环境影响报告书（表）编制规范性检查包括下列内容：

（一）编制单位和编制人员是否符合本办法第九条和第十条的规定，以及是否列入本办法规定的限期整改名单或者本办法规定的环境影响评价失信“黑名单”（以下简称“黑名单”）；

（二）编制单位和编制人员是否按照本办法第十一条和第十四条第一款的规定在信用平台提交相关信息；

（三）环境影响报告书（表）是否符合本办法第十二条第一款和第十四条第二款的规定。

第十八条 环境影响报告书（表）编制质量检查的内容包括环境影响报告书（表）是否符合有关环境影响评价法律法规、标准和技术规范等规定，以及环境影响报告书（表）的基础资料是否明显不实，内容是否存在重大缺陷、遗漏或者虚假，环境影响评价结论是否正确、合理。

第十九条 编制单位和编制人员情况检查包括下列内容：

（一）编制单位和编制人员在信用平台提交的相关情况信息是否真实、准确、完整；

（二）编制单位建立和实施环境影响评价质量控制制度情况；

（三）编制单位环境影响报告书（表）相关档案管理情况；

（四）其他应当检查的内容。

第二十条 各级生态环境主管部门在环境影响报告书（表）受理过程中，应当对报批的环境影响报告书（表）进行编制规范性检查。

受理环境影响报告书（表）的生态环境主管部门发现环境影响报告书（表）不符合本办法第十二条第一款、第十四条第二款的规定，或者由不符合本办法第九条、第十条规定的编制单位、编制人员编制，或者编制单位、编制人员未按照本办法第十一条、第十四条第一款规定在信用平台提交相关信息的，应当在五个工作日内一次性告知建设单位需补正的全部内容；发现环境影响报告书（表）由列入本办法规定的限期整改名单或者本办法规定的“黑名单”的编制单位、编制人员编制的，不予受理。

第二十一条 各级生态环境主管部门在环境影响报告书（表）审批过程中，应当对报批的环境影响报告书（表）进行编制质量检查；发现环境影响报告书（表）基础资料明显不实，内容存在重大缺陷、遗漏或者虚假，或者环境影响评价结论不正确、不合理的，不予批准。

第二十二条 生态环境部定期或者根据实际工作需要不定期抽取一定比例地方生态环境主管部门或者其他有关审批部门审批的环境影响报告书（表）开展复核，对抽取的环境影响报告书（表）进行编制规范性检查和编制质量检查。

省级生态环境主管部门可以对本行政区域内下级生态环境主管部门或者其他有关审批部门审批的环境影响报告书（表）开展复核。

鼓励利用大数据手段开展复核工作。

第二十三条 生态环境部定期或者根据实际工作需要不定期通过抽查的方式，开展编制单位和编制人员情况检查。省级和市级生态环境主管部门可以对住所在本行政区域内或者在本行政区域内开展环境影响评价的编制单位及其编制人员相关情况进行抽查。

第二十四条 单位或者个人向生态环境主管部门举报环境影响报告书（表）编制规范性问题、编制质量问题，或者编制单位和编制人员违反本办法规定的，生态环境主管部门应当及时组织开展调查核实。

第二十五条 生态环境主管部门进行监督检查时，被监督检查的单位和人员应当如实说明情况，提供相关材料。

第二十六条 在监督检查过程中发现环境影响报告书（表）不符合有关环境影响评价法律法规、标准和技术规范等规定、存在下列质量问题之一的，由市级以上生态环境主管部门对建设单位、技术单位和编制人员给予通报批评：

（一）评价因子中遗漏建设项目相关行业污染源源强核算或者污染物排放标准规定的相关污染物的；

（二）降低环境影响评价工作等级，降低环境影响评价标准，或者缩小环境影响评价范围的；

（三）建设项目概况描述不全或者错误的；

（四）环境影响因素分析不全或者错误的；

（五）污染源源强核算内容不全，核算方法或者结果错误的；

（六）环境质量现状数据来源、监测因子、监测频次或者布点等不符合相关规定，或者所引用数据无效的；

（七）遗漏环境保护目标，或者环境保护目标与建设项目位置关系描述不明确或者错误的；

（八）环境影响评价范围内的相关环境要素现状调查与评价、区域污染源调查内容不全或者结果错误的；

（九）环境影响预测与评价方法或者结果错误，或者相关环境要素、环境风险预测与评价内容不全的；

（十）未按相关规定提出环境保护措施，所提环境保护措施或者其可行性论证不符合相关规定的。

有前款规定的情形，致使环境影响评价结论不正确、不合理或者同时有本办法第二十七条规定情形的，依照本办法第二十七条的规定予以处罚。

第二十七条 在监督检查过程中发现环境影响报告书（表）存在下列严重质量问题之一的，由市级以上生态环境主管部门依照《中华人民共和国环境影响评价法》第三十二条的规定，对建设单位及其相关人员、技术单位、编制人员予以处罚：

（一）建设项目概况中的建设地点、主体工程及其生产工艺，或者改扩建和技术改造项目的现有工程基本情况、污染物排放及达标情况等描述不全或者错误的；

（二）遗漏自然保护区、饮用水水源保护区或者以居住、医疗卫生、文化教育为主要功能的区域等环境保护目标的；

（三）未开展环境影响评价范围内的相关环境要素现状调查与评价，或者编造相关内容、结果的；

（四）未开展相关环境要素或者环境风险预测与评价，或者编造相关内容、结果的；

（五）所提环境保护措施无法确保污染物排放达到国家和地方排放标准或者有效预防和控制生态破坏，未针对建设项目可能产生的或者原有环境污染和生态破坏提出有效防治措施的；

（六）建设项目所在区域环境质量未达到国家或者地方环境质量标准，所提环境保护措施不能满足区域环境质量改善目标管理相关要求的；

（七）建设项目类型及其选址、布局、规模等不符合环境保护法律法规和相关法定规划，但给出环境影响可行结论的；

（八）其他基础资料明显不实，内容有重大缺陷、遗漏、虚假，或者环境影响评价结论不正确、不合理的。

第二十八条　生态环境主管部门在作出通报批评和处罚决定前，应当向建设单位、技术单位和相关人员告知查明的事实和作出决定的理由及依据，并告知其享有的权利。相关单位和人员可在规定时间内作出书面陈述和申辩。

生态环境主管部门应当对相关单位和人员在陈述和申辩中提出的事实、理由或者证据进行核实。

第二十九条　生态环境主管部门应当将作出的通报批评和处罚决定向社会公开。处理和处罚决定应当包括相关单位及其人员基础信息、事实、理由及依据、处理处罚结果等内容。

第三十条　在监督检查过程中发现经批准的环境影响报告书（表）有下列情形之一的，实施监督检查的生态环境主管部门应当重新对其进行编制质量检查：

（一）不符合本办法第十二条第一款、第十四条第二款规定的；

（二）编制单位和编制人员未按照本办法第十一条、第十四条第一款规定在信用平台提交相关信息的；

（三）由不符合本办法第十条规定的编制人员编制的。

在监督检查过程中发现经批准的环境影响报告书（表）存在本办法第二十六条第二款、第二十七条所列问题的，或者由不符合本办法第九条规定以及由受理时已列入本办法规定的限期整改名单或者本办法规定的“黑名单”的编制单位或者编制人员编制的，生态环境主管部门或者其他负责审批环境影响报告书（表）的审批部门应当依法撤销相应批准文件。

在监督检查过程中发现经批准的环境影响报告书（表）存在本办法第二十六条、第二十七条所列问题的，原审批部门应当督促建设单位采取措施避免建设项目产生不良环境影响。

在监督检查过程中发现经批准的环境影响报告书（表）有本条前三款涉及情形之一的，实施监督检查的生态环境主管部门应当对原审批部门及有关情况予以通报。其中，经批准的环境影响报告书（表）存在本办法第二十六条、第二十七条所列问题的，实施监督检查的生态环境主管部门还应当一并对开展环境影响报告书（表）技术评估的单位予以通报。

第四章　信用管理

第三十一条　市级以上生态环境主管部门应当将编制单位和编制人员作为环境影响评价信用管理对象（以下简称信用管理对象）纳入信用管理；在环境影响报告书（表）编制行为监督检查过程中，发现信用管理对象存在失信行为的，应当实施失信记分。

生态环境部另行制定信用管理对象失信行为记分办法，对信用管理对象失信行为的记分规则、记分周期、警示分数和限制分数等作出规定。

第三十二条 信用管理对象的失信行为包括下列情形：

（一）编制单位不符合本办法第九条规定或者编制人员不符合本办法第十条规定的；

（二）未按照本办法及生态环境部相关规定在信用平台提交相关情况信息或者及时变更相关情况信息，或者提交的相关情况信息不真实、不准确、不完整的；

（三）违反本办法规定，由两家以上单位主持编制环境影响报告书（表）或者由两名以上编制人员作为环境影响报告书（表）编制主持人的；

（四）技术单位未按照本办法规定与建设单位签订主持编制环境影响报告书（表）委托合同的；

（五）未按照本办法规定进行环境影响评价质量控制的；

（六）未按照本办法规定在环境影响报告书（表）中附具编制单位和编制人员情况表并盖章或者签字的；

（七）未按照本办法规定将相关资料存档的；

（八）未按照本办法规定接受生态环境主管部门监督检查或者在接受监督检查时弄虚作假的；

（九）因环境影响报告书（表）存在本办法第二十六条第一款所列问题受到通报批评的；

（十）因环境影响报告书（表）存在本办法第二十六条第二款、第二十七条所列问题受到处罚的。

第三十三条 实施失信记分应当履行告知、决定和记录等程序。

市级以上生态环境主管部门在监督检查过程中发现信用管理对象存在失信行为的，应当向其告知查明的事实、记分情况以及相关依据。信用管理对象可以在规定时间内作出书面陈述和申辩。

市级以上生态环境主管部门应当对信用管理对象在陈述和申辩中提出的事实、理由或者证据进行核实。

市级以上生态环境主管部门应当对经核实无误的失信行为记分作出书面决定，并向社会公开。失信行为记分决定应当包括信用管理对象基础信息、失信行为事实、失信记分及依据、涉及的建设项目和建设单位名称等内容。

市级以上生态环境主管部门应当在作出失信行为记分决定后五个工作日内，将书面决定及有关情况上传至信用平台并记入信用管理对象诚信档案。

因环境影响报告书（表）存在本办法第二十六条、第二十七条所列问题，生态环境主管部门对信用管理对象作出处理处罚决定的，实施失信记分的告知、决定程序应当与处理处罚相关程序同步进行，并可合并作出处理处罚决定和失信行为记分决定。

同一失信行为已由其他生态环境主管部门实施失信记分的，不得重复记分。

第三十四条 失信行为和失信记分相关情况在信用平台的公开期限为五年。禁止从事环境影响报告书（表）编制工作的技术单位和终身禁止从事环境影响报告书（表）编制工作的编制人员，其失信行为和失信记分永久公开。

失信行为和失信记分公开的起始时间为生态环境主管部门作出失信记分决定的时间。

第三十五条 信用平台对信用管理对象在一个记分周期内各级生态环境主管部门实施的失信记分予以动态累计，并将记分周期内累计失信记分情况作为对其实行守信激励和失信惩戒的依据。

第三十六条 信用管理对象连续两个记分周期的每个记分周期内编制过十项以上经批准的环境影响报告书（表）且无失信记分的，信用平台在后续两个记分周期内将其列入守信名单，并将相关情况记入其诚信档案。生态环境主管部门应当减少对列入守信名单的信用管理对象编制的环境影响报告书（表）复核抽取比例和抽取频次。

信用管理对象在列入守信名单期间有失信记分的，信用平台将其从守信名单中移出，并将移出情况记入其诚信档案。

第三十七条 信用管理对象在一个记分周期内累计失信记分达到警示分数的，信用平台在后续两个记分周期内将其列入重点监督检查名单，并将相关情况记入其诚信档案。生态环境主管部门应当提高对列入重点监督检查名单的信用管理对象编制的环境影响报告书（表）复核抽取比例和抽取频次。

第三十八条 信用管理对象在一个记分周期内的失信记分实时累计达到限制分数的，信用平台将其列入限期整改名单，并将相关情况记入其诚信档案。限期整改期限为六个月，自达到限制分数之日起计算。

信用管理对象在限期整改期间的失信记分再次累计达到限制分数的，应当自再次达到限制分数之日起限期整改六个月。

第三十九条 信用管理对象因环境影响报告书（表）存在本办法第二十六条第二款、第二十七条所列问题，受到禁止从事环境影响报告书（表）编制工作处罚的，失信记分直接记为限制分数。信用平台将其列入“黑名单”，并将相关情况记入其诚信档案。列入“黑名单”的期限与处罚决定中禁止从事环境影响报告书（表）编制工作的期限一致。

对信用管理对象中列入“黑名单”单位的出资人，由列入“黑名单”单位或者其法定代表人出资的单位，以及由列入“黑名单”单位出资人出资的其他单位，信用平台将其列入重点监督检查名单，并将相关情况记入其诚信档案。列入重点监督检查名单的期限为二年，自列入“黑名单”单位达到限制分数之日起计算。生态环境主管部门应当提高对上述信用管理对象编制的环境影响报告书（表）的复核抽取比例和抽取频次。

第四十条 信用管理对象列入本办法规定的守信名单、重点监督检查名单、限期整改名单和“黑名单”的相关情况在信用平台的公开期限为五年。

生态环境部每半年对列入本办法规定的限期整改名单和本办法规定的“黑名单”的信用管理对象以及相关情况予以通报，并向社会公开。

第四十一条 因环境影响报告书（表）存在本办法第二十六条第二款、第二十七条所列问题，信用管理对象受到处罚的，作出处罚决定的生态环境主管部门应当及时将其相关违法信息推送至国家企业信用信息公示系统和全国信用信息共享平台。

第四十二条 上级生态环境主管部门发现下级生态环境主管部门未按照本办法规定对发现的失信行为实施失信记分的，应当责令其限期改正。

第五章 附 则

第四十三条 鼓励环境影响评价行业组织加强行业自律，开展技术单位和编制人员水平评价。

第四十四条 本办法所称全职，是指与编制单位订立劳动合同（非全日制用工合同除外）并由该单位缴纳社会保险或者在事业单位类型的编制单位中在编等用工形式。

本办法所称从业单位，是指编制人员全职工作的编制单位。

第四十五条 负责审批环境影响报告书（表）的其他有关审批部门可以参照本办法对环境影响报告书（表）编制实施监督管理。

第四十六条 本办法由生态环境部负责解释。

第四十七条 本办法自 2019 年 11 月 1 日起施行。《建设项目环境影响评价资质管理办法》（环境保护部令 第 36 号）同时废止。

附：编制单位和编制人员情况表

编制单位和编制人员情况表

项目编号			
建设项目名称			
建设项目类别			
环境影响评价文件类型			
一、建设单位情况			
单位名称（盖章）			
统一社会信用代码			
法定代表人（签章）			
主要负责人（签字）			
直接负责的主管人员（签字）			
二、编制单位情况			
单位名称（盖章）			
统一社会信用代码			
三、编制人员情况			
1．编制主持人			
姓名	职业资格证书管理号	信用编号	签字
2．主要编制人员			
姓名	主要编写内容	信用编号	签字

生活垃圾焚烧发电厂自动监测数据应用管理规定

生态环境部令　第 10 号

《生活垃圾焚烧发电厂自动监测数据应用管理规定》已于 2019 年 10 月 11 日由生态环境部部务会议审议通过，现予公布，自 2020 年 1 月 1 日起施行。

生态环境部部长　李干杰

2019 年 11 月 21 日

生活垃圾焚烧发电厂自动监测数据应用管理规定

第一条　为规范生活垃圾焚烧发电厂自动监测数据使用，推动生活垃圾焚烧发电厂达标排放，依法查处环境违法行为，根据《中华人民共和国环境保护法》《中华人民共和国大气污染防治法》等法律法规，制定本规定。

第二条　本规定适用于投入运行的生活垃圾焚烧发电厂（以下简称垃圾焚烧厂）。

第三条　设区的市级以上地方生态环境主管部门应当将垃圾焚烧厂列入重点排污单位名录。

垃圾焚烧厂应当按照有关法律法规和标准规范安装使用自动监测设备，与生态环境主管部门的监控设备联网。

垃圾焚烧厂应当按照《固定污染源烟气（SO_2、NO_x、颗粒物）排放连续监测技术规范》（HJ 75）等标准规范要求，对自动监测设备开展质量控制和质量保证工作，保证自动监测设备正常运行，保存原始监测记录，并确保自动监测数据的真实、准确、完整、有效。

第四条　垃圾焚烧厂应当按照生活垃圾焚烧发电厂自动监测数据标记规则（以下简称标记规则），及时在自动监控系统企业端，如实标记每台焚烧炉工况和自动监测异常情况。

自动监测设备发生故障，或者进行检修、校准的，垃圾焚烧厂应当按照标记规则及时标记；未标记的，视为数据有效。

第五条　生态环境主管部门可以利用自动监控系统收集环境违法行为证据。自动监测数据可以作为判定垃圾焚烧厂是否存在环境违法行为的证据。

第六条　一个自然日内，垃圾焚烧厂任一焚烧炉排放烟气中颗粒物、氮氧化物、二氧化硫、氯化氢、一氧化碳等污染物的自动监测日均值数据，有一项或者一项以上超过《生活垃圾焚烧污染控制标准》（GB 18485）或者地方污染物排放标准规定的相应污染物 24 小时均值限值或者日均值限值，可以认定其污染物排放超标。

自动监测日均值数据的计算，按照《污染物在线监控（监测）系统数据传输标准》（HJ 212）执行。

对二噁英类等暂不具备自动监测条件的污染物，以生态环境主管部门执法监测获取的监测数据作为超标判定依据。

第七条 垃圾焚烧厂应当按照国家有关规定，确保正常工况下焚烧炉炉膛内热电偶测量温度的 5 分钟均值不低于 850℃。

第八条 生态环境主管部门开展行政执法时，可以按照监测技术规范要求采集一个样品进行执法监测，获取的监测数据可以作为行政执法的证据。

生态环境主管部门执法监测获取的监测数据与自动监测数据不一致的，以生态环境主管部门执法监测获取的监测数据作为行政执法的证据。

第九条 生态环境主管部门执法人员现场调查取证时，应当提取自动监测数据，制作调查询问笔录或者现场检查（勘察）笔录，并对提取过程进行拍照或者摄像，或者采取其他方式记录执法过程。

经现场调查核实垃圾焚烧厂污染物超标排放行为属实的，生态环境主管部门应当当场责令垃圾焚烧厂改正违法行为，并依法下达责令改正违法行为决定书。

生态环境主管部门执法人员现场调查时，可以根据垃圾焚烧厂的违法情形，收集下列证据：

（一）当事人的身份证明；

（二）调查询问笔录或者现场检查（勘察）笔录；

（三）提取的热电偶测量温度的五分钟均值数据、自动监测日均值数据或者数据缺失情况；

（四）自动监测设备运行参数记录、运行维护记录；

（五）相关生产记录、污染防治设施运行管理台账等；

（六）自动监控系统企业端焚烧炉工况、自动监测异常情况数据及标记记录；

（七）其他需要的证据。

生态环境主管部门执法人员现场从自动监测设备提取的数据，应当由垃圾焚烧厂直接负责的主管人员或者其他责任人员签字确认。

第十条 根据本规定第六条认定为污染物排放超标的，依照《中华人民共和国大气污染防治法》第九十九条第二项的规定处罚。对一个自然月内累计超标 5 天以上的，应当依法责令限制生产或者停产整治。

垃圾焚烧厂存在下列情形之一，按照标记规则及时在自动监控系统企业端如实标记的，不认定为污染物排放超标：

（一）一个自然年内，每台焚烧炉标记为“启炉”“停炉”“故障”“事故”，且颗粒物浓度的小时均值不大于 150 毫克/米^3 的时段，累计不超过 60 小时的；

（二）一个自然年内，每台焚烧炉标记为“烘炉”“停炉降温”的时段，累计不超过 700 小时的；

（三）标记为“停运”的。

第十一条 垃圾焚烧厂正常工况下焚烧炉炉膛内热电偶测量温度的五分钟均值低于

850℃，一个自然日内累计超过 5 次的，认定为“未按照国家有关规定采取有利于减少持久性有机污染物排放的技术方法和工艺”，依照《中华人民共和国大气污染防治法》第一百一十七条第七项的规定处罚。

下列情形不认定为“未按照国家有关规定采取有利于减少持久性有机污染物排放的技术方法和工艺”：

（一）因不可抗力导致焚烧炉炉膛内热电偶测量温度的五分钟均值低于 850℃，提前采取了有效措施控制烟气中二噁英类污染物排放，按照标记规则标记为“炉温异常”的；

（二）标记为“停运”的。

第十二条 垃圾焚烧厂违反本规定第三条第三款，导致自动监测数据缺失或者无效的，认定为“未保证自动监测设备正常运行”，依照《中华人民共和国大气污染防治法》第一百条第三项的规定处罚。

下列情形不认定为“未保证自动监测设备正常运行”：

（一）在一个季度内，每台焚烧炉标记为“烟气排放连续监测系统（CEMS）维护”的时段，累计不超过 30 小时的；

（二）标记为“停运”的。

第十三条 垃圾焚烧厂通过下列行为排放污染物的，认定为“通过逃避监管的方式排放大气污染物”，依照《中华人民共和国大气污染防治法》第九十九条第三项的规定处罚：

（一）未按照标记规则虚假标记的；

（二）篡改、伪造自动监测数据的。

第十四条 垃圾焚烧厂任一焚烧炉出现污染物排放超标，或者未按照国家有关规定采取有利于减少持久性有机污染物排放的技术方法和工艺的情形，持续数日的，按照其违法的日数依法分别处罚；不同焚烧炉分别出现上述违法情形的，依法分别处罚。

第十五条 垃圾焚烧厂 5 日内多次出现污染物超标排放，或者未按照国家有关规定采取有利于减少持久性有机污染物排放的技术方法和工艺的情形的，生态环境主管部门执法人员可以合并开展现场调查，分别收集每个违法行为的证据，分别制作行政处罚决定书或者列入同一行政处罚决定书。

第十六条 篡改、伪造自动监测数据或者干扰自动监测设备排放污染物，涉嫌构成犯罪的，生态环境主管部门应当依法移送司法机关，追究刑事责任。

第十七条 垃圾焚烧厂因污染物排放超标等环境违法行为被依法处罚的，应当依照国家有关规定，核减或者暂停拨付其国家可再生能源电价附加补贴资金。

第十八条 生活垃圾焚烧发电厂自动监测数据标记规则由生态环境部另行制定。

第十九条 本规定由生态环境部负责解释。

第二十条 本规定自 2020 年 1 月 1 日起施行。

固定污染源排污许可分类管理名录（2019 年版）

生态环境部令　第 11 号

《固定污染源排污许可分类管理名录（2019 年版）》已于 2019 年 7 月 11 日经生态环境部部务会议审议通过，现予公布，自公布之日起施行。2017 年 7 月 28 日原环境保护部发布的《固定污染源排污许可分类管理名录（2017 年版）》同时废止。

生态环境部部长　李干杰

2019 年 12 月 20 日

固定污染源排污许可分类管理名录
（2019 年版）

第一条　为实施排污许可分类管理，根据《中华人民共和国环境保护法》等有关法律法规和《国务院办公厅关于印发控制污染物排放许可制实施方案的通知》的相关规定，制定本名录。

第二条　国家根据排放污染物的企业事业单位和其他生产经营者（以下简称排污单位）污染物产生量、排放量、对环境的影响程度等因素，实行排污许可重点管理、简化管理和登记管理。

对污染物产生量、排放量或者对环境的影响程度较大的排污单位，实行排污许可重点管理；对污染物产生量、排放量和对环境的影响程度较小的排污单位，实行排污许可简化管理。对污染物产生量、排放量和对环境的影响程度很小的排污单位，实行排污登记管理。

实行登记管理的排污单位，不需要申请取得排污许可证，应当在全国排污许可证管理信息平台填报排污登记表，登记基本信息、污染物排放去向、执行的污染物排放标准以及采取的污染防治措施等信息。

第三条　本名录依据《国民经济行业分类》（GB/T 4754—2017）划分行业类别。

第四条　现有排污单位应当在生态环境部规定的实施时限内申请取得排污许可证或者填报排污登记表。新建排污单位应当在启动生产设施或者发生实际排污之前申请取得排污许可证或者填报排污登记表。

第五条　同一排污单位在同一场所从事本名录中两个以上行业生产经营的，申请一张排污许可证。

第六条 属于本名录第1至107类行业的排污单位，按照本名录第109至112类规定的锅炉、工业炉窑、表面处理、水处理等通用工序实施重点管理或者简化管理的，只需对其涉及的通用工序申请取得排污许可证，不需要对其他生产设施和相应的排放口等申请取得排污许可证。

第七条 属于本名录第108类行业的排污单位，涉及本名录规定的通用工序重点管理、简化管理或者登记管理的，应当对其涉及的本名录第109至112类规定的锅炉、工业炉窑、表面处理、水处理等通用工序申请领取排污许可证或者填报排污登记表；有下列情形之一的，还应当对其生产设施和相应的排放口等申请取得重点管理排污许可证：

（一）被列入重点排污单位名录的；

（二）二氧化硫或者氮氧化物年排放量大于250吨的；

（三）烟粉尘年排放量大于500吨的；

（四）化学需氧量年排放量大于30吨，或者总氮年排放量大于10吨，或者总磷年排放量大于0.5吨的；

（五）氨氮、石油类和挥发酚合计年排放量大于30吨的；

（六）其他单项有毒有害大气、水污染物污染当量数大于3 000的。污染当量数按照《中华人民共和国环境保护税法》的规定计算。

第八条 本名录未作规定的排污单位，确需纳入排污许可管理的，其排污许可管理类别由省级生态环境主管部门提出建议，报生态环境部确定。

第九条 本名录由生态环境部负责解释，并适时修订。

第十条 本名录自发布之日起施行。《固定污染源排污许可分类管理名录（2017年版）》同时废止。

序号	行业类别	重点管理	简化管理	登记管理
一、畜牧业03				
1	牲畜饲养031，家禽饲养032	设有污水排放口的规模化畜禽养殖场、养殖小区（具体规模化标准按《畜禽规模养殖污染防治条例》执行）	/	无污水排放口的规模化畜禽养殖场、养殖小区，设有污水排放口的规模以下畜禽养殖场、养殖小区
2	其他畜牧业039	/	/	设有污水排放口的养殖场、养殖小区
二、煤炭开采和洗选业06				
3	烟煤和无烟煤开采洗选061，褐煤开采洗选062，其他煤炭洗选069	涉及通用工序重点管理的	涉及通用工序简化管理的	其他
三、石油和天然气开采业07				
4	石油开采071，天然气开采072	涉及通用工序重点管理的	涉及通用工序简化管理的	其他

序号	行业类别	重点管理	简化管理	登记管理
四、黑色金属矿采选业 08				
5	铁矿采选 081，锰矿、铬矿采选 082，其他黑色金属矿采选 089	涉及通用工序重点管理的	涉及通用工序简化管理的	其他
五、有色金属矿采选业 09				
6	常用有色金属矿采选 091，贵金属矿采选 092，稀有稀土金属矿采选 093	涉及通用工序重点管理的	涉及通用工序简化管理的	其他
六、非金属矿采选业 10				
7	土砂石开采 101，化学矿开采 102，采盐 103，石棉及其他非金属矿采选 109	涉及通用工序重点管理的	涉及通用工序简化管理的	其他
七、其他采矿业 12				
8	其他采矿业 120	涉及通用工序重点管理的	涉及通用工序简化管理的	其他
八、农副食品加工业 13				
9	谷物磨制 131	/	/	谷物磨制 131 *
10	饲料加工 132	/	饲料加工 132（有发酵工艺的）*	饲料加工 132(无发酵工艺的）*
11	植物油加工 133	/	除单纯混合或者分装以外的 *	单纯混合或者分装的 *
12	制糖业 134	日加工糖料能力 1 000 吨及以上的原糖、成品糖或者精制糖生产	其他 *	/
13	屠宰及肉类加工 135	年屠宰生猪 10 万头及以上的，年屠宰肉牛 1 万头及以上的，年屠宰肉羊 15 万头及以上的，年屠宰禽类 1 000 万只及以上的	年屠宰生猪 2 万头及以上 10 万头以下的，年屠宰肉牛 0.2 万头及以上 1 万头以下的，年屠宰肉羊 2.5 万头及以上 15 万头以下的，年屠宰禽类 100 万只及以上 1 000 万只以下的，年加工肉禽类 2 万吨及以上的	其他 *
14	水产品加工 136	/	年加工 10 万吨及以上的水产品冷冻加工 1361、鱼糜制品及水产品干腌制加工 1362、鱼油提取及制品制造 1363、其他水产品加工 1369	其他 *
15	蔬菜、菌类、水果和坚果加工 137	涉及通用工序重点管理的	涉及通用工序简化管理的	其他 *

序号	行业类别	重点管理	简化管理	登记管理
16	其他农副食品加工139	年加工能力15万吨玉米或者1.5万吨薯类及以上的淀粉生产或者年产1万吨及以上的淀粉制品生产，有发酵工艺的淀粉制品	除重点管理以外的年加工能力1.5万吨及以上玉米、0.1万吨及以上薯类或豆类、4.5万吨及以上小麦的淀粉生产、年产0.1万吨及以上的淀粉制品生产（不含有发酵工艺的淀粉制品）	其他 *
九、食品制造业14				
17	方便食品制造143，其他食品制造149	/	米、面制品制造1431 *，速冻食品制造1432 *，方便面制造1433 *，其他方便食品制造1439 *，食品及饲料添加剂制造1495 *，以上均不含手工制作、单纯混合或者分装的	其他 *
18	焙烤食品制造141，糖果、巧克力及蜜饯制造142，罐头食品制造145	涉及通用工序重点管理的	涉及通用工序简化管理的	其他 *
19	乳制品制造144	年加工20万吨及以上的（不含单纯混合或者分装的）	年加工20万吨以下的（不含单纯混合或者分装的） *	单纯混合或者分装的 *
20	调味品、发酵制品制造146	有发酵工艺的味精、柠檬酸、赖氨酸、酵母制造，年产2万吨及以上且有发酵工艺的酱油、食醋制造	除重点管理以外的调味品、发酵制品制造（不含单纯混合或者分装的） *	单纯混合或者分装的 *
十、酒、饮料和精制茶制造业15				
21	酒的制造151	酒精制造1511，有发酵工艺的年生产能力5 000千升及以上的白酒、啤酒、黄酒、葡萄酒、其他酒制造	有发酵工艺的年生产能力5 000千升以下的白酒、啤酒、黄酒、葡萄酒、其他酒制造 *	其他 *
22	饮料制造152	/	有发酵工艺或者原汁生产的 *	其他 *
23	精制茶加工153	涉及通用工序重点管理的	涉及通用工序简化管理的	其他 *
十一、烟草制品业16				
24	烟叶复烤161，卷烟制造162，其他烟草制品制造169	涉及通用工序重点管理的	涉及通用工序简化管理的	其他 *

序号	行业类别	重点管理	简化管理	登记管理
十二、纺织业 17				
25	棉纺织及印染精加工 171，毛纺织及染整精加工 172，麻纺织及染整精加工 173，丝绢纺织及印染精加工 174，化纤织造及印染精加工 175	有前处理、染色、印花、洗毛、麻脱胶、缫丝或者喷水织造工序的	仅含整理工序的	其他 *
26	针织或钩针编织物及其制品制造 176，家用纺织制成品制造 177，产业用纺织制成品制造 178	涉及通用工序重点管理的	涉及通用工序简化管理的	其他 *
十三、纺织服装、服饰业 18				
27	机织服装制造 181，服饰制造 183	有水洗工序、湿法印花、染色工艺的	/	其他 *
28	针织或钩针编织服装制造 182	涉及通用工序重点管理的	涉及通用工序简化管理的	其他 *
十四、皮革、毛皮、羽毛及其制品和制鞋业 19				
29	皮革鞣制加工 191，毛皮鞣制及制品加工 193	有鞣制工序的	皮革鞣制加工 191（无鞣制工序的）	毛皮鞣制及制品加工 193（无鞣制工序的）
30	皮革制品制造 192	涉及通用工序重点管理的	涉及通用工序简化管理的	其他 *
31	羽毛（绒）加工及制品制造 194	羽毛（绒）加工 1941（有水洗工序的）	/	羽毛（绒）加工 1941（无水洗工序的 *，羽毛（绒）制品制造 1942 *
32	制鞋业 195	纳入重点排污单位名录的	除重点管理以外的年使用 10 吨及以上溶剂型胶黏剂或者 3 吨及以上溶剂型处理剂的	其他 *
十五、木材加工和木、竹、藤、棕、草制品业 20				
33	人造板制造 202	纳入重点排污单位名录的	除重点管理以外的胶合板制造 2021（年产 10 万米^{3}及以上的）、纤维板制造 2022、刨花板制造 2023、其他人造板制造 2029（年产 10 万米^{3}及以上的）	其他 *
34	木材加工 201，木质制品制造 203，竹、藤、棕、草等制品制造 204	涉及通用工序重点管理的	涉及通用工序简化管理的	其他 *

序号	行业类别	重点管理	简化管理	登记管理
十六、家具制造业 21				
35	木质家具制造 211，竹、藤家具制造 212，金属家具制造 213，塑料家具制造 214，其他家具制造 219	纳入重点排污单位名录的	除重点管理以外的年使用 10 吨及以上溶剂型涂料或者胶黏剂（含稀释剂、固化剂）的、年使用 20 吨及以上水性涂料或者胶黏剂的、有磷化表面处理工艺的	其他 *
十七、造纸和纸制品业 22				
36	纸浆制造 221	全部	/	/
37	造纸 222	机制纸及纸板制造 2221、手工纸制造 2222	有工业废水和废气排放的加工纸制造 2223	除简化管理外的加工纸制造 2223 *
38	纸制品制造 223	/	有工业废水或者废气排放的	其他 *
十八、印刷和记录媒介复制业 23				
39	印刷 231	纳入重点排污单位名录的	除重点管理以外的年使用 80 吨及以上溶剂型油墨、涂料或者 10 吨及以上溶剂型稀释剂的包装装潢印刷	其他 *
40	装订及印刷相关服务 232，记录媒介复制 233	涉及通用工序重点管理的	涉及通用工序简化管理的	其他 *
十九、文教、工美、体育和娱乐用品制造业 24				
41	文教办公用品制造 241，乐器制造 242，工艺美术及礼仪用品制造 243，体育用品制造 244，玩具制造 245，游艺器材及娱乐用品制造 246	涉及通用工序重点管理的	涉及通用工序简化管理的	其他 *
二十、石油、煤炭及其他燃料加工业 25				
42	精炼石油产品制造 251	原油加工及石油制品制造 2511，其他原油制造 2519，以上均不含单纯混合或者分装的	/	单纯混合或者分装的
43	煤炭加工 252	炼焦 2521，煤制合成气生产 2522，煤制液体燃料生产 2523	/	煤制品制造 2524，其他煤炭加工 2529
44	生物质燃料加工 254	涉及通用工序重点管理的	涉及通用工序简化管理的	其他

序号	行业类别	重点管理	简化管理	登记管理
二十一、化学原料和化学制品制造业 26				
45	基础化学原料制造 261	无机酸制造 2611，无机碱制造 2612，无机盐制造 2613，有机化学原料制造 2614，其他基础化学原料制造 2619（非金属无机氧化物、金属氧化物、金属过氧化物、金属超氧化物、硫黄、磷、硅、精硅、硒、砷、硼、碲），以上均不含单纯混合或者分装的	单纯混合或者分装的无机酸制造 2611、无机碱制造 2612、无机盐制造 2613、有机化学原料制造 2614、其他基础化学原料制造 2619（非金属无机氧化物、金属氧化物、金属过氧化物、金属超氧化物、硫黄、磷、硅、精硅、硒、砷、硼、碲）	其他基础化学原料制造 2619（除重点管理、简化管理以外的）
46	肥料制造 262	氮肥制造 2621，磷肥制造 2622，复混肥料制造 2624，以上均不含单纯混合或者分装的	钾肥制造 2623，有机肥料及微生物肥料制造 2625，其他肥料制造 2629，以上均不含单纯混合或者分装的；氮肥制造 2621（单纯混合或者分装的）	其他
47	农药制造 263	化学农药制造 2631（包含农药中间体，不含单纯混合或者分装的），生物化学农药及微生物农药制造 2632（有发酵工艺的）	化学农药制造 2631（单纯混合或者分装的），生物化学农药及微生物农药制造 2632（无发酵工艺的）	/
48	涂料、油墨、颜料及类似产品制造 264	涂料制造 2641，油墨及类似产品制造 2642，工业颜料制造 2643，工艺美术颜料制造 2644，染料制造 2645，以上均不含单纯混合或者分装的	单纯混合或者分装的涂料制造 2641、油墨及类似产品制造 2642，密封用填料及类似品制造 2646（不含单纯混合或者分装的）	其他
49	合成材料制造 265	初级形态塑料及合成树脂制造 2651，合成橡胶制造 2652，合成纤维单（聚合）体制造 2653，其他合成材料制造 2659（陶瓷纤维等特种纤维及其增强的复合材料的制造）	/	其他合成材料制造 2659（除陶瓷纤维等特种纤维及其增强的复合材料的制造以外的）
50	专用化学产品制造 266	化学试剂和助剂制造 2661，专项化学用品制造 2662，林产化学产品制造 2663（有热解或者水解工艺的），以上均不含单纯混合或者分装的	林产化学产品制造 2663（无热解或者水解工艺的），文化用信息化学品制造 2664，医学生产用信息化学品制造 2665，环境污染处理专用药剂材料制造 2666，动物胶制造 2667，其他专用化学产品制造 2669，以上均不含单纯混合或者分装的	单纯混合或者分装的

序号	行业类别	重点管理	简化管理	登记管理
51	炸药、火工及焰火产品制造 267	涉及通用工序重点管理的	涉及通用工序简化管理的	其他
52	日用化学产品制造 268	肥皂及洗涤剂制造 2681（以油脂为原料的肥皂或者皂粒制造），香料、香精制造 2684（香料制造），以上均不含单纯混合或者分装的	肥皂及洗涤剂制造 2681（采用高塔喷粉工艺的合成洗衣粉制造），香料、香精制造 2684（采用热反应工艺的香精制造）	肥皂及洗涤剂制造 2681（除重点管理、简化管理以外的），化妆品制造 2682，口腔清洁用品制造 2683，香料、香精制造 2684（除重点管理、简化管理以外的），其他日用化学产品制造 2689
二十二、医药制造业 27				
53	化学药品原料药制造 271	全部	/	/
54	化学药品制剂制造 272	化学药品制剂制造 2720（不含单纯混合或者分装的）	/	单纯混合或者分装的
55	中药饮片加工 273，药用辅料及包装材料制造 278	涉及通用工序重点管理的	涉及通用工序简化管理的	其他 *
56	中成药生产 274	/	有提炼工艺的	其他 *
57	兽用药品制造 275	兽用药品制造 2750（不含单纯混合或者分装的）	/	单纯混合或者分装的
58	生物药品制品制造 276	生物药品制造 2761，基因工程药物和疫苗制造 2762，以上均不含单纯混合或者分装的	/	单纯混合或者分装的
59	卫生材料及医药用品制造 277	/	/	卫生材料及医药用品制造 2770
二十三、化学纤维制造业 28				
60	纤维素纤维原料及纤维制造 281，合成纤维制造 282，生物基材料制造 283	化纤浆粕制造 2811，人造纤维（纤维素纤维）制造 2812，锦纶纤维制造 2821，涤纶纤维制造 2822，腈纶纤维制造 2823，维纶纤维制造 2824，氨纶纤维制造 2826，其他合成纤维制造 2829，生物基化学纤维制造 2831（莱赛尔纤维制造）	/	丙纶纤维制造 2825，生物基化学纤维制造 2831（除莱赛尔纤维制造以外的），生物基、淀粉基新材料制造 2832
二十四、橡胶和塑料制品业 29				
61	橡胶制品业 291	纳入重点排污单位名录的	除重点管理以外的轮胎制造 2911、年耗胶量 2 000 吨及以上的橡胶板、管、带制造 2912、橡胶零件制造 2913、再生橡胶制造 2914、日用及医用橡胶制品制造 2915、运动场地用塑胶制造 2916、其他橡胶制品制造 2919	其他

序号	行业类别	重点管理	简化管理	登记管理
62	塑料制品业 292	塑料人造革、合成革制造 2925	年产 1 万吨及以上的泡沫塑料制造 2924，年产 1 万吨及以上涉及改性的塑料薄膜制造 2921、塑料板、管、型材制造 2922、塑料丝、绳和编织品制造 2923、塑料包装箱及容器制造 2926、日用塑料品制造 2927、人造草坪制造 2928、塑料零件及其他塑料制品制造 2929	其他
二十五、非金属矿物制品业 30				
63	水泥、石灰和石膏制造 301，石膏、水泥制品及类似制品制造 302	水泥（熟料）制造	水泥粉磨站、石灰和石膏制造 3012	水泥制品制造 3021，砼结构构件制造 3022，石棉水泥制品制造 3023，轻质建筑材料制造 3024，其他水泥类似制品制造 3029
64	砖瓦、石材等建筑材料制造 303	黏土砖瓦及建筑砌块制造 3031（以煤或者煤矸石为燃料的烧结砖瓦）	黏土砖瓦及建筑砌块制造 3031（除以煤或者煤矸石为燃料的烧结砖瓦以外的），建筑用石加工 3032，防水建筑材料制造 3033，隔热和隔音材料制造 3034，其他建筑材料制造 3039，以上均不含仅切割加工的	仅切割加工的
65	玻璃制造 304	平板玻璃制造 3041	特种玻璃制造 3042	其他玻璃制造 3049
66	玻璃制品制造 305	以煤、石油焦、油和发生炉煤气为燃料的	以天然气为燃料的	其他
67	玻璃纤维和玻璃纤维增强塑料制品制造 306	以煤、石油焦、油和发生炉煤气为燃料的	以天然气为燃料的	其他
68	陶瓷制品制造 307	建筑陶瓷制品制造 3071（以煤、石油焦、油和发生炉煤气为燃料的），卫生陶瓷制品制造 3072（年产 150 万件及以上的），日用陶瓷制品制造 3074（年产 250 万件及以上的）	建筑陶瓷制品制造 3071（以天然气为燃料的）	建筑陶瓷制品制造 3071（除重点管理、简化管理以外的），卫生陶瓷制品制造 3072（年产 150 万件以下的），日用陶瓷制品制造 3074（年产 250 万件以下的），特种陶瓷制品制造 3073，陈设艺术陶瓷制造 3075，园艺陶瓷制造 3076，其他陶瓷制品制造 3079

序号	行业类别	重点管理	简化管理	登记管理
69	耐火材料制品制造 308	石棉制品制造 3081	以煤、石油焦、油和发生炉煤气为燃料的云母制品制造 3082、耐火陶瓷制品及其他耐火材料制造 3089	除简化管理以外的云母制品制造 3082、耐火陶瓷制品及其他耐火材料制造 3089
70	石墨及其他非金属矿物制品制造 309	石墨及碳素制品制造 3091（石墨制品、碳制品、碳素新材料），其他非金属矿物制品制造 3099（多晶硅棒）	石墨及碳素制品制造 3091（除石墨制品、碳制品、碳素新材料以外的），其他非金属矿物制品制造 3099（单晶硅棒，沥青混合物）	其他非金属矿物制品制造 3099（除重点管理、简化管理以外的）
二十六、黑色金属冶炼和压延加工业 31				
71	炼铁 311	含炼铁、烧结、球团等工序的生产	/	/
72	炼钢 312	全部	/	/
73	钢压延加工 313	年产 50 万吨及以上的冷轧	热轧及年产 50 万吨以下的冷轧	其他
74	铁合金冶炼 314	铁合金冶炼 3140	/	/
二十七、有色金属冶炼和压延加工业 32				
75	常用有色金属冶炼 321	铜、铅锌、镍钴、锡、锑、铝、镁、汞、钛等常用有色金属冶炼（含再生铜、再生铝和再生铅冶炼）	/	其他
76	贵金属冶炼 322	金冶炼 3221，银冶炼 3222，其他贵金属冶炼 3229	/	/
77	稀有稀土金属冶炼 323	钨钼冶炼 3231，稀土金属冶炼 3232，其他稀有金属冶炼 3239	/	/
78	有色金属合金制造 324	铅基合金制造，年产 2 万吨及以上的其他有色金属合金制造	其他	/
79	有色金属压延加工 325	/	有轧制或者退火工序的	其他
二十八、金属制品业 33				
80	结构性金属制品制造 331，金属工具制造 332，集装箱及金属包装容器制造 333，金属丝绳及其制品制造 334，建筑、安全用金属制品制造 335，搪瓷制品制造 337，金属制日用品制造 338，铸造及其他金属制品制造 339（除黑色金属铸造 3391、有色金属铸造 3392）	涉及通用工序重点管理的	涉及通用工序简化管理的	其他 *

序号	行业类别	重点管理	简化管理	登记管理
81	金属表面处理及热处理加工 336	纳入重点排污单位名录的，专业电镀企业（含电镀园区中电镀企业），专门处理电镀废水的集中处理设施，有电镀工序的，有含铬钝化工序的	除重点管理以外的有酸洗、抛光（电解抛光和化学抛光）、热浸镀（溶剂法）、淬火或者无铬钝化等工序的、年使用 10 吨及以上有机溶剂的	其他
82	铸造及其他金属制品制造 339	黑色金属铸造 3391（使用冲天炉的），有色金属铸造 3392（生产铅基及铅青铜铸件的）	除重点管理以外的黑色金属铸造 3391、有色金属铸造 3392	/
二十九、通用设备制造业 34				
83	锅炉及原动设备制造 341，金属加工机械制造 342，物料搬运设备制造 343，泵、阀门、压缩机及类似机械制造 344，轴承、齿轮和传动部件制造 345，烘炉、风机、包装等设备制造 346，文化、办公用机械制造 347，通用零部件制造 348，其他通用设备制造业 349	涉及通用工序重点管理的	涉及通用工序简化管理的	其他
三十、专用设备制造业 35				
84	采矿、冶金、建筑专用设备制造 351，化工、木材、非金属加工专用设备制造 352，食品、饮料、烟草及饲料生产专用设备制造 353，印刷、制药、日化及日用品生产专用设备制造 354，纺织、服装和皮革加工专用设备制造 355，电子和电工机械专用设备制造 356，农、林、牧、渔专用机械制造 357，医疗仪器设备及器械制造 358，环保、邮政、社会公共服务及其他专用设备制造 359	涉及通用工序重点管理的	涉及通用工序简化管理的	其他

序号	行业类别	重点管理	简化管理	登记管理
三十一、汽车制造业 36				
85	汽车整车制造 361，汽车用发动机制造 362，改装汽车制造 363，低速汽车制造 364，电车制造 365，汽车车身、挂车制造 366，汽车零部件及配件制造 367	纳入重点排污单位名录的	除重点管理以外的汽车整车制造 361，除重点管理以外的年使用 10 吨及以上溶剂型涂料或者胶黏剂（含稀释剂、固化剂、清洗溶剂）的汽车用发动机制造 362、改装汽车制造 363、低速汽车制造 364、电车制造 365、汽车车身、挂车制造 366、汽车零部件及配件制造 367	其他
三十二、铁路、船舶、航空航天和其他运输设备制造 37				
86	铁路运输设备制造 371，城市轨道交通设备制造 372，船舶及相关装置制造 373，航空、航天器及设备制造 374，摩托车制造 375，自行车和残疾人座车制造 376，助动车制造 377，非公路休闲车及零配件制造 378，潜水救捞及其他未列明运输设备制造 379	纳入重点排污单位名录的	除重点管理以外的年使用 10 吨及以上溶剂型涂料或者胶黏剂（含稀释剂、固化剂、清洗溶剂）的	其他
三十三、电气机械和器材制造业 38				
87	电机制造 381，输配电及控制设备制造 382，电线、电缆、光缆及电工器材制造 383，家用电力器具制造 385，非电力家用器具制造 386，照明器具制造 387，其他电气机械及器材制造 389	涉及通用工序重点管理的	涉及通用工序简化管理的	其他
88	电池制造 384	铅酸蓄电池制造 3843	锂离子电池制造 3841，镍氢电池制造 3842，锌锰电池制造 3844，其他电池制造 3849	/

序号	行业类别	重点管理	简化管理	登记管理
三十四、计算机、通信和其他电子设备制造业 39				
89	计算机制造 391，电子器件制造 397，电子元件及电子专用材料制造 398，其他电子设备制造 399	纳入重点排污单位名录的	除重点管理以外的年使用 10 吨及以上溶剂型涂料（含稀释剂）的	其他
90	通信设备制造 392，广播电视设备制造 393，雷达及配套设备制造 394，非专业视听设备制造 395，智能消费设备制造 396	涉及通用工序重点管理的	涉及通用工序简化管理的	其他
三十五、仪器仪表制造业 40				
91	通用仪器仪表制造 401，专用仪器仪表制造 402，钟表与计时仪器制造 403，光学仪器制造 404，衡器制造 405，其他仪器仪表制造业 409	涉及通用工序重点管理的	涉及通用工序简化管理的	其他
三十六、其他制造业 41				
92	日用杂品制造 411，其他未列明制造业 419	涉及通用工序重点管理的	涉及通用工序简化管理的	其他 *
三十七、废弃资源综合利用业 42				
93	金属废料和碎屑加工处理 421，非金属废料和碎屑加工处理 422	废电池、废油、废轮胎加工处理	废弃电器电子产品、废机动车、废电机、废电线电缆、废塑料、废船、含水洗工艺的其他废料和碎屑加工处理	其他
三十八、金属制品、机械和设备修理业 43				
94	金属制品修理 431，通用设备修理 432，专用设备修理 433，铁路、船舶、航空航天等运输设备修理 434，电气设备修理 435，仪器仪表修理 436，其他机械和设备修理业 439	涉及通用工序重点管理的	涉及通用工序简化管理的	其他 *
三十九、电力、热力生产和供应业 44				
95	电力生产 441	火力发电 4411，热电联产 4412，生物质能发电 4417（生活垃圾、污泥发电）	生物质能发电 4417（利用农林生物质、沼气发电、垃圾填埋气发电）	/

序号	行业类别	重点管理	简化管理	登记管理
96	热力生产和供应443	单台或者合计出力20吨/时(14兆瓦)及以上的锅炉(不含电热锅炉)	单台且合计出力20吨/时(14兆瓦)以下的锅炉[不含电热锅炉和单台且合计出力1吨/时(0.7兆瓦)及以下的天然气锅炉]	单台且合计出力1吨/时(0.7兆瓦)及以下的天然气锅炉
四十、燃气生产和供应业45				
97	燃气生产和供应业451,生物质燃气生产和供应业452	涉及通用工序重点管理的	涉及通用工序简化管理的	其他
四十一、水的生产和供应业46				
98	自来水生产和供应461,海水淡化处理463,其他水的处理、利用与分配469	涉及通用工序重点管理的	涉及通用工序简化管理的	其他
99	污水处理及其再生利用462	工业废水集中处理场所,日处理能力2万吨及以上的城乡污水集中处理场所	日处理能力500吨及以上2万吨以下的城乡污水集中处理场所	日处理能力500吨以下的城乡污水集中处理场所
四十二、零售业52				
100	汽车、摩托车、零配件和燃料及其他动力销售526	/	位于城市建成区的加油站	其他加油站
四十三、水上运输业55				
101	水上运输辅助活动553	/	单个泊位1 000吨级及以上的内河、单个泊位1万吨级及以上的沿海专业化干散货码头(煤炭、矿石)、通用散货码头	其他货运码头5532
四十四、装卸搬运和仓储业59				
102	危险品仓储594	总容量10万米^{3}及以上的油库(含油品码头后方配套油库,不含储备油库)	总容量1万米^{3}及以上10万米^{3}以下的油库(含油品码头后方配套油库,不含储备油库)	其他危险品仓储(含油品码头后方配套油库,不含储备油库)
四十五、生态保护和环境治理业77				
103	环境治理业772	专业从事危险废物贮存、利用、处理、处置(含焚烧发电)的,专业从事一般工业固体废物贮存、处置(含焚烧发电)的	/	/

序号	行业类别	重点管理	简化管理	登记管理
四十六、公共设施管理业 78				
104	环境卫生管理 782	生活垃圾（含餐厨废弃物）、生活污水处理污泥集中焚烧、填埋	生活垃圾（含餐厨废弃物）、生活污水处理污泥集中处理（除焚烧、填埋以外的），日处理能力 50 吨及以上的城镇粪便集中处理，日转运能力 150 吨及以上的垃圾转运站	日处理能力 50 吨以下的城镇粪便集中处理，日转运能力 150 吨以下的垃圾转运站
四十七、居民服务业 80				
105	殡葬服务 808	/	火葬场	/
四十八、机动车、电子产品和日用品修理业 81				
106	汽车、摩托车等修理与维护 811	/	营业面积 5 000 米^2 及以上且有涂装工序的	/
四十九、卫生 84				
107	医院 841，专业公共卫生服务 843	床位 500 张及以上的（不含专科医院 8415 中的精神病、康复和运动康复医院以及疗养院 8416）	床位 100 张及以上的专科医院 8415（精神病、康复和运动康复医院）以及疗养院 8416，床位 100 张及以上 500 张以下的综合医院 8411、中医医院 8412、中西医结合医院 8413、民族医院 8414、专科医院 8415（不含精神病、康复和运动康复医院）	疾病预防控制中心 8431，床位 100 张以下的综合医院 8411、中医医院 8412、中西医结合医院 8413、民族医院 8414、专科医院 8415、疗养院 8416
五十、其他行业				
108	除 1～107 外的其他行业	涉及通用工序重点管理的，存在本名录第七条规定情形之一的	涉及通用工序简化管理的	涉及通用工序登记管理的
五十一、通用工序				
109	锅炉	纳入重点排污单位名录的	除纳入重点排污单位名录的，单台或者合计出力 20 吨/时（14 兆瓦）及以上的锅炉（不含电热锅炉）	除纳入重点排污单位名录的，单台且合计出力 20 吨/时（14 兆瓦）以下的锅炉（不含电热锅炉）
110	工业炉窑	纳入重点排污单位名录的	除纳入重点排污单位名录的，除以天然气或者电为能源的加热炉、热处理炉、干燥炉（窑）以外的其他工业炉窑	除纳入重点排污单位名录的，以天然气或者电为能源的加热炉、热处理炉或者干燥炉（窑）

序号	行业类别	重点管理	简化管理	登记管理
111	表面处理	纳入重点排污单位名录的	除纳入重点排污单位名录的，有电镀工序、酸洗、抛光（电解抛光和化学抛光）、热浸镀（溶剂法）、淬火或者钝化等工序的、年使用10吨及以上有机溶剂的	其他
112	水处理	纳入重点排污单位名录的	除纳入重点排污单位名录的，日处理能力2万吨及以上的水处理设施	除纳入重点排污单位名录的，日处理能力500吨及以上2万吨以下的水处理设施

注：1. 表格中标“＊”号者，是指在工业建筑中生产的排污单位。工业建筑的定义参见《工程结构设计基本术语标准》（GB/T 50083—2014），是指提供生产用的各种建筑物，如车间、厂前区建筑、生活间、动力站、库房和运输设施等；

2. 表格中涉及溶剂、涂料、油墨、胶黏剂等使用量的排污单位，其投运满三年的，使用量按照近三年年最大量确定；其投运满一年但不满三年的，使用量按投运期间年最大量确定；其未投运或者投运不满一年的，按照环境影响报告书（表）批准文件确定。投运日期为排污单位发生实际排污行为的日期；

3. 根据《中华人民共和国环境保护税法实施条例》，城乡污水集中处理场所，是指为社会公众提供生活污水处理服务的场所，不包括为工业园区、开发区等工业聚集区域内的排污单位提供污水处理服务的场所，以及排污单位自建自用的污水处理场所；

4. 本名录中的电镀工序，是指电镀、化学镀、阳极氧化等生产工序；

5. 本名录不包括位于生态环境法律法规禁止建设区域内的，或生产设施或产品属于产业政策立即淘汰类的排污单位。

（二）规范性文件

关于发布《废弃电器电子产品拆解处理情况审核工作指南（2019 年版）》的公告

国环规固体〔2019〕1 号

为贯彻落实《废弃电器电子产品回收处理管理条例》和《废弃电器电子产品基金征收使用管理办法》，促进废弃电器电子产品妥善回收处理，规范和指导废弃电器电子产品拆解处理情况审核工作，保障基金使用安全，我部制定了《废弃电器电子产品拆解处理情况审核工作指南（2019 年版）》（以下简称《审核指南（2019 年版）》），现予公布，自 2019 年 10 月 1 日起施行。《废弃电器电子产品拆解处理情况审核工作指南（2015 年版）》（环境保护部公告　2015 年第 33 号）同时废止。

附件：废弃电器电子产品拆解处理情况审核工作指南（2019 年版）

生态环境部

2019 年 6 月 24 日

附件

废弃电器电子产品拆解处理情况审核工作指南（2019 年版）

一、目的和依据

（一）目的

为了贯彻落实《废弃电器电子产品回收处理管理条例》（以下简称《条例》）和《废弃电器电子产品处理基金征收使用管理办法》（以下简称《办法》），促进废弃电器电子产品的妥善回收处理，规范和指导废弃电器电子产品拆解处理情况审核工作，保障基金使用安全，制定本指南。

（二）适用范围

本指南适用于对废弃电器电子产品处理基金补贴名单内处理企业（以下简称处理企业）废弃电器电子产品拆解处理种类和数量的审核工作。

（三）依据

《废弃电器电子产品回收处理管理条例》（国务院令第551号）

《废弃电器电子产品处理目录（2014年版）》（国家发展改革委、环境保护部、工业和信息化部、财政部、海关总署、税务总局公告第5号）

《〈废弃电器电子产品处理目录（2014年版）〉释义》（发改办环资〔2016〕1050号）

《废弃电器电子产品处理资格许可管理办法》（环境保护部令第13号）

《电子废物污染环境防治管理办法》（国家环境保护总局令第40号）

《废弃电器电子产品处理基金征收使用管理办法》（财综〔2012〕34号）

《关于组织开展废弃电器电子产品拆解处理情况审核工作的通知》（环发〔2012〕110号）

《关于完善废弃电器电子产品处理基金等政策的通知》（财综〔2013〕110号）

《废弃电器电子产品处理企业建立数据信息管理系统及报送信息指南》（环境保护部公告2010年第84号）

《废弃电器电子产品处理企业资格审查和许可指南》（环境保护部公告2010年第90号）

《关于进一步明确废弃电器电子产品处理基金征收产品范围的通知》（财综〔2012〕80号）

《废弃电器电子产品规范拆解处理作业及生产管理指南（2015年版）》（环境保护部、工业和信息化部公告2014年第82号）

二、各方职责

处理企业是废弃电器电子产品拆解处理活动和享受基金补贴的第一责任人，对废弃电器电子产品拆解处理的规范性和基金补贴申报的真实性、准确性承担责任。处理企业拆解处理废弃电器电子产品应当符合国家有关资源综合利用、生态环境保护的要求和相关技术规范，并按照本指南提出的审核要求和所在地省级生态环境主管部门的有关规定，如实申报废弃电器电子产品规范处理情况。处理企业篡改、伪造材料或者提供虚假材料的，按照涉嫌骗取基金补贴行为调查处理。

省级生态环境主管部门负责组织本地区处理企业废弃电器电子产品拆解处理情况的审核工作，对审核结论负责。省级审核工作宜采取购买社会服务的方式，委托或邀请有能力的第三方专业审核机构承担审核工作。不具备第三方审核条件的，也可自行组织审核工作。生态环境主管部门自行审核应当充分发挥有关部门、行业协会和专家的作用，可邀请财政、审计、税务、会计、废弃电器电子产品处理技术等方面的专家和机构参加。受委托的第三方专业审核机构应当独立开展审核工作，并对审核过程和出具的审核报告负责，同时接受社会各方监督。

省级生态环境主管部门应当制定审核工作方案和日常监管工作方案，明确审核工作和日常监管工作的工作机制、流程、时限等内容，并根据实施情况修订完善。要建立健全纪律监督机制，确保审核工作公平、公正。对审核、监管工作人员不履行、违法履行、不当履行职责以及串通处理企业骗取基金补贴等行为，要追究当事人责任。对已经按照审核工作方案、监管方案和法律、法规、规章规定的方式、程序履行职责的审核、监管人员，依法免予追究责任。

生态环境部负责组织制定废弃电器电子产品规范处理的生态环境保护要求、技术规范、指南以及拆解处理情况的审核办法并组织实施，对各省级生态环境主管部门报送的审核情况汇总确认后提交财政部。

财政部负责核定每个处理企业的补贴金额，按照国库集中支付制度有关规定支付资金。

处理企业以虚报、冒领等手段骗取基金补贴的，依照《财政违法行为处罚处分条例》（国务院令　第 427 号）等法律法规，由县级以上人民政府财政部门、审计机关依法作出处理、处罚决定。

三、审核程序和要点

（一）处理企业自查和申报

处理企业应当建立基金补贴申报的自查内审制度，在申报补贴前，对基础记录、原始凭证、视频录像等进行自查，扣除不属于基金补贴范围和不符合规范拆解处理要求的废弃电器电子产品拆解处理数量，并形成详细的自查记录。

处理企业应当对每个季度完成拆解处理的废弃电器电子产品种类和数量情况进行统计，填写《废弃电器电子产品拆解处理情况表》及所在地省级生态环境主管部门规定的其他材料，在每个季度结束次月的 5 日前，将上述材料及自查记录报送所在地省级生态环境主管部门及其规定的有关机构，遇法定节假日可顺延报送。逾期 1 个月未报送的，视为放弃申请基金补贴。

处理企业自查和申报要点见附 1。

（二）审核

省级生态环境主管部门组织对行政区域内处理企业的申请进行审核，工作内容及方法参考附 2。审核工作可以按季度集中开展，也可以结合本地区实际情况采取按月分期审核、与日常监管工作相结合审核等其他形式开展。

审核以随机抽查为主，即随机抽取审核时段（一般是一个季度，如 1 月 1 日至 3 月 31 日）内的一定天数（以下简称抽查日）进行审核。抽查率（抽查率=抽查的天数/审核时段内的实际拆解处理天数×100%）原则上不低于 10%，且覆盖审核时段内实际拆解处理的各种类废弃电器电子产品，种类按照废电视机-1、废电视机-2、废冰箱、废洗衣机-1、废洗衣机-2、废空调、废电脑划分。

（三）核算规范拆解处理数量

审核核实的规范拆解处理数量不低于处理企业申报的规范处理数量的，认可企业申报的规范处理数量；审核核实的规范处理数量低于处理企业申报的规范处理数量的，不认可企业的自查情况，依据附3对处理企业申报的规范处理数量进行扣减。

新纳入补贴名单的处理企业首次申报基金补贴时，其拆解处理种类和数量从获得废弃电器电子产品处理许可证之日开始计算。已纳入补贴名单的处理企业搬迁至新址的，其新址设施的拆解处理种类和数量可以从旧址设施停产之后，且新址获得废弃电器电子产品处理资格证书之日起开始计算。

（四）结果报送

省级生态环境主管部门或者其授权的生态环境主管部门，结合第三方审核机构提交的审核报告和地方生态环境主管部门的日常监管情况，形成《废弃电器电子产品拆解处理情况审核工作报告》（行政区域内一个企业一个报告，格式和内容可参考附4）。

省级生态环境主管部门应当在每个季度结束次月的月底前以正式文件将审核情况报送生态环境部，并附《废弃电器电子产品拆解处理情况表》《废弃电器电子产品拆解处理情况审核工作报告》。

省级生态环境主管部门报送审核情况的纸件应当抄送生态环境部固体废物与化学品管理技术中心（以下简称部固管中心），电子件（包括与纸件内容一致的word版和纸件扫描PDF版）发送至weee@mepscc.cn。

（五）结果确认

生态环境部委托部固管中心分批次组织对省级生态环境主管部门报送的废弃电器电子产品拆解处理情况审核结果进行技术复核工作。技术复核包括材料接收、书面审核、现场抽查和专家评审等环节。每批次技术复核工作对省级生态环境主管部门审核情况材料的接收截止时间为每季度次月月底，逾期报送则归入下一批次技术复核。

部固管中心将技术复核情况在生态环境部废弃电器电子产品处理信息管理系统网站（http：//weee.mepscc.cn）公示，将技术复核报告报送生态环境部。

生态环境部根据省级废弃电器电子产品拆解处理情况审核结果、部固管中心的技术复核意见，确认每个处理企业废弃电器电子产品的规范拆解处理种类和数量，并对审核工作存在重大问题或逾期半年未报送处理企业审核情况的地方生态环境主管部门进行通报。

四、审核资料的管理

各相关方需要保存的资料清单及要求见附5。

五、审核工作要求

审核工作应当秉承“公开、公平、廉洁、高效”的原则，具体工作要求见附6。

六、信息公开

处理企业的废弃电器电子产品拆解处理情况，除向生态环境主管部门报送外，应当定期向社会公开（如：通过处理企业网站、行业协会网站、相关新闻媒体或者其他社会公众可以了解的方式等）。

设区的市级以上地方生态环境主管部门应当在政府网站上显著位置向社会公开行政区域内处理企业相关情况，包括法人名称、地址、处理种类、处理能力等，并定期公开各处理企业拆解处理的审核情况及基金补贴情况，接受公众监督。

附件 1

处理企业申报废弃电器电子产品处理基金补贴要点

一、资料汇总

（一）基本生产情况汇编

处理企业应当建立基本生产情况及经营制度资料汇编，以便审核工作参考：

1．基本生产能力情况，如每类废弃电器电子产品的主要拆解处理工艺、设备拆解处理能力、生产班次安排、主要设备能耗等情况。

2．基本管理制度情况，如废弃电器电子产品接收质量控制标准、拆解处理质量控制标准、库房管理、拆解处理作业管理、拆解产物销售、作业人员工资核算、基金业务有关的财务票据管理、资金拨付管理制度等。

3．拆解产物（包括最终废弃物）的基本情况，如拆解产物种类、产生工序、安全处理注意事项、处理方式和情况（如委托处理去向、深加工情况）等。

4．台账管理制度，如各环节生产台账设置、主要流转及管制制度等。

5．视频监控点位设置清单。

6．处理、贮存场地及主要设备布置图等现场审核所需的说明性材料。

（二）基础资料整理

处理企业将审核时段内反映各环节生产信息的全部台账、原始凭证等基础资料按种类、生成时间汇总：

1．废弃电器电子产品入厂、入库情况的全部基础记录及原始凭证（如：入库基础记录表、交接记录单、购销合同、资金往来凭证、销售票据等）；明细汇总（包括时间、交售者名称、联系方式、回收种类、规格、数量、重量、价格等）。

2．废弃电器电子产品拆解处理情况的全部基础记录（如：出库基础记录表、拆解处理生产线领料单、生产线或工位作业记录等）；明细汇总（包括时间、拆解处理车间、生产线或工位、种类、规格、数量、重量等）。

3．拆解产物入库情况的全部基础记录（如：入库基础记录表、库房交接记录、二次加工的出库及入库基础记录等）；明细汇总。

4．拆解产物处理情况的全部基础记录及原始凭证（如：出库、出厂基础记录表、库房交接记录、购销合同、销售发票、资金往来凭证、危险废物转移联单等）；明细汇总（包括时间、接收单位名称、联系方式、拆解产物种类、规格、数量、重量、价格等）。

5．废弃电器电子产品和拆解产物的全部称重地磅单。

6．工人考勤记录、工资清单或凭证。

7．主要生产设备运行记录、污染防治设备运行记录、视频监控系统运行记录、电表运行记录等设备运行情况记录。

二、自查

申报前，处理企业应当对废弃电器电子产品拆解处理情况进行自查。自查工作可以结合日常生产活动按日、周或者月开展，也可以在每季度提交申报材料前集中开展。

（一）台账和资金自查

1．对审核时段内的原始台账、资金往来凭证等书面资料，应当核实拆解处理的废弃电器电子产品种类和数量、拆解产物处理情况；对于发现的问题，应当查找原因，作出说明，并附必要的证明材料。

2．对各种类、各规格废弃电器电子产品及其拆解产物，应当进行物料核算自查，验证拆解处理废弃电器电子产品的数量是否合理；对于物料核算产生的偏差，应当查找原因，作出说明，并附必要的证明材料。

3．对关键拆解产物、消耗臭氧层物质和危险废物类拆解产物的转移或处理情况，应当对下游企业主体资格和技术能力进行核实，在书面合同中明确污染防治和处理要求，不得进行二次转移。

（二）视频录像自查

处理企业应当根据原始生产台账情况，对审核时段内视频录像进行自查，核对视频录像反映的拆解处理数量与台账记录是否相符，拆解处理过程是否规范。

（三）库房盘点

为校准审核的基准数据，处理企业应至少每个月对原料库房、拆解产物库房进行一次抽查盘点，确定库房记录情况与实物是否相符（账物相符），以及库房记录情况与财务记录情况是否相符（账账相符）。

（四）自查扣减

通过台账和资金自查、视频录像自查、库房盘点等自查工作，按日统计不属于基金补贴范围的废弃电器电子产品和不符合规范拆解处理要求的废弃电器电子产品的拆解处理数量（详见本指南附3），对所对应的废弃电器电子产品种类、规格、数量、所在位置、存在的问题等进行汇总，形成自查记录，样式见附表1。其中，通过视频录像自查扣减的，应记录视频录像对应的点位或工位名称、问题发生的时间（具体到秒）、对应废弃电器电子产品的种类、规格、数量等信息。自查记录必须由企业法定代表人或其委托人签字并加盖单位公章（受委托人签字须同时提交书面授权委托书）。

三、提交补贴申报资料

起草补贴申请报告，填写《废弃电器电子产品拆解处理情况表》（见附表 2），向所在地省级生态环境主管部门及其规定的有关单位报送申报基金补贴的废弃电器电子产品拆解种类和数量。

根据省级生态环境主管部门规定的审核工作要求，准备审核时段内所需的其他工作资料，如原始生产台账、汇总信息、原始凭证、视频录像、自查情况记录等，做好迎接审核的准备。

附表 1

______年______季度自查记录汇总表

（示例）

日期	扣减情形	产品类别	扣减数量/台	产品规格	问题说明	所在位置	发生时间	备注
2018.3.9	基金范围之外的产品	废电视机-2	2	19 寸液晶显示器	缺少线路板	液晶拆解线 2 号工位	09：08：07/11：08：36/……	
	拆解处理过程不规范	废电视机-1	3	25 寸 CRT 电视机	荧光粉收集不完全	CRT 拆解线 1 号工位	13：01：34/15：08：09/……	
……	……	……	……	……	……	……	……	
总计	—	废电视机-1		—	—	—	—	
		废电视机-2（CRT）		—	—	—	—	
		废电视机-2（非 CRT）		—	—	—	—	
		废冰箱		—	—	—	—	
		废洗衣机-1		—	—	—	—	
		废洗衣机-2		—	—	—	—	
总计	—	废空调		—	—	—	—	
		废台式电脑主机		—	—	—	—	
		废 CRT 电脑显示器						
		废液晶电脑显示器						
		其他废电脑						

处理企业名称（公章）：

法定代表人或其委托人（签字）：

附表 2

废弃电器电子产品拆解处理情况表

（正　面）

申报审核时段：　　　年　　月　　日～　　　年　　月　　日

一、企业基本情况

单位名称		资格证书编号	
发证机关		资格证书有效期	
处理设施地址			
法定代表人		联系电话	
联系人		联系电话	

二、处理企业资格许可年处理能力

废电视机/台	废冰箱/台	废洗衣机/台	废空调/台	废电脑/套	合计处理能力/台

许可年处理能力变更情况：

三、拆解处理数量

类　别	回收量/台	实际拆解处理量/台	自查扣减量/台	申报补贴的规范拆解处理量/台
废电视机-1				
废电视机-2（CRT）				
废电视机-2（非 CRT）				
废冰箱				
废洗衣机-1				
废洗衣机-2				
废空调				
废台式电脑主机				
废 CRT 电脑显示器				
废液晶电脑显示器				
其他废电脑				

我公司申请废弃电器电子产品处理基金补贴所提供的上述申报材料真实、准确，对申报材料的真实性、准确性负全部责任。特此承诺。

法定代表人或其委托人：

公章：

年　　月　　日

（反　面）

四、省级生态环境主管部门意见	
种　类	核定规范拆解处理量/台（套）
废电视机-1	
废电视机-2	
废冰箱	
废洗衣机-1	
废洗衣机-2	
废空调	
废电脑	

备注：

省级生态环境主管部门确认：

经办人：

公章：

年　月　日

填写说明：

1.“废电视机-1”指14寸及以上且25寸以下阴极射线管（黑白、彩色）电视机；“废电视机-2”指25寸及以上阴极射线管（黑白、彩色）电视机，各尺寸等离子电视机、液晶电视机、OLED电视机和背投电视机；“废电视机-2（CRT）”指属于“废电视机-2”的CRT电视机；“废电视机-2（非CRT）”指属于“废电视机-2”的非CRT电视机。

2.“废洗衣机-1”指单桶洗衣机和脱水机（3公斤＜干衣量≤10公斤）；“废洗衣机-2”指双桶洗衣机、波轮式全自动洗衣机、滚筒式全自动洗衣机（3公斤＜干衣量≤10公斤）。

3.“其他废电脑”指主机显示器一体形式的台式微型计算机和便携式微型计算机；“废电脑”的核定规范拆解处理量指主机显示器分体形式的台式微型计算机（以套数计）及“其他废电脑”的数量之和。

附件2

审核工作内容及方法要点

一、总体审查

了解处理企业基本情况，梳理处理企业生产流程。查看台账等基础记录和原始凭证是否齐全，申报信息、汇总报表等与相应的基础记录、原始凭证是否相符。

要注重审核基础记录和原始凭证，分析处理企业申报拆解处理种类和数量的真实性。相关基础记录和原始凭证应编号，其日期应在拟审核的时段内，有相关人员（如交接人、经办人、审核人）的签字等。接收废弃电器电子产品和销售、委托处理拆解产物应当具有合同、发票或者银行资金往来凭证、交接记录等证明文件；属于危险废物的，应当具有转移联单等证明材料；拆解产物含有消耗臭氧层物质的，应当具有物质种类、数量及处置方式等详细记录。

二、信息系统数据比对

将生态环境部废弃电器电子产品处理信息系统记录的数据同处理企业申报的拆解处理数据以及抽查日的基础记录数据进行对比，分析系统数据与企业记录、申报数据的差异性。

三、信息流（台账）逻辑分析

对处理企业提供的台账进行逻辑分析，分析台账信息中时间、数量和重量以及不同数据间的逻辑关系。

时间逻辑关系，如：废弃电器电子产品入厂与废弃电器电子产品入库、废弃电器电子产品入库与废弃电器电子产品出库、废弃电器电子产品出库与领料拆解、领料拆解与拆解产物入库、拆解产物入库与拆解产物出库、拆解产物出库与拆解产物出厂等环节的时间逻辑关系。

数量和重量逻辑关系（总量衡算），如：废弃电器电子产品入厂与废弃电器电子产品入库、废弃电器电子产品入库与废弃电器电子产品出库、废弃电器电子产品出库与领料拆解、领料拆解与拆解产物入库、拆解产物入库与拆解产物出库、拆解产物出库与拆解产物出厂、拆解产物二次加工与二次加工产物入库等环节的数量和重量逻辑关系。

不同数据间逻辑关系，如：危险废物转移联单上的数据信息与拆解产物出库出厂记录的逻辑关系，企业库房盘点数据、收购数据、拆解处理数据与财务核算数据的逻辑关系，处理企业实际拆解处理数量、自查扣减数量、申报补贴的拆解处理数量等数据的逻辑关系。

四、通过物料平衡系数法核算拆解处理数量

（一）物料核算

1. 核定废弃电器电子产品处理数量 A1

核定处理企业记录的各种类、各规格废弃电器电子产品处理数量。

审核资料：废弃电器电子产品拆解处理日报表、拆解产物出入库日报表、拆解处理基础记录表、拆解产物出入库基础记录表及相关原始凭证等。

2. 核定关键拆解产物的产生量

核定处理企业记录的各种类、各规格废弃电器电子产品产生的关键拆解产物产生量。

审核资料：关键拆解产物日报表、拆解产物出入库日报表，拆解产物出入库基础记录表和拆解处理基础记录表等。

3. 根据物料平衡计算处理数量 A2

采用物料平衡系数核算方法（单台平均重量和关键拆解产物物料系数见表 2-1），核算

各种类、各规格废弃电器电子产品处理数量。对有多种关键拆解产物的，对每种关键拆解产物计算后取其最小值。计算公式如下：

A2=关键拆解产物产生量/（单台平均重量×关键拆解产物物料系数）

举例如下：

项　目	单台平均重量/千克	物料系数（关键拆解产物占总重量比例）	CRT 玻璃产生重量/千克	物料平衡核算处理量 A2/台
CRT 黑白电视机	10	CRT 玻璃：0.5	1 500	1 500÷（10×0.5）=300

表 2-1 关键拆解产物物料系数

种类	规　格	单台平均重量/千克	物料系数：拆解产物占总重量比例	备　注
CRT 电视机	14 寸黑白	9	● CRT 玻璃：0.45 ● 电路板：0.07	
	14 寸彩色	10	● CRT 玻璃：0.56 ● 电路板：0.09	
	17 寸黑白	12	● CRT 玻璃：0.54 ● 电路板：0.05	包括 18 寸
CRT 电视机	17 寸彩色	14	● CRT 玻璃：0.56 ● 电路板：0.07	包括 18 寸
	21 寸彩色	20	● CRT 玻璃：0.66 ● 电路板：0.05	包括 20 寸和 22 寸
	25 寸彩色	30	● CRT 玻璃：0.65 ● 电路板：0.06	
	29 寸彩色	40	● CRT 玻璃：0.71 ● 电路板：0.05	
	32 寸及以上彩色	60	● CRT 玻璃：0.67 ● 电路板：0.04	
电冰箱	120 升以下	30	● 保温层材料：0.16 ● 压缩机：0.19	不包括电冰柜
	120～220 升	45		
	220 升以上	55		
洗衣机	单　缸	5.7	● 电机：0.38	
	双　缸	22	● 电机：0.23	
	全自动	31	● 电机：0.13	
	滚　筒	65	● 电机：0.08	
台式电脑	主　机	6.6	电路板：0.08	CRT 显示器参考同尺寸电视机； 本表中的主机指内部部件齐全的主机

注：1. 彩色电视机 CRT 的屏玻璃与锥玻璃的重量比为 2∶1；

2. 压缩机使用滤油后的重量进行测算；

3. 台式电脑主机电路板包括主板（应当拆除电线、散热片或散热器、风扇等可拆卸部件）、CPU、内存条、显卡、声卡、网卡，但不包括电源、硬盘、光驱、软驱中的电路板。电视机等其他废弃电器电子产品的电路板应当拆除电线、塑料边框、散热器等可拆卸部件。

对只有单台平均重量，但没有关键拆解产物物料系数的废弃电器电子产品种类，计算公式如下：

A2=所有拆解产物总产生量/单台平均重量

对尚无单台平均重量和关键拆解产物物料系数的，暂不采用物料平衡系数法进行核算。必要时，可以将总体物料平衡情况与历史物料平衡情况做比较分析。

（二）物料系数的调整

生态环境部委托部固管中心组织对各地物料平衡系数的变化情况进行统计汇总，对表2-1的关键拆解产物物料系数进行动态调整，并及时向社会发布公告。

省级生态环境主管部门不得按照自行调整后的物料系数进行审核工作，可以参考如下程序及方法核算单台平均重量和关键拆解产物物料系数，并及时报部固管中心汇总：

1. 组成物料系数核算工作小组

工作小组至少由 1 名生态环境主管部门或审核机构的代表、1 名处理企业的代表和 1 名专家组成。

2. 选取样品，记录拆解处理重量

原则上，对需要测算校正物料系数的废弃电器电子产品种类或者规格，对本地区每家处理企业选取不少于 100 台进行抽样核算。样品应当是符合基金补贴范围且部件齐全的废弃电器电子产品。

工作小组应当对样品的拆解处理进行全程监督，并记录样品废弃电器电子产品的数量、重量和关键拆解产物的种类、重量，作为测算校正物料系数的依据。

3. 物料系数的测算

物料系数测算公式如下：

单台平均重量=样品总重量/样品总数量

关键拆解产物校正物料系数=样品拆解处理得到的关键拆解产物的总重量/样品总重量

五、拆解产物处理情况审核

重点对关键拆解产物和危险废物类拆解产物处理情况进行审核。

拆解产物去向应合理、规范。自行利用处置的，根据生产台账、视频记录审核拆解产物产生量与处理量，处理设施环保手续应当齐全，处理过程应当具有相应的污染防治措施。危险废物管理应符合规范化管理要求；不能自行利用处置的危险废物应交给具有相应危险废物处理资质的企业处理处置，并附有危险废物转移联单。

审核时段末日关键拆解产物的库存量应不大于最近 1 年内的产生量，计算方法如下：

（一）核定关键拆解产物处理数量

审核资料：关键拆解产物日报表、拆解产物的出入库日报表、基础记录表和原始凭证，如销售合同、销售票据、称重磅单。

（二）计算关键拆解产物最近 1 年内（如审核时段为 10 月 1 日至 12 月 31 日，则最近 1 年为 1 月 1 日至 12 月 31 日）的累计产生量 B。

（三）计算关键拆解产物的累计产生量 D（自审核以来至审核时段末日的产生量）和

累计处理数量 E（自审核以来至审核时段末日的处理量），计算其差值 F（即审核时段末日的库存量），即 F=D−E。

（四）比较 F 和 B。如果 F 大于 B，则认定为审核时段末日关键拆解产物的库存量大于 1 年内的产生量。

六、贮存情况审核

在处理企业自查盘点基础上，对审核时段内处理企业废弃电器电子产品、拆解产物等库存情况进行抽查核对，确认标签记录、库房记录情况与实物是否相符（账物相符），以及库房记录情况与财务记录情况是否相符（账账相符）。要点包括：

（一）基金补贴范围内的废弃电器电子产品及其拆解产物，应与不属于基金补贴范围的废弃电器电子产品及其拆解产物，分别抽查。

（二）根据处理企业的贮存场地功能区划图，分类、分区域抽查。

（三）对基金补贴范围内的废弃电器电子产品，至少选择 3 个种类废弃电器电子产品和 3 类拆解产物进行抽查。

七、资金流审核

对处理企业业务往来资金账目进行抽查核对，分析废弃电器电子产品来源、数量、价格是否合理。

（一）废弃电器电子产品收购

以收购合同、发票、银行转账凭单、现金提取凭单等资金往来信息、原料入库台账等为主要审核资料。根据收购单价核对收购数量，核算应付收购资金、实际支付收购资金、未付账款情况与收购数量的逻辑关系。

无法提供资金往来证明的（如捐赠等），需提供原始交接记录凭证，交接凭证等应能提供交售者名称（个人或单位）、联系方式，个人身份证号，单位证明资料等基本信息以备核实。原始交接记录凭证无法核实的，该记录凭证记录的接收数量不予认可。

废弃电器电子产品的送货单位为关联企业的（如处理企业的子公司、分公司等），必要时可以对其资金账目情况进行延伸审核。

（二）拆解处理情况

可以以作业人员工资支付凭单、电费发票等为主要审核资料。审核人工出勤、工资支付情况，与生产记录拆解情况的逻辑关系；审核电耗与电费缴纳情况的逻辑关系。

（三）拆解产物销售

以销售合同、销售发票、银行入账凭单等资金往来证明、拆解产物出库台账等为审核资料。根据各类拆解产物的销售合同单价，核算拆解产物销售量、应回收资金、实际回收资金、未收款的逻辑关系。

拆解产物的接收单位为关联企业的（如处理企业的子公司、分公司等），必要时可以对其资金账目情况进行延伸审核。

八、物流（视频录像）、信息流（台账）比对审核

对处理企业接收和拆解处理废弃电器电子产品的物流（视频录像）和信息流（台账）进行比对审核，确定抽查日内申请补贴的废弃电器电子产品规范拆解处理数量是否真实、准确，如：视频监控录像反映的拆解处理数量与拆解处理基础记录的数量应当相符。

抽查审核内容包括台账记录真实性、准确性、拆解处理过程规范性等。重点关注以下点位：厂区进出口、货物装卸区、上料口/投料口、关键拆解产物和危险废物类拆解产物拆解处理工位、计量设备监控点位、包装区域、贮存区域以及数据信息管理系统信息采集工位。

（一）台账记录真实性

在抽查日中，选取一定比例的生产台账记录信息，查看对应生产过程的视频录像，检查台账记录是否真实。

1. 进出厂

（1）从抽查日中随机选取至少 1 天，对当天厂区进出口的录像进行 100%查看，核对所有车辆、货物进出情况是否都有相对应的进出厂台账记录。

（2）对每个抽查日，随机选取一定数量的废弃电器电子产品进厂和拆解产物出厂的原始地磅单，调取对应车辆进出厂视频录像，核对地磅单、废弃电器电子产品进厂或者拆解产物出厂记录等信息与视频录像记录的时间、车辆信息等的一致性。

2. 废弃电器电子产品入库

对进出厂抽查环节选取的废弃电器电子产品进厂车辆，追踪查看该车辆进厂后运输、卸货、废弃电器电子产品入库情况，查找对应卸货、入库、空车出厂的原始台账记录和视频录像，核对台账记录与视频录像的一致性。

3. 废弃电器电子产品领料出库

对每个抽查日，随机选取任意废弃电器电子产品出库单据，调取出库视频，跟踪从出库到拆解处理的运输过程，核对出库信息与视频记录情况的一致性。

4. 拆解产物入库

对每个抽查日，随机选取一定数量的拆解产物入库单据，调取拆解产物入库视频，核对入库信息与视频记录情况的一致性。

5. 拆解产物出库、出厂

对进出厂抽查环节选取的拆解产物出厂车辆，调取对应拆解产物出库、装车台账记录和视频录像，核对台账记录与视频录像的一致性。

（二）台账记录准确性

从抽查日中，选取合适的点位进行视频计数抽查，核对生产台账记录数量与视频录像反映情况的一致性。

确定视频计数抽查范围时，要结合处理企业生产台账记录情况、生产作业安排情况合理进行选择，尽可能分散到拆解处理作业的各个工作阶段。

根据处理企业台账信息的设置特点，可以采用以下方法之一进行抽查：

1. 如果处理企业采用条码扫描系统、计数器、定时手工记录等方法，使生产台账记录的数量能够在一个固定时间段（如每 1 小时或者每 1 个班组记录一次）、一个固定工位范

围（如 1 条生产线、1 个班组或者 1 个工位）与其相应的视频录像实现准确对应，则可以对每个抽查日选择一个固定时间段及固定工位范围的台账及其对应视频录像作为一个抽查单元。如：某处理企业有 3 台 CRT 切割机，生产台账记录可以提供每台 CRT 切割机每小时的拆解处理数量，则可以对每个抽查日随机选择某台 CRT 切割机某一个小时的视频录像作为一个抽查单元。

采用此种方法时，抽查日内抽查的累计视频录像长度，建议不少于审核时段内日平均工作时长的 2 倍。如：审核时段内的日平均工作时长为 10 小时，则审核时段内对不同工位的视频录像抽查累计时长不少于 20 小时。按下列公式计算计数差异率：

计数差异率=（视频抽查对应企业生产台账的记录总数量/视频抽查核实的处理总数量−1）×100%

注：计算的计数差异率超过 100%后，取 100%。

2. 如果处理企业生产台账记录的数量与其相应的视频录像只能做到按日对应，则建议选择不少于 3 个抽查日的全天视频录像进行完整计数，按下列公式对每个抽查日分别计算计数差异率，取最大值作为扣减依据：

计数差异率=（抽查日企业生产台账的记录数量/抽查日视频抽查核实的处理总数量−1）×100%

注：计算的计数差异率超过 100%后，取 100%。

（三）拆解处理过程规范性

对每个抽查日，选择关键点位中能够清晰辨识整机拆解、CRT 屏锥分离、荧光粉收集、制冷剂收集等涉及关键拆解产物或者危险废物类拆解产物操作过程的视频监控画面，检查拆解处理的废弃电器电子产品是否属于基金补贴范围、拆解处理操作过程是否规范等情况。

1.在每个抽查日中查看每种类废弃电器电子产品拆解处理过程时，对每个所选视频监控点位抽选查看的视频录像长度不少于 60 分钟。当发现某个视频监控点位存在需扣减的情形时，可选择对该点位原有查看视频时段前后增加查看长度或抽选该点位其他时段录像等方式进一步核实应扣减的数量。

2.在查看的所有视频点位录像中截取应扣减数量最多的连续 60 分钟视频录像（如查看某企业 9：00～12：00 视频录像后，发现 A 工位 9：35～10：35 应扣减数量最多，则选择 9：35～10：35 作为计算依据），并采用这 60 分钟内企业申报的规范处理数量和审核核实的规范处理数量计算某个种类废弃电器电子产品的规范差异率，计算公式如下：

规范差异率=（某 60 分钟内企业申报的规范处理数量/某 60 分钟内核实的规范处理数量−1）×100%

注：1. 计算的规范差异率超过 100%后，取 100%。

2. 某 60 分钟内企业申报的规范处理数量是指审核人员在某 60 分钟看到的企业实际拆解处理数量与企业在某 60 分钟内对应自查记录中已扣减数量的差值。

规范性抽查可与视频计数抽查结合起来开展。

九、拆解处理数量合理性估算

对拆解处理数量大、处理能力利用率高的处理企业，当对其拆解处理数量的合理性或者规范性存在疑问时，可以分析企业主要拆解处理设备、污染防治设施、人员出勤等运行情况，结合现场操作、视频录像、能耗核算、其他拆解产物产生情况等，辅助估算处理企业审核时段内总拆解处理数量的合理性。

（一）现场操作估算

通过主要设备的现场工人操作，估算拆解处理数量的合理性。如：通过对 CRT 屏锥分离、荧光粉收集等环节熟练工人现场规范操作计时、计数，估算该环节的实际规范处理能力。

同一类废弃电器电子产品有多个处理环节的，重点抽查测算处理能力最小的环节。

（二）视频估算

选取接近平均拆解量的、正常生产状态的 3～5 个工作时段，查看关键点位视频录像，估算该环节的规范拆解处理能力。

（三）能耗估算

根据处理企业实际运行情况，计算废弃电器电子产品拆解处理过程中主要生产设备、污染控制设备等的能耗与拆解处理数量的关系，分析审核时段内拆解处理数量与能耗之间的关系是否合理。

（四）出勤情况核算

分析考勤记录与拆解处理数量之间的关系是否合理，分析工人工资与拆解处理数量之间的关系是否合理。

十、延伸审核

审核时，如接到举报或存在重大疑问等情况，可以根据相关线索，对相关废弃电器电子产品回收单位、拆解产物接收单位的经营情况进行延伸审核，与处理企业提供的信息进行比对。

例如：向拆解产物接收单位发函询证，或者商请接收单位所在地同级生态环境主管部门及相关主管部门进行联合审查，确认利用处置资质、转移的拆解产物类别、数量或者重量、转移的时间、次数等情况。

附件 3

审核结果及数量核定

一、应当予以扣减的情形

（一）情形 1：拆解处理基金补贴范围外的废弃电器电子产品申报规范拆解处理数量的

基金补贴范围内的废弃电器电子产品是指整机，不包括零部件或散件。基金补贴范围外的废弃电器电子产品包括：

1. 工业生产过程中产生的残次品或报废品。

2. 海关、市场监督管理等部门罚没，并委托处置的电器电子产品。

3. 处理企业接收和处理的废弃电器电子产品完整性不足，缺失《废弃电器电子产品规范拆解处理作业及生产管理指南》（以下简称《规范拆解指南》）所列的主要零部件或关键拆解产物的。

4. 在运输、搬运、贮存等过程中严重破损，造成上线拆解处理时不具有主要零部件，或无法以整机形式进行拆解处理作业的。例如：采用屏锥分离工艺处理 CRT 电视机的，CRT 在屏锥分离前破碎，无法按完整 CRT 正常进行屏锥分离作业。

5. 非法进口产品。

6. 电器电子产品模型以及采取假造仿制、拼装零部件等手段制作的不具备电器电子产品正常使用功能、未经正常使用即送交企业处理的仿制品（简称仿制废电器）。

包括但不限于以下情况：以微型计算机显示器 CRT 或者仿造的 CRT 配上机壳、电路板等零部件拼装成的仿制废 CRT 电视机；用液晶面板（等离子面板）和尺寸不相符的机壳等零部件拼装成的仿制废平板电视机或废电脑液晶显示器；采用其他电器电子产品的线路板配上液晶面板（等离子面板）、机壳等零部件拼装成的仿制废平板电视机或废电脑液晶显示器；用箱体或机壳配上压缩机等零部件拼装成的仿制废电冰箱、废空调或废洗衣机；依靠胶带、绳子、螺丝等工具将相互之间毫无关联的零部件、散件以粘连、捆绑、固定的方式拼装的仿制品等。

（二）情形 2：不能提供判断规范拆解处理种类和数量的基础生产台账、视频资料等证明材料的

包括但不限于以下情况：

关键点位视频缺失、视频录像丢失、损坏、被覆盖；视频录像无法清晰确认废弃电器电子产品完整性、内部构造及工人拆解处理的规范性等。

（三）情形 3：各类废弃电器电子产品年实际拆解处理总量超过其核准年处理能力的

（四）情形 4：未在生态环境主管部门核定的场所拆解处理废弃电器电子产品的

（五）情形 5：生产台账记录数量大于视频录像反映情况的

（六）情形 6：通过关键拆解产物物料系数法核算差异率异常的

（七）情形 7：存在拆解处理过程不规范行为的

废弃电器电子产品拆解处理过程不规范是指未按照相关法律法规、《规范拆解指南》规定要求进行规范拆解处理，包括但不限于表 3-1 列举的情况：

表 3-1　拆解处理过程不规范行为列举

情形	拆解处理过程的不规范行为
7.1	废弃电器电子产品采取摔、砸等粗暴操作
7.2	彩色 CRT 电视机/显示器未进行屏锥分离或分离不完全的
7.3	审核时段内彩色 CRT 电视机/显示器屏锥分离过程中屏面玻璃破碎（分离成两块及以上）的比例超过 20%的部分
7.4	CRT 电视机/显示器未收集荧光粉或荧光粉收集不完全
7.5	微型计算机显示器混入电视机拆解处理
7.6	拆解冰箱、空调拆压缩机前未回收或未有效收集（如存在跑冒、泄漏等现象）属于消耗臭氧层物质的制冷剂
7.7	冰箱、空调的压缩机未做沥油处理

（八）情形 8：拆解产物处理不规范的

拆解产物处理不规范是指未按照相关法律法规及规范性文件要求处理拆解产物的行

为，包括但不限于表 3-2 列举的情况：

表 3-2　拆解产物处理不规范举例

情形	拆解产物处理不规范
8.1	废弃电器电子产品外壳以及国家规定的其他主要零部件出厂前未使用破碎、剪切、挤压等手段进行有效毁形
8.2	危险废物（如电路板、CRT 彩色电视机管颈管玻璃、锥玻璃等含铅玻璃、荧光粉、含汞背光灯管、润滑油等）出厂未交由持有危险废物经营许可证且具有相关经营范围的单位处理，或者未履行危险废物转移联单手续，数量不足三吨的
8.3	含有消耗臭氧层物质的制冷剂出厂未交由专门从事消耗臭氧层物质回收、再生利用或者销毁等经营活动且在所在地省级生态环境主管部门备案的单位处理
8.4	其他拆解产物处理不符合《规范拆解指南》附 1 要求的
8.5	自行处理拆解产物过程不符合相关生态环境保护要求（如：相关处理设施未取得环境影响评价批复及未进行竣工环境保护验收等）
8.6	审核时段末日关键拆解产物的库存量大于 1 年内的产生量

二、规范拆解处理数量核定

规范拆解处理数量核定应严格依据本指南要求进行。

省级生态环境主管部门在核定处理企业各种类规范拆解处理数量时，若在审核时段抽查发现应扣减数量不高于企业对应时段自查扣减数量的，认可企业各种类申报数量；若高于企业对应时段自查扣减数量的，则不认可企业各种类申报数量，并按表 3-3 的省级扣减规则扣减。

生态环境部以随机抽查方式组织开展复核工作，根据实际情况选择与省级生态环境主管部门选定的抽查日部分相同或完全不同的抽查日，对企业开展技术复核。针对应扣减的情形，若复核发现应扣减的数量不高于省级生态环境主管部门扣减数量的，则认可省级审核结论。若高于省级生态环境主管部门扣减数量的，则按表 3-3 的部级扣减规则进行扣减。

表 3-3　扣减规则

<table>
<tr><th>情形</th><th>审核方法</th><th>省级扣减规则</th><th>部级扣减规则</th></tr>
<tr><td rowspan="2">情形 1：拆解处理基金补贴范围外的废弃电器电子产品申报规范拆解处理数量的</td><td rowspan="2">见附 2“拆解处理过程规范性”</td><td>1.当规范差异率＜5%时，按规范差异率对所在季度相应种类废弃电器电子产品申报数量进行扣减；当 5%≤规范差异率＜20%时，对所在季度企业相应种类废弃电器电子产品申报数量全部扣减；当规范差异率≥20%，对所在季度企业全部种类废弃电器电子产品申报数量扣减</td><td>1.当规范差异率＜5%时，按规范差异率对所在季度相应种类废弃电器电子产品申报数量进行扣减；当 5%≤规范差异率＜20%时，对所在季度企业全部种类废弃电器电子产品的申报数量全部扣减；当规范差异率≥20%，对所在季度企业全部种类废弃电器电子产品申报数量扣减，并对企业接下来一个季度废弃电器电子产品申报数量不再确认，全部扣减</td></tr>
<tr><td colspan="2">2.当再次发现企业出现规范差异率≥20%的，从所在季度起连续四个季度废弃电器电子产品申报数量不再确认，全部扣减</td></tr>
</table>

情形	审核方法	省级扣减规则	部级扣减规则
情形 2：不能提供判断规范拆解处理种类和数量的基础生产台账、视频资料等证明材料的	结合视频抽查工作	发现关键点位无视频或视频无法判断各种类废弃电器电子产品拆解处理过程规范性和数量情况的累计总时间小于 1 小时的，对所涉及种类的废弃电器电子产品申报数量的 1%进行扣减；累计总时间大于等于 1 小时且小于 10 小时的，对所涉及种类废弃电器电子产品申报数量的 10%进行扣减；累计总时间大于等于 10 小时的，对所涉及种类废弃电器电子产品申报数量全部扣减	
情形 3：各类废弃电器电子产品年实际拆解处理总量超过其核准年处理能力的	每年第四季度核实	按超过部分的数量对企业第四季度相应种类废弃电器电子产品申报数量进行扣减	
情形 4：未在生态环境主管部门核定的场所拆解处理的废弃电器电子产品	结合日常监管或现场审核工作	扣除未在生态环境主管部门核定的场所拆解处理的废弃电器电子产品数量，并对所在季度企业全部种类废弃电器电子产品申报数量的 10%进行扣减	
情形 5：生产台账记录数量大于视频录像反映情况的	见附 2“台账记录准确性”	按计数差异率，对所在季度企业申报的相应种类废弃电器电子产品申报数量进行扣减	
情形 6：通过关键拆解产物物料系数法核算差异率异常的	见附 2“物料核算”	若 A1 超出 A2 的 25%以后，处理数量取 A2	
情形 7：存在拆解处理过程不规范行为的	见附 2“拆解处理过程规范性”	按计算的规范差异率，对所在季度企业相应种类废弃电器电子产品申报数量进行扣减	
情形 8：拆解产物处理不规范的	见附 2“信息流（台账）逻辑分析”“拆解产物处理情况审核”“资金流审核”“物流（视频录像）信息流（台账）比对审核”“延伸审核”	1.发生情形 8.2 及 8.3 的，对所在季度相应种类废弃电器电子产品全部扣减 2.发生情形 8.6 的，对所在季度相应种类废弃电器电子产品申报数量的 5%进行扣减 3.除情形 8.2、8.3 及 8.6 外，发生其他情形的，计算出处理不符合要求的拆解产物重量占抽样审核样本中同种类拆解产物处理重量的比例，以该比例的 3 倍作为相应种类废弃电器电子产品的扣减比例，其中：（1）同种类拆解产物对应多个种类废弃电器电子产品且无法区分的，对所对应的每个种类废弃电器电子产品申报数量均按同一扣减比例进行扣减；（2）同种类废弃电器电子产品有多个种类拆解产物处理不规范的，取最高扣减比例对相应种类废弃电器电子产品申报数量进行扣减	

注：1. 扣减的相应种类是指废电视机-1、废电视机-2、废冰箱、废洗衣机-1、废洗衣机-2、废空调、废电脑；

2. 企业自查已经扣减的，不适用本表扣减规则；

3. 同一种类废弃电器电子产品同时出现 1～8 多种扣减情形时，累加扣减；

4. 因关键点位视频录像模糊不清不能认定规范性时，按情形 1 的审核方法及扣减规则计算规范差异率进行相应扣减；

5. 点位视频录像存在短暂跳帧、黑屏等问题不影响规范性的认定时，相应时间不计入情形 2 中的累计时间中；

6. 企业申报规范拆解处理种类和数量后，出现不可抗力等特殊原因造成视频丢失、损坏的，不以情形 2 扣减。企业应提供相应证明材料以及丢失损坏视频对应的申报种类和数量，由省级生态环境主管部门核实后扣减，但最终需经生态环境部确认。

三、暂缓审核结果确认的情形

（一）生态环境部在复核期间收到举报或发生其他情况需要进一步核实的，暂缓对相关处理企业相关批次审核结果确认，书面通知省级生态环境主管部门暂缓后续审核工作，必要时可请省级生态环境主管部门进一步调查核实。在情况核实清楚后，生态环境部及时恢复对相关处理企业相关批次及后续审核情况的确认工作。

（二）处理企业涉嫌犯罪被立案侦查的（以相关主管部门提供的信息为准），省级生态环境主管部门应当及时暂缓审核工作并告知生态环境部，生态环境部暂缓对其相关批次及后续的审核结果确认。法院判定其构成犯罪的，从犯罪行为发生所在季度起的拆解处理种类和数量不再审核确认。如不构成犯罪，生态环境部恢复审核确认。

四、终止审核的情形

处理企业被取消废弃电器电子产品处理基金补贴资格或被发证机关注销或收回废弃电器电子产品处理资格证书的，各级生态环境主管部门应当终止审核工作，从发生之日起的拆解处理数量不再审核确认。

附件 4

废弃电器电子产品拆解处理情况审核工作报告

（参考格式）

企业名称：______________________________

生态环境主管部门（章）：______________________________

年　　月　　日

一、基本情况

（一）企业基本情况

1. 企业基本信息、人员、处理废弃电器电子产品（以下简称废电器）种类和能力（包括总能力及各类废电器的处理能力）等。

在本指南实施后首次报送时填写完整信息，后续报送时需要对发生变更的情况作出说明。

2. 处理工艺

根据环境影响评价报告、资格许可证书等资料，说明企业各类废电器拆解处理工艺流程和主要拆解处理设备等情况。

建议尽量采用拆解处理工艺流程图表示，配以简洁文字说明处理工艺特点或优于同行业设备工艺的特色等。

在本指南实施后首次报送时填写完整信息，后续报送时需要对发生变更的情况作出说明。

3. 环境保护措施

说明环境监测计划执行情况（如委托的监测结果、监测频次等），污染防治设施运行情况，拆解产物委托处理情况等环境保护措施情况。

4. 接受公众监督情况

企业是否按照要求，向社会公开废电器拆解处理情况及其公示公告形式。

（二）监管情况

审核时段内各级生态环境主管部门监管分工情况、现场抽查、通过远程视频和生态环境部信息系统日常查看的频次以及完善检查记录情况、处罚情况等。审核时段内的监管情况填入下表。

审核时段内生态环境主管部门日常监管情况表

单　位	现场检查次数（次）	远程视频检查次数（次）	登录生态环境部信息系统查看频次	是否完善检查记录	处罚次数	处罚原因
需要补充说明的情况	如：各级生态环境主管部门企业监管分工情况等					

二、拆解处理情况审核评价

（一）回收数量和收购来源

重点关注：审核时段企业废电器实际回收量、其中缺少主要零部件等需要单独管理的非基金业务的废电器的数量和原因、审核时段企业确认符合要求的废电器的回收量和回收来源情况。

（二）拆解处理过程评价

根据书面审核和现场审核工作情况，说明审核时段内企业拆解处理生产过程情况。包括生产管理规范性、台账规范性、拆解处理过程规范性、信息系统及视频监控系统运行情况等。对不符合生态环境保护要求的处理情况作出说明。

（三）拆解产物去向评价

1. 重点关注：关键拆解产物是否及时处理，关键拆解产物未及时处理完毕的解决方案等。关键拆解产物去向是否符合生态环境要求，对不符合生态环境保护要求的处理方式作出说明。

2. 审核时段其他拆解产物的产生量、处理量、库存量、处理情况和去向评价。

关键拆解产物产生、处理情况表

关键拆解产物	审核时段产生量/吨	累计产生量 *D*/吨	累计处理量 *E*/吨	库存量 $F=D-E$/吨	1 年内累计产生量 *B*/吨	是否在 1 年内处理完毕
CRT 玻璃						
CRT 锥玻璃						
保温层材料						
压缩机						
电动机						
印刷电路板						
液晶面板						
光源						
冷凝器						
蒸发器						
……						

三、审核情况

（一）审核资料

在本指南实施后首次报送时，说明书面审核、现场审核采用的审核资料情况，后续报送时需要对发生变更的情况作出说明。

如果开展了延伸审核、扩展审核，需说明所使用的资料情况及其原因。

（二）审核方式、审核程序、审核要点和工作规范

在本指南实施后首次报送时，根据本地区审核工作方案，说明审核的工作形式、审核程序、审核要点、工作规范和审核校验等内容。后续报送时，对当次审核的要点、校验等

内容进行说明。

（三）对拆解处理种类和数量的审核

重点关注：

1. 台账、资金往来规范性审核情况

明确抽查范围和抽查比例，对抽查的台账、资金往来等情况的规范性给出评价。

2. 物料核算情况

对抽查日的抽样样本进行物料核算，对有无异常情况作出说明。有异常情况的，应当说明处理的方式和结果。

3. 视频抽查情况

说明视频抽查的点位、时间，对有无异常情况作出说明。有异常情况的，应当说明处理的方式和结果。

四、审核结论

按照国家废电器拆解处理数量核定原则，给出审核认定结论。对拆解处理数量进行扣减的，应当说明按照何种扣减规则进行扣减。

五、存在问题

审核过程中发现的日常管理、污染防治措施、生态环境主管部门监管等方面的其他问题。

废弃电器电子产品拆解处理种类和数量审核情况表

废弃电器电子产品名称	审核时段实际拆解天数/天	抽查比例/%	抽查天数/天	抽查视频总时长/时	是否超年许可能力生产	拆解处理企业申报情况					审核情况		
						回收数量/(台/套)	实际拆解量/(台/套)	信息系统记录拆解量/(台/套)	自查扣减量/(台/套)	申请补贴量/(台/套)	扣减拆解量/(台/套)	扣减原因	核定拆解量/(台/套)
1.1 废电视机-1		—	—	—									
1.2 废电视机-2		—	—	—									
其中：1.2.1 CRT电视机													
其中：1.2.2 非CRT电视机													
2. 废冰箱		—	—	—									
3.1 废洗衣机-1		—	—	—									
3.2 废洗衣机-2													
4. 废空调		—	—	—									
5.1 废台式电脑（套）		—	—	—		—	—	—	—				

废弃电器电子产品名称	审核时段实际拆解天数/天	抽查比例/%	抽查天数/天	抽查视频总时长/时	是否超年许可能力生产	拆解处理企业申报情况					审核情况		
						回收数量/(台/套)	实际拆解量/(台/套)	信息系统记录拆解量/(台/套)	自查扣减量/(台/套)	申请补贴量/(台/套)	扣减拆解量/(台/套)	扣减原因	核定拆解量/(台/套)
其中：5.1.1 台式电脑主机（台）		—	—	—									
其中：5.1.2 CRT 电脑显示器（台）		—	—	—									
其中：5.1.3 液晶电脑显示器（台）		—	—	—									
5.2 其他废电脑（台）		—	—	—									
合计													

附件 5

应当保存的审核资料清单

序号	项目	保存单位	保存时间	备注
1	回收、拆解处理相关的基础记录、原始台账	处理企业	不少于 5 年	
2	回收、拆解处理相关的原始凭证	处理企业	不少于 5 年	
3	视频监控录像	处理企业	不少于 1 年，关键点位不少于 3 年	关键点位见《规范拆解指南》有关要求，包括厂区进出口、货物装卸区、上料口、投料口、关键产物拆解处理工位、计量设备监控点位、包装区域、贮存区域及进出口、中控室、视频录像保存区，以及数据信息管理系统信息采集工位
4	企业自查记录（包括台账自查、视频自查等）	处理企业	不少于 5 年	
5	基本生产情况及经营制度资料汇编	处理企业	不少于 5 年	
6	企业申报基金补贴材料（纸质版）	省级生态环境主管部门	不少于 5 年	
7	审核原始工作记录、抽查中发现有问题的纸质材料、视频录像	各级生态环境主管部门、第三方审核机构	不少于 5 年	工作记录应制定规范的记录格式，注明时间、地点、事件等内容，由审核人员和当事人签字确认。可建立处理企业信用记录，将处理企业的违法信息计入信用记录
8	第三方书面审核报告	省级生态环境主管部门、第三方审核机构	不少于 5 年	

序号	项目	保存单位	保存时间	备注
9	日常监管工作记录（包括现场检查工作记录、远程视频监管工作记录等）	各级生态环境主管部门	不少于 5 年	
10	《废弃电器电子产品拆解处理情况表》及审核工作报告	省级生态环境主管部门、生态环境部	不少于 5 年	

附件 6

审核工作要求

一、审核工作应当秉承“公开、公平、廉洁、高效”的原则，遵循以下工作要求：

（一）审核工作人员要严格执行《固体废物管理廉政建设“七不准、七承诺”》等党风廉政建设的有关规定，并接受业务主管部门和纪检部门的监督。

（二）审核工作人员及专家涉及本人利害关系的，以及其他可能影响结果公正性的，应当回避。

（三）审核工作人员及专家不得进行或参与其他妨碍审核工作廉洁、独立、客观、公正的活动；不得向被审核的处理企业索取或收受钱物等不当利益，或推销产品、技术等以谋取私利，或要求处理企业承担应由个人负担的住宿等费用；不向被审核的处理企业提出与审核工作无关的要求或暗示，不接受邀请参加旅游、社会营业性娱乐场所的活动以及任何赌博性质的活动；不得在审核工作期间饮酒。

二、审核工作人员应当接受培训，熟练掌握相关政策法规、审核技术方法和廉政纪律要求，熟悉处理企业回收、拆解处理等生产活动基本流程，掌握审核方式、程序和要点、工作规范等。

三、审核人员应当不少于两人一组。

四、审核工作人员对处理企业生产台账、财务凭证、视频录像等审核时使用的数据和信息负有保密责任。除因法律规定或相关主管部门要求外，未经处理企业及相关主管部门同意，不得以任何形式、在任何场合对外泄露有关信息。

附件 7

日常监督管理工作要点

一、现场检查

（一）现场检查内容

现场检查的内容可以事先确定，也可以到现场后根据实际情况确定。现场检查内容可以包括：

操作规范性检查：检查处理企业现场作业和管理的规范性，如库房管理规范性、拆解处理规范性、污染控制措施及设施运行情况等。

货物检查：检查处理企业库存废电器和拆解产物的情况，如是否混入不符合基金补贴范围的废电器、拆解产物是否符合规范拆解处理要求等。

台账检查：检查生产台账情况，如台账规范性、与实际工作情况的匹配性等。

视频检查：检查视频监控系统情况，如视频系统设置规范性、视频录像与台账信息匹配性、视频录像反映的拆解处理规范性情况等。

现场检查时，可以根据实际需要对上述所有检查项进行全面检查，也可以选择一个或者几个检查项进行重点检查。

（二）现场检查结果

现场检查情况应向处理企业反馈，并做好现场检查记录，由检查人员和处理企业代表签字（章）。

现场检查的结果可以作为废电器拆解处理情况审核的依据。

二、远程视频检查

（一）远程视频检查内容

对处理企业与生态环境主管部门联网的实时视频监控情况或者历史视频监控录像进行抽查。远程视频检查的重点是检查操作规范性，也可以检查拆解处理数量。

（二）远程视频检查结果

生态环境主管部门应做好远程视频检查工作记录。远程视频检查发现问题的，必要时可以向处理企业提出整改意见。远程视频检查的结果可以作为废电器拆解处理情况审核的依据。

三、驻厂监督员

有条件的地方可以建立驻厂监督员工作机制，对处理企业的日常生产情况进行现场监督指导和记录，督促企业规范生产，杜绝违法违规行为。

驻厂监督员制度的实施注意以下几个方面：

（一）建立完善的驻厂监督员管理制度，定期对其进行专业培训、廉洁教育等。

（二）规范驻厂监督员的工作内容，如现场监管事项、工作记录要求等。

（三）明确驻厂监督员的工作职责，如：对日常检查中发现的问题与隐患做好详细记录，及时纠正企业不规范行为，发现企业涉及生态环境违法行为的，报告当地环境主管部门。

（四）定期向生态环境主管部门书面报告监督检查情况。

附件 8

第三方审核要点

一、第三方审核机构的选择

受委托承担废电器拆解处理情况审核工作的第三方机构，应当具备相关资质，可以是会计师事务所或者其他具有相关资质的专业核查机构等。

负责组织审核工作的生态环境主管部门（委托方）根据相关规定，可以选择合适的委托方式（如：公开招投标、邀标、竞争性谈判、定向委托等），确定符合审核工作要求和信用良好的专业机构作为第三方审核机构，必要时可要求第三方机构提交信用报告供委托方参考。

委托方应当明确对第三方审核机构的工作内容和责任要求，包括审核工作要求、信息交换机制、责任追究机制、廉政及保密责任等，以管理办法、业务约定书或者合同等形式与第三方审核机构予以确认。可以委托第三方审核机构承担全部废电器拆解处理情况的审核工作任务，也可以只委托部分审核工作任务，如：邀请会计师事务所负责资金流、信息流审核；邀请具有相关资质的专业核查机构负责物流比对审核、规范性审核等。

二、第三方审核机构的工作内容

受委托的第三方审核机构应当独立开展审核工作，并对审核过程和出具的审核报告承担全部责任，同时接受社会各方监督。

（一）审核内容

第三方审核机构应当制定完善的审核方案，严格按照委托方规定的时限、技术要求及工作程序开展审核工作。审核工作内容可以包括：

对处理企业有关废电器接收、贮存、处理以及拆解产物出入库、销售等各个环节的基础记录、汇总报表、合同、发票、转移联单等原始凭证及其他资料进行审核，分析不同数据间的逻辑关系；审核废电器收购、拆解处理的种类及数量；审核拆解产物的种类及数量；对原料仓库和产物仓库进行盘点检查；审核废电器收购、拆解产物销售等的资金往来情况；检查视频监控录像，进行“三流合一”比对；对拆解处理过程和管理规范性的审核；对上下游关联单位开展延伸审核；其他需要审核的内容。

（二）第三方审核工作要点

对所有参加审核工作的人员进行培训。

收集审核资料，了解企业废电器拆解处理的基本情况，编制审核资料目录，并判断审核资料完备性对审核工作的影响。

确定审核范围，采用抽样审核方式，确定抽样比例、抽样样本规则等。

按照经委托方同意的工作方案开展审核工作，实现审核过程的标准化。

制定完善的审核记录格式，将书面审查和现场审核过程完整记录，以备复核。审核记录应当注明时间、地点和事件等内容，并由审核人员和企业当事人签名。

制定审核校验方案，按照一定比例对审核数据进行核验。

出具审核报告。审核报告的内容应当事实清楚，数据确凿，证据充分可靠，项目定性准确，评价和结论恰当，建议具体可行。报告初稿必须经委托方审阅，对在报告初稿中因各种原因未反映的其他监管审核调查情况，应当另附书面说明。

第三方审核人员进行审核时，涉及本人利害关系的，以及其他可能影响结果公正性的，应当回避。

第三方机构遇到难以处理的问题时，应当及时向委托方报告，根据其意见开展工作。

审核工作协议（合同）或者审核方案确定的其他要点。

三、第三方审核机构的监督管理

委托方应当加强对第三方审核机构审核工作的指导和监督管理。例如，可以对第三方审核机构的审核工作进行抽样检查，或者组织第三方审核机构进行互查。

对第三方审核机构违反有关法律法规规定，作出与事实不符的审核结论等情况，应当停止其第三方审核业务，依据合同有关条款进行处理。必要时，通报第三方审核机构所属主管部门依法处理。

（三）公告

关于增补《中国现有化学物质名录》的公告

2019 年第 1 号

根据《新化学物质环境管理办法》（环境保护部令　第 7 号）和《关于新化学物质环境管理登记有关衔接事项的通知》（环办〔2010〕123 号）相关要求，我部组织对部分已登记新化学物质进行了审查，现将 18 种符合要求的《新化学物质环境管理办法》（国家环境保护总局令　第 17 号）下已登记新化学物质和 29 种符合要求的环境保护部令　第 7 号下已登记新化学物质增补列入《中国现有化学物质名录》，并按现有化学物质管理。

特此公告。

附件：1. 列入《中国现有化学物质名录》的 18 种符合要求的《新化学物质环境管理办法》（国家环境保护总局令　第 17 号）下已登记新化学物质

2. 列入《中国现有化学物质名录》的 29 种符合要求的《新化学物质环境管理办法》（环境保护部令　第 7 号）下已登记新化学物质

生态环境部

2020 年 1 月 2 日

附件 1

列入《中国现有化学物质名录》的 18 种符合要求的《新化学物质环境管理办法》（国家环境保护总局令　第 17 号）下已登记新化学物质

序号	中 文 名 称	英 文 名 称	分 子 式	CAS 号或流水号	备注
1	2,5-二氯-4-[4-[[5-[[4-氯-6-[[4-[乙烯基磺基]苯基]氨基]-1,3,5-三嗪-2-基]氨基]-2-磺基苯基]偶氮]-4,5-双氢-3-甲基-5-氧-1H-吡唑-1-基]-苯磺酸二钠盐和 2,5-二氯-4-[4-[[5-[[4-氯-6-[[4-[[2-（磺酰氧基）乙基]磺酰基]苯基]氨基]-1,3,5-三嗪-2-基]氨基]-2-磺基苯基]偶氮]-4,5-双氢-3-甲基-5-氧-1H-吡唑-1-基]-苯磺酸三钠盐的混合盐（46%～61%：18%～28%）	Benzenesulfonic acid,2,5-dichloro-4-[4-[[5-[[4-chloro-6-[[4-[ethenylsulfonyl]phenyl]amino]-1,3,5-triazin-2-yl]amino]-2-sulfophenyl]azo]-4,5-dihydro-3-methyl-5-oxo-1H-pyrazol-1-yl]-,disodium salt and Benzenesulfonic acid,2,5-dichloro-4-[4-[[5-[[4-chloro-6-[[4-[ethenylsulfonyl]phenyl]amino]-1,3,5-triazin-2-yl]amino]-2-sulfophenyl]azo]-4,5-dihydro-3-methyl-5-oxo-1H-pyrazol-1-yl]-,trisodium salt mixture salt（46%～61%：18%～28%）	$C_{27}H_{20}Cl_3N_9O_9S_3Na_2$（二钠盐）和 $C_{27}H_{22}Cl_3N_9O_{13}S_4Na_3$（三钠盐）	627463-71-2（二钠盐）627463-72-3（三钠盐）	
2	4-氨基-5-羟基-2,7-萘二磺酸单钠盐与重氮化 2-氨基-4-4-（2-氯乙基）磺酰基-1-氧丁基氨基苯磺酸钠盐的反应产物	2,7-Naphthalenedisulfonic acid,4-amino-5-hydroxy-,monosodium salt,reaction products with diazotized 2-amino-4-4-（2-chloroethyl） sulfonyl-1-oxobutyl amino benzenesulfonic acid,sodium salts	$C_{34}H_{31}N_7Na_4O_{19}S_6$	861257-30-9	
3	2-[[4-氯-6-[乙基[3-[[2-磺氧基乙基]磺酰基]苯基]氨基-1,3,5-三嗪-2-基]氨基-5-羟基-1,7-萘二磺酸与重氮化的 2-氨基-5-[（4-磺苯基）偶氮]苯磺酸单钠盐的反应产物的钠盐	1,7-Naphthalenedisulfonic acid,2-[[4-chloro-6-[ethyl[3-[[2-（sulfooxy）ethyl]sulfonyl]phenyl]amino]-1,3,5-triazin-2-yl]amino]-5-hydroxy-,reaction products with diazotized 2-amino-5-[（4-sulfophenyl）azo]benzenesulfonic acid monosodium salt,sodium salts	主要成分Ⅰ：$C_{35}H_{25}Cl_1N_9O_{19}S_6Na_5$ 主要成分Ⅱ：$C_{35}H_{24}Cl_1N_9Na_4O_{15}S_5$ 主要成分Ⅲ：由 17 个显色有机副产物组成，其中包含一个低聚体	869109-90-0	

序号	中文名称	英文名称	分子式	CAS 号或流水号	备注
4	[7-氨基-4-（羟基-kO）-3-[[2-[[2-（羟基-kO）-5-磺基苯基]偶氮-kN¹]-4,5-甲氧基苯基]偶氮-kN¹]-2-萘磺酸根合（4-）]铜酸（2-）二钠与2-[[4-[（2-氨基丙基）氨基]-6-氟-1,3,5-三嗪-2-基]氨基]-1,4-苯二磺酸二钠盐和 2,4,6-三氟-1,3,5-三嗪的反应产物	Cuprate（2-）,[7-amino-4-（hydroxy-kO）-3-[[2-[[2-（hydroxy-kO）-5-sulfophenyl]azo-kN¹]-4,5-dimethoxyphenyl]azo-kN¹]-2-naphthalenesulfonato（4-）]-,disodium,reaction products with 2-[[4-[（2-aminopropyl）amino]-6-fluoro-1,3,5-triazin-2-yl] amino]-1,4-benzenedisulfonic acid disodium salt and 2,4,6- trifluoro-1,3,5-triazine	主要成分Ⅰ：$C_{39}H_{28}F_2N_{14}O_{16}S_4CuNa_4$ 主要成分Ⅱ：由 20 个显色有机副产物组成	882878-51-5	
5	（4S）-4-苄基-2-噁唑烷酮	（4S）-4-Benzyl-oxazolidin-2-one	$C_{10}H_{11}NO_2$	90719-32-7	
6	3-[（1E）-（4-氨基-5-磺基-1-萘基）偶氮]-1,5-萘二磺酸三钠盐与 2-[[4-[（4,6-二氟-1,3,5-三嗪-2-基）氨基]苯基]磺酰基]乙基硫酸氢单钠盐、丙二胺和 2,4,6-三氯-1,3,5-三嗪的反应产物	1,5-Naphthalenedisulfonic acid,3-[（1E）-（4-amino-5-sulfo-1-naphthalenyl）azo]-,trisodium salt,reaction products with 2-[[4-[（4,6-difluoro- 1,3,5-triazin-2-yl）amino]phenyl] sulfonyl]ethyl hydrogen sulfate monosodium salt, propylenediamine and 2,4,6-trichloro-1,3,5-triazine	主要成分Ⅰ：$C_{37}H_{27}Cl_1F_1N_{12}O_{11}S_4Na_3$ 主要成分Ⅱ：由 25 个显色有机副产物组成	883895-38-3	
7	7-[（1E）-[2-乙酰氨基-4-[（1E）-（4-氨基-5-磺基-1-萘基）偶氮]-5-甲氧基苯基]偶氮]-1,3,6-萘三磺酸钾钠盐与 2-[[4-[（4,6-二氟-1,3,5-三嗪-2-基）氨基]苯基]磺酰基]乙基硫酸氢单钠盐、丙二胺和 2,4,6-三氯-1,3,5-三嗪的反应产物	1,3,6-Naphthalenetrisulfonic acid,7-[（1E）-[2（acetylamino）-4-[（1E）-（4-amino-5-sulfo-1-naphthalenyl）azo]-5-methoxyphenyl]azo]-,potassium sodium salt,reaction products with 2-[[4-[（4,6-difluoro- 1,3,5-triazin-2-yl）amino]phenyl]sulfonyl]ethyl hydrogen sulfate monosodium salt,propylenediamine and 2,4,6-trichloro-1,3,5-triazine	主要成分Ⅰ：$C_{46}H_{35}Cl_1F_1N_{15}O_{16}S_5Na_{2.81}K_{1.19}$ 主要成分Ⅱ：由 17 个显色有机副产物组成，其中包含一个低聚体	883895-65-6	
8	酚酞与苯胺及甲醛反应产物	Reaction product of Phenolphtalein with Aniline and Formaldehyde	$(CH_2O)_x(C_{20}H_{14}O_4)_y(C_6H_7N)_z$	9554	

序号	中 文 名 称	英 文 名 称	分 子 式	CAS 号或流水号	备注
9	β-环糊精与 2-[（4-氨苯基）磺酰基]乙基硫酸和 2,4,6-三氯-1,3,5-三嗪钠盐的反应产物	β-Cyclodextrin,reaction products with 2-[（4-aminophenyl）sulfonyl]ethyl hydrogen sulfate and 2,4,6-trichloro-1,3,5-triazine,sodium salts	主要成分Ⅰ：$C_{61}H_{87}Cl_1N_5O_{43}S_3Na_1$ 主要成分Ⅱ：由 35 个不显色有机副产物组成	912277-13-5	
10	聚乙烯聚胺与异硬脂酸和尿素的反应产物与 N-（2-乙基己基）-异十八烷基胺的混合体	Amines,polyethylenepoly-,reaction products with isostearic acid and urea mix with Isooctadecanamide,N-（2-ethylhexyl）-		9555	
11	（3S,5S）-3-异丙基-5-[（2S,4S）-4-异丙基-5-氧代-四氢-呋喃-2-基]-2-氧代-吡咯烷-1-甲酸叔丁基酯	（3S,5S）-3-Isopropyl-5-[（2S,4S）-4-isopropyl-5-oxo-tetrahydro-furan-2-yl]-2-oxo-pyrrolidine-1-carboxlic acid tert-butyl ester	$C_{19}H_{31}NO_5$	934841-17-5	
12	（1R,2S）-rel-2,6,6-三甲基-3-环己烯-1-羧酸甲酯	3-Cyclohexene-1-carboxylic acid,2,6,6-trimethyl-,methyl ester,（1R,2S）-rel-	$C_{11}H_{18}O_2$	540734-22-3	
13	3,10-二[（2-氨基乙基）氨基]-6,13-二氯-4,11-三酚二噁嗪二磺酸与 4-[（2-氯乙基）磺酰基]丁酰氯反应产物的钠盐	4,11-Triphenodioxazinedisulfonic acid,3,10-bis[（2-aminoethyl）amino]-6,13-dichloro-,reaction products with 4-[（2-chloroethyl） sulfonyl]butanoyl chloride,sodium salts	$C_{34}H_{36}Cl_4Na_2N_6O_{14}S_4$（钠盐形式） $C_{34}H_{38}Cl_4N_6O_{14}S_4$（游离酸形式）	1015447-12-7	
14	3-二甲基氨基-1-（3-吡啶基）-2-丙烯-1-酮	3-Dimethylamino-1-（3-pyridinyl）-2-propene-1-one	$C_{10}H_{12}N_2O$	55314-16-4	
15	2,3-二羟基-二（2-乙基己基）丁二酸酯	Butanedioic acid,2,3-dihydroxy-,bis（2-ethylhexyl） ester	$C_{20}H_{38}O_6$	9556	
16	2,6-二甲基-7-辛烯-4-酮	2,6-dimethyl-7-octen-4-one	$C_{10}H_{18}O$	1879-00-1	
17	（4Z）-4-十二碳烯腈	（4Z）-4-Dodecenenitrile	$C_{12}H_{21}N$	1071801-01-8	
18	木糖与辛基十二烷醇的反应物	Reaction products between Xylose and Octyldodecanol	C20H42O+C25H50O5	9557	

附件 2

列入《中国现有化学物质名录》的 29 种符合要求的《新化学物质环境管理办法》（环境保护部令　第 7 号）下已登记新化学物质

序号	中 文 类 名	英 文 类 名	流水号	环境管理类别	备注
1	氨基和羟基取代的萘二磺酸钠与重氮化的氨基[（磺氧基）烷基磺酰基]苯磺酸、重氮化的多氨基苯磺酸、硫酸[（烷氨基）芳基磺酰基]烷基酯和三氯三嗪的反应产物的碱金属盐	Amino-hydroxyl-naphthalenedisulfonic acid， reaction products with diazotized amino-[（sulfooxy）alkylsulfonyl] benzenesulfonic acid，diazotized multiaminobenzenesulfonic acid，[（alkylamino）arylsulfonyl]alkyl sulfate and trichlorotriazine， alkali metal salts	9529	危险类	
2	新癸酸和异丙氧化钛（Ⅳ）盐的反应产物	Reaction products of neodecanoic acid and titanium（Ⅳ）isopropoxide	9530	危险类	
3	环氧烷基均聚物的烷基醇的醚与氨的反应产物	Epoxyalkyl，homopolymer，ether with alkylol，reaction products with ammonia	9531	危险类	
4	部分氟化醇与氧化磷反应产物的铵盐	Partially fluorinated alcohol， reaction products with phosphorus oxide， ammonium salts	9532	危险类	
5	脱水-阿糖呋喃-胸腺嘧啶	Anhydro-arabinofuranosyl-thymine	9533	危险类	
6	氨基和羟基取代的萘二磺酸与重氮化的氨基（磺氧基烷基磺酰基）萘磺酸、硫酸[（烷氨基）芳基磺酰基]烷基酯和三氯代三嗪反应产物的碱金属盐	Amino-hydroxyl-naphthalenedisulfonic acid， reaction products with diazotized amino-[（sulfooxy）alkylsulfonyl]benzenesulfonic acid，[（alkylamino）arylsulfonyl]alkyl sulfate and trichlorotriazine， alkali metal salts	9534	重点环境管理危险类	用途：染料
7	重氮化的氨基萘三磺酸与氨基芳基脲盐酸盐、重氮化的氨基（磺氧基烷基磺酰基）苯磺酸、丙二胺和三氟代三嗪的反应产物的碱金属盐	Diazotized aminonaphthalenetrisulfonic acid， reaction products with（aminoaryl） urea hydrochloride， diazotized amino-[（sulfooxy）alkylsulfonyl]benzenesulfonic acid， propylenediamine and trifluorotriazine， alkali metal salts	9535	重点环境管理危险类	用途：染料
8	多卤代烯烃	Multi-halogenated alkene	9536	危险类	

序号	中文类名	英文类名	流水号	环境管理类别	备注
9	重氮化的[[[（氨基-磺芳基）氨基]卤代三嗪基]氨基]-羟基-[（磺萘基）偶氮基]萘二磺酸钠盐与硫酸[（氨基芳基）磺酰基]烷基酯、氨基-羟基萘二磺酸钠盐和多卤代三嗪的反应产物的钠盐	Naphthalenedisulfonic acid，[[[（amino-sulfoaryl）amino] halogenotriazinyl]amino]-hydroxy-[（sulfonaphthalenyl）azo]-，sodium salt，diazotized，reaction products with [（aminoaryl）sulfonyl]alkyl sulfate，sodium amino-hydroxynaphthalenedisulfonate and polyhalogenotriazine，sodium salts	9537	重点环境管理危险类	用途：用于纤维素和棉纤维的染色
10	环烷二酸双[[（烷氧基）烷氧基]烷基]酯	Cycloalkanedicarboxylic acid bis[[（alkoxy）alkoxy]alkyl] ester	9538	危险类	
11	1-（6-取代-9-乙基咔唑-3-基）-取代丙烷-1-酮肟-O-乙酸酯	1-（6-substituted-9-ethylcarbazol-3-yl）-substituted propane-1-one oxime-O-acetate	9539	危险类	
12	烷基苯胺苯烷基氨基啶腈与重氮化的氨基-硝基苯腈、重氮化的硝基多卤代烷基苯胺和烷基苯胺苯烷基氨基的吡啶腈的偶合物	Pyridinecarbonitrile，alkylphenylamino-phenylalkylamino-，coupled with diazotized amino-nitrobenzonitrile，diazotized nitro- multihalosubstituted alkylbenzenamine and alkylphenylamino-phenylalkylamino-pyridinecarbonitrile	9540	危险类	
13	1-（4-取代苯基）-取代丙烷-1，2-二酮-2-肟-O-苯甲酸酯	1-（4-substituted phenyl）-substituted propane-1，2-dione-2-oxime-O-benzoate	9541	危险类	
14	烷基代芳基-羟烷基-1-酮	Alkyl aryl-hydroxyalkyl-1-one	9542	危险类	
15	二（烷酰氧基）二烷基甲锡烷与硅酸四烷基酯的反应产物	[Bis（alkylacyloxy）]dialkylstannane，reaction products with silicic acid tetraalkyl ester	9543	重点环境管理危险类	用途：胶黏剂的固化促进剂
16	联苯二醇和苯酚的磷酸混合酯	Phosphoric acid，mixed esters with biphenyldiol and phenol	9544	危险类	
17	[[[（磺烷基）氨基]三嗪二基]双[亚氨基[（磺烷氧基）卤代亚苯基]二氮烯二基]]双[卤代芳基磺酸]的钠盐	Arylsulfonic acid，[[[（sulfoalkyl）amino]triazinediyl]bis[imino[（sulfoalkoxy）halogenophenylene]diazenediyl]]bis]halogeno-，sodium salts	9545	危险类	
18	[哌嗪二基双[三嗪三基双[亚氨基[烷基-（磺基烷氧基）亚芳基]二氮烯二基]]]多[[（磺芳基）二氮烯基]苯磺酸]的碱金属盐	[Piperazinediylbis[triazinetriylbis[imino[alkyl-（sulfoalkoxy）arylene]diazenediyl]]]poly[[（sulfoaryl）diazenyl]benzenesulfonic acid]，alkali metal salts	9546	危险类	

序号	中 文 类 名	英 文 类 名	流水号	环境管理类别	备注
19	多氨基苯甲酸与重氮化的硫酸氢[（氨基芳基）磺酰基]烷基酯和重氮化的氨基-[[（磺氧基）烷基]磺酰基]芳基磺酸二钾盐的反应产物的水解产物的钠盐	Benzoic acid，polyamino-，reaction products with diazotized [（aminoaryl）sulfonyl]alkyl hydrogen sulfate and diazotized potassium amino-[[（sulfooxy）alkyl]sulfonyl]arylsulfonate（2：1），hydrolyzed，sodium salts	9547	危险类	
20	[[羟基-[[[（烷氧基-磺基苯并噻唑基）二氮烯基]-烷基-（磺基烷氧基）芳基]二氮烯基]-二磺萘基]二氮烯基]-氧代-（磺芳基）吡唑羧酸碱金属盐	[[Hydroxy-[[[（alkoxy-sulfobenzothiazolyl）diazenyl]-alkyl-（sulfoalkoxy）aryl]diazenyl]-disulfonaphthalenyl]diazenyl]-oxo-（sulfoaryl）pyrazolecarboxylic acid，alkali metal salts	9548	危险类	
21	椰油烷基胺与{取代的芳族重氮盐-N-取代的氧代烷基酰胺-酰胺取代的苯磺酸盐的反应产物}的化合物	Coco alkyl amines，compds. with salt of substituted aromatic diazonium-N-substituted oxoalkylamide-salt of amide substituted benzenesulfonate reaction products	9549	危险类	
22	氨基-羟基萘磺酸与[（卤代烷基）磺酰基]丁酰氯、重氮化的多氨基芳基磺酸和重氮化的氨基-[[（磺氧基）烷基]磺酰基]芳磺酸二钾盐的反应产物的钠盐	Naphthalenesulfonic acid，amino-hydroxy-，reaction products with [（halogenoalkyl）sulfonyl]butanoyl chloride，diazotized polyaminoarysulfonic acid and diazotized potassium amino-[[（sulfooxy）alkyl]sulfonyl]arylsufonate（2：1），sodium salts	9550	危险类	
23	邻苯二羧酸酐-吡啶二羧酸-尿素反应产物的铜络合物的氨基磺酰基、[[[[[（二磺芳基）氨基]-[（芳烷基）氨基]三嗪基]氨基]烷基]氨基]磺酰基和磺基的衍生物的钠盐	Copper，phthalic anhydride-pyridinedicarboxylic acid-urea reaction products complexes，aminosulfonyl [[[[[（disulfoaryl）amino]-[（aralkyl）amino]triazinyl]amino]alkyl]amino]sulfonyl sulfo derivs.，sodium salts	9551	危险类	
24	双（卤磺酰基）亚胺碱金属盐	Bis（halogenosulfonyl）imide，alkali metal salt	9552	危险类	
25	N,N'-乙二胺双（萘酚喹啉基衍生物-1,3,5-三嗪的取代物）的金属盐	N,N'-ethylenediaminebis（substituted naphthoquinolinyl derivative-1,3,5-triazine），metal salt	9553	危险类	

序号	中文名称	英文名称	分子式	CAS 号	环境管理类别	备注
1	N,N-双（2-羟乙基）-1,3-丙二胺	N,N-Bis（2-hydroxyethyl）-1,3-propanediamine	$C_7H_{18}N_2O_2$	4985-85-7	重点环境管理危险类	用途：涂料配方中的聚合物的原料
2	双草酸硼酸锂	Lithium bis（oxalato）borate	C_4BO_8Li	244761-29-3	危险类	
3	3-（4,4-二甲基-1-环己烯-1-基）-丙醛	3-（4,4-Dimethyl-1-cyclohexen-1-yl） propanal	$C_{11}H_{18}O$	850997-10-3	重点环境管理危险类	用途：配制香精
4	1,3-二氧六环	1,3-Dioxane	$C_4H_8O_2$	505-22-6	危险类	

关于取消建设项目环境影响评价资质行政许可事项后续相关工作要求的公告（暂行）

2019年第2号

《全国人民代表大会常务委员会关于修改〈中华人民共和国劳动法〉等七部法律的决定》（中华人民共和国主席令　第24号）已于2018年12月29日公布施行，对《中华人民共和国环境影响评价法》作出修改，取消了建设项目环境影响评价资质行政许可事项。我部正在按照法律有关规定，制定建设项目环境影响报告书（表）（以下简称“环境影响报告书（表）”）编制的监管办法和能力建设指南等配套文件，将于近期向社会公开征求意见。在相关文件正式印发前，为维护环境影响评价技术服务市场秩序，保证环境影响报告书（表）编制质量，规范环境影响报告书（表）编制行为，现将有关工作要求公告如下。

一、自本公告发布之日起，《建设项目环境影响评价资质管理办法》（环境保护部令　第36号，以下简称36号令）停止执行；《关于发布〈建设项目环境影响评价资质管理办法〉配套文件的公告》（环境保护部公告　2015年第67号）即行废止。自2018年12月29日起，我部已不再受理建设项目环境影响评价资质申请，已受理但尚未完成审查的申请事项不再继续审查；我部环境影响评价工程师从业情况信息管理系统已不再接收申报材料，已接收申报材料但尚未核发登记编号的，不再核发。

二、建设单位可以委托技术单位为其编制环境影响报告书（表）；建设单位具备相应技术能力的，也可自行编制环境影响报告书（表）。编制单位应当为独立法人，并具备统一社会信用代码；接受委托为建设单位编制环境影响报告书（表）的技术单位暂应为依法经登记的企业法人或核工业、航空和航天行业的事业单位法人。以下单位不得编制环境影响报告书（表）。

（一）由生态环境部门设立的事业单位出资的企业法人；

（二）由生态环境部门作为业务主管单位或者挂靠单位的社会组织出资的企业法人；

（三）受生态环境部门委托，开展环境影响报告书（表）技术评估的企业法人；

（四）前三项中的企业法人出资的企业法人。

三、环境影响报告书（表）暂应由编制单位中取得环境影响评价工程师职业资格的全职工作人员，作为编制主持人和主要编制人员。

四、环境影响报告书（表）应当附编制单位和编制人员情况表。内容和格式见附件。建设单位、编制单位和相关人员应当在情况表相应位置盖章或签字。

五、建设单位应当对环境影响报告书（表）的内容和结论负责；接受委托编制环境影响报告书（表）的技术单位对其编制的环境影响报告书（表）承担相应责任。

六、建设单位委托技术单位编制环境影响报告书（表）的，应当委托一个技术单位主持编制，其与受委托的技术单位之间的权利、义务、责任和收费，应当通过合同形式约定。

七、建设单位应当将环境影响报告书（表）及其批复文件及时存档。编制环境影响报告书（表）的单位应当建立编制工作完整档案，档案中应包括但不局限于环境影响报告书（表）及其批复文件、现场踏勘记录和影像资料、质量审核及控制记录；开展环境质量现状监测、科学试验的，环境质量现状监测报告、试验报告等应一并存档。建设单位委托技术单位编制环境影响报告书（表）的，双方还应分别将委托合同存档。

八、各级生态环境部门在 2018 年 12 月 29 日前，依据 36 号令对有关单位或人员已作出限期整改决定和三年内不得作为编制主持人或主要编制人员决定，但相应期限未满的，原处理决定继续执行。

九、各级生态环境部门在环境影响报告书（表）受理和审批过程中，应当加强对环境影响报告书（表）编制规范性和编制质量的考核，并适时对编制单位和编制人员情况进行抽查。对不符合本公告第二条至第四条规定的环境影响报告书（表），应要求建设单位改正或补正后受理；对存在《建设项目环境保护管理条例》第十一条规定情形的环境影响报告书（表），不予批准；对环境影响报告书（表）存在《中华人民共和国环境影响评价法》第二十八条、第三十二条规定情形的，应当依法对相关单位和人员予以严肃处理；对编制单位和主要编制人员不符合本公告第二条、第三条规定以及未满第八条规定的相应期限的，应记入诚信“黑名单”，向社会公开；对建设单位和编制单位不符合本公告第六条、第七条规定要求的，应予以通报批评并记入诚信档案，向社会公开。

生态环境部

2019 年 1 月 19 日

附件

编制单位和编制人员情况表

建设项目名称			
环境影响评价文件类型			
一、建设单位情况			
建设单位（签章）			
法定代表人或主要负责人（签字）			
主管人员及联系电话			
二、编制单位情况			
主持编制单位名称（签章）			
社会信用代码			
法定代表人（签字）			
三、编制人员情况			
编制主持人及联系电话			
1.编制主持人			
姓名	职业资格证书编号		签字
2.主要编制人员			
姓名	职业资格证书编号	主要编写内容	签字
四、参与编制单位和人员情况			

关于发布《环境影响评价技术导则　铀矿冶》等两项国家环境保护标准的公告

2019 年第 3 号

为贯彻《中华人民共和国环境保护法》《中华人民共和国环境影响评价法》和《中华人民共和国放射性污染防治法》，保护环境，防治污染，规范铀矿冶建设项目和退役项目环境影响评价工作，现批准《环境影响评价技术导则　铀矿冶》和《环境影响评价技术导则　铀矿冶退役》为国家环境保护标准，并予公布。

标准名称、编号如下。

一、《环境影响评价技术导则　铀矿冶》（HJ 1015.1—2019）；

二、《环境影响评价技术导则　铀矿冶退役》（HJ 1015.2—2019）。

以上标准自 2019 年 4 月 1 日起实施，由中国环境出版集团出版，标准内容可在生态环境部网站（www.mee.gov.cn）查询。

特此公告。

生态环境部

2019 年 1 月 21 日

关于发布《有毒有害大气污染物名录（2018 年）》的公告

2019 年第 4 号

根据《中华人民共和国大气污染防治法》有关规定，生态环境部会同卫生健康委制定了《有毒有害大气污染物名录（2018 年）》（见附件），现予公布。

中华人民共和国生态环境部

中华人民共和国国家卫生健康委员会

2019 年 1 月 23 日

附件

有毒有害大气污染物名录（2018 年）

序号	污染物	序号	污染物
1	二氯甲烷	7	镉及其化合物
2	甲醛	8	铬及其化合物
3	三氯甲烷	9	汞及其化合物
4	三氯乙烯	10	铅及其化合物
5	四氯乙烯	11	砷及其化合物
6	乙醛		

关于放射性同位素与射线装置豁免备案证明文件（第六批）的公告

2019 年第 5 号

根据《放射性同位素与射线装置安全和防护管理办法》（环境保护部令　第 18 号）第五十四条的相关规定，现将已获得各有关省份豁免备案证明文件的活动或活动中的射线装置、放射源或者非密封放射性物质（第六批）予以公告（见附件 1、2）。

经我部公告的活动或活动中的射线装置、放射源或者非密封放射性物质，其豁免备案证明文件在全国有效，可不再逐一办理豁免备案证明文件。

生态环境部

2019 年 2 月 3 日

附件 1

第六批已获各有关省份豁免备案证明文件的放射性同位素汇总表

序号	申请备案单位	申请备案单位类型	备案明细	豁免单位类型	备案文号
1	武汉谱晰科技有限公司	销售单位	PGS—6000 型低本底多道γ能谱仪，内含铀-238 单体源（比活度不大于 6.7Bq/g）、镭-226 单体源（比活度不大于 1.0Bq/g）、钍-232 单体源（比活度不大于 1.0Bq/g）、钾-40 单体源（比活度不大于 10Bq/g）；镭-226、钍-232、钾-40 混合体源（比活度分别为 0.3Bq/g、0.4Bq/g、2.0Bq/g） PAB—6000 型低本底α/β测量仪，内含锶-90/钇-90 电镀源（活度不大于 40Bq）、钚-239 电镀源（活度不大于 40Bq）、钾-40 粉末标准物质（比活度不大于 20Bq/g）、镅-241 粉末标准物质（活度不大于 20Bq）	最终用户	鄂环函〔2018〕91 号

附件 2

第六批已获各有关省份豁免备案证明文件的射线装置汇总表

序号	申请备案单位	申请备案单位类型	备案明细	备案文号
1	岛津企业管理（中国）有限公司	销售单位	AXIS SUPRA 全自动成像型 X 射线光电子能谱仪（管电压 15 kV，管电流 40 mA）	沪环保函〔2018〕82 号
2	上海思百吉仪器系统有限公司	销售单位	312B-W-L、312B-N-L、312B-XN-L 型低能量 X 射线传感器（管电压 5 kV，管电流 2mA）	沪环保函〔2018〕76 号
3			Epsilon 4 能量色散型 X 射线荧光光谱仪（管电压 50 kV，管电流 3mA）	沪环保函〔2018〕108 号
4			2830 ZT 型 X 射线荧光光谱仪（管电压 60 kV，管电流 160mA）	沪环保函〔2018〕109 号
5	上海原子核研究所实验工厂	生产单位	微区 XRF930 镀层测厚仪（管电压 50 kV，管电流 0.5mA）	沪环保函〔2018〕157 号
6	唐山市默盾科技有限公司	生产单位	MD-200 型人工射线仪（管电压 30 kV，管电流 0.2mA）和 MD-200-T 型铁品位快速分析仪（管电压 30 kV，管电流 0.2mA）	冀环辐函〔2018〕1336 号
7	深圳市卓茂科技有限公司	生产单位	X5600、X6600、X7600 型 X 射线检测装置（管电压 90 kV，管电流 0.2mA）	粤环函〔2018〕1688 号
8	布鲁克（北京）科技有限公司	销售单位	D8 ADVANCE 型 X 射线粉末衍射仪（管电压 50 kV，管电流 60mA）、D8 DISCOVER 型 X 射线粉末衍射仪（管电压 50 kV，管电流 60mA）、D8 VENTURE 型 X 射线单晶衍射仪（管电压 50 kV，管电流 50mA）和 D8 QUEST 型 X 射线单晶衍射仪（管电压 50 kV，管电流 1.4mA）	京环辐豁〔2018〕29 号
9	开封市测控技术有限公司	生产单位	XCH-12000 型 X 射线测厚仪（管电压 15 kV，管电流 0.3mA）	豫环函〔2018〕245 号
10	霍尼韦尔（天津）有限公司	生产单位	MXProLine 型 X 射线带材厚度质量检测系统（管电压 10 kV，管电流 0.2mA）	津环辐函〔2018〕28 号

关于设立烟台疏浚物和青岛沙子口南疏浚物临时性海洋倾倒区的公告

2019 年第 6 号

根据《中华人民共和国海洋环境保护法》《中华人民共和国海洋倾废管理条例》等相关规定，为满足相关海域的倾倒需求，自即日起设立以下临时性海洋倾倒区。

一、烟台疏浚物临时性海洋倾倒区

121°06′0.3″E、38°03′33.0″N；121°07′23.0″E、38°03′33.0″N；121°07′23.0″E、38°02′41.4″N；121°06′0.3″E、38°02′41.4″N 四点连线海域，面积 3.2 千米 ^{2}，用于处置符合相关标准和要求的疏浚物，三年总控制倾倒量不超过 500 万米 ^{3}。

二、青岛沙子口南疏浚物临时性海洋倾倒区

120°30′00″E、36°02′06″N；120°30′45″E、36°02′06″N；120°30′45″E、36°01′34″N；120°30′00″E、36°01′34″N 四点连线海域，面积 1.1 千米 ^{2}，用于处置符合相关标准和要求的疏浚物，三年总控制倾倒量不超过 130 万米 ^{3}。

特此公告。

生态环境部

2019 年 2 月 13 日

关于发布国家放射性污染防治标准《放射性物品安全运输规程》的公告

2019 年第 7 号

为贯彻《中华人民共和国环境保护法》《中华人民共和国放射性污染防治法》《中华人民共和国核安全法》和《放射性物品运输安全管理条例》，防治放射性污染，改善环境质量，规范放射性物品运输管理工作，现批准《放射性物品安全运输规程》为国家放射性污染防治标准，并由生态环境部与国家市场监督管理总局联合发布。

标准名称、编号如下：

放射性物品安全运输规程（GB 11806—2019）。

依据有关法律规定，该标准具有强制执行效力。

该标准自 2019 年 4 月 1 日起实施，自实施之日起，《放射性物质安全运输规程》（GB 11806—2004）同时废止。

上述标准由中国环境出版集团出版，标准内容可在生态环境部网站（http：//www.mee.gov.cn）查询。

特此公告。

生态环境部

2019 年 2 月 15 日

关于发布《生态环境部审批环境影响评价文件的建设项目目录（2019年本）》的公告

2019年第8号

按照《中华人民共和国环境影响评价法》规定，为深化“放管服”改革，落实机构改革相关要求，我部对生态环境部审批环境影响评价文件的建设项目目录进行了调整，现将《生态环境部审批环境影响评价文件的建设项目目录（2019年本）》予以公告。

省级生态环境部门应根据本公告，结合本地区实际情况和基层生态环境部门承接能力，及时调整公告目录以外的建设项目环境影响评价文件审批权限，报省级人民政府批准并公告实施。

本公告自发布之日起实施，原环境保护部公告2015年第17号及与本公告不一致的其他相关文件内容即行废止。

生态环境部

2019年2月26日

附件

生态环境部审批环境影响评价文件的建设项目目录

（2019年本）

一、水利

水库：在跨界河流、跨省（区、市）河流上建设的项目。

其他水事工程：涉及跨界河流、跨省（区、市）水资源配置调整的项目。

二、能源

水电站：在跨界河流、跨省（区、市）河流上建设的单站总装机容量50万千瓦及以上项目。

核电厂：全部（包括核电厂范围内的有关配套设施，但不包括核电厂控制区范围内新增的不带放射性的实验室、试验装置、维修车间、仓库、办公设施等项目）。

电网工程：跨境、跨省（区、市）（±）500千伏及以上交直流输变电项目。

煤矿：国务院有关部门核准的煤炭开发项目。

输油管网（不含油田集输管网）：跨境、跨省（区、市）干线管网项目。

输气管网（不含油气田集输管网）：跨境、跨省（区、市）干线管网项目。

三、交通运输

新建（含增建）铁路：跨省（区、市）项目。

煤炭、矿石、油气专用泊位：在沿海（含长江南京及以下）新建年吞吐能力 1 000 万吨及以上项目。

内河航运：跨省（区、市）高等级航道的千吨级及以上航电枢纽项目。

四、原材料

石化：新建炼油及扩建一次炼油项目（不包括列入国务院批准的国家能源发展规划、石化产业规划布局方案的扩建项目）。

化工：年产超过 20 亿米^{3}的煤制天然气项目；年产超过 100 万吨的煤制油项目；年产超过 100 万吨的煤制甲醇项目；年产超过 50 万吨的煤经甲醇制烯烃项目。

五、核与辐射

除核电厂外的核设施：全部（不包括核设施控制区范围内新增的不带放射性的实验室、试验装置、维修车间、仓库、办公设施等项目）。

放射性：铀（钍）矿。

电磁辐射设施：由国务院或国务院有关部门审批的电磁辐射设施及工程。

六、海洋

涉及国家海洋权益、国防安全等特殊性质的海洋工程：全部。

海洋矿产资源勘探开发及其附属工程：全部（不包括海砂开采项目）。

围填海：50 公顷以上的填海工程，100 公顷以上的围海工程。

海洋能源开发利用：潮汐电站、波浪电站、温差电站等（不包括海上风电项目）。

七、绝密工程

全部项目。

八、其他由国务院或国务院授权有关部门审批的应编制环境影响报告书的项目（不包括不含水库的防洪治涝工程，不含水库的灌区工程，研究和试验发展项目，卫生项目）。

关于公布《生态环境部政府信息主动公开基本目录》的公告

2019 年第 9 号

为深入推进政府信息主动公开目录体系建设，提升政府信息主动公开标准化规范化水平，我部编制了《生态环境部政府信息主动公开基本目录》，现予公布，自公布之日起施行。原《环境保护部政府信息主动公开基本目录》同时废止。

特此公告。

附件：生态环境部政府信息主动公开基本目录

生态环境部

2019 年 3 月 5 日

附件

生态环境部政府信息主动公开
基 本 目 录

主 要 内 容

第一部分 概 述

一、主要依据

二、责任主体、公开时限、公开方式和监督渠道

第二部分 政府信息主动公开基本目录

一、机构职能

1. 【公开事项】机构信息

2. 【公开事项】领导之窗

3. 【公开事项】机构设置与职能

二、政府信息公开

4. 【公开事项】政府信息公开规定

5. 【公开事项】政府信息公开指南

6. 【公开事项】政府信息公开目录

7. 【公开事项】政府信息依申请公开

8. 【公开事项】政府信息公开年报

9. 【公开事项】生态环境部公报

10.【公开事项】新闻发布

11.【公开事项】解读回应

三、行政审批

12.【公开事项】生态环境部行政审批事项目录

（一）建设项目（核与辐射除外）环境影响评价审批

13. 【公开事项】建设项目环境影响评价审批

（二）化学品管理

14. 【公开事项】新化学物质环境管理登记证核发

15. 【公开事项】危险化学品进出口环境管理登记证核发

（三）固体废物管理

16. 【公开事项】危险废物越境转移核准

17. 【公开事项】列入限制进口目录的固体废物进口许可

（四）核与辐射管理

18. 【公开事项】民用核设施操纵员执照核发

19. 【公开事项】从事放射性污染防治的专业人员资格认定

20. 【公开事项】民用核安全设备焊工、焊接操作工资格证书核发

21. 【公开事项】民用核安全设备无损检验人员资格许可

22. 【公开事项】民用核安全设备设计、制造、安装和无损检验活动单位许可证核发

23. 【公开事项】民用核设施选址、建造、运行、退役等活动审批

24. 【公开事项】生产放射性同位素（除生产医疗自用的短半衰期放射性药物）、销售和使用Ⅰ类放射源（除医疗使用的Ⅰ类放射源）、销售和使用Ⅰ类射线装置单位许可证核发

25. 【公开事项】列入限制进出口目录的放射性同位素进出口审批

26. 【公开事项】设立专门从事放射性固体废物贮存、处置单位许可

27. 【公开事项】核与辐射类建设项目环境影响评价审批

28. 【公开事项】可能造成跨省界环境影响的放射性同位素野外示踪试验审批

29. 【公开事项】为境内民用核设施进行核安全设备设计、制造、安装和无损检验活动的境外单位注册登记审批

30. 【公开事项】Ⅰ类放射性物品运输容器设计审查批准

31. 【公开事项】Ⅰ类放射性物品运输容器制造许可证核发

32. 【公开事项】使用境外单位制造的Ⅰ类放射性物品运输容器审批

33. 【公开事项】Ⅰ类放射性物品运输的核与辐射安全分析报告书审查批准

34. 【公开事项】进口民用核安全设备安全检验合格审批

（五）海洋环境管理

35. 【公开事项】废弃物海洋倾倒许可证核发

36. 【公开事项】临时性海洋倾倒区审批

37. 【公开事项】海洋石油勘探开发含油钻井泥浆和钻屑向海中排放审批

38. 【公开事项】拆除或闲置海洋工程环保设施审批

39. 【公开事项】海洋工程建设项目环境保护设施竣工验收

（六）其他审批

40. 【公开事项】消耗臭氧层物质进出口配额许可

41. 【公开事项】消耗臭氧层物质生产、使用配额许可

42. 【公开事项】京都议定书清洁发展机制合作项目审批

43. 【公开事项】江河、湖泊新建、改建或者扩大排污口审核

四、中央生态环境保护督察

44. 【公开事项】中央生态环境保护督察进驻

45. 【公开事项】中央生态环境保护督察反馈

46. 【公开事项】被督察地方整改方案和整改落实

五、生态环境法规和标准

47. 【公开事项】转载全国人大及其常委会、国务院公布的法律、行政法规

48. 【公开事项】部门规章

49. 【公开事项】规范性文件

50. 【公开事项】环境与健康

51. 【公开事项】生态环境标准

六、生态环境规划

52. 【公开事项】国家生态环境保护规划

七、生态环境公报

53. 【公开事项】中国生态环境状况公报

54. 【公开事项】中国海洋生态环境状况公报

55. 【公开事项】生态环境统计年报

56. 【公开事项】核安全年报

八、环境质量

57. 【公开事项】实时空气质量状况

58. 【公开事项】全国空气质量预报

59. 【公开事项】城市空气质量日报

60. 【公开事项】城市空气质量状况月报

61. 【公开事项】地表水自动监测周报

62. 【公开事项】地表水水质月报

63. 【公开事项】海水浴场水质周报

64. 【公开事项】全国辐射环境质量

九、污染防治

65. 【公开事项】水污染防治

66. 【公开事项】污水集中处理设施（日处理规模 500 吨及以上）清单

67. 【公开事项】《防止倾倒废弃物和其他物质污染海洋的公约》履约

68. 【公开事项】大气污染防治

69. 【公开事项】《关于消耗臭氧层物质的蒙特利尔议定书》履约

70. 【公开事项】土壤污染防治

71. 【公开事项】地下水污染防治

72. 【公开事项】固体废物、化学品及重金属防治

73. 【公开事项】环境噪声污染防治

74. 【公开事项】《斯德哥尔摩公约》《鹿特丹公约》《巴塞尔公约》《关于汞的水俣公约》履约

75. 【公开事项】污染源普查

76. 【公开事项】国家排污许可管理

十、生态保护

77. 【公开事项】生态保护红线监管

78. 【公开事项】生态状况遥感调查评估

79. 【公开事项】生态文明建设示范市、县、区
80. 【公开事项】自然保护地监管
81. 【公开事项】生物多样性保护
十一、应对气候变化
82. 【公开事项】应对气候变化政策与行动
83. 【公开事项】应对气候变化战略与规划
84. 【公开事项】应对气候变化试点工作
85. 【公开事项】控制温室气体排放目标责任
86. 【公开事项】国家信息通报和两年更新报告
87. 【公开事项】国家低碳产品认证目录
88. 【公开事项】应对气候变化南南合作
89. 【公开事项】应对气候变化多双边国际合作
十二、核与辐射
90. 【公开事项】民用核设施安全监督检查
91. 【公开事项】放射性同位素与射线装置安全监督检查
92. 【公开事项】《核安全公约》履约
93. 【公开事项】《乏燃料管理安全和放射性废物管理安全联合公约》履约
十三、监督执法
94. 【公开事项】行政处罚
95. 【公开事项】公开约谈
96. 【公开事项】挂牌督办
97. 【公开事项】污染防治攻坚战强化监督
98. 【公开事项】生态环境执法
99. 【公开事项】生态环境污染举报
100.【公开事项】应急管理
十四、科技管理
101.【公开事项】水专项管理信息
102.【公开事项】国家环境保护重点实验室和科学观测研究站
103.【公开事项】生态环境科普
104.【公开事项】生态环境科技成果
105.【公开事项】污染防治技术政策
106.【公开事项】国家先进污染防治技术目录
107.【公开事项】国家生态工业示范园区
108.【公开事项】国家环境保护工程技术中心
109.【公开事项】大气重污染成因与治理攻关研究
110.【公开事项】长江生态环境保护修复联合研究
十五、人事教育
111.【公开事项】干部人事管理
112.【公开事项】干部培训

第一部分　概　述

一、主要依据

1.《中华人民共和国环境保护法》

2.《中华人民共和国政府信息公开条例》

3. 中共中央办公厅、国务院办公厅《关于全面推进政务公开工作的意见》

4.《国务院办公厅印发〈关于全面推进政务公开工作的意见〉实施细则的通知》

5.《生态环境部职能配置、内设机构和人员编制规定》

二、责任主体、公开时限、公开方式和监督渠道

【责任主体】生态环境部

【公开时限】政府信息形成或者变更之日起 20 个工作日内及时公开。法律、法规对政府信息公开的期限另有规定的，从其规定。

【公开方式】生态环境部政府网站（www.mee.gov.cn）、国家核安全局网站（nnsa.mee.gov.cn）、微信、微博、生态环境部政府网站移动客户端、中国环境报、生态环境部公报等媒体公开。

【监督渠道】公民、法人或其他组织认为本机关未依法履行政府信息公开义务的，可以向生态环境部投诉、举报，也可以依法申请行政复议或提起行政诉讼。对生态环境部政府信息公开工作提出意见建议的，请与生态环境部办公厅联系。

电话：（010）66556039

传真：（010）66556020

邮编：100035

地址：北京市西城区西直门南小街 115 号。

第二部分　政府信息主动公开基本目录

一、机构职能

1. 【公开事项】机构信息

【公开内容】办公地址、办公电话、传真、通讯地址、邮政编码等信息

【责任单位】办公厅

2. 【公开事项】领导之窗

【公开内容】姓名、职务、性别、民族、出生年月、籍贯、学历、照片、工作简历等内容，重要活动、重要讲话等信息

【责任单位】办公厅、行政体制与人事司

3. 【公开事项】机构设置与职能

【公开内容】生态环境部主要职责，生态环境部内设机构及主要职责，派出机构、直属单位、所属社会团体设置及主要职责

【责任单位】行政体制与人事司

二、政府信息公开

4. 【公开事项】政府信息公开规定

【公开内容】生态环境部政府信息公开规章制度、相关文件等信息

【责任单位】办公厅

5. 【公开事项】政府信息公开指南

【公开内容】生态环境部政府信息公开工作机构名称、办公时间、联系方式；依申请信息公开受理有关事项、监督方式等信息

【责任单位】办公厅

6. 【公开事项】政府信息公开目录

【公开内容】生态环境部政府信息公开目录具体内容，包括主要依据、责任主体、公开时限、公开方式、监督渠道、目录内容等信息

【责任单位】办公厅、业务司局

7. 【公开事项】政府信息依申请公开

【公开内容】生态环境部政府信息依申请公开服务指南、申请须知及申请样表等信息

【责任单位】办公厅

8. 【公开事项】政府信息公开年报

【公开内容】生态环境部政府信息公开年度报告文本

【责任单位】办公厅、业务司局

9. 【公开事项】生态环境部公报

【公开内容】生态环境部公报文本

【责任单位】办公厅、业务司局

10. 【公开事项】新闻发布

【公开内容】新闻通稿，例行新闻发布、通气会有关情况，新闻发布会制度、新闻发言人，新闻发布会时间、地点、发布内容等信息

【责任单位】宣传教育司、相关业务司局

11. 【公开事项】解读回应

【公开内容】解读文件名称、解读内容、解读机构（专家）、回应关切等信息

【责任单位】相关业务司局、宣传教育司

三、行政审批

12. 【公开事项】生态环境部行政审批事项目录

【公开内容】行政审批事项名称、编码、办理时限等，审批部门、子项、设定依据、审批对象等信息

【责任单位】业务司局、办公厅、行政体制与人事司

（一）建设项目（核与辐射除外）环境影响评价审批

13. 【公开事项】建设项目环境影响评价审批

【公开内容】审批事项的材料清单、咨询电话、网上审批入口、服务指南及审批信息受理情况公开。项目名称、建设地点、建设单位、环境影响报告书（表）编制单位、受理日期、环境影响报告书（表）全本（除涉及国家秘密和商业秘密等内容外）、公众参与情况（编制环境影响报告书的项目）、联系方式

审查信息公开。1.拟批准环境影响报告书（表）的项目：项目名称、建设地点、建设单位、环境影响报告书（表）编制单位、项目概况、主要环境影响和环境保护对策与措施、公众参与情况（编制环境影响报告书的项目）、建设单位或地方政府作出的相关环境保护措施承诺文件、听证权利告知、联系方式；

2. 拟不予批准环境影响报告书（表）的项目：项目名称、建设地点、建设单位、环境影响报告书（表）编制单位、项目概况、公众参与情况（编制环境影响报告书的项目）、拟不予批准的原因、听证权利告知、联系方式

审批决定公开。审批文件全文，行政复议与行政诉讼权利告知，联系方式

【责任单位】环境影响评价与排放管理司、海洋生态环境司

（二）化学品管理

14. 【公开事项】新化学物质环境管理登记证核发

【公开内容】审批事项的材料清单、咨询电话、网上审批入口、服务指南及审批信息

【责任单位】固体废物与化学品司

15. 【公开事项】危险化学品进出口环境管理登记证核发

【公开内容】审批事项的材料清单、咨询电话、网上审批入口、服务指南及审批信息

【责任单位】固体废物与化学品司

（三）固体废物管理

16. 【公开事项】危险废物越境转移核准

【公开内容】审批事项的材料清单、咨询电话、网上审批入口、服务指南及审批信息

【责任单位】固体废物与化学品司

17. 【公开事项】列入限制进口目录的固体废物进口许可

【公开内容】审批事项的材料清单、咨询电话、网上审批入口、服务指南及审批信息

【责任单位】固体废物与化学品司

（四）核与辐射管理

18. 【公开事项】民用核设施操纵员执照核发

【公开内容】审批事项的材料清单、咨询电话、网上审批入口、服务指南及审批信息

【责任单位】核设施安全监管司

19. 【公开事项】从事放射性污染防治的专业人员资格认定

【公开内容】审批事项的材料清单、咨询电话、网上审批入口、服务指南，注册核安全工程师注册、延续注册和变更注册审批信息

【责任单位】核设施安全监管司

20. 【公开事项】民用核安全设备焊工、焊接操作工资格证书核发

【公开内容】审批事项的材料清单、咨询电话、网上审批入口、服务指南及审批信息

【责任单位】核设施安全监管司

21. 【公开事项】民用核安全设备无损检验人员资格许可

【公开内容】审批事项的材料清单、咨询电话、网上审批入口、服务指南及审批信息

【责任单位】核设施安全监管司

22. 【公开事项】民用核安全设备设计、制造、安装和无损检验活动单位许可证核发

【公开内容】审批事项的材料清单、咨询电话、网上审批入口、服务指南及许可证取证、变更、延续审批信息

【责任单位】核设施安全监管司

23. 【公开事项】民用核设施选址、建造、运行、退役等活动审批

【公开内容】审批事项的材料清单、咨询电话、网上审批入口、服务指南，场址选择审查意见书、建造许可证、运行许可证、退役活动等审批信息

【责任单位】核电安全监管司、辐射源安全监管司

24. 【公开事项】生产放射性同位素（除生产医疗自用的短半衰期放射性药物）、销售和使用Ⅰ类放射源（除医疗使用的Ⅰ类放射源）、销售和使用Ⅰ类射线装置单位许可证核发

【公开内容】审批事项的材料清单、咨询电话、网上审批入口、服务指南、辐射安全许可证正本内容（包括单位名称、地址、法定代表人、许可的种类和范围、许可证号、有效期）等信息

【责任单位】辐射源安全监管司

25. 【公开事项】列入限制进出口目录的放射性同位素进出口审批

【公开内容】审批事项的材料清单、咨询电话、网上审批入口、服务指南及审批信息

【责任单位】辐射源安全监管司

26. 【公开事项】设立专门从事放射性固体废物贮存、处置单位许可

【公开内容】审批事项的材料清单、咨询电话、网上审批入口、服务指南及审批信息

【责任单位】辐射源安全监管司

27. 【公开事项】核与辐射类建设项目环境影响评价审批

【公开内容】审批事项的材料清单、咨询电话、网上审批入口、服务指南，环境影响评价文件受理情况，拟作出的审批意见，作出的批准决定等信息

【责任单位】核电安全监管司、辐射源安全监管司

28. 【公开事项】可能造成跨省界环境影响的放射性同位素野外示踪试验审批

【公开内容】审批事项的材料清单、咨询电话、网上审批入口、服务指南及审批信息

【责任单位】辐射源安全监管司

29. 【公开事项】为境内民用核设施进行核安全设备设计、制造、安装和无损检验活动的

境外单位注册登记审批

【公开内容】审批事项的材料清单、咨询电话、网上审批入口、服务指南、注册登记及变更等审批信息

【责任单位】核设施安全监管司

30. 【公开事项】Ⅰ类放射性物品运输容器设计审查批准

【公开内容】审批事项的材料清单、咨询电话、网上审批入口、服务指南、设计批准书（延续、变更）审批信息

【责任单位】辐射源安全监管司

31. 【公开事项】Ⅰ类放射性物品运输容器制造许可证核发

【公开内容】审批事项的材料清单、咨询电话、网上审批入口、服务指南、制造许可证（延续、变更）审批信息

【责任单位】核设施安全监督司、辐射源安全监管司

32. 【公开事项】使用境外单位制造的Ⅰ类放射性物品运输容器审批

【公开内容】审批事项的材料清单、咨询电话、网上审批入口、服务指南、使用批准书（延续、变更）审批信息

【责任单位】辐射源安全监管司

33. 【公开事项】Ⅰ类放射性物品运输的核与辐射安全分析报告书审查批准

【公开内容】审批事项的材料清单、咨询电话、网上审批入口、服务指南及审批信息

【责任单位】辐射源安全监管司

34. 【公开事项】进口民用核安全设备安全检验合格审批

【公开内容】审批事项的材料清单、咨询电话、网上审批入口、服务指南及审批信息

【责任单位】核设施安全监管司

（五）海洋环境管理

35. 【公开事项】废弃物海洋倾倒许可证核发

【公开内容】审批事项的材料清单、服务指南、咨询电话及审批信息

【责任单位】海洋生态环境司

36. 【公开事项】临时性海洋倾倒区审批

【公开内容】审批事项的材料清单、服务指南、咨询电话及审批信息

【责任单位】海洋生态环境司

37. 【公开事项】海洋石油勘探开发含油钻井泥浆和钻屑向海中排放审批

【公开内容】审批事项的材料清单、服务指南、咨询电话及审批信息

【责任单位】海洋生态环境司

38. 【公开事项】拆除或闲置海洋工程环保设施审批

【公开内容】审批事项的材料清单、服务指南、咨询电话及审批信息

【责任单位】海洋生态环境司

39. 【公开事项】海洋工程建设项目环境保护设施竣工验收

【公开内容】审批事项的材料清单、服务指南、咨询电话及审批信息

【责任单位】海洋生态环境司

（六）其他审批

40. 【公开事项】消耗臭氧层物质进出口配额许可

【公开内容】审批事项的材料清单、咨询电话、网上审批入口、服务指南及审批信息

【责任单位】大气环境司

41. 【公开事项】消耗臭氧层物质生产、使用配额许可

【公开内容】审批事项的材料清单、咨询电话、网上审批入口、服务指南及审批信息

【责任单位】大气环境司

42. 【公开事项】京都议定书清洁发展机制合作项目审批

【公开内容】审批事项的材料清单、咨询电话、网上审批入口、服务指南及审批信息

【责任单位】应对气候变化司

43. 【公开事项】江河、湖泊新建、改建或者扩大排污口审核

【公开内容】江河、湖泊新建、改建或者扩大排污口审核有关法律法规解读、政策文件

【责任单位】水生态环境司

四、中央生态环境保护督察

44. 【公开事项】中央生态环境保护督察进驻

【公开内容】各批次生态环境保护督察对象、督察时间、督察内容、督察组联系方式等信息

【责任单位】中央生态环境保护督察办公室

45. 【公开事项】中央生态环境保护督察反馈

【公开内容】中央生态环境保护督察报告主要内容

【责任单位】中央生态环境保护督察办公室

46. 【公开事项】被督察地方整改方案和整改落实

【公开内容】各被督察地方按照督察组要求制定的整改方案及整改落实情况等信息

【责任单位】中央生态环境保护督察办公室

五、生态环境法规和标准

47. 【公开事项】转载全国人大及其常委会、国务院公布的法律、行政法规

【公开内容】生态环境保护法律（转载全国人大及其常委会正式公布的法律文本）；生态环境保护行政法规（转载国务院正式公布的行政法规文本）

【责任单位】法规与标准司

48. 【公开事项】部门规章

【公开内容】制定或联合制定的部门规章（正式发布的规章文本）；规章名称、文号、正文、发布机构、发布时间

【责任单位】法规与标准司

49. 【公开事项】规范性文件

【公开内容】文件名称、文号、正文、发布机构、发布时间

【责任单位】部机关各司局

50. 【公开事项】环境与健康

【公开内容】环境与健康政策、标准及相关解读材料，环境与健康技术规范、指南；环境与健康工作进展、重要会议及活动、研究成果等信息

【责任单位】法规与标准司

51.【公开事项】生态环境标准

【公开内容】国家生态环境标准及其修改单征求意见稿和编制说明、发布稿、标准解释，标准宣传解读材料，地方标准备案信息

【责任单位】法规与标准司

六、生态环境规划

52.【公开事项】国家生态环境保护规划

【公开内容】五年生态环境保护规划、海洋生态环境保护规划

【责任单位】综合司、海洋生态环境司

七、生态环境公报

53.【公开事项】中国生态环境状况公报

【公开内容】年度全国生态环境总体状况公报文本

【责任单位】生态环境监测司

54.【公开事项】中国海洋生态环境状况公报

【公开内容】年度全国海洋生态环境状况公报文本

【责任单位】生态环境监测司、海洋生态环境司

55.【公开事项】生态环境统计年报

【公开内容】污染源排放和生态环境管理等有关统计信息

【责任单位】综合司

56.【公开事项】核安全年报

【公开内容】国家核安全局年报文本

【责任单位】核设施安全监管司

八、环境质量

57.【公开事项】实时空气质量状况

【公开内容】全国国控点位实时空气质量信息

【责任单位】生态环境监测司

58.【公开事项】全国空气质量预报

【公开内容】重点城市、区域和省域空气质量预报信息

【责任单位】生态环境监测司

59.【公开事项】城市空气质量日报

【公开内容】全国主要城市空气质量日报信息

【责任单位】生态环境监测司

60.【公开事项】城市空气质量状况月报

【公开内容】空气质量状况及排名信息

【责任单位】生态环境监测司

61.【公开事项】地表水自动监测周报

【公开内容】主要流域重点断面水质自动监测信息

【责任单位】生态环境监测司

62.【公开事项】地表水水质月报

【公开内容】全国地表水水质状况信息
【责任单位】生态环境监测司
63.【公开事项】海水浴场水质周报
【公开内容】海水浴场水质状况信息
【责任单位】生态环境监测司
64.【公开事项】全国辐射环境质量
【公开内容】年度全国辐射环境质量报告，国控辐射环境质量监测自动站及核电厂监督性监测自动站空气吸收剂量率实时监测数据
【责任单位】核设施安全监管司

九、污染防治

65.【公开事项】水污染防治
【公开内容】水污染防治政策、技术规范，水污染行动计划落实考核情况，水污染防治工作简报，近岸海域污染防治等信息
【责任单位】水生态环境司、海洋生态环境司
66.【公开事项】污水集中处理设施（日处理规模500吨及以上）清单
【公开内容】全国省级及以上工业聚集区建成污水集中处理设施和安装自动在线监控装置情况等信息
【责任单位】水生态环境司
67.【公开事项】《防止倾倒废弃物和其他物质污染海洋的公约》履约
【公开内容】《防止倾倒废弃物和其他物质污染海洋的公约》国家履约工作情况信息
【责任单位】海洋生态环境司
68.【公开事项】大气污染防治
【公开内容】蓝天保卫战三年行动计划，区域大气污染防治协作，机动车、光、恶臭等污染防治进展，法律、法规、规章、规范性文件解读信息，大气颗粒物来源解析技术指南及解读等信息
【责任单位】大气环境司
69.【公开事项】《关于消耗臭氧层物质的蒙特利尔议定书》履约
【公开内容】年度消耗臭氧层物质生产和使用配额核发等信息，消耗臭氧层物质相关的最新法律、法规、规章、规范性文件解读信息
【责任单位】大气环境司
70.【公开事项】土壤污染防治
【公开内容】土壤生态环境管理政策、技术规范，农村生态环境综合整治信息
【责任单位】土壤生态环境司
71.【公开事项】地下水污染防治
【公开内容】地下水污染防治政策、技术规范等信息
【责任单位】土壤生态环境司
72.【公开事项】固体废物、化学品及重金属防治
【公开内容】固体废物、危险废物、化学品、进口废物管理、重金属污染防治政策及规划，大中城市固体废物污染防治年度状况等信息

【责任单位】固体废物与化学品司

73. 【公开事项】环境噪声污染防治

【公开内容】环境噪声污染防治报告，噪声污染防治相关的最新法律、法规、规章、规范性文件解读信息

【责任单位】大气环境司

74. 【公开事项】《斯德哥尔摩公约》《鹿特丹公约》《巴塞尔公约》《关于汞的水俣公约》履约

【公开内容】《斯德哥尔摩公约》《鹿特丹公约》《巴塞尔公约》《关于汞的水俣公约》国家履约工作信息

【责任单位】固体废物与化学品司

75. 【公开事项】污染源普查

【公开内容】全国污染源普查方案，污染源普查技术规定，污染源普查排污系数手册，全国污染源普查公报等信息

【责任单位】全国污染源普查工作办公室

76. 【公开事项】国家排污许可管理

【公开内容】全国排污许可证管理和技术规范类文件

【责任单位】环境影响评价与排放管理司

十、生态保护

77. 【公开事项】生态保护红线监管

【公开内容】国家生态保护红线相关政策文件等信息

【责任单位】自然生态保护司

78. 【公开事项】生态状况遥感调查评估

【公开内容】全国生态状况定期遥感评估结果等信息

【责任单位】自然生态保护司

79. 【公开事项】生态文明建设示范市、县、区

【公开内容】生态文明建设示范市、县、区创建结果等信息

【责任单位】自然生态保护司

80. 【公开事项】自然保护地监管

【公开内容】自然保护地政策法规标准，自然保护地名录以及全国自然保护地监管工作信息

【责任单位】自然生态保护司

81. 【公开事项】生物多样性保护

【公开内容】生物多样性保护优先区域边界信息，中国生物多样性红色名录，履行《生物多样性公约》及其议定书等信息

【责任单位】自然生态保护司

十一、应对气候变化

82. 【公开事项】应对气候变化政策与行动

【公开内容】中国应对气候变化的政策与行动年度报告文本

【责任单位】应对气候变化司

83.【公开事项】应对气候变化战略与规划

【公开内容】相关战略规划文本

【责任单位】应对气候变化司

84.【公开事项】应对气候变化试点工作

【公开内容】试点工作有关信息

【责任单位】应对气候变化司

85.【公开事项】控制温室气体排放目标责任

【公开内容】各省级人民政府控制温室气体排放目标责任评价考核的结果

【责任单位】应对气候变化司

86.【公开事项】国家信息通报和两年更新报告

【公开内容】国家信息通报和两年更新报告文本

【责任单位】应对气候变化司

87.【公开事项】国家低碳产品认证目录

【公开内容】国家低碳产品认证目录文本

【责任单位】应对气候变化司

88.【公开事项】应对气候变化南南合作

【公开内容】应对气候变化南南合作物资赠送谅解备忘录签署情况，应对气候变化南南合作物资赠送项目招标采购情况等信息

【责任单位】应对气候变化司

89.【公开事项】应对气候变化多双边国际合作

【公开内容】应对气候变化多双边国际合作协议签署情况等信息

【责任单位】应对气候变化司

十二、核与辐射

90.【公开事项】民用核设施安全监督检查

【公开内容】有关民用核设施与核安全有关活动的安全监督检查报告、总体安全状况和核事故等信息

【责任单位】核电安全监管司、辐射源安全监管司

91.【公开事项】放射性同位素与射线装置安全监督检查

【公开内容】有关放射性同位素与射线装置的监管信息，对核技术利用单位提出监管要求的规范性文件和技术文件、放射性同位素与射线装置安全监管豁免文件等信息

【责任单位】辐射源安全监管司

92.【公开事项】《核安全公约》履约

【公开内容】《核安全公约》履约国家报告等信息

【责任单位】核电安全监管司

93.【公开事项】《乏燃料管理安全和放射性废物管理安全联合公约》履约

【公开内容】《乏燃料管理安全和放射性废物管理安全联合公约》履约国家报告等信息

【责任单位】辐射源安全监管司

十三、监督执法

94. 【公开事项】行政处罚

【公开内容】我部作出的行政处罚决定书，责令改正违法行为决定书，申请法院强制执行文件等信息

【责任单位】生态环境执法局

95. 【公开事项】公开约谈

【公开内容】约谈对象及主要内容

【责任单位】中央生态环境保护督察办公室

96. 【公开事项】挂牌督办

【公开内容】挂牌督办的主要问题和要求等信息

【责任单位】生态环境执法局

97. 【公开事项】污染防治攻坚战强化监督

【公开内容】监督检查情况及通报信息

【责任单位】生态环境执法局

98. 【公开事项】生态环境执法

【公开内容】重大专项执法检查等情况

【责任单位】生态环境执法局

99. 【公开事项】生态环境污染举报

【公开内容】全国“12369”环保举报总体情况，包括电话、微信、网络举报情况及特点，重点案件督办情况及案例等信息

【责任单位】环境应急与事故调查中心

100. 【公开事项】应急管理

【公开内容】重特大突发环境事件情况，包括事件发生时间、地点、经过及应对处置情况等信息

【责任单位】环境应急与事故调查中心

十四、科技管理

101. 【公开事项】水专项管理信息

【公开内容】水专项工作动态，项目申报指南、专项进展、成果报告、重大建议、关键技术、标准规范、专利汇编、软件著作、论文专著、示范工程、平台基地和科技报告等信息

【责任单位】科技与财务司

102. 【公开事项】国家环境保护重点实验室和科学观测研究站

【公开内容】国家环境保护重点实验室和科学观测研究站相关管理办法、国家环境保护重点实验室和科学观测研究站清单及简介等信息

【责任单位】科技与财务司

103. 【公开事项】生态环境科普

【公开内容】科普相关管理办法、申报与评审、结果公示、工作动态等信息

【责任单位】科技与财务司

104. 【公开事项】生态环境科技成果

【公开内容】生态环境科技成果登记信息
【责任单位】科技与财务司

105. 【公开事项】污染防治技术政策
【公开内容】污染防治技术政策及宣传解读信息
【责任单位】科技与财务司

106. 【公开事项】国家先进污染防治技术目录
【公开内容】国家先进污染防治技术目录文件
【责任单位】科技与财务司

107. 【公开事项】国家生态工业示范园区
【公开内容】国家生态工业示范园区管理文件、园区名单、建设情况、工作动态等信息
【责任单位】科技与财务司

108. 【公开事项】国家环境保护工程技术中心
【公开内容】国家环境保护工程技术中心建设情况、名单及发展报告等信息
【责任单位】科技与财务司

109. 【公开事项】大气重污染成因与治理攻关研究
【公开内容】大气重污染成因与治理攻关工作规则、内容、工作进展、重大成果等信息
【责任单位】科技与财务司

110. 【公开事项】长江生态环境保护修复联合研究
【公开内容】长江生态环境保护修复联合研究工作规则、内容、工作进展、重大成果等信息
【责任单位】科技与财务司

十五、人事教育

111. 【公开事项】干部人事管理
【公开内容】管理制度、公务员管理、公开招聘等信息
【责任单位】行政体制与人事司

112. 【公开事项】干部培训
【公开内容】生态环境干部培训有关文件、年度计划、培训基地、师资、教材等信息
【责任单位】行政体制与人事司

113. 【公开事项】人才培养
【公开内容】生态环境人才工作有关文件，高层次人才名单等信息
【责任单位】行政体制与人事司

114. 【公开事项】职业资格
【公开内容】生态环境类职业资格有关文件
【责任单位】行政体制与人事司

115. 【公开事项】奖励荣誉
【公开内容】生态环境表彰表扬有关文件，获得表彰表扬的集体和个人名单等信息
【责任单位】行政体制与人事司

十六、财务管理

116. 【公开事项】部门预决算

【公开内容】年度生态环境部预算、决算和“三公”经费使用情况信息

【责任单位】科技与财务司

117. 【公开事项】政府采购（中国政府采购网公开）

【公开内容】政府采购管理要求，机关本级、派出机构及直属单位采购、招标公告，中标公告等信息

【责任单位】机关服务中心公开机关本级内容；派出机构和直属单位自行公开本单位内容

十七、综合管理

118. 【公开事项】建议提案办理

【公开内容】承办的全国人大代表建议、全国政协委员提案复文

【责任单位】办公厅、业务司局

119. 【公开事项】群众信访

【公开内容】信访机构名称、接访地址、接访时间、通讯地址（邮政编码）、受理渠道等信息

【责任单位】办公厅

十八、依法公开的其他事项

关于禁止生产、流通、使用和进出口林丹等持久性有机污染物的公告

2019 年第 10 号

为落实《关于持久性有机污染物的斯德哥尔摩公约》履约要求，现就林丹、硫丹、全氟辛基磺酸及其盐类和全氟辛基磺酰氟管理的有关事项公告如下。

一、自 2019 年 3 月 26 日起，禁止林丹和硫丹的生产、流通、使用和进出口。

二、自 2019 年 3 月 26 日起，禁止全氟辛基磺酸及其盐类和全氟辛基磺酰氟除可接受用途（见附件）外的生产、流通、使用和进出口。

三、各级生态环境、发展改革、工业和信息化、农业农村、商务、卫生健康、应急管理、海关、市场监管等部门，应按照国家有关法律法规的规定，加强对上述持久性有机污染物生产、流通、使用和进出口的监督管理。一旦发现违反公告的行为，严肃查处。

生态环境部　外交部　发展改革委　科技部

工业和信息化部　农业农村部　商务部

卫生健康委　应急部　海关总署　市场监管总局

2019 年 3 月 4 日

附件

全氟辛基磺酸及其盐类和全氟辛基磺酰氟可接受用途

依据《关于持久性有机污染物的斯德哥尔摩公约》，全氟辛基磺酸及其盐类和全氟辛基磺酰氟的可接受用途是用于下列用途的生产和使用：

一、照片成像；

二、半导体器件的光阻剂和防反射涂层；

三、化合物半导体和陶瓷滤芯的刻蚀剂；

四、航空液压油；

五、只用于闭环系统的金属电镀（硬金属电镀）；

六、某些医疗设备（如乙烯四氟乙烯共聚物（ETFE）层和无线电屏蔽 ETFE 的生产，体外诊断医疗设备和 CCD 滤色仪）；

七、灭火泡沫。

关于发布国家环境保护标准《暴露参数调查基本数据集》的公告

2019 年第 12 号

为贯彻《中华人民共和国环境保护法》，推进生态环境信息标准化，现批准《暴露参数调查基本数据集》为国家环境保护标准，并予发布。

标准名称、编号如下：

《暴露参数调查基本数据集》（HJ 968—2019）。

本标准自发布之日起实施，由中国环境出版集团出版，标准内容可在生态环境部网站（http：//www.mee.gov.cn/ywgz/fgbz/bz/）查询。

特此公告。

生态环境部

2019 年 4 月 11 日

关于发布《水质　联苯胺的测定　高效液相色谱法》等三项国家环境保护标准的公告

2019 年第 13 号

为贯彻《中华人民共和国环境保护法》，保护生态环境，保障人体健康，规范生态环境监测工作，现批准《水质　联苯胺的测定　高效液相色谱法》等三项标准为国家环境保护标准，并予发布。

标准名称、编号如下。

一、《水质　联苯胺的测定　高效液相色谱法》（HJ 1017—2019）；

二、《水质　磺酰脲类农药的测定　高效液相色谱法》（HJ 1018—2019）；

三、《水质　致突变性的鉴别　蚕豆根尖微核试验法》（HJ 1016—2019）。

以上标准自 2019 年 9 月 1 日起实施，由中国环境出版集团出版，标准内容可在生态环境部网站（kjs.mee.gov.cn/hjbhbz/）查询。

特此公告。

生态环境部

2019 年 4 月 13 日

关于发布“无废城市”建设试点名单的公告

2019 年第 14 号

为贯彻落实《国务院办公厅关于印发“无废城市”建设试点工作方案的通知》（国办发〔2018〕128 号）要求，我部组织各省推荐“无废城市”候选城市，并会同相关部门综合考虑候选城市政府积极性、代表性、工作基础及预期成效等因素，筛选确定了广东省深圳市、内蒙古自治区包头市、安徽省铜陵市、山东省威海市、重庆市（主城区）、浙江省绍兴市、海南省三亚市、河南省许昌市、江苏省徐州市、辽宁省盘锦市、青海省西宁市等 11 个城市作为“无废城市”建设试点。同时，将河北雄安新区、北京经济技术开发区、中新天津生态城、福建省光泽县、江西省瑞金市作为特例，参照“无废城市”建设试点一并推动。

特此公告。

生态环境部

2019 年 4 月 30 日

关于发布《地块土壤和地下水中挥发性有机物采样技术导则》等六项国家环境保护标准的公告

2019 年第 15 号

为贯彻《中华人民共和国环境保护法》，保护生态环境，保障人体健康，规范生态环境监测工作，现批准《地块土壤和地下水中挥发性有机物采样技术导则》等六项标准为国家环境保护标准，并予发布。

标准名称、编号如下。

一、《地块土壤和地下水中挥发性有机物采样技术导则》（HJ 1019—2019）；

二、《土壤和沉积物　石油烃（C6～C9）的测定　吹扫捕集/气相色谱法》（HJ 1020—2019）；

三、《土壤和沉积物　石油烃（C10～C40）的测定　气相色谱法》（HJ 1021—2019）；

四、《土壤和沉积物　苯氧羧酸类农药的测定　高效液相色谱法》（HJ 1022—2019）；

五、《土壤和沉积物　有机磷类和拟除虫菊酯类等 47 种农药的测定　气相色谱-质谱法》（HJ 1023—2019）；

六、《土壤和沉积物　铜、锌、铅、镍、铬的测定　火焰原子吸收分光光度法》（HJ 491—2019）。

以上标准自 2019 年 9 月 1 日起实施，由中国环境出版集团出版，标准内容可在生态环境部网站（kjs.mee.gov.cn/hjbhbz/）查询。

自以上标准实施之日起，《土壤　总铬的测定　火焰原子吸收分光光度法》（HJ 491—2009）废止；《土壤质量　铜、锌的测定　火焰原子吸收分光光度法》（GB/T 17138—1997）和《土壤质量　镍的测定　火焰原子吸收分光光度法》（GB/T 17139—1997）在相应的环境质量标准和污染物排放（控制）标准实施中停止执行。

特此公告。

生态环境部

2019 年 5 月 12 日

关于发布《固体废物　热灼减率的测定　重量法》等三项国家环境保护标准的公告

2019 年第 16 号

为贯彻《中华人民共和国环境保护法》，保护生态环境，保障人体健康，规范生态环境监测工作，现批准《固体废物　热灼减率的测定　重量法》等三项标准为国家环境保护标准，并予发布。

标准名称、编号如下。

一、《固体废物　热灼减率的测定　重量法》（HJ 1024—2019）；

二、《固体废物　氨基甲酸酯类农药的测定　柱后衍生-高效液相色谱法》（HJ 1025—2019）；

三、《固体废物　氨基甲酸酯类农药的测定　高效液相色谱-三重四极杆质谱法》（HJ 1026—2019）。

以上标准自 2019 年 9 月 1 日起实施，由中国环境出版集团出版，标准内容可在生态环境部网站（kjs.mee.gov.cn/hjbhbz/）查询。

特此公告。

生态环境部

2019 年 5 月 18 日

关于发布 2019 年全国可继续使用倾倒区和暂停使用倾倒区名录的公告

2019 年第 17 号

根据《中华人民共和国海洋环境保护法》《中华人民共和国海洋倾废管理条例》等相关规定，生态环境部组织对全国倾倒区进行了跟踪监测和容量评估。根据评估结果，现公布《2019 年全国可继续使用倾倒区名录》（见附件 1）和《2019 年全国暂停使用倾倒区名录》（见附件 2），自公布之日起施行。

生态环境部将继续组织开展倾倒区选划和跟踪监测工作，及时公布倾倒区相关管理信息，动态更新相关倾倒区名录。

特此公告。

附件：1．2019 年全国可继续使用倾倒区名录

2．2019 年全国暂停使用倾倒区名录

生态环境部

2019 年 5 月 21 日

附件 1

2019 年全国可继续使用倾倒区名录

一、北海区可继续使用倾倒区

（一）近岸倾倒区

1．丹东疏浚物海洋倾倒区

以 123°55′00″E、39°38′00″N 为中心，半径 1.0 千米的圆形海域。

2．庄河港区黄圈码头及航道维护性疏浚工程临时性海洋倾倒区

以 123°20′00″E、39°33′00″N 为中心，半径 1.0 千米的圆形海域。

3．大连港南海域疏浚物倾倒区

121°39′00″E、38°45′00″N，121°39′00″E、38°47′30″N，121°44′00″E、38°47′30″N，121°44′00″E、38°45′00″N 四点所围成的海域。

4．绥中发电厂二期工程配套码头项目临时性海洋倾倒区

以 120°06′00″E、39°59′00″N 为中心，半径 1.0 千米的圆形海域。

5．唐山港京唐港区维护性疏浚物临时性海洋倾倒区

以 119°06′01.80″E、39°03′36.00″N 为中心，半径 0.5 千米的圆形海域。

6．天津疏浚物海洋倾倒区

以 118°04′25″E、38°59′06″N 为中心，半径 1.0 千米的圆形海域。

7．黄骅港港区疏浚物临时性海洋倾倒区

118°04′34.35″E、38°36′19.75″N，118°08′01.44″E、38°36′19.75″N，118°08′01.44″E、38°34′10.24″N，118°05′33.04″E、38°34′10.24″N，118°05′33.04″E、38°34′55.34″N，118°04′34.35″E、38°34′55.34″N 六点所围成的海域。

8．烟台疏浚物临时性海洋倾倒区

121°06′00.3″E、38°03′33.0″N，121°07′23.0″E、38°03′33.0″N，121°07′23.0″E、

38°02′41.4″N，121°06′00.3″E、38°02′41.4″N 四点所围成的海域。

9．烟威疏浚物临时性海洋倾倒区

121°43′04.48″E、37°42′42.29″N，121°43′00.95″E、37°42′09.99″N，121°44′22.27″E、37°42′04.38″N，121°44′25.80″E、37°42′36.68″N 四点所围成的海域。

10．烟台港附近海域三类疏浚物倾倒区

121°31′45″E、37°37′12″N，121°31′45″E、37°38′06″N，121°33′15″E、37°38′06″N，121°33′15″E、37°37′12″N 四点所围成的海域。

11．青岛崂山疏浚物临时性海洋倾倒区

121°00′55.86″E、36°14′58.68″N，121°00′55.86″E、36°13′54.78″N，121°02′27.43″E、36°13′54.78″N，121°02′27.43″E、36°14′58.68″N 四点所围成的海域。

12．青岛沙子口南疏浚物临时性海洋倾倒区

120°30′00″E、36°02′06″N，120°30′45″E、36°02′06″N，120°30′45″E、36°01′34″N，120°30′00″E、36°01′34″N 四点所围成的海域。

13．青岛骨灰临时性海洋倾倒区

120°24′00″E、36°00′00″N，120°24′00″E、36°02′00″N，120°26′00″E、36°02′00″N，120°26′00″E、36°00′00″N 四点所围成的海域。

14．胶州湾外三类疏浚物倾倒区

120°18′00″E、35°58′39″N，120°18′00″E、35°59′24″N，120°20′00″E、35°59′24″N，120°20′00″E、35°58′39″N 四点所围成的海域。

15．日照骨灰倾倒区

119°36′29″E、35°20′38″N，119°37′48″E、35°20′38″N，119°36′29″E、35°21′43″N，119°37′48″E、35°21′43″N 四点所围成的海域。

（二）远海倾倒区

1．营口疏浚物海洋倾倒区

以 121°33′00″E、40°18′10″N 为中心，半径 1.0 千米的圆形海域。

2．潍坊港中港区 3.5 万吨级航道维护性疏浚物临时性海洋倾倒区

119°31′46″E、37°25′06″N，119°33′06″E、37°25′06″N，119°33′06″E、37°24′16″N，119°31′46″E、37°24′16″N 四点所围成的海域。

3．石岛国核示范工程疏浚物临时性海洋倾倒区

122°54′16.4″E、37°00′44.0″N，122°54′56.9″E、37°00′44.0″N，122°54′56.9″E、36°59′39.2″N，122°54′16.5″E、36°59′39.2″N 四点所围成的海域。

二、东海区可继续使用倾倒区

（一）近岸倾倒区

1．连云港港 30 万吨级航道二期工程疏浚物临时性海洋倾倒区—3#

119°50′51.6″E、34°50′19.3″N，119°51′44.2″E、34°50′43.6″N，119°52′11.0″E、

34°49′58.0″N，119°51′18.3″E、34°49′35.9″N 四点所围成的海域。

2．连云港港 30 万吨级航道二期工程疏浚物临时性海洋倾倒区—2#

119°40′47.6″E、34°43′50.3″N，119°41′41.2″E、34°46′26.4″N，119°43′43.8″E、34°47′18.0″N，119°44′01.7″E、34°46′49.1″N，119°42′14.3″E、34°46′04.0″N，119°41′25.4″E、34°43′41.5″N 六点所围成的海域。

3．连云港港 30 万吨级航道二期工程疏浚物临时性海洋倾倒区—南

119°33′52.1″E、34°43′49.0″N，119°35′06.6″E、34°44′09.2″N，119°35′21.4″E、34°43′38.5″N，119°34′42.7″E、34°43′28.7″N 四点所围成的海域。

4．盐城港大丰港区深水航道一期工程疏浚物临时性海洋倾倒区

120°50′53.10″E、33°22′48.67″N，120°51′35.79″E、33°23′03.96″N，120°50′25.87″E、33°24′06.53″N，120°51′08.58″E、33°24′21.82″N 四点所围成的海域。

5．南通吕四作业区 10 万吨级进港航道工程临时性海洋倾倒区—1#倾倒区

122°00′58.573″E、32°03′59.599″N 为中心，半径 0.5 千米的圆形海域。

6．长江口深水航道维护疏浚工程 4#临时性海洋倾倒区

122°23′02.00″E、31°03′15.00″N，122°23′02.00″E、31°04′04.00″N，122°24′17.28″E、31°04′04.00″N，122°24′17.28″E、31°03′15.00″N 四点所围成的海域。

7．长江口骨灰撒海临时性倾倒区

121°45′30″E～121°50′00″E（长兴岛中部园沙闸至横沙双窑烟）的水域。

8．上海金山疏浚物临时性海洋倾倒区

以 121°21′02″E、30°41′26″N 为中心，半径 0.7 千米的圆形海域。

9．洋山深水港区四期工程疏浚物临时性海洋倾倒区

122°01′19.819″E、30°35′05.786″N，122°02′12.051″E、30°34′54.079″N，122°02′15.822″E、30°35′08.789″N，122°01′23.818″E、30°35′20.787″N 四点所围成的海域。

10．嵊泗上川山疏浚物海洋倾倒区

122°18′31.0″E、30°34′53.0″N，122°19′22.0″E、30°35′55.0″N，122°18′45.0″E、30°36′17.0″N，122°17′55.0″E、30°35′17.0″N 四点所围成的海域。

11．长江口海域疏浚物海洋倾倒区—1#倾倒区

121°45′39″E、31°16′32″N，121°45′51″E、31°16′44″N，121°46′20″E、31°16′24″N，121°46′08″E、31°16′11″N 四点所围成的海域。

12．长江口海域疏浚物海洋倾倒区—2#倾倒区

122°09′56.98″E、31°10′31.32″N，122°09′44.16″E、31°10′15.27″N，122°11′48.66″E、31°09′01.75″N，122°12′01.48″E、31°09′17.80″N 四点所围成的海域。

13．长江口海域疏浚物海洋倾倒区—3#倾倒区

122°19′16″E、31°04′04″N，122°23′02″E、31°03′15″N，122°19′16″E、31°03′15″N，122°23′02″E、31°04′04″N 四点所围成的海域。

14．甬江口七里屿外侧疏浚物倾倒区

121°45′20″E、30°00′05″N，121°45′20″E、30°00′17″N，121°45′51″E、30°00′17″N，121°45′51″E、30°00′05″N 四点所围成的海域。

15．甬江口七里屿内侧疏浚物倾倒区

121°45′20″E、29°59′44″N，121°45′20″E、29°59′53″N，121°45′40″E、29°59′53″N，121°45′40″E、29°59′44″N 四点所围成的海域。

16．甬江口双礁与黄牛礁连线以北倾倒区（北仑倾倒区）

121°52′00″E、29°57′54″N，121°53′24″E、29°58′25″N，121°53′24″E、29°57′53″N，121°52′00″E、29°57′30″N 四点所围成的海域。

17．水老鼠礁临时性海洋倾倒区

122°17′58.5″E、29°54′20.0″N，122°17′58.5″E、29°54′45.0″N，122°18′38.5″E、29°54′45.0″N，122°18′38.5″E、29°54′20.0″N 四点所围成的海域。

18．虾峙门口外疏浚物海洋倾倒区

1#落潮倾倒区：122°25′59.82″E、29°40′51.70″N，122°27′14.60″E、29°40′52.30″N，122°27′14.80″E、29°40′19.80″N，122°25′59.82″E、29°40′19.20″N 四点所围成的海域。

2#涨潮倾倒区：122°28′00.64″E、29°45′13.26″N，122°29′14.40″E、29°45′13.26″N，122°28′00.64″E、29°44′24.60″N，122°29′14.40″E、29°44′24.60″N 四点所围成的海域。

19．椒江口疏浚物倾倒区

121°43′00″E、28°36′30″N，121°43′00″E、28°37′00″N，121°45′00″E、28°37′00″N，121°45′00″E、28°36′30″N 四点所围成的海域。

20．温岭中心渔港疏浚物临时性海洋倾倒区

121°36′18.743″E、28°12′37.284″N，121°36′03.367″E、28°12′07.796″N，121°37′09.935″E、28°11′40.551″N，121°37′25.315″E、28°12′10.037″N 四点所围成的海域。

21．温州港疏浚物临时性海洋倾倒区

121°18′27.73″E、27°54′42.15″N，121°18′02.18″E、27°55′05.38″N，121°18′28.34″E、27°55′28.07″N，121°18′53.89″E、27°55′04.84″N 四点所围成的海域。

22．华润浙江苍南发电厂疏浚物临时性海洋倾倒区

120°43′46.5″E、27°22′51.4″N，120°44′46.2″E、27°22′14.3″N，120°43′43.8″E、27°20′54.3″N，120°42′44.1″E、27°21′31.5″N 四点所围成的海域。

23．沙埕港临时性海洋倾倒区

以 120°35′00″E、26°56′30″N 为中心，半径 0.5 海里的圆形海域。

24．闽江口疏浚物倾倒区

119°47′54″E、26°03′42″N，119°47′54″E、26°04′30″N，119°49′06″E、26°04′30″N，119°49′06″E、26°03′42″N 四点所围成的海域。

25．湄洲湾疏浚物海洋倾倒区

以 119°04′48″E、24°52′33″N 为中心，半径 0.5 海里的圆形海域。

26．泉州湾疏浚物海洋倾倒区

以 118°52′13″E、24°46′42″N 为中心，半径 0.5 海里的圆形海域。

27．福建东碇临时性海洋倾倒区

以 118°10′15″E、24°11′52″N 为中心，半径 2.0 千米的圆形海域。

（二）远海倾倒区

南通吕四作业区 10 万吨级进港航道工程临时性海洋倾倒区—2#倾倒区

122°04′13.090″E、32°04′09.504″N，122°05′22.660″E、32°03′42.942″N，122°05′30.461″E、32°03′57.752″N，122°04′20.888″E、32°04′24.316″N 四点所围成的海域。

三、南海区可继续使用倾倒区

（一）近岸倾倒区

1．潮州港公用航道工程及潮州港扩建货运码头工程疏浚物临时性海洋倾倒区

117°14′53″E、23°25′25″N，117°16′13″E、23°26′38″N，117°14′53″E、23°26′38″N，117°16′13″E、23°25′25″N 四点所围成的海域。

2．汕头表角疏浚物海洋倾倒区

116°49′00″E、23°13′00″N，116°50′15″E、23°13′00″N，116°50′15″E、23°11′30″N，116°49′00″E、23°11′30″N 四点所围成的海域。

3．广东太平岭核电厂建设工程疏浚物临时性海洋倾倒区

115°04′00″E、22°31′24″N，115°04′00″E、22°32′24″N，115°05′30″E、22°32′24″N，115°05′30″E、22°31′24″N 四点所围成的海域。

4．惠州港马鞭洲 30 万吨级航道扩建工程疏浚物临时性海洋倾倒区

114°45′20″E、22°18′30″N，114°45′20″E、22°22′00″N，114°47′50″E、22°22′00″N，114°47′50″E、22°18′30″N 四点所围成的海域。

5．黄茅岛海洋倾倒区

113°38′30″E、21°58′00″N，113°38′30″E、22°01′00″N，113°40′30″E、22°01′00″N，113°40′30″E、21°58′00″N 四点所围成的海域。

6．二洲岛南疏浚物临时性海洋倾倒区

114°16′00″E、21°54′00″N，114°16′00″E、21°55′30″N，114°17′30″E、21°55′30″N，114°17′30″E、21°54′00″N 四点所围成的海域。

7．大万山南疏浚物临时性海洋倾倒区

113°34′30″E、21°48′30″N，113°36′30″E、21°48′30″N，113°36′30″E、21°51′30″N，113°34′30″E、21°51′30″N 四点所围成的海域。

8．珠海高栏港区 15 万吨级主航道工程疏浚物临时性海洋倾倒区

113°20′00″E、21°43′30″N，113°22′22″E、21°45′22″N，113°22′22″E、21°43′30″N，113°20′00″E、21°45′22″N 四点所围成的海域。

9．广东国华粤电台山电厂煤码头港池航道维护浚深建设工程疏浚物临时性海洋倾倒区

113°09′00″E、21°43′00″N，113°09′00″E、21°45′30″N，113°11′00″E、21°45′30″N，113°11′00″E、21°43′00″N 四点所围成的海域。

10．江门那扶河及镇海湾出海航道整治工程疏浚物临时性海洋倾倒区

112°12′42″E、21°23′00″N，112°12′42″E、21°24′15″N，112°14′43″E、21°24′15″N，112°14′43″E、21°23′00″N 四点所围成的海域。

11．广东华厦阳西电厂配套码头扩建工程疏浚物临时性海洋倾倒区

111°40′00″E、21°26′07″N，111°40′00″E、21°27′15″N，111°40′57″E、21°26′07″N，

111°40′57″E、21°27′15″N 四点所围成的海域。

12．硇洲岛东海洋倾倒区

以 110°45′00″E、20°53′00″N 为中心，半径 1.0 海里的圆形海域。

13．钦州港 30 万吨级进港航道疏浚工程疏浚物临时性海洋倾倒区 A 区

108°28′00″E、21°20′28″N，108°28′00″E、21°22′40″N，108°31′00″E、21°22′40″N，108°31′00″E、21°20′28″N 四点所围成的海域。

14．海口海洋倾倒区

以 110°14′00″E、20°06′30″N 为中心，半径 0.5 海里的圆形海域。

15．马村海洋倾倒区

以 110°01′00″E、20°00′45″N 为中心，半径 0.5 海里的圆形海域。

16．洋浦海洋倾倒区

以 108°58′00″E、19°45′00″N 为中心，半径 0.5 海里的圆形海域。

17．清栏海洋倾倒区

以 110°52′00″E、19°29′00″N 为中心，半径 0.5 海里的圆形海域。

18．海南八所港维护性疏浚工程疏浚物临时性海洋倾倒区

108°26′10″E、19°03′49″N，108°26′10″E、19°05′25″N，108°27′48″E、19°05′25″N，108°27′48″E、19°03′49″N 四点所围成的海域。

19．三亚海洋倾倒区

以 109°20′00″E、18°12′00″N 为中心，半径 0.5 海里的圆形海域。

（二）远海倾倒区

1．南海三类废弃物区

115°10′00″E、21°40′00″N，115°10′00″E、21°45′00″N，115°15′00″E、21°45′00″N，115°15′00″E、21°40′00″N 四点所围成的海域。

2．钦州港 30 万吨级进港航道疏浚工程疏浚物临时性海洋倾倒区 B 区

108°25′00″E、21°15′00″N，108°25′00″E、21°17′00″N，108°25′40″E、21°17′00″N，108°27′00″E、21°15′40″N，108°27′00″E、21°15′00″N 五点所围成的海域。

附件 2

2019 年全国暂停使用倾倒区名录

1．浙江东霍山岛北临时性海洋倾倒区

121°44′24.21″E、30°15′59.33″N，121°45′20.42″E、30°16′03.07″N，121°45′24.71″E、30°14′58.57″N，121°44′28.49″E、30°14′54.83″N 四点所围成的海域。位于浙江省近岸海域。

2．淇澳东北海洋倾倒区

113°40′00″E、22°27′18″N，113°40′00″E、22°30′00″N，113°43′10″E、22°30′00″N，113°43′10″E、22°27′18″N 四点所围成的海域。位于广东省近岸海域。

关于发布《挥发性有机物无组织排放控制标准》等三项国家大气污染物排放标准的公告

2019 年第 18 号

为贯彻《中华人民共和国环境保护法》和《中华人民共和国大气污染防治法》，防治大气污染，改善环境空气质量，现批准《挥发性有机物无组织排放控制标准》等三项标准为国家大气污染物排放标准，并由生态环境部与国家市场监督管理总局联合发布。

标准名称、编号如下：

一、挥发性有机物无组织排放控制标准（GB 37822—2019）；

二、制药工业大气污染物排放标准（GB 37823—2019）；

三、涂料、油墨及胶黏剂工业大气污染物排放标准（GB 37824—2019）。

依据有关法律规定，以上标准具有强制执行效力。

以上标准自 2019 年 7 月 1 日起实施，自实施之日起，制药、涂料、油墨和胶黏剂工业大气污染物排放控制不再执行《大气污染物综合排放标准》（GB 16297—1996）相关规定。

上述标准由中国环境出版集团出版，标准内容可在生态环境部网站（http：//www.mee.gov.cn/ywgz/fgbz/bz/）查询。

特此公告。

生态环境部

2019 年 5 月 24 日

关于发布《大型活动碳中和实施指南（试行）》的公告

2019 年第 19 号

为推动践行低碳理念，弘扬以低碳为荣的社会新风尚，规范大型活动碳中和实施，现发布《大型活动碳中和实施指南（试行）》（见附件）。

特此公告。

生态环境部

2019 年 5 月 29 日

附件

大型活动碳中和实施指南（试行）

第一章　总　则

第一条　为推动践行低碳理念，弘扬以低碳为荣的社会新风尚，规范大型活动碳中和实施，制定本指南。

第二条　本指南所称大型活动，是指在特定时间和场所内开展的较大规模聚集行动，包括演出、赛事、会议、论坛、展览等。

第三条　本指南所称碳中和，是指通过购买碳配额、碳信用的方式或通过新建林业项目产生碳汇量的方式抵消大型活动的温室气体排放量。

第四条　各级生态环境部门根据本指南指导大型活动实施碳中和，并会同有关部门加强典型案例的经验交流和宣传推广。

第五条　鼓励大型活动组织者依据本指南对大型活动实施碳中和，并主动公开相关信息，接受政府主管部门指导和社会监督。鼓励大型活动参与者参加碳中和活动。

第二章　基本要求和原则

第六条　做出碳中和承诺或宣传的大型活动，其组织者应结合大型活动的实际情况，优先实施控制温室气体排放行动，再通过碳抵消等手段中和大型活动实际产生的温室气体排放量，实现碳中和。

第七条　核算大型活动温室气体排放应遵循完整性、规范性和准确性原则并做到公开透明。

第三章　碳中和流程

第八条　大型活动组织者需在大型活动的筹备阶段制订碳中和实施计划，在举办阶段开展减排行动，在收尾阶段核算温室气体排放量并采取抵消措施完成碳中和。

第九条　大型活动碳中和实施计划应确定温室气体排放量核算边界，预估温室气体排放量，提出减排措施，明确碳中和的抵消方式，发布碳中和实施计划的主要内容。

（一）温室气体排放量核算边界，应至少包括举办阶段的温室气体排放量，鼓励包括筹备阶段和收尾阶段的温室气体排放量。

（二）预估温室气体排放量，温室气体排放源的识别和温室气体排放量核算方法可参考本指南附 1 实施。

（三）提出减排措施。大型活动组织者在大型活动的筹备、举办和收尾阶段应当尽可能实施控制其温室气体排放行动，确保减排行动的有效性。

（四）大型活动组织者应明确碳中和的抵消方式。

（五）大型活动组织者应发布碳中和实施计划，主要内容包括大型活动名称、举办时间、举办地点、活动内容、预估排放量、减排措施、碳中和的抵消方式及预期实现碳中和日期等。

第十条 大型活动组织者应根据碳中和实施计划开展减排行动，并确保实现预期的减排效果。

第十一条 大型活动组织者应根据大型活动的实际开展情况核算温室气体排放量，为碳抵消提供准确依据。核算温室气体排放量参照本指南附 1 推荐的核算标准和技术规范实施。

第十二条 大型活动组织者应通过购买碳配额、碳信用的方式或通过新建林业项目产生碳汇量的方式抵消大型活动实际产生的温室气体排放量。鼓励优先采用来自贫困地区的碳信用或在贫困地区新建林业项目。

（一）用于抵消大型活动温室气体排放量的碳配额或碳信用，应在相应的碳配额或碳信用注册登记机构注销。已注销的碳配额或碳信用应可追溯并提供相应证明。推荐按照以下优先顺序使用碳配额或碳信用进行抵消，且实现碳中和的时间不得晚于大型活动结束后 1 年内。

1．全国或区域碳排放权交易体系的碳配额。

2．中国温室气体自愿减排项目产生的“核证自愿减排量”（CCER）。

3．经省级及以上生态环境主管部门批准、备案或者认可的碳普惠项目产生的减排量。

4．经联合国清洁发展机制（CDM）或其他减排机制签发的中国项目温室气体减排量。

（二）通过新建林业项目的方式实现碳中和的时间不得晚于大型活动结束后 6 年内，并应满足以下要求。

1．碳汇量核算应参照本指南附 1 推荐的核算标准和技术规范实施，并经具有造林/再造林专业领域资质的温室气体自愿减排交易审定与核证机构实施认证。

2．新建林业项目用于碳中和之后，不得再作为温室气体自愿减排项目或者其他减排机制项目重复开发，也不可再用于开展其他活动或项目的碳中和。

3．大型活动组织者应保存并在公开渠道对外公示新建林业项目的地理位置、坐标范围、树种、造林面积、造林/再造林计划、监测计划、碳汇量及其对应的时间段等信息。

第十三条 用于抵消的碳配额、碳信用或（和）碳汇量大于等于大型活动实际产生的排放量时，即界定为该大型活动实现了碳中和。

第四章 承诺和评价

第十四条 大型活动组织者应通过自我承诺或委托符合要求的独立机构开展评价工作，确认实现碳中和。

第十五条 如通过自我承诺的方式确认大型活动实现碳中和，大型活动组织者应对照碳中和实施计划开展，保存相关证据文件并对真实性负责。

第十六条 如通过委托独立机构的方式确认大型活动实现碳中和，建议采用中国温室气体自愿减排项目审定与核证机构。独立机构的评价活动一般包括准备阶段、实施阶段和报告阶段，每个阶段应开展的工作如下。

（一）准备阶段

成立评价小组：独立机构应根据人员能力和大型活动实际情况，组建评价小组。评价小组至少由两名具备相应业务领域能力的评价人员组成。

制定评价计划：包括但不限于评价目的和依据、评价内容、评价日程等。

（二）实施阶段

文件审核：评价小组应通过查阅大型活动的减排行动、温室气体排放量化及实施抵消的相应支持材料，确认大型活动碳中和实施是否满足本指南要求。

现场访问：在大型活动举办阶段，评价小组可根据需求实施现场访问，访问内容应包括但不限于人员访谈、能耗设备运行勘查、温室气体排放量的核算等。

评价报告编制：评价小组应根据文件评审和现场访问的发现，编制评价报告，报告应当真实完整、逻辑清晰、客观公正，内容包括评价过程和方法、评价发现和结果、评价结论等。评价报告可参照本指南附 2 推荐的编写提纲编制。

评价报告复核：评价报告应经过独立于评价小组的人员复核，复核人员应具备必要的知识和能力。

（三）报告阶段

评价报告批准：独立机构批准经内部复核后的评价报告，将评价报告交大型活动组织者。

第十七条 大型活动组织者可在实现碳中和之后向社会做出公开声明。声明应包括以下内容。

（一）大型活动名称。

（二）大型活动组织者名单。

（三）大型活动举办时间。

（四）大型活动温室气体核算边界和排放量。

（五）碳中和的抵消方式及实现碳中和日期。

（六）碳中和结果的确认方式。

（七）评价机构的名称及评价结论（如有）。

（八）声明组织（人）和声明日期。

第五章 术语解释

第十八条 温室气体是指大气层中自然存在的和人类活动产生的，能够吸收和散发由地球表面、大气层和云层所产生的、波长在红外光谱内的辐射的气态成分，包括二氧化碳（CO_2）、甲烷（CH_4）等。

第十九条 本指南所称碳配额，是指在碳排放权交易市场下，参与碳排放权交易的单位和个人依法取得，可用于交易和碳市场重点排放单位温室气体排放量抵扣的指标。1 个单位碳配额相当于 1 吨二氧化碳当量。

第二十条 本指南所称碳信用，是指温室气体减排项目按照有关技术标准和认定程序确认减排量化效果后，由政府部门或国际组织签发或其授权机构签发的碳减排指标。碳信用的计量单位为碳信用额，1 个碳信用额相当于 1 吨二氧化碳当量。

第二十一条 本指南所称碳普惠，是指个人和企事业单位的自愿温室气体减排行为依据特定的方法学可以获得碳信用的机制。

附 1

推荐重点识别的大型活动排放源及对应的核算标准及技术规范

排放类型	排放源	核算标准及技术规范
化石燃料燃烧排放	固定源：大型活动场馆及服务于大型活动的工作人员办公场所内燃烧化石燃料的固定设施。如锅炉、直燃机、燃气灶具等	国家发展改革委办公厅关于印发第三批10个行业企业温室气体核算方法与报告指南（试行）的通知（发改办气候〔2015〕1722号）中“公共建筑运营单位（企业）温室气体排放核算方法与报告指南（试行）”
	移动源：服务于大型活动的燃烧消耗化石燃料的移动设施。如使用化石燃料的公务车等	国家发展改革委办公厅关于印发第三批10个行业企业温室气体核算方法与报告指南（试行）的通知（发改办气候〔2015〕1722号）中“陆上交通运输企业温室气体排放核算方法与报告指南（试行）”
净购入电力、热力排放	大型活动净购入电力、热力消耗产生的二氧化碳排放	国家发展改革委办公厅关于印发第三批10个行业企业温室气体核算方法与报告指南（试行）的通知（发改办气候〔2015〕1722号）中“公共建筑运营单位（企业）温室气体排放核算方法与报告指南（试行）”
	服务于大型活动的电动车等移动设施。如电动公务车	国家发展改革委办公厅关于印发第三批10个行业企业温室气体核算方法与报告指南（试行）的通知（发改办气候〔2015〕1722号）中“陆上交通运输企业温室气体排放核算方法与报告指南（试行）”
交通排放	会议组织方和参与方等相关人员为参加会议所产生的交通活动。如飞机、高铁、地铁、出租车、私家车等	1. 联合国政府间气候变化专门委员会于2006年发布的《国家温室气体清单指南》（2006 IPCC Guidelines for National Greenhouse Gas Inventories） 2. 英国环境、食品和农村事务部于2012年发布的《关于企业报告温室气体排放因子指南》（Defra/DECC，2012）
住宿餐饮排放	会议参与者的住宿、餐饮等相关活动	1. 国际标准化组织于2018年发布的《组织层级上对温室气体排放和清除的量化和报告的规范及指南》（ISO14064-1：2018） 2. 英国环境、食品和农村事务部于2012年发布的《关于企业报告温室气体排放因子指南》（Defra/DECC，2012）
会议用品隐含的碳排放	会议采购的其他产品或原料、物料供应的排放	1. 国际标准化组织于2018年发布的《组织层级上对温室气体排放和清除的量化和报告的规范及指南》（ISO14064-1：2018） 2. 英国环境、食品和农村事务部于2012年发布的《关于企业报告温室气体排放因子指南》（Defra/DECC，2012）
废弃物处理产生的排放	垃圾填埋产生的甲烷排放	国家发展改革委办公厅关于印发省级温室气体清单编制指南（试行）的通知（发改办气候〔2011〕1041号）
	垃圾焚烧产生的二氧化碳排放	国家发展改革委办公厅关于印发省级温室气体清单编制指南（试行）的通知（发改办气候〔2011〕1041号）

注：1. 根据大型活动的实际特点，其温室气体排放源可不限于本表所列温室气体排放源；

2. 新建林业项目的碳汇量核定依据为《碳汇造林项目方法学》（AR-CM-001-V01）等由应对气候变化主管部门公布的造林/再造林领域温室气体自愿减排方法学。

附 2

大型活动碳中和评价报告编写提纲

1 概述

1.1 审核目的

1.2 审核范围

1.3 审核准则

2 审核过程和方法

2.1 核查组安排

2.2 文件审核

2.3 现场访问

3 审核发现

3.1 受评价的大型活动的基本信息

3.2 受评价的大型活动与碳中和实施指南的符合性

3.3 受评价的大型活动碳中和评价结果

4 参考文件清单

关于发布《排污许可证申请与核发技术规范 家具制造工业》国家环境保护标准的公告

2019 年第 21 号

为贯彻落实《中华人民共和国环境保护法》《中华人民共和国大气污染防治法》《中华人民共和国水污染防治法》《中华人民共和国土壤污染防治法》等法律法规、《国务院办公厅关于印发控制污染物排放许可制实施方案的通知》（国办发〔2016〕81 号）和《排污许可管理办法（试行）》（环境保护部令 第 48 号），完善排污许可技术支撑体系，指导和规范家具制造工业排污单位排污许可证申请与核发工作，现批准《排污许可证申请与核发技术规范 家具制造工业》为国家环境保护标准，并予发布。

标准名称、编号如下：

《排污许可证申请与核发技术规范 家具制造工业》（HJ 1027—2019）

以上标准自发布之日起实施，由中国环境出版集团出版。标准内容可在生态环境部网站（http：//www.mee.gov.cn）查询。

特此公告。

生态环境部

2019 年 5 月 31 日

关于废止、修改部分规范性文件的公告

2019年第22号

根据《国务院办公厅关于开展生态环境保护法规、规章、规范性文件清理工作的通知》（国办发〔2018〕87 号）和《国务院办公厅关于做好证明事项清理工作的通知》（国办发〔2018〕47 号），我部决定废止 47 件规范性文件，修改 3 件规范性文件，现予以公布。决定废止或者修改的规范性文件，自本公告发布之日起废止或者修改。

生态环境部

2019年6月13日

附件

决定废止、修改的规范性文件

一、决定予以废止的规范性文件

1. 建设项目环境保护设计规定（〔1987〕国环字第002号）

2. 关于加强外商投资建设项目环境保护管理的通知（环法〔1992〕57号）

3. 国家环保局、国家计委、财政部、中国人民银行关于加强国际金融组织贷款建设项目环境影响评价管理工作的通知（环监〔1993〕324号）

4. 关于加强对放射性物质、放射性污染设备及放射性废物进口的环境管理的通知（环监〔1995〕38号）

5. 关于对《电磁辐射环境保护管理办法》中有关问题的复函（环发〔1999〕82号）

6. 关于房地产开发项目环境管理问题的复函（环发〔1999〕154号）

7. 关于涉及自然保护区的开发建设项目环境管理工作有关问题的通知（环发〔1999〕177号）

8. 关于西部大开发中加强建设项目环境保护管理的若干意见（环发〔2001〕4号）

9. 关于电磁辐射建设项目环境监督管理有关问题的复函（环函〔2001〕17号）

10. 关于电磁辐射申报登记有关问题的复函（环办函〔2002〕360号）

11. 关于发布《危险废物集中焚烧处置工程建设技术要求》（试行）和《医疗废物集中焚烧处置工程建设技术要求》（试行）的通知（环发〔2004〕15号）

12．关于电磁辐射标准适用问题请示的复函（环办〔2004〕36 号）

13．关于切实做好企业搬迁过程中环境污染防治工作的通知（环办〔2004〕47 号）

14．关于贯彻落实《国务院关于加快推进产能过剩行业结构调整的通知》的通知（环发〔2006〕62 号）

15．关于进一步加强环境影响评价管理工作的通知（国家环境保护总局公告　2006 年第 51 号）

16．关于国家环保总局等五部门 2008 年 11 号公告中使用过的废塑料袋、膜、网的有关说明的通知（环办〔2008〕23 号）

17．关于加强城市建设项目环境影响评价监督管理工作的通知（环办〔2008〕70 号）

18．关于铀矿地质勘查项目环境影响评价有关工作的通知（环办〔2009〕64 号）

19．关于印发《环境保护部建设项目“三同时”监督检查和竣工环保验收管理规程（试行）》的通知（环发〔2009〕150 号）

20．关于印发《主要污染物总量减排监测体系建设考核办法》（试行）的通知（环办〔2009〕148 号）

21．关于印发《全国农村环境监测工作指导意见》的通知（环办〔2009〕150 号）

22．关于印发《国家二恶英重点排放源监测方案》的函（环办函〔2010〕661 号）

23．关于发布《进口废船环境保护管理规定（试行）》、《进口废光盘破碎料环境保护管理规定（试行）》和《进口废 PET 饮料瓶砖环境保护管理规定（试行）》的公告（环境保护部公告　2010 年第 69 号）

24．关于核电厂运行事件通告增加事件预分级的通知（国核安函〔2010〕207 号）

25．关于发布《进口废 PET 饮料瓶砖环境保护控制要求（试行）》的公告（环境保护部 国家质量监督检验检疫总局公告　2011 年第 11 号）

26．关于发布《进口可用作原料的固体废物环境保护管理规定》和《进口硅废碎料环境保护管理规定》的公告（环境保护部公告　2011 年第 23 号）

27．关于进一步推进环境保护军民融合式发展的若干意见（环境保护部 中国人民解放军总后勤部文件 环发〔2011〕30 号）

28．关于印发燃煤电厂大气汞排放监测试点工作相关技术文件的通知（环办函〔2011〕442 号）

29．关于加强重金属污染环境监测工作的意见（环办〔2011〕52 号）

30．关于发布《环境保护部区域督查派出机构督查工作规则》的通知（环发〔2011〕59 号）

31．关于变更废船进口许可证计量单位的公告（环境保护部公告　2011 年第 90 号）

32．关于发布《进口废塑料环境保护管理规定》的公告（环境保护部公告　2013 年第 3 号）

33．关于印发核退役项目竣工环境保护验收有关申请材料格式和内容的通知（环办〔2014〕10 号）

34．关于印发《国家重点生态功能区县域生态环境质量监测评价与考核指标体系》的通知（环发〔2014〕32 号）

35．关于做好燃煤发电机组脱硫、脱硝、除尘设施先期验收有关工作的通知（环办

〔2014〕50 号）

36．环境保护部综合督查工作暂行办法（环办〔2014〕113 号）

37．关于印发《国家土壤环境质量例行监测工作实施方案》的通知（环办〔2014〕89 号）

38．关于印发《国家重点生态功能区县域生态环境质量监测评价与考核指标体系实施细则（试行）》的通知（环办〔2014〕96 号）

39．关于综合保税区内外商独资企业电子废物处置适用法律问题的复函（环办函〔2014〕1497 号）

40．关于下放和取消自然保护区有关事前审查事项做好监督管理工作的通知（环发〔2015〕86 号）

41．关于印发《国家级自然保护区评审委员会组织和工作规则》的通知（环发〔2015〕107 号）

42．关于环境保护部委托编制竣工环境保护验收调查报告和验收监测报告有关事项的通知（环办环评〔2016〕16 号）

43．《关于开展产业园区规划环境影响评价清单式管理试点工作的通知》（环办环评〔2016〕61 号）

44．关于环境保护部委托编制核与辐射建设项目竣工环境保护验收报告有关事项的通知（环办辐射〔2016〕65 号）

45．关于印发《核与辐射建设项目环境影响评价机构监督检查实施办法》的通知（环办辐射函〔2016〕469 号）

46．关于进口废光盘破碎料固体废物界定问题的复函（环办土壤函〔2016〕1183 号）

47．关于进一步做好长江经济带小水电清理整改环评整顿工作的通知（环办环评函〔2018〕325 号）

二、决定予以修改的规范性文件

1．研究堆安全许可证件的申请和颁发规定（国核安发〔2006〕20 号）

（1）删除第二十三条第一项和第二项；

（2）删除第二十四条第二项、第四项、第九项；

（3）删除第二十五条第二项；

（4）删除第二十九条第一项中的“（2）《研究堆退役环境影响报告批准书》”和第二项中的“（2）《研究堆最终退役环境影响报告批准书》”。

2．关于发布《危险废物经营单位审查和许可指南》的公告（环境保护部公告 2009 年第 65 号，2016 年 10 月 22 日经环境保护部公告 2016 年第 65 号修订）

（1）删除附一第二条中的“证明材料主要包括……4.其他相关证明材料”；

（2）删除附一第三条中的“3.贮存设施、设备经环保、卫生、消防安全等部门验收合格的证明文件的复印件”；

（3）将附一第四条中的“5.已通过建设项目竣工环境保护验收的项目，应提供环境影响评价文件及批复复印件、试运行报告和建设项目竣工环境保护验收意见的复印件；新建成且未验收的项目，应提供环境影响评价文件及批复复印件和试运行计划（含环境保护设施试运行计划）”修改为“5.环境影响评价文件的复印件”，并删除附一第四条中的“10.经营易燃易爆化学品废物的，需提供消防部门的证明材料”“11.经营剧毒化学品废物的，需提供公安部门的证明材料”“12.经营危险化学品废物的，需提供经营安全生产评估报告及备案的证明材料”；

（4）删除附二第二条评审项目“2.1 危险废物运输”的评审指标来源“环函〔2005〕26 号”。

3．废弃电器电子产品处理企业资格审查和许可指南（环境保护部公告　2010 年第 90 号）

删除“附四：证明材料”的“一、基本材料”中的“4. 建设项目工程质量、消防和安全验收的证明材料”和“6. 现有企业从事废弃电器电子产品处理的，还需提交所在地县级环保部门出具的经营期间守法证明和监督性检测报告”。

关于发布《排污许可证申请与核发技术规范　酒、饮料制造工业》和《排污许可证申请与核发技术规范　畜禽养殖行业》两项国家环境保护标准的公告

2019 年第 23 号

为贯彻落实《中华人民共和国环境保护法》《中华人民共和国大气污染防治法》《中华人民共和国水污染防治法》等法律法规、《国务院办公厅关于印发控制污染物排放许可制实施方案的通知》（国办发〔2016〕81 号）和《排污许可管理办法（试行）》（环境保护部令　第 48 号），完善排污许可技术支撑体系，指导和规范酒、饮料制造工业和畜禽养殖行业排污单位排污许可证申请与核发工作，现批准《排污许可证申请与核发技术规范　酒、饮料制造工业》和《排污许可证申请与核发技术规范　畜禽养殖行业》为国家环境保护标准，并予发布。

标准名称、编号如下：

一、《排污许可证申请与核发技术规范　酒、饮料制造工业》（HJ 1028—2019）

二、《排污许可证申请与核发技术规范　畜禽养殖行业》（HJ 1029—2019）

以上标准自发布之日起实施，由中国环境出版集团出版，标准内容可在生态环境部网站（www.mee.gov.cn）查询。

特此公告。

生态环境部

2019 年 6 月 14 日

关于发布《污染地块地下水修复和风险管控技术导则》国家环境保护标准的公告

2019 年第 24 号

为贯彻落实《中华人民共和国环境保护法》《中华人民共和国水污染防治法》《中华人民共和国土壤污染防治法》等法律法规和《国务院关于印发水污染防治行动计划的通知》（国发〔2015〕17 号）、《地下水污染防治实施方案》（环土壤〔2019〕25 号），保护地下水生态环境，完善污染地块环境保护系列标准，指导和规范污染地块地下水修复和风险管控工作，现批准《污染地块地下水修复和风险管控技术导则》为国家环境保护标准，并予发布。

标准名称、编号如下。

污染地块地下水修复和风险管控技术导则（HJ 25.6—2019）

以上标准自发布之日起实施，由中国环境出版集团有限公司出版。标准内容可在生态环境部网站（www.mee.gov.cn）查询。

特此公告。

生态环境部

2019 年 6 月 18 日

关于发布《排污许可证申请与核发技术规范　食品制造工业—乳制品制造工业》和《排污许可证申请与核发技术规范　食品制造工业—调味品、发酵制品制造工业》两项国家环境保护标准的公告

2019 年第 25 号

为贯彻落实《中华人民共和国环境保护法》《中华人民共和国大气污染防治法》《中华

人民共和国水污染防治法》等法律法规、《国务院办公厅关于印发控制污染物排放许可制实施方案的通知》（国办发〔2016〕81 号）和《排污许可管理办法（试行）》（环境保护部令 第 48 号），完善排污许可技术支撑体系，指导和规范食品制造工业中乳制品制造工业和调味品、发酵制品制造工业排污单位排污许可证申请与核发工作，现批准《排污许可证申请与核发技术规范 食品制造工业—乳制品制造工业》和《排污许可证申请与核发技术规范 食品制造工业—调味品、发酵制品制造工业》为国家环境保护标准，并予发布。

标准名称、编号如下：

一、《排污许可证申请与核发技术规范 食品制造工业—乳制品制造工业》（HJ 1030.1—2019）

二、《排污许可证申请与核发技术规范 食品制造工业—调味品、发酵制品制造工业》（HJ 1030.2—2019）

以上标准自发布之日起实施，由中国环境出版集团有限公司出版，标准内容可在生态环境部网站（www.mee.gov.cn）查询。

特此公告。

生态环境部

2019 年 6 月 19 日

关于设立盘锦港 25 万吨级航道一期工程临时性海洋倾倒区的公告

2019 年第 26 号

根据《中华人民共和国海洋环境保护法》《中华人民共和国海洋倾废管理条例》等相关规定，为满足相关海域的倾废需求，自即日起设立盘锦港 25 万吨级航道一期工程临时性海洋倾倒区，具体信息如下：

盘锦港 25 万吨级航道一期工程临时性海洋倾倒区，以 121°33′17.21″E，40°26′40.77″N；121°33′17.21″E，40°28′52.91″N；121°34′43.08″E，40°26′40.77″N；121°34′43.08″E，40°28′52.91″N，四点围成的矩形区域，面积 8 千米 ^{2}，用于处置符合相关标准和要求的疏浚物，年控制倾倒量不超过 1 000 万米 ^{3}，月倾倒量不超过 140 万米 ^{3}。

特此公告。

生态环境部

2019 年 7 月 9 日

关于发布《排污许可证申请与核发技术规范　电子工业》国家环境保护标准的公告

2019年第27号

为贯彻落实《中华人民共和国环境保护法》《中华人民共和国大气污染防治法》《中华人民共和国水污染防治法》等法律法规、《国务院办公厅关于印发控制污染物排放许可制实施方案的通知》（国办发〔2016〕81号）和《排污许可管理办法（试行）》（环境保护部令　第48号），完善排污许可技术支撑体系，指导和规范电子工业排污单位排污许可证申请与核发工作，现批准《排污许可证申请与核发技术规范　电子工业》为国家环境保护标准，并予发布。

标准名称、编号如下：

《排污许可证申请与核发技术规范　电子工业》（HJ 1031—2019）

以上标准自发布之日起实施，由中国环境出版集团有限公司出版，标准内容可在生态环境部网站（www.mee.gov.cn）查询。

特此公告。

生态环境部

2019年7月23日

关于发布《有毒有害水污染物名录（第一批）》的公告

2019年第28号

根据《中华人民共和国水污染防治法》有关规定，生态环境部会同卫生健康委制定了《有毒有害水污染物名录（第一批）》（见附件），现予公布。

生态环境部

卫生健康委

2019年7月23日

附件

有毒有害水污染物名录

（第一批）

序号	污染物名称	CAS 号
1	二氯甲烷	75-09-2
2	三氯甲烷	67-66-3
3	三氯乙烯	79-01-6
4	四氯乙烯	127-18-4
5	甲醛	50-00-0
6	镉及镉化合物	—
7	汞及汞化合物	—
8	六价铬化合物	—
9	铅及铅化合物	—
10	砷及砷化合物	—

注：CAS 号（CAS Registry Number），即美国化学文摘社（Chemical Abstracts Service，CAS）登记号，是美国化学文摘社为每一种出现在文献中的化学物质分配的唯一编号。

关于发布《排污许可证申请与核发技术规范 人造板工业》国家环境保护标准的公告

2019 年第 29 号

为贯彻落实《中华人民共和国环境保护法》《中华人民共和国大气污染防治法》《中华人民共和国水污染防治法》《中华人民共和国土壤污染防治法》等法律法规、《国务院办公厅关于印发控制污染物排放许可制实施方案的通知》（国办发〔2016〕81 号）和《排污许可管理办法（试行）》（环境保护部令 第 48 号），完善排污许可技术支撑体系，指导和规范人造板工业排污单位排污许可证申请与核发工作，现批准《排污许可证申请与核发技术规范 人造板工业》为国家环境保护标准，并予发布。

标准名称、编号如下：

《排污许可证申请与核发技术规范 人造板工业》（HJ 1032—2019）

以上标准自发布之日起实施，由中国环境出版集团有限公司出版。标准内容可在生态环境部网站（http：//www.mee.gov.cn）查询。

特此公告。

生态环境部

2019 年 7 月 24 日

关于调整《船舶水污染物污染控制标准》中石油类和耐热大肠菌群数监测方法的公告

2019年第30号

为及时更新完善船舶水污染物监测方法，规范船舶水污染物排放控制与监督实施，自公告发布之日起，监测《船舶水污染物排放控制标准》（GB 3552—2018）规定的石油类指标采用《水质　可萃取性石油烃（C10～C40）的测定　气相色谱法》（HJ 894），监测GB 3552—2018规定的耐热大肠菌群数指标采用《生活饮用水标准检测方法　微生物指标》（GB/T 5750.12）、《水质　粪大肠菌群的测定　滤膜法》（HJ 347.1）和《水质　粪大肠菌群的测定　多管发酵法》（HJ 347.2），停止执行《船舶污水处理排放水水质检验方法　第1部分：耐热大肠菌群数检验法》（CB/T 3328.1）、《船舶污水处理排放水水质检验方法　第5部分：水中油含量检验法》（CB/T 3328.5）和《水质　粪大肠菌群的测定　多管发酵法和滤膜法（试行）》（HJ/T 347）。

特此公告。

生态环境部

2019年7月29日

关于发布《排污许可证申请与核发技术规范　工业固体废物和危险废物治理》《排污许可证申请与核发技术规范　废弃资源加工工业》《排污许可证申请与核发技术规范　食品制造工业—方便食品、食品及饲料添加剂制造工业》等三项国家环境保护标准的公告

2019年第31号

为贯彻落实《中华人民共和国环境保护法》《中华人民共和国大气污染防治法》《中华人民共和国水污染防治法》《中华人民共和国土壤污染防治法》等法律法规、《国务院办公

厅关于印发控制污染物排放许可制实施方案的通知》（国办发〔2016〕81 号）和《排污许可管理办法（试行）》（环境保护部令　第 48 号），完善排污许可技术支撑体系，指导和规范工业固体废物和危险废物治理行业、废弃资源加工工业和食品制造工业中方便食品、食品及饲料添加剂制造工业排污单位排污许可证申请与核发工作，现批准《排污许可证申请与核发技术规范　工业固体废物和危险废物治理》《排污许可证申请与核发技术规范　废弃资源加工工业》和《排污许可证申请与核发技术规范　食品制造工业—方便食品、食品及饲料添加剂制造工业》为国家环境保护标准，并予发布。

标准名称、编号如下：

一、《排污许可证申请与核发技术规范　工业固体废物和危险废物治理》（HJ 1033—2019）

二、《排污许可证申请与核发技术规范　废弃资源加工工业》（HJ 1034—2019）

三、《排污许可证申请与核发技术规范　食品制造工业—方便食品、食品及饲料添加剂制造工业》（HJ 1030.3—2019）

以上标准自发布之日起实施，由中国环境出版集团有限公司出版，标准内容可在生态环境部网站（www.mee.gov.cn）查询。

特此公告。

生态环境部

2019 年 8 月 13 日

关于发布《排污许可证申请与核发技术规范　无机化学工业》《排污许可证申请与核发技术规范　聚氯乙烯工业》等两项国家环境保护标准的公告

2019 年第 32 号

为贯彻落实《中华人民共和国环境保护法》《中华人民共和国大气污染防治法》《中华人民共和国水污染防治法》《中华人民共和国土壤污染防治法》等法律法规、《国务院办公厅关于印发控制污染物排放许可制实施方案的通知》（国办发〔2016〕81 号）和《排污许可管理办法（试行）》（环境保护部令　第 48 号），完善排污许可技术支撑体系，指导和规范无机化学工业、聚氯乙烯工业排污单位排污许可证申请与核发工作，现批准《排污许可证申请与核发技术规范　无机化学工业》《排污许可证申请与核发技术规范　聚氯乙烯工业》为国家环境保护标准，并予发布。

标准名称、编号如下：

《排污许可证申请与核发技术规范　无机化学工业》（HJ 1035—2019）

《排污许可证申请与核发技术规范　聚氯乙烯工业》（HJ 1036—2019）

以上标准自发布之日起实施，由中国环境出版集团有限公司出版，标准内容可在生态环境部网站（www.mee.gov.cn）查询。

特此公告。

生态环境部

2019 年 8 月 13 日

关于发布国家环境保护标准《核动力厂取排水环境影响评价指南（试行）》的公告

2019 年第 33 号

为贯彻《中华人民共和国环境保护法》《中华人民共和国水污染防治法》《中华人民共和国海洋环境保护法》和《中华人民共和国环境影响评价法》，规范核动力厂建设项目取排水环境影响评价工作，现批准《核动力厂取排水环境影响评价指南（试行）》为国家环境保护标准，并予公布。

标准名称、编号如下。

《核动力厂取排水环境影响评价指南（试行）》（HJ 1037—2019）。

以上标准自发布之日起实施，由中国环境出版集团出版，标准内容可在生态环境部网站（bz.mee.gov.cn）查询。

特此公告。

生态环境部

2019 年 8 月 21 日

关于废止部分海洋环境保护规范性文件的公告

2019 年第 34 号

根据《国务院办公厅关于开展生态环境保护法规、规章、规范性文件清理工作的通知》

（国办发〔2018〕87 号）的要求，生态环境部会同自然资源部对海洋环境保护规范性文件进行了清理，决定废止 11 件规范性文件（见附件）。现予以公布，决定废止的规范性文件自本公告发布之日起废止。

生态环境部

自然资源部

2019 年 8 月 2 日

附件

决定废止的部分海洋环境保护相关规范性文件

1. 国家海洋局关于印发《海洋工程排污费征收标准实施办法》的通知（国海环字〔2003〕214 号）

2．关于印发《进一步加强海洋石油勘探开发环境保护工作意见》的通知（国海环字〔2006〕426 号）

3．国家海洋局关于规范区域建设用海规划环境影响评价工作的意见（国海发〔2011〕45 号）

4．国家海洋局办公室关于印发《国家海洋局海洋工程环境影响报告书核准程序》的通知（海办发〔2013〕17 号）

5．国家海洋局关于加强海洋工程建设项目环境影响评价公示工作的通知（国海环字〔2013〕49 号）

6．国家海洋局关于进一步加强海洋工程建设项目和区域建设用海规划环境保护有关工作的通知（国海环字〔2013〕196 号）

7．国家海洋局办公室关于海洋工程环境影响报告书等行政审批有关事项的通知（海办环字〔2013〕569 号）

8．国家海洋局关于印发《海岸工程建设项目环境影响报告书征求意见办理程序》的通知（国海环字〔2014〕215 号）

9. 国家海洋局办公室关于海洋油气勘探工程环境影响登记表备案有关问题的通知（海办环字〔2014〕385 号）

10．国家海洋局关于印发《海洋工程建设项目环境影响报告书国家级评审专家库管理办法》的通知（国海环字〔2014〕450 号）

11．国家海洋局关于海洋工程建设项目环境影响评价报告书公众参与有关问题的通知（国海环字〔2017〕4 号）

关于发布《排污许可证申请与核发技术规范 危险废物焚烧》国家环境保护标准的公告

2019年第35号

为贯彻落实《中华人民共和国环境保护法》《中华人民共和国大气污染防治法》《中华人民共和国水污染防治法》《中华人民共和国土壤污染防治法》等法律法规、《国务院办公厅关于印发控制污染物排放许可制实施方案的通知》（国办发〔2016〕81号）和《排污许可管理办法（试行）》（环境保护部令 第48号），完善排污许可技术支撑体系，指导和规范危险废物焚烧排污单位排污许可证申请与核发工作，现批准《排污许可证申请与核发技术规范 危险废物焚烧》为国家环境保护标准，并予发布。

标准名称、编号如下：

《排污许可证申请与核发技术规范 危险废物焚烧》（HJ 1038—2019）

以上标准自发布之日起实施，由中国环境出版集团有限公司出版。标准内容可在生态环境部网站（http：//www.mee.gov.cn）查询。

特此公告。

生态环境部

2019年8月27日

关于设立江苏盐城滨海港区临时性海洋倾倒区等3个临时性海洋倾倒区的公告

2019年第36号

根据《中华人民共和国海洋环境保护法》《中华人民共和国海洋倾废管理条例》等相关规定，为满足有关海域疏浚物的倾废需求，自即日起设立盐城滨海港区、湛江港区和揭阳前瞻南3个临时性海洋倾倒区，具体信息如下：

一、盐城滨海港区临时性海洋倾倒区，以120°22′36.079″E、34°22′59.144″N，120°22′36.394″E、34°22′26.715″N，120°23'15.504″E、34°22′26.672″N，120°23'15.190″E、

34°22′59.319″N 四点围成的矩形区域，面积 1 千米 ^{2}，用于处置符合相关标准和要求的疏浚物。

二、湛江港区临时性海洋倾倒区，以 110°46′07″E、20°55′04″N，110°47′40″E、20°55′04″N，110°47′40″E、20°50′20″N，110°45′29″E、20°50′20″N，110°45′29″E、20°51′52″N，110°46′07″E、20°51′52″N 六点围成的区域，面积 22.6 千米 ^{2}，用于处置符合相关标准和要求的疏浚物。

三、揭阳前瞻南临时性海洋倾倒区，以 116°24′45″E、22°45′00″N 为中心，半径 1 千米所围成的区域，面积 3.14 千米 ^{2}，用于处置符合相关标准和要求的疏浚物。

特此公告。

生态环境部

2019 年 9 月 9 日

关于发布《危险废物填埋污染控制标准》的公告

2019 年第 37 号

为贯彻《中华人民共和国环境保护法》《中华人民共和国固体废物污染环境防治法》《中华人民共和国土壤污染防治法》，防治污染，保护和改善生态环境，规范危险废物填埋过程的环境管理工作，现批准《危险废物填埋污染控制标准》为国家固体废物污染控制标准，并由生态环境部与国家市场监督管理总局联合发布。

标准名称、编号如下：

危险废物填埋污染控制标准（GB 18598—2019）。

依据有关法律规定，该标准具有强制执行效力。

该标准自 2020 年 6 月 1 日起实施，自实施之日起，《危险废物填埋污染控制标准》（GB 18598—2001）同时废止。

上述标准由中国环境出版集团有限公司出版，标准内容可在生态环境部网站（www.mee.gov.cn）查询。

特此公告。

生态环境部

2019 年 9 月 30 日

关于发布《建设项目环境影响报告书（表）编制监督管理办法》配套文件的公告

2019年第38号

《建设项目环境影响报告书（表）编制监督管理办法》（生态环境部令　第9号）已于2019年9月20日公布，自2019年11月1日起施行。根据《中华人民共和国环境影响评价法》和该办法的相关规定，现将《建设项目环境影响报告书（表）编制能力建设指南（试行）》等3个配套文件予以公告，与该办法一并施行。

生态环境部

2019年10月24日

附件1

建设项目环境影响报告书（表）编制能力建设指南（试行）

第一条　为保证建设项目环境影响报告书和环境影响报告表［以下简称环境影响报告书（表）］编制质量，指导主持编制环境影响报告书（表）的单位（以下简称编制单位）开展相关能力建设，根据《中华人民共和国环境影响评价法》《建设项目环境影响报告书（表）编制监督管理办法》（以下简称《监督管理办法》），制定本指南。

第二条　编制单位应当按照本指南要求，不断加强环境影响报告书（表）编制能力建设，提升环境影响评价专业技术水平。

第三条　环境影响报告书（表）编制能力建设包括编制单位的人员配备、工作实践和保障条件等三个方面。

第四条　人员配备方面的能力建设主要包括下列内容：

（一）配备一定数量的全职专业技术人员

1．编制环境影响报告表的单位，全职人员中配备一定数量的环境影响评价工程师、掌握相关环境要素环境影响评价方法的人员、熟悉相应类别建设项目工程/工艺特点与环境保护措施的人员，以及熟悉环境影响评价相关法律法规、标准和技术规范的人员；

2．编制环境影响报告书的单位，除配备第1项中的全职专业技术人员外，全职人员中配备一定数量近 3 年内作为编制主持人主持编制过相应类别环境影响报告书（表）的环境影响评价工程师和从事环境影响评价工作 5 年以上的环境影响评价工程师；

3．编制重点项目（清单附后）环境影响报告书的单位，除配备第 1 项、第 2 项中的全职专业技术人员外，全职人员中配备一定数量近 3 年内作为编制主持人主持编制过或者作为主要编制人员编制过相应类别重点项目环境影响报告书的环境影响评价工程师，以及从事环境影响评价工作 10 年以上的环境影响评价工程师。其中，编制核与辐射类别重点项目（输变电项目除外）环境影响报告书的单位，全职人员中同时配备一定数量的注册核安全工程师。

（二）专业技术人员完成一定数量的继续教育学时

1．每年参加一定学时的环境影响评价相关业务培训、研修、远程教育等；

2．每年参加相当一定学时的环境影响评价相关学术会议、学术讲座等。

第五条 工作实践方面的能力建设主要包括下列内容：

（一）具备相应的基础能力

1．建设项目工程分析能力；

2．环境现状调查与评价能力；

3．环境影响分析、预测与评价能力；

4．环境保护措施比选及其技术、经济论证能力；

5．相关技术报告和数据资料分析、审核能力。

（二）具备相应的工作业绩

1．编制环境影响报告书的单位，近 3 年内主持编制过一定数量的环境影响报告书（表）或者规划环境影响报告书；

2．编制重点项目环境影响报告书的单位，近 3 年内主持编制过一定数量的相应类别环境影响报告书。

（三）具备一定的科研能力

近 3 年内承担或者参与过一定数量的环境影响评价相关科学研究课题，或者环境保护相关标准、技术规范等制修订工作。

第六条 保障条件方面的能力建设主要包括下列内容：

（一）具备固定的工作场所

1．具备必要的办公条件；

2．具备环境影响评价档案资料管理设施及场所。

（二）具备完善的质量保证体系

1．建立和实施环境影响评价质量控制制度；

2．建立和运行环境影响评价质量控制信息化管理系统；

3．建立和实施环境影响评价技术交流与培训制度。

（三）配备相应的专业软件和仪器设备

1．配备一定数量的专业技术软件；

2．配备一定数量的图文制作和专业仪器设备。

第七条 鼓励建设单位优先选择符合本指南要求的技术单位为其编制环境影响报告书（表）。

技术单位配备的全职专业技术人员数量、技术单位专业技术人员的继续教育学时、技术单位的工作业绩和科研工作量以及配备的专业软件和仪器设备数量等情况，可作为建设单位比选技术单位的重要量化参考指标。

第八条 本指南所称全职，是指《监督管理办法》第四十四条中规定的用工形式。

本指南所称环境影响评价工程师、注册核安全工程师，分别是指取得环境影响评价工程师职业资格证书、注册核安全工程师执业资格证书的人员。

本指南所称相应类别，是指建设项目在《建设项目环境影响评价分类管理名录》中对应的项目类别。

本指南所称近3年，以环境影响报告书（表）、规划环境影响报告书、科学研究课题、标准、技术规范等的批准、审查、验收（鉴定）或者发布时间为起点计算。

本指南所称技术单位，是指《监督管理办法》第二条中所称的技术单位。

附：重点项目清单

附

重点项目清单

序号	项目类别	重点项目
1	纺织业	有洗毛、染整、脱胶工段的纺织品制造项目
2	造纸和纸制品业	纸浆、溶解浆、纤维浆等制造项目；造纸项目
3	石油加工、炼焦业	炼油项目；乙烯项目；低阶煤分质利用项目；煤制天然气、油、化学品项目；焦化项目
4	化学原料和化学制品制造业	铬盐生产项目；氰化物生产项目；精对苯二甲酸（PTA）、对二甲苯（PX）项目；二苯基甲烷二异氰酸酯（MDI）、甲苯二异氰酸酯（TDI）项目；电石法聚氯乙烯项目；农药原药生产项目
5	医药制造业	原料药生产项目
6	黑色金属冶炼和压延加工业	炼铁、球团、烧结项目；炼钢项目
7	有色金属冶炼和压延加工业	有色金属冶炼项目（含再生有色金属冶炼）
8	电气机械和器材制造业	铅蓄电池制造项目
9	电力、热力生产和供应业	火力发电项目（不含燃气发电工程和背压机组项目）；生活垃圾发电项目；总装机容量25万千瓦及以上的水电站项目
10	水的生产和供应业	新建、扩建工业废水集中处理项目
11	环境治理业	年处置1万吨及以上危险废物处置项目；年利用10万吨及以上危险废物综合利用项目
12	公共设施管理业	生活垃圾填埋项目；生活垃圾焚烧项目（不含发电）
13	煤炭开采和洗选业	年产150万吨及以上煤炭开采项目
14	石油和天然气开采业	年产20亿米^{3}及以上天然气新区块开发项目；年产100万吨及以上石油开采新区块开发项目；新建海洋油气开发项目

序号	项目类别	重 点 项 目
15	黑色金属矿采选业	年产500万吨及以上的铁矿采选项目
16	有色金属矿采选业	有色金属矿采选项目
17	水利	在跨界、跨省（区、市）河流上建设的库容1 000万米^{3}及以上水库项目；涉及跨界河流、跨省（区、市）的水资源配置调整项目
18	海洋工程	50公顷及以上的填海项目；100公顷及以上的围海项目；跨海桥梁工程项目；长度1.0千米及以上的海底隧道项目
19	交通运输业、管道运输业和仓储业	跨省（区、市）的30千米以上高速公路项目；新建、增建跨省（区、市）的铁路（不含30千米及以下铁路联络线和30千米及以下铁路专用线）项目；新建运输机场项目；扩建军民合用机场项目；年吞吐能力1 000万吨及以上煤炭、矿石、油气专用泊位项目；涉及危险品、化学品的集装箱专用码头项目；高等级航道的千吨级及以上航电枢纽项目；城市轨道交通项目；跨境、跨省（区、市）的200千米及以上输油、输气干线管网（不含油气田集输管网）项目；化学品输送管线；地下油库（不含加油站的油库）项目；地下气库（含LNG库，不含加气站的气库）项目
20	核与辐射	750千伏及以上交流和±500千伏及以上直流输变电项目；新建、扩建核动力厂（核电厂、核热电厂、核供汽供热厂等）、反应堆（研究堆、实验堆、临界装置等）、核燃料生产/加工/贮存/后处理、放射性废物贮存/处理/处置（独立的放射性废物贮存设施除外）项目；新建、扩建铀矿开采、冶炼项目以及项目退役；生产放射性同位素（制备PET用放射性药物的除外）、使用Ⅰ类放射源（医疗使用的除外）的核技术利用项目；销售（含建造）、使用Ⅰ类射线装置的核技术利用项目；甲级非密封放射性物质工作场所的核技术利用项目

注：上述项目涉及规模的，均指新增规模；未涉及规模的，包括新建、扩建和技术改造项目，但已列明新建、扩建等的除外。

附件2

建设项目环境影响报告书（表）编制单位和编制人员信息公开管理规定（试行）

第一条 为规范建设项目环境影响报告书、环境影响报告表［以下简称环境影响报告书（表）］的编制单位和编制人员信息公开工作，完善环境影响评价信用体系，方便建设单位查询和选择技术单位，根据《建设项目环境影响报告书（表）编制监督管理办法》（以下简称《监督管理办法》），制定本规定。

第二条 编制单位和编制人员应当通过全国统一的环境影响评价信用平台（以下简称信用平台）提交本单位、本人以及编制完成的环境影响报告书（表）基本情况信息，并对提交信息的真实性、准确性和完整性负责。

信用平台向社会公开编制单位、编制人员和环境影响报告书（表）的基础信息。

第三条 编制单位基本情况信息应当包括下列内容：

（一）单位名称、组织形式、法定代表人（负责人）及其身份证件类型和号码、住所、统一社会信用代码；

（二）出资人或者举办单位、业务主管单位、挂靠单位等的名称（姓名）和统一社会信用代码（身份证件类型及号码）；

（三）与《监督管理办法》第九条规定的符合性信息；

（四）单位设立材料。

编制单位在信用平台提交前款所列信息和编制单位承诺书（格式见附 1）后，信用平台建立编制单位诚信档案，向社会公开编制单位的名称、住所、统一社会信用代码等基础信息。

有《监督管理办法》第九条第三款所列不得主持编制环境影响报告书（表）情形的，信用平台不予建立诚信档案。

第四条 编制人员基本情况信息应当包括下列内容：

（一）姓名、身份证件类型及号码；

（二）从业单位名称；

（三）全职情况材料。

编制人员中的编制主持人基本情况信息还应当包括环境影响评价工程师职业资格证书管理号和取得时间。

编制人员应当在从业单位的诚信档案建立后，在信用平台提交本条第一款或者本条前两款所列信息和编制人员承诺书（格式见附 2）。

编制人员基本情况信息经从业单位在信用平台确认后，信用平台建立编制人员诚信档案，生成编制人员信用编号，向社会公开编制人员的姓名、从业单位、环境影响评价工程师职业资格证书管理号和信用编号等基础信息，并将其归集至从业单位的诚信档案。

第五条 环境影响报告书（表）基本情况信息应当包括下列内容：

（一）建设项目名称、建设地点、项目类别；

（二）环境影响评价文件类型；

（三）建设单位信息；

（四）编制单位、编制人员及其编制分工、编制方式等信息。

除涉密项目外，编制单位应当在建设单位报批环境影响报告书（表）前，在信用平台提交前款所列信息和环境影响报告书（表）编制情况承诺书（格式见附 3）。其中，涉及编制人员的相关信息应当在提交前经本人在信用平台确认。

信用平台生成项目编号以及环境影响报告书（表）的《编制单位和编制人员情况表》，向社会公开环境影响报告书（表）的相关建设项目名称、类别、建设单位以及编制单位、编制人员等基础信息，并将环境影响报告书（表）相关编制信息归集至编制单位和编制人员诚信档案。

第六条 编制单位的单位设立材料中的单位名称、住所或者法定代表人（负责人）变更的，应当自情形发生之日起 20 个工作日内在信用平台变更其基本情况信息。变更信息时，应当提交下列情况信息和编制单位承诺书：

（一）变更后的单位名称、住所或者法定代表人（负责人）及其身份证件类型和号码；

（二）变更后的单位设立材料。

编制单位在信用平台变更单位名称信息的，信用平台一并变更该单位编制人员基本情况信息中的从业单位名称信息。

第七条 编制单位的单位设立材料中的出资人或者举办单位、业务主管单位、挂靠单位等变更的，应当自情形发生之日起 20 个工作日内在信用平台变更其基本情况信息。变更信息时，应当提交下列情况信息和编制单位承诺书：

（一）变更后的出资人或者举办单位、业务主管单位、挂靠单位等的名称（姓名）和统一社会信用代码（身份证件类型及号码）；

（二）与《监督管理办法》第九条规定的符合性信息；

（三）变更后的单位设立材料。

第八条 编制单位未发生本规定第七条所列情形、与《监督管理办法》第九条规定的符合性发生变更的，应当自情形发生之日起 20 个工作日内在信用平台变更其基本情况信息。变更信息时，应当提交变更后的与《监督管理办法》第九条规定的符合性信息和编制单位承诺书。

第九条 编制单位终止的，该单位编制人员可在信用平台变更编制单位基本情况信息。变更信息时，应当提交编制单位的单位终止材料和编制人员承诺书。变更相关信息的，信用平台将该单位及其编制人员一并予以注销。

有《监督管理办法》第九条第三款所列不得主持编制环境影响报告书（表）情形、以提交虚假信息为手段建立诚信档案的，一经发现，信用平台将其予以注销，并将其编制人员一并予以注销。

第十条 编制人员发生下列情形之一的，应当自情形发生之日起 20 个工作日内在信用平台变更其基本情况信息：

（一）从业单位变更的；

（二）调离从业单位的。

编制人员发生前款第一项所列情形的，变更信息时，应当提交离职情况材料、变更后从业单位名称、变更后的全职情况材料和编制人员承诺书，并经原从业单位和变更后从业单位在信用平台确认。

编制人员发生本条第一款第二项所列情形的，变更信息时，应当提交离职情况材料和编制人员承诺书，并经原从业单位在信用平台确认。变更相关信息的，信用平台将其予以注销。

本条第一款中的编制人员变更相关信息需经原从业单位在信用平台确认的，原从业单位应当在 5 个工作日内确认。

编制人员发生本条第一款第一项所列情形，变更后从业单位已被信用平台注销或者未在信用平台建立诚信档案的，应当按照本条第一款第二项情形变更基本情况信息。

编制人员发生本条第一款所列情形，自情形发生之日起 20 个工作日内未在信用平台变更相关信息的，原从业单位应当自前述情形发生之日起 20 个工作日内，在信用平台变更编制人员基本情况信息。变更信息时，应当提交编制人员离职情况材料和编制单位承诺书。变更相关信息的，信用平台将该编制人员予以注销。

第十一条 编制人员未发生本规定第十条所列情形，全职情况发生变更、不再属于本单位全职人员的，其从业单位应当在信用平台变更编制人员基本情况信息。变更信息时，应当提交相关情况说明和编制单位承诺书。变更相关信息的，信用平台将该编制人员予以注销。

第十二条 编制人员在建立诚信档案后取得环境影响评价工程师职业资格证书的，可在信用平台变更其基本情况信息。变更信息时，应当提交相应的证书管理号、取得时间和编制人员承诺书。

第十三条 编制单位因未按照本规定在信用平台及时变更本单位及其编制人员相关情况信息，或者在信用平台提交的本单位及其编制人员相关情况信息不真实、不准确、不完整，被生态环境主管部门失信记分的，信用平台将该编制单位及其编制人员一并予以注销。

前款中被注销的编制单位应当在信用平台补正相关情况信息。补正信息时，应当提交编制单位承诺书。补正信息的，信用平台将其从被注销单位中移出；补正信息后，前款中被注销的编制人员仍需在该单位从业的，除有本规定第十四条第一款所列情形外，经本人在信用平台确认，信用平台将其从被注销人员中移出。

第十四条 编制人员因未按照本规定在信用平台及时变更本人相关情况信息，或者在信用平台提交的本人及其从业单位相关情况信息不真实、不准确、不完整，被生态环境主管部门失信记分的，信用平台将其予以注销。

前款中被注销的编制人员应当在信用平台补正相关情况信息。补正信息时，应当提交编制人员承诺书；其中，因提交的从业单位名称信息不真实被信用平台注销的，补正信息时，还应当提交全职情况材料，并经补正后的从业单位在信用平台确认。补正信息的，信用平台将其从被注销人员中移出，编制人员的从业单位已被信用平台注销或者未在信用平台建立诚信档案的除外。未补正信息的，不得变更其基本情况信息。

第十五条 本规定第九条、第十条第三款和第十三条第一款中被信用平台注销的编制人员从业单位变更的，除下列情形外，可在信用平台变更其基本情况信息，并从被注销人员中移出：

（一）有本规定第十四条第一款所列情形，未补正信息的；

（二）变更后的从业单位已被信用平台注销或者未在信用平台建立诚信档案的。

前款中的编制人员变更信息时，应当在信用平台提交变更后从业单位名称、变更后的全职情况材料和编制人员承诺书，并经变更后从业单位在信用平台确认。其中，本规定第十三条第一款中被注销的编制人员变更相关信息时，还应当提交离职情况材料，并经原从业单位在信用平台确认；原从业单位应当在 5 个工作日内确认。

第十六条 本规定第十条第三款中被信用平台注销的编制人员调回原从业单位的，除下列情形外，可在信用平台变更其基本情况信息，并从被注销人员中移出：

（一）有本规定第十四条第一款所列情形，未补正信息的；

（二）原从业单位已被信用平台注销的。

前款中的编制人员变更信息时，应当在信用平台提交全职情况材料和编制人员承诺书，并经原从业单位在信用平台确认。

第十七条 编制单位变更单位名称或者住所信息的，信用平台向社会公开其变更后的基础信息。

编制人员变更从业单位名称信息的，信用平台向社会公开其变更后的基础信息，并将其归集至变更后从业单位的诚信档案。

信用平台及时更新编制单位的编制人员数量和编制完成的环境影响报告书（表）数量，并向社会公开。

第十八条 被信用平台注销的编制单位，不得在信用平台变更其基本情况信息。

被信用平台注销、列入《监督管理办法》规定的限期整改名单或者《监督管理办法》规定的环境影响评价失信“黑名单”的编制单位和编制人员，不得在信用平台提交本规定第五条所列信息。

编制单位属于《监督管理办法》第九条第二款所列单位的，不得作为技术单位在信用平台提交本规定第五条所列信息。其中，《监督管理办法》第九条第二款第四项所列受委托开展环境影响报告书（表）技术评估的单位，包括正在接受委托和自委托终止之日起未满6个月的单位。

第十九条 被信用平台注销的编制单位和编制人员的基础信息和失信记分等情况继续向社会公开，失信行为的记分周期不变，信用平台继续累计其失信记分。

第二十条 信用平台保存编制单位和编制人员在信用平台历次提交的情况信息、相关承诺书以及被信用平台注销等情况，将其纳入编制单位和编制人员诚信档案，并自动形成编制单位和编制人员信息变更记录。

第二十一条 各级生态环境主管部门应当在环境影响报告书（表）编制规范性检查中，对编制单位和编制人员在信用平台提交信息情况进行检查，并可在编制单位和编制人员情况检查中，对其在信用平台提交的相关情况信息是否真实、准确、完整进行检查。相关检查可通过查询信用平台、现场核实或者调取材料等方式进行。

省级和设区的市级生态环境主管部门可在信用平台查询住所在本行政区域内以及在本行政区域内开展环境影响评价的编制单位及其编制人员历次提交的情况信息和承诺书、被信用平台注销等情况以及信息变更记录，不得将信用平台未向社会公开的信息对外公开。

第二十二条 编制单位与《监督管理办法》第九条规定的符合性信息，应当包括编制单位是否存在该条款中所列情形的逐项确认信息以及下列相应信息：

（一）编制单位属于《监督管理办法》第九条第二款第三项所列单位的，应当包括相关事业单位、社会组织的单位设立材料，以及相关事业单位、社会组织及其举办单位、业务主管单位或者挂靠单位的名称和统一社会信用代码；其中，编制单位属于相关事业单位、社会组织出资的单位再出资的单位的，还应当包括相关出资单位的名称、统一社会信用代码和单位设立材料；

（二）编制单位属于《监督管理办法》第九条第二款第四项所列单位的，应当包括接受委托开展技术评估的起止时间、技术评估委托合同或者相关文件，以及委托开展环境影响报告书（表）技术评估的生态环境主管部门或者其他负责审批环境影响报告书（表）的审批部门的名称和统一社会信用代码；

（三）编制单位属于《监督管理办法》第九条第二款第五项所列单位的，应当包括相关技术评估单位的名称、统一社会信用代码以及本条第二项所列相关信息。其中，编制单位属于相关技术评估单位出资的单位再出资的单位的，还应当包括相关出资单位的名称、统一社会信用代码和单位设立材料；

（四）编制单位属于《监督管理办法》第九条第二款第六项所列单位的，应当包括相关技术评估单位的名称、统一社会信用代码和单位设立材料，以及本条第二项所列相关信息。其中，编制单位属于相关技术评估单位出资人出资的其他单位的，还应当包括相关出资人的名称（姓名）和统一社会信用代码（身份证件类型及号码）；编制单位属于相关技术评估单位法定代表人出资的单位的，还应当包括相关法定代表人的姓名和身份证件类型及号码。

第二十三条 编制单位提交的本办法第三条第一款前两项、第六条第一款第一项、第七条第一项中的信息应当与其相应的单位设立材料中的内容一致。

第二十四条 本规定所称编制单位、编制人员、编制主持人和从业单位，是指《监督管理办法》第四条、第五条和第四十四条中的相关单位和人员。

本规定所称项目类别，是指建设项目在《建设项目环境影响评价分类管理名录》中对应的项目类别。

本规定所称建设单位信息，包括建设单位名称、统一社会信用代码，以及建设单位法定代表人、主要负责人和直接负责的主管人员的姓名。

本规定所称编制方式包括自行主持编制环境影响报告书（表）和接受委托主持编制环境影响报告书（表）。

本规定所称编制单位终止，是指编制单位注销登记或者撤销登记等。

本规定所称单位设立材料，是指企业营业执照和章程（合伙协议）、事业单位或者社会组织法人登记证书和章程，或者特别法人的登记证书等。

本规定所称单位终止材料，是指登记管理机关的注销、撤销登记公告或者准予注销通知书、撤销登记通知书等。

本规定所称全职情况材料，是指近 3 个月内在从业单位参加社会保险的社会保险管理机构缴费记录，或者事业单位专业技术人员离岗创业文件及其与从业单位订立的劳动合同等。

本规定所称离职情况材料，是指原从业单位办理的编制人员离职文件、与原从业单位解除劳动关系文件，或者与原从业单位解除劳动关系的劳动仲裁裁决书等。

第二十五条 负责审批环境影响报告书（表）的其他有关审批部门可参照本规定对编制单位和编制人员信息提交情况进行监督检查。

附 1：编制单位承诺书（略）

附 2：编制人员承诺书（略）

附 3：建设项目环境影响报告书（表）编制情况承诺书（略）

附件 3

建设项目环境影响报告书（表）编制单位和编制人员失信行为记分办法

（试行）

第一条　为规范建设项目环境影响报告书和环境影响报告表［以下简称环境影响报告书（表）］编制行为监督检查过程中，编制单位和编制人员（以下统称信用管理对象）的失信行为记分，根据《建设项目环境影响报告书（表）编制监督管理办法》（以下简称《监督管理办法》），制定本办法。

第二条　信用管理对象失信行为的记分周期（以下简称记分周期）为一年，自信用管理对象在全国统一的环境影响评价信用平台（以下简称信用平台）建立诚信档案之日起计算。

列入《监督管理办法》规定的限期整改名单的信用管理对象记分周期，自限期整改之日起重新计算。

列入《监督管理办法》规定的环境影响评价失信“黑名单”的信用管理对象，在禁止从事环境影响报告书（表）编制工作期间不再实施失信记分；禁止从事环境影响报告书（表）编制工作期满的，记分周期自期满次日起重新计算。

失信记分的警示分数为一个记分周期内累计失信记分 10 分。失信记分的限制分数为一个记分周期内失信记分直接达到 20 分或者实时累计达到 20 分。

第三条　主持编制环境影响报告书（表）的技术单位因环境影响报告书（表）存在《监督管理办法》第二十六条第二款、第二十七条所列问题，禁止从事环境影响报告书（表）编制工作的，失信记分 20 分。

第四条　编制人员因环境影响报告书（表）存在《监督管理办法》第二十六条第二款、第二十七条所列问题，五年内或者终身禁止从事环境影响报告书（表）编制工作的，失信记分 20 分。

第五条　编制单位有下列情形之一的，失信记分 10 分：

（一）自行主持编制环境影响报告书（表）的建设单位因环境影响报告书（表）存在《监督管理办法》第二十六条第二款、第二十七条所列问题受到处罚的；

（二）接受委托主持编制环境影响报告书（表）的技术单位因环境影响报告书（表）存在《监督管理办法》第二十六条第二款、第二十七条所列问题受到处罚，但未禁止从事环境影响报告书（表）编制工作的；

（三）违反《监督管理办法》第九条第二款规定，作为技术单位编制环境影响报告书（表）的；

（四）内设机构、分支机构或者临时机构违反《监督管理办法》第九条第三款规定，主持编制环境影响报告书（表）的。

第六条　编制单位或者编制人员未按照《监督管理办法》第二十五条规定接受生态环境主管部门监督检查，或者在接受监督检查时弄虚作假，未如实说明情况、提供相关材料的，失信记分 10 分。

第七条 编制单位和编制人员因环境影响报告书（表）存在《监督管理办法》第二十六条第一款所列问题受到通报批评的，对编制单位和编制人员分别失信记分 5 分。

第八条 信用管理对象有下列情形之一的，对编制单位和编制人员分别失信记分 5 分：

（一）未按照《监督管理办法》第十条规定由编制单位全职人员作为环境影响报告书（表）编制人员的；

（二）未按照《监督管理办法》第十条规定由取得环境影响评价工程师职业资格证书人员作为环境影响报告书（表）编制主持人的。

第九条 编制单位有下列情形之一的，失信记分 4 分：

（一）未按照《监督管理办法》第十一条第一款和《建设项目环境影响报告书（表）编制单位和编制人员信息公开管理规定（试行）》（以下简称《公开管理规定》）第三条规定通过信用平台提交本单位基本情况信息的；

（二）未按照《监督管理办法》第十四条第一款和《公开管理规定》第五条规定通过信用平台提交环境影响报告书（表）基本情况信息的；

（三）违反《监督管理办法》第十四条第二款规定，未在环境影响报告书（表）中附具《编制单位和编制人员情况表》或者未在《编制单位和编制人员情况表》中盖章的；

（四）违反《监督管理办法》第十四条第二款规定，在环境影响报告书（表）中附具的《编制单位和编制人员情况表》未由信用平台导出的。

第十条 编制人员未按照《监督管理办法》第十一条第一款和《公开管理规定》第四条规定通过信用平台提交本人基本情况信息的，失信记分 4 分。

第十一条 编制单位未按照《监督管理办法》第十三条第一款规定进行环境影响评价质量控制的，失信记分 3 分。

第十二条 编制单位未按照《监督管理办法》和《公开管理规定》在信用平台及时变更本单位及其编制人员相关情况信息，或者在信用平台提交的本单位及其编制人员相关情况信息不真实、不准确、不完整，有下列情形之一的，失信记分 3 分：

（一）提交的与《监督管理办法》第九条第二款规定的符合性信息不真实、不准确、不完整的；

（二）与《监督管理办法》第九条第二款规定的符合性发生变更，未及时变更基本情况信息的；

（三）内设机构、分支机构或者临时机构以提交虚假的《监督管理办法》第九条第三款规定的符合性信息为手段，建立诚信档案的；

（四）未按照《公开管理规定》第十条规定对编制人员相关情况信息进行确认或者变更，或者未按照《公开管理规定》第十五条规定对编制人员相关情况信息进行确认的。

第十三条 编制人员未按照《监督管理办法》和《公开管理规定》在信用平台及时变更本人相关情况信息，或者在信用平台提交的本人及其从业单位相关情况信息不真实、不准确、不完整，有下列情形之一的，失信记分 3 分：

（一）提交的从业单位名称信息不真实的；

（二）提交的环境影响评价工程师职业资格证书管理号或者取得时间不真实的；

（三）发生《公开管理规定》第十条所列情形，未及时变更基本情况信息的；

（四）编制单位未发生《公开管理规定》第九条第一款所列情形，变更编制单位基本情况信息的。

编制人员有前款第一项所列情形的，还应当对其提交信息中的从业单位失信记分 3 分。

第十四条 信用管理对象有下列情形之一的，对编制单位失信记分 2 分：

（一）违反《监督管理办法》第十二条第一款规定，由两家及以上单位主持编制环境影响报告书（表）的；

（二）违反《监督管理办法》第十二条第一款规定，由两名及以上编制人员作为环境影响报告书（表）编制主持人的。

第十五条 编制单位有下列情形之一的，失信记分 2 分：

（一）未按照《监督管理办法》第十五条规定将相关资料存档的；

（二）主持编制环境影响报告书（表）的技术单位未按照《监督管理办法》第十二条第二款规定与建设单位签订委托合同的；

（三）在信用平台提交的环境影响报告书（表）基本情况信息不真实、不准确、不完整的；

（四）除本办法第十二条所列情形外，未按照《监督管理办法》和《公开管理规定》在信用平台及时变更本单位相关情况信息，或者提交的本单位及其编制人员的信息不真实、不准确、不完整的。

第十六条 除本办法第十三条所列情形外，编制人员在信用平台提交的信息不真实、不准确、不完整的，失信记分 2 分。

第十七条 编制人员有下列情形之一的，对编制单位和编制人员分别失信记分 2 分：

（一）未按照《监督管理办法》第十三条第二款规定进行环境影响评价质量控制的；

（二）未按照《监督管理办法》第十四条第二款规定在《编制单位和编制人员情况表》中签字的。

第十八条 生态环境主管部门在环境影响报告书（表）受理过程中发现信用管理对象有本办法第五条第三项、第五条第四项、第八条至第十条、第十四条、第十七条第二项所列情形之一的，除按照本办法对信用管理对象实施失信记分外，还应当按照《监督管理办法》第二十条规定告知建设单位需补正的全部内容。

生态环境主管部门在监督检查中发现信用管理对象有前款所列情形之一、相关环境影响报告书（表）经批准的，除按照本办法对信用管理对象实施失信记分外，还应当按照《监督管理办法》第三十条规定重新对相关环境影响报告书（表）进行编制质量检查，或者由生态环境主管部门或者其他负责审批环境影响报告书（表）的审批部门依法撤销相应批准文件。

第十九条 信用管理对象名称或者姓名发生变更，统一社会信用代码或者身份证件号码未发生变化的，信用平台按照同一信用管理对象继续累计失信记分。

信用管理对象在《监督管理办法》规定的限期整改期间，被发现存在失信行为的，生态环境主管部门应当继续对失信行为实施失信记分。

第二十条 信用管理对象失信行为有下列情形的，应当按照不同失信行为分别作出失信记分：

（一）涉及本办法第五条至第十七条中不同条款或者同一条款中不同项的；

（二）有本办法第五条、第七条、第八条、第九条第二项至第四项、第十一条、第十四条、第十五条第一项至第三项或者第十七条所列任一失信行为，涉及不同环境影响报告书（表）的；

（三）有本办法第六条、第十二条第一项、第十二条第二项或者第十三条所列任一失信行为，涉及不同时段的；

（四）有本办法第十二条第三项所列失信行为，涉及不同内设机构、分支机构或者临时机构，或者涉及不同时段的；

（五）有本办法第十二条第四项所列任一失信行为，涉及不同编制人员的；

（六）有本办法第十五条第四项或者第十六条所列任一失信行为，涉及不同信息或者不同时段的。

第二十一条 同一失信行为已由其他生态环境主管部门实施失信记分的，不得重复记分。

第二十二条 失信记分不符合本办法第二十一条规定的，信用管理对象可按照《监督管理办法》第三十三条第二款的规定作出书面陈述和申辩。

第二十三条 本办法所称技术单位、编制单位、编制人员、编制主持人和从业单位，是指《监督管理办法》第二条、第四条、第五条和第四十四条中的相关单位和人员。

关于启用环境影响评价信用平台的公告

2019 年第 39 号

根据《建设项目环境影响报告书（表）编制监督管理办法》（生态环境部令　第 9 号，以下简称《监督管理办法》）相关要求，我部已建设完成全国统一的环境影响评价信用平台（以下简称信用平台）。信用平台于 2019 年 11 月 1 日启用。现将有关事项公告如下：

一、信用平台在生态环境部网站（http：//www.mee.gov.cn）的访问路径为“首页-环境影响评价-信用平台”或“首页-环境影响评价-建设项目环境影响报告书（表）编制监督管理-信用管理-信用平台”。

二、建设项目环境影响报告书（表）的编制单位和编制人员应当按照《监督管理办法》和《建设项目环境影响报告书（表）编制单位和编制人员信息公开管理规定（试行）》的有关规定，通过信用平台提交本单位、本人以及编制完成的环境影响报告书（表）基本情况信息。首次提交信息前，应在信用平台首页进行实名注册和校验。

三、设区的市级以上生态环境主管部门应当按照《监督管理办法》和《建设项目环境影响报告书（表）编制单位和编制人员失信行为记分办法（试行）》的有关规定，对信用管理对象失信行为实施失信记分，并在作出失信记分决定后五个工作日内，将相关信息上传至信用平台。上传信息时，使用本单位在生态环境业务专网“环评智慧平台”的账号和密码登录。

四、省级和设区的市级生态环境主管部门登录信用平台后，可查询住所在本行政区域内以及在本行政区域内开展环境影响评价的编制单位及其编制人员历次提交的信息及变更记录等。

五、信用平台向建设单位和社会公众开放建设项目环境影响报告书（表）编制单位和编制人员的诚信档案相关信息。

六、在信用平台提交或上传信息的具体方法可在登录信用平台后首页的操作手册中查询。在信用平台使用过程中如遇到问题，请及时与工作人员联系。

联系电话：（010）66556428（综合协调）

（010）84756837/84756912（技术管理）

13260365627（技术支持）

生态环境部

2019 年 10 月 21 日

关于发布《排污许可证申请与核发技术规范　生活垃圾焚烧》国家环境保护标准的公告

2019 年第 40 号

为贯彻落实《中华人民共和国环境保护法》《中华人民共和国大气污染防治法》《中华人民共和国水污染防治法》《中华人民共和国土壤污染防治法》等法律法规、《国务院办公厅关于印发控制污染物排放许可制实施方案的通知》（国办发〔2016〕81 号）和《排污许可管理办法（试行）》（环境保护部令　第 48 号），完善排污许可技术支撑体系，指导和规范生活垃圾焚烧排污单位排污许可证申请与核发工作，现批准《排污许可证申请与核发技术规范　生活垃圾焚烧》为国家环境保护标准，并予发布。

标准名称、编号如下：

《排污许可证申请与核发技术规范　生活垃圾焚烧》（HJ 1039—2019）

以上标准自发布之日起实施，由中国环境出版集团有限公司出版。标准内容可在生态环境部网站（http：//www.mee.gov.cn）查询。

特此公告。

生态环境部

2019 年 10 月 24 日

关于发布国家环境保护标准《核动力厂液态流出物中14C分析方法—湿法氧化法》的公告

2019年第41号

为贯彻《中华人民共和国环境保护法》《中华人民共和国放射性污染防治法》《中华人民共和国核安全法》，规范核动力厂液态流出物中14C的分析方法，现批准《核动力厂液态流出物中14C分析方法—湿法氧化法》为国家环境保护标准，并予发布。

标准名称、编号如下：

《核动力厂液态流出物中14C分析方法—湿法氧化法》（HJ 1056—2019）

以上标准自2019年11月15日起实施，由中国环境出版集团有限公司出版，标准内容可在生态环境部网站（http：//www.mee.gov.cn）查询。

特此公告。

生态环境部

2019年10月25日

关于发布《水质　锑的测定　火焰原子吸收分光光度法》等五项国家环境保护标准的公告

2019年第42号

为贯彻《中华人民共和国环境保护法》和《中华人民共和国水污染防治法》，保护生态环境，保障人体健康，规范生态环境监测工作，现批准《水质　锑的测定　火焰原子吸收分光光度法》等五项标准为国家环境保护标准，并予发布。

标准名称、编号如下。

一、《水质　锑的测定　火焰原子吸收分光光度法》（HJ 1046—2019）；

二、《水质　锑的测定　石墨炉原子吸收分光光度法》（HJ 1047—2019）；

三、《水质　17种苯胺类化合物的测定　液相色谱-三重四极杆质谱法》（HJ 1048—

2019）；

四、《水质　4 种硝基酚类化合物的测定　液相色谱-三重四极杆质谱法》（HJ 1049—2019）；

五、《水质　氯酸盐、亚氯酸盐、溴酸盐、二氯乙酸和三氯乙酸的测定　离子色谱法》（HJ 1050 —2019）。

以上标准自 2020 年 4 月 24 日起实施，由中国环境出版集团有限公司出版，标准内容可在生态环境部网站（http：//www.mee.gov.cn）查询。

特此公告。

生态环境部

2019 年 10 月 24 日

关于发布《土壤　石油类的测定　红外分光光度法》等五项国家环境保护标准的公告

2019 年第 43 号

为贯彻《中华人民共和国环境保护法》和《中华人民共和国土壤污染防治法》，保护生态环境，保障人体健康，规范生态环境监测工作，现批准《土壤　石油类的测定　红外分光光度法》等五项标准为国家环境保护标准，并予发布。

标准名称、编号如下。

一、《土壤　石油类的测定　红外分光光度法》（HJ 1051—2019）；

二、《土壤和沉积物　11 种三嗪类农药的测定　高效液相色谱法》（HJ 1052—2019）；

三、《土壤和沉积物　8 种酰胺类农药的测定　气相色谱-质谱法》（HJ 1053—2019）；

四、《土壤和沉积物　二硫代氨基甲酸酯（盐）类农药总量的测定　顶空/气相色谱法》（HJ 1054—2019）；

五、《土壤和沉积物　草甘膦的测定　高效液相色谱法》（HJ 1055—2019）。

以上标准自 2020 年 4 月 24 日起实施，由中国环境出版集团有限公司出版，标准内容可在生态环境部网站（http：//www.mee.gov.cn）查询。

特此公告。

生态环境部

2019 年 10 月 24 日

关于发布《固定污染源废气　溴化氢的测定　离子色谱法》等六项国家环境保护标准的公告

2019 年第 44 号

为贯彻《中华人民共和国环境保护法》和《中华人民共和国大气污染防治法》，保护生态环境，保障人体健康，规范生态环境监测工作，现批准《固定污染源废气　溴化氢的测定　离子色谱法》等六项标准为国家环境保护标准，并予发布。

标准名称、编号如下。

一、《固定污染源废气　溴化氢的测定　离子色谱法》（HJ 1040 —2019）；

二、《固定污染源废气　三甲胺的测定　抑制型离子色谱法》（HJ 1041—2019）；

三、《环境空气和废气　三甲胺的测定　溶液吸收-顶空/气相色谱法》（HJ 1042—2019）；

四、《环境空气　氮氧化物的自动测定　化学发光法》（HJ 1043—2019）；

五、《环境空气　二氧化硫的自动测定　紫外荧光法》（HJ 1044—2019）；

六、《固定污染源烟气（二氧化硫和氮氧化物）便携式紫外吸收法测量仪器技术要求及检测方法》（HJ 1045—2019）。

以上标准自 2020 年 4 月 24 日起实施，由中国环境出版集团有限公司出版，标准内容可在生态环境部网站（http：//www.mee.gov.cn）查询。

特此公告。

生态环境部

2019 年 10 月 24 日

关于发布《组合聚醚中 HCFC-22、CFC-11 和 HCFC-141b 等消耗臭氧层物质的测定　顶空/气相色谱-质谱法》等两项国家环境保护标准的公告

2019 年第 45 号

为贯彻《中华人民共和国环境保护法》和《中华人民共和国大气污染防治法》，保护生态环境，保障人体健康，规范生态环境监测工作，现批准《组合聚醚中 HCFC-22、CFC-11

和 HCFC-141b 等消耗臭氧层物质的测定　顶空/气相色谱-质谱法》等两项标准为国家环境保护标准，并予发布。

标准名称、编号如下。

一、《组合聚醚中 HCFC-22、CFC-11 和 HCFC-141b 等消耗臭氧层物质的测定　顶空/气相色谱-质谱法》（HJ 1057—2019）

二、《硬质聚氨酯泡沫和组合聚醚中 CFC-12、HCFC-22、CFC-11 和 HCFC-141b 等消耗臭氧层物质的测定　便携式顶空/气相色谱-质谱法》（HJ 1058—2019）

以上标准自 2019 年 10 月 31 日起实施，由中国环境出版集团有限公司出版，标准内容可在生态环境部网站（http：//www.mee.gov.cn）查询。

特此公告。

生态环境部

2019 年 10 月 31 日

关于发布《危险废物鉴别标准　通则》（GB 5085.7—2019）的公告

2019 年第 46 号

为贯彻《中华人民共和国环境保护法》《中华人民共和国固体废物污染环境防治法》，防治污染，保护和改善生态环境，现批准《危险废物鉴别标准　通则》为国家环境保护标准，并由生态环境部与国家市场监督管理总局联合发布。

标准名称、编号如下：

《危险废物鉴别标准　通则》（GB 5085.7—2019）。

以上标准自 2020 年 1 月 1 日起实施，自实施之日起，《危险废物鉴别标准　通则》（GB 5085.7—2007）废止。

以上标准由中国环境出版集团有限公司出版。标准内容可在生态环境部网站（http：//www.mee.gov.cn）查询。

特此公告。

生态环境部

2019 年 11 月 7 日

关于发布国家环境保护标准《危险废物鉴别技术规范》的公告

2019年第47号

为贯彻《中华人民共和国环境保护法》和《中华人民共和国固体废物污染环境防治法》，保护生态环境，保障公众健康，加强危险废物环境管理，规范危险废物鉴别工作，现批准《危险废物鉴别技术规范》为国家环境保护标准，并予发布。

标准名称、编号如下：

《危险废物鉴别技术规范》（HJ 298—2019）

本标准自2020年1月1日起实施，由中国环境出版集团有限公司出版，标准内容可在生态环境部网站（http：//www.mee.gov.cn）查询。

自上述标准实施之日起，《危险废物鉴别技术规范》（HJ/T 298—2007）废止。

特此公告。

生态环境部

2019年11月12日

关于命名第三批国家生态文明建设示范市县的公告

2019年第48号

为贯彻习近平生态文明思想，落实党中央、国务院关于加快推进生态文明建设的决策部署，全国各地积极创建国家生态文明建设示范市县。经审核，北京市密云区等84个市县达到考核要求，我部决定授予其第三批国家生态文明建设示范市县称号，现予公告（名单附后）。

生态环境部

2019年11月13日

附件

第三批国家生态文明建设示范市县名单（84个）

北京市：密云区

天津市：西青区

河北省：兴隆县

山西省：沁源县、沁水县

内蒙古自治区：鄂尔多斯市康巴什区、根河市、乌兰浩特市

辽宁省：盘锦市双台子区、盘山县

吉林省：通化市、梅河口市

黑龙江省：黑河市爱辉区

江苏省：南京市溧水区、盐城市盐都区、无锡市锡山区、连云港市赣榆区、扬州市邗江区、泰州市海陵区、沛县

浙江省：杭州市西湖区、宁波市北仑区、舟山市普陀区、泰顺县、德清县、义乌市、磐安县、天台县

安徽省：宣城市宣州区、当涂县、潜山市

福建省：泉州市鲤城区、明溪县、光泽县、松溪县、上杭县、寿宁县

江西省：景德镇市、南昌市湾里区、奉新县、宜丰县、莲花县

山东省：威海市、商河县、诸城市

河南省：新密市、兰考县、泌阳县

湖北省：十堰市、恩施土家族苗族自治州、五峰土家族自治县、赤壁市、恩施市、咸丰县

湖南省：长沙市望城区、永州市零陵区、桃源县、石门县

广东省：深圳市福田区、佛山市高明区、江门市新会区

广西壮族自治区：三江侗族自治县、桂平市、昭平县

重庆市：北碚区、渝北区

四川省：成都市金牛区、大邑县、北川羌族自治县、宝兴县

贵州省：贵阳市花溪区、正安县

云南省：盐津县、洱源县、屏边苗族自治县

西藏自治区：昌都市、当雄县

陕西省：陇县、宜君县、黄龙县

甘肃省：张掖市

青海省：贵德县

新疆维吾尔自治区：巩留县、布尔津县

关于命名第三批“绿水青山就是金山银山”实践创新基地的公告

2019年第49号

为深入贯彻习近平生态文明思想，各地积极探索“绿水青山就是金山银山”的有效转化路径。经审核，我部决定命名北京市门头沟区等23个地区为第三批“绿水青山就是金山银山”实践创新基地，现予公告（名单附后）。

附件：第三批“绿水青山就是金山银山”实践创新基地名单

生态环境部

2019年11月13日

附件

第三批“绿水青山就是金山银山”实践创新基地名单（23个）

北京市：门头沟区
天津市：蓟州区
内蒙古自治区：阿尔山市
辽宁省：凤城市大梨树村
吉林省：集安市
江苏省：徐州市贾汪区
浙江省：宁海县、新昌县
安徽省：岳西县
江西省：井冈山市、崇义县
山东省：长岛县
河南省：新县
湖北省：保康县尧治河村
湖南省：资兴市
广东省：深圳市南山区
广西壮族自治区：金秀瑶族自治县

四川省：稻城县
贵州省：兴义市万峰林街道
云南省：贡山独龙族怒族自治县
西藏自治区：隆子县
陕西省：镇坪县
甘肃省：古浪县八步沙林场

关于发布《生活垃圾焚烧发电厂自动监测数据标记规则》的公告

2019 年第 50 号

为保证生活垃圾焚烧发电厂自动监测数据真实、准确、完整、有效，我部制定了《生活垃圾焚烧发电厂自动监测数据标记规则》，现予公布，并于公布之日起施行。

特此公告。

生态环境部
2019 年 11 月 26 日

附件

生活垃圾焚烧发电厂自动监测数据标记规则

为保障生活垃圾焚烧发电厂自动监测数据的真实、准确、完整、有效，指导生活垃圾焚烧发电厂根据焚烧炉和自动监控系统运行情况，如实标记自动监测数据，制定本规则。

1 适用范围

本规则规定了生活垃圾焚烧发电厂（以下简称垃圾焚烧厂）根据焚烧炉和自动监控系统运行情况，如实标记自动监测数据的规则。

本规则适用于投入运行的垃圾焚烧厂。只焚烧不发电的生活垃圾焚烧厂参照执行。

2 规范性引用文件

《生活垃圾焚烧污染控制标准》（GB 18485）；

《固定污染源烟气（SO_2、NO_x、颗粒物）排放连续监测技术规范》（HJ 75）；
《污染物在线监控（监测）系统数据传输标准》（HJ 212）；
《生活垃圾焚烧厂运行维护与安全技术标准》（CJJ 128）。

3 术语及定义

下列术语及定义适用于本规则。

3.1 自动监控系统

自动监控系统，由垃圾焚烧厂的自动监测设备和生态环境主管部门的监控设备组成。

自动监测设备安装在垃圾焚烧厂现场，包括用于连续监控监测污染物排放的仪器、流量（速）计、采样装置、生产或治理设施运行记录仪、数据采集传输仪（以下简称数采仪）、烟气参数或炉膛温度等运行参数的监测设备、视频监控或污染物排放过程（工况）监控等仪表和传感器设备。

生态环境主管部门的监控设备通过通信传输线路与现场端自动监测设备联网，包括用于对垃圾焚烧厂实施自动监控的信息管理平台、计算机机房硬件等设备。

3.2 自动监测数据

自动监测设备运行时产生的数据。

3.3 数据标记

垃圾焚烧厂利用“重点排污单位自动监控系统企业端”（以下简称企业端）等工具，按照本规则对每台焚烧炉工况、自动监测异常进行标记的操作。

3.4 炉膛温度

以焚烧炉炉膛内热电偶测量温度的 5 分钟平均值计，即焚烧炉炉膛内中部和上部两个断面各自热电偶测量温度中位数算术平均值的 5 分钟平均值。

4 数据标记内容及要求

4.1 焚烧炉工况标记

一般情况下，焚烧炉工况呈现为：正常运行— 停炉— 停炉降温—（停运）—烘炉—启炉—正常运行。启炉、正常运行和停炉时，炉膛温度不应低于 850℃。

焚烧炉工况标记包括“烘炉”“启炉”“停炉”“停炉降温”“停运”“故障”和“事故”等 7 种标记。

4.1.1 在未投入垃圾的情况下，用辅助燃烧器将炉膛温度升至 850℃以上的时段，可标记为“烘炉”。

标记为“烘炉”的，一般情况下，炉膛温度起点应低于 400℃；当“烘炉”的前序标记为“停炉降温”“故障”或“事故”时，允许炉膛温度起点高于 400℃。

标记为“烘炉”的，一般情况下，每次时长不应超过 12 小时；炉内耐火材料修复或改造后，每次时长不应超过 168 小时。

4.1.2 完成烘炉后，投入垃圾至工况稳定，且炉膛温度保持在 850℃以上的时段，可标记为“启炉”。

标记为“启炉”的，每次时长不应超过 4 小时。

4.1.3 停止向焚烧炉投入垃圾至炉膛内垃圾完全燃尽，且炉膛温度保持在 850℃以上的时段，可标记为“停炉”。

4.1.4 焚烧炉炉膛内垃圾完全燃尽后，炉膛温度继续降低的时段，可标记为“停炉降温”。

标记为“停炉降温”的，一般情况下，炉膛温度应从 850℃以上降至 400℃以下；当“停炉降温”的后序标记为“烘炉”时，允许该标记时段结束时炉膛温度高于 400℃。

4.1.5 焚烧炉停止运转的时段，可标记为“停运”。

标记为“停运”的，烟气含氧量不应低于当地空气含氧量的 2 个百分点。

4.1.6 焚烧炉发生故障或事故的时段，可标记为“故障”或“事故”。

标记为“故障”或“事故”的，每次时长不应超过 4 小时，并简要描述故障或事故起因。

4.1.7 垃圾焚烧厂在企业端未作上述标记的，焚烧炉视为正常运行。

4.2 自动监测异常标记

自动监测异常标记包括“烟气排放连续监测系统维护（以下简称 CEMS 维护）”“通讯中断”“炉温异常”和“热电偶故障”等 4 种标记。

4.2.1 CEMS 校准、故障、检修以及数采仪故障、检修的时段，可标记为“CEMS 维护”。

标记为“CEMS 维护”的，应同时备注维护的类型，并简要描述维护过程，保存运行维护记录备查。

4.2.2 网络故障、通讯设备故障等原因导致数据无法报送至生态环境主管部门的时段，可标记为“通讯中断”。

标记为“通讯中断”的，应在通讯恢复后补传自动监测数据。

4.2.3 正常运行时，因不可抗力导致焚烧炉炉膛温度低于 850℃的时段，可标记为“炉温异常”。

标记为“炉温异常”的，应备注炉膛温度异常的原因以及提前采取控制烟气污染物排放的有效措施（如加强垃圾预处理，启动辅助燃烧器、加大活性炭喷入量等），并保存运维记录和台账资料备查。

4.2.4 因热电偶结焦、损坏等情况导致热电偶测量温度不能反映实际温度的时段，可标记为“热电偶故障”。

标记为“热电偶故障”的，应备注故障测点位置、故障原因、维修或更换过程，保存运行维护记录和台账备查。

4.2.5 垃圾焚烧厂在企业端未作上述标记的，自动监测数据视为有效。

5 标记操作

焚烧炉工况和自动监测异常可分别标记，分别包括事前标记或事后标记。

5.1 事前标记。垃圾焚烧厂可根据生产计划、CEMS 维护计划等，在企业端提前标记。

5.2 事后标记。当出现焚烧炉工况改变，自动监测异常，自动监测数据出现零值、恒值、超量程以及超过污染物限值等情形时，垃圾焚烧厂应当于 1 小时内核实并标记。

未及时标记的，由生态环境部污染源监控平台向垃圾焚烧厂发出电子督办单，并抄送所在地县级以上生态环境主管部门。垃圾焚烧厂在接到电子督办单后，应当及时核实，并在 6 小时内按操作提示如实进行标记。

关于启用东山湾临时性海洋倾倒区的公告

2019年第51号

根据《中华人民共和国海洋环境保护法》《中华人民共和国海洋倾废管理条例》等的相关规定，为满足有关海域疏浚物的倾废需求，自即日起设立东山湾临时性海洋倾倒区，具体信息如下：

东山湾临时性海洋倾倒区，是以117°41′00″E、23°40′30″N为圆心，以0.5海里为半径围成的圆形海域，面积2.69千米^2，用于处置符合相关标准和要求的疏浚物。

特此公告。

生态环境部

2019年12月1日

关于发布《建设用地土壤污染状况调查技术导则》等5项国家环境保护标准的公告

2019年第52号

为贯彻落实《中华人民共和国环境保护法》《中华人民共和国土壤污染防治法》等法律法规，保障人体健康，保护生态环境，加强建设用地环境保护监督管理，规范建设用地土壤污染状况调查、土壤污染风险评估、风险管控、修复等相关工作，现批准《建设用地土壤污染状况调查技术导则》等5项标准为国家环境保护标准，并予发布。

标准名称、编号如下。

一、《建设用地土壤污染状况调查技术导则》（HJ 25.1—2019）；

二、《建设用地土壤污染风险管控和修复监测技术导则》（HJ 25.2—2019）；

三、《建设用地土壤污染风险评估技术导则》（HJ 25.3—2019）；

四、《建设用地土壤修复技术导则》（HJ 25.4—2019）；

五、《建设用地土壤污染风险管控和修复术语》（HJ 682—2019）。

以上标准自发布之日起实施，由中国环境出版集团有限公司出版。标准内容可在生态环境部网站（www.mee.gov.cn）查询。

自以上标准实施之日起，《场地环境调查技术导则》（HJ 25.1—2014）、《场地环境监测技术导则》（HJ 25.2—2014）、《污染场地风险评估技术导则》（HJ 25.3—2014）、《污染场地土壤修复技术导则》（HJ 25.4—2014）和《污染场地术语》（HJ 682—2014）废止。

特此公告。

生态环境部

2019 年 12 月 5 日

关于发布《排污许可证申请与核发技术规范 制药工业—生物药品制品制造》《排污许可证申请与核发技术规范 制药工业—化学药品制剂制造》《排污许可证申请与核发技术规范 制药工业—中成药生产》《排污许可证申请与核发技术规范 制革及毛皮加工工业—毛皮加工工业》《排污许可证申请与核发技术规范 印刷工业》等五项国家环境保护标准的公告

2019 年第 53 号

为贯彻落实《中华人民共和国环境保护法》《中华人民共和国大气污染防治法》《中华人民共和国水污染防治法》《中华人民共和国土壤污染防治法》等法律法规、《国务院办公厅关于印发控制污染物排放许可制实施方案的通知》（国办发〔2016〕81 号）和《排污许可管理办法（试行）》（环境保护部令 第 48 号），完善排污许可技术支撑体系，指导和规范制药工业—生物药品制品制造、制药工业—化学药品制剂制造、制药工业—中成药生产、制革及毛皮加工工业—毛皮加工工业、印刷工业排污单位排污许可证申请与核发工作，现批准《排污许可证申请与核发技术规范 制药工业—生物药品制品制造》《排污许可证申请与核发技术规范 制药工业—化学药品制剂制造》《排污许可证申请与核发技术规范 制药工业—中成药生产》《排污许可证申请与核发技术规范 制革及毛皮加工工业—毛皮加工工业》和《排污许可证申请与核发技术规范 印刷工业》为国家环境保护标准，并予发布。

标准名称、编号如下：

一、《排污许可证申请与核发技术规范 制药工业—生物药品制品制造》（HJ 1062—2019）

二、《排污许可证申请与核发技术规范 制药工业—化学药品制剂制造》（HJ 1063—2019）

三、《排污许可证申请与核发技术规范 制药工业—中成药生产》（HJ 1064—2019）

四、《排污许可证申请与核发技术规范 制革及毛皮加工工业—毛皮加工工业》（HJ

1065—2019）

五、《排污许可证申请与核发技术规范　印刷工业》（HJ 1066—2019）

以上标准自发布之日起实施，由中国环境出版集团有限公司出版，标准内容可在生态环境部网站（www.mee.gov.cn）查询。

特此公告。

生态环境部

2019 年 12 月 10 日

关于发布国家环境保护标准《规划环境影响评价技术导则　总纲》的公告

2019 年第 54 号

为贯彻《中华人民共和国环境保护法》《中华人民共和国环境影响评价法》和《规划环境影响评价条例》，规范和指导规划环境影响评价工作，现批准《规划环境影响评价技术导则　总纲》为国家环境保护标准，并予发布。

标准名称、编号如下：

《规划环境影响评价技术导则　总纲》（HJ 130—2019）

该标准自 2020 年 3 月 1 日起实施，由中国环境出版集团有限公司出版，标准内容可在生态环境部网站（www.mee.gov.cn）查询。

自标准实施之日起，《规划环境影响评价技术导则　总纲》（HJ 130—2014）废止。

特此公告。

生态环境部

2019 年 12 月 13 日

关于发布《环境标志产品技术要求　吸油烟机》等 3 项国家环境保护标准的公告

2019 年第 55 号

为贯彻《中华人民共和国环境保护法》，保护生态环境，推动绿色生产，引导绿色消费，现批准《环境标志产品技术要求　吸油烟机》《环境标志产品技术要求　化妆品》《环境标志产品技术要求　吸收性卫生用品》为国家环境保护标准，并予发布。

标准名称、编号如下：

一、环境标志产品技术要求　吸油烟机（HJ 1059 —2019）；

二、环境标志产品技术要求　化妆品（HJ 1060 —2019）；

三、环境标志产品技术要求　吸收性卫生用品（HJ 1061—2019）。

以上标准自 2020 年 1 月 1 日起实施。上述标准由中国环境出版集团有限公司出版，标准内容可登录生态环境部网站（www.mee.gov.cn）查询。

特此公告。

生态环境部

2019 年 12 月 13 日

关于发布《生活垃圾焚烧污染控制标准》（GB 18485—2014）修改单的公告

2019 年第 56 号

为贯彻《中华人民共和国环境保护法》《中华人民共和国固体废物污染环境防治法》，防治污染，保护和改善生态环境，现批准《生活垃圾焚烧污染控制标准》（GB 18485—2014）修改单，并由生态环境部与国家市场监督管理总局联合发布。

该标准修改单自 2020 年 1 月 1 日起实施。

特此公告。

生态环境部

2019 年 11 月 21 日

附件

《生活垃圾焚烧污染控制标准》（GB 18485—2014）修改单

一、前言“本标准规定了生活垃圾焚烧厂的选址要求、技术要求”，适用范围“本标准规定了生活垃圾焚烧厂的选址要求、技术要求”均修改为“本标准规定了生活垃圾焚烧厂的选址要求、工艺要求”；“5 技术要求”修改为“5 工艺要求”。

二、前言“对本标准已作规定的污染物控制项目，可以制定严于本标准的地方污染物排放标准。环境影响评价批复的限值严于本标准或地方标准限值的，按环境影响评价批复的限值执行。”修改为“对本标准已作规定的污染物控制项目，可以制定严于本标准的地方污染物排放标准。”

三、规范性引用文件增加“HJ 692 固定污染源废气　氮氧化物的测定　非分散红外吸收法，HJ 916 环境二噁英类监测技术规范”；“HJ 548 固定污染源排气　氯化氢的测定　硝酸银容量法（暂行）”修改“HJ 548 固定污染源废气　氯化氢的测定　硝酸银容量法”；“HJ 549 环境空气和废气　氯化氢的测定　离子色谱法（暂行）”修改为“HJ 549 环境空气和废气　氯化氢的测定　离子色谱法”；“HJ/T 57 固定污染源排气中二氧化硫的测定　定电位电解法”修改为“HJ 57 固定污染源废气　二氧化硫的测定　定电位电解法”；“HJ/T 75 固定污染源烟气排放连续监测系统技术规范（试行）”修改为“HJ 75 固定污染源烟气（SO_2、NO_x、颗粒物）排放连续监测技术规范”。

四、3.4“烟气停留时间 retention time of flue gas 燃烧所产生的烟气处于高温段（≥850℃）的持续时间。”修改为“烟气停留时间 retention time of flue gas 燃烧所产生的烟气处于高温段（≥850℃）的持续时间，可通过炉膛内高温段（≥850℃）有效容积与炉膛烟气流量的比值计算。”

五、3.15“测定均值 average value 取样期以等时间间隔（最少 30 min，最多 8 h）至少采集 3 个样品测试值的平均值；二噁英类的采样时间间隔为最少 6 h，最多 8 h。”修改为“测定均值 average value 在一定时间内采集的一定数量样品中污染物浓度测试值的算术平均值。对于二噁英类的监测，应在 6～12 小时内完成不少于 3 个样品的采集；对于重金属类污染物的监测，应在 0.5～8 小时内完成不少于 3 个样品的采集。”

六、9.3“对生活垃圾焚烧厂运行企业排放废气的采样，应根据监测污染物的种类，在规定的污染物排放监控位置进行；有废气处理设施的，应在该设施后检测。排气筒中大气污染物的监测采样按 GB/T 16157、HJ/T 397 或 HJ/T 75 的规定进行。”修改为“对生活垃圾焚烧厂运行企业排放废气的采样，应根据监测污染物的种类，在规定的污染物排放监控位置进行。烟气中二噁英类监测的采样按 HJ 77.2、HJ 916 的有关规定执行；其他污染物监测的采样按 GB/T 16157、HJ/T 397、HJ 75 的有关规定执行。”

七、9.4“生活垃圾焚烧厂运行企业对烟气中重金属类污染物浓度和焚烧炉渣热灼减率的监测应每月至少开展 1 次；对烟气中二噁英类浓度的监测应每年至少开展 1 次，其采样要求按 HJ 77.2 的有关规定执行，其浓度为连续 3 次测定值的算术平均值。对其他大气污染物排放情况监测的频次、采样时间等要求，按有关环境监测管理规定和技术规范的要求执行。”修改为“生活垃圾焚烧厂运行企业对焚烧炉渣热灼减率的监测应每周至少开展 1 次；对烟气中重金属类污染物的监测应每月至少开展 1 次；对烟气中二噁英类的监测应每年至少开展 1 次。对其他大气污染物排放情况监测的频次、采样时间等要求，应按照有关环境监测管理规定和技术规范的要求执行。”

八、9.6“焚烧炉大气污染物浓度监测时的测定方法采用表 6 所列的方法标准。”修改为“焚烧炉大气污染物浓度监测时的污染物浓度测定方法采用表 6 所列的方法标准。本标准实施后国家发布的污染物监测方法标准，如适用性满足要求，同样适用于本标准相应污染物的测定。”

九、表6调整为：

表6　污染物浓度测定方法

序号	污染物项目	方法标准名称	标准编号
1	颗粒物	固定污染源排气中颗粒物测定与气态污染物采样方法	GB/T 16157
2	二氧化硫（SO_2）	固定污染源排气中二氧化硫的测定　碘量法	HJ/T 56
		固定污染源废气　二氧化硫的测定　定电位电解法	HJ 57
		固定污染源废气　二氧化硫的测定　非分散红外吸收法	HJ 629
3	氮氧化物（NO_x）	固定污染源排气中氮氧化物的测定　紫外分光光度法	HJ/T 42
		固定污染源排气中氮氧化物的测定　盐酸萘乙二胺分光光度法	HJ/T 43
		固定污染源废气　氮氧化物的测定　非分散红外吸收法	HJ 692
		固定污染源废气　氮氧化物的测定　定电位电解法	HJ 693
4	氯化氢（HCl）	固定污染源排气中氯化氢的测定　硫氰酸汞分光光度法	HJ/T 27
		固定污染源废气　氯化氢的测定　硝酸银容量法	HJ 548
		环境空气和废气　氯化氢的测定　离子色谱法	HJ 549
5	汞	固定污染源废气　汞的测定　冷原子吸收分光光度法（暂行）	HJ 543
6	镉、铊、砷、铅、铬、锰、镍、锡、锑、铜、钴	空气和废气　颗粒物中铅等金属元素的测定　电感耦合等离子体质谱法	HJ 657
7	二噁英类	环境空气和废气　二噁英类的测定　同位素稀释高分辨气相色谱-高分辨质谱法	HJ 77.2
8	一氧化碳（CO）	固定污染源排气中一氧化碳的测定　非色散红外吸收法	HJ/T 44

关于核技术利用辐射安全与防护培训和考核有关事项的公告

2019年第57号

为贯彻落实党中央、国务院深化“放管服”改革部署要求，切实减轻企业负担，现就核技术利用辐射安全与防护培训和考核有关事项公告如下：

一、自2020年1月1日起，各级生态环境部门不再对从事辐射安全培训的单位进行评估和推荐，不再要求从事放射性同位素与射线装置生产、销售、使用等辐射活动的人员参加以上单位组织的辐射安全培训。有相关培训需求的人员可通过我部组织开发的国家核技术利用辐射安全与防护培训平台（以下简称培训平台，网址：http：//fushe.mee.gov.cn）免费学习相关知识。

二、自2020年1月1日起，新从事辐射活动的人员，以及原持有的辐射安全培训合格证书到期的人员，应当通过我部培训平台报名并参加考核。2020 年 1 月 1 日前已取得的原培训合格证书在有效期内继续有效。

三、生态环境部门将通过培训平台定期发布考核计划，参加考核的人员可以扫描培训平台首页二维码，通过微信小程序进行报名。详细情况请在培训平台“报名/考核”页面中查阅。

特此公告。

生态环境部

2019 年 12 月 23 日

关于发布《污水监测技术规范》等十一项国家环境保护标准的公告

2019 年第 58 号

为贯彻《中华人民共和国环境保护法》，保护生态环境，保障人体健康，规范生态环境监测工作，现批准《污水监测技术规范》等十一项标准为国家环境保护标准，并予发布。

标准名称、编号如下。

一、《污水监测技术规范》（HJ 91.1—2019）

二、《水污染源在线监测系统（COD_{Cr}、NH_3-N 等）安装技术规范》（HJ 353—2019）

三、《水污染源在线监测系统（COD_{Cr}、NH_3-N 等）验收技术规范》（HJ 354—2019）

四、《水污染源在线监测系统（COD_{Cr}、NH_3-N 等）运行技术规范》（HJ 355—2019）

五、《水污染源在线监测系统（COD_{Cr}、NH_3-N 等）数据有效性判别技术规范》（HJ 356—2019）

六、《化学需氧量（COD_{Cr}）水质在线自动监测仪技术要求及检测方法》（HJ 377—2019）

七、《氨氮水质在线自动监测仪技术要求及检测方法》（HJ 101—2019）

八、《六价铬水质自动在线监测仪技术要求及检测方法》（HJ 609—2019）

九、《超声波明渠污水流量计技术要求及检测方法》（HJ 15—2019）

十、《水质　苯系物的测定　顶空/气相色谱法》（HJ 1067—2019）

十一、《土壤　粒度的测定　吸液管法和比重计法》（HJ 1068—2019）

以上标准自 2020 年 3 月 24 日起实施，由中国环境出版集团有限公司出版，标准内容可在生态环境部网站（http：//www.mee.gov.cn）查询。

特此公告。

生态环境部

2019 年 12 月 24 日

关于发布《水质　急性毒性的测定　斑马鱼卵法》等十五项国家环境保护标准的公告

2019 年第 59 号

为贯彻《中华人民共和国环境保护法》，保护生态环境，保障人体健康，规范生态环境监测工作，现批准《水质　急性毒性的测定　斑马鱼卵法》等 15 项标准为国家环境保护标准，并予发布。

标准名称、编号如下。

一、《水质　急性毒性的测定　斑马鱼卵法》（HJ 1069 —2019）

二、《水质　15 种氯代除草剂的测定　气相色谱法》（HJ 1070 —2019）

三、《水质　草甘膦的测定　高效液相色谱法》（HJ 1071—2019）

四、《水质　吡啶的测定　顶空/气相色谱法》（HJ 1072—2019）

五、《水质　萘酚的测定　高效液相色谱法》（HJ 1073—2019）

六、《水质　三丁基锡等 4 种有机锡化合物的测定　液相色谱-电感耦合等离子体质谱法》（HJ 1074—2019）

七、《水质　浊度的测定　浊度计法》（HJ 1075—2019）

八、《环境空气　氨、甲胺、二甲胺和三甲胺的测定　离子色谱法》（HJ 1076—2019）

九、《固定污染源废气　油烟和油雾的测定　红外分光光度法》（HJ 1077—2019）

十、《固定污染源废气　甲硫醇等 8 种含硫有机化合物的测定　气袋采样-预浓缩/气相色谱-质谱法》（HJ 1078—2019）

十一、《固定污染源废气　氯苯类化合物的测定　气相色谱法》（HJ 1079—2019）

十二、《固定污染源废气　氟化氢的测定　离子色谱法》（HJ 688—2019）

十三、《土壤和沉积物　铊的测定　石墨炉原子吸收分光光度法》（HJ 1080 —2019）

十四、《土壤和沉积物　钴的测定　火焰原子吸收分光光度法》（HJ 1081—2019）

十五、《土壤和沉积物　六价铬的测定　碱溶液提取-火焰原子吸收分光光度法》（HJ 1082—2019）

以上标准自 2020 年 6 月 30 日起实施，由中国环境出版集团有限公司出版，标准内容可在生态环境部网站（http：//www.mee.gov.cn）查询。

特此公告。

生态环境部

2019 年 12 月 31 日

关于印发《中国严格限制的有毒化学品名录》（2020年）的公告

2019年第60号

依据《全国人民代表大会常务委员会关于批准〈关于持久性有机污染物的斯德哥尔摩公约〉的决定》（2004年6月25日第十届全国人民代表大会常务委员会第十次会议通过）、《全国人民代表大会常务委员会关于批准〈《关于持久性有机污染物的斯德哥尔摩公约》新增列九种持久性有机污染物修正案〉和〈《关于持久性有机污染物的斯德哥尔摩公约》新增列硫丹修正案〉的决定》（2013年8月30日第十二届全国人民代表大会常务委员会第四次会议通过）、《全国人民代表大会常务委员会关于批准〈《关于持久性有机污染物的斯德哥尔摩公约》新增列六溴环十二烷修正案〉的决定》（2016年7月2日第十二届全国人民代表大会常务委员会第二十一次会议通过）、《全国人民代表大会常务委员会关于批准〈关于汞的水俣公约〉的决定》（2016年4月28日第十二届全国人民代表大会常务委员会第二十次会议通过）、《全国人民代表大会常务委员会关于批准〈关于在国际贸易中对某些危险化学品和农药采用事先知情同意程序的鹿特丹公约〉的决定》（2004年12月29日第十届全国人民代表大会常务委员会第十三次会议通过）及《化学品首次进口及有毒化学品进出口环境管理规定》（环管〔1994〕140号）和国家税则税目、海关商品编号调整情况，现发布《中国严格限制的有毒化学品名录》（2020年）。凡进口或出口上述名录所列有毒化学品的，应按本公告及附件规定向生态环境部申请办理有毒化学品进（出）口环境管理放行通知单。进出口经营者应凭有毒化学品进（出）口环境管理放行通知单向海关办理进出口手续。

本公告自2020年1月1日起实施。《关于发布〈中国严格限制的有毒化学品名录〉（2018年）的公告》（环境保护部、商务部和海关总署公告 2017年第74号）同时废止。

特此公告。

附件：1.《中国严格限制的有毒化学品名录》（2020年）

2.《有毒化学品进口环境管理放行通知单》办理说明

3.《有毒化学品出口环境管理放行通知单》办理说明

生态环境部

商务部

海关总署

2019年12月30日

附件 1

《中国严格限制的有毒化学品名录》（2020 年）

名录中，《关于持久性有机污染物的斯德哥尔摩公约》（简称为《斯德哥尔摩公约》），《关于汞的水俣公约》（简称为《汞公约》），《关于在国际贸易中对某些危险化学品和农药采用事先知情同意程序的鹿特丹公约》（简称为《鹿特丹公约》）。

<table>
<tr><th>序号</th><th colspan="2">化学品名称</th><th>CAS 编码</th><th>海关编码</th><th>管控类别</th><th>允许用途</th></tr>
<tr><td rowspan="14">1</td><td rowspan="14">全氟辛基磺酸及其盐类和全氟辛基磺酰氟（PFOS/F）</td><td>全氟辛基磺酸</td><td>1763-23-1</td><td>2904310000</td><td rowspan="14">《斯德哥尔摩公约》《鹿特丹公约》及相关修正案管控物质</td><td rowspan="14">照片成像、半导体器件的光阻剂和防反射涂层、化合物半导体和陶瓷滤芯的刻蚀剂、航空液压油、只用于闭环系统的金属电镀（硬金属电镀）、某些医疗设备[比如乙烯四氟乙烯共聚物（ETFE）层和无线电屏蔽 ETFE 的生产、体外诊断医疗设备和 CCD 滤色仪]、灭火泡沫的生产和使用</td></tr>
<tr><td>全氟辛基磺酸铵</td><td>29081-56-9</td><td>2904320000</td></tr>
<tr><td>全氟辛基磺酰氟</td><td>307-35-7</td><td>2904360000</td></tr>
<tr><td>全氟辛基磺酸钾</td><td>2795-39-3</td><td>2904340000</td></tr>
<tr><td>全氟辛基磺酸锂</td><td>29457-72-5</td><td>2904330000</td></tr>
<tr><td>全氟辛基磺酸二乙醇铵</td><td>70225-14-8</td><td>2922160000</td></tr>
<tr><td>全氟辛基磺酸二癸二甲基铵</td><td>251099-16-8</td><td>2923400000</td></tr>
<tr><td>全氟辛基磺酸四乙基胺（铵）</td><td>56773-42-3</td><td>2923300000</td></tr>
<tr><td>*N*-乙基全氟辛基磺酰胺</td><td>4151-50-2</td><td>2935200000</td></tr>
<tr><td>*N*-甲基全氟辛基磺酰胺</td><td>31506-32-8</td><td>2935100000</td></tr>
<tr><td>*N*-乙基-*N*-（2-羟乙基）全氟辛基磺酰胺</td><td>1691-99-2</td><td>2935300000</td></tr>
<tr><td>*N*-（2-羟乙基）-*N*-甲基全氟辛基磺酰胺</td><td>24448-09-7</td><td>2935400000</td></tr>
<tr><td>其他全氟辛基磺酸盐</td><td>—</td><td>2904350000</td></tr>
<tr><td>2</td><td colspan="2">六溴环十二烷</td><td>25637-99-4
3194-55-6
134237-50-6
134237-51-7
134237-52-8</td><td>2903890020</td><td>《斯德哥尔摩公约》《鹿特丹公约》及相关修正案管控物质</td><td>在特定豁免登记的有效期内（2021 年 12 月 25 日前）用于建筑物中发泡聚苯乙烯和挤塑聚苯乙烯（主要作为阻燃剂）的生产和使用</td></tr>
<tr><td>3</td><td colspan="2">汞（包括汞含量按重量计至少占 95%的汞与其他物质的混合物，其中包括汞的合金）</td><td>7439-97-6</td><td>汞
2805400000
贵金属汞齐
2843900091
铅汞齐
2853909023
其他汞齐
2853909024
其他按具体产品的成分用途归类</td><td>《汞公约》管控物质</td><td>《〈关于汞的水俣公约〉生效公告》（环境保护部公告 2017 年第 38 号）限定时间内的允许用途</td></tr>
</table>

序号	化学品名称	CAS 编码	海关编码	管控类别	允许用途
4	四甲基铅	75-74-1	2931100000	《鹿特丹公约》及相关修正案管控物质	工业用途（仅限于航空汽油等车用汽油之外的防爆剂用途）
5	四乙基铅	78-00-2	2931100000	《鹿特丹公约》及相关修正案管控物质	工业用途（仅限于航空汽油等车用汽油之外的防爆剂用途）
6	多氯三联苯（PCT）	61788-33-8	2903999030	《鹿特丹公约》及相关修正案管控物质	工业用途（应办理新化学物质环境管理登记）
7	三丁基锡化合物（包括三丁基锡氧化物、三丁基锡氟化物、三丁基锡甲基丙烯酸、三丁基锡苯甲酸、三丁基锡氯化物、三丁基锡亚油酸、三丁基锡环烷酸）	56-35-9 1983-10-4 2155-70-6 4342-36-3 1461-22-9 24124-25-2 85409-17-2	2931200000	《鹿特丹公约》及相关修正案管控物质	工业用途（涂料用途除外）
8	短链氯化石蜡（链长 C10 至 C13 的直链氯化碳氢化合物，包括在混合物中的浓度按重量计大于或等于 1%，且氯含量按重量计超过 48%）	85535-84-8	不具有人造蜡特性 3824999991 具有人造蜡特性 3404900010	《鹿特丹公约》及相关修正案管控物质	工业用途

注：1. “严格限制的化学品”是指因损害健康和环境而被禁止使用，但经授权在一些特殊情况下仍可使用的化学品。

2. “有毒化学品”是指进入环境后通过环境蓄积、生物累积、生物转化或化学反应等方式损害健康和环境，或者通过接触对人体具有严重危害和具有潜在环境危害的化学品。

附件 2

《有毒化学品进口环境管理放行通知单》办 理 说 明

一、登记条件

（一）进口名录中《关于持久性有机污染物的斯德哥尔摩公约》及相关修正案管控的化学品

进口用途应符合《关于〈《关于持久性有机污染物的斯德哥尔摩公约》新增列六溴环十二烷修正案〉生效的公告》（环境保护部公告 2016 年第 84 号）、《关于禁止生产、流通、使用和进出口林丹等持久性有机污染物的公告》（生态环境部公告 2019 年第 10 号）规定的可接受用途或在特定豁免登记有效期内的特定豁免用途。

（二）进口名录中《关于汞的水俣公约》管控的化学品

1．进口用途应符合《〈关于汞的水俣公约〉生效公告》（环境保护部公告 2017 年第 38 号）中限定时间内的允许用途。

2．出口国为《关于汞的水俣公约》（以下简称《汞公约》）非缔约方的，需要非缔约方提供证书，证明所出口的汞不是来源于：不符合《汞公约》要求的原生汞矿，或氯碱设施退役过程产生的汞。

（三）进口名录中《关于在国际贸易中对某些危险化学品和农药采用事先知情同意程序的鹿特丹公约》及相关修正案管控的化学品

1．进口用途应符合我国规定的允许用途（多氯三联苯除外）。

2．进口多氯三联苯的，应办理新化学物质环境管理登记。

二、申请材料

（一）有毒化学品进口环境管理放行通知单（以下简称进口放行单）申请表。

（二）与外商签订的进口合同。

（三）进口名录中《关于持久性有机污染物的斯德哥尔摩公约》（以下简称《斯德哥尔摩公约》）及相关修正案管控化学品的，应提交关于所进口化学品仅用于可接受用途或在特定豁免登记有效期内特定豁免用途的证明材料。

（四）进口名录中《汞公约》管控化学品的，应提交：（1）关于所进口化学品仅用于《〈关于汞的水俣公约〉生效公告》中限定时间内允许用途的证明材料；（2）出口国为《汞公约》非缔约方的，应提供该非缔约方关于进口汞来源的证书；（3）符合《汞公约》规定的进口用途数据信息。

（五）进口名录中《关于在国际贸易中对某些危险化学品和农药采用事先知情同意程序的鹿特丹公约》（以下简称《鹿特丹公约》）及相关修正案管控化学品的，应提交符合登记条件的证明材料。

（六）非首次进口的，应当提交之前每批次的进口、流向和使用情况。

三、受理单位

受理单位为生态环境部。申请人可向生态环境部固体废物与化学品管理技术中心提出申请，并提交申请材料。对符合登记条件的，由生态环境部签发进口放行单。

四、有效期

进口放行单有效期为 6 个月。

五、登记时限

自受理之日起 20 个工作日。

六、结果公开

登记决定作出后 20 个工作日内予以公开。

七、后期监管

进口化学品单位应建立台账（明细记录），如实记录进口、流向和使用情况。生态环境部将组织对申请单位进行现场检查，申请单位应当提供台账。

附件 3

《有毒化学品出口环境管理放行通知单》办 理 说 明

一、登记条件

（一）出口名录中《斯德哥尔摩公约》及相关修正案管控的化学品

1．出口用途应符合《关于〈《关于持久性有机污染物的斯德哥尔摩公约》新增列六溴环十二烷修正案〉生效的公告》（环境保护部公告　2016 年第 84 号）、《关于禁止生产、流通、使用和进出口林丹等持久性有机污染物的公告》（生态环境部公告　2019 年第 10 号）规定的可接受用途或在特定豁免登记有效期内的特定豁免用途。如果进口国属于《斯德哥尔摩公约》及相关修正案缔约方的，还应符合进口国的可接受用途或在特定豁免登记有效期内的特定豁免用途。

2．进口国属于《斯德哥尔摩公约》及相关修正案非缔约方的，应提交年度证书，以证明将采取必要措施减少或防止环境排放，遵守减少或消除源自库存和废物排放的规定，确保以环境无害化的方式对废物进行处置、收集、运输和储存。

3．进口国为《鹿特丹公约》及相关修正案缔约方的，出口不属于《鹿特丹公约》及相关修正案管控化学品，进口国（外方）应确认收到出口通知；出口属于《鹿特丹公约》及相关修正案管控化学品，应同时按照“出口《鹿特丹公约》及相关修正案管控化学品”的相关规定执行。

（二）出口名录中《汞公约》管控的化学品

1．出口用途符合《〈关于汞的水俣公约〉生效公告》（环境保护部公告　2017 年第 38

号）中限定时间内的允许用途。如果进口国属于《汞公约》缔约方的，还应符合进口国在《汞公约》下的允许用途。

2．进口国属于《汞公约》缔约方的，应出具书面同意书，并提供书面证明材料，证明符合《汞公约》允许用途。

3．进口国属于《汞公约》非缔约方的，应出具书面同意书，证明将仅用于《汞公约》允许缔约方使用的用途，确保遵守《汞公约》环境无害化临时储存的规定，确保《控制危险废物越境转移及其处置巴塞尔公约》的规定及其制定的指导准则得到遵守，并已采取了确保人体健康和环境得到保护的措施。

（三）出口名录中《鹿特丹公约》及相关修正案管控的化学品

进口国为《鹿特丹公约》及相关修正案缔约方的，应满足进口国就所出口化学品向公约秘书处所作出的回复中的相应条件：

1．如果向公约秘书处所作出的进口回复为不同意进口，则不得出口；

2．如果向公约秘书处所作出的进口回复为同意在特定条件下进口，则应符合其提出的特定条件；

3．如果进口国尚未向秘书处提交回复，应确保：该化学品在进口时已作为化学品在进口缔约方注册登记；或有证据表明该化学品曾经在进口缔约方境内使用过或进口过并且没有采取过任何管控行动予以禁止；或出口商曾通过缔约方指定的国家主管部门要求给予明确同意、且已获得了此种同意。

二、申请材料

（一）有毒化学品出口环境管理放行通知单（以下简称出口放行单）申请表。

（二）关于所出口化学品符合《斯德哥尔摩公约》《汞公约》《鹿特丹公约》各项要求的声明和证明。

三、受理单位

受理单位为生态环境部。申请人可向生态环境部固体废物与化学品管理技术中心提出申请，并提交申请材料。生态环境部根据《鹿特丹公约》向进口国发出口通知并收到回复。对符合登记条件的，由生态环境部签发出口放行单。

四、有效期

出口放行单有效期为 6 个月。

五、登记时限

出口放行单的登记时限为自受理之日起 20 个工作日。履行事先知情同意程序的时间，不计算在内。

六、结果公开

登记决定作出后 20 个工作日内予以公开。

七、出口应附资料

按照《鹿特丹公约》要求，出口单位在出口名录中《鹿特丹公约》及相关修正案管控的化学品时，应张贴标签并附上采用国际公认格式、并列有最新资料的安全数据单，以确保充分提供有关对人类健康或环境所构成风险和/或危害的资料。

（四）部文件、部函

关于实施《渤海综合治理攻坚战行动计划》有关事项的通知

环海洋〔2019〕5号

天津市、河北省、辽宁省、山东省生态环境厅（局）、发展改革委、自然资源厅（局）、交通运输厅（委）、农业农村厅（委）：

为做好《渤海综合治理攻坚战行动计划》（以下简称《行动计划》）实施工作，现就环渤海的辽宁省、河北省、山东省和天津市（以下统称三省一市）有关目标和治理要求通知如下，请根据职责分工，在相关工作中抓紧落实。

一、关于海水水质目标

为实现《行动计划》确定的渤海水质目标，三省一市渤海近岸海域水质优良（一、二类水质）比例在2020年达到下列目标：辽宁省75%左右、河北省80%左右、天津市16%左右、山东省75%左右。

二、关于入海河流污染治理

（一）国控入海河流污染治理

按照《行动计划》要求，深入开展国控入海河流污染治理，对已达到2020年水质考核目标的河流，加强日常监管，保持河流水质状况稳定，确保符合水质目标要求（具体河流名单及相关水质目标见附件1）；对尚未达到2020年水质考核目标的河流，重点实施综合整治，确保达到水质目标要求（具体河流名单及相关水质目标见附件2）。

（二）其他入海河流污染治理

按照《行动计划》要求，推动其他入海河流污染治理，纳入常规监测计划，开展包括总氮指标在内的水质监测（具体河流名单见附件3）。

三、关于严格控制工业直排海污染源排放

沿海城市工业直排海污染源由其污染治理责任单位组织开展自行监测，并定期将监测

结果报送当地生态环境部门；生态环境部门根据工作需要定期组织开展监督性监测。

直排海污染源中的工业集聚区污（废）水集中处理设施，执行《城镇污水处理厂污染物排放标准》表 1 中一级 A 标准和表 2 中的排放限值，并根据接纳工业废水的特点，执行表 3 中相应的污染物排放限值。

四、关于《行动计划》中实施总氮总量控制的重点行业

沿海城市按照《关于加强固定污染源氮磷污染防治的通知》（环水体〔2018〕16 号）要求，对《固定污染源排污许可分类管理名录（2017 年版）》中 16 个涉氮重点行业（见附件 4），实施总氮总量控制。

五、关于地方海水养殖污染控制

在研究制订地方海水养殖污染控制方案的基础上，推进沿海县（市、区）海水池塘和工厂化养殖升级改造，鼓励三省一市出台海水养殖污染物排放标准，逐步实现尾水达标排放。

六、关于生态修复目标

（一）生态保护红线区占比目标

渤海海洋生态保护红线区在三省一市管理海域面积中的占比达到 37%左右。其中，辽宁省（渤海海域）、河北省、天津市、山东省（渤海海域）海洋生态保护红线面积占其管理渤海海域面积的比例分别不低于 45%、25%、10%、40%。

（二）自然岸线保有率目标

到 2020 年，确保渤海自然岸线保有率保持在 35%左右。其中，辽宁省（渤海段）、河北省、天津市、山东省（渤海段）自然岸线保有率分别不低于 35%、35%、5%、40%。

（三）滨海湿地整治修复目标

2020 年底前，渤海滨海湿地整治修复规模不低于 6 900 公顷。其中，辽宁省（渤海段）、河北省、天津市、山东省（渤海段）整治修复规模分别不低于 1 900 公顷、800 公顷、400 公顷、3 800 公顷。

（四）岸线整治修复目标

2020 年底前，沿海城市整治修复岸线新增 70 千米左右。其中，辽宁省（渤海段）、河北省、天津市、山东省（渤海段）整治修复岸线新增分别不低于 30 千米、14 千米、4 千米、22 千米。

七、关于相关用语的含义

与《行动计划》相关的用语含义如下：

（一）入海河流

指在自然形成、与海洋相通的水道中连续或间歇性流淌的天然水流。

（二）人工排水设施

指直接向海洋排水或具有引水、通航等功能的人工设施，包括管道、沟渠、运河等。

（三）入海排污口

指接纳污（废）水并排入海洋的人工排水设施。

（四）两类排污口

非法和设置不合理的入海排污口的统称。

（五）入海水流

位于陆域、海岛的入海河流和人工排水设施的统称。

（六）直排海污染源

指直接向入海排污口排放污（废）水的排污单位，包括工业企业、城镇污水处理设施、工业集聚区污水集中处理设施等。

（七）淘汰类“散乱污”企业

指“散乱污”企业中，采用《产业结构调整指导目录（2011 年本）》（国家发展和改革委员会令　第 9 号）及《关于修改〈产业结构调整指导目录（2011 年本）〉有关条款的决定》（国家发展和改革委员会令　第 21 号）中规定的淘汰类落后生产工艺装备或落后产品的生产装置的企业。

（八）自然岸线

指由海陆相互作用形成的海岸线，包括砂质岸线、淤泥质岸线、基岩岸线、生物岸线等原生岸线。整治修复后具有自然海岸形态特征和生态功能的海岸线纳入自然岸线管控目标管理。

（九）“三无”船舶

指无船名船号、无船舶证书、无船籍港的船舶，渔业船舶证书包含有效渔业船舶检验证书、渔业船舶登记证书、捕捞许可证等。假冒他船船名和船籍港、伪造船舶证书和证书登记事项与船舶实际不相符合者也属于“三无”船舶。

（十）增殖海洋类经济物种单位

指在增殖放流活动中投放的各种海洋类经济物种种苗的个数，统称为单位。

生态环境部
发展改革委
自然资源部
交通运输部
农业农村部
2019 年 1 月 11 日

附件 1

已达到水质考核目标的河流名单
（根据 2017 年数据）

序号	入海省（市）	城市（区）	河流名称	是否为城市（区）辖区内河流	入海监测断面名称	2020 年水质目标
1	辽宁	大连市	复州河	是	三台子	III
2	辽宁	营口市	熊岳河	是	杨家屯	IV
3	辽宁	锦州市	大凌河	否	西八千	IV
4	辽宁	锦州市	小凌河	否	西树林	IV
5	辽宁	葫芦岛市	六股河	否	小渔场	III
6	辽宁	葫芦岛市	连山河	是	沈山铁路桥下	V
7	辽宁	葫芦岛市	兴城河	是	红石碑入海前	IV
8	河北	秦皇岛市	新开河	是	新开河口	V
9	河北	秦皇岛市	石河	是	石河口	III
10	河北	秦皇岛市	洋河	是	洋河口	III
11	河北	秦皇岛市	汤河	是	汤河口	IV
12	河北	唐山市	滦河	否	姜各庄	III
13	河北	唐山市	陡河	是	涧河口	IV
14	河北	沧州市	漳卫新河[注]	否	小泊头桥	V
15	山东	滨州市	马颊河	否	胜利桥	V
16	山东	滨州市	徒骇河	否	富国	V
17	山东	滨州市	潮河	是	邵家	V
18	山东	滨州市	德惠新河	否	大山	V
19	山东	东营市	挑河	是	滨孤路桥	V
20	山东	东营市	黄河	否	利津水文站	III
21	山东	潍坊市	小清河	否	羊口	V
22	山东	潍坊市	虞河	是	潘家庵	V
23	山东	滨州市	漳卫新河[注]	否	小泊头桥	V
24	山东	潍坊市	潍河	否	金口坝	III
25	山东	潍坊市	弥河	是	张建桥	V
26	山东	烟台市	界河	是	界河入海口	V
27	山东	烟台市	泳汶河	是	后田	V

注：漳卫新河由河北、山东两省共同承担水环境质量责任。

附件2

尚未达到水质考核目标的河流名单
（根据2017年数据）

序号	入海省（市）	城市（区）	河流名称	是否为城市（区）辖区内河流	入海监测断面名称	2020年水质目标
1	辽宁	营口市	大旱河	是	营盖公路	Ⅴ
2	辽宁	营口市	沙河	是	沙河入海口	Ⅳ
3	辽宁	营口市	大清河	否	大清河口	Ⅴ
4	辽宁	营口市	大辽河	否	辽河公园	Ⅳ
5	辽宁	盘锦市	辽河	否	赵圈河	Ⅳ
6	辽宁	葫芦岛市	五里河	是	茨山桥南	Ⅴ
7	河北	秦皇岛市	饮马河	是	饮马河口	Ⅴ
8	河北	秦皇岛市	戴河	是	戴河口	Ⅲ
9	天津	滨海新区	蓟运河	否	蓟运河防潮闸	氨氮≤3mg/L，其他指标为Ⅴ类
10	天津	滨海新区	永定新河	否	塘汉公路桥	氨氮≤5mg/L，其他指标为Ⅴ类
11	天津	滨海新区	海河	否	海河大闸	COD≤50mg/L，氨氮≤2.5mg/L，其他指标为Ⅴ类
12	天津	滨海新区	独流减河	否	万家码头	COD≤60mg/L，其他指标为Ⅴ类
13	天津	滨海新区	子牙新河	否	马棚口防潮闸	氨氮≤8mg/L，其他指标为Ⅴ类
14	天津	滨海新区	青静黄排水渠	否	青静黄防潮闸	COD≤50mg/L，其他指标为Ⅴ类
15	天津	滨海新区	北排河	否	北排水河防潮闸	COD≤60mg/L，其他指标为Ⅴ类
16	天津	滨海新区	沧浪渠	否	沧浪渠出境	COD≤50mg/L，其他指标为Ⅴ类
17	河北	沧州市	廖佳洼河	是	李家堡二	Ⅴ
18	河北	沧州市	石碑河	是	李家堡桥	Ⅴ
19	河北	沧州市	南排河	否	李家堡一	COD≤50mg/L，其他指标为Ⅴ类
20	河北	沧州市	宣惠河	否	大口河口	COD≤50mg/L，其他指标为Ⅴ类
21	山东	东营市	神仙沟	是	五号桩	Ⅴ
22	山东	东营市	广利河	是	东八路桥	Ⅴ
23	山东	潍坊市	白浪河	是	柳疃桥	Ⅴ
24	山东	烟台市	黄水河	是	烟潍路桥	Ⅲ

附件 3

其他入海河流名单

序号	入海省（市）	城市（区）	河流名称	入海监测断面名称	是否为城市（区）辖区内河流
1	辽宁	营口市	浮渡河	浮渡河入海口断面	否
2		营口市	民兴河	滨海路桥断面	是
3		葫芦岛市	茨山河	锌厂铁路桥	是
4		葫芦岛市	狗河	—	是
5		葫芦岛市	强流河	—	是
6		葫芦岛市	九江河	—	是
7		葫芦岛市	烟台河	—	是
8		葫芦岛市	东沙河	—	是
9		葫芦岛市	大兴堡河	—	是
10		葫芦岛市	菱角河	—	是
11		大连市	金龙寺河	—	是
12		大连市	夏家河	—	是
13		大连市	北大河	—	是
14		大连市	西大河	—	是
15		大连市	大魏家河	—	是
16		大连市	龙口河	—	是
17		大连市	五十里河	—	是
18		大连市	石河	—	是
19		大连市	三十里河	—	是
20		大连市	老骨河	—	是
21		大连市	鞍子河	—	是
22		大连市	蒋屯河	—	是
23		大连市	土城河	—	是
24		大连市	浮渡河	—	否
25		大连市	红沿河	—	是
26		大连市	苇套河	—	是
27		大连市	永宁河	—	是
28		大连市	龙王河	—	是
29		大连市	盐场河	—	是
30		大连市	牧城驿河	—	是
31	河北	秦皇岛市	七里海	赵家港沟、稻子沟和潟湖	是
32		秦皇岛市	东沙河	—	是
33		秦皇岛市	小黄河	—	是
34		秦皇岛市	人造河	—	是
35		秦皇岛市	新河	—	是
36		秦皇岛市	归提寨河	—	是

序号	入海省（市）	城市（区）	河流名称	入海监测断面名称	是否为城市（区）辖区内河流
37	河北	秦皇岛市	前道西河	—	是
38		秦皇岛市	小汤河	—	是
39		秦皇岛市	排洪河	—	是
40		秦皇岛市	沙河	—	是
41		秦皇岛市	潮河	—	是
42		秦皇岛市	小潮河	—	是
43		唐山市	湖林新河	湖林新河	是
44		唐山市	二排干	二排干	是
45		唐山市	小河子	小河子	是
46		唐山市	新潮河	新潮河	是
47		唐山市	大清河	大清河	是
48		唐山市	老米河	防潮闸	是
49		唐山市	长河	防潮闸	是
50		唐山市	稻子沟	防潮闸	是
51		唐山市	二滦河	防潮闸	是
52		唐山市	老米沟	防潮闸	是
53		唐山市	双龙河	四支队南闸口	是
54		唐山市	沙河	防潮闸	是
55		唐山市	西排干	西排干断面	是
56		唐山市	黑沿子排干	黑沿子排干断面	是
57		唐山市	二泄大庄河	防潮闸	是
58		唐山市	小青河	闸南	是
59		唐山市	小青龙河	青龙河桥	是
60		唐山市	一排干	一排干桥	是
61		唐山市	溯河	溯河大桥	是
62		沧州市	沧浪渠	沧浪渠河口	是
63		沧州市	捷地减河	北新立村捷地减河桥	是
64		沧州市	老石碑河	四分场桥	是
65		沧州市	黄浪渠	海防路桥	是
66		沧州市	黄南排干	小郭庄	是
67	天津	滨海新区	东排明渠	东排明渠入海口	是
68		滨海新区	荒地河	荒地河入海口	是
69		滨海新区	付庄排干	大神堂村河闸	是
70		滨海新区	大沽排水河	大沽排水河防潮闸	是
71	山东	东营市	草桥沟	四扣桥	是
72		东营市	永丰河	红光渔业社	是
73		烟台市	聂家河	—	是
74		烟台市	北马南河	—	是
75		烟台市	河口于家河	—	是
76		烟台市	淘金河	—	是
77		烟台市	万深河	—	是
78		烟台市	滕家河	—	是

序号	入海省（市）	城市（区）	河流名称	入海监测断面名称	是否为城市（区）辖区内河流
79	山东	烟台市	王河	王河地下水库	是
80		烟台市	龙王河	—	是
81		烟台市	朱旺河	—	是
82		烟台市	南阳河	阳关红亭	是
83		烟台市	沙河	沙河桥	是
84		烟台市	澳河	—	是
85		烟台市	海郑河	—	是
86		烟台市	朱桥河	原家	是
87		烟台市	诸流河	—	是
88		烟台市	潘家河	—	是
89		烟台市	大刘家河	—	是
90		潍坊市	北胶莱河[注]	新河大闸	否
91		潍坊市	堤河	堤河新沙路桥	是
92		滨州市	秦口河(沟盘河)	下洼闸断面	是

注：北胶莱河由潍坊市汇入渤海，监测断面在青岛市境内。

附件 4

涉氮重点行业清单

序号	行业类别	总氮排放和治理重点行业
一、畜牧业 03		
1	牲畜饲养 031，家禽饲养 032	设有污水排放口的规模化畜禽养殖场、养殖小区（具体规模化标准按《畜禽规模养殖污染防治条例》执行）
二、农副食品加工业 13		
2	屠宰及肉类加工 135	屠宰及肉类加工
3	其他农副食品加工 139	淀粉及淀粉制品制造
三、食品制造业 14		
4	乳制品制造 144	以生鲜牛（羊）乳及其制品为主要原料的液体乳及固体乳制品制造
5	调味品、发酵制品制造 146	含发酵工艺的味精制造
四、酒、饮料和精制茶制造业 15		
6	酒的制造 151	啤酒制造、有发酵工艺的酒精制造、白酒制造、黄酒制造、葡萄酒制造
7	饮料制造 152	含发酵工艺或者原汁生产的饮料制造
五、纺织业 17		
8	棉纺织及印染精加工 171，毛纺织及染整精加工 172，麻纺织及染整精加工 173，丝绢纺织及印染精加工 174，化纤织造及印染精加工 175	含印花、蜡染工序的

序号	行业类别	总氮排放和治理重点行业
六、皮革、毛皮、羽毛及其制品和制鞋业 19		
9	皮革鞣制加工 191，毛皮鞣制及制品加工 193	含脱灰、软化工序的
七、造纸和纸制品业 22		
10	纸浆制造 221	以植物或者废纸为原料的纸浆生产
11	造纸 222	用纸浆或者矿渣棉、云母、石棉等其他原料悬浮在流体中的纤维，经过造纸机或者其他设备成型，或者手工操作而成的纸及纸板的制造（包括机制纸及纸板制造、手工纸制造、加工纸制造）
八、化学原料和化学制品制造业 26		
12	基础化学原料制造 261	硝酸
13	肥料制造 262	合成氨、氮肥、复混肥、复合肥
九、医药制造业 27		
14	化学药品原料药制造 271	发酵类制药
十、水的生产和供应业 46		
15	污水处理及其再生利用 462	生活污水集中处理
十一、生态保护和环境治理业 77		
16	环境治理业 772	工业废水集中处理

生态环境部　全国工商联关于支持服务民营企业绿色发展的意见

环综合〔2019〕6 号

各省、自治区、直辖市、新疆生产建设兵团、计划单列市生态环境（环境保护）厅（局）、工商联：

公有制经济和非公有制经济都是我国社会主义市场经济的重要组成部分，国有企业和民营企业都是践行新发展理念、推进供给侧结构性改革、推动高质量发展、建设现代化经济体系的重要主体。为贯彻落实习近平总书记在民营企业座谈会上的重要讲话精神，支持服务民营企业绿色发展、打好污染防治攻坚战，现结合工作实际，提出以下意见。

一、总体要求

以习近平新时代中国特色社会主义思想为指导，全面贯彻党的十九大和十九届二中、三中全会精神，深入贯彻习近平生态文明思想，认真落实全国生态环境保护大会、中央经济工作会议和中央民营企业座谈会决策部署，协同推进经济高质量发展和生态环境高水平保护，综合运用法治、市场、科技、行政等多种手段，严格监管与优化服务并重，引导激励与约束惩戒并举，鼓励民营企业积极参与污染防治攻坚战，帮助民营企业解决环境治理困难，提高绿色发展能力，营造公平竞争市场环境，提升服务保障水平，完善经济政策措施，形成支持服务民营企业绿色发展长效机制。

二、支持民营企业提高绿色发展水平

（一）强化企业绿色发展理念

引导民营企业深入学习贯彻习近平生态文明思想和全国生态环境保护大会精神，牢固树立生态环境保护主体责任意识，把生态环境保护和可持续发展作为企业发展的基本准则，严格遵守生态环境法律法规和政策标准要求，合法合规经营。支持民营企业走创新发展、绿色发展、内涵发展新路，积极探索形成资源节约、环境友好的企业发展模式。鼓励民营企业积极履行生态环境保护社会责任，建立自行监测制度，主动公开生态环境信息，自觉接受公众和社会监督。组织开展民营企业绿色发展培训，帮助民营企业及时了解和掌握国家生态环境相关法律法规标准、政策措施等，提高企业绿色发展意识。

（二）支持企业提升环保水平

指导民营企业以生态环境保护促转型升级，主动对标高质量发展。对不同类型民营企业，有针对性地提供指导服务，推动企业提升污染治理水平。对大型民营企业，鼓励加快环境管理和污染治理技术创新，积极利用市场机制，在达标排放基础上不断提高环境治理绩效水平，建设绿色工厂，树立行业标杆。对中小型民营企业，根据行业特点，分类施策，推动企业提高污染治理水平，实现达标排放和全过程管控。

（三）营造企业环境守法氛围

构建政府为主导、企业为主体、社会组织和公众共同参与的生态环境治理体系。建立以排污许可为核心的固定污染源环境管理制度，加快重点行业排污许可证核发，对固定污染源实施全过程管理和多污染物协同控制，促进企业全过程环境守法。加强行政审批与执法环节有效衔接，在行政审批的同时，以告知书、引导单等形式告知企业生态环境保护责任义务要求以及办理流程、时限、联系方式等。严肃查处企业环境违法行为，推动形成优胜劣汰的市场竞争环境。充分利用主流媒体和自媒体平台，加强生态环境法律法规标准、重大政策性文件的宣传解读，认真总结民营企业环境治理经验，及时宣传先进典型，曝光反面案例，推动企业履行好生态环境保护责任和义务。对生态环境治理作出突出贡献的民营企业，全国工商联优先推荐参评中华环境奖。

（四）鼓励企业积极采用第三方治理模式

积极引导有条件的民营企业引入第三方治理模式，降低环境治理成本，提升绿色发展水平。通过第三方专业化市场服务，为有环境治理和低碳发展需求的民营企业提供问题诊断、治理方案编制、污染物排放监测以及环境治理设施建设、运营和维护等综合服务。

三、营造公平竞争市场环境

（五）健全市场准入机制

以污染防治攻坚战七大标志性战役为重点，加快推进重大治理工程项目谋划和实施，努力做大市场规模。推动健全市场准入机制，打破地域壁垒，规范市场秩序，对生态环境领域政府投资项目制定科学合理的招标采购条件，进一步减少社会资本市场准入限制，清理在招投标等环节设置的不合理限制，破除民营企业参与竞标污染防治攻坚战重大治理工程项目的准入屏障。积极推动生态环境领域政府和社会资本合作（PPP）模式，鼓励建立生态环境领域PPP项目和政府、国有企业环境治理项目第三方担保支付平台，推动地方政府、国有企业依法严格履约，防止拖欠民营企业环保工程款。在项目环境影响评价管理过程中，对各类企业主体公平对待、统一要求，营造公平的市场发展环境。

（六）完善环境法规标准

加快相关领域环境标准制修订。根据经济技术可行性、打好污染防治攻坚战的要求，完善环境标准实施情况评估制度，全面筛查并梳理现有环境标准，针对亟需破解的瓶颈问题制订标准修改单，稳妥有序推进标准修订工作；结合行业协会、商会、企业的意见建议，制定出台细分行业环境标准，为依法依规监管提供支撑。加强对地方标准制修订工作的指导，确保地方标准与国家标准有效衔接。鼓励相关行业协会、商会制定发布高于国家标准或细分领域的行业自律标准，以及指导企业达标排放的相关规范及指南。在制定出台涉及企业的生态环境法律法规标准、政策措施时，通过征求意见函、座谈会等多种方式广泛听取民营企业意见，充分考虑民营企业的关切和诉求，在法规标准和政策文件出台前，加强合法性审核，在标准制定时系统谋划、超前布局，在标准实施中，为企业预留足够时间，提高政策的可预期性。

（七）规范环境执法行为

全面推行“双随机、一公开”监管方式，对重点区域、重点行业、群众投诉反映强烈、违法违规频次高的企业加密监管频次，对守法意识强、管理规范、守法记录良好的企业减少监管频次，着力整治无相关手续、又无污染治理设施的“散乱污”企业。充分利用大数据、移动APP等信息化技术手段，推动建立政府部门间、跨区域间协查、联查和信息共享机制。坚持严格执法、文明执法、人文执法。工商联要积极配合生态环境部门督促帮助民营企业落实环境问题整改要求。

避免处置措施简单粗暴。严格禁止监管“一刀切”，充分保障合法合规企业权益。对民生领域和“散乱污”企业整治、错峰生产、督察、强化监督等工作，出台明确具体要求，加强规范引导。各级工商联和生态环境部门定期召开座谈会，邀请民营企业交流座谈，及时听取民营企业诉求。发挥各类行业协会、商会等作用，积极搭建民营企业与环境监管部门沟通平台，发挥民营企业中的人大代表、政协委员作用，对环境监管执法进行民主监督。

四、提升环境服务保障水平

（八）加快“放管服”改革

进一步深化简政放权，做好生态环境机构改革涉及行政审批事项的划入整合和取消下放工作，加快推进生态环境行政许可标准化，持续精简审批环节，提高审批效率。持续推进“减证便民”行动，进一步精简行政申请材料。进一步规范生态环境中介服务及涉企收费事项。加快推进货车安全技术检验、综合性检测和排放检测“三检合一”。

进一步调整环评审批权限，改革环评管理方式。深化规划环评与项目环评联动，对符合规划环评结论和审查意见的建设项目，适当简化环评内容，落实并联审批要求，不得违规设置环评审批前置条件，优化环评审批流程，减少环评审批报件，进一步压缩审批时间，将项目审批法定时限压缩一半。各级生态环境部门要主动服务，指导企业规避风险、少走弯路。

（九）增加环境基础设施供给

按照“因地制宜、适度超前”原则，合理规划布局，加强污水、垃圾、危险废物等治理设施建设，为民营企业经营发展提供良好的配套条件。修订危险废物经营许可证管理办法，规范管理，增加透明度，支持民营企业进入危险废物利用处置市场，鼓励危险废物产生单位自建危险废物利用处置设施，并对外提供经营服务。

推动提升工业园区环境基础设施供给水平，加快工业园区污水集中处理设施配套管网的建设和完善，实现对园区内所有应纳管企业的全覆盖，污水应收尽收，指导服务相关行业企业做好污水预处理，为园区内企业经营发展提供公共服务。引导和规范工业园区危险废物综合利用，配套建设危险废物集中处置设施。加快园区一体化生态环境监测、监控体系和应急处置能力建设。

（十）强化科技支撑服务

加大科技攻关，突破一批污染防治、清洁生产、循环经济等关键核心技术，开展重点行业环境治理综合技术方案研究，及时更新国家先进污染防治技术示范目录。鼓励民营企业加强生态环境技术创新，筛选和发布一批优秀示范工程，推动先进技术成果应用示范。在中央生态环境保护督察、强化监督中，及时了解和密切关注民营企业污染治理存在的技术难题，提供针对性服务。

依托产业园区、科研机构和行业协会、商会，搭建生态环境治理技术服务平台，为民营企业提供污染治理咨询服务。鼓励组建由企业牵头，产学研共同参与的绿色技术创新产业联盟，推进行业关键共性技术研发、上下游产业链资源整合和协同发展。组建生态环境专家服务团队深入民营企业问诊把脉，帮助企业制定生态环境治理解决方案。

（十一）大力发展环保产业

做好生态环境项目规划储备，及时向社会公开项目信息与投资需求。建立环保产业供给方与需求方交易信息平台，推动生态环保市场健康发展。培育壮大一批民营环保龙头企业，提高为流域、城镇、园区、企业提供系统解决方案和综合服务的能力。创新环境治理模式，培育新业态，提高服务专业化水平。探索生态环境导向的城市开发（EOD）模式和工业园区、小城镇环境综合治理托管服务模式。规范环保产业发展，指导招投标机构完善评标流程和方法，加强行业和企业自律，避免恶意“低价中标”。

五、完善环境经济政策措施

（十二）实施财税优惠政策

支持民营企业参与实施国家环保科技重大项目和中央环保投资项目。生态环境领域各级财政专项资金要加强对环境基础设施建设、企业污染治理设施改造升级等的支持力度。积极推动落实环境保护专用设备企业所得税、第三方治理企业所得税、污水垃圾与污泥处理及再生水产品增值税返还等优惠政策。

（十三）创新绿色金融政策

加快推动设立国家绿色发展基金，鼓励有条件的地方政府和社会资本共同发起区域性绿色发展基金，支持民营企业污染治理和绿色产业发展。完善环境污染责任强制保险制度，将环境风险高、环境污染事件较为集中的行业企业纳入投保范围。健全企业环境信用评价制度，充分运用企业环境信用评价结果，创新抵押担保方式。鼓励民营企业设立环保风投基金，发行绿色债券，积极推动金融机构创新绿色金融产品，发展绿色信贷，推动解决民营企业环境治理融资难、融资贵问题。

（十四）落实绿色价格政策

积极推动资源环境价格改革，加快形成有利于资源节约、环境保护、绿色发展的价格机制。加快构建覆盖污水处理和污泥处置成本并合理盈利的价格机制，推进污水处理服务费形成市场化。加快建立有利于促进垃圾分类和减量化、资源化、无害化处理的固体废物处理收费机制。完善阶梯水价、阶梯电价等制度。建立生态环境领域按效付费机制。引导民营企业形成绿色发展的合理预期。

（十五）完善市场化机制

推进碳排放权、排污权交易市场建设，支持民营企业达标排放、积极减排，合规履约，通过参与碳排放权、排污权交易市场，提高环境成本意识。发展基于碳排放权、排污权等各类环境权益的融资工具，推动环境权益及未来收益权切实成为合格抵质押物，拓宽企业绿色融资渠道。加强清洁生产审核机制，支持民营企业建设绿色供应链。完善环境标志产品、绿色产品认证体系，扩大绿色消费市场。

六、加强民营企业绿色发展组织领导

（十六）建立协调机制

生态环境部和全国工商联建立工作协调机制，加强民营企业绿色发展顶层设计，研究双方合作重点任务，协商推进实施。各地生态环境部门和工商联也要建立工作协调机制。研究建立企业环境问题投诉反馈平台，积极回应企业合理诉求。

（十七）加强交流合作

加强调研和总结，定期研究解决遇到的新情况新问题。加强信息共享，积极开展联合调查研究、教育培训、宣传推广，积极协调有关部门支持民营企业绿色发展。

（十八）创新服务平台

各级生态环境部门要提高支持服务民营企业绿色发展的责任意识，市县生态环境部门要设立“企业环境问题接待日”，定期开展服务活动，帮助企业解决实际困难。依托生态环境大数据平台建设，构建实体政务大厅、网上办事、移动客户端等多种形式的公共服务平台，力争实现“一站式、全流程”网上办事服务。全国和省级工商联要围绕民营企业绿色发展，整合资源，打造政策研究、决策咨询、交流合作新平台。

生态环境部
中华全国工商业联合会
2019 年 1 月 11 日

关于印发地下水污染防治实施方案的通知

环土壤〔2019〕25号

各省、自治区、直辖市、新疆生产建设兵团生态环境厅（局）、自然资源主管部门、住房城乡建设厅（建委、城管委、建设局）、水利（务）厅（局）、农业农村（农牧、农业）厅（局、委）：

为贯彻落实习近平总书记对地下水污染防治工作的重要批示精神，全面打好污染防治攻坚战，保障地下水安全，现将《地下水污染防治实施方案》印发给你们，请认真贯彻执行，加快推进地下水污染防治各项工作。

生态环境部　自然资源部
住房城乡建设部　水利部
农业农村部
2019年3月28日

附件1

地下水污染防治分区划分技术要求

一、工作内容

综合考虑地下水水文地质结构、脆弱性、污染状况、水资源禀赋和行政区划等因素，建立地下水污染防治分区体系，划定地下水污染保护区、防控区及治理区。

二、工作范围

以省、市、县行政区为评估范围。

三、工作流程

（一）收集资料。根据地下水污染源荷载、脆弱性、功能价值、污染现状评估的指标体系，收集相关数据资料，并开展必要的补充调查工作。

（二）地下水污染源荷载、脆弱性和功能价值的指标体系评估。根据资料分析结果，采用各指标体系的评估方法，开展地下水污染源荷载分区、地下水脆弱性分区、地下水功能价值分区等工作。

（三）地下水污染现状评估。根据地下水质量目标、标准限值、对照值（或背景值）开展地下水污染现状评估，评估指标主要是“三氮”、重金属和有机物等污染指标，形成污染分布图。

（四）地下水污染防治分区划分。根据地下水使用功能、污染现状评估结果、地下水污染源荷载、脆弱性等，划分为保护区、防控区、治理区，提出针对性的地下水污染防治对策建议。

具体划分技术方法见《地下水污染防治区划分工作指南（试行）》（环办函〔2014〕99号）。

附件2

加油站防渗改造核查要求

一、适用范围

全国31个省（区、市）的加油站。优先筛选原则：

（一）清单中已经完成改造的加油站；

（二）建站15年以上的加油站；

（三）周围存在饮用水源等敏感目标的加油站。

二、主要任务

对照《汽车加油加气站设计与施工规范》（GB 50156）、《加油站在役油罐防渗漏改造工程技术标准》（GB/T 51344）、《钢-玻璃纤维增强塑料双层埋地储油罐》（JC/T 2286）、《加油站用埋地玻璃纤维增强塑料双层油罐工程技术规范》（SH/T 3177）和《加油站地下水污染防治技术指南（试行）》（环办水体函〔2017〕323号）等要求，核实加油站地下油罐更新为双层油罐或完成防渗池设置工作的情况。

三、核查方式

（一）现场核查。填写加油站基础信息表，并核查双层罐和防渗池的防渗漏设备安装和运行情况。

（二）资料核查。提供的资料包括但不限于以下资料：设备和材料采购合同及发票、施工方案、施工图纸、验收报告、工程监理报告、相关管理部门的验收（备案）文件、施工影像资料等。

（三）质询核查。在核查过程中，及时对存疑的问题进行质询，要求被核查对象进行说明并提供相关佐证材料。

附件 3

地下水污染场地清单公布技术要求

一、清单筛选范围

化学品生产企业以及工业集聚区、矿山开采区、尾矿库、危险废物处置场、垃圾填埋场等造成地下水污染的场地。

二、清单筛选原则

（一）由于污染场地造成周边水源受到污染的；

（二）已开展地下水环境状况调查评估或土壤污染状况详查，发现确为人为污染且健康风险不可接受的；

（三）发生过地下水污染事故或存在群众反映强烈的。

三、清单公布方式

各省（区、市）要在相关网站或公共信息平台上逐年公布本行政区域内环境风险大、严重影响公众健康的地下水污染场地清单。

四、公布内容

应依法向社会公开污染场地名称、所属区县、调查边界及面积、其产生的主要污染物名称、超标情况、修复（防控）目标、整治措施及进度，主动接受监督。

附件 4

地下水污染防治实施方案

为贯彻落实习近平总书记对地下水污染防治工作的重要批示精神，落实《中共中央　国务院关于全面加强生态环境保护　坚决打好污染防治攻坚战的意见》中提出的“深化地下水污染防治”要求，结合《水污染防治行动计划》（以下简称《水十条》）、《土壤污染防治行动计划》（以下简称《土十条》）和《农业农村污染治理攻坚战行动计划》等有关工作部署和相关任务，保障地下水安全，加快推进地下水污染防治，制定本实施方案。

一、总体要求

（一）指导思想

以习近平新时代中国特色社会主义思想为指导，全面贯彻党的十九大和十九届二中、三中全会精神，认真落实党中央、国务院决策部署，牢固树立和践行绿色发展理念，以保护和改善地下水环境质量为核心，坚持源头治理、系统治理、综合治理，强化制度制定、监测评估、监督执法、督察问责，推动完善中央统筹、省负总责、市县抓落实的工作机制，形成“一岗双责”、齐抓共管的工作格局，建立科学管理体系，选择典型区域先行先试，按照“分区管理、分类防控”工作思路，从“强基础、建体系、控风险、保安全”四方面，加快监管基础能力建设，建立健全法规标准体系，加强污染源源头防治和风险管控，保障国家水安全，实现地下水资源可持续利用，推动经济社会可持续发展。

（二）基本原则

1．预防为主，综合施策。持续开展地下水环境状况调查评估，加强地下水环境监管，制定并实施地下水污染防治政策及技术工程措施，推进地表水、地下水和土壤污染协同控制，综合运用法律、经济、技术和必要的行政手段，开展地下水污染防治和生态保护工作，以预防为主，坚持防治结合，推动全国地下水环境质量持续改善。

2．突出重点，分类指导。以扭住“双源”（集中式地下水型饮用水源和地下水污染源）为重点，保障地下水型饮用水源环境安全，严控地下水污染源。综合分析水文地质条件和地下水污染特征，分类指导，制定相应的防治对策，切实提升地下水污染防治水平。

3．问题导向，风险防控。聚焦地下水型饮用水源安全保障薄弱、污染源多且环境风险大、法规标准体系不健全、环境监测体系不完善、保障不足等问题，结合重点区域、重点行业特点，加强地下水污染风险防控体系建设。

4．明确责任，循序渐进。完善地下水污染防治目标责任制，建立水质变化趋势和污染防治措施双重评估考核制、“谁污染谁修复、谁损害谁赔偿”责任追究制。统筹考虑地下水污染防治工作的轻重缓急，分期分批开展试点示范，有序推进地下水污染防治和生态保护工作。

（三）主要目标

到 2020 年，初步建立地下水污染防治法规标准体系、全国地下水环境监测体系；全国地下水质量极差比例控制在 15%左右；典型地下水污染源得到初步监控，地下水污染加剧趋势得到初步遏制。

到 2025 年，建立地下水污染防治法规标准体系、全国地下水环境监测体系；地级及以上城市集中式地下水型饮用水源水质达到或优于Ⅲ类比例总体为 85%左右；典型地下水污染源得到有效监控，地下水污染加剧趋势得到有效遏制。

到 2035 年，力争全国地下水环境质量总体改善，生态系统功能基本恢复。

二、主要任务

主要围绕实现近期目标“一保、二建、三协同、四落实”：“一保”，即确保地下水型饮用水源环境安全；“二建”，即建立地下水污染防治法规标准体系、全国地下水环境监测体系；“三协同”，即协同地表水与地下水、土壤与地下水、区域与场地污染防治；“四落实”，即落实《水十条》确定的四项重点任务，开展调查评估、防渗改造、修复试点、封井回填工作。

（一）保障地下水型饮用水源环境安全

1．加强城镇地下水型饮用水源规范化建设。2020 年年底前，在地下水型饮用水源环境保护状况评估的基础上，逐步推进城镇地下水型饮用水源保护区划定，提高饮用水源规范化建设水平，依法清理水源保护区内违法建筑和排污口；针对人为污染造成水质超标的地下水型饮用水源，各省（区、市）组织制定、实施地下水修复（防控）方案，开展地下水污染修复（防控）工程示范；对难以恢复饮用水源功能且经水厂处理水质无法满足标准要求的水源，应按程序撤销、更换。（生态环境部牵头，自然资源部、住房城乡建设部、水利部等参与，地方相关部门负责落实。以下均需地方相关部门落实，不再列出）

2．强化农村地下水型饮用水源保护。落实《农业农村污染治理攻坚战行动计划》相关任务，2020 年年底前，完成供水人口在 10 000 人或日供水 1 000 吨以上的地下水型饮用水源调查评估和保护区划定工作，农村地下水型饮用水源保护区的边界要设立地理界标、警示标志或宣传牌。督促指导县级以上地方人民政府组织相关部门监测和评估本行政区域内饮用水源、供水单位供水和用户水龙头出水的水质等状况。加强农村饮用水水质监测，各地按照国家相关标准，结合本地水质本底状况，确定监测项目并组织实施。以供水人口在 10 000 人或日供水 1 000 吨以上的地下水型饮用水源保护区为重点，对可能影响农村地下水型饮用水源环境安全的风险源进行排查。对水质不达标的水源，采取水源更换、集中供水、污染治理等措施，确保农村供水安全。（生态环境部牵头，水利部、农业农村部、卫生健康委等参与）

（二）建立健全法规和标准规范体系

1．完善地下水污染防治规划体系。2020 年年底前，制定《全国地下水污染防治规划（2021—2025 年）》，细化落实《中华人民共和国水污染防治法》《中华人民共和国土壤污染防治法》的要求，以保护和改善地下水环境质量为核心，坚持“源头治理、系统治理、综合治理”，落实地下水污染防治主体责任，包括地下水污染状况调查、监测、评估、风险防控、修复等，实现地下水污染防治全面监管，京津冀、长江经济带等重点地区地下水水质有所改善。（生态环境部牵头，发展改革委、自然资源部、住房城乡建设部、水利部、农业农村部等参与）

2．制修订标准规范。按地下水污染防治工作流程，在调查、监测、评估、风险防控、修复等方面，研究制修订地下水污染防治相关技术规范、导则、指南等。2019 年上半年，研究制定地下水环境状况调查评价、地下水环境监测、地下水污染风险评估、地下水污染防治分区划分、废弃井封井回填等工作相关技术指南；2019 年下半年，研究制定污染场地地下水修复、地下水污染模拟预测、地下水污染防渗、地下水污染场地清单等工作相关技术导则、指南；2020 年，研究制定地下水污染渗透反应格栅修复、地下水污染地球物理探测、地下水污染源同位素解析、地下水污染抽出—处理等工作相关技术指南、规范。（生态环境部牵头，自然资源部、水利部、农业农村部等参与）

（三）建立地下水环境监测体系

1．完善地下水环境监测网。2020 年年底前，衔接国家地下水监测工程，整合建设项目环评要求设置的地下水污染跟踪监测井、地下水型饮用水源开采井、土壤污染状况详查监测井、地下水基础环境状况调查评估监测井、《中华人民共和国水污染防治法》要求的污染源地下水水质监测井等，加强现有地下水环境监测井的运行维护和管理，完善地下水监测数据报送制度。2025年年底前，构建全国地下水环境监测网，按照国家和行业相关监测、评价技术规范，开展地下水环境监测。京津冀、长江经济带等重点区域提前一年完成。（生态环境部、自然资源部、水利部按职责分工负责）

2．构建全国地下水环境监测信息平台。按照“大网络、大系统、大数据”的建设思路，积极推进数据共享共用，2020年年底前，构建全国地下水环境监测信息平台框架。2025年年底前，完成地下水环境监测信息平台建设。（生态环境部、自然资源部、水利部按职责分工负责）

（四）加强地下水污染协同防治

1．重视地表水、地下水污染协同防治。加快城镇污水管网更新改造，完善管网收集系统，减少管网渗漏；地方各级人民政府有关部门应当统筹规划农业灌溉取水水源，使用污水处理厂再生水的，应当严格执行《农田灌溉水质标准》（GB 5084）和《城市污水再生利用农田灌溉用水水质》（GB 20922），且不低于《城镇污水处理厂污染物排放标准》（GB 18918）一级A排放标准要求；避免在土壤渗透性强、地下水位高、地下水露头区进行再生水灌溉。降低农业面源污染对地下水水质影响，在地下水“三氮”超标地区、国家粮食主产区推广测土配方施肥技术，积极发展生态循环农业。（生态环境部、住房城乡建设部、农业农村部按职责分工负责）

2．强化土壤、地下水污染协同防治。认真贯彻落实《中华人民共和国土壤污染防治法》《土十条》地下水污染防治的相关要求。对安全利用类和严格管控类农用地地块的土壤污染影响或可能影响地下水的，制定污染防治方案时，应纳入地下水的内容；对污染物含量超过土壤污染风险管控标准的建设用地地块，土壤污染状况调查报告应当包括地下水是否受到污染等内容；对列入风险管控和修复名录中的建设用地地块，实施风险管控措施应包括地下水污染防治的内容；实施修复的地块，修复方案应当包括地下水污染修复的内容；制定地下水污染调查、监测、评估、风险防控、修复等标准规范时，做好与土壤污染防治相关标准规范的衔接。在防治项目立项、实施以及绩效评估等环节上，力求做到统筹安排、同步考虑、同步落实。（生态环境部牵头，自然资源部、农业农村部等参与）

3．加强区域与场地地下水污染协同防治。2019年年底前，试点省（区、市）完成地下水污染防治分区划分，地下水污染防治分区划分技术要求见附件1。2020年，各省（区、市）全面开展地下水污染分区防治，提出地下水污染分区防治措施，实施地下水污染源分类监管。场地层面，重点开展以地下水污染修复（防控）为主（如利用渗井、渗坑、裂隙、溶洞，或通过其他渗漏等方式非法排放水污染物造成地下水含水层直接污染，或已完成土壤修复尚未开展地下水污染修复防控工作），以及以保护地下水型饮用水源环境安全为目的的场地修复（防控）工作。（生态环境部、自然资源部、农业农村部按职责分工负责）

（五）以落实《水十条》任务及试点示范为抓手　推进重点污染源风险防控

1．落实《水十条》任务。持续开展调查评估。继续推进城镇集中式地下水型饮用水源补给区、化工企业、加油站、垃圾填埋场和危险废物处置场等区域周边地下水基础环境状况调查。针对存在人为污染的地下水，开展详细调查，评估其污染趋势和健康风险，若风险不可接受，应开展地下水污染修复（防控）工作。（生态环境部牵头，自然资源部、住房城乡建设部、水利部、农业农村部、卫生健康委等参与）

开展防渗改造。加快推进完成加油站埋地油罐双层罐更新或防渗池设置，加油站防渗改造核查标准见附件2。2020年年底前，各省（区、市）对高风险的化学品生产企业以及工业集聚区、矿山开采区、尾矿库、危险废物处置场、垃圾填埋场等区域开展必要的防渗处理。（生态环境部牵头，自然资源部、住房城乡建设部、商务部等参与）

公布地下水污染场地清单并开展修复试点。2019年6月底前，出台地下水污染场地清单公布办法。2019年年底前，京津冀等区域地方人民政府公布环境风险大、严重影响公众健康的地下水污染场地清单，开展修复试点，地下水污染场地清单公布技术要求见附件3。（生态环境部牵头，自然资源部、住房城乡建设部参与）

实施报废矿井、钻井、取水井封井回填。2019年，开展报废矿井、钻井、取水井排查登记。2020年，推进封井回填工作。矿井、钻井、取水井因报废、未建成或者完成勘探、试验任务的，各地督促工程所有权人按照相关技术标准开展封井回填。对已经造成地下水串层污染的，各地督促工程所有权人对造成的地下水污染进行治理和修复。（生态环境部、自然资源部、水利部按职责分工负责）

2．开展试点示范。确认试点示范区名单。各省（区、市）在开展地下水基础环境状况调查评估的基础上，择优推荐试点示范区名单，并提交《示范区地下水污染防治实施方案》。生态环境部、财政部会同有关部门组织评审。2019年年底前，各省（区、市）选择报送8～10个防渗改造试点区，20～30个报废矿井、钻井、取水井封井回填试点区。2020年年底前，各省（区、市）选择报送8～10个防渗改造试点区，20～30个报废矿井、钻井、取水井封井回填试点区，5～10个地下水污染修复试点区。2021—2025年，试点示范区根据需要再作安排。（生态环境部牵头、自然资源部、水利部、财政部参与）

组织开展试点示范评估。建立“进展调度、督导检查、综合评估、能进能出”的评估管理机制，按照生态环境部统一计划和要求，适时组织实施评估。评估对象为试点示范区人民政府。评估包括自评估、实地检查、综合评估。综合评估结果分为优秀、良好、合格、不合格四个等次。评估结果作为地下水污染防治相关资金分配安排的参考依据，对评估优秀的示范区给予通报表扬，对评估不合格的示范区要求整改，整改期一年。整改期结束后，仍不合格的，取消示范区资格。（生态环境部牵头，自然资源部、住房城乡建设部、水利部、农业农村部等参与）

三、保障措施

（一）加强组织领导

完善中央统筹、省负总责、市县抓落实的工作推进机制。中央有关部门要根据本方案要求，密切协作配合，形成工作合力。生态环境部对地下水污染防治统一监督，有关部门加强地下水污染防治信息共享、定期会商、评估指导，形成“一岗双责”、齐抓共管的工作格局。（生态环境部牵头，自然资源部、住房城乡建设部、水利部、农业农村部等参与）

（二）加大资金投入

推动建立中央支持鼓励、地方政府支撑、企事业单位承担、社会资本积极参与的多元化环保融资机制。地方各级人民政府根据地下水污染防治需要保障资金投入，建立多元化环保投融资机制，依法合规拓展融资渠道，确保污染防治任务按时完成。（财政部牵头，发展改革委、生态环境部、水利部等参与）

（三）强化科技支撑

加强与其他污染防治项目的协调，整合科技资源，通过相关国家科技计划（专项、基金）等，加快研发地下水污染环境调查、监测与预警技术、污染源治理与重点行业污染修复重大技术。进一步加强地下水科技支撑能力建设，优化和整合污染防治专业支撑队伍，开展污染防治专业技术培训，提高专业人员素质和技能。（科技部牵头，发展改革委、工业和信息化部、自然资源部、生态环境部、住房城乡建设部、水利部、农业农村部等参与）

（四）加大科普宣传

综合利用电视、报纸、互联网、广播、报刊等媒体，结合六五环境日、世界地球日等重要环保宣传活动，有计划、有针对性地普及地下水污染防治知识，宣传地下水污染的危害性和防治的重要性，增强公众地下水保护的危机意识，形成全社会保护地下水环境的良好氛围。依托多元主体，开展形式多样的科普活动，构建地下水污染防治和生态保护全民科学素质体系。（生态环境部牵头，教育部、自然资源部、住房城乡建设部、水利部等参与）

（五）落实地下水生态环境保护和监督管理责任

强化“党政同责”“一岗双责”的地方责任。各省（区、市）负责本地区地下水污染防治，要在摸清底数、总结经验的基础上，抓紧编制省级地下水污染防治实施方案。加快治理本地区地下水污染突出问题，明确牵头责任部门、实施主体，提供组织和政策保障，做好监督考核。

落实“谁污染谁修复、谁损害谁赔偿”的企业责任。重点行业企业切实担负起主体责任，按照相关要求落实地下水污染防治设施建设、维护运行、日常监测、信息上报等工作任务。

加强督察问责，落实各项任务。生态环境部将地下水污染防治目标完成及责任落实情况纳入中央生态环境保护督察范畴，对承担地下水污染防治职责的有关地方进行督察，倡优纠劣，强化问责，督促加快工作进度，确保如期完成地下水污染防治各项任务。（生态环境部牵头，自然资源部、住房城乡建设部、水利部、农业农村部等参与）

关于推进实施钢铁行业超低排放的意见

环大气〔2019〕35 号

各省、自治区、直辖市生态环境厅（局）、发展改革委、工业和信息化主管部门、财政厅（局）、交通运输厅（委、局），新疆生产建设兵团生态环境局、发展改革委、工业和信息化局、财政局、交通运输局：

推进实施钢铁行业超低排放是推动行业高质量发展、促进产业转型升级、助力打赢蓝天保卫战的重要举措。为贯彻落实《政府工作报告》《中共中央　国务院关于全面加强生态环境保护 坚决打好污染防治攻坚战的意见》《国务院关于印发打赢蓝天保卫战三年行动计划的通知》等有关要求，加强对各地指导，明确企业改造任务，提出以下意见。

一、总体要求

（一）指导思想。以习近平新时代中国特色社会主义思想为指导，深入贯彻党的十九大和十九届二中、三中全会精神，全面落实习近平生态文明思想和全国生态环境保护大会要求，坚持稳中求进工作总基调，坚持新发展理念，坚持推动高质量发展，坚持以供给侧结构性改革为主线，更多运用市场化、法治化手段，更好发挥政府作用，推动实施钢铁行业超低排放，实现全流程、全过程环境管理，有效提高钢铁行业发展质量和效益，大幅削减主要大气污染物排放量，促进环境空气质量持续改善，为打赢蓝天保卫战提供有力支撑。

（二）基本原则

坚持统筹协调，系统提升。树立行业绿色发展新标尺，采取综合措施，通过“超低改造一批、达标治理一批、淘汰落后一批”，推动行业整体转型升级；实施差别化环保政策，营造公平竞争、健康有序的发展环境，为促进行业高质量发展创造有利条件。

坚持突出重点，分步推进。以改善环境空气质量为核心，围绕打赢蓝天保卫战目标任务，在京津冀及周边地区、长三角地区、汾渭平原等大气污染防治重点区域（以下简称重点区域，范围见附表 1）率先推进，按照稳中求进的工作总基调，综合考虑技术、经济、市场等条件，确定分区域、分阶段改造任务。

坚持分类管理，综合施策。根据行业排放特征，对有组织排放、无组织排放和大宗物料产品运输，分门别类提出指标限值和管控措施；综合采取税收、财政、价格、金融、环保等政策，多措并举推动实施。

坚持企业主体，政府引导。强化企业主体责任，加大资金投入，严把工程质量，加强运行管理，加大多部门联合惩戒力度；更好发挥政府作用，形成有效激励和约束，增强服务意识，帮助企业制定综合治理方案。

（三）主要目标。全国新建（含搬迁）钢铁项目原则上要达到超低排放水平。推动现有钢铁企业超低排放改造，到 2020 年底前，重点区域钢铁企业超低排放改造取得明显进展，力争 60%左右产能完成改造，有序推进其他地区钢铁企业超低排放改造工作；到 2025 年底前，重点区域钢铁企业超低排放改造基本完成，全国力争 80%以上产能完成改造。

二、钢铁企业超低排放指标要求

钢铁企业超低排放是指对所有生产环节（含原料场、烧结、球团、炼焦、炼铁、炼钢、轧钢、自备电厂等，以及大宗物料产品运输）实施升级改造，大气污染物有组织排放、无组织排放以及运输过程满足以下要求：

（一）有组织排放控制指标。烧结机机头、球团焙烧烟气颗粒物、二氧化硫、氮氧化物排放浓度小时均值分别不高于10毫克/米^3、35毫克/米^3、50毫克/米^3；其他主要污染源颗粒物、二氧化硫、氮氧化物排放浓度小时均值原则上分别不高于10毫克/米^3、50毫克/米^3、200毫克/米^3，具体指标限值见附表2。达到超低排放的钢铁企业每月至少95%以上时段小时均值排放浓度满足上述要求。

（二）无组织排放控制措施。全面加强物料储存、输送及生产工艺过程无组织排放控制，在保障生产安全的前提下，采取密闭、封闭等有效措施（见附表3），有效提高废气收集率，产尘点及车间不得有可见烟粉尘外逸。

1．物料储存。石灰、除尘灰、脱硫灰、粉煤灰等粉状物料，应采用料仓、储罐等方式密闭储存。铁精矿、煤、焦炭、烧结矿、球团矿、石灰石、白云石、铁合金、钢渣、脱硫石膏等块状或黏湿物料，应采用密闭料仓或封闭料棚等方式储存。其他干渣堆存应采用喷淋（雾）等抑尘措施。

2．物料输送。石灰、除尘灰、脱硫灰、粉煤灰等粉状物料，应采用管状带式输送机、气力输送设备、罐车等方式密闭输送。铁精矿、煤、焦炭、烧结矿、球团矿、石灰石、白云石、铁合金、高炉渣、钢渣、脱硫石膏等块状或黏湿物料，应采用管状带式输送机等方式密闭输送，或采用皮带通廊等方式封闭输送；确需汽车运输的，应使用封闭车厢或苫盖严密，装卸车时应采取加湿等抑尘措施。物料输送落料点等应配备集气罩和除尘设施，或采取喷雾等抑尘措施。料场出口应设置车轮和车身清洗设施。厂区道路应硬化，并采取清扫、洒水等措施，保持清洁。

3．生产工艺过程。烧结、球团、炼铁、焦化等工序的物料破碎、筛分、混合等设备应设置密闭罩，并配备除尘设施。烧结机、烧结矿环冷机、球团焙烧设备，高炉炉顶上料、矿槽、高炉出铁场，混铁炉、炼钢铁水预处理、转炉、电炉、精炼炉，石灰窑、白云石窑等产尘点应全面加强集气能力建设，确保无可见烟粉尘外逸。高炉出铁场平台应封闭或半封闭，铁沟、渣沟应加盖封闭；炼钢车间应封闭，设置屋顶罩并配备除尘设施。焦炉机侧炉口应设置集气罩，对废气进行收集处理。高炉炉顶料罐均压放散废气应采取回收或净化措施。废钢切割应在封闭空间内进行，设置集气罩，并配备除尘设施。轧钢涂层机组应封闭，并设置废气收集处理设施。

焦炉应采用干熄焦工艺。炼焦煤气净化系统冷鼓各类贮槽（罐）及其他区域焦油、苯等贮槽（罐）的有机废气应接入压力平衡系统或收集净化处理，酚氰废水预处理设施（调节池、气浮池、隔油池）应加盖并配备废气收集处理设施，开展设备和管线泄漏检测与修复（LDAR）工作。

（三）大宗物料产品清洁运输要求。进出钢铁企业的铁精矿、煤炭、焦炭等大宗物料和产品采用铁路、水路、管道或管状带式输送机等清洁方式运输比例不低于80%；达不到的，汽车运输部分应全部采用新能源汽车或达到国六排放标准的汽车（2021年底前可采用国五排放标准的汽车）。

三、重点任务

（一）严格新改扩建项目环境准入。严禁新增钢铁冶炼产能，新改扩建（含搬迁）钢铁项目要严格执行产能置换实施办法，按照钢铁企业超低排放指标要求，同步配套建设高效脱硫、脱硝、除尘设施，落实物料储存、输送及生产工艺过程无组织排放管控措施，大宗物料和产品采取清洁方式运输。支持鼓励钢铁冶炼产能向环境容量大、资源保障条件好的地区转移。鼓励重点区域高炉—转炉长流程企业转型为电炉短流程企业，通过工艺改造减少污染物排放，达到超低排放要求。

（二）积极有序推进现有钢铁企业超低排放改造。各地应围绕环境空气质量改善需求，按照推进实施钢铁行业超低排放的总体要求，把握好节奏和力度，有序推进钢铁企业超低排放改造。要加强对企业服务和指导，帮助企业合理选择改造技术路线，协调解决清洁运输等重大事项。

因厂制宜选择成熟适用的环保改造技术。除尘设施鼓励采用湿式静电除尘器、覆膜滤料袋式除尘器、滤筒除尘器等先进工艺，推进聚四氟乙烯微孔覆膜滤料、超细纤维多梯度面层滤料、金属间化合物多孔（膜）材料等产业化应用；烟气脱硫应实施增容提效改造等措施，提高运行稳定性，取消烟气旁路，鼓励净化处理后烟气回原烟囱排放；烟气脱硝应采用活性炭（焦）、选择性催化还原（SCR）等高效脱硝技术。加强源头控制，高炉煤气、焦炉煤气应实施精脱硫，高炉热风炉、轧钢热处理炉应采用低氮燃烧技术；鼓励实施烧结机头烟气循环。

企业无组织排放控制应采用密闭、封闭等有效管控措施，鼓励采用全封闭机械化料场、筒仓等物料储存方式；产尘点应按照“应收尽收”原则配置废气收集设施，强化运行管理，确保收集治理设施与生产工艺设备同步运转。鼓励对焦炉炉体加罩封闭，对废气进行收集处理。

企业应通过新建或利用已有铁路专用线、打通与主干线连接等方式，有效增加铁路运力；对短距离运输的大宗物料，鼓励采用管道或管状带式输送机等密闭方式运输。

（三）依法依规推进钢铁企业全面达标排放。未实施超低排放改造的钢铁企业，应采取治污设施升级、加强无组织排放管理等措施，确保稳定达到国家或地方大气污染物排放标准，重点区域应按照有关规定执行大气污染物特别排放限值。严格钢铁企业排污许可管理，加大依证监管执法和处罚力度，确保排污单位落实持证排污、按证排污的环境管理主体责任。不能按证排污的，实施限期治理，按照“一厂一策”原则，逐一明确时间表和路线图，逾期仍不能满足要求的，依法依规从严处罚。未取得排污许可证的，依法依规实施停产整治或责令关停。

（四）依法依规淘汰落后产能和不符合相关强制性标准要求的生产设施。修订《产业结构调整指导目录》，提高重点区域钢铁行业落后产能淘汰标准，有条件的地区可制定标准更高的落后产能淘汰政策。严格执行质量、环保、能耗、安全等法规标准，促使一批经整改仍达不到要求的产能依法依规关停退出。列入淘汰计划的企业或设施不再要求实施超低排放改造。严防“地条钢”死灰复燃。加大重点区域钢铁产能压减力度，河北省 2020 年钢铁产能控制在 2 亿吨以内。列入去产能计划的钢铁企业，需一并退出配套的烧结、焦炉、高炉等设备。重点区域城市钢铁企业要切实采取彻底关停、转型发展、就地改造、域外搬迁等方式，推动转型升级。

（五）加强企业污染排放监测监控。钢铁企业应依法全面加强污染排放自动监控设施等建设，并与生态环境及有关部门联网，按照钢铁工业及炼焦化学工业自行监测技术指南要求，编制自行监测方案，开展自行监测，如实向社会公开监测信息。

实施超低排放改造的钢铁企业，应全面加强自动监控、过程监控和视频监控设施建设。烧结机机头、烧结机机尾、球团焙烧、焦炉烟囱、装煤地面站、推焦地面站、干法熄焦地面站、高炉矿槽、高炉出铁场、铁水预处理、转炉二次烟气、电炉烟气、石灰窑、白云石窑、燃用发生炉煤气的轧钢热处理炉、自备电站排气筒等均应安装自动监控设施。上述污染源污染治理设施应安装分布式控制系统（DCS），记录企业环保设施运行及相关生产过程主要参数。料场出入口、焦炉炉体、烧结环冷区域、高炉矿槽和炉顶区域、炼钢车间顶部等易产尘点，应安装高清视频监控设施。在厂区内主要产尘点周边、运输道路两侧布设空气质量监测微站点，监控颗粒物等管控情况。建设门禁系统和视频监控系统，监控运输车辆进出厂区情况。自动监控、DCS 监控等数据至少要保存一年以上，视频监控数据至少要保存三个月以上。

四、政策措施

钢铁企业达标排放是法定责任，超低排放是鼓励导向，对于完成超低排放改造的钢铁企业应加大政策支持力度。

（一）严格执行环境保护有关税法。按照环境保护税法有关条款规定，对符合超低排放条件的钢铁企业给予税收优惠待遇。应税大气污染物排放浓度低于污染物排放标准百分之三十的，减按百分之七十五征收环境保护税；低于百分之五十的，减按百分之五十征收环境保护税。落实购置环境保护专用设备企业所得税抵免优惠政策。

（二）给予奖励和信贷融资支持。地方可根据实际情况，对完成超低排放改造的钢铁企业给予奖励。企业通过超低排放改造形成的富余排污权，可用于市场交易。支持符合条件的钢铁企业发行企业债券进行直接融资，募集资金用于超低排放改造等领域。

（三）实施差别化电价政策。严格落实钢铁行业差别化电价政策。对逾期未完成超低排放改造的钢铁企业，省级政府可在现行目录销售电价或交易电价基础上实行加价政策。有条件的地区应研究建立基于钢铁企业污染物排放绩效的差别化电价政策，推动钢铁企业超低排放改造。

（四）实行差别化环保管理政策。在重污染天气预警期间，对钢铁企业实施差别化应急减排措施。其中，橙色及以上预警期间，未完成超低排放改造的，烧结、球团、炼焦、石灰窑等高排放工序应采取停限产措施。重点区域内要进一步强化差别化管理，未完成超低排放改造的，在黄色预警期间，烧结、球团、石灰窑等高排放工序限产一半；在橙色及以上预警期间，烧结、球团、石灰窑等高排放工序全部停产，炼焦工序延长出焦时间，不可豁免。当预测到月度有 3 次及以上橙色或红色重污染天气过程时，未完成超低排放改造的，实行月度停产。

未实现清洁运输的钢铁企业要制定错峰运输方案，纳入重污染天气应急预案中。重点区域内的钢铁企业，除采用新能源汽车或达到国六排放标准的汽车外，在橙色及以上预警期间，原则上重型载货车停止运输。

（五）加强技术支持。生态环境部等研究制定钢铁行业超低排放改造相关技术指导文件，适时修订钢铁工业大气污染物排放标准。鼓励大气污染严重地区出台钢铁工业大气污染物超低排放标准。支持钢铁企业与高校、科研机构、环保工程技术公司等合作，创新节能减排技术。鼓励行业协会等搭建钢铁企业超低排放改造交流平台，促进成熟先进技术推广应用。

五、实施保障

（一）加强组织领导。生态环境部、发展改革委、工业和信息化部、财政部、交通运输部、铁路总公司等共同组织实施本意见，各有关部门各司其职、各负其责、密切配合，形成工作合力，加强对地方工作指导，及时协调解决推进过程中的困难和问题。生态环境部会同有关部门建立钢铁行业超低排放改造管理台账。

各地要加强组织领导，做好监督、管理和服务工作。各省（区、市）应制定本地钢铁行业超低排放改造计划方案，确定年度重点改造项目，于 2019 年 7 月底前报送生态环境部、工业和信息化部、发展改革委等部门。每年 1 月和 7 月，省级相关部门将本地钢铁行业超低排放改造进展情况及主要做法及时报送生态环境部、工业和信息化部、发展改革委等部门。

（二）强化企业主体责任。钢铁企业是实施超低排放改造的责任主体，要按照国家和地方有关要求制定具体工作方案，成立以企业主要负责人为组长的专项工作组，确保按期完成改造任务。企业应加大资金投入，严把工程质量，加强人员技术培训，健全内部环保考核管理机制，确保治理设施长期连续稳定运行；企业有自备油库的，要确保供应合格油品。国有大型钢铁企业集团要发挥表率作用，及时将改造目标任务分解落实到具体企业，力争提前完成。

（三）严格评价管理。生态环境部会同有关部门，按照各省（区、市）钢铁行业超低排放改造计划方案，每年对上一年度超低排放改造完成情况进行评价，纳入大气污染防治工作考核评价体系。

企业完成超低排放改造连续稳定运行一个月后，可自行或委托有能力的技术机构，严格按照指标要求、监测技术规范等开展自行监测。稳定达到超低排放的，报送当地生态环境、工业和信息化、发展改革等部门。

建立完善依效付费机制，多措并举治理低价中标乱象。加大联合惩戒力度，将建设工程质量低劣的环保公司和环保设施运营管理水平低、存在弄虚作假行为的运维机构列入失信联合惩戒对象名单（简称“黑名单”），纳入全国信用信息共享平台，并通过“信用中国”等网站定期向社会公布；相关钢铁企业在重污染天气预警期间加大停限产力度。依法依规对失信企业在行政审批、资质认定、银行贷款、上市融资、政府招投标、政府荣誉评定等方面予以限制。

（四）强化监督执法。各地要加强日常监督和执法检查，对不达标企业、未按证排污企业，依法依规严格处罚。严厉打击弄虚作假、擅自停运环保设施等严重违法行为，依法查处并追究相关人员责任。对超低排放企业，各省（区、市）应建立管理台账，实施动态管理，由市级及以上生态环境部门会同有关部门开展“双随机”检查；对不能稳定达到超低排放指标要求的，视情节取消相关优惠政策，并向社会通报。

（五）加强宣传引导。要营造有利于开展钢铁行业超低排放改造的良好舆论氛围，增强企业开展超低排放改造的责任感和荣誉感。各级有关部门要积极跟踪相关舆情动态，及时回应社会关切，对做得好的地方和企业，组织新闻媒体加强宣传报道。各地应将完成超低排放改造的钢铁企业名单向社会公开，接受社会监督。

生态环境部　发展改革委
工业和信息化部　财政部　交通运输部
2019 年 4 月 22 日

附件 1

重点区域范围

区域名称	范　　围
京津冀及周边地区	北京市，天津市，河北省石家庄、唐山、邯郸、邢台、保定、沧州、廊坊、衡水市以及雄安新区，山西省太原、阳泉、长治、晋城市，山东省济南、淄博、济宁、德州、聊城、滨州、菏泽市，河南省郑州、开封、安阳、鹤壁、新乡、焦作、濮阳市（含河北省定州、辛集市，河南省济源市）
长三角地区	上海市、江苏省、浙江省、安徽省
汾渭平原	山西省晋中、运城、临汾、吕梁市，河南省洛阳、三门峡市，陕西省西安、铜川、宝鸡、咸阳、渭南市以及杨凌示范区（含陕西省西咸新区、韩城市）

附件 2

钢铁企业超低排放指标限值

单位：毫克/米^3

生产工序	生产设施	基准含氧量/%	污染物项目		
			颗粒物	二氧化硫	氮氧化物
烧结（球团）	烧结机机头 球团竖炉	16	10	35	50
	链篦机回转窑 带式球团焙烧机	18	10	35	50
	烧结机机尾 其他生产设备	—	10	—	—
炼焦	焦炉烟囱	8	10	30	150
	装煤、推焦	—	10	—	—
	干法熄焦	—	10	50	—
炼铁	热风炉	—	10	50	200
	高炉出铁场、高炉矿槽	—	10	—	—
炼钢	铁水预处理、转炉（二次烟气）、电炉、石灰窑、白云石窑	—	10	—	—
轧钢	热处理炉	8	10	50	200
自备电厂	燃气锅炉	3	5	35	50
	燃煤锅炉	6	10	35	50
	燃气轮机组	15	5	35	50
	燃油锅炉	3	10	35	50

注：表中未作规定的生产设施污染物排放限值按国家、地方排放标准或其他相关规定执行。

附件 3

无组织排放控制措施的界定

序号	作业类型	措施界定	示　例
1	密闭	物料不与环境空气接触，或通过密封材料、密封设备与环境空气隔离的状态或作业方式	—
2	密闭储存	将物料储存于与环境空气隔离的建（构）筑物、设施、器具内的作业方式	料仓、储罐等
3	密闭输送	物料输送过程与环境空气隔离的作业方式	管道、管状带式输送机、气力输送设备、罐车等
4	封闭	利用完整的围护结构将物料、作业场所等与周围空间阻隔的状态或作业方式，设置的门窗、盖板、检修口等配套设施在非必要时应关闭	—
5	封闭储存	将物料储存于具有完整围墙（围挡）及屋顶结构的建筑物内的作业方式，建筑物的门窗在非必要时应关闭	储库、仓库等
6	封闭输送	在完整的围护结构内进行物料输送作业，围护结构的门窗、盖板、检修口等配套设施在非必要时应关闭	皮带通廊、封闭车厢等
7	封闭车间	具有完整围墙（围挡）及屋顶结构的建筑物，建筑物的门窗在非必要时应关闭	—

关于印发《蓝天保卫战重点区域强化监督定点帮扶工作方案》的通知

环执法〔2019〕38 号

各省、自治区、直辖市生态环境厅（局），新疆生产建设兵团生态环境局，机关各部门，各派出机构、直属单位：

为贯彻落实党中央、国务院决策部署，坚决打赢蓝天保卫战，我部制定了《蓝天保卫战重点区域强化监督定点帮扶工作方案》。现印发给你们，请高度重视，按照方案要求认真组织实施。

请各相关单位报送一名协调联络员，负责强化监督定点帮扶人员选派、协调联络等事宜。协调联络员信息包括：姓名、单位、职务、座机号码、手机号码、邮箱。

联系人：生态环境执法局钱永涛、张辉钊

电话：（010）6655647166556445

传真：（010）66103204

邮箱：qian.yongtao@mee.gov.cn

生态环境部

2019 年 5 月 5 日

附件 1

京津冀及周边地区“2+26”城市强化监督定点帮扶分组安排

序号	包保城市	机关部门（派出机构）	直属单位	省份
1	北京	办公厅	信息中心	海南
2	天津	执法局	环境工程评估中心	河南
3	石家庄	督察办	中国环境科学研究院	浙江
4	唐山	华北督察局	中国环境科学研究院	山西
5	廊坊	综合司	环境规划院	重庆
6	保定	大气司	环境规划院	湖北
7	沧州	海洋司	海洋监测中心	广东
8	衡水	法规司	中国环境科学研究院	安徽
9	邢台	华南督察局	华南环境科学研究所	湖南
10	邯郸	核一司	核与辐射安全中心	江苏
11	太原	人事司	环境与经济政策研究中心	广西
12	阳泉	水司	中国环境监测总站	上海
13	长治	生态司	南京环境科学研究所	辽宁
14	晋城	西北督察局	中国环境科学研究院	甘肃
15	济南	监测司	中国环境监测总站	河北
16	淄博	华东督察局	南京环境科学研究所	浙江
17	济宁	国际司	对外合作与交流中心	天津
18	德州	固体司	固体废物与化学品管理技术中心	广东
19	聊城	土壤司	中国环境报社	河北
20	滨州	环评司	环境工程评估中心	河北
21	菏泽	核三司	核与辐射安全中心	云南
22	郑州	科财司	中日友好环境保护中心	福建
23	开封	东北督察局	海洋监测中心	吉林
24	安阳	西南督察局	环境规划院	贵州
25	鹤壁	核二司	核与辐射安全中心	山西
26	新乡	应急中心	华南环境科学研究所	四川
27	焦作	气候司	国家应对气候变化战略研究和国际合作中心	安徽
28	濮阳	宣教司	中国环境出版集团有限公司	宁夏

附件 2

汾渭平原 11 城市强化监督定点帮扶分组安排

序号	包保城市	机关部门（派出机构）	直属单位（派出机构）	省份
1	临汾	珠江流域生态环境监督管理局	华南环境科学研究所	山东
2	运城	机关党委	南京环境科学研究所	江西
3	吕梁	太湖流域生态环境监督管理局	核与辐射安全中心	陕西
4	晋中	老干办	华南环境科学研究所	山东
5	洛阳	淮河流域生态环境监督管理局	中国环境监测总站	黑龙江

序号	包保城市	机关部门（派出机构）	直属单位（派出机构）	省份
6	三门峡	松辽流域生态环境监督管理局	对外合作与交流中心	北京
7	西安	长江流域生态环境监督管理局	南京环境科学研究所	内蒙古
8	宝鸡	机关服务中心	卫星环境应用中心	河南
9	咸阳	海河流域生态环境监督管理局	中日友好环境保护中心	江苏
10	铜川	华北核与辐射安全监督站	华东核与辐射安全监督站、东北核与辐射安全监督站、西南核与辐射安全监督站、华南核与辐射安全监督站、西北核与辐射安全监督站	青海
11	渭南	黄河流域生态环境监督管理局	中国环境科学研究院	河南

关于进一步规范适用环境行政处罚自由裁量权的指导意见

环执法〔2019〕42 号

各省、自治区、直辖市生态环境厅（局），新疆生产建设兵团生态环境局：

为深入学习贯彻习近平新时代中国特色社会主义思想和党的十九大精神，进一步提高生态环境部门依法行政的能力和水平，指导生态环境部门进一步规范生态环境行政处罚自由裁量权的适用和监督，有效防范执法风险，根据《中共中央关于全面深化改革若干重大问题的决定》《中共中央关于全面推进依法治国若干重大问题的决定》《法治政府建设实施纲要（2015—2020 年）》《国务院办公厅关于聚焦企业关切进一步推动优化营商环境政策落实的通知》《环境行政处罚办法》等规定，制定本意见。

一、适用行政处罚自由裁量权的原则和制度

（一）基本原则。

1．合法原则。生态环境部门应当在法律、法规、规章确定的裁量条件、种类、范围、幅度内行使行政处罚自由裁量权。

2．合理原则。行使行政处罚自由裁量权，应当符合立法目的，充分考虑、全面衡量地区经济社会发展状况、执法对象情况、危害后果等相关因素，所采取的措施和手段应当必要、适当。

3．过罚相当原则。行使行政处罚自由裁量权，必须以事实为依据，处罚种类和幅度应当与当事人违法过错程度相适应，与环境违法行为的性质、情节以及社会危害程度相当。

4．公开公平公正原则。行使行政处罚自由裁量权，应当向社会公开裁量标准，向当事人告知裁量所基于的事实、理由、依据等内容；应当平等对待行政管理相对人，公平、公正实施处罚，对事实、性质、情节、后果相同的情况应当给予相同的处理。

（二）健全规范配套制度。

1．查处分离制度。将生态环境执法的调查、审核、决定、执行等职能进行相对分离，使执法权力分段行使，执法人员相互监督，建立既相互协调、又相互制约的权力运行机制。

2．执法回避制度。执法人员与其所管理事项或者当事人有直接利害关系、可能影响公平公正处理的，不得参与相关案件的调查和处理。

3．执法公示制度。强化事前、事后公开，向社会主动公开环境保护法律法规、行政执法决定等信息。规范事中公示，行政执法人员在执法过程要主动表明身份，接受社会监督。

4．执法全过程记录制度。对立案、调查、审查、决定、执行程序以及执法时间、地点、对象、事实、结果等做出详细记录，并全面系统归档保存，实现全过程留痕和可回溯管理。

5．重大执法决定法制审核制度。对涉及重大公共利益，可能造成重大社会影响或引发社会风险，直接关系行政相对人或第三人重大权益，经过听证程序作出行政执法决定，以及案件情况疑难复杂、涉及多个法律关系的案件，设立专门机构和人员进行严格法制审核。

6．案卷评查制度。上级生态环境部门可以结合工作实际，组织对下级生态环境部门的行政执法案卷评查，将案卷质量高低作为衡量执法水平的重要依据。

7．执法统计制度。对本机构作出行政执法决定的情况进行全面、及时、准确的统计，认真分析执法统计信息，加强对信息的分析处理，注重分析成果的应用。

8．裁量判例制度。生态环境部门可以针对常见环境违法行为，确定一批自由裁量权尺度把握适当的典型案例，为行政处罚自由裁量权的行使提供参照。

二、制定裁量规则和基准的总体要求

（三）制定的主体。省级生态环境部门应当根据本意见提供的制定方法，结合本地区法规和规章，制定本地区行政处罚自由裁量规则和基准。鼓励有条件的设区的市级生态环境部门对省级行政处罚自由裁量规则和基准进一步细化、量化。

（四）制定的原则。制定裁量规则和基准应当坚持合法、科学、公正、合理的原则，结合污染防治攻坚战的要求，充分考虑违法行为的特点，按照宽严相济的思路，突出对严重违法行为的惩处力度和对其他违法行为的震慑作用，鼓励和引导企业即时改正轻微违法行为，促进企业环境守法。

制定裁量规则和基准应当将主观标准与客观标准相结合，在法律、法规和规章规定的处罚种类、幅度内，细化裁量标准，压缩裁量空间，为严格执法、公正执法、精准执法提供有力支撑。

（五）制定的基本方法。制定裁量规则和基准，要在总结实践经验的基础上，根据违法行为构成要素和违法情节，科学设定裁量因子和运算规则，实现裁量额度与行政相对人违法行为相匹配，体现过罚相当的处罚原则。

制定自由裁量规则和基准，应当综合考虑以下因素：违法行为造成的环境污染、生态破坏以及社会影响；违法行为当事人的主观过错程度；违法行为的具体表现形式；违法行为危害的具体对象；违法行为当事人是初犯还是再犯；改正环境违法行为的态度和所采取的改正措施及效果。

制定裁量规则和基准，应当及时、全面贯彻落实新出台或修订法律法规规定，对主要违法行为对应的有处罚幅度的法律责任条款基本实现全覆盖。裁量规则和基准不应局限于罚款处罚，对其他种类行政处罚的具体适用也应加以规范。

严格按照环境保护法及其配套办法规定的适用范围和实施程序，进一步细化规定实施按日连续处罚、查封、扣押、限制生产、停产整治，以及移送公安机关适用行政拘留的案件类型和审查流程，统一法律适用。对符合上述措施实施条件的案件，严格按规定进行审查，依法、公正作出处理决定，并有充分的裁量依据和理由。对同类案件给予相同处理，避免执法的随意性、任意性。

有条件的生态环境部门可充分运用信息化手段，开发和运用电子化的自由裁量系统，严格按照裁量规则和基准设计并同步更新。有条件的省级生态环境部门，应当建立省级环境行政处罚管理系统，实现统一平台、统一系统、统一裁量，并与国家建立的环境行政处罚管理系统联网。

生态环境部将在“全国环境行政处罚案件办理系统”中设置“行政处罚自由裁量计算器”功能，通过输入有关裁量因子，经过内设函数运算，对处罚额度进行模拟裁量，供各地参考。

三、制定裁量规则和基准的程序

（六）起草和发布。生态环境部门负责行政处罚案件审查的机构具体承担裁量规则和基准的起草和发布工作。起草时应当根据法律法规的制定和修改以及国家生态文明政策的调整，结合地方实际，参考以往的处罚案例，深入调查研究，广泛征求意见，按照规范性文件的制定程序组织实施。

（七）宣传和实施。生态环境部门发布裁量规则和基准后，应当配套编制解读材料，就裁量规则和基准的使用进行普法宣传和解读。有条件的地区还可以提供模拟裁量的演示系统。

（八）更新和修订。生态环境部门应当建立快速、严谨的动态更新机制，对已制定的裁量规则和基准进行补充和完善，提升其科学性和实用性。

四、裁量规则和基准的适用

（九）调查取证阶段。环境违法案件调查取证过程中，执法人员应当以裁量规则和基准为指导，全面调取有关违法行为和情节的证据；在提交行政处罚案件调查报告时，不仅要附有违法行为的定性证据，还应根据裁量因子提供有关定量证据。开发使用移动执法平台的，应当与裁量系统相衔接，为执法人员现场全面收集证据、正确适用法律提供帮助。

（十）案件审查阶段。案件审查过程中，案件审查人员应当严格遵守裁量规则和使用裁量基准，对具体案件的处罚额度提出合理的裁量建议；经集体审议的案件也应当专门对案件的裁量情况进行审议，书面记录审议结果，并随案卷归档。

（十一）告知和听证阶段。生态环境部门应当在告知当事人行政处罚有关违法事实、证据、处罚依据时，一并告知行政处罚裁量权的适用依据，及其陈述申辩权利。当事人陈述申辩时对自由裁量适用提出异议的，应当对异议情况进行核查，对合理的意见予以采纳，不得因当事人的陈述申辩而加重处罚。

（十二）决定阶段。生态环境部门在作出处罚决定时，应当在处罚决定书中载明行政处罚自由裁量的适用依据和理由，以及对当事人关于裁量的陈述申辩意见的采纳情况和理由。

（十三）裁量的特殊情形。

1．有下列情形之一的，可以从重处罚。

（1）两年内因同类环境违法行为被处罚 3 次（含 3 次）以上的；

（2）重污染天气预警期间超标排放大气污染物的；

（3）在案件查处中对执法人员进行威胁、辱骂、殴打、恐吓或者打击报复的；

（4）环境违法行为造成跨行政区域环境污染的；

（5）环境违法行为引起不良社会反响的；

（6）其他具有从重情节的。

2．有下列情形之一的，应当依法从轻或者减轻行政处罚。

（1）主动消除或者减轻环境违法行为危害后果的；

（2）受他人胁迫有环境违法行为的；

（3）配合生态环境部门查处环境违法行为有立功表现的；

（4）其他依法从轻或者减轻行政处罚的。

3．有下列情形之一的，可以免予处罚。

（1）违法行为（如“未批先建”）未造成环境污染后果，且企业自行实施关停或者实施停止建设、停止生产等措施的；

（2）违法行为持续时间短、污染小（如“超标排放水污染物不超过 2 小时，且超标倍数小于 0.1 倍、日污水排放量小于 0.1 吨的”；又如“不规范贮存危险废物时间不超过 24 小时、数量小于 0.01 吨，且未污染外环境的”）且当日完成整改的；

（3）其他违法行为轻微并及时纠正，没有造成危害后果的。

五、裁量权运行的监督和考评

（十四）信息公开。生态环境部门制定的裁量规则和基准规范性文件，应当按照上级生态环境部门和同级政府信息公开的要求，在政府网站发布，接受社会监督。

（十五）备案管理。生态环境部门应当在裁量规则和基准制发或变更后 15 日内报上一级生态环境部门备案。

（十六）适用监督。上级生态环境部门应当通过对行政处罚案卷的抽查、考评以及对督办案件的审查等形式，加强对下级生态环境部门裁量规则和基准适用的指导；发现裁量规则和基准设定明显不合理、不全面的，应当提出更新或者修改的建议。对不按裁量规则和基准进行裁量，不规范行使行政处罚自由裁量权构成违法违纪的，依法追究法律责任。

六、《关于印发有关规范行使环境行政处罚自由裁量权文件的通知》（环办〔2009〕107 号）同时废止

生态环境部

2019 年 5 月 21 日

附件

部分常用环境违法行为自由裁量参考基准及计算方法

本附件列举了几种常见环境违法行为的自由裁量基准和计算方法示例，供各地在制定裁量规则和基准时参考。

一、违法行为个性裁量基准

（一）违反环境影响评价制度的行为（报告书、报告表类）

裁量因素	裁量因子	裁量等级
项目应报批的环评文件类别	报告表（非生产型）	1
	报告表（生产型）	2
	报告书（非生产型）	3
	报告书	4
	报告书（化工、电镀、皮革、造纸、制浆、冶炼、放射性、印染、染料、炼焦、炼油项目）	5
项目建设地点	符合环境功能规划	1
	不符合环境功能规划，但不在保护区	2
	位于自然保护区实验区/饮用水水源准保护区	3
	位于自然保护区缓冲区/饮用水水源二级保护区	4
	位于自然保护区核心区/饮用水水源一级保护区	5
项目建设进程	基础建设阶段	1
	主体建设阶段	2
	设备安装阶段	3
	调试阶段	4
	生产阶段或不执行停止建设决定	5

（二）违反环境保护排污许可管理制度的行为

裁量因素	裁量因子	裁量等级
排污单位管理类别	登记管理	1
	简化管理	3
	重点管理	5
排放去向或区域（以水、气为例）	二类功能区（工业区和农村地区）/V类水体或污水集中处理设施	1
	无/IV类水体	2
	二类功能区（居民区、商业交通居民混合区、文化区）/III类水体	3
	无/I、II类水体	4
	一类功能区/饮用水水源保护区	5

裁量因素	裁量因子	裁量等级
持续时间	不足5天	1
	5天以上不足10天	2
	10天以上不足20天	3
	20天以上不足1个月	4
	1个月以上	5
废气类别	餐饮油烟（经营）	1
	农业生产、畜禽养殖/工地扬尘/机械、汽车修理	2
	一般工业废气/含恶臭污染物的废气/医疗/实验室	3
	火电、钢铁、石化、水泥、炼焦、有色、化工废气、烟尘/燃煤锅炉废气、烟尘	4
	含有毒有害物质的废气	5
废水类别	生活废水	1
	服务业废水	2
	一般工业废水	3
	含其他有毒有害物质的废水、医疗废水	4
	含一类污染物或重金属、病原体、放射性物质的废水	5
小时烟气流量（气，标态）/日排放量（水）	不足1 000米^3/不足10吨（一般排污单位）/不足5万吨（生活污水处理厂）/不足2 000吨（工业污水处理厂）	1
	1 000米^{3}以上不足1万米^3/ 10吨以上不足100吨（一般排污单位）/5万吨以上不足10万吨（生活污水处理厂）/2 000吨以上不足5 000吨（工业污水处理厂）	2
	1万米^{3}以上不足10万米^3/100吨以上不足500吨（一般排污单位）/10万吨以上不足20万吨（生活污水处理厂）/5 000吨以上不足1万吨（工业污水处理厂）	3
	10万米^{3}以上不足20万米^3/500吨以上不足1 000吨（一般排污单位）/20万吨以上不足50万吨（生活污水处理厂）/1万吨以上不足5万吨（工业污水处理厂）	4
	20万米^{3}以上/1 000吨以上（一般排污单位）/50万吨以上（生活污水处理厂）/5万吨以上（工业污水处理厂）	5

（三）违反现场检查规定的行为

裁量因素	裁量因子	裁量等级
拒绝检查情形	迟滞10分钟以上30分钟以内	1
	迟滞超过半小时	2
	阻碍或隐匿部分资料	3
	围堵、留滞执法人员或拒绝提供资料	4
	暴力抗法	5
弄虚作假情形	提供非关键性假信息	1
	提供假信息	3
	伪造现场或证据	5

（四）逃避监管排放污染物行为

裁量因素	裁量因子	裁量等级
排放去向或区域（以水、气为例）	二类功能区（工业区和农村地区）/Ⅴ类水体或污水集中处理设施	1
	无/Ⅳ类水体	2
	二类功能区（居民区、商业交通居民混合区、文化区）/Ⅲ类水体	3
	无/Ⅰ、Ⅱ类水体	4
	一类功能区/饮用水水源保护区	5
废气类别	餐饮油烟（经营）	1
	农业生产、畜禽养殖/工地扬尘/机械、汽车修理	2
	一般工业废气/含恶臭污染物的废气/医疗/实验室	3
	火电、钢铁、石化、水泥、炼焦、有色、化工废气、烟尘/燃煤锅炉废气、烟尘	4
	含有毒有害物质的废气	5
废水类别	生活废水	1
	服务业废水	2
	一般工业废水	3
	含其他有毒有害物质的废水、医疗废水	4
	含一类污染物或重金属、病原体、放射性物质的污水	5
工业固体废物类别	Ⅰ类一般工业固体废物	1
	Ⅱ类一般工业固体废物	3
	危险废物	5
排污超标状况	不超标	1
	超标不足 50%	2
	超标 50%以上不足 100%	3
	超标 100%以上不足 200%	4
	超标 200%以上	5
行为情形	部分处理设施不能正常运行	1
	部分处理设施停运	2
	整体或关键处理设施不能正常运行	3
	整体或关键处理设施停运/为逃避现场检查临时停产	4
	正常生产时不通过处理设施利用其他方式直接排放/篡改、伪造监测数据	5
小时烟气流量（气，标态）/日排放量（水）	不足 1 000 米^3/不足 10 吨（一般排污单位）/不足 5 万吨（生活污水处理厂）/不足 2 000 吨（工业污水处理厂）	1
	1 000 米^{3}以上不足 1 万米^3/ 10 吨以上不足 100 吨（一般排污单位）/5 万吨以上不足 10 万吨（生活污水处理厂）/2 000 吨以上不足 5 000 吨（工业污水处理厂）	2
	1 万米^{3}以上不足 10 万米^3/100 吨以上不足 500 吨（一般排污单位）/10 万吨以上不足 20 万吨（生活污水处理厂）/5 000 吨以上不足 1 万吨（工业污水处理厂）	3
	10 万米^{3}以上不足 20 万米^3/ 500 吨以上不足 1 000 吨（一般排污单位）/20 万吨以上不足 50 万吨（生活污水处理厂）/1 万吨以上不足 5 万吨（工业污水处理厂）	4
	20 万米^{3}以上/1 000 吨以上（一般排污单位）/50 万吨以上（生活污水处理厂）/5 万吨以上（工业污水处理厂）	5

裁量因素	裁量因子	裁量等级
持续时间	不足5天	1
	5天以上不足10天	2
	10天以上不足20天	3
	20天以上不足1个月	4
	1个月以上	5

（五）超标排放污染物行为

裁量因素	裁量因子	裁量等级
超标因子	1个	1
	2个	3
	3个	4
	4个及以上	5
排放去向或区域（以水、气为例）	二类功能区（工业区和农村地区）/V类水体或污水集中处理设施	1
	无/IV类水体	2
	二类功能区（居民区、商业交通居民混合区、文化区）/III类水体	3
	无/I、II类水体	4
	一类功能区/饮用水水源保护区	5
持续时间（以日均值数据计）	不足5天	1
	5天以上不足10天	2
	10天以上不足20天	3
	20天以上不足1个月	4
	1个月以上	5
废气类别	餐饮油烟（经营）	1
	农业生产、畜禽养殖/工地扬尘/机械、汽车修理	2
	一般工业废气/含恶臭污染物的废气/医疗/实验室	3
	火电、钢铁、石化、水泥、炼焦、有色、化工废气、烟尘/燃煤锅炉废气、烟尘	4
	含有毒有害物质的废气	5
废水类别	生活废水	1
	服务业废水	2
	一般工业废水	3
	含其他有毒有害物质的废水、医疗废水	4
	含一类污染物或重金属、病原体、放射性物质的污水	5
排污超标状况	超标不足10%/林格曼黑度1级	1
	超标10%以上不足50%/林格曼黑度2级	2
	超标50%以上不足100%/林格曼黑度3级	3
	超标100%以上不足200%/林格曼黑度4级	4
	超标200%以上/林格曼黑度5级	5
小时烟气流量（气，标态）/日排放量（水）	不足1 000米^3/不足10吨（一般排污单位）/不足5万吨（生活污水处理厂）/不足2 000吨（工业污水处理厂）	1
	1 000米^{3}以上不足1万米^3/10吨以上不足100吨（一般排污单位）/5万吨以上不足10万吨（生活污水处理厂）/2 000吨以上不足5 000吨（工业污水处理厂）	2

裁量因素	裁量因子	裁量等级
小时烟气流量（气，标态）/日排放量（水）	1 万米^{3}以上不足 10 万米^3/100 吨以上不足 500 吨（一般排污单位）/10 万吨以上不足 20 万吨（生活污水处理厂）/5 000 吨以上不足 1 万吨（工业污水处理厂）	3
	10 万米^{3}以上不足 20 万米^3/ 500 吨以上不足 1 000 吨（一般排污单位）/20 万吨以上不足 50 万吨（生活污水处理厂）/1 万吨以上不足 5 万吨（工业污水处理厂）	4
	20 万米^{3}以上/1 000 吨以上（一般排污单位）/50 万吨以上（生活污水处理厂）/5 万吨以上（工业污水处理厂）	5
大气超标排放时期敏感度	一般期间	1
	特殊或重大活动期间	3
	重污染天气预警期间	5

二、违法行为共性裁量基准

裁量因素	裁量因子	裁量等级
环境违法次数（两年内，含本次）	1 次	1
	2 次	2
	3 次	4
	3 次以上	5
区域影响	县级行政区域内	1
	跨县级行政区域	3
	跨市级行政区域	4
	跨省级行政区域	5

三、违法行为修正裁量基准

修正因素类别	裁量因子	裁量等级
改正态度	立即改正	−2
	在规定期限内改正	0
	故意拖延	1
	拒不改正	2
补救措施	积极采取补救措施；恢复原状，消除环境影响	−2
	采取补救措施，环境影响无法完全消除	−1
	未采取补救措施，环境影响未扩大	0
	未采取补救措施，环境影响持续恶化	2
经济承受度（企业类型）	个体工商户	−2
	小型企事业单位	−1
	中型企事业单位	0
	大型企事业单位	1
	央企或上市公司	2
地区差异	（各地可以结合实际，自行确定地区差异裁量等级数值）	−2～2

注：为便于代入函数公式进行计算，上述表格用数值表示裁量因子不同的裁量等级。其中，1～5 代表了违法行为从轻微到严重的不同程度，−2～2 代表了可予减轻或者加重处罚的不同情形。

四、罚款金额的计算

采用二维叠加函数计算法。

算法思路：

（一）综合考虑违法行为情节、后果的严重程度和违法主体特点，确定各个性基准、共性基准、修正基准因子的数值。

（二）对相关项的子个性基准与子共性基准，叠加出总个性基准与总共性基准的数值；将总个性基准与总共性基准代入二元模型函数，计算出行为等级的数值；通过行为等级数值，计算得出与违法行为情节、后果相匹配的处罚金额。

（三）根据修正基准数值，对处罚金额在限定范围内进行修正，得出最终处罚金额。修正后的裁量处罚金额不得超出法定的裁量范围。

关于印发《重点行业挥发性有机物综合治理方案》的通知

环大气〔2019〕53号

各省、自治区、直辖市生态环境厅（局），新疆生产建设兵团生态环境局：

现将《重点行业挥发性有机物综合治理方案》印发给你们，请遵照执行。

生态环境部

2019年6月26日

重点行业挥发性有机物综合治理方案

为贯彻落实《中共中央　国务院关于全面加强生态环境保护坚决打好污染防治攻坚战的意见》《国务院关于印发打赢蓝天保卫战三年行动计划的通知》有关要求，深入实施《“十三五”挥发性有机物污染防治工作方案》，加强对各地工作指导，提高挥发性有机物（VOCs）治理的科学性、针对性和有效性，协同控制温室气体排放，制定本方案。

一、形势与问题

（一）VOCs污染排放对大气环境影响突出。VOCs是形成细颗粒物（$PM_{2.5}$）和臭氧（O_3）

的重要前体物，对气候变化也有影响。近年来，我国 $PM_{2.5}$ 污染控制取得积极进展，尤其是京津冀及周边地区、长三角地区等改善明显，但 $PM_{2.5}$ 浓度仍处于高位，超标现象依然普遍，是打赢蓝天保卫战改善环境空气质量的重点因子。京津冀及周边地区源解析结果表明，当前阶段有机物（OM）是 $PM_{2.5}$ 的最主要组分，占比达 20%～40%，其中，二次有机物占 OM 比例为 30%～50%，主要来自 VOCs 转化生成。

同时，我国 O_3 污染问题日益显现，京津冀及周边地区、长三角地区、汾渭平原等区域（以下简称重点区域，范围见附件 1）O_3 浓度呈上升趋势，尤其是在夏秋季节已成为部分城市的首要污染物。研究表明，VOCs 是现阶段重点区域 O_3 生成的主控因子。

相对于颗粒物、二氧化硫、氮氧化物污染控制，VOCs 管理基础薄弱，已成为大气环境管理短板。石化、化工、工业涂装、包装印刷、油品储运销等行业（以下简称重点行业）是我国 VOCs 重点排放源。为打赢蓝天保卫战、进一步改善环境空气质量，迫切需要全面加强重点行业 VOCs 综合治理。

（二）存在的主要问题。《大气污染防治行动计划》实施以来，我国不断加强 VOCs 污染防治工作，印发 VOCs 污染防治工作方案，出台炼油、石化等行业排放标准，一些地区制定地方排放标准，加强 VOCs 监测、监控、报告、统计等基础能力建设，取得一些进展。但 VOCs 治理工作依然薄弱，主要表现为：

一是源头控制力度不足。有机溶剂等含 VOCs 原辅材料的使用是 VOCs 重要排放来源，由于思想认识不到位、政策激励不足、投入成本高等原因，目前低 VOCs 含量原辅材料源头替代措施明显不足。据统计，我国工业涂料中水性、粉末等低 VOCs 含量涂料的使用比例不足 20%，低于欧美等发达国家 40%～60%的水平。

二是无组织排放问题突出。VOCs 挥发性强，涉及行业广，产排污环节多，无组织排放特征明显。虽然大气污染防治法等对 VOCs 无组织排放提出密闭封闭等要求，但目前量大面广的企业未采取有效管控措施，尤其是中小企业管理水平差，收集效率低，逸散问题突出。研究表明，我国工业 VOCs 排放中无组织排放占比达 60%以上。

三是治污设施简易低效。VOCs 废气组分复杂，治理技术多样，适用性差异大，技术选择和系统匹配性要求高。我国 VOCs 治理市场起步较晚，准入门槛低，加之监管能力不足等，治污设施建设质量良莠不齐，应付治理、无效治理等现象突出。在一些地区，低温等离子、光催化、光氧化等低效技术应用甚至达 80%以上，治污效果差。一些企业由于设计不规范、系统不匹配等原因，即使选择了高效治理技术，也未取得预期治污效果。

四是运行管理不规范。VOCs 治理需要全面加强过程管控，实施精细化管理，但目前企业普遍存在管理制度不健全、操作规程未建立、人员技术能力不足等问题。一些企业采用活性炭吸附工艺，但长期不更换吸附材料；一些企业采用燃烧、冷凝治理技术，但运行温度等达不到设计要求；一些企业开展了泄漏检测与修复（LDAR）工作，但未按规程操作等。

五是监测监控不到位。我国 VOCs 监测工作尚处于起步阶段，企业自行监测质量普遍不高，点位设置不合理、采样方式不规范、监测时段代表性不强等问题突出。部分重点企业未按要求配备自动监控设施。涉 VOCs 排放工业园区和产业集群缺乏有效的监测溯源与预警措施。从监管方面来看，缺乏现场快速检测等有效手段，走航监测、网格化监测等应用不足。

二、主要目标

到 2020 年，建立健全 VOCs 污染防治管理体系，重点区域、重点行业 VOCs 治理取得明显成效，完成“十三五”规划确定的 VOCs 排放量下降 10%的目标任务，协同控制温室气体排放，推动环境空气质量持续改善。

三、控制思路与要求

（一）大力推进源头替代。通过使用水性、粉末、高固体分、无溶剂、辐射固化等低 VOCs 含量的涂料，水性、辐射固化、植物基等低 VOCs 含量的油墨，水基、热熔、无溶剂、辐射固化、改性、生物降解等低 VOCs 含量的胶黏剂，以及低 VOCs 含量、低反应活性的清洗剂等，替代溶剂型涂料、油墨、胶黏剂、清洗剂等，从源头减少 VOCs 产生。工业涂装、包装印刷等行业要加大源头替代力度；化工行业要推广使用低（无）VOCs 含量、低反应活性的原辅材料，加快对芳香烃、含卤素有机化合物的绿色替代。企业应大力推广使用低 VOCs 含量木器涂料、车辆涂料、机械设备涂料、集装箱涂料以及建筑物和构筑物防护涂料等，在技术成熟的行业，推广使用低 VOCs 含量油墨和胶黏剂，重点区域到 2020 年年底前基本完成。鼓励加快低 VOCs 含量涂料、油墨、胶黏剂等研发和生产。

加强政策引导。企业采用符合国家有关低 VOCs 含量产品规定的涂料、油墨、胶黏剂等，排放浓度稳定达标且排放速率、排放绩效等满足相关规定的，相应生产工序可不要求建设末端治理设施。使用的原辅材料 VOCs 含量（质量比）低于 10%的工序，可不要求采取无组织排放收集措施。

（二）全面加强无组织排放控制。重点对含 VOCs 物料（包括含 VOCs 原辅材料、含 VOCs 产品、含 VOCs 废料以及有机聚合物材料等）储存、转移和输送、设备与管线组件泄漏、敞开液面逸散以及工艺过程等五类排放源实施管控，通过采取设备与场所密闭、工艺改进、废气有效收集等措施，削减 VOCs 无组织排放。

加强设备与场所密闭管理。含 VOCs 物料应储存于密闭容器、包装袋，高效密封储罐，封闭式储库、料仓等。含 VOCs 物料转移和输送，应采用密闭管道或密闭容器、罐车等。高 VOCs 含量废水（废水液面上方 100 毫米处 VOCs 检测浓度超过 200 ppm，其中，重点区域超过 100 ppm，以碳计）的集输、储存和处理过程，应加盖密闭。含 VOCs 物料生产和使用过程，应采取有效收集措施或在密闭空间中操作。

推进使用先进生产工艺。通过采用全密闭、连续化、自动化等生产技术，以及高效工艺与设备等，减少工艺过程无组织排放。挥发性有机液体装载优先采用底部装载方式。石化、化工行业重点推进使用低（无）泄漏的泵、压缩机、过滤机、离心机、干燥设备等，推广采用油品在线调和技术、密闭式循环水冷却系统等。工业涂装行业重点推进使用紧凑式涂装工艺，推广采用辊涂、静电喷涂、高压无气喷涂、空气辅助无气喷涂、热喷涂等涂装技术，鼓励企业采用自动化、智能化喷涂设备替代人工喷涂，减少使用空气喷涂技术。包装印刷行业大力推广使用无溶剂复合、挤出复合、共挤出复合技术，鼓励采用水性凹印、醇水凹印、辐射固化凹印、柔版印刷、无水胶印等印刷工艺。

提高废气收集率。遵循“应收尽收、分质收集”的原则，科学设计废气收集系统，将无组织排放转变为有组织排放进行控制。采用全密闭集气罩或密闭空间的，除行业有特殊要求外，应保持微负压状态，并根据相关规范合理设置通风量。采用局部集气罩的，距集气罩开口面最远处的 VOCs 无组织排放位置，控制风速应不低于 0.3 米/秒，有行业要求的按相关规定执行。

加强设备与管线组件泄漏控制。企业中载有气态、液态 VOCs 物料的设备与管线组件，密封点数量大于等于 2 000 个的，应按要求开展 LDAR 工作。石化企业按行业排放标准规定执行。

（三）推进建设适宜高效的治污设施。企业新建治污设施或对现有治污设施实施改造，应依据排放废气的浓度、组分、风量，温度、湿度、压力，以及生产工况等，合理选择治理技术。鼓励企业采用多种技术的组合工艺，提高 VOCs 治理效率。低浓度、大风量废气，宜采用沸石转轮吸附、活性炭吸附、减风增浓等浓缩技术，提高 VOCs 浓度后净化处理；高浓度废气，优先进行溶剂回收，难以回收的，宜采用高温焚烧、催化燃烧等技术。油气（溶剂）回收宜采用冷凝+吸附、吸附+吸收、膜分离+吸附等技术。低温等离子、光催化、光氧化技术主要适用于恶臭异味等治理；生物法主要适用于低浓度 VOCs 废气治理和恶臭异味治理。非水溶性的 VOCs 废气禁止采用水或水溶液喷淋吸收处理。采用一次性活性炭吸附技术的，应定期更换活性炭，废旧活性炭应再生或处理处置。有条件的工业园区和产业集群等，推广集中喷涂、溶剂集中回收、活性炭集中再生等，加强资源共享，提高 VOCs 治理效率。

规范工程设计。采用吸附处理工艺的，应满足《吸附法工业有机废气治理工程技术规范》要求。采用催化燃烧工艺的，应满足《催化燃烧法工业有机废气治理工程技术规范》要求。采用蓄热燃烧等其他处理工艺的，应按相关技术规范要求设计。

实行重点排放源排放浓度与去除效率双重控制。车间或生产设施收集排放的废气，VOCs 初始排放速率大于等于 3 千克/时、重点区域大于等于 2 千克/时的，应加大控制力度，除确保排放浓度稳定达标外，还应实行去除效率控制，去除效率不低于 80%；采用的原辅材料符合国家有关低 VOCs 含量产品规定的除外，有行业排放标准的按其相关规定执行。

（四）深入实施精细化管控。各地应围绕当地环境空气质量改善需求，根据 O_3、$PM_{2.5}$ 来源解析，结合行业污染排放特征和 VOCs 物质光化学反应活性等，确定本地区 VOCs 控制的重点行业和重点污染物，兼顾恶臭污染物和有毒有害物质控制等，提出有效管控方案，提高 VOCs 治理的精准性、针对性和有效性。全国重点控制的 VOCs 物质见附件 2。

推行“一厂一策”制度。各地应加强对企业帮扶指导，对本地污染物排放量较大的企业，组织专家提供专业化技术支持，严格把关，指导企业编制切实可行的污染治理方案，明确原辅材料替代、工艺改进、无组织排放管控、废气收集、治污设施建设等全过程减排要求，测算投资成本和减排效益，为企业有效开展 VOCs 综合治理提供技术服务。重点区域应组织本地 VOCs 排放量较大的企业开展“一厂一策”方案编制工作，2020 年 6 月底前基本完成；适时开展治理效果后评估工作，各地出台的补贴政策要与减排效果紧密挂钩。鼓励地方对重点行业推行强制性清洁生产审核。

加强企业运行管理。企业应系统梳理 VOCs 排放主要环节和工序，包括启停机、检维修作业等，制定具体操作规程，落实到具体责任人。健全内部考核制度。加强人员能力培训和技术交流。建立管理台账，记录企业生产和治污设施运行的关键参数（见附件 3），在线监控参数要确保能够实时调取，相关台账记录至少保存三年。

四、重点行业治理任务

（一）石化行业 VOCs 综合治理。全面加大石油炼制及有机化学品、合成树脂、合成纤维、合成橡胶等行业 VOCs 治理力度。重点加强密封点泄漏、废水和循环水系统、储罐、有机液体装卸、工艺废气等源项 VOCs 治理工作，确保稳定达标排放。重点区域要进一步加大其他源项治理力度，禁止熄灭火炬系统长明灯，设置视频监控装置；推进煤油、柴油等在线调和工作；非正常工况排放的 VOCs，应吹扫至火炬系统或密闭收集处理；含 VOCs 废液废渣应密闭储存；防腐防水防锈涂装采用低 VOCs 含量涂料。

深化 LDAR 工作。严格按照《石化企业泄漏检测与修复工作指南》规定，建立台账，开展泄漏检测、修复、质量控制、记录管理等工作。加强备用泵、在用泵、调节阀、搅拌器、开口管线等检测工作，强化质量控制；要将 VOCs 治理设施和储罐的密封点纳入检测计划中。参照《挥发性有机物无组织排放控制标准》有关设备与管线组件 VOCs 泄漏控制监督要求，对石化企业密封点泄漏加强监管。鼓励重点区域对泄漏量大的密封点实施包袋法检测，对不可达密封点采用红外法检测。

加强废水、循环水系统 VOCs 收集与处理。加大废水集输系统改造力度，重点区域现有企业通过采取密闭管道等措施逐步替代地漏、沟、渠、井等敞开式集输方式。全面加强废水系统高浓度 VOCs 废气收集与治理，集水井（池）、调节池、隔油池、气浮池、浓缩池等应采用密闭化工艺或密闭收集措施，配套建设燃烧等高效治污设施。生化池、曝气池等低浓度 VOCs 废气应密闭收集，实施脱臭等处理，确保达标排放。加强循环水监测，重点区域内石化企业每六个月至少开展一次循环水塔和含 VOCs 物料换热设备进出口总有机碳（TOC）或可吹扫有机碳（POC）监测工作，出口浓度大于进口浓度 10%的，要溯源泄漏点并及时修复。

强化储罐与有机液体装卸 VOCs 治理。加大中间储罐等治理力度，真实蒸汽压大于等于 5.2 千帕（kPa）的，要严格按照有关规定采取有效控制措施。鼓励重点区域对真实蒸汽压大于等于 2.8 kPa 的有机液体采取控制措施。进一步加大挥发性有机液体装卸 VOCs 治理力度，重点区域推广油罐车底部装载方式，推进船舶装卸采用油气回收系统，试点开展火车运输底部装载工作。储罐和有机液体装卸采取末端治理措施的，要确保稳定运行。

深化工艺废气 VOCs 治理。有效实施催化剂再生废气、氧化尾气 VOCs 治理，加强酸性水罐、延迟焦化、合成橡胶、合成树脂、合成纤维等工艺过程尾气 VOCs 治理。推行全密闭生产工艺，加大无组织排放收集。鼓励企业将含 VOCs 废气送工艺加热炉、锅炉等直接燃烧处理，污染物排放满足石化行业相关排放标准要求。酸性水罐尾气应收集处理。推进重点区域延迟焦化装置实施密闭除焦（含冷焦水和切焦水密闭）改造。合成橡胶、合成树脂、合成纤维等推广使用密闭脱水、脱气、掺混等工艺和设备，配套建设高效治污设施。

（二）化工行业 VOCs 综合治理。加强制药、农药、涂料、油墨、胶黏剂、橡胶和塑料制品等行业 VOCs 治理力度。重点提高涉 VOCs 排放主要工序密闭化水平，加强无组织排放收集，加大含 VOCs 物料储存和装卸治理力度。废水储存、曝气池及其之前废水处理设施应按要求加盖封闭，实施废气收集与处理。密封点大于等于 2 000 个的，要开展 LDAR 工作。

积极推广使用低 VOCs 含量或低反应活性的原辅材料，加快工艺改进和产品升级。制药、农药行业推广使用非卤代烃和非芳香烃类溶剂，鼓励生产水基化类农药制剂。橡胶制品行业推广使用新型偶联剂、黏合剂，使用石蜡油等替代普通芳烃油、煤焦油等助剂。优化生产工艺，农药行业推广水相法、生物酶法合成等技术；制药行业推广生物酶法合成技术；橡胶制品行业推广采用串联法混炼、常压连续脱硫工艺。

加快生产设备密闭化改造。对进出料、物料输送、搅拌、固液分离、干燥、灌装等过程，采取密闭化措施，提升工艺装备水平。加快淘汰敞口式、明流式设施。重点区域含 VOCs 物料输送原则上采用重力流或泵送方式，逐步淘汰真空方式；有机液体进料鼓励采用底部、浸入管给料方式，淘汰喷溅式给料；固体物料投加逐步推进采用密闭式投料装置。

严格控制储存和装卸过程 VOCs 排放。鼓励采用压力罐、浮顶罐等替代固定顶罐。真实蒸汽压大于等于 27.6 kPa（重点区域大于等于 5.2 kPa）的有机液体，利用固定顶罐储存的，应按有关规定采用气相平衡系统或收集净化处理。

实施废气分类收集处理。优先选用冷凝、吸附再生等回收技术；难以回收的，宜选用燃烧、吸附浓缩+燃烧等高效治理技术。水溶性、酸碱 VOCs 废气宜选用多级化学吸收等处理技术。恶臭类废气还应进一步加强除臭处理。

加强非正常工况废气排放控制。退料、吹扫、清洗等过程应加强含 VOCs 物料回收工作，产生的 VOCs 废气要加大收集处理力度。开车阶段产生的易挥发性不合格产品应收集至中间储罐等装置。重点区域化工企业应制定开停车、检维修等非正常工况 VOCs 治理操作规程。

（三）工业涂装 VOCs 综合治理。加大汽车、家具、集装箱、电子产品、工程机械等行业 VOCs 治理力度，重点区域应结合本地产业特征，加快实施其他行业涂装 VOCs 综合治理。

强化源头控制，加快使用粉末、水性、高固体分、辐射固化等低 VOCs 含量的涂料替代溶剂型涂料。重点区域汽车制造底漆大力推广使用水性涂料，乘用车中涂、色漆大力推广使用高固体分或水性涂料，加快客车、货车等中涂、色漆改造。钢制集装箱制造在箱内、箱外、木地板涂装等工序大力推广使用水性涂料，在确保防腐蚀功能的前提下，加快推进特种集装箱采用水性涂料。木质家具制造大力推广使用水性、辐射固化、粉末等涂料和水性胶黏剂；金属家具制造大力推广使用粉末涂料；软体家具制造大力推广使用水性胶黏剂。工程机械制造大力推广使用水性、粉末和高固体分涂料。电子产品制造推广使用粉末、水性、辐射固化等涂料。

加快推广紧凑式涂装工艺、先进涂装技术和设备。汽车制造整车生产推广使用“三涂一烘”“两涂一烘”或免中涂等紧凑型工艺、静电喷涂技术、自动化喷涂设备。汽车金属零配件企业鼓励采用粉末静电喷涂技术。集装箱制造一次打砂工序钢板处理采用辊涂工艺。木质家具推广使用高效的往复式喷涂箱、机械手和静电喷涂技术。板式家具采用喷涂工艺的，推广使用粉末静电喷涂技术；采用溶剂型、辐射固化涂料的，推广使用辊涂、淋涂等工艺。工程机械制造要提高室内涂装比例，鼓励采用自动喷涂、静电喷涂等技术。电子产品制造推广使用静电喷涂等技术。

有效控制无组织排放。涂料、稀释剂、清洗剂等原辅材料应密闭存储，调配、使用、回收等过程应采用密闭设备或在密闭空间内操作，采用密闭管道或密闭容器等输送。除大型工件外，禁止敞开式喷涂、晾（风）干作业。除工艺限制外，原则上实行集中调配。调配、喷涂和干燥等 VOCs 排放工序应配备有效的废气收集系统。

推进建设适宜高效的治污设施。喷涂废气应设置高效漆雾处理装置。喷涂、晾（风）干废气宜采用吸附浓缩+燃烧处理方式，小风量的可采用一次性活性炭吸附等工艺。调配、流平等废气可与喷涂、晾（风）干废气一并处理。使用溶剂型涂料的生产线，烘干废气宜采用燃烧方式单独处理，具备条件的可采用回收式热力燃烧装置。

（四）包装印刷行业 VOCs 综合治理。重点推进塑料软包装印刷、印铁制罐等 VOCs 治理，积极推进使用低（无）VOCs 含量原辅材料和环境友好型技术替代，全面加强无组织排放控制，建设高效末端净化设施。重点区域逐步开展出版物印刷 VOCs 治理工作，推广使用植物油基油墨、辐射固化油墨、低（无）醇润版液等低（无）VOCs 含量原辅材料和无水印刷、橡皮布自动清洗等技术，实现污染减排。

强化源头控制。塑料软包装印刷企业推广使用水醇性油墨、单一组分溶剂油墨，无溶剂复合技术、共挤出复合技术等，鼓励使用水性油墨、辐射固化油墨、紫外光固化光油、低（无）挥发和高沸点的清洁剂等。印铁企业加快推广使用辐射固化涂料、辐射固化油墨、紫外光固化光油。制罐企业推广使用水性油墨、水性涂料。鼓励包装印刷企业实施胶印、柔印等技术改造。

加强无组织排放控制。加强油墨、稀释剂、胶黏剂、涂布液、清洗剂等含 VOCs 物料储存、调配、输送、使用等工艺环节 VOCs 无组织逸散控制。含 VOCs 物料储存和输送过程应保持密闭。调配应在密闭装置或空间内进行并有效收集，非即用状态应加盖密封。涂布、印刷、覆膜、复合、上光、清洗等含 VOCs 物料使用过程应采用密闭设备或在密闭空间内操作；无法密闭的，应采取局部气体收集措施，废气排至 VOCs 废气收集系统。凹版、柔版印刷机宜采用封闭刮刀，或通过安装盖板、改变墨槽开口形状等措施减少墨槽无组织逸散。鼓励重点区域印刷企业对涉 VOCs 排放车间进行负压改造或局部围风改造。

提升末端治理水平。包装印刷企业印刷、干式复合等 VOCs 排放工序，宜采用吸附浓缩+冷凝回收、吸附浓缩+燃烧、减风增浓+燃烧等高效处理技术。

（五）油品储运销 VOCs 综合治理。加大汽油（含乙醇汽油）、石脑油、煤油（含航空煤油）以及原油等 VOCs 排放控制，重点推进加油站、油罐车、储油库油气回收治理。重点区域还应推进油船油气回收治理工作。

深化加油站油气回收工作。O_3 污染较重的地区，行政区域内大力推进加油站储油、加油油气回收治理工作，重点区域 2019 年年底前基本完成。埋地油罐全面采用电子液位仪进行汽油密闭测量。规范油气回收设施运行，自行或聘请第三方加强加油枪气液比、系统密闭性及管线液阻等检查，提高检测频次，重点区域原则上每半年开展一次，确保油气回收系统正常运行。重点区域加快推进年销售汽油量大于 5 000 吨的加油站安装油气回收自动监控设备，并与生态环境部门联网，2020 年年底前基本完成。

推进储油库油气回收治理。汽油、航空煤油、原油以及真实蒸汽压小于 76.6 kPa 的石脑油应采用浮顶罐储存，其中，油品容积小于等于 100 米^{3}的，可采用卧式储罐。真实蒸汽压大于等于 76.6 kPa 的石脑油应采用低压罐、压力罐或其他等效措施储存。加快推进油品收发过程排放的油气收集处理。加强储油库发油油气回收系统接口泄漏检测，提高检测频次，减少油气泄漏，确保油品装卸过程油气回收处理装置正常运行。加强油罐车油气回收系统密闭性和油气回收气动阀门密闭性检测，每年至少开展一次。推动储油库安装油气回收自动监控设施。

（六）工业园区和产业集群 VOCs 综合治理。各地应加大涉 VOCs 排放工业园区和产业集群综合整治力度，加强资源共享，实施集中治理，开展园区监测评估，建立环境信息共享平台。

对涂装类企业集中的工业园区和产业集群，如家具、机械制造、电子产品、汽车维修等，鼓励建设集中涂装中心，配备高效废气治理设施，代替分散的涂装工序。对石化、化工类工业园区和产业集群，推行泄漏检测统一监管，鼓励建立园区 LDAR 信息管理平台。对有机溶剂使用量大的工业园区和产业集群，如包装印刷、织物整理、合成橡胶及其制品等，推进建设有机溶剂集中回收处置中心，提高有机溶剂回收利用率。对活性炭使用量大的工业园区和产业集群，鼓励地方统筹规划，建设区域性活性炭集中再生基地，建立活性炭分散使用、统一回收、集中再生的管理模式，有效解决活性炭不及时更换、不脱附再生、监管难度大的问题，对脱附的 VOCs 等污染物应进行妥善处置。

强化工业园区和产业集群统一管理。树立行业标杆，制定综合整治方案，引导工业园区和产业集群整体升级。石化、化工类工业园区和产业集群，要建立健全档案管理制度，明确企业 VOCs 源谱，识别特征污染物，载明企业废气收集与治理设施建设情况、重污染天气应急预案、企业违法处罚等环保信息。鼓励对园区和产业集群开展监测、排查、环保设施建设运营等一体化服务。

提升工业园区和产业集群监测监控能力。加快推进重点工业园区和产业集群环境空气质量 VOCs 监测工作，重点区域 2020 年年底前基本完成。石化、化工类工业园区应建设监测预警监控体系，具备条件的，开展走航监测、网格化监测以及溯源分析等工作。涉恶臭污染的工业园区和产业集群，推广实施恶臭电子鼻监控预警。

五、实施与保障

（一）加强组织领导。各地要按照打赢蓝天保卫战总体部署，深入推进重点行业 VOCs 综合治理。各级生态环境部门要加强与相关部门、行业协会等协调，形成工作合力；结合第二次全国污染源普查、污染源排放清单编制等工作，确立本地 VOCs 治理重点行业，建立重点污染源管理台账；组织监测、执法、科研等力量，加强监督和帮扶，开展专项治理行动。加强服务指导，重点区域强化监督定点帮扶工作要把重点行业 VOCs 综合治理作为帮扶的重点。京津冀及周边地区、汾渭平原等“一市一策”驻点跟踪研究工作组要加大 VOCs 治理科研支撑力度。对推进不力、工作滞后、治理不到位的，要强化监督问责。

（二）完善标准体系。加快含 VOCs 产品质量标准制修订工作，2019 年年底前，出台低 VOCs 含量涂料产品技术要求，制修订建筑用墙面涂料、木器涂料、车辆涂料、工业防护涂料中有害物质限量标准，制订油墨、胶黏剂、清洗剂挥发性有机化合物限量强制性标准。加快涉 VOCs 行业排放标准制修订工作，2020 年 6 月底前，力争完成农药、汽车涂装、集装箱制造、包装印刷、家具制造、电子工业等行业大气污染物排放标准制订。建立与排放标准相适应的VOCs监测分析方法标准、监测仪器技术要求，加快出台固定污染源VOCs排放连续监测技术规范、VOCs便携式监测技术规范。鼓励地方制定更加严格的地方排放标准。

（三）加强监测监控。加快制定家具、人造板、电子工业、包装印刷、涂料油墨颜料及类似产品、橡胶制品、塑料制品等行业自行监测指南和工业园区监测指南。排污许可管理已有规定的石化、炼焦、原料药、农药、汽车制造、制革、纺织印染等行业，要严格按照相关规定开展自行监测工作。

石化、化工、包装印刷、工业涂装等VOCs排放重点源，纳入重点排污单位名录，主要排污口安装自动监控设施，并与生态环境部门联网，重点区域2019年年底前基本完成，全国2020年年底前基本完成。鼓励重点区域对无组织排放突出的企业，在主要排放工序安装视频监控设施。鼓励企业配备便携式VOCs监测仪器，及时了解掌握排污状况。具备条件的企业，应通过分布式控制系统（DCS）等，自动连续记录环保设施运行及相关生产过程主要参数。自动监控、DCS监控等数据至少要保存一年，视频监控数据至少保存三个月。

强化监测数据质量控制。企业自行监测应在正常生产工况下开展，对于间歇性排放或排放波动较大的污染源，监测工作应涵盖排放强度大的时段。加强自动监控设施运营维护，数据传输有效率达到90%。企业在正常生产以及限产、停产、检修等非正常工况下，均应保证自动监控设施正常运行并联网传输数据。各地对出现数据缺失、长时间掉线等异常情况，要及时进行核实和调查处理。加强生态环境监测机构监督管理，对严重失信的监测机构和人员，将违法违规信息通过“信用中国”等网站向社会公布。

（四）强化监督执法。各地要加大VOCs排放监管执法力度，严厉打击违法排污行为，形成有效震慑作用。对无证排污、未按证排污、不能稳定达标排放、不满足措施性控制要求的企业，综合运用按日连续计罚、查封扣押、限产停产等手段，依法依规严格处罚，并定期向社会公开。严肃查处弄虚作假、擅自停运环保设施等严重违法行为，依法查处并追究相关人员责任。整顿和规范环保服务市场秩序，严厉打击VOCs治理设施建设运维不规范行为。

多措并举治理低价中标乱象。加大联合惩戒力度，将建设工程质量低劣的环保公司和环保设施运营管理水平低、存在弄虚作假行为的运维机构列入失信联合惩戒对象名单，纳入全国信用信息共享平台，并通过“信用中国”“国家企业信用信息公示系统”等网站向社会公布。

开展重点行业专项执法行动，重点对VOCs无组织排放、废气收集以及污染治理设施运行等情况进行检查，检查要点参见附件4、附件5。鼓励各地出台相关文件开展无组织排放监测执法，按照《挥发性有机物无组织排放控制标准》附录A要求，通过监测厂区内无组织排放浓度等，监控企业综合控制效果。

加强技术培训和执法能力建设。制定执法人员培训计划，围绕VOCs管理的法规标准体系、污染防治政策、综合治理任务，重点行业主要排放环节、排放特征、无组织排放措施性控制要求、废气收集与治理技术，监测监控技术规范、现场执法检查要点等，系统开展培训工作。在环境执法大练兵中，将VOCs执法检查作为大比武的重要内容，有效带动提升VOCs执法实战能力。提高执法装备水平，配备便携式VOCs快速检测仪、VOCs泄漏检测仪、微风风速仪、油气回收三项检测仪等。

（五）全面实施排污许可。按照固定污染源排污许可分类管理名录要求，加快家具等行业排污许可证核发工作。对已核发的涉 VOCs 行业，强化排污许可执法监管，确保排污单位落实持证排污、按证排污的环境管理主体责任。定期公布未按证排污单位名单。

（六）实施差异化管理。综合考虑企业生产工艺、原辅材料使用情况、无组织排放管控水平、污染治理设施运行效果等，树立行业标杆，引导产业转型升级。在重污染天气应对、环境执法检查、政府绿色采购、企业信贷融资等方面，对标杆企业给予政策支持。对治污设施简易、无组织排放管控不力的企业，加大联合惩戒力度。

强化重污染天气应对。各地应将涉 VOCs 排放企业全面纳入重污染天气应急减排清单，做到全覆盖。针对 VOCs 排放主要工序，采取切实有效的应急减排措施，落实到具体生产线和设备。根据污染排放绩效水平，实行差异化应急减排管理。对使用有机溶剂等原辅材料，末端治理仅采用低温等离子、光催化、光氧化、一次性活性炭吸附等技术或存在敞开式作业的企业，加大停产限产力度。鼓励各地实施季节性差异化 VOCs 管控措施，在 O_3 污染较重的季节，对芳香烃、烯烃、醛类等排放量较大的企业，提出进一步管控要求。

附件 1

重点区域范围

区域名称	范　围
京津冀及周边地区	北京市，天津市，河北省石家庄、唐山、邯郸、邢台、保定、沧州、廊坊、衡水市以及雄安新区，山西省太原、阳泉、长治、晋城市，山东省济南、淄博、济宁、德州、聊城、滨州、菏泽市，河南省郑州、开封、安阳、鹤壁、新乡、焦作、濮阳市（含河北省定州、辛集市，河南省济源市）
长三角地区	上海市、江苏省、浙江省、安徽省
汾渭平原	山西省晋中、运城、临汾、吕梁市，河南省洛阳、三门峡市，陕西省西安、铜川、宝鸡、咸阳、渭南市以及杨凌示范区（含陕西省西咸新区、韩城市）

附件 2

重点控制的 VOCs 物质

类　别	重点控制的 VOCs 物质
O_3 前体物	间/对二甲苯、乙烯、丙烯、甲醛、甲苯、乙醛、1,3-丁二烯、三甲苯、邻二甲苯、苯乙烯等
$PM_{2.5}$ 前体物	甲苯、正十二烷、间/对二甲苯、苯乙烯、正十一烷、正癸烷、乙苯、邻二甲苯、1,3-丁二烯、甲基环己烷、正壬烷等
恶臭物质	甲胺类、甲硫醇、甲硫醚、二甲二硫、二硫化碳、苯乙烯、异丙苯、苯酚、丙烯酸酯类等
高毒害物质	苯、甲醛、氯乙烯、三氯乙烯、丙烯腈、丙烯酰胺、环氧乙烷、1,2-二氯乙烷、异氰酸酯类等

附件 3

VOCs 治理台账记录要求

重点行业	重点环节	台账记录要求
石化/化工	含 VOCs 原辅材料	含 VOCs 原辅材料名称及其 VOCs 含量，采购量、使用量、库存量，含 VOCs 原辅材料回收方式及回收量等
	密封点	检测时间、泄漏检测浓度、修复时间、采取的修复措施、修复后泄漏检测浓度等
	有机液体储存	有机液体物料名称、储罐类型及密封方式、储存温度、周转量、油气回收量等
	有机液体装载	有机液体物料名称、装载方式、装载量、油气回收量等
	废水集输、储存与处理	废水量、废水集输方式（密闭管道、沟渠）、废水处理设施密闭情况、敞开液面上方 VOCs 检测浓度等
	循环水系统	检测时间、循环水塔进出口 TOC 或 POC 浓度、含 VOCs 物料换热设备进出口 TOC 或 POC 浓度、修复时间、修复措施、修复后进出口 TOC 或 POC 浓度等
	非正常工况（含开停工及维修）排放	开停工、检维修时间，退料、吹扫、清洗等过程含 VOCs 物料回收情况，VOCs 废气收集处理情况，开车阶段产生的易挥发性不合格产品产量和收集情况等
石化/化工	火炬排放	火炬运行时间、燃料消耗量、火炬气流量等
	事故排放	事故类别、时间、处置情况等
	废气收集处理设施	废气处理设施进出口的监测数据（废气量、浓度、温度、含氧量等）
		废气收集与处理设施关键参数（见附件 4）
		废气处理设施相关耗材（吸收剂、吸附剂、催化剂、蓄热体等）购买处置记录
工业涂装	生产信息	主要产品产量及涂装总面积等生产基本信息
	含 VOCs 原辅材料	含 VOCs 原辅材料（涂料、固化剂、稀释剂、胶黏剂、清洗剂等）名称及其 VOCs 含量，采购量、使用量、库存量，含 VOCs 原辅材料回收方式及回收量等
	废气收集处理设施	废气处理设施进出口的监测数据（废气量、浓度、温度、含氧量等）
		废气收集与处理设施关键参数（见附件 4）
		废气处理设施相关耗材（吸收剂、吸附剂、催化剂、蓄热体等）购买处置记录
包装印刷	生产信息	主要产品印刷量等生产基本信息
	含 VOCs 原辅材料	含 VOCs 原辅材料（油墨、稀释剂、清洗剂、润版液、胶黏剂、复合胶、光油、涂料等）名称及其 VOCs 含量，采购量、使用量、库存量，含 VOCs 原辅材料回收方式及回收量等
	废气收集处理设施	废气处理设施进出口的监测数据（废气量、浓度、温度、含氧量等）
		废气收集与处理设施关键参数（见附件 4）
		废气处理设施相关耗材（吸收剂、吸附剂、催化剂、蓄热体等）购买处置记录

重点行业	重点环节	台账记录要求
储油库	基本信息	油品种类、周转量等
	收发油	收发油时间、油品种类、数量，油品来源；气液比检测时间与结果，修复时间、采取的修复措施等；油气收集系统压力检测时间与结果，修复时间、采取的修复措施等
	油气处理装置	进口压力、温度、流量，出口浓度、压力、温度、流量，修复时间、采取的修复措施等；一次性吸附剂更换时间和更换量，再生型吸附剂再生周期、更换情况，废吸附剂储存、处置情况等
	泄漏点	检测方法、检测结果、修复时间、采取的修复措施、修复后检测结果等
加油站	基本信息	油品种类、销售量等
	加油过程	气液比检测时间与结果，修复时间、采取的修复措施等；油气回收系统管线液阻检测时间与结果，修复时间、采取的修复措施等；油气回收系统密闭性检测时间与结果，修复时间、采取的修复措施等
	卸油过程	卸油时间、油品种类、油品来源、卸油量、卸油方式等
	油气处理装置	一次性吸附剂更换时间和更换量，再生型吸附剂再生周期、更换情况，废吸附剂储存、处置情况等

附件 4

工业企业 VOCs 治理检查要点

源项	检查环节	检查要点
VOCs 物料储存	容器、包装袋	1．容器或包装袋在非取用状态时是否加盖、封口，保持密闭；盛装过 VOCs 物料的废包装容器是否加盖密闭 2．容器或包装袋是否存放于室内，或存放于设置有雨棚、遮阳和防渗设施的专用场地
	挥发性有机液体储罐	3．储罐类型与储存物料真实蒸汽压、容积等是否匹配，是否存在破损、孔洞、缝隙等问题
		4．内浮顶罐的边缘密封是否采用浸液式、机械式鞋形等高效密封方式 5．外浮顶罐是否采用双重密封，且一次密封为浸液式、机械式鞋形等高效密封方式 6．浮顶罐浮盘附件开口（孔）是否密闭（采样、计量、例行检查、维护和其他正常活动除外）
		7．固定顶罐是否配有 VOCs 处理设施或气相平衡系统 8．呼吸阀的定压是否符合设定要求 9．固定顶罐的附件开口（孔）是否密闭（采样、计量、例行检查、维护和其他正常活动除外）
	储库、料仓	10．围护结构是否完整，与周围空间完全阻隔 11．门窗及其他开口（孔）部位是否关闭（人员、车辆、设备、物料进出时，以及依法设立的排气筒、通风口除外）
VOCs 物料转移和输送	液态 VOCs 物料	1．是否采用管道密闭输送，或者采用密闭容器或罐车
	粉状、粒状 VOCs 物料	2．是否采用气力输送设备、管状带式输送机、螺旋输送机等密闭输送方式，或者采用密闭的包装袋、容器或罐车
	挥发性有机液体装载	3．汽车、火车运输是否采用底部装载或顶部浸没式装载方式 4．是否根据年装载量和装载物料真实蒸汽压，对 VOCs 废气采取密闭收集处理措施，或连通至气相平衡系统；有油气回收装置的，检查油气回收量

源项	检查环节	检查要点
工艺过程VOCs无组织排放	VOCs物料投加和卸放	1. 液态、粉粒状VOCs物料的投加过程是否密闭，或采取局部气体收集措施；废气是否排至VOCs废气收集处理系统 2. VOCs物料的卸（出、放）料过程是否密闭，或采取局部气体收集措施；废气是否排至VOCs废气收集处理系统
	化学反应单元	3. 反应设备进料置换废气、挥发排气、反应尾气等是否排至VOCs废气收集处理系统 4. 反应设备的进料口、出料口、检修口、搅拌口、观察孔等开口（孔）在不操作时是否密闭
	分离精制单元	5. 离心、过滤、干燥过程是否采用密闭设备，或在密闭空间内操作，或采取局部气体收集措施；废气是否排至VOCs废气收集处理系统 6. 其他分离精制过程排放的废气是否排至VOCs废气收集处理系统 7. 分离精制后的母液是否密闭收集；母液储槽（罐）产生的废气是否排至VOCs废气收集处理系统
	真空系统	8. 采用干式真空泵的，真空排气是否排至VOCs废气收集处理系统 9. 采用液环（水环）真空泵、水（水蒸汽）喷射真空泵的，工作介质的循环槽（罐）是否密闭，真空排气、循环槽（罐）排气是否排至VOCs废气收集处理系统
	配料加工与产品包装过程	10. 混合、搅拌、研磨、造粒、切片、压块等配料加工过程，以及含VOCs产品的包装（灌装、分装）过程是否采用密闭设备，或在密闭空间内操作，或采取局部气体收集措施；废气是否排至VOCs废气收集处理系统
	含VOCs产品的使用过程	11. 调配、涂装、印刷、黏结、印染、干燥、清洗等过程中使用VOCs含量大于等于10%的产品，是否采用密闭设备，或在密闭空间内操作，或采取局部气体收集措施；废气是否排至VOCs废气收集处理系统 12. 有机聚合物（合成树脂、合成橡胶、合成纤维等）的混合/混炼、塑炼/塑化/熔化、加工成型（挤出、注射、压制、压延、发泡、纺丝等）等制品生产过程，是否采用密闭设备，或在密闭空间内操作，或采取局部气体收集措施；废气是否排至VOCs废气收集处理系统
	其他过程	13. 载有VOCs物料的设备及其管道在开停工（车）、检维修和清洗时，是否在退料阶段将残存物料退净，并用密闭容器盛装；退料过程废气、清洗及吹扫过程排气是否排至VOCs废气收集处理系统
	VOCs无组织废气收集处理系统	14. 是否与生产工艺设备同步运行 15. 采用外部集气罩的，距排气罩开口面最远处的VOCs无组织排放位置，控制风速是否大于等于0.3米/秒（有行业具体要求的按相应规定执行） 16. 废气收集系统是否负压运行；处于正压状态的，是否有泄漏 17. 废气收集系统的输送管道是否密闭、无破损
设备与管线组件泄漏	LDAR工作	1. 企业密封点数量大于等于2 000个的，是否开展LDAR工作 2. 泵、压缩机、搅拌器、阀门、法兰等是否按照规定的频次进行泄漏检测 3. 发现可见泄漏现象或超过泄漏认定浓度的，是否按照规定的时间进行泄漏源修复 4. 现场随机抽查，在检测不超过100个密封点的情况下，发现有2个以上（不含）不在修复期内的密封点出现可见泄漏现象或超过泄漏认定浓度的，属于违法行为

源项	检查环节	检查要点
敞开液面VOCs逸散	废水集输系统	1. 是否采用密闭管道输送；采用沟渠输送未加盖密闭的，废水液面上方VOCs检测浓度是否超过标准要求 2. 接入口和排出口是否采取与环境空气隔离的措施
	废水储存、处理设施	3. 废水储存和处理设施敞开的，液面上方VOCs检测浓度是否超过标准要求 4. 采用固定顶盖的，废气是否收集至VOCs废气收集处理系统
	开式循环冷却水系统	5. 是否每6个月对流经换热器进口和出口的循环冷却水中的TOC或POC浓度进行检测；发现泄漏是否及时修复并记录
有组织VOCs排放	排气筒	1. VOCs排放浓度是否稳定达标 2. 车间或生产设施收集排放的废气，VOCs初始排放速率大于等于3千克/时、重点区域大于等于2千克/时的，VOCs治理效率是否符合要求；采用的原辅材料符合国家有关低VOCs含量产品规定的除外 3. 是否安装自动监控设施，自动监控设施是否正常运行，是否与生态环境部门联网
废气治理设施	冷却器/冷凝器	1. 出口温度是否符合设计要求 2. 是否存在出口温度高于冷却介质进口温度的现象 3. 冷凝器溶剂回收量
	吸附装置	4. 吸附剂种类及填装情况 5. 一次性吸附剂更换时间和更换量 6. 再生型吸附剂再生周期、更换情况 7. 废吸附剂储存、处置情况
	催化氧化器	8. 催化（床）温度 9. 电或天然气消耗量 10. 催化剂更换周期、更换情况
	热氧化炉	11. 燃烧温度是否符合设计要求
	洗涤器/吸收塔	12. 酸碱性控制类吸收塔，检查洗涤/吸收液pH 13. 药剂添加周期和添加量 14. 洗涤/吸收液更换周期和更换量 15. 氧化反应类吸收塔，检查氧化还原电位（ORP）值
台账		企业是否按要求记录台账

附件5

油品储运销VOCs治理检查要点

类别	检查环节	检查要点
储油库	发油阶段	1.油罐车或铁路罐车是否采用底部装载或顶部浸没式装载方式 2. 气液比、油气收集系统压力等
	油气处理装置	3.是否有油气处置装置 4. 检测频次、油气排放浓度、油气处理效率，进出口压力 5. 一次性吸附剂更换时间和更换量，再生型吸附剂再生周期、更换情况，废吸附剂储存、处置情况等
	油气收集系统	6.泄漏检测频次及浓度

类别	检查环节	检查要点
加油站	加油阶段	1．是否采用油气回收型加油枪，加油枪集气罩是否有破损，加油站人员加油时是否将集气罩紧密贴在汽油油箱加油口（现场加油查看或查看加油区视频） 2．有无油气回收真空泵，真空泵是否运行（打开加油机盖查看加油时设备是否运行）；油气回收铜管是否正常连接 3．加油枪气液比、油气回收系统管线液阻、油气收集系统压力的检测频次、检测结果等
	卸油阶段	4.查看卸油油气回收管线连接情况（查看卸油过程录像） 5．卸油区有无单独的油气回收管口，有无快速密封接头或球形阀
	储油阶段	6.是否有电子液位仪 7．卸油口、油气回收口、量油口、P/V 阀及相关管路是否有漏气现象，人井内是否有明显异味
	在线监控系统	8.气液比、气体流量、压力、报警记录等
	油气处理装置	9.一次性吸附剂更换时间和更换量，再生型吸附剂再生周期、更换情况，废吸附剂储存、处置情况等

关于印发《工业炉窑大气污染综合治理方案》的通知

环大气〔2019〕56 号

各省、自治区、直辖市生态环境厅（局）、发展改革委、工业和信息化主管部门、财政厅（局），新疆生产建设兵团生态环境局、发展改革委、工业和信息化局、财政局：

现将《工业炉窑大气污染综合治理方案》印发给你们，请遵照执行。

生态环境部　发展改革委

工业和信息化部　财政部

2019 年 7 月 1 日

工业炉窑大气污染综合治理方案

为贯彻落实《国务院关于印发打赢蓝天保卫战三年行动计划的通知》有关要求，指导各地加强工业炉窑大气污染综合治理，协同控制温室气体排放，促进产业高质量发展，制定本方案。

一、重要意义

工业炉窑是指在工业生产中利用燃料燃烧或电能等转换产生的热量，将物料或工件进行熔炼、熔化、焙（煅）烧、加热、干馏、气化等的热工设备，包括熔炼炉、熔化炉、焙（煅）烧炉（窑）、加热炉、热处理炉、干燥炉（窑）、焦炉、煤气发生炉等八类（见附件 1）。工业炉窑广泛应用于钢铁、焦化、有色、建材、石化、化工、机械制造等行业，对工业发展具有重要支撑作用，同时，也是工业领域大气污染的主要排放源。相对于电站锅炉和工业锅炉，工业炉窑污染治理明显滞后，对环境空气质量产生重要影响。京津冀及周边地区源解析结果表明，细颗粒物（$PM_{2.5}$）污染来源中工业炉窑占 20%左右。

从工业炉窑装备和污染治理技术水平来看，我国既有世界上最先进的生产工艺和环保治理设备，也存在大量落后生产工艺，环保治理设施简易，甚至没有环保设施，行业发展水平参差不齐，劣币驱逐良币问题突出。尤其是在砖瓦、玻璃、耐火材料、陶瓷、铸造、铁合金、再生有色金属等涉工业炉窑行业，“散乱污”企业数量多，环境影响大，严重影响产业转型升级和高质量发展。

实施工业炉窑升级改造和深度治理是打赢蓝天保卫战重要措施，也是推动制造业高质量发展、推进供给侧结构性改革的重要抓手。各地要充分认识全面加强工业炉窑大气污染综合治理的重要意义，深入推进相关工作。

二、总体要求

（一）主要目标。到 2020 年，完善工业炉窑大气污染综合治理管理体系，推进工业炉窑全面达标排放，京津冀及周边地区、长三角地区、汾渭平原等大气污染防治重点区域（以下简称重点区域，范围见附件 2）工业炉窑装备和污染治理水平明显提高，实现工业行业二氧化硫、氮氧化物、颗粒物等污染物排放进一步下降，促进钢铁、建材等重点行业二氧化碳排放总量得到有效控制，推动环境空气质量持续改善和产业高质量发展。

（二）基本原则

坚持全面推进与突出重点相结合。系统梳理工业炉窑分布状况与排放特征，建立详细管理清单，实现监管全覆盖。聚焦工业炉窑环境问题突出的重点行业以及相关产业集群，加大综合治理力度。合理把握工作推进进度和节奏，重点区域率先推进。

坚持结构优化与深度治理相结合。加大产业结构和能源结构调整力度，加快淘汰落后产能和不达标工业炉窑，实施燃料清洁低碳化替代；深入推进涉工业炉窑企业综合整治，强化全过程环保管理，全面加强有组织和无组织排放管控。通过“淘汰一批、替代一批、治理一批”，提升产业总体发展水平。

坚持严格监管与激励引导相结合。加快完善政策、法规和标准体系，强化企业主体责任，严格监督执法，加大联合惩戒力度，显著提高环境违法成本。更好发挥政府引导作用，增强服务意识，实施差别化管理政策，形成有效激励和约束机制。

三、重点任务

（一）加大产业结构调整力度。严格建设项目环境准入。新建涉工业炉窑的建设项目，原则上要入园区，配套建设高效环保治理设施。重点区域严格控制涉工业炉窑建设项目，严禁新增钢铁、焦化、电解铝、铸造、水泥和平板玻璃等产能；严格执行钢铁、水泥、平板玻璃等行业产能置换实施办法；原则上禁止新建燃料类煤气发生炉（园区现有企业统一建设的清洁煤制气中心除外）。

加大落后产能和不达标工业炉窑淘汰力度。分行业清理《产业结构调整指导目录》淘汰类工业炉窑。天津、河北、山西、江苏、山东等地要按时完成各地已出台的钢铁、焦化、化工等行业产业结构调整任务。鼓励各地制定更加严格的环保标准，进一步促进产业结构调整。对热效率低下、敞开未封闭，装备简易落后、自动化程度低，无组织排放突出，以及无治理设施或治理设施工艺落后等严重污染环境的工业炉窑，依法责令停业关闭。

（二）加快燃料清洁低碳化替代。对以煤、石油焦、渣油、重油等为燃料的工业炉窑，加快使用清洁低碳能源以及利用工厂余热、电厂热力等进行替代。重点区域禁止掺烧高硫石油焦（硫含量大于 3%）。玻璃行业全面禁止掺烧高硫石油焦。

加大煤气发生炉淘汰力度。2020 年年底前，重点区域淘汰炉膛直径 3 米以下燃料类煤气发生炉；集中使用煤气发生炉的工业园区，暂不具备改用天然气条件的，原则上应建设统一的清洁煤制气中心。

加快淘汰燃煤工业炉窑。重点区域取缔燃煤热风炉，基本淘汰热电联产供热管网覆盖范围内的燃煤加热、烘干炉（窑）。加快推动铸造（10 吨/时及以下）、岩棉等行业冲天炉改为电炉。

（三）实施污染深度治理。推进工业炉窑全面达标排放。已有行业排放标准的工业炉窑（见附件 3），严格执行行业排放标准相关规定，配套建设高效脱硫脱硝除尘设施（见附件 4），确保稳定达标排放。已制定更严格地方排放标准的，按地方标准执行。重点区域钢铁、水泥、焦化、石化、化工、有色等行业，二氧化硫、氮氧化物、颗粒物、挥发性有机物（VOCs）排放全面执行大气污染物特别排放限值。已核发排污许可证的，应严格执行许可要求。

暂未制订行业排放标准的工业炉窑，包括铸造，日用玻璃，玻璃纤维、耐火材料、石灰、矿物棉等建材行业，钨、工业硅、金属冶炼废渣（灰）二次提取等有色金属行业，氮肥、电石、无机磷、活性炭等化工行业，应参照相关行业已出台的标准，全面加大污染治理力度（见附件 4），铸造行业烧结、高炉工序污染排放控制按照钢铁行业相关标准要求执行；重点区域原则上按照颗粒物、二氧化硫、氮氧化物排放限值分别不高于 30 毫克/米^3、200 毫克/米^3、300 毫克/米^3 实施改造，其中，日用玻璃、玻璃棉氮氧化物排放限值不高于 400 毫克/米^3；已制定更严格地方排放标准的地区，执行地方排放标准。

全面加强无组织排放管理。严格控制工业炉窑生产工艺过程及相关物料储存、输送等无组织排放，在保障生产安全的前提下，采取密闭、封闭等有效措施（见附件 5），有效提高废气收集率，产尘点及车间不得有可见烟粉尘外逸。生产工艺产尘点（装置）应采取密闭、封闭或设置集气罩等措施。煤粉、粉煤灰、石灰、除尘灰、脱硫灰等粉状物料应密闭或封闭储存，采用密闭皮带、封闭通廊、管状带式输送机或密闭车厢、真空罐车、气力输送等方式输送。粒状、块状物料应采用入棚入仓或建设防风抑尘网等方式进行储存，粒状物料采用密闭、封闭等方式输送。物料输送过程中产尘点应采取有效抑尘措施。

推进重点行业污染深度治理。落实《关于推进实施钢铁行业超低排放的意见》，加快推进钢铁行业超低排放改造。积极推进电解铝、平板玻璃、水泥、焦化等行业污染治理升级改造。重点区域内电解铝企业全面推进烟气脱硫设施建设；全面加大热残极冷却过程无组织排放治理力度，建设封闭高效的烟气收集系统，实现残极冷却烟气有效处理。重点区域内平板玻璃、建筑陶瓷企业应逐步取消脱硫脱硝烟气旁路或设置备用脱硫脱硝等设施，鼓励水泥企业实施全流程污染深度治理。推进具备条件的焦化企业实施干熄焦改造，在保证安全生产前提下，重点区域城市建成区内焦炉实施炉体加罩封闭，并对废气进行收集处理。

加大煤气发生炉 VOCs 治理力度。酚水系统应封闭，产生的废气应收集处理，鼓励送至煤气发生炉鼓风机入口进行再利用；酚水应送至煤气发生炉处置，或回收酚、氨后深度处理，或送至水煤浆炉进行焚烧等。禁止含酚废水直接作为煤气水封水、冲渣水。氮肥等行业采用固定床间歇式煤气化炉的，加快推进煤气冷却由直接水洗改为间接冷却；其他区域采用直接水洗冷却方式的，造气循环水集输、储存、处理系统应封闭，收集的废气送至三废炉处理。吹风气、弛放气应全部收集利用。

（四）开展工业园区和产业集群综合整治。各地要加大涉工业炉窑类工业园区和产业集群的综合整治力度，结合“三线一单”（生态保护红线、环境质量底线、资源利用上线和生态环境准入清单）、规划环评等要求，进一步梳理确定园区和产业发展定位、规模及结构等。制定综合整治方案，对标先进企业，从生产工艺、产能规模、燃料类型、污染治理等方面提出明确要求，提升产业发展质量和环保治理水平。按照统一标准、统一时间表的要求，同步推进区域环境综合整治和企业升级改造。加强工业园区能源替代利用与资源共享，积极推广集中供汽供热或建设清洁低碳能源中心等，替代工业炉窑燃料用煤；充分利用园区内工厂余热、焦炉煤气等清洁低碳能源，加强分质与梯级利用，提高能源利用效率，促进形成清洁低碳高效产业链。

加强涉工业炉窑企业运输结构调整，京津冀及周边地区大宗货物年货运量 150 万吨及以上的，原则上全部修建铁路专用线；具有铁路专用线的，大宗货物铁路运输比例应达到80%以上。

涉工业炉窑类产业集群主要包括陶瓷、玻璃、砖瓦、耐火材料、石灰、矿物棉、铸造、独立轧钢、铁合金、再生有色金属、炭素、化工等行业。各地应结合当地产业发展特征等自行确定。

四、政策措施

（一）完善排放标准体系。加快涉工业炉窑行业大气污染物排放标准制修订工作。2020 年 6 月底前，完成铸造、日用玻璃、玻璃纤维、矿物棉、电石等行业大气污染物排放标准制订。加快大气污染物综合排放标准修订。鼓励各地制修订相关行业地方排放标准。

（二）建立健全监测监控体系。加强重点污染源自动监控体系建设。排气口高度超过 45 米的高架源，纳入重点排污单位名录，督促企业安装烟气排放自动监控设施。钢铁、焦化、水泥、平板玻璃、陶瓷、氮肥、有色金属冶炼、再生有色金属等行业，严格按照排污许可管理规定安装和运行自动监控设施。加快其他行业工业炉窑大气污染物排放自动监控设施建设，重点区域内冲天炉、玻璃熔窑、以煤和煤矸石为燃料的砖瓦烧结窑、耐火材料焙烧窑（电窑除外）、炭素焙（煅）烧炉（窑）、石灰窑、铬盐焙烧窑、磷化工焙烧窑、铁合金矿热炉和精炼炉等，原则上应纳入重点排污单位名录，安装自动监控设施。具备条件的企业，应通过分布式控制系统（DCS）等，自动连续记录工业炉窑环保设施运行及相关生产过程主要参数。推进焦炉炉体等关键环节安装视频监控系统。自动监控、DCS 监控等数据至少要保存一年，视频监控数据至少要保存三个月。

强化监测数据质量控制。自动监控设施应与生态环境主管部门联网。加强自动监控设施运营维护，数据传输有效率达到 90%。企业在正常生产以及限产、停产、检修等非正常工况下，均应保证自动监控设施正常运行并联网传输数据。各地对出现数据缺失、长时间掉线等异常情况，要及时进行核实和调查处理。严厉打击篡改、伪造监测数据等行为，对监测机构运行维护不到位及篡改、伪造、干扰监测数据的，排污单位弄虚作假的，依法严格处罚，追究责任。

（三）加强排污许可管理。按照排污许可管理名录规定按期完成涉工业炉窑行业排污许可证核发。开展固定污染源排污许可清理整顿工作，“核发一个行业、清理一个行业、达标一个行业、规范一个行业”。加大依证监管执法和处罚力度，确保排污单位落实持证排污、按证排污的环境管理主体责任。对无证排污、超标超总量排放以及逃避监管方式排放大气污染物的，依法予以停产整治，情节严重的，报经有批准权的人民政府批准，责令停业、关闭。建立企业信用记录，对于无证排污、不按规定提交执行报告和严重超标超总量排污的，纳入全国信用信息共享平台，通过“信用中国”等网站定期向社会公布。

（四）实施差异化管理。综合考虑企业生产工艺、燃料类型、污染治理设施运行效果、无组织排放管控水平以及大宗物料运输方式等，树立行业标杆，引导产业转型升级。在重污染天气应对、环境执法检查、经济政策制定等方面，对标杆企业予以支持，对治污设施简易、无组织排放管控不力的企业，加大联合惩戒力度。

强化重污染天气应对。各地应将涉工业炉窑企业全面纳入重污染天气应急减排清单，做到全覆盖。针对工业炉窑等主要排放工序，采取切实有效的应急减排措施，落实到具体生产线和设备。根据污染排放绩效水平，实行差异化应急减排管理。重点区域内钢铁、建材、焦化、有色、化工等涉大宗货物运输企业，应制定应急运输响应方案，原则上不允许柴油货车在重污染天气预警响应期间进出厂区（保证安全生产运行、运输民生保障物资或特殊需求产品的国五及以上排放标准车辆除外）。

（五）完善经济政策。落实税收优惠激励政策。严格执行环境保护税法，按照有关条款规定，对涉工业炉窑企业给予相应税收优惠待遇。纳税人排放应税大气污染物的浓度值低于国家和地方规定的污染物排放标准百分之三十的，减按百分之七十五征收环境保护税；低于百分之五十的，减按百分之五十征收环境保护税。落实环境保护专用设备企业所得税抵免优惠政策。

给予奖励和信贷融资支持。地方可根据实际情况，对工业炉窑综合治理达标的企业给予奖励。支持符合条件的企业发行企业债券进行直接融资，募集资金用于工业炉窑治理等。

实施差别化电价政策。充分发挥电力价格的杠杆作用，推动涉工业炉窑行业加快落后产能淘汰，实施污染深度治理。严格落实铁合金、电石、烧碱、水泥、钢铁、黄磷、锌冶炼等行业差别电价政策，对淘汰类和限制类企业用电（含市场化交易电量）实行更高价格。各地可根据实际需要扩大差别电价、阶梯电价执行行业范围，提高加价标准。鼓励各地探索建立基于污染物排放绩效的差别化电价政策，推动工业炉窑清洁低碳化改造。

五、保障措施

（一）加强组织领导。生态环境部、发展改革委、工业和信息化部、财政部共同组织实施本方案，各有关部门各司其职、各负其责、密切配合，形成工作合力，加强对地方工作指导，及时协调解决推进过程中的困难和问题。

各地要按照打赢蓝天保卫战总体部署，把开展工业炉窑大气污染综合治理放在重要位置，切实加强组织领导，严格依法行政，加大政策扶持力度，做好监督和管理工作；结合第二次污染源普查工作，开展拉网式排查，建立管理清单，掌握工业炉窑使用和排放情况；提前谋划，制定工业炉窑大气污染综合治理实施方案，明确治理要求，细化任务分工，确定分年度重点项目（示例见附件 6），2019 年 9 月底前报送生态环境部、发展改革委、工业和信息化部等部门。

（二）严格评价管理。生态环境部会同有关部门，按照各省（区、市）工业炉窑大气污染综合治理实施方案，每年对上一年度方案落实情况进行评价。各地要增强服务意识，按照行业治理标准和产业集群综合整治方案等要求，组织开展评估工作，严把工程建设质量，严防建设简易低效环保治理设施。

建立完善依效付费机制，多措并举治理低价中标乱象。加大失信联合惩戒力度，将工程建设质量低劣的环保公司和环保设施运营管理水平低、存在弄虚作假行为的运维机构列入失信联合惩戒对象名单，纳入全国信用信息共享平台，并通过“信用中国”等网站定期向社会公布；相关涉工业炉窑企业在重污染天气预警期间加大停限产力度。依法依规对失信企业在行政审批、资质认定、银行贷款、上市融资、政府招投标、政府荣誉评定等方面予以限制。

（三）严格监督执法。各地要开展工业炉窑专项执法行动，加强日常监督和执法检查，严厉打击违法排污行为。对不达标、未按证排污的，综合运用按日连续计罚、查封扣押、限产停产等手段，依法严格处罚，并定期向社会通报。严厉打击弄虚作假、擅自停运环保设施等严重违法行为，依法查处并追究相关人员责任。将工业炉窑大气污染综合治理落实情况作为重点区域强化监督定点帮扶工作的重要任务，对推进不力、工作滞后、治理不到位的，要强化监督问责。

（四）强化企业主体责任。企业是工业炉窑污染治理的责任主体，要切实履行责任，按照本行动方案和地方有关部门要求等制定工业炉窑综合治理实施计划，确保按期完成改造任务。加大资金投入，加快装备升级和燃料清洁低碳化替代，实施污染深度治理。加强人员技术培训，健全内部环保考核管理机制，确保治污设施长期稳定运行。及时公布自行监测和污染排放数据、污染治理措施、重污染天气应对、环保违法处罚及整改等信息，推动公众参与和社会监督。国有企业和龙头企业要发挥表率作用，引导行业转型升级和高质量发展。

（五）加强技术支持。研究制定工业炉窑大气污染综合治理相关技术指导文件。支持企业与高校、科研机构、环保公司等合作，创新节能减排技术。充分发挥行业协会作用，加强行业自律，出台相关污染防治技术规范，引导树立行业标杆，助推行业健康发展。鼓励行业协会等搭建工业炉窑污染治理交流平台，促进成熟先进技术推广应用。

（六）加强宣传引导。工业炉窑涉及行业多、领域广，各地要营造有利于开展工业炉窑大气污染综合治理的良好舆论氛围，增强企业开展工业炉窑污染治理的责任感和荣誉感。各级有关部门要积极跟踪相关舆情动态，及时回应社会关切，对做得好的地方和企业，组织新闻媒体加强宣传报道。

附件 1

工业炉窑分类表

炉窑类型	行业类别	产品类别	炉窑子类	说　明
熔炼炉	钢铁	粗钢/生铁	炼铁高炉	将物料熔化，使其发生物理化学变化、去除杂质，获得设定组分产品的工业炉窑
			炼钢转炉、炼钢电炉、铁水预处理炉	
	铁合金	铁合金	还原矿热电炉、精炼电炉、锰铁高炉、富锰渣高炉、精炼转炉、铝热法熔炼炉等	
	有色	铝、铜、铅、锌、钛、钴、镍、锡、锑、稀土、钒、硅等	底（侧、顶）吹炉、闪速炉、阳极炉、转炉、反射炉、铝电解槽、矿热炉、鼓风炉等	
	建材	玻璃、岩矿棉等	玻璃熔窑、岩矿棉熔炼炉等	
	化工	电石、黄磷等	电石炉、黄磷炉等	
	轻工	日用玻璃	玻璃熔窑等	
熔化炉	铸造	铸件	冲天炉、感应电炉、电弧炉、燃气炉等	将物料或工件熔化成液体的工业炉窑
	有色	铝、铜、铅等制品	化铅炉、熔铝炉、熔铜炉等	
	建材	玻璃、玻璃纤维等制品	玻璃、玻璃纤维熔化炉等	
	化工	铅、锌等重金属单质、烧碱等	熔融炉等	
焙（煅）烧炉（窑）	钢铁	烧结矿、球团矿	烧结机、球团竖炉、链篦机回转窑、球团带式焙烧机	对物料进行焙（煅）烧，使其发生物理化学变化或烧结成块的工业炉窑
	有色	氧化铝、稀土、镁等	焙烧炉、煅烧炉（窑）、熟料烧成窑、回转窑等	
	建材	水泥	新型干法窑、立窑等	
		陶瓷（含卫生陶瓷等）、搪瓷	辊道窑、隧道窑、梭式窑等	
		耐火材料	回转窑、隧道窑等	
		砖瓦	隧道窑、轮窑等	
		石灰	竖窑、套筒窑等	
	化工	铬、钡、锶、铅、锌、锰等重金属无机化合物、硫化合物、硫酸盐、磷酸盐、无机氟化物、轻质碳酸钙、泡花碱等	回转窑、竖窑、马蹄窑等	
		炭素	焙烧炉、煅烧炉（窑）	

炉窑类型	行业类别	产品类别	炉窑子类	说明
加热炉	钢铁、有色、建材、化工、石化等		—	将物料或工件加热，提高温度但不改变其形态的工业炉窑
热处理炉	钢铁、有色、铸造等		退火炉、正火炉、回火炉、保温炉、淬火炉、固溶炉、调质炉等	将工件加热后进行热处理工艺（正火、回火、淬火、退火等）的工业炉窑
干燥炉（窑）	农林产品、设备制造、金属制品、建材、化工等	烟草、木材、铸造砂、砂石、矿料（渣）、化工产品、有机涂层产品等	烘干炉（窑）、干燥炉（窑）	去除物料或产品中所含水分或挥发分的工业炉窑
焦炉	焦化	焦炭	常规机焦炉、热回收焦炉等	对炼焦煤等进行干馏转化，生产焦炭及其他副产品的工业炉窑
		兰炭	炭化炉	
煤气发生炉	建材、化工、轧钢、有色等	—	—	以煤等为气化原料，通过与气化剂在高温下进行物理化学反应制取煤气的工业炉窑

附件 2

重点区域范围

区域名称	范围
京津冀及周边地区	北京市，天津市，河北省石家庄、唐山、邯郸、邢台、保定、沧州、廊坊、衡水市以及雄安新区，山西省太原、阳泉、长治、晋城市，山东省济南、淄博、济宁、德州、聊城、滨州、菏泽市，河南省郑州、开封、安阳、鹤壁、新乡、焦作、濮阳市（含河北省定州、辛集市，河南省济源市）
长三角地区	上海市、江苏省、浙江省、安徽省
汾渭平原	山西省晋中、运城、临汾、吕梁市，河南省洛阳、三门峡市，陕西省西安、铜川、宝鸡、咸阳、渭南市以及杨凌示范区（含陕西省西咸新区、韩城市）

附件 3

现有涉工业炉窑行业大气污染物排放标准

行业	标准名称	标准编号
钢铁	钢铁烧结、球团工业大气污染物排放标准	GB 28662—2012
	炼铁工业大气污染物排放标准	GB 28663—2012
	炼钢工业大气污染物排放标准	GB 28664—2012
	轧钢工业大气污染物排放标准	GB 28665—2012
	铁合金工业污染物排放标准	GB 28666—2012
焦化	炼焦化学工业污染物排放标准	GB 16171—2012

行业	标准名称	标准编号
有色	铝工业污染物排放标准及修改单	GB 25465—2010
	铅、锌工业污染物排放标准及修改单	GB 25466—2010
	铜、镍、钴工业污染物排放标准及修改单	GB 25467—2010
	镁、钛工业污染物排放标准及修改单	GB 25468—2010
	稀土工业污染物排放标准及修改单	GB 26451—2011
	钒工业污染物排放标准及修改单	GB 26452—2011
	锡、锑、汞工业污染物排放标准	GB 30770—2014
	再生铜、铝、铅、锌工业污染物排放标准	GB 31574—2015
建材	水泥工业大气污染物排放标准	GB 4915—2013
	平板玻璃工业大气污染物排放标准	GB 26453—2011
	电子玻璃工业大气污染物排放标准	GB 29495—2013
	陶瓷工业污染物排放标准	GB 25464—2010
	砖瓦工业大气污染物排放标准	GB 29620—2013
石化	石油炼制工业污染物排放标准	GB 31570—2015
	石油化学工业污染物排放标准	GB 31571—2015
	合成树脂工业污染物排放标准	GB 31572—2015
	烧碱、聚氯乙烯工业污染物排放标准	GB 15581—2016
化工	无机化学工业污染物排放标准	GB 31573—2015
其他	工业炉窑大气污染物排放标准	GB 9078—1996

附件 4

重点行业工业炉窑大气污染治理要求

行业	子行业	污染治理措施
钢铁及焦化	钢铁	按照《关于推进实施钢铁行业超低排放的意见》要求，对烧结、球团、炼铁、炼钢、轧钢、石灰窑等工业炉窑实施升级改造
	焦化	参照《关于推进实施钢铁行业超低排放的意见》要求，对焦炉等实施升级改造
	铁合金	回转窑、烧结机应配备覆膜袋式、滤筒等高效除尘设施，重点区域应配备脱硫设施；全封闭矿热炉、锰铁高炉及富锰渣高炉应设置煤气净化系统，对煤气进行回收利用；半封闭矿热炉、精炼炉、中频感应炉应配备袋式等高效除尘设施
机械制造	铸造	铸造用生铁企业的烧结机、球团和高炉按照钢铁行业相关要求执行； 冲天炉应配备袋式除尘、滤筒除尘等高效除尘设施；配备脱硫设施，重点区域配备石灰石石膏法等脱硫设施； 中频感应电炉应配备袋式等高效除尘设施
建材	水泥	水泥熟料窑应配备低氮燃烧器，采用分级燃烧等技术，窑尾配备选择性非催化还原（SNCR）、选择性催化还原（SCR）等脱硝设施； 窑头、窑尾配备覆膜袋式等高效除尘设施； 窑尾废气二氧化硫不能达标排放的应配备脱硫设施
	平板玻璃	池窑应配备静电、袋式、电袋复合等高效除尘设施，配备石灰石石膏法等高效脱硫设施，配备 SCR 等脱硝设施；重点区域应取消脱硫、脱硝烟气旁路或设置备用脱硫、脱硝设施
	玻璃纤维	池窑应配备静电、袋式、电袋复合等高效除尘设施，配备石灰石石膏法等高效脱硫设施，配备 SCR 等脱硝设施；鼓励采用富氧或全氧燃烧方式

行业	子行业	污染治理措施
建材	其他玻璃	熔窑（全电熔窑和全氧燃烧熔窑除外）均应配备SCR等脱硝设施；以煤、石油焦、重油等为燃料的熔窑应配备袋式等除尘设施，配备石灰石石膏法等高效脱硫设施，以天然气为燃料的熔窑废气颗粒物、二氧化硫不能达标排放的应配备除尘、脱硫设施
	陶瓷	以煤（含煤气）、石油焦、重油等为燃料的炉窑应配备除尘设施，配备石灰石石膏法等高效脱硫设施；以天然气为燃料的炉窑废气颗粒物不能达标排放的配备除尘设施。喷雾干燥塔应配备袋式等高效除尘设施，配备石灰石石膏法等高效脱硫设施，配备SNCR脱硝设施
	砖瓦	以煤、煤矸石等为燃料的烧结砖瓦窑应配备高效除尘设施，配备石灰石石膏法等高效脱硫设施；以天然气为燃料的烧结砖瓦窑配备除尘设施
	耐火材料	超高温竖窑、回转窑应配备覆膜袋式等高效除尘设施，其他耐火材料窑应配备袋式等除尘设施；以煤（含煤气）、重油等为燃料以及使用含硫黏结剂的，应配备石灰石石膏法等高效脱硫设施；超高温竖窑、回转窑、高温隧道窑应配备SCR、SNCR等脱硝设施
	石灰	石灰窑应配备覆膜袋式等高效除尘设施；二氧化硫不能达标排放的应配备脱硫设施
	矿物棉	以煤（含煤气）、焦炭等为燃料的冲天炉、熔化炉、池窑，应配备覆膜袋式等高效除尘设施，配备石灰石石膏法等高效脱硫设施，配备SCR等脱硝设施；以天然气为燃料的熔化炉、池窑应配备袋式等除尘设施，配备SCR等脱硝设施，二氧化硫排放不达标的应配备脱硫设施；电熔炉废气颗粒物、二氧化硫排放不达标的应配备除尘脱硫设施。 固化炉等应配备VOCs治理措施
有色冶炼	氧化铝	熟料烧成窑、氢氧化铝焙烧炉、石灰炉（窑）等应配备高效静电或电袋复合除尘设施；以发生炉煤气为燃料的，应对煤气进行前脱硫，或焙烧炉烟气配备石灰石石膏法等高效脱硫设施；重点区域熟料烧成窑应配备脱硝设施
	电解铝（轻金属）	电解槽应配备袋式等高效除尘设施，重点区域配备石灰石石膏法等高效脱硫设施
	镁、钛（轻金属）	煅烧炉、回转窑等应配备袋式等高效除尘设施，配备石灰石石膏法等脱硫设施；重点区域配备SCR等高效脱硝设施
	铅、锌、铜、镍、钴、锡、锑、钒（重金属）	熔炼炉应配备覆膜袋式等高效除尘设施；铅、锌、铜、镍、锡配备两转两吸制酸工艺，制酸尾气二氧化硫排放不达标的配备脱硫设施，钴、锑、钒熔炼炉尾气应配备脱硫设施；重点区域配备活性炭吸附、双氧水、金属氧化物吸收法等高效脱硫设施。环境烟气应全部收集，配备袋式等高效除尘设施，配备活性炭吸附、双氧水、金属氧化物吸收法等高效脱硫设施。重点区域应配备高效脱硝设施
	钼（稀有金属）	焙烧炉等应配备袋式等高效除尘设施，配备制酸工艺。重点区域按照颗粒物、二氧化硫、氮氧化物排放分别不高于10毫克/米^3、100毫克/米^3、100毫克/米^{3}进行改造，配备高效脱硫脱硝除尘设施
	再生铜、铝、铅、锌	熔炼炉、精炼炉等应配备覆膜袋式等高效除尘设施；再生铅应配备高效脱硫设施，再生铜、铝、锌达不到排放标准的，配备脱硫设施
	金属冶炼废渣（灰）二次提取	重点区域应配备覆膜袋式等高效除尘设施，二氧化硫排放达不到200毫克/米^{3}的应配备脱硫设施。 生产无机化工产品的，执行无机化工排放控制要求
	稀土	煅烧窑等应配备袋式等高效除尘设施；二氧化硫、氮氧化物排放不达标的，应配备脱硫脱硝设施
	工业硅	矿热炉等应配备袋式等除尘设施；二氧化硫、氮氧化物排放不达标的，应配备脱硫脱硝设施

行业	子行业	污染治理措施
化工	氮肥	硫黄回收尾气应配备高效脱硫设施； 固定床间歇式煤气化炉应配备高效吹风气余热回收或三废混燃系统，配备袋式等高效除尘设施，配备石灰石石膏法等高效脱硫设施，配备 SCR 等高效脱硝设施； 以天然气为原料的一段转化炉应配备低氮燃烧、脱硝等设施； 造粒塔应配套高效除尘设施； 以煤为燃料的干燥窑应配备除尘、脱硫设施
	铬盐	铬矿、氧化铬等焙烧窑及铬渣解毒窑应配备袋式等高效除尘设施；二氧化硫、氮氧化物排放不达标的，应配备脱硫脱硝设施
	炭素	焙烧炉、煅烧炉（窑）应配备覆膜袋式等高效除尘设施，配备石灰石石膏法等高效脱硫设施，重点区域配备 SCR、SNCR 等高效脱硝设施
	电石	密闭型电石炉应配备袋式等高效除尘设施；内燃型电石炉应配备布袋等高效除尘设施，配备高效脱硫设施。 炭材干燥炉应配备除尘、脱硫设施
	黄磷	黄磷炉尾气应净化后回收利用，利用率不低于 85%
	活性炭	煤基活性炭炭化炉应配备除尘、脱硫设施，配备焚烧炉等去除 VOCs；重点地区还应配备低氮燃烧、SNCR 等脱硝设施。 煤基活性炭活化炉应配备尾气焚烧炉，配备高效除尘设施；二氧化硫排放不达标的，应配备脱硫设施。 活性炭干燥窑应配备除尘、脱硫设施
	泡花碱	马蹄窑应配备袋式、静电等高效除尘设施，配备石灰石石膏法等高效脱硫设施，配备 SCR、SNCR 等脱硝设施
	其他无机化工	煅烧窑、焙烧窑应配备袋式、静电等高效除尘设施；配备石灰石石膏法等高效脱硫设施；氮氧化物排放不达标的，应配备脱硝设施
轻工	日用玻璃	熔窑（全电熔窑和全氧燃烧熔窑除外）均应配备 SCR 等脱硝设施；以煤、石油焦、重油等为燃料的熔窑应配备袋式等除尘设施，配备石灰石石膏法等高效脱硫设施，以天然气为燃料的熔窑废气颗粒物、二氧化硫不能达标排放的应配备除尘、脱硫设施
石化	—	加热炉、裂解炉应以经过脱硫的燃料气为燃料，采用低氮燃烧技术

注：工业炉窑生产工艺过程及相关物料储存、输送等无组织排放，按照“重点任务”中无组织管理措施进行管控。

附件 5

无组织排放控制措施界定

序号	作业类型	措施界定	示　例
1	密闭	物料不与环境空气接触，或通过密封材料、密封设备与环境空气隔离的状态或作业方式	—
2	密闭储存	将物料储存于与环境空气隔离的建（构）筑物、设施、器具内的作业方式	料仓、储罐等
3	密闭输送	物料输送过程与环境空气隔离的作业方式	管道、管状带式输送机、气力输送设备、罐车等
4	封闭	利用完整的围护结构将物料、作业场所等与周围空间阻隔的状态或作业方式，设置的门窗、盖板、检修口等配套设施在非必要时应关闭	—

序号	作业类型	措施界定	示　例
5	封闭储存	将物料储存于具有完整围墙（围挡）及屋顶结构的建筑物内的作业方式，建筑物的门窗在非必要时应关闭	储库、仓库等
6	封闭输送	在完整的围护结构内进行物料输送作业，围护结构的门窗、盖板、检修口等配套设施在非必要时应关闭	皮带通廊、封闭车厢等
7	封闭车间	具有完整围墙（围挡）及屋顶结构的建筑物，建筑物的门窗在非必要时应关闭	—

附件 6

工业炉窑大气污染综合治理重点项目表

（示　例）

序号	省（区、市）	市（州、盟）	县（市、区、旗）	乡（镇）	企业名称	统一社会信用代码	单位地址	行业类别	产品类别	炉窑类型	炉窑子类	该类炉窑个数	该类炉窑总规模	规模单位	燃料类型	主要燃料年消耗量	燃料单位	是否安装自动监控设施	治理方式	替代的清洁低碳能源类型	深度治理措施	计划完成时间
1																						
2																						
3																						
……																						

注：1．行业类别、产品类别、炉窑类型和炉窑子类按照附件 1 填报；

2．企业有多个炉窑子类的，每种炉窑子类填写一行；

3．治理方式包括淘汰、清洁能源替代、深度治理等；

4．替代的清洁能源类型包括天然气、电、集中供热等；

5．深度治理措施包括脱硫脱硝除尘改造、VOCs 治理以及无组织排放控制措施等。

关于进一步深化生态环境监管服务推动经济高质量发展的意见

环综合〔2019〕74 号

各省、自治区、直辖市、新疆生产建设兵团、副省级城市生态环境厅（局）：

为深入贯彻习近平生态文明思想，贯彻落实中央经济工作会议精神、全国深化“放管服”改革优化营商环境电视电话会议有关要求，把服务“六稳”工作放在更加突出位置，以放出活力、管出公平、服出便利为导向，深化“放管服”改革，进一步优化营商环境，主动服务企业绿色发展，协同推进经济高质量发展和生态环境高水平保护，现就进一步深化生态环境监管服务推动经济高质量发展，提出以下意见。

一、加大“放”的力度，激发市场主体活力

（一）完善市场准入机制

进一步梳理生态环境领域市场准入清单，清单之外不得另设门槛和隐性限制。全面实施市场准入负面清单，加快推进“三线一单”（生态保护红线、环境质量底线、资源利用上线和生态环境准入清单）编制和落地，引导产业布局优化和重污染企业搬迁。修改、废止生态环境领域不利于公平竞争的市场准入政策措施。进一步规范生态环境领域政府和社会资本合作（PPP）项目的储备和建设，以中央环保投资项目储备库入库项目为重点强化对污染防治攻坚战任务的支撑，打破地域壁垒，清理招投标等环节设置的不合理限制，对各类企业主体公平对待、统一要求，防止不合理低价中标。

（二）精简规范许可审批事项

整合中央层面设定的生态环境领域行政许可事项清单，明确行政许可范围、条件和环节，整治各类变相审批。加快推进生态环境行政许可标准化，进一步精简审批环节，提高审批效率，及时公开行政许可事项依据、受理、批复等情况。持续推进“减证便民”行动，进一步减少行政申请材料。推进道路运输车辆年审、年检和机动车排放检验“三检合一”。规范实施江河、湖泊新建、改建或者扩大排污口审核行政许可，新化学物质环境管理登记，危险废物经营许可证管理，废弃物海洋倾倒许可，临时性海洋倾倒区审批许可等事项。

（三）深化环评审批改革

优化环境影响评价分类，持续推进环评登记表备案制。加强规划环评与项目环评联动，对符合规划环评结论和审查意见的建设项目，依法简化项目环评内容。落实并联审批要求，规范环境影响报告书（表）技术评估评审，优化环评审批流程。建立国家重大项目、地方重大项目、外资利用重大项目清单，加强与部门和地方联动，主动服务、提前介入重大基础设施、民生工程和重大产业布局项目，加快环评审批速度，进一步压缩项目环评审批时间，切实做好稳投资、稳外资工作。推进将环评中与污染物排放相关的主要内容载入排污许可证。积极推进相关法律修改，完成建设项目竣工环境保护验收审批、海洋工程建设项目环境保护设施竣工验收等行政许可事项取消。

二、优化“管”的方式，营造公平市场环境

（四）强化事中事后监管

推动出台关于全面实施环保信用评价的指导意见，完善环评、排污许可、危险废物经营、生态环境监测、环保设施建设运维等领域环保信用监管机制，推动环保信用报告结果异地互认。严格环评中介市场监管，出台建设项目环境影响报告书（表）编制监督管理办法及其配套文件，加强环评文件质量管理。推动在评估评审环节中实施政府购买服务，各级生态环境部门或其他有关审批部门不得向企业转嫁评估评审费用。督促企业及时在全国建设项目竣工环境保护验收信息系统上备案自验收报告。不断提升排污许可证核发质量，

督促和指导企业全面落实排污许可事项和管理要求，督促企业高质量如期提交排污许可证执行报告。全面落实企业主体责任，强化排污许可证后监管和执法，严肃查处无证排污、不按证排污行为，健全信息强制性披露、严惩重罚等制度。

（五）推行“双随机、一公开”

发布生态环境保护综合行政执法事项指导目录，进一步规范行政检查、行政处罚、行政强制行为。根据环境影响程度，合理设置“双随机”抽查比例，及时公开抽查情况和抽查结果。2020年年底前，各级生态环境部门实现“双随机、一公开”监管常态化，全面推进行政执法公示制度、执法全过程记录制度、重大执法决定法制审核制度。加快推进生态环境系统“互联网+监管”系统建设，推动建立政府部门间、跨区域间协查、联查和信息共享机制。依托在线监控、卫星遥感、无人机、移动执法等科技手段，优化非现场检查方式，建立完善风险预警模型，推行热点网格预警机制，提高监督执法的精准性。

（六）健全宽严相济执法机制

出台关于做好引导企业环境守法工作的意见，让守法企业获得市场竞争优势，让违法企业付出高昂代价。定期评定并发布生态环境守法“标杆企业”名单，对守法记录良好的企业大幅减少监管频次，做到对守法者无事不扰。对群众投诉反映强烈、违法违规频次高的企业加密执法监管频次；对案情重大、影响恶劣的案件，联合公安机关挂牌督办；推进生态环境行政执法与刑事司法衔接，依法严厉打击环境犯罪。将环保信用信息纳入全国信用信息共享平台，针对环境失信企业和自然人，实施联合惩戒。

三、提升“服”的实效，增强企业绿色发展能力

（七）提升环境政务服务水平

推进“互联网+政务服务”信息系统建设，构建实体政务大厅、网上办事、移动客户端等多种形式的公共服务平台，优化政务服务流程。在全部行政审批事项“一网通办”基础上，持续推进政务服务标准化。2019年年底前，生态环境领域省级及以上政务服务事项网上可办率不低于90%，市县可办率不低于70%。各地市、县区级生态环境部门每月至少确定1天作为“服务企业接待日”，面对面解决企业的合理诉求和困难。建立政务服务“好差评”制度。建立政府失信责任追溯和承担机制。

（八）助力制定环境治理解决方案

创新环境治理模式，加快推进环境污染第三方治理企业发展，进一步规范管理机制，细化运营要求，明确相关方责任边界、处罚对象、处罚措施。依托国家生态环境科技成果转化综合服务平台，加强供需对接和交流合作，支撑地方各级政府部门生态环境管理、企业生态环境治理和环境服务产业发展。按年度发布国家先进污染防治技术目录，举办系列生态环境科技成果推介活动。对进出口企业、外贸新业态发展，要积极主动提供环境服务，促进稳外贸工作。组织技术专家、行业协会等建立企业环境治理专家服务团队，帮助企业制定具体可行的环境治理方案。

（九）加强经济政策激励引导

积极推动落实环境保护税、环境保护专用设备企业所得税、第三方治理企业所得税、污水垃圾与污泥处理及再生水产品增值税返还等优惠政策。促进环保首台（套）重大技术

装备示范应用。推动完善污水处理费、固体废物处理收费、节约用水水价、节能环保电价等绿色发展价格机制，落实钢铁等行业差别化电价政策。发展基于排污权、碳排放权等各类环境权益的融资工具，拓宽企业绿色融资渠道。加强经营服务性收费监督检查，进一步规范生态环境涉企收费事项。全面推行项目环境绩效评价，将按效付费作为生态环境治理项目主要付费机制。

（十）大力推进环境基础设施建设

推动各地按照“因地制宜、适度超前”原则，合理规划布局，加强污水、生活垃圾、固体废物等集中处理处置设施以及配套管网、收运储体系建设，加快提升危险废物处理处置服务供给能力，加快“一体化”环境监测、监控体系和应急处置能力建设，为企业经营发展提供良好配套条件。重点提升工业园区环境基础设施供给和规范化水平，推广集中供气供热或建设清洁低碳能源中心等，提高工业园区和产业集群监测监控能力，在企业污水预处理达标的基础上实现工业园区污水管网全覆盖和稳定达标排放，推进工业园区再生水循环利用基础设施建设，引导和规范工业园区危险废物综合利用和安全处置，实现工业园区废水和固体废物的减量化、再利用、资源化，推进生态工业园区建设。

四、精准“治”的举措，提升生态环境管理水平

（十一）稳妥推进民生领域环境监管

坚持以供定需、以气定改、先立后破、不立不破，在确保群众温暖过冬的前提下推进清洁取暖，在改造完全到位并落实气源、电源之前，不得先行拆除群众现有取暖设施及装备。加强餐饮、洗染、修理等生活性服务业和畜禽养殖业的日常监督管理，对环境污染突出、群众反映强烈的，依法予以查处，避免“突击式”整治或关停。

（十二）分类实施“散乱污”企业整治

牢牢把握治“污”这个核心，突出重点，聚焦问题，科学制定、严格执行“散乱污”企业及集群认定和整治标准，建立清单式管理台账，实施分类处置。对升级改造类企业，树立行业标杆，实施清洁生产技术改造，全面提升污染治理水平；已完成整治任务但手续不全的企业，依法支持按照相关要求办理手续。对整合搬迁类企业，按照产业发展规模化、现代化原则，积极推动进区入园、升级改造。对违法违规、污染严重、无法实现升级改造的企业，应当依法关停取缔。建立“散乱污”企业动态管理机制，坚决杜绝“散乱污”企业项目建设和已取缔“散乱污”企业异地转移、死灰复燃。

（十三）精准实施重污染天气应急减排

深入开展重污染天气应急预案编制和修订，各地根据源解析结果和污染物排放构成确定优先管控行业，对同行业内企业根据环保绩效水平进行分级并采取差异化管控措施，支持企业优先选取污染物排放量较大且能够快速安全减排的工艺环节进行生产调控，避免出现所有涉气企业、不可中断工序全部临时关停等脱离实际的情况。

（十四）统筹规范生态环境督察执法

严禁为应付督察不分青红皂白采取紧急停工停业停产等简单粗暴措施，以及“一律关停”“先停再说”等敷衍应对做法。对相关生态环境问题整改，坚持依法依规，注重统筹推进，建立长效机制，按照问题轻重缓急和解决的难易程度，能马上解决的不能拖拉；一

时解决不了的，明确整改目标、措施、时限和责任单位，督促责任主体抓好落实。落实统筹规范强化监督工作实施方案，不增加地方负担，不干扰地方日常监督检查。完善问题审核标准和执法工作手册，进一步规范适用环境行政处罚自由裁量权，防止因某一企业违法行为或某一类生态环境问题，对全区域或全行业不加区分一律实施停产关闭。

五、强化责任担当，健全保障机制

（十五）系统谋划推动落实

各级生态环境部门要认真落实党中央、国务院关于深化“放管服”改革、优化营商环境决策部署，组织制定具体实施方案，增强主动帮扶意识，重视并解决好企业对环境监管的合理诉求，坚决避免处置方式简单粗暴，坚决杜绝平时不作为、急时“一刀切”和应对督察执法考核时乱作为等形式主义、官僚主义突出问题。建立监督检查通报制度，切实解决一批企业、群众关心的实际问题。

（十六）完善法律法规标准体系

配合制修订长江保护法、固体废物污染环境防治法、海洋环境保护法、环境噪声污染防治法。推动制定排污许可管理条例、生态环境监测条例。修订新化学物质环境管理办法、危险废物转移联单管理办法。研究制修订环保信用评价管理条例、危险废物经营许可证管理办法。统筹谋划国家和地方标准出台有关安排。在制定出台生态环境法律法规标准时，充分听取企业和行业协会商会意见。在标准实施中，为企业治污设施改造升级预留必要时间，提高政策可预期性。

（十七）提供必要财政资金支持

坚持资金投入同污染防治攻坚战任务相匹配，建立常态化、稳定的财政资金投入机制。持续优化财政专项资金分配方式，积极争取地方政府专项债券，加大对环境基础设施建设、企业污染治理设施改造升级等的支持力度。加快推动设立国家绿色发展基金，鼓励有条件的地方政府和社会资本共同发起区域性绿色发展基金，支持企业污染治理和绿色产业发展，有效带动社会资本投入生态保护与环境治理。

（十八）加大宣传教育力度

深入开展生态环境法律法规标准、政策措施的宣传解读，推动企业建设环境宣教基地，持续推进环保设施和城市污水垃圾处理设施向公众开放，加强企业环境治理先进技术交流培训，帮助企业及时了解和掌握国家生态环境保护要求和生态环境治理技术方向。及时报道企业生态环境治理先进典型、曝光反面案例，引导企业积极履行生态环境治理社会责任。

（十九）加强信息公开

及时向社会公开生态环境保护工作部署和进展情况，主动公开处置措施简单粗暴问题查处和整改情况，公布主动服务企业发展各项举措，自觉接受社会监督。督促企业公开生态环境信息，鼓励企业在强制公开内容基础上自愿拓展信息公开内容。引导企业以“厂区开放日”等方式，邀请周边居民参与企业生态环境守法的监督工作，增进企业与周边居民的对话和理解，创造良好的守法环境。

（二十）强化公众监督

畅通“12369”电话、网络和微信举报以及来信来访等渠道，及时回应群众关切。鼓励公众监督、举报环境违法行为。

生态环境部
2019 年 9 月 8 日

关于印发《国家生态文明建设示范市县建设指标》《国家生态文明建设示范市县管理规程》和《“绿水青山就是金山银山”实践创新基地建设管理规程（试行）》的通知

环生态〔2019〕76 号

各省、自治区、直辖市生态环境厅（局），新疆生产建设兵团生态环境局：

为深入践行习近平生态文明思想，贯彻落实党中央、国务院关于加快推进生态文明建设有关决策部署和全国生态环境保护大会有关要求，充分发挥生态文明建设示范市县和“绿水青山就是金山银山”实践创新基地的平台载体和典型引领作用，我部修订了《国家生态文明建设示范市县建设指标》《国家生态文明建设示范市县管理规程》，制定了《“绿水青山就是金山银山”实践创新基地建设管理规程（试行）》。现印发给你们，请结合实际，按照指标和管理规程的要求，进一步加强生态文明示范建设和管理工作。

生态环境部
2019 年 9 月 11 日

关于印发《京津冀及周边地区 2019—2020 年秋冬季大气污染综合治理攻坚行动方案》的通知

环大气〔2019〕88 号

石家庄、唐山、邯郸、邢台、保定、沧州、廊坊、衡水、太原、阳泉、长治、晋城、济南、淄博、济宁、德州、聊城、滨州、菏泽、郑州、开封、安阳、鹤壁、新乡、焦作、濮阳市人民政府，雄安新区管理委员会，定州、辛集、济源市人民政府，中国石油天然气集团有限公司、中国石油化工集团有限公司、中国海洋石油集团有限公司、国家电网有限公司、中国国家铁路集团有限公司：

现将《京津冀及周边地区 2019—2020 年秋冬季大气污染综合治理攻坚行动方案》印发给你们，请遵照执行。

生态环境部　发展改革委　工业和信息化部
公安部　财政部　住房城乡建设部
交通运输部　商务部　市场监管总局
能源局　北京市人民政府　天津市人民政府
河北省人民政府　山西省人民政府
山东省人民政府　河南省人民政府
2019 年 9 月 25 日

京津冀及周边地区 2019—2020 年秋冬季大气污染综合治理攻坚行动方案

党中央、国务院高度重视大气污染防治工作，将打赢蓝天保卫战作为打好污染防治攻坚战的重中之重。近年来，我国环境空气质量持续改善，细颗粒物（$PM_{2.5}$）浓度大幅下降，但环境空气质量改善成果还不稳固，尤其是京津冀及周边地区秋冬季期间大气环境形势依然严峻，$PM_{2.5}$ 平均浓度是其他季节的 2 倍左右，重污染天数占全年 90%以上。2018—2019 年秋冬季，京津冀及周边地区 $PM_{2.5}$ 平均浓度同比上升 6.5%，重污染天数同比增加 36.8%。部分地区散煤复烧、“散乱污”企业反弹、车用油品不合格、重污染天气应对不力等问题仍然突出。2020 年是打赢蓝天保卫战三年行动计划的目标年、关键年，2019—2020 年秋冬季攻坚成效直接影响 2020 年目标的实现。据预测，受厄尔尼诺影响，2019—2020 年秋冬季气象条件整体偏差，不利于大气污染物扩散，进一步加大了大气污染治理压力，必须以更大的力度、更实的措施抵消不利气象条件带来的负面影响。各地要充分认识 2019—2020 年秋冬季大气污染综合治理攻坚的重要性和紧迫性，扎实推进各项任务措施，为坚决打赢蓝天保卫战、全面建成小康社会奠定坚实基础。

一、总体要求

主要目标：稳中求进，推进环境空气质量持续改善，京津冀及周边地区全面完成 2019 年环境空气质量改善目标，协同控制温室气体排放，秋冬季期间（2019 年 10 月 1 日—2020 年 3 月 31 日）$PM_{2.5}$ 平均浓度同比下降 4%，重度及以上污染天数同比减少 6%（详见附件 1）。

实施范围：京津冀及周边地区，包含北京市，天津市，河北省石家庄、唐山、邯郸、邢台、保定、沧州、廊坊、衡水市以及雄安新区，山西省太原、阳泉、长治、晋城市，山东省济南、淄博、济宁、德州、聊城、滨州、菏泽市，河南省郑州、开封、安阳、鹤壁、新乡、焦作、濮阳市（以下简称“2+26”城市，含河北省定州、辛集市，河南省济源市）。

基本思路：坚持标本兼治，突出重点难点，积极有效推进散煤治理，严防“散乱污”企业反弹，深入实施钢铁行业超低排放改造和企业集群综合整治，严厉打击黑加油站点，大力推进“公转铁”项目建设。坚持综合施策，强化部门合作，加大政策支持力度，开展柴油货车、工业炉窑、挥发性有机物（VOCs）和扬尘专项治理行动。推进精准治污，强化科技支撑，因地制宜实施“一市一策”，全面加大西南传输通道城市污染减排力度；实施“一厂一策”管理，推进产业转型升级。积极应对重污染天气，进一步完善重污染天气应急预案，按照全覆盖、可核查的原则，夯实应急减排措施；实行企业分类分级管控，环保绩效水平高的企业重污染天气应急期间可不采取减排措施；加强区域应急联动。强化压力传导，持续推进强化监督定点帮扶工作，实行量化问责，完善监管机制，层层压实责任。

二、主要任务

（一）调整优化产业结构

1．深入推进重污染行业产业结构调整。各地要按照本地已出台的钢铁、建材、焦化、化工等行业产业结构调整、高质量发展等方案要求，细化分解 2019 年度任务，明确与淘汰产能对应的主要设备，确保按时完成，取得阶段性进展。2019 年 12 月底前，天津市关停荣程钢铁 588 $米^3$ 高炉 1 台；河北省压减退出钢铁产能 1 400 万吨、焦炭产能 300 万吨、水泥产能 100 万吨、平板玻璃产能 660 万重量箱；山西省压减钢铁产能 175 万吨，关停淘汰焦炭产能 1 000 万吨；山东省压减焦化产能 1 031 万吨。河北省加快压减 1 000 $米^3$ 以下炼钢用生铁高炉和 100 吨以下转炉。河北、山西、山东加快推进炉龄较长、炉况较差的炭化室高度 4.3 米焦炉压减工作。河北、山东、河南要按照 2020 年 12 月底前炼焦产能与钢铁产能比达到 0.4 左右的目标，加大独立焦化企业压减力度。山东、河南积极推进 10 万吨以下铝用炭素生产线压减工作。天津、山东加大化工园区整治力度，推进安全、环保不达标以及位于环境敏感区的化工企业关闭或搬迁。

2．推进企业集群升级改造。主要企业集群包括铸造、砖瓦、陶瓷、玻璃、耐火材料、石灰、矿物棉、独立轧钢、铁合金、有色金属再生、炭素、化工、煤炭洗选、包装印刷、家具、人造板、橡胶制品、塑料制品、制鞋、制革等。各地要结合本地产业特征，针对特色企业集群，进一步梳理产业发展定位，确定发展规模及结构，2019 年 10 月底前，制定综合整治方案，建设清洁化企业集群。按照“标杆建设一批、改造提升一批、优化整合一批、淘汰退出一批”的总体要求，统一标准、统一时间表，从生产工艺、产品质量、安全生产、产能规模、燃料类型、原辅材料替代、污染治理等方面提出具体治理任务，加强无组织排放控制，提升产业发展质量和环保治理水平。要依法开展整治，坚决反对“一刀切”。要培育、扶持、树立标杆企业，引领集群转型升级；对保留的企业，加强生产工艺过程和物料储存、运输无组织排放管控，有组织排放口全面达标排放，厂房建设整洁、规范，厂区道路和裸露地面硬化、绿化；制定集群清洁运输方案，优先采取铁路、水运、管道等清洁运输方式；积极推广集中供汽供热或建设清洁低碳能源中心，具备条件的鼓励建设集中涂装中心、有机溶剂集中回收处置中心等；对集群周边区域进行环境整治，垃圾、杂草、杂物彻底清理，道路硬化、定期清扫，环境绿化美化。山西省煤炭洗选企业较多的城市应制定专项整治方案，对环保设施达不到要求的企业实施关停、整合；对保留的企业实施深度治理，全面提升煤炭储存、装卸、输送以及筛选、破碎等环节无组织排放控制水平。加快推进企业集群环境空气质量颗粒物、VOCs 等监测工作。

3．坚决治理“散乱污”企业。各省（市）统一“散乱污”企业认定标准和整治要求。各城市要根据产业政策、产业布局规划，以及土地、环保、质量、安全、能耗等要求，进一步明确“散乱污”企业分类处置条件。对提升改造类企业，要坚持高标准、严要求，对标先进企业实施深度治理，由相关部门会审签字后方可投入运行。要求所有企业挂牌生产、开门生产。

进一步夯实网格化管理，落实乡镇街道属地管理责任，以农村、城乡接合部、行政区域交界等为重点，强化多部门联动，坚决打击遏制“散乱污”企业死灰复燃、异地转移等反弹现象。实行“散乱污”企业动态管理，定期开展排查整治工作。创新监管方式，充分运用电网公司专用变压器电量数据以及卫星遥感、无人机等技术，扎实开展“散乱污”企业排查及监管工作。

4．加强排污许可管理。2019 年 12 月底前，按照固定污染源排污许可分类管理名录要求，完成人造板、家具等行业排污许可证核发工作。深入实施固定污染源排污许可清理整顿工作，核发一个行业，清理一个行业。通过落实“摸、排、分、清”四项重点任务，全面摸清 2017—2019 年应完成排污许可证核发的重点行业排污单位情况，排污许可证应发尽发，实行登记管理，最终将所有固定污染源全部纳入生态环境管理。加大依证监管和执法处罚力度，督促企业持证排污、按证排污，对无证排污单位依法依规责令停产停业。

5．高标准实施钢铁行业超低排放改造。各地要加强组织领导，落实好《关于推进实施钢铁行业超低排放的意见》。各省（市）应加快制定本地钢铁行业超低排放改造计划方案，系统组织超低排放改造工作，确定年度重点工程项目。实施改造的企业要严格按照超低排放指标要求，全面实施有组织排放、无组织排放治理和大宗物料产品清洁运输。各地要增强服务意识，加强对企业的指导和帮扶，协调组织相关资源，为企业超低排放改造尤其是清洁运输等提供有利条件。2019 年 12 月底前，河北省完成钢铁行业超低排放改造 1 亿吨，山西省完成 1 500 万吨。

因厂制宜选择成熟适用的环保改造技术。除尘设施鼓励采用湿式静电除尘器、覆膜滤料袋式除尘器、滤筒除尘器等先进工艺；烟气脱硫应实施增容提效改造等措施，提高运行稳定性，取消烟气旁路，鼓励净化处理后烟气回原烟囱排放；烟气脱硝应采用活性炭（焦）、选择性催化还原（SCR）等高效脱硝技术。加强源头控制，焦炉煤气应实施精脱硫，高炉热风炉、轧钢热处理炉应采用低氮燃烧技术，鼓励实施烧结机头烟气循环。

加强评估监督。生态环境部制定钢铁行业超低排放工程评估监测指导文件。企业经评估确认全面达到超低排放要求的，按有关规定执行税收、差别化电价等激励政策，在重污染天气预警期间执行差别化应急减排措施；对在评估工作中弄虚作假的企业，一经发现，取消相关优惠政策，企业应急绩效等级降为 C 级。

6．推进工业炉窑大气污染综合治理。按照“淘汰一批、替代一批、治理一批”的原则，全面提升相关产业总体发展水平。各地要结合第二次污染源普查工作，系统建立工业炉窑管理清单；2019 年 9 月底前，各省（市）制定工业炉窑大气污染综合治理实施方案，确定分年度重点项目。

加快淘汰落后产能和不达标工业炉窑，实施燃料清洁低碳化替代。加快取缔燃煤热风炉，依法淘汰热电联产供热管网覆盖范围内的燃煤加热、烘干炉（窑），淘汰一批化肥行业固定床间歇式煤气化炉。2019 年 12 月底前，各地基本淘汰炉膛直径 3 米以下燃料类煤气发生炉。河北省邢台市沙河玻璃园区清洁煤制气中心建设取得明显进展。

深入推进工业炉窑污染深度治理，全面加强有组织和无组织排放管控。2019 年 10 月 1 日起，各地焦化行业全面执行大气污染物特别排放限值。全面加强无组织排放管理，严格控制工业炉窑生产工艺过程及相关物料储存、输送等环节无组织排放。电解铝企业全面推进烟气脱硫设施建设，实施热残极冷却过程无组织排放治理，建设封闭高效的烟气收集系统。鼓励水泥企业实施污染深度治理。推进 5.5 米以上焦炉实施干熄焦改造。暂未制订行业排放标准的工业炉窑，原则上按照颗粒物、二氧化硫、氮氧化物排放分别不高于 30 毫克/米^3、200 毫克/米^3、300 毫克/米^{3}进行改造，其中，日用玻璃、玻璃棉氮氧化物排放不高于 400 毫克/米^3。

7．提升 VOCs 综合治理水平。各地要加强对企业帮扶指导，对本地 VOCs 排放量较大的企业，组织编制“一厂一策”方案。加大源头替代力度。2019 年 12 月底前，市场监管总局出台低 VOCs 含量涂料产品技术要求。各地要大力推广使用低 VOCs 含量涂料、油墨、胶黏剂，在技术成熟的家具、集装箱、整车生产、船舶制造、机械设备制造、汽修、印刷等行业，全面推进企业实施源头替代。

强化无组织排放管控。全面加强含 VOCs 物料储存、转移和输送、设备与管线组件泄漏、敞开液面逸散以及工艺过程等五类排放源 VOCs 管控。按照“应收尽收、分质收集”的原则，显著提高废气收集率。密封点数量大于等于 2 000 个的，开展泄漏检测与修复（LDAR）工作。推进建设适宜高效的治理设施，鼓励企业采用多种技术的组合工艺，提高 VOCs 治理效率。低浓度、大风量废气，宜采用沸石转轮吸附、活性炭吸附、减风增浓等浓缩技术，提高 VOCs 浓度后净化处理；高浓度废气，优先进行溶剂回收，难以回收的，宜采用高温焚烧、催化燃烧等技术。油气（溶剂）回收宜采用冷凝+吸附、吸附+吸收、膜分离+吸附等技术。低温等离子、光催化、光氧化技术主要适用于恶臭异味等治理；生物法主要适用于低浓度 VOCs 废气治理和恶臭异味治理。VOCs 初始排放速率大于等于 2 千克/时的，去除效率不应低于 80%（采用的原辅材料符合国家有关低 VOCs 含量产品规定的除外）。2019 年 10 月底前，各地开展一轮 VOCs 治理执法检查，将有机溶剂使用量较大的，存在敞开式作业的，末端治理仅使用一次活性炭吸附、水或水溶液喷淋吸收、等离子、光催化、光氧化等技术的企业作为重点，对不能稳定达到《挥发性有机物无组织排放控制标准》以及相关行业排放标准要求的，督促企业限期整改。

（二）加快调整能源结构

8．有效推进清洁取暖。按照“以气定改、以供定需，先立后破、不立不破”的原则，坚持“先规划、先合同、后改造”，在保证温暖过冬的前提下，集中资源大力推进散煤治理；同步推动建筑节能改造，提高能源利用效率，保障工程质量，严格安全监管。各城市应按照 2020 年采暖期前平原地区基本完成生活和冬季取暖散煤替代的任务要求，统筹确定 2019 年度治理任务。2019 年采暖期前，中央财政支持北方地区冬季清洁取暖第一批试点城市力争基本完成清洁取暖改造任务。各地要以区县或乡镇为单元整体推进，不得在各村零散式开展。

因地制宜，合理确定改造技术路线。坚持宜电则电、宜气则气、宜煤则煤、宜热则热，积极推广太阳能光热利用和集中式生物质利用。各地应根据签订的采暖期供气合同气量以及实际供气供电能力等，合理确定“煤改气”“煤改电”户数，合同签订不到位、基础设施建设不到位、安全保障不到位的情况下，不新增“煤改气”户数。要充分利用电厂供热潜能，加快供热管网建设，加大散煤替代力度。“煤改电”要以可持续、取暖效果佳、可靠性高、受群众欢迎的技术为主，积极推广集中式电取暖、蓄热式电暖器、空气源热泵等，不鼓励取暖效果差、群众意见大的电热毯、“小太阳”等简易取暖方式。

根据各地上报情况，2019 年 10 月底前，“2+26”城市完成散煤替代 524 万户。其中，天津市 36.3 万户、河北省 203.2 万户、山西省 39.7 万户、山东省 114.3 万户、河南省 130.7 万户。

9．严防散煤复烧。各地要采取综合措施，加强监督检查，防止已完成替代地区散煤复烧。对已完成清洁取暖改造的地区，地方人民政府应依法划定为高污染燃料禁燃区，并制定实施相关配套政策措施。各地应加大清洁取暖资金投入，确保补贴资金及时足额发放。加强用户培训和产品使用指导，帮助居民掌握取暖设备的安全使用方法。对暂未实施清洁取暖的地区，开展打击劣质煤销售专项行动，对散煤经销点进行全面监督检查，确保行政区域内使用的散煤质量符合国家或地方标准要求。

10．严格控制煤炭消费总量。各省（市）要严格落实“十三五”煤炭消费总量控制目标任务，统筹 2019—2020 年时序进度和工作安排，防止压减任务集中于 2020 年。强化源头管控，严控新增用煤，对新增耗煤项目严格实施等量或减量替代；着力削减非电用煤，重点压减散煤和高耗能、高排放、产能过剩行业及落后产能用煤。加快推进 30 万千瓦及以上热电联产机组供热半径 15 千米范围内的燃煤锅炉和落后燃煤小热电关停整合。对以煤为燃料的工业炉窑，加快使用清洁低碳能源或利用工厂余热、电厂热力等进行替代。

11．深入开展锅炉综合整治。依法依规加大燃煤小锅炉（含茶水炉、经营性炉灶、储粮烘干设备等燃煤设施）淘汰力度，加快农业大棚、畜禽舍燃煤设施淘汰。坚持因地制宜、多措并举，优先利用热电联产等方式替代燃煤锅炉。2019 年 12 月底前，“2+26”城市行政区域内基本淘汰每小时 35 蒸吨以下燃煤锅炉。锅炉淘汰方式包括拆除取缔、清洁能源替代、烟道或烟囱物理切断等。

加大生物质锅炉治理力度。各地应结合第二次污染源普查等，建立生物质锅炉管理台账，2019 年 10 月底前完成。生物质锅炉数量较多的地区要制定综合整治方案，开展专项整治。生物质锅炉应采用专用锅炉，配套旋风+布袋等高效除尘设施，禁止掺烧煤炭、垃圾、工业固体废物等其他物料。积极推进城市建成区生物质锅炉超低排放改造。加快推进燃气锅炉低氮改造，暂未制定地方排放标准的，原则上按照氮氧化物排放浓度不高于 50 毫克/米^{3}进行改造。对已完成超低排放改造的电力企业，各地要重点推进无组织排放控制、因地制宜稳步推动煤炭运输“公转铁”等清洁运输工作。对稳定达到超低排放要求的电厂，不得强制要求治理“白色烟羽”。

（三）积极调整运输结构

12．加快推进铁路专用线建设。各地要逐一核实《交通运输部等九部门贯彻落实国务院办公厅〈推进运输结构调整三年行动计划（2018—2020）〉的通知》中铁路专用线重点建设项目（见附件2）落实情况，按照《关于加快推进铁路专用线建设的指导意见》要求，积极推进铁路专用线建设；2019年10月底前，各地要对大宗货物年货运量150万吨及以上的大型工矿企业和新建物流园区铁路专用线建设情况、企业环评批复要求建设铁路专用线落实情况等进行摸排。对工程进度滞后的，要分析查找原因，分类提出整改方案，确保2020年基本完成。若涉及规划调整、项目变更、企业搬迁退出等因素不再建设的，地方可提出变更申请，由主管部门确认。

各地要因地制宜，根据本地货物运输特征，大力发展多式联运；研究建设物流园区，提高货运组织效率。北京市有效增加建材、生活物资、商品汽车铁路运输量。山西省推进重点煤矿企业全部接入铁路专用线。山东省全面推进魏桥和信发集团等企业铁路专用线建设。

13．大力提升铁路水路货运量。严格落实禁止汽运煤集港政策，严格禁止通过铁路运输至港口附近货场后汽车短驳集港或汽车运输至港口附近货场后铁路集港等行为。推进沿海主要港口和唐山港、黄骅港的矿石、焦炭等大宗货物改由铁路或水路运输。具有铁路专用线的大型工矿企业和新建物流园区，煤炭、焦炭、铁矿石等大宗货物铁路运输比例原则上达到80%以上。

14．加快推进老旧车船淘汰。加快淘汰国三及以下排放标准的柴油货车、采用稀薄燃烧技术或“油改气”的老旧燃气车辆。各地应统筹考虑老旧柴油货车淘汰任务，2019年12月底前，淘汰数量应达到任务量的40%以上。

15．严厉查处机动车超标排放行为。强化多部门联合执法，完善生态环境部门监测取证、公安交管部门实施处罚、交通运输部门监督维修的联合监管模式，并通过国家机动车超标排放数据平台，将相关信息及时上报，实现信息共享。各地要加快在主要物流货运通道和城市主要入口布设排放检测站（点），针对柴油货车等开展常态化全天候执法检查，2019年10月底前，北京市实现主要货运通道和城市入口全覆盖，天津市不少于15个，河北省各城市不少于5个。加大对物流园、工业园、货物集散地等车辆集中停放地，以及大型工矿企业、物流货运、长途客运、公交、环卫、邮政、旅游等重点单位入户检查力度，做到检查全覆盖。秋冬季期间，各地监督抽测的柴油车数量要大幅增加。

16．开展油品质量检查专项行动。2019年10月底前，各地要以物流基地、货运车辆停车场和休息区、油品运输车、施工工地等为重点，集中打击和清理取缔黑加油站点、流动加油车，对不达标的油品追踪溯源，查处劣质油品存储销售集散地和生产加工企业，对有关涉案人员依法追究相关法律责任。炼油企业较多的省份应对油品生产加工企业开展全面排查，对各地在打击黑加油站点和流动加油车专项行动中发现问题线索的油品生产加工企业进行突击检查，从源头杜绝假劣油品。

开展企业自备油库专项执法检查，各地应对大型工业企业、公交车场站、机场和铁路货场自备油库油品质量进行监督抽测，严禁储存和使用非标油，依法依规关停并妥善拆除不符合要求的自备油罐及装置（设施），2019年10月底前完成。

加大对加油船、水上加油站以及船舶用油等监督检查力度，确保内河、船舶排放控制区内远洋船舶使用符合标准的燃油。

17．加强非道路移动源污染防治。各地要制定非道路移动机械摸底调查和编码登记工作方案，以城市建成区内施工工地、物流园区、大型工矿企业以及港口、码头、机场、铁路货场等为重点，2019 年 12 月底前，全面完成非道路移动机械摸底调查和编码登记，并上传至国家非道路移动机械环保监管平台。加大对非道路移动机械执法监管力度。各地要建立生态环境、建设、交通运输（含民航、铁路）等部门联合执法机制，秋冬季期间每月抽查率不低于 10%，对违规进入高排放控制区或冒黑烟等超标排放的非道路移动机械依法实施处罚，消除冒黑烟现象。

（四）优化调整用地结构

18．加强扬尘综合治理。严格降尘管控，各城市平均降尘量不得高于 9 吨/（月·千米^2）。鼓励各城市不断加严降尘量控制指标，实施网格化降尘量监测考核。山西省太原、阳泉市，山东省聊城市等要全面加大扬尘综合治理力度；河北省廊坊市，山东省德州、淄博市要坚决遏制降尘量反弹势头。

加强施工扬尘控制。城市施工工地要严格落实工地周边围挡、物料堆放覆盖、土方开挖湿法作业、路面硬化、出入车辆清洗、渣土车辆密闭运输“六个百分之百”。5 000 米^{2}及以上土石方建筑工地安装在线监测和视频监控设施，并与当地有关部门联网。长距离的市政、城市道路、水利等工程，要合理降低土方作业范围，实施分段施工。鼓励各地推动实施“阳光施工”“阳光运输”，减少夜间施工数量。将扬尘管理工作不到位的不良信息纳入建筑市场信用管理体系，情节严重的，列入建筑市场主体“黑名单”。

强化道路扬尘管控。扩大机械化清扫范围，对城市空气质量影响较大的国道、省道及城市周边道路、城市支路、背街里巷等，加大机械化清扫力度，提高清扫频次；推广主次干路高压冲洗与机扫联合作业模式，大幅度降低道路积尘负荷。构建环卫保洁指标量化考核机制。加强道路两侧裸土、长期闲置土地绿化、硬化，对国道、省道及物流园区周边等地柴油货车临时停车场实施路面硬化。

加强堆场、码头扬尘污染控制。城区、城乡接合部等各类煤堆、灰堆、料堆、渣土堆等要采取苫盖等有效抑尘措施，灰堆、渣土堆要及时清运。加强港口作业扬尘监管，开展干散货码头扬尘专项治理，全面推进主要港口大型煤炭、矿石码头堆场防风抑尘、洒水等设施建设。

19．严控露天焚烧。坚持疏堵结合，因地制宜大力推进秸秆综合利用。强化地方各级政府秸秆禁烧主体责任，建立全覆盖网格化监管体系，充分利用网格化制度，加强“定点、定时、定人、定责”管控，综合运用卫星遥感、高清视频监控等手段，加强对各地露天焚烧监管。自 2019 年 9 月起，开展秋收阶段秸秆禁烧专项巡查。在重污染天气期间，严控秸秆焚烧、烧荒、烧垃圾等行为。山西等地要加强矸石山综合治理，消除自燃和冒烟现象。

（五）有效应对重污染天气

20．深化区域应急联动。建立生态环境部和省级、市级生态环境部门的区域应急联动快速响应机制，当预测到区域将出现大范围重污染天气时，生态环境部基于区域会商结果，及时向省级生态环境部门通报预测预报结果，省级生态环境部门根据预测预报结果发布预警提示信息，立即组织相关城市按相应级别启动重污染天气应急预案，实施区域应急联动。各地生态环境部门要加强与气象部门的合作。淮海经济区内临沂、枣庄、日照、泰安、商丘、周口等非重点区域城市，应参照京津冀及周边地区预警启动标准，完善重污染天气应急预案，同步开展区域应急联动。

秋冬季是重污染天气高发时期，各地可根据历史同期空气质量状况，结合国家中长期预测预报结果，提前研判未来空气质量变化趋势。当未来较长时间段内，有可能连续多次出现重污染天气过程，将频繁启动橙色及以上预警时，可提前指导行政区域内生产工序不可中断或短时间内难以完全停产的行业，预先调整生产计划，确保在预警期间能够有效落实应急减排措施。

21．夯实应急减排清单。各地应根据《关于加强重污染天气应对夯实应急减排措施的指导意见》，严格按照Ⅲ级、Ⅱ级、Ⅰ级应急响应时，二氧化硫、氮氧化物、颗粒物和VOCs的减排比例分别达到全社会排放量10%、20%和30%以上的要求，完善重污染天气应急减排清单，摸清涉气企业和工序，做到减排措施全覆盖。指导工业企业制定“一厂一策”实施方案，明确不同应急等级条件下停产的生产线、工艺环节和各类减排措施的关键性指标，细化各减排工序责任人及联系方式等。各地按相关要求在重污染天气应急管理平台上填报应急减排清单，实现清单电子化管理。生态环境部对各地上报的应急减排清单实施评估。

22．实施差异化应急管理。对重点行业中钢铁、焦化、氧化铝、电解铝、炭素、铜冶炼、陶瓷、玻璃、石灰窑、铸造、炼油和石油化工、制药、农药、涂料、油墨等15个明确绩效分级指标的行业，应严格评级程序，细化分级办法，确定A、B、C级企业，实施动态管理。原则上，A级企业生产工艺、污染治理水平、排放强度等应达到全国领先水平，在重污染期间可不采取减排措施；B级企业应达到省内标杆水平，适当减少减排措施。对2018年产能利用率超过120%的钢铁企业可适当提高限产比例。对其他16个未实施绩效分级的重点行业，各省（市）应结合本地实际情况，制定统一的应急减排措施，或自行制定绩效分级标准，实施差异化管控。对非重点行业，各地应根据行业排放水平、对环境空气质量影响程度等，自行制定应急减排措施。

对行政区域内较集中、成规模的特色产业，应统筹采取应急减排措施。对各类污染物不能稳定达标排放，未达到排污许可管理要求，或未按期完成秋冬季大气污染综合治理任务的企业，不纳入绩效分级范畴，应采取停产措施或最严级别限产措施，以生产线计。

（六）加强基础能力建设

23．完善环境监测网络。自2019年10月起，各省（市）每月10日前将审核后的上月区县环境空气质量日报数据报送中国环境监测总站。2019年12月底前，各城市完成国家级新区、高新区、重点工业园区及港口、机场环境空气质量监测站点建设。2020年1月起，各省（市）对高新区、重点工业园区等环境空气质量进行排名。

24．强化污染源自动监控体系建设。生态环境部加快推进固定污染源非甲烷总烃等VOCs排放相关监测技术规范制定。各地要严格落实排气口高度超过45米的高架源安装自动监控设施、数据传输有效率达到90%的要求，未达到的实施整治。2019年12月底前，各地应将石化、化工、包装印刷、工业涂装等主要VOCs排放行业中的重点源，以及涉冲天炉、玻璃熔窑、以煤和煤矸石为燃料的砖瓦烧结窑、耐火材料焙烧窑（电窑除外）、炭素焙（煅）烧炉（窑）、石灰窑、铬盐焙烧窑、磷化工焙烧窑、铁合金矿热炉和精炼炉等工业炉窑的企业，原则上纳入重点排污单位名录，安装烟气排放自动监控设施，并与生态环境部门联网。平板玻璃、建筑陶瓷等设有烟气旁路的企业，自动监控设施采样点应安装在原烟气与净化烟气混合后的烟道或排气筒上；不具备条件的，旁路烟道上也要安装自动监控设施，对超标或通过旁路排放的严格依法处罚。企业在正常生产以及限产、停产、检修等非正常工况下，均应保证自动监控设施正常运行并联网传输数据。各地对出现数据缺失、长时间掉线等异常情况，要及时进行核实和调查处理。

鼓励各地对颗粒物、VOCs 无组织排放突出的企业，要求在主要排放工序安装视频监控设施。具备条件的企业，应通过分布式控制系统（DCS）等，自动连续记录环保设施运行及相关生产过程主要参数。

25．建设机动车“天地车人”一体化监控系统。2019 年 12 月底前，各省（市）完成机动车排放检验信息系统平台建设，形成遥感监测、定期排放检验、入户抽测数据国家—省—市三级联网，数据传输率达到 95%以上；各城市推进重污染天气车辆管控平台建设。年销售汽油量大于 5 000 吨的加油站应安装油气回收自动监控设备，加快与生态环境部门联网。

26．加强执法能力建设。加大执法人员培训力度，各地应围绕大气污染防治的法律法规、标准体系、政策文件、治理技术、监测监控技术规范、现场执法检查要点等方面，尤其是秋冬季攻坚重点任务，定期开展培训，提高执法人员业务能力和综合素质。提高执法装备水平，配备便携式大气污染物快速检测仪、VOCs 泄漏检测仪、微风风速仪、油气回收三项检测仪、路检执法监测设备等。大力推进智能监控和大数据监控，充分运用执法 APP、自动监控、卫星遥感、无人机、电力数据等高效监侦手段，提升执法能力和效率。

三、保障措施

（七）加强组织领导

各地要切实加强组织领导，把秋冬季大气污染综合治理攻坚行动放在重要位置，作为打赢蓝天保卫战的关键举措。各有关部门要按照打赢蓝天保卫战职责分工，指导各地落实任务要求，完善政策措施，加大支持力度。地方各级党委和政府要坚决扛起打赢蓝天保卫战的政治责任，全面落实“党政同责”“一岗双责”，对本行政区域的大气污染防治工作及环境空气质量负总责，主要领导为第一责任人。各城市要将本地 2019—2020 年秋冬季大气污染综合治理攻坚行动方案（见附件 3）细化分解到各区县、各部门，明确时间表和责任人，主要任务纳入地方党委和政府督查督办重要内容；建立重点任务完成情况定期调度机制，有效总结经验，及时发现问题，部署下一步工作。

企业是污染治理的责任主体，要切实履行社会责任，落实项目和资金，确保工程按期建成并稳定运行。中央企业要起到模范带头作用。

（八）加大政策支持力度

各地要进一步制定和完善农村居民天然气取暖运营补贴政策，确保农村居民用得起、用得好。进一步强化中央大气污染防治专项资金安排与地方环境空气质量改善联动机制，充分调动地方政府治理大气污染积极性。地方各级人民政府要加大本级大气污染防治资金支持力度，重点用于散煤治理、工业污染源深度治理、燃煤锅炉整治、运输结构调整、柴油货车污染治理、大气污染防治能力建设等领域。各级生态环境部门配合财政部门，针对本地大气污染防治重点，做好大气专项资金使用工作，加强预算管理。各省（市）要对大气专项资金使用情况开展绩效评价。研究制定“散乱污”企业综合治理激励政策。研究京津冀及周边地区重大项目环评区域协调机制。

加大信贷融资支持力度。支持依法合规开展大气污染防治领域的政府和社会资本合作（PPP）项目建设。支持符合条件的企业通过债券市场进行直接融资，募集资金用于大气污染治理等。

加大价格政策支持力度。完善天然气门站价格政策，京津冀及周边地区居民“煤改气”采暖期天然气门站价格不上浮。各省（市）要落实好《关于北方地区清洁供暖价格政策意见的通知》，完善峰谷分时价格制度，完善采暖用电销售侧峰谷电价，延长采暖用电谷段时长至 10 个小时以上，进一步扩大采暖期谷段用电电价下浮比例；支持具备条件的地区建立采暖用电的市场化竞价采购机制，采暖用电参加电力市场化交易谷段输配电价减半执行。落实好差别电价政策，对限制类企业实行更高价格，支持各地根据实际需要扩大差别电价、阶梯电价执行行业范围，提高加价标准。铁路运输企业完善货运价格市场化运作机制，清理规范辅助作业环节收费，积极推行大宗货物“一口价”运输。研究实施铁路集港运输和疏港运输差异化运价模式，降低回程货车空载率，充分利用铁路货运能力。推动完善船舶、飞机使用岸电价格形成机制，降低岸电使用价格。

（九）全力做好气源电源供应保障

抓好天然气产供储销体系建设。加快 2019 年天然气基础设施互联互通重点工程建设，确保按计划建成投产。地方政府、城镇燃气企业和不可中断大用户、上游供气企业要按照《国务院关于促进天然气协调稳定发展的若干意见》有关要求，加快储气设施建设步伐。优化天然气使用方向，采暖期新增天然气重点向京津冀及周边地区等倾斜，保障清洁取暖与温暖过冬。各地要进一步完善调峰用户清单，夯实“压非保民”应急预案。地方政府对“煤改电”配套电网工程和天然气互联互通管网建设应给予支持，统筹协调项目建设用地等。

国有企业要切实担负起社会责任，加大投入，确保气源电源稳定供应。中石油、中石化、中海油要积极筹措天然气资源，加快管网互联互通和储气能力建设，做好清洁取暖保障工作。国家电网公司要进一步加大“煤改电”实施力度，在条件具备的地区加快建设一批输变电工程，与相关城市统筹“煤改电”工程规划和实施，提高以电代煤比例。

（十）加大环境执法力度

各地要围绕秋冬季大气污染综合治理重点任务，提高执法强度和执法质量，切实传导压力，推动企业落实生态环境保护主体责任，引导企业由“要我守法”向“我要守法”转变。提高环境执法针对性、精准性，针对生态环境部强化监督定点帮扶中发现的突出问题和共性问题，各地要举一反三，仔细分析查找薄弱环节，组织开展专项执法行动。强化颗粒物和 VOCs 无组织排放监管，加强对污染源在线监测数据质量比对性检查，严厉打击违法排污、弄虚作假等行为。对固定污染源排污许可清理整顿中“先发证再整改”的企业，加大执法频次，确保企业整改到位。

加强联合执法。在“散乱污”企业整治、油品质量监管、柴油车尾气排放抽查、扬尘管控等领域实施多部门联合执法，建立信息共享机制，形成执法合力。加大联合惩戒力度，多措并举治理低价中标乱象。将建设工程质量低劣的环保公司和环保设施运营管理水平低、存在弄虚作假行为的运维机构列入失信联合惩戒对象名单，纳入全国信用信息共享平台，并通过“信用中国”“国家企业信用信息公示系统”等网站向社会公布。

加大重污染天气预警期间执法检查力度。在重污染天气应急响应期间，各地区、各部门要系统部署应急减排工作，加密执法检查频次，严厉打击不落实应急减排措施、超标排污等违法行为。要加强电力部门电量数据、污染源自动监控数据等应用，实现科技执法、精准执法。加大违法处罚力度，各地要依据相关法律规定，对重污染天气预警期间实施的违法行为从严处罚，涉嫌犯罪的，移送公安机关依法查处。

（十一）开展强化监督定点帮扶

生态环境部统筹全国生态环境系统力量，持续开展蓝天保卫战重点区域强化监督定点帮扶工作，实现“2+26”城市全覆盖。秋冬季期间，紧盯重污染天气应急预案执行、“煤改气”“煤改电”、群众信访案件督办、锅炉窑炉淘汰改造、燃煤小火电机组淘汰、“散乱污”企业排查整治、排污许可和依证监管、打击黑加油站点和油品质量检测等。同时加强对秸秆焚烧、垃圾焚烧、荒野焚烧以及施工扬尘、堆场扬尘等颗粒物污染管控情况的监督。对发现的问题实行“拉条挂账”式跟踪管理，督促地方建立问题台账，制定整改方案；对地方“举一反三”落实情况加强现场核实，督促整改到位，防止问题反弹。

强化监督定点帮扶工作组要切实增强帮扶意识和本领，帮助地方和企业共同做好大气污染防治工作。加快推动大气重污染成因与治理攻关项目研究成果的转化应用，充分利用攻关项目建立的数据、人才、平台等科研资源，持续推进“一市一策”驻点跟踪研究，重点开展污染过程预警预报和动态监控、污染成因解析、应急管控措施评估等工作，并组织攻关专家及时进行重污染成因科学解读。包保单位要加强指导，组织大气重污染成因与治理攻关项目驻点跟踪研究工作组共同参与监督帮扶，完善“一市一策”治理方案；定期对攻坚任务进展和目标完成情况进行分析研判，对工作滞后、问题突出的，及时预警并报告；深入一线基层和企业开展调查研究，针对共性问题、突出问题等提出工作建议，指导地方优化污染治理方案，推动秋冬季大气污染综合治理各项任务措施取得实效；针对地方和企业反映的技术困难和政策问题，组织开展技术帮扶和政策解读，切实帮助地方政府和企业解决污染防治工作中的具体困难和实际问题。

（十二）强化监督问责

将秋冬季大气污染综合治理重点攻坚任务落实不力、环境问题突出，且环境空气质量明显恶化的地区作为中央生态环境保护督察重点。结合第二轮中央生态环境保护督察工作，重点督察地方党委、政府及有关部门大气污染综合治理不作为、慢作为以及“一刀切”等乱作为，甚至失职失责等问题；对问题严重的地区视情开展点穴式、机动式专项督察。

制定量化问责办法，对重点攻坚任务落实不力，或者环境空气质量改善不到位且改善幅度排名靠后的，实施量化问责。综合运用排查、交办、核查、约谈、专项督察“五步法”监管机制，压实工作责任。

京津冀及周边地区大气污染防治领导小组办公室定期调度各地重点任务进展情况。秋冬季期间，生态环境部每月通报各地空气质量改善情况；对空气质量改善幅度达不到时序进度或重点任务进展缓慢的城市下发预警通知函；对每季度空气质量改善幅度达不到目标任务或重点任务进展缓慢或空气质量指数（AQI）持续“爆表”的城市，公开约谈政府主要负责人；对未能完成终期空气质量改善目标任务或重点任务未按期完成的城市，严肃问责相关责任人，实行区域环评限批。发现篡改、伪造监测数据的，考核结果直接认定为不合格，并依法依纪追究责任。

附件 1

“2+26”城市 2019—2020 年秋冬季空气质量改善目标

城　市	$PM_{2.5}$浓度同比下降比例/%	重污染天数同比减少/日
北京市	0.0	持续改善
天津市	1.0	1
石家庄市	5.5	2
（辛集）	5.5	2
唐山市	3.0	1
邯郸市	6.0	2
邢台市	6.0	3
保定市	4.0	2
（定州）	4.0	2
沧州市	2.0	1
廊坊市	1.0	1
衡水市	3.0	1
太原市	4.5	1
阳泉市	5.0	1
长治市	4.0	持续改善
晋城市	5.0	1
济南市	4.5	1
淄博市	4.0	1
济宁市	4.0	持续改善
德州市	3.0	1
聊城市	5.0	2
滨州市	3.0	1
菏泽市	6.0	2
郑州市	6.0	2
开封市	6.0	3
安阳市	6.5	3
鹤壁市	3.0	1
新乡市	5.0	2
焦作市	5.0	2
濮阳市	6.0	3
济源市	5.0	2

附件 2

京津冀及周边地区铁路专用线重点建设项目

序号	省份	地市	港口/铁路局	港区/物流园区/企业名称	项目名称	接轨站	开工时间	完工时间
1	天津市	天津市	天津港	大港港区	天津南港铁路工程	万家码头站	2014.6	2019.12
2	河北省	唐山市	唐山港	曹妃甸港区	新建水厂矿区至曹妃甸港区集疏运铁路工程	木厂口站	2016.8	2019.12
3	河北省	唐山市	唐山港	曹妃甸港区	唐山曹妃甸港口有限公司铁路专用线工程	曹妃甸站	2019.5	2019.12
4	河北省	唐山市	唐山港	曹妃甸港区	首钢工业站至唐山曹妃甸实业港务有限公司专用线联络线改造工程	迁曹铁路首钢工业站	2018.12	2019.12
5	河北省	唐山市	北京铁路局	河北鑫达钢铁有限公司	鑫达钢铁有限公司专用线	沙河驿	2018.12	2019.12
6	河北省	唐山市	北京铁路局	河北荣信钢铁有限公司	荣信钢铁有限公司专用线	沙河驿	2018.12	2019.12
7	河北省	唐山市	北京铁路局	唐山东海钢铁集团有限公司	滦县境内东海钢铁集团有限公司专用线	雷庄	2019.3	2019.12
8	河北省	唐山市	北京铁路局	河北东海特钢集团有限公司	河北东海特钢集团有限公司专用线	茨榆坨	2019.3	2019.12
9	河北省	唐山市	北京铁路局	唐山瑞丰钢铁（集团）有限公司	瑞丰钢铁集团有限公司专用线	丰南南西场	2019.1	2019.12
10	河北省	唐山市	北京铁路局	唐山市丰南区凯恒钢铁有限公司	凯恒钢铁有限公司专用线	丰南南西场	2019.1	2019.12
11	河北省	唐山市	北京铁路局	唐山东华钢铁企业集团有限公司	东华钢铁有限公司专用线	丰南南西场	2019.1	2019.12
12	河北省	唐山市	北京铁路局	河北纵横集团丰南钢铁有限公司	河北纵横集团丰南钢铁有限公司专用线	南堡北黄柏坨	2019.1	2019.12
13	河北省	邯郸市	北京铁路局	武安市阳邑发煤站	武安市阳邑发煤站专用线	阳邑	2017.6	2018.8
14	河北省	邯郸市	北京铁路局	武安市元宝山新固镇货场	河北元宝山工业集团有限公司铁路专用线	新固镇	2018.1	2018.12
15	河北省	邯郸市	北京铁路局	中铁加仑邯郸有限公司物流园	中铁加仑邯郸 LNG 物流园铁路专用线	广平站	2018.12	2019.12
16	山西省	长治市	郑州铁路局	山西能投煤炭物流有限公司铁路综合物流园	山西省长子县能源交通物流有限公司长子南铁路专用线	长子南	2013.1	2018.12

序号	省份	地市	港口/铁路局	港区/物流园区/企业名称	项目名称	接轨站	开工时间	完工时间
17	山西省	长治市	北京铁路局	潞城现代智慧物流产业园路安集团煤场	山西金达兴业能源集团有限公司专用线	微子镇	2017.7	2018.12
18	山东省	济宁市	济南铁路局	华能济宁高新区热电有限公司	华能济宁高新区热电有限公司铁路专用线	兖州西站	2018.12	2019.12
19	山东省	聊城市	郑州铁路局	山东省莘县华祥石化	山东省莘县华祥石化专用铁路	范县	2018.3	2019
20	山东省	聊城市	济南铁路局	山东铁临物流园	山东铁临物流有限公司铁路专用线	临清站	2016.8	2019.1
21	山东省	滨州市	济南铁路局	阳信县汇宏新材料有限公司	阳信县汇宏新材料有限公司铁路专用线	阳信站	2017.1	2018.6
22	山东省	滨州市	滨州港	海港港区	新建滨港铁路沾化至滨州港段	泊头	2015.12	2019.10
23	山东省	菏泽市	郑州铁路局	华润电力东明热电厂	华润电力东明热电厂铁路专用线	东明县	2018.9	2019
24	河南省	郑州市	郑州铁路局	巩义市象道国际物流园	巩义市象道物流有限公司专用线	巩义站	2018.4	2018.12
25	河南省	郑州市	郑州铁路局	郑州新力电力有限公司	郑州新力电力有限公司异地迁建燃煤供热机组铁路专用线	关帝庙站	2018.9	2019.12
26	河南省	郑州市	郑州铁路局	郑东新区热电有限公司	郑东新区热电有限公司铁路专用线	圃田站	2018.4	2019.10
27	河南省	郑州市	郑州铁路局	中国石化润滑油有限公司郑州分公司	中国石化润滑油有限公司郑州分公司铁路专用线（改建）	铁炉站	2019.4	2019.12
28	河南省	安阳市	郑州铁路局	安阳万庄公铁物流园	安阳万庄公铁物流园铁路专用线	汤阴东站	2017.10	2018.12
29	河南省	鹤壁市	郑州铁路局	河南煤炭储配交易中心	河南煤炭储配交易中心铁路专用线	时丰站	2016.8	2018.12
30	河南省	焦作市	郑州铁路局	焦作丹河电厂	焦作丹河电厂铁路专用线	捏掌站	2017.2	2019
31	河南省	焦作市	郑州铁路局	河南晋煤天庆煤化工有限责任公司	晋煤天庆铁路专用线	捏掌站	2013.5	2019.2
32	河南省	濮阳市	郑州铁路局	山东省莘县华祥石化	山东省莘县华祥石化专用铁路	范县站	2018.8	2018.12

附件 3

北京市 2019—2020 年秋冬季大气污染综合治理攻坚行动方案

类别	重点工作	主要任务	完成时限	工程措施
产业结构调整	产业布局调整	调整退出一般制造业和污染企业	2019 年 9 月底前	全市共退出一般制造业和污染企业 300 家以上
	“散乱污”企业综合整治	“散乱污”企业综合整治	2019 年 12 月底前	坚决依法清理整治“散乱污”企业，强化动态监管治理，实现“动态摸排、动态清零”
	工业源污染治理	实施排污许可	2019 年 12 月底前	按照国家要求，完成汽车制造、木质家具制造、电子器件制造等行业排污许可证核发工作
能源结构调整	清洁取暖	清洁能源替代散煤	2019 年采暖季前	重点围绕北京冬奥会冬残奥会延庆赛区、世园会场馆周边村庄继续开展“冬季清洁取暖”工作；健全清洁取暖设备的运维服务机制，严厉打击经营性企业非法使用燃煤、非法销售燃煤行为，综合施策、巩固全市平原地区基本“无煤化”成果
		洁净煤替代散煤	2019 年采暖季前	未实施清洁能源替代地区实现洁净煤替代散煤全覆盖
		煤质监管	全年	加强部门联动，严厉打击劣质煤流通、销售和使用，对抽检发现经营不合格散煤行为的，依法处罚
	煤炭总量控制	煤炭消费总量控制	全年	落实《北京市 2019 年能源工作要点》要求，全市煤炭消费总量控制在 420 万吨以内，优质能源消费比重达到 97%以上
运输结构调整	运输结构调整	提升铁路货运量	2019 年 12 月底前	以矿建材料、商品车等为重点，统筹推进本市货物运输结构优化工作，年底前，全市货物到发铁路运输比例提升到 8%
		加快铁路专用线建设	2019 年 12 月底前	落实《北京市推进运输结构调整 2019 年具体工作措施及分工方案》，研究推进年货运量 150 万吨以上的大型工矿企业和新建一级物流设施铁路专用线建设。以北京金隅北水环保科技有限公司、北京金隅琉水环保科技有限公司等生产性用煤企业为重点，依托铁路专用线，实现生产性用煤铁路运输比例达到 100%
		发展新能源车	全年	加快推进小客车和公交、出租、邮政、城市快递、环卫、物流配送等车辆“电动化”，年底前本市新能源汽车总量力争达到 30 万辆左右
			2019 年 12 月底前	除消防、救护、除冰雪、加油车辆设备及无新能源产品车辆设备外，机场内运营新增和更新车辆设备 100%使用新能源

类别	重点工作	主要任务	完成时限	工 程 措 施
运输结构调整	运输结构调整	老旧车淘汰	全年	严格执行柴油载货汽车交通管理政策，自2019年11月1日起，全天禁止所有国三排放标准柴油载货汽车进入本市行政区域道路行驶；大力推进国三及以下排放标准营运柴油货车提前淘汰更新，加快淘汰采用稀薄燃烧技术和“油改气”的老旧燃气车辆
	车用燃油品质改善	油品和车用尿素质量抽查	2019年12月底前	强化油品质量监管，按照年度抽检计划，在全市加油站（含场站内部加油站）抽检车用汽柴油，实现对违规生产销售不合格油品查处全覆盖。全年抽检车用尿素溶液质量100组以上
		打击黑加油站点	2019年12月底前	组织开展清除无证无照经营的黑加油站点、流动加油罐车专项整治行动
		使用终端油品和尿素质量抽查	2019年12月底前	从柴油货车油箱和尿素箱抽取检测柴油样品和车用尿素样品各40个以上
	在用车环境管理	在用车执法监管	秋冬季期间	秋冬季期间监督抽测柴油车数量不低于当地柴油车保有量的80%
			2019年12月底前	按照“公安处罚、环保检测”模式，以全市38个进京路口和市内主要道路为重点，全年路检路查150万辆次以上的重型柴油车
			2019年12月底前	采取现场随机抽检、排放检测比对、远程监控排查等方式，实现对排放检验机构的监管全覆盖
			2019年10月底前	构建超标柴油车黑名单，将超标车辆纳入黑名单，实现动态管理。外埠超标车不予办理进京证，本地超标车等重点用车大户加强入户精准执法检查
	非道路移动机械环境管理	高排放控制区	2019年9月底前	制定并出台禁止使用高排放非道路移动机械区域扩大方案
		排放检验	2019年12月底前	以施工工地、机场、物流园区、高排放控制区等为重点，全年开展非道路移动机械检测1万台次以上，做到重点场所全覆盖
		机场岸电	2019年12月底前	推进首都、大兴机场岸电设施建设
用地结构调整	矿山综合整治	强化露天矿山综合治理	长期坚持	对全市露天矿山进行排查，建立矿山管理台账。对违反资源环境法律法规、本市矿产资源总体规划，污染环境、破坏生态、乱采滥挖的露天矿山，依法予以关闭；对责任主体灭失的露天矿山，加强修复绿化、减尘抑尘
	扬尘综合治理	施工扬尘监管	长期坚持	完善施工工地扬尘视频监控系统建设，推进施工工地与混凝土搅拌站渣土车车牌识别与洗轮机监控设备安装，全年安装800套以上

类别	重点工作	主要任务	完成时限	工　程　措　施
用地结构调整	扬尘综合治理	道路扬尘综合整治	长期坚持	城市道路“冲、扫、洗、收”新工艺作业率达到91%。运用车载光散射、走航监测等技术，滚动式监测、评价、通报道路扬尘状况
		渣土运输车监管	全年	完善并充分发挥建筑垃圾综合管理信息平台作用，对渣土车运行在线监控；完善建筑垃圾运输联合督导、联合执法、定期调度、案件移送等机制，加大对违法违规行为的查处力度，全年建筑垃圾运输违法违规案件处理率达90%以上
		强化降尘量控制	全年	全市各区降尘量达到国家要求
	秸秆综合利用	加强秸秆焚烧管控	长期坚持	建立网格化监管制度，在秋收阶段开展秸秆禁烧专项巡查
		加强秸秆综合利用	全年	秸秆综合利用率达到90%
工业炉窑大气污染综合治理	工业炉窑整治监管	工业炉窑排查整治执法	2019年12月底前	加强对工业炉窑排放情况的执法检查，确保稳定达标排放
VOCs治理	重点工业行业VOCs综合治理	行业VOCs综合整治	2019年12月底前	组织挥发性有机物年排放量超过25吨的工业企业开展强制性清洁生产审核，组织50家企业制定“一厂一策”治理方案并实施挥发性有机物减排措施
		燕山石化治理提升	2019年12月底前	燕山石化完成19台挥发性物料储罐的改造或停用；针对泵、压缩机、释压装置等重点环节开展4轮泄漏检测修复，其他环节开展2轮泄漏检测修复；完成2台310蒸吨循环流化床锅炉氮氧化物深度治理。对照《挥发性有机物无组织排放控制标准》（GB 37822—2019）开展无组织排放情况排查，对未达标项目制定改造方案，确保按期达标
		汽车制造行业污染综合治理	2019年12月底前	汽车制造行业企业对照《挥发性有机物无组织排放控制标准》（GB 37822—2019）开展无组织排放情况排查，对未达标项目制定改造方案，确保按期达标
		推进餐饮油烟治理	2019年12月底前	落实北京市餐饮业大气污染物排放标准要求，按照“三个一批”（即清理一批、提升一批、整治一批）的原则推进餐饮业规范化管理和整治
		开展专项执法	2019年12月底前	开展石化、汽车制造、印刷、家具、汽修、化学品制造、橡胶制品等重点行业挥发性有机物排放专项执法检查
	油品储运销综合治理	油气回收治理	2019年12月底前	对全市加油站、储油库和油罐车开展油气排放监管执法工作，确保油气回收设施正常运行

类别	重点工作	主要任务	完成时限	工　程　措　施
重污染天气应对	修订完善应急预案或减排清单	完善应急减排清单，夯实应急减排措施	2019年9月底前	按照生态环境部要求，修订完善应急预案或减排清单，完成重点行业绩效分级，落实“一厂一策”等各项应急减排措施
	应急运输响应	重污染天气移动源管控	长期坚持	组织用车大户落实重污染天气应急减排措施，加强重污染预警期间车辆管控
能力建设	完善环境监测监控网络	高密度监测网络建设	2019年12月底前	发挥粗颗粒物和 $PM_{2.5}$ 高密度监测网络作用，为属地开展精准治污提供科学支撑
		机场空气质量检测	2019年12月底前	在机场建设空气质量监测站
		遥感监测系统平台三级联网	长期坚持	机动车遥感监测系统稳定传输数据
		定期排放检验机构三级联网	长期坚持	市级机动车检验机构监管平台实现检测视频监控、防作弊报警提示、数据统计分析、检测机构管理、车辆环保信息管理，实现三级联网。对超标排放车辆开展大数据分析，追溯相关方责任
		重型柴油车车载诊断系统远程监控系统建设	全年	推进重型柴油车车载诊断系统、远程监控系统建设和终端安装
		重污染监管平台	长期坚持	推进重污染监管平台建设
	源排放清单编制	编制大气污染源排放清单	2019年12月底前	完成2018年大气污染源排放清单编制

天津市2019—2020年秋冬季大气污染综合治理攻坚行动方案

类别	重点工作	主要任务	完成时限	工程措施
产业结构调整	“两高”行业产能控制	大力破解“钢铁围城”	持续推进	严格落实钢铁行业结构调整和布局优化规划方案，加快推进分布区域、污染排放、能源消耗减量和产能结构、产品结构、物料运输优化“三减三优”措施
		严格控制“两高”行业新增产能	持续推进	严格执行钢铁、水泥、平板玻璃等行业产能置换实施办法，2017年处于正常生产状态的产能方可用于置换
	严防“散乱污”企业反弹	加强“散乱污”企业日常排查整治	长期坚持	将“散乱污”企业排查纳入日常监管工作，随发现随整治
能源结构调整	清洁取暖	清洁能源替代散煤	2019年12月底前	稳步推进剩余农村居民散煤清洁能源替代，力争2019年完成36.3万户，其中煤改气22.3万户、煤改电14万户
		严格流通领域管控	持续推进	巩固煤炭实际经营户清零成果，不再审批新增煤炭实际经营户，对现有经营范围含煤炭销售但不实际经营的市场主体继续做好营业执照的注销、变更、减项等工作。依法严厉查处无照经营散煤和在禁燃区内销售散煤等违法行为
		加强供热煤质监管	持续推进	持续开展采暖期供热企业燃用煤炭煤质抽查
	高污染燃料禁燃区	落实高污染燃料禁燃区管控要求	长期坚持	落实国家分类管控要求，禁燃区内禁止新建、改建、扩建使用高污染燃料项目，在禁燃区内擅自使用高污染燃料设施的，严格依法处罚
	煤炭消费总量控制	煤炭消费总量削减	2019年12月底前	全市煤炭消费总量控制在4 150万吨以下，煤炭占一次能源比重控制在45%以下
		持续优化能源结构	持续推进	严格控制新建燃煤项目，实行耗煤项目减量替代，禁止配套建设自备燃煤电站
		提高接受外输电能力	2019年12月底前	落实国家要求，按照京津唐电网统一电力电量平衡原则，配合做好京津唐地区接受外输电工作
	锅炉综合整治	淘汰燃煤锅炉	2019年12月底前	启动30万千瓦及以上热电联产电厂供热半径15千米范围内具备条件的燃煤锅炉关停整合工作
			2019年9月底前	完成天津天保热电有限公司2台各240蒸吨/时热电联产换热首站工程，停运4台29兆瓦燃煤锅炉
		锅炉超低排放改造	2019年12月底前	积极推进65蒸吨/时及以上燃煤锅炉超低排放改造
		燃气锅炉低氮改造	2019年10月底前	继续实施168台燃气锅炉低氮改造，按照国家要求原则上改造后氮氧化物排放浓度不高于50毫克/米^3
		生物质锅炉	持续推进	严格落实本市《生物质成型燃料锅炉大气污染物排放标准》要求，中心城区、滨海新区核心区以及其他区政府所在地建制镇生物质锅炉清零，巩固对标治理成效

类别	重点工作	主要任务	完成时限	工程措施
运输结构调整	运输结构调整	提升铁路货运量	2019年12月底前	大力推进铁路货运，天津港港口铁矿石铁路运输比例力争达到45%
		加快铁路专用线建设	2019年12月底前	推进钢铁企业煤炭、矿石运输公转铁工作，荣程钢铁完成厂内铁路专用线建设，其他拟保留的钢铁企业启动铁路专用线规划和前期工作。开展大宗货物年货运量150万吨及以上的大型工矿企业和物流园区摸底调查，按照宜水则水，宜铁则铁的原则，研究推进大宗货物“公转铁”或“公转水”方案
		发展新能源车	2019年12月底前	城市建成区新增或更新公交、环卫、邮政、出租、轻型城市物流车辆中新能源或清洁能源车辆比例达到80%
			2019年12月底前	天津港购置37台LNG集卡车，4台电动集卡车
			全年	除消防、救护、除冰雪、加油车辆设备及无新能源产品车辆设备外，机场内运营新增和更新车辆设备100%使用新能源
		淘汰老旧车	2019年12月底前	大力推进国三及以下排放标准营运柴油货车提前淘汰更新，加快淘汰采用稀薄燃烧技术和“油改气”的老旧燃气车辆
	车船燃油品质改善	油品质量抽查	2019年12月底前	强化油品质量监管，全年对本市加油站所售车用汽柴油开展质量监督抽检3 000批次，实现对本市加油站的全覆盖。开展对大型工业企业和机场自备油库油品质量专项检查，对发现的问题依法依规进行处置
		打击黑加油站点	2019年10月底前	深入开展成品油市场专项整治工作，10月底前开展新一轮成品油黑窝点、流动加油车整治。持续打击非法加油行为，防止死灰复燃
		供应尿素质量抽查	2019年12月底前	从高速公路、国道、省道沿线加油站抽检尿素100次以上
		使用终端油品和尿素质量抽查	2019年12月底前	从柴油货车油箱和尿素箱抽取检测柴油样品和车用尿素样品各100个以上
		船用油品质量调查	2019年12月底前	对港口内靠岸停泊船舶燃油抽查1 500次
	在用车环境管理	在用车执法监管	2019年12月底前	全年监督抽测柴油车数量不低于当地柴油车保有量的80%，其中集中停放地和重点企业抽检柴油货车5 000辆以上
			2019年10月底前	在10条主要进津国省干道和城市道路设置路检路查点位，开展常态化排放检测
			2019年12月底前	对全市50家以上用车大户开展监督抽查

类别	重点工作	主要任务	完成时限	工程措施
运输结构调整	在用车环境管理	在用车执法监管	2019 年 12 月底前	检查排放检验机构 100 家次，实现排放检验机构监管全覆盖
			2019 年 12 月底前	开展渣土车尾气排放执法检查，对超标排放的依法处罚
			2019 年 10 月底前	构建超标柴油车黑名单，将遥感监测（含黑烟抓拍）、路检执法发现的超标车辆纳入黑名单，实现动态管理；推广使用“驾驶排放不合格的机动车上道路行驶的”交通违法处罚代码 6063，由生态环境部门取证，公安交管部门对路检检查发现的上路行驶超标车辆进行处罚，并推动落实 I/M 制度
	非道路移动机械环境管理	高排放控制区	2019 年 12 月底前	划定非道路移动机械低排放控制区，加强非道路移动机械环境监管力度
		编码登记	2019 年 12 月底前	完成非道路移动机械摸底调查和编码登记
		排放检验	2019 年 12 月底前	以施工工地和港口码头、机场、物流园区、高排放控制区等为重点，开展非道路移动机械检测 5 000 辆以上，做到重点场所全覆盖
		港口岸电	2020 年 3 月底前	22 个专业化泊位具备供应岸电能力
		机场岸电	2019 年 12 月底前	机场岸电廊桥 APU 建设 36 个
用地结构调整	扬尘综合治理	施工扬尘综合管控	持续推进	各类施工工地严格落实工地周边围挡、物料堆放覆盖、土方开挖湿法作业、路面硬化、出入车辆清洗、渣土车辆密闭运输“六个百分之百”污染防控措施，对各类长距离的市政、城市道路、水利等线性工程，实行分段施工，并同步落实好扬尘防控措施，控尘措施不到位的，立即停工整改，整改到位后方可复工
			持续推进	建立各类施工工地扬尘管理清单动态更新机制，每季度更新
			持续推进	对全市 1 835 个建筑工地安装在线监测和视频监控，基本实现土石方作业建筑工地全覆盖，并与市级主管部门联网
		道路扬尘管控	持续推进	持续开展道路扫保“以克论净”考核，提高道路机械化清扫率
		渣土运输综合治理	长期坚持	严格落实《天津市渣土治理工作方案》要求，落实渣土排放核准、实施工地监控、强化过程运输、规范终端处理、鼓励资源利用，全面提升渣土治理水平
		露天堆场扬尘整治	长期坚持	全面清理城乡接合部以及城中村拆迁的渣土和建筑垃圾，不能及时清理的必须采取苫盖等抑尘措施
		强化降尘量控制	长期坚持	持续实施区域降尘量考核，全市及各区平均降尘量不高于 9 吨/（月·千米^2）

类别	重点工作	主要任务	完成时限	工程措施
用地结构调整	扬尘综合治理	加强公路清扫保洁	持续推进	加强国省公路清扫保洁，对外环线以及与外环线相连的环城四区放射线和主要国省公路、滨海新区与中心城区之间的连接线、各区人民政府的穿城镇公路及建城区的环线公路、通往旅游景区公路，机械清扫每天2次，水洗路面隔天1次，洒水降尘作业隔天1次；对其他普通国省公路水洗路面隔两天1次、洒水降尘作业隔两天1次。加强高速公路清扫保洁，对与外环线相连的环城四区放射线、滨海新区与中心城区之间的连接线、建成区的环线高速公路、通往旅游景区高速公路等重要线路，机械清扫每日2遍，同时按照2千米/人的标准实施双向人工清扫保洁；一般高速公路主线路段，机械清扫每日1遍，按照3千米/人的标准实施双向人工清扫保洁
	秸秆综合利用	加强秸秆焚烧管控	持续推进	加强“定点、定时、定人、定责”执法管控，开展秋收阶段秸秆禁烧专项巡查
			持续推进	用好用足高架视频、无人机和卫星遥感技术，实现科技化监管全覆盖
		加强秸秆综合利用	2019年12月底前	全市农作物秸秆综合利用率达到97%以上
工业源污染治理	严格排污许可	核发重点行业排污许可证	2019年12月底前	完成磷肥、汽车、电池、家具制造等行业排污许可证核发
	钢铁行业超低排放	加快超低排放改造力度	2019年10月底前	荣程钢铁完成1台230米^{2}烧结机、1台265米^{2}烧结机、1台150万吨链篦机回转窑烟气超低排放改造，完成2座热风炉烟气脱硫治理。2019年11月1日至2020年3月31日，1座588米^{3}高炉停用
			2019年10月底前	天钢联合特钢完成2台230米^{2}烧结机烟气超低排放改造。2019年11月1日至2020年3月31日，2座500米^{3}高炉停用
		加快超低排放改造进度	2020年3月底前	天钢集团完成1台265米^2、1台360米^{2}烧结机烟气超低排放改造，同步完成配套高炉及烧结区域除尘改造。2019年11月1日至2020年3月31日，对1座3200米^{3}高炉实施生产调控
		对未完成改造的实施生产调控	按要求执行	轧三钢铁2019年11月1日至2020年3月31日，对1座1260米^{3}高炉实施生产调控
			按要求执行	天丰钢铁2019年11月1日至2020年3月31日，对1座630米^{3}高炉实施生产调控
			按要求执行	钢管集团和江天重工2019年11月1日至2020年3月31日，交替实施全厂生产调控

类别	重点工作	主要任务	完成时限	工　程　措　施
工业源污染治理	平板玻璃行业排放管控	严格应急旁路烟道监管	2019 年 10 月底前	对全市 5 家平板玻璃生产企业应急旁路设置情况开展一轮专项巡查，确保设置旁路烟道闸板并在正常工况下稳定关闭
			2019 年 12 月底前	凡使用旁路烟道的，全部安装在线监测装置，并与市区生态环境保护部门联网，实时监控旁路烟道是否存在烟气排放
			长期坚持	当污染治理设施非正常运行，为保证安全生产确须使用旁路烟道排放前，企业应及时向辖区生态环境保护部门进行报备，并尽快采取抢修措施，应急期间污染物排放量计入年度排放总量
	无组织排放治理	加快重点企业治理进度	2019 年 12 月底前	完成国华盘山电厂和大唐盘山电厂无组织排放改造工程
	工业园区综合整治	加快解决“园区围城”	按照要求执行	严格落实《工业园区（集聚区）围城问题治理工作实施方案》，按期完成 2019 年度工业园区（集聚区）保留、整合、撤销取缔工作，对 24 个工业园区（集聚区）予以整合，对 36 个工业园区（集聚区）予以撤销取缔
	强化工业炉窑污染管控	持续实施自动监测	2019 年 10 月底前	按照 2019 年重点排污单位自动监测系统建设要求，组织做好相关工作
VOCs 治理	重点工业行业 VOCs 综合治理	石化行业升级改造	2019 年 12 月底前	大港石化建立 1 套固定污染源 VOCs 在线监测系统、1 套装置特征 VOCs 污染物在线监测溯源系统、1 套周边敏感点挥发性有机物监测系统、2 套雷达监测系统、10 套网格化监测系统，建成 VOCs 综合管控预警体系
			2019 年 12 月底前	大港石化完成污水提升站、原油隔油池等设施 VOCs 尾气收集处理
			2019 年 12 月底前	天津石化完成乙烯碱渣罐废气治理
		精细化管控	2019 年 12 月底前	完成包装印刷、工业涂装（自行车、家具）等行业 VOCs 防治“一行一策”技术指南制定，全面启动重点行业对标升级改造
			持续推进	对重点排污单位名录中的企业逐步推行“一厂一策”制度，督促企业加强运行管理
		无组织排放控制	持续推进	对标《挥发性有机物无组织排放控制标准》，对涉 VOCs 排放企业进行重新排查，加强储存、装卸过程以及废水、废液和废渣系统逸散排放控制，对现有治理设施不能满足新标准要求的，加快推进提升改造
			持续推进	全面推行 LDAR 制度，石化企业设备与管线组件泄漏率控制在 3‰以内

类别	重点工作	主要任务	完成时限	工程措施
VOCs治理	油品储运销综合治理	油气回收治理	2019 年 10 月底前	开展全市域加油站、运输汽油油罐车、收发汽油的储油库等油气回收情况开展专项检查
		自动监控设备安装	2019 年 12 月底前	年销售汽油量大于 5 000 吨的加油站安装油气回收自动监控设备，并推进与生态环境部门联网
	工业园区和企业集群综合治理	集中治理	2019 年 12 月底前	在化工类产业园区和企业集群，推行 LDAR 核查评估，对重点企业进行核查，形成工作报告
		统一管控	2019 年 12 月底前	中国石油化工股份有限公司天津分公司、中国石油天然气股份有限公司大港石化分公司、中沙（天津）石化有限公司启动监测预测预警监控体系建设。在滨海新区产业园区和企业集群推广实施恶臭电子鼻监控预警
			2020 年 3 月底前	开展涉恶臭污染的工业园区和企业集群排查，建立污染治理和日常监管清单台账，研究制定工业园区及企业集群恶臭污染在线监控预警指导意见
	监测监控	自动监控设施安装	2019 年 12 月底前	按照国家 VOCs 在线监测要求，完成企业在线监测安装工作
重污染天气应对	修订完善应急预案及减排清单	完善重污染天气应急预案	2019 年 10 月底前	按照国家相关要求，修订完善重污染天气应急预案
		完善清单夯实措施	2019 年 10 月底前	按照《重污染天气重点行业应急减排措施技术指南》要求，对重点行业绩效分级，完成应急减排清单修订工作，落实“一厂一策”等各项应急减排措施
	应急运输响应	重污染天气移动源管控	2019 年 10 月 15 日前	建设重污染天气车辆管控平台，加强源头管控，制定重点用车、港口企业重污染天气车辆管控措施，推进重点企业安装门禁监控系统，并与生态环境部门车辆管控平台联网
能力建设	完善环境监测监控网络	环境空气 VOCs 监测	持续推进	开展环境空气 VOCs 监测工作
		遥感监测系统平台建设	持续推进	机动车遥感监测系统稳定传输数据
		定期排放检验机构三级联网	持续推进	市级机动车检验机构监管平台实现检测视频监控、防作弊报警提示、数据统计分析、检测机构管理、车辆环保信息管理，实现三级联网。对超标排放车辆开展大数据分析，追溯相关方责任
		重型柴油车车载诊断系统远程监控系统建设	2020 年 3 月底前	为 300 辆公交车、200 辆环卫车、200 辆邮政车、300 辆货车加装远程监控系统
		空气质量监测	2019 年 12 月底前	推进机场建设空气质量监测站
	源排放清单编制	编制大气污染源排放清单	2019 年 10 月底前	动态更新 2018 年大气污染源排放清单编制
	颗粒物来源解析	开展 $PM_{2.5}$ 来源解析	2019 年 10 月底前	完成 2018 年城市大气污染颗粒物源解析

河北省石家庄市2019—2020年秋冬季大气污染综合治理攻坚行动方案

类别	重点工作	主要任务	完成时限	工程措施
产业结构调整	产业布局调整	建成区重污染企业搬迁	2020年3月底前	2019年计划完成搬迁污染工业企业8家，分别为河北华荣制药、石家庄市兴康化工厂、石家庄市绿丰化工有限公司、石家庄柏奇化工有限公司、石家庄光华药业有限公司、河北新化股份有限公司、新乐市兴达化工厂、新乐市华强药业有限公司8家。2020年3月底前，石家庄钢铁有限责任公司完成新厂区轧钢、炼钢、精整车间的厂房建设
	“两高”行业产能控制	压减钢铁产能	2019年11月底前	退出炼铁产能48万吨
		压减水泥产能	2019年12月底前	退出水泥产能260万吨
		压减焦炭产能	2019年12月底前	退出焦炭产能50万吨
	“散乱污”企业和集群综合整治	“散乱污”企业综合整治	2019年12月底前	巩固“散乱污”企业动态清零整治成果，实行网格化管理，压实基层责任，发现一起查处一起
		企业集群综合整治	2019年12月底前	完成高新区铸造、晋州市化工、无极县家具和皮革、正定县家具行业等企业集群综合整治，同步完成区域环境整治工作
	工业源污染治理	实施排污许可	2019年12月底前	完成畜牧业、乳制品制造等18个重点行业和3个通用工序（热力生产和供应，电镀设施，生活污水集中处理、工业废水集中处理）排污许可证核发
		钢铁超低排放	2019年10月底前	石钢公司、敬业公司2家钢铁企业完成超低排放改造
		无组织排放治理	2019年12月底前	2家年产能共计600万吨水泥企业，完成物料（含废渣）运输、装卸、储存、转移、输送以及生产工艺过程等无组织排放的深度治理
		石材行业整治	2019年10月底前	灵寿县、平山县要制定石材行业整治标准，严格设施建设要求和污染物排放要求，做到厂区硬化、绿化、美化，对原辅材料、成品、沉淀淤泥和边角料等的堆放要严要求
		工业园区能源替代利用与资源共享	2019年10月底前	所有工业园区完成集中供热或清洁能源供热
能源结构调整	清洁取暖	清洁能源替代散煤	2019年10月底前	完成散煤治理22.79万户，其中，气代煤13.8852万户、电代煤8.7822万户、集中供热替代0.1253万户，共替代散煤57万吨
		洁净煤替代散煤	2019年10月底前	暂不具备清洁能源替代条件地区推广洁净煤替代散煤，替代14.24万户
		防范散煤复燃	2019年11月底前	强化重点区域管控，“禁燃区”和“双代”完成区域内禁止散煤销售和使用

类别	重点工作	主要任务	完成时限	工　程　措　施
能源结构调整	清洁取暖	煤质监管	全年	加强部门联动，严厉打击劣质煤流通、销售和使用。煤质抽检覆盖率不低于 90%，对抽检发现经营不合格散煤行为的，依法处罚
	高污染燃料禁燃区	调整扩大禁燃区范围	2019 年 10 月底前	对各县（市、区）整片完成清洁取暖的农村地区划定为高污染燃料禁燃区
	煤炭消费总量控制	煤炭消费总量削减	2019 年 12 月底前	全市煤炭消费总量较 2018 年削减 50 万吨
		淘汰燃煤机组	2019 年 10 月底前	关停机组 2 台，容量 2.8 万千瓦
	锅炉综合整治	淘汰燃煤锅炉	2019 年 10 月底前	淘汰燃煤锅炉 3 台 70 蒸吨。全市范围内基本淘汰 35 蒸吨以下燃煤锅炉
		锅炉超低排放改造	2019 年 10 月底前	完成燃煤锅炉超低排放改造 12 台 1 010 蒸吨
		燃气锅炉低氮改造	2019 年 12 月底前	完成燃气锅炉低氮改造 1 714 台 5 586 蒸吨
		生物质锅炉	2019 年 10 月底前	完成生物质锅炉超低排放改造 4 台 94 蒸吨
运输结构调整	运输结构调整	提升铁路货运量	2019 年 12 月底前	铁路货运量比 2018 年显著增加
		加快铁路专用线建设	2020 年 3 月底前	开展大宗货物年货运量 150 万吨及以上的大型工矿企业和物流园区摸底调查，按照宜铁则铁的原则，研究推进大宗货物“公转铁”方案。 落实《贯彻落实运输结构调整三年行动计划的通知》的任务要求。敬业集团 2020 年 3 月底前铁路专用线建设项目力争征得省发改委同意，取得项目核准证，完成核准立项工作，具备开工建设条件
		发展新能源车	2019 年 12 月底前	新增公交、环卫、邮政、轻型城市物流车辆中新能源车比例达到 80%，完成新能源汽车推广任务 4 000 辆
			2019 年 12 月底前	除消防、救护、除冰雪、加油车辆设备及无新能源产品车辆设备外，机场内运营新增和更新车辆设备 100%使用新能源
		老旧车淘汰	2019 年 12 月底前	大力推进国三及以下排放标准营运柴油货车提前淘汰更新，加快淘汰采用稀薄燃烧技术和“油改气”的老旧燃气车辆
	车船燃油品质改善	油品质量抽查	秋冬季	强化油品质量监管，按照年度抽检计划，秋冬季全市加油站（点）抽检车用汽柴油共计 800 个批次，实现年度全覆盖。开展对大型工业企业和机场自备油库油品质量专项检查，对发现的问题依法依规进行处置
		打击黑加油站点	2019 年 10 月底前	根据省市推进成品油市场整治系列方案要求，开展打击黑加油站点专项行动，对黑加油站点查处取缔工作加强督导

类别	重点工作	主要任务	完成时限	工 程 措 施
运输结构调整	车船燃油品质改善	尿素质量抽查	2019 年 12 月底前	从高速公路、国道、省道沿线加油站抽检尿素 100 批次以上
		使用终端油品和尿素质量抽查	2019 年 12 月底前	从柴油货车油箱和尿素箱抽取检测柴油样品和车用尿素样品各 100 批次以上
	在用车环境管理	在用车执法监管	2019 年 12 月底前	秋冬季期间监督抽测柴油车数量不低于当地柴油车保有量的 80%。加大对车辆集中停放地和重点单位入户检查力度，实现重点单位全覆盖
			2019 年 10 月底前	部署多部门全天候环保检测站 4 个
			2019 年 12 月底前	检查排放检验机构 75 个次，实现排放检验机构监管全覆盖
			2019 年 10 月底前	构建超标柴油车黑名单，将遥感监测（含黑烟抓拍）、停放地抽检及联合路检发现的超标车辆纳入黑名单，动态管理，并与公安、交通部门实现信息共享。 推广使用“驾驶排放不合格的机动车上道路行驶的”交通违法处罚代码 6063，由生态环境部门取证，公安交管部门对路检路查和黑烟抓拍发现的上路行驶超标车辆进行处罚，并由交通部门负责强制维修
	非道路移动机械环境管理	备案登记	2019 年 12 月底前	完成非道路移动机械摸底调查和编码登记
		排放检验	2019 年 12 月底前	以施工工地、高排放控制区等为重点，开展非道路移动机械排放检测，做到重点场所全覆盖
		机场岸电	2019 年 12 月底前	机场岸电廊桥 APU 做到全覆盖，使用率达到 80%
用地结构调整	矿山综合整治	强化露天矿山综合治理	长期坚持	对污染治理不规范的露天矿山，依法责令停产整治，不达标不得恢复生产。对责任主体灭失露天矿山迹地进行综合治理
	扬尘综合治理	建筑扬尘治理	长期坚持	严格落实施工工地“六个百分之百”要求
		市政工程	长期坚持	市住建局、市园林局、市交通局、市水利局等部门按“谁主管，谁负责”原则，强化市政工程管理，制定适合本行业特点的扬尘管控标准，建立管理清单，严格执行
		施工扬尘管理清单	长期坚持	定期动态更新施工工地管理清单
		施工扬尘监管	长期坚持	5 000 米^2 以上建筑工地全部安装在线监测和视频监控，并与当地行业主管部门联网
		道路扬尘综合整治	长期坚持	地级及以上城市道路机械化清扫率达到 90%，县城达到 85%
		渣土运输车监管	全年	严厉打击无资质、标识不全、故意遮挡或污损车牌等渣土车违法行为。严格渣土运输车辆规范化管理，渣土运输车做到全密闭
		拆除工地扬尘整治	全年	在施工区域设置硬质封闭围挡及醒目警示标志，严禁敞开式拆除。作业时采用“湿法”作业控制扬尘飞扬。实施爆破作业的，对爆破部位进行覆盖、遮挡

类别	重点工作	主要任务	完成时限	工程措施
用地结构调整	扬尘综合治理	工业料堆场扬尘整治	全年	全市工业企业料堆场严格按照省《煤场、料场、渣场扬尘污染控制技术规范》（DB13/T 2352—2016）地方标准要求执行，对企业中没有入棚入仓的临时性料堆场要实现全部封闭式苫盖并采取喷淋措施
		强化降尘量控制	全年	全市各县（市、区）降尘量控制在 9 吨/（月・千米^2）
	秸秆综合利用	加强秸秆焚烧管控	长期坚持	全面落实市、县乡、村四级生态环境监管责任制，加强生态环境、农业农村、公安、城管、住建、交通等相关部门协调联动，充分发挥“人防+技防”优势，深化环境监管责任体系，构建“预防为主、堵疏结合、快速反应、运转高效”的应急处理监管机制，切实做好秸秆垃圾露天焚烧管控工作
		加强秸秆综合利用	全年	秸秆综合利用率达到 97.5%
工业炉窑大气污染综合治理	建立清单	工业炉窑排查	2020 年 3 月底前	开展拉网式排查，建立各类工业炉窑管理清单
	制定方案	制定实施方案	2020 年 3 月底前	制定工业炉窑大气污染综合治理实施方案，明确治理要求，细化任务分工，确定分年度重点项目
	清洁能源替代一批	工业炉窑清洁能源替代（清洁能源包括天然气、电、集中供热等）	2019 年 12 月底前	完成建材行业辊道窑 49 条产能 2.9 亿米^{2}瓷砖天然气替代，砖瓦行业隧道窑 1 条产能 4 000 万块空心砖天然气替代，氧化锌行业回转炉 7 台产能 4.88 万吨氧化锌天然气替代，完成非金属矿物品行业燃煤烘干炉（窑）2 台 60 万吨产能天然气替代
	监控监管	监测监控	2020 年 3 月底前	钢铁行业安装自动监控系统共 33 套，矿粉行业安装自动监控系统共 1 套
		工业炉窑专项执法	2020 年 3 月底前	开展专项执法检查
VOCs治理	重点工业行业 VOCs 综合治理	源头替代	2019 年 12 月底前	用“一厂一策”制度规范要求小企业，达不到排放要求的，要采用源头替代
		无组织排放控制	2019 年 12 月底前	1 家石化企业、53 家化工企业等通过采取设备与场所密闭、工艺改进、废气有效收集等措施，完成 VOCs 无组织排放治理
		治污设施建设	2019 年 12 月底前	1 家石化企业、105 家化工企业、32 家工业涂装企业、23 家包装印刷企业等建设适宜高效的治污设施
		精细化管控	全年	1 家石化企业、53 家化工企业等推行“一厂一策”制度，加强企业运行管理
	油品储运销综合治理	自动监控设备安装	2019 年 12 月底前	年销售汽油量大于 5 000 吨的加油站安装油气回收自动监控设备，推进与生态环境部门联网
	工业园区和企业集群综合治理	集中治理	2019 年 12 月底前	无极县建设集中涂装中心，配备高效废气治理设施，代替分散的涂装工序。循环化工园区推行泄漏检测统一监管。在赞皇县建设区域性活性炭集中再生基地
		统一管控	2019 年 12 月底前	循环化工园区建设监测预警监控体系，开展溯源分析
	监测监控	自动监控设施安装	2019 年 12 月底前	4 家化工企业 1 家包装印刷企业主要排污口要安装自动监控设施共 5 套

类别	重点工作	主要任务	完成时限	工　程　措　施
重污染天气应对	修订完善应急预案及减排清单	完善重污染天气应急预案	2019 年 9 月底前	修订完善重污染天气应急预案
		完善应急减排清单，夯实应急减排措施	2019 年 9 月底前	完成重点行业绩效分级，完成应急减排清单编制工作，落实“一厂一策”等各项应急减排措施
	应急运输响应	重污染天气移动源管控	2019 年 11 月 15 日前	加强源头管控，根据实际情况，制定日货车使用量 10 辆以上企业、港口、铁路货场、物流园区的重污染天气车辆管控措施，并安装门禁监控系统。推进建设重污染天气车辆管控平台
能力建设	完善环境监测监控网络	遥感监测系统平台三级联网	长期坚持	机动车遥感监测系统稳定传输数据
		定期排放检验机构三级联网	长期坚持	市级机动车检验机构监管平台实现检测视频监控、防作弊报警提示、数据统计分析、检测机构管理、车辆环保信息管理，实现三级联网。对超标排放车辆开展大数据分析，追溯相关方责任
		重型柴油车车载诊断系统远程监控系统建设	全年	推进重型柴油车车载诊断系统远程监控系统建设和终端安装
		道路空气质量检测	2019 年 12 月底前	全市国省干道建设 90 套空气质量监测设备
		机场空气质量检测	2019 年 12 月底前	推进机场空气质量监测站点建设
	源排放清单编制	编制大气污染源排放清单	2019 年 10 月底前	完成/动态更新 2018 年大气污染源排放清单编制
	颗粒物来源解析	开展 $PM_{2.5}$ 来源解析	2019 年 10 月底前	完成 2018 年城市大气污染颗粒物源解析
中央督导“回头看”工作	交办问题整改情况	加快推进	2020 年 3 月底前	秋冬季期间对已完成的交办问题进行“回头看”，督促问题整改到位，防止反弹，对正在整改的 4 个交办问题加快整改进度

河北省唐山市2019—2020年秋冬季大气污染综合治理攻坚行动方案

类别	重点工作	主要任务	完成时限	工程措施
产业结构调整	产业布局调整	建成区重污染企业搬迁	2020年6月底前	2019年秋冬季加快推进大唐河北唐山热电项目“退城搬迁”工作。按1.25∶1进行产能减量置换，加快推进唐钢、唐银、唐山不锈钢、天柱钢铁（含荣程钢铁部分产能）、华西钢铁、国义钢铁向沿海搬迁，建龙钢铁、新宝泰钢铁、轧一钢铁、荣程钢铁（剩余产能）外迁。2020年6月底前完成
	“两高”行业产能控制	压减煤炭产能	2019年9月底前	全年完成煤炭去产能任务254万吨
		压减钢铁产能	2019年11月底前	压减炼钢产能620.45万吨，炼铁产能458万吨
		压减水泥产能	2019年11月底前	压减水泥产能150万吨
		压减焦炭产能	2019年11月底前	关停榕丰焦化1座5.5米焦炉、通宝焦化1组4.3米焦炉、蓝海焦化1组4.3米焦炉、东方焦化1组4.3米焦炉，压减焦炭产能60万吨
		压减平板玻璃产能	2019年11月底前	压减平板玻璃产能300万重量箱
		压小上大	2020年3月底前	2019年秋冬季加快推进淘汰钢铁企业180米^{2}以下烧结机、1 000米^{3}以下高炉、100吨以下转炉生产装备，置换规格大、节能减排的生产装备
	“散乱污”企业及集群综合整治	“散乱污”企业动态出清	2019年12月底前	完善“散乱污”企业动态管理机制，实行网格化管理，压实基层责任，发现一起查处一起
		企业集群综合整治	2019年12月底前	完成玉田县塑料行业等企业集群综合整治，同步完成区域环境整治工作
	工业源污染治理	实施排污许可	2019年12月底前	畜牧业、食品制造业、酒、饮料和精制茶制造业、皮革、毛皮、羽毛及其制品和制鞋业、木材加工和木、竹、藤、棕、草制品业、家具制造业、化学原料和化学制品制造业、汽车制造业、电气机械和器材制造业、计算机、通信和其他电子设备制造业、废弃资源综合利用业、电力、热力生产和供应业、水的生产和供应业、生态保护和环境治理业、通用工序热力生产和供应、电镀设施、生活污水集中处理、工业废水集中处理行业的排污许可证
		钢铁超低排放	2019年10月底前	完成首钢迁钢公司、德龙公司等31家钢铁企业烧结、高炉、转炉、轧钢和发电等点位超低排放改造
		无组织排放治理	2019年12月底前	加快推进31家钢铁企业，15家水泥企业，2家平板玻璃企业，运输、装卸、储存、转移、输送以及生产工艺过程等无组织排放的深度治理

类别	重点工作	主要任务	完成时限	工　程　措　施
能源结构调整	清洁取暖	清洁能源替代散煤	2019 年 10 月底前	完成散煤治理 36.3 万户，其中气代煤 26.1 万户，电代煤 9.97 万户，集中供热替代 0.21 万户，共替代散煤约 72 万吨
		洁净煤替代散煤	2020 年 3 月 15 日前	在尚未实现集中供热、“双代”等清洁取暖方式地区，做好洁净煤托底保供工作
		煤质监管	长期推进	严厉打击销售（包括网上销售）劣质散煤违法行为，依法取缔无照经营煤炭场所，全市散煤经营主体抽检覆盖率达 90%。对抽检发现经营不合格散煤行为依法处罚
	高污染燃料禁燃区	调整扩大禁燃区范围	2019 年 10 月底前	完成“双代”改造且正常使用，气源、电力可稳定保障的地区，由各县（市、区）划为“禁燃区”
	煤炭消费总量控制	煤炭消费总量削减	全年	全市煤炭消费量比 2018 年削减 155 万吨
	锅炉综合整治	淘汰燃煤锅炉	2019 年 10 月底前	完成 5 台 20 蒸吨/时燃煤锅炉淘汰
		锅炉超低排放改造	2019 年 10 月底前	完成 41 台 35～65（含）蒸吨/时燃煤锅炉超低排放改造
		燃气锅炉低氮改造	2019 年 10 月底前	完成燃气锅炉低氮改造 574 台
运输结构调整	运输结构调整	提升铁路货运量	2019 年 12 月底前	铁路货运量比 2018 年增加 6 000 万吨。 2019 年唐山港（曹妃甸港区、京唐港区）疏港矿石运量达到 1 200 万吨
		加快铁路专用线建设	2019 年 12 月底前 2019 年 12 月底前	开展大宗货物年货运量 150 万吨及以上的大型工矿企业和物流园区摸底调查，按照宜水则水，宜铁则铁的原则，研究推进大宗货物“公转铁”或“公转水”方案。钢铁企业新建 7 条铁路专用线
		发展新能源车	全年	推广应用新能源汽车不低于 3 000 辆。完成省定充电站、充电桩建设任务
		老旧车淘汰	全年	大力推进国三及以下排放标准营运柴油货车提前淘汰更新，加快淘汰采用稀薄燃烧技术和“油改气”的老旧燃气车辆
	车船燃油品质改善	油品和尿素质量抽查	2019 年 12 月底前	采取定期抽查与专项检查相结合的方式，严厉打击加油站点销售劣质油品。2019 年油品质量监督抽检覆盖率达到 60%以上。开展对大型工业企业自备油库油品质量专项检查，对发现的问题依法依规进行处置。推进高速公路、国道、省道沿线加油站车用尿素监督抽查
		打击黑加油站点	2019 年 10 月底前	市公安、商务、市场监督、应急管理等政府职能部门协调联动，开展打击黑加油站点专项行动，对各县（市、区）黑加油站点查处取缔工作进行督导。加强使用终端油品和尿素质量抽查，从柴油货车油箱和尿素箱抽取检测柴油样品和车用尿素样品各 100 个以上，发现不合格油品或尿素，反查源头加油站点

类别	重点工作	主要任务	完成时限	工程措施
运输结构调整	在用车环境管理	在用车执法监管	长期坚持	秋冬季期间监督抽测（包括路检路查、入户抽查和遥感检测）柴油车数量不低于柴油车保有量的 80%
			长期坚持	秋冬季期间对 50 家钢铁、焦化等重点用车大户监督检查，督促企业建立自保体系，使用国四及以上排放标准的柴油货车或新能源车
			长期坚持	交通、公安、生态环境三部门在 21 个治超站开展全天候联合执法，严查超限超载、尾气超标排放，覆盖主要物流通道和城市入口
			2019 年 12 月底前	加强对排放检验机构的日常监管，通过现场随机抽检、排放检测比对和远程监控排查等方式，开展对排放检验机构的不定期检查，实现监管全覆盖
			2019 年 10 月底前	构建超标柴油车黑名单，将遥感监测（含黑烟抓拍）、路检执法发现的超标车辆纳入黑名单，实现与公安交管、交通等部门信息共享并动态管理。推广使用“驾驶排放不合格的机动车上道路行驶的”交通违法处罚代码 6063，由生态环境部门取证，公安交管部门对路检路查和黑烟抓拍发现的上路行驶超标车辆进行处罚，并由交通部门负责强制维修
	非道路移动机械环境管理	备案登记	2019 年 12 月底前	完成非道路移动机械摸底调查和禁用区编码登记
		排放检验	2019 年 12 月底前	开展非道路移动机械检测 200 辆次，做到重点场所全覆盖
		港口岸电	2019 年 12 月底前	建成港口岸电设施 14 个，逐步提升港口岸电使用率
用地结构调整	矿山综合整治	强化露天矿山综合治理	长期坚持	继续对停产整治环保仍未达标的有证露天矿山实施停产整治，年底仍不达标的依法实施关闭。对责任主体灭失露天矿山迹地进行综合治理
		中央环保督察“回头看”指出“矿山扬尘管控还不到位”问题	2019 年 12 月底前	加快推进中央环保督察“回头看”交办问题“200 乡道长山沟村至大马家峪村段两侧数十家矿山，长期无序开采，开采面长达 4 千米，山体满目疮痍，尘土飞扬”整治
	扬尘综合治理	开展扬尘排查整治	2019 年 10 月底前	市扬尘办牵头组织各有关部门对本地扬尘面源污染综合治理涉及的各类工地、企业、矿山、路段等进行深入细致的排查摸底，分行业建立扬尘源清单，实施动态调整机制，加大对各类扬尘整治情况的监督检查，发现问题及时处理
		组织县级扬尘互查整改	2019 年 10 月底前	市扬尘办牵头组织各县（市、区）组成督察小组，集中时间开展跨县域互查互督。专项督察可以采取现场抽查核查、座谈查阅资料、调取监控录像等多种形式，并将发现的问题及时向当地政府交办并上报市扬尘办

类别	重点工作	主要任务	完成时限	工　程　措　施
用地结构调整	扬尘综合治理	开展扬尘整治“回头看”	2019 年 11 月底前	市扬尘办组织开展扬尘整治“回头看”，查纠存在问题，督办整改销号。对未能按时完成整改的突出问题，单独建立问题清单报市政府备案
		道路扬尘综合整治	长期坚持	提高机械化清扫水平，逐步实现能机扫道路机械化清扫全覆盖，提高支路、街巷、非机动车道、人行道的机扫和冲洗率，提高道路洁净度。未铺装道路根据实际情况进行铺装、硬化或定期施洒抑尘剂以保持道路积尘处于低负荷状态。实施普通干线公路生态修复绿化工程，改善公路沿线生态环境
		城乡裸露地面扬尘整治	全年	对穿城区河道以及沿线、公共用地的裸露地面和长期未开发建设的裸地，实施绿化或生态型硬化。加强大型车停车场、商贸物流园区裸露地面硬化绿化，场内道路、停车区域必须全部硬化，定期清扫和喷洒道路，保持路面清洁，园区内不能采用硬化措施的场地，必须进行绿化。对城乡接合部进行“拉网式”排查，摸清底数，突出重点，积极整治，依法拆除清理违法违章建筑，全面清理非法倾倒建筑垃圾和其他废料废物，彻底扭转脏乱差局面
		强化降尘量控制	全年	全市各县区降尘量各监测点位监测数值均控制在 9 吨/（月 • 千米^2）
	秸秆综合利用	加强秸秆焚烧管控	长期坚持	加强对秸秆禁烧平台的使用效率，建立台账，对火情及时推送并要求反馈对责任人的问责处罚情况，加大对县区禁烧的管控，对夏收、秋收、重污染天气期间的秸秆焚烧行为进行重点盯防
		加强秸秆综合利用	全年	秸秆综合利用率达到 96%以上
工业炉窑大气污染综合治理	制定方案	制定实施方案	2019 年 10 月底前	分行业制定工业炉窑大气污染综合治理实施方案，明确治理要求，确定年度目标任务
	淘汰一批	市中心区炉窑企业淘汰搬迁	2019 年 10 月底前	推动市区二环线以内且未进入工业园区的铸造、轧钢、石灰窑、砖瓦窑搬迁至二环线以外工业园区
	治理一批	工业炉窑废气深度治理	2019 年 10 月底前	完成 46 家独立石灰窑企业 85 台炉窑、96 家独立轧钢企业 107 台炉窑、53 家砖瓦窑企业 71 台炉窑、76 家陶瓷等其他企业 98 台炉窑废气深度治理
	监控监管	监测监控	2019 年 10 月底前	独立石灰窑行业、独立轧钢行业、砖瓦窑行业、陶瓷等行业安装自动监控系统
		工业炉窑专项执法	2019 年 12 月底前	开展专项执法检查

类别	重点工作	主要任务	完成时限	工程措施
VOCs 治理	绩效评估	涉 VOCs 重点工业企业开展绩效评估	2019 年 9 月底前	各县（市、区）逐一行业、逐一企业对照《唐山市挥发性有机物深度治理参照标准》组织专家认真开展绩效评估工作，凡是不符合治理技术路线要求、污染物排放不能稳定达标、未按照要求安装在线监测设施和报警装置并与生态环境部门联网，该工序进行治理
	油品储运销综合治理	油气回收治理	2019 年 10 月底前	开展加油站和储油库油气回收治理设施运行情况专项检查
		自动监控设备安装	2019 年 12 月底前	60 个加油站完成油气回收自动监控设备安装，推进与生态环境部门联网
重污染天气应对	修订完善应急预案及减排清单	完善重污染天气应急预案	2019 年 9 月底前	修订完善重污染天气应急预案
		完善应急减排清单，夯实应急减排措施	2019 年 9 月底前	完成重点行业绩效分级，完成应急减排清单编制工作，落实“一厂一策”等各项应急减排措施
	应急运输响应	重污染天气移动源管控	2019 年 10 月底前	加强源头管控，根据实际情况，制定日货车使用量 10 辆以上企业、港口、铁路货场、物流园区的重污染天气车辆管控措施，并安装门禁监控系统。推进建设重污染天气车辆管控平台
能力建设	完善环境监测监控网络	遥感监测系统平台三级联网	长期坚持	机动车遥感检测系统稳定传输数据
		定期排放检验机构三级联网	长期坚持	市级机动车检验机构监管平台实现检测视频监控，防作弊报警提示、数据统计分析、检测机构管理、车辆环保信息管理，实现三级联网。对超标排放车辆开展大数据分析，追溯相关方责任
		重型柴油车车载诊断系统远程监控系统建设	全年	推进重型柴油车车载诊断系统远程监控系统建设和终端安装
		机场空气质量检测	2019 年 12 月底前	推进机场空气质量监测站点建设
	源排放清单编制	编制大气污染源排放清单	2019 年 10 月底前	动态更新 2018 年大气污染源排放清单编制
	颗粒物来源解析	开展 $PM_{2.5}$ 来源解析	2019 年 9 月底前	完成 2018 年城市大气污染颗粒物源解析

河北省邯郸市2019—2020年秋冬季大气污染综合治理攻坚行动方案

类别	重点工作	主要任务	完成时限	工程措施
产业结构调整	产业布局调整	建成区重污染企业搬迁	2019年10月底前	实施古城白云石加工有限公司等4家企业搬迁或关停。 积极推进邯钢东区焦化和邯郸热电厂退城搬迁工作
	“两高”行业产能控制	压减煤炭产能	2019年9月底前	化解煤炭产能105万吨
		压减钢铁产能	2019年11月底前	退出炼钢产能120万吨，炼铁产能117万吨
		压减水泥产能	2019年10月底前	淘汰水泥粉磨站产能70.3万吨，水泥熟料产能18万吨
		压减焦炭产能	2019年10月底前	淘汰焦炭产能120万吨
	“散乱污”企业及集群综合整治	“散乱污”企业综合整治	全年	完善“散乱污”企业动态管理机制，实行网格化管理，压实基层责任，发现一起查处一起
		企业集群综合整治	2019年12月底前	完成冀南新区废塑料加工、永年区标准件加工、峰峰矿区陶瓷、从台区煤场、磁县石材加工等企业集群综合整治，同步完成区域环境整治工作
	工业源污染治理	实施排污许可	2019年12月底前	完成畜禽养殖、乳制品制造等22个行业排污许可证核发
		钢铁超低排放	2019年12月底前	完成18家钢铁企业无组织和有组织的超低排放改造
		无组织排放治理	2019年12月底前	12个重点行业完成物料（含废渣）运输、装卸、储存、转移、输送以及生产工艺过程等无组织排放的深度治理
能源结构调整	清洁取暖	清洁能源替代散煤	2019年10月底前	完成散煤治理55.15万户，其中，气代煤50.52万户、电代煤4.63万户
		洁净煤替代散煤	2019年10月底前	暂不具备清洁能源替代条件地区推广洁净煤替代散煤，替代37万户
		煤质监管	全年	加强部门联动，严厉打击劣质煤流通、销售和使用。散煤销售网点抽检覆盖率不低于90%，对抽检发现经营不合格散煤行为的，依法处罚。防止禁煤区散煤销售反弹
	高污染燃料禁燃区	调整扩大禁燃区范围	2019年10月底前	将禁燃区范围扩大至绕城高速以内，依法对违规使用高污染燃料的单位进行处罚。各县（市、区）将整片完成清洁取暖的地区划定高污染燃料禁燃区
	煤炭消费总量控制	煤炭消费总量削减	全年	全市煤炭消费总量较2018年削减120万吨
		淘汰燃煤机组	2019年9月底前	淘汰关停燃煤机组7台6.6万千瓦

类别	重点工作	主要任务	完成时限	工　程　措　施
能源结构调整	锅炉综合整治	锅炉超低排放改造	2019 年 10 月底前	完成燃煤锅炉超低排放改造 12 台 799 蒸吨
		燃气锅炉低氮改造	2019 年 12 月底前	完成燃气锅炉低氮改造 440 台 1 512 蒸吨
		生物质锅炉	2019 年 12 月底前	完成生物质锅炉超低排放改造 46 台 259 蒸吨，同时完成高效除尘改造
运输结构调整	运输结构调整	提升铁路货运量	2019 年 12 月底前	15 家具有铁路专用线重点企业大宗原材料铁路运输占比 70%以上。货物运输量较上年增加 1 200 万吨
		加快铁路专用线建设	2019 年 12 月底前	开展大宗货物年货运量 150 万吨及以上的大型工矿企业和物流园区摸底调查，按照宜铁则铁的原则，研究推进大宗货物“公转铁”方案。加快推进东郊电厂铁路专用线投运。谋划推进裕华钢铁、华增达国际物流、龙凤山铸业等 10 条铁路专用线建设
		老旧车淘汰	全年	大力推进国三及以下排放标准营运柴油货车提前淘汰更新，加快淘汰采用稀薄燃烧技术和“油改气”的老旧燃气车辆
		发展新能源车	全年	推广应用新能源汽车不少于 3 800 辆
			2019 年 12 月底前	新建充电桩 906 个，充电站 10 个
	车船燃油品质改善	油品和尿素质量抽查	2019 年 12 月底前	强化油品质量监管，按照年度抽检计划，实现加油站点汽柴油抽检全覆盖。对工业企业、物流公司、机场等用油企业自备油库开展检查，做到季度全覆盖，对发现的问题依法依规进行处置。从高速公路、国道、省道沿线加油站抽检尿素 100 次以上
		打击黑加油站点	2019 年 10 月底前	深入开展成品油市场专项整治工作，10 月底前开展新一轮成品油黑窝点、流动加油车整治，加大对企业自备油库检查整治力度。专项整治期间，从柴油货车油箱和尿素箱抽取检测柴油样品和车用尿素样品各 100 个以上。持续打击非法加油行为，防止死灰复燃
	在用车环境管理	在用车执法监管	长期坚持	秋冬季期间监督抽测柴油车数量不低于当地柴油车保有量的 80%。开展对加大对车辆集中停放地和重点单位入户检查力度，实现重点用车大户全覆盖
			2019 年 10 月底前	部署多部门全天候综合服务区 6 个，开展尾气监测等，覆盖主要物流通道和城市入口，并投入运行
			2019 年 12 月底前	实现对全市 47 个排放检验机构监管全覆盖
			2019 年 10 月底前	构建超标柴油车黑名单，将遥感监测（含黑烟抓拍）、路检执法发现的超标车辆纳入黑名单，实现与公安交管、交通等部门信息共享并动态管理。 推广使用“驾驶排放不合格的机动车上道路行驶的”交通违法处罚代码 6063，由生态环境部门取证，公安交管部门对路检路查和黑烟抓拍发现的上路行驶超标车辆进行处罚，并由交通部门负责强制维修

类别	重点工作	主要任务	完成时限	工　程　措　施
运输结构调整	非道路移动机械环境管理	备案登记	2019 年 12 月底前	完成非道路移动机械摸底调查和编码登记
		排放检验	2019 年 12 月底前	以施工工地和机场、物流园区、高排放控制区等为重点，开展非道路移动机械排放检测，做到重点场所全覆盖
		机场岸电	2019 年 12 月底前	机场岸电廊桥 APU 建设 5 个
用地结构调整	矿山综合整治	强化露天矿山综合治理	长期坚持	对污染治理不规范的露天矿山，依法责令停产整治，不达标不得恢复生产。2019 年 12 月底前完成 19 处责任主体灭失露天矿山迹地综合治理
	扬尘综合治理	建筑扬尘治理	长期坚持	按照“谁施工、谁负责”的原则，建设单位和施工单位对扬尘污染防治工作负主体责任，通过全面治理，确保各类施工工地符合《施工场地扬尘排放标准》（DB 13/ 2934—2019）中规定的施工场地扬尘标准
		施工扬尘管理清单	长期坚持	定期动态更新施工工地管理清单，对发现 3 次整改不到位或拒不整改的列入“黑名单”
		施工扬尘监管	长期坚持	占地 5 000 米^{2}以上建筑工地全部安装在线监测和视频监控，并与建设和生态环境部门联网，对全市工地 PM_{10}浓度定期排名通报
		城区道路扬尘整治	长期坚持	全面推行“扫、吸、冲、洗、保”五步组合作业工作法，落实夜间机扫水洗全覆盖、白天洗路净化全覆盖，强化城区道路网格化保洁管理，严格落实“双五双十”标准
		国省干道扬尘整治	长期坚持	市主城区周边干线公路全部采用“三机一体”模式，按要求依次对各路段进行吸扫车、洒水车、洗扫车作业。各县（市、区）要制定专项公路扬尘治理方案，对本辖区内管养的普通干线公路扬尘治理工作实行网格化管理。对国省干道停车场进行专项整治
		渣土运输车监管	全年	严厉打击无资质、标识不全、故意遮挡或污损车牌等渣土车违法行为。严格渣土运输车辆规范化管理，渣土运输车做到全密闭，不安装 GPS 定位的不能上路运输渣土
		露天堆场扬尘整治	全年	全面清理城乡接合部以及城中村拆迁的渣土和建筑垃圾，不能及时清理的必须采取苫盖等抑尘措施
		强化问责	全年	严格执行《邯郸市扬尘污染防治量化问责实施办法（试行）》（邯生态环保委〔2019〕1 号），对问题整改不到位的责任人追责问责
		强化降尘量控制	全年	各县（市、区）降尘量控制在 9 吨/（月・千米^2）

类别	重点工作	主要任务	完成时限	工　程　措　施
用地结构调整	秸秆综合利用	加强秸秆焚烧管控	长期坚持	严格落实《邯郸市禁止露天焚烧工作考核奖惩规定》，根据火点数量分别对有关县（市、区）及相关责任部门给予资金奖惩和追责问责
		加强秸秆综合利用	全年	秸秆综合利用率达到 96%
工业炉窑大气污染综合治理	治理一批	工业炉窑废气深度治理	2019 年 12 月底前	4 家水泥、7 家陶瓷、3 家玻璃企业开展超低排放改造试点。 开展砖瓦窑（煤矸石烧结砖）行业专项整治
	监控监管	工业炉窑专项执法	全年	定期开展专项执法检查
VOCs 治理	重点工业行业 VOCs 综合治理	源头替代	2019 年 12 月底前	推广工业涂装企业低 VOCs 含量涂料替代；包装印刷企业低 VOCs 含量油墨替代；制药行业低（无）VOCs 含量溶剂、溶媒
		无组织排放控制	2019 年 12 月底前	18 家焦化企业开展泄漏检测与修复（LDAR），完成 VOCs 无组织排放治理
		治污设施建设	2019 年 12 月底前	化工企业、工业涂装企业、包装印刷企业等建设高效的治污设施。重点行业末端治理禁止使用等离子、活性炭吸附、光催化氧化等单级治理技术处理 VOCs 废气，推进治理设施升级改造
		精细化管控	全年	18 家焦化企业等推行“一厂一策”制度，加强企业运行管理
	油品储运销综合治理	油气回收治理	2019 年 10 月底前	对全市加油站、储油库开展油气回收治理设施运行专项检查
		自动监控设备安装	2019 年 12 月底前	开展专项检查，确保年销售汽油量大于 5 000 吨的加油站油气回收自动监控设备稳定运行，并推进与生态环境部门联网
重污染天气应对	修订完善应急预案及减排清单	完善重污染天气应急预案	2019 年 9 月底前	修订完善重污染天气应急预案
		完善应急减排清单，夯实应急减排措施	2019 年 9 月底前	开展涉气企业排放绩效评级，完成应急减排清单编制工作，完善企业“一厂一策”，明确行业企业应急减排措施

类别	重点工作	主要任务	完成时限	工　程　措　施
重污染天气应对	应急运输响应	重污染天气移动源管控	2019年10月15日前	推进建设重污染天气车辆管控平台，加强源头管控，根据实际情况，制定日货车使用量10辆以上企业、铁路货场、物流园区的重污染天气车辆管控措施，并安装门禁监控系统
能力建设	完善环境监测监控网络	遥感监测系统平台三级联网	长期坚持	机动车遥感监测系统稳定传输数据
		定期排放检验机构三级联网	长期坚持	市级机动车检验机构监管平台实现检测视频监控、防作弊报警提示、数据统计分析、检测机构管理、车辆环保信息管理，实现三级联网。对超标排放车辆开展大数据分析，追溯相关方责任
		重型柴油车车载诊断系统远程监控系统建设	全年	推进重型柴油车车载诊断系统远程监控系统建设和终端安装
		机场空气质量检测	2019年12月底前	推进机场空气质量监测站点建设
	源排放清单编制	编制大气污染源排放清单	2019年9月底前	动态更新2018年大气污染源排放清单编制
	颗粒物来源解析	开展$PM_{2.5}$来源解析	2019年9月底前	完成2018年城市大气污染颗粒物源解析

河北省邢台市 2019—2020 年秋冬季大气污染综合治理攻坚行动方案

类别	重点工作	主要任务	完成时限	工　程　措　施
产业结构调整	产业布局调整	建成区重污染企业搬迁	2019 年 12 月底前	中钢邢机新厂区首期生产厂房完工，具备设备安装条件
	“两高”行业产能控制	压减煤炭产能	2019 年 10 月底前	化解煤炭产能 9 万吨
		压减钢铁产能	2019 年 10 月底前	淘汰炼钢产能 135 万吨，炼铁产能 247 万吨
		压减焦炭产能	2019 年 10 月底前	淘汰焦炭产能 40 万吨
		压减平板玻璃产能	2019 年 10 月底前	淘汰平板玻璃产能 360 万重量箱
	“散乱污”企业和集群综合整治	“散乱污”企业综合整治	2019 年 12 月底前	完善“散乱污”企业动态管理机制，实行网格化管理，压实基层责任，发现一起查处一起
		企业集群综合整治	2019 年 12 月底前	完成开发区和南和县板材加工、内丘县石材加工、宁晋县煤场等企业集群综合整治，同步完成区域环境整治工作
	工业源污染治理	实施排污许可	2019 年 12 月底前	完成汽车、电池、家具、酒类制造等行业排污许可证核发
		钢铁超低排放	2019 年 9 月底前	完成德龙钢铁有限公司有组织和无组织超低排放改造
		无组织排放治理	2019 年 12 月底前	11 家 3.3 万吨/天产能水泥企业，18 家在产 21 837 吨/天产能平板玻璃企业完成物料（含废渣）运输、装卸、储存、转移、输送以及生产工艺过程等无组织排放的深度治理
		工业园区能源替代利用与资源共享	2019 年 12 月底前	所有工业园区完成集中供热或清洁能源供热
能源结构调整	清洁取暖	清洁能源替代散煤	2019 年 10 月底前	“一城五星”和临城县平原地区农村完成散煤治理 16.0121 万户，其中，气代煤 6 万户、电代煤 9.0121 万户、其他清洁能源替代 1 万户，共替代散煤 32 万吨
		洁净煤替代散煤	2019 年 12 月底前	暂不具备清洁能源替代条件地区推广洁净煤替代散煤，替代 55.42 万户
		煤质监管	全年	加强部门联动，严厉打击劣质煤流通、销售和使用。煤质抽检覆盖率达到 100%，对抽检发现经营不合格散煤行为的，依法处罚
		严控散煤复燃	全年	常态化开展巡查、检查，严防禁燃区和完成清洁取暖改造区域内散煤复燃，发现一起清理一起

类别	重点工作	主要任务	完成时限	工程措施
能源结构调整	煤炭消费总量控制	煤炭消费总量削减	全年	全市煤炭消费总量较2018年削减20万吨
	锅炉综合整治	锅炉管理台账	2019年5月底前	完善锅炉管理台账
		淘汰燃煤锅炉	2019年9月底前	淘汰燃煤锅炉1台35蒸吨。全市范围内基本淘汰35蒸吨以下燃煤锅炉
		锅炉超低排放改造	2019年12月底前	完成燃煤锅炉超低排放改造12台532蒸吨
		燃气锅炉低氮改造	2019年10月底前	完成燃气锅炉低氮改造447台1 637蒸吨
		生物质锅炉	2019年12月底前	完成生物质锅炉超低排放改造3台65蒸吨
运输结构调整	运输结构调整	提升铁路货运量	2019年12月底前	2019年铁路货运量比2018年增加250万吨
		加快铁路专用线建设	2019年12月底前	开展大宗货物年货运量150万吨及以上的大型工矿企业和物流园区摸底调查，按照宜铁则铁的原则，研究推进大宗货物“公转铁”方案。积极对接国家铁路部门，协调加快建投邢台热电有限责任公司铁路专用线建设，力争年底前建设完工。德龙钢铁加快铁路建设，完成专用铁路线规划选址意见，并同步开展土地预审、社会稳定评估报告相关工作
		发展新能源车	全年	推广应用新能源汽车3 000辆车
		老旧车淘汰	全年	大力推进国三及以下排放标准营运柴油货车提前淘汰更新，加快淘汰采用稀薄燃烧技术和“油改气”的老旧燃气车辆
	车船燃油品质改善	油品质量抽查	2019年12月底前	强化油品质量监管，按照年度抽检计划，在全市加油站（点）抽检车用汽柴油共计3 863个批次，实现年度全覆盖。开展对大型工业企业自备油库油品质量专项检查，对发现的问题依法依规进行处置
		打击黑加油站点	2019年10月底前	深入开展成品油市场专项整治工作，10月底前开展新一轮成品油黑窝点、流动加油车整治，加大对企业自备油库检查整治力度。专项整治期间，从柴油货车油箱和尿素箱抽取检测柴油样品和车用尿素样品各100个以上。持续打击非法加油行为，防止死灰复燃
		尿素质量抽查	2019年12月底前	对高速公路、国道、省道沿线加油站销售车用尿素的质量抽检与加油站油品抽检同步进行

类别	重点工作	主要任务	完成时限	工　程　措　施
运输结构调整	在用车环境管理	在用车执法监管	秋冬季	秋冬季监督抽测柴油车数量不低于当地柴油车保有量的 80%，其中集中停放地和重点企业抽检柴油货车 2 000 辆以上
			2019 年 10 月底前	设置机动车尾气检测点 10 个，覆盖主要物流通道和城市入口，并投入运行
			2019 年 12 月底前	检查排放检验机构 42 个次，实现排放检验机构监管全覆盖
			2019 年 12 月底前	构建超标柴油车黑名单，将遥感监测（含黑烟抓拍）、停放地抽检及联合路检发现的超标车辆纳入黑名单，动态管理，并与公安、交通部门实现信息共享。推广使用“驾驶排放不合格的机动车上道路行驶的”交通违法处罚代码 6063，由生态环境部门取证，公安交管部门对路检路查和黑烟抓拍发现的上路行驶超标车辆进行处罚，并由交通部门负责强制维修。推广使用“驾驶排放不合格的机动车上道路行驶的”交通违法处罚代码 6063，由生态环境部门取证，公安交管部门对路检路查和黑烟抓拍发现的上路行驶超标车辆进行处罚，并由交通部门负责强制维修
	非道路移动机械环境管理	备案登记	2019 年 12 月底前	完成非道路移动机械摸底调查和编码登记
		排放检验	2019 年 12 月底前	以施工工地和物流园区、高排放控制区等为重点，开展非道路移动机械检测 200 辆，做到重点场所全覆盖。严禁使用冒黑烟的非道路移动机械
用地结构调整	矿山综合整治	强化露天矿山综合治理	长期坚持	对污染治理不规范的露天矿山，依法责令停产整治，不达标不得恢复生产。对责任主体灭失露天矿山迹地进行综合治理
	扬尘综合治理	建筑扬尘治理	长期坚持	严格落实施工工地“六个百分之百”要求
		施工扬尘管理清单	长期坚持	定期动态更新施工工地管理清单
		施工扬尘监管	长期坚持	所有建筑工地全部安装在线监测和视频监控，并与当地行业主管部门联网。行业主管部门建立扬尘管控领导小组，严查扬尘污染，发现一起，查处一起
		道路扬尘综合整治	长期坚持	城市道路机械化清扫率达到 83%，县城达到 80%。加强破损道路修复，市区出入口及周边重要干线公路、普通干线公路穿越县城路段清扫作业基本实现机械化，公路路面基本无浮土
		渣土运输车监管	全年	严厉打击无资质、标识不全、故意遮挡或污损车牌等渣土车违法行为。严格渣土运输车辆规范化管理，渣土运输车做到全密闭
		露天堆场扬尘整治	全年	全面清理城乡接合部以及城中村拆迁的渣土和建筑垃圾，不能及时清理的必须采取苫盖等抑尘措施
		强化降尘量控制	全年	各县市区降尘量控制在 9 吨/（月·千米^2）

类别	重点工作	主要任务	完成时限	工　程　措　施
用地结构调整	秸秆综合利用	加强秸秆焚烧管控	长期坚持	建立常态化监管制度，在秋收阶段开展秸秆禁烧专项巡查。强化重污染天气应急响应期间露天焚烧管控，发现一起查处一起
		加强秸秆综合利用	全年	秸秆综合利用率达到95%
工业炉窑大气污染综合治理	淘汰一批	建设清洁煤制气中心	2019年12月底前	加快沙河玻璃园区清洁煤制气中心建设，力争2019年底前开始设备安装
	治理一批	工业炉窑废气深度治理	2019年12月底前	完成陶瓷行业3家8台炉（窑）废气深度治理。完成1家炭黑企业1台炉窑提标改造。完成6家水泥企业8台炉窑超低排放改造
	监控监管	工业炉窑专项执法	2019年12月底前	开展专项执法检查
VOCs治理	重点工业行业VOCs综合治理	源头替代	2019年12月底前	20家工业涂装企业完成低VOCs含量涂料替代
		无组织排放控制	2019年12月底前	71家化工企业、64家工业涂装企业等通过采取设备与场所密闭、工艺改进、废气有效收集等措施，完成VOCs无组织排放治理
		治污设施建设	2019年12月底前	98家化工企业、64家工业涂装企业等建设适宜高效的治污设施
		精细化管控	全年	2家煤化工企业、71家化工企业、62家工业涂装企业等推行“一厂一策”制度，加强企业运行管理
	油品储运销综合治理	油气回收治理	2019年10月底前	开展加油站、储油库、油罐车油气污染防治专项检查，确保油气污染防治设施正常运行
		自动监控设备安装	2019年12月底前	8个加油站完成油气回收自动监控设备安装并联网
	监测监控	自动监控设施安装	2019年12月底前	89家化工企业、29家工业涂装企业、4家包装印刷企业主要排污口要安装自动监控设施共284套
重污染天气应对	修订完善应急预案及减排清单	完善重污染天气应急预案	2019年9月底前	修订完善重污染天气应急预案
		完善应急减排清单，夯实应急减排措施	2019年9月底前	完成重点行业绩效分级，完成应急减排清单编制工作，落实“一厂一策”等各项应急减排措施

类别	重点工作	主要任务	完成时限	工 程 措 施
重污染天气应对	应急运输响应	重污染天气移动源管控	2019 年 10 月 15 日前	加强源头管控，根据实际情况，制定日货车使用量 10 辆以上企业、铁路货场、物流园区的重污染天气车辆管控措施，并安装门禁监控系统
能力建设	完善环境监测监控网络	环境空气质量监测网络建设	2019 年 9 月底前	172 个乡镇空气质量监测自动站完成六参数升级改造
		环境空气 VOCs 监测	2019 年 12 月底前	建成环境空气 VOCs 监测站点 1 个
		遥感监测系统平台三级联网	长期坚持	机动车遥感监测系统稳定传输数据
		定期排放检验机构三级联网	长期坚持	市级机动车检验机构监管平台实现检测视频监控、防作弊报警提示、数据统计分析、检测机构管理、车辆环保信息管理，实现三级联网。对超标排放车辆开展大数据分析，追溯相关方责任
		重型柴油车车载诊断系统远程监控系统建设	全年	推进重型柴油车车载诊断系统远程监控系统建设和终端安装
		重污染天气车辆管控平台	2019 年 12 月底前	推进建设重污染天气车辆管控平台
	源排放清单编制	编制大气污染源排放清单	2019 年 9 月底前	完成/动态更新 2018 年大气污染源排放清单编制
	颗粒物来源解析	开展 $PM_{2.5}$ 来源解析	2019 年 10 月底前	完成 2018 年城市大气污染颗粒物源解析

河北省保定市2019—2020年秋冬季大气污染综合治理攻坚行动方案

类别	重点工作	主要任务	完成时限	工程措施
产业结构调整	产业布局调整	建成区重污染企业搬迁	2019年12月底前	11月底前完成保定双帆蓄电池有限公司、12月底前完成河北长天药业有限公司东风路厂区搬迁
	“两高”行业产能控制	压减煤炭产能	2019年10月底前	化解煤炭产能30万吨
		压减水泥产能	2019年11月底前	淘汰水泥产能4万吨
	“散乱污”企业和集群综合整治	“散乱污”企业综合整治	2019年12月底前	在全市范围内持续开展“散乱污”企业排查整治工作，加强生态环境、工信、供电、供水部门联动，实行用电、用水备案制。压实基层责任，发现一起，查处一起，实现“散乱污”企业动态清零
		县域特色企业集群综合整治	2019年12月底前	对清苑区机械加工，满城区尹固村水泥制品，蠡县兑坎庄村橡胶，顺平县高于铺村塑料，涿州东仙坡镇建材，白沟小制鞋，唐县小铸造等企业集群进行排查建账，对属于“散乱污”的按相应标准迅速采取整治措施
能源结构调整	工业用能	工业园区能源替代利用与资源共享	2019年12月底前	三分之二以上工业园区完成集中供热或清洁能源供热
	清洁取暖	清洁能源替代散煤	2019年10月底前	必须按期完成散煤治理79 135户，其中，气代煤62 319户、电代煤12 637户、集中供热替代1 855户、地热能替代2 324户。力争年底前再完成20万户清洁能源改造工程建设
		洁净煤替代散煤	2019年10月底前	划分三大战区，双代区、平原区和山区，每区一名市级领导牵头推进。未实施双代区域实行洁净燃料托底政策
		双代区域严防散煤复烧	长期坚持	在有稳定气源供应的双代区域开展四清工作（清煤炉、清柴炉、清散煤、清劈柴），确保双代区域无散煤复烧现象
		煤质监管	全年	加强部门联动，严厉打击劣质煤流通、销售和使用。煤质抽检覆盖率不低于90%，对抽检发现经营不合格散煤行为的，依法处罚
	煤炭消费总量控制	煤炭消费总量削减	全年	全市煤炭消费总量较2018年削减10万吨
	锅炉综合整治	淘汰燃煤锅炉	2019年10月底前	淘汰顺平县鼎泰纸业有限公司1台15蒸吨燃煤锅炉，2020年计划的5台 105蒸吨燃煤锅炉淘汰任务力争今年完成

类别	重点工作	主要任务	完成时限	工　程　措　施
能源结构调整	锅炉综合整治	锅炉超低排放改造	2019 年 10 月底前	完成燃煤锅炉超低排放改造 13 台 640 蒸吨
		燃气锅炉低氮改造	2019 年 10 月底前	完成燃气锅炉低氮改造 710 台 2 173 蒸吨
运输结构调整	运输结构调整	提升铁路货运量	2019 年 12 月底前	2019 年全市铁路货运（发送量）同比增加 50 万吨。推进常青热力和涿州亿利达电厂依托现有铁路资源，实施纯电动车辆短途运输，最大限度减少公路运输比例
		加快铁路专用线建设	2019 年 12 月底前	开展大宗货物年货运量 150 万吨及以上的大型工矿企业和物流园区摸底调查，按照宜铁则铁的原则，研究推进大宗货物“公转铁”方案。保定西北郊热电厂运煤铁路专线 10 月完成建设。2019 年底前保定市徐水区铁路专用线有实质性进展。积极配合推进实施京原铁路电气化改造，进一步加强与周边干线铁路联系
		发展新能源车	2019 年 12 月底前	2019 年全市推广应用新能源汽车不低于 12 000 辆，公务用车领域新增或更换车辆选用新能源汽车比例不低于 45%，其中纯电动车比例不低于 40%；更新或新增的公交车中，新能源公交车比例不低于 80%；配套完善充电站、充电桩设施
		老旧车淘汰	2019 年 12 月底前	大力推进国三及以下排放标准营运柴油货车提前淘汰更新，加快淘汰采用稀薄燃烧技术和“油改气”的老旧燃气车辆
	车船燃油品质改善	油品、尿素质量抽查	2019 年 12 月底前	强化油品质量监管，按照年度抽检计划，在全市加油站（点）抽检车用汽柴油共计 3 500 个批次以上，实现年度全覆盖。特别加强山区和平原偏远乡镇加油点的油品质量监管。开展对大型工业企业自备油库油品质量专项检查，对发现的问题依法依规处置
			长期坚持	秋冬季期间从高速公路、国道、省道沿线加油站抽检尿素样品 100 次以上
		打击黑加油站点使用终端油品和尿素质量抽查	长期坚持	保持“百日攻坚”高压态势，由商务、市场监管、公安等部门组成的行动专班，对重点区域黑加油站（点、车、库）污染环境问题进行专案督办。依托治超站，严查燃油运输车所运燃油质量，发现不合格油品的，商务、市场监管、公安等部门要追根溯源并迅速妥善处置。压实县、乡、村属地责任，黑加油站（点、车、库） 动态清零，做到发现一起、取缔一起、公安立案一起，并审查、追溯劣质油品来源。发现取缔不彻底、“死灰复燃”的严厉问责
			长期坚持	秋冬季期间从柴油货车油箱和尿素箱抽取检测柴油样品和车用尿素样品各 100 个以上

类别	重点工作	主要任务	完成时限	工　程　措　施
运输结构调整	在用车环境管理	在用车执法监管	长期坚持	秋冬季期间监督抽测柴油车数量不低于当地柴油车保有量的 80%。开展对加大对车辆集中停放地和重点单位入户检查力度，实现重点用车大户全覆盖
			2019 年 10 月底前	部署多部门全天候综合检测站 22 个，覆盖主要物流通道和城市入口，并投入运行
			2019 年 10 月底前	构建超标柴油车黑名单，将遥感监测（含黑烟抓拍）、停放地抽检及联合路检发现的超标车辆纳入黑名单，动态管理，并与公安、交通部门实现信息共享。推广使用“驾驶排放不合格的机动车上道路行驶的”交通违法处罚代码 6063，由生态环境部门取证，公安交管部门对路检路查和黑烟抓拍发现的上路行驶超标车辆进行处罚，并由交通部门负责强制维修
			2019 年 12 月底前	检查排放检验机构 46 家次，实现排放检验机构监管全覆盖
	非道路移动机械环境管理	备案登记	2019 年 12 月底前	各县（市、区）相关部门建立非道路移动机械使用登记制度，对各自管理的行业使用非道路移动机械实施日常监管，完成非道路移动机械编码登记；生态环境部门会同相关部门，以施工工地、工业企业等为重点，组织对非道路移动机械的大气污染物排放状况和企业登记落实情况，进行定期抽查和不定期飞行检查
		排放检验	2019 年 12 月底前	以施工工地和物流园区、高排放控制区等为重点，开展非道路移动机械排放检测，做到重点场所全覆盖
用地结构调整	扬尘综合治理	建筑扬尘治理	长期坚持	严格落实施工工地“六个百分之百”要求。市政工程参照建筑工地实行分段监管，落实行业监管和属地监管责任
		施工扬尘管理清单	长期坚持	定期动态更新施工工地管理清单
		施工扬尘监管	长期坚持	5 000 米^{2}以上的建筑工地全部安装视频监控和在线监测，并分别与所在地住建、生态环境部门联网
		建立施工扬尘督查机制	长期坚持	建筑工地和市政施工工程全部按照保定市大气污染综合整治“百日攻坚”行动要求，加强专项督查
		道路扬尘综合整治	长期坚持	市主城区道路机械化清扫率达到 83%，县城达到 80%
		加强国省干道停车场扬尘整治	长期坚持	对国省干道两侧重型货车停车场组织全面排查，对地面和进出口道路没有硬化的立行立改，非法设立的坚决取缔

类别	重点工作	主要任务	完成时限	工程措施
用地结构调整	扬尘综合治理	渣土运输车监管	全年	严厉打击无资质、标识不全、故意遮挡、扬洒遗漏或污损车牌等渣土车违法行为。严格渣土运输车辆规范化管理，渣土运输车做到全密闭，切实达到无外露、无遗撒、无高尖、无扬尘要求
		露天堆场扬尘整治	全年	全面清理城乡接合部以及城中村拆迁的渣土和建筑垃圾，不能及时清理的必须采取有效苫盖等抑尘措施
		强化降尘量控制	全年	各县（市、区）降尘量控制在 9 吨/（月・千米^2）。易县、唐县、满城区、曲阳县、涞水县、清苑区、顺平县、蠡县、安国市、高阳县、博野县加强国省干道机械化清扫，加强施工工地监督管理，加强建成区保洁保湿
	秸秆综合利用	加强秸秆焚烧管控	长期坚持	建立网格化监管制度，在秋收阶段开展秸秆禁烧专项巡查。人防和技防相结合，力争重要时段重点区域不着一把火不冒一股烟。发现火点迅速扑灭，教育处罚到位，教育处罚不到位的追责到位
工业炉窑大气污染综合治理	建立清单	工业炉窑排查	2019 年 10 月底前	依据生态环境部等 4 部委联合印发的《工业炉窑大气污染综合治理方案》要求，按照“淘汰一批、替代一批、治理一批”的要求，开展工业炉窑拉网式排查，建立详细清单，系统梳理工业炉窑分布状况和排放特征，实行分类动态管理，提升产业总体发展水平
	深度治理	工业炉窑深度治理	2019 年 12 月底前	完成钢铁行业涞源县神邦球团企业 2 台竖炉有组织超低排放改造。铸造业涞水县 1 台工业炉窑实施清洁能源替代，涿州市 2 台进行除尘深度治理。建材行业清苑大秋建材 2 台炉窑进行脱硫脱硝深度治理
	监测监管	监测监管	2019 年 11 月底前	钢铁（球团）、水泥、陶瓷、氮肥、有色金属冶炼、再生有色金属等行业，严格按照排污许可管理规定安装和运行自动监控设施，冲天炉、以煤和煤矸石为燃料的砖瓦烧结窑、耐火材料焙烧窑（电窑除外）、碳素焙（煅）烧炉（窑）、石灰窑纳入重点排污单位名录，安装自动监控设施，并与生态环境部门联网。对不能达标排放或环保工艺简单、治污效果差的工业炉窑，依法停产整治。67 家涉煤和煤矸石的工业炉窑和 23 家建筑材料隧道窑提前完成安装自动监控设施并联网
VOCs 治理	重点工业行业 VOCs 综合治理	排查建账	2019 年 10 月底前	依据生态环境部关于印发《重点行业挥发性有机物综合治理方案》的通知要求，对涉 VOCs 企业进行拉网式排查，分类建立详细清单，推行一厂一策，进行分类施治。每县都要梳理 VOCs 治理标杆企业，其他企业对标整治
		源头替代	2019 年 12 月底前	加强政策引导，企业采用符合国家有关低 VOCs 含量产品规定的涂料、油墨、胶黏剂、清洗剂等，排放浓度稳定达标且排放速率、排放绩效等满足相关规定的，相应生产工序可不要求建设末端治理设施。使用的原辅材料 VOCs 含量（质量比）低于 10%的工序，可不要求采取无组织排放收集措施

类别	重点工作	主要任务	完成时限	工程措施
VOCs治理	重点工业行业VOCs综合治理	无组织排放控制	2019年12月底前	对含VOC物料储存、转移和输送、设备与管线组件泄漏、敞开液面逸散以及工艺过程等五类排放源实施管控，通过采取设备与场所密闭、工艺改进、废气有效收集、加强设备与管线组件泄漏控制等措施，削减VOCs无组织排放。要加强设备与场所密闭管理，采用全密闭罩或密闭空间的，除行业有特殊要求外，保持微负压状态，并合理设置通风量。全市7家城镇污水处理厂2019年底完成恶臭气体治理，其他5家加快进度，2020年6月底前完成
		治污设施建设	2019年12月底前	按照生态环境部关于印发《重点行业挥发性有机物综合治理方案》的通知要求，重新评估涉VOCs企业重点排放源排放浓度与去除效率，鼓励企业采用多种技术的组合工艺，提高VOCs治理效率
		精细化管控	2019年12月底前	根据O_3和$PM_{2.5}$来源解析，结合行业污染物排放特征和VOCs物质光化学反应活性等，确定VOCs控制的重点行业和重点污染物，兼顾恶臭污染物和有毒有害物质控制等，提出有效管控方案，提高VOCs治理的精准性、针对性和有效性。重点对164家橡胶企业、94家塑料企业、50家印刷企业、50家工业涂装、25家印染企业等行业企业加强精细化管控
	油品储运销综合治理	油气回收治理	2019年12月底前	组织开展对储油库、加油站和油罐车油气回收装置安装运行情况进行抽查抽检
	工业园区和企业集群综合治理	集中治理	长期坚持	推进工业园区建设集中涂装中心，配备高效废气治理设施，代替分散的涂装工序。推进石化、化工类工业园区和企业集群，推行泄漏检测统一监管。推进有机溶剂使用量大的工业园区和企业集群，建设有机溶剂集中回收处置中心，提高有机溶剂回收利用率。研究推进区域性活性炭集中再生基地建设
重污染天气应对	修订完善应急预案及减排清单	完善重污染天气应急预案	2019年9月底前	按要求修订完善重污染天气应急预案
		完善应急减排清单，夯实应急减排措施	2019年9月底前	依据修订后的《重污染天气应急预案》，指导各县（市、区）完成我市重点行业绩效分级和应急减排清单编制工作，严格落实“一厂一策”等各项应急减排措施
	应急运输响应	重污染天气车辆管控平台	2019年12月底前	推进建设重污染天气车辆管控平台
		重污染天气移动源管控	2019年10月底前	加强源头管控，根据实际情况，制定货车日使用量10辆以上企业、港口、铁路货场、物流园区的重污染天气车辆管控措施，并安装门禁监控系统

类别	重点工作	主要任务	完成时限	工 程 措 施
能力建设	完善环境监测监控网络	环境空气质量监测网络建设	2019 年 9 月底前	完成全市 236 个乡镇小型空气站增设为六参数空气站的建设任务，形成环境空气质量“国家考市、省考县（市、区）、市考乡镇”的考核体系
		遥感监测系统平台三级联网	长期坚持	机动车遥感监测系统稳定传输数据
		定期排放检验机构三级联网	长期坚持	市级机动车检验机构监管平台实现检测视频监控、防作弊报警提示、数据统计分析、检测机构管理、车辆环保信息管理，实现三级联网。对超标排放车辆开展大数据分析，追溯相关方责任
		重型柴油车车载诊断系统远程监控系统建设	全年	推进重型柴油车车载诊断系统远程监控系统建设和终端安装
		道路空气质量检测	2020 年 12 月底前	根据生态环境部等 11 部门联合印发的《柴油货车污染治理攻坚战行动计划》和《河北省柴油货车污染治理攻坚战实施方案》要求，于 2020 年底前在主要物流通道完成建设道路空气质量检测站
	源排放清单编制	编制大气污染源排放清单	2019 年 10 月底前	动态更新 2018 年大气污染源排放清单编制
	颗粒物来源解析	开展 $PM_{2.5}$ 来源解析	2019 年 9 月底前	完成 2018 年城市大气污染颗粒物源解析

河北省沧州市2019—2020年秋冬季大气污染综合治理攻坚行动方案

类别	重点工作	主要任务	完成时限	工程措施
产业结构调整	产业布局调整	建成区重污染企业搬迁	2019年12月底前	加快推进中心城区建成区涉气工业企业外迁
		化工行业整治	2019年12月底前	加强化工园区整治及执法检查，确保稳定达标排放
	“散乱污”企业及集群综合整治	“散乱污”企业综合整治	长期坚持	完善“散乱污”企业动态管理机制，实行网格化管理，压实基层责任，发现一起查处一起，实现动态清零
		企业集群综合整治	2019年12月底前	完成泊头市和东光县铸造、河间市机械加工、孟村县和盐山县管件加工、南皮县金属喷涂、任丘市焊接设备及配件等企业集群综合整治，同步完成区域环境整治工作
	工业源污染治理	实施排污许可	2019年12月底前	完成畜牧业、食品制造等19个行业排污许可证核发
		钢铁超低排放	2019年9月底前	完成沧州中铁装备制造有限公司5台烧结机超低排放改造
		焦化超低排放	2019年9月底前	完成河北渤海煤焦化有限公司4座焦炉超低排放改造
		无组织排放治理	2019年12月底前	沧州中铁装备制造有限公司原料燃料辅料储存均采取密闭，料场路面硬化。厂内精铁矿烧结矿等大宗物料及煤焦粉等燃料采用密闭通道或管状带式输送机等密闭式输送装置。黄骅港神华煤炭港区加快推进物料（含废渣）运输、装卸、储存、转移、输送等无组织排放的深度治理
		工业园区综合整治	2019年12月底前	树立行业标杆，制定综合整治方案，完成工业园区集中整治，同步推进区域环境综合整治和企业升级改造
		铸造行业升级改造	2019年12月底前	编制完成沧州市铸造行业大气污染防治绩效管理方案（一行一策），全市铸造行业按照方案要求，从排放标准、治理措施、监管方式等方面进一步提升改造，制定差异化绩效标准
		重点行业升级改造	2019年12月底前	有序推进橡胶塑料、包装印刷等行业编制一行一策整改提升方案
能源结构调整	清洁取暖	清洁能源替代散煤	2019年10月底前	完成气代煤21.0002万户、电代煤0.3902万户
		洁净煤替代散煤	2019年10月底前	暂不具备清洁能源替代条件地区推广洁净煤替代散煤
		煤质监管	全年	加强部门联动，严厉打击劣质煤流通、销售和使用，发现一起取缔一起。全市洁净型煤生产企业1月至8月每月抽查1次，9月至12月每半月抽查1次

类别	重点工作	主要任务	完成时限	工　程　措　施
能源结构调整	清洁取暖	严控散煤复烧	全年	各县（市、区）已完成“双代”改造并能稳定供应气源的区域取缔原有燃煤设备，加强督导检查，严防散煤复烧
	煤炭消费总量控制	煤炭消费总量削减	全年	全市全社会煤炭消费总量较2018年削减15万吨
	锅炉综合整治	锅炉超低排放改造	2019年9月底前	完成燃煤锅炉超低排放改造31台1 776蒸吨
		燃气锅炉低氮改造	2019年9月底前	完成燃气锅炉低氮改造1 176台2 622蒸吨
	运输结构调整	提升铁路货运量	2019年12月底前	2019年铁路货运发送量力争比2017年增加1 500万吨
		加快铁路专线建设	2019年12月底前	开展大宗货物年货运量150万吨及以上的大型工矿企业和物流园区摸底调查，按照宜水则水，宜铁则铁的原则，研究推进大宗货物“公转铁”或“公转水”方案。加快推进华北石化铁路专用线建设；海兴至鲁北高新区支线铁路工程等6个港口集疏运铁路重点建设项目年内实现开工建设；新材料园区专用线和临港产业园区专用线等2个大型工矿企业铁路专用线重点建设项目年内实现开工建设
		推进港口公转铁	2019年12月底前	推动朔黄铁路利用返程运力开展矿石等大宗货物运输，提高铁矿石铁路运输比例
		发展新能源车	2019年12月底前	新增公交、环卫、邮政、轻型城市物流车辆中新能源车比例达到80%
			2019年12月底前	港口、铁路货场新增或更换非道路移动机械全部采用新能源或清洁能源
		老旧车淘汰	2019年12月底前	大力推进国三及以下排放标准营运柴油货车提前淘汰更新，加快淘汰采用稀薄燃烧技术和“油改气”的老旧燃气车辆
	车船燃油品质改善	油品及尿素质量抽查	2019年12月底前	各县（市、区）对辖区国有加油站抽检每半年全覆盖，对民营加油站抽检每季度全覆盖。全市成品油生产企业油品质量每月抽查1次。全市范围内车用汽柴油样品抽查500次以上。各县（市、区）从高速公路、国道、省道沿线的加油站抽检车用尿素，全市共抽检100批次以上。开展对大型工业企业自备油库油品质量专项检查，对发现的问题依法依规进行处置
		打击黑加油站点	2019年10月底前	深入开展成品油市场专项整治工作，10月底前开展新一轮成品油黑窝点、流动加油车整治，加大对企业自备油库检查整治力度。专项整治期间，从柴油货车油箱和尿素箱抽取检测柴油样品和车用尿素样品各100个以上。持续打击非法加油行为，防止死灰复燃
		船用油品质量调查	2019年12月底前	对港口内靠港停泊船舶燃油抽查200次

类别	重点工作	主要任务	完成时限	工　程　措　施
能源结构调整	在用车环境管理	在用车执法监管	2019 年 12 月底前	秋冬季期间监督抽测柴油车数量不低于当地柴油车保有量的 80%。加大对车辆集中停放地和重点单位入户检查力度，实现重点用车大户全覆盖
			2019 年 10 月底前	市县两级共布设 33 个移动式尾气遥感检测点位，覆盖主要物流通道和城市入口，并投入运行
			2019 年 12 月底前	实现全市 69 个排放检验机构监管全覆盖
			2019 年 10 月底前	构建超标柴油车黑名单，将遥感监测（含黑烟抓拍）、路检执法发现的超标车辆纳入黑名单，实现与公安交管、交通等部门信息共享并动态管理。 推广使用“驾驶排放不合格的机动车上道路行驶的”交通违法处罚代码 6063，由生态环境部门取证，公安交管部门对路检路查和黑烟抓拍发现的上路行驶超标车辆进行处罚，并由交通部门负责强制维修
	非道路移动机械环境管理	备案登记	2019 年 12 月底前	完成非道路移动机械摸底调查和编码登记
		排放检验	2019 年 12 月底前	秋冬季期间以施工工地、物流园区、高排放控制区等为重点，检查 1 000 辆以上，做到重点场所全覆盖
		港口岸电	2019 年 12 月底前	制定使用岸电船舶优先靠离港机制、鼓励船舶靠港期间优先使用岸电，积极推进岸电使用
用地结构调整	扬尘综合治理	建筑扬尘治理	长期坚持	深化全市建筑工地专项整治，严格落实《河北省建筑施工扬尘防治标准》和《河北省施工场地扬尘排放标准》要求
		施工扬尘管理清单	长期坚持	定期动态更新施工工地管理清单
		施工扬尘监管	长期坚持	5 000 米^{2}及以上建筑工地全部安装在线监测和视频监控，并与当地行业主管部门联网
		道路扬尘综合整治	2019 年 12 月底前	地级及以上城市道路机械化清扫率达到 90%，县城达到 80%
		渣土运输车监管	全年	严厉打击无资质、标识不全、故意遮挡或污损车牌等渣土车违法行为。严格渣土运输车辆规范化管理，渣土运输车做到全密闭
		露天堆场扬尘整治	全年	全面清理城乡接合部以及城中村拆迁的渣土和建筑垃圾，不能及时清理的必须采取苫盖等抑尘措施
		强化降尘量控制	全年	全市降尘量控制在 9 吨/（月・千米^2）

类别	重点工作	主要任务	完成时限	工程措施
用地结构调整	秸秆综合利用	加强秸秆焚烧管控	长期坚持	落实网格化监管制度，结合平台推送、乡镇灭火、乡镇反馈、环保处罚工作机制，在秋收阶段开展秸秆禁烧专项巡查
		加强秸秆综合利用	全年	秸秆综合利用率达到95%及以上
工业炉窑大气污染综合治理	清洁能源替代一批	工业炉窑清洁能源替代（清洁能源包括天然气、电、集中供热等）	2019 年 9 月底前	完成玻璃行业玻璃瓶罐熔窑 1 台，480 吨产能天然气替代
	治理一批	工业炉窑废气深度治理	2019 年 9 月底前	完成河北渤海煤焦化有限公司焦炉煤气企业的精脱硫改造，煤气中硫化氢浓度小于 20 毫克/米^3
	提升整治	隧道窑整治	2019 年 12 月底前	有序推进全市 22 条隧道窑提升整治工作
	监控监管	监测监控	2019 年 9 月底前	全市现有煤气发生炉全部安装在线监测设备
		工业炉窑专项执法	2019 年 9 月底前	开展专项执法检查
VOCs 治理	重点工业行业 VOCs 综合治理	治污设施建设	2019 年 12 月底前	41 家石化企业建设适宜高效的治污设施。对排气筒 VOCs 排放速率大于 2.5 千克/时（包括等效排气筒）或排气量大于 60 000 米^3/时的安装在线监测设备
		精细化管控	全年	编制石化、化工、医药行业切实可行的“一厂一策”方案，明确原辅材料替代、工艺改进、无组织排放管控、废气收集、治污设施建设等全过程减排要求，实施有针对性的管控措施
	油品储运销综合治理	油气回收治理	2019 年 10 月底前	开展加油站、储油库、油罐车油气污染防治专项检查，确保油气污染防治设施正常运行
		自动监控设备安装	2019 年 9 月底前	5 个年销售汽油量大于 5 000 吨的加油站安装油气回收自动监控设备并联网
	工业园区和企业集群综合治理	集中治理	2019 年 12 月底前	对临港化工园区全面摸排载有气态、液态 VOCs 物料的设备与管线组件，开展 VOCs 泄漏检测，建立长效机制，企业动密封点三个月开展一次 LDAR，静密封点六个月开展一次 LDAR。对密封点数量 2 000 个及以上的企业，确定为重点监管企业，检测报告、核算报告电子版交临港经济技术开发区生态环境局备案
		统一管控	2019 年 12 月底前	沧州临港经济技术开发区依托有毒有害气体预警监控体系，减少污染物排放，开展溯源分析，推广实施恶臭电子鼻监控预警

类别	重点工作	主要任务	完成时限	工　程　措　施
重污染天气应对	修订完善应急预案及减排清单	完善重污染天气应急预案	2019 年 9 月底前	修订完善重污染天气应急预案
		完善应急减排清单，夯实应急减排措施	2019 年 9 月底前	完成重点行业绩效分级，完成应急减排清单编制工作，落实“一厂一策”等各项应急减排措施
	应急运输响应	重污染天气移动源管控	2019 年 10 月 15 日前	加强源头管控，根据实际情况，制定日货车使用量 10 辆以上企业、港口、铁路货场、物流园区的重污染天气车辆管控措施，并安装门禁监控系统。推进建设重污染天气移动源管控平台
能力建设	完善环境监测监控网络	环境空气质量监测网络建设	2019 年 9 月底前	在建成两参数乡镇站的基础上，增加 NO_x、PM_{10}、CO、O_3 等监测因子，实现全市乡镇站均为国标 6 参数，并稳定运行
		遥感监测系统平台三级联网	长期坚持	机动车遥感监测系统稳定传输数据
		定期排放检验机构三级联网	长期坚持	机动车检验机构监管平台实现检测视频监控、防作弊报警提示、数据统计分析、检测机构管理、车辆环保信息管理，实现三级联网。对超标排放车辆开展大数据分析，追溯相关方责任
		重型柴油车车载诊断系统远程监控系统建设	全年	推进重型柴油车车载诊断系统远程监控系统建设和终端安装
	创新监管方式	严格企业用电量监管	2019 年 9 月底前	加强与市供电公司合作，秋冬季期间定期报送相关企业用电量信息
	源排放清单编制	编制大气污染源排放清单	2019 年 9 月底前	完成动态更新 2018 年大气污染源排放清单编制
	颗粒物来源解析	开展 $PM_{2.5}$ 来源解析	2019 年 9 月底前	完成 2018 年城市大气污染颗粒物源解析

河北省廊坊市2019—2020年秋冬季大气污染综合治理攻坚行动方案

类别	重点工作	主要任务	完成时限	工程措施
产业结构调整	“两高”行业产能控制	压减钢铁产能	2019年12月底前	完成最后一家钢铁企业整体退出，淘汰炼钢产能192万吨、炼铁产能130万吨，力争11月底前关停生产设备，12月底前彻底实现“无钢市”建设目标
	“散乱污”企业和集群综合整治	“散乱污”企业综合整治	2019年12月底前	完善“散乱污”企业动态管理机制，实行网格化管理，压实基层责任，发现一起查处一起。整治完成新排查出的129家“散乱污”企业，其中关停取缔127家，整治提升2家
		传统行业综合整治	2019年12月底前	完成香河县木质家具、霸州市钢木家具、安次区和三河市印刷、大城县玻璃棉和岩棉等传统行业整治提升，制定完成相关产业整治提升标准，对传统行业企业逐一制定专项实施方案，并推广实施
	工业源污染治理	实施排污许可	2019年12月底前	完成畜牧业及食品制造业等19个行业和通用工序3个行业国家版排污许可证申请与核发
		无组织排放治理	2019年12月底前	深入开展建材、铸造等行业无组织排放深度治理，从原料、储存、装卸、转移和生产加工等各个工艺环节加强排放控制，严防跑冒滴漏，加强重点行业无组织排放实时监测，安装PM_{10}在线监测设备，并与生态环境部门联网
		工业园区综合整治	2019年12月底前	利用已建成的30个省级以上工业园区空气质量自动监测站，对各园区环境空气质量进行监测，并建立排名考核制度
能源结构调整	清洁取暖	清洁能源替代散煤	2019年10月底前	对农村地区剩余省定八种特殊情况例外户，按照既有方式，稳妥有序实施“双代”改造，成熟一户、改造一户、备案一户；对暂时不具备改造条件的，采取其他清洁能源方式解决。对改造村街内工商、学校等非居民用户，摸清底数，统筹推进，分类施策，实施清洁能源改造，全面完成农村地区和冬季取暖散煤替代
		防止散煤复烧	全年	加强散煤运输、销售、使用等环节管控力度，对使用清洁能源替代的企业单位，取缔老旧燃煤设施。建立散煤回收回购制度，逐家逐户清理散煤，取暖季前“双代”全覆盖区域现存散煤全部清除，并长期保持
		煤质监督	全年	加强全市50个燃煤使用企业煤质监管力度，加密抽检频次，确保煤质全部达到河北省《工业和民用燃料煤》（DB 12/2018—2014）地方标准
	煤炭消费总量控制	煤炭消费总量削减	全年	全市煤炭消费总量较2018年削减10万吨

类别	重点工作	主要任务	完成时限	工程措施
能源结构调整	锅炉综合整治	淘汰燃煤锅炉	2019 年 10 月底前	淘汰三河燕达集团 4 台 20 蒸吨/时燃煤锅炉，全市范围内基本淘汰 35 蒸吨以下燃煤锅炉
		锅炉超低排放改造	2019 年 10 月底前	完成 48 台 2 638 蒸吨 35 蒸吨/时及以上燃煤锅炉超低排放改造，并完成三河热电厂超低排放改造
		燃气锅炉低氮改造	2019 年 12 月底前	力争完成 1 258 台 3 373 蒸吨燃气锅炉低氮改造
		生物质锅炉	2019 年 12 月底前	加强监督管控力度，城市主城区和县城禁止新建 35 蒸吨/时以下生物质锅炉
运输结构调整	运输结构调整	发展新能源车	2019 年 12 月底前	推广应用新能源汽车不低于 1 800 辆
		老旧车淘汰	2019 年 12 月底前	大力推进国三及以下排放标准营运柴油货车提前淘汰更新，加快淘汰采用稀薄燃烧技术和“油改气”的老旧燃气车辆
	车船燃油品质改善	油品质量抽查	2019 年 12 月底前	强化油品质量监管，按照年度抽检计划，对全市加油站（点）车用汽柴油进行抽检，实现年度全覆盖，开展车用汽柴油样品抽查 500 批次以上。开展对大型工业企业自备油库油品质量专项检查，对发现的问题依法依规进行处置
		打击黑加油站店	2019 年 10 月底前	落实《廊坊市成品油市场综合整治工作实施方案》要求，开展打击黑加油站点、非法自备加油站专项行动，对发现的黑加油站（点、车）、非法自备加油站，按照“拆除一批、收缴一批、惩处一批”的工作要求，以“零容忍”的态度全力抓好清除取缔工作，发现一起、查处一起、严惩一起，实现全部清零
		尿素质量抽查	2019 年 12 月底前	加强全市域 539 个加油站尿素抽检力度，全年抽检尿素 100 次以上，重点加大高速公路、国道、省道沿线加油站尿素抽检力度
		终端油品和尿素质量抽查	2019 年 12 月底前	加大抽检力度，从柴油货车油箱和尿素箱抽取检测柴油样品和车用尿素样品各 100 个以上
	在用车环境管理	在用车执法监管	2019 年 12 月底前	秋冬季期间采用入户抽查、路检路查、遥感监测等方式监督抽测柴油车数量不低于当地柴油车保有量的 80%，2019 年入户抽查、路检路查重型柴油货车不少于 2 万辆次
			2019 年 10 月底前	部署多部门全天候综合检测站 4 个，覆盖主要物流通道和城市入口，并投入运行
			2019 年 12 月底前	加大对全市 31 个机动车排放检验机构抽检力度，实现排放检验机构监管全覆盖
			2019 年 10 月底前	构建超标柴油车黑名单，将遥感监测（含黑烟抓拍）、停放地抽检及联合路检发现的超标车辆纳入黑名单，动态管理，并与公安、交通部门实现信息共享。推广使用“驾驶排放不合格的机动车上道路行驶的”交通违法处罚代码 6063，由生态环境部门取证，公安交管部门对路检路查和黑烟抓拍发现的上路行驶超标车辆进行处罚，并由交通部门负责强制维修

类别	重点工作	主要任务	完成时限	工程措施
运输结构调整	非道路移动机械环境管理	高排放控制区	2019 年 12 月底前	落实非道路机械高排放控制区要求，加强非道路移动机械环境监管力度
		备案登记	2019 年 12 月底前	完成非道路移动机械摸底调查和编码登记
		排放检验	2019 年 12 月底前	以施工工地、物流园区、高排放控制区等为重点，检查 1 000 辆以上，开展非道路移动机械检测，做到重点场所全覆盖
用地结构调整	矿山综合整治	强化露天矿山综合治理	长期坚持	对 2018 年完成的三河市东部山区责任主体灭失露天矿山生态修复绿化治理工作开展“回头看”，确保整治到位。2019 年全面完成 10 个责任主体灭失矿山修复绿化任务
	扬尘综合治理	建筑扬尘治理	长期坚持	严格落实《河北省人民代表大会常务委员会关于加强扬尘污染防治的决定》要求，利用已建成的施工现场视频监控平台加强监督检查。制定出台考核办法，对建筑扬尘管理落实情况进行考核排名
		施工扬尘管理清单	长期坚持	对全市现有工地实施定期动态更新管理
		施工扬尘监管	长期坚持	全市所有规模以上的工地全部安装 PM_{10} 在线监测设备和视频监控，并与当地行业主管部门联网，明确扬尘管理责任主体及范围，严格落实扬尘治理标准，力争逐步实现施工现场在用非道路移动机械和扬尘治理达标率 100%
		道路扬尘综合整治	长期坚持	确保市主城区道路机械化清扫率达到 83%以上，县城建成区达到 80%以上。逐步加强城乡接合部、城区外道路洗扫洒冲综合作业频次和力度，提高机械化清扫率
		渣土运输车监管	全年	严厉打击无资质、标识不全、故意遮挡或污损车牌等渣土车违法行为。严格渣土车运输车辆规范化管理，渣土车运输车做到全密闭。对渣土车经过的道路，加强洗扫冲刷综合作业，减少扬尘污染
		露天堆场扬尘整治	全年	全面清理城乡接合部以及城中村拆迁的渣土和建筑垃圾，不能及时清理的必须采取苫盖等抑尘措施。提升工业企业料堆场精细化管理水平，118 家企业 145 个料堆场全部达到河北省《煤场、料场、渣场扬尘污染控制技术规范》（DB13/T 2352—2016）要求。9 月底前完成火电、钢铁、水泥、玻璃、建材等重点行业企业的煤厂、料场渣场及其他环境敏感区域的料堆场视频监控和 PM_{10} 在线监测设施安装工作，并与生态环境部门联网
		强化降尘量控制	全年	开展建筑施工、道路、露天堆场等扬尘综合整治，有效降低全市县区降尘量，2019 年控制在 9 吨/（月·千米^2）
	秸秆综合利用	加强秸秆焚烧管控	长期坚持	建立网格化监管制度，在秋收阶段开展秸秆焚烧专项巡查，强化监管力度
		加强秸秆综合利用	全年	依托秸秆综合利用企业，优化秸秆综合利用渠道，合理引导秸秆“五化”利用方式，提高秸秆综合利用率，2019 年达到 95%

类别	重点工作	主要任务	完成时限	工程措施
工业炉窑大气污染综合治理	制定方案	制定实施方案	2019年12月底前	制定718座工业炉窑大气污染综合治理实施方案，明确治理要求，细化任务分工，确定分年度重点项目
	淘汰一批	煤气发生炉淘汰	2019年12月底前	淘汰装备简易落后、无治理设施或治理设施工艺落后的工业炉窑和炉膛直径3米以下燃料类煤气发生炉，加强全市现有35座炉膛直径3米以上煤气发生炉监管力度
	清洁能源代替一批	工业炉窑清洁能源替代（清洁能源包括天然气、电、集中供热等）	2019年12月底前	对5座燃煤工业炉窑实施分类整治，明确时间节点和改造任务，推进工业炉窑结构升级和污染减排
	治理一批	工业炉窑废气深度治理	2019年12月底前	开展718座工业炉窑专业整治，加快清洁能源替代
	监管执法	工业炉窑专项执法	2019年12月底前	对全市工业炉窑企业开展专项执法检查
VOC_S 治理	重点工业行业VOCs综合治理	源头替代	2019年12月底前	全市涉VOCs排放工业企业基本完成低挥发性原辅料替代、清洁工艺改造
		无组织排放控制	2019年12月底前	重点对含VOCs物料的储存、转移和输送、设备与管线组件泄漏、敞开液面逸散等排放源实施管控，重点利用场所密闭、工艺改进、废气有效收集等手段整治处理，鼓励使用先进生产工艺
		治污设施建设	2019年12月底前	对不能达到《工业企业挥发性有机物排放控制标准》（DB 13/2322—2016）标准要求的，责令其停止排放污染物，推进建设高效适宜的治污设施
		精细化管控	全年	强化重点工业企业运行管理，细化完善“一厂一策”监管制度，严格落实企业主体责任
	油品储运销综合治理	油气回收治理	2019年10月底前	对全市539座加油站、5家批发仓储企业油气回收装置运行情况开展专项检查
		自动监控设备安装	2019年12月底前	加强油气排放监管，完成销售汽油量大于5 000吨的加油站油气回收自动监控设备安装联网
	检测监控	自动监控设施安装	2019年12月底前	规范企业VOCs在线监测设备或超标报警装置的安装使用和数据联网，利用VOCs在线监测监管平台，实现对涉VOCs排放重点工业企业实时监控和动态管理

类别	重点工作	主要任务	完成时限	工程措施
重污染天气应对	修订完善应急预案及减排清单	完善重污染天气应急预案	2019年9月底前	按照国家、省应急减排比例要求，9月底前科学修订完善重污染天气应急预案
		完善应急减排清单，夯实应急减排措施	2019年9月底前	完成重点行业绩效分级，完成应急减排清单编制工作，落实“一厂一策”等各项应急减排措施
	应急运输响应	重污染天气移动源管控	2019年10月15日前	加强源头管控，9月底前对火电、钢铁、水泥、玻璃、建材企业及其他重点用车企业（单位）全部安装门禁视频并与生态环境部门联网
能力建设	完善环境监测监控网络	环境空气质量监测网络建设	2019年12月底前	对全市90个乡镇空气质量自动监测站实施升级改造，完成增加NO_2、PM_{10}、CO、O_3等监测因子工作，实现空气质量监测国标六参数全覆盖
		遥感监测系统平台三级联网	长期坚持	确保机动车遥感监测系统数据稳定传输
		定期排放检验机构三级联网	长期坚持	市级机动车检验机构监管平台实现检测视频监控，防作弊报警提示、数据统计分析、检测机构管理、车辆环保信息管理，实现三级联网，对超标排放车辆开展大数据分析，追溯相关责任方
		重型柴油车车载诊断系统远程监控系统建设	全年	推进重型柴油车车载诊断系统远程监控系统建设和终端安装
		重污染天气车辆管控平台	2019年10月底前	加强源头管控，日货车使用辆超过10辆的重点涉气企业制定重污染天气车辆管控措施，并安装门禁监控系统。推进建设重污染天气车辆管控平台
	排放源清单编制	编写大气污染源排放清单	2019年9月底前	动态更新2018年大气污染源排放清单编制
	颗粒物来源解析	开展$PM_{2.5}$来源解析	2019年9月底前	完成2018年城市大气污染颗粒物源解析

河北省衡水市2019—2020年秋冬季大气污染综合治理攻坚行动方案

类别	重点工作	主要任务	完成时限	工　程　措　施
产业结构调整	产业布局调整	重污染企业搬迁	2019年12月底前	完成1家（武邑县天大化工）重污染企业搬迁
	“散乱污”企业和集群综合整治	“散乱污”企业综合整治	全年	建立常态化信息沟通机制，整治“散乱污”企业。完善“散乱污”企业动态管理机制，实行网格化管理，压实基层责任，发现一起查处一起，确保“散乱污”企业动态清零
		企业集群综合整治	2019年12月底前	完成炭素、化工、包装印刷、家具、橡胶制品等特色企业集群综合整治，同步完成区域环境整治工作。针对衡水市橡胶、玻璃钢、工业涂装等特色行业制定产业整治方案，加强执法巡查力度，制定并出台《衡水市工业固定源挥发性有物治理技术指南》和《衡水市橡胶制品业（轮胎制造除外）环境整治技术指南》，指导企业提升治理
	工业源污染治理	实施排污许可	2019年12月底前	完成畜牧业、食品制造业、酒的制造行业、饮料制造行业、制鞋业、人造板制造、木质家具制造、基础化学原料制造、聚氯乙烯行业、肥料制造的磷肥行业、汽车制造、电池制造、计算机制造、金属废料和碎屑加工处理，污水处理及其再生利用，环境治理业排污许可证核发
能源结构调整	清洁取暖	清洁能源替代散煤	2019年10月底前	完成新增21万户清洁能源替代工程
		洁净煤替代散煤	2019年12月底前	暂不具备清洁能源替代条件地区推广洁净煤替代散煤，完善洁净煤托底政策
		煤质监管	全年	持续加强散煤生产流通领域管理，强化部门联动执法，全链条、无缝隙监管
		防止散煤复烧	全年	对已完成散煤替代和稳定气源保障供应的地区，取缔原有燃煤措施。结合农村“双代”工程进展，将农村“双代”完成区域划定为“高污染燃料禁燃区”，加大执法巡查力度
	煤炭消费总量控制	煤炭消费总量削减	全年	严控煤炭消费增量，确保完成煤炭削减3万吨
	锅炉综合整治	锅炉超低排放改造	2019年10月底前	完成9台35蒸吨/时以上燃煤锅炉超低排放改造
		燃气锅炉低氮改造	2019年10月底前	完成350台燃气锅炉低氮燃烧改造

类别	重点工作	主要任务	完成时限	工　程　措　施
运输结构调整	运输结构调整	老旧车淘汰	2019 年 12 月底前	大力推进国三及以下排放标准营运柴油货车提前淘汰更新，加快淘汰采用稀薄燃烧技术和“油改气”的老旧燃气车辆
	车船燃油品质改善	油品和尿素质量抽查	2019 年 12 月底前	强化油品质量监管，在全市 532 家加油站（点）抽检车用汽柴油 1 800 个批次，实现年度全覆盖。对高速公路、国道、省道沿线 260 家加油站开展尿素抽检 100 个批次。开展对大型工业企业自备油库油品质量专项检查，对发现的问题依法依规进行处置
		打击黑加油站点和终端油品整治	2019 年 10 月底前	制定《衡水市成品油市场专项清理整治工作方案》，10 月底前完成排查整治，年底前持续开展“回头看”，巩固专项清理成果，加大打击取缔力度，发现一起，查处一起，取缔一起。2019 年 12 月底前，从柴油货车油箱和尿素箱抽取检测柴油样品和车用尿素样品各 100 个以上
	用车环境管理	在用车执法监管	2019 年 12 月底前	秋冬季期间监督抽测柴油车数量不低于当地柴油车保有量的 80%，其中集中停放地和重点企业抽检柴油货车不少于 2 万辆次
			2019 年 12 月底前	开展排放检验机构检查，实现对 25 家排放检验机构监管全覆盖
			2019 年 10 月底前	除桃城区、滨湖新区和高新区外，其他县市区建成不少于 2 台（套）固定式遥感监测网络，实现对过往车辆实时监测。依托交通、公安的治超点、执法点等，在国、省道的市界口、重要运输通道，加大过境重型柴油车现场抽测力度，通过遥感监测等技术手段开展路检路查
			2019 年 10 月底前	构建超标柴油车黑名单，将遥感监测（含黑烟抓拍）、停放地抽检及联合路检发现的超标车辆纳入黑名单，动态管理，并与公安、交通部门实现信息共享。推广使用“驾驶排放不合格的机动车上道路行驶的”交通违法处罚代码 6063，由生态环境部门取证，公安交管部门对路检路查和黑烟抓拍发现的上路行驶超标车辆进行处罚，并由交通部门负责强制维修
	非道路移动机械环境管理	备案登记	2019 年 12 月底前	完成非道路移动机械摸底调查和编码登记
		排放检验	2019 年 12 月底前	以施工工地和物流园区、高排放控制区等为重点，开展非道路移动机械抽测 1 000 辆次以上，做到重点场所全覆盖
用地结构调整	扬尘综合治理	建筑扬尘治理	长期坚持	严格落实施工工地“六个百分之百”和“两个全覆盖”要求。加严建筑扬尘治理标准，对工地出入口两侧各 100 米范围内路面实行“三包”（包洁净、包秩序、包美化）
		施工扬尘管理清单	长期坚持	定期动态更新施工工地管理清单
		施工扬尘监管	长期坚持	建筑工地全部安装在线监测和视频监控。成立扬尘专班，建立协调联动、信息共享、督察检查、违法处罚等机制，实行扬尘监督执法闭环管理，提高精细化扬尘污染防治管理水平。制定《衡水市建设施工扬尘“六个百分百”管理标准细化措施》

类别	重点工作	主要任务	完成时限	工程措施
用地结构调整	扬尘综合治理	道路扬尘综合整治	长期坚持	市区道路机械化清扫率达到83%以上，县城达到80%以上。提高城市道路机械化清扫频次。继续扩大城乡保洁范围。秋冬季期间延长作业时间，夜间和早晚温度低于零度时吸尘车作业，全覆盖清扫收集路面撒落的尘土落叶等撒落物。中午气温高于零度时洗扫车作业，全覆盖清洗粘附在路面的泥沙和冲洗护栏下、路牙下的积土。温度高于3摄氏度时抑尘车作业，低空喷雾降尘。9月底前完成对市区人民路东延段、大庆路东延段、中心街、人民路、中华街、育才街六条主干路便道进行新建和提升改造
		渣土运输车监管	全年	市区全部使用国五及以上排放标准渣土车，对在用的271辆国五排放渣土运输车辆规范化管理，做到全密闭运输，严厉打击无资质、标识不全、故意遮挡或污损车牌等渣土车违法行为
		露天堆场扬尘整治	全年	全面清理城乡接合部以及城中村拆迁的渣土和建筑垃圾，不能及时清理的必须采取苫盖等抑尘措施
		强化降尘量控制	全年	全市降尘量控制在9吨/（月·千米^2）
	秸秆综合利用	加强秸秆焚烧管控	长期坚持	利用视频监控和红外报警系统，及时发现、交办、处置火情，实现对辖区内秸秆禁烧全方位、全覆盖、无缝隙监管。对《衡水市秸秆禁烧视频监控和红外报警系统网格化环境监管试点工作实施方案》进行修订，建立奖惩机制
		加强秸秆综合利用	全年	秸秆综合利用率达到96%
工业炉窑大气污染综合治理	制定方案	制定实施方案	2019年12月底前	推进工业炉窑全面达标排放，完成15台工业炉窑提标改造
VOCs治理	重点工业行业VOCs综合治理	开展VOCs深度治理	2019年12月底前	对8家印刷企业、5家橡塑企业、5家工业涂装企业、2家化工企业开展VOCs深度治理
		治污设施建设	2019年10月底前	对200家橡胶、玻璃钢、工业涂装、印刷行业重点企业安装VOCs自动在线监测设施或超标报警装置
		泄漏检测与修复	2019年10月底前	开展18家石化、化工、医药行业泄漏检测与修复

类别	重点工作	主要任务	完成时限	工 程 措 施
VOCs治理	油品储运销综合治理	油气回收治理	2019年10月底前	对油气回收治理设施情况进行专项检查，确保稳定运行
		自动监控设备安装	2019年12月底前	完成20家加油站油气回收自动监控设备并联网
重污染天气应对	修订完善应急预案及减排清单	完善重污染天气应急预案	2019年10月底前	修订完善重污染天气应急预案
		完善应急减排清单，夯实应急减排措施	2019年10月底前	完成重点行业绩效分级，完成应急减排清单编制工作，落实“一厂一策”等各项应急减排措施
	应急运输响应	重污染天气移动源管控	2019年10月15日前	加强源头管控，火电、钢铁、水泥、玻璃、建材等行业日货车使用辆10辆以上的重要企业及其他重点用车单位，全部安装门禁系统。加快推进重污染天气移动源管控平台建设
能力建设	完善环境监测监控网络	环境空气质量监测网络建设	2019年12月底前	增设NO_2、PM_{10}、CO、O_3等监测因子，实现市、县、乡三级空气质量监测国标六参数全覆盖
		遥感监测系统平台三级联网	长期坚持	机动车遥感监测系统稳定传输数据
		定期排放检验机构三级联网	长期坚持	市级机动车检验机构监管平台实现检测视频监控、防作弊报警提示、数据统计分析、检测机构管理、车辆环保信息管理，实现三级联网。对超标排放车辆开展大数据分析，追溯相关方责任
	源排放清单编制	编制大气污染源排放清单	2019年10月底前	完成2018年大气污染源排放清单编制

河北省雄安新区2019—2020年秋冬季大气污染综合治理攻坚行动方案

类别	重点工作	主要任务	完成时限	工　程　措　施
产业结构调整	“散乱污”企业和集群综合整治	“散乱污”企业分阶段治理	全年	组织三县开展分行业“散乱污”企业深度整治工作，摸排三县工业企业底数，分行业开展深度治理，严格标准、统一规范、依法淘汰、综合整治
		企业集群综合整治	2019年12月底前	完成雄县废塑料加工、包装印刷，容城县拉链及安新县制鞋等企业集群综合整治，同步完成区域环境整治工作
	工业源污染治理	实施排污许可	2019年12月底前	按照《固定污染源排污许可分类管理名录（2017年版）》中规定的2019年需完成木质家具制造、食品制造业、污水处理及其再生利用等19个行业和通用工序3个行业的国家版排污许可证申请与核发
能源结构调整	清洁取暖	清洁能源替代散煤	2019年10月15日前	完成清洁取暖改造18.8万户，其中，其中“气代煤”18.4万户、“电代煤”约0.4万户
		煤质监管	全年	加强部门联动，严厉打击散煤流通、销售和使用，严格禁止复烧
		清洁取暖补贴	2020年3月底前	按照财政补助政策，足额安排落实资金
	锅炉综合整治	锅炉管理台账	2019年10月底前	进一步完善燃气、生物质、燃油等锅炉管理台账
		燃气锅炉低氮改造	2019年10月底前	完成燃气锅炉低氮改造提升并验收，共320台701蒸吨。（雄县147台、容城120台、安新53台）
		生物质锅炉改造提升	2019年10月底前	完成生物质锅炉超低排放改造并验收，共73台109蒸吨。（雄县1台、容城5台、安新67台）
		燃油锅炉改造提升	2019年10月底前	完成燃油锅炉改造提升并验收，共117台102蒸吨。（雄县1台、容城25台、安新91台）
运输结构调整	低排放控制区建设	完善管理体系	2019年12月底前	按照《关于划定雄安新区移动源污染物低排放控制区的通告》要求，出台重型柴油车污染防治管理办法等体系文件，做好重型柴油车管控措施
	运输结构调整	发展新能源车	全年	按照新区移动源污染物低排放控制区要求，推动运营的公共汽车、环卫、通勤、轻型物流配送等车辆按照时间节点实现新能源化。新增公交、环卫、邮政、出租、通勤、轻型城市物流车辆中新能源车比例达到80%以上
		燃油船舶升级改造	2019年10月底前	完成22艘（雄县2艘、安新20艘）燃油船舶燃气化改造；统一退出封存961艘（雄县610艘、安新351艘）燃油船舶
		开展新能源船舶试点	2019年12月底前	启动试点先行，创新合作模式，积极引入专业船舶设计制造、运营等企业主体，以白洋淀现有游船码头和航道为基础，开展新能源船舶试点

类别	重点工作	主要任务	完成时限	工 程 措 施
运输结构调整	车船燃油品质改善	油品和尿素质量抽查	2019 年 12 月底前	强化油品质量监管，禁止生产、销售和使用不符合国家规定的车用油品和车用尿素，禁止出售调和油组分和勾兑调和油，严禁运输企业储存使用非标油。抽检加油站（点）车用汽柴油共计 355 个批次，实现年度全覆盖（雄县 207 个批次、容城 48 个批次、安新 100 个批次）。对高速公路、国道、省道沿线加油站销售车用尿素的质量抽检与加油站油品抽检同步进行。开展对大型工业企业自备油库油品质量专项检查，对发现的问题依法依规进行处置
		打击黑加油站点	2019 年 10 月底前	深入开展成品油市场专项整治工作，10 月底前开展新一轮成品油黑窝点、流动加油车整治，加大对企业自备油库检查整治力度。持续打击非法加油行为，防止死灰复燃。从柴油货车油箱和尿素箱抽取检测柴油样品和车用尿素样品各 100 个以上（雄县）
	在用车环境管理	在用车执法监管	2019 年 12 月底前	按照《关于划定雄安新区移动源污染物低排放控制区的通告》要求，推动建设工程使用（含新区范围外的物料运输）不低于国五排放标准的重型柴油车
			2019 年 12 月底前	抽测柴油车尾气排放，雄县抽测比例不低于保有量 80%，容城抽测比例不低于保有量 70%，其中集中停放地和重点企业抽测柴油车数量 500 辆次以上
			2019 年 10 月底前	部署多部门全天候综合检测站 4 个（雄县），覆盖主要物流通道和城市入口，并投入运行
			2019 年 12 月底前	5 家尾气检验机构检查全覆盖。雄县检查 2 家，不少于 20 次；容城检查 2 家，不少于 20 次；安新检查 1 家
			2019 年 10 月底前	构建超标柴油车黑名单，将遥感监测（含黑烟抓拍）、停放地抽检及联合路检发现的超标车辆纳入黑名单，动态管理，并与公安、交通部门实现信息共享。推广使用“驾驶排放不合格的机动车上道路行驶的”交通违法处罚代码 6063，由生态环境部门取证，公安交管部门对路检路查和黑烟抓拍发现的上路行驶超标车辆进行处罚，并由交通部门负责强制维修
	非道路移动机械环境管理	排放检验	2019 年 12 月底前	秋冬季期间以施工工地和机场、物流园区、高排放控制区等为重点，检查 500 辆以上，做到重点场所全覆盖
		编码登记	2019 年 12 月底前	完成非道路移动机械摸底调查和编码登记
用地结构调整	扬尘综治理	建筑扬尘治理	长期坚持	按照《雄安新区建设工程施工现场扬尘污染防治暂行办法》和《雄安新区绿色建造导则》，严格落实施工工地“六个百分之百”和“两个全覆盖”要求
		施工扬尘管理清单	长期坚持	定期动态更新施工工地管理清单
		施工扬尘监管	长期坚持	建筑施工占地面积小于等于 5 000 米 ^{2} 时，PM_{10} 监测点位数量大于等于 1；占地面积大于 5 000 米 ^{2} 小于等于 1 万米 ^{2} 时，监测点位数量大于等于 2；占地面积大于 1 万米 ^{2} 小于等于 10 万米 ^{2} 时，监测点位数量大于等于 4；占地面积大于 10 万米 ^{2} 时，在最少设置 4 个监测点基础上，每增加 10 万米 ^{2} 最少增设一个监测点不足 10 万米 ^{2} 的部分按 10 万米 ^{2} 计

类别	重点工作	主要任务	完成时限	工　程　措　施
用地结构调整	扬尘综治理	道路扬尘综合整治	长期坚持	道路机械化清扫率达到 85%以上
		渣土运输车监管	全年	严厉打击无资质、标识不全、故意遮挡或污损车牌等渣土车违法行为。严格渣土运输车辆规范化管理，渣土运输车做到全密闭
		露天堆场扬尘整治	全年	全面清理拆迁的渣土和建筑垃圾，不能及时清理的必须采取苫盖等抑尘措施
		强化降尘量控制	全年	降尘量控制在 12 吨/（月・千米^2）以下
	秸秆综合利用	加强秸秆焚烧管控	长期坚持	建立网格化监管制度，在秋收阶段开展秸秆禁烧专项巡查，实施通报排名
		加强秸秆综合利用	全年	秸秆综合利用率达到 95%以上
重污染天气应对	修订完善应急预案及减排清单	完善重污染天气应急预案	2019 年 9 月底前	修订完善重污染天气应急预案
		完善应急减排清单，夯实应急减排措施	2019 年 9 月底前	完成重点行业绩效分级，完成应急减排清单编制工作，落实“一厂一策”等各项应急减排措施
	应急运输响应	重污染天气移动源管控	2019 年 10 月 15 日前	加强源头管控，根据实际情况，制定日货车使用量 10 辆以上企业的重污染天气车辆管控措施，并安装门禁监控系统。加快推进重污染天气移动源管控平台建设
能力建设	完善环境监测监控网络	环境空气 VOCs 监测	2019 年 9 月底前	依托乡镇空气站，增设环境空气 VOCs 监测站点 30 个
		遥感监测系统平台三级联网	长期坚持	初步建成遥感监测系统。雄县机动车遥感监测系统稳定传输数据；安新县建设完成机动车遥感监测系统，稳定传输数据，完成机动车尾气抽测检测 10 000 辆次
		定期排放检验机构三级联网	长期坚持	机动车检验机构监管平台实现检测视频监控、防作弊报警提示、数据统计分析、检测机构管理、车辆环保信息管理，实现三级联网。对超标排放车辆开展大数据分析，追溯相关方责任
		重型柴油车远程监控系统建设	2019 年 12 月底前	按照移动源污染物低排放控制区通告，出台重型柴油车污染防治管理制度，推进重型柴油车远程监控系统建设
		道路空气质量检测	2019 年 12 月底前	在主要物流通道建设道路空气质量检测站 2 个（雄县）
	源排放清单编制	编制大气污染源排放清单	2020 年 3 月底前	完成/动态更新 2018 年大气污染源排放清单编制
	颗粒物来源解析	开展 $PM_{2.5}$ 来源解析	2020 年 3 月底前	启动开展 2019 年大气污染颗粒物源解析工作

河北省定州市2019—2020年秋冬季大气污染综合治理攻坚行动方案

类别	重点工作	主要任务	完成时限	工　程　措　施
产业结构调整	“散乱污”企业和集群综合整治	“散乱污”企业综合整治	2019年10月底前	完善“散乱污”企业动态管理机制，实行网格化管理，压实基层责任，发现一起查处一起
	工业源污染治理	实施排污许可	2019年12月底前	完成畜牧业、食品制造业等19个重点行业和通用工序3个行业等排污许可证核发
		无组织排放治理	2019年12月底前	完成河北旭阳焦化有限公司煤场封闭
		工业园区综合整治	2019年12月底前	对北方循环经济示范园区塑料行业进行提升改造，制定综合治理方案，完成北方园区塑料行业集中整治，同步推进区域环境综合整治和企业升级改造
		铸造行业整治	2019年12月底前	结合塑料行业整治标准，制定铸造行业整治方案，实施铸造行业升级改造
能源结构调整	清洁取暖	清洁能源替代散煤	2019年10月底前	完成集中供热0.32万户，共替代散煤0.64万吨
		洁净煤替代散煤	2019年10月底前	暂不具备清洁能源替代条件地区推广洁净煤替代散煤，替代9.942万户
		煤质监管	全年	加强部门联动，严厉打击劣质煤流通、销售和使用，煤质抽检覆盖率不低于90%，对抽检发现经营不合格散煤行为的，依法查处
	煤炭消费总量控制	煤炭消费总量削减	全年	全市煤炭消费总量较2018年削减3万吨
	锅炉综合整治	燃气锅炉低氮改造	2019年10月底前	完成燃气锅炉低氮改造48台118蒸吨
		生物质锅炉	2019年10月底前	完成生物质锅炉高效除尘改造3台10蒸吨
运输结构调整	运输结构调整	发展新能源车	2019年12月底前	推广新能源车1 200辆
		老旧车淘汰	2019年12月底前	大力推进国三及以下排放标准营运柴油货车提前淘汰更新，加快淘汰采用稀薄燃烧技术和“油改气”的老旧燃气车辆
	车船燃油品质改善	油品质量抽查	2019年12月底前	强化油品质量监管，按照年度抽检计划，2019年抽检车用汽柴油共计160个批次，实现全市加油站（点）年度全覆盖。从高速公路、国道、省道沿线加油站抽检尿素30次以上。开展对大型工业企业自备油库油品质量专项检查，对发现的问题依法依规进行处置
		打击黑加油站点，对使用终端油品和尿素质量抽查	2019年10月底前	深入开展成品油市场专项整治工作，10月底前开展新一轮成品油黑窝点、流动加油车整治，加大对企业自备油库检查整治力度。专项整治期间，从柴油货车油箱和尿素箱抽取检测柴油样品和车用尿素样品各20个以上。持续打击非法加油行为，防止死灰复燃

类别	重点工作	主要任务	完成时限	工　程　措　施
运输结构调整	在用车环境管理	在用车执法监管	秋冬季	秋冬季期间监督抽测柴油车数量不低于当地柴油车保有量的 80%，其中集中停放地和重点企业抽检柴油货车 900 辆以上
			2019 年 10 月底前	部署多部门全天候综合检测站 1 个
			2019 年 12 月底前	实现排放检验机构监管全覆盖
			2019 年 10 月底前	构建超标柴油车黑名单，将遥感监测（含黑烟抓拍）、停放地抽检及联合路检发现的超标车辆纳入黑名单，动态管理，并与公安、交通部门实现信息共享。推广使用“驾驶排放不合格的机动车上道路行驶的”交通违法处罚代码 6063，由生态环境部门取证，公安交管部门对路检路查和黑烟抓拍发现的上路行驶超标车辆进行处罚，并由交通部门负责强制维修
	非道路移动机械环境管理	备案登记	2019 年 12 月底前	完成非道路移动机械摸底调查和编码登记
		排放检验	2019 年 12 月底前	以施工工地和物流园区、高排放控制区等为重点，开展非道路移动机械检测 600 辆以上，做到重点场所全覆盖
用地结构调整	扬尘综合治理	建筑扬尘治理	长期坚持	严格落实施工工地“六个百分之百”要求
		施工扬尘管理清单	长期坚持	定期动态更新施工工地管理清单
		施工扬尘监管	长期坚持	严格按照建筑工地扬尘在线管控的要求，全市所有建筑工地全部安装视频监控和在线监测设备，并与主管部门联网
		道路扬尘综合整治	长期坚持	加大机械化清扫频次，城市道路机械化清扫率达到 85%
		渣土运输车监管	全年	严厉打击无资质、标识不全、故意遮挡或污损车牌等渣土车违法行为。严格渣土运输车辆规范化管理，渣土运输车做到全密闭
		露天堆场扬尘整治	全年	全面清理城乡接合部以及城中村拆迁的渣土和建筑垃圾，不能及时清理的必须采取苫盖等抑尘措施
		强化降尘量控制	全年	全市降尘量控制在 9 吨/（月·千米^2）
	秸秆综合利用	加强秸秆焚烧管控	长期坚持	建立网格化监管制度，在秋收阶段开展秸秆禁烧专项巡查
		加强秸秆综合利用	全年	秸秆综合利用率达到 96.7%
工业炉窑大气污染综合治理	监控监管	监测监控	2019 年 9 月底前	建材行业安装自动监控系统共 6 家
		工业炉窑专项执法	2019 年 12 月底前	开展工业炉窑专项执法检查

类别	重点工作	主要任务	完成时限	工程措施
VOCs治理	重点工业行业VOCs综合治理	源头替代	2019年10月底前	2家工业涂装完成低VOCs含量涂料替代
		治污设施建设	2019年10月底前	加大对塑料、防水等涉VOCs企业的监管，达不到标准的全部实施整改
		精细化管控	全年	1家煤化工企业、1家化工企业、2家工业涂装企业等推行“一厂一策”制度，加强企业运行管理
	监测监控	自动监控设施安装	2019年10月底前	完成36家涉VOCs企业安装VOCs自动监控设施
重污染天气应对	修订完善应急预案及减排清单	完善重污染天气应急预案	2019年9月底前	修订完善重污染天气应急预案
		完善应急减排清单，夯实应急减排措施	2019年9月底前	完成重点行业绩效分级，完成应急减排清单编制工作，落实“一厂一策”等各项应急减排措施
	应急运输响应	重污染天气移动源管控	2019年10月15日前	推进建设重污染天气车辆管控平台。加强源头管控，根据实际情况，制定日货车使用量10辆以上企业的重污染天气车辆管控措施，并安装门禁监控系统
能力建设	完善环境监测监控网络	环境空气质量监测网络建设	2019年12月底前	对25个乡镇空气质量监测站进行升级，增加监测因子
		环境空气VOCs监测	2019年10月底前	建成环境空气VOCs监测站点5个（微型站）
		遥感监测系统平台三级联网	长期坚持	加强日常运行维护，机动车遥感监测系统稳定传输数据
		定期检查排放检验机构三级联网	长期坚持	市级机动车检验机构监管平台实现检测视频监控、防作弊报警提示、数据统计分析、检测机构管理、车辆环保信息管理，实现三级联网。对超标排放车辆开展大数据分析，追溯相关方责任
		重型柴油车车载诊断系统远程监控系统建设	全年	推进重型柴油车车载诊断系统远程监控系统建设和终端安装
		道路空气质量检测	2019年12月底前	在主要物流通道建设道路空气质量检测站4个（微型站）
	源排放清单编制	编制大气污染源排放清单	2019年12月底前	完成/动态更新2018年大气污染源排放清单编制
	颗粒物来源解析	开展$PM_{2.5}$来源解析	2019年12月底前	开展大气污染源解析工作

河北省辛集市2019—2020年秋冬季大气污染综合治理攻坚行动方案

类别	重点工作	主要任务	完成时限	工程措施
产业结构调整	产业布局调整	化工行业整治	2019年11月底前	全市依法关停园区外6家涉氯企业；对高新区36家化工企业加强管理；对拟入驻项目严格把关，确保园区大气环境逐步好转
	“散乱污”企业和集群综合整治	“散乱污”企业综合整治	全年	完善“散乱污”企业动态管理机制，实行网格化管理，压实基层责任，发现一起查处一起
	工业源污染治理	实施排污许可	2019年12月底前	到2019年底前，完成畜牧业、食品制造业、酒的制造行业、饮料制造行业、制鞋业、人造板制造、木制家具制造、基础化学原料制造、聚氯乙烯行业、肥料制造的磷肥行业、汽车制造、电池制造、计算机制造、金属肥料和碎屑加工处理、电力生产、污水处理及其再生利用、环境质量业等19个重点行业和热力生产和供应，电镀设施，生活污水集中处理、工业废水集中处理三个通用工序行业的国家版排污许可证申请与核发工作
		钢铁超低排放	2019年12月底前	完成澳森钢铁公司无组织和有组织超低排放改造
		无组织排放治理	2019年12月底前	澳森钢铁公司完成物料（含废渣）运输、装卸、储存、转移、输送以及生产工艺过程等无组织排放的深度治理
		工业园区综合整治	2019年12月底前	通过对涉气企业安装分表记电智能监控，加强工业园区日常监管；逐步推行RTO治理技术对重点涉VOCs企业进行深度治理
		工业园区能源替代利用与资源共享	2019年12月底前	完成园区内明石供热供应（开发区东片）、锐欣热力供应（开发区西片）、煜泰热力和冀清能源（在建）4家集中供热，其他企业全部采用天然气清洁能源
能源结构调整	清洁取暖	清洁能源替代散煤	2019年10月底前	完成气代煤13 879户、电代煤21 833户，对完成气代煤、电代煤的区域加大检查力度，防止散煤复烧
		洁净煤替代散煤	2020年3月15日前	完成5.3万户洁净煤替代散煤
		煤质监管	全年	加强部门联动，严厉打击劣质煤流通、销售和使用。加强新型洁净煤抽检工作力度。煤质抽检覆盖率不低于90%，对抽检发现经营不合格散煤行为的，依法处罚

类别	重点工作	主要任务	完成时限	工　程　措　施
能源结构调整	高污染燃料禁燃区	调整扩大禁燃区范围	2019 年 11 月底前	禁燃区南侧由建设街扩至农贸街，依法对违规使用高污染燃料的单位进行处罚
	煤炭消费总量控制	煤炭消费总量削减	全年	全市煤炭消费总量较 2018 年削减 3 万吨
	锅炉综合整治	淘汰燃煤锅炉	2019 年 9 月底前	淘汰燃煤锅炉 4 台 66 蒸吨，全市范围内全部淘汰 35 蒸吨以下燃煤锅炉
		锅炉超低排放改造	2019 年 10 月底前	全市 35 蒸吨以上燃煤锅炉全部完成超低排放改造
		燃气锅炉低氮改造	2019 年 10 月底前	完成燃气锅炉低氮改造 71 台 229 蒸吨
运输结构调整	运输结构调整	加快铁路专用线建设	2019 年 12 月底前	完成澳森钢铁有限公司货场铁路专用线提升改造建设，年底前完成 130 万吨货运量
		发展新能源车	全年	新增公交、邮政、出租、轻型城市物流车辆中新能源车比例达到 80%
		老旧车淘汰	全年	大力推进国三及以下排放标准营运柴油货车提前淘汰更新，加快淘汰采用稀薄燃烧技术和“油改气”的老旧燃气车辆
	车船燃油品质改善	油品质量及尿素质量抽查	2019 年 12 月底前	强化油品质量监管，按照年度抽检计划，在全市加油站（点）抽检用汽柴油共计 120 个批次，实现加油站（点）年度全覆盖。从高速公路、国道、省道沿线加油站抽检尿素 100 次以上。开展对大型工业企业自备油库油品质量专项检查，对发现的问题依法依规进行处置
		打击黑加油站点	全年	开展打击黑加油站点专项行动
			2019 年 12 月底前	从柴油货车油箱和尿素箱抽取检测柴油样品和车用尿素样品各 100 个以上
	在用车环境管理	在用车执法监管	长期坚持	秋冬季期间监督抽测柴油车数量不低于当地柴油车保有量的 80%。加大对车辆集中停放地和重点单位入户检查力度，实现重点用车大户全覆盖
			2019 年 10 月底前	部署多部门全天候综合检测站 1 个，覆盖主要物流通道和城市入口，并投入运行
			2019 年 12 月底前	检查排放检验机构 12 个次，实现排放检验机构监管全覆盖
			2019 年 10 月底前	构建超标柴油车黑名单，将遥感监测（含黑烟抓拍）、路检执法发现的超标车辆纳入黑名单，实现与公安交管、交通等部门信息共享并动态管理。推广使用“驾驶排放不合格的机动车上道路行驶的”交通违法处罚代码 6063，由生态环境部门取证，公安交管部门对路检路查和黑烟抓拍发现的上路行驶超标车辆进行处罚，并由交通部门负责强制维修

类别	重点工作	主要任务	完成时限	工　程　措　施
运输结构调整	非道路移动机械环境管理	高排放控制区	2019 年 12 月底前	划定并公布禁止使用高排放非道路移动机械的区域
		备案登记	2019 年 12 月底前	完成非道路移动机械摸底调查和编码登记
		排放检验	2019 年 12 月底前	以施工工地、物流园区，高排放控制区等为重点，开展非道路移动机械检测，检查 100 辆以上，做到重点场所全覆盖
用地结构	扬尘综合治理	建筑扬尘治理	长期坚持	城市规划用地范围内严格落实施工工地“六个百分之百”要求
		施工扬尘管理清单	长期坚持	定期动态更新施工工地管理清单。住建部门每两个月向市大气办报送受监施工工地管理清单
		施工扬尘监管	长期坚持	城市规划用地范围内 5 000 米^{2}以上建筑工地全部安装在线监测和视频监控，并与当地行业主管部门联网
		道路扬尘综合整治	长期坚持	城市道路机械化清扫率达到 90%，加大城区周边、国道、省道机械化清扫力度，采取冲洗、洒水等有效措施，基本做到路面无浮土。增加雨后市区街道（尤其非机动车道）冲洗频次，防止雨后淤泥造成道路扬尘污染
		渣土运输车监管	全年	严厉打击无资质、标识不全、故意遮挡或污损车牌等渣土车违法行为。严格渣土运输车辆规范化管理，渣土运输车做到全密闭
		露天堆场扬尘整治	全年	全面清理城乡接合部以及城中村拆迁的渣土和建筑垃圾，不能及时清理的必须采取苫盖等抑尘措施
		强化降尘量控制	全年	全市降尘量控制在 9 吨/（月・千米^2）
	秸秆综合利用	加强秸秆焚烧管控	长期坚持	建立网格化监管制度，在秋收阶段及重污染天气预警期间开展秸秆禁烧专项巡查
		加强秸秆综合利用	全年	秸秆综合利用率达到 96%
工业炉窑大气污染综合治理	监控监管	监测监控	2019 年 10 月底前	砖瓦行业安装自动监控系统共 5 套并联网；铸造行业严格落实环评文件所要求的无组织排放污染防治技术要求
		工业炉窑专项执法	全年	开展专项执法检查
VOCs 治理	综合治理	精细化管控	全年	对 1 家石化企业（飞天石化）、1 家煤化工企业（昊华辛集）、36 家化工企业、10 家包装印刷企业及所有涉 VOCs 企业推行“一厂一策”制度，加强企业运行管理

类别	重点工作	主要任务	完成时限	工程措施
VOCs治理	综合治理	精细化管控	2019年10月底前	加强制革行业VOCs管控力度：对生皮库采取密闭除臭措施；对污水处理厂臭味产生工段采取密闭除臭措施；浆雾除尘设施必须保持正常运行，废气排放稳定达标
	油品储运销	油气回收治理	2019年10月底前	聘请有资质单位对全市73座加油站、储油库油气回收装置开展专项检查
		自动监控设备安装	2019年10月底前	完成中石化迎宾路站在线自动监控设备安装、联网
重污染天气应对	修订完善应急预案及减排清单	完善重污染天气应急预案	2019年9月底前	修订完善重污染天气应急预案
		完善应急减排清单，夯实应急减排措施	2019年9月底前	完成重点行业绩效分级，完成应急减排清单编制工作，落实“一厂一策”等各项应急减排措施
	应急运输响应	重污染天气移动源管控	2019年10月15日前	加强源头管控，根据实际情况，制定日货车使用量10辆以上企业、铁路货场、物流园区的重污染天气车辆管控措施，并安装门禁监控系统
		重污染天气车辆管控平台	2019年12月底前	推进建设重污染天气车辆管控平台
能力建设	完善环境监测监控网络	遥感监测系统平台三级联网	长期坚持	机动车遥感监测系统稳定传输数据
		定期排放检验机构三级联网	长期坚持	市级机动车检验机构监管平台实现检测视频监控、防作弊报警提示、数据统计分析、检测机构管理、车辆环保信息管理，实现三级联网。对超标排放车辆开展大数据分析，追溯相关方责任
		重型柴油车车载诊断系统远程监控系统建设	全年	推进重型柴油车车载诊断系统远程监控系统建设和终端安装
	源排放清单编制	编制大气污染源排放清单	2019年12月底前	完成大气污染源排放清单编制
	颗粒物来源	开展$PM_{2.5}$来源解析	2019年12月底前	完成2019年城市大气污染颗粒物源解析

山西省太原市 2019—2020 年秋冬季大气污染综合治理攻坚行动方案

类别	重点工作	主要任务	完成时限	工　程　措　施
产业结构调整	产业布局调整	建成区重污染企业搬迁	2019 年 12 月底前	实施山西恒台建业集团有限公司二分公司（产能 100 万方）搬迁改造、启动太原孔雀油墨有限公司（产能 8 000 吨）搬迁改造
	“两高”行业产能控制	压减煤炭产能	2019 年 12 月底前	化解煤炭产能 165 万吨
		压减焦炭产能	2019 年 12 月底前	淘汰 4 家企业，焦炭产能共 310 万吨，其中古交华润二厂产能 180 万吨，清徐迎宪焦化厂产能 50 万吨，娄烦万光焦化厂产能 40 万吨，娄烦利民焦化厂产能 40 万吨
	“散乱污”企业和集群综合整治	“散乱污”企业综合整治	2019 年 12 月底前	持续开展“散乱污”企业排查整治，实施“散乱污”企业动态清零，发现一起整治一起，分类实施关停取缔、搬迁和原地提升改造
		企业集群综合整治	2019 年 12 月底前	完成晋源区家具、木材加工、建材，古交市砂石厂等企业集群综合整治，同步完成区域环境整治工作
	工业源污染治理	实施排污许可	2019 年 12 月底前	按照国家的统一部署和要求，完成磷肥、汽车、电池、水处理、锅炉、畜禽养殖、乳制品制造、家具制造、人造板制造等行业排污许可证核发工作。9 月底前，基本完成磷肥、汽车、电池、水处理、锅炉行业排污许可证核发，畜禽养殖、乳制品制造、家具制造、人造板制造等其他行业排污许可证发证率不少于 40%；11 月底前发证率不少于 80%；12 月 20 日前基本完成排污许可证年度核发任务
			2019 年 12 月底前	组织开展排污许可证持证执行情况合规性检查，未按规定领取排污许可证的企业，按无证排污责令停产；不按照排污许可证要求排污的，依法处罚
		钢铁超低排放	2019 年 12 月底前	美锦钢铁达到无组织排放控制措施要求，2020 年完成有组织超低排放改造
			2019 年 12 月底前	山西太钢不锈钢股份有限公司（产能 1 000 万吨）全面完成超低排放改造
		洗煤厂整治	2019 年 12 月底前	9 月底前制定洗煤厂专项整治方案；年底前取缔一批，整合一批，提升一批
		无组织排放治理	2019 年 12 月底前	完成太钢二次料场封闭工程，西山煤气化一焦、二焦煤场封闭工程，尖草坪龙聚煤场封闭工程，官地矿洗矸库封闭工程，西曲矿矸石中转储煤场封闭工程，马兰矿选煤厂中煤场地封闭工程等 7 项无组织排放深度治理
能源结构调整	清洁取暖	清洁能源替代散煤	2019 年 10 月底前	完成散煤治理 3 万户，其中，气代煤 0.27 万户、电代煤 2.67 万户、集中供热替代 709 户，共替代散煤 12 万吨
		洁净煤替代散煤	2019 年 10 月底前	暂不具备清洁能源替代条件地区推广洁净煤替代散煤，替代 4 万户

类别	重点工作	主要任务	完成时限	工　程　措　施
能源结构调整	清洁取暖	煤质监管	全年	对民用散煤销售企业每月煤质抽检覆盖率达到10%以上，全年抽检覆盖率100%。对使用散煤的居民用户煤质进行抽检
			全年	加强部门联动，开展劣质煤专项清缴行动，严厉打击劣质煤流通、销售和使用。对抽检发现经营不合格散煤行为的，依法处罚
	高污染燃料禁燃区	调整扩大禁燃区范围	2019年10月底前	将已完成清洁取暖改造的区域及时划定为禁燃区，禁止散煤进入，防止散煤复燃。依法对违规使用高污染燃料的单位进行处罚
	煤炭消费总量控制	煤炭消费总量削减	全年	分阶段实施减煤工作
	锅炉综合整治	锅炉管理台账	2019年12月底前	对全市域35蒸吨以下燃煤锅炉开展“地毯式”排查。完善锅炉管理台账
		淘汰燃煤锅炉	2019年9月底前	淘汰燃煤锅炉7台68蒸吨。全市范围内全面淘汰35蒸吨以下燃煤锅炉
		锅炉超低排放改造	2019年9月底前	完成燃煤锅炉超低排放改造7台880蒸吨
		燃气锅炉低氮改造	2019年12月底前	力争完成2015以前安装使用的天然气锅炉低氮改造
运输结构调整	运输结构调整	提升铁路货运量	2019年12月底前	铁路货运量比2017年增加1 200万吨
		加快铁路专用线建设	2019年10月底前	开展大宗货物年货运量150万吨及以上的大型工矿企业和物流园区摸底调查，按照宜铁则铁的原则，研究推进大宗货物“公转铁”方案。全面启动阳煤集团太原化工新材料有限公司铁路专用线和太原煤气化龙泉能源发展有限公司铁路专用线建设，2020年12月完成
		调整物流布局	2020年3月底前	优化物流布局，制定物流调整规划，逐步搬迁建成区的物流企业
		发展新能源车	全年	新增公交、环卫、邮政、出租、通勤、轻型城市物流车辆中新能源车比例达到80%
			2019年12月底前	机场新增或更换采用新能源或清洁能源作业车辆13辆
		老旧车淘汰	全年	大力推进国三及以下排放标准营运柴油货车提前淘汰更新，加快淘汰采用稀薄燃烧技术和“油改气”的老旧燃气车辆
	车船燃油品质改善	油品和尿素质量抽查	2019年12月底前	强化油品质量监管，在全市245个加油站（点）抽检车用汽柴油共计600个批次，实现年度全覆盖。开展大型工业企业、重点公交场站、机场自备油库油品质量检查，做到季度全覆盖。从高速公路、国道、省道沿线加油站抽检尿素100次以上
		打击黑加油站点	2019年12月底前	2019年10月底前开展打击黑加油站点专项行动，严厉打击取缔黑加油站点，秋冬季攻坚期间对黑加油站点整治工作进行动态检查，防止死灰复燃。从柴油货车油箱和尿素箱抽取检测柴油样品和车用尿素样品各100个以上

类别	重点工作	主要任务	完成时限	工　程　措　施
运输结构调整	在用车环境管理	在用车执法监管	2020 年 3 月底前	监督抽测柴油车数量不低于当地柴油车保有量的 80%
			2019 年 10 月底前	部署多部门全天候综合检测站 12 个，覆盖主要物流通道和城市入口，并投入运行
			2019 年 12 月底前	检查排放检验机构 25 个次，实现排放检验机构监管全覆盖
			2019 年 12 月底前	加大对 58 家拥有 20 辆以上柴油货车用车大户的监督检查力度，实现全市用车大户监督抽测全覆盖
			2019 年 10 月底前	建立超标柴油车黑名单，将遥感监测（含黑烟抓拍）、路检执法发现的超标车辆纳入黑名单，实现与公安交管、交通等部门信息共享并动态管理。推广使用“驾驶排放不合格的机动车上道路行驶的”交通违法处罚代码 6063，由生态环境部门取证，公安交管部门对路检路查和黑烟抓拍发现的上路行驶超标车辆进行处罚，并由交通部门负责强制维修
	非道路移动机械环境管理	备案登记	2019 年 12 月底前	完成非道路移动机械摸底调查和编码登记
		排放检验	2019 年 12 月底前	以施工工地、机场、物流园区、高排放控制区等为重点，开展非道路移动机械检测 700 辆以上，做到重点场所全覆盖
		机场岸电	2019 年 12 月底前	机场岸电廊桥 APU 建设 18 个，做到全覆盖
用地结构调整	矿山综合整治	强化露天矿山综合治理	长期坚持	对污染治理不规范的露天矿山，依法责令停产整治，不达标不得恢复生产。对责任主体灭失露天矿山迹地进行综合治理
		矸石山综合治理	2019 年 12 月底前	西山煤电 4 座矸石山完成生态环境恢复治理
	扬尘综合治理	建筑扬尘治理	长期坚持	实施“阳光施工”，严格落实施工工地周边围挡、物料堆放覆盖、土方开挖湿法作业、路面硬化、出入车辆清洗、渣土车辆密闭运输“六个百分之百”要求
		施工扬尘管理清单	长期坚持	定期动态更新施工工地管理清单
		施工扬尘监管	长期坚持	5 000 米^2 及以上建筑工地在扬尘作业场所和工地车辆出入位置安装扬尘在线监测和视频监控（其中，视频监控应满足对工地作业现场和车辆进出情况监控要求），并与当地行业主管部门和生态环境部门联网
			长期坚持	加强扬尘在线监测数据的应用，现场在线监控 PM_{10} 小时均值达到 250 微克/米^3 时，施工单位应立即停止扬尘作业，拒不执行的，由住建部门依法予以查处，并将施工单位扬尘管理工作不到位的不良信息纳入建筑市场信用管理体系，列入建筑市场主体“黑名单”

类别	重点工作	主要任务	完成时限	工　程　措　施
用地结构调整	扬尘综合治理	道路扬尘综合整治	长期坚持	城市建成区道路机械化清扫率达到 88%，县城达到 65%
		渣土运输车监管	全年	实施“阳光运输”，严厉打击无资质、标识不全、故意遮挡或污损车牌等渣土车违法行为。严格渣土运输车辆规范化管理，渣土运输车做到全密闭
		露天堆场扬尘整治	全年	全面清理城乡接合部以及城中村拆迁的渣土和建筑垃圾，不能及时清理的必须采取苫盖等抑尘措施
		强化降尘量控制	全年	开展工地扬尘、裸露地面、城乡接合部道路、渣土消纳场、建筑垃圾渣土、全城大清洗、工业扬尘综合整治攻坚战；各县（区）降尘量控制在 9 吨/（月·千米^2）。制定考核办法，严格考核奖惩
	秸秆综合利用	加强秸秆焚烧管控	长期坚持	建立网格化监管制度，在秋收阶段开展秸秆禁烧专项巡查
		加强秸秆综合利用	全年	秸秆综合利用率达到 95%
工业炉窑大气污染综合治理	治理一批	工业炉窑废气深度治理	2019 年 12 月底前	完成金属铸造行业 3 台 3 万吨产能熔化炉废气深度治理；完成有色金属制造业 1 台 3 万吨产能熔炼炉废气深度治理；完成酱油、食醋及类似制品制造行业 1 台 0.5 万吨产能熏炉深度治理；完成耐火材料行业 1 台 3 万吨产能加热炉废气深度治理；完成建材行业 4 台 51.5 万吨产能煅烧炉废气深度治理
	监控监管	监测监控	2019 年 12 月底前	水泥行业安装自动监控系统 2 套，钢铁行业安装自动监控系统 10 套，有色金属行业（镁冶炼）安装自动监控系统 3 套
		工业炉窑专项执法	2019 年 12 月底前	开展专项执法检查
VOCs 治理	重点工业行业 VOCs 综合治理	源头替代	2019 年 12 月底前	2 家工业涂装企业完成低 VOCs 含量涂料替代;2 家包装印刷企业完成低 VOCs 含量油墨替代
		无组织排放控制	2019 年 12 月底前	1 家化工企业、3 家工业涂装企业、2 家包装印刷企业通过采取设备与场所密闭、工艺改进、废气有效收集等措施，完成 VOCs 无组织排放治理
		治污设施建设	2019 年 12 月底前	1 家化工企业、2 家工业涂装企业、2 家包装印刷企业建设适宜高效的治污设施
		精细化管控	全年	3 家煤化工企业、2 家工业涂装企业、2 家包装印刷企业推行“一厂一策”制度，加强企业运行管理
	油品储运销综合治理	油气回收治理	2019 年 10 月底前	对加油站、储油库油气回收设施运行情况开展专项检查
		自动监控设备安装	2019 年 12 月底前	24 个年销售汽油量大于 5 000 吨的加油站安装油气回收自动监控设备，推进与生态环境部门联网

类别	重点工作	主要任务	完成时限	工　程　措　施
VOCs 治理	工业园区和企业集群综合治理	统一管控	2020 年 3 月底前	阳煤新材料有限公司和山西太钢不锈钢股份有限公司建设监测预警监控体系，开展溯源分析
	监测监控	自动监控设施安装	2019 年 12 月底前	建设 VOCs 在线监控平台，完成 20 家企业 22 套 VOCs 在线监控设备建设
重污染天气应对	修订完善应急预案及减排清单	完善重污染天气应急预案	2019 年 9 月底前	修订完善重污染天气应急预案
		完善应急减排清单，夯实应急减排措施	2019 年 9 月底前	完成重点行业绩效分级，完成应急减排清单编制工作，落实“一厂一策”等各项应急减排措施
	应急运输响应	重污染天气移动源管控	2019 年 10 月 15 日前	加强源头管控，根据实际情况，制定日货车使用量 10 辆以上企业、港口、铁路货场、物流园区的重污染天气车辆管控措施，并安装门禁监控系统。建设完成重污染天气车辆管控平台
能力建设	完善环境监测监控网络	环境空气质量监测网络建设	2020 年 3 月底前	增设环境空气质量自动监测站点 5 个
		环境空气 VOCs 监测	2020 年 3 月底前	建成环境空气 VOCs 监测站点 1 个
		遥感监测系统平台三级联网	长期坚持	机动车遥感监测系统稳定传输数据
		定期排放检验机构三级联网	长期坚持	市级机动车检验机构监管平台实现检测视频监控、防作弊报警提示、数据统计分析、检测机构管理、车辆环保信息管理，实现三级联网。对超标排放车辆开展大数据分析，追溯相关方责任
		重型柴油车车载诊断系统远程监控系统建设	全年	推进重型柴油车车载诊断系统远程监控系统建设和终端安装
		机场空气质量检测	2019 年 12 月底前	推进机场空气质量监测站点建设
	源排放清单编制	编制大气污染源排放清单	2019 年 10 月底前	完成动态更新 2018 年大气污染源排放清单编制
	颗粒物来源解析	开展 $PM_{2.5}$ 来源解析	2019 年 9 月底前	完成 2018 年城市大气污染颗粒物源解析

山西省阳泉市2019—2020年秋冬季大气污染综合治理攻坚行动方案

类别	重点工作	主要任务	完成时限	工程措施
产业结构调整	产业布局调整	城市建成区及周边重污染企业搬迁改造	2019年12月底前	实施阳泉市水泵厂、阳泉市阀门有限责任公司2家企业重污染生产工序搬迁改造（停止生产）。启动阳煤集团天成煤炭集运站搬迁工程
	“两高”行业产能控制	压减煤炭产能	2019年12月底前	化解煤炭产能60万吨
	“散乱污”企业及集群综合整治	“散乱污”企业综合整治	2019年12月底前	完善“散乱污”企业动态管理机制，实行网格化管理，压实基层责任，发现一起查处一起
		企业集群综合整治	2019年12月底前	完成耐火材料企业集群综合整治，同步完成区域环境整治工作
	工业污治理	实施排污许可	2019年12月底前	按照国家的统一部署和要求，完成磷肥、汽车、电池、水处理、锅炉、畜禽养殖、乳制品制造、家具制造、人造板制造等行业排污许可证核发工作。9月底前，基本完成磷肥、汽车、电池、水处理、锅炉行业排污许可证核发，畜禽养殖、乳制品制造、家具制造、人造板制造等其他行业排污许可证发证率不少于40%；11月底前发证率不少于80%；12月20日前基本完成排污许可证年度核发任务
			2019年12月底前	组织开展排污许可证持证执行情况合规性检查，未按规定领取排污许可证的企业，按无证排污责令停产；不按照排污许可证要求排污的，依法处罚
		洗煤场整治	2019年12月底前	9月底前制定洗煤厂专项整治方案；年底前取缔一批，整合一批，提升一批
		无组织排放治理	2019年12月底前	强化建材、有色、火电、焦化、铸造、煤炭（含洗煤）重点行业物料（含废渣）运输、装卸、储存、转移和工艺过程等无组织排放实施深度治理，全年完成无组织排放改造53家、涉及64个生产环节及点位
能源结构调整	清洁取暖	清洁能源替代散煤	2019年10月底前	完成散煤治理65 356户，其中，气代煤4 013户、电代煤30 859户、集中供热替代4 500户、其他清洁能源替代25 984户，共替代散煤19.6万吨
		洁净煤替代散煤	2019年10月底前	暂不具备清洁能源替代条件地区推广洁净煤替代散煤，替代11 535户
		煤质监管	全年	对民用散煤销售企业每月煤质抽检覆盖率达到10%以上，全年抽检覆盖率100%。对使用散煤的居民用户煤质进行抽检
			全年	加强部门联动，严厉打击劣质煤流通、销售和使用。对抽检发现经营不合格散煤行为的，依法处罚
			2019年10月底前	开展劣质煤专项清缴行动

类别	重点工作	主要任务	完成时限	工 程 措 施
能源结构调整	高污染燃料禁燃区	调整扩大禁燃区范围	2019年9月底前	扩大禁煤区范围，原则上禁燃区与禁煤区范围一致，已落实清洁取暖改造且确保气源电源供应情况下划定为禁燃区。采取有效措施，加强高污染燃料禁燃区管理
	煤炭消费总量控制	煤炭消费总量削减	全年	力争实现全市煤炭消费总量较2018年实现负增长
		优化煤炭使用结构	全年	2019年非电用煤量较上年减少
	锅炉综合整治	锅炉管理台账	2019年9月底前	动态更新锅炉管理台账
		淘汰燃煤锅炉	2019年9月底前	淘汰燃煤锅炉44台共222.6蒸吨。全市范围内基本淘汰35蒸吨以下燃煤锅炉
		锅炉超低排放改造	2019年9月底前	完成燃煤锅炉超低排放改造12台共1 115蒸吨，阳泉热力公司热源厂两台90蒸吨锅炉停运
		燃气锅炉低氮改造	2019年9月底前	完成185台共771.34蒸吨燃气锅炉低氮改造
运输结构调整	运输结构调整	提升铁路货运量	2019年12月底前	铁路货运量较2017年增加100万吨
			2019年12月底前	开展大宗货物年货运量150万吨及以上的大型工矿企业和物流园区摸底调查，按照宜铁则铁的原则，研究推进大宗货物“公转铁”方案
		发展新能源车	全年	新增公交、环卫、邮政、出租车辆中新能源车比例达到100%
		老旧车淘汰	全年	大力推进国三及以下排放标准营运柴油货车提前淘汰更新，加快淘汰采用稀薄燃烧技术和“油改气”的老旧燃气车辆
	车船燃油品质改善	油品和尿素质量抽查	2019年12月底前	强化油品质量监管，对全市142个加油站（点）车用汽柴油进行抽检，实现年度全覆盖，共计抽测150个批次。对高速公路、国道、省道沿线40座加油站尿素抽检全覆盖。开展对大型工业企业自备油库油品质量专项检查，对发现的问题依法依规进行处置
		打击黑加油站点	2019年12月底前	根据《阳泉市2019年打击取缔黑加油站点专项行动实施方案》，开展打击黑加油站点专项行动，对黑加油站点查处取缔工作进行督导。从柴油货车油箱和尿素箱抽取检测柴油样品和车用尿素样品各100个以上
	在用车环境	在用车执法监管	2020年3月底前	秋冬季期间监督抽测柴油车数量不低于当地柴油车保有量的80%
			2019年10月底前	部署多部门全天候综合检测站5个，覆盖主要物流通道和城市入口，并投入运行
			2019年12月底前	检查排放检验机构36家次，对全市排放检验机构实现监管全覆盖
			全年	对柴油货车用车大户（20辆以上）、运输企业等进行机动车尾气入户监督抽测1 200辆次
			2019年10月底前	构建超标柴油车黑名单，将遥感监测（含黑烟抓拍）、路检执法发现的超标车辆纳入黑名单，实现与公安交管、交通等部门信息共享并动态管理。推广使用“驾驶排放不合格的机动车上道路行驶的”交通违法处罚代码6063，由生态环境部门取证，公安交管部门对路检路查和黑烟抓拍发现的上路行驶超标车辆进行处罚，并由交通部门负责强制维修

类别	重点工作	主要任务	完成时限	工　程　措　施
运输结构调整	非道路移动机械管理	备案登记	2019 年 12 月底前	完成非道路移动机械摸底调查和编码登记
		排放检验	2019 年 12 月底前	以施工工地、物流园区、高排放控制区等为重点，开展非道路移动机械检测 50 辆以上，做到重点场所全覆盖
用地结构调整	矿山综合整治	强化露天矿山综合治理	长期坚持	制定矿山开采和修复专项方案，对污染治理不规范的露天矿山，依法责令停产整治，不达标不得恢复生产。对责任主体灭失露天矿山迹地进行综合治理
		矸石山综合治理	2019 年 12 月底前	30 座矸石山完成生态环境恢复治理。对已经完成治理的矸石山进行植树复绿；在排矸石山要采取水平排矸、推平压实、分层碾压、黄土覆盖等措施，规范排矸作业要求，边排边治，杜绝矸山自燃
	扬尘综合治理	推进城市园林绿化	2019 年 12 月底前	新增城市绿化面积 20 万米^2
		推进城市及县城建成区裸地综合治理	2019 年 9 月底前	因地制宜，采用硬化、生态铺装或植树种草等方式，彻底消灭城市裸地
		推进国土绿化	2019 年 12 月底前	新增造林面积 490 亩
		推进私挖滥采坑点生态恢复	2019 年 12 月底前	完成 6 个生态恢复治理项目，共计 17 个私挖滥采坑点
		建筑扬尘治理	长期坚持	严格落实施工工地“六个百分之百”要求
		施工扬尘管理清单	长期坚持	定期动态更新施工工地管理清单
		施工扬尘监管	长期坚持	5 000 米^2 及以上建筑工地在扬尘作业场所和工地车辆出入位置安装扬尘在线监测和视频监控（其中，视频监控应满足对工地作业现场和车辆进出情况监控要求），并与当地行业主管部门和生态环境部门联网
			长期坚持	加强扬尘在线监测数据的应用，现场在线监控 PM_{10} 小时均值达到 250 微克/米^3 时，施工单位应立即停止扬尘作业，拒不执行的，由住建部门依法予以查处，并将施工单位扬尘管理工作不到位的不良信息纳入建筑市场信用管理体系，列入建筑市场主体“黑名单”
		道路扬尘综合整治	长期坚持	城市道路机械化清扫率达到 80%，县城达到 60%。对国道 207（阳泉段）、国道 307（阳泉段）、国道 307 复线、阳铝街、义白路、义平路、广阳路等重点路段，按照部门管理职责，加大路巡路查频次、加强洗扫保洁力度，保证路面无污物、路肩无浮土、路面路肩见本色，尘土日巡日清

类别	重点工作	主要任务	完成时限	工程措施
用地结构调整	扬尘综合治理	道路扬尘综合整治	长期坚持	对重点路段沿道路两侧的经营场所集中清理整顿，要做到“门前硬化，门外净化”
			长期坚持	继续开展支线道路的硬化，支线道路与国、省道交会前至少有 500 米以上硬化道路
		渣土运输车监管	全年	严厉打击无资质、标识不全、故意遮挡或污损车牌等渣土车违法行为。严格渣土运输车辆规范化管理，渣土运输车做到全密闭
		露天堆场扬尘整治	全年	全面清理城乡接合部以及城中村拆迁的渣土和建筑垃圾，不能及时清理的必须采取苫盖等抑尘措施
		强化降尘量控制	全年	各县（区）降尘量控制在 9 吨/（月·千米^2）
	秸秆综合利用	加强秸秆焚烧管控	长期坚持	建立网格化监管制度，在秋收阶段开展秸秆禁烧专项巡查
		加强秸秆综合利用	全年	秸秆综合利用率达到 85%
工业炉窑大气污染综合治理	建立清单	工业炉窑排查	全年	动态更新各类工业炉窑管理清单
	制定方案	制定实施方案	2019 年 9 月底前	制定工业炉窑大气污染综合治理实施方案，明确治理要求，细化任务分工，确定分年度重点项目
	淘汰一批	煤气发生炉淘汰	2019 年 9 月底前	全部淘汰炉膛直径 3 米以下燃料类煤气发生炉，加快淘汰一批化肥行业固定床间歇式煤气化炉。淘汰煤气发生炉 5 台
	清洁能源替代一批	工业炉窑清洁能源替代	2019 年 9 月底前	完成耐火行业炉（窑）5 台天然气替代
	治理一批	工业炉窑废气深度治理	2019 年 9 月底前	完成焦化行业炉（窑）废气深度治理 4 台。完成山西兆丰铝电有限责任公司电解铝分公司一分厂烟气脱硫设施建设，全面加大电解铝热残极无组织排放管控，稳定达到特别排放限值
		耐火行业整治	2019 年 9 月底前	制定耐火行业专项整治方案；耐火行业完成污染防治深化治理任务，包括完善工业炉窑脱硫、脱硝设施建设，提升炉窑及破碎、筛分除尘能力等。强化管控措施，完成在线监测设施、生产与环保设施运行监管系统安装，并与生态环境部门联网
	监控监管	监测监控	2019 年 12 月底前	砖瓦行业炉窑安装自动监控系统共 9 套
		工业炉窑专项执法	2019 年 12 月底前	开展专项执法检查
VOCs 治理	重点工业行业 VOCs 综合治理	源头替代	2019 年 12 月底前	1 家工业涂装企业完成低 VOCs 含量涂料替代；1 家包装印刷企业完成低 VOCs 含量油墨替代
		无组织排放控制	2019 年 12 月底前	对全市涉 VOCs 企业的 VOCs 无组织排放治理情况开展全面排查，发现一起，治理一起。对 82 家汽车修理企业通过采取设备与场所密闭、工艺改进、废气有效收集等措施，完成 VOCs 无组织排放治理

类别	重点工作	主要任务	完成时限	工程措施
VOCs治理	重点工业行业VOCs综合治理	治污设施建设	2019年12月底前	对2家焦化企业、1家煤化工企业、1家石油化工企业、4家橡胶制品企业、9家家具制造企业、24家机械设备制造企业涉喷涂工段等涉VOCs排放企业，加强监管，确保建设完善适宜高效的治污设施并稳定运行，其中煤化工、橡胶制品共5家企业安装VOCs自动监控设施5套
		精细化管控	全年	2家焦化企业、1家煤化工企业、4家橡胶企业等推行“一厂一策”制度，加强企业运行管理
	油品储运销综合治理	油气回收治理	2019年10月底前	对全市域加油站、储油库油气回收治理设施运行情况进行专项检查
		自动监控设备安装	2019年12月底前	对中国石化销售有限公司山西石油分公司小阳泉加油站和公园加油站两座年销售汽油量大于5 000吨的加油站安装油气回收自动监控设备，推进与生态环境部门联网
重污染天气应对	修订完善应急预案及减排清单	完善重污染天气应急预案	2019年9月底前	修订完善重污染天气应急预案
		完善应急减排清单，夯实应急减排措施	2019年9月底前	完成重点行业绩效分级，完成应急减排清单编制工作，落实“一厂一策”等各项应急减排措施
	应急运输响应	重污染天气移动源管控	2019年10月15日前	加强源头管控，根据实际情况，制定日货车使用量10辆以上企业、铁路货场、物流园区的重污染天气车辆管控措施，并安装门禁监控系统。建设重污染天气车辆管控平台
能力建设	完善环境监测监控网络	遥感监测系统平台三级联网	长期坚持	机动车遥感监测系统稳定传输数据
		定期排放检验机构三级联网	长期坚持	市级机动车检验机构监管平台实现检测视频监控、防作弊报警提示、数据统计分析、检测机构管理、车辆环保信息管理，实现三级联网。对超标排放车辆开展大数据分析，追溯相关方责任
		重型柴油车车载诊断系统远程监控系统建设	全年	推进重型柴油车车载诊断系统远程监控系统建设和终端安装
	源排放清单编制	编制大气污染源排放清单	2019年9月底前	完成动态更新2018年大气污染源排放清单编制
	颗粒物来源解析	开展$PM_{2.5}$来源解析	2019年9月底前	完成2018年城市大气污染颗粒物源解析

山西省长治市2019—2020年秋冬季大气污染综合治理攻坚行动方案

类别	重点工作	主要任务	完成时限	工　程　措　施
产业结构调整	“两高”行业产能控制	洗煤行业整治	2019年12月底前	9月底前制定洗煤厂专项整治方案，年底前取缔一批、整合一批、提升一批
		压减焦炭产能	2019年12月底前	完成化解山西金通焦化有限公司、襄垣县鸿达焦化有限公司、武乡县泰昌焦化有限公司3家企业214万吨焦炭过剩产能任务
			2019年12月底前	制定4.3米及以下焦炉关停方案，推动4.3米及以下炉龄10年以上、距离主城区较近的焦炉关停工作
	“散乱污”企业和集群综合整治	“散乱污”企业综合整治	长期坚持	持续开展“散乱污”企业排查整治，实施“散乱污”企业动态清零，发现一起整治一起，分类实施关停取缔、搬迁和原地提升改造
		企业集群综合整治	2019年12月底前	完成城区石材加工、机械加工，黎城县砂石厂等企业集群综合整治，同步完成区域环境整治工作
	工业源污染治理	实施排污许可	2019年12月底前	完成汽车制造业等14个大行业23个小行业的排污许可证核发。9月底前，基本完成磷肥、汽车、电池、水处理、锅炉行业排污许可证核发，畜禽养殖、乳制品制造、家具制造、人造板制造等其他行业排污许可证发证率不少于40%；11月底前发证率不少于80%；12月20日前基本完成排污许可证年度核发任务
			2019年12月底前	组织开展排污许可证持证执行情况合规性检查，未按规定领取排污许可证的企业，按无证排污责令停产；不按照排污许可证要求排污的，依法处罚
		钢铁超低排放	2019年12月底前	完成潞城市兴宝钢铁有限公司（产能150万吨）、黎城县太行钢铁有限公司（产能150万吨）、中钢特材科技（山西）有限公司（产能95万吨）3家395万吨产能的钢铁企业有组织和无组织超低排放改造
			2020年3月底前	完成首钢长治钢铁有限公司（产能360万吨）、山西长信有限公司（产能150万吨）2家钢铁企业510万吨产能的钢铁企业有组织和无组织超低排放改造
			2020年3月底前	已建成铁路运输专线的要提高铁路货运量，未建设铁路转运线要加大铁路专用线的建设力度
			2019年9月底前	完成煤气放散自动点火装置的安装
		焦化特别排放改造	2019年9月底前	全市剩余9家835万吨焦化企业完成特别排放限值改造，停产的焦化企业完成特别排放限值改造后方可恢复生产
			2019年10月底前	对保留的焦炉加强无组织的管控，尤其是炉体炉门、废水处理及各类储罐的粉尘及VOCs治理，其中酚氰废水必须加盖密闭，焦炉浮顶罐废气必须收集处理

类别	重点工作	主要任务	完成时限	工　程　措　施
产业结构调整	工业源污染治理	焦化特别排放改造	2020 年 12 月底前	按照《山西省推进运输结构调整实施方案》，加大焦炭运输结构的调整力度，到 2020 年年底，出省焦炭基本上全部采用铁路运输
		无组织排放治理	2019 年 12 月底前	全市排查出的 380 家 1 329 个点位完成物料（含废渣）运输、装卸、储存、转移、输送以及生产工艺过程等无组织排放的深度治理
			2019 年 10 月底前	山西潞安煤基清洁能源有限责任公司要主动分析污染物排放量；评估排放量对长治市主城区及襄垣县的影响；针对企业粉尘和 VOCs 排放制定精细化管控方案及重污染天气应对“一厂一策”实施方案
能源结构调整	清洁取暖	清洁能源替代散煤	2019 年 10 月底前	完成散煤治理 22.1 万户，其中，气代煤 85 550 户、电代煤 38 937 户、集中供热替代 19 510 户、其他清洁能源替代 77 003 户
		洁净煤替代散煤	2019 年 10 月底前	设置洁净煤供应点，对暂不具备清洁能源替代条件地区推广洁净煤替代散煤，替代 35.3 万户
		散煤管控	全年	对民用散煤销售企业每月煤质抽检覆盖率达到 10%以上，全年抽检覆盖率 100%
			全年	加强部门联动，严厉打击劣质煤流通、销售和使用。对抽检发现经营不合格散煤行为的，依法处罚
			2019 年 10 月底前	开展劣质煤专项清缴行动
	高污染燃料禁燃区	调整扩大禁燃区范围	2019 年 12 月底前	各县（区）将完成冬季清洁取暖改造的区域划入高污染燃料禁燃区，依法对违规使用高污染燃料的单位进行处罚
	煤炭消费总量控制	煤炭消费总量削减	全年	全市煤炭消费总量较 2018 年实现负增长
		优化煤炭使用结构	全年	2019 年非电用煤量较上年减少
		淘汰不达标燃煤机组	2019 年 12 月底前	淘汰关停山西漳泽电力股份有限公司漳泽发电分公司 2 台 21 万千瓦的不达标燃煤机组，共 42 万千瓦
	锅炉综合整治	锅炉管理台账	2019 年 12 月底前	对全市域 35 蒸吨以下燃煤锅炉开展“地毯式”排查。完善锅炉管理台账
		淘汰燃煤锅炉	2019 年 9 月底前	全部淘汰 10 蒸吨及以下燃煤锅炉
		锅炉超低排放改造	2019 年 9 月底前	完成燃煤锅炉超低排放改造 23 台 2 110 蒸吨
		燃气锅炉低氮改造	2019 年 9 月底前	完成燃气锅炉低氮改造 25 台 183 蒸吨
运输结构调整	运输结构调整	提升铁路货运量	2019 年 12 月底前	2019 年铁路货运量比 2017 年增加 600 万吨
		加快铁路专用线建设	2020 年 12 月底前	开展大宗货物年货运量 150 万吨及以上的大型工矿企业和物流园区摸底调查，按照宜铁则铁的原则，研究推进大宗货物“公转铁”方案。 加快推进金烨国际物流园项目铁路专运线、李村煤矿铁路专用线、山西潞安矿业（集团）有限责任公司古城煤矿专用铁路（古城煤矿至郭庄煤矿）、店上潞宝集运站等项目建设进度，力争提前完成施工建设

类别	重点工作	主要任务	完成时限	工　程　措　施
运输结构调整	运输结构调整	发展新能源车	全年	新增公交、环卫、邮政、出租等车辆中新能源车比例达到 80%
		老旧车淘汰	全年	大力推进国三及以下排放标准营运柴油货车提前淘汰更新，加快淘汰采用稀薄燃烧技术和“油改气”的老旧燃气车辆
		船舶淘汰更新	2019 年 12 月底前	推广使用电动、天然气等清洁能源或新能源船舶 2 艘
			2019 年 12 月底前	淘汰使用 20 年以上的内河航运船舶 1 艘
	车船燃油品质改善	油品和尿素质量抽查	2019 年 12 月底前	强化油品质量监管，按照年度抽检计划，全市 368 个加油站（点）抽测车用汽柴油油品 368 个批次，从高速公路、国道、省道沿线加油站抽检尿素 100 次以上。重点抽测柴油，确保实现年度全覆盖。开展对大型工业企业和机场自备油库油品质量专项检查，对发现的问题依法依规进行处置
		打击黑加油站点	2019 年 9 月底前	开展打击黑加油站点专项行动，对黑加油站查处取缔工作进行督导，防止死灰复燃。从柴油货车油箱和尿素箱抽取检测柴油样品和车用尿素样品各 100 个以上
	在用车环境管理	在用车执法监管	长期坚持	秋冬季期间监督抽测柴油车数量不低于当地柴油车保有量的 80%
			2019 年 9 月底前	在主城区部署多部门全天候综合检测站 5 个，覆盖主要物流通道和城市入口，并投入运行
			2019 年 12 月底前	对全市 25 家排放检验机构每季度检查一次，实现排放检验机构监管全覆盖
			2019 年 10 月底前	构建超标柴油车黑名单，将遥感监测（含黑烟抓拍）、路检执法发现的超标车辆纳入黑名单，实现与公安交管、交通等部门信息共享并动态管理。推广使用“驾驶排放不合格的机动车上道路行驶的”交通违法处罚代码 6063，由生态环境部门取证，公安交管部门对路检路查和黑烟抓拍发现的上路行驶超标车辆进行处罚，并由交通部门负责强制维修
		用车大户入户检查	2019 年 12 月底前	对柴油车超过 20 辆的用车单位及运输企业以及柴油车集中停放地开展尾气入户抽查检查，抽查企业 153 家次
	非道路移动机械环境管理	备案登记	2019 年 12 月底前	完成非道路移动机械摸底调查和编码登记
		排放检验	2019 年 12 月底前	以施工工地和机场、物流园区、高排放控制区等为重点，开展非道路移动机械抽测工作，年度抽检率达到 50%
		机场岸电	2020 年 12 月底前	2019 年完成可研编制工作，2020 年底前完成现有机场岸电廊桥 APU 建设 3 个，做到全覆盖
用地结构调整	矿山综合整治	强化露天矿山综合治理	长期坚持	对污染治理不规范的露天矿山，依法责令停产整治，不达标不得恢复生产。对责任主体灭失露天矿山迹地进行综合治理
		矸石山综合治理	2019 年 12 月底前	16 座矸石山完成生态环境恢复治理
	扬尘综合治理	建筑扬尘治理	长期坚持	严格落实施工工地“六个百分之百”要求
		施工扬尘管理清单	长期坚持	定期动态更新施工工地管理清单

类别	重点工作	主要任务	完成时限	工　程　措　施
用地结构调整	扬尘综合治理	施工扬尘监管	长期坚持	5 000 米^{2}及以上建筑工地在扬尘作业场所和工地车辆出入位置安装扬尘在线监测和视频监控（其中，视频监控应满足对工地作业现场和车辆进出情况监控要求），并与当地行业主管部门和生态环境部门联网
			长期坚持	加强扬尘在线监测数据的应用，现场在线监控 PM_{10} 小时均值达到 250 微克/米^{3}时，施工单位应立即停止扬尘作业，拒不执行的，由住建部门依法予以查处，并将施工单位扬尘管理工作不到位的不良信息纳入建筑市场信用管理体系，列入建筑市场主体“黑名单”
		道路扬尘综合整治	长期坚持	加强对国道、省道、环线等主要道路的机械化清扫力度，主城区道路机械化清扫率达到 70%，县城达到 60%
		渣土运输车监管	全年	严厉打击无资质、标识不全、故意遮挡或污损车牌等渣土车违法行为。严格渣土运输车辆规范化管理，渣土运输车做到全密闭
		露天堆场扬尘整治	全年	全面清理城乡接合部以及城中村拆迁的渣土和建筑垃圾，不能及时清理的必须采取苫盖等抑尘措施
		强化降尘量控制	全年	潞城区、壶关县等降尘量较大的县（区）加强降尘污染控制，全市各县（区）降尘量均控制在 9.0 吨/（月·千米^2）以下
	秸秆综合利用	加强秸秆焚烧管控	长期坚持	建立网格化监管制度，在秋收阶段开展秸秆禁烧专项巡查
		加强秸秆综合利用	全年	秸秆综合利用率达到 89%
工业炉窑大气污染综合治理	建立清单	工业炉窑排查	长期坚持	动态更新工业炉窑清单
	淘汰一批	煤气发生炉淘汰	2019 年 12 月底前	淘汰潞城市泰宁建材有限公司的煤气发生炉 1 台
	治理一批	工业炉窑废气深度治理	2019 年 12 月底前	完成 33 座砖瓦窑、16 座石灰窑、5 家陶瓷厂的废气深度治理工作，达到相应行业排放标准限值
		煤制油行业治理	2019 年 12 月底前	开展煤制油行业深度治理，制定“一厂一策”深度治理方案，加强非正常工况管理
	监控监管	工业炉窑专项执法	2019 年 12 月底前	开展专项执法检查
VOCs 治理	重点工业行业 VOCs 综合治理	源头替代	2019 年 12 月底前	山西成功汽车有限公司完成低 VOCs 含量涂料替代
		无组织排放控制	2019 年 10 月底前	对全市 20 家正常生产的焦化企业、8 家煤化工企业和 2 家化工企业涉 VOCs 排放的废水处理、生产工序等环节开展全面排查
		治污设施建设	2019 年 12 月底前	5 家工业涂装企业、1 家包装印刷企业、2 家塑料制品企业建设适宜高效的治污设施。对全市其他非 VOCs 重点行业进行排查，因厂施策制定治理方案

类别	重点工作	主要任务	完成时限	工程措施
VOCs治理	重点工业行业VOCs综合治理	精细化管控	全年	20家焦化企业、8家煤化工企业、2家化工企业、1家汽车生产企业完成“一厂一策”制定，推进现有低效治理工艺升级改造，进一步加强企业运行管理
	油品储运销	油气回收治理	2019年10月底前	开展加油站、储油库油气回收设施运行情况专项检查
重污染天气应对	修订完善应急预案及减排清单	完善重污染天气应急预案	2019年9月底前	修订完善重污染天气应急预案
		完善应急减排清单夯实应急减排措施	2019年9月底前	完成重点行业绩效分级，完成应急减排清单编制工作，落实“一厂一策”等各项应急减排措施
	应急运输响应	重污染天气移动源管控	2019年10月15日前	加强源头管控，根据实际情况，制定日货车使用量10辆以上企业、铁路货场、物流园区的重污染天气车辆管控措施，并安装门禁监控系统。建设重污染天气车辆管控平台，实现与重点用车企业门禁系统联网传输并稳定运行
能力建设	完善环境监测监控网络	环境空气VOCs监测	2019年12月底前	推进建设环境空气VOCs监测站点1个
		遥感监测系统平台三级联网	长期坚持	机动车遥感监测系统稳定传输数据
		定期排放检验机构三级联网	长期坚持	市级机动车检验机构监管平台实现检测视频监控、防作弊报警提示、数据统计分析、检测机构管理、车辆环保信息管理，实现三级联网。对超标排放车辆开展大数据分析，追溯相关方责任
		重型柴油车车载诊断系统远程监控系统建设	全年	推进重型柴油车车载诊断系统远程监控系统建设和终端安装
		机场空气质量监测	2019年12月底前	推进在机场附近建成空气质量监测站
	源排放清单编制	编制大气污染源排放清单	2019年10月底前	完成2018年大气污染源排放清单编制
	颗粒物来源解析	开展$PM_{2.5}$来源解析	2019年9月底前	完成城市大气污染颗粒物源解析

山西省晋城市2019—2020年秋冬季大气污染综合治理攻坚行动方案

类别	重点工作	主要任务	完成时限	工　程　措　施
产业结构调整	产业布局调整	建成区重污染企业搬迁	2019年12月底前	完成晋城市金万盛精密铸业有限公司（1万吨/年铸件）、泽州县昶泰实业有限公司（1.4万吨/年铸件）、晋城市康联工贸有限公司（1.5万吨/年铸件）、晋城市鑫朝物资有限公司（1万吨/年铸件）、泽州县南村晋光铸造厂（1万吨/年铸件）等5家企业的搬迁工作
	“两高”行业产能控制	压减煤炭产能	2019年12月底前	化解煤炭产能285万吨
	“散乱污”企业和集群综合整治	“散乱污”企业综合整治	长期坚持	持续开展“散乱污”企业排查整治，实施“散乱污”企业动态清零，发现一起整治一起，分类实施关停取缔、搬迁和原地提升改造
		企业集群综合整治	2019年12月底前	完成高平市、泽州县型煤加工，阳城县煤炭洗选等企业集群综合整治，同步完成区域环境整治工作
	工业源污染治理	实施排污许可	2019年12月底前	按照国家的统一部署和要求，完成磷肥、汽车、电池、水处理、锅炉、畜禽养殖、乳制品制造、家具制造、人造板制造等行业排污许可证核发工作。9月底前，基本完成磷肥、汽车、电池、水处理、锅炉行业排污许可证核发，畜禽养殖、乳制品制造、家具制造、人造板制造等其他行业排污许可证发证率不少于40%；11月底前发证率不少于80%；12月20日前基本完成排污许可证年度核发任务
			2019年12月底前	组织开展排污许可证持证执行情况合规性检查，凡未按规定领取排污许可证的企业，按无证排污责令停产；不按照排污许可证要求排污的，依法处罚
		钢铁超低排放	2019年12月底前	完成晋城福盛钢铁有限公司（500万吨）钢铁企业超低排放改造
			2019年10月15日前	完成晋城市健牛工贸有限公司（25万吨）、晋城市春晨兴汇实业有限公司（15万吨）、泽州县金秋铸造有限公司（15万吨）、山西大通铸业有限公司（25万吨）、山西省高平市泫氏铸管有限公司（15万吨）、山西泫氏实业集团有限公司（30万吨）、高平市福鑫铸管有限公司（33万吨）、沁水县顺世达铸业有限公司（15万吨）、陵川县鑫源冶炼有限公司（47万吨）等9家企业220万吨产能有组织和无组织超低排放改造
		无组织排放治理	2019年10月15日前	开展建材、焦化、铸造等重点行业及燃煤锅炉等物料（含废渣）运输、装卸、储存、转移和工艺过程等无组织排放实施深度治理，全年完成无组织排放改造57家、涉及88个生产环节及点位

类别	重点工作	主要任务	完成时限	工程措施
产业结构调整	工业源污染治理	无组织排放治理	2019年10月底前	完成煤炭洗选行业专项整治，取缔一批、整合一批、提升一批
			2019年9月底前	对34个重点乡镇范围内的100余家大宗物料运输企业安装无组织颗粒物（扬尘）自动在线监测设施180余套
		工业园区综合整治	2019年9月底前	以“一次评分、动态管理、全程公开”为原则，开展企业绿色评估工作。完成11家钢铁（冶铸）、10家水泥、3家焦化、16家煤化工、90家铸造、31家石灰、55家砖瓦、264家煤炭洗选等8个重点行业480家企业的绿色评估工作，实施差异化管控
能源结构调整	清洁取暖	清洁能源替代散煤	2019年10月底前	全市完成清洁取暖改造8.14万户，其中，气代煤2.55万户、电代煤0.55万户、集中供热4.88万户、煤改其他能源0.16万户，共替代散煤24.42万吨
		洁净煤替代散煤	2019年10月底前	暂不具备清洁能源替代条件地区推广洁净煤置换及替代散煤，替代13.1962万户
		煤质监管	全年	对民用散煤销售企业每月煤质抽检覆盖率达到10%以上，全年抽检覆盖率100%。对使用散煤的居民用户煤质进行抽检
			全年	加强部门联动，开展劣质煤专项清缴行动，严厉打击劣质煤流通、销售和使用。对抽检发现经营不合格散煤行为的，依法处罚
	高污染燃料禁燃区	调整扩大禁燃区范围	2019年10月底前	根据清洁取暖改造进展情况，将各县市区建成区划定为禁煤区，将农村清洁取暖覆盖区划定为高污染燃料禁燃区
	煤炭消费总量控制	煤炭消费总量削减	全年	全市煤炭消费总量较2018年实现负增长
		优化煤炭使用结构	全年	2019年非电用煤量较上年减少
	锅炉综合整治	淘汰燃煤锅炉	2019年9月底前	淘汰锅炉76台469.5蒸吨，行政区域内20蒸吨及以下燃煤锅炉全部淘汰
		锅炉超低排放改造	2019年9月底前	完成燃煤锅炉超低排放改造52台4 530蒸吨
		燃气锅炉低氮改造	2019年10月底前	完成燃气锅炉低氮改造428台1 683.6蒸吨
运输结构调整	运输结构调整	提升铁路货运量	2019年12月底前	较2017年增加1 200万吨铁路货运量

类别	重点工作	主要任务	完成时限	工　程　措　施
运输结构调整	运输结构调整	加快铁路专用线建设	2019 年 12 月底前	开展大宗货物年货运量 150 万吨及以上的大型工矿企业和物流园区摸底调查，按照宜铁则铁的原则，研究推进大宗货物“公转铁”方案。 10 月底前完成山西晋钢智造科技产业园铁路专用线项目建设。推进山西长平煤业有限责任公司王台铺矿铁路改扩建、大宁煤矿铁路专用线、阳城县町店物资集运有限公司铁路专用线、晋城国睿运通物流有限公司专用铁路、山西兰花能源集运有限公司专用铁路、山西盛世鑫海能源有限公司铁路专用线、兰花集团东峰煤矿铁路专用线、郑庄铁路专用线、山西晋煤华昱煤化工有限公司铁路专用线项目建设
		发展新能源车	全年	新增公交、环卫、邮政、出租中新能源车比例达到 80%
		老旧车淘汰	全年	大力推进国三及以下排放标准营运柴油货车提前淘汰更新，加快淘汰采用稀薄燃烧技术和“油改气”的老旧燃气车辆
	车船燃油品质改善	油品和尿素质量抽查	2019 年 12 月底前	强化油品质量监管，按照年度抽检计划，在全市加油站（点）抽检车用汽柴油共计 600 个批次，实现年度全覆盖。从高速公路、国道、省道沿线加油站抽检尿素 100 次以上。开展对大型工业企业自备油库油品质量专项检查，对发现的问题依法依规进行处置
		打击黑加油站点	2019 年 10 月底前	开展打击黑加油站点专项行动，严厉打击取缔黑加油站（点），秋冬季攻坚期间对黑加油站点整治工作进行动态检查，严防死灰复燃。使用终端油品和尿素质量抽查，从柴油货车油箱和尿素箱抽取检测柴油样品和车用尿素样品各 100 个以上
	在用车环境管理	在用车执法监管	长期坚持	秋冬季期间监督抽测柴油车数量不低于当地柴油车保有量的 80%
			2019 年 10 月底前	建立机动车排放污染防治联动执法机制，各县至少设置 1 处柴油货车联合执法固定站点或配置 1 台遥感监测车辆，对超标排放的车辆依法予以查处并劝返
			2019 年 12 月底前	检查排放检验机构 90 次，实现排放检验机构监管全覆盖
			2019 年 12 月底前	对柴油车超过 20 辆的用车单位及运输企业开展尾气入户抽查抽检 100 家以上
			2019 年 10 月底前	建立超标柴油车黑名单，将遥感监测（含黑烟抓拍）、路检执法发现的超标车辆纳入黑名单，实现与公安交管、交通等部门信息共享并动态管理。推广使用“驾驶排放不合格的机动车上道路行驶的”交通违法处罚代码 6063，由生态环境部门取证，公安交管部门对路检路查和黑烟抓拍发现的上路行驶超标车辆进行处罚，并由交通部门负责强制维修

类别	重点工作	主要任务	完成时限	工程措施
运输结构调整	非道路移动机械环境管理	备案登记	2019年12月底前	完成非道路移动机械摸底调查和编码登记
		排放检验	2019年12月底前	以施工工地和高排放控制区等为重点，开展非道路移动机械监督检查，检测数达到100辆次以上，做到重点场所全覆盖
用地结构调整	矿山综合整治	强化露天矿山综合治理	长期坚持	对污染治理不规范的露天矿山，依法责令停产整治，不达标不得恢复生产。对责任主体灭失露天矿山迹地进行综合治理
			2019年12月底前	15个矸石山完成生态环境恢复治理
	扬尘综合治理	建筑扬尘治理	长期坚持	严格落实施工工地“六个百分之百”要求。实施“阳光施工”“阳光运输”，市区建成区（含金村镇、南村镇部分区域）内各类建筑、拆迁工地须在晚上22时至次日早上6时停止所有施工作业及施工运输。重点工程、重点项目或有特殊情况确需在夜间施工作业及运输的，必须报市大气办批准。市区重点区域内，所有渣土、商砼等施工运输车辆全天禁止通行，重点区域内的工地要科学规划运输路线，有效避开禁行区域，并将车辆信息、运输时间、运输路线等报市公安交警支队备案、审核
		施工扬尘管理清单	长期坚持	定期动态更新施工工地管理清单
		施工扬尘监管	长期坚持	5 000米^{2}及以上的建筑工地均需在工地车辆出入位置安装扬尘在线监测和视频监控（其中，视频监控应满足对工地作业现场和车辆进出情况监控要求），并与当地行业主管部门和生态环境部门联网
				加强扬尘在线监测数据的应用，现场在线监控PM_{10}小时均值达到250微克/米^{3}时，施工单位应立即停止扬尘作业，拒不执行的，由住建部门依法予以查处，并将施工单位扬尘管理工作不到位的不良信息纳入建筑市场信用管理体系，列入建筑市场主体“黑名单”
		道路扬尘综合整治	长期坚持	市区建成区道路机械化清扫率达到90%左右，县城力争达到63%
		露天堆场扬尘整治	全年	全面清理城乡接合部以及城中村拆迁的渣土和建筑垃圾，不能及时清理的必须采取苫盖等抑尘措施
		强化降尘量控制	全年	各县（市、区）降尘量控制在9吨/（月·千米^2）

类别	重点工作	主要任务	完成时限	工　程　措　施
用地结构调整	秸秆综合利用	加强秸秆焚烧管控	长期坚持	建立网格化监管制度，在秋收阶段开展秸秆禁烧专项巡查
		加强秸秆综合利用	全年	秸秆综合利用率达到 90%
工业炉窑大气污染综合治理	建立清单	工业炉窑排查	2019 年 9 月底前	开展拉网式排查，建立各类工业炉窑管理清单
	制定方案	制定实施方案	2019 年 9 月底前	制定工业炉窑大气污染综合治理实施方案，明确治理要求，细化任务分工，确定分年度重点项目
	淘汰一批	煤气发生炉淘汰	2019 年 12 月底前	淘汰直径 3 米以下燃料类煤气发生炉 2 台（高平市天诚缸瓦厂、高平市鑫兴源建材有限公司）
		化肥行业综合整治	2019 年 12 月底前	加大对仍采用煤气发生炉的化肥企业整治力度
		燃煤加热、烘干炉（窑）淘汰	2019 年 12 月底前	淘汰华明纳米燃煤加热、烘干炉（窑）3 台
		建设清洁煤制气中心	2019 年 12 月底前	晋城巴公园区气化升级改造暨产业结构调整项目完成场地三通一平任务
	治理一批	工业炉窑废气深度治理	2019 年 10 月底前	制定煤化工行业精细化管控方案，推进煤化工企业提升改造
			2019 年 9 月底前	完成焦化行业山西明源集团沁泽焦化有限公司（49 万吨）特别排放限值改造
	监控监管	监测监控	2019 年 9 月底前	1 家钢铁、9 家冶铸、11 家铸造、17 家化工企业完成 CO 自动在线监控设施安装，共计 84 套
		工业炉窑专项执法	2019 年 12 月底前	开展专项执法检查
VOCs 治理	重点工业行业 VOCs 综合治理	源头替代	2019 年 12 月底前	8 家工业涂装企业完成低 VOCs 含量涂料替代
		治污设施建设	2019 年 12 月底前	持续加大 VOCs 治污设施监管力度，确保稳定正常运行
	油品储运销综合治理	油气回收治理	2019 年 10 月底前	对加油站、储油库油气回收设施运行情况开展专项检查
		自动监控设备安装	2019 年 12 月底前	加强对中石化晋城凤台加油站和中石油晋城分公司中原街加油站油气回收自动监控设备的监管，确保设施稳定正常运行，推进与生态环境部门联网

类别	重点工作	主要任务	完成时限	工程措施
VOCs治理	工业园区和企业集群综合治理	集中治理	2019年9月底前	17家化工企业开展泄漏检测与修复统一监管
	监测监控	自动监控设施安装	2019年12月底前	20家企业主要排污口试点安装自动监控设施共20套
重污染天气应对	修订完善应急预案及减排清单	完善重污染天气应急预案	2019年9月底前	修订完善重污染天气应急预案
		完善应急减排清单，夯实应急减排措施	2019年9月底前	完成重点行业绩效分级，完成应急减排清单编制工作，落实“一厂一策”等各项应急减排措施
	应急运输响应	重污染天气移动源管控	2019年10月15日前	加强源头管控，根据实际情况，制定日货车使用量10辆以上企业、铁路货场、物流园区的重污染天气车辆管控措施，并安装门禁监控系统。建设完成重污染天气车辆管控平台
能力建设	完善环境监测监控网络	环境空气质量监测网络建设	长期坚持	加强火电、钢铁、铸造（含高炉）、化工、焦化等行业35家重点企业环境空气质量监测站点的运行维护，确保稳定正常运行
		遥感监测系统平台三级联网	长期坚持	机动车遥感监测系统稳定传输数据
		定期排放检验机构三级联网	长期坚持	市级机动车检验机构监管平台实现检测视频监控、防作弊报警提示、数据统计分析、检测机构管理、车辆环保信息管理，实现三级联网。对超标排放车辆开展大数据分析，追溯相关方责任
		重型柴油车车载诊断系统远程监控系统建设	全年	推进重型柴油车车载诊断系统远程监控系统建设和终端安装
	源排放清单编制	编制大气污染源排放清单	2019年9月底前	动态更新2018年大气污染源排放清单编制
	颗粒物来源解析	开展$PM_{2.5}$来源解析	2019年9月底前	完成2018年城市大气污染颗粒物源解析

山东省济南市2019—2020年秋冬季大气污染综合治理攻坚行动方案

类别	重点工作	主要任务	完成时限	工　程　措　施
产业结构调整	产业布局调整	东部老工业区企业搬迁	2019年12月底前	实施山东源泽冶金工程技术有限公司、济南东威新型建材有限公司等8家企业搬迁改造
		化工行业整治	2019年12月底前	积极开展化工行业整治，禁止新建化工园区，严格执行全省化工投资项目相关规定。加强对济南刁镇化工产业园、商河化工产业园、莱芜口镇化工助剂产业园监管，确保稳定达标排放
	“两高”行业产能控制	压减钢铁产能	2019年10月底前	落实省钢铁产能调整方案要求；压减粗钢产能93万吨（泰山钢铁19万吨、山东九羊钢铁74万吨）
		压减焦化产能	2019年12月底前	落实省焦化产能调整方案要求；压减焦化产能181万吨（山东钢铁莱芜分公司62万吨、山东九羊钢铁119万吨）
	企业集群综合整治	“散乱污”企业综合整治	2019年12月底前	以莱芜区、钢城区、莱芜高新区为重点，集中力量开展“散乱污”企业“回头看”，坚决杜绝已取缔的“散乱污”企业死灰复燃，对新排查出的“散乱污”企业，实施分类整治。完善动态管理机制，实行网格化管理
		企业集群综合整治	2019年12月底前	完成历城区废塑料加工、选矿厂，章丘区钢砂厂等企业集群综合整治，同步完成区域环境整治工作
		炭素企业集群整治	2019年10月底前	按照《区域性大气污染物综合排放标准》（DB 37/2376—2019）要求，督促10月底前达到更为严格的标准限值要求。对不能按期达标的，坚决依法查处
	工业源污染治理	实施排污许可	2019年12月底前	完成汽车制造、家具制造、热力生产和供应（锅炉）、砖瓦、石材等建筑材料制造等22个行业排污许可证核发
		钢铁超低排放	2019年12月底前	完成山东闽源钢铁有限公司超低排放改造，加快推进莱钢等重点钢铁企业改造进度
		无组织排放治理	2019年12月底前	巩固工业企业无组织排放整治成果，以莱芜区、钢城区、莱芜高新区为重点，组织对钢铁、建材、火电、水泥等重点行业开展排查，建立动态管理台账，督促30家企业按要求完成治理任务
能源结构调整	清洁取暖	清洁能源替代散煤	2019年10月底前	全市煤改电6.14万户，煤改气0.54万户，改集中供暖1.34万户，合计8.02万户。采取有力措施，防止散煤复烧
		洁净煤替代散煤	2019年10月底前	对不具备清洁取暖改造条件或按实施计划暂未完成改造的区域，使用民用优质燃煤
		煤质监管	全年	加强部门联动，严厉打击劣质煤流通、销售和使用。经销网点煤质抽检覆盖率不低于90%，对抽检发现经营不合格散煤行为的，依法处罚
	高污染燃料禁燃区	落实禁燃区要求	2019年12月底前	严格落实《济南市人民政府关于划定我市高污染燃料禁燃区明确高污染燃料种类的通告》（济政发〔2018〕34号），对违规使用高污染燃料的单位依法进行处理
	煤炭消费总量控制	煤炭消费总量削减	全年	完成国家和省下达的煤炭削减任务，确保煤炭消费总量持续下降

类别	重点工作	主要任务	完成时限	工 程 措 施
能源结构调整	锅炉综合整治	锅炉管理台账	2019年12月底前	完善锅炉管理台账，重点调查核实莱芜区、钢城区、莱芜高新区锅炉底数，实施清单化管理
		淘汰燃煤锅炉	2019年12月底前	基本完成原莱芜市区域35蒸吨以下燃煤锅炉淘汰任务，在全市范围开展低空排烟设施回头看，坚决杜绝反弹
		锅炉超低排放改造	长期坚持	加强监管，确保全市燃煤锅炉稳定达到超低排放标准
		燃气锅炉低氮改造	2019年12月底前	完成燃气锅炉低氮改造248台1 190蒸吨
		生物质锅炉	2019年12月底前	完成生物质锅炉超低排放改造12台227.3蒸吨
运输结构调整	运输结构调整	提升铁路货运量	2019年12月底前	与2017年相比，全市铁路货运发送量力争增长10万吨
		加快铁路专用线建设	2019年12月底前	开展大宗货物年货运量150万吨及以上的大型工矿企业和物流园区摸底调查，按照宜铁则铁的原则，研究推进大宗货物“公转铁”方案。 力争开工建设郭家沟至大石家地方铁路线。完成山东将山铁路物流有限公司、山钢股份莱芜分公司、华能莱芜发电有限公司、山东九羊集团有限公司铁路专用线前期工作
		大力发展多式联运	2019年12月底前	积极推动行业快递园区建设，2019年年底建成山东韵达长清分拨中心并投入使用。积极推进快递“三进”工程及末端网点集约化建设工作
		发展新能源车	全年	城市建成区新增和更新的公交中新能源车辆比例达到80%，2019年底前，普通型巡游出租车中清洁能源（或新能源）车辆比例达到100%（个性出租车除外），中心城区新能源或清洁能源公交车比例为85%。全市邮政行业按照新增或更新新能源车辆达到80%的要求，到2019年底，邮政新能源车保有量达到200辆以上。凡财政资金购买的公交车、公务用车及环卫车辆全部采用新能源车
			2019年12月底前	机场新增或更换作业车辆采用新能源或清洁能源62辆，新增清洁能源车辆达到国六标准
			2019年12月底前	机场新增或更换非道路移动机械采用新能源或清洁能源8辆
		老旧车淘汰	2019年12月底前	继续推进老旧柴油车报废更新补贴工作
			2019年12月底前	大力推进国三及以下排放标准营运柴油货车提前淘汰更新，加快淘汰采用稀薄燃烧技术和“油改气”的老旧燃气车辆
		船舶淘汰更新	2019年12月底前	推广使用电动、天然气等清洁能源或新能源船舶4艘
	车船燃油品质改善	油品和尿素质量抽查	2019年12月底前	全年及秋冬季攻坚期间加大油品质量抽检力度，确保对在营生产企业、加油站、油品仓储和批发企业监督检测达到100%全覆盖的基础上，进一步加大高速公路、国道、省道沿线加油站点抽检频次，对加油站点销售的车用尿素抽检不少于50个批次样品数量
		开展成品油市场专项整治	2019年10月底前	深入开展成品油市场专项整治工作，10月底前开展新一轮成品油黑窝点、流动加油车整治，加大对企业自备油库检查整治力度。专项整治期间，在具备条件的情况下，结合柴油车辆（机械）停放地排放监督抽测，同步抽测车用燃油、车用尿素质量及使用情况，强化部门间监管信息通报，持续打击违法销售行为，防止死灰复燃

类别	重点工作	主要任务	完成时限	工　程　措　施
运输结构调整	在用车环境管理	在用车执法监管	长期坚持	秋冬季期间监督抽测柴油车数量不低于当地柴油车保有量的 80%，其中集中停放地抽检柴油货车 5 000 辆以上
			2019 年 10 月底前	设置 14 处柴油货车联合执法站点，基本覆盖主要物流通道和城市入口，并投入运行
			2019 年 12 月底前	实现排放检验机构监管全覆盖
			2019 年 10 月底前	建立超标柴油车黑名单，将遥感监测（含黑烟抓拍）、停放地抽检及联合路检发现的超标车辆纳入黑名单，动态管理，并与公安、交通部门实现信息共享。推广使用“驾驶排放不合格的机动车上道路行驶的”交通违法处罚代码 6063，由生态环境部门取证，公安交管部门对路检路查和黑烟抓拍发现的上路行驶超标车辆进行处罚，并由交通部门负责强制维修
	非道路移动机械环境管理	高排放控制区	2019 年 12 月底前	按照《济南市人民政府关于划定非道路移动机械低排放控制区的通告》（济政发〔2019〕2 号），加强非道路移动机械环境监管力度
		编码登记	2019 年 12 月底前	完成非道路移动机械摸底调查和编码登记
		排放检验	长期坚持	秋冬季期间以施工工地和机场、物流园区、高排放控制区等为重点，检查 2 000 辆以上，做到重点场所全覆盖
		机场岸电	2019 年 12 月底前	机场岸电廊桥 APU 建设 56 个，做到全覆盖
用地结构调整	矿山综合整治	强化露天矿山综合治理	长期坚持	对污染治理不规范的露天矿山，依法责令停产整治，不达标不得恢复生产。对责任主体灭失露天矿山迹地进行综合治理
	扬尘综合治理	建筑扬尘治理	长期坚持	严格落实施工工地“六个百分之百”要求。根据国家和省市要求，开展秋冬季扬尘治理攻坚行动，加大对土石方施工、拆迁拆除作业等易扬尘环节的督查检查力度，对存在扬尘污染问题的建设、施工、监理及渣土运输单位，严格按照《济南市建设工程扬尘污染治理若干措施》《济南市严格扬尘治理七项规定》查处，实施一次顶格处罚，二次停工整改，三次通报批评、信用惩戒、暂停投标资格，直至清出济南市场
		施工扬尘管理清单	长期坚持	完善全市施工工地扬尘管控清单，每月动态更新；根据工地扬尘治理成效，按红、橙、黄、绿牌分类监管，进行综合督查考核
		施工扬尘监管	长期坚持	合同工期三个月及以上、建筑面积 5 000 米^{2}及以上的建筑工地全部安装在线监测和视频监控，并与市住房城乡建设局系统监控平台联网，否则新开工地不予办理土石方工程施工手续。对扬尘在线监测与视频监控系统监管平台进行优化、升级，充分发挥平台作用，设专人值守，实时监控工地“六个百分之百”落实情况，重点监控喷淋降尘设施是否按时开启，场地道路是否及时洒水，渣土车是否密闭运输、出场前是否冲洗等

类别	重点工作	主要任务	完成时限	工　程　措　施
用地结构调整	扬尘综合治理	道路扬尘综合整治	长期坚持	济南市区城市主次道路机械化清扫率达到100%，非冰冻期落实每日“一冲刷五清扫五洒水”作业频次，冰冻期加大机扫作业频次；章丘区、济阳区、莱芜区、钢城区、莱芜高新区、平阴县、商河县主城区主次干道机扫率达到100%。及时修复破损路面，提升国道、省道、乡道、城乡接合部的道路维护水平
		渣土运输车监管	全年	严厉查处违法违规渣土运输行为，市、区两级城管执法、公安交警等部门每月开展不少于2次执法行动。纳入名录管理的渣土运输车辆密闭化率、卫星定位系统安装率均达到100%（含市内五区、济南高新区、长清区）
		露天堆场扬尘整治	全年	全面清理城乡接合部以及城中村拆迁的渣土和建筑垃圾，不能及时清理的必须采取苫盖等抑尘措施
		强化降尘量控制	全年	各区县降尘量控制在9吨/（月•千米^2）
	秸秆综合利用	加强秸秆焚烧管控	长期坚持	建立网格化监管制度，充分发挥区县、镇街两级特别是镇街一级政府主体作用，秋收阶段开展秸秆禁烧专项巡查
		加强秸秆综合利用	全年	全市秸秆综合利用率力争达到97.5%
工业炉窑大气污染综合治理	建立清单	工业炉窑排查	2019年12月底前	排查莱芜区、钢城区、莱芜高新区工业炉窑，完善全市工业炉窑管理清单并动态更新
	制定方案	制定实施方案	2019年12月底前	严格落实《济南市工业炉窑专项整治实施方案》（济环字〔2018〕219号），定期调度进展情况，督促企业加大整治力度
	淘汰一批	燃煤加热、烘干炉（窑）淘汰	2019年10月底前	淘汰燃煤加热、烘干炉（窑）6家
		其他炉（窑）淘汰	2019年10月底前	淘汰其他炉（窑）9家（金属冶炼窑2家，砖瓦窑6家，加热炉1家）
	治理一批	工业炉窑废气深度治理	2019年12月底前	完成2家工业炉（窑）废气深度治理
	监控监管	工业炉窑专项执法	2019年12月底前	开展专项执法检查
VOCs治理	重点工业行业VOCs综合治理	源头替代	2019年12月底前	完成4家工业涂装企业低VOCs含量涂料替代，9家包装印刷企业低VOCs含量油墨替代。督促重汽集团开展低VOCs含量涂料替代工作
		无组织排放控制	2019年12月底前	中国石油化工股份有限公司济南分公司完成泄漏检测与修复（LDAR）工作、油品车间罐区VOCs无组织排放治理，加强中间产品环节无组织排放管控，落实深度减排措施；3家化工企业、7家包装印刷企业等通过采取设备与场所密闭、工艺改进、废气有效收集等措施，完成VOCs无组织排放治理。制药行业要对照《制药工业大气污染物排放标准》，进一步完善无组织排放管控措施
		治污设施建设	2019年12月底前	完成中国石油化工股份有限公司济南分公司焦化密闭除焦改造工程；完成13家VOCs排放企业污染防治设施配套建设或提标改造。5家企业安装VOCs自动监控设施7套
		精细化管控	全年	推行“一厂一策”制度，完成2家石化企业、3家化工企业、9家工业涂装企业、14家包装印刷企业、4家制药企业VOCs治理“一厂一策”方案编制，加强企业运行管理，7—9月集中开展重点行业VOCs专项检查，对违法行为依法查处

类别	重点工作	主要任务	完成时限	工 程 措 施
VOCs治理	油品储运销综合治理	油气回收治理	2019 年 12 月底前	开展加油站、储油库、油罐车油气污染防治专项检查，确保油气污染防治设施正常运行
		自动监控设备安装	2019 年 12 月底前	实现年销售汽油量大于 5 000 吨的加油站在线监控系统与生态环境部门联网；推进开展储油库油气回收自动监控试点工作
	工业园区和企业集群综合治理	统一管控	2019 年 12 月底前	中国石油化工股份有限公司济南分公司建设监测监控设施，开展监测分析
	监测监控	自动监控设施安装	2019 年 12 月底前	5 家工业涂装企业主要排污口要安装自动监控设施共 7 套
重污染天气应对	修订完善应急预案及减排清单	完善重污染天气应急预案	2019 年 9 月底前	修订完善重污染天气应急预案
		完善应急减排清单，夯实应急减排措施	2019 年 9 月底前	完成重点行业绩效分级，完成应急减排清单编制工作，落实“一厂一策”等各项应急减排措施
	应急运输响应	重污染天气移动源管控	2019 年 10 月 15 日前	加强源头管控，根据实际情况，制定重污染天气车辆管控措施并落实。在有条件时，筹建重污染天气车辆管控平台
能力建设	完善环境监测监控网络	遥感监测系统平台三级联网	长期坚持	机动车遥感监测系统稳定传输数据
		定期排放检验机构三级联网	长期坚持	市级机动车检验机构监管平台实现检测视频监控、数据统计分析、检测机构管理、车辆环保信息管理，实现三级联网
		重型柴油车车载诊断系统远程监控系统建设	全年	推进重型柴油车车载诊断系统远程监控系统建设
		道路空气质量检测	2019 年 12 月底前	充分发挥 300 辆道路颗粒物走航监测车对城区道路颗粒物进行在线监控，实现精准监控
		机场空气质量检测	2019 年 12 月底前	充分发挥 300 辆道路颗粒物走航监测车以及机场周边空气质量微站作用，实现精准监控
	源排放清单编制	编制大气污染源排放清单	2019 年 9 月底前	动态更新原济南市 2018 年大气污染源排放清单，启动原莱芜市区域大气污染源排放清单编制工作
	颗粒物来源解析	开展 $PM_{2.5}$ 来源解析	2019 年 9 月底前	完成原济南市 2018 年城市大气污染颗粒物源解析，启动原莱芜市区域大气污染颗粒物源解析工作

山东省淄博市2019—2020年秋冬季大气污染综合治理攻坚行动方案

类别	重点工作	主要任务	完成时限	工　程　措　施
产业结构调整	产业布局调整	化工行业整治	2019年12月底前	按照“关停一批、搬迁一批、治理一批”的原则，明确全市化工行业“三个一批”企业清单和时间节点，纳入关停的9月底前停止生产，年底前关停到位
		建成区重污染企业搬迁	2019年12月底前	加快推进山东宏信化工股份有限公司实施搬迁，2020年底前完成
		建材行业综合整治	2019年12月底前	按照《淄博市建材行业综合整治专项行动方案》，全市建材行业按照“关停一批、搬迁一批、治理一批”的原则，明确“三个一批”企业清单和时间节点。其中，纳入关停的企业，9月底前停止生产，年底前关停到位
	“两高”行业产能控制	压减钢铁产能	2019年12月底前	落实山东省最新的钢铁产能调整方案要求，并结合《山东省先进钢铁制造产业基地发展规划（2018—2025年）》要求，启动钢铁企业产能退出方案编制工作，明确退出企业名单和时间节点
	“散乱污”企业和企业集群综合整治	巩固“散乱污”企业综合整治成效	长期坚持	严格落实“散乱污”企业动态管理机制，持续实行网格化管理，压实基层责任，发现一起查处一起
		企业集群综合整治	2019年12月底前	制定临淄区沥青、重油存储，文昌湖区陶瓷制品及耐火材料，张店区化工，周村区机械加工，淄川区铸造等集群综合整治工作方案，开展摸底排查，分类实施综合整治，按照集约化、产业化、规模化的要求，提升企业集群整体环境管理水平
	工业源污染治理	实施排污许可	2019年12月底前	完成畜牧业、非金属矿采选业、食品制造业、酒饮料和精制茶制造业、木材加工和木竹藤棕草制品业、家具制造业等18个行业排污许可证核发
		钢铁超低排放	2019年9月底前	落实省钢铁产能调整方案要求，保留的企业开展超低排放改造。2019年9月底前，完成山东永锋钢铁有限公司（炼铁产能120万吨、炼钢产能280万吨）、淄博齐林傅山钢铁有限公司（炼铁产能90万吨、炼钢产能80万吨）、淄博隆盛钢铁有限公司（炼铁产能160万吨、炼钢产能200万吨）等3家钢铁企业有组织、无组织超低排放改造，达到排放要求
		无组织排放治理	2019年9月底前	抓好2016家焦化、水泥、陶瓷、耐材等行业企业无组织排放治理，结合《工业炉窑大气污染综合治理方案》要求，持续加强企业物料（含废渣）运输、装卸、储存、转移、输送以及生产工艺过程等无组织排放的管控

类别	重点工作	主要任务	完成时限	工　程　措　施
产业结构调整	工业源污染治理	工业园区综合整治	2019 年 12 月底前	开展“对标齐翔腾达、提升现场管理”活动，完成齐鲁化学工业区、桓台县马桥化工产业园、东岳氟硅材料产业园、张店化工产业园、沂源化工产业园、高青化工产业园省政府认定的 6 个化工园区集中整治，同步推进区域环境综合整治和企业升级改造
		工业园区能源替代利用与资源共享	2019 年 12 月底前	所有工业园区完成集中供热或清洁能源供热
能源结构调整	清洁取暖	清洁能源替代散煤	2019 年 10 月底前	2019 年全市计划完成 12.93 万户清洁取暖改造任务，采取集中供暖向农村延伸、气代煤、电代煤、太阳能+等多元化改造方式，推进清洁取暖总任务完成
		洁净煤替代散煤	2019 年 12 月底前	对暂不具备清洁能源替代条件地区推广洁净煤（型煤、兰炭）替代散煤，计划替代 15 万吨
		散煤复烧监管	长期坚持	对已完成电代煤、气代煤的区域强化日常监管，加强散煤复烧问题的查处力度
		煤质监管	全年	加强部门联动，严厉打击劣质煤流通、销售和使用。煤质抽检覆盖率不低于 90%，对抽检发现经营不合格散煤行为的，依法处罚
	高污染燃料禁燃区	调整扩大禁燃区范围并强化监管	2019 年 12 月底前	完成全市高污染燃料禁燃区划定工作，各部门按工作职责要求，加强执法监管，依法对违规使用高污染燃料的单位进行查处
	煤炭消费总量控制	煤炭消费总量削减	全年	全市煤炭消费总量较 2018 年削减 30 万吨
		淘汰燃煤小机组	2019 年 12 月底前	9 月底前制定出台《淄博市煤电行业优化升级工作方案》，明确各类机组关停淘汰清单和时间节点，纳入 2019 年关停淘汰计划的，年底前淘汰到位
	锅炉综合整治	锅炉管理台账	2019 年 12 月底前	对全市锅炉使用情况再全面排查，完善锅炉管理台账，分类制定整治方案
		淘汰燃煤锅炉	2019 年 12 月底前	除保留的高效煤粉锅炉以外，全市范围内基本淘汰 35 蒸吨以下燃煤锅炉，共 3 台 72 蒸吨（临淄区：蓝帆医疗 1 台 25 蒸吨，文昌湖区：新华纸业 1 台 25 蒸吨，义弘化工 1 台 22 蒸吨）
		锅炉超低排放运行监管	全年	加强保留燃煤锅炉超低排放运行监管，确保污染物排放稳定达到超低排放要求
		燃气锅炉低氮改造	2019 年 12 月底前	完成燃气锅炉低氮改造 272 台
		生物质锅炉	2019 年 12 月底前	完成 3 台 165 蒸吨生物质锅炉脱硝、除尘超低排放改造
运输结构调整	运输结构调整	出台运输结构调整方案	2019 年 12 月底前	按照国家、省关于交通运输结构调整要求，结合我市实际，出台淄博市交通运输结构调整实施方案
		提升铁路货运量	2019 年 12 月底前	2019 年我市铁路货运量比 2017 年增加 30 万吨
		加快配送中心建设	2019 年 12 月底前	推进城乡高效配送重点工程建设，优化城乡配送网络。引导骨干企业统筹配送供给资源，发展共同配送、统一配送、集中配送、夜间配送、分时段配送等多种形式的集约化配送

类别	重点工作	主要任务	完成时限	工　程　措　施
运输结构调整	运输结构调整	加快铁路专用线建设	2019 年 12 月底前	开展大宗货物年货运量 150 万吨及以上的大型工矿企业和物流园区摸底调查，按照宜铁则铁的原则，研究推进大宗货物“公转铁”方案。加快推进桓台县山东鲁中煤炭储备物流有限公司二期工程、博汇集团专用线建设工作
		发展新能源车	全年	大力推广使用新能源和清洁能源车辆。新增公交车中新能源车比例达到 80%以上，全市现有出租汽车全部为清洁能源车，鼓励出租汽车更新时使用新能源车辆
		老旧车淘汰	2019 年 12 月底前	大力推进国三及以下排放标准营运柴油货车提前淘汰更新，加快淘汰采用稀薄燃烧技术和“油改气”的老旧燃气车辆
	车船燃油品质改善	油品、尿素质量抽查	2019 年 12 月底前	强化油品质量监管，按照年度抽检计划，在全市加油站（点）、油库等抽检车用汽柴油抽检，共计 1 200 个批次，实现年度全覆盖。从高速公路、国道、省道沿线加油站抽检尿素 100 次以上。开展对大型工业企业自备油库油品质量专项检查，对发现的问题依法依规进行处置
		打击黑加油站点	2019 年 12 月底前	根据省市推进成品油市场整治系列方案要求，开展打击黑加油站点（含移动加油站点）专项行动，对黑加油站点查处取缔工作进行督导。通过从柴油货车油箱和尿素箱抽取检测柴油样品和车用尿素样品，溯源黑加油站点，依法严厉打击违法行为
	在用车环境管理	在用车执法监管	长期坚持	秋冬季期间监督抽测柴油车数量不低于当地柴油车保有量的 80%。每月 1 次在机动车集中停放地和维修地开展入户检查，并通过路检路查和遥感监测，加强对高排放车辆的监督抽测
			2019 年 12 月底前	设置多部门全天候综合检查点 5 处（淄川黑旺检查点、临淄皇城检查点、桓台新城检查点、高新区付山检查点、文昌湖 S102 检查点），确保 2 处 9 月底前投入运行，加快推进其他检查点建设
			全年	检查排放检验机构 52 个次，实现排放检验机构监管全覆盖
			2019 年 10 月底前	建立超标柴油车黑名单，将遥感监测（含黑烟抓拍）、路检执法发现的超标车辆纳入黑名单，实现与公安交管、交通等部门信息共享并动态管理。推广使用“驾驶排放不合格的机动车上道路行驶的”交通违法处罚代码 6063，由生态环境部门取证，公安交管部门对路检路查和黑烟抓拍发现的上路行驶超标车辆进行处罚，并由交通部门负责督促维修
	非道路移动机械环境管理	高排放控制区监管	2019 年 12 月底前	加快本市高排放非道路移动机械禁用区的更新调整，加大区域监督执法
		备案登记	2019 年 12 月底前	完成非道路移动机械摸底调查和编码登记
		排放检验	2019 年 12 月底前	以施工工地、物流园区、高排放控制区等为重点，开展非道路移动机械检测，做到重点场所全覆盖。秋冬季期间，各区县加强工程机械监督检查，每月抽查率不低于工程机械保有量的 50%

类别	重点工作	主要任务	完成时限	工程措施
用地结构调整	矿山综合整治	强化露天矿山综合治理	2019 年 12 月底前，并长期坚持	制定《露天矿山开采扬尘污染防治专项治理方案》，强化露天矿山日常监管和重污染天气应急管控。做好已关闭露天矿山地质环境恢复治理工作，2019 年底，全市完成 2013 年以来已关闭露天矿山生态修复 27 处
	扬尘综合治理	建筑扬尘治理	长期坚持	全市 799 个在建建筑施工工地严格落实“八个百分之百”要求。行业主管部门组织对所有建筑工地实行挂包责任制，明确每个工地的监管责任人，责任人定期对工地开展巡查检查，发现问题及时解决。加强执法监管，采用无人机、雷达扫描等先进手段不定期对工地扬尘污染防治措施落实情况开展抽查，对多次发现问题的工地追究挂包责任人和监管部门责任
		施工扬尘管理清单	长期坚持	建立动态更新制度，定期更新施工工地管理清单
		施工扬尘监管	长期坚持	5 000 $米^2$及以上房屋建筑工地全部安装在线监测和视频监控，并与当地建设行政主管部门联网。大中型水利工程施工现场以及新建、改建 1 000 米以上城市供水干管施工现场，原则上每处或每 1 000 米安装一处视频监控系统、扬尘监控检测设备，并与工程所在地环保部门的监控平台联网。高速公路、普通国省道工程新开工项目要在大桥施工现场、拌合站安装在线视频监控，拌合站安装在线监测系统
		道路扬尘综合整治	长期坚持	对全市城区主次干道、国省道及重要路段实行挂包责任制，逐个路段明确责任单位、监管单位、责任人。按照“以克论净”标准组织开展抽查抽测，对同一路段多次超标的，追究保洁单位、监管单位、责任人的责任。城市道路机械化清扫率达到 70%，县城达到 60%。城区主次干道严格落实“每日三冲三洗扫”作业标准
		渣土运输车监管	全年	每台渣土车安装行驶记录仪，记录行驶轨迹，同步建立监管平台，并实现区县和市级联网。强化联合执法。严厉打击无资质、标识不全、故意遮挡或污损车牌等渣土车违法行为。严格渣土运输车辆规范化管理，渣土运输车做到全密闭
		露天堆场扬尘整治	全年	全面清理城乡接合部以及城中村拆迁的渣土和建筑垃圾，不能及时清理的必须采取绿化或覆盖等抑尘措施
		强化降尘量控制	全年	全市及各区县降尘量控制在 9 吨/（月・$千米^2$），每月对各区县降尘数据进行公开通报
	秸秆综合利用	加强秸秆焚烧管控	长期坚持	建立网格化监管制度，在秋收阶段开展秸秆禁烧专项巡查
		加强秸秆综合利用	全年	农作物秸秆综合利用率达到 93%

类别	重点工作	主要任务	完成时限	工　程　措　施
工业炉窑大气污染综合治理	建立清单	工业炉窑再排查	2019 年 12 月底前	完成新一轮的工业炉窑排查工作，进一步摸清炉窑底数、燃料类别、污染治理水平、无组织管控水平等
	制定方案	制定实施方案	2019 年 9 月底前	按照国家印发的《工业炉窑大气污染综合治理方案》要求，制定出台我市工业炉窑治理方案，对全市工业炉窑实施分类整治，通过改造燃烧方式、能源替换、提升治理水平等方式，明确分类治理的企业清单、治理标准、治理目标、完成时限等，进一步提升氮氧化物治理水平
	淘汰一批	燃煤加热、烘干炉（窑）淘汰	2019 年 12 月底前	根据摸底排查和工业炉窑综合整治方案要求，对不符合产业政策、设备装备落后的炉窑，依法纳入关停淘汰范围
	清洁能源替代一批	工业炉窑清洁能源替代（清洁能源包括天然气、电、集中供热等）	2019 年 12 月底前	根据摸底排查和工业炉窑综合整治方案要求，对符合改造条件的全部改用天然气、液化气、电等清洁能源
	治理一批	工业炉窑废气深度治理	2019 年 12 月底前	根据摸底情况，对不符合污染治理措施要求的，进行脱硫、脱硝除尘设施升级改造。启动玻璃炉窑脱硫、脱硝备用治理设施建设
	监控监管	监测监控	2019 年 12 月底前	完成建陶、火电、耐火材料、水泥、砖瓦、玻璃等行业企业自动监控系统安装 533 套
		工业炉窑专项执法	2019 年 12 月底前	开展专项执法检查，对污染治理设施不匹配、污染物排放不达标、不符合检查要点要求的，依法查处
VOCs 治理	重点工业行业 VOCs 综合治理	制定实施方案	2019 年 10 月底前	摸清底数，VOCs 类型、污染治理水平、无组织管控水平等，明确重点治理任务
		源头替代	2019 年 12 月底前	根据摸排情况，开展全市汽车制造、工程机械及其金属配件生产、表面涂装、家具制造及包装等行业源头替代工作，在不影响产品质量的情况下，改用水性涂料或粉末涂料
		无组织排放控制	2019 年 12 月底前	对石化、有机化工按要求开展 LDAR，对不符合无组织管控要求的，开展无组织排放深度治理
		治污设施建设	2019 年 12 月底前	对工艺简单、设施落后的污染治理设施进行升级改造，按照国家规范要求，建设适宜高效的治污设施或对现有治理设施进行升级改造
		精细化管控	全年	对石化、化工、工业涂装、包装印刷等 166 家重点企业推行“一厂一策”制度，加强企业污染治理设施运行管理
	油品储运销综合治理	油气回收治理检查	2019 年 10 月底前	开展专项检查，确保油气回收治理设施运行效率和运行效果
		自动监控设备安装	2019 年 12 月底前	4 家年销售汽油量大于 5 000 吨的加油站，安装油气回收自动监控设备，并开展执法检查

类别	重点工作	主要任务	完成时限	工程措施
VOCs治理	工业园区和企业集群综合治理	集中治理	2019年12月底前	对省政府公布的6个化工产业园或专业化工园区，推行泄漏检测统一监管。在临淄区建设区域性活性炭集中再生基地
		统一管控	2019年12月底前	在张店东部化工园区开展监测预警监控体系试点，开展溯源分析
	监测监控	自动监控设施安装	2019年12月底前	7家石化企业、24家化工企业、13家制药企业、4家包装印刷企业、44家其他企业主要排污口安装VOCs自动监控设施共125套
重污染天气应对	修订完善应急预案及减排清单	完善重污染天气应急预案	2019年9月底前	修订完善重污染天气应急预案
		完善应急减排清单，夯实应急减排措施	2019年9月底前	完成重点行业绩效分级，完成应急减排清单编制工作，落实“一厂一策”等各项应急减排措施
	应急运输响应	重污染天气移动源管控	2019年10月15日前	加强源头管控，根据实际情况，制定大宗货运等企业、铁路货场、物流园区的重污染天气车辆管控措施，并在重点用车单位门口安装门禁监控系统。条件成熟时筹建重污染天气车辆管控平台
能力建设	完善环境监测监控网络	环境空气质量监测能力建设	2019年12月底前	通过购买服务或新建激光雷达站，提升监测能力
		环境空气VOCs监测	2019年12月底前	建成环境空气VOCs监测站点18个
		遥感监测系统平台三级联网	长期坚持	保障10套机动车固定式遥感监测系统稳定传输数据
		定期排放检验机构三级联网	长期坚持	市级机动车检验机构监管平台实现检测视频监控、防作弊报警提示、数据统计分析、检测机构管理、车辆环保信息管理，实现三级联网。对超标排放车辆开展大数据分析，追溯相关方责任
		重型柴油车车载诊断系统远程监控系统建设	全年	推进重型柴油车车载诊断系统远程监控系统建设和终端安装
		道路空气质量检测	2019年12月底前	在主要道路建设道路空气质量监测站1个
	源排放清单编制	编制大气污染源排放清单	2019年9月底前	完成更新2018年大气污染源排放清单编制
	颗粒物来源解析	开展$PM_{2.5}$来源解析	2019年9月底前	完成2018年城市大气污染颗粒物源解析

山东省济宁市2019—2020年秋冬季大气污染综合治理攻坚行动方案

类别	重点工作	主要任务	完成时限	工程措施
产业结构调整	“两高”行业产能控制	化工行业整治	2019年12月底前	依法关停5家、转移3家、升级7家，确保稳定达标排放
		压减煤炭产能	2019年12月底前	化解煤炭产能48万吨
	“散乱污”企业和集群综合整治	“散乱污”企业综合整治	2019年12月底前	完善“散乱污”企业动态管理机制，实行网格化管理，压实基层责任，发现一起查处一起
		企业集群综合整治	2019年12月底前	完成经开区、嘉祥县废塑料加工，梁山县铸造、板材厂等企业集群综合整治，同步完成区域环境整治工作
	工业源污染治理	实施排污许可	2019年12月底前	完成水处理、汽车制造等行业排污许可证核发
		无组织排放治理	2019年12月底前	修订完善《济宁市大气污染治理技术导则》，进一步推进企业无组织排放治理，推动物料（含废渣）运输、装卸、储存、转移、输送以及生产工艺过程等无组织排放的深度治理。打造行业标杆，完成1家熟料135万吨/年、水泥100万吨/年水泥企业实施深度治理
		工业园区综合整治	2019年12月底前	树立行业标杆，制定综合整治方案，完成兖州工业园区、邹城工业园区、济宁新材料产业园区等3个工业园区集中整治，同步推进区域环境综合整治和企业升级改造
		工业园区能源替代利用与资源共享	2019年12月底前	兖州工业园区、邹城工业园区、济宁新材料产业园区等3个工业园区企业完成集中供热或清洁能源供热
能源结构调整	清洁取暖	清洁能源替代散煤	2019年12月底前	完成清洁取暖改造34.95万户，其中，气代煤23.77万户、电代煤9.2万户，新增集中供热1.98万户
		洁净煤替代散煤	2019年10月底前	暂不具备清洁能源替代条件地区推广清洁煤替代散煤，2019年度冬季全市清洁煤计划推广使用14.34万吨
		煤质监管	全年	加强部门联动，严厉打击劣质煤流通、销售和使用。煤质抽检覆盖率不低于90%，对抽检发现经营不合格散煤行为的，依法处罚
	高污染燃料禁燃区	调整扩大禁燃区范围	2019年12月底前	根据清洁取暖改造进展情况，将各县市区建成区划定为禁煤区，将农村清洁取暖覆盖区划定为高污染燃料禁燃区
	煤炭消费总量控制	煤炭消费总量削减	全年	按照省煤炭压减任务执行
		淘汰不达标燃煤机组	2019年12月底前	淘汰关停岱庄热电厂小火电燃煤机组2台2.4万千瓦

类别	重点工作	主要任务	完成时限	工　程　措　施
能源结构调整	锅炉综合整治	锅炉管理台账	2019年12月底前	完善锅炉管理台账，并动态更新
		淘汰燃煤锅炉	2019年12月底前	淘汰燃煤锅炉5台95蒸吨。行政区域内基本淘汰35蒸吨以下燃煤锅炉
		燃气锅炉低氮改造	2019年12月底前	完成燃气锅炉低氮改造5台42.28蒸吨
		生物质锅炉	2019年12月底前	完成生物质锅炉超低排放改造2台6蒸吨
运输结构调整	运输结构调整	提升铁路货运量	2019年12月底前	2019年我市铁路货运量比2017年增加600万吨。开展大宗货物年货运量150万吨及以上的大型工矿企业和物流园区摸底调查，按照宜水则水，宜铁则铁的原则，研究推进大宗货物“公转铁”或“公转水”方案
		加快铁路专用线建设	2019年12月底前	推进邹县电厂国铁火车翻车机系统、济宁矿业物流园有限公司铁路干线建设
		发展新能源车	全年	新增公交、环卫、邮政、出租、通勤、轻型城市物流车辆中新能源车比例达到80%，财政资金购买的车辆全部为新能源车
			2019年12月底前	港口、机场、铁路货场等新增或更换作业车辆采用新能源或清洁能源，新增清洁能源车辆达到国六标准
		老旧车淘汰	2019年12月底前	大力推进国三及以下排放标准营运柴油货车提前淘汰更新，加快淘汰采用稀薄燃烧技术和“油改气”的老旧燃气车辆
		船舶淘汰更新	2019年12月底前	推进淘汰使用20年以上的内河航运船舶
	车船燃油品质改善	车用油品质量抽查	2019年12月底前	强化油品质量监管，按照年度抽检计划，在全市加油站（点）抽检车用汽柴油共计1 000个批次，实现年度全覆盖，加大企业自备油库的专项检查，做到季度全覆盖。从高速公路、国道、省道沿线加油站抽检尿素100次以上
		打击黑加油站点	2019年12月底前	制定《济宁市无证无照“黑加油站点”专项整治工作方案》，开展打击黑加油站点专项行动，从柴油货车油箱和尿素箱抽取检测柴油样品和车用尿素样品各100个以上，对黑加油站点查处取缔工作进行督导
		船用油品质量调查	2019年12月底前	加强对52家港口在港船舶燃油的抽查与监管
	在用车船环境管理	在用车船执法监管	长期坚持	秋冬季期间监督抽测柴油车数量不低于当地柴油车保有量的80%，重点是车辆集中停放地和重点用车单位的柴油车抽查
			2019年9月底前	部署多部门全天候执法站点4个，建立联合监管执法模式，覆盖主要物流通道和城市入口，并投入运行
			2019年12月底前	检查排放检验机构63个次，实现排放检验机构监管全覆盖

类别	重点工作	主要任务	完成时限	工　程　措　施
运输结构调整	在用车船环境管理	在用车船执法监管	2019 年 9 月底前	建立超标柴油车黑名单，将遥感监测（含黑烟抓拍）、路检执法发现的超标车辆纳入黑名单，与交通、交管部门信息共享，实现动态管理，严禁超标车辆上路行驶、进出重点用车企业。推广使用“驾驶排放不合格的机动车上道路行驶的”交通违法处罚，代码 6063，由生态环境部门取证，公安交管部门对路检路查和黑烟抓拍发现的上路行驶超标车辆进行处罚，并由交通部门负责强制维修
			2019 年 12 月底前	加强内河船舶冒黑烟现象的执法检查工作
		备案登记	2019 年 12 月底前	完成非道路移动机械摸底调查和编码登记
		排放检验	2019 年 12 月底前	以施工工地和港口码头、机场、物流园区、高排放控制区等为重点，开展非道路移动机械检测工作，做到重点场所全覆盖
		港口岸电	2019 年 12 月底前	加强对全市港口经营企业已建成岸电设施维护管理，确保正常使用
用地结构调整	矿山综合整治	强化露天矿山综合治理	长期坚持	严格按照《济宁市露天非煤矿山开采行业大气污染治理技术导则》，持续抓好自然资源领域大气污染防治工作
	扬尘综合治理	建筑扬尘治理	长期坚持	严格按照《济宁市建筑工地扬尘治理导则》实施精细化管理，落实施工工地“八个百分之百”要求
		施工扬尘管理清单	长期坚持	定期动态更新施工工地管理清单
		施工扬尘监管	长期坚持	5 000 米^{2}及以上建筑工地全部安装在线监测和视频监控，并与当地行业主管部门联网
		道路扬尘综合整治	长期坚持	根据《济宁市城市道路精细管理深度保洁实施方案》《济宁市城区道路冬季保洁标准化分级管理导则》要求，在城区范围内全面推行“标准一体化、作业机械化、运行环保化、管理数字化的管理体系”，实现城区和外环道路清扫保洁长效管理
		渣土运输车监管	全年	严厉打击无资质、标识不全、故意遮挡或污损车牌等渣土车违法行为。严格渣土运输车辆规范化管理，渣土运输车做到全密闭
		煤矿扬尘管控	全年	按照《济宁市煤场、矸石堆场扬尘治理工作导则》要求，持续督导全市范围内煤矿储煤场、经营性储煤场及矸石堆场在储存、运输过程中扬尘防治工作的落实
		露天堆场扬尘整治	全年	全面清理城乡接合部以及城中村拆迁的渣土和建筑垃圾，不能及时清理的必须采取苫盖等抑尘措施
		强化降尘量控制	全年	全市各区县降尘量均控制在 9 吨/（月・千米^2）
	秸秆综合利用	加强秸秆焚烧管控	长期坚持	建立网格化监管制度，在秋收阶段开展秸秆禁烧专项巡查
		加强秸秆综合利用	全年	秸秆综合利用率达到 96%

类别	重点工作	主要任务	完成时限	工 程 措 施
工业炉窑大气污染综合治理	建立清单	工业炉窑排查	2019 年 9 月底前	按照《济宁市工业炉窑整治工作方案》（济环字〔2018〕144 号）要求，明确治理要求，细化任务分工。开展拉网式排查，建立各类工业炉窑动态管理清单
	淘汰一批	煤气发生炉淘汰	2019 年 12 月底前	淘汰煤气发生炉 1 台
		砖瓦炉窑淘汰	2019 年 12 月底前	出台济宁市砖瓦企业整治方案，制定淘汰标准和完成时限
		焦炉淘汰	2019 年 12 月底前	落实省焦炉产能调整要求
	清洁能源替代一批	工业炉窑清洁能源替代（清洁能源包括天然气、电、集中供热等）	2019 年 12 月底前	完成日用玻璃行业玻璃炉（窑）1 台 2 亿支钠钙玻璃输液瓶产能天然气替代
	治理一批	工业炉窑废气深度治理	2019 年 12 月底前	对建材行业实施综合整治，完成保留砖瓦炉窑烟气深度治理；对全市 118 家铸造企业实施深度治理
	监控监管	监测监控	2019 年 12 月底前	1 家垃圾发电企业安装自动监控系统 1 套
		工业炉窑专项执法	2019 年 12 月底前	开展专项执法检查，定期进行全覆盖的人工数据比对，确保烟气达标排放
VOCs 治理	重点工业行业 VOCs 综合治理	源头替代	2019 年 12 月底前	54 家工业涂装企业完成低 VOCs 含量涂料替代；14 家包装印刷企业完成低 VOCs 含量油墨替代
		无组织排放控制	2019 年 12 月底前	7 家化工企业、33 家工业涂装企业、15 家包装印刷企业、5 家医药企业等通过采取设备与场所密闭、工艺改进、废气有效收集等措施，完成 VOCs 无组织排放治理
		治污设施建设	2019 年 12 月底前	1 家石化企业、11 家化工企业、30 家工业涂装企业、11 家包装印刷企业、1 家制药企业等建设适宜高效 VOCs 的治污设施
		精细化管控	全年	1 家石化企业、5 家煤化工企业、23 家化工企业、193 家工业涂装企业、109 家包装印刷企业等推行“一厂一策”制度，加强企业运行管理
	油品储运销综合治理	油气回收治理	2019 年 10 月底前	对全市已经完成加油阶段油气回收治理工作的 760 个加油站油气回收设施运行情况开展专项检查
		自动监控设备安装	2019 年 12 月底前	全市年销售汽油量大于 5 000 吨的 12 个加油站和 3 座涉及汽油的储油库完成油气回收自动监控设备安装，并推进与生态环境部门联网
	监测监控	自动监控设施安装	2019 年 12 月底前	1 家表面涂装、1 家有机化工医药、1 家工业涂装企业主要排污口要安装自动监控设施共 3 套

类别	重点工作	主要任务	完成时限	工　程　措　施
重污染天气应对	修订完善应急预案及减排清单	完善重污染天气应急预案	2019 年 9 月底前	修订完善重污染天气应急预案
		完善应急减排清单，夯实应急减排措施	2019 年 9 月底前	完成重点行业绩效分级，完成应急减排清单编制工作，落实“一厂一策”等各项应急减排措施
	应急运输响应	重污染天气移动源管控	2019 年 10 月 15 日前	加强源头管控，根据实际情况，制定日货车使用量 10 辆以上企业、港口、铁路货场、物流园区的重污染天气车辆管控措施，并安装门禁监控系统
		重污染天气车辆管控平台	2019 年 12 月底前	建设完成重污染天气车辆管控平台
能力建设	完善环境监测监控网络	环境空气质量监测网络建设	2019 年 12 月底前	增设环境空气质量自动监测站点 2 个，推进机场空气质量监测站建设
		遥感监测系统平台三级联网	长期坚持	机动车遥感监测系统稳定传输数据
		定期排放检验机构三级联网	长期坚持	市级机动车检验机构监管平台实现检测视频监控、防作弊报警提示、数据统计分析、检测机构管理、车辆环保信息管理，实现三级联网。对超标排放车辆开展大数据分析，追溯相关方责任
		重型柴油车车载诊断系统远程监控系统建设	全年	推进重型柴油车车载诊断系统远程监控系统建设和终端安装
		道路空气质量检测	2019 年 12 月底前	在主要物流通道建设道路空气质量监测站 1 个
	源排放清单编制	编制大气污染源排放清单	2019 年 12 月底前	完成更新 2018 年大气污染源排放清单编制
	颗粒物来源解析	开展 $PM_{2.5}$ 来源解析	2019 年 9 月底前	完成 2018 年城市大气污染颗粒物源解析

山东省德州市2019—2020年秋冬季大气污染综合治理攻坚行动方案

类别	重点工作	主要任务	完成时限	工程措施
产业结构调整	产业布局调整	城镇人口密集区危险化学品生产企业搬迁改造	2020年3月底前	德州中胜涂料有限公司、山东科信石油化工有限公司2家企业秋冬季前完成阶段性搬迁任务。2020年底完成搬迁
		化工行业整治	2019年12月底前	对化工生产企业开展“四评级一评价”工作，根据评价结果列出“发展壮大一批”“改造升级一批”“关闭淘汰一批”名单。根据“三个一批”名单分类施策。2019年计划关闭淘汰一批56家，其中34家转产，19家关停，3家搬迁
	“散乱污”企业和集群综合整治	“散乱污”企业综合整治	长期	加强“散乱污”企业动态管理机制，发现一起查处一起
		企业集群综合整治	2019年12月底前	完成宁津县铸造、木材加工，平原县、武城县废塑料加工，夏津县家具等企业集群综合整治，同步完成区域环境整治工作
	工业源污染治理	实施排污许可	2019年12月底前	完成水处理、汽车制造等22个行业排污许可证核发
		钢铁超低排放	2019年12月底前	落实省钢铁产能调整方案要求。完成山东莱钢永锋钢铁有限公司3台烧结机脱硝和1台球团脱硫超低排放改造
		无组织排放治理	2019年12月底前	钢铁企业完成物料（含废渣）运输、装卸、储存、转移、输送以及生产工艺过程等无组织排放的治理
		工业园区综合整治	2020年3月底前	按照省化工专项行动办化工园区问题整改清单完成阶段性整改任务。2020年6月底前完成整改
能源结构调整	清洁取暖	清洁取暖替代散煤	2019年10月底前	完成清洁取暖改造20.01万户，其中，气代煤9.7万户、电代煤3.38万户、集中供热替代4.4万户、地热能替代2.53万户
			全年	实施动态管理，加大网格化检查巡查力度，发现一起处置一起，坚决防止散煤复烧现象发生
		洁净煤替代散煤	2019年12月底前	暂不具备清洁能源替代条件地区推广洁净煤替代散煤，推广35万吨
		煤质监管	全年	加强部门联动，严厉打击劣质煤流通、销售和使用。煤质抽检覆盖率不低于90%，对抽检发现经营不合格散煤行为的，依法处罚
	高污染燃料禁燃区	调整扩大禁燃区范围	长期	依法对违规使用高污染燃料的单位进行处罚

类别	重点工作	主要任务	完成时限	工　程　措　施
能源结构调整	煤炭消费总量控制	煤炭消费总量削减	全年	全市煤炭消费总量控制完成省定任务目标 1 850 万吨原煤
	锅炉综合整治	锅炉管理台账	2019 年 12 月底前	持续完善锅炉管理台账
		淘汰燃煤锅炉	2019 年 12 月底前	淘汰 5 台 35 蒸吨以下燃煤锅炉
		锅炉超低排放改造	2019 年 12 月底前	对现有燃煤锅炉进行新时段标准提标改造
		燃气锅炉低氮改造	2019 年 12 月底前	完成燃气锅炉低氮改造 150 台，约合 300 蒸吨
运输结构调整	运输结构调整	提升铁路货运量	2019 年 12 月底前	落实运输结构调整方案的铁路货运量提升 50 万吨
		加快铁路专用线建设	2019 年 12 月底前	开展大宗货物年货运量 150 万吨及以上的大型工矿企业和物流园区摸底调查，按照宜铁则铁的原则，研究推进大宗货物“公转铁”方案。加快推进金能科技有限公司专用线建设
		发展新能源车	全年	新增公交、环卫、邮政、出租、通勤、轻型城市物流车辆中新能源车（或国六标准清洁能源车）比例达到 80%
		老旧车淘汰	2019 年 12 月底前	大力推进国三及以下排放标准营运柴油货车提前淘汰更新，加快淘汰采用稀薄燃烧技术和“油改气”的老旧燃气车辆
	车船燃油品质改善	油品和尿素质量抽查	2019 年 12 月底前	强化油品质量监管，按照年度抽检计划，对全市加油站（点）实现年度全覆盖检查。开展对大型工业企业自备油库油品质量专项检查，对发现的问题依法依规进行处置。从高速公路、国道、省道沿线加油站抽检尿素 100 批次以上
		打击黑加油站点	2019 年 12 月底前	根据省市推进成品油市场整治系列方案要求，10 月底前完成打击黑加油站点专项行动。从车辆集中停放地的柴油货车油箱和尿素箱开展柴油样品和车用尿素样品抽取检测 100 次上，秋冬季持续对黑加油站点查处取缔工作进行督导，防止死灰复燃
	在用车环境管理	在用车执法监管	长期坚持	秋冬季期间通过遥感监测等方式，监督抽测柴油车数量不低于本市柴油车保有量的 80%。加大对重点用车大户和车辆集中停放地检查力度，秋冬季检查 100 辆以上
			2019 年 9 月底前	设置多部门联合执法检查点至少 5 个，覆盖城市主要出入口，并投入运行
			2019 年 12 月底前	检查排放检验机构 49 家次，实现排放检验机构监管年度全覆盖
			2019 年 12 月底前	建立遥感监测（含黑烟抓拍）、路检执法发现的超标车辆重点监管制度，实现与公安交警、交通运输部门信息共享，动态管理。推广使用“驾驶排放不合格的机动车上道路行驶的”交通处罚代码 6063，由生态环境部门取证，公安交管部门对路检路查和黑烟抓拍发现的上路行驶超标车辆进处罚，由交通运输部门负责强制维修

类别	重点工作	主要任务	完成时限	工　程　措　施
运输结构调整	非道路移动机械环境管理	高排放控制区	2019 年 12 月底前	划定并公布禁止使用高排放非道路移动机械的区域，并严格执行
		备案登记	2019 年 12 月底前	完成非道路移动机械摸底调查和编码登记
		排放检验	2019 年 12 月底前	以施工工地、高排放控制区等为重点，开展非道路移动机械监督检查，检查 100 台以上，做到重点场所全覆盖
用地结构调整	矿山综合整治	强化露天矿山综合治理	长期坚持	开展历史遗留露天矿山生态修复
	扬尘综合治理	建筑扬尘治理	长期坚持	严格落实施工工地“六个百分之百”要求。以落实《德州市扬尘防治条例》为契机，压实部门责任，对违法行为严格查处
		施工扬尘管理清单	长期坚持	定期动态更新施工工地管理清单
		施工扬尘监管	长期坚持	5 000 米^{2}以上建筑工地全部安装在线监测和视频监控，并与当地行业主管部门联网
		道路扬尘综合整治	长期坚持	大力推进道路清扫保洁机械化作业，提高城市道路机械化清扫和洒水比例，定期开展道路积尘负荷监测，并将监测结果纳入大气污染防治工作推进考核通报。2019 年年底，城市、县城快速路和主次干路车行道机扫、洒水率达到 90%以上
		渣土运输车监管	全年	严厉打击无资质、故意遮挡或污损车牌等渣土车违法行为。严格渣土运输车辆规范化管理，渣土运输车做到全密闭
		露天堆场扬尘整治	全年	全面清理城乡接合部以及城中村拆迁的渣土和建筑垃圾，不能及时清理的必须采取苫盖等抑尘措施
		强化降尘量控制	全年	各县市区降尘量控制在 9 吨/（月・千米^2）
	秸秆综合利用	加强秸秆焚烧管控	长期坚持	加强网格化监管，在秋收阶段开展秸秆禁烧专项巡查
		加强秸秆综合利用	全年	2019 年全年，秸秆综合利用率达到 94.7%
工业炉窑大气污染综合治理	建立清单	工业炉窑排查	2019 年 9 月底前	在近年工作基础上，加强动态管理，完善工业炉窑管理清单，对达不到新时段标准的实施提标治理
	治理一批	工业炉窑废气深度治理	2019 年 9 月底前	完成焦化行业（金能科技有限公司）4 台炉（窑）废气深度治理（230 万吨产能）
	监控监管	工业炉窑专项执法	2019 年 12 月底前	开展专项执法检查
VOCs 治理	重点工业行业 VOCs 综合治理	源头替代	2019 年 12 月底前	根据国家低 VOCs 含量产品标准技术要求，积极推动 7 家家具制造、5 家包装印刷、1 家工业涂装等行业企业开展低 VOCs 含量原料替代工作
		无组织排放控制	2020 年 3 月底前	通过采取设备与场所密闭、工艺改进、废气有效收集等措施，完成一批包装印刷、工业涂装、家具制造、石化、化工、农药生产等行业企业 VOCs 无组织排放治理

类别	重点工作	主要任务	完成时限	工　程　措　施
VOCs治理	重点工业行业VOCs综合治理	治污设施建设	2019年12月底前	推动完成一批石化、化工、工业涂装、包装印刷、家具制造等行业企业规范建设适宜高效的治污设施
		精细化管控	全年	推行“一厂一策”，加强重点企业运行管理
	油品储运销综合治理	油气回收治理监管	2019年10月底前	开展全区域加油站、储油库油气回收专项检查，确保油气回收设备正常运行
		自动监控设备安装	2019年12月底前	推进4家销售量大于5 000吨汽油的加油站油气回收自动监测系统联网
	工业园区和企业集群综合治理	集中治理	2019年12月底前	宁津县家具产业集中区建设完善1处集中涂装中心，配备高效废气治理设施
	监测监控	自动监控设施安装	2019年12月底前	31家企业安装VOCs自动监控设施
重污染天气应对	修订完善应急预案及减排清单	完善重污染天气应急预案	2019年9月底前	修订完善重污染天气应急预案
		完善应急减排清单，夯实应急减排措施	2019年9月底前	完成重点行业绩效分级，完成应急减排清单编制工作，落实“一厂一策”等各项应急减排措施
	应急运输响应	重污染天气移动源管控	2019年10月15日前	加强源头管控，制定重点用车企业重污染天气车辆管控措施，并安装门禁监控系统，有条件时建设重污染天气车辆管控平台。列出管控单位清单
能力建设	完善环境监测监控网络	遥感监测系统平台三级联网	长期坚持	机动车遥感监测系统稳定传输数据
		定期排放检验机构三级联网	长期坚持	市级机动车检验机构监管平台实现检测视频监控、数据统计分析、检测机构管理、车辆环保信息管理，实现三级联网，开展数据分析应用
		重型柴油车车载诊断系统远程监控系统建设	全年	根据国家标准规范制定情况，推进重型柴油车车载诊断系统远程监控系统建设和终端安装
	源排放清单编制	编制大气污染源排放清单	2019年9月底前	完成更新2018年大气污染源排放清单编制
	颗粒物来源解析	开展$PM_{2.5}$来源解析	2019年9月底前	完成2018年大气污染颗粒物源解析

山东省聊城市2019—2020年秋冬季大气污染综合治理攻坚行动方案

类别	重点工作	主要任务	完成时限	工程措施
产业结构调整	产业结构布局调整	化工行业整治	2019年12月底前	对全市整治范围内306户违规化工企业土地、规划、立项、环保手续不全的停产整顿，限期补办手续，无法补办手续的予以关停
	"两高"行业产能控制	压减钢铁产能	2019年12月底前	落实省钢铁产能调整方案要求
		压减水泥产能	2019年12月底前	落实省水泥产能调整方案要求
		压减焦炭产能	2019年12月底前	落实省焦炭产能调整方案要求
		压减玻璃、电解铝等产能	2019年12月底前	落实省玻璃、电解铝等产品产能调整方案要求
	"散乱污"企业和集群综合整治	"散乱污"企业综合整治	2019年12月底前	完善"散乱污"企业动态管理机制，实行网格化管理，压实基层责任，发现一起查处一起
		企业集群综合整治	2019年12月底前	完成临清市废塑料加工、铸造，高唐县木材加工等企业集群综合整治，同步完成区域环境整治工作
	工业源污染治理	实施排污许可	2019年12月底前	完成汽车制造、锅炉、家具制造、磷肥污水处理、热处理、食品加工业电池工业、肥料制造、电镀工业等行业排污许可证核发
		钢铁超低排放	2019年11月15日前	落实省钢铁产能调整方案要求。完成山东鑫华特钢集团有限公司（年产240万吨铁，240万吨钢，200万吨材）超低排放改造，验收后正常运行
		铜冶炼行业治理	2019年9月底前	阳谷祥光铜业烟气排放稳定达到《铜镍钴工业污染物排放标准》及其修改单中大气污染物特别排放限值标准要求
		电解铝行业治理	2019年9月底前	完成信发集团158万吨电解铝生产线脱硫除尘深度治理
		无组织排放治理	2019年12月底前	全市8家水泥粉磨站全部完成物料（含废渣）运输、装卸、储存、转移、输送以及生产工艺过程等无组织排放深度治理
		工业园区综合整治	2019年12月底前	树立行业标杆，制定综合整治方案，对我市有色金属产业园区、烟店轴承产业园区进行集中整治，同步推进区域环境综合整治和企业升级改造
		工业园区能源替代利用与资源共享	2019年10月底前	各县（市、区）及市属开发区所属工业园区完成集中供热或清洁能源供热

类别	重点工作	主要任务	完成时限	工　程　措　施
能源结构调整	清洁取暖	清洁能源替代散煤	2019 年 12 月底前	完成“双替代”17 万户，其中气代煤 12.67 万户、电代煤 4.33 万户
		洁净煤替代散煤	2020 年 3 月底前	暂不具备清洁能源替代条件地区推广洁净煤替代散煤，替代 5 万吨
		煤质监管	全年	加强部门联动，严厉打击劣质煤及其产品的生产和销售。煤质抽检覆盖率不低于 90%，对抽检发现经营不合格散煤行为的，依法处罚
	煤炭消费总量控制	煤炭消费总量削减	全年	完成 2019 年煤炭消费总量控制目标任务
		淘汰不达标燃煤机组	全年	完成省政府下达的淘汰任务
	锅炉综合整治	锅炉管理台账	2019 年 10 月底前	完善锅炉管理台账
		淘汰燃煤锅炉	2019 年 12 月底前	淘汰凤祥股份有限公司 1 台 20 蒸吨燃煤锅炉
		燃气锅炉低氮改造	2019 年 10 月底前	完成 120 台燃气锅炉低氮改造任务
		生物质锅炉	2019 年 10 月底前	完成 4 台 106 蒸吨生物质锅炉高效除尘改造任务
运输结构调整	运输结构调整	提升铁路货运量	2019 年 12 月底前	落实本省运输结构调整方案的铁路货运量提升要求，信发集团将铁路货运量提升至 54.7%；阳谷祥光铜业将铜精矿的铁路运输比例提升至 82%
		加快铁路专用线建设	2019 年 12 月底前	开展大宗货物年货运量 150 万吨及以上的大型工矿企业和物流园区摸底调查，按照宜水则水，宜铁则铁的原则，研究推进大宗货物“公转铁”或“公转水”方案。完成山东铁临物流有限公司、山东省莘县华祥石化铁路专用线建设
		发展新能源车	全年	新增公交、邮政、通勤、轻型城市物流车辆中新能源车比例达到 80%；新增环卫车辆中新能源车辆比例达到 10%
		老旧车淘汰	全年	大力推进国三及以下排放标准营运柴油货车提前淘汰更新，加快淘汰采用稀薄燃烧技术和“油改气”的老旧燃气车辆
	车船燃油品质改善	油品质量抽查	2019 年 12 月底前	强化油品质量监管，按照年度抽检计划，在全市加油站（点）抽检车用汽柴油，实现年度全覆盖。开展企业自备油库油品质量专项检查，做到季度全覆盖
		打击黑加油站点	2019 年 12 月底前	根据省市推进成品油市场整治系列方案要求，开展打击黑加油站点专项行动，对黑加油站点查处取缔工作进行督导。开展不合格油品溯源工作。从柴油货车油箱和尿素箱抽取检测柴油样品和车用尿素样品
		尿素质量抽查	2019 年 12 月底前	从高速公路、国道、省道沿线加油站抽检尿素 120 次以上

类别	重点工作	主要任务	完成时限	工　程　措　施
运输结构调整	在用车环境管理	在用车执法监管	长期坚持	秋冬季期间监督抽测柴油车数量不低于当地柴油车保有量的 80%。加大对车辆集中停放地和重点单位监督检查力度，实现重点用车大户全覆盖
			2019 年 10 月底前	部署多部门全天候综合检测站 4 个，覆盖主要物流通道和城市入口，并投入运行
			2019 年 12 月底前	排放检验机构监管实现全覆盖
			2019 年 10 月底前	建立超标柴油车黑名单，将遥感监测（含黑烟抓拍）、路检执法发现的超标车辆纳入黑名单，实现与公安交管部门、交通的联合动态管理，严禁超标车辆上路行驶、进出重点用车企业。推广使用“驾驶排放不合格的机动车上道路行驶的”交通违法处罚代码 6063，由生态环境部门取证，公安交管部门对路检路查和黑烟抓拍发现的上路行驶超标车辆进行处罚，并由交通部门负责强制维修
	非道路移动机械环境管理	备案登记	2019 年 12 月底前	完成非道路移动机械摸底调查和编码登记
		排放检验	2019 年 12 月底前	以施工工地和港口码头、机场、物流园区、高排放控制区等为重点，开展非道路移动机械检测 1 000 辆，做到重点场所全覆盖
用地结构调整	扬尘综合治理	建筑扬尘治理	长期坚持	严格落实施工工地“六个百分之百”要求
		施工扬尘管理清单	长期坚持	定期动态更新施工工地管理清单
		施工扬尘监管	长期坚持	5 000 米^{2}以上建筑工地全部安装在线监测和视频监控，并与当地行业主管部门联网
		道路扬尘综合整治	长期坚持	市城区道路机械化清扫率达到 90%，县城达到 90%。加强日常保洁，高质量做好路面保洁工作，加大洗扫、洒水频次，对城区道路开展综合整治活动。针对秋冬季大气污染防治继续充分发挥机械化作业优势，利用夜间道路车辆、行人少，对有冲洗条件的道路、辅道及人行道进行冲洗。做好国省干线道路保洁
		渣土运输车监管	全年	严厉打击无资质、标识不全、故意遮挡或污损车牌等渣土车违法行为。严格渣土运输车辆规范化管理，渣土运输车做到全密闭
		露天堆场扬尘整治	全年	全面清理城乡接合部以及城中村拆迁的渣土和建筑垃圾，不能及时清理的必须采取密目网覆盖等抑尘措施
		强化降尘量控制	全年	建立降尘考核制度，各县（市、区）月均降尘量同比明显减少
	秸秆综合利用	加强秸秆焚烧管控	长期坚持	建立网格化监管制度，在秋收阶段开展秸秆禁烧专项巡查
		加强秸秆综合利用	全年	2019 年底秸秆综合利用率达到 91.5%

类别	重点工作	主要任务	完成时限	工　程　措　施
工业炉窑大气污染综合治理	建立清单	工业炉窑排查	2019 年 9 月底前	开展新一轮拉网式排查，进一步完善各类工业炉窑管理清单
	制定方案	制定实施方案	2019 年 9 月底前	制定工业炉窑大气污染综合治理实施方案，明确治理要求，细化任务分工，确定分年度重点项目
	淘汰一批	煤气发生炉淘汰	2019 年 12 月底前	淘汰煤气发生炉 4 台
		燃煤加热、烘干炉（窑）淘汰	2019 年 12 月底前	阳谷县鲁西化工第五化肥厂 8 台热风炉全部淘汰
	清洁能源替代一批	工业炉窑清洁能源替代（清洁能源包括天然气、电、集中供热等）	2019 年 12 月底前	继续推进电能、天然气替代燃煤和燃油
	治理一批	炭素行业深度治理	2019 年 10 月底前	完成炭素行业焙烧炉废气深度治理 5 台（产能 41 万吨）
		钢压延行业炉窑改造	2019 年 12 月底前	全市 105 家钢压延企业燃气炉窑完成炉外脱硝改造
	监控监管	工业炉窑专项执法	2019 年 11 月底前	开展专项执法检查
VOCs 治理	重点工业行业 VOCs 综合治理	源头替代	2019 年 12 月底前	1 家工业涂装企业完成低 VOCs 含量涂料替代
		无组织排放控制	2019 年 10 月底前	全市 281 家涉 VOC_S 企业完成挥发性有机物治理工作
		治污设施建设	2019 年 12 月底前	1 家化工企业建设适宜高效的治污设施
		精细化管控	2019 年 12 月底前	严格按照聊城市“十三五”挥发性有机物治理工作方案要求，开展对涉 VOCs 企业实施精细化管控。1 家化工企业、2 家工业涂装企业、1 家包装印刷企业、1 家炭素企业、2 家其他企业主要排污口安装自动监控设施共 7 套
	油品储运销综合治理	油气回收治理	2019 年 10 月底前	开展加油站、储油库油气回收设施运行情况专项检查，确保设施正常运行
	工业园区和企业集群综合治理	集中治理	2019 年 12 月底前	高端装备产业园、电机产业园等 2 个园区建设集中涂装中心，配备高效废气治理设施，代替分散的涂装工序
		统一管控	2019 年 12 月底前	鲁西集团建设监测预警监控体系，开展溯源分析，推广实施恶臭电子鼻监控预警
	监测监控	自动监控设施安装	2019 年 12 月底前	8 家企业安装 VOCs 自动监控设施 9 套

类别	重点工作	主要任务	完成时限	工　程　措　施
重污染天气应对	修订完善应急预案及减排清单	完善重污染天气应急预案	2019 年 10 月底前	修订完善重污染天气应急预案
		完善应急减排清单，夯实应急减排措施	2019 年 10 月底前	完成重点行业绩效分级，完成应急减排清单编制工作，落实“一厂一策”等各项应急减排措施
	应急运输响应	重污染天气移动源管控	2019 年 11 月 15 日前	加强源头管控，根据实际情况，制定日重型柴油货车使用量 10 辆以上企业、铁路货场、物流园区的重污染天气车辆管控措施，并安装门禁监控系统；建设完成重污染天气车辆管控平台
能力建设	完善环境监测监控网络	环境空气质量监测网络建设	2019 年 9 月底前	增设环境空气质量自动监测站点 11 个
		环境空气 VOCs 监测	2019 年 12 月底前	按照省厅相关部署开展工作
		遥感监测系统平台三级联网	长期坚持	机动车遥感监测系统稳定传输数据
		定期排放检验机构三级联网	长期坚持	市级机动车检验机构监管平台实现监测视频监控、防作弊报警提示、数据统计分析、检测机构管理、车辆环保信息管理，实现三级联网。对超标排放车辆开展大数据分析，追溯相关方责任
		重型柴油车车载诊断系统远程监控系统建设	全年	推进重型柴油车车载诊断系统远程监控系统建设和终端安装
		环境空气质量预测预警平台	2019 年 12 月底前	建设环境空气质量预测预警信息系统，安装 3 台颗粒物气溶胶雷达
		道路空气质量检测	2019 年 12 月底前	在主要物流通道建设 1 个道路空气质量监测站
	源排放清单编制	编制大气污染源排放清单	2019 年 9 月底前	完成更新 2018 年大气污染源排放清单编制
	颗粒物来源解析	开展 $PM_{2.5}$ 来源解析	2019 年 9 月底前	完成 2018 年城市大气污染颗粒物源解析

山东省滨州市2019—2020年秋冬季大气污染综合治理攻坚行动方案

类别	重点工作	主要任务	完成时限	工程措施
产业结构调整	“两高”行业产能控制	压减钢铁产能	2019年12月底前	落实省钢铁产能调整方案要求，保留下来的钢铁企业加快超低排放改造
		压减焦炭产能	2019年12月底前	落实省焦炭产能调整方案要求
	“散乱污”企业和集群综合整治	“散乱污”企业综合整治	2019年9月底前	完善“散乱污”企业动态管理机制，实行网格化管理，压实基层责任，发现一起查处一起
		企业集群综合整治	2019年12月底前	完成阳信县、无棣县废塑料加工，邹平县砖瓦等企业集群综合整治，同步完成区域环境整治工作
	工业源污染治理	实施排污许可	2019年12月底前	完成污水处理厂、汽车制造等19个行业排污许可证核发
		无组织排放治理	2019年12月底前	山东鲁北化工股份有限公司（年生产30万吨水泥）完成运输、装卸、储存、转移、输送以及生产工艺过程等无组织排放的深度治理。魏桥创业集团电解铝生产车间配备封闭高效烟气收集系统，实现残极冷却烟气有效处理
		工业园区综合整治	2019年12月底前	对滨州工业园开展突出环境问题综合整治，集中开展全面排查，对工业异味等环境问题突出企业，建立“一企一策”台账，开展集中整治
能源结构调整	清洁取暖	清洁能源替代散煤	2019年10月底前	完成清洁取暖8.31万户，其中煤改气6.5万户、煤改电1.6万户、集中供热替代0.21万户
		煤质监管	全年	加强部门联动，严厉打击劣质煤流通、销售和使用。煤质抽检覆盖率不低于90%，对抽检发现经营不合格散煤行为的，依法处罚
	高污染燃料禁燃区	调整扩大禁燃区范围	2019年12月底前	将禁燃区范围扩大至沾化区城区，依法对违规使用高污染燃料的单位进行处罚
	煤炭消费总量控制	煤炭消费总量削减	全年	出台煤炭总量控制方案，完成省下达的煤炭消费总量控制任务
		淘汰落后燃煤机组	2019年12月底前	淘汰落后燃煤机组2台，装机规模共计12万千瓦
	锅炉综合整治	锅炉管理台账	全年	动态更新锅炉管理台账
		淘汰燃煤锅炉	2019年11月15日前	淘汰燃煤锅炉18台358.2蒸吨，全市范围内基本淘汰35蒸吨以下燃煤锅炉（民生供暖除外）
		燃气锅炉低氮改造	2019年12月底前	完成燃气锅炉低氮改造53台215蒸吨
		生物质锅炉	2019年12月底前	完成生物质锅炉超低排放改造1台130蒸吨

类别	重点工作	主要任务	完成时限	工程措施
运输结构调整	运输结构调整	提升铁路货运量	2019年12月底前	按照运输结构调整方案提升铁路货运量要求，年底前铁路货运量达到499万吨，增长10%以上
		加快铁路专用线建设	2019年12月底前	开展大宗货物年货运量150万吨及以上的大型工矿企业和物流园区摸底调查，按照宜铁则铁的原则，研究推进大宗货物“公转铁”方案。2019年底力争完成滨港铁路二期工程建设，邹平货运铁路专用线、北海经济开发区货运铁路专用线开工建设
		发展新能源车	全年	新增公交、环卫、邮政、出租、通勤、轻型城市物流车辆中新能源车比例达到80%
			2019年12月底前	港口、铁路货场等新增或更换作业车辆全部采用新能源或清洁能源，新增清洁能源车辆达到国六标准
		老旧车淘汰	2019年12月底前	大力推进国三及以下排放标准营运柴油货车提前淘汰更新，加快淘汰采用稀薄燃烧技术和“油改气”的老旧燃气车辆
	车船燃油品质改善	油品和尿素质量抽查	2019年12月底前	强化油品质量监管，按照年度抽检计划，在全市加油站（点）抽检车用汽柴油不少于3 000个批次，实现年度全覆盖。开展对大型工业企业自备油库油品质量专项检查，对发现的问题依法依规进行处置。从高速公路、国道、省道沿线加油站抽检尿素100次以上
		打击黑加油站点	2019年12月底前	开展打击黑加油站点行动，试点开展成品油网格化监管。从柴油货车油箱和尿素箱抽取检测柴油样品和车用尿素样品各100个以上
	在用车环境管理	在用车执法监管	长期坚持	秋冬季期间监督抽测柴油车数量不低于当地柴油车保有量的80%，加大对车辆集中停放地和重点用车大户的监督检查，抽检柴油车数量300辆以上
			2019年10月底前	部署多部门全天候综合检测站4个，覆盖主要物流通道和城市入口，并投入运行
			2019年12月底前	对排放检验机构监管全覆盖
			2019年10月底前	建立超标柴油车黑名单，将遥感监测（含黑烟抓拍）、路检执法发现的超标车辆纳入黑名单，与公安交管、交通运输部门信息共享，实现动态管理。推广使用“驾驶排放不合格的机动车上路行驶的”的交通违法处罚代码6063，由生态环境部门取证，公安交管部门对路检路查和黑烟抓拍发现的上路行驶超标车辆进行处罚，并由交通运输部门负责强制维修
	非道路移动机械环境管理	高排放控制区	2019年12月底前	划定并公布禁止使用高排放非道路移动机械的区域，并严格执行
		备案登记	2019年12月底前	完成非道路移动机械摸底调查和编码登记
		排放检验	2019年12月底前	以施工工地、港口码头、物流园区、高排放控制区为重点，开展非道路移动机械检测500辆以上
		港口岸电	2019年12月底前	建成港口岸电设施21个
用地结构调整	矿山综合整治	强化露天矿山综合治理	长期坚持	对污染治理不规范的露天矿山，依法责令停产整治，不达标不得恢复生产。对责任主体灭失露天矿山迹地进行综合治理
	扬尘综合治理	施工扬尘治理	长期坚持	严格落实施工工地“六个百分之百”要求，市政、道路、水利等线性工程实施分段施工和湿法作业，城乡接合部及国、省道两侧开展路域治理

类别	重点工作	主要任务	完成时限	工　程　措　施
用地结构调整	扬尘综合治理	施工扬尘管理清单	长期坚持	定期动态更新施工工地管理清单
		施工扬尘监管	长期坚持	5 000 米^2 及以上建筑工地全部安装在线监测和视频监控，并与当地行业主管部门联网
		道路扬尘综合整治	长期坚持	主城区道路主次干道机械化清扫率达到 100%，县城主次干道达到 80%
		渣土运输车监管	全年	严厉打击无资质、标识不全、故意遮挡或污损车牌等渣土车违法行为。严格渣土运输车辆规范化管理，渣土运输车做到全密闭
		露天堆场扬尘整治	全年	全面清理城乡接合部以及城中村拆迁的渣土和建筑垃圾，不能及时清理的必须采取苫盖等抑尘措施
		强化降尘量控制	全年	全市及各县（市、区）降尘量控制在 9 吨/（月・千米^2）
	秸秆综合利用	加强秸秆焚烧管控	长期坚持	建立网格化监管制度，在秋收阶段开展秸秆禁烧专项巡查
		加强秸秆综合利用	2019 年 12 月底前	秸秆综合利用率达到 92.5%
工业炉窑大气污染综合治理	建立清单	工业炉窑排查	2019 年 9 月底前	再次开展拉网式排查，建立各类工业炉窑管理清单
	制定方案	制定实施方案	2019 年 10 月底前	结合国家、省有关要求，重新修订炉窑整治方案
	整治一批	电解铝企业整治	2019 年 9 月底前	魏桥创业集团下属电解铝生产线全部配备脱硫设施
		氧化铝企业整治	2019 年 11 月 15 日前	魏桥创业集团下属氧化铝生产线全部配备脱硝设施
	监控监管	监测监控	2019 年 12 月底前	建材行业安装自动监控设备共 7 套
		工业炉窑专项执法	2019 年 12 月底前	开展专项执法检查
VOCs 治理	重点工业行业 VOCs 综合治理	治污设施建设	2019 年 12 月底前	推进重点石化企业挥发性有机物（VOCs）深度治理，完成废水和循环水系统、储罐、油品装卸环节油气回收等治理工作，并按照《石化企业泄漏检测与修复工作指南》开展 LDAR 工作
	油品储运销综合治理	油气回收治理监管	2019 年 10 月底前	对加油站、储油库、油罐车油气回收治理设施开展专项检查，严厉打击油气回收设施不正常运行行为
		自动监控设备安装	2019 年 12 月底前	推进 5 家年销售汽油量大于 5 000 吨的加油站油气回收自动监控设备与生态环境部门联网
	工业园区和企业集群综合治理	集中治理	2019 年 10 月底前	博兴县对烘干工序采取 VOCs 催化焚烧工艺的彩钢板生产企业加强监管，对偷排偷放或设施不正常运行的，依法从严处罚，并责令企业停产整治。邹平市加强对家具集中喷涂中心监管，确保治污设施正常运行
		统一管控	2019 年 12 月底前	石化、有机化工等重点企业在主要排污口自动监测设备增加 VOCs 监测指标，并与生态环境部门联网；涉 VOCs 重点企业安装厂界监测设备

类别	重点工作	主要任务	完成时限	工　程　措　施
VOCs治理	监测监控	自动监控设施安装	2019年12月底前	8家企业安装VOCs自动监控设施
重污染天气应对	修订完善应急预案及减排清单	完善重污染天气应急预案	2019年10月底前	修订完善重污染天气应急预案
		完善应急减排清单，夯实应急减排措施	2019年10月底前	完成重点行业绩效分级，完成应急减排清单编制工作，落实“一厂一策”等各项应急减排措施
	应急运输响应	重污染天气移动源管控	2019年10月底前	加强源头管控，根据实际情况，制定重点用车企业重污染天气车辆管控措施，魏桥创业集团下属火电、电解铝、氧化铝企业及西王金属科技有限公司、山东传洋集团有限公司、山东广富集团有限公司建立门禁系统，推进其他重点用车企业门禁系统安装和重污染天气车辆管控平台建设，并纳入市级智慧环保监控平台
能力建设	完善环境监测监控网络	环境空气质量监测网络建设	2019年9月底前	92个乡镇空气质量监测站投入运行
		遥感监测系统平台三级联网	2019年9月底前	完成6套遥感监测设备安装并联网传输数据
		定期排放检验机构三级联网	长期坚持	市级机动车检验机构监管平台实现检测视频监控、防作弊报警提示、数据统计分析、检测机构管理、车辆环保信息管理，实现三级联网
		重型柴油车车载诊断系统远程监控系统建设	全年	推进重型柴油车车载诊断系统远程监控系统建设和终端安装
	源排放清单编制	编制大气污染源排放清单	2019年9月底前	动态更新2018年大气污染源排放清单编制
	颗粒物来源解析	开展$PM_{2.5}$来源解析	2019年9月底前	完成2018年城市大气污染颗粒物源解析

山东省菏泽市2019—2020年秋冬季大气污染综合治理攻坚行动方案

类别	重点工作	主要任务	完成时限	工　程　措　施
产业结构调整	产业布局调整	化工行业整治	2019年10月底前	围绕化工企业新一轮评级评价结果运用，督促各县区制定“三个一批”名单计划，推动186家企业改造提升，将51家企业纳入关闭淘汰计划
		木材加工企业转型升级	2019年10月底前	以木材加工企业产业结构提升为重点，对不符合相关产业政策、环保要求或整改无望，依法列入关停取缔范围，制定菏泽市木材加工企业转型升级方案。对木材加工企业相对集中的郓城县黄安镇从产业提升方面进行对口帮扶
	“散乱污”企业和集群综合整治	“散乱污”企业综合整治	2019年12月底前	完善“散乱污”企业动态管理机制，实行网格化管理，压实基层责任，发现一起查处一起
		企业集群综合整治	2019年12月底前	完成定陶区铸造、郓城县废塑料加工、企业集群综合整治，同步完成区域环境整治工作
	工业源污染治理	实施排污许可	2019年12月底前	按照国家、省统一安排完成排污许可证核发工作
		木材加工企业环境污染专项整治	2019年10月底前	以消除木材加工企业一企一锅炉、VOCs达标排放和粉尘污染为整治重点，制定菏泽市木材加工企业环境污染专项整治方案。对木材加工企业相对集中的曹县庄寨镇，从环境污染整治方面进行对口帮扶
能源结构调整	清洁取暖	清洁能源替代散煤	2019年12月底前	完成散煤治理13.1万户，其中气代煤1.44万户、电代煤2.7万户、集中供热替代6.8万户、地热能源替代0.04万户、其他清洁能源替代2.12万户
		煤质监管	全年	加强部门联动，严厉打击劣质煤流通、销售和使用。煤质抽检覆盖率不低于90%，对抽检发现经营不合格散煤行为的，依法处罚
	高污染燃料禁燃区	调整扩大禁燃区范围	2019年12月底前	依法对违规使用高污染燃料的单位进行处罚
	煤炭消费总量控制	煤炭消费总量削减	全年	完成省下达的煤炭压减任务
	锅炉综合整治	锅炉管理台账	2019年12月底前	完善锅炉管理台账
		淘汰燃煤锅炉	2019年12月底前	全市基本淘汰35蒸吨以下燃煤锅炉，合计58台1 023.5蒸吨
		燃气锅炉低氮改造	2019年12月底前	每小时10蒸吨及以上燃气锅炉低氮改造完成16台237蒸吨
		生物质锅炉	2019年10月底前	严格执行《山东省锅炉大气污染物排放标准》（DB 37/2374—2018）
运输结构调整	运输结构调整	提升铁路货运量	2019年12月底前	落实省运输结构调整方案的铁路货运量提升要求，确保到2020年底，铁路货运周转量占比较2017年提升7个百分点

类别	重点工作	主要任务	完成时限	工程措施
运输结构调整	运输结构调整	加快铁路专用线建设	2019 年 12 月底前	开展大宗货物年货运量 150 万吨及以上的大型工矿企业和物流园区摸底调查，按照宜铁则铁、宜水则水的原则，研究推进大宗货物“公转铁”或“公转水”方案。加快推进济铁菏泽物流园区、巨野港洙水河航道麒麟作业区、大唐山东发电有限公司铁路专用线建设，有步骤、有条件地规划建设铁路专用线，实现公、铁、水一体转运模式；筹建东明石化集团华汪电厂铁路专用线
		发展新能源车	全年	持续推进新增公交、环卫、邮政、出租、通勤、轻型城市物流车新能源化；2019 年完成投入城市新能源公交 100 辆，城际公交新能源 120 辆
		老旧车淘汰	2019 年 12 月底前	大力推进国三及以下排放标准营运柴油货车提前淘汰更新，加快淘汰采用稀薄燃烧技术和“油改气”的老旧燃气车辆
	车船燃油品质改善	油品质量抽查	2019 年 12 月底前	强化油品质量监管，按照年度抽检计划，在全市加油站（点）抽检车用汽柴油共计 1 500 批次，实现年度全覆盖。加大企业自备油库专项检查。每季度监督检查 1 次，从高速公路、国道、省道沿线加油站抽检尿素 100 批次以上
		打击黑加油站点	2019 年 12 月底前	根据省市推进成品油市场整治系列方案要求，开展打击黑加油站点专项行动，试点开展成品油网格化监管。从柴油货车油箱和尿素箱抽取检测柴油样品和车用尿素样品各 100 个以上
	在用车环境管理	在用车执法监管	长期坚持	监督抽测柴油车数量不低于当地柴油车保有量的 80%。加大对车辆集中停放地和重点单位入户检查力度，实现重点用车大户全覆盖
			2019 年 9 月底前	部署多部门全天候综合检测站 4 个，覆盖主要物流通道和城市入口，并投入运行
			2019 年 12 月底前	检查排放检验机构 56 个，实现排放检验机构监管全覆盖
			2019 年 10 月底前	建立超标柴油车黑名单，将遥感监测（含黑烟抓拍）、路检执法发现的超标车辆纳入黑名单，与交管、交通部门信息共享，实现动态管理，严禁超标车辆上路行驶、进出重点用车企业。推广使用“驾驶排放不合格的机动车上道路行驶的”交通违法处罚代码 6063，由生态部门取证，公安交管部门对路检路查和黑烟抓拍发现的上路行驶超标车辆进行处罚，并由交通部门负责强制维修
	非道路移动机械环境管理	高排放控制区	2019 年 12 月底前	调整禁止使用高排放非道路移动机械的区域，并严格执行
		备案登记	2019 年 12 月底前	完成非道路移动机械摸底调查和编码登记
		排放检验	2019 年 12 月底前	以施工工地和物流园区、高排放控制区等为重点，每月开展非道路移动机械检测，实现重点场所全覆盖

类别	重点工作	主要任务	完成时限	工　程　措　施
用地结构调整	矿山综合整治	强化露天矿山综合治理	长期坚持	对责任主体灭失露天矿山迹地进行综合治理
	扬尘综合治理	建筑扬尘治理	长期坚持	严格落实施工工地“七个百分之百”要求。全面开展施工扬尘治理，严肃查处相关违法违规行为，有效解决房屋建筑、市政基础设施建设及建筑物拆除工地施工扬尘突出问题。10月底前对所有建筑拆迁工地进行全面检查，对未落实建筑工地“七个百分之百”、拆迁工地“五个百分之百”标准要求的，依法从严处罚，公开曝光并记入其诚信档案，情节严重的责令停工，直至清除出我市建筑市场，坚决遏制各类建筑拆迁工地扬尘污染。切实建立施工扬尘治理长效机制，对所有房屋拆除施工、建筑施工、市政工程实行专人包工地制度，并在工地显著位置公开责任人与联系方式，接受社会监督
		施工扬尘管理清单	长期坚持	定期动态更新施工工地管理清单
		施工扬尘监管	长期坚持	5 000 米^{2}及以上建筑工地全部安装在线监测和视频监控，并与当地行业主管部门联网
		道路扬尘综合整治	长期坚持	全面实行“机械化清扫+全天候人工保洁”道路保洁模式，最大限度降低道路积尘负荷，确保道路保持整洁、不起尘。国省道全部实施第三方保洁，全面提升道路保洁水平。道路机械化清扫率达到90%，县城达到80%
			2019年10月底前	10月底前开展道路深度清洗行动，采取机械化清洗和人工洗刷相结合、人工扶泵冲洗和人工清扫洗刷相结合的方式，确保道路、人行道、路侧石等无明显积尘
		渣土运输车监管	全年	严厉打击无资质、标识不全、故意遮挡或污损车牌等渣土车违法行为。严格渣土运输车辆规范化管理，渣土运输车做到全密闭
		露天堆场扬尘整治	全年	全面清理城乡接合部以及城中村拆迁的渣土和建筑垃圾，不能及时清理的必须采取苫盖等抑尘措施
		强化降尘量控制	全年	各县区降尘量控制在9吨/（月·千米^2）
	秸秆综合利用	加强秸秆焚烧管控	长期坚持	建立网格化监管制度，在秋收阶段开展秸秆禁烧专项巡查
		加强秸秆综合利用	全年	秸秆综合利用率达到91%
工业炉窑大气污染综合治理	建立清单	工业炉窑排查	2019年9月底前	动态更新各类工业炉窑清单
	制定方案	制定实施方案	2019年9月底前	根据省方案更新我市方案
	清洁能源替代一批	工业炉窑清洁能源替代	2019年12月底前	完成搪瓷行业搪瓷炉（窑）1台1 000万只/年电能替代；完成基础化学原料制造行业2台各30吨混燃炉天然气替代；完成建材行业山东建科管桩有限公司1台10吨天然气炉（窑）集中供热替代
	治理一批	工业炉窑废气深度治理	2019年12月底前	完成2台198万吨产能焦化企业焦化炉（窑）废气深度治理；完成8家砖瓦企业废气深度治理
	监控监管	监测监控	2019年12月底前	砖瓦等行业安装自动监控系统共150套
		工业炉窑专项执法	2019年10月底前	开展专项执法检查

类别	重点工作	主要任务	完成时限	工　程　措　施
VOCs 治理	重点工业行业 VOCs 综合治理	无组织排放控制	2019 年 12 月底前	3 家化工企业通过采取设备与场所密闭、工艺改进、废气有效收集等措施，完成 VOCs 无组织排放治理
		精细化管控	2019 年 12 月底前	制定菏泽市 VOCs 治理方案，重点推进石化、化工、包装印刷、工业涂装等重点行业 VOCs 污染防治，坚持有组织与无组织双管控，实施固定污染源排污许可，强化环境监察执法能力，源头严防，过程严控，末端严管，标本兼治，分业施策，建立 VOCs 污染防治长效机制。东明石化按照“一厂一策”要求制定 VOCs 专项治理方案
	油品储运销综合治理	油气回收治理	2019 年 10 月底前	开展专项执法检查，确保油气回收治理设施运行效率和运行效果
		自动监控设备安装	2019 年 10 月底前	年销售汽油量大于 5 000 吨的加油站安装油气回收自动监控设备，并推进与生态环境部门联网
	工业园区和企业集群综合治理	统一管控	2019 年 12 月底前	市经济技术开发区建设监测预警监控系统
重污染天气应对	修订完善应急预案及减排清单	完善重污染天气应急预案	2019 年 9 月底前	修订完善重污染天气应急预案
		完善应急减排清单，夯实应急减排措施	2019 年 9 月底前	完成重点行业绩效分级，完成应急减排清单编制工作，落实“一厂一策”等各项应急减排措施
	应急运输响应	重污染天气移动源管控	2019 年 10 月 15 日前	加强源头管控，根据实际情况，制定重点用车企业重污染天气移动源管控措施，并安装门禁监控系统。筹建重污染天气车辆管控平台
能力建设	完善环境监测监控网络	环境空气质量监测网络建设	2019 年 10 月底前	实现环境空气质量自动监测站点乡镇全覆盖
		遥感监测系统平台三级联网	长期坚持	机动车遥感监测系统稳定传输数据
		定期排放检验机构三级联网	长期坚持	机动车检验机构监管平台实现检测视频监控、防作弊报警提示、数据统计分析、检测机构管理、车辆环保信息管理，实现三级联网。对超标排放车辆开展大数据分析
		重型柴油车车载诊断系统远程监控系统建设	全年	推进重型柴油车车载诊断系统远程监控系统建设和终端安装
		道路空气质量检测	2019 年 12 月底前	在主要物流通道建设道路空气质量监测站 56 个
	源排放清单编制	编制大气污染源排放清单	2019 年 12 月底前	动态更新 2018 年大气污染源排放清单
	颗粒物来源解析	开展 $PM_{2.5}$ 来源解析	2019 年 12 月底前	开展 2018 年大气污染颗粒物源解析

河南省郑州市2019—2020年秋冬季大气污染综合治理攻坚行动方案

类别	重点工作	主要任务	完成时限	工程措施
产业结构调整	产业布局调整	建成区重污染企业搬迁	2019年12月底前	郑州联创工业防护材料有限公司、郑州金杯塑粉制造有限公司、巩义市金环实业公司等3家企业实现关停
	“两高”行业产能控制	压减水泥产能	2019年12月底前	压减水泥产能36万吨
		压减电解铝产能	2019年12月底前	压减电解铝产能10万吨
	“散乱污”企业和集群综合整治	“散乱污”企业综合整治	2019年12月底前	完善“散乱污”企业动态管理机制，实行网格化管理，压实基层责任，发现一起查处一起
		企业集群综合整治	2019年12月底前	完成经开区家具和木材加工，巩义市耐火材料、铸造、石材加工等企业集群综合整治，同步完成区域环境整治工作
	工业源污染治理	实施排污许可	2019年12月底前	完成肥料制造、汽车制造、电池制造等3个行业排污许可证核发
		钢铁超低排放	2019年9月底前	完成河南昌泰不锈钢板有限公司烧结、热风炉、轧钢工序超低排放改造，郑州永通特钢有限公司烧结、热风炉工序超低排放改造，河南荥阳广武特钢厂轧钢工序超低排放改造
		无组织排放治理	2019年12月底	推进钢铁企业、水泥企业等无组织排放的深度治理
		工业园区综合整治	2019年12月底前	树立行业标杆，制定综合整治方案，完成登封市集聚区、马寨集聚区等6个产业集聚区集中整治，同步推进园区环境综合整治和企业升级改造
		深度治理	2019年12月底前	完成200家工业企业的深度治理
能源结构调整	清洁取暖	清洁能源替代散煤	2019年10月底前	完成散煤治理2万户，其中气代煤0.2万户、电代煤1.8万户
		煤质监管	全年	加强部门联动，严厉打击劣质煤流通、销售和使用。煤质抽检覆盖率不低于90%，对抽检发现经营不合格散煤行为的，依法处罚
	高污染燃料禁燃区	严格落实禁燃区规定	2019年12月底前	严格落实《郑州市人民政府办公厅关于印发郑州市高污染燃料禁燃区管理实施办法的通知》（郑政办〔2015〕52号）、《关于进一步加强高污染燃料禁燃区管理工作的通知》（郑环攻坚办〔2017〕170号），对违规使用高污染燃料的单位依法进行处理
	煤炭消费总量控制	煤炭消费总量削减	全年	全市2019年煤炭消费总量年底控制在省下达的目标以内
		淘汰不达标燃煤机组	2019年12月底前	淘汰落后燃煤机组5台71万千瓦
	锅炉综合整治	锅炉管理台账	2019年9月底前	完善锅炉管理台账
		淘汰燃煤锅炉	2019年9月底前	淘汰2台，共35蒸吨燃煤锅炉
		燃气锅炉低氮改造	2019年12月底前	完成燃气锅炉低氮改造200台

类别	重点工作	主要任务	完成时限	工　程　措　施
运输结构调整	运输结构调整	提升铁路货运量	2019 年 12 月底前	落实本省运输结构调整方案的铁路货运量提升要求。扩大干支线铁路运能供给，推动铁路货场扩容改造，加强铁路运输组织，规范铁路短驳运输，提升铁路货运服务水平。完成到 2020 年比 2017 年铁路年货运量增加 648 万吨的省定目标
		加快铁路专用线建设	2019 年 12 月底前	稳步推进郑东新区热电有限公司铁路专用线、郑州新力电力有限公司异地迁建燃煤供热机组铁路专用线、河南储备物资管理局七三七处铁路专用线、中国石化润滑油有限公司郑州分公司铁路专用线、郑州中车四方轨道车辆有限公司专用铁路等五条铁路专用线建设。开展大宗货物年货运量 150 万吨及以上的大型工矿企业和物流园区摸底调查，研究推进大宗货物“公转铁”方案
		发展新能源车	2019 年 12 月底前	新增公交 740 台、环卫 50 台新能源车
		老旧车淘汰	全年	大力推进国三及以下排放标准营运柴油货车提前淘汰更新，加快淘汰采用稀薄燃烧技术和“油改气”的老旧燃气车辆
	车船燃油品质改善	油品、车用尿素质量抽查	2019 年 12 月底前	强化油品质量监管，按照年度抽检计划，在全市加油站（点）抽检车用汽柴油共计 500 个批次，实现年度全覆盖；从高速公路、国道、省道沿线加油站抽检尿素 72 次以上。开展大型工业企业、机场自备油库油品质量检查，对发现的问题依法依规进行处置
		开展成品油市场专项整治	2019 年 10 月底前	深入开展成品油市场专项整治工作，10 月底前开展新一轮成品油黑窝点、流动加油车整治。专项整治期间，从柴油货车油箱和尿素箱抽取检测柴油样品和车用尿素样品各 100 个以上，持续打击非法加油行为，防止死灰复燃
		在用车执法监管	长期坚持	秋冬季期间监督抽测柴油车数量不低于当地柴油车保有量的 80%，加大对车辆集中停放地和重点用车大户的抽检力度
			2019 年 10 月底前	部署多部门全天候综合检测站 20 个，覆盖主要物流通道和城市入口，并投入运行
			2019 年 12 月底前	检查排放检验机构每月每个机构 2 次，实现排放检验机构监管全覆盖
			2019 年 10 月底前	建立超标柴油车黑名单，将遥感监测（含黑烟抓拍）、路检执法发现的超标车辆纳入黑名单，实现动态管理，严禁超标车辆上路行驶、进出重点用车企业。推广使用“驾驶排放不合格的机动车上道路行驶的”交通违法处罚代码 6063，由生态环境部门取证，公安交管部门对路检路查和黑烟抓拍发现的上路行驶违法超标车辆进行处罚，并由交通部门强制维修
	非道路移动机械环境管理	高排放控制区监管	2019 年 12 月底前	严格落实高排放控制区要求，开展监督执法工作
		备案登记	2019 年 12 月底前	完成非道路移动机械摸底调查和编码登记
		排放检验	2019 年 12 月底前	以施工工地、机场、物流园区、高排放控制区等为重点，开展非道路移动机械检测不少于 2 400 辆，做到重点场所全覆盖
		机场岸电	2019 年 12 月底前	机场岸电廊桥 APU 建设 81 个，做到全覆盖，使用率达到 60%

类别	重点工作	主要任务	完成时限	工程措施
用地结构调整	矿山综合整治	强化露天矿山综合治理	长期坚持	对污染治理不规范的露天矿山，依法责令停产整治，不达标不得恢复生产。对责任主体灭失露天矿山迹地进行综合治理
	扬尘综合治理	建筑扬尘治理	长期坚持	严格落实施工工地“八个百分之百”要求
		施工扬尘管理清单	长期坚持	定期动态更新施工工地管理清单
		施工扬尘监管	长期坚持	单体建筑面积达到 3 000 米^{2}以上，或者群体建筑面积 5 000 米^{2}及以上建筑工地全部安装在线监测和视频监控，并与当地行业主管部门联网
		道路扬尘综合整治	长期坚持	地级及以上城市道路机械化清扫率达到 90%，县城达到 80%
		渣土运输车监管	全年	严厉打击未办理核准手续的施工工地，打击无资质、无核准手续清运车辆，加强治理道路遗撒、未密闭、未冲洗上路等渣土车违法违规行为，严格渣土运输车辆规范化管理
		露天堆场扬尘整治	全年	全面清理城乡接合部以及城中村拆迁的渣土和建筑垃圾，不能及时清理的必须采取苫盖等抑尘措施
		强化降尘量控制	全年	全市及各县（市、区）降尘量控制在 9 吨/（月·千米^2）
	秸秆综合利用	加强秸秆焚烧管控	长期坚持	建立网格化监管制度，在秋收阶段开展秸秆禁烧专项巡查
		加强秸秆综合利用	全年	秸秆综合利用率达到 93%
工业炉窑大气污染综合治理	监控监管	监测监控	2019 年 12 月底前	火电、钢铁、水泥、炭素、玻璃、砖瓦窑、燃煤（生物质、天然气）锅炉、耐材、冶炼等行业 400 家企业安装自动监控系统
		工业炉窑专项执法	2020 年 3 月底前	开展专项执法检查
VOCs 治理	重点工业行业 VOCs 综合治理	源头替代	长期坚持	引导鼓励工业涂装、整车制造等行业完成低 VOCs 含量涂料替代、包装印刷企业完成低 VOCs 含量油墨替代
		无组织排放控制	2019 年 12 月底前	3 家整车制造、19 家家具制造、5 家机械制造、5 家包装印刷行业、26 家汽修行业、24 家铝加工行业等通过采取设备与场所密闭、工艺改进、废气有效收集等措施，完成 VOCs 无组织排放治理
		治污设施建设	2019 年 12 月底前	3 家整车制造、19 家家具制造、5 家机械制造、5 家包装印刷行业、26 家汽修行业、24 家铝加工行业等建设适宜高效的治污设施。14 家企业安装 VOCs 自动监控设施
		精细化管控	全年	3 家整车制造、19 家家具制造、5 家机械制造、5 家包装印刷行业、26 家汽修行业、24 家铝加工行业等等推行“一厂一策”制度，加强企业运行管理

类别	重点工作	主要任务	完成时限	工程措施
VOCs治理	油品储运销综合治理	油气回收治理	2019年10月底前	对加油站、储油库油气回收设施运行情况开展专项检查
		自动监控设备安装	2019年12月底前	推进年销售汽油量大于5 000吨的加油站安装油气回收自动监控设备安装并联网
	监测监控	自动监控设施安装	2019年12月底前	13家工业涂装企业、1家包装印刷企业主要排污口要安装自动监控设施
重污染天气应对	修订完善应急预案及减排清单	完善重污染天气应急预案	2019年10月底前	修订完善重污染天气应急预案
		完善应急减排清单，夯实应急减排措施	2019年10月底前	完成重点行业绩效分级，完成应急减排清单编制工作，落实“一厂一策”等各项应急减排措施
	应急运输响应	重污染天气移动源管控	2019年10月15日前	加强源头管控，根据实际情况，制定日货车使用量10辆以上企业、铁路货场、物流园区的重污染天气车辆管控措施，并安装门禁监控系统，启动重污染天气车辆管控平台建设
能力建设	完善环境监测监控网络	环境空气质量监测网络建设	长期坚持	网络稳定运行，及时提供监测数据
		遥感监测系统平台三级联网	长期坚持	机动车遥感监测系统稳定传输数据
		定期排放检验机构三级联网	长期坚持	市级机动车检验机构监管平台实现检测视频监控、防作弊报警提示、数据统计分析、检测机构管理、车辆环保信息管理，实现三级联网。对超标排放车辆开展大数据分析，追溯相关方责任
		重型柴油车车载诊断系统远程监控系统建设	全年	推进重型柴油车车载诊断系统远程监控系统建设和终端安装
		推进机场空气质量监测站建设	2019年9月底前	推进郑州新郑国际机场空气质量监测站建设
	源排放清单编制	编制大气污染源排放清单	2019年9月底前	动态更新2018年大气污染源排放清单编制
	颗粒物来源解析	开展$PM_{2.5}$来源解析	2019年9月底前	完成2018年城市大气污染颗粒物源解析

河南省开封市2019—2020年秋冬季大气污染综合治理攻坚行动方案

类别	重点工作	主要任务	完成时限	工程措施
产业结构调整	产业布局调整	建成区重污染企业搬迁	2020年3月底前	启动开封市隆兴化工有限公司、开封天池化工有限公司、中国平煤神马集团开封东大化工有限公司、河南五一化工有限公司、开封市华星化工厂等6家企业搬迁改造，2020年12月底前完成。启动青上化工（开封）有限公司、开封市化学试剂总厂两家企业关闭退出，2020年12月底前完成
		化工行业整治	2019年12月底前	积极开展化工行业整治，禁止新建化工园区。对精细化工产业集聚区进行综合整治，确保稳定达标排放。鼓励晋开化工一分公司和宏大化工提前关停固定床间歇式煤气化炉，宏大化工2019年减少煤炭消费60%
	“散乱污”企业和集群综合整治	“散乱污”企业综合整治	长期坚持	以城乡接合部、县乡接合部为重点，持续开展“散乱污”企业排查整治。完善动态管理机制，实行网格化管理，对新排查出的 “散乱污”企业，实施分类整治，坚决杜绝已取缔的“散乱污”企业死灰复燃
		企业集群综合整治	2019年12月底前	完成祥符区预制板，尉氏县砂石厂、冶炼，鼓楼区废塑料加工，兰考县木材加工，通许县建材，顺河区家具等企业集群综合整治，同步完成区域环境整治工作
	工业源污染治理	实施排污许可	2019年12月底前	完成人造板制造、木质家具制造、竹藤家具制造、汽车制造、电池制造、金属废料和碎屑加工处理等21个行业排污许可证核发
		无组织排放治理	2020年3月底前	全市商砼、砖瓦行业136家工业企业进一步开展物料运输、生产工艺、堆场环节无组织排放深度治理
		工业园区综合整治	2019年12月底前	以点带面，启动精细化工产业集聚区、汴西产业集聚区集中整治，开展现状调查、评估，制定整治方案并推进实施
		工业园区能源替代利用与资源共享	持续推进	启动通许县产业集聚区2×1.5万千瓦生物质热源机组、杞县产业集聚区1×3万千瓦生物质热电联产项目
能源结构调整	清洁取暖	清洁能源替代散煤	2019年12月底前	完成散煤治理4万户，其中气代煤1.15万户、电代煤2.85万户
			2019年10月底前	兰考县推广洁净煤替代散煤，替代1万户1万吨
		煤质监管	长期坚持	依法查处工业企业使用劣质煤违法行为
				兰考县煤质抽检覆盖率不低于90%，对抽检发现经营不合格散煤行为的，依法处罚
	高污染燃料禁燃区	调整扩大禁燃区范围	长期坚持	加强部门联动，继续巩固全行政区域禁煤成果，严厉打击非工业领域煤炭流通、销售违法行为

类别	重点工作	主要任务	完成时限	工　程　措　施
能源结构调整	高污染燃料禁燃区	调整扩大禁燃区范围	2020年3月	兰考县启动全行政区域禁烧散煤工作，2020年底前实现全行政区域散煤禁烧
			长期坚持	依法查处在禁燃区使用高污染燃料违法行为
	煤炭消费总量控制	煤炭消费总量削减	全年	全市2019年煤炭消费总量年底控制在省下达的目标以内
	锅炉综合整治	淘汰燃煤锅炉	2019年12月底前	淘汰或清洁能源替代中型燃煤锅炉9台150蒸吨。全市范围内基本淘汰35蒸吨以下燃煤锅炉
		燃气锅炉低氮改造	2019年12月底前	完成燃气锅炉低氮改造31台159蒸吨。未完成的企业，加严《工业锅炉行业分级管控绩效》到C级进行重污染天气应急减排管理
		生物质锅炉	2019年10月底前	完成生物质锅炉深度治理8台56.2蒸吨
运输结构调整	运输结构调整	提升铁路货运量	2019年12月底前	落实本省运输结构调整方案的铁路货运量提升要求
		加快铁路专用线建设	2019年12月底前	开展大宗货物年货运量150万吨及以上的大型工矿企业和物流园区摸底调查，研究推进大宗货物“公转铁”方案。完成河南晋开化工投资控股集团有限责任公司二分公司15千米铁路专用线最终设计和招投标，尽快启动建设
		发展新能源车	2019年12月底前	新增公交、环卫、邮政新能源车比例达到80%
		老旧车淘汰	全年	大力推进国三及以下排放标准营运柴油货车提前淘汰更新，加快淘汰采用稀薄燃烧技术和“油改气”的老旧燃气车辆
	车船燃油品质改善	油品和车用尿素质量抽查	2019年12月底前	强化油品质量监管，按照年度抽检计划，实现全市加油站（点）抽检车用汽柴油抽检年度全覆盖。从高速公路、国道、省道沿线加油站抽检尿素100次以上。摸排大型工矿企业自备油库建立清单，并开展油品质量专项检查，依法依规关停并妥善拆除不符合要求的自备油库（油罐）和装置
		打击黑加油站点	2019年10月底前	根据省市推进成品油市场整治系列方案要求，开展打击黑加油站点专项行动，对黑加油站点查处取缔工作进行督导。在机动车集中停放地，采取从柴油货车油箱和尿素箱抽取检测柴油样品和车用尿素样品方式，发现黑加油站线索
		船用油品质量调查	2019年12月底前	对码头靠岸船舶燃油抽查率达到50%以上
	在用车环境管理	在用车执法监管	长期坚持	采取入户、路检路查和遥感方式监督抽测柴油车数量不低于当地柴油车保有量的80%，加大对车辆集中停放地和重点用车大户（保有量20辆以上）抽检力度，抽检数量不少于800辆次
			2019年10月底前	主要物流通道部署多部门综合检测站5个以上，并投入运行
			2019年12月底前	检查排放检验机构20个次，实现排放检验机构监管全覆盖

类别	重点工作	主要任务	完成时限	工　程　措　施
运输结构调整	在用车环境管理	在用车执法监管	2019 年 10 月底前	建立超标柴油车黑名单，将遥感监测（含黑烟抓拍）、路检执法发现的超标车辆纳入黑名单，实现动态管理，严禁超标车辆上路行驶、进出重点用车企业。推广使用“驾驶排放不合格的机动车上道路行驶的”交通违法代码 6063，由生态环境部门取证，公安交管部门对路检路查黑烟抓拍发现的上路行驶超标车辆进行处罚，并由交通部门负责强制维修
	非道路移动机械环境管理	高排放控制区监管	2019 年 12 月底前	严格落实高排放控制区管理要求，开展监督执法工作
		备案登记	2019 年 12 月底前	完成非道路移动机械摸底调查和编码登记
		排放检验	2019 年 12 月底前	以施工工地和高排放控制区等为重点，对正常作业的非道路移动机械开展检测，做到重点场所全覆盖
用地结构调整	矿山综合整治	强化黄河滩区扬尘治理	2019 年 10 月底前	加快推进环城生态廊道建设，加强黄河滩区绿化和道路保洁
	扬尘综合治理	建筑扬尘治理	长期坚持	严格落实施工工地“六个百分之百”要求
		施工扬尘管理清单	长期坚持	完善全市施工工地扬尘管控清单，每月动态更新
		加强建筑施工扬尘监管	长期坚持	合同工期三个月及以上、5 000 米^{2}及以上建筑工地全部安装在线监测和视频监控，并与市住房城乡建设局系统监控平台联网，否则新开工地不予办理土石方工程施工手续
		加强线性工程施工扬尘监管	长期坚持	在落实“六个百分之百”的前提下，实施分段施工，施工单元进行全面围挡，施工单元以外作业面全部覆盖，施工工地湿法作业
		强化拆迁（拆违）工地扬尘污染管控	长期坚持	城郊区采取雾炮覆盖喷淋降尘（或相当降尘效果）拆除作业模式；主城区采取提前 72 小时洇透，雾炮覆盖喷淋降尘（或相当降尘效果）拆除作业模式。及时清理拆除的建筑垃圾，不能及时清理的必须采取苫盖等抑尘措施
		道路扬尘综合整治	长期坚持	城市主次干道机械化清扫率 100%，县城主干道机械化清扫率 100%，每日湿扫不少于 2 次，主要道路每日湿扫不少于 2 次。及时修复破损路面，提升国道、省道、乡道、城乡接合部的道路维护水平
		渣土运输车监管	2019 年 10 月底前	严格渣土运输车辆规范化管理，渣土运输做到全密闭、无遗撒。实时监控渣土运输车辆按照规定路线限速行驶。严格查处不按规定路线限速行驶行为
			长期坚持	规范渣土车冲洗，应专人检查渣土车冲洗情况并进行上路前二次清理，杜绝带土上路
				加强渣土运输车辆途径路线道路保洁，运输渣土工地出口 100 米内道路应由工地业主负责，专人随时清扫路面，做到全时段无尘土
				城管执法、公安交警等部门每月开展不少于 4 次联合执法行动，严厉打击无资质、标识不全、故意遮挡或污损车牌，以及遗撒渣土、超速行驶、不按规定路线行驶等渣土车违法行为。严厉查处、顶格处罚违规渣土运输行为

类别	重点工作	主要任务	完成时限	工　程　措　施
用地结构调整	扬尘综合治理	开展城市大清洁专项行动	全年	对居民小区、学校园区、机关和企事业单位办公区等各类庭院进行精细化清扫保洁；加大城中村及城乡接合部环境综合整治。完善环卫基础设施，减少黄土裸露，加大清洁力度；加强对各类广场、公园、绿地等公共场所和河道沟渠、集贸市场、流动商贩、夜市小吃街等区域的清扫保洁力度；开展餐饮油烟污染整治专项行动，查处不安装油烟净化器、不使用油烟净化器或安装假冒伪劣油烟净化器的违法行为。全面禁止城市建成区露天烧烤。加强夜市综合整治，有序推进夜市“退路进店”
		强化降尘量控制	2019 年 12 月底前	全市及各区县降尘量控制在 9.0 吨/（月・千米^2）以下
	秸秆综合利用	加强秸秆焚烧管控	长期坚持	建立网格化监管制度，在秋收阶段开展秸秆禁烧专项巡查
		加强木柴、枯草焚烧管控	长期坚持	实施市县乡村四级管理，落实网格化监管与充分利用蓝天卫士监控系统相结合，严查焚烧枯草、树枝、秸秆行为；加大宣传力度，做好教育引导，移风易俗，杜绝柴木、秸秆烧地锅和烧柴木、枯叶烤火现象
		加强秸秆综合利用	全年	秸秆综合利用率达到 89%
工业炉窑大气污染综合治理	建立清单	工业炉窑排查	2019 年 12 月底前	完善全市工业炉窑管理清单并动态更新。督促企业加大整治力度
	治理一批	工业炉窑废气深度治理	2019 年 12 月底前	完成耐材行业 6 台工业炉窑废气深度治理。未完成的，加严重污染天气应急减排管理，按照黄色应急响应停产要求纳入应急管控
	监控监管	监测监控	2019 年 9 月底前	完成砖瓦窑行业 35 套自动监控系统安装任务
		工业炉窑专项执法	2019 年 12 月底前	开展专项执法检查
VOCs 治理	重点工业行业 VOCs 综合治理	源头替代	2019 年 10 月底前	奇瑞汽车大喷涂车间采用低 VOCs 含量涂料
		无组织排放控制	2019 年 12 月底前	以汴西产业集聚区、精细化工产业集聚区和金明工业园区为重点，推进泄漏检测与修复（LDAR），加强工艺过程和罐区 VOCs 无组织排放收集治理，设备与场所密闭、工艺改进、废气有效收集治理，对化工企业、工业涂装企业、包装印刷企业开展 VOCs 无组织排放深度治理
		治污设施建设	2019 年 12 月底前	9 家企业完成 VOCs 自动监控设施建设
		精细化管控	2020 年 3 月	4 家化工企业、2 家工业涂装企业推行“一厂一策”深度治理，加强企业运行管理
	油品储运销综合治理	油气回收治理	2019 年 10 月底前	对加油站、储油库油气回收治理设施运行情况开展专项检查
		自动监控设备安装	2019 年 12 月底前	完成 2018 年销售汽油量大于 5 000 吨的 4 个加油站油气回收自动监控设备安装，并推进与生态环境部门联网工作

类别	重点工作	主要任务	完成时限	工程措施
VOCs治理	工业园区和企业集群综合治理	统一管控	2020年3月底前	启动精细化工园区监测预警监控体系建设，并视情况推广实施恶臭电子鼻监控预警
	监测监控	自动监控设施安装	2019年12月底前	3家化工企业、3家工业涂装企业主要排污口要安装自动监控设施共6套
重污染天气应对	修订完善应急预案及减排清单	完善重污染天气应急预案	2019年10月底前	修订完善重污染天气应急预案
		完善应急减排清单，夯实应急减排措施	2019年10月底前	完成重点行业绩效分级，完成应急减排清单编制工作，落实“一厂一策”等各项应急减排措施
	应急运输响应	重污染天气移动源管控	2019年10月15日前	加强源头管控，根据实际情况，制定日货车使用量10辆以上企业重污染天气车辆管控措施，并安装门禁监控系统。启动建设重污染天气车辆管控平台
能力建设	完善环境监测监控网络	环境空气质量监测网络建设	2020年	增设环境空气质量自动监测站点2个
		环境空气VOCs监测	2019年12月底前	建成环境空气VOCs监测站点1个
		遥感监测系统平台三级联网	长期坚持	机动车遥感监测系统稳定传输数据
		定期排放检验机构三级联网	长期坚持	市级机动车检验机构监管平台实现检测视频监控、防作弊报警提示、数据统计分析、检测机构管理、车辆环保信息管理，实现三级联网。对超标排放车辆开展大数据分析，追溯相关方责任
		重型柴油车车载诊断系统远程监控系统建设	2020年3月底前	推进重型柴油车车载诊断系统远程监控系统建设和终端安装
		道路空气质量检测	2020年3月底前	在主要物流通道至少建设道路空气质量检测站2个
	源排放清单编制	编制大气污染源排放清单	2019年12月底前	动态更新2018年大气污染源排放清单编制
	颗粒物来源解析	开展$PM_{2.5}$来源解析	2019年9月底前	完成2018—2019年秋冬季城市大气污染颗粒物源解析

河南省安阳市2019—2020年秋冬季大气污染综合治理攻坚行动方案

类别	重点工作	主要任务	完成时限	工　程　措　施
产业结构调整	产业布局调整	建成区重污染企业搬迁	2019年12月底前	市钣喷产业园、市包装印刷产业园和市铁合金园区一期工程基本完成主体工程建设，完善基础设施
	“两高”行业产能控制	压减煤炭产能	2019年12月底前	严格控制煤炭产能
		压减钢铁产能	2019年12月底前	制定《安阳市钢铁产业转型升级规划》《安阳市钢铁行业转型发展工作方案(2019—2020年)》和《2019年安阳市钢铁行业转型发展攻坚实施方案》，报省政府批准后组织实施，加快推进全市钢铁企业整合重组、优化布局
	“散乱污”企业和集群综合整治	“散乱污”企业综合整治	长期坚持	完善“散乱污”企业动态管理机制，实行网格化管理，压实基层责任，发现一起查处一起，实现“散乱污”企业动态清零
		企业集群综合整治	2019年12月底前	完成林州市铸造、机械加工、石材加工，龙安区金属喷涂，汤阴县废塑料加工，内黄县废塑料加工、建材，文峰区金属喷涂，高新区家具，安阳县建材等企业集群综合整治，同步完成区域环境整治工作
	工业源污染防治	实施排污许可	2019年12月底前	完成酒、饮料制造、食品制造、汽车制造、电池制造、鞋制造、人造板制造、家具、磷化工、聚氯乙烯化工、磷化肥、污水处理、环境治理、热力生产和供应、废料加工等15个行业排污许可证核发
		钢铁超低排放	2019年12月底前	组织全市钢铁企业认真对照国家《关于推进实施钢铁行业超低排放的意见》，进行对标自查，对具备条件的企业，有序实施提标改造，2019年11月15日前，安钢完成超低排放重点治理项目；2019年12月底前，沙钢永兴钢铁1台180米^{2}烧结机及炼铁炼钢工段、新普钢铁2台烧结机及炼铁炼钢工段完成提标改造工作
		无组织排放治理	2019年12月底前	完成6家焦化企业、16家水泥企业、160家铸造企业无组织排放治理年度任务
		工业园区能源替代利用与资源共享	2019年10月底前	引进天然气供气企业，提高供气能力，积极稳妥推进陶瓷园区煤改气项目建设，2019年底前，力争实现陶瓷企业集中供气或使用天然气
能源结构调整	清洁取暖	清洁能源替代散煤	2019年10月底前	完成清洁能源替代48万户，其中，气代煤3.2万户、电代煤44.8万户
		洁净煤替代散煤	2019年10月底前	暂不具备清洁能源替代条件的地区，实现洁净型煤替代散煤全覆盖
		煤质监管	全年	加强部门联动，严厉打击劣质煤生产、流通、销售和使用。煤质抽检覆盖率不低于90%，对抽检发现煤质不合格的，依法处罚
	高污染燃料禁燃区	调整扩大禁燃区范围	2019年10月底前	研究调整扩大禁燃区范围；依法加强禁燃区管理，对违规使用高污染燃料的单位进行处罚
	煤炭消费总量控制	煤炭消费总量削减	全年	全市2019年煤炭消费总量年底控制在省下达的目标以内

类别	重点工作	主要任务	完成时限	工　程　措　施
能源结构调整	锅炉综合整治	锅炉管理台账	长期坚持	动态更新锅炉管理台账
		淘汰燃煤锅炉	2019 年 10 月底前	完成 35 蒸吨/时及以下燃煤锅炉拆除或清洁能源改造 16 台 239 蒸吨
		燃气锅炉低氮改造	2019 年 10 月底前	完成燃气锅炉低氮改造 49 台 381 蒸吨
		生物质锅炉	2019 年 10 月底前	完成生物质锅炉提标改造 4 台 168 蒸吨
运输结构调整	运输结构调整	提升铁路货运量	2019 年 12 月底前	到 2019 年底前全市铁路货运量比 2017 年增加 700 万吨
		加快铁路专用线建设	2019 年 12 月底前	开展大宗货物年货运量 150 万吨及以上的大型工矿企业和物流园区摸底调查，研究推进大宗货物“公转铁”方案。 完成安李铁路线安阳西站至水冶站区间电气化改造；完成李珍站、林县站联锁设备升级改造工程；加快推进安阳万庄公铁物流园专用线、安阳象道国际物流园铁路专用线、国家红旗渠经济技术开发区铁路专线、河南利源燃气有限公司铁路专线、顺成集团煤焦有限公司铁路专线、瓦日与新石铁路联络线等项目建设
		发展新能源车	2019 年 12 月底前	市区营运公交车全部使用纯电动车辆；更新电动出租汽车 150 辆，新能源快递车 26 辆，按规定落实新能源货运配送车辆补贴政策；逐步更新环卫新能源车辆；建成 7 个充电场站，282 台充电桩
		老旧车淘汰	2019 年 12 月底	大力推进国三及以下排放标准营运柴油货车提前淘汰更新，加快淘汰采用稀薄燃烧技术和“油改气”的老旧燃气车辆
	车船燃油品质改善	油品和尿素质量抽查	2019 年 12 月底前	强化油品质量监管，对全市 346 座加油站（点）、6 家油库的油品进行抽检，实现年度全覆盖。开展大型工矿企业自备油库摸底调查，依法依规关停并妥善拆除不符合要求的自备油罐及装置。对高速公路、国道、省道沿线加油站尿素抽检不少于 100 次
		开展成品油市场专项整治	2019 年 10 月底前	深入开展成品油市场专项整治工作，10 月底前开展新一轮成品油黑窝点、流动加油车整治，加大对企业自备油库检查整治力度。专项整治期间，从柴油货车油箱和尿素箱抽取检测柴油样品和车用尿素样品各 100 个以上。持续打击非法加油行为，防止死灰复燃
	在用车环境管理	在用车执法监管	长期坚持	秋冬季期间监督抽测柴油车数量不低于当地柴油车保有量的 80%。加大对车辆集中停放地和重点用车大户的检查力度，抽查不少于 1 000 辆次
			2019 年 10 月底前	部署联合执法点 7 个，覆盖主要物流通道和城市入口，持续对柴油货车抽检抽测
			2019 年 12 月底前	对全市纳入省机动车环保监测监控平台并开展正常检测业务的排放检验机构实施量化考核管理，通报检查情况
			2019 年 10 月底前	建立超标柴油车黑名单，将遥感监测（含黑烟抓拍）、路检执法发现的超标车辆纳入黑名单，实现动态管理，严禁超标车辆上路行驶、进出重点用车企业。推广使用“驾驶排放不合格的机动车上道路行驶的”交通违法处罚代码 6063，由生态环境部门取证，公安交管部门对路检路查和黑烟抓拍发现的上路行驶超标车辆进行处罚，并由交通部门负责强制维修

类别	重点工作	主要任务	完成时限	工　程　措　施
运输结构调整	在用车环境管理	高排放控制区监管	2019 年 12 月底前	严格落实高排放控制区管理要求，加强非道路移动机械监管能力
		备案登记	2019 年 12 月底前	完成非道路移动机械摸底调查和编码登记
		排放检验	长期坚持	以施工工地、重点企业、高排放控制区等为重点，开展非道路移动机械检测，检测量不少于 2 400 辆
用地结构调整	矿山综合整治	强化露天矿山综合治理	长期坚持	加快推进龙安区、殷都区、林州市露天矿山综合整治工作；对证照齐全，但污染治理不规范、排放不达标的露天矿山，依法责令停产整治；禁止新建露天矿山
	扬尘综合治理	建筑扬尘治理	长期坚持	严格落实施工工地“八个百分之百”要求；严格执行开复工验收、“三员”管理、扬尘防治预算管理等制度
		施工扬尘管理清单	长期坚持	定期动态更新施工工地管理清单
		施工扬尘监管	2019 年 12 月底前	5 000 米^{2}及以上 442 家建筑工地全部安装在线监测和视频监控，并与当地行业主管部门联网。对扬尘污染严重的建设单位依法实施处罚
		道路扬尘综合整治	长期坚持	安阳市建成区、林州市建成区主次道路机械化清扫率达到 100%。国道省道机械化清扫保洁的路面达到“双 10”标准
		渣土运输车监管	长期坚持	严格渣土运输车辆规范化管理，渣土运输车做到全密闭。严厉打击无资质、标识不全、故意遮挡或污损车牌等渣土车违法行为
		露天堆场扬尘整治	长期坚持	全面清理城乡接合部以及城中村拆迁的渣土和建筑垃圾，不能及时清理的必须采取苫盖等抑尘措施
		强化降尘量控制	长期坚持	对各县（市、区）、乡（镇）降尘量实施月考核，全市及各县（市、区）降尘量控制在 9 吨/（月·千米^2）
	秸秆综合利用	加强秸秆焚烧管控	长期坚持	建立网格化监管制度，开展秸秆禁烧常态化巡查，严禁焚烧秸秆
		加强秸秆综合利用	2019 年 12 月底前	秸秆综合利用率达到 90%以上
工业炉窑大气污染综合治理	治理一批	工业炉窑废气提标治理	2019 年 10 月底前	完成 160 家铸造企业、11 家耐火材料企业、61 家铁合金企业、2 家炭素企业工业炉窑提标治理任务，对未完成的企业或工段实施严格管控
	监控监管	监测监控	2019 年 12 月底前	新增铁合金冶炼行业安装自动监控系统共 2 套
		工业炉窑专项执法	长期坚持	开展工业炉窑专项执法检查行动，严厉打击违法排污行为，对不达标、未按证排污的，综合运用按日连续计罚、查封扣押、限产停产等手段，依法严格处罚，定期向社会通报。严厉打击弄虚作假、擅自停运环保设施等严重违法行为，依法查处并追究相关人员责任
VOCs 治理	重点工业行业 VOCs 综合治理	源头替代	2019 年 10 月底前	引导鼓励工业涂装企业完成低 VOCs 含量涂料替代，包装印刷企业完成低 VOCs 含量油墨替代
		治污设施建设、无组织排放控制、精细化管控	2019 年 10 月底前	13 家化工企业、137 家工业涂装企业、32 家包装印刷企业、4 家家具制造企业、6 家涂料加工企业、14 家制药企业，根据企业排放废气浓度等生产工况，合理选择治理技术，采用多种治理组合工艺，严格排放浓度和去除效率双重控制，提高 VOCs 治理效率；通过采取设备与场所密闭、工艺改进、废气有效收集等措施，削减 VOCs 无组织排放；推行“一厂一策”制度，加强企业运行管理

类别	重点工作	主要任务	完成时限	工　程　措　施
VOCs治理	油品储运销综合治理	油气回收治理	2019 年 10 月底前	对全市所有储油库、加油站油气回收治理开展专项检查，确保油气回收系统稳定运行
	工业园区和企业集群综合治理	集中治理	2019 年 12 月底前	建设龙安区包装印刷、钣金喷涂等 2 个集中涂装园区，配备高效废气治理设施，代替分散的涂装工序
		统一管控	2020 年 3 月底前	制定安阳市新兴化工园区综合整治方案，树立行业标杆，实施升级改造，建立健全管理档案，规范化工园区环境监管
	监测监控	自动监控设施安装	2019 年 12 月底前	4 家化工企业、1 家工业涂装企业、7 家焦化行业、3 家医药行业主要排污口要安装自动监控设施共 15 家共 24 套
重污染天气应对	修订完善应急预案及减排清单	完善重污染天气应急预案	2019 年 9 月底前	完成安阳市重污染天气应急预案修订；在严格落实国家、省区域联防基础上，主动与周边地市开展联防联控
		完善应急减排清单，夯实应急减排措施	2019 年 9 月底前	完成重点行业绩效分级，完成应急减排清单编制工作，落实“一厂一策”等各项应急减排措施
	应急运输响应	重污染天气移动源管控	2019 年 10 月底前	加强源头管控，根据实际情况，制定日货车使用量 10 辆以上企业、铁路货场、物流园区的重污染天气车辆管控措施，并安装门禁监控系统。启动重污染天气车辆管控平台建设
能力建设	完善环境监测监控网络	环境空气 VOCs 监测	2019 年 12 月底前	建设 1 个环境空气 VOCs 监测站点
		遥感监测系统平台三级联网	长期坚持	推进遥感监测系统平台三级联网建设，机动车遥感监测系统稳定传输数据
		定期排放检验机构三级联网	长期坚持	实现定期排放检验机构三级联网，市级检验机构监管平台实现检测视频监控、防作弊报警提示、数据统计分析、检测机构管理、车辆环保信息管理，对超标排放车辆开展大数据分析，追溯相关责任方
		重型柴油车车载诊断系统远程监控系统建设	长期坚持	推进重型柴油车车载诊断系统远程监控系统建设
		道路空气质量检测	2019 年 12 月底前	开展主要物流通道道路空气质量检测工作
	源排放清单编制	编制大气污染源排放清单	2019 年 9 月底前	完成 2018 年大气污染源排放清单编制
	颗粒物来源解析	开展 $PM_{2.5}$ 来源解析	2019 年 9 月底前	完成 2018 年城市大气污染颗粒物源解析

河南省鹤壁市2019—2020年秋冬季大气污染综合治理攻坚行动方案

类别	重点工作	主要任务	完成时限	工程措施
产业结构调整	“散乱污”企业和集群综合整治	“散乱污”企业综合整治	全年	进一步完善“散乱污”企业动态管理机制，实行网格化管理，压实基层责任，发现一起，取缔一起，确保动态清零
		企业集群综合整治	2019年12月底前	完成鹤山区砂石厂、淇滨区石料厂等企业集群综合整治，同步完成区域环境整治工作
	工业源污染治理	实施排污许可	2019年12月底前	按照国家、省统一安排完成排污许可证核发
		无组织排放治理	2019年12月底前	完成建材、发电等行业78家企业无组织排放治理，包括物料（含废渣）运输、装卸、储存、转移、输送以及生产工艺过程等无组织排放的深度治理
能源结构调整	清洁取暖	清洁能源替代散煤	2019年10月底前	完成散煤治理3.5万户（均为电代煤）。采取综合措施，严防散煤复烧
		洁净煤替代散煤	全年	暂不具备清洁能源替代条件地区实现洁净煤替代散煤全覆盖
		煤质监管	全年	加强部门联动，严厉打击劣质煤流通、销售和使用。煤质抽检覆盖率不低于90%，对抽检发现经营不合格散煤行为的，依法处罚
	高污染燃料禁燃区管理	强化禁燃区管理	全年	加强高污染燃料禁燃区管理，燃煤散烧设施动态清零，依法对违规使用高污染燃料的单位进行处罚
	煤炭消费总量控制	煤炭消费总量削减	全年	全市2019年煤炭消费总量年底控制在省下达的目标以内
	锅炉综合整治	锅炉管理台账	2019年10月底前	完善锅炉管理台账
		淘汰燃煤锅炉	2019年12月底前	淘汰燃煤锅炉10台185蒸吨燃煤锅炉。全部淘汰35蒸吨/时及以下燃煤锅炉
		燃气锅炉低氮改造	2019年12月底前	完成燃气锅炉低氮改造21台133蒸吨
运输结构调整	运输结构调整	提升铁路货运量	2019年12月底前	协调推进鹤壁时丰站等提高货运量，落实本省运输结构调整方案的铁路货运量提升要求。2019年，全市铁路货运量（含到达和发送）较2017年增加66万吨
		加快铁路专用线建设	2019年12月底前	落实省运输结构调整方案，保障河南煤炭储配交易中心铁路专用线正常通车运行，配套2条共计2.3千米到发线完工并投入使用。开展大宗货物年货运量150万吨及以上的大型工矿企业和物流园区摸底调查，研究推进大宗货物“公转铁”方案
		107国道改道	2019年12月底前	推进107国道东移
		发展新能源车	全年	新增公交、环卫、邮政车辆中新能源车比例达到80%。新增新能源公交车258台
		老旧车淘汰	全年	大力推进国三及以下排放标准营运柴油货车提前淘汰更新，加快淘汰采用稀薄燃烧技术和“油改气”的老旧燃气车辆

类别	重点工作	主要任务	完成时限	工程措施
运输结构调整	车船燃油品质改善	油品质量抽查	2019年12月底前	强化油品质量监管，按照年度抽检计划，在全市160个在营加油站，2个储油库，抽检车用汽柴油共计162个批次，实现年度全覆盖。对我市高速公路、国道、省道沿线43个销售的车用尿素加油站进行抽检，2019年抽检车用尿素43个批次。摸排大型工矿企业自备油库建立清单，并开展油品质量专项检查，依法依规关停并妥善拆除不符合要求的自备油库（油罐）和装置
		打击黑加油站点	2019年12月底前	根据省市推进成品油市场整治系列方案要求，开展打击黑加油站点专项行动，对黑加油站点查处取缔工作进行督导
		使用终端油品和尿素质量抽查	2019年12月底前	从柴油货车油箱和尿素箱抽取检测柴油样品和车用尿素样品各100个以上
	在用车环境管理	在用车执法监管	长期坚持	秋冬季期间监督抽测柴油车数量不低于当地柴油车保有量的80%（包括路检路查、遥感检测）。加大对车辆集中停放地和用车大户抽检力度，抽检数量不少于100辆，实现重点用车大户全覆盖
			2019年10月底前	部署多部门全天候综合检测站3个，覆盖主要物流通道和城市入口，并投入运行
			2019年12月底前	检查排放检验机构36个次，实现排放检验机构监管全覆盖
			2019年10月底前	建立超标柴油车黑名单，将遥感监测（含黑烟抓拍）、路检执法发现的超标车辆纳入黑名单，实现动态管理，严禁超标车辆上路行驶、进出重点用车企业。推广使用“驾驶排放不合格的机动车上道路行驶的”交通违法代码6063，由生态环境部门取证，公安交管部门对路检路查黑烟抓拍发现的上路行驶超标车辆进行处罚，并由交通部门负责强制维修
	非道路移动机械环境管理	高排放控制区监管	2019年12月底前	严格落实高排放非道路移动机械禁用区监管，开展监督执法工作
		备案登记	2019年12月底前	完成非道路移动机械摸底调查和编码登记
		排放检验	2019年12月底前	以施工工地和物流园区、高排放控制区等为重点，开展非道路移动机械检测150辆，做到重点场所全覆盖
用地结构调整	矿山综合整治	强化露天矿山综合治理	长期坚持	对污染治理不规范的露天矿山，依法责令停产整治，不达标不得恢复生产。对责任主体灭失露天矿山迹地进行综合治理
	扬尘综合治理	建筑扬尘治理	长期坚持	工地在落实“六个百分之百”的基础上，实时作业面应喷水保持不起扬尘，各类建筑垃圾不过夜堆放、即时清运。不进行作业的拆迁工地应全部苫盖到位，定时洒水，减少扬尘污染。重点对各类工地扬尘防治、渣土车使用、垃圾清理等采取日查、夜查、晨查等方式开展执法检查
		施工扬尘管理清单	长期坚持	定期动态更新施工工地管理清单
		施工扬尘监管	长期坚持	5 000米^{2}及以上建筑工地全部安装在线监测和视频监控，并与当地行业主管部门联网

类别	重点工作	主要任务	完成时限	工　程　措　施
用地结构调整	扬尘综合治理	道路扬尘综合整治	长期坚持	城市和县城道路机械化清扫率均达到100%。进一步扩大清扫范围，加大对城乡接合部清扫
			长期坚持	开展国省交通干线公路扬尘专项整治。加大公路路域环境综合治理力度，保证清扫频次和效果，两侧用地范围内做到“四净两绿”（路面净、路肩净、边坡净、隔离带净和中央绿、路边绿化道绿），两侧50米范围内实现“三无、两化”（无垃圾、无杂物、无积尘，硬化或绿化），力求“全路无垃圾，车行无扬尘”。国、省干线公路每日至少清扫1～2次、洒水1次，县、乡公路每周清扫不少于3次
			长期坚持	持续开展“净空行动”。对107国道、大白线、快速通道实施全天候24小时日常保洁及喷雾工作
		渣土运输车监管	全年	严厉打击无资质、标识不全、故意遮挡或污损车牌等渣土车违法行为。严格渣土运输车辆规范化管理，渣土运输车做到全密闭
		露天堆场扬尘整治	全年	全面清理城乡接合部以及城中村拆迁的渣土和建筑垃圾，不能及时清理的必须采取苫盖等抑尘措施
		强化降尘量控制	全年	全市及各县区降尘量控制在9吨/（月•千米^2）
	秸秆综合利用	加强秸秆焚烧管控	长期坚持	建立网格化监管制度，在秋收阶段开展秸秆禁烧专项巡查
		加强秸秆综合利用	全年	农机农艺结合，促进农作物秸秆机械还田。大力推广秸秆机械粉碎直接还田技术，充分发挥大型玉米联合收获机、秸秆还田机的作用，实施秸秆直接还田。秸秆综合利用率达到91%
工业炉窑大气污染综合治理	建立清单	工业炉窑排查	2019年3月底前	开展拉网式排查，建立各类工业炉窑管理清单
	淘汰一批	燃煤加热、烘干炉（窑）淘汰	2019年12月底前	淘汰鹤壁市淇滨区焕宝白云岩制品有限公司燃煤石灰窑1座
	清洁能源替代一批	工业炉窑清洁能源替代（清洁能源包括天然气、电、集中供热等）	2019年12月底前	积极推进工业炉窑使用天然气、电等清洁能源替代，协调天伦燃气、供电公司加强与河南省富得陶瓷有限公司、河南省富盛陶瓷有限公司等企业进行对接
	治理一批	工业炉窑废气深度治理	2019年12月底前	完成全市82个工业炉窑深度治理，其中砖瓦行业33个，陶瓷及特种陶瓷行业29个，石灰行业9个，其他建筑材料行业3个，其他玻璃制品行业2个，饲料加工行业4个，无机酸行业2个。完成鹤壁市东风铸造有限公司、浚县合金钢铸造厂、浚县黎鑫铸业有限公司、鹤壁天泰起重机配件铸造有限公司、河南欧迪艾铸造有限公司等5家同时位于产业集聚区和建成区的铸造企业进行治理改造

类别	重点工作	主要任务	完成时限	工　程　措　施
工业炉窑大气污染综合治理	监控监管	监测监控	2019 年 12 月底前	电力、水泥、陶瓷、砖瓦窑、煤炭开采和洗选行业安装无组织排放监测监控设施，共 33 家企业
		工业炉窑专项执法	2019 年 12 月底前	开展工业炉窑专项执法检查
VOCs 治理	重点工业行业 VOCs 综合治理	源头替代	2019 年 12 月底前	引导鼓励工业涂装企业完成低 VOCs 含量涂料替代、包装印刷企业完成低 VOCs 含量油墨替代
		无组织排放控制	2019 年 12 月底前	33 家工业涂装企业、14 家化工企业、6 家印刷企业、2 家制药企业等通过采取设备与场所密闭、工艺改进、废气有效收集等措施，完成 VOCs 无组织排放治理
		精细化管控	全年	33 家工业涂装企业、14 家化工企业、6 家印刷企业、2 家制药企业等推行“一厂一策”制度，加强企业运行管理
	油品储运销综合治理	油气回收治理	2019 年 10 月底前	对加油站、储油库油气回收治理设施运行情况开展执法检查
	监测监控	自动监控设施安装	2019 年 12 月底前	23 家企业安装 VOCs 自动监控设施
重污染天气应对	修订完善应急预案及减排清单	完善重污染天气应急预案	2019 年 9 月底前	修订完善重污染天气应急预案
		完善应急减排清单，夯实应急减排措施	2019 年 9 月底前	完成重点行业绩效分级，完成应急减排清单编制工作，落实“一厂一策”等各项应急减排措施
	应急运输响应	重污染天气移动源管控	2019 年 10 月 15 日前	加强源头管控，根据实际情况，制定日货车使用量 10 辆以上企业重污染天气车辆管控措施，并安装门禁监控系统。启动建设重污染天气车辆管控平台
能力建设	完善环境监测监控网络	遥感监测系统平台三级联网	长期坚持	机动车遥感监测系统稳定传输数据
		定期排放检验机构三级联网	长期坚持	机动车检验机构监管平台实现检测视频监控、防作弊报警提示、数据统计分析、检测机构管理、车辆环保信息管理，实现三级联网。对超标排放车辆开展大数据分析，追溯相关方责任
		重型柴油车车载诊断系统远程监控系统建设	全年	推进重型柴油车车载诊断系统远程监控系统建设和终端安装
	源排放清单编制	编制大气污染源排放清单	2019 年 10 月底前	动态更新 2018 年大气污染源排放清单编制
	颗粒物来源解析	开展 $PM_{2.5}$ 来源解析	2019 年 10 月底前	完成 2018 年城市大气污染颗粒物源解析

河南省新乡市2019—2020年秋冬季大气污染综合治理攻坚行动方案

类别	重点工作	主要任务	完成时限	工程措施
产业结构调整	产业布局调整	建成区重污染企业搬迁	2019年12月底前	加快推进河南晋开延化化工有限公司、新乡市玉源化工有限公司、新乡县新煜化工有限公司、新乡制药股份有限公司、河南心连心化肥有限公司等五家重污染企业的异地迁建工作
		化工行业整治	2019年12月底前	加快推进新乡神马正华化工有限公司、新乡磷化钾肥有限公司、新乡喜缔染化有限公司等三家化工企业关闭退出工作
	“两高”行业产能控制	压减水泥产能	2019年10月底前	启动新乡市太阳石水泥2 000吨/天的水泥生产线淘汰工作，2020年底完成淘汰任务
	“散乱污”企业和集群综合整治	“散乱污”企业综合整治	长期坚持	组织各相关部门协调联动，长期坚持交叉互查，查漏补缺，彻底清理死角，做到“取缔要坚决、整改高标准、搬迁有去处”，切实打掉反弹隐患。将“散乱污”企业整治纳入量化问责，强化监督执纪问责，严防“散乱污”企业死灰复燃
		企业集群综合整治	2019年12月底前	完成红旗区废塑料加工，原阳县家具，长垣县冶炼、电镀等企业集群综合整治，同步完成区域环境整治工作
	工业源污染治理	实施排污许可	2019年12月底前	完成制鞋业、人造板制造、木质家具制造、竹藤家具制造、汽车制造、电池制造等行业排污许可证核发
		无组织排放治理	2019年10月底前	全市电力、水泥、建材等行业共147家工业企业完成物料运输、生产工艺、堆场环节的无组织排放深度治理，全面实现“五到位、一密闭”
能源结构调整	清洁取暖	清洁能源替代散煤	2019年12月底前	完成清洁能源替代11万户。其中，气代煤2万户、电代煤6万户、集中供热替代3万户（100米^{2}折算1户）。采取综合措施，严防散煤复烧
		洁净煤替代散煤	2019年10月底前	完成散煤替代19.9万户，其中气代煤3.1万户、电代煤16.8万户
		煤质监管	全年	加强部门联动，严厉打击劣质煤流通、销售和使用。煤质抽检覆盖率不低于90%，对抽检发现经营不合格散煤行为的，依法处罚。完善清洁型煤生产企业监管力度，保障清洁型煤质量
	高污染燃料禁燃区	调整扩大禁燃区范围	2019年12月底前	依照现有城市建成区面积120千米^2，划定、调整禁燃区范围，严格落实禁燃区管控要求
	煤炭消费总量控制	煤炭消费总量削减	2019年12月底前	全市2019年煤炭消费总量年底控制在省下达的目标以内
		淘汰落后燃煤机组	2019年12月底前	淘汰关停新亚纸业落后燃煤机组1台0.3万千瓦
	锅炉综合整治	锅炉管理台账	2019年9月底前	建立完善全市锅炉管理台账

类别	重点工作	主要任务	完成时限	工程措施
能源结构调整	锅炉综合整治	淘汰燃煤锅炉	2019年10月底前	淘汰燃煤锅炉49台1 260蒸吨。全市范围内淘汰35蒸吨以下燃煤锅炉
		燃气锅炉低氮改造	2019年10月底前	完成燃气锅炉低氮改造238台1 363蒸吨
		生物质锅炉	2019年10月底前	完成生物质锅炉深度治理19台152蒸吨
运输结构调整	运输结构调整	提升铁路货运量	2019年12月底前	2019年铁路货运量较2018年增长80万吨
		加快铁路专用线建设	2019年12月底前	加快推动河南心连心化工集团等重点企业铁路专用线建设，对现有铁路线路进行改造扩建，力争2019年10月底前完成设计、审批等前置工作，12月底前正式开工。开展大宗货物年货运量150万吨及以上的大型工矿企业和物流园区摸底调查，研究推进大宗货物“公转铁”方案
		发展新能源车	2019年12月底前	确保新增公交、环卫、邮政中新能源车比例达到80%
		老旧车淘汰	2019年12月底前	大力推进国三及以下排放标准营运柴油货车提前淘汰更新，加快淘汰采用稀薄燃烧技术和“油改气”的老旧燃气车辆
		107国道东移	2019年12月底前	加快推进107国道东移项目建设，力争在2019年底前完工通车
	车船燃油品质改善	油品和车用尿素质量抽查	2019年12月底前	强化油品质量监管，按照年度抽检计划，在全市加油站（点）抽检车用汽柴油共计100个批次，实现年度全覆盖。从高速公路、国道、省道沿线加油站抽检尿素100次以上。开展对大型工业企业自备油库油品质量专项检查，对发现的问题依法依规进行处置
		打击黑加油站点	2019年10月底前	深入开展成品油市场专项整治工作，10月底前开展新一轮成品油黑窝点、流动加油车整治。专项整治期间，从柴油货车油箱和尿素箱抽取检测柴油样品和车用尿素样品100个以上。持续打击非法加油行为，防止死灰复燃
	在用车环境管理	在用车执法监管	长期坚持	秋冬季期间监督抽测柴油车数量不低于当地柴油车保有量的80%。加大对车辆集中停放地和重点单位的监督检查力度，实现重点用车大户全覆盖
			2019年10月底前	部署多部门联合执法检测点11个，覆盖主要物流通道和城市入口，重点开展重型柴油车的常态化全天候监督执法
			2019年12月底前	检查排放检验机构每季度每个机构1次，加强对机动车排放检验全过程监管，实现排放检验机构的监管全覆盖
			2019年10月底前	建立超标柴油车黑名单，将遥感监测（含黑烟抓拍）、路检执法发现的超标车辆纳入黑名单，实现动态管理，严禁超标车辆上路行驶、进出重点用车企业。推广使用“驾驶排放不合格的机动车上道路行驶的”交通违法处罚代码6063，由生态环境部门取证，公安交管部门对路检路查和黑烟抓拍发现的上路行驶超标车辆进行处罚，并由交通部门负责强制维修

类别	重点工作	主要任务	完成时限	工　程　措　施
运输结构调整	非道路移动机械环境管理	高排放控制区监管	2019年12月底前	严格落实高排放非道路移动机械控制区监管，开展监督执法工作
		备案登记	2019年12月底前	完成非道路移动机械（不含农业机械）摸底调查和编码登记
		排放检验	2019年12月底前	以施工工地和物流园区、高排放控制区等为重点，开展非道路移动机械检测1 000辆次以上，做到重点场所全覆盖
用地结构调整	矿山综合整治	强化露天矿山综合治理	长期坚持	对南太行旅游度假区规划区范围内、新乡市山水林田湖草一体化生态城规划区范围内、“三区两线”（按规定划定的自然保护区、景观区、居民集中生活区的周边和重要交通干线、河流湖泊直观可视范围）及特定生态保护红线范围内，原则实行全面永久禁采，禁止新建露天矿山项目。完成对非法开采露天矿山（含证照过期的矿山）的取缔
	扬尘综合治理	建筑扬尘治理	长期坚持	严格落实施工工地“六个百分之百”要求
		施工扬尘管理清单	长期坚持	定期动态更新施工工地管理清单
		施工扬尘监管	长期坚持	建成区5 000米^{2}及以上建筑工地全部安装在线监测和视频监控，并与当地行业主管部门联网
		道路扬尘综合整治	长期坚持	城市主城区主次干道机械化清扫率100%，县城主干道机械化清扫率100%
		渣土运输车监管	2019年12月底前	严厉打击无资质、标识不全、故意遮挡或污损车牌等渣土车违法行为。严格渣土运输车辆规范化管理，渣土运输车做到全密闭，全部渣土车安装GPS定位系统并联网
		露天堆场扬尘整治	全年	全面清理城乡接合部以及城中村拆迁的渣土和建筑垃圾，不能及时清理的必须采取苫盖等抑尘措施
		强化降尘量控制	全年	全市及各区县降尘量控制在9.0吨/（月·千米^2）
	秸秆综合利用	加强秸秆焚烧管控	长期坚持	建立网格化监管制度，充分利用蓝天卫士系统，在秋收阶段开展秸秆禁烧专项巡查
		加强秸秆综合利用	全年	秸秆综合利用率达到89%以上
工业炉窑大气污染综合治理	淘汰一批	煤气发生炉淘汰	2019年10月底前	淘汰煤气发生炉5台
		燃煤加热、烘干炉（窑）淘汰	2019年10月底前	淘汰热风炉1台，反射炉1台，导热油炉6台
	治理一批	工业炉窑废气深度治理	2019年10月底前	完成耐材、铸造、陶瓷等行业共89台工业炉窑废气深度治理，加快推进铸造行业整合
	监控监管	监测监控	2019年9月底前	砖瓦窑行业安装自动监控系统共35套
		工业炉窑专项执法	2019年12月底前	开展专项执法检查
VOCs治理	重点工业行业VOCs综合治理	源头替代	2019年12月底前	引导鼓励工业涂装、包装印刷等行业使用低VOCs涂料、油墨代替
		无组织排放控制	2019年9月底前	对化工企业（含现代煤化工）、工业涂装企业、包装印刷企业等行业共61家企业通过采取设备与场所密闭、工艺改进、废气有效收集等措施，完成VOCs无组织排放治理

类别	重点工作	主要任务	完成时限	工程措施
VOCs治理	重点工业行业VOCs综合治理	治污设施建设及精细化管理	2019年9月底前	对化工企业（含现代煤化工）、工业涂装企业、包装印刷企业等行业61家企业VOCs无组织排放治理开展回头看检查，并安装VOCs自动监控设施
	油品储运销综合治理	油气回收治理	2019年10月底前	对加油站、储油库油气回收设施运行情况开展专项检查
		自动监控设备安装	2019年12月底前	加快推进年销售汽油量大于5 000吨加油站油气回收自动监控设备联网工作
	监测监控	自动监控设施安装	2019年9月底前	61家企业安装VOCs自动监控设施
重污染天气应对	修订完善应急预案及减排清单	完善重污染天气应急预案	2019年9月底前	修订完善重污染天气应急预案
		完善应急减排清单，夯实应急减排措施	2019年9月底前	完成重点行业绩效分级，完成应急减排清单编制工作，落实“一厂一策”等各项应急减排措施
	应急运输响应	重污染天气移动源管控	2019年10月底前	加强源头管控，根据实际情况，制定日货车使用量10辆以上企业、铁路货场、物流园区的重污染天气车辆管控措施，并安装门禁监控系统，启动重污染天气车辆管控平台建设
能力建设	完善环境监测监控网络	环境空气质量监测网络建设	2019年10月底前	增设环境空气质量自动监测站点2个，2019年10月底前完成选址工作
		环境空气VOCs监测	2019年12月底前	建成环境空气VOCs监测站点1个
		遥感监测系统平台三级联网	长期坚持	机动车遥感监测系统稳定传输数据
		定期排放检验机构三级联网	长期坚持	市级机动车检验机构监管平台实现检测视频监控、防作弊报警提示、数据统计分析、检测机构管理、车辆环保信息管理，实现三级联网。对超标排放车辆开展大数据分析，追溯相关方责任
		重型柴油车车载诊断系统远程监控系统建设	全年	推进重型柴油车车载诊断系统远程监控系统建设和终端安装
		道路空气质量检测	2019年12月底前	完成主要物流通道建设道路空气质量检测站的选址规划
	源排放清单编制	编制大气污染源排放清单	2019年12月底前	动态更新2018年大气污染源排放清单编制
	颗粒物来源解析	开展$PM_{2.5}$来源解析	2019年9月底前	完成2018—2019年秋冬季城市大气污染颗粒物源解析

河南省焦作市2019—2020年秋冬季大气污染综合治理攻坚行动方案

类别	重点工作	主要任务	完成时限	工程措施
产业结构调整	产业布局调整	建成区重污染企业搬迁	2019年12月底前	实施30家企业搬迁改造
	“散乱污”企业和集群综合整治	“散乱污”企业综合整治	2019年12月底前	完善“散乱污”企业动态管理机制，实行网格化管理，压实基层责任，发现一起查处一起，实施动态清零
		企业集群综合整治	2019年12月底前	完成沁阳市铸造、武陟县废塑料加工、孟州市木炭等企业集群综合整治，同步完成区域环境整治工作
	工业源污染治理	实施排污许可	2019年12月底前	完成电池制造、汽车制造等17个行业排污许可证核发
		钢铁行业超低排放改造治理	2019年12月底前	完成沁阳市宏达钢铁有限公司电弧炉超低排放改造和无组织排放改造。（烟气颗粒物、二氧化硫、氮氧化物排放浓度分别不高于10、35、50毫克/米^3；完成物料运输、生产工艺、堆场环节的无组织排放深度治理，全面实现“五到位、一密闭”，即生产过程收尘到位，物料运输抑尘到位，厂区道路除尘到位，裸露土地绿化到位，无组织排放 监控到位；厂区内贮存的各类易产生粉尘的物料及燃料全部密闭）
		无组织排放治理	2019年12月底前	6家水泥熟料生产企业、2家平板玻璃企业，完成物料（含废渣）运输、装卸、储存、转移、输送以及生产工艺过程等无组织排放的深度治理，全面实现“五到位、一密闭”，即生产过程收尘到位，物料运输抑尘到位，厂区道路除尘到位，裸露土地绿化到位，无组织排放监控到位；厂区内贮存的各类易产生粉尘的物料及燃料全部密闭
		工业园区综合整治	2019年12月底前	加快产业集聚区智能化建设步伐，推进孟州市和西部工业产业集聚区智能化示范园区建设，组织符合条件的产业集聚区开展第二批示范园区创建
		工业园区能源替代利用与资源共享	2019年12月底前	完成8个省级产业集聚区能源替代利用与资源共享
能源结构调整	清洁取暖	清洁能源替代散煤	2019年10月底前	推进清洁取暖21万户“双替代”供暖，其中，气代煤2.1万户、电代煤18.9万户
		洁净煤替代散煤	2019年10月底前	推广洁净煤替代散煤，暂不具备清洁能源替代条件地区全覆盖
		煤质监管	全年	加强部门联动，严厉打击劣质煤流通、销售和使用。煤质抽检覆盖率不低于90%，对连续发现生产、销售不合格煤炭的加大抽检频次，依法从重处罚，直至吊销营业资格。加大对重点燃煤使用单位煤炭质量监管力度，以秋冬采暖季为重点，组织开展专项执法检查，确保燃煤电厂、钢铁、化工等重点耗煤企业煤炭质量符合商品煤质量要求，对违规购进、燃用不合格煤炭的，责令改正，依法处罚

类别	重点工作	主要任务	完成时限	工程措施
能源结构调整	高污染燃料禁燃区	严格落实禁燃区管理要求	全年	将城市建成区及影视大道－中南路－新园路－东造线－建设路－普济路－南海路－山阳路－丰收路－文昌路－建设东路－山门河－南水北调河－解放路－中原路－影视大道范围内全部区域列入禁燃区，禁燃区范围调整根据“双替代”完成区域进行调整。强化禁燃区管控，发现违规使用高污染燃料的，依法对违规使用单位进行处罚
	煤炭消费总量控制	煤炭消费总量削减	2019年12月底前	全市2019年煤炭消费总量年底控制在省下达的目标以内
		淘汰不达标燃煤机组	2019年12月底前	淘汰关停不达标的燃煤机组1台0.6万千瓦（中铝3号）
	锅炉综合整治	锅炉管理台账	2019年10月底前	完善锅炉管理台账
		淘汰燃煤锅炉	2019年12月底前	拆改8台合计255蒸吨燃煤锅炉
		燃气锅炉低氮改造	2019年12月底前	完成燃气锅炉低氮改造13台79蒸吨。（基准氧含量3.5%的条件下，烟尘、二氧化硫、氮氧化物排放浓度分别不高于5、10、50毫克/米^3）
		生物质锅炉	2019年12月底前	完成生物质锅炉超低排放改造或清洁能源改造2台19蒸吨。（所有氨法脱硝、氨法脱硫的氨逃逸浓度小于8毫克/米^3）
运输结构调整	运输结构调整	提升铁路货运量	2019年12月底前	深入了解产业集聚区和物流园区企业运输需求，谋划铁路专用线项目。鼓励既有铁路专用线企业积极与大型工矿、物流园区企业沟通对接，盘活闲置铁路专用线，促进企业铁路专用线对外开放共用，力争提升铁路货运能力100万吨
		加快铁路专用线建设	2019年12月底前	积极推进焦作丹河电厂铁路专用线、晋煤天庆铁路专用线建设。开展大宗货物年货运量150万吨及以上的大型工矿企业和物流园区摸底调查，研究推进大宗货物“公转铁”方案
		发展新能源车	全年	新增公交、环卫、邮政、出租、通勤、轻型城市物流车辆中新能源车比例达到80%
			2019年12月底前	铁路货场等新增或更换作业非道路移动机械采用新能源或清洁能源
		老旧车淘汰	全年	大力推进国三及以下排放标准营运柴油货车提前淘汰更新，加快淘汰采用稀薄燃烧技术和“油改气”的老旧燃气车辆
		船舶淘汰更新	2019年12月底前	推广使用电动、天然气等清洁能源或新能源船舶30艘
			2019年12月底前	淘汰使用20年以上的内河航运船舶2艘
	车船燃油品质改善	油品质量抽查	2019年12月底前	强化油品质量监管，按照年度抽检计划，在全市加油站（点）抽检车用汽柴油共计600个批次，实现年度全覆盖。从高速公路、国道、省道沿线加油站抽检尿素100次以上。摸排大型工矿企业自备油库建立清单，并开展油品质量专项检查，依法依规关停并妥善拆除不符合要求的自备油库（油罐）和装备
		打击黑加油站点	2019年12月底前	根据省市推进成品油市场整治系列方案要求，开展打击流动加油车售油、违规销售散装汽油和成品油流通领域其他违法违规行为专项行动，对非法加油站点、非法流动加油车查处取缔工作进行督导

类别	重点工作	主要任务	完成时限	工　程　措　施
运输结构调整	车船燃油品质改善	使用终端油品和尿素质量抽查	2019年12月底前	从柴油货车油箱和尿素箱抽取检测柴油样品和车用尿素样品各100个以上
		船用油品质量调查	2019年12月底前	对港口内靠岸停泊船舶燃油抽查10次
	在用车环境管理	在用车执法监管	长期坚持	秋冬季期间监督抽测（包括遥感监测和路检路查等）柴油车数量不低于当地柴油车保有量的80%，加大对车辆集中停放地和用车大户（保有量20辆以上）的抽检力度，抽检数量不少于800辆。利用尾气遥感设备，对重点用车企业（20辆以上）、非煤矿山企业、商砼企业、建筑工地等开展入户执法检查，加强重型柴油车辆、非道路移动机械污染管控，对监测不达标车辆依法依规停驶责令限期治理
			2019年10月底前	部署多部门全天候综合检测站6个，开展重型柴油货车污染治理专项执法检查
			2019年12月底前	检查排放检验机构140个次，实现排放检验机构监管全覆盖
			2019年10月底前	建立超标柴油车黑名单，将遥感监测（含黑烟抓拍）、路检执法发现的超标车辆纳入黑名单，实现动态管理，严禁超标车辆上路行驶、进出重点用车企业。推广使用驾驶排放不合格的机动车上路行驶的交通违法处罚代码6063，由生态环境部门取证，公安交通部门对路检路查和黑烟抓拍发现的上路行驶违法超标车辆进行处罚，并由交通部门强制维修
	非道路移动机械	禁用区域	长期坚持	严格高排放非道路移动机械禁用区域管理，组织开展高排放非道路移动机械禁行区专项执法行动，对违法行为依法实施联合惩戒，并对业主单位依法实施处罚
		备案登记	2019年12月底前	完成非道路移动机械摸底调查和编码登记
		排放检验	2019年12月底前	以施工工地、重点用车企业、高排放控制区为重点，开展非道路移动机械检测不少于400辆，做到重点场所全覆盖
		岸电建设	2019年12月底前	建成岸电设施6个，使用率达到80%
用地结构调整	矿山综合整治	强化露天矿山综合治理	长期坚持	对全市露天矿山开展综合整治，对证照齐全，但污染治理不规范、排放不达标的露天矿山，依法责令停产整治，制定“一矿一策”整治方案，整治完成并经相关部门验收合格后方可恢复生产；对拒不停产或擅自恢复生产的，依法强制关闭，限期进行生态修复。对责任主体灭失的露天矿山，按照“宜林则林、宜耕则耕、宜草则草、宜景则景”的原则，加快生态修复，减少扬尘污染
	扬尘综合治理	建筑扬尘治理	长期坚持	严格落实施工工地“六个百分之百”（施工现场百分之百围挡，物料堆放百分之百覆盖，裸露地面百分之百绿化或覆盖，进出车辆百分之百冲洗，拆除和土方作业百分之百喷淋，渣土运输车辆百分之百封闭）、开复工验收、“三员”（扬尘污染防治监督员、网格员、管理员）管理、扬尘防治预算管理等制度。城市拆迁工程全面落实申报备案、会商研判、会商反馈、规范作业、综合处理“五步工作法”。行业主管部门依据职责，对未落实“六个百分之百”等扬尘污染防治要求的建设、施工、监理等单位，依法处罚

类别	重点工作	主要任务	完成时限	工　程　措　施
用地结构调整	扬尘综合治理	施工扬尘管理清单	长期坚持	定期动态更新施工工地管理清单
		施工扬尘监管	长期坚持	建筑面积 5 000 米^{2}及以上土石方建筑工地，长度 200 米以上的市政、国省干线公路，中标价 1 000 万元以上且长度 1 千米以上的河道治理等线性工程和中型规模以上水利枢纽工程安装在线监测监控设备并与当地主管部门监控平台联网
		道路扬尘综合整治	长期坚持	城市主干道快车道机械化清扫率达到 100%，县城达到 90%
		渣土运输车监管	全年	严厉打击无资质、标识不全、故意遮挡或污损车牌等渣土车违法行为。严格渣土运输车辆规范化管理，渣土运输车做到全密闭
		露天堆场扬尘整治	全年	全面清理城乡接合部以及城中村拆迁的渣土和建筑垃圾，不能及时清理的必须采取苫盖等抑尘措施
		强化降尘量控制	全年	全市及各区县降尘量控制在 9 吨/（月・千米^2）
	秸秆综合利用	加强秸秆焚烧管控	长期坚持	建立网格化监管制度，在秋收阶段开展秸秆禁烧专项巡查
		加强秸秆综合利用	全年	秸秆综合利用率达到 93%以上
工业炉窑大气污染综合治理	建立清单	工业炉窑排查	2019 年 3 月底前	开展拉网式排查，建立各类工业炉窑管理清单
	制定方案	制定实施方案	2019 年 10 月底前	制定工业炉窑大气污染综合治理实施方案，明确治理要求，细化任务分工，确定分年度重点项目
	淘汰一批	煤气发生炉淘汰	2019 年 10 月底前	3 米以下煤气发生炉共计 6 台全部淘汰
		燃煤加热、烘干炉（窑）淘汰	2019 年 10 月底前	淘汰燃煤烘干炉 1 台
	清洁能源替代一批	工业炉窑清洁能源替代（清洁能源包括天然气、电、集中供热等）	2019 年 10 月底前	完成净水剂行业燃煤烘干炉 1 台天然气替代
	治理一批	工业炉窑废气深度治理	2019 年 12 月底前	完成陶瓷行业废气深度治理 9 台
	监控监管	监测监控	2019 年 12 月底前	耐材、陶瓷、砖瓦等行业安装自动监控系统共 18 套
		工业炉窑专项执法	2019 年 12 月底前	开展专项执法检查
VOCs 治理	重点工业行业 VOCs 综合治理	源头替代	2019 年 12 月底前	引导鼓励工业涂装企业完成低 VOCs 含量涂料替代、包装印刷企业完成低 VOCs 含量油墨替代

类别	重点工作	主要任务	完成时限	工　程　措　施
VOCs治理	重点工业行业VOCs综合治理	无组织排放控制、治污设施建设及精细化管控	2019年10月底前	12家化工企业、6家工业涂装企业、10家包装印刷企业通过采取设备与场所密闭、工艺改进、废气有效收集等措施，完成VOCs无组织排放治理，建设适宜高效的治污设施，化工企业优先选用冷凝、吸附再生等回收技术，难以回收的，宜选用燃烧、吸附浓缩+燃烧等高效治理技术；工业涂装企业喷涂、晾（风）干废气宜采用吸附浓缩+燃烧处理方式，调配、流平等废气可与喷涂、晾（风）干废气一并处理，使用溶剂型涂料的生产线，烘干废气宜采用燃烧方式单独处理，具备条件的可采用回收式热力燃烧装置；包装印刷企业印刷、干式复合等VOCs排放工序，宜采用吸附浓缩+冷凝回收、吸附浓缩+燃烧、减风增浓+燃烧等高效处理技术；低浓度有机废气或小风量排放企业可采用活性炭吸附技术、低温等离子体技术、UV光催化氧化技术等两种或两种以上组合工艺。推行“一厂一策”制度，加强企业运行管理
	油品储运销综合治理	油气回收治理	2019年10月底前	开展对全市所有储油库、加油站油气回收运行情况开展专项检查
	监测监控	自动监控设施安装	2019年12月底前	10家化工企业、1家工业涂装企业、1家包装印刷企业主要排污口要安装自动监控设施共12套
重污染天气应对	修订完善应急预案及减排清单	完善重污染天气应急预案	2019年9月底前	修订完善重污染天气应急预案
		完善应急减排清单，夯实应急减排措施	2019年9月底前	完成重点行业绩效分级，完成应急减排清单编制工作，落实“一厂一策”等各项应急减排措施
	应急运输响应	重污染天气移动源管控	2019年10月15日前	加强源头管控，根据实际情况，制定日货车使用量10辆以上企业、港口、铁路货场、物流园区的重污染天气车辆管控措施，并安装门禁监控系统。启动重污染天气车辆管控平台建设
能力建设	完善环境监测监控网络	环境空气质量监测网络建设	2019年12月底前	增设环境空气质量自动监测站点1个（中站区西部工业集聚区）
		环境空气VOCs监测	2019年12月底前	建成环境空气VOCs监测站点1个
		遥感监测系统平台三级联网	长期坚持	机动车遥感监测系统稳定传输数据
		定期排放检验机构三级联网	长期坚持	利用全省机动车环保监测监控平台，加强排放检验机构管理
		重型柴油车车载诊断系统远程监控系统建设	全年	推进重型柴油车车载诊断系统远程监控系统建设和终端安装
		道路空气质量检测	2019年12月底前	新增移动监测车1辆
	源排放清单编制	编制大气污染源排放清单	2019年9月底前	动态更新2018年大气污染源排放清单编制
	颗粒物来源解析	开展$PM_{2.5}$来源解析	2019年9月底前	完成2018年城市大气污染颗粒物源解析

河南省濮阳市2019—2020年秋冬季大气污染综合治理攻坚行动方案

类别	重点工作	主要任务	完成时限	工程措施
产业结构调整	产业布局调整	化工行业整治	2019年9月底前	8月底前完成濮阳市“红黄蓝绿”企业标识认定，9月初开始根据标识结果进行治理，11月底前完成治理工作。依法关停红色标识企业、搬迁黄色标识企业、升级改造蓝色标识企业（共计200余家化工企业）。对经开区、范县产业集聚区、工业园区、台前化工园区、濮阳县化工园区共5个化工园区进行治理，确保稳定达标排放
	“散乱污”企业和集群综合整治	“散乱污”企业综合整治	2019年9月底前	完善“散乱污”企业动态管理机制，实行网格化管理，压实基层责任，实施动态清零
		企业集群综合整治	2019年12月底前	完成范县、濮阳县废塑料加工，清丰县家具，南乐县铸造、砖瓦、家具，台前县橡胶制造等企业集群综合整治，同步完成区域环境整治工作。对“散乱污”集群，发现一处查处一处，实施累计问责
	工业源污染治理	实施排污许可	2019年12月底前	完成乳制品、调味品、发酵品、方便食品、酿酒、制鞋、人造板、家具、废旧资源利用、固废处置、电镀、热力生产供应等行业的排污许可证的核发
		无组织排放治理	2019年12月底前	完成全市建材、化工、商砼、家具行业等470家涉无组织排放企业的运输、储存、转移、输送以及生产工艺过程等无组织排放深度治理
		工业园区能源替代利用与资源共享	2019年11月底前	8个工业园区完成集中供热或清洁能源供热
能源结构调整	清洁取暖	清洁能源替代散煤	2019年11月15日前	完成双替代26.6万户，其中电代煤23.4万户，气代煤3.2万户。为防治散煤复烧，我市完成双替代的区域10月底前设为高污染燃料禁燃区
		洁净煤替代散煤	2020年3月底前	暂不具备清洁能源替代条件的地区推广洁净型替代散煤，替代6.8万户。对设施农业大棚，今年完成清洁型煤替代散煤工作，明年逐步谋划制定燃煤清零方案并实施
		煤质监管	全年	加强部门联动，严厉打击劣质煤流通、销售和使用。煤质抽检覆盖率不低于90%，对抽检发现经营不合格的散煤行为的，依法处罚
	煤炭消费总量控制	煤炭消费总量控制	全年	全市2019年煤炭消费总量年底控制在省下达的目标以内
	锅炉综合整治	锅炉管理台账	2019年10月底前	完善锅炉管理台账
		淘汰燃煤锅炉	2019年9月底前	淘汰燃煤锅炉11台合计224蒸吨。全市基本淘汰35蒸吨及以下燃煤锅炉
		锅炉超低排放改造	2019年9月底前	完成燃煤锅炉超低排放改造合计2台80蒸吨。（中炜精细化工有限公司1台45蒸吨，永乐生物工程有限公司1台35蒸吨）
		燃气锅炉低氮改造	2019年9月底前	完成燃气锅炉低氮改造35台346蒸吨
		生物质锅炉	2019年9月底前	完成生物质锅炉超低排放改造9台67.5蒸吨

类别	重点工作	主要任务	完成时限	工程措施
运输结构调整	运输结构调整	提升铁路货运量	2019年12月底前	晋豫鲁铁路货运量力争较2017年增加100万吨
		加快铁路专用线建设	2019年12月底前	开展大宗货物年货运量150万吨及以上的大型工矿企业和物流园区摸底调查，研究推进大宗货物“公转铁”方案。实施中原大化集团铁路专用线和工业园区濮东铁路货场专用线升级改造。力争年内新增铁路专用线1.3千米
		发展新能源车	2019年12月底前	新增公交车辆中新能源车比例达到80%以上
		老旧车淘汰	2019年12月底前	大力推进国三及以下排放标准营运柴油货车提前淘汰更新，加快淘汰采用稀薄燃烧技术和“油改气”的老旧燃气车辆
	车船燃油品质改善	油品和车用尿素质量抽查	2019年12月底前	强化油品质量监管，按照年度抽检计划，在全市加油站（点）抽检车用汽柴油共计450个批次，实现加油站抽检全覆盖。对抽检不合格的加油站（点）行政处罚、停业整顿直至吊销营业执照。从高速公路、国道、省道沿线加油站抽检尿素100次以上。摸排大型工矿企业自备油库并建立清单，并开展油品质量专项检查，依法依规关停并妥善拆除不符合要求的自备油库（油罐）和装置
		打击黑加油站点，使用终端油品和尿素质量抽查	2019年12月底前	根据省市推进成品油市场整治系列方案要求，开展打击黑加油站点专项行动，动态清零，商务、公安组成联合督导组不定期对各县区工作进行督导。持续打击非法加油行为，秋冬季之前完成一次专项执法行动，防止死灰复燃。从柴油货车抽取检测柴油样品100个以上
	在用车环境管理	在用车执法监管	长期坚持	秋冬季期间监督抽测柴油车数量不低于当地柴油车保有量的80%。加大对车辆集中停放地和用车大户（保有量20辆以上）的抽检力度，抽检数量不少于2 000辆
			2019年10月底前	部署柴油车路检站9个，覆盖主要物流通道和城市入口，并投入运行
			2019年12月底前	检查排放检验机构44个次，实现排放检验机构监管全覆盖
			2019年10月底前	建立超标柴油车黑名单，将遥感监测（含黑烟抓拍）、路检执法发现的超标车辆纳入黑名单，实现动态管理，严禁超标车辆上路行驶、进出重点用车企业。推广使用“驾驶排放不合格的机动车上道路行驶的”交通违法代码6063，由生态环境部门取证，公安交管部门对路检路查和黑烟抓拍发现的上路行驶违法超标车辆进行处罚，并由交通部门强制维修
	非道路移动机械环境管理	备案登记	2019年12月底前	完成非道路移动机械摸底调查和编码登记
		排放检验	2019年12月底前	以施工工地和物流园区、高排放控制区等为重点，开展道路移动机械监测不少于4 000辆，做到重点场所全覆盖
用地结构调整	扬尘综合治理	建设扬尘治理	长期坚持	严格执行《濮阳市建筑施工项目扬尘污染防控管理暂行规定》，严格督导落实施工工地“八个百分之百”要求
		施工扬尘管理清单	长期坚持	定期动态更新施工工地管理清单

类别	重点工作	主要任务	完成时限	工　程　措　施
用地结构调整	扬尘综合治理	施工扬尘监管	长期坚持	建筑面积 5 000 米^2 及以上建筑施工工地和长度 200 米以上的市政、国省干线公路和中型规模以上水利枢纽等线性施工工地，要在工地出入口、施工作业区、料堆等重点区域安装在线监测和视频监控，并与监管平台联网
		道路扬尘综合整治	长期坚持	城市道路机械化清扫率达到 95%
		渣土运输车监管	全年	严厉打击无资质、标识不全、故意遮挡或污损车牌等渣土车违法行为。严格渣土车运输车辆规范化管理，渣土运输车做到全密闭
		露天堆场扬尘整治	全年	监管城乡接合部以及城中村拆迁的渣土和建筑垃圾的清运，不能及时清理的必须采取苫盖等抑尘措施
		强化降尘量控制	全年	全市及各区县降尘量控制在 9 吨/（月・千米^2）
	秸秆综合利用	加强秸秆焚烧管控	长期坚持	建立网格化监管制度，在秋收阶段开展秸秆禁烧专项巡查
		加强秸秆综合利用	全年	秸秆综合利用率达到 90%
工业炉窑大气污染综合治理	淘汰一批	淘汰砖瓦窑行业 24 门以下轮窑	2019 年 9 月底前	对 24 门以下轮窑强制淘汰，对未完成淘汰的含轮窑企业停产
	清洁能源代替一批	工业炉窑清洁能源替代（清洁能源包括天然气、点、集中供热等）	2019 年 9 月底前	完成砖瓦行业烧成窑 1 台 6 000 万块产能天然气替代，完成羽绒行业天然气炉（窑）6 台 26 蒸吨产能集中供热替代
	治理一批	工业炉窑废气深度治理	2019 年 9 月底前	完成融化炉废气深度治理 10 条；加热炉废气深度治理 15 台；煅烧炉废气深度治理 13 台；烧成窑废气深度治理 22 台；接触反应炉废气深度治理 1 台；其他工业炉窑 6 台
	监控监管	监测监控	2019 年 12 月底前	化工、石油行业企业 15 家、羽绒制品行业企业 6 家、药品制造行业企业 1 家、食品加工行业企业 3 家、建筑材料行业企业 1 家，安装自动监控系统共 26 套
		工业炉窑专项执法	2019 年 9 月底前	开展专项执法检查
VOCs 治理	重点工业行业 VOCs 综合治理	源头替代	2019 年 9 月底前	48 家工业涂装企业完成低 VOCs 含量涂料替代；19 家包装印刷企业完成低 VOCs 含量油墨替代
		无组织排放控制	2019 年 9 月底前	9 家石化企业、48 家化工企业、179 家工业涂装企业、28 家包装印刷企业、1 家制药企业、3 家家具制造企业等采取设备与场所密闭、工艺改进、废气收集等措施，完成 VOCs 无组织排放治理
		治污设施建设	2019 年 9 月底前	9 家石化企业、44 家化工企业、132 家工业涂装企业、22 家包装印刷企业等建设适宜高效的治污设施。69 家企业安装 VOCs 自动监控设施

类别	重点工作	主要任务	完成时限	工　程　措　施
VOCs治理	重点工业行业VOCs综合治理	精细化管控	全年	16家石化企业、64家化工企业、152家工业涂装企业、16家包装印刷企业、3家家具制造企业等推行“一厂一策”制度
	油品储运销综合治理	油气回收治理	2019年10月底前	对加油站、储油库油气回收设施运行情况开展专项检查
		自动监控设备安装	2019年12月底前	年销售汽油量大于5 000吨的加油站推进安装油气回收自动监控设施
	工业园区和企业集群综合治理	集中治理	2019年9月底前	清丰县产业集聚园区建设集中涂装中心，配备高效废气治理设施，代替分散的涂装工序。对清丰县产业集聚园区内的家具企业，加强执法监管，严格达标排放。对治理不到位不能达标排放的企业，停产或者进入集中涂装中心
	监测监控	自动监控设施安装	2019年12月底前	石化企业2家、化工企业3家、食品添加剂等生产销售类企业1家，安装自动监控系统共6套
重污染天气应对	修订完善应急预案及减排清单	完善重污染天气应急预案	2019年9月底前	修订完善重污染天气应急预案
		完善应急减排清单，夯实应急减排措施	2019年9月底前	完成重点行业绩效分级，完成应急减排清单编制工作，落实“一厂一策”等各项应急减排措施
	应急运输响应	重污染天气移动源管控	2019年12月底前	加强源头管控，根据实际情况，制定日货车使用量10辆以上企业、铁路货场、物流园区的重污染天气车辆管控措施，并安装门禁监控系统。启动建设重污染天气车辆管控平台
能力建设	完善环境监测监控网络	环境空气治理监测网络建设	2019年12月底前	监测网络基本健全，全市空气环境质量监测点位实现县（区）、乡（镇）全覆盖
		环境空气VOCs监测	2019年12月底前	建成环境空气VOCs手动监测站点1个
		遥感监测系统平台三级联网	长期坚持	机动车遥感监测系统稳定传输数据
		定期排放检验机构三级联网	长期坚持	市级机动车检验机构监管平台实现检测视频监控、数据统计分析、检测机构管理、车辆环保信息管理，实现三级联网。对超标排放车辆开展大数据分析，追溯相关方责任
		重型柴油车车载诊断系统远程监控系统建设	全年	推进重型柴油车车载诊断系统远程监控系统建设和终端安装
		道路空气质量检测	2019年12月底前	在主要物流通道建设道路空气质量检测站4个
	源排放清单编制	编制大气污染源排放清单	2019年9月底前	动态更新2018年大气污染源排放清单编制
	颗粒物来源解析	开展$PM_{2.5}$来源解析	2019年9月底前	完成2018年城市大气污染颗粒物源解析

河南省济源市2019—2020年秋冬季大气污染综合治理攻坚行动方案

类别	重点工作	主要任务	完成时限	工程措施
产业结构调整	产业布局调整	建成区重污染企业搬迁	2019年12月底前	开展济源市济水乙炔厂、河南济源钢铁（集团）有限公司、济源市丰田肥业、河南国泰型材科技有限公司等10家企业搬迁改造工作
		化工行业整治	2019年12月底前	积极开展化工行业整治，禁止新建化工园区。对虎岭化工产业园和五龙口化工产业园进行综合整治，确保所有企业实现稳定达标排放
	“两高”行业产能控制	压减煤炭产能	2019年11月底前	化解济源市煤业五矿煤炭产能15万吨
	“散乱污”企业和集群综合整治	“散乱污”企业综合整治	2019年12月底前	以停产企业厂房检查为重点，持续开展“散乱污”企业排查整治，完善“散乱污”企业动态管理机制，实行网格化管理，压实基层责任，实施分类整治，坚决杜绝已取缔的“散乱污”企业死灰复燃
	工业源污染治理	实施排污许可	2019年12月底前	完成2家磷肥、1家汽车、5家电池等行业排污许可证核发，按照时序进度，完成其他行业排污许可证核发
		钢铁超低排放	2019年12月底前	完成河南济源钢铁（集团）有限公司2号和3号烧结机超低排放改造
		无组织排放治理	2019年12月底前	完成5家水泥企业和其他118家企业物料（含废渣）运输、装卸、储存、转移、输送以及生产工艺过程等无组织排放的深度治理。巩固工业企业无组织排放整治成果，建立动态管理台账，对发现的无组织排放源督促其按照无组织排放管控要求开展深度治理
		工业园区综合整治	全年	开展虎岭高新集聚区、玉川产业集聚区综合整治，推进区域企业升级改造，实现污染物达标排放
		工业园区能源替代利用与资源共享	2019年12月底前	我市虎岭高新集聚区、玉川产业集聚区完成集中供热或清洁能源供热
能源结构调整	清洁取暖	清洁能源替代散煤	2019年10月底前	完成5.7万户清洁能源替代任务。其中电替代5.3万户，气替代0.4万户
		洁净煤替代散煤	2019年10月底前	对原有19家洁净型煤企业进行撤并提升，关停10家洁净型煤企业，达不到省一级洁净型煤企业要求的，全部关停退出
		煤质监管	全年	加强部门联动，严厉打击劣质煤流通、销售和使用。煤质抽检覆盖率不低于90%，对抽检发现经营不合格散煤行为的，依法处罚

类别	重点工作	主要任务	完成时限	工程措施
能源结构调整	高污染燃料禁燃区	调整扩大禁燃区范围	全年	禁燃区范围调整根据“双替代”完成区域进行调整，力争将平原镇全部扩大为高污染燃料禁燃区，发现违规使用高污染燃料的，依法对违规使用单位进行处罚
	煤炭消费总量控制	煤炭消费总量削减	全年	全市2019年煤炭消费总量年底控制在省下达的目标以内
		淘汰不达标燃煤机组	2019年10月底前	淘汰注销豫源电力集团燃煤机组2.4万千瓦电力生产许可
	锅炉综合整治	锅炉管理台账	2019年12月底前	完善锅炉管理台账
		淘汰燃煤锅炉	长期坚持	严禁新上燃煤锅炉，持续开展非电燃煤锅炉排查，发现一起，淘汰一起
		锅炉超低排放改造	长期坚持	加强监管，确保全市燃煤锅炉稳定达到超低排放标准
		燃气锅炉低氮改造	2019年12月底前	完成燃气锅炉低氮改造6台48蒸吨
运输结构调整	运输结构调整	提升铁路货运量	2019年12月底前	全市铁路货运量（含到达和发送）较2017年增加400万吨，提升沁北电厂、济源钢铁等已有铁路运输线的企业铁路运能，开展铁路专用线专项调查研究，逐线制定运量提升方案，充分提升既有14条在用铁路专用线运量，挖掘潜在运能，促进专用线开放共用。制定全市铁路专用线规划，推动铁路专用线入企入园
		加快铁路专用线建设	2019年12月底前	开展大宗货物年货运量150万吨及以上的大型工矿企业和物流园区摸底调查，研究推进大宗货物“公转铁”方案。 开工建设河南沁河北物流枢纽园有限公司铁路专用线、金利铁路专用线，降低煤炭、建材、钢材等公路运输比例。推进万洋冶炼铁路专用线建设
		发展新能源车	2019年12月底前	新增公交、环卫、邮政车辆中新能源车比例达到80%
		老旧车淘汰	全年	大力推进国三及以下排放标准营运柴油货车提前淘汰更新，加快淘汰采用稀薄燃烧技术和“油改气”的老旧燃气车辆
	车船燃油品质改善	油品和尿素质量抽查	2019年12月底前	强化油品质量监管，按照年度抽检计划，在全市加油站（点）抽检车用汽、柴油共计150个批次，实现年度全覆盖。从高速公路、国道、省道沿线加油站抽检尿素20次以上。摸排大型工业企业自备油库，依法依规关停并妥善拆除不符合要求的自备油库（罐）及装置
		开展成品油市场专项整治	2019年10月底前	深入开展成品油市场专项整治工作，10月底前开展新一轮成品油黑窝点、流动加油车整治，加大对企业自备油库检查整治力度。专项整治期间，从柴油货车油箱和尿素箱抽取检测柴油样品和车用尿素样品各50个以上。持续打击非法加油行为，防止死灰复燃

类别	重点工作	主要任务	完成时限	工　程　措　施
运输结构调整	在用车环境管理	在用车执法监管	长期坚持	秋冬季期间监督抽测柴油车数量不低于当地柴油车保有量的80%。加大对车辆集中停放地和重点用车大户抽检力度，抽检数量1 500辆
			2019年10月底前	部署多部门全天候综合检测站3个，覆盖主要物流通道和城市入口，并投入运行
			2019年12月底前	检查排放检验机构7个次，实现排放检验机构监管全覆盖
			2019年10月底前	建立超标柴油车黑名单，将遥感监测（含黑烟抓拍）、路检执法发现的超标车辆纳入黑名单，实现动态管理，严禁超标车辆上路行驶、进出重点用车企业。推广使用“驾驶排放不合格的机动车上道路行驶的”交通违法处罚代码6063，由生态环境部门取证，公安交管部门对路检路查和黑烟抓拍发现的上路行驶超标车辆进行处罚，并由交通部门负责强制维修
	非道路移动机械环境管理	高排放控制区监管	2019年12月底前	严格落实高排放控制区管理要求，开展监督执法工作
		备案登记	2019年12月底前	完成非道路移动机械摸底调查和编码登记
		排放检验	2019年12月底前	以施工工地和物流园区、高排放控制区等为重点，开展非道路移动机械检测400辆，做到重点场所全覆盖
用地结构调整	矿山综合整治	强化露天矿山综合治理	长期坚持	对污染治理不规范的露天矿山，依法责令停产整治，不达标不得恢复生产。对责任主体灭失露天矿山迹地进行综合治理
	扬尘综合治理	建筑扬尘治理	长期坚持	严格落实施工工地“六个百分之百”要求
		施工扬尘管理清单	长期坚持	定期动态更新施工工地管理清单
		施工扬尘监管	长期坚持	建筑面积5 000米^{2}及以上的施工工地全部安装在线监测和视频监控，并与行业主管部门联网，否则新开工地不予办理土石方工程施工手续
		道路扬尘综合整治	长期坚持	城市道路机械化清扫率达到100%。及时修复破损路面，提升国道、省道、乡道、城乡接合部的道路维护水平
		渣土运输车监管	全年	严厉打击无资质、标识不全、故意遮挡或污损车牌等渣土车违法行为。严格渣土运输车辆规范化管理，渣土运输车做到“五统一要求”。对违规渣土运输车停运2天
		露天堆场扬尘整治	全年	全面清理城乡接合部以及城中村拆迁的渣土和建筑垃圾，不能及时清理的必须采取苫盖等抑尘措施
		强化降尘量控制	全年	全市及各区县降尘量控制在9吨/（月·千米^2）

类别	重点工作	主要任务	完成时限	工　程　措　施
用地结构调整	秸秆综合利用	加强秸秆焚烧管控	长期坚持	建立网格化监管制度，充分发挥“蓝天卫士”24 小时监管作用，在秋收阶段开展秸秆禁烧专项巡查
		加强秸秆综合利用	全年	秸秆综合利用率达到 89%
工业炉窑大气污染综合治理	建立清单	工业炉窑排查	2019 年 12 月底前	开展拉网式排查，建立各类工业炉窑管理清单并动态更新
	制定方案	制定实施方案	2019 年 10 月底前	制定工业炉窑大气污染综合治理实施方案，明确治理要求，细化任务分工，确定分年度重点项目
	治理一批	工业炉窑废气深度治理	2019 年 12 月底前	完成 28 个砖瓦、13 个陶瓷等 167 个炉窑废气深度治理
	监控监管	监测监控	2019 年 12 月底前	铸造、陶瓷等安装自动监控系统共 14 套
		工业炉窑专项执法	2019 年 10 月底前	开展专项执法检查
VOCs 治理	重点工业行业 VOCs 综合治理	源头替代	2019 年 12 月底前	引导鼓励工业涂装企业完成低 VOCs 含量涂料替代、包装印刷企业完成低 VOCs 含量油墨替代
		无组织排放控制	2019 年 12 月底前	4 家化工企业、8 家工业涂装企业等通过采取设备与场所密闭、工艺改进、废气有效收集等措施，完成 VOCs 无组织排放治理
		治污设施建设	2019 年 12 月底前	4 家化工企业、8 家工业涂装企业等建设适宜高效的治污设施
		精细化管控	全年	7 家化工企业、14 家工业涂装企业等推行“一厂一策”制度，加强企业运行管理
	油品储运销综合治理	油气回收治理	2019 年 10 月底前	对储油库、加油站油气回收设施运行情况开展专项检查
	工业园区和企业集群综合治理	统一管控	2019 年 10 月底前	委托河北先河专家组开展挥发性有机物溯源分析
	监测监控	自动监控设施安装	2019 年 12 月底前	5 家化工企业、2 家焦化企业主要排污口要安装自动监控设施共 10 套
重污染天气应对	修订完善应急预案及减排清单	完善重污染天气应急预案	2019 年 9 月底前	修订完善重污染天气应急预案
		完善应急减排清单，夯实应急减排措施	2019 年 9 月底前	完成重点行业绩效分级，完成应急减排清单编制工作，落实“一厂一策”等各项应急减排措施

类别	重点工作	主要任务	完成时限	工程措施
重污染天气应对	应急运输响应	重污染天气移动源管控	2019 年 10 月 15 日前	加强源头管控，根据实际情况，制定日货车使用量 10 辆以上企业、铁路货场、物流园区的重污染天气车辆管控措施，并安装门禁监控系统。启动重污染天气车辆管控平台建设
能力建设	完善环境监测监控网络	环境空气质量监测网络建设	2019 年 12 月底前	增设织城镇环境空气质量自动监测站点 1 个
		环境空气 VOCs 监测	2019 年 12 月底前	建成环境空气 VOCs 监测站点 1 个
		遥感监测系统平台三级联网	长期坚持	机动车遥感监测系统稳定传输数据
		定期排放检验机构三级联网	长期坚持	机动车检验机构监管平台实现检测视频监控、防作弊报警提示、数据统计分析、检测机构管理、车辆环保信息管理，实现三级联网。对超标排放车辆开展大数据分析，追溯相关方责任
		重型柴油车车载诊断系统远程监控系统建设	全年	推进重型柴油车车载诊断系统远程监控系统建设和终端安装
		道路空气质量检测	2019 年 12 月底前	在主要道路周边安装 25 个微型空气站，对道路空气质量进行检测
	源排放清单编制	编制大气污染源排放清单	2019 年 12 月底前	动态更新 2018 年主要大气污染物排放清单
	颗粒物来源解析	开展 $PM_{2.5}$ 来源解析	2019 年 12 月底前	结合 2017 年城市大气污染物源解析成果，开展 2018 年城市大气污染颗粒物源解析

关于提升危险废物环境监管能力、利用处置能力和环境风险防范能力的指导意见

环固体〔2019〕92号

各省、自治区、直辖市生态环境厅（局），新疆生产建设兵团生态环境局：

危险废物环境管理是生态文明建设和生态环境保护的重要方面，是打好污染防治攻坚战的重要内容，对于改善环境质量，防范环境风险，维护生态环境安全，保障人体健康具有重要意义。为切实提升危险废物环境监管能力、利用处置能力和环境风险防范能力（以下简称“三个能力”），提出以下意见。

一、总体要求

以习近平新时代中国特色社会主义思想为指导，深入贯彻落实习近平生态文明思想和全国生态环境保护大会精神，以改善环境质量为核心，以有效防范环境风险为目标，以疏堵结合、先行先试、分步实施、联防联控为原则，聚焦重点地区和重点行业，围绕打好污染防治攻坚战，着力提升危险废物“三个能力”，切实维护生态环境安全和人民群众身体健康。

到2025年年底，建立健全“源头严防、过程严管、后果严惩”的危险废物环境监管体系；各省（区、市）危险废物利用处置能力与实际需求基本匹配，全国危险废物利用处置能力与实际需要总体平衡，布局趋于合理；危险废物环境风险防范能力显著提升，危险废物非法转移倾倒案件高发态势得到有效遏制。其中，2020年年底前，长三角地区（包括上海市、江苏省、浙江省）及“无废城市”建设试点城市率先实现；2022年年底前，珠三角、京津冀和长江经济带其他地区提前实现。

二、着力强化危险废物环境监管能力

（一）完善危险废物监管源清单。各级生态环境部门要结合第二次全国污染源普查、环境统计工作分别健全危险废物产生单位清单和拥有危险废物自行利用处置设施的单位清单，在此基础上，结合危险废物经营单位清单，建立危险废物重点监管单位清单。自2020年起，上述清单纳入全国固体废物管理信息系统统一管理。

（二）持续推进危险废物规范化环境管理。地方各级生态环境部门要加强危险废物环境执法检查，督促企业落实相关法律制度和标准规范要求。各省（区、市）应当将危险废物规范化环境管理情况纳入对地方环境保护绩效考核的指标体系中，督促地方政府落实监

管责任。推进企业环境信用评价，将违法企业纳入生态环境保护领域违法失信名单，实行公开曝光，开展联合惩戒。依法将危险废物产生单位和危险废物经营单位纳入环境污染强制责任保险投保范围。

（三）强化危险废物全过程环境监管。地方各级生态环境部门要严格危险废物经营许可证审批，不得违反国家法律法规擅自下放审批权限；应建立危险废物经营许可证审批与环境影响评价文件审批的有效衔接机制。新建项目要严格执行《建设项目危险废物环境影响评价指南》及《危险废物处置工程技术导则》；加大涉危险废物重点行业建设项目环境影响评价文件的技术校核抽查比例，长期投运企业的危险废物产生种类、数量以及利用处置方式与原环境影响评价文件严重不一致的，应尽快按现有危险废物法律法规和指南等文件要求整改；构成违法行为的，依法严格处罚到位。结合实施固定污染源排污许可制度，依法将固体废物纳入排污许可管理。将危险废物日常环境监管纳入生态环境执法“双随机一公开”内容。优化危险废物跨省转移审批手续、明确审批时限、运行电子联单，为危险废物跨区域转移利用提供便利。

（四）加强监管机构和人才队伍建设。强化全国危险废物环境管理培训，鼓励依托条件较好的危险废物产生单位和危险废物经营单位建设危险废物培训实习基地，加强生态环境保护督察、环境影响评价、排污许可、环境执法和固体废物管理机构人员的技术培训与交流。加强危险废物专业机构及人才队伍建设，组建危险废物环境管理专家团队，强化重点难点问题的技术支撑。

（五）提升信息化监管能力和水平。开展危险废物产生单位在线申报登记和管理计划在线备案，全面运行危险废物转移电子联单，2019 年年底前实现全国危险废物信息化管理“一张网”。各地应当保障固体废物管理信息系统运维人员和经费，确保联网运行和网络信息安全。通过信息系统依法公开危险废物相关信息，搭建信息交流平台。鼓励有条件的地区在重点单位的重点环节和关键节点推行应用视频监控、电子标签等集成智能监控手段，实现对危险废物全过程跟踪管理。各地应充分利用“互联网+监管”系统，加强事中事后环境监管，归集共享各类相关数据，及时发现和防范苗头性风险。

三、着力强化危险废物利用处置能力

（六）统筹危险废物处置能力建设。推动建立“省域内能力总体匹配、省域间协同合作、特殊类别全国统筹”的危险废物处置体系。

各省级生态环境部门应于 2020 年年底前完成危险废物产生、利用处置能力和设施运行情况评估，科学制定并实施危险废物集中处置设施建设规划，推动地方政府将危险废物集中处置设施纳入当地公共基础设施统筹建设，并针对集中焚烧和填埋处置危险废物在税收、资金投入和建设用地等方面给予政策保障。

长三角、珠三角、京津冀和长江经济带其他地区等应当开展危险废物集中处置区域合作，跨省域协同规划、共享危险废物集中处置能力。鼓励开展区域合作的省份之间，探索以“白名单”方式对危险废物跨省转移审批实行简化许可。探索建立危险废物跨区域转移处置的生态环境保护补偿机制。

对多氯联苯废物等需要特殊处置的危险废物和含汞废物等具有地域分布特征的危险

废物，实行全国统筹和相对集中布局，打造专业化利用处置基地。加强废酸、废盐、生活垃圾焚烧飞灰等危险废物利用处置能力建设。

鼓励石油开采、石化、化工、有色等产业基地、大型企业集团根据需要自行配套建设高标准的危险废物利用处置设施。鼓励化工等工业园区配套建设危险废物集中贮存、预处理和处置设施。

（七）促进危险废物源头减量与资源化利用。企业应采取清洁生产等措施，从源头减少危险废物的产生量和危害性，优先实行企业内部资源化利用危险废物。鼓励有条件的地区结合本地实际情况制定危险废物资源化利用污染控制标准或技术规范。鼓励省级生态环境部门在环境风险可控前提下，探索开展危险废物“点对点”定向利用的危险废物经营许可豁免管理试点。

（八）推进危险废物利用处置能力结构优化。鼓励危险废物龙头企业通过兼并重组等方式做大做强，推行危险废物专业化、规模化利用，建设技术先进的大型危险废物焚烧处置设施，控制可焚烧减量的危险废物直接填埋。制定重点类别危险废物经营许可证审查指南，开展危险废物利用处置设施绩效评估。支持大型企业集团跨区域统筹布局，集团内部共享危险废物利用处置设施。

（九）健全危险废物收集体系。鼓励省级生态环境部门选择典型区域、典型企业和典型危险废物类别，组织开展危险废物集中收集贮存试点工作。落实生产者责任延伸制，推动有条件的生产企业依托销售网点回收其产品使用过程产生的危险废物，开展铅蓄电池生产企业集中收集和跨区域转运制度试点工作，依托矿物油生产企业开展废矿物油收集网络建设试点。

（十）推动医疗废物处置设施建设。加强与卫生健康部门配合，制定医疗废物集中处置设施建设规划，2020 年年底前设区市的医疗废物处置能力满足本地区实际需求；2022 年 6 月底前各县（市）具有较为完善的医疗废物收集转运处置体系。不具备集中处置条件的医疗卫生机构，应配套自建符合要求的医疗废物处置设施。鼓励发展移动式医疗废物处置设施，为偏远基层提供就地处置服务。各省（区、市）应建立医疗废物协同应急处置机制，保障突发疫情、处置设施检修等期间医疗废物应急处置能力。

（十一）规范水泥窑及工业炉窑协同处置。适度发展水泥窑协同处置危险废物项目，将其作为危险废物利用处置能力的有益补充。能有效发挥协同处置危险废物功能的水泥窑，在重污染天气预警期间，可根据实际处置能力减免相应减排措施。支持工业炉窑协同处置危险废物技术研发，依托有条件的企业开展钢铁冶炼等工业炉窑协同处置危险废物试点。

四、着力强化危险废物环境风险防范能力

（十二）完善政策法规标准体系。贯彻落实《中华人民共和国固体废物污染环境防治法》，研究修订《危险废物经营许可证管理办法》《危险废物转移联单管理办法》等法规规章。修订危险废物贮存、焚烧以及水泥窑协同处置等污染控制标准。配合有关部门完善《资源综合利用产品和劳务增值税优惠目录》，推动完善危险废物利用税收优惠政策和处置收费制度。

（十三）着力解决危险废物鉴别难问题。推动危险废物分级分类管理，动态修订《国家危险废物名录》及豁免管理清单，研究建立危险废物排除清单。修订《危险废物鉴别标准》《危险废物鉴别技术规范》等标准规范。研究制定危险废物鉴别单位管理办法，强化企业的危险废物鉴别主体责任，鼓励科研院所、规范化检测机构开展危险废物鉴别。

（十四）建立区域和部门联防联控联治机制。推进长三角等区域编制危险废物联防联治实施方案。地方各级生态环境部门依照有关环境保护法律法规加强危险废物环境监督管理，应与发展改革、卫生健康、交通运输、公安、应急等相关行政主管部门建立合作机制，强化信息共享和协作配合；生态环境执法检查中发现涉嫌危险废物环境违法犯罪的问题，应及时移交公安机关；发现涉及安全、消防等方面的问题，应及时将线索移交相关行政主管部门。

（十五）强化化工园区环境风险防控。深入排查化工园区环境风险隐患，督促落实化工园区环境保护主体责任和“一园一策”危险废物利用处置要求。新建园区要科学评估园区内企业危险废物产生种类和数量，保障危险废物利用处置能力。鼓励有条件的化工园区建立危险废物智能化可追溯管控平台，实现园区内危险废物全程管控。

（十六）提升危险废物环境应急响应能力。深入推进跨区域、跨部门协同应急处置突发环境事件及其处理过程中产生的危险废物，完善现场指挥与协调制度以及信息报告和公开机制。加强突发环境事件及其处理过程中产生的危险废物应急处置的管理队伍、专家队伍建设，将危险废物利用处置龙头企业纳入突发环境事件应急处置工作体系。

（十七）严厉打击固体废物环境违法行为。截至 2020 年 10 月底，聚焦长江经济带，深入开展“清废行动”；会同相关部门，以医疗废物、废酸、废铅蓄电池、废矿物油等危险废物为重点，持续开展打击固体废物环境违法犯罪活动。结合生态环境保护统筹强化监督，分期分批分类开展危险废物经营单位专项检查。

（十八）加强危险废物污染防治科技支撑。建设区域性危险废物和化学品测试分析、环境风险评估与污染控制技术实验室，充分发挥国家环境保护危险废物处置工程技术中心的作用，加强危险废物环境风险评估、污染控制技术等基础研究。鼓励废酸、废盐、生活垃圾焚烧飞灰等难处置危险废物污染防治和利用处置技术研发、应用、示范和推广。开展重点行业危险废物调查，分阶段分步骤制定重点行业、重点类别危险废物污染防治配套政策和标准规范。

五、保障措施

（十九）加强组织实施。各级生态环境部门要充分认识提升危险废物“三个能力”的重要性，细化工作措施，明确任务分工、时间表、路线图、责任人，确保各项任务落实到位。

（二十）压实地方责任。建立健全危险废物污染环境督察问责长效机制，对危险废物环境违法案件频发、处置能力严重不足并造成严重环境污染或恶劣社会影响的地方，视情开展专项督察，并依纪依法实施督察问责。

（二十一）加大投入力度。加强危险废物“三个能力”建设的工作经费保障。各地应结合实际，通过统筹各类专项资金、引导社会资金参与等多种形式建立危险废物“三个能力”建设的资金渠道。

（二十二）强化公众参与。鼓励将举报危险废物非法转移、倾倒、处置等列入重点奖励范围，提高公众、社会组织参与积极性。推进危险废物利用处置设施向公众开放。加强对涉危险废物重大环境案件查处情况的宣传，形成强力震慑，营造良好社会氛围。

生态环境部

2019 年 10 月 15 日

关于印发《长三角地区 2019—2020 年秋冬季大气污染综合治理攻坚行动方案》的通知

环大气〔2019〕97 号

南京、无锡、徐州、常州、苏州、南通、连云港、淮安、盐城、扬州、镇江、泰州、宿迁、杭州、宁波、温州、湖州、嘉兴、绍兴、金华、衢州、舟山、台州、丽水、合肥、淮北、亳州、宿州、阜阳、蚌埠、淮南、滁州、六安、马鞍山、芜湖、宣城、铜陵、池州、安庆、黄山市人民政府，中国石油天然气集团有限公司、中国石油化工集团有限公司、中国海洋石油集团有限公司、国家电网有限公司、中国国家铁路集团有限公司：

现将《长三角地区 2019—2020 年秋冬季大气污染综合治理攻坚行动方案》印发给你们，请遵照执行。

生态环境部　发展改革委

工业和信息化部　公安部

财政部　住房城乡建设部

交通运输部　商务部

市场监管总局　能源局

上海市人民政府　江苏省人民政府

浙江省人民政府　安徽省人民政府

2019 年 11 月 4 日

长三角地区 2019—2020 年秋冬季大气污染综合治理攻坚行动方案

党中央、国务院高度重视大气污染防治工作，将打赢蓝天保卫战作为打好污染防治攻坚战的重中之重。近年来，我国环境空气质量持续改善，细颗粒物（$PM_{2.5}$）浓度大幅下降，但环境空气质量改善成效还不稳固。长三角地区秋冬季期间大气环境形势依然严峻，$PM_{2.5}$ 平均浓度是其他季节的 1.8 倍。2018—2019 年秋冬季，长三角地区 10 个城市未完成 $PM_{2.5}$ 浓度下降目标，其中，5 个城市同比不降反升，$PM_{2.5}$ 浓度“北高南低”的空间分布特征依然明显。2020 年是打赢蓝天保卫战三年行动计划的目标年、关键年，2019—2020 年秋冬季攻坚成效直接影响 2020 年目标的实现。据预测，受厄尔尼诺影响，2019—2020 年秋冬季气象条件整体偏差，不利于大气污染物扩散，进一步加大了大气污染治理压力，必须以更大的力度、更实的措施抵消不利气象条件带来的负面影响。各地要充分认识 2019—2020 年秋冬季大气污染综合治理工作的重要性和紧迫性，扎实推进各项任务措施，为坚决打赢蓝天保卫战、全面建成小康社会奠定坚实基础。

一、总体要求

主要目标：稳中求进，推进环境空气质量持续改善，长三角地区全面完成 2019 年环境空气质量改善目标，协同控制温室气体排放。秋冬季期间（2019 年 10 月 1 日—2020 年 3 月 31 日），$PM_{2.5}$ 平均浓度同比下降 2%，重度及以上污染天数同比减少 2%（详见附件 1）。

实施范围：长三角地区包括上海市，江苏省南京、无锡、徐州、常州、苏州、南通、连云港、淮安、盐城、扬州、镇江、泰州、宿迁市，浙江省杭州、宁波、温州、湖州、嘉兴、绍兴、金华、衢州、舟山、台州、丽水市，安徽省合肥、淮北、亳州、宿州、阜阳、蚌埠、淮南、滁州、六安、马鞍山、芜湖、宣城、铜陵、池州、安庆、黄山市，共 41 个地级及以上城市。

基本思路：坚持标本兼治，突出重点难点，深入落实化工、钢铁等产业结构调整任务，推进产业转型升级，严防“散乱污”企业反弹。加快推进天然气产供储销体系建设，推进低效燃煤热电机组整合，提升生物质锅炉综合治理水平。大力推进长三角互联互通综合交通体系建设，加快实施公转铁、铁水联运、水水中转、江海直达等多式联运项目。严厉打击黑加油站点，加强船用燃油监管。坚持综合施策，强化部门合作，深入实施柴油货车、工业炉窑、挥发性有机物（VOCs）专项治理行动。加强区域大气污染联防联控和协同执法，深入推进苏北、皖北等淮海经济区重点城市大气污染综合治理。积极应对重污染天气，进一步完善重污染天气应急预案，按照全覆盖、可核查的原则，夯实应急减排措施，加强区域应急联动。

二、主要任务

（一）调整优化产业结构

1．深入推进重污染行业产业结构调整。各地要按照本地已出台的化工、钢铁、建材、焦化等行业产业结构调整、高质量发展等方案要求，细化分解 2019 年度任务，明确与淘汰产能对应的主要设备，确保按时完成。加快推进炉龄较长、炉况较差的炭化室高度 4.3 米焦炉压减工作。加大化工园区整治力度，推进沿江、沿湖、沿湾等环境敏感区内存在重大安全、环保隐患的化工企业关闭或搬迁。

2．推进企业集群升级改造。各地要重点针对精细化工、纺织印染、包装印刷、家具、人造板、橡胶制品、塑料制品、砖瓦、机械喷漆加工等企业集群，进一步确定产业发展定位、规模及布局，于 2019 年 10 月底前，按照“标杆建设一批、改造提升一批、优化整合一批、淘汰退出一批”的总体要求，制定综合整治方案，从生产工艺、产品质量、安全生产、产能规模、燃料类型、原辅材料替代、污染治理、大宗货物运输等方面提出具体治理任务，统一标准和时间表，提升产业发展质量和环保治理水平。

要依法开展整治，坚决反对“一刀切”。要扶持树立标杆企业，引领集群转型升级；对保留的企业，实现有组织排放口全面达标排放，加强生产工艺过程、物料储存和运输无组织排放管控，厂房建设整洁、规范，实施厂区道路和裸露地面硬化、绿化；制定集群清洁运输方案，优先采取铁路、水运、管道等方式运输；推广集中供汽供热或建设清洁低碳能源中心；鼓励具备条件的地区建设集中涂装中心、有机溶剂集中回收处置中心等；对集群周边区域进行环境整治，彻底清理并定期清扫垃圾、杂草、杂物。

3．坚决治理“散乱污”企业。各省（市）统一“散乱污”企业认定标准和整治要求。各城市要根据产业政策、布局规划，以及土地、环保、质量、安全、能耗等要求，对“散乱污”企业分类处置。提升改造类的，要对标先进企业实施深度治理。

进一步夯实网格化管理，落实街道（乡、镇）属地管理责任，强化部门联动，重点关注农村、城乡接合部、行政区交界等区域，坚决遏制“散乱污”企业死灰复燃、异地转移。创新监管方式，充分运用电网公司专用变压器电量数据以及卫星遥感、无人机等技术，定期开展排查整治，实现“散乱污”企业动态管理。

4．加强排污许可管理。2019 年 12 月底前，按照固定污染源排污许可分类管理名录要求，完成人造板、家具等行业排污许可证核发工作。开展固定污染源排污许可清理整顿工作，核发一个行业，清理一个行业。通过落实“摸、排、分、清”四项重点任务，全面摸清 2017—2019 年应完成排污许可证核发的重点行业排污单位情况，排污许可证应发尽发，实行登记管理。加大依证监管和执法处罚力度，督促企业持证排污、按证排污，对无证排污单位依法依规责令停产停业。

5．高标准实施钢铁行业超低排放改造。各省（市）要按照《关于推进实施钢铁行业超低排放的意见》相关要求，加快制定本地钢铁行业超低排放改造方案，确定年度重点工程项目，系统组织开展工作。各地要督促实施改造的企业严格按照超低排放指标要求，全面实施有组织排放和无组织排放治理、大宗物料产品清洁运输；积极协调相关资源，为企业超低排放改造尤其是清洁运输等提供有利条件。2019 年 12 月底前，上海市完成宝武集团 3 号、4 号焦炉及 4 号自备电厂烟气超低排放改造；江苏省完成 35 家、8 200 万吨产能超低排放改造。

鼓励企业根据技术装备能力、生产工艺水平，选择成熟适用的环保改造技术。除尘设施鼓励采用湿式静电除尘器、覆膜滤料袋式除尘器、滤筒除尘器等先进工艺；烟气脱硫实施增容提效改造等措施，提高运行稳定性，取消烟气旁路，鼓励净化处理后烟气回原烟囱排放；烟气脱硝采用活性炭（焦）、选择性催化还原（SCR）等高效脱硝技术。焦炉煤气实施精脱硫；高炉热风炉、轧钢热处理炉采用低氮燃烧技术；鼓励实施烧结机头烟气循环。

加强评估监督。企业经评估确认全面达到超低排放要求的，按有关规定执行税收、差别化电价等激励政策，在重污染天气预警期间执行差别化应急减排措施；对在评估工作中弄虚作假的企业，一经发现，取消相关优惠政策，企业应急绩效等级降为 C 级。

6．推进工业炉窑大气污染综合治理。各地要结合第二次污染源普查，系统建立工业炉窑管理清单，按照“淘汰一批、替代一批、治理一批”的原则，全面提升产业总体发展水平。各省（市）制定工业炉窑大气污染综合治理实施方案，确定分年度重点治理项目。

加快淘汰落后产能和不达标工业炉窑，实施燃料清洁低碳化替代，玻璃行业全面禁止掺烧高硫石油焦（硫含量大于 3%）。加快取缔燃煤热风炉，依法淘汰热电联产供热管网覆盖范围内的燃煤加热、烘干炉（窑），大力淘汰炉膛直径 3 米以下燃料类煤气发生炉。安徽省淘汰一批化肥行业固定床间歇式煤气化炉。

深入推进工业炉窑污染深度治理。严格执行大气污染物特别排放限值，全面加强无组织排放管理，严格控制工业炉窑生产工艺过程及相关物料储存、输送等环节无组织排放。鼓励水泥企业实施深度治理。推进 5.5 米以上焦炉实施干熄焦改造。暂未制订行业排放标准的工业炉窑，原则上按照颗粒物、二氧化硫、氮氧化物排放分别不高于 30 毫克/米^3、200 毫克/米^3、300 毫克/米^3 进行改造，其中，日用玻璃、玻璃棉的氮氧化物排放不高于 400 毫克/米^3。

7．提升 VOCs 综合治理水平。各地要加强指导帮扶，对 VOCs 排放量较大的企业，组织编制“一厂一策”方案。2019 年 12 月底前，市场监管总局出台低 VOCs 含量涂料产品技术要求。各地要大力推广使用低 VOCs 含量涂料、油墨、胶黏剂，在技术成熟的家具、集装箱、汽车制造、船舶制造、机械设备制造、汽修、印刷等行业，推进企业全面实施源头替代。各地应将低 VOCs 含量产品优先纳入政府采购名录，并在市政工程中率先推广使用。

强化无组织排放管控。全面加强含 VOCs 物料储存、转移和输送、设备与管线组件泄漏、敞开液面逸散以及工艺过程等五类排放源 VOCs 管控。按照“应收尽收、分质收集”的原则，显著提高废气收集率。密封点数量大于等于 2 000 个的，开展泄漏检测与修复（LDAR）工作。船舶制造企业应优化涂装工艺，提高密闭喷涂比例，除船坞涂装、码头涂装、完工涂装、舾装涂装以及其他无法密闭的涂装活动外，禁止露天喷涂、晾（风）干。

推进建设适宜高效的治理设施。鼓励企业采用多种技术的组合工艺，提高 VOCs 治理效率。低浓度、大风量废气，宜采用沸石转轮吸附、活性炭吸附、减风增浓等浓缩技术，提高 VOCs 浓度后净化处理；高浓度废气，优先进行溶剂回收，难以回收的，宜采用高温焚烧、催化燃烧等技术。油气（溶剂）回收宜采用冷凝+吸附、吸附+吸收、膜分离+吸附等技术。低温等离子、光催化、光氧化技术主要适用于恶臭异味等治理；生物法主要适用于低浓度VOCs废气治理和恶臭异味治理。VOCs初始排放速率大于等于2千克/时的，去除效率不应低于80%（采用的原辅材料符合国家有关低VOCs含量产品规定的除外）。2019年10月底前，各地开展一轮VOCs执法检查，将有机溶剂使用量较大的，存在敞开式作业的，仅使用一次活性炭吸附、水或水溶液喷淋吸收、等离子、光催化、光氧化等治理技术的企业作为重点，对不能稳定达到《挥发性有机物无组织排放控制标准》以及相关行业排放标准要求的，督促企业限期整改。

（二）加快调整能源结构

8．严格控制煤炭消费总量。各省（市）要强化源头管控，严控新增用煤，对新增耗煤项目实施等量或减量替代；着力削减非电用煤，重点压减高耗能、高排放、产能过剩行业及落后产能用煤。加快推进30万千瓦及以上热电联产机组供热半径15千米范围内的燃煤锅炉和低效燃煤小热电关停整合。对以煤为燃料的工业炉窑，加快使用清洁低碳能源以及利用工厂余热、电厂热力等进行替代。

抓好天然气产供储销体系建设。加快建设2019年天然气基础设施互联互通重点工程，确保按计划建成投产。地方政府、城镇燃气企业和不可中断大用户、上游供气企业要加快储气设施建设步伐。

9．深入开展锅炉综合整治。依法依规加大燃煤小锅炉（含茶水炉、经营性炉灶、储粮烘干设备等燃煤设施）淘汰力度，加快农业大棚、畜禽舍燃煤设施淘汰。坚持因地制宜、多措并举，优先利用热电联产等方式替代燃煤锅炉。2019年12月底前，上海、江苏行政区域内和浙江、安徽城市建成区内基本淘汰35蒸吨/时以下燃煤锅炉。锅炉淘汰方式包括拆除取缔、清洁能源替代、烟道或烟囱物理切断等；基本完成65蒸吨/时及以上燃煤锅炉超低排放改造，达到燃煤电厂超低排放水平。

加大生物质锅炉治理力度。2019年10月底前，各地结合第二次污染源普查，对生物质锅炉逐一开展环保检查，建立管理台账，对不能稳定达标排放的依法实施停产整治。生物质锅炉数量较多的地区要制定综合整治方案，开展专项整治。生物质锅炉应采用专用锅炉，配套旋风+布袋等高效除尘设施，禁止掺烧煤炭、垃圾、工业固体废物等其他物料。积极推进城市建成区生物质锅炉超低排放改造。推进4蒸吨/时及以上的生物质锅炉安装烟气排放自动监控设施，并与生态环境部门联网。未安装自动监控设施的生物质锅炉，原则上一年内应更换一次布袋，并保留相应记录。

加快推进燃气锅炉低氮改造。未出台地方排放标准的，原则上按照氮氧化物排放浓度不高于50毫克/米^{3}进行改造。2019年10月底前，上海基本完成燃气锅炉低氮改造。

对已完成超低排放改造的电力企业，各地要重点推进无组织排放控制、因地制宜稳步推动煤炭运输"公转铁"等清洁运输工作。对稳定达到超低排放要求的电厂，不得强制要求治理"白色烟羽"。

（三）积极调整运输结构

10．加快推进港口、码头、铁路多式联运体系建设。各城市要加快实施《长三角地区一体化发展三年行动计划（2018—2020年）》《长三角区域港口货运和集装箱转运专项治理（含岸电使用）实施方案》，加强长江、京杭运河、淮河及重要支流航道建设，推进内河水运航道网络建设和提升。推动宁波舟山港、上海港、连云港港以及长江干线港口等水水中转、江海直达和江海联运配套码头、锚地等设施技术改造。上海市2020年集装箱水水中转比例力争达到50%以上，集装箱铁水联运量年均增长10%以上。江苏省2019年推动港口集团码头一体化整合、沿江沿海港口和集装箱码头整合并购，支持集装箱“弃路改水”；2020年10月底前，沿海主要港口的矿石、焦炭等大宗货物原则上主要改由铁路或水路运输。浙江省2020年宁波舟山港水水中转达到840万标箱；2020年10月底前沿海主要港口的矿石、焦炭等大宗货物集疏港实现由水路或铁路运输；乐清支线全线开通后，加快乐清湾码头C区建设，实现煤炭等散堆装货物经铁路运输。安徽省2019年12月底前争取开工建设合肥市中派港区码头、阜阳港南照综合码头一期等工程；2020年12月底前争取开工芜湖、安庆、铜陵、阜阳等集装箱、件杂货、天然气转运等码头工程。2020年，长江干线主要港口全面接入集疏港铁路。

11．加快推进铁路专用线建设。按照《关于加快推进铁路专用线建设的指导意见》要求，积极推进铁路专用线建设。2019年10月底前，各地要对年大宗货物货运量150万吨及以上的大型工矿企业和新建物流园区铁路专用线建设情况、企业环评批复要求建设铁路专用线落实情况等进行摸排，提出建设方案和工程进度表，确保2020年基本完成。上海市打造由五大重点物流园区（外高桥、深水港、浦东空港、西北、西南）、四类专业物流基地（制造业、农产品、快递、公路货运）为核心架构的“5+4”空间布局，推动落实“安吉物流沿江沿海经济带商品车滚装多式联运示范工程”；江苏省2020年12月底前沿海主要港口重点港区进港率大幅提高，长江干线港口重点港区全面接入集疏港铁路；浙江省加快建成穿山、头门、乐清湾等港区铁路支线，实施北仑铁路支线电气化改造并规划建设二通道，谋划推进甬舟铁路金塘港区支线等项目，2020年实现新改建港口集疏运铁路200千米以上；安徽省重点加快推进马鞍山港、郑蒲港区铁路专用线建设，建设铜陵江北港铁路专用线，加快马鞍山长江港口通往马钢厂区铁路线项目前期工作。

12．加快推进老旧车船淘汰。加快淘汰国三及以下排放标准的柴油货车、采用稀薄燃烧技术或“油改气”的老旧燃气车辆。各地应制定老旧柴油货车淘汰任务及实施计划。各地景区、娱乐场所新增车船全部采用新能源车船，逐步将已有车船替换为新能源车船，大力推动20年以上的内河船舶淘汰。

13．严肃查处机动车超标排放行为。强化多部门联合执法，完善生态环境部门监测取证、公安交管部门实施处罚、交通运输部门监督维修的联合监管模式，并通过国家机动车超标排放数据平台，将相关信息及时上报，实现信息共享。在主要物流货运通道和城市主要入口布设排放检测站（点），针对柴油货车等开展常态化全天候执法检查。加大对物流园、工业园、货物集散地等车辆集中停放地，以及大型工矿企业、物流货运、长途客运、公交、环卫、邮政、旅游等重点单位的入户检查力度，实现全覆盖。秋冬季期间，要大幅增加监督抽测的柴油车数量。

14．开展油品质量检查专项行动。2019年10月底前，各地要以物流基地、货运车辆停车场和休息区、油品运输车、施工工地等为重点，集中打击和清理取缔黑加油站点、流动加油车，对不达标的油品追踪溯源，查处劣质油品存储、销售集散地和生产加工企业，对涉案人员依法追究相关法律责任。开展企业自备油库专项检查，对大型工业企业、公交车场站、机场和铁路货场自备油库油品质量进行监督抽测，严禁储存和使用非标油，对不符合要求的自备油罐及装置（设施），依法依规关停并妥善拆除。加大对加油船、水上加油站、船用油品等监督检查力度，确保内河和江海直达船、船舶排放控制区内远洋船舶使用符合标准的燃油。

15．加强非道路移动源污染防治。各地要制定非道路移动机械摸底调查和编码登记工作方案，以城市建成区内施工工地、物流园区、大型工矿企业以及港口、码头、机场、铁路货场等为重点，于 2019 年 12 月底前全面完成非道路移动机械摸底调查和编码登记，并上传至国家非道路移动机械环保监管平台。各地要全面完成非道路移动机械高排放控制区划定，建立生态环境、建设、交通运输（含民航、铁路）等部门联合执法机制，加大执法监管力度，秋冬季期间，每月抽查率不低于 10%，对违规进入高排放控制区或冒黑烟等超标排放的非道路移动机械依法处罚。

（四）优化调整用地结构

16．加强扬尘综合治理。严格降尘管控，各城市平均降尘量不得高于 5 吨/（月 • 千米^2）米，其中，苏北、皖北不得高于 7 吨/（月 • 千米^2）。加强降尘量监测质控工作，2019 年 10 月起，各省（市）每月按时向中国环境监测总站报送降尘量监测结果并向社会公布，对降尘量高的城市和区县及时预警提醒。鼓励各城市不断加严降尘量控制指标，实施网格化降尘量监测考核。

加强施工扬尘控制。城市施工工地严格落实工地周边围挡、物料堆放覆盖、土方开挖湿法作业、路面硬化、出入车辆清洗、渣土车辆密闭运输“六个百分之百”。5 000 米^2 及以上土石方建筑工地全部安装在线监测和视频监控设施，并与当地有关部门联网。长距离的市政、城市道路、水利等工程，要合理降低土方作业范围，实施分段施工。鼓励各地推动实施“阳光施工”“阳光运输”，减少夜间施工。将扬尘管理不到位的纳入建筑市场信用管理体系；情节严重的，列入建筑市场主体“黑名单”。

强化道路扬尘管控。扩大机械化清扫范围，对城市周边道路、城市支路、可作业的背街里巷等，提高机械化清扫频次，加大清扫力度；推广主次干路高压冲洗与机扫联合作业模式，大幅降低道路积尘负荷。建立健全环卫保洁指标量化考核机制，加强城市及周边道路两侧裸土、长期闲置土地的绿化、硬化，对城市周边及物流园区周边等地柴油货车临时停车场实施路面硬化。

加强堆场、码头扬尘污染控制。对城区、城乡接合部各类煤堆、料堆、灰堆、渣土堆采取苫盖等有效抑尘措施并及时清运。加强港口作业扬尘监管，开展干散货码头扬尘专项治理，全面推进港口码头大型煤炭、矿石堆场防风抑尘、洒水等设施建设。

17．严控露天焚烧。坚持疏堵结合，因地制宜大力推进秸秆综合利用。强化地方各级政府秸秆禁烧主体责任，建立全覆盖网格化监管体系，加强“定点、定时、定人、定责”管控，综合运用卫星遥感、高清视频监控等手段，加强露天焚烧监管。开展秋收阶段秸秆禁烧专项巡查。

（五）有效应对重污染天气

18．深化区域应急联动。建立统一的预警启动与解除标准，将区域应急联动措施纳入城市重污染天气应急预案。充分依托长三角区域空气质量联合预测预报机制，当预测可能出现大范围重污染天气时，及时向各省（市）通报预警提示信息；各省及时督促相关城市按照相应级别及时启动重污染天气应急预案，实施区域应急联动。

19．夯实应急减排清单。各地应根据《关于加强重污染天气应对夯实应急减排措施的指导意见》，按照Ⅲ级、Ⅱ级、Ⅰ级应急响应时，二氧化硫、氮氧化物、颗粒物和 VOCs

的减排比例分别达到全社会排放量的10%、20%和30%以上的要求，完善重污染天气应急减排清单，摸清涉气企业和工序，做到涉气企业和工序减排措施全覆盖。指导工业企业制定“一厂一策”实施方案，明确不同应急等级条件下停产的生产线、工艺环节和各类减排措施的关键性指标，细化各减排工序责任人及联系方式等。鼓励各省（市）按要求在重污染天气应急管理平台上填报应急减排清单，实现清单电子化管理。

20．实施差异化应急管理。对重点行业中钢铁、焦化、炭素、铜冶炼、陶瓷、玻璃、石灰窑、炼油和石油化工、制药、农药、涂料、油墨等明确绩效分级指标的行业，各地应严格评级程序，细化分级办法，确定A、B、C级企业，实行动态管理。原则上，A级企业生产工艺、污染治理水平、排放强度等应达到全国领先水平，在重污染期间可不采取减排措施；B级企业应达到省内标杆水平，适当减少减排措施；对2018年产能利用率超过120%的钢铁企业可适当提高限产比例；对其他未实施绩效分级的重点行业，应结合本地实际情况，制定统一的应急减排措施，或自行制定绩效分级标准，实施差异化管控。对非重点行业，各地应根据行业排放水平、对环境空气质量影响程度等，自行制定应急减排措施。

（六）加强基础能力建设

21．完善环境监测网络。自2019年10月起，各省（市）每月10日前将审核后的上月区县环境空气质量自动监测数据报送中国环境监测总站。2019年10月底前，各地完成已建颗粒物组分监测站点联网，加快光化学监测网建设及联网运行。2019年12月底前，各城市完成国家级新区、高新区、重点工业园区及港口、机场环境空气质量监测站点建设。2020年1月起，各省对高新区、重点工业园区等环境空气质量进行排名。

22．强化污染源自动监控体系建设。生态环境部加快出台固定污染源非甲烷总烃等VOCs排放相关监测技术规范。各地要严格落实排气口高度超过45米的高架源安装自动监控设施，数据传输有效率达到90%的要求，对未达到要求的实施整治。2019年12月底前，各地应将石化、化工、船舶制造、汽车制造、包装印刷、工业涂装等主要VOCs排放行业中的重点源，以及涉冲天炉、玻璃熔窑、以煤和煤矸石为燃料的砖瓦烧结窑、耐火材料焙烧窑（电窑除外）、炭素焙（煅）烧炉（窑）、石灰窑、铁合金矿热炉和精炼炉等工业炉窑的企业，原则上纳入重点排污单位名录，安装烟气排放自动监控设施，并与生态环境部门联网。平板玻璃、建筑陶瓷等设有烟气旁路的企业，自动监控设施采样点应安装在原烟气与净化烟气混合后的烟道或排气筒上；不具备条件的，旁路烟道上也要安装自动监控设施，对超标或通过旁路排放的严格依法处罚。企业在正常生产以及限产、停产、检修等非正常工况下，均应保证自动监控设施正常运行并联网传输数据。对出现数据缺失、长时间掉线等异常情况，要及时核实、调查。

鼓励各地对VOCs、颗粒物无组织排放突出的企业，要求在主要排放工序安装视频监控设施。具备条件的企业，应通过分布式控制系统（DCS）等，自动连续记录环保设施运行及相关生产过程主要参数。

23．建设机动车“天地车人”一体化监控系统。2019年12月底前，各省（市）完成机动车排放检验信息系统平台建设，形成遥感监测（含黑烟抓拍）、定期排放检验、入户抽测数据国家-省-市三级联网，数据传输率达到95%以上；各城市根据情况推进重污染天气车辆管控平台建设。年销售汽油量大于5 000吨的加油站应安装油气回收自动监控设备，加快与生态环境部门联网。

24．加强执法能力建设。加大执法人员培训力度。各地应围绕大气污染防治法律法规、标准体系、政策文件、治理技术、监测监控技术规范、现场执法检查要点等方面，定期开展培训，提高执法人员业务能力和综合素质。配备便携式大气污染物快速检测仪、VOCs泄漏检测仪、微风风速仪、油气回收三项检测仪、路检执法监测设备、油品检测设备等，充分运用执法 APP、自动监控、卫星遥感、无人机、电力数据等手段，提升执法水平。

三、保障措施

（七）加强组织领导

各地要切实加强组织领导，把秋冬季大气污染综合治理攻坚行动放在重要位置，作为打赢蓝天保卫战的关键举措。地方各级党委和政府要全面落实“党政同责”“一岗双责”，对本行政区域大气污染防治工作及环境空气质量负总责，主要领导为第一责任人。各有关部门要按照打赢蓝天保卫战职责分工，指导各地落实任务要求，完善政策措施，加大支持力度。各城市要建立重点任务完成情况定期调度机制，将 2019—2020 年秋冬季大气污染综合治理攻坚行动方案（见附件 2）细化分解到各区县、各部门，明确时间表和责任人，主要任务纳入地方党委和政府督查督办重要内容。

企业是污染治理的责任主体，要切实履行社会责任，落实项目和资金，确保工程按期建成并稳定运行。中央企业要起到模范带头作用。

（八）加大政策支持力度

进一步强化中央大气污染防治专项资金安排与地方空气质量改善联动机制，充分调动地方政府治理大气污染积极性。地方各级政府要加大本级大气污染防治资金支持力度，重点用于工业污染源深度治理、运输结构调整、柴油货车污染治理、大气污染防治能力建设等领域，研究制定老旧柴油车淘汰补贴政策。各级生态环境部门配合财政部门，针对本地大气污染防治重点，做好大气专项资金使用工作。各省（市）要对大气专项资金使用情况开展绩效评价。

加大信贷融资支持力度。支持依法依规开展大气污染防治领域的政府和社会资本合作（PPP）项目建设。支持符合条件的企业通过债券市场进行直接融资，用于大气污染治理等。加大价格政策支持力度。落实好差别电价政策，对限制类企业实行更高价格，支持各地根据实际需要扩大差别电价、阶梯电价执行行业范围，提高加价标准。铁路运输企业完善货运价格市场化运作机制，清理规范辅助作业环节收费，积极推行大宗货物“一口价”运输。研究实施铁路集港运输和疏港运输差异化运价模式，降低回程货车空载率，充分利用铁路货运能力。推动完善船舶、飞机使用岸电价格形成机制，通过地方政府补贴等方式，降低岸电使用价格。

（九）加大环境执法力度

各地要围绕秋冬季大气污染综合治理重点任务，加强执法，推动企业落实生态环境保护主体责任，由“要我守法”向“我要守法”转变。提高环境执法针对性、精准性，分析查找大气污染防治薄弱环节，组织开展专项执法行动。强化 VOCs 和颗粒物无组织排放监管，加强对污染源在线监测数据质量比对性检查，严厉打击违法排污、弄虚作假等行为。

加强联合执法。在“散乱污”企业整治、油品质量监管、柴油车尾气排放抽查、扬尘管控等领域实施多部门联合执法，建立信息共享机制，形成执法合力。加大联合惩戒力度，多措并举治理低价中标乱象。依法依规将建设工程质量低劣的环保公司和环保设施运营管理水平低、存在弄虚作假行为的运维机构列入失信联合惩戒对象名单，纳入全国信用信息共享平台，并通过“信用中国”“国家企业信用信息公示系统”等网站向社会公布。

加大重污染天气预警期间执法检查力度。在重污染天气应急响应期间，各地区、各部门要系统部署应急减排工作，加密执法检查频次，严厉打击不落实应急减排措施、超标排污等违法行为。要加强用电量数据、污染源自动监控数据等应用。各地要依据相关法律规定，对重污染天气预警期间实施的违法行为从严处罚，涉嫌犯罪的，移送公安机关依法查处。

（十）强化监督问责

将秋冬季大气污染综合治理重点攻坚任务落实不力、环境问题突出，且环境空气质量明显恶化的地区作为中央生态环境保护督察重点。结合第二轮中央生态环境保护督察工作，重点督察地方党委、政府及有关部门大气污染综合治理不作为、慢作为以及“一刀切”等乱作为，甚至失职失责等问题；对问题严重的地区视情开展点穴式、机动式专项督察。

对重点攻坚任务落实不力，或者环境空气质量改善不到位且改善幅度排名靠后的，开展督察问责。综合运用排查、交办、核查、约谈、专项督察“五步法”监管机制，压实工作责任。秋冬季期间，生态环境部每月通报各地空气质量改善情况，对空气质量改善幅度达不到时序进度或重点任务进展缓慢的城市进行预警提醒；对空气质量改善幅度达不到目标任务或重点任务进展缓慢的城市，公开约谈政府主要负责人；对未能完成空气质量改善目标任务或重点任务未按期完成的城市，严肃问责相关责任人，实行区域环评限批。发现篡改、伪造监测数据的，考核结果直接认定为不合格，并依法依纪追究责任。

附件：1．长三角地区各城市2019—2020年秋冬季空气质量改善目标

2．长三角地区各城市2019—2020年秋冬季大气污染综合治理攻坚行动方案

附件1

长三角地区各城市2019—2020年秋冬季空气质量改善目标

城　市	$PM_{2.5}$浓度同比下降比例/%	重污染天数同比减少/日
上海市	0.0	持续改善
南京市	3.5	持续改善
无锡市	0.0	持续改善
徐州市	5.0	1
常州市	3.0	持续改善
苏州市	3.0	持续改善
南通市	3.0	持续改善
连云港市	3.0	持续改善
淮安市	3.0	持续改善
盐城市	3.0	持续改善
扬州市	3.0	持续改善

城　市	$PM_{2.5}$浓度同比下降比例/%	重污染天数同比减少/日
镇江市	4.0	持续改善
泰州市	2.0	持续改善
宿迁市	4.0	持续改善
杭州市	0.0	持续改善
宁波市	—	—
温州市	—	—
湖州市	0.0	持续改善
嘉兴市	0.0	持续改善
绍兴市	0.0	持续改善
金华市	0.0	持续改善
衢州市	0.0	持续改善
舟山市	—	—
台州市	—	—
丽水市	—	—
合肥市	3.5	持续改善
淮北市	4.0	1
亳州市	4.0	1
宿州市	1.0	持续改善
阜阳市	3.5	1
蚌埠市	3.0	持续改善
淮南市	5.0	持续改善
滁州市	4.0	持续改善
六安市	4.0	持续改善
马鞍山市	3.0	持续改善
芜湖市	4.0	持续改善
宣城市	1.0	持续改善
铜陵市	4.0	持续改善
池州市	0.5	持续改善
安庆市	2.5	持续改善
黄山市	—	—

附件 2

上海市 2019—2020 年秋冬季大气污染综合治理攻坚行动方案

类别	重点工作	主要任务	完成时限	工程措施
产业结构调整	产业布局调整	建成区重污染企业搬迁	2019 年 12 月底前	推进产业结构调整项目 1 000 项
		化工行业整治	2019 年 12 月底前	根据上海优化行动，启动规划保留工业区外 45%的化工企业关停；深入推进上海化工区、上海石化、金山二工区、星火工业区等化工园区升级改造和深化治理，依法关停 30 家，升级 10 家
	“两高”行业产能控制	压减钢铁产能	2019 年 12 月底前	提前完成钢铁产能控制目标，铁水产能规模不高于 1 502 万吨
	“散乱污”企业和集群综合整治	“散乱污”企业综合整治	2019 年 12 月底前	完善“散乱污”企业动态管理机制，实行网格化管理，压实基层责任，发现一起查处一起
		“散乱污”集群综合整治	2019 年 12 月底前	完成 35 个街镇（集群）150 家“散乱污”企业综合整治，同步完成区域环境整治工作
	工业源污染治理	实施排污许可	2019 年 12 月底前	完成汽车、电池等 24 个行业排污许可证核发
		钢铁超低排放	2019 年 12 月底前	宝武集团完成 3 号、4 号焦炉新增烟气净化装置及自备电厂 4 号燃气机组烟气超低排放改造。推进三、四期干熄焦增设放散气体净化装置
		无组织排放治理	2019 年 12 月底前	宝武集团完成原料、燃料堆场的全封闭、转运过程全封闭和露天料场与封闭料场的作业切换（宝钢三期矿石料场 OJ、OK 料条封闭改造；三期矿石料场 OL、OM 封闭改造）。其他 40 家企业和码头完成物料（含废渣）运输、装卸、储存、转移、输送以及生产工艺过程等无组织排放的深度治理
		工业园区综合整治	2019 年 12 月底前	树立行业标杆，制定综合整治方案，闵行开发区等 7 个国家级园区，宝山工业园区、崇明工业园区等 10 个市级园区完成循环化改造方案编制工作
能源结构调整	高污染燃料禁燃区	调整扩大禁燃区范围	长期	持续开展执法检查，依法对违规使用高污染燃料的单位进行处罚
	煤炭消费总量控制	煤炭消费总量削减	全年	全市煤炭消费总量力争较 2018 年进一步下降，完成国家进度目标，即较 2015 年削减 4%
	锅炉综合整治	锅炉低氮改造	2019 年 12 月底前	完成燃油、燃气锅炉低氮改造 1 500 台 3 000 蒸吨
		生物质锅炉	2019 年 12 月底前	完成生物质锅炉排放监测和达标整治

类别	重点工作	主要任务	完成时限	工程措施
运输结构调整	运输结构调整	绿色货运发展	持续推进	持续推进绿色货运发展，促进运输结构调整优化，2020 年集装箱水水中转比例力争达到 50%以上。持续提升集装箱铁水联运量，年均增长 10%以上（2019 年目标箱量 12 万 TEU，实现同比翻番）；大力发展多式联运，2019 年实施 1 项多式联运示范工程（安吉物流商品车装多式联运）。开展大宗货物年货运量 150 万吨及以上的物流园区摸底调查，按照宜水则水、宜铁则铁的原则，研究推进大宗货物“公转铁”或“公转水”
		发展新能源车	全年	2019 年新增新能源公交车 1 700 辆，新能源出租车 2 000 辆；新能源物流车辆 3 000 辆，实际情况根据企业申请
			全年	除消防、救护、除冰雪、加油车辆设备及无新能源产品车辆设备外，机场内运营新增和更新车辆设备 100%使用新能源
			2019 年 12 月底前	铁路货场分别新增或更换作业非道路移动机械采用新能源或清洁能源 88 辆
		老旧车淘汰	2019 年 12 月底前	出台国三柴油车提前淘汰补贴政策，淘汰国三柴油车不少于 0.5 万辆
		船舶淘汰更新	2019 年 12 月底前	推广使用电动、天然气等清洁能源或新能源船舶 98 艘
			2019 年 12 月底前	淘汰浦江游览玻璃钢船 4 艘。大力推动 20 年以上的内河船舶淘汰
	车船燃油品质改善	油品质量抽查	2019 年 12 月底前	强化油品质量监管，按照年度抽检计划，在全市加油站（点）、内河船舶加油站抽检车船用汽柴油共计 300 个批次。开展加油船油品质量抽查不少于 60 个批次。开展机场自备油库油品质量检查，对机场的中航油等自备油库开展检查，做到年度全覆盖。开展对大型工业企业自备油库油品质量专项检查，对发现的问题依法依规进行处置
		打击黑加油站点	2019 年 10 月底前	深入开展成品油市场专项整治工作，10 月底前开展新一轮成品油黑窝点、流动加油车整治，加大对企业自备油库检查整治力度。专项整治期间，从柴油货车油箱和尿素箱抽取检测柴油样品和车用尿素样品各 100 个以上。持续打击非法加油行为，防止死灰复燃
		尿素质量抽查	2019 年 12 月底前	从高速公路、国道、省道沿线加油站抽检尿素 50 批次
		船用油品质量调查	2019 年 12 月底前	对港口内靠岸停泊船舶燃油抽查不少于 1 500 次
	在用车环境管理	在用车执法监管	长期	秋冬季期间监督抽测柴油车数量不低于本市柴油车保有量的 80%。加强对柴油车辆集中停放地和重点场所/单位“双随机”定期和不定期监督抽测，秋冬季期间抽测数量不低于 5 000 辆
			2019 年 10 月底前	部署完成多部门联合路检点 4 个，开展联合执法
			2019 年 12 月底前	检查排放检验机构不少于 90 个次，实现排放检验机构监管全覆盖

类别	重点工作	主要任务	完成时限	工程措施
运输结构调整	在用车环境管理	在用车执法监管	2019 年 10 月底前	构建超标柴油车黑名单，将遥感监测（含黑烟抓拍）、停放地抽检及联合路检发现的超标车辆纳入黑名单，动态管理，并与公安、交通部门实现信息共享。推广使用“驾驶排放不合格的机动车上道路行驶的”交通违法处罚代码 6063，由生态环境部门取证，公安交管部门对路检路查和黑烟抓拍发现的上路行驶超标车辆进行处罚，并由交通部门负责强制维修
	非道路移动机械环境管理	备案登记	2019 年 12 月底前	完成非道路移动机械摸底调查和编码登记
		排放检验	2019 年 12 月底前	基于上海非道路移动机械申报平台申报（截至 2019 年 9 月 30 日）情况，以施工工地和港口码头、机场、物流园区、高排放控制区等为重点，开展非道路移动机械检测，检测数量不低于 3 000 辆，做到重点场所全覆盖
		港口岸电	2019 年 12 月底前	印发《上海市港口岸电建设方案》，与相关港口企业、航运企业签订《上海港绿色公约》，提高已建成的 21 个岸电设施使用率。加快推进外高桥港区、洋山港区港口岸电设施建设，年底前，启动 10 个集装箱码头岸电设施建设
		机场岸电	2019 年 12 月底前	虹桥机场岸电廊桥 APU 建设 26 个（更换以满足 787 等新机型使用要求），浦东机场将在年底前完成 T2 航站楼 10 台 180 冷吨桥载空调更新项目，做到全覆盖，提高使用率，远机位 APU 建设 4 个
	船舶排放治理	内河船舶排放监管（上海新增）	2019 年 12 月底前	以沿长江和京杭运河等航道为重点，开展内河船舶冒黑烟检查 25 个批次，做到重点航道全覆盖。对港内内河船舶加强观测，对持续冒黑烟船舶重点进行燃油抽检
用地结构调整	扬尘综合治理	建筑扬尘治理	长期	严格落实施工工地“六个百分之百”要求
		施工扬尘管理清单	长期	定期动态更新施工工地管理清单。市管交通建设工地扬尘在线监测设备安装 99 台
		施工扬尘监管	长期	郊区建筑面积在 8 000 米^2、中心城区建筑面积在 4 000 米^{2}以上的；投资额在 5 000 万元及以上，且施工周期大于 7 个月的装饰装修工程全部安装在线监测，并与当地有关部门联网
		道路扬尘综合整治	长期	中心城区城市道路机械化清扫率、冲洗率分别达到 92%、80%，郊区城镇城市道路分别达到 66%、60%
		渣土运输车监管	全年	严厉打击无资质、标识不全、故意遮挡或污损车牌等渣土车违法行为。严格渣土运输车辆规范化管理，渣土运输车做到全密闭
		露天堆场扬尘整治	全年	全面清理城乡接合部以及城中村拆迁的渣土和建筑垃圾，不能及时清理的必须采取苫盖等抑尘措施
		强化降尘量控制	全年	各区降尘量不高于 4.5 吨/（月・千米^2）
	秸秆综合利用	加强秸秆焚烧管控	长期	建立网格化监管制度，在秋收阶段开展秸秆禁烧专项巡查
		加强秸秆综合利用	全年	2019 年本市粮食作物秸秆综合利用率达到 96%

类别	重点工作	主要任务	完成时限	工程措施
工业炉窑大气污染综合治理	治理一批	工业炉窑废气深度治理	2019 年 12 月底前	完成工业炉窑排放监测和达标整治
	监控监管	监测监控	2019 年 12 月底前	全市累计完成安装自动监控系统 166 套左右
		工业炉窑专项执法	2019 年 12 月底前	开展专项执法检查
VOCs 治理	重点工业行业 VOCs 综合治理	源头替代	2019 年 12 月底前	完成重点行业源头替代 50 项，其中 5 家工业涂装企业，20 家家具制造企业完成低 VOCs 含量涂料替代，15 家包装印刷企业完成低 VOCs 含量油墨替代，5 家涂料油墨企业完成低 VOCs 含量产品改造、5 家汽修企业完成低 VOCs 含量涂料替代
		无组织排放控制	2019 年 12 月底前	7 家化工企业、3 家工业涂装企业、3 家包装印刷企业、3 家其他企业通过采取设备与场所密闭、工艺改进、废气有效收集等措施，完成 VOCs 无组织排放治理。实施储运行业 VOCs 控制技术规范，完成 30 家石化企业、陆地和液散码头储罐及装卸过程密闭收集处理或回收
		治污设施建设	2019 年 12 月底前	完成 50 家企业建设适宜高效的治污设施，包括 1 家石化企业、10 家化工企业、6 家工业涂装企业、12 家包装印刷企业、21 家其他企业等。宝武集团建设三期废水 VOCs 收集装置，集中整改化工老区废气无组织排放
		精细化管控	全年	出台《挥发性有机物治理设施运行管理技术规范（试行）》，加强企业治理设施运行管理
	油品储运销综合治理	油气回收治理	2019 年 10 月底前	对全市范围内加油站、储油库、油罐车油气回收治理设施开展专项检查
		自动监控设备安装	2019 年 12 月底前	43 个加油站、13 座储油库等完成油气回收自动监控设备安装。完成不少于 80 个年销售汽油量大于 5 000 吨的加油站安装油气回收自动监控设备，并推进与生态环境部门联网
	餐饮油烟治理	餐饮油烟集中式治理	长期	积极推进商业综合体餐饮集聚区餐饮企业统一备案、统一治理、统一监管
	工业园区和企业集群综合治理	统一管控	2019 年 12 月底前	完成金山石化和金山二工区监测预警监控体系建设，开展溯源分析；上海化工区、老港固废基地、金山二工区、高化地区推广实施恶臭电子鼻监控预警
	监测监控	自动监控设施安装	2019 年 12 月底前	完成主要排污口安装自动监控设施共 100 套
重污染天气应对	修订完善应急预案及减排清单	完善重污染天气应急预案	2019 年 10 月底前	2018 年已完成重污染天气应急预案修订
		完善应急减排清单，夯实应急减排措施	2019 年 10 月底前	完成重点行业绩效分级，完成应急减排清单编制工作，落实“一厂一策”等各项应急减排措施

类别	重点工作	主要任务	完成时限	工程措施
重污染天气应对	应急运输响应	重污染天气移动源管控	2019年10月15日前	加强源头管控，根据实际情况，制定日货车使用量10辆以上企业、港口、铁路货场、物流园区的重污染天气车辆管控措施，安装门禁监控系统。推进重污染天气移动源管控平台建设
能力建设	完善环境监测监控网络	环境空气质量监测网络建设	2019年12月底前	建成55个环境空气质量自动监测站点，包括10个国控空气自动站和45个市控空气自动站
		环境空气VOCs监测	2019年12月底前	建成51个环境空气VOCs监测站点，包括3个超级站、42个重点产业园区VOCs自动监测站以及6个环境空气手工监测站点
		遥感监测系统平台三级联网	长期	已建成机动车遥感监测系统，并稳定传输数据
		定期排放检验机构联网监管	长期	市级机动车检验机构监管平台实现检测视频监控、防作弊报警提示、数据统计分析、检测机构管理、车辆环保信息管理，实现联网监管。对超标排放车辆开展大数据分析，追溯相关方责任
		重型柴油车车载诊断系统远程监控系统建设	全年	建设重型柴油车车载诊断系统远程监控系统，推进不少于3 000辆重型柴油车远程监控终端安装
		道路空气质量监测	2019年12月底前	建成4个主要干道路边空气质量监测站
		机场、港口空气质量监测	2019年12月底前	建成1个机场空气质量监测站以及2个港口空气质量监测站，推进浦东机场空气质量监测站的建设
	源排放清单编制	编制大气污染源排放清单	2019年10月底前	动态更新2018年大气污染源排放清单
	颗粒物来源解析	开展$PM_{2.5}$来源解析	2019年11月底前	完成2018年城市大气污染颗粒物源解析

江苏省南京市2019—2020年秋冬季大气污染综合治理攻坚行动方案

类别	重点工作	主要任务	完成时限	工程措施
产业结构调整	产业布局调整	化工行业整治	2019年12月底前	加大化工企业整治力度，更新排查各区化工企业，完成江苏省下达整治任务，化工生产企业入园率不低于79%。禁止新增化工园区
		压减焦炭产能	2019年12月底前	梅钢公司2019年停产一台焦炉（产能75万吨）
	“散乱污”企业和集群综合整治	“散乱污”企业及集群综合整治	2019年12月底前	2019年完成1 798家“散乱污”企业及集群综合整治。对其中632家关停类企业基本做到“两断三清”（切断工业用水、用电，清除原料、产品、生产设备），依法注销相关生产许可。对41家整合搬迁类企业，搬迁至工业园区并实施升级改造。对1 125家升级改造类企业，树立行业标杆，实施清洁生产技术改造
	工业源污染治理	实施排污许可	2019年12月底前	按照国家、省统一要求完成相关行业排污许可证核发
		钢铁超低排放	2019年10月底前	完成梅钢公司5号烧结机脱硝改造项目、南钢公司220米^{2}和360米^{2}烧结机烟尘脱硫脱硝改造项目，未完成超低排放改造的停产整治
		重点行业污染治理升级改造	2019年12月底前	实施扬子石化烯烃厂乙烯辅锅烟气脱硝改造项目、扬子石化一氧化碳装置转化炉烟气脱硝项目、扬巴公司乙烯开工锅炉降氮排放改造项目；积极推进铸造企业按照颗粒物、二氧化硫、氮氧化物分别为30毫克/米^3、100毫克/米^3、150毫克/米^{3}的标准进行改造；推进玻璃制品行业脱硫、脱硝、除尘改造，颗粒物、二氧化硫、氮氧化物分别按照30毫克/米^3、100毫克/米^3、150毫克/米^{3}的标准进行改造
		无组织排放治理	2019年12月底前	实施火电、水泥、砖瓦建材、钢铁炼焦、船舶运输、港口码头等企业堆场、工段等无组织颗粒物深度整治
能源结构调整	清洁能源	提高天然气占比	2019年12月底前	积极争取气源，鼓励符合条件的资本进入我市供气市场，开展输储设施建设和贸易合作，通过管道、车载LNG等运输方式，增加气源供应。天然气消费量力争达到40亿米^3，有序发展天然气调峰电站等可中断用户，原则上不再新建天然气热电联产和天然气化工项目
		煤质监管	全年	加强部门联动，严厉打击劣质煤流通、销售和使用。煤质抽检覆盖率不低于90%，对抽检发现经营不合格散煤行为的，依法处罚
	煤炭消费总量控制	煤炭消费总量削减	2019年12月底前	全市非电用煤消费总量较2018年削减90万吨
		淘汰老旧燃煤机组	2019年12月底前	关停南京法伯尔自备电厂燃煤机组。推进扬子石化、金陵石化等服役期超过或临近30年的老旧燃煤机组淘汰
	锅炉综合整治	锅炉管理台账	2019年12月底前	完善锅炉管理台账
		燃煤锅炉淘汰	2019年12月底前	年底前全部淘汰燃煤粮食烘干炉
		锅炉超低排放改造	2019年12月底前	65蒸吨/时及以上的燃煤锅炉全部完成节能和超低排放改造

类别	重点工作	主要任务	完成时限	工程措施
能源结构调整	锅炉综合整治	燃气锅炉低氮改造	2019 年 12 月底前	全市在用 750 台的燃气锅炉分批次、分行业实施氮氧化物治理工程
		生物质锅炉	2019 年 12 月底前	完成 350 台在用生物质锅炉颗粒物超低排放改造，未完成改造的依法依规关停。完成超低排放改造的生物质锅炉要安装在线监测设施
运输结构调整	运输结构调整	提升铁路货运量	2019 年 12 月底前	落实本省运输结构调整方案的铁路货运量提升要求
		加快铁路专用线建设	2019 年 12 月底前	按照国家与江苏省运输结构调整的要求，推进南京两个港区的铁路专用线建设，其中西坝港区专用线今年年底前竣工，龙潭港区专用线 2020 年年底前竣工。摸排 150 万吨货运量以上工矿企业、物流园区铁路专用线建设需求
		发展新能源车	全年	新增公交、环卫车辆中新能源或清洁能源车比例达到 80%
			2019 年 12 月底前	港口、铁路货场等新增或更换作业车辆主要采用新能源或清洁能源车
			2019 年 12 月底前	港口、铁路货场等新增或更换作业非道路移动机械主要采用新能源或清洁能源车
			全年	除消防、救护、除冰雪、加油车辆设备及无新能源产品车辆设备外，机场内运营新增和更新车辆设备 100%使用新能源
		老旧车淘汰	2019 年 12 月底前	淘汰国三及以下营运柴油货车 2 082 辆
		船舶淘汰更新	2019 年 12 月底前	推广使用电动、天然气等清洁能源或新能源船舶 40 艘，其中改造 30 艘、新增 10 艘
			2019 年 12 月底前	淘汰使用 20 年以上的内河航运船舶 3 艘
	车船燃油品质改善	油品质量抽查	2019 年 12 月底前	强化油品质量监管，按照年度抽检计划，在全市加油站（点）抽检车用汽柴油共计 30 批次，实现年度全覆盖。开展大型工业企业和机场自备油库油品质量检查，对发现的问题依法依规进行处置
		打击黑加油站点	2019 年 12 月底前	根据省市推进成品油市场整治系列方案要求，开展打击黑加油站点专项行动，对黑加油站点查处取缔工作进行督导
		尿素质量抽查	2019 年 12 月底前	从高速公路、国道、省道沿线加油站抽检尿素 100 次以上
		使用终端油品和尿素质量抽查	2019 年 12 月底前	从柴油货车油箱和尿素箱抽取检测柴油样品和车用尿素样品各 100 个以上
		船用油品质量调查	2019 年 12 月底前	对港口内靠岸停泊船舶燃油硫含量每月抽查和检测 30 艘次
	在用车环境管理	在用车执法监管	长期	秋冬季期间监督抽测柴油车数量不低于当地柴油车保有量的 80%。加大对车辆集中停放地和重点单位抽查力度，实现重点用车大户全覆盖
			2019 年 10 月底前	依托全市 13 个超限超载检查站，每周至少开展一次柴油车排放监督抽测，每周抽查数量不少于 30 辆
			2019 年 12 月底前	检查排放检验机构 30 个次，实现排放检验机构监管全覆盖

类别	重点工作	主要任务	完成时限	工程措施
运输结构调整	在用车环境管理	在用车执法监管	2019年10月底前	构建超标柴油车黑名单，将遥感监测（含黑烟抓拍）、停放地抽检及联合路检发现的超标车辆纳入黑名单，动态管理，并与公安、交通部门实现信息共享。推广使用“驾驶排放不合格的机动车上道路行驶的”交通违法处罚代码6063，由生态环境部门取证，公安交管部门对路检路查和黑烟抓拍发现的上路行驶超标车辆进行处罚，并由交通部门负责强制维修
	非道路移动机械环境管理	高排放控制区	2019年12月底前	划定并公布禁止使用高排放非道路移动机械的区域，将禁用区域扩展到全市域
		备案登记	2019年12月底前	完成非道路移动机械摸底调查和编码登记
		排放检验	2019年12月底前	以施工工地和港口码头、机场、物流园区、高排放控制区等为重点，开展非道路移动机械检测，做到重点场所全覆盖
		港口岸电	2019年12月底前	60%的集装箱、客滚和邮轮专业化码头具备向船舶供应岸电的能力
用地结构调整	扬尘综合治理	建筑扬尘治理	长期	严格落实施工工地“六个百分之百”要求；严格落实“八达标、两承诺、一公示”要求
		施工扬尘管理清单	长期	定期动态更新施工工地管理清单
		施工扬尘监管	长期	推行工地联网视频监控，房建、市政、轨道交通、水利设施、城市交通等工程项目和具备条件的其他建设施工工地、混凝土搅拌站联网视频监控安装率达到85%
		道路扬尘综合整治	长期	建成区机扫率达到95%以上，郊区（园区）主干道机扫率达到87%以上
		渣土运输车监管	全年	严厉打击无资质、标识不全、故意遮挡或污损车牌等渣土车违法行为。严格渣土运输车辆规范化管理，渣土运输车做到全密闭
		强化降尘量控制	全年	主城区平均降尘量不得高于3.8吨/（月•千米^2），其他区（园区）不得高于4吨/（月•千米^2）。强化城乡接合部、郊区施工扬尘管控
	秸秆综合利用	加强秸秆焚烧管控	长期	建立网格化监管制度，在秋收阶段开展秸秆禁烧专项巡查
		加强秸秆综合利用	全年	秸秆综合利用率达到94%
工业炉窑大气污染综合治理	监控监管	监测监控	2019年12月底前	推进20台石化行业加热炉安装在线监控装置安装
		工业炉窑专项执法	2019年12月底前	开展专项执法检查
VOCs治理	重点工业行业VOCs综合治理	石化化工VOCs治理工程	2019年12月底前	推进VOCs重点管控企业深度治理减排，完成重点治理项目40个，石化化工行业开展LDAR项目62个。金陵石化完成延迟焦化密闭除焦改造、10个有机物储罐高效密封改造，扬子石化完成水厂净一装置生化尾气VOCs提标改造、7个码头装船系统VOCs治理、10个有机物储罐高效密封改造
		深化VOCs治理专项行动	2019年12月底前	完成省“263”计划中剩余的电子（清洗环节）等行业44家企业VOCs综合治理，强化无组织排放控制
		巩固提升VOCs治理成效	2019年10月底前	包装印刷、汽车维修及列入历次VOCs治理计划的企业秋冬季至少开展一次VOCs排放自行监测，并上报环境主管部门；制定出台VOCs重点监管企业名录，开展治理绩效评估和监测监管工作

类别	重点工作	主要任务	完成时限	工程措施
VOCs治理	重点工业行业VOCs综合治理	治污设施建设	2019年12月底前	152家重点VOCs监管企业安装在线监控设备，并与市污染源在线监控平台联网
		精细化管控	2019年12月底前	152家重点VOCs监管企业编制“一厂一策”方案，加强企业运行管理
	油品储运销综合治理	油气回收治理	2019年10月底前	对加油站、储油库油气回收设施的运行情况开展专项检查
		自动监控设备安装	2019年12月底前	111家年销售汽油量大于5 000吨的加油站安装油气回收自动监控设备，并推进与生态环境部门联网工作
	工业园区和企业集群综合治理	集中治理	2019年12月底前	对有条件的家具、建材、电子制造聚集区建设集中的喷涂工程中心，配备高效治理设施，替代企业独立喷涂工序。2019年年底前，建成汽修喷涂工程中心
重污染天气应对	修订完善应急预案及减排清单	完善重污染天气应急预案	2019年10月底前	修订完善重污染天气应急预案
		完善应急减排清单，夯实应急减排措施	2019年10月底前	完成重点行业绩效分级，完成应急减排清单编制工作，落实“一厂一策”等各项应急减排措施
	应急运输响应	重污染天气移动源管控	2019年10月15日前	加强源头管控，根据实际情况，制定日货车使用量10辆以上企业、港口、铁路货场、物流园区的重污染天气车辆管控措施。推进建设重污染天气车辆管控平台，整合企业、港口、铁路货场、物流园区等单位的内部监控、进出监控和公安部门负责的监控资源，并落实A级企业（不宜停产、限产的企业）安装门禁系统工作
能力建设	完善环境监测监控网络	环境空气质量监测网络建设	2020年3月底前	按照省厅统一要求，推进覆盖全部镇街的空气质量监测小型站建设，预计需要建设小型站72个
		环境空气VOCs监测	长期	现有环境空气VOCs监测站点稳定运行
		遥感监测系统平台三级联网	长期	机动车遥感监测系统稳定传输数据
		定期排放检验机构三级联网	长期	市级机动车检验机构监管平台实现检测视频监控、防作弊报警提示、数据统计分析、检测机构管理、车辆环保信息管理，实现三级联网。对超标排放车辆开展大数据分析，追溯相关方责任
		重型柴油车车载诊断系统远程监控系统建设	全年	推进重型柴油车车载诊断系统远程监控系统建设和终端安装
		机场、港口空气质量监测	2019年12月底前	推进禄口机场安装空气质量监测仪器；完成龙潭港口道路空气质量监测站建设
	源排放清单编制	编制大气污染源排放清单	2019年12月底前	动态更新2018年大气污染源排放清单

江苏省无锡市 2019—2020 年秋冬季大气污染综合治理攻坚行动方案

类别	重点工作	主要任务	完成时限	工程措施
产业结构调整	产业布局调整	化工行业整治	2019 年 12 月底前	关停化工生产企业 23 家，加大对已关停企业检查
				关停 30 家危化品企业生产装置，并上报注销安全生产许可证。停产或部分停产 20 家危化品企业
	“两高”行业产能控制	鼓励企业主动压降过剩产能	2019 年 12 月底前	关停造纸企业 1 家；制定《无锡市印染行业发展专项规划（2020—2030 年）》，淘汰印染行业 2 条生产线（产能 3 500 万米）；关闭“三高两低”企业 32 家
	“散乱污”企业和集群综合整治	“散乱污”企业综合整治	2019 年 12 月底前	统一“散乱污”认定和整治标准，对新排查出的 2 629 家“散乱污”企业推进整治工作。完善“散乱污”企业动态管理机制，实行网格化管理，压实基层责任，发现一起查处一起
	工业源污染治理	实施排污许可	2019 年 12 月底前	完成水处理、汽车制造、电池工业等 15 个行业排污许可证核发
		钢铁超低排放	2019 年 10 月底前	完成江阴兴澄特种钢铁有限公司（产能 550 万吨）、江阴华西钢铁有限公司（产能 100 万吨）、无锡新三洲特钢有限公司（产能 180 万吨）3 家全流程钢铁企业超低排放改造。完成江苏泰富兴澄特殊钢有限公司（产能 90 万吨）、无锡西城特种船用板有限公司（产能 60 万吨）、江阴华润制钢有限公司（40 万吨）3 家短流程钢铁企业超低排放改造
		无组织排放治理	2019 年 12 月底前	巩固提升 91 家重点企业无组织排放深度治理成效，完成 1 家铸造企业，7 家码头、堆场物料（含废渣）运输、装卸、储存、转移、输送以及生产工艺过程等无组织排放的深度治理
		工业园区能源替代与资源共享	2019 年 12 月底前	所有工业园区完成集中供热或清洁能源供热
能源结构调整	高污染燃料禁燃区	加强禁燃区管理	长期	巩固禁燃区建设成果，加强执法检查，依法对违规使用高污染燃料的单位进行处罚
	煤炭消费总量控制	煤炭消费总量削减	全年	2019 年其他类型煤炭消费总量，比 2016 年削减 196 万吨
		淘汰煤电落后机组	2019 年 12 月底前	淘汰煤电落后机组 2 台 5.3 万千瓦
	锅炉综合整治	锅炉管理台账	2019 年 12 月底前	全面开展排查，建立完善锅炉管理台账
		淘汰燃煤锅炉	2019 年 12 月底前	全市范围内淘汰 35 蒸吨/时及以下燃煤锅炉 61 台 1 160 蒸吨
		锅炉超低排放改造	2019 年 12 月底前	完成燃煤锅炉超低排放改造 11 台 1 370 蒸吨
		燃气锅炉低氮改造	2019 年 12 月底前	开展燃气锅炉低氮改造 243 台 1 611 蒸吨
		生物质锅炉	2019 年 12 月底前	完成城市建成区生物质锅炉提标改造 14 台 78.5 蒸吨，安装布袋除尘设备，并定期更换布袋

类别	重点工作	主要任务	完成时限	工程措施
运输结构调整	运输结构调整	提升铁路货运量	2019 年 12 月底前	与 2017 年相比，2019 年全市铁路货物发送量增长 14.9 万吨，增长 15%。具备铁路、水路货运条件的火、热电企业，禁止公路运输煤炭；大型钢铁企业内部运输煤炭、铁矿等，全部改用轨道运输
		加快铁路专用线建设	2019 年 12 月底前	出台《无锡市推进运输结构调整实施方案》，确保完成江苏省下达的目标任务。开展大宗货物年货运量 150 万吨及以上的大型工矿企业和物流园区摸底调查，按照宜水则水、宜铁则铁的原则，研究推进大宗货物“公转铁”或“公转水”
		发展新能源车	全年	城市建成区新增和更新轻型物流配送车辆中，新能源和清洁能源车辆的比例不低于 80%。新增新能源公交车 316 辆，基本实现新能源或清洁能源车“全覆盖”
			2019 年 12 月底前	港口、铁路货场等新增或更换作业车辆主要采用新能源或清洁能源
		发展新能源车	2019 年 12 月底前	港口、铁路货场等新增或更换作业非道路移动机械主要采用新能源或清洁能源
			全年	除消防、救护、除冰雪、加油车辆设备及无新能源产品车辆设备外，机场内运营新增和更新车辆设备主要使用新能源
			2019 年 12 月底前	开辟江阴至硕放机场氢能源客运专线，推动新能源汽车运营生态圈建设
		老旧车淘汰	2019 年 12 月底前	淘汰国三及以下排放标准营运中型和重型柴油货车 1 491 辆，淘汰老旧汽车 4 000 辆
		船舶淘汰更新	2019 年 12 月底前	全面淘汰使用 20 年以上的内河航运船舶
	车船燃油品质改善	油品质量抽查	2019 年 12 月底前	对储油库、企业自备油库（物流车队自备油库）抽查全覆盖，加油（气）站的抽查达到 60 批次。开展机场自备油库油品质量检查，做到季度全覆盖
		打击黑加油站点	2019 年 12 月底前	根据省市推进成品油市场整治系列方案要求，开展打击黑加油站点专项行动，对黑加油站点查处取缔工作进行督导。每周开展非法加油车专项整治联合行动
		尿素质量抽查	2019 年 12 月底前	对国道和省道沿线加油站（点）销售主要品牌车用尿素检查比例达到 50%
		使用终端油品和尿素质量抽查	2019 年 12 月底前	从柴油货车油箱和尿素箱抽取检测柴油样品和车用尿素样品各 100 个以上
		船用油品质量调查	2019 年 12 月底前	对港口内靠岸停泊船舶燃油抽查 400 次
		“江河碧空”专项行动	2019 年 10 月底前	以长江、京杭运河等 2 条通航河道为重点，以船舶排放及港口码头扬尘污染防治为主攻方向，组织开展“江河碧空”蓝天保卫四号行动，对沿线船舶和港口码头大气污染问题进行集中整治
	在用车环境管理	在用车执法监管	长期	秋冬季期间监督抽测柴油车数量不低于当地柴油车保有量的 80%。加大对车辆集中停放地和重点单位监督抽查力度，实现重点用车大户基本全覆盖

类别	重点工作	主要任务	完成时限	工程措施
运输结构调整	在用车环境管理	在用车执法监管	2019 年 12 月底前	建立全天候综合机动车检查站 3 个。排放检验机构年度抽查率 100%，实现排放检验机构监管全覆盖
			2019 年 10 月底前	构建超标柴油车黑名单，将遥感监测（含黑烟抓拍）、路检执法发现的超标车辆纳入黑名单，实现动态管理，形成生态环境、公安部门、交通部门信息互通机制，严禁超标车辆上路行驶、进出重点用车企业。推行生态环境部门取证，公安部门采用 6063 代码处罚，交通部门实施强制维修的联动机制
	非道路移动机械环境管理	备案登记	2019 年 12 月底前	完成非道路移动机械摸底调查和编码登记
		排放检验	2019 年 12 月底前	以施工工地和港口码头、机场、物流园区、高排放控制区等为重点，开展非道路移动机械检测，做到重点场所基本全覆盖
		港口岸电	2019 年 12 月底前	建成港口岸电设施 2 套，提高岸电使用率
		机场岸电	2019 年 12 月底前	机场岸电廊桥 APU 建设 16 个，做到全覆盖
用地结构调整	扬尘综合治理	建筑扬尘治理	长期	落实《无锡市建筑施工工地扬尘污染防治攻坚战专项行动方案》，进一步充实细化扬尘治理工作标准，全面实施“566”建设工地扬尘治理工作要求（“五个禁止”“六个不开工”“六个百分之百”）
		施工扬尘管理清单	长期	对全市 1 121 个在建工地进行定期动态更新管理
		施工扬尘监管	长期	推进“智慧工地”建设，安装在线监测和视频监控设备。5 000 米^{2}以上建筑工地全部安装在线监测和视频监控，并与当地行业主管部门联网
		道路扬尘综合整治	长期	城市道路机械化清扫率达到 90%，县城达到 90%。提高城市道路、物流、工地集中区清扫、冲洗频次
		渣土运输车监管	全年	落实《无锡市建筑渣土运输处置专项整治行动实施方案》，严厉打击无资质、标识不全、故意遮挡或污损车牌等渣土车违法行为。严格渣土运输车辆规范化管理，渣土运输车做到全密闭。所有专用车辆 GPS 接入监管平台，实施渣土车封闭式环保型改造
		露天堆场扬尘整治	全年	10 家沿江大型散货码头建设防风抑尘设施或实现封闭存储，安装粉尘监测平台，接入市级环保监控设施。推进内河非法码头整治，依法取缔 10 家，规范提升 24 家。创新监管方式，根据卫星遥感结果，对疑似存在裸土情况的工地及时核实并通报住建部门开展整改
		强化降尘量控制	全年	各县（区、市）降尘量控制在 5 吨/（月・千米^2）以下
	秸秆综合利用	加强秸秆焚烧管控	长期	建立网格化监管制度，在秋收阶段开展秸秆禁烧专项巡查
		加强秸秆综合利用	全年	秸秆综合利用率达到 94%

类别	重点工作	主要任务	完成时限	工程措施
工业炉窑大气污染综合治理	清洁能源替代一批	工业炉窑清洁能源替代（清洁能源包括天然气、电、集中供热等）	2019年12月底前	完成41台金属制品、钢材等行业各类工业炉窑清洁能源替代。按照相关工业炉窑要求，开展分类治理前期调研工作
	监控监管	监测监控	2019年12月底前	钢铁行业、水泥行业安装自动监控系统97套。重点企业安装用电监控设备600家以上
		工业炉窑专项执法	2019年12月底前	严格落实《关于转发省生态环境厅〈江苏省打赢蓝天保卫战专项执法行动方案〉的通知》，开展专项执法检查。加大综合治理力度，加大不达标工业炉窑淘汰力度，加快燃料清洁低碳化替代，建立健全监测监控体系
VOCs治理	重点工业行业VOCs综合治理	源头替代	2019年12月底前	10家印刷行业、5家印染行业、10家其他行业企业，开展清洁原料替代
		无组织排放控制	2019年12月底前	开展238家重点工业企业、182家餐饮油烟企业无组织排放综合治理，风量达到安装要求的企业全部安装VOCs自动监控设施。按照《挥发性有机物无组织排放控制标准》开展无组织排放控制，其中石化、化工行业企业按照《江苏省泄漏检测与修复实施技术指南》规定，做好泄漏检测与修复工作
		加强执法检查	2019年10月底前	落实《关于开展VOCs专项执法检查的通知》，对全市纳入“263”VOCs综合治理的465家企业、124家重点企业、67家加油站从6个方面开展专项执法
		精细化管控	全年	124家市重点监管企业推行VOCs“一企一策”治理，加强企业运行管理
	油品储运销综合治理	油气回收治理	2019年12月底前	开展专项检查，巩固提升477个加油站、13座储油库、305辆油罐车加油阶段油气回收治理成效
		自动监控设备安装	2019年12月底前	加快推进67个年销售汽油量大于5 000吨的加油站完成油气回收自动监控设备安装，年底前完成80%
	工业园区和企业集群综合治理	集中治理	2019年12月底前	江阴、宜兴、锡山、惠山等4地建设集中涂装中心，配备高效废气治理设施，代替分散的涂装工序。6个化工园区全面推行泄漏检测与修复系统，进行统一监管
		统一管控	2019年12月底前	完善江阴高新技术产业开发区化工集中区等6个化工类工业园区大气环境监测监控系统建设，开展溯源分析，推广实施恶臭电子鼻监控预警
		自动监控设施安装	2019年12月底前	188家市级重点排污单位建设监控系统并与市级联网，配合完成省级联网，对污染物排放过程进行可视化监控

类别	重点工作	主要任务	完成时限	工程措施
重污染天气应对	修订完善应急预案及减排清单	完善重污染天气应急预案	2019年12月底前	修订《无锡市重污染天气应急预案》
		完善应急减排清单，夯实应急减排措施	2019年10月底前	根据国家和省新的重污染天气应急管控要求，进一步完善应急减排清单，落实“一厂一策”等各项应急减排措施
	应急运输响应	重污染天气移动源管控	2019年10月底前	加强源头管控，根据实际情况，制定日货车使用量10辆以上企业、港口、铁路货场、物流园区的重污染天气车辆管控措施；重点企业安装门禁监控系统，建设重污染天气车辆管控平台
能力建设	完善环境监测监控网络	环境空气质量监测网络建设	2019年12月底前	建成环境空气质量自动监测站点14个，基本实现83个街道（乡、镇）全覆盖
		环境空气VOCs监测	2019年12月底前	建成环境空气VOCs监测站点4个
		遥感监测系统平台三级联网	长期	建成15个机动车遥感监测点，包括12个固定式和3个移动式，确保数据稳定传输
		定期排放检验机构三级联网	长期	市级机动车检验机构监管平台实现检测视频监控、防作弊报警提示、数据统计分析、检测机构管理、车辆环保信息管理，实现三级联网。对超标排放车辆开展大数据分析，追溯相关方责任
		重型柴油车车载诊断系统远程监控系统建设	全年	推进重型柴油车车载诊断系统远程监控系统建设和终端安装
		道路空气质量监测	2019年12月底前	在主要物流通道建设道路空气质量监测站10个
		机场、港口空气质量监测	2019年12月底前	在全市83个街道（乡、镇）空气质量监测站点全覆盖的基础上，完成江阴港1个港口空气质量监测站点建设
	源排放清单编制	编制大气污染源排放清单	2019年12月底前	动态更新2018年大气污染源排放清单
	颗粒物来源解析	开展 $PM_{2.5}$ 来源解析	2019年10月底前	动态更新 $PM_{2.5}$ 源解析，在重点地区开展 $PM_{2.5}$ 和VOCs源解析和立体走航

江苏省徐州市 2019—2020 年秋冬季大气污染综合治理攻坚行动方案

类别	重点工作	主要任务	完成时限	工程措施
产业结构调整	化工行业整治	化工行业整治	2019 年 12 月底前	完成 72 家化工企业关停（其中 32 家实现“两断三清”），7 家企业兼并重组、67 家企业限期整改、5 家企业停产整改
	“两高”行业产能控制	压减钢铁产能	2019 年 12 月底前	按照全市四大行业转型升级与布局优化调整方案要求，稳步推进钢铁布局优化和转型升级，推进全市钢铁产业优化整合
		压减水泥产能	2019 年 12 月底前	推进市区 49 家水泥粉磨企业关停并转（铜山区 14 家、贾汪区 26 家、经开区 9 家）
		压减焦炭产能	2019 年 12 月底前	推进强盛煤气、腾达焦化、华裕煤气 3 家企业约 320 万吨产能装置拆除工作
	“散乱污”企业和企业集群综合整治	“散乱污”企业综合整治	长期	完善“散乱污”企业动态管理机制，实行网格化管理，压实基层责任，发现一起查处一起
		企业集群综合整治	2019 年 10 月底前	完成丰县板材加工、沛县铸造、睢宁县家具制造、邳州市板材加工及石膏板生产、新沂市彩砖瓦制造、铜山区砖瓦窑、贾汪区家具制造等 8 个企业集群综合整治，同步完成区域环境整治工作
	工业源污染治理	实施排污许可	2019 年 12 月底前	完成水处理、汽车制造、畜禽养殖等国家《固定污染源排污许可分类管理名录》中规定的需在 2019 年度持证排污的行业排污许可证核发
		钢铁超低排放	2019 年 10 月底前	完成中新钢铁集团有限公司、江苏徐钢钢铁集团有限公司（保留生产线）、徐州金虹钢铁集团有限公司等 3 家钢铁企业有组织、无组织排放超低排放改造
		无组织排放治理	2019 年 12 月底前	2 家 140 万产能水泥粉磨企业完成物料（含废渣）运输、装卸、储存、转移、输送以及生产工艺过程等无组织排放的深度治理
		工业园区综合整治	2019 年 12 月底前	树立行业标杆，制定综合整治方案，完成江苏邳州经济开发区化工产业集聚区、江苏新沂经济开发区、锡沂工业园等 3 个工业园区集中整治，同步推进区域环境综合整治和企业升级改造
		工业园区能源替代利用与资源共享	2019 年 10 月底前	省级以上工业园区完成集中供热或清洁能源供热
能源结构调整	清洁取暖	清洁取暖	2019 年 12 月底前	对农村地区开展取暖情况调查，制定农村地区清洁取暖实施方案
		煤质监管	全年	加强部门联动，严厉打击劣质煤销售和使用。煤质抽检覆盖率不低于 90%，对抽检发现经营不合格散煤行为的，依法处罚

类别	重点工作	主要任务	完成时限	工程措施
能源结构调整	高污染燃料禁燃区	加强禁燃区管理	全年	加强禁燃区管理，依法对违规使用高污染燃料的单位进行处罚
	煤炭消费总量控制	煤炭消费总量削减	全年	全市煤炭消费总量较2016年削减970万吨
		关停燃煤机组	2019年10月底前	关停24台75.9万千瓦燃煤机组
	锅炉综合整治	锅炉管理台账	2019年12月底前	完善锅炉管理台账
		燃气锅炉低氮改造	2019年12月底前	完成燃气锅炉低氮改造587台2 512.8蒸吨
		生物质锅炉	2019年10月底前	完成生物质锅炉高效除尘改造1 552台1 775.9蒸吨
运输结构调整	运输结构调整	提升铁路货运量	2019年12月底前	2019年铁路货运发送量较2017年增加97.5万吨，增长15%
			2019年12月底前	多式联运货运量增长15%以上
			2019年12月底前	钢铁、焦化、电力等重点企业铁路运输和水路运输比例达到40%以上
		加快铁路专用线建设	2019年12月底前	按照《徐州市交通运输结构调整方案》要求，加快推进徐州港顺堤河作业区、双楼港作业区通用码头、邳州港区邳州作业区搬迁工程铁路专用线建设
			2019年12月底前	开展大宗货物年货运量150万吨及以上的大型工矿企业和物流园区摸底调查，按照宜水则水、宜铁则铁的原则，研究推进大宗货物“公转铁”或“公转水”
		发展新能源车	2019年12月底前	新增公交、环卫、邮政、出租、轻型城市物流车辆中新能源车比例达到80%
			长期	港口、铁路货场等新增或更换作业车辆均采用新能源或清洁能源
			全年	除消防、救护、除冰雪、加油车辆设备及无新能源产品车辆设备外，机场内运营新增和更新车辆设备100%使用新能源
		老旧车淘汰	2019年12月底前	淘汰国三及以下营运柴油货车1 558辆、淘汰稀薄燃烧技术燃气车650辆
		船舶淘汰更新	长期	推广使用电动、天然气等清洁能源或新能源船舶
			2019年12月底前	淘汰使用20年以上的内河航运船舶，依法强制报废超过使用年限的航运船舶9艘
	车船燃油品质改善	油品质量抽查	2019年12月底前	强化油品质量监管，按照年度抽检计划，在全市油库（含企业自备油库）、加油站（点）抽检车用汽柴油共计800个批次，实现年度全覆盖。开展对大型工业企业自备油库油品质量专项检查，对发现的问题依法依规进行处置
		打击黑加油站点	2019年12月底前	根据省市推进成品油市场整治系列方案要求，开展打击黑加油站点专项行动，对黑加油站点查处取缔工作进行督导
		尿素质量抽查	2019年12月底前	从高速公路、国道、省道沿线加油站抽检尿素60次以上

类别	重点工作	主要任务	完成时限	工程措施
运输结构调整	车船燃油品质改善	使用终端油品和尿素质量抽查	2019 年 12 月底前	从柴油货车油箱抽取检测柴油样品 100 个以上
		船用油品质量调查	2019 年 12 月底前	对港口内靠岸停泊船舶燃油抽查 200 次以上
	在用车环境管理	在用车执法监管	长期	秋冬季期间监督抽测柴油车数量不低于当地柴油车保有量的 80%。加大对车辆集中停放地和重点单位监督抽查力度，实现重点用车大户全覆盖
			2019 年 10 月底前	部署多部门综合检测站 5 个以上，重点检查柴油货车污染控制装置、OBD、尾气排放达标情况，具备条件的要抽查柴油和车用尿素质量及使用情况
			2019 年 12 月底前	全年实现对排放检验机构的监管全覆盖
			2019 年 10 月底前	构建超标柴油车黑名单，将遥感监测（含黑烟抓拍）、停放地抽检及联合路检发现的超标车辆纳入黑名单，动态管理，并与公安、交通部门实现信息共享。推广使用“驾驶排放不合格的机动车上道路行驶的”交通违法处罚代码 6063，由生态环境部门取证，公安交管部门对路检路查和黑烟抓拍发现的上路行驶超标车辆进行处罚，并由交通部门负责强制维修
	非道路移动机械环境管理	备案登记	2019 年 12 月底前	完成非道路移动机械摸底调查和编码登记
		排放检验	2019 年 12 月底前	以施工工地和港口码头、机场、物流园区、高排放控制区等为重点，开展非道路移动机械检测 500（台）辆，做到重点场所全覆盖
		港口岸电	2019 年 12 月底前	建成港口岸电设施 25 个，提高使用率
用地结构调整	矿山综合整治	强化露天矿山综合治理	2019 年 12 月底前	对 2019 年底后保留的 4 家在采矿山加强监管，达到大气污染防治要求。对责任主体灭失露天矿山迹地进行综合治理
	扬尘综合治理	建筑扬尘治理	长期	严格落实施工工地“六个百分之百”要求，实施差别化管控，对 $PM_{2.5}$、PM_{10} 等因子按天排名通报，对单项指标超过前一天基准值的，暂停三天整顿；两项指标均超过前一天基准值的，暂停五天整顿
		施工扬尘管理清单	长期	定期动态更新施工工地管理清单
		施工扬尘监管	长期	5 000 米^2 以上建筑工地全部安装在线监测和视频监控，并与当地行业主管部门联网
		道路扬尘综合整治	长期	地级及以上城市道路机械化清扫率达到 85%，县城达到 78%。重点推进 104、206、310、311 等国省道道路扬尘管控
		渣土运输车监管	全年	严厉打击无资质、标识不全、故意遮挡或污损车牌等渣土车违法行为。严格渣土运输车辆规范化管理，渣土运输车做到全密闭

类别	重点工作	主要任务	完成时限	工程措施
用地结构调整	扬尘综合治理	露天堆场扬尘整治	全年	全面清理城乡接合部以及城中村拆迁的渣土和建筑垃圾，不能及时清理的必须采取苫盖等抑尘措施
		强化降尘量控制	全年	各县（区、市）降尘量不高于 6 吨/（月•千米^2）
	秸秆综合利用	加强秸秆焚烧管控	长期	建立网格化监管制度，在秋收阶段开展秸秆禁烧专项巡查
		加强秸秆综合利用	全年	秸秆综合利用率达到 94%
工业炉窑大气污染综合治理	清洁能源替代一批	工业炉窑清洁能源替代	2019 年 12 月底前	完成 52 台燃煤炉窑清洁能源替代
	治理一批	工业炉窑废气深度治理	2019 年 12 月底前	完成 395 台工业炉（窑）废气深度治理
		铸造行业整治	2019 年 12 月底前	制定铸造行业企业管理清单，铸造企业按照颗粒物、二氧化硫、氮氧化物分别不低于 30 毫克/米^3、100 毫克/米^3、150 毫克/米^{3}进行改造
	监控监管	监测监控	2019 年 10 月底前	10 蒸吨及以上生物质专用锅炉安装在线监控设施
		工业炉窑专项执法	2019 年 12 月底前	开展专项执法检查
VOCs 治理	重点工业行业 VOCs 综合治理	源头替代	2019 年 12 月底前	26 家工业涂装企业完成低 VOCs 含量涂料替代，2 家包装印刷企业完成低 VOCs 含量油墨替代
		无组织排放控制	2019 年 12 月底前	40 家化工企业、73 家工业涂装企业、4 家包装印刷企业、1 家橡胶制品企业等通过采取设备与场所密闭、工艺改进、废气有效收集等措施，完成 VOCs 无组织排放治理
		治污设施建设	2019 年 12 月底前	21 家化工企业、50 家工业涂装企业、4 家包装印刷企业等按照《徐州市重点行业挥发性有机物污染治理基础规范（试行）》进行升级改造、建设适宜高效的治污设施。20 家企业安装 VOCs 自动监控设施 10 套
		精细化管控	全年	40 家化工企业、3 家煤化工企业、2 家板材加工企业、77 家工业涂装企业、4 家包装印刷企业、3 家其他企业等推行“一厂一策”制度，加强企业运行管理
	油品储运销综合治理	油气回收治理	2019 年 12 月底前	全市域加油站全部完成加油阶段油气回收治理工作，对运行情况实施专项检查，保证运行效率。54 辆油罐车、3 座储油库等完成油气回收治理
		自动监控设备安装	2019 年 12 月底前	8 个加油站、3 座储油库等完成油气回收自动监控设备安装
	工业园区和企业集群综合治理	集中治理	2019 年 12 月底前	建设沙集旭春集中涂装中心，配备高效废气治理设施，代替分散的涂装工序。邳州市、贾汪区 2 个化工类工业园区和企业集群，推行泄漏检测统一监管。新沂市经开区完成 LDAR 平台建设。在贾汪化工产业园区建设区域性活性炭集中再生基地

类别	重点工作	主要任务	完成时限	工程措施
VOCs 治理	工业园区和企业集群综合治理	统一管控	2019 年 12 月底前	在睢宁县经济开发区、新沂市经开区、徐州工业园区（贾汪）建设监测预警监控体系，开展溯源分析
	监测监控	自动监控设施安装	2019 年 12 月底前	37 家化工企业、8 家工业涂装企业、5 家包装印刷企业主要排污口要安装自动监控设施
重污染天气应对	修订完善应急预案及减排清单	完善重污染天气应急预案	2019 年 10 月底前	修订完善重污染天气应急预案
		夯实应急减排措施	2019 年 10 月底前	完成应急减排清单编制工作，落实“一厂一策”等各项应急减排措施
	应急运输响应	重污染天气移动源管控	2019 年 10 月 15 日前	加强源头管控，根据实际情况，对政府公布的重点货运源头单位以及港口、铁路货场、物流园区，制定重污染天气车辆管控措施，并在车辆出入口处安装视频监控设备。对重点企业单位安装门禁系统
能力建设	完善环境监测监控网络	环境空气质量监测网络建设	2019 年 10 月底前	增设乡镇（街道）环境空气质量自动监测站点 151 个
		遥感监测系统平台三级联网	长期	机动车遥感监测系统稳定传输数据
		定期排放检验机构三级联网	长期	市级机动车检验机构监管平台实现检测视频监控、数据统计分析、检测机构管理、车辆环保信息管理，实现三级联网。对超标排放车辆开展大数据分析，追溯相关方责任
		重型柴油车车载诊断系统远程监控系统建设	全年	推进重型柴油车车载诊断系统远程监控系统建设和终端安装，2019 年完成 50%
		重污染天气车辆管控平台	2019 年 10 月底前	推进徐州市柴油货车重污染天气应急管控平台建设
		机场、港口空气质量监测	2019 年 12 月底前	在徐州港建设空气质量监测站 1 个。推进机场空气质量监测站建设
	源排放清单编制	编制大气污染源排放清单	2019 年 10 月底前	动态更新 2018 年大气污染源排放清单
	颗粒物来源解析	开展 $PM_{2.5}$ 来源解析	2019 年 10 月底前	完成 2018 年城市大气污染颗粒物源解析

江苏省常州市 2019—2020 年秋冬季大气污染综合治理攻坚行动方案

类别	重点工作	主要任务	完成时限	工程措施
产业结构调整	产业布局调整	化工产业安全环保整治提升	2019 年 12 月底前	依法关停 45 家化工生产企业
		压减钢铁产能	2019 年 12 月底前	完成省政府下达的粗钢去产能任务 34 万吨
	“散乱污”企业和集群综合整治	“散乱污”企业综合整治	2019 年 12 月底前	完成对 7 030 家“散乱污”企业的专项整治，实施长效管理
	工业源污染治理	实施排污许可	2019 年 12 月底前	完成家具制造、汽车制造、化学原料和化学制品等 15 个行业大类，22 个细分行业排污许可证核发
		钢铁有组织超低排放	2019 年 10 月底前	完成常州市东方润安有限公司、中天钢铁集团有限公司、江苏申特钢铁有限公司 3 家钢铁企业有组织超低排放改造和无组织排放整治
		无组织排放治理	2019 年 12 月底前	3 家水泥企业，24 家机械制造企业，8 个港口、码头完成无组织排放治理
		工业园区综合整治	2019 年 12 月底前	完成滨江化工园区环境综合整治，同步推进区域环境综合整治和企业升级改造
		工业园区能源替代利用与资源共享	2019 年 12 月底前	省级以上工业园区完成集中供热或清洁能源供热
能源结构调整	煤炭消费总量控制	煤炭消费总量削减	全年	全市煤炭消费总量较 2016 年减少 162 万吨
		淘汰燃煤机组	2019 年 10 月底前	淘汰关停燃煤机组 3 台 7.3 万千瓦
	锅炉综合整治	淘汰燃煤锅炉	2019 年 12 月底前	淘汰燃煤锅炉 8 台 380 蒸吨。全市范围内淘汰 35 蒸吨/时以下燃煤锅炉
		锅炉超低排放改造	2019 年 12 月底前	完成燃煤锅炉超低排放改造 6 台 450 蒸吨
		燃气锅炉低氮改造	2019 年 12 月底前	开展燃气锅炉低氮改造试点
		生物质锅炉	2019 年 12 月底前	推进生物质锅炉整治和清洁能源替代，保留的生物质锅炉采用高效布袋除尘，并定期更换，建立更换台账记录，10 蒸吨/时以上的生物质锅炉，安装在线监测设备，并与环保部门联网
运输结构调整	运输结构调整	提升铁路货运量	2019 年 12 月底前	落实本省运输结构调整方案的铁路货运量提升要求。铁路货物运输比例较 2018 年提高 10%
		发展新能源车	全年	新增公交、环卫、邮政、出租、轻型城市物流车辆中新能源车和清洁能源车比例达到 80%

类别	重点工作	主要任务	完成时限	工程措施
运输结构调整	运输结构调整	发展新能源车	2019 年 12 月底前	推进港口、铁路货场等新增或更换作业车辆采用新能源或清洁能源
			2019 年 12 月底前	推进港口、铁路货场等新增或更换作业非道路移动机械采用新能源或清洁能源
			全年	除消防、救护、除冰雪、加油车辆设备及无新能源产品车辆设备外，机场内运营新增和更新车辆设备 100%使用新能源
		老旧车淘汰	2020 年 3 月底前	淘汰国三及以下营运柴油货车 1 600 辆
	车船燃油品质改善	油品质量抽查	2019 年 12 月底前	强化油品质量监管，开展对大型工业企业自备油库油品质量专项检查，实现年度全覆盖，抽检加油站车用汽柴油 80 批次，对发现问题依法依规处置
		打击非法流动加油车、船及黑加油站点	2019 年 10 月底前	深入开展成品油市场专项整治工作，10 月底前开展新一轮成品油黑窝点、流动加油车整治，加大对企业自备油库检查整治力度。持续打击非法加油行为，防止死灰复燃
		尿素质量抽查	2019 年 12 月底前	从高速公路、国道、省道沿线加油站抽检尿素 100 次以上
		使用终端油品和尿素质量抽查	2019 年 12 月底前	从柴油货车油箱和尿素箱抽取检测柴油样品和车用尿素样品各 100 个以上
		船用油品质量调查	2019 年 12 月底前	对港口内靠岸停泊船舶燃油抽查 90 次
	在用车环境管理	在用车执法监管	长期	秋冬季期间监督抽测柴油车数量不低于当地柴油车保有量的 80%。加大对车辆集中停放地和重点单位监督抽查力度，实现重点用车大户全覆盖
			2019 年 10 月底前	部署多部门全天候综合检测站 6 个，覆盖主要物流通道和城市入口，并投入运行
			2019 年 12 月底前	对 36 个排放检验机构进行检查，实现排放检验机构监管全覆盖
			2019 年 10 月底前	构建超标柴油车黑名单，将遥感监测（含黑烟抓拍）、停放地抽检及联合路检发现的超标车辆纳入黑名单，动态管理，并与公安、交通部门实现信息共享。推广使用“驾驶排放不合格的机动车上道路行驶的”交通违法处罚代码 6063，由生态环境部门取证，公安交管部门对路检路查和黑烟抓拍发现的上路行驶超标车辆进行处罚，并由交通部门负责强制维修
	非道路移动机械环境管理	备案登记	2019 年 12 月底前	完成非道路移动机械摸底调查和编码登记
		排放检验	2019 年 12 月底前	以施工工地和港口码头、物流园区、高排放控制区等为重点，开展非道路移动机械检测，做到重点场所全覆盖
		港口岸电	2019 年 12 月底前	市区建成港口岸电设施 9 个，提高使用率
		机场岸电	2019 年 12 月底前	开展机场岸电廊桥 APU 建设可行性研究，力争解决供电容量

类别	重点工作	主要任务	完成时限	工程措施
用地结构调整	矿山综合整治	强化露天矿山综合治理	长期	对污染治理不规范的露天矿山，依法责令停产整治，不达标不得恢复生产。对责任主体灭失露天矿山迹地进行综合治理
	扬尘综合治理	建筑扬尘治理	长期	严格落实施工工地“六个百分之百”要求
		施工扬尘管理清单	长期	定期动态更新施工工地管理清单
		施工扬尘监管	长期	5 000 米^{2}以上土石方建筑工地全部安装在线监测和视频监控，并与当地行业主管部门联网
		道路扬尘综合整治	长期	市区建成区道路机械化清扫率达到 93%，县城建成区达到 80%
		渣土运输车监管	全年	严厉打击无资质、标识不全、故意遮挡或污损车牌等渣土车违法行为。严格渣土运输车辆规范化管理，渣土运输车做到全密闭
		露天堆场扬尘整治	全年	全面清理城乡接合部以及城中村拆迁的渣土和建筑垃圾，不能及时清理的必须采取苫盖等抑尘措施
		强化降尘量控制	全年	各县（区、市）降尘量不高于 6 吨/（月·千米^2）。开展市区乡镇、街道降尘监测考核
	秸秆综合利用	加强秸秆焚烧管控	长期	建立网格化监管制度，在秋收阶段开展秸秆禁烧专项巡查
		加强秸秆综合利用	全年	秸秆综合利用率达到 96%
工业炉窑大气污染综合治理	淘汰一批	回转窑淘汰	2019 年 12 月底前	完成 1 台回转窑淘汰
	清洁能源替代一批	工业炉窑清洁能源替代（清洁能源包括天然气、电、集中供热等）	2019 年 12 月底前	完成 13 个炉窑清洁能源替代
	监控监管	监测监控	2019 年 12 月底前	完成 2 家企业废气排放自动监控设施安装
		工业炉窑专项执法	2019 年 12 月底前	开展专项执法检查
VOCs 治理	重点工业行业 VOCs 综合治理	源头替代	2019 年 12 月底前	完成 18 家企业低 VOCs 含量原辅材料替代
		企业综合整治	2019 年 12 月底前	完成印刷包装、化工等 124 家企业 VOCs 综合治理
		泄漏检测与修复	2019 年 12 月底前	完成 8 家化工企业 LDAR 工作
		精细化管控	全年	VOCs 排放重点监管企业 83 家，全面推行“一厂一策”制度，加强企业运行管理
	油品储运销综合治理	油气回收治理	2019 年 10 月底前	对全市域加油站油气回收治理设施开展专项检查
		自动监控设备安装	2019 年 12 月底前	开展年销售汽油量大于 5 000 吨加油站安装油气回收自动监控设备工作

类别	重点工作	主要任务	完成时限	工程措施
VOCs 治理	工业园区和企业集群综合治理	集中治理	2019 年 10 月底前	推行泄漏检测与修复统一监管
		统一管控	2019 年 12 月底前	滨江化工园区建设监测预警监控体系，开展溯源分析
	监测监控	自动监控设施安装	2019 年 12 月底前	10 家企业主要排污口要安装自动监控设施
重污染天气应对	修订完善应急预案及减排清单	完善重污染天气应急预案	2019 年 10 月底前	修订完善重污染天气应急预案
		完善应急减排清单，夯实应急减排措施	2019 年 10 月底前	完成重点行业绩效分级，完成应急减排清单编制工作，落实“一厂一策”等各项应急减排措施
	应急运输响应	重污染天气移动源管控	2019 年 10 月 15 日前	加强源头管控，根据实际情况，制定钢铁、水泥、燃煤火电等重点企业重污染天气车辆管控措施，并安装门禁监控系统。推进建设重污染天气移动源管控平台
能力建设	完善环境监测监控网络	环境空气质量监测网络建设	2019 年 12 月底前	增设环境空气质量自动监测站点 3 个
		环境空气 VOCs 监测	2019 年 12 月底前	建成环境空气 VOCs 监测站点 1 个
		遥感监测系统平台三级联网	长期	机动车遥感监测系统稳定传输数据
		定期排放检验机构三级联网	长期	市级机动车检验机构监管平台实现检测视频监控、防作弊报警提示、数据统计分析、检测机构管理、车辆环保信息管理，实现三级联网。对超标排放车辆开展大数据分析，追溯相关方责任
		道路空气质量监测	2019 年 12 月底前	建设道路空气质量监测站 2 个
		机场、港口空气质量监测	2019 年 12 月底前	禄安洲码头安装 1 套空气质量自动站。推进机场空气质量监测站点建设
	源排放清单编制	编制大气污染源排放清单	2019 年 12 月底前	动态更新 2018 年大气污染源排放清单
	颗粒物来源解析	开展 $PM_{2.5}$ 来源解析	2019 年 12 月底前	完成 2018 年城市大气污染颗粒物源解析

江苏省苏州市 2019—2020 年秋冬季大气污染综合治理攻坚行动方案

类别	重点工作	主要任务	完成时限	工程措施
产业结构调整	产业布局调整	重污染企业搬迁	2019 年 12 月底前	实施低端低效产能淘汰和整治 1 530 家企业。到 2020 年底前，主城区（姑苏区）内钢铁、化工、有色、铸造（使用天然气、电除外）、制药（原料药）、造纸、印染等规上工业企业全部搬迁
		化工行业整治	2019 年 12 月底前	衔接好原“四个一批”专项整治工作，按照《江苏省化工产业安全环保整治提升方案》要求，做好企业及园区的整治提升工作，完成省化治办下达的年度关停任务
	“两高”行业产能控制	压减钢铁产能	2019 年 12 月底前	落实省委省政府《关于加快全省化工钢铁煤电行业转型升级高质量发展的实施意见》（苏办发〔2018〕32 号）要求，加快推进距太湖直线距离 10 千米以内的钢铁冶炼产能退出
		压减焦炭产能	2019 年 12 月底前	退出焦炭产能 220 万吨
	“散乱污”企业综合整治	“散乱污”企业综合整治	2019 年 12 月底前	完善“散乱污”企业动态管理机制，实行网格化管理，压实基层责任，发现一起查处一起
	工业源污染治理	实施排污许可	2019 年 12 月底前	按照省统一部署，完成家具制造、汽车制造、化学原料和化学制品制造业、电力热力生产和供应业、食品制造等 15 个行业排污许可证核发
		钢铁超低排放	2019 年 10 月底前	完成张家港沙钢集团（产能 2 410 万吨）、永钢集团（产能 800 万吨）、常熟市龙腾特钢（产能 200 万吨）等 3 家 3 410 万吨产能钢铁企业超低排放改造
		无组织排放治理	2019 年 12 月底前	50 家码头完成物料（含废渣）运输、装卸、储存、转移、输送以及生产工艺过程等无组织排放的深度治理
		工业园区综合整治	2019 年 12 月底前	编制出台《苏州市镇村两级工业集中区优化整治提升工作方案》，将整治任务细化分解到部门、乡镇（街道）、村（社区），责任落实到人
能源结构调整	煤质管理	锅炉燃煤质量抽样检验	全年	落实《商品煤质量管理暂行办法》，加强部门联动，开展锅炉燃煤质量抽样检验，抽检结果及时通报相关部门，严厉打击劣质锅炉燃煤流通、销售和使用
	高污染燃料禁燃区	禁燃区管理	长期	严格落实禁燃区通告规定，依法对违规使用高污染燃料的单位进行处罚
	煤炭消费总量控制	煤炭消费总量削减	全年	2019 年，全市非电行业规模以上工业企业煤炭消费量比 2016 年减少 478 万吨
		淘汰燃煤机组	2019 年 12 月底前	淘汰关停燃煤机组 4 台 35.7 万千瓦
	锅炉综合整治	锅炉管理台账	2019 年 12 月底前	建立并动态更新燃煤、燃气等各类锅炉清单，完善锅炉管理台账
		淘汰燃煤锅炉	2019 年 12 月底前	淘汰燃煤锅炉 157 台 2 704 蒸吨。全市范围内基本淘汰 35 蒸吨/时以下燃煤锅炉

类别	重点工作	主要任务	完成时限	工程措施
能源结构调整	锅炉综合整治	锅炉超低排放改造	2019年12月底前	完成燃煤锅炉超低排放改造17台2 150蒸吨
		燃气锅炉低氮改造	2019年12月底前	完成燃气锅炉低氮改造9台662蒸吨
		生物质锅炉	2019年12月底前	完成生物质锅炉超低排放改造3台49蒸吨。加大对辖区生物质锅炉使用情况执法监管，生物质锅炉必须使用专用锅炉，并配套高效除尘设施，燃用生物质成型燃料
运输结构调整	运输结构调整	提升铁路货运量	2019年12月底前	落实《江苏省推进运输结构调整实施方案》铁路货运量提升要求，进一步提升铁路货运量
		加快铁路专用线建设	2019年12月底前	2019年力争开工建设太仓港区港口支线铁路。开展大宗货物年货运量150万吨及以上的大型工矿企业和物流园区摸底调查，按照宜水则水、宜铁则铁的原则，研究推进大宗货物“公转铁”或“公转水”
		发展新能源车	2019年12月底前	2019年底前实现内环高架内新能源公交车(纯电动、插电式混合动力、燃料电池)100%全覆盖
			2019年12月底前	2019年全市推广新能源汽车1万辆以上标准车
			2019年12月底前	推进港口、铁路货场等新增或更换作业车辆采用新能源或清洁能源
			2019年12月底前	推进港口、铁路货场等新增或更换作业非道路移动机械采用新能源或清洁能源
	车船燃油品质改善	老旧车淘汰	全年	2019年，淘汰国三及以下排放标准营运中型和重型柴油货车1 000辆以上
		船舶淘汰更新	2019年12月底前	推进环古城河使用电动、天然气等清洁能源或新能源船舶
			2019年12月底前	淘汰使用20年以上的内河航运船舶
		油品质量抽查	2019年12月底前	强化油品质量监管，按照年度抽检计划，在全市加油站（点）抽检车用汽柴油共计120个批次，对储油库抽查全覆盖，加油（气）站的抽查比例达到20%。开展大型工业企业自备油库油品质量检查，对发现的问题依法依规进行处置
		打击黑加油站点	2019年12月底前	根据省市推进成品油市场整治系列方案要求，开展打击黑加油站点专项行动，对黑加油站点查处取缔工作进行督导
		尿素质量抽查	2019年12月底前	从高速公路、国道、省道沿线加油站抽检尿素46批次，对高速公路、国道和省道沿线加油站点销售车用尿素的抽查比例达到20%
		使用终端油品和尿素质量抽查	2019年12月底前	开展从柴油货车油箱和尿素箱抽取检测柴油样品和车用尿素样品工作
		船用油品质量调查	2019年12月底前	推进船舶排放控制区建设，严禁辖区水域内内河船舶使用不符合标准的船用燃油。对辖区港口内靠岸停泊船舶燃油抽查200艘次

类别	重点工作	主要任务	完成时限	工程措施
运输结构调整	在用车环境管理	在用车执法监管	长期	秋冬季期间监督抽测柴油车数量不低于当地柴油车保有量的 80%
			2019 年 12 月底前	检查排放检验机构 120 个次，实现排放检验机构监管全覆盖
			2019 年 12 月底前	构建超标柴油车黑名单，将遥感监测（含黑烟抓拍）、路检执法发现的超标车辆纳入黑名单，实现动态管理，严禁超标车辆上路行驶、进出重点用车企业。推广使用“驾驶排放不合格的机动车上道路行驶的”交通违法处罚代码 6063，由生态环境部门取证，公安交管部门对路检路查和黑烟抓拍发现的上路行驶超标车辆进行处罚，并由交通部门负责强制维修
			长期	2019 年 7 月 1 日起，国三及以下排放标准柴油货车在古城区范围内全天禁止通行，每日 7：00—20：00 在指定区域实施区域限行，严控高污染车辆排放
			长期	部署完成多部门联合检测站点，开展联合执法
			长期	指导柴油货车超过 20 辆的重点运输企业、工矿企业等用车大户建立完善车辆维护、燃料和车用尿素添加使用台账。在物流园区、工业园区、货物集散地、公交场站等车辆停放集中的重点场所开展柴油车监督抽测，秋冬季期间入户监督抽测数量不少于 100 辆
		港口运输管理	全年	港口散货运输车辆优先采用封闭车型，敞篷车型必须对车厢进行覆盖封闭，防止抛洒滴漏。有车辆进出的码头堆场应设置车辆清洗的专用场地，冲洗范围应包括车轮、车架和车身
	非道路移动机械环境管理	备案登记	2019 年 12 月底前	完成非道路移动机械摸底调查和编码登记
		排放检验	2019 年 12 月底前	以施工工地和港口码头、物流园区、高排放控制区等为重点，开展非道路移动机械检测，做到重点场所全覆盖
		港口岸电	2019 年 12 月底前	建成港口岸电设施 31 个
用地结构调整	扬尘综合治理	建筑扬尘治理	长期	严格落实施工工地“六个百分之百”要求
		施工扬尘管理清单	长期	定期动态更新施工工地管理清单
		施工扬尘监管	长期	5 000 米^{2}以上建筑工地全部安装在线监测和视频监控，并与相关部门联网
		道路扬尘综合整治	长期	城市建成区范围内做到应扫尽扫
		渣土运输车监管	全年	严厉打击无资质、标识不全、故意遮挡或污损车牌等渣土车违法行为。严格渣土运输车辆规范化管理，渣土运输车做到全密闭
		露天堆场扬尘整治	全年	全面清理城乡接合部以及城中村拆迁的渣土和建筑垃圾，不能及时清理的必须采取苫盖等抑尘措施
		强化降尘量控制	全年	各县（区、市）降尘量不高于 5 吨/（月・千米^2）

类别	重点工作	主要任务	完成时限	工程措施
用地结构调整	秸秆综合利用	加强秸秆焚烧管控	长期	建立网格化监管制度，在秋收阶段开展秸秆禁烧专项巡查
		加强秸秆综合利用	2019 年 12 月底前	秸秆综合利用率达到 97%
工业炉窑大气污染综合治理	淘汰或清洁能源替代一批	炉（窑）淘汰或清洁能源替代	2019 年 12 月底前	淘汰或清洁能源替代燃煤加热炉、冲天炉、煤气发生炉等 12 台
	治理一批	工业炉窑废气深度治理	2019 年 12 月底前	完成玻璃行业玻璃熔窑废气深度治理 3 台（1 台 700 吨/天产能、2 台 34 万吨产能），完成水泥行业水泥窑废气深度治理 1 台 112 万吨产能
	执法监管	工业炉窑专项执法	2019 年 12 月底前	开展专项执法检查
VOCs 治理	重点工业行业 VOCs 综合治理	编制工作方案	2019 年 12 月底前	编制出台《苏州市重点行业挥发性有机物综合治理工作方案》
		源头替代	2019 年 12 月底前	按照《苏州市推进重点行业挥发性有机物清洁原料替代及综合治理工作方案》文件要求，2019 年计划完成清洁原料替代任务 33 家
		无组织排放控制	2019 年 10 月底前	按照《挥发性有机物无组织排放控制标准》等相关要求，加强化工、纺织、工业涂装、电子信息、包装印刷等重点行业企业无组织排放管控
		治污设施建设	2019 年 12 月底前	完成 334 项挥发性有机物综合治理项目。不少于 50 家企业安装 VOCs 自动监控设施
		精细化管控	2019 年 12 月底前	化工企业、工业涂装、包装印刷企业等推行“一厂一策”制度，年内完成 337 家省重点监管企业“一厂一策”方案编制工作，加强企业运行管理
	油品储运销综合治理	油气回收治理	2019 年 12 月底前	全市域加油站全部完成加油阶段油气回收治理工作。7 座储油库完成油气回收治理工作。秋冬季期间，加油站油气回收检查次数不低于 300 站次，储油库油气回收检查比例不低于 50%
		自动监控设备安装	2019 年 12 月底前	按照省厅统一要求，积极推进苏州市年销售汽油量大于 5 000 吨的加油站安装油气回收自动监控设备安装工作
	工业园区和企业集群综合治理	集中治理	2019 年 12 月底前	8 个化工园区（省批）推行泄漏检测统一监管。推进吴江巨联环保有限公司有机溶剂集中回收处置项目建设，提高吴江区盛泽镇涂层行业有机溶剂回收利用率
		统一管控	2019 年 12 月底前	8 个化工类工业园区（省批）建成 VOCs 监测监控体系
	监测监控	自动监控设施安装	2019 年 12 月底前	化工、工业涂装、包装印刷行业 100 家企业主要排污口安装自动监控设施共 144 套
重污染天气应对	修订完善应急预案及减排清单	完善重污染天气应急预案	2019 年 10 月底前	修订完善重污染天气应急预案

类别	重点工作	主要任务	完成时限	工程措施
重污染天气应对	修订完善应急预案及减排清单	完善应急减排清单，夯实应急减排措施	2019 年 10 月底前	完成重污染天气应急减排清单修订工作，落实“一厂一策”等各项应急减排措施
	应急运输响应	重污染天气移动源管控	2019 年 10 月 15 日前	加强源头管控，根据实际情况，制定企业、港口、铁路货场、物流园区的重污染天气车辆管控措施，并安装门禁监控系统
能力建设	完善环境监测监控网络	环境空气质量监测网络建设	2019 年 12 月底前	增设省控空气质量自动监测站点 2 个
		环境空气 VOCs 监测	2019 年 12 月底前	在重点化工园区建成环境空气 VOCs 监测站点 18 个
		遥感监测系统平台三级联网	长期	机动车遥感监测系统稳定传输数据
		定期排放检验机构三级联网	长期	市级机动车检验机构监管平台实现检测视频监控、防作弊报警提示、数据统计分析、检测机构管理、车辆环保信息管理，实现三级联网。对超标排放车辆开展大数据分析，追溯相关方责任
		重型柴油车车载诊断系统远程监控系统建设	全年	推进重型柴油车车载诊断系统远程监控系统建设和终端安装
		乡镇（街道）空气质量监测	全年	建成乡镇（街道）空气质量平台，定期在主流媒体（苏州日报、苏州新闻）通报各乡镇（街道）空气质量排名，压实属地治气责任
		重污染天气车辆管控平台	2019 年 12 月底前	建设完成重污染天气车辆管控平台
		道路空气质量监测	2019 年 12 月底前	城市主要道路建成空气质量监测站点 7 个
		港口空气质量监测	2019 年 12 月底前	沿江港口码头企业完成码头粉尘在线监测系统建设 10 套
	大气治理技术服务	第三方技术指导	2019 年 12 月底前	建立第三方专家团队，定期开展大气污染源走航分析，加强本地空气质量分析预测
	源排放清单编制	编制大气污染源排放清单	2019 年 12 月底前	动态更新 2018 年大气污染源排放清单
	颗粒物来源解析	开展 $PM_{2.5}$ 来源解析	2019 年 10 月底前	完成 2018 年城市大气污染颗粒物源解析

江苏省南通市 2019—2020 年秋冬季大气污染综合治理攻坚行动方案

类别	重点工作	主要任务	完成时限	工程措施
产业结构调整	产业布局调整	化工行业整治	2019 年 12 月底前	2019 年 12 月底前按照《南通市化工产业安全环保整治提升实施方案》473 家企业开展整治提升
	“散乱污”企业和集群综合整治	“散乱污”企业综合整治	2019 年 12 月底前	今年新排查出 1 099 家，将于 12 月底前整治完毕。进一步完善“散乱污”企业动态管理机制，实行网格化管理，压实基层责任，发现一起查处一起
	工业源污染治理	实施排污许可	2019 年 12 月底前	按照分类管理名录的时限要求进行发放
		无组织排放治理	2019 年 12 月底前	苏通电厂、华能电厂和天生港电厂 3 家火电企业完成煤堆场封闭化改造
		工业园区能源替代利用与资源共享	2019 年 12 月底前	所有工业园区完成集中供热或清洁能源供热
能源结构调整	高污染燃料禁燃区	调整扩大禁燃区范围	长期	巩固禁燃区建设成果，依法对违规使用高污染燃料的单位进行处罚
	煤炭消费总量控制	煤炭消费总量削减	全年	全市非电行业规上企业煤炭消费总量较 2016 年削减 237 万吨
	锅炉综合整治	锅炉管理台账	2019 年 12 月底前	完善锅炉管理台账
		淘汰燃煤锅炉	2019 年 12 月底前	淘汰燃煤锅炉 7 台 210 蒸吨。全市范围内基本淘汰 35 蒸吨/时以下燃煤锅炉
		锅炉超低排放改造	2019 年 12 月底前	完成燃煤锅炉超低排放改造 10 台 915 蒸吨
		燃气锅炉低氮改造	2019 年 12 月底前	完成燃气锅炉低氮改造 20 台 156.1 蒸吨
		生物质锅炉	2019 年 12 月底前	完成生物质锅炉超低排放改造 1 台 20 蒸吨。推进生物质锅炉分类整治工作
运输结构调整	运输结构调整	提升铁路货运量	2020 年 12 月底前	与 2017 年相比，2019 年铁路货物发送量增长 10 万吨
		加快铁路专用线建设	2020 年 12 月底前	按照《南通市推进运输结构调整实施方案》要求，推进通海港至通州湾铁路一期项目。开展大宗货物年货运量 150 万吨及以上的大型工矿企业和物流园区摸底调查，按照宜水则水、宜铁则铁的原则，研究推进大宗货物“公转铁”或“公转水”
		发展新能源车	全年	新增公交、环卫、邮政、出租、通勤、轻型城市物流车辆中新能源车比例达到 80%
			2019 年 12 月底前	港口、铁路货场等新增或更换作业车辆主要采用新能源或清洁能源
			2019 年 12 月底前	港口、铁路货场等新增或更换作业非道路移动机械主要采用新能源或清洁能源
			全年	除消防、救护、除冰雪、加油车辆设备及无新能源产品车辆设备外，机场内运营新增和更新车辆设备 100%使用新能源

类别	重点工作	主要任务	完成时限	工程措施
运输结构调整	运输结构调整	老旧车淘汰	全年	淘汰国三及以下营运柴油货车488辆
		船舶淘汰更新	2019年12月底前	推广使用电动等清洁能源或新能源船舶
			2019年12月底前	淘汰使用20年以上的内河航运船舶
	车船燃油品质改善	油品质量抽查	2019年12月底前	强化油品质量监管，按照年度抽检计划，在全市加油站（点）抽检车用汽柴油共计105个批次，实现年度全覆盖。开展对大型工业企业自备油库油品质量专项检查，对发现的问题依法依规进行处置
		打击黑加油站点	2019年12月底前	根据省市推进成品油市场整治系列方案要求，开展打击黑加油站点专项行动，对黑加油站点查处取缔工作进行督导
		尿素质量抽查	2019年12月底前	对国道和省道沿线加油站（点）销售车用尿素情况的检查比例达到20%
		使用终端油品和尿素质量抽查	2019年12月底前	从柴油货车油箱和尿素箱抽取检测柴油样品和车用尿素样品各100个以上
		船用油品质量调查	2019年12月底前	对港口内靠岸停泊船舶燃油抽查900次
	在用车环境管理	在用车执法监管	长期	秋冬季期间监督抽测柴油车数量不低于当地柴油车保有量的80%。加大对车辆集中停放地和重点单位抽查力度，实现重点用车大户全覆盖
			2019年10月底前	部署完成多部门联合路检点，开展联合执法
			2019年12月底前	检查排放检验机构55家次，实现排放检验机构监管全覆盖
			2019年12月底前	构建超标柴油车黑名单，将遥感监测（含黑烟抓拍）、路检执法发现的超标车辆纳入黑名单，实现动态管理，形成生态环境、公安、交通部门信息互通机制，严禁超标车辆上路行驶、进出重点用车企业。推行生态环境部门取证，公安部门采用6063代码处罚，交通部门实施强制维修的联动机制
	非道路移动机械环境管理	高排放控制区	2019年12月底前	调整禁止使用高排放非道路移动机械的区域
		备案登记	2019年12月底前	完成非道路移动机械摸底调查和编码登记
		排放检验	2019年12月底前	以施工工地和港口码头、机场、物流园区、高排放控制区等为重点，开展非道路移动机械检测
		港口岸电	2019年12月底前	建成港口岸电设施4个，提高使用率
		机场岸电	2020年12月底前	机场岸电廊桥APU建设10个
用地结构调整	扬尘综合治理	建筑扬尘治理	长期	严格落实施工工地“六个百分之百”要求
		施工扬尘管理清单	长期	定期动态更新施工工地管理清单

类别	重点工作	主要任务	完成时限	工程措施
用地结构调整	扬尘综合治理	施工扬尘监管	长期	5 000 米^{2}以上房建工程，公园、成块的绿地建设工程、市政道路新建工程等安装在线监测和视频监控，并与当地行业主管部门联网
		道路扬尘综合整治	长期	地级及以上城市道路机械化清扫率达到 88%，县城达到 75%
		渣土运输车监管	全年	严厉打击无资质、标识不全、故意遮挡或污损车牌等渣土车违法行为。严格渣土运输车辆规范化管理，渣土运输车做到全密闭。实施《南通市推行全密闭智能建筑垃圾运输车辆工作方案》。2020 年，全密闭智能建筑垃圾运输车数量达到企业申报数量的 100%
		露天堆场扬尘整治	全年	全面清理城乡接合部以及城中村拆迁的渣土和建筑垃圾，不能及时清理的必须采取苫盖等抑尘措施
		强化降尘量控制	全年	各县（区、市）降尘量不得超过 5 吨/（月・千米^2）
	秸秆综合利用	加强秸秆焚烧管控	长期	建立网格化监管制度，在秋收阶段开展秸秆禁烧专项巡查
		加强秸秆综合利用	全年	秸秆综合利用率达到 93%
工业炉窑大气污染综合治理	淘汰一批	煤气发生炉淘汰	2019 年 12 月底前	淘汰煤气发生炉 8 台
		熔化炉淘汰	2019 年 12 月底前	淘汰 4 台熔化炉
	清洁能源替代一批	工业炉窑清洁能源替代（清洁能源包括天然气、电、集中供热等）	2019 年 12 月底前	完成 9 台工业炉窑清洁能源替代
	治理一批	工业炉窑废气深度治理	2019 年 12 月底前	完成 25 台工业炉窑废气深度治理
	监控监管	工业炉窑专项执法	2019 年 12 月底前	严格落实生态环境部等四部委联合下发的工业炉窑整治方案要求，开展专项执法检查。加大综合治理力度，加大不达标工业炉窑淘汰力度，加快铸造、日用玻璃行业燃料清洁低碳化替代，建立健全监测监控体系
VOCs 治理	重点工业行业 VOCs 综合治理	源头替代	2019 年 12 月底前	9 家工业涂装企业完成低 VOCs 含量涂料替代
		无组织排放控制	2019 年 12 月底前	提升船舶钢结构、家具、包装印刷、化工、汽修等行业企业无组织排放控制，根据新的无组织排放管控要求实施综合治理，开展储罐排放摸排、无组织达标排放治理
		综合治理	2019 年 12 月底前	38 家化工、3 家医药农药、3 家涂装、38 家包装印刷、43 家纺织印染、8 家家具制造、15 家电子、37 家橡胶塑料、4 家其他行业企业完成 VOCs 年度治理任务
		精细化管控	全年	140 家企业等推行“一厂一策”制度，加强企业运行管理

类别	重点工作	主要任务	完成时限	工程措施
VOCs治理	油品储运销综合治理	油气回收治理	2019年12月底前	完成3个码头油气回收项目
		自动监控设备安装	2019年12月底前	年销售汽油量大于5 000吨的9家加油站安装油气回收自动监控设备
	工业园区和企业集群综合治理	统一管控	2019年12月底前	5个化工类工业园区上下风向各建设一个六指标监测站和VOCs监测站，建设监测预警监控体系，实现泄漏检测统一监管
	监测监控	自动监控设施安装	2019年12月底前	5家涉VOCs排放企业主要排污口安装自动监控设施5套
重污染天气应对	修订完善应急预案及减排清单	完善重污染天气应急预案	2019年10月底前	修订完善重污染天气应急预案
		完善应急减排清单，夯实应急减排措施	2019年10月底前	完成重点行业绩效分级，完成应急减排清单编制工作，落实“一厂一策”等各项应急减排措施。对列入管控清单的1 660家工业企业和1 040个在建工地明确监管部门和属地责任，建立县区、镇街、企业三级责任网络，进一步完善重污染天气管控责任制，推动100家重点企业采用用电远程监控等方式及时调度重污染天气管控成效
	应急运输响应	重污染天气移动源管控	2019年10月15日前	加强源头管控，根据实际情况，制定企业、港口、铁路货场、物流园区的重污染天气车辆管控措施，其中重点企业安装门禁监控系统。推进重污染天气车辆管控平台建设
能力建设	完善环境监测监控网络	环境空气质量监测网络建设	2019年12月底前	增设乡镇环境空气质量自动监测站点20个
		遥感监测系统平台三级联网	长期	2019年累计建成10套固定式机动车遥感监测设备和1套移动式遥感监测设备，保持系统稳定传输数据
		定期排放检验机构三级联网	长期	市级机动车检验机构监管平台实现检测视频监控、防作弊报警提示、数据统计分析、检测机构管理、车辆环保信息管理，实现三级联网。对超标排放车辆开展大数据分析，追溯相关方责任
		重型柴油车车载诊断系统远程监控系统建设	全年	推进重型柴油车车载诊断系统远程监控系统建设和终端安装
		机场空气质量监测	2019年12月底前	推进机场空气质量监测站点建设
	源排放清单编制	编制大气污染源排放清单	2019年12月底前	动态更新2018年大气污染源排放清单
	颗粒物来源解析	开展$PM_{2.5}$来源解析	2019年12月底前	开展2019年城市大气污染颗粒物源解析。开展走航溯源

江苏省连云港市2019—2020年秋冬季大气污染综合治理攻坚行动方案

类别	重点工作	主要任务	完成时限	工程措施
产业结构调整	产业布局调整	化工行业整治	2019年12月底前	落实省、市化工产业安全环保整治提升工作要求，对灌云、灌南县化工园区实施深度整治，确保污染达标排放。加大化工企业“减化”力度，年底前关停化工企业不少于42家
	“散乱污”企业和集群综合整治	“散乱污”企业综合整治	2019年10月底前	完善“散乱污”企业动态管理机制，实行网格化管理，压实基层责任，发现一起查处一起，动态清零
		“散乱污”集群综合整治	2019年12月底前	各县区政府、管委会对排查出的“散乱污”企业集群，实施分类整治，对于关停取缔类的，要做到“两断三清”；对于整合搬迁类，要依法依规办理审批手续；对于升级改造类的，对标先进企业实施深度治理。同步完成区域环境整治工作
	工业源污染治理	实施排污许可	2019年12月底前	按照国家、省统一安排完成排污许可证核发任务
		钢铁超低排放	2019年10月底前	完成镔鑫钢铁（产能600万吨）、兴鑫钢铁（产能300万吨）、亚新钢铁（产能300万吨）、华乐合金（产能60万吨）4家钢铁企业有组织超低排放改造。完不成的工序停产整治
		无组织排放治理	2019年12月底前	4家1 260万吨产能钢铁企业，7家水泥企业，连云港港区完成物料（含废渣）无组织排放的深度治理
		工业园区综合整治	2019年10月底前	树立行业标杆，制定综合整治方案，完成灌云县临港化工园区、灌南县连云港化工园区、柘汪临港产业区、连云港石化产业基地集中整治，同步推进区域环境综合整治和企业升级改造
		工业园区能源替代利用与资源共享	2019年12月底前	推进所有工业园区建设集中供热或清洁能源供热
能源结构调整	煤质监管	煤质监管	全年	加强部门联动，严厉打击劣质煤流通、销售和使用。重点燃煤企业煤质风险监测抽检覆盖率不低于90%。对抽检发现经营不合格散煤行为的，依法处罚
	高污染燃料禁燃区	加强禁燃区管理	2019年10月底前	扩大高污染燃料禁燃区范围，依法对违规使用高污染燃料的单位进行处罚
	煤炭消费总量控制	煤炭消费总量削减	全年	全市非电用煤炭消费总量较2018年削减7万吨
		淘汰燃煤机组	2019年12月底前	淘汰关停燃煤机组2台1.8万千瓦
	锅炉综合整治	锅炉管理台账	2019年10月底前	完善锅炉管理台账

类别	重点工作	主要任务	完成时限	工程措施
能源结构调整	锅炉综合整治	淘汰燃煤锅炉	2019 年 12 月底前	淘汰 10 台 267 蒸吨燃煤锅炉。全市范围内基本淘汰 35 蒸吨/时以下燃煤锅炉。严打燃煤小锅炉死灰复燃现象
		锅炉超低排放改造	2019 年 12 月底前	完成燃煤锅炉超低排放改造 3 台 335 蒸吨
		燃气锅炉低氮改造	2019 年 12 月底前	对燃气锅炉进行摸排，推行燃气锅炉低氮燃烧改造
		生物质锅炉	2019 年 12 月底前	完成生物质锅炉超低排放改造 8 台 294 蒸吨。建立布袋除尘更换台账资料，定期更换
运输结构调整	运输结构调整	提升铁路货运量	2019 年 12 月底前	大幅提高铁路货运量。具备铁路和水路货运条件的火电企业，禁止使用公路运输煤炭
		加快铁路专用线建设	2019 年 12 月底前	完成上合组织（连云港）国际物流园专用铁路主线主体工程建设。推动连云港赣榆港区（临港产业区）铁路专用线、国家中东西区域合作示范区（徐圩新区）产业区专用铁路项目前期工作。开展大宗货物年货运量 150 万吨及以上的大型工矿企业和物流园区摸底调查，按照宜水则水、宜铁则铁的原则，研究推进大宗货物“公转铁”或“公转水”
		发展新能源车	全年	新增公交、环卫、邮政、出租、通勤、轻型城市物流车辆中新能源车比例达到 80%
			2019 年 12 月底前	港口、铁路货场等新增或更换作业车辆主要采用新能源或清洁能源车辆
			2019 年 12 月底前	港口、铁路货场等新增或更换作业非道路移动机械主要采用新能源或清洁能源车辆
		发展新能源车	全年	除消防、救护、除冰雪、加油车辆设备及无新能源产品车辆设备外，机场内运营新增和更新车辆设备 100%使用新能源
		老旧车淘汰	全年	淘汰国三及以下营运柴油货车 1 000 辆
		船舶淘汰更新	长期	推广使用清洁能源或新能源船舶
			2019 年 12 月底前	淘汰使用 20 年以上的内河航运船舶 4 艘
	车船燃油品质改善	油品质量抽查	2019 年 12 月底前	强化油品质量监管，按照年度抽检计划，全市生产企业 100%全覆盖抽查，加油站（点）抽检车用汽柴油不低于 20 批次。开展机场、工业企业自备油库油品质量抽测
		打击黑加油站点	2019 年 10 月底前	根据省市推进成品油市场整治系列方案要求，开展打击黑加油站点专项行动，对黑加油站点查处取缔工作进行督导
		尿素质量抽查	2019 年 12 月底前	从高速公路、国道、省道沿线加油站抽检尿素 20%以上
		使用终端油品和尿素质量抽查	2019 年 12 月底前	从柴油货车油箱和尿素箱抽取检测柴油样品和车用尿素样品各 100 个以上
		船用油品质量调查	2019 年 12 月底前	对港口内靠岸停泊船舶燃油取样送检 350 艘次，燃油快速检测 600 艘次

类别	重点工作	主要任务	完成时限	工程措施
运输结构调整	在用车环境管理	在用车执法监管	长期	秋冬季期间监督抽测柴油车数量不低于当地柴油车保有量的 80%。加大对车辆集中停放地和重点单位抽查力度，实现重点用车大户全覆盖
			2019 年 10 月底前	利用现有治超站，部署多部门综合检测站 2 个，重点检查柴油车污染控制装置、OBD、尾气排放达标情况，具备条件的要抽查柴油和车用尿素质量及使用情况
			2019 年 12 月底前	检查排放检验机构 23 个，实现排放检验机构监管全覆盖
			2019 年 10 月底前	推进 6063 处罚代码，建立生态环境部门检测取证，公安交管部门实施处罚，交通运输部门监督维修的联合监管执法模式。构建超标柴油车黑名单，将遥感监测（含黑烟抓拍）、路检执法发现的超标车辆纳入黑名单，公安、环保、交通部门信息共享，实现动态管理，严禁超标车辆上路行驶、进出重点用车企业
	非道路移动机械环境管理	高排放控制区	2019 年 12 月底前	调整划定并公布禁止使用高排放非道路移动机械的区域
		备案登记	2019 年 12 月底前	完成非道路移动机械摸底调查和编码登记
		排放检验	2019 年 12 月底前	以施工工地和港口码头、机场、物流园区、高排放控制区等为重点，开展非道路移动机械检测
		港口岸电	2019 年 12 月底前	年内新建成港口岸电设施 10 个，提高使用率
用地结构调整	矿山综合整治	强化露天矿山综合治理	长期	对污染治理不规范的露天矿山，依法责令停产整治，不达标一律不得恢复生产。对责任主体灭失露天矿山由地方政府进行综合治理
	扬尘综合治理	建筑扬尘治理	长期	严格落实施工工地“六个百分之百”要求。强化出入车辆 100%冲洗和拆迁工地 100%湿法作业
		施工扬尘管理清单	长期	定期动态更新施工工地管理清单
		施工扬尘监管	长期	5 000 米^{2}以上建筑工地全部安装在线监测和视频监控，并与当地行业主管部门联网
		道路扬尘综合整治	长期	地级及以上城市道路机械化清扫率达到 90%，县城达到 80%
		渣土运输车监管	全年	严厉打击无资质、标识不全、故意遮挡或污损车牌等渣土车违法行为。严格渣土运输车辆规范化管理，渣土运输车做到全密闭
		露天堆场扬尘整治	全年	全面清理城乡接合部以及城中村拆迁的渣土和建筑垃圾，不能及时清理的必须采取苫盖等抑尘措施
		强化降尘量控制	全年	各县（区、市）降尘量不高于 6 吨/（月 · 千米^2）。推进全市街道（乡、镇）降尘量监测全覆盖

类别	重点工作	主要任务	完成时限	工程措施
用地结构调整	秸秆综合利用	加强秸秆焚烧管控	长期	建立网格化监管制度，在秋收阶段开展秸秆禁烧专项巡查
		加强秸秆综合利用	全年	全年秸秆综合利用率达 96%；秸秆机械化还田率稳定在 60%以上
工业炉窑大气污染综合治理	淘汰或清洁能源替代	工业炉窑清洁能源替代（清洁能源包括天然气、电、集中供热等）或淘汰	2019 年 12 月底前	完成省下达的工业炉窑整治任务
	监控监管	监测监控	2019 年 12 月底前	化工、医药、涂装安装自动监控系统共 16 套。完成重点企业安装用电监控设备 20 套
		工业炉窑专项执法	2019 年 10 月底前	开展专项执法检查
VOCs 治理	重点工业行业 VOCs 综合治理	源头替代	2019 年 12 月底前	4 家工业涂装企业和 3 家汽车涂装企业完成低 VOCs 含量涂料替代
		无组织排放控制	2019 年 12 月底前	2 家石化企业、63 家化工企业开展新一轮泄漏检测与修复工作，完成 VOCs 无组织排放治理
		治污设施建设	2019 年 12 月底前	推进 53 家化工企业、5 个机械制造企业、1 家交通工具制造企业、1 家包装印刷企业升级改造，建设适宜高效的治污设施。8 家企业安装 VOCs 自动监控设施 9 套
		精细化管控	全年	对全市重点石化企业、化工企业、工业涂装企业、包装印刷企业等推行“一厂一策”制度，加强企业运行管理
	油品储运销综合治理	油气回收治理	2019 年 10 月底前	全市加油站全部完成加油阶段油气回收治理工作。1 个储油库完成油气回收治理。对油气回收装置运行情况组织专项检查，提高运行效率
		自动监控设备安装	2019 年 12 月底前	2 个年销售汽油量大于 5 000 吨的加油站安装油气回收自动监控设备，并推进与生态环境部门联网工作
	工业园区和企业集群综合治理	统一管控	2019 年 12 月底前	灌云县临港化工园区、灌南县连云港化工园区、柘汪临港产业区、连云港石化产业建设监测预警监控体系
	监测监控	自动监控设施安装	2019 年 12 月底前	1 家石化企业、4 家化工企业、1 家工业涂装企业、2 个新材料企业主要排污口要安装自动监控设施共 9 套

类别	重点工作	主要任务	完成时限	工程措施
重污染天气应对	修订完善应急预案及减排清单	完善重污染天气应急预案	2019 年 10 月底前	修订完善重污染天气应急预案
		完善应急减排清单，夯实应急减排措施	2019 年 10 月底前	更新应急减排清单，落实“一厂一策”等各项应急减排措施
	应急运输响应	重污染天气移动源管控	2019 年 10 月 15 日前	加强源头管控，根据实际情况，制定日货车使用量 10 辆以上企业、港口、铁路货场、物流园区的重污染天气车辆管控措施，A 级企业或重点涉气企业安装门禁监控系统，推进建设重污染天气车辆管控平台
能力建设	完善环境监测监控网络	环境空气质量监测网络建设	2019 年 12 月底前	推进建设 55 个全参数空气质量自动监测站
		环境空气 VOCs 监测	2019 年 12 月底前	推进建设环境空气 VOCs 微型监测站点 6 个
		遥感监测系统平台三级联网	长期	机动车遥感监测系统稳定传输数据
		定期排放检验机构三级联网	长期	市级机动车检验机构监管平台实现检测视频监控、防作弊报警提示、数据统计分析、检测机构管理、车辆环保信息管理，实现三级联网。对超标排放车辆开展大数据分析，追溯相关方责任
		重型柴油车车载诊断系统远程监控系统建设	全年	推进重型柴油车车载诊断系统远程监控系统建设和终端安装
	完善环境监测监控网络	道路空气质量监测	2019 年 12 月底前	推进主要物流通道建设道路微型空气质量监测点 1 个
		机场、港口空气质量监测	2019 年 12 月底前	推进白塔机场所在的镇区和连云港港口建设道路空气质量监测点各 1 个
	源排放清单编制	编制大气污染源排放清单	2019 年 12 月底前	动态更新 2018 年大气污染源排放清单
	颗粒物组分分析	开展 $PM_{2.5}$ 组分分析	长期	开展 $PM_{2.5}$ 组分全年手工分析工作

江苏省淮安市2019—2020年秋冬季大气污染综合治理攻坚行动方案

类别	重点工作	主要任务	完成时限	工程措施
产业结构调整	产业布局调整	调整优化产业结构	2019年12月底前	推动京杭大运河（南水北调线）沿岸两侧1千米范围内的化工生产企业2020年年底前搬迁或关停
		化工行业整治	2019年12月底前	按《淮安市化工产业安全环保整治提升实施方案》的通知（淮办〔2019〕66号）要求，完成2019年整治目标任务
		压减水泥产能	2019年12月底前	压缩水泥产能60万吨
		压减焦炭产能	2019年12月底前	淘汰淮钢特钢股份有限公司焦炭产能40万吨
	“散乱污”企业和集群综合整治	“散乱污”企业综合整治	2019年12月底前	完成803家“散乱污”企业治理任务，完善动态管理机制，实行网格化管理，层层压实责任，发现一起查处一起
		“散乱污”集群综合整治	2019年12月底前	完成金湖县露天烧烤、汽车行业喷漆房、混凝土搅拌站、涟水县混凝土搅拌站等4个“散乱污”集群综合整治，同步完成区域环境整治工作
	工业源污染治理	实施排污许可	2019年12月底前	完成畜牧业、食品制造业、酒饮料和精制茶制造业、皮革毛皮羽毛及其制品和制鞋业、木材加工和木竹藤棕草制品业、家具制造业、化学原料和化学制品制造业、汽车制造业、电气机械和器材制造业、计算机通信和其他电子设备制造业、废弃资源综合利用业、电力热力生产和供应业、水的生产和供应业、生态保护和环境治理业、通用工序等15个行业排污许可证核发
		钢铁超低排放	2019年10月底前	完成淮钢特钢股份有限公司300万吨产能烧结机超低排放改造，逾期未完成改造的，依法依规停产整治
		无组织排放治理	2019年12月底前	完成淮安江淮炉料有限公司、日恒电子科技（淮安）有限公司、淮安市瑞峰电器有限公司、江苏华晨气缸套股份有限公司、淮安天参有限公司等5家企业深度整治。根据市“江河碧空”蓝天保卫四号行动开展港口码头无组织排放整治
		工业园区能源替代利用与资源共享	2019年12月底前	所有工业园区完成集中供热或清洁能源供热
能源结构调整	加强煤质监管	洁净煤替代散煤	2020年3月底前	2019年9月底前，制定散煤整治方案，推进清洁煤炭利用，强化煤炭销售环节管理，减少散煤使用，2020年3月底前，完成重点区域微环境散煤治理
		煤质监管	全年	加强部门联动，严厉打击劣质煤流通、销售和使用。煤质抽检覆盖率不低于90%，对抽检发现经营不合格散煤行为的，依法处罚

类别	重点工作	主要任务	完成时限	工程措施
能源结构调整	高污染燃料禁燃区	强化禁燃区执法	2019 年 10 月底前	县（区、市）加大禁燃区内执法力度，依法处置各类违法行为。尚未完成划定高污染燃料禁燃区的在 10 月底前完成
	煤炭消费总量控制	煤炭消费总量削减	全年	全市 2019 年规上非电行业煤炭消费总量比 2018 年削减 16.98 万吨
	锅炉综合整治	锅炉管理台账	2019 年 11 月底前	完善锅炉管理台账
		淘汰燃煤锅炉	2019 年 12 月底前	淘汰燃煤锅炉 11 台 305.5 蒸吨。全市范围内基本淘汰 35 蒸吨/时及以下燃煤锅炉
		锅炉超低排放改造	2019 年 12 月底前	完成燃煤锅炉超低排放改造 14 台 2 000 蒸吨。全市范围内 65 蒸吨/时及以上燃煤锅炉全部实现超低排放改造
		燃气锅炉低氮改造	2019 年 12 月底前	完成燃气锅炉低氮改造 21 台 414 蒸吨
		生物质锅炉	2019 年 12 月底前	完成生物质锅炉超低排放改造 2 台 150 蒸吨，特别排放限值改造 14 台 125 蒸吨。制定生物质锅炉整治方案，加大生物质锅炉执法检查力度，生物质锅炉应安装布袋除尘设施并定期更换，确保达到特别地区排放要求，城市建成区生物质锅炉达到超低排放要求
运输结构调整	运输结构调整	提升铁路货运量	2019 年 12 月底前	落实本市运输结构调整方案的铁路货运量提升要求
		加快铁路专用线建设	2019 年 12 月底前	落实市级运输结构调整方案有关任务。开展大宗货物年货运量 150 万吨及以上的大型工矿企业和物流园区摸底调查，按照宜水则水、宜铁则铁的原则，研究推进大宗货物“公转铁”或“公转水”
		发展新能源车	全年	新增公交、环卫、邮政、出租、通勤、轻型城市物流车辆中新能源车比例达到 80%
			2019 年 12 月底前	除消防、救护、除冰雪、加油车辆设备及无新能源产品车辆设备外，机场内运营新增和更新车辆设备 100%使用新能源。全市新购置各类新能源汽车 200 辆
		老旧车淘汰	全年	淘汰国三及以下营运柴油货车 1 470 辆。严格落实《关于对主城区国三（含）柴油车辆限制交通的通告》，发现一起，查处一起
		船舶淘汰更新	2019 年 12 月底前	推广使用清洁能源或新能源船舶
			2019 年 12 月底前	鼓励淘汰使用 20 年以上的内河航运船舶
	车船燃油品质改善	油品质量抽查	2019 年 12 月底前	强化油品质量监管，按照年度抽检计划，在全市加油站（点）抽检车用汽柴油共计 35 个批次，实现年度全覆盖，民营加油站是重中之重。开展工业企业和机场自备油库油品质量检查，对发现的问题依法依规进行处置
		打击黑加油站点	2019 年 12 月底前	根据省市柴油货车污染治理攻坚战实施方案要求，开展打击黑加油站点专项行动，对黑加油站点查处取缔工作进行督导。开展柴油货车油箱和尿素箱抽取检测柴油样品和车用尿素样品工作

类别	重点工作	主要任务	完成时限	工程措施
运输结构调整	车船燃油品质改善	尿素质量抽查	2019 年 12 月底前	对高速公路、国道、省道沿线加油站抽检尿素 5 次以上
		船用油品质量调查	2019 年 12 月底前	对港口（码头）内靠岸停泊船舶燃油抽查 50 艘次
	在用车环境管理	在用车执法监管	长期	秋冬季期间监督抽测柴油车数量不低于当地柴油车保有量的 80%
			长期	对于物流园区、工业园区、货物集散地、公交场站等车辆停放集中的重点场所，以及物流货运、工矿企业、长途客运、环卫、邮政、旅游、维修等重点单位，按“双随机”模式开展每月至少一次的监督抽测，每次抽测数量不得少于 30 辆
			长期	根据省市柴油货车污染治理攻坚战实施方案要求，充分依托超载超限检查站，开展排放监督抽测和联合执法
			2019 年 12 月底前	实现对 25 家排放检验机构监管全覆盖
			2019 年 12 月底前	构建超标柴油车黑名单，将遥感监测（含黑烟抓拍）、路检执法发现的超标车辆纳入黑名单，实现动态管理，严禁超标车辆上路行驶、进出重点用车企业。推进 6063 代码的使用，由生态环境部门取证，公安交管部门对路检路查和黑烟抓拍发现的上路行驶超标车辆进行处罚，并由交通部门负责强制维修
	非道路移动机械环境管理	高排放控制区	2019 年 12 月底前	县区划定并公布禁止使用高排放非道路移动机械的区域。市县两级加大控制区内冒黑烟非道路移动机械执法力度
		备案登记	2019 年 12 月底前	完成非道路移动机械摸底调查和编码登记
		排放检验	2019 年 12 月底前	以施工工地和港口码头、机场、物流园区、高排放控制区等为重点，开展非道路移动机械检测，做到重点场所全覆盖
		港口岸电	2019 年 12 月底前	完成二堡船闸、苏北灌溉总渠、洪山村码头、淮阴港区城东作业区、涟水县高诚混凝土有限公司 5 港口岸电设施建设，提高使用率
用地结构调整	矿山综合整治	强化露天矿山综合治理	长期	对污染治理不规范的露天矿山，依法责令停产整治，不达标不得恢复生产。对责任主体灭失露天矿山迹地进行综合治理
	扬尘综合治理	建筑扬尘治理	长期	按照施工工地“六个百分之百”要求抓落实，尤其是市区快速路建设沿线、高铁工程等市政重点工程，更要加大督查检查力度，对多次交办整改仍不到位的，实施停产整改，并依法依规予以处罚
		施工扬尘管理清单	长期	定期动态更新施工工地管理清单
		施工扬尘监管	长期	5 000 米^{2}及以上建筑工地全部安装在线监测和视频监控，并与当地行业主管部门联网。推动扬尘监控系统“一张网”网络筹建工作及应用无人机航拍抓拍

类别	重点工作	主要任务	完成时限	工程措施
用地结构调整	扬尘综合治理	道路扬尘综合整治	长期	地级及以上城市道路机械化清扫率达到90%，县城达到80%。着重加强重点区域微环境主干道、次干道、人行道及背街小巷道路扬尘清扫保洁，定期冲洗，遇有重污染天气时，加大洒水、喷雾频次，逐步向外拓展
		渣土运输车监管	全年	严厉打击无资质、标识不全、故意遮挡或污损车牌等渣土车违法行为。严格渣土运输车辆规范化管理，渣土运输车做到全密闭，严禁抛洒滴漏。推广使用“全密闭”“全监控”的环保型渣土车
		露天堆场扬尘整治	全年	全面清理城乡接合部以及城中村拆迁的渣土和建筑垃圾，不能及时清理的必须采取苫盖等抑尘措施
		强化降尘量控制	全年	各县（区、市）降尘量不高于6吨/（月・千米^2），实行每月通报一次降尘量，将降尘量纳入市级对县区级高质量发展考核，考核分值和扣分方法效仿省考核办法。建立“点位长”负责制
	秸秆综合利用	加强秸秆焚烧管控	长期	建立网格化监管制度，在秋冬季强化秸秆禁烧专项巡查。发现一起处理一起
		加强秸秆综合利用	全年	秸秆综合利用率达到95%
工业炉窑大气污染综合治理	淘汰一批	煤气发生炉淘汰	2019年12月底前	淘汰煤气发生炉3台
	清洁能源替代一批	工业炉窑清洁能源替代	2019年12月底前	完成凹土行业17台烘干炉改用天然气，推进用煤粮食烘干炉清洁能源替代
	治理一批	工业炉窑废气深度治理	2019年12月底前	工业炉窑废气深度治理5台
	监控监管	工业炉窑专项执法	2019年12月底前	开展专项执法检查
VOCs治理	重点工业行业VOCs综合治理	源头替代	2019年12月底前	11家木材加工行业、28家汽车维修行业实施低（无）VOCs替代工作。使用的原辅材料VOCs含量（质量比）低于10%的工序，可不采取无组织排放收集措施
		无组织排放控制	2019年12月底前	17家电子企业、4家橡胶和塑料企业、3家包装印刷企业、7家其他行业企业共31家企业通过废气有效收集完成VOCs无组织排放治理；2家电子行业企业通过工艺改进完成VOCs无组织排放治理；4家化工企业通过加强设备与管线组件泄漏控制完成VOCs无组织排放治理；1家橡胶制品、1家其他塑料制品制造共2家企业通过设备与场所密闭完成VOCs无组织排放治理
		治污设施建设	2019年12月底前	16家化工企业建设适宜高效的治污设施。53家企业安装自动监控设施66套
		精细化管控	全年	实施重点VOCs排放企业“一厂一策”制度，加强企业运行管理
	油品储运销综合治理	油气回收治理	2019年10月底前	对加油站、储油库油气回收设施的运行情况开展专项检查
		自动监控设备安装	2019年12月底前	完成8个年销售汽油量大于5 000吨的加油站安装油气回收自动监控设备

类别	重点工作	主要任务	完成时限	工程措施
VOCs 治理	工业园区和企业集群综合治理	集中治理	2019 年 12 月底前	苏淮高新区完成 LDAR 泄漏检测统一监管平台
		统一管控	2019 年 12 月底前	苏淮高新区完成化工园区监测预警监控体系（一期：污染源自动监控系统、园区敏感环境检测系统等）建设
	监测监控	自动监控设施安装	2019 年 12 月底前	42 家石化企业、9 家农药企业、1 家橡胶制品企业、1 家汽车零部件制造企业在主要排污口安装自动监控设施 66 套
重污染天气应对	修订完善应急预案及减排清单	完善重污染天气应急预案	2019 年 10 月底前	修订完善重污染天气应急预案
		完善应急减排清单，夯实应急减排措施	2019 年 10 月底前	完成重点行业绩效分级，完成应急减排清单编制工作，落实“一厂一策”等各项应急减排措施
	应急运输响应	重污染天气移动源管控	2019 年 10 月中旬前	加强源头管控，根据实际情况，制定日货车使用量 10 辆以上企业、港口、铁路货场、物流园区的重污染天气车辆管控措施，A 级企业或涉气重点监管企业安装门禁监控系统，推进重污染天气车辆管控平台建设
能力建设	完善环境监测监控网络	环境空气质量监测网络建设	2019 年 11 月底前	增设环境空气质量自动监测站点 4 个
		环境空气 VOCs 监测	2019 年 12 月底前	在苏淮高新区张码派出所建成环境空气 VOCs 监测站点 1 个
		遥感监测系统平台三级联网	长期	机动车遥感监测系统稳定传输数据
		定期排放检验机构三级联网	长期	市级机动车检验机构监管平台实现检测视频监控、防作弊报警提示、数据统计分析、检测机构管理、车辆环保信息管理，实现三级联网。对超标排放车辆开展大数据分析，追溯相关方责任
		重型柴油车车载诊断系统远程监控系统建设	全年	推进重型柴油车车载诊断系统远程监控系统建设和终端安装
		机场、港口空气质量监测	2019 年 12 月底前	在淮安新港码头建设 1 个环境空气质量监测站点。推进机场空气质量监测站点建设
	源排放清单编制	编制大气污染源排放清单	2019 年 10 月底前	动态更新 2018 年大气污染源排放清单

江苏省盐城市2019—2020年秋冬季大气污染综合治理攻坚行动方案

类别	重点工作	主要任务	完成时限	工程措施
产业结构调整	产业布局调整	建成区重污染企业搬迁	2019年12月底前	完成江苏大吉发电有限公司（处理量800吨/日）、盐城市钢管厂（产能2万吨/年）、盐城市一剑印染有限公司（产能0.3万吨/年）、盐城市曜源染整有限公司（产能0.3万吨/年）、江苏省临海树脂科技有限公司（年产200吨阴离子交换树脂）等5家企业关闭搬迁
		化工行业整治	2019年12月底前	推进响水化工园区关停、取消阜宁化工园区化工产业定位，完成省下达的化工产业安全环保整治提升年度目标任务
		压减焦炭产能	2019年12月底前	制定江苏安和焦化有限公司关停方案，督促东台市政府加快推进淘汰焦炭产能进度
	“散乱污”企业和集群综合整治	“散乱污”企业综合整治	2019年12月底前	进一步开展排查整治，完善“散乱污”企业动态管理机制，实行网格化管理，压实基层责任，发现一起查处一起
	工业源污染治理	实施排污许可	2019年12月底前	完成畜禽养殖、污水处理及其再生利用、基础化学原料制造、汽车制造、电池制造、电力生产、环境治理等15个大类22个细分小类行业排污许可证核发
		钢铁超低排放	2019年10月底前	完成盐城市联鑫钢铁有限公司（产能320万吨）、德龙镍业有限公司（产能112万吨）2家钢铁企业有组织超低排放改造
		无组织排放治理	2019年12月底前	2家432万吨产能钢铁企业，1家年产800万重量箱浮法平板玻璃企业，1家石墨制品企业，1个港口4座码头/内河5个码头完成物料（含废渣）运输、装卸、储存、转移、输送以及生产工艺过程等无组织排放的深度治理
		工业园区综合整治	2019年12月底前	从空间布局优化、产业结构调整、资源高效利用、公共基础设施建设、环境保护、组织管理创新等方面，推进现有各类园区实施循环化改造。2019年底前，全市95%以上省级以上开发区、化工园区实施循环化改造
		工业园区能源替代利用与资源共享	2019年12月底前	13个省级以上工业园区完成集中供热
能源结构调整	煤炭消费总量控制	煤炭消费总量削减	2019年12月底	全市煤炭消费总量较2018年削减12万吨

类别	重点工作	主要任务	完成时限	工程措施
能源结构调整	锅炉综合整治	锅炉管理台账	2019 年 12 月底前	完善锅炉管理台账
		淘汰燃煤锅炉	2019 年 12 月底前	淘汰燃煤锅炉 18 台 358.65 蒸吨。全市范围内基本淘汰 35 蒸吨/时以下燃煤锅炉
		锅炉超低排放改造	2019 年 12 月底前	完成燃煤锅炉超低排放改造 7 台 525 蒸吨
		燃气锅炉低氮改造	2019 年 12 月底前	推进燃气锅炉低氮改造
		生物质锅炉	2019 年 12 月底前	完成生物质锅炉超低排放改造 6 台 80 蒸吨。建立布袋除尘更换台账资料，并定期更换
运输结构调整	运输结构调整	提升铁路货运量	2019 年 12 月底前	2019 年铁路货运量比 2017 年增长 80%以上，达到 25 万吨
		加快铁路专用线建设	2019 年 12 月底前	加快推进大丰港、滨海港铁路支线前期工作，争取获得可研批复。开展大宗货物年货运量 150 万吨及以上的大型工矿企业和物流园区摸底调查，按照宜水则水、宜铁则铁的原则，研究推进大宗货物“公转铁”或“公转水”
		发展新能源车	全年	公交、环卫、邮政、出租、通勤等领域推广新能源汽车，折合标准车 2 700 辆以上
			2019 年 12 月底前	除消防、救护、除冰雪、加油车辆设备及无新能源产品车辆设备外，港口、机场、铁路货场内运营新增和更新车辆及非道路移动机械设备 100%使用新能源
			2019 年 12 月底前	推进港口、机场、铁路货场等新增或更换作业非道路移动机械采用新能源或清洁能源
		老旧车淘汰	全年	淘汰国三及以下营运柴油货车 600 辆、淘汰稀薄燃烧技术燃气车 10 辆
		船舶淘汰更新	2019 年 12 月底前	LNG 船舶比 2015 年增长 190%以上
			2019 年 12 月底前	淘汰使用 20 年以上的内河航运船舶。对到达强制报废船龄的 3 艘船舶注销船舶营业运输证件，退出运输市场
	车船燃油品质改善	油品质量抽查	2019 年 12 月底前	强化油品质量监管，按照年度抽检计划，在全市加油站（点）抽检车用汽柴油共计 80 个批次，实现年度全覆盖。开展机场、企业等自备油库油品质量检查，做到季度全覆盖
		打击黑加油站点	2019 年 10 月底前	根据省市推进成品油市场整治系列方案要求，开展打击黑加油站点专项行动，对黑加油站点查处取缔工作进行督导
		尿素质量抽查	2019 年 12 月底前	从高速公路、国道、省道沿线加油站抽检尿素 100 次以上
		使用终端油品和尿素质量抽查	2019 年 12 月底前	从柴油货车油箱和尿素箱抽取检测柴油样品和车用尿素样品 100 个以上
		船用油品质量调查	2019 年 12 月底前	对港口内靠岸停泊船舶燃油抽查 150 艘次

类别	重点工作	主要任务	完成时限	工程措施
运输结构调整	在用车环境管理	在用车执法监管	长期	秋冬季期间监督抽测柴油车数量不低于当地柴油车保有量的 80%。加大对车辆集中停放地和重点单位的抽检力度，实现重点用车大户全覆盖
			2019 年 12 月底前	检查排放检验机构 45 家次，实现排放检验机构监管全覆盖
			2019 年 12 月底前	10 月底前构建超标柴油车黑名单，将遥感监测（含黑烟抓拍）、路检执法发现的超标车辆纳入黑名单，实现动态管理，严禁超标车辆上路行驶、进出重点用车企业。推广使用“驾驶排放不合格的机动车上道路行驶的”交通违法处罚代码 6063，由生态环境部门取证，公安交管部门对路检路查和黑烟抓拍发现的上路行驶超标车辆进行处罚，并由交通部门负责强制维修
	非道路移动机械环境管理	备案登记	2019 年 12 月底前	完成非道路移动机械摸底调查和编码登记
		排放检验	2019 年 12 月底前	以施工工地和港口码头、机场、物流园区、高排放控制区等为重点，开展非道路移动机械检测，做到重点场所全覆盖
		港口岸电	2019 年 12 月底前	建成港口岸电设施 6 个，提高使用率
		机场岸电	2019 年 12 月底前	机场岸电廊桥 APU 建设 5 个，提高使用率
用地结构调整	扬尘综合治理	建筑扬尘治理	长期	严格落实施工工地“六个百分之百”要求。对不符合要求的，依法依规停工整改；对整改不到位的，按照规定依法处罚
		施工扬尘管理清单	长期	定期动态更新施工工地管理清单
		施工扬尘监管	长期	推进智慧工地建设，5 000 米^{2}以上建筑工地安装在线监测和视频监控，并与当地行业主管部门联网
		道路扬尘综合整治	长期	增加清扫、洒水作业频次，城市道路机械化清扫率达到 90%，县城达到 80%
		渣土运输车监管	全年	严厉打击无资质、标识不全、故意遮挡或污损车牌等渣土车违法行为。严格渣土运输车辆规范化管理，渣土运输车做到全密闭
		露天堆场扬尘整治	全年	建筑垃圾调剂场，不能及时清理的必须采取苫盖等抑尘措施
		强化降尘量控制	全年	各县（区、市）降尘量不高于 6 吨/（月·千米^2）
	秸秆综合利用	加强秸秆焚烧管控	长期	建立网格化监管制度，在秋收阶段开展秸秆禁烧专项巡查
		加强秸秆综合利用	全年	秸秆综合利用率达到 94%

类别	重点工作	主要任务	完成时限	工程措施
工业炉窑大气污染综合治理	淘汰一批	煤气发生炉淘汰	2019 年 12 月底前	淘汰煤气发生炉 9 台
		燃煤加热、烘干炉（窑）淘汰	2019 年 12 月底前	淘汰铸造行业燃煤加热炉（窑）13 台
		冲天炉（窑）淘汰	2019 年 12 月底前	淘汰铸造行业冲天炉（窑）1 台
	清洁能源替代一批	工业炉窑清洁能源替代（清洁能源包括天然气、电、集中供热等）	2019 年 12 月底前	完成黑色金属铸造行业 29 台工业炉窑天然气替代，金属表面处理及热处理加工行业 3 台工业炉窑天然气替代，金属制品业 3 台工业炉窑天然气替代，有色金属压延加工业 3 台工业炉窑天然气替代；完成玻璃制品行业加热炉（窑）3 台天然气替代，完成机械行业加热炉（窑）8 台天然气替代，完成加热炉、回火炉 10 台电能替代，完成铸造行业冲天炉 1 台电能替代，完成食品制造（麦芽加工）行业 3 台热风炉改生物质等清洁能源，完成玻璃制造业 3 台工业炉窑电能替代，完成砖瓦、建材等行业 3 台工业炉窑改生物质等清洁能源
	监控监管	监测监控	2019 年 12 月底前	砖瓦行业、火电行业、钢铁行业、垃圾发电等行业安装自动监控系统共 30 套
		工业炉窑专项执法	2019 年 12 月底前	开展专项执法检查
VOCs 治理	重点工业行业 VOCs 综合治理	源头替代	2019 年 12 月底前	10 家工业涂装企业完成低 VOCs 含量涂料替代；3 家包装印刷企业完成低 VOCs 含量油墨替代
		无组织排放控制	2019 年 12 月底前	6 家工业涂装企业、1 家包装印刷企业、1 家塑料制品、2 家纺织企业等通过采取设备与场所密闭、工艺改进、废气有效收集等措施，完成 VOCs 无组织排放治理
		治污设施建设	2019 年 12 月底前	3 家工业涂装企业、1 家包装印刷企业等建设适宜高效的治污设施。2 家涂装企业安装 VOCs 自动监控设施 2 套
		精细化管控	全年	1 家焦化企业、8 家工业涂装企业、4 家包装印刷企业等推行“一厂一策”制度，加强企业运行管理
	油品储运销综合治理	油气回收治理	2019 年 10 月底前	全市在营加油站全部完成加油阶段油气回收治理工作。3 个成品油油库完成油气回收治理。开展专项检查
		自动监控设备安装	2019 年 12 月底前	推进年汽油销售量大于 5 000 吨的加油站安装油气回收自动监控设备

类别	重点工作	主要任务	完成时限	工程措施
VOCs 治理	工业园区和企业集群综合治理	集中治理	2019 年 12 月底前	滨海沿海工业园推行泄漏检测统一监管。阜宁高新区建成有机溶剂集中回收处置中心 1 个
		统一管控	2019 年 12 月底前	推进滨海沿海工业园、阜宁高新区建设监测预警监控体系，开展溯源分析；推进滨海沿海工业园推广实施恶臭电子鼻监控预警
重污染天气应对	修订完善应急预案及减排清单	完善重污染天气应急预案	2019 年 12 月底前	修订完善重污染天气应急预案
		完善应急减排清单，夯实应急减排措施	2019 年 10 月底前	完成重点行业绩效分级，完成应急减排清单编制工作，落实“一厂一策”等各项应急减排措施
	应急运输响应	重污染天气移动源管控	2019 年 10 月日前	加强源头管控，根据实际情况，制定日货车使用量 10 辆以上企业、港口、铁路货场、物流园区的重污染天气车辆管控方案，A 级企业或重点企业安装门禁监控系统，推进重污染天气管控平台建设
能力建设	完善环境监测监控网络	环境空气质量监测网络建设	2019 年 12 月底前	增设环境空气质量自动监测站点 46 个
		环境空气 VOCs 监测	2019 年 12 月底前	建成环境空气 VOCs 监测站点 12 个
		遥感监测系统平台三级联网	长期	10 个固定式、1 个移动式机动车遥感监测系统三级联网
		定期排放检验机构三级联网	长期	与省级机动车检验机构监管平台实现三级联网。对超标排放车辆开展大数据分析，追溯相关方责任
		重型柴油车车载诊断系统远程监控系统建设	全年	推进重型柴油车车载诊断系统远程监控系统建设和终端安装
		机场、港口空气质量监测	2019 年 12 月底前	射阳港、大丰港港口建设道路空气质量监测站各 1 个
	源排放清单编制	编制大气污染源排放清单	2019 年 12 月底前	动态更新 2018 年大气污染源排放清单

江苏省扬州市 2019—2020 年秋冬季大气污染综合治理攻坚行动方案

类别	重点工作	主要任务	完成时限	工程措施
产业结构调整	产业布局调整	建成区重污染企业搬迁	2019 年 12 月底前	推进扬农集团、联环药业“退城进园”搬迁，2019 年 12 月底实现全面停产
		化工行业整治	2019 年 12 月底前	印发实施《扬州市化工产业安全环保整治提升实施方案》（扬办〔2019〕76 号），计划 2019 年关停化工企业 79 家
	“散乱污”企业和集群综合整治	“散乱污”企业综合整治	2019 年 12 月底前	分类落实 460 家企业关停取缔和 353 家企业整改提升，滚动开展新一轮“散乱污”企业专项整治，确保 2019 年底前全面完成。完善“散乱污”企业动态管理机制，实行网格化管理，压实基层责任，及时发现并查处相关问题，巩固整治成效
	工业源污染治理	实施排污许可	2019 年 12 月底前	完成《固定污染源排污许可分类管理名录》规定行业排污许可证核发
		钢铁超低排放	2019 年 10 月底前	完成扬州恒润海洋重工有限公司 525 万吨产能钢铁企业超低排放改造，完成扬州华航特钢有限公司（28 万吨）钢铁企业超低排放，完成秦邮特种材料公司 240 万吨产能钢铁企业超低排放改造
		无组织排放治理	2019 年 12 月底前	海昌码头建成防尘网；扬州港区 1 号 2 号泊位建成防尘网
		工业园区能源替代利用与资源共享	2019 年 12 月底前	所有省级以上工业园区完成集中供热或清洁能源供热
能源结构调整	加强煤质监管	煤质监管	全年	加强部门联动，严厉打击劣质煤流通、销售和使用。煤质抽检覆盖率不低于 90%，对抽检发现经营不合格散煤行为的，依法处罚
	高污染燃料禁燃区	加强禁燃区管理	2019 年 12 月底前	加大禁燃区执法检查，依法对违规使用高污染燃料的单位进行处罚
	煤炭消费总量控制	煤炭消费总量削减	全年	全市煤炭消费总量较 2018 年削减 15 万吨
		淘汰燃煤小机组	2019 年 12 月底前	淘汰关停燃煤机组 5 台 3 万千瓦
	锅炉综合整治	锅炉管理台账	2019 年 12 月底前	完善锅炉管理台账
		淘汰燃煤锅炉	2019 年 12 月底前	淘汰燃煤锅炉 20 台 590 蒸吨，全市范围内 35 蒸吨/时以下燃煤锅炉全面淘汰或改用清洁能源
		锅炉超低排放改造	2019 年 12 月底前	完成燃煤锅炉超低排放改造 7 台 1 200 蒸吨。（其中瑞祥化工 2 台 130 蒸吨/年、1 台 240 蒸吨/年；华煦供热 2 台 220 蒸吨/年；港口污泥发电 2 台 130 蒸吨/年）。全市范围内 65 蒸吨/时以上燃煤锅炉全面完成超低排放改造
		燃气锅炉低氮改造	2019 年 12 月底前	完成燃气锅炉低氮改造 200 台 473.4 蒸吨

类别	重点工作	主要任务	完成时限	工程措施
能源结构调整	锅炉综合整治	生物质锅炉	2019 年 12 月底前	完成生物质锅炉高效除尘改造 890 台 787.91 蒸吨，全面安装高效除尘装置，建立台账并保留一年以上。对 10 蒸吨以上安装烟气在线监测，并与生态环境部门联网
运输结构调整	运输结构调整	提升铁路货运量	2019 年 12 月底前	2019 年铁路发送量比 2017 年增长 6%
		加快铁路专用线建设	2019 年 12 月底前	开展大宗货物年货运量 150 万吨及以上的大型工矿企业和物流园区摸底调查，按照宜水则水、宜铁则铁的原则，研究推进大宗货物“公转铁”或“公转水”
		发展新能源车	全年	新增公交、环卫、邮政、出租、通勤、轻型城市物流车辆中新能源车比例达到 80%
			2019 年 12 月底前	扬泰机场采用新能源或清洁能源车 14 辆
			2019 年 12 月底前	港口、机场、铁路货场等新增或更换作业非道路移动机械采用新能源或清洁能源 4 辆
		老旧车淘汰	全年	淘汰国三及以下营运柴油货车 1 100 辆
		船舶淘汰更新	2019 年 12 月底前	全面实施新生产船舶发动机第一阶段排放标准。推广使用清洁能源或新能源船舶
			2019 年 12 月底前	淘汰使用 20 年以上的内河航运船舶。注销 20 艘老旧船舶营运证
	车船燃油品质改善	油品质量抽查	2019 年 12 月底前	强化油品质量监管，按照年度抽检计划，在全市加油站（点）抽检车用汽柴油 40 批次。开展大型工业企业和机场自备油库油品质量检查，对发现的问题依法依规进行处置
		打击黑加油站点	2019 年 10 月底前	根据省市推进成品油市场整治系列方案要求，开展打击黑加油站点专项行动，对黑加油站点查处取缔工作进行督导。深入开展成品油市场专项整治工作，开展成品油黑窝点、流动加油车整治。专项整治期间，从柴油货车油箱和尿素箱抽取检测柴油样品和车用尿素样品各 100 个以上。持续打击非法加油行为，防止死灰复燃
		尿素质量抽查	2019 年 12 月底前	秋冬季期间对加油站抽检尿素 50 批次以上
		船用油品质量调查	2019 年 12 月底前	大力推进实施“江河碧空”蓝天保卫行动，对船舶尾气、港口机械开展监测，对港口内靠岸停泊船舶开展燃油抽检 40 次
	在用车环境管理	在用车执法监管	全年	秋冬季期间监督抽测柴油车数量不低于当地柴油车保有量的 80%，开展车辆集中停放地和重点单位入户检查，实现重点用车大户全覆盖
			2019 年 10 月底前	部署多部门全天候综合检测点 1 个，开展联合执法
			2019 年 12 月底前	对机动车排放检验机构检查 40 次以上，实现排放检验机构监管全覆盖
			2019 年 12 月底前	构建超标柴油车黑名单，将遥感监测（含黑烟抓拍）、路检执法发现的超标车辆纳入黑名单，实现动态管理，严禁超标车辆上路行驶、进出重点用车企业。推广使用“驾驶排放不合格的机动车上道路行驶的”交通违法处罚代码 6063，由生态环境部门取证，公安交管部门对路检路查和黑烟抓拍发现的上路行驶超标车辆进行处罚，并由交通部门负责强制维修

类别	重点工作	主要任务	完成时限	工程措施
运输结构调整	非道路移动机械环境管理	备案登记	2019 年 12 月底前	完成非道路移动机械摸底调查和编码登记
		排放检验	2019 年 12 月底前	以施工工地和港口码头、机场、物流园区、高排放控制区等为重点，开展非道路移动机械检测 50 辆以上，做到重点场所全覆盖
		港口岸电	2019 年 12 月底前	年内新建港口岸电 5 套
		机场岸电	2019 年 12 月底前	机场岸电廊桥 APU 建设 6 个，做到全覆盖，远机位 APU 建设 1 个
用地结构调整	扬尘综合治理	建筑扬尘治理	全年	扬尘控制管理制度、责任人、监管单位、监管责任人及手机电话等公示上墙，推广建立防尘专控员互查制度，严格落实扬尘防治 16 条标准和“六个百分之百”的要求
		施工扬尘管理清单	全年	定期动态更新施工工地管理清单
		施工扬尘监管	2019 年 12 月底前	5 000 米^2 及以上建筑工地全部安装在线监测和视频监控，并与当地行业主管部门联网
		道路扬尘综合整治	2019 年 12 月底前	2019 年底地级及以上城市道路机械化清扫率达到 90%，县城达到 80%
		渣土运输车监管	全年	严厉打击无资质、标识不全、故意遮挡或污损车牌等渣土车违法行为。严格渣土运输车辆规范化管理，渣土运输车做到全密闭
		露天堆场扬尘整治	全年	全面清理城乡接合部以及城中村拆迁的渣土和建筑垃圾，不能及时清理的必须采取苫盖等抑尘措施
		强化降尘量控制	全年	各县（区、市）降尘量不高于 5 吨/（月·千米^2）
	秸秆综合利用	加强秸秆焚烧管控	全年	建立网格化监管制度，在秋收阶段开展秸秆禁烧专项巡查
		加强秸秆综合利用	2019 年 12 月底前	秸秆综合利用率达到 94%
工业炉窑大气污染综合治理	清洁能源替代一批	工业炉窑清洁能源替代	2019 年 12 月底前	完成 75 台工业炉窑淘汰或清洁能源替代
	监控监管	工业炉窑专项执法	2019 年 12 月底前	开展专项执法检查
VOCs 治理	重点工业行业 VOCs 综合治理	源头替代	2019 年 12 月底前	7 家工业涂装企业完成低 VOCs 含量涂料替代，4 家包装印刷企业完成低 VOCs 含量油墨替代
		无组织排放控制	2019 年 12 月底前	15 家企业通过采取设备与场所密闭、工艺改进、废气有效收集等措施，完成 VOCs 无组织排放治理
		治污设施建设	2019 年 12 月底前	38 家工业企业建设适宜高效的治污设施
		精细化管控	2019 年 12 月底前	石化行业 2 家、化工行业 3 家、工业涂装行业 2 家、包装印刷行业 2 家等推行“一厂一策”制度，加强企业运行管理

类别	重点工作	主要任务	完成时限	工程措施
VOCs治理	油品储运销综合治理	油气回收治理	全年	加强对全市域加油站、油罐车、储油库油气回收设施运行监管，确保设施正常运转
		自动监控设备安装	2019年12月底前	全市41座年销售汽油量大于5 000吨的加油站安装油气回收自动监控设备并与生态环境部门联网
	工业园区和企业集群综合治理	集中治理	2019年12月底前	年内建成1个集中涂装中心，配备高效废气治理设施，代替分散的涂装工序。扬州市化工园区建成泄漏检测监管平台，全面推行泄漏检测统一监管
		统一管控	2019年12月底前	扬州化工园区建设监测预警监控体系，开展溯源分析
	监测监控	自动监控设施安装	2019年12月底前	13家企业主要排污口安装15套自动监控设施
重污染天气应对	修订完善应急预案及减排清单	完善重污染天气应急预案	2019年10月底前	修订完善重污染天气应急预案
		完善应急减排清单，夯实应急减排措施	2019年10月底前	完成重点行业绩效分级，完成应急减排清单编制工作，落实“一厂一策”等各项应急减排措施
	应急运输响应	重污染天气移动源管控	2019年10月底前	加强源头管控，根据实际情况，制定日货车使用量10辆以上企业、港口、铁路货场、物流园区的重污染天气车辆管控措施，并安装门禁监控系统
能力建设	完善环境监测监控网络	环境空气质量监测网络建设	2019年12月底前	增设环境空气质量自动监测站点20个
		环境空气VOCs监测	2019年12月底前	建成环境空气VOCs监测站点1个
		遥感监测系统平台三级联网	全年	机动车遥感监测系统稳定传输数据
		定期排放检验机构三级联网	全年	市级机动车检验机构监管平台实现检测视频监控、防作弊报警提示、数据统计分析、检测机构管理、车辆环保信息管理，实现三级联网。对超标排放车辆开展大数据分析，追溯相关方责任
		重型柴油车车载诊断系统远程监控系统建设	全年	推进重型柴油车车载诊断系统远程监控系统建设和终端安装
		重污染天气车辆管控平台	2019年12月底前	建设完成重污染天气车辆管控平台
		道路空气质量监测	2019年12月底前	在主要物流通道建设道路空气质量监测站1个
		机场空气质量监测	2019年12月底前	推进机场安装空气质量监测仪器
	源排放清单编制	编制大气污染源排放清单	2019年12月底前	动态更新2018年大气污染源排放清单
	颗粒物来源解析	开展$PM_{2.5}$来源解析	2019年10月底前	完成2018年城市大气污染颗粒物源解析

江苏省镇江市 2019—2020 年秋冬季大气污染综合治理攻坚行动方案

类别	重点工作	主要任务	完成时限	工程措施
产业结构调整	产业布局调整	化工行业整治	2019 年 12 月底前	依法关停化工企业 2 家、转移化工企业 6 家
	“散乱污”企业综合整治	“散乱污”企业综合整治	2019 年 12 月底前	2019 年 12 月底前，排查出的 7 811 家“散乱污”企业全部整治到位（关停取缔类 918 家、整合搬迁类 127 家、整治提升类 6 766 家）。完善“散乱污”企业动态管理机制，实行网格化管理，压实基层责任，发现一起查处一起
	工业源污染治理	实施排污许可	2019 年 12 月底前	按上级要求完成水处理、电池、汽车等行业排污许可证核发
		钢铁超低排放	2019 年 10 月底前	完成丹阳龙江钢铁有限公司（150 万吨）、中冶东方江苏重工有限公司（90 万吨）、江苏鸿泰钢铁有限公司（210 万吨）等 3 家钢铁企业超低排放改造，其中有组织排口、无组织排放达到江苏省钢铁行业超低排放改造标准，大宗物料和产品清洁能源运输比例达到 80%以上
		无组织排放治理	2019 年 12 月底前	江苏鹤林水泥有限公司、句容台泥水泥有限公司 2 家水泥企业完成物料（含废渣）运输、装卸、储存、转移、输送以及生产工艺过程等无组织排放的深度治理。对全市码头开展全面排查和分类整治：拆除非法码头，对保留码头开展颗粒物深度治理，完成物料（含废渣）运输、装卸、储存、转移、输送以及生产工艺过程等无组织排放的深度治理；开展定期巡查
		炭素行业检查及治理	2019 年 12 月底前	开展炭素行业专项执法检查；炭素企业物料堆场、物料输送、进出料全部采取密闭措施
		化工园区综合整治	2019 年 12 月底前	制定综合整治方案，完成镇江新区化工园区集中整治，同步推进区域环境综合整治和企业升级改造
		工业园区能源替代利用与资源共享	2019 年 12 月底前	所有工业园区完成集中供热或清洁能源供热
能源结构调整	煤炭消费总量控制	煤炭消费总量削减	全年	全市非电行业规上耗煤企业煤炭消费总量较 2018 年削减 12 万吨
		煤质监管	全年	全市规上耗煤企业月度抽检入场煤热值达到 4 800 千卡以上；对燃煤电厂等用煤大户开展抽检
	锅炉综合整治	锅炉管理台账	2019 年 12 月底前	完善锅炉管理台账
		淘汰燃煤锅炉	2019 年 12 月底前	淘汰句容宁武化工有限公司燃煤锅炉 2 台 40 蒸吨。全市范围内基本淘汰 35 蒸吨/时以下燃煤锅炉
		锅炉超低排放改造	2019 年 12 月底前	完成江苏长丰纸业有限公司 3 台 225 蒸吨、镇江宏顺热电有限公司 1 台 75 蒸吨燃煤锅炉超低排放改造

类别	重点工作	主要任务	完成时限	工程措施
能源结构调整	锅炉综合整治	燃气锅炉低氮改造	2019 年 12 月底前	完成燃气锅炉低氮改造 80 台 320 蒸吨
		生物质锅炉	2019 年 12 月底前	完成生物质锅炉超高效除尘改造 105 台 378 蒸吨，定期更换布袋，整治不达标的关闭，4 蒸吨以上安装在线监控
运输结构调整	运输结构调整	提升铁路货运量	2019 年 12 月底前	全市铁路货运量比 2018 年增加 5%
		加快铁路专用线建设	2019 年 12 月底前	开展大宗货物年货运量 150 万吨及以上的大型工矿企业和物流园区摸底调查，按照宜水则水、宜铁则铁的原则，研究推进大宗货物“公转铁”或“公转水”
		发展新能源车	全年	新增公交、环卫、邮政、出租、通勤、轻型城市物流车辆中新能源车比例达到 80%
		老旧车淘汰	全年	加速淘汰国三及以下排放标准营运柴油货车
		船舶淘汰更新	2019 年 12 月底前	推广使用清洁能源或新能源船舶
			2019 年 12 月底前	淘汰使用 20 年以上的内河航运船舶
	车船燃油品质改善	油品质量抽查	2019 年 12 月底前	强化油品质量监管，按照年度抽检计划，在全市加油站（点）、企业自备油库抽检车用汽柴油共计 55 个批次
		打击黑加油站点	2019 年 12 月底前	根据省市推进成品油市场整治系列方案要求，开展打击黑加油站点专项行动，对黑加油站点查处取缔工作进行督导。从柴油货车油箱和尿素箱抽取检测柴油样品和车用尿素样品开展检测
		尿素质量抽查	2019 年 12 月底前	从高速公路、国道、省道沿线加油站抽检尿素 9 批次以上
		船用油品质量调查	2019 年 12 月底前	对港口内靠岸停泊船舶燃油抽查 30 次
	在用车环境管理	在用车执法监管	长期	秋冬季期间监督抽测柴油车数量不低于当地柴油车保有量的 80%。加大对车辆集中停放地和重点单位抽查力度，实现重点用车大户全覆盖
			2019 年 10 月底前	部署公安、交通、生态环境部门联动综合检测站 2 个，强化机动车尾气抽检
			2019 年 12 月底前	检查排放检验机构 115 家次，实现排放检验机构监管全覆盖
			2019 年 10 月底前	建立超标柴油车黑名单，将遥感监测（含黑烟抓拍）、路检执法发现的超标车辆纳入黑名单，实现动态管理，严禁超标车辆上路行驶。推广使用“驾驶排放不合格的机动车上道路行驶的”交通违法处罚代码 6063，由生态环境部门取证，公安交管部门对路检路查和黑烟抓拍发现的上路行驶超标车辆进行处罚，并由交通部门负责强制维修
	非道路移动机械环境管理	备案登记	2019 年 12 月底前	完成非道路移动机械摸底调查和编码登记
		排放检验	2019 年 12 月底前	以施工工地和港口码头、高排放控制区等为重点，开展非道路移动机械检测，做到重点场所全覆盖
		港口岸电	2019 年 12 月底前	建成港口岸电设施 113 个，提高使用率

类别	重点工作	主要任务	完成时限	工程措施
用地结构调整	矿山综合整治	强化露天矿山综合治理	长期	对污染治理不规范的露天矿山，依法责令停产整治，不达标不得恢复生产。对责任主体灭失露天矿山迹地进行综合治理
	扬尘综合治理	建筑扬尘治理	长期	制定《镇江市建筑施工扬尘污染防治工作手册》（试行）。施工工地扬尘治理严格执行："四个100%"—"工地周边围挡率100%"、"裸露土方及易扬尘物料堆放覆盖率100%"、"出入车辆冲洗率100%"、"施工现场道路硬化率100%"，"两个严禁"—"严禁现场搅拌混凝土"和"严禁现场搅拌砂浆"，"七字要点"—"挡"（工地全部围挡（围墙）封闭作业，严禁敞开式施工）、"洗"（进出车辆的全面冲洗，严禁车辆带泥上路）、"洒"（工地采取洒水、喷淋、喷雾等降尘措施，严禁尘土飞扬）、"盖"（裸露土方、易扬尘料堆全部覆盖，严禁裸露）、"清"（工地里的垃圾及时清理，严禁抛掷和焚烧）、"硬"（施工现场主干道路、加工区、办公区、生活区等相关部位道路应硬化，严禁其他软质材料铺设）、"封"（外脚手架、临边防护应封闭，防止和减少施工中的灰尘外逸）"
		施工扬尘管理清单	长期	定期动态更新全市施工工地管理清单，施工工地逐个明确监管人员和责任人员
		施工扬尘监管	长期	5 000 $米^2$及以上建筑工地全部安装在线监测和视频监控，并与行业主管部门联网
		施工扬尘污染防治专项检查	长期	对工地开展扬尘污染防治专项检查，每个工地每月检查不少于4次，对施工扬尘防治不力的工地依法查处，并将其不良行为纳入全市建筑市场信用管理体系，情节严重的列入全市建筑市场主体"黑名单"
		道路扬尘综合整治	长期	市区道路机械化清扫率达到85%，县级市达到78%；对韩桥路、经三路、纬四路、经五路、临江东路等扬尘严重的重点路段加大清扫频次
		渣土运输车监管	全年	严厉打击无资质、标识不全、故意遮挡或污损车牌等渣土车违法行为。严格渣土运输车辆规范化管理，渣土运输车做到全密闭，进出场地必须清洗到位
		露天堆场扬尘整治	全年	全面清理城乡接合部以及城中村拆迁的渣土和建筑垃圾，不能及时清理的必须采取苫盖等抑尘措施
		强化降尘量控制	全年	各县（区、市）降尘量不高于5吨/（月·$千米^2$）
	秸秆综合利用	加强秸秆焚烧管控	长期	完善网格化监管制度，在秋收季节开展秸秆禁烧专项巡查
		加强秸秆综合利用	全年	秸秆综合利用率达到94%
工业炉窑大气污染综合治理	淘汰一批	煤气发生炉淘汰	2019年12月底前	淘汰江苏鼎胜新能源材料股份有限公司、江苏鸿泰钢铁有限公司煤气发生炉共6台（5.74万吨）
		燃煤加热、烘干炉（窑）淘汰	2019年12月底前	淘汰丹阳市亚军铸造厂等铸造行业燃煤加热炉15台

类别	重点工作	主要任务	完成时限	工程措施
工业炉窑大气污染综合治理	清洁能源替代一批	工业炉窑清洁能源替代	2019 年 12 月底前	完成镇江北新建材有限公司、建华建材（中国）有限公司等建材、铸造行业 8 台炉窑天然气等清洁能源替代
	治理一批	工业炉窑废气深度治理	2019 年 12 月底前	完成丹阳飞达板材有限公司等工业炉（窑）废气深度治理 20 台
	监控监管	监测监控	2019 年 12 月底前	全市炭素、砖瓦行业工业企业全部安装自动监控系统
		工业炉窑专项执法	2019 年 12 月底前	开展全市工业炉窑专项执法检查
VOCs 治理	重点工业行业 VOCs 综合治理	源头替代	2019 年 12 月底前	丹阳市广胜木业有限公司、柯诺（江苏）木业有限公司 2 家企业完成低 VOCs 含量涂料替代；镇江扬子制版印刷有限公司等 5 家包装印刷企业完成低 VOCs 含量油墨替代
		无组织排放控制	2019 年 12 月底前	金海宏业（镇江）石化有限公司加强密封点泄漏、废水和循环水系统、储罐、有机液体装卸、工业废气等源项 VOCs 治理工作，确保稳定达标排放；严格按照《石化企业泄漏检测与修复工作指南》规定，建立台账，开展泄漏检测、修复、记录管理等工作；加强废水、循环水 VOCs 收集与处理；强化储罐与有机液体装卸 VOCs 治理。镇江江南化工有限公司、镇江高鹏药业有限公司等 12 家化工企业、镇江市恒达印刷有限责任公司等 5 家包装印刷企业等通过采对进出料、物料输送、搅拌、固液分离、干燥、灌装等过程密闭，优先选用冷凝、吸附再生等回收技术实施废气分类收集处理，完成 VOCs 无组织排放治理
		治污设施建设	2019 年 12 月底前	索尔维（镇江）化学品有限公司、江苏正丹化学工业股份有限公司等 14 家化工企业、镇江金雨印务有限责任公司等 6 家包装印刷企业等依据排放废气的浓度、组分、风量等，合理选择治理技术，建设适宜高效的治污设施
		精细化管控	全年	金海宏业（镇江）石化有限公司、镇江奇美化工有限公司等 11 家化工企业、凯迩必机械工业（镇江）有限公司等 12 家工业涂装企业、镇江吉福装饰材料有限公司等 3 家包装印刷企业等重点 VOCs 企业推行“一厂一策”制度，加强企业运行管理
	油品储运销综合治理	油气回收治理	2019 年 10 月底前	全市域加油站全部完成加油阶段油气回收治理工作，2 座汽油储油库完成油气回收治理
		自动监控设备安装	2019 年 12 月底前	中石油、中石化等 14 个加油站等年销售汽油量大于 5 000 吨的加油站安装油气回收自动监控设备，并推进与生态环境部门联网工作
	工业园区和企业集群综合治理	集中治理	2019 年 12 月底前	建设扬中市华盛喷涂工程中心、扬中市久久喷涂中心 2 个集中涂装中心，配备高效废气治理设施，代替分散的涂装工序。金海宏业有限公司、镇江新区化工园区、丹徒经济开发区、索普化工基地等 1 个石化企业、3 个化工类工业园区和企业集群，推行泄漏检测统一监管

类别	重点工作	主要任务	完成时限	工程措施
VOCs治理	工业园区和企业集群综合治理	统一管控	2019年12月底前	镇江新区化工园区建设监测预警监控体系，开展溯源分析；推广实施恶臭电子鼻监控预警
	监测监控	自动监控设施安装	2019年12月底前	金海宏业（镇江）石化有限公司主要排污口要安装自动监控设施；镇江新区化工园区完成安装厂界废气在线监测103套、固定源废气在线监测93套、超级站1套，建设移动式大气监测车2辆
重污染天气应对	修订完善应急预案及减排清单	完善重污染天气应急预案	2019年10月底前	修订完善重污染天气应急预案
		完善应急减排清单，夯实应急减排措施	2019年10月底前	完成重点行业绩效分级，完成应急减排清单编制修订工作，落实“一厂一策”等各项应急减排措施
	应急运输响应	重污染天气移动源管控	2019年10月15日前	加强源头管控，根据实际情况，制定日货车使用量10辆以上企业、港口、铁路货场、物流园区的重污染天气车辆管控措施，并安装门禁监控系统
能力建设	完善环境监测监控网络	环境空气质量监测网络建设	2019年12月底前	增设环境空气质量自动监测站点2个
		环境空气VOCs监测	2019年12月底前	建成环境空气VOCs监测站点4个
		遥感监测系统平台三级联网	长期	机动车遥感监测系统稳定传输数据
		定期排放检验机构三级联网	长期	市级机动车检验机构监管平台实现检测视频监控、防作弊报警提示、数据统计分析、检测机构管理、车辆环保信息管理，实现三级联网。对超标排放车辆开展大数据分析，追溯相关方责任
		重型柴油车车载诊断系统远程监控系统建设	全年	推进重型柴油车车载诊断系统远程监控系统建设和终端安装
		重污染天气车辆管控平台	2019年12月底前	推进重污染天气车辆管控平台建设
		港口空气质量监测	2019年12月底前	在镇江港建设大气颗粒物空气质量监测站点1个（15处点位）
	源排放清单编制和源解析工作	编制大气污染源排放清单	2019年12月底前	完成2018年大气污染源排放清单编制
		开展源解析工作	2019年12月底前	启动大气污染颗粒物源解析工作，完成VOCs源解析工作

江苏省泰州市2019—2020年秋冬季大气污染综合治理攻坚行动方案

类别	重点工作	主要任务	完成时限	工程措施
产业结构调整	产业布局调整	建成区重污染企业搬迁	2019年12月底前	推进海陵区拆除梅兰化工4套有明显安全风险隐患的危化品生产装置
		化工行业整治	2019年12月底前	根据《江苏省化工产业安全环保整治提升方案》（苏办〔2019〕96号），开展摸排工作
	“散乱污”企业和集群综合整治	“散乱污”企业综合整治	2019年12月底前	完善“散乱污”企业动态管理机制，关停取缔268家，整合搬迁19家，升级改造183家，实行网格化管理，压实基层责任，发现一起查处一起
	工业源污染治理	实施排污许可	2019年12月底前	督促各市（区）加快推进污水处理、家具、汽车、畜禽养殖、食品制造等15个行业的许可证核发工作
		钢铁超低排放	2019年10月底前	完成江苏长强钢铁有限公司（产能烧结矿180万吨、球团矿60万吨、生铁145万吨、连铸钢坯170万吨、合金棒材85万吨）超低排放改造
		无组织排放治理	2019年12月底前	靖江市新生港务有限公司、江苏国信靖江发电有限公司、泰州华航建材有限公司、泰州高港港务有限公司完成物料（含废渣）运输、装卸、储存、转移、输送以及生产工艺过程等无组织排放的深度治理
		化工园区综合整治	2019年12月底前	督促化工园区建成LDAR管理平台
		工业园区能源替代利用与资源共享	2019年12月底前	所有工业园区完成集中供热或清洁能源供热
能源结构调整	加强煤质监管	煤质监管	全年	加强部门联动，严厉打击劣质煤流通、销售和使用。煤质抽检覆盖率不低于90%，对抽检发现经营不合格散煤行为的，依法处罚
	煤炭消费总量控制	煤炭消费总量削减	全年	全市煤炭消费总量较2016年削减96万吨
		淘汰燃煤小机组	2019年12月底前	淘汰关停燃煤机组4台3.5万千瓦
	锅炉综合整治	锅炉管理台账	2019年12月底前	进一步完善锅炉管理台账，对已改变加热方式或燃料种类的锅炉，要督促企业及时申请变更参数信息。对已停用或报废的，督促企业及时办理停用或注销、报废手续
		淘汰燃煤锅炉	2019年12月底前	淘汰燃煤锅炉2台40蒸吨，全市范围内基本淘汰35蒸吨/时以下燃煤锅炉
		锅炉超低排放改造	2019年12月底前	完成燃煤锅炉超低排放改造4台1 180蒸吨
		生物质锅炉	2019年12月底前	制定生物质锅炉专项整治方案，要求生物质锅炉进行高效除尘改造，定期更换布袋，整治不达标的予以关闭

类别	重点工作	主要任务	完成时限	工程措施
运输结构调整	运输结构调整	提升铁路货运量	2019年12月底前	落实本省运输结构调整方案的铁路货运量提升要求
		加快铁路专用线建设	2019年12月底前	按照国家与江苏省运输结构调整的要求，启动泰州港铁路支线建设。开展大宗货物年货运量150万吨及以上的大型工矿企业和物流园区摸底调查，按照宜水则水、宜铁则铁的原则，研究推进大宗货物“公转铁”或“公转水”
		发展新能源车	全年	新增新能源公交车202辆，新能源车比例达到70%
		老旧车淘汰	全年	淘汰国三及以下营运柴油货车916辆
		船舶淘汰更新	2019年12月底前	推广使用天然气清洁能源船舶5艘
			2019年12月底前	淘汰使用20年以上的内河船舶
	车船燃油品质改善	油品质量抽查	2019年12月底前	强化油品质量监管，按照年度抽检计划，在全市加油站（点）抽检车用柴油共计55批次，实现年度全覆盖，依法查处销售非标油品等违法行为。开展对大型工业企业自备油库油品质量专项检查，对发现的问题依法依规进行处置
		打击黑加油站点	2019年12月底前	根据省市推进成品油市场整治系列方案要求，开展打击黑加油站点专项行动，对黑加油站点查处取缔工作进行督导。从柴油货车油箱和尿素箱抽取检测柴油样品和车用尿素样品
		尿素质量抽查	2019年12月底前	从高速公路、国道、省道沿线加油站抽检车用尿素35批次
		船用油品质量调查	2019年12月底前	对港口内靠岸停泊船舶燃油抽查150次，持续开展江河碧空4号行动
	在用车环境管理	在用车执法监管	长期	秋冬季期间监督抽测柴油车数量不低于当地柴油车保有量的80%。对车辆集中停放地和重点单位进行抽检，实现重点用车大户全覆盖
			2019年10月底前	部署推进多部门全天候综合检测站3个，覆盖主要物流通道和城市入口，并投入运行
			2019年12月底前	检查排放检验机构36家次，实现对排放检验机构监管全覆盖
			2019年10月底前	构建超标柴油车黑名单，将遥感监测（含黑烟抓拍）、路检执法发现的超标车辆纳入黑名单，实现动态管理，严禁超标车辆上路行驶、进出重点用车企业。推广使用“驾驶排放不合格的机动车上道路行驶的”交通违法处罚代码6063，由生态环境部门取证，公安交管部门对路检路查和黑烟抓拍发现的上路行驶超标车辆进行处罚，并由交通部门负责强制维修
	非道路移动机械环境管理	备案登记	2019年12月底前	完成非道路移动机械摸底调查和编码登记
		排放检验	2019年12月底前	以施工工地和港口码头、机场、物流园区、高排放控制区等为重点，开展非道路移动机械检测，做到重点场所全覆盖
		港口岸电	2019年12月底前	建成港口岸电设施3套

类别	重点工作	主要任务	完成时限	工程措施
用地结构调整	扬尘综合治理	建筑扬尘治理	长期	严格落实施工工地“六个百分之百”要求，继续落实“以税控尘”措施，严格实施扬尘税考核工作。持续开展工地扬尘专项执法检查
		施工扬尘管理清单	长期	定期动态更新施工工地管理清单
		施工扬尘监管	长期	单体建筑1万米^2、群体建筑3万米^{2}以上建筑工地全部安装在线监测和视频监控，并与当地行业主管部门联网
		预拌混凝土、加气砖生产企业扬尘治理	2019年12月底前	推进加气砖企业和混凝土搅拌企业全面提标，完成158家预拌混凝土、加气砖生产企业扬尘污染治理
		道路扬尘综合整治	长期	地级及以上城市道路机械化清扫率达到85%
		渣土运输车监管	全年	严厉打击无资质、标识不全、故意遮挡或污损车牌等渣土车违法行为。严格渣土运输车辆规范化管理，渣土运输车做到全密闭
		露天堆场扬尘整治	全年	全面清理城乡接合部以及城中村拆迁的渣土和建筑垃圾，不能及时清理的必须采取苫盖等抑尘措施
		强化降尘量控制	全年	各县（区、市）降尘量不高于5吨/（月·千米^2）
	秸秆综合利用	加强秸秆焚烧管控	长期	建立网格化监管制度，在秋收阶段开展秸秆禁烧专项巡查
		加强秸秆综合利用	全年	秸秆综合利用率达到94%
工业炉窑大气污染综合治理	制定方案	制定实施方案	2019年12月底前	按照生态环境部、发改委、工信部、财政部《工业炉窑大气污染综合治理方案》（环大气〔2019〕56号）以及省相关实施方案制定我市实施方案。5月23日我市已制定《泰州市打赢蓝天保卫战专项执法方案》对工业炉窑开展专项执法检查
	淘汰一批	煤气发生炉淘汰	2019年12月底前	淘汰煤气发生炉1台
		燃煤加热、烘干炉（窑）淘汰	2019年12月底前	淘汰金属制品行业工业炉窑4台，冲天炉3台
	清洁能源替代一批	工业炉窑清洁能源替代（清洁能源包括天然气、电、集中供热等）	2019年12月底前	完成1台工业炉窑改用天然气；完成3台煤气发生炉改用天然气；完成3台加热炉改用天然气；完成3台熔炼炉改用天然气；完成1台反射炉改用天然气
	治理一批	工业炉窑废气深度治理	2019年12月底前	完成金属制品加工行业15台工业炉窑深度治理
	监控监管	工业炉窑专项执法	2019年12月底前	开展专项执法检查

类别	重点工作	主要任务	完成时限	工程措施
VOCs 治理	重点工业行业VOCs 综合治理	源头替代	2019 年 12 月底前	5 家工业涂装企业完成低 VOCs 含量涂料替代
		无组织排放控制	2019 年 12 月底前	15 家化工企业、35 家工业涂装企业、9 家纺织包装印刷企业等通过采取设备与场所密闭、工艺改进、废气有效收集等措施，完成 VOCs 无组织排放治理
		治污设施建设	2019 年 12 月底前	2 家化工企业、5 家工业涂装企业建设适宜高效的治污设施
		精细化管控	全年	4 家石化企业、55 家化工企业、15 家工业涂装企业、10 家包装印刷企业等推行“一厂一策”制度，加强企业运行管理，督促石化行业按照《石油炼制工业排污单位自行检测技术指南》要求制定自行监测方案并开展监测
	油品储运销	油气回收治理	2019 年 12 月底前	全市域加油站全部完成加油阶段油气回收治理工作。2 座储油库等完成油气回收治理
		自动监控设备安装	2019 年 12 月底前	20 个加油站、完成油气回收自动监控设备安装，并与生态环境部门联网
重污染天气应对	修订完善应急预案及减排清单	完善重污染天气应急预案	2019 年 10 月底前	修订完善重污染天气应急预案
		完善应急减排清单，夯实应急减排措施	2019 年 10 月底前	完成重点行业绩效分级，完成 1 023 家企业、350 家工地应急减排清单编制工作，落实“一厂一策”等各项应急减排措施
	应急运输响应	重污染天气移动源管控	2019 年 10 月 15 日前	加强源头管控，根据实际情况，制定日货车使用量 10 辆以上企业、港口、铁路货场、物流园区的重污染天气车辆管控措施，并安装门禁监控系统
能力建设	完善环境监测监控网络	环境空气质量监测网络建设	2019 年 12 月底前	增设环境空气质量自动监测站点 1 个
		环境空气 VOCs 监测	2019 年 12 月底前	建成环境空气 VOCs 监测站点 1 个
		遥感监测系统平台三级联网	长期	机动车遥感监测系统稳定传输数据
		定期排放检验机构三级联网	长期	市级机动车检验机构监管平台实现检测视频监控、防作弊报警提示、数据统计分析、检测机构管理、车辆环保信息管理，实现三级联网。对超标排放车辆开展大数据分析，追溯相关方责任
		重型柴油车车载诊断系统远程监控系统建设	全年	推进重型柴油车车载诊断系统远程监控系统建设和终端安装
		重污染天气车辆管控平台	2019 年 12 月底前	建设完成重污染天气车辆管控平台
		港口空气质量监测	2019 年 12 月底前	在泰州港建空气质量监测站 1 个
	源排放清单编制	编制大气污染源排放清单	2019 年 12 月底前	动态更新大气污染源排放清单
	颗粒物来源解析	开展 VOCs 来源解析	2019 年 12 月底前	完成 2018 年 VOCs 源解析工作

江苏省宿迁市2019—2020年秋冬季大气污染综合治理攻坚行动方案

类别	重点工作	主要任务	完成时限	工程措施
产业结构调整	产业布局调整	建成区重污染企业搬迁	2019年12月底前	实施宿迁翔翔实业有限公司（镍铁产能12万吨）、宿迁市楚王水泥有限公司（水泥产能24万吨）2家企业停产待搬迁改造
		化工行业整治	2019年12月底前	依法关停3家、转移1家、升级23家化工企业。对宿迁生态化工科技产业园、沭阳循环经济产业园等化工园区进行深度治理，确保稳定达标排放
	“散乱污”企业和集群综合整治	“散乱污”企业综合整治	2019年12月底前	常态化完善“散乱污”企业动态管理机制，实行网格化管理，压实基层责任，发现一起查处一起
	工业源污染治理	实施排污许可	2019年12月底前	完成畜牧业、食品制造业等15个大行业22个小行业排污许可证核发
		钢铁超低排放	2019年12月底前	完成江苏惠然实业有限公司（产能15万吨）、中亚钢铁宿迁有限公司（产能30万吨）企业超低排放改造
		无组织排放治理	2019年12月底前	完成宿迁楚霸体育器械有限公司、宿迁楚洋轧辊有限公司、宿迁金鑫轧钢有限公司、宿迁华亮热镀锌有限公司、江苏迪迈机械有限公司、宿迁市三耐钢铁有限公司、宿迁市三友机械厂、江苏东之宝车业有限公司、宿迁市隆鑫科技有限公司、江苏省睿思特传动机械有限公司完成物料（含废渣）运输、装卸、储存、转移、输送以及生产工艺过程等无组织排放的深度治理
		工业园区综合整治	2019年12月底前	完成泗洪机械零部件产业园集中整治
		工业园区能源替代利用与资源共享	2019年12月底前	完成湖滨新区宿迁市高性能复合材料产业集聚区江苏韩力新材料有限公司、佳力士新材料有限公司、新丰之星膜材料有限公司清洁能源供热；完成沭阳经济技术开发区集中供热或清洁能源供热
能源结构调整	煤炭消费总量控制	煤炭消费总量削减	全年	全市煤炭消费总量较2016年削减27万吨
		淘汰燃煤机组	2019年12月底前	淘汰关停国电宿迁热电有限公司135兆瓦机组
	锅炉综合整治	锅炉管理台账	2019年12月底前	进一步开展特种设备安全监管系统数据清理与完善工作，明确锅炉使用状态（在用、停用、报废、拆除、注销），做好燃煤锅炉改造符合大气污染排放要求的锅炉数据变更和录入工作。12月底前对锅炉管理台账进行全面完善
		淘汰燃煤锅炉	2019年12月底前	全市范围内淘汰35蒸吨/时以下燃煤锅炉
		锅炉超低排放改造	2019年12月底前	完成燃煤锅炉10台75蒸吨、3台130蒸吨超低排放改造，完成燃煤锅炉2台65蒸吨、2台50蒸吨、2台45蒸吨特别排放改造

类别	重点工作	主要任务	完成时限	工程措施
能源结构调整	锅炉综合整治	燃气锅炉低氮改造	2019 年 12 月底前	完成 9 台燃气锅炉低氮改造
		生物质锅炉	2019 年 12 月底前	完成 4 台 75 蒸吨生物质锅炉特别排放改造；完成 2 台 65 蒸吨生物质锅炉特别排放改造；完成 2 台 10 蒸吨生物质锅炉改天然气；取缔 2 台 0.2 蒸吨生物质锅炉
运输结构调整	运输结构调整	老旧车淘汰	全年	加速淘汰国三及以下营运柴油货车和稀薄燃烧技术汽车
		发展新能源车	全年	新增新能源公交车 100 辆，新能源车比例达到 95%
			2019 年 12 月底前	港口新增或更换新能源作业机械 5 台
		船舶淘汰更新	2019 年 12 月底前	推广使用清洁能源或新能源船舶。淘汰使用 20 年以上的内河航运船舶
	车船燃油品质改善	油品质量抽查	2019 年 12 月底前	强化仓储、流通领域油品质量监管，制订年度监督抽查计划，对全市储油库抽查全覆盖，对全市加油站成品油监督抽查覆盖率达 20%。开展大型工业企业自备油库油品质量检查，对发现的问题依法依规进行处置
		打击黑加油站点	2019 年 12 月底前	根据省市推进成品油市场整治系列方案要求，开展打击黑加油站点专项行动，督导黑加油站点查处取缔工作
		尿素质量抽查	2019 年 12 月底前	对全市范围内高速公路、国道、省道沿线加油站销售的车用尿素组织监督抽查，抽检覆盖率达到 20%
		使用终端油品和尿素质量抽查	2019 年 12 月底前	从柴油货车油箱和尿素箱抽取检测柴油样品和车用尿素样品各 100 个以上
		船用油品质量调查	2019 年 12 月底前	对港口内靠岸停泊船舶燃油抽查 50 次。管控过境高排放船舶
	在用车环境管理	在用车执法监管	长期	秋冬季期间监督抽测柴油车数量不低于当地柴油车保有量的 80%。加大对车辆集中停放地和重点单位抽查力度，实现重点用车大户全覆盖
			2019 年 10 月底前	部署完成多部门联合检测站点，开展联合执法
			长期	对全市 18 家机动车排放检验机构加强检查，实现排放检验机构监管全覆盖
			2019 年 10 月底前	构建超标柴油车黑名单，将遥感监测（含黑烟抓拍）、路检执法发现的超标车辆纳入黑名单，实现动态管理，严禁超标车辆上路行驶、进出重点用车企业。推广使用“驾驶排放不合格的机动车上道路行驶的”交通违法处罚代码 6063，由生态环境部门取证，公安交管部门对路检路查和黑烟抓拍发现的上路行驶超标车辆进行处罚，并由交通部门负责强制维修
	非道路移动机械环境管理	高排放控制区	2019 年 12 月底前	划定并公布禁止使用高排放非道路移动机械的区域
		备案登记	2019 年 12 月底前	完成非道路移动机械摸底调查和编码登记

类别	重点工作	主要任务	完成时限	工程措施
运输结构调整	非道路移动机械环境管理	排放检验	2019 年 12 月底前	以施工工地和港口码头、机场、物流园区、高排放控制区等为重点，开展非道路移动机械检测，做到重点场所全覆盖
		港口岸电	2019 年 12 月底前	建成港口岸电设施 4 个，提高使用率
用地结构调整	扬尘综合治理	建筑扬尘治理	长期	落实国家、省施工工地“六个百分之百”要求，落实市住建局《宿迁市市区扬尘污染防治标准化管理有关规定》，落实市交通运输局《市区交通工程扬尘污染防治管理办法（暂行）》
		施工扬尘管理清单	长期	定期动态更新施工工地管理清单
		施工扬尘监管	长期	5 000 米^2 及以上建筑工地全部安装在线监测和视频监控，并与当地行业主管部门联网
		道路扬尘综合整治	长期	城市道路机械化清扫率达到 85%，县城达到 80%，提高背街小巷的机扫率
		港口码头扬尘综合	长期	加强港口码头扬尘管控
		渣土运输车监管	长期	严厉打击无资质、标识不全、故意遮挡或污损车牌等渣土车违法行为。严格渣土运输车辆规范化管理，渣土运输车做到全密闭
		露天堆场扬尘整治	长期	全面清理城乡接合部以及城中村拆迁的渣土和建筑垃圾，不能及时清理的必须采取苫盖等抑尘措施
		强化降尘量控制	长期	各县（区、市）降尘量不高于 6 吨/（月・千米^2）
	秸秆综合利用	加强秸秆焚烧管控	长期	建立网格化监管制度，在秋收阶段开展秸秆禁烧专项巡查
		加强秸秆综合利用	全年	秸秆综合利用率达到 94%
工业炉窑大气污染综合治理	制定方案	制定实施方案	2019 年 12 月底前	全市整治工业炉窑 11 台
	监控监管	监测监控	2019 年 12 月底前	安装 57 套自动监控系统
		工业炉窑专项执法	2019 年 12 月底前	开展专项执法检查
VOCs 治理	重点工业行业 VOCs 综合治理	源头替代	2019 年 12 月底前	完成 2 家工业涂装企业低 VOCs 含量涂料替代；完成 8 家包装印刷企业低 VOCs 含量油墨替代
		无组织排放控制	2019 年 12 月底前	完成 32 家包装印刷企业等通过采取设备与场所密闭、工艺改进、废气有效收集等措施，完成 VOCs 无组织排放治理
		治污设施建设	2019 年 12 月底前	完成 3 家膜材料企业建设安装 RTO 炉；完成 5 家包装印刷企业、15 家木材加工企业建设适宜高效的治污设施。完成 2 家纺织企业、1 家塑料制品业和江苏秀强玻璃工艺股份有限公司进行彩晶车间、注塑车间 VOCs 二级处理；完成宿迁交通工程有限公司沥青烟治理

类别	重点工作	主要任务	完成时限	工程措施
VOCs 治理	重点工业行业 VOCs 综合治理	精细化管控	全年	完成 4 家包装印刷企业、1 家木材加工企业、3 家膜材料企业、32 家木材加工、3 家涂装、3 家橡胶塑料制品、6 家纺织、5 家食品制造企业、1 家 4S 汽车店、1 家新材料等推行“一厂一策”制度，加强企业运行管理
	油品储运销综合治理	油气回收治理	2019 年 12 月底前	完成 33 个加油站加油阶段油气回收治理工作；完成 1 座储油库油气回收治理
		自动监控设备安装	2019 年 12 月底前	完成全市年销售汽油量大于 5 000 吨的 8 个加油站及 1 座储油库油气回收自动监控设备安装，并推进与生态环境部门联网工作
	监测监控	自动监控设施安装	2019 年 12 月底前	完成 1 家膜材料企业、1 家工业涂装企业主要排污口安装自动监控设施 3 套
重污染天气应对	修订完善应急预案及减排清单	完善重污染天气应急预案	2019 年 10 月底前	根据上级要求修订完善重污染天气应急预案
		完善应急减排清单，夯实应急减排措施	2019 年 10 月底前	完成重污染天气应急减排清单编制工作，落实“一厂一策”等各项应急减排措施。完成重点行业绩效分级
	应急运输响应	重污染天气移动源管控	2019 年 10 月 15 日前	加强源头管控，根据实际情况，制定日货车使用量 10 辆以上企业、港口、铁路货场、物流园区的重污染天气车辆管控措施，并安装门禁监控系统。推进重污染天气车辆管控平台建设
能力建设	完善环境监测监控网络	环境空气质量监测网络建设	2019 年 12 月底前	增设环境空气质量自动监测小型站点 24 个，尽快实施乡镇、工业园区环境空气质量自动监测 6 参数小型站全覆盖
		遥感监测系统平台三级联网	长期	建成道路 10 套固定式、1 套移动式机动车尾气遥感监测设备，建成京杭运河 1 套船舶尾气遥感监测设备，稳定上传数据
		定期排放检验机构三级联网	长期	落实市级机动车检验机构监管平台实现检测视频监控、防作弊报警提示、数据统计分析、检测机构管理、车辆环保信息管理，实现三级联网。对超标排放车辆开展大数据分析，追溯相关方责任
		重型柴油车车载诊断系统远程监控系统建设	全年	推进重型柴油车车载诊断系统远程监控系统建设和终端安装
		港口空气质量监测	2019 年 12 月底前	在宿迁港建设空气质量监测站 1 个
	源排放清单编制	编制大气污染源排放清单	2019 年 12 月底前	完成 2018 年大气污染源排放清单编制
	污染物来源解析	开展污染物来源解析	2019 年 10 月底前	完成 2018 年城市大气污染颗粒物源解析，开展 VOCs 源解析和臭氧源解析工作

浙江省杭州市2019—2020年秋冬季大气污染综合治理攻坚行动方案

类别	重点工作	主要任务	完成时限	工程措施
产业结构调整	产业布局调整	建成区重污染企业搬迁	2019年12月底前	实施20家企业依法依规关停转迁
		化工行业整治	2019年12月底前	完成16家化工企业依法依规关停转迁（含取消合成工艺）
	“两高”行业产能控制	压减印染产能	2019年12月底前	压减印染产能1 000万米
		压减造纸产能	2019年12月底前	削减造纸产能200万吨
	“散乱污”企业和集群综合整治	“散乱污”企业综合整治	2019年12月底前	完成100家以上涉气“散乱污”企业（作坊）的依法依规关停或整治。对今年已完成整治的752家“散乱污”企业严防反弹。开展“散乱污”企业及集群清理整顿，实施分类整治。完善“散乱污”企业动态管理机制，压实基层责任，发现一起查处一起
	工业源污染治理	实施排污许可	2019年12月底前	完成16个行业大类23个细分行业小类排污许可证核发
		无组织排放治理	2019年12月底前	开展建材等重点行业无组织排放排查，建立管理台账，完成无组织排放改造项目30个
		工业园区综合整治	2020年3月底前	制定综合整治方案，完成10个工业园区的年度整治任务，具体任务以园区整治方案为准
能源结构调整	煤质监管	煤质监管	全年	加强部门联动，严厉打击劣质煤流通、销售和使用。开展煤质抽检20批次
	煤炭消费总量控制	煤炭消费总量削减	全年	全市削减煤炭20万吨
	锅炉综合整治	锅炉管理台账	2019年10月底前	开展燃煤、燃用生物质、燃气等各类锅炉全面调查，建立锅炉管理清单
		淘汰燃煤锅炉	2019年12月底前	完成淘汰35蒸吨/时以下燃煤锅炉20台
		燃气锅炉低氮改造	2019年12月底前	基本完成636蒸吨燃气锅炉低氮燃烧改造或淘汰
		生物质锅炉	2019年12月底前	系统排查全市范围内生物质锅炉，提出生物质锅炉分类整治方案。基本完成5蒸吨每小时（含）以上和城市建成区生物质锅炉改造淘汰，共计50台
运输结构调整	运输结构调整	提升水运货运量	2019年12月底前	水路货运进出口量比2018年增长5%。全面摸排全市大宗货物年货运量在150万吨以上的大型工矿企业情况，按照宜水则水、宜铁则铁的原则，研究推进大宗货物“公转铁”或“公转水”
		发展新能源车	2019年12月底前	城市建成区新增或更新公交、环卫、邮政、出租、通勤、轻型城市物流车辆中新能源车或清洁能源汽车比例达到80%
			2019年12月底前	港口新增或更换作业非道路移动机械采用新能源或清洁能源9辆

类别	重点工作	主要任务	完成时限	工程措施
运输结构调整	运输结构调整	老旧车淘汰	全年	淘汰国三及以下营运柴油货车 2 000 辆、淘汰稀薄燃烧技术燃气车 40 辆
		船舶淘汰更新	2019 年 12 月底前	推进使用 20 年以上的内河航运船舶淘汰。推广使用电动、天然气等清洁能源或新能源船舶
	车船燃油品质改善	油品质量抽查	2019 年 12 月底前	强化油品质量监管，在全市加油站（点）抽检车用汽柴油共计 210 个批次；开展大型工业企业和机场自备油库油品质量检查
		打击黑加油站点	2019 年 10 月底前	开展打击成品油非法经营黑窝点、流动加油车联合执法检查，线索、举报查证率 100%，持续打击非法加油行为，防止死灰复燃
		尿素质量抽查	2019 年 12 月底前	加强对加油站点销售车用尿素的日常检查，每季度不少于 1 次
		使用终端油品和尿素质量抽查	2019 年 12 月底前	从柴油货车油箱和尿素箱抽取检测柴油样品和车用尿素样品各 50 个以上
		船用油品质量调查	2019 年 12 月底前	对港口内靠岸停泊船舶燃油抽查 240 次
	在用车环境管理	在用车执法监管	2020 年 3 月底前	秋冬季期间监督抽测柴油车数量不低于当地柴油车保有量的 80%；其中集中停放地和用车大户抽检柴油货车 1 500 辆以上
			2019 年 10 月底前	构建超标柴油车黑名单，将遥感监测（含黑烟抓拍）、停放地抽检及联合路检发现的超标车辆纳入黑名单，动态管理。推广使用“驾驶排放不合格的机动车上道路行驶的”交通违法处罚代码 6063（8063），建立生态环境部门检测取证，公安交管部门实施处罚，交通运输部门监督维修的联合监管执法模式
			2019 年 10 月底前	在主要物流通道和城市入口推行多部门综合检测点，开展多部门检测
			2019 年 12 月底前	检查排放检验机构 38 个次，实现排放检验机构监管全覆盖
			2019 年 12 月底前	加强对检验机构检测数据的监督抽查，重点是年检初检或监督抽测发现的超标车、省外登记车辆、运营 5 年以上的老旧柴油车等，年度核查率达到 90%
	非道路移动机械环境管理	高排放控制区	2019 年 12 月底前	划定并公布禁止使用高排放非道路移动机械的区域
		编码登记	2019 年 12 月底前	完成非道路移动机械摸底调查和编码登记
		监督抽查	2020 年 3 月底前	禁用区内非道机械每月抽查率达到 50%以上。秋冬季期间以施工工地和机场、物流园区、高排放控制区等为重点，开展非道路移动机械监督抽查
		港口岸电	2019 年 12 月底前	全市新建作业区（码头）低压岸电项目 5 个。已建成港口岸电设施提高使用率

类别	重点工作	主要任务	完成时限	工程措施
用地结构调整	矿山综合整治	强化露天矿山综合治理	长期	全市在产露天矿山开展粉尘监测不少于1次，发现超标情况应责令其停产整改并予以处罚
	扬尘综合治理	建筑扬尘治理	长期	督促建设工地严格落实施工地裸土覆盖、施工现场围挡、工地主干道硬化、出工地运输车冲净且密闭、土方开挖湿法作业，外脚手架密目式安全网安装、拆除工地洒水、暂不开发场地覆盖的“八个百分之百”扬尘防治措施
		施工扬尘管理清单	长期	动态更新施工工地管理清单
		施工扬尘监管	长期	5 000 米^{2}及以上建筑工地要安装扬尘在线监测设备和视频监控，并与主管行业部门联网，督促完成200个以上的重点建设工地等场所安装扬尘在线监测设备并联网
		道路扬尘综合整治	长期	主城区道路机械化清扫率达到75%以上，桐庐县、淳安县、建德市平均达到65%以上
		渣土运输车监管	全年	渣土等运输车辆实现密闭运输，对不符合要求上路行驶的，一经发现依法查处
		露天堆场扬尘整治	全年	城中村等拆除后露天堆放渣土及建筑垃圾不能及时清理的，采取覆盖等抑尘措施。加强建筑垃圾资源化利用
		强化降尘量控制	全年	各县（区、市）降尘量控制在5吨/（月·千米^2）
	秸秆综合利用	加强秸秆焚烧管控	长期	建立网格化监管制度，在秋收阶段开展秸秆禁烧专项巡查
		加强秸秆综合利用	全年	秸秆综合利用率达到93%
工业炉窑大气污染综合治理	淘汰一批	燃煤加热、烘干炉（窑）淘汰	2019年12月底前	淘汰5台建材行业、1台铸造行业燃煤工业炉窑
	清洁能源替代一批	工业炉窑清洁能源替代		完成2台铸造行业工业炉窑清洁能源替代
	治理一批	工业炉窑废气深度治理		完成16台有色冶炼行业、2台建材行业、1台饲料加工行业工业炉窑深度治理
	监控监管	监测监控	2020年3月底前	完成碳酸钙等行业安装自动监控系统共18套
		工业炉窑专项执法	2019年12月底前	开展专项执法检查
VOCs治理	重点工业行业VOCs综合治理	源头替代	2019年12月底前	开展1家工业涂装企业、4家包装印刷企业低VOCs含量涂料替代试点工作
		无组织排放控制	2019年12月底前	通过采取设备与场所密闭、工艺改进、废气有效收集等措施，推进VOCs无组织排放治理，完成4家化工、2家工业涂装和5家包装印刷企业的VOCs无组织排放治理。完成杭州邦联氨纶股份有限公司等9家企业LDAR检测、治理
		治污设施建设	2019年12月底前	完成30家企业VOCs污染整治或依法依规关停
		化纤行业治理	2019年12月底前	对5家化纤企业采用油烟净化、水喷淋吸收、焚烧等工艺进行VOCs处理

类别	重点工作	主要任务	完成时限	工程措施
VOCs治理	重点工业行业VOCs综合治理	精细化管控	全年	完成1家石化、6家化工、5家工业涂装和7家包装印刷企业“一厂一策”编制，加强企业运行管理
	油品储运销综合治理	油气回收治理	2019年12月底前	开展加油站、储油库油气污染防治专项检查，确保油气污染防治设施正常运行
		自动监控设备安装	2019年12月底前	开展年销售汽油量大于5 000吨加油站安装油气回收监控设备，并与生态环境部门联网
	工业园区和企业集群综合治理	统一管控	2019年12月底前	完成杭州市建德高新技术产业园等4个工业园区建设监测预警监控体系
	监测监控	自动监控设施安装	2019年12月底前	完成80家重点VOCs排放企业安装在线监测设备
重污染天气应对	修订完善应急预案及减排清单	完善重污染天气应急预案	全年	严格落实杭州市重污染天气应急预警、响应工作
		完善应急减排清单，夯实应急减排措施	2019年10月底前	完成应急减排清单编制工作，落实“一厂一策”等各项应急减排措施
能力建设	完善环境监测监控网络	环境空气质量监测网络建设	2019年12月底前	新增建设乡镇空气监测站点15个
		环境空气VOCs监测	2019年12月底前	建成环境空气VOCs监测站点4个
		遥感监测系统平台三级联网	长期	机动车遥感监测系统稳定传输数据
		定期排放检验机构三级联网	长期	市级机动车检验机构监管平台实现检测视频监控、防作弊报警提示、数据统计分析、检测机构管理、车辆环保信息管理，实现三级联网。对超标排放车辆开展大数据分析
		重型柴油车车载诊断系统远程监控系统建设	全年	推进具备条件的国五重型柴油车车载诊断系统远程监控系统建设。50%以上具备条件的重型柴油车安装远程在线监控并与生态环境部门联网
		机场空气质量监测	2019年12月底前	推进机场建设空气质量监测站1个
	源排放清单编制	编制大气污染源排放清单	2019年12月底前	根据《2019年浙江省大气污染源排放清单更新工作方案》，动态更新2018年大气污染源排放清单
	颗粒物来源解析	开展$PM_{2.5}$来源解析	2019年12月底前	根据《浙江省大气$PM_{2.5}$来源解析工作方案》，开展城市大气污染颗粒物源解析及组分分析工作

浙江省宁波市 2019—2020 年秋冬季大气污染综合治理攻坚行动方案

类别	重点工作	主要任务	完成时限	工程措施
产业结构调整	产业布局调整	建成区重污染企业搬迁	2019 年 12 月底前	加快城市建成区重污染企业搬迁改造或关闭退出，推动实施宁波科环新型建材股份有限公司、宁波亨润聚合有限公司等重污染企业搬迁工程
		化工行业整治	2019 年 12 月底前	对宁波石化经济技术开发区、大榭开发区、台塑台化化工园区持续开展治理，强化泄漏检测与修复制度，确保稳定达标排放，推进并完成中国石化镇海炼化分公司、万华化学（宁波）有限公司、台塑工业（宁波）有限公司聚丙烯厂等企业年度 VOCs 治理任务
	“两高”行业产能控制	压减其他“两高”产能	全年	持续巩固橡胶、塑料等行业整治成果，继续排查两高行业生产企业，力争关停企业 8 家以上
	“散乱污”企业和集群综合整治	“散乱污”企业综合整治	2019 年 12 月底前	全面开展“散乱污”企业整治行动，实施 1 000 家涉气“散乱污”企业清理整顿，基本完成“散乱污”整治任务。完善“散乱污”企业动态管理机制，实行网格化管理，压实基层责任，发现一起查处一起
	工业源污染治理	实施排污许可	2019 年 12 月底前	完成国家规定行业的排污许可证核发任务
		钢铁超低排放	2019 年 12 月底前	宁波钢铁有限公司（产能 400 万吨）按计划推进超低排放改造工作，完成 32#转运站除尘改造，焦化厂煤气净化区域有机废气治理等工程
		无组织排放治理	2019 年 12 月底前	做好火电、钢铁、平板玻璃、水泥、再生金属、锅炉、砖瓦行业物料（含废渣）运输、装卸、储存、转移、输送以及生产工艺过程等无组织排放的监管。推进北仑电厂和大唐乌沙山煤场封闭工程
		工业园区综合整治	2019 年 12 月底前	15 个重点工业园区编制工业园区废气专项整治方案，并完成年度治理任务。继续推进宁波石化经济技术开发区和大榭开发区园区循环化改造示范试点建设
能源结构调整	煤质监管	煤质监管	全年	加强部门联动，严厉打击劣质煤流通、销售和使用。煤质抽检覆盖率不低于 90%，对抽检发现经营不合格散煤行为的，依法处罚
	高污染燃料禁燃区	调整扩大禁燃区范围	2019 年 12 月底前	将禁燃区范围扩大至 1 190 千米^{2}以上，依法对违规使用高污染燃料的单位进行处罚
	煤炭消费总量控制	煤炭消费总量削减	全年	完成省定煤炭消费总量目标任务
		淘汰燃煤机组	2019 年 12 月底前	继续推进镇海电厂 2 台共 43 万千瓦机组淘汰工作

类别	重点工作	主要任务	完成时限	工程措施
能源结构调整	锅炉综合整治	锅炉管理台账	2019 年 12 月底前	完善锅炉管理台账
		淘汰燃煤锅炉	2019 年 12 月底前	全市基本淘汰 35 蒸吨/时以下燃煤锅炉 19 台
		燃气锅炉低氮改造	2019 年 12 月底前	完成 81 台 581 蒸吨燃气锅炉低氮改造或淘汰
		生物质锅炉	2019 年 12 月底前	推进生物质锅炉超低排放改造或淘汰工作
运输结构调整	运输结构调整	提升铁路货运量	2019 年 12 月底前	提升铁路货源组织效率，拓展开行定制化货运班列，完成“宁波舟山港浙赣湘（渝川）”集装箱海铁公多式联运示范工程验收。推进铁路货运北站、港区专用货运站能力提升。推进萧甬铁路双层集装箱班列常态化运营，积极协甬金铁路按双层高箱（40 英尺）标准建设
		加快铁路专用线建设	2019 年 12 月底前	力争完成北仑支线电气化改造和新建穿山港铁路支线工程。全面摸排全市大宗货物年货运量在 150 万吨以上的大型工矿企业情况，按照宜水则水、宜铁则铁的原则，研究推进大宗货物“公转铁”或“公转水”
		大力发展多式联运	2019 年 12 月底前	加密开行宁波舟山港至温州港、台州港的海运支线，沿海大宗货物向海上运输转移。持续提高集装箱海铁联运量
		发展新能源车	全年	新增公交、环卫、邮政、出租、通勤、轻型城市物流车辆中新能源或清洁能源占比达到 80%，新增新能源公交车 300 辆以上
			2019 年 12 月底前	港口新增或更换作业非道路移动机械采用新能源或清洁能源 10 辆
		老旧车淘汰	全年	淘汰国三及以下营运柴油货车 1 800 辆以上
		船舶淘汰更新	2019 年 12 月底前	推进使用 20 年以上的内河航运船舶淘汰
	车船燃油品质改善	油品和尿素质量抽查	全年	按照年度抽检计划，在全市加油站（点）等地抽检车用汽柴油和尿素共计 50 批次以上。开展对大型工业企业和机场自备油库油品质量专项检查，对发现的问题依法依规进行处置
		打击黑加油站点	2019 年 10 月底前	取缔各类非法加油站点、流动加油车和非法制售油品窝点，规范成品油市场经营秩序，加强油品质量管控。10 月底前开展新一轮成品油黑窝点、流动加油车整治。持续打击非法加油行为，防止死灰复燃。从柴油货车油箱和尿素箱抽取柴油样品和车用尿素样品进行检测
		船用油品质量调查	2019 年 12 月底前	对港口内靠岸停泊船舶燃油抽查 500 艘次以上

类别	重点工作	主要任务	完成时限	工程措施
运输结构调整	在用车环境管理	在用车执法监管	长期	秋冬季期间监督抽测柴油车数量不低于当地柴油车保有量的80%，其中集中停放地和用车大户抽检柴油货车2 000辆以上
			2019年10月底前	设置多部门综合检测站1个。部署多部门联合执法检查30次以上
			2019年12月底前	检查排放检验机构46家次，实现排放检验机构监管全覆盖
			2019年10月底前	构建超标柴油车黑名单，将遥感监测（含黑烟抓拍）、路检执法发现的超标车辆纳入黑名单，实现动态管理，严禁超标车辆上路行驶、进出重点用车企业。在路检路查中，持续实施生态环境部门取证，公安交管部门对上路行驶尾气超标车辆处罚，交通运输部门监督维修的联合监管执法行动，推广使用“驾驶排放不合格的机动车上道路行驶的”交通违法处罚代码6063（8063）
		高排放控制区	2019年12月底前	划定并公布禁止使用高排放非道路移动机械的区域
		编码登记	2019年12月底前	完成非道路移动机械摸底调查和编码登记
		排放检验	长期	秋冬季期间以施工工地和港口码头、机场、物流园区、高排放控制区等为重点，开展非道路移动机械检测80台次，做到重点场所全覆盖
		港口岸电	2019年12月底前	建成港口高压岸电设施2个
		机场岸电	2019年12月底前	力争启用T2航站楼并使用飞机岸电系统
用地结构调整	矿山综合整治	强化露天矿山综合治理	长期	对污染治理不规范的露天矿山，依法责令停产整治，不达标不得恢复生产。对责任主体灭失露天矿山进行综合治理
	扬尘综合治理	建筑扬尘治理	长期	严格落实施工工地“八个百分之百”要求
		施工扬尘管理清单	长期	定期动态更新施工工地管理清单
		施工扬尘监管	长期	各区县（市）中心城区范围内5 000米^{2}或造价5 000万元以上房屋建筑及市政基础工程逐步安装扬尘在线监测及视频监控
		道路扬尘综合整治	长期	中心城区道路机械化清扫率达到83%，县城达到70%
		渣土运输车监管	全年	严厉打击无资质、标识不全、故意遮挡或污损车牌等渣土车违法行为。严格渣土运输车辆规范化管理，渣土运输车做到全密闭
		露天堆场扬尘整治	全年	全面清理城乡接合部以及城中村拆迁的渣土和建筑垃圾，不能及时清理的必须采取苫盖等抑尘措施
		强化降尘量控制	全年	各县（区、市）平均降尘量不得高于5吨/（月·千米^2）

类别	重点工作	主要任务	完成时限	工程措施
用地结构调整	秸秆综合利用	加强秸秆焚烧管控	长期	建立网格化监管制度，在秋收阶段开展秸秆禁烧专项巡查
		加强秸秆综合利用	全年	秸秆综合利用率达到 95%
工业炉窑大气污染综合治理	制定方案	制定实施方案	2019 年 12 月底前	根据国家、省相关要求制定工业炉窑大气污染综合治理实施方案，明确治理要求，细化任务分工，确定分年度重点项目
	淘汰一批	煤气发生炉淘汰	2019 年 12 月底前	淘汰煤气发生炉 1 台
		燃煤加热、烘干炉(窑)淘汰	2019 年 12 月底前	巩固淘汰成果，加强燃煤设施排查监管，防止已淘汰改造燃煤设施复燃
	清洁能源替代一批	工业炉窑清洁能源替代	2019 年 12 月底前	完成铸造行业 5 台炉（窑）天然气替代
	治理一批	工业炉窑废气深度治理	2019 年 12 月底前	完成铸造、金属制品等行业 80 台炉窑深度治理
	监控监管	监测监控	2019 年 12 月底前	更新焦炉自动监控系统 2 套、安装高炉自动监控系统 1 套
		工业炉窑专项执法	2019 年 12 月底前	开展专项执法检查
VOCs 治理	重点工业行业 VOCs 综合治理	源头替代	2019 年 12 月底前	10 家以上工业涂装企业完成低 VOCs 含量涂料替代
		无组织排放控制	2019 年 12 月底前	100 家以上石化、化工企业通过采取设备与场所密闭、工艺改进、泄漏检测与修复、废气有效收集等措施，加强 VOCs 无组织排放控制
		治污设施建设	2019 年 12 月底前	20 家以上石化、化工、涂装企业等建设适宜高效的治污设施
		精细化管控	全年	20 家石化、化工、工业涂装等企业推行“一厂一策”制度，加强企业运行管理
	油品储运销综合治理	油气回收治理	2019 年 12 月底前	开展加油站、储油库、油罐车油气污染防治专项检查，确保油气污染防治设施正常运行
		自动监控设备安装	2019 年 12 月底前	65 个年销售汽油量大于 5 000 吨的加油站安装油气回收自动监控设备
	工业园区和企业集群综合治理	集中治理	2019 年 12 月底前	宁波石化经济技术开发区、大榭开发区、台塑台化等 3 个石化、化工类工业园区和企业集群，推行泄漏检测监管
		统一管控	2019 年 12 月底前	3 个石化、化工类工业园区建设监测监控体系
	监测监控	自动监控设施安装	2019 年 12 月底前	化工、涂装等企业再安装挥发性有机废气自动监控设施 5 套

类别	重点工作	主要任务	完成时限	工程措施
重污染天气应对	修订完善应急预案及减排清单	完善重污染天气应急预案	2019 年 10 月底前	修订完善重污染天气应急预案
		完善应急减排清单，夯实应急减排措施	2019 年 10 月底前	完成应急减排清单编制工作，落实“一厂一策”等各项应急减排措施
	应急运输响应	重污染天气移动源管控	2019 年 10 月 15 日前	钢铁行业建设管控运输的门禁和视频监控系统，制定错峰运输方案
能力建设	完善环境监测监控网络	环境空气质量监测网络建设	2019 年 12 月底前	增设乡镇（街道）环境空气质量小微自动监测站 50 个以上
		环境空气 VOCs 监测	2019 年 12 月底前	建成环境空气 VOCs 监测站点 2 个
		遥感监测系统平台三级联网	长期	机动车遥感监测系统稳定传输数据
		定期排放检验机构三级联网	长期	市级机动车检验机构监管平台实现检测视频监控、防作弊报警提示、数据统计分析、检测机构管理、车辆环保信息管理，实现三级联网。对超标排放车辆开展大数据分析，追溯相关方责任
		重型柴油车车载诊断系统远程监控系统建设	全年	推进具备条件的重型柴油车车载诊断系统远程监控系统建设
		道路空气质量监测	2019 年 12 月底前	在主要物流通道建设道路小微空气质量监测站 10 个以上
		机场、港口空气质量监测	2019 年 12 月底前	推进机场和港口建设空气质量监测站各 1 个
	源排放清单编制	编制大气污染源排放清单	2019 年 12 月底前	根据《2019 年浙江省大气污染源排放清单更新工作方案》，动态更新 2018 年大气污染源排放清单
	颗粒物来源解析	开展 $PM_{2.5}$ 来源解析	2020 年 3 月底前	根据《浙江省大气 $PM_{2.5}$ 来源解析工作方案》，开展城市大气污染颗粒物源解析

浙江省温州市2019—2020年秋冬季大气污染综合治理攻坚行动方案

类别	重点工作	主要任务	完成时限	工程措施
产业结构调整	产业布局调整	建成区重污染企业搬迁	2019年12月底前	实施温州市亿凯化工有限公司、温州东日气体有限公司等2家企业搬迁改造
		化工行业整治	2019年12月底前	完成温州长城高新材料有限公司整治或关停
	“两高”行业产能控制	压减砖瓦产能	2019年12月底前	淘汰砖瓦产能3 000万块标砖
	“散乱污”企业和集群综合整治	“散乱污”企业综合整治	2019年12月底前	完成1 000家“散乱污”企业整治工作。完善“散乱污”企业动态管理机制，实行网格化管理，压实基层责任，发现一起查处一起
	工业源污染治理	实施排污许可	2019年12月底前	完成畜牧业、农副食品加工业、食品制造业、家具制造业、化学原料和化学制品制造业、汽车制造业、电气机械和器材制造业、计算机通信和其他电子设备制造业、酒饮料和精制茶制造业等行业排污许可证核发任务
		无组织排放治理	2019年10月底前	浙江浙能温州发电有限公司、浙江浙能乐清发电有限公司、华润电力（温州）有限公司3家电厂物料（含废渣）运输、装卸、转移、输送以及生产工艺过程等无组织排放的深度治理
		工业园区综合整治	2019年12月底前	制定综合整治方案，开展鹿城鞋都产业园区、瓯海经济开发区等11个工业园区集中整治，完成2019年度目标任务
		工业园区能源替代利用与资源共享	2019年10月底前	建设投用1个热电联产项目，逐步推进热网覆盖区域企业实现集中供热
	高污染燃料禁燃区	调整扩大禁燃区范围	2019年11月底前	将禁燃区范围扩大至844.09千米^2，依法对违规使用高污染燃料的单位进行处罚
	煤质监管	煤质监管	全年	加强部门联动，严厉打击劣质煤流通、销售和使用。煤质抽检覆盖率不低于90%，对抽检发现经营不合格散煤行为的，依法处罚
	煤炭消费总量控制	煤炭消费总量削减	全年	全市煤炭消费总量较2018年削减1万吨
	锅炉综合整治	锅炉管理台账	2019年12月底前	完善锅炉管理台账
		淘汰燃煤锅炉	2019年12月底前	淘汰35蒸吨/时以下燃煤锅炉36台，其中10蒸吨/时以下燃煤锅炉全部淘汰
		燃气锅炉低氮改造	2019年12月底前	完成31台213蒸吨燃气锅炉低氮改造或淘汰
		生物质锅炉	2019年12月底前	开展生物质锅炉综合整治，完成建成区内11台生物质锅炉超低排放改造或淘汰

类别	重点工作	主要任务	完成时限	工程措施
运输结构调整	运输结构调整	提升铁路货运量	2019 年 12 月底前	铁路货运量、铁路集装箱运量分别较 2017 年增加 60 万吨、0.7 万标箱
		加快铁路专用线建设	2019 年 12 月底前	全面摸排全市大宗货物年货运量在 150 万吨以上的大型工矿企业情况，按照宜水则水、宜铁则铁的原则，研究推进大宗货物“公转铁”或“公转水”。基本建成乐清湾港区铁路支线
		发展新能源车	全年	全市新增清洁能源公交车 1 150 辆、清洁能源出租车 2 500 辆，市区建成区新增和更新的公交、环卫、邮政、出租、通勤、轻型城市物流车辆中新能源车比例达到 80%
			2019 年 12 月底前	机场货场等新增或更换作业车辆采用新能源或清洁能源 8 辆
			2019 年 12 月底前	推进机场、港口货场分别新增或更换作业非道路移动机械采用新能源或清洁能源
		老旧车淘汰	全年	淘汰国三及以下营运柴油货车 869 辆
		船舶淘汰更新	2019 年 12 月底前	推广使用清洁能源或新能源船舶
			2019 年 12 月底前	淘汰老旧船舶 20 艘
	车船燃油品质改善	油品质量抽查	2019 年 12 月底前	强化油品质量监管，按照年度抽检计划，在全市加油站（点）抽检车用汽柴油共计 20 个批次，实现年度全覆盖。开展机场、大型企业等自备油库油品质量检查，做到季度全覆盖
		打击黑加油站点	2019 年 10 月底前	开展打击黑加油站点专项行动，依法查处取缔黑加油站点、流动加油车。持续打击非法加油行为，防止死灰复燃
		尿素质量抽查	2019 年 12 月底前	从高速公路、国道、省道沿线加油站抽检尿素 100 次以上
		使用终端油品和尿素质量抽查	2019 年 12 月底前	从柴油货车油箱和尿素箱抽取检测柴油样品和车用尿素样品各 100 个以上
		船用油品质量调查	2019 年 12 月底前	对港口内靠岸停泊船舶燃油抽查 11 次
	在用车环境管理	在用车执法监管	长期	秋冬季期间监督抽测柴油车数量不低于当地柴油车保有量的 80%。加强对其中集中停放地和用车大户的抽检，实现重点用车大户全覆盖
			2019 年 10 月底前	部署多部门全天候综合检测站 2 个，覆盖主要物流通道和城市入口，并投入运行
			2019 年 12 月底前	检查排放检验机构 34 家次，实现排放检验机构监管全覆盖
			2019 年 10 月底前	构建超标柴油车黑名单，将遥感监测（含黑烟抓拍）、路检执法发现的超标车辆纳入黑名单，实现动态管理，并与公安、交通部门实现信息共享。推广使用“驾驶排放不合格的机动车上道路行驶的”交通违法处罚代码 6063，建立生态环境部门检测取证，公安交管部门实施处罚，交通运输部门监督维修的联合监管执法模式

类别	重点工作	主要任务	完成时限	工程措施
运输结构调整	在用车环境管理	高排放控制区	2019 年 12 月底前	划定并公布禁止使用高排放非道路移动机械的区域
		编码登记	2019 年 12 月底前	完成非道路移动机械摸底调查和编码登记
		排放检验	长期	秋冬季期间以施工工地和港口码头、机场、物流园区、高排放控制区等为重点，开展非道路移动机械排放检测，做到重点场所全覆盖
		港口岸电	2019 年 12 月底前	建成港口岸电设施 6 套
		机场岸电	2019 年 12 月底前	机场岸电廊桥 APU 建设 29 个，做到全覆盖，提高使用率
用地结构调整	矿山综合整治	强化露天矿山综合治理	长期	完成 24 座废弃矿山治理，对污染治理不规范的露天矿山，依法责令停产整治，不达标不得恢复生产
	扬尘综合治理	建筑扬尘治理	长期	严格落实施工场地“七个百分之百”要求
		施工扬尘管理清单	长期	定期动态更新施工工地管理清单
		施工扬尘监管	长期	市区所有在建工地、其他县（市、区）造价达 5 000 万元以上建筑工地全部安装在线监测和视频监控，并与当地行业主管部门联网
		道路扬尘综合整治	长期	市区建成区道路机械化清扫率达 70%以上，各县建成区道路机械化清扫率达到 60%以上
		渣土运输车监管	全年	严厉打击无资质、标识不全、故意遮挡或污损车牌等渣土车违法行为。严格渣土运输车辆规范化管理，渣土运输车做到全密闭
		强化降尘量控制	全年	各县（区、市）降尘量不高于 5 吨/（月·千米^2）
	秸秆综合利用	加强秸秆焚烧管控	长期	加大露天焚烧秸秆打击力度，强化秋收阶段专项巡查
		加强秸秆综合利用	全年	提高秸秆综合利用率，全年达到 95%以上
工业炉窑大气污染综合治理	淘汰一批	燃煤加热、烘干炉（窑）淘汰	2019 年 12 月底前	淘汰机械行业中频炉 150 台
	治理一批	工业炉窑废气深度治理	2019 年 11 月底前	完成建材行业煅烧炉（窑）废气深度治理 1 台
	监控监管	监测监控	2019 年 12 月底前	建设垃圾焚烧发电行业、造纸行业自动监控系统共 2 套
		工业炉窑专项执法	2019 年 12 月底前	开展专项执法检查
VOCs 治理	重点工业行业 VOCs 综合治理	源头替代	2019 年 12 月底前	鼓励工业涂装、包装印刷等涉 VOCs 行业 10 家企业开展低 VOCs 含量涂料等替代；鼓励制鞋行业使用低 VOCs 胶黏剂
		行业整治	2019 年 12 月底前	推进苍南县包装印刷行业综合整治
		无组织排放控制	2019 年 12 月底前	工业涂装、包装印刷、制鞋等行业 160 家企业通过采取设备与场所密闭、工艺改进、废气有效收集等措施，完成 VOCs 无组织排放治理

类别	重点工作	主要任务	完成时限	工程措施
VOCs治理	重点工业行业VOCs综合治理	治污设施建设	2019年12月底前	工业涂装、包装印刷、制鞋等行业160家企业建成治污设施
		精细化管控	全年	石化、化工、包装印刷等行业36家企业推行“一厂一策”制度，加强企业运行管理
	油品储运销综合治理	油气回收治理	全年	巩固加油站、储油库、油罐车等油气回收治理成效，组织开展执法检查
		自动监控设备安装	2019年12月底前	30个加油站等完成油气回收自动监控设备安装，并推进与生态环境部门联网工作
	工业园区和企业集群综合治理	集中治理	2019年10月底前	启动瑞安市塘下镇集中喷涂项目建设
重污染天气应对	修订完善应急预案及减排清单	完善重污染天气应急预案	2019年10月底前	修订完善重污染天气应急预案
		完善应急减排清单，夯实应急减排措施	2019年10月底前	完成应急减排清单编制工作，落实“一厂一策”等各项应急减排措施
	应急运输响应	重污染天气移动源管控	2019年10月15日前	加强源头管控，根据实际情况，制定日货车使用量10辆以上企业的重污染天气车辆管控措施，采取有效措施对柴油车进行管控。A级企业或重点涉气企业安装门禁监控系统，推进建设重污染天气车辆管控平台
能力建设	完善环境监测监控网络	环境空气质量监测网络建设	2019年12月底前	增设环境空气质量自动监测站点4个
		遥感监测系统平台三级联网	长期	机动车遥感监测系统稳定传输数据
		定期排放检验机构三级联网	长期	市级机动车检验机构监管平台实现检测视频监控、防作弊报警提示、数据统计分析、检测机构管理、车辆环保信息管理，实现三级联网。对超标排放车辆开展大数据分析，追溯相关方责任
		重型柴油车车载诊断系统远程监控系统建设	全年	推进具备条件的国五重型柴油车车载诊断系统远程监控系统建设和终端安装
		机场空气质量监测	2019年12月底前	推进机场建设空气质量监测站1个
	源排放清单编制	编制大气污染源排放清单	2019年12月底前	根据《2019年浙江省大气污染源排放清单更新工作方案》，动态更新2018年大气污染源排放清单
	颗粒物来源解析	开展$PM_{2.5}$来源解析	2019年12月底前	根据《浙江省大气$PM_{2.5}$来源解析工作方案》，开展城市大气污染颗粒物源解析

浙江省湖州市2019—2020年秋冬季大气污染综合治理攻坚行动方案

类别	重点工作	主要任务	完成时限	工程措施
产业结构调整	产业布局调整	建成区重污染企业搬迁	2019年12月底前	南浔区圣船水泥有限公司（产能100万吨粉磨站）设备去功能化
		化工行业整治	2020年3月底前	依法依规关停湖州大成化学工业有限公司，整治提升漂莱特（中国）有限公司等化工企业废气治理工艺
	“两高”行业产能控制	压减水泥产能	2019年12月底前	湖州南方水泥有限公司2条4 000吨水泥熟料生产线和湖州煤山南方水泥有限公司2条日产2 000吨水泥熟料生产线在置换的新项目建成投产前关停，力争12月底前关停
	“散乱污”企业和集群综合整治	“散乱污”企业综合整治	2019年12月底前	开展“散乱污”企业及集群清理整顿，实施分类整治。完成已排查的1 013家“散乱污”企业综合整治，完成验收。严防反弹，发现一家查处一家
	工业源污染治理	实施排污许可	2019年12月底前	按要求完成畜禽养殖，食品制造，酒精、饮料制造，制鞋，人造板，家具制造，无机化学，聚氯乙烯，化肥，汽车制造，电池，电子，废弃资源加工，水处理，锅炉等16个行业23个细分行业排污许可证核发
		无组织排放治理	2019年12月底前	实施燃煤电厂煤场封闭/半封闭改造，完成物料（含废渣）运输、装卸、储存、转移和工艺过程等无组织排放深度治理，完成治理项目100个
		工业园区综合整治	2019年12月底前	开展8个重点工业园区废气治理，10月底前完成工业园区废气专项整治方案编制，开展大气污染源排查，建立涉气排放企业清单和“一厂一策”，完成年度整治任务。推进各类工业园区循环化改造、规范发展和提质增效
		工业园区能源替代利用与资源共享	2019年12月底前	对热负荷100蒸吨/时以上的各类园区实现集中供热
能源结构调整	煤质监管	煤质监管	全年	加强部门联动，严厉打击劣质煤流通、销售和使用。煤质抽检覆盖率不低于90%，对抽检发现经营不合格散煤行为的，依法处罚
	煤炭消费总量控制	煤炭消费总量削减	全年	2019年全市规上工业用煤量较2017年削减33万吨
	锅炉综合整治	锅炉管理台账	2019年12月底前	完善锅炉管理台账
		淘汰燃煤锅炉	2019年12月底前	淘汰17台35蒸吨/时以下燃煤锅炉
		锅炉超低排放改造	2019年10月底前	启动保留35蒸吨/时燃煤锅炉上大压小改造，并同步实施超低排放改造
		燃气锅炉低氮改造	2019年12月底前	完成100台344蒸吨燃气锅炉低氮改造或淘汰

类别	重点工作	主要任务	完成时限	工程措施
能源结构调整	锅炉综合整治	生物质等锅炉淘汰及提标	2020 年 3 月底前	基本淘汰关停集中供热覆盖范围、城市建成区内生物质、燃重油等锅炉。全年淘汰 100 台生物质、燃重油等锅炉，其余实施提标改造，确保达标排放
运输结构调整	运输结构调整	运输结构优化	2019 年 12 月底前	全力推进湖州“铁公水”综合物流园、长兴综合物流园区 B 项目、德清港国际物流园、安吉现代物流园等重点项目建设。其中湖州铁公水综合物流园唯品会华东仓储、宝供物流、全胜物流、B 型保税物流中心等项目完成建设，内河水运码头项目基本完成建设；鑫达公铁联运集装箱集散中心、铁路长兴南货场配套工程等公铁联运项目完成建成，推进湖州铁公水内河码头、长兴综合物流园海港码头等公水联运项目建设。到 2019 年年底，全市铁路集装箱到发量力争比 2018 年提高 2 万标箱以上，全市内河水运集装箱量比 2018 年提高 2 万标箱以上
		发展新能源车	全年	新增及更新的公交、环卫、邮政、出租、通勤、轻型物流配送车辆 80%为新能源或清洁能源车。新增和更新纯电动公交车 350 辆，实现全市公交车 100%纯电动化。新增或更新新能源、清洁能源出租车 60 辆
			2019 年 12 月底前	港口新增或更换作业车辆主要使用新能源或清洁能源车
			2019 年 12 月底前	港口新增或更换作业非道路移动机械采用新能源或清洁能源 9 辆
		老旧车淘汰	全年	加快淘汰国三及以下营运柴油货车 418 辆。推进淘汰采用稀薄燃烧技术或“油改气”老旧燃气车辆
		船舶淘汰更新	2019 年 12 月底前	新增电动、天然气等清洁能源或新能源船舶 10 艘
			2019 年 12 月底前	淘汰老旧内河航运船舶 10 艘。推进使用 20 年以上的内河航运船舶淘汰
	车船燃油品质改善	油品质量抽查	2020 年 3 月底前	加大流通领域成品油抽检力度（每年抽检不少于 80 批次，其中柴油占比不少于 32 批次），严打不合格油品销售行为。开展自备油库摸底调查工作，抽查比例不少于 10 批次
		打击黑加油站点	2020 年 3 月底前	开展打击成品油非法经营黑窝点、流动加油车联合执法检查，线索、举报查证率 100%。持续打击非法加油行为，防止死灰复燃
		尿素质量抽查	2020 年 3 月底前	秋冬季攻坚期间对加油站抽检尿素样品数量不少于 10 批次
		使用终端油品和尿素质量抽查	2020 年 3 月底前	开展柴油货车油箱、尿素箱抽取检测柴油样品和车用尿素样品，不低于 10 批次
		船用油品质量调查	2020 年 3 月底前	开展对港口内靠岸停泊船舶燃油抽查不低于 10 批次

类别	重点工作	主要任务	完成时限	工程措施
运输结构调整	在用车环境管理	在用车执法监管	长期	秋冬季期间监督抽测柴油车数量不低于当地柴油车保有量的 80%。对集中停放地和物流园区进行入户检查抽测柴油货车 100 辆以上，实现重点用车大户全覆盖
			2019 年 10 月底前	在全市 10 个交通治超站、主要物流通道和城市入口等基础上开展多部门综合检测
			2019 年 12 月底前	实现排放检验机构监管全覆盖
			2019 年 10 月底前	构建超标柴油车黑名单，将遥感监测（含黑烟抓拍）、停放地抽检及联合路检发现的超标车辆纳入黑名单，动态管理，并与公安、交通部门实现信息共享。推广使用“驾驶排放不合格的机动车上道路行驶的”交通违法处罚代码 6063，由生态环境部门取证，公安交管部门对路检路查和黑烟抓拍发现的上路行驶超标车辆进行处罚，到交通运输部门认定的维修企业进行维修
	非道路移动机械环境管理	高排放控制区	2019 年 12 月底前	划定并公布禁止使用高排放非道路移动机械的区域
		编码登记	2019 年 12 月底前	完成非道路移动机械摸底调查和编码登记
		排放检验	2020 年 3 月底前	以施工工地和港口码头、物流园区、高排放控制区等为重点，开展非道路移动机械检测
		港口岸电	长期	多措并举推进船舶靠岸作业利用岸电设施
用地结构调整	矿山综合整治	强化露天矿山综合治理	长期	加强矿山粉尘治理，确保涉矿工程外部运输道路无泥土、无扬尘，推进废弃矿山治理长效管控
	扬尘综合治理	扬尘治理	长期	落实工地长、路长、河长扬尘负责制，全面严格落实“七个百分之百”要求
		施工扬尘管理清单	长期	严格落实建设工程施工扬尘污染防治暂行规定，全面实行分段施工，开展文明标化工地创建，建立清单
		施工扬尘监管	长期	建筑面积 5 000 米^{2}及以上土石方建筑工地全部安装细颗粒物在线监测和视频监控，并与主管部门实现监管联网
		道路扬尘综合整治	长期	城市道路机械化清扫率达到 85%以上，县城达到 75%以上
		渣土运输车监管	全年	完成全部乡镇（街道）渣土砂石运输车辆“三化”管理，实现全市范围“三化”管理全覆盖
		露天堆场扬尘整治	全年	加强城市未开发、待开发区块和道路两侧裸露土地绿化，减少扬尘。开展大型规模停车场扬尘治理，加强场地硬化、洒水保洁和车辆轮胎冲洗，减少停车场扬尘污染。实施造林更新 4 293 亩，新建和改造提升平原绿化 1.046 万亩，建设珍贵彩色健康森林 6.3 万亩。城市绿化覆盖率达到 46.3%

类别	重点工作	主要任务	完成时限	工程措施
用地结构调整	扬尘综合治理	强化降尘量控制	全年	各县（区、市）降尘量均控制在 5 吨/（月・千米 ^{2}）以内
	秸秆综合利用	加强秸秆焚烧管控	长期	加强对秸秆、落叶、垃圾等露天焚烧行为的执法监管，力争火点数同比下降
		加强秸秆综合利用	全年	秸秆综合利用率达到 95%以上
工业炉窑大气污染综合治理	清洁能源替代一批	工业炉窑清洁能源替代（清洁能源包括天然气、电、集中供热等）	2019 年 10 月底前	前期完成机械行业中频炉使用情况核查工作，核查发现全市中频炉企业共 85 家，在用问题中频炉 223 台。根据调查结果，制定无磁轭铝壳中频炉整治工作方案，排出“一厂一策”处置计划，于 10 月底前全部完成淘汰工作，后期强化检查，严防反弹
	治理一批	工业炉窑废气深度治理	2019 年 12 月底前	完成旗滨玻璃烟气处理备用设施安装调试、华众玻璃公司脱硝设施调试安装，根据白岘南方水泥深度脱硝试点工作进展启动其余水泥熟料企业深度脱硝
	监控监管	工业炉窑专项执法	长期	开展专项执法检查
VOCs 治理	重点工业行业 VOCs 综合治理	源头替代	长期	全面推广低（无）VOCs 含量、低反应活性的原辅材料和产品，积极探索木地板、家具等行业从源头推广水性漆、零醛胶使用。推进南浔区 20 家木业企业改用水性漆，零醛胶
		无组织排放控制	长期	除安全因素外全部采用密闭收集方式，化工行业开展泄漏检测与修复（LDAR），加强 VOCs 企业无组织排放控制。针对溶剂型 VOCs 废气鼓励采用预处理后吸附再生、催化燃烧、蓄热燃烧等高效处理技术，强化 50 家重点 VOCs 企业无组织排放控制
		治污设施建设	2019 年 12 月底前	争创 12 个行业 36 家 VOCs 治理示范企业
	油品储运销综合治理	油气回收治理	2019 年 10 月底前	开展加油站、储油库、油罐车油气污染防治专项检查，确保油气污染防治设施正常运行
		自动监控设备安装	2019 年 12 月底前	完成年销售汽油量大于 5 000 吨以上的 10 个加油站安装油气回收自动监控设备，并推进与生态环境部门联网
	工业园区和企业集群综合治理	集中治理	2019 年 12 月底前	推行特色行业集聚区喷涂工艺段集中布点、废气集中收集处置，推进德清洛舍钢琴、南浔开发区木业建设集中喷涂中心，替代企业独立喷涂工序
		统一管控	2019 年 12 月底前	完成 23 个工业类以及 1 个市政类臭气异味治理项目
	监测监控	自动监控设施安装	2019 年 12 月底前	445 家 VOCs 重点企业实施用电全过程监控全覆盖

类别	重点工作	主要任务	完成时限	工程措施
重污染天气应对	修订完善应急预案及减排清单	完善重污染天气应急预案	2019年10月底前	修订完善重污染天气应急预案
		完善应急减排清单，夯实应急减排措施	2019年10月底前	完成应急减排清单编制工作，落实“一厂一策”等各项应急减排措施
	应急运输响应	重污染天气移动源管控	2019年10月15日前	加强源头管控，根据实际情况，研究制定日货车使用量10辆以上企业、港口、铁路货场、物流园区的重污染天气车辆管控措施，并安装门禁监控系统。推进建设重污染天气车辆管控平台
能力建设	完善环境监测监控网络	环境空气VOCs监测	2019年12月底前	建设1套由上风向背景特征站、最大排放影响站、最大浓度站和下风向背景特征站等4类站构成的城市光化学污染自动监测网络
		遥感监测系统平台三级联网	长期	机动车遥感监测系统稳定传输数据
		定期排放检验机构三级联网	长期	市级机动车检验机构监管平台实现检测视频监控、防作弊报警提示、数据统计分析、检测机构管理、车辆环保信息管理，实现三级联网。对超标排放车辆开展大数据分析，追溯相关方责任
		重型柴油车车载诊断系统远程监控系统建设	全年	在具备条件的国五重型柴油车试点安装车载诊断系统远程监控系统建设和终端安装
	源排放清单编制	编制大气污染源排放清单	2019年12月底前	根据《2019年浙江省大气污染源排放清单更新工作方案》，动态更新2018年大气污染源排放清单
	颗粒物来源解析	开展$PM_{2.5}$来源解析	2020年10月底前	根据《浙江省大气$PM_{2.5}$来源解析工作方案》，开展城市大气污染颗粒物源解析

浙江省嘉兴市2019—2020年秋冬季大气污染综合治理攻坚行动方案

类别	重点工作	主要任务	完成时限	工程措施
产业结构调整	产业布局调整	重污染企业搬迁	2019年12月底前	依法关停4家印染行业重污染企业
		化工行业整治	2020年3月底前	依法关停1家，升级42家。对嘉兴港区中国化工新材料（嘉兴）园区进行深度治理，确保稳定达标排放
	“两高”行业产能控制	压减印染产能	2019年12月底前	淘汰印染行业产能29 100万米
		压减造纸产能	2019年12月底前	淘汰造纸行业产能4.063万吨
		压减化纤产能	2019年12月底前	淘汰化纤行业产能0.765万吨
		压减制革产能	2019年12月底前	淘汰制革行业产能4万标张
	“散乱污”企业和集群综合整治	“散乱污”企业综合整治	2019年12月底前	完善“散乱污”企业动态管理机制，实行网格化管理，压实基层责任，发现一起查处一起
		“散乱污”集群综合整治	2019年12月底前	全市完成涉气“散乱污”企业集群综合整治634家，其中南湖区完成塑料等行业34家，秀洲区完成拖浆、小型制造等行业75家，嘉善县完成小木业、小印刷包装等行业118家，海盐县完成紧固件等行业86家，海宁市完成80家，平湖市完成五金机械加工、塑料制品等行业53家，桐乡市完成木材加工等行业148家，经开区和港区分别完成30家和10家
	工业源污染治理	实施排污许可	2019年12月底前	完成家具制造、汽车制造、计算机通信和其他电子设备制造、电力热力生产和供应等16个行业大类中23个细分行业小类排污许可证核发，共计1 100余家
		钢铁超低排放	2019年12月底前	启动振石集团东方特钢有限公司（产能70万吨粗钢、160万吨钢材）、嘉善浙江万泰特钢有限公司（产能120万吨钢材）钢铁企业超低排放改造
		无组织排放治理	2019年12月底前	完成建材、有色金属、热电、铸造、水泥制品等重点行业物料（含废渣）运输、装卸、储存、转移和工艺过程等无组织排放深度治理任务24个，其中燃煤电厂煤场封闭/半封闭改造2个
		工业园区综合整治	2019年12月底前	树立行业标杆，完成综合整治方案更新或编制，启动大桥工业园区、王江泾工业功能区中区、嘉善经济技术开发区、浙江独山港经济开发区、海盐经济开发区（与港区交界区域）、海宁高新技术产业园区、桐乡经济技术开发区、嘉兴经济技术开发区城北区域、乍浦经济开发区等9个工业园区集中整治，同步推进区域环境综合整治和企业升级改造
能源结构调整	煤质监管	煤质监管	全年	加强部门联动，严厉打击劣质煤流通、销售和使用。煤质抽检覆盖率不低于90%，对抽检发现经营不合格散煤行为的，依法处罚
	煤炭消费总量控制	煤炭消费总量削减	全年	全市煤炭消费总量较2018年削减6万吨

类别	重点工作	主要任务	完成时限	工程措施
能源结构调整	锅炉综合整治	锅炉管理台账	2019 年 12 月底前	完善锅炉管理台账
		淘汰燃煤锅炉	2019 年 12 月底前	淘汰 35 蒸吨/时以下燃煤锅炉 36 台
		锅炉超低排放改造	2019 年 12 月底前	完成燃煤锅炉超低排放改造 1 台 35 蒸吨
		燃气锅炉低氮改造	2019 年 12 月底前	完成 89 台 680 蒸吨燃气锅炉低氮改造或淘汰
		生物质锅炉	2019 年 12 月底前	淘汰生物质锅炉 8 台 7.5 蒸吨、改集中供热 10 台 46 蒸吨、改天然气 1 台 2.67 蒸吨、高效除尘改造 1 台 4 蒸吨
运输结构调整	运输结构调整	调整优化运力结构	2019 年 12 月底前	到 2019 年，内河港口吞吐量达到 1.1 亿吨以上，海河联运中转量达到 3 600 万吨以上，全市水路客货周转量增长 6%。全面摸排全市大宗货物年货运量在 150 万吨以上的大型工矿企业情况，按照宜水则水、宜铁则铁的原则，研究推进大宗货物“公转铁”或“公转水”
		发展新能源车	2019 年 12 月底前	城市建成区新增和更新的公交、环卫、邮政、出租、通勤、轻型物流配送车辆使用新能源或清洁能源汽车比例达到 80%
		老旧车淘汰	2019 年 12 月底前	加快淘汰国三及以下排放标准的营运柴油货车、采用稀薄燃烧技术或“油改气”的老旧燃气车辆 1 500 辆
	车船燃油品质改善	油品和尿素质量抽查	2019 年 12 月底前	强化油品质量监管，按照年度抽检计划，在全市加油站（点）抽检车（船）用汽柴油共计 100 个批次，对港口内靠岸停泊船舶燃油抽查 60 次。从高速公路、国道、省道沿线加油站抽检尿素 20 次以上。开展对大型工业企业自备油库油品质量专项检查，对发现的问题依法依规进行处置
		开展成品油市场专项整治	2019 年 10 月底前	深入开展成品油市场专项整治工作，开展打击违规经营的加油点专项行动，对非法经营的加油点依法查处取缔。从柴油货车油箱和尿素箱抽取检测柴油样品和车用尿素
	在用车环境管理	在用车执法监管	2020 年 3 月底前	秋冬季期间监督抽测柴油车数量不低于当地柴油车保有量的 80%。对集中停放地和用车大户的柴油货车进行抽检，实现重点用车大户全覆盖
			2019 年 10 月底前	在主要物流通道和城市入口利用现有的超限超载站开展柴油车联合执法
			2019 年 12 月底前	检查排放检验机构 21 家，实现排放检验机构监管全覆盖
			2019 年 10 月底前	构建超标柴油车黑名单，严厉打击超标车辆上路行驶，加强对重点用车企业的监管，推广使用“驾驶排放不合格的机动车上道路行驶的”交通违法处罚代码 6063，建立生态环境部门检测取证，公安交管部门实施处罚，交通运输部门监督维修的联合监管执法模式
	非道路移动机械环境管理	高排放控制区	2019 年 12 月底前	划定并公布禁止使用高排放非道路移动机械的区域
		编码登记	2019 年 12 月底前	完成非道路移动机械摸底调查和编码登记
		排放检验	长期	秋冬季期间以施工工地、物流园区、高排放控制区等为重点，开展非道路移动机械排放检验，做到重点场所全覆盖
		港口岸电	2020 年 3 月底前	建成港口岸电设施 9 套

	重点工作	主要任务	完成时限	工程措施
	山综合整治	强化露天矿山综合治理	长期	对责任主体灭失的露天矿山废弃矿山要加强修复绿地，并根据《浙江省废弃矿山生态修复三年专项行动治理任务清单》要求，对2家废弃矿山实施治理
	综合治理	建筑扬尘治理	长期	严格落实施工场地“七个百分之百”要求。做好快速路、旧城改造等重点项目的扬尘管控
		施工扬尘管理清单	长期	定期动态更新施工工地管理清单
		施工扬尘监管	长期	全面推广建筑工地安装在线监测和视频监控。依法禁止建筑工地现场搅拌混凝土和砂浆，2 000米^{2}以上建筑工程85%以上禁止现场搅拌混凝土和砂浆
		道路扬尘综合整治	长期	地级及以上城市道路机械化清扫率达到95%，县城达到80%
		渣土运输车监管	全年	打击无资质、标识不全、故意遮挡或污损车牌渣土车等违法行为。严格渣土运输车辆规范化管理，渣土运输车做到全密闭
		露天堆场扬尘整治	全年	全面清理城乡接合部以及城中村拆迁的渣土和建筑垃圾，不能及时清理的必须采取苫盖等抑尘措施
		强化降尘量控制	全年	各县（区、市）降尘量不高于5吨/（月·千米^2）
	秸秆综合利用	加强秸秆焚烧管控	长期	建立网格化监管制度，在秋收阶段开展秸秆禁烧专项巡查
		加强秸秆综合利用	全年	秸秆综合利用率达到95%
工业炉窑大气污染综合治理	淘汰一批	燃煤加热、烘干炉（窑）淘汰	2019年12月底前	淘汰铸造行业燃煤加热炉（窑）1台
	清洁能源替代一批	工业炉窑清洁能源替代	2019年12月底前	完成建材行业热风炉（窑）1台35兆瓦产能天然气替代
	治理一批	工业炉窑废气深度治理	2019年12月底前	完成嘉善德威磁电公司隧道窑废气深度治理1台，平湖旗滨玻璃有限公司增加备用炉窑治理设施1套
VOCs治理	重点工业行业VOCs综合治理	源头替代	2019年12月底前	18家工业涂装企业完成低VOCs含量或水性涂料替代；14家包装印刷企业完成低VOCs含量或水性油墨替代
		无组织排放控制	2019年12月底前	共计64家（2家石化、4家化工、6家纺织印染、22家工业涂装、22家包装印刷和8家其他行业）企业采取设备与场所密闭、工艺改进、废气有效收集等措施，完成VOCs无组织排放治理。港区化工新材料园区进行整治提升，其中23家企业完成LDAR检测，7家企业完成无异味企业创建，8家企业进一步整治提升
		治污设施建设	2019年12月底前	共计84家（4家石化、11家化工、30家工业涂装、8家包装印刷、16家纺织印染、4家化纤、2家橡胶和9家其他企业）企业建设适宜高效的治污设施或关闭产VOCs环节
		精细化管控	全年	45家新一轮臭气废气整治企业推行“一厂一策”制度，加强企业运行管理

类别	重点工作	主要任务	完成时限	工程措施
VOCs治理	油品储运销综合治理	自动监控设备安装	2019年12月底前	25个加油站完成油气回收自动监控设备安装，并推进与生态环境部门联网工作
		油气回收治理	2019年10月底前	开展加油站、储油库、油罐车油气污染防治专项检查，确保油气污染防治设施正常运行
	工业园区和企业集群综合治理	集中治理	2020年3月底前	海宁经济开发区建设集中涂装中心，配备高效废气治理设施，代替分散的涂装工序。嘉兴港区中国化工新材料（嘉兴）园区，推行泄漏检测统一监管
		统一管控	2020年3月底前	嘉兴港区中国化工新材料（嘉兴）园区建设监测预警监控体系，开展溯源分析，港区推广实施恶臭电子鼻监控预警2个
	监测监控	自动监控设施安装	2019年12月底前	19家化工企业、6家工业涂装企业、10家包装印刷企业主要排污口安装自动监控设施共35套
	臭气异味治理	臭气异味治理项目	2019年12月底前	完成10个臭气异味治理项目，其中工业类8个，市政类1个，农业类1个
重污染天气应对	修订完善应急预案及减排清单	完善重污染天气应急预案	2019年10月底前	修订完善重污染天气应急预案
		完善应急减排清单，夯实应急减排措施	2019年10月底前	完成应急减排清单编制工作，落实“一厂一策”等各项应急减排措施
	应急运输响应	重污染天气移动源管控	2019年11月15日前	加强源头管控，根据实际情况，制定重污染天气车辆管控措施并落实
能力建设	完善环境监测监控网络	环境空气质量监测网络建设	2019年12月底前	增设环境空气质量自动监测站点10个
		环境空气VOCs监测	2019年12月底前	建成环境空气VOCs监测站点4个
		遥感监测系统平台三级联网	长期	机动车遥感监测系统稳定传输数据
		定期排放检验机构三级联网	长期	市级机动车检验机构监管平台实现检测视频监控、防作弊报警提示、数据统计分析、检测机构管理、车辆环保信息管理，实现三级联网。对超标排放车辆开展大数据分析，追溯相关方责任
		重型柴油车车载诊断系统远程监控系统建设	全年	推进具备条件的国五重型柴油车车载诊断系统远程监控系统建设和终端安装
	源排放清单编制	编制大气污染源排放清单	2019年12月底前	根据《2019年浙江省大气污染源排放清单更新工作方案》，动态更新2018年大气污染源排放清单
	颗粒物来源解析	开展$PM_{2.5}$来源解析	2019年10月底前	根据《浙江省大气$PM_{2.5}$来源解析工作方案》，开展城市大气污染颗粒物源解析

浙江省绍兴市 2019—2020 年秋冬季大气污染综合治理攻坚行动方案

类别	重点工作	主要任务	完成时限	工程措施
产业结构调整	产业布局调整	建成区重污染企业搬迁	2019 年 12 月底前	实施浙江广科药业有限公司、绍兴华力精细化工有限公司、绍兴市新世纪化工有限公司、绍兴银丰生物技术有限公司 4 家企业关闭退出，实施绍兴联发化工有限公司搬迁改造
		化工行业整治	2019 年 10 月底前	搬迁入园 2 家化工厂（浙江龙盛、浙江闰土道墟厂区）
	“两高”行业产能控制	压减水泥产能	2019 年 12 月底前	淘汰浙江水泥有限公司水泥产能 0.2 万吨/日
		压减砖瓦产能	2019 年 12 月底前	淘汰砖瓦企业 4 家（诸暨市海卓建材厂、诸暨市牌头曙窑厂、嵊州市圆山硅藻土制品有限公司一村分公司、嵊州市博济新型墙体建材厂），涉及产能 10 500 万块标砖/年
	“散乱污”企业和集群综合整治	“散乱污”企业综合整治	2019 年 12 月底前	完成 500 家“散乱污”企业（作坊）清理整顿。完善“散乱污”企业动态管理机制，实行网格化管理，压实基层责任，发现一起查处一起
	工业源污染治理	实施排污许可	2019 年 12 月底前	完成农副食品加工、汽车制造、家具制造等 16 个行业大类中 23 个细分行业小类排污许可证核发
		钢铁超低排放	2019 年 12 月底前	完成浙江友谊新材料有限公司超低排放改造
		无组织排放治理	2019 年 12 月底前	推进热电、水泥、砖瓦、平板玻璃等行业无组织排放改造，完成 32 家治理任务；开展 15 个港口码头扬尘综合整治
		工业园区综合整治	2019 年 12 月底前	开展袍江经济技术开发区、柯桥经济技术开发区（马鞍镇区块、齐贤镇区块、安昌镇区块）、杭州湾上虞经济技术开发区、诸暨经济开发区、嵊州经济开发区城北工业区、新昌高新技术产业园区等 8 个重点园区废气综合整治，编制整治方案，基本完成年度整治任务
能源结构调整	煤质监管	煤质监管	全年	加强部门联动，严厉打击劣质煤流通、销售和使用，煤质抽检覆盖率不低于 90%，对抽检发现企业煤炭质量达不到相关标准的，依法处罚
	煤炭消费总量控制	煤炭消费总量削减	全年	全市煤炭消费总量较 2017 年削减 15 万吨
	锅炉综合整治	锅炉管理台账	2019 年 12 月底前	完善锅炉管理台账
		淘汰燃煤锅炉	2020 年 3 月底前	淘汰燃煤锅炉 24 台
		燃气锅炉低氮改造	2020 年 3 月底前	完成 108 台 994 蒸吨燃气锅炉低氮改造或淘汰
		生物质锅炉	2019 年 10 月底前	淘汰生物质锅炉 7 台 13.9 蒸吨

类别	重点工作	主要任务	完成时限	工程措施
运输结构调整	运输结构调整	提升铁路货运量	2019 年 12 月底前	落实《绍兴市推进运输结构调整工作实施方案（2019—2020 年）》，2019 年全市水运货运量较 2017 年增加 200 万吨。全面摸排全市大宗货物年货运量在 150 万吨以上的大型工矿企业情况，按照宜水则水、宜铁则铁的原则，研究推进大宗货物“公转铁”或“公转水”
		发展新能源车	全年	新增公交、邮政、出租、轻型城市物流车辆中新能源车比例达到 80%
			2019 年 12 月底前	港口码头新增或更换作业机械采用新能源或清洁能源 2 台
		老旧车淘汰	全年	淘汰国三及以下营运柴油货车 1 200 辆、淘汰更新老旧燃气出租车 525 辆
		船舶淘汰更新	2019 年 12 月底前	推进使用 20 年以上的内河航运船舶淘汰，建立报废船舶清单
	车船燃油品质改善	油品和尿素质量抽检	2019 年 12 月底前	在全市加油站（点）抽检车用汽柴油共计 69 个批次，高速公路、国道、省道沿线加油站抽检尿素 23 批次，营运船舶燃油含硫抽检不少于 23 艘次。开展对大型企业自备油库油品质量专项检查，对发现的问题依法依规进行处置
		开展成品油市场专项整治	2019 年 12 月底前	开展打击黑加油站点、流动加油车专项行动。对柴油货车油箱、尿素箱抽取检测柴油样品和车用尿素样品
	在用车环境管理	在用车执法监管	长期	秋冬季期间监督抽测柴油车数量不低于当地柴油车保有量的 80%。加大对车辆集中停放地和重点单位抽查力度，实现重点用车大户全覆盖
			2019 年 10 月底前	在主要物流通道和城市入口推行多部门综合检测站，并投入运行
			2019 年 12 月底前	检查排放检验机构 29 个次，实现排放检验机构监管全覆盖
			2019 年 10 月底前	构建超标柴油车黑名单，将遥感监测（含黑烟抓拍）、停放地抽检及联合路检发现的超标车辆纳入黑名单，动态管理，并与公安、交通部门实现信息共享。 推广使用 6063（8063）交通违法处罚代码，由生态环境部门取证，公安交管部门对路检路查和黑烟抓拍发现的上路行驶超标车辆进行处罚，到交通运输部门认定的维修企业进行维修
	非道路移动机械环境管理	高排放控制区	2019 年 12 月底前	划定并公布禁止使用高排放非道路移动机械的区域
		编码登记	2019 年 12 月底前	开展非道路移动机械摸底调查和编码登记
		排放检验	长期	秋冬季期间以施工工地和物流园区、高排放控制区等为重点，开展非道路移动机械排放检测 1 000 辆以上
		港口岸电	2019 年 12 月底前	完成岸电建设任务 9 套

类别	重点工作	主要任务	完成时限	工程措施
用地结构调整	矿山综合整治	强化露天矿山综合治理	长期	对污染治理不规范的露天矿山，依法责令停产整治，不达标不得恢复生产。对责任主体灭失露天矿山迹地进行综合治理
	扬尘综合治理	建筑扬尘治理	长期	严格落实施工场地“七个百分之百”要求
		施工扬尘管理清单	长期	定期动态更新施工工地管理清单
		施工扬尘监管	长期	5 000 米^{2}及以上土石方建筑工地安装在线监测和视频监控，并与当地建设主管部门联网
		道路扬尘综合整治	长期	市区城市道路机械化清扫率达到 80%，县（市）达到 65%
		渣土运输车监管	全年	严厉打击无资质、标识不全、故意遮挡或污损车牌等渣土车违法行为。严格渣土运输车辆规范化管理，渣土运输车做到全密闭
		露天堆场扬尘整治	全年	全面清理城乡接合部以及城中村拆迁的渣土和建筑垃圾，不能及时清理的必须采取苫盖等抑尘措施
		强化降尘量控制	全年	各县（区、市）降尘量不高于 5 吨/（月 • 千米^2）
	秸秆综合利用	加强秸秆焚烧管控	长期	建立网格化监管制度，在秋收阶段开展秸秆禁烧专项巡查
		加强秸秆综合利用	全年	秸秆综合利用率达到 95%
工业炉窑大气污染综合治理	制定方案	制定实施方案	2019 年 10 月底前	根据省部方案，制定工业炉窑大气污染综合治理实施方案，明确治理要求，细化任务分工，确定分年度重点项目
	淘汰一批	铸造行业中（工）频炉淘汰	2019 年 12 月底前	淘汰机械铸造行业 0.25 吨及以上铝壳中（工）频炉 116 台
	清洁能源替代一批	工业炉窑清洁能源替代（清洁能源包括天然气、电、集中供热等）	2019 年 10 月底前	完成绍兴上虞世星墙体材料有限公司砖瓦窑外燃煤液化石油气替代
	治理一批	工业炉窑废气深度治理	2019 年 12 月底前	基本完成上虞晶华玻璃有限公司日用玻璃窑纯氧燃烧（脱硝）治理。推进绍兴旗滨玻璃有限公司备用废气治理设施建设
	监控监管	工业炉窑专项执法	2019 年 12 月底前	开展专项执法检查
VOCs 治理	重点工业行业 VOCs 综合治理	源头替代	2019 年 12 月底前	10 家包装印刷企业完成低 VOCs 含量油墨替代
		无组织排放控制	2019 年 12 月底前	实施 7 家电子信息、2 家化纤、2 家化工、20 家汽配铸造企业 VOCs 无组织排放治理
		治污设施建设	2019 年 12 月底前	实施 33 家印染、20 家化工、7 家涂装、13 家汽配铸造企业 VOCs 深度治理
		精细化管控	全年	重点涉 VOCs 企业推行“一厂一策”制度，完成 50 家重点企业“一厂一策”编制，加强企业运行管理

类别	重点工作	主要任务	完成时限	工程措施
VOCs 治理	油品储运销综合治理	油气回收治理	2019 年 12 月底前	巩固加油站、储油库、油罐车油气回收治理成效，组织开展执法检查
		自动监控设备安装	2019 年 12 月底前	完成 5 个年销售汽油量大于 5 000 吨的加油站油气回收自动监控设备安装，并推进与生态环境部门联网
	工业园区和企业集群综合治理	集中治理	2019 年 12 月底前	在杭州湾上虞化工园区推进 15 家化工企业泄漏检测统一监管，在其他区县市推进 20 家泄漏检测，建成绍兴市 LDAR 监控管理平台
		统一管控	2019 年 12 月底前	在上虞杭州湾化工园区开展异味评价体系建设，开展溯源分析
	监测监控	自动监控设施安装	2019 年 12 月底前	在 20 家涉 VOCs 企业主要排污口安装自动监控设施安装
重污染天气应对	修订完善应急预案及减排清单	完善重污染天气应急预案	2019 年 10 月底前	修订完善重污染天气应急预案
		完善应急减排清单，夯实应急减排措施	2019 年 10 月底前	完成应急减排清单编制工作，落实“一厂一策”等各项应急减排措施
		重污染天气移动源管控	2019 年 11 月 15 日前	加强源头管控，根据实际情况，制定重污染天气车辆管控措施并落实
能力建设	完善环境监测监控网络	环境空气质量监测网络建设	2019 年 12 月底前	建设 10 套以上激光雷达扫描监测系统
		环境空气 VOCs 监测	2019 年 12 月底前	开展苏码罐 VOCs 自动采样系统建设，2019 年完成 3 套以上
		遥感监测系统平台三级联网	长期	机动车遥感监测系统稳定传输数据
		定期排放检验机构三级联网	长期	市级机动车检验机构监管平台实现检测视频监控、防作弊报警提示、数据统计分析、检测机构管理、车辆环保信息管理，实现三级联网。对超标排放车辆开展大数据分析，追溯相关方责任
		重型柴油车车载诊断系统远程监控系统建设	全年	推进具备条件的国五重型柴油车车载诊断系统远程监控系统建设
	源排放清单编制	编制大气污染源排放清单	2019 年 12 月底前	根据《2019 年浙江省大气污染源排放清单更新工作方案》，动态更新 2018 年大气污染源排放清单
	颗粒物来源解析	开展 $PM_{2.5}$ 来源解析	2019 年 12 月底前	根据《浙江省大气 $PM_{2.5}$ 来源解析工作方案》，开展城市大气污染颗粒物源解析

浙江省金华市2019—2020年秋冬季大气污染综合治理攻坚行动方案

类别	重点工作	主要任务	完成时限	工程措施
产业结构调整	产业布局调整	化工行业整治	2019年12月底前	完成化工行业企业原地整治6家
	“两高”行业产能控制	压减砖瓦产能	2019年12月底前	拆除落后砖瓦窑8座3.85亿标砖
	“散乱污”企业和集群综合整治	“散乱污”企业及集群综合整治	2019年12月底前	完善“散乱污”企业动态管理机制，压实基层责任，发现一起查处一起。完成整治涉气“散乱污”企业300家
	工业源污染治理	实施排污许可	2019年12月底前	完成16个行业大类23个细分行业小类排污许可证核发
		无组织排放治理	2019年12月底前	完成10家砖瓦企业，5家化工企业无组织排放深度治理
		工业园区综合整治	2019年12月底前	开展金华高新技术产业园区、兰溪经济开发区、浙江东阳横店电子产业园区、浙江东阳经济开发区（白云服装园区）、义乌经济技术开发区、浙江义乌工业园区（一期）、永康经济开发区、浦江经济开发区、武义经济开发区百花山—温州工业城工业功能区、浙江磐安工业园区、金华新兴产业集聚区金西分区等11个工业园区专项整治，编制废气整治方案，完成年度整治任务
		工业园区循环化改造	2019年12月底前	持续推进省级以上工业园区循环化改造，构建循环产业链。深入推广行业清洁生产，全年完成清洁生产审核企业30家以上
能源结构调整	高污染燃料禁燃区	调整扩大禁燃区范围	2019年12月底前	将金华市区禁燃区范围扩大至456.3千米^2，较之前增加163.1千米^2
	煤炭消费总量控制	煤炭消费总量削减	全年	加强能源消费总量和能源消费强度双控，全市煤炭消费总量较2018年削减9万吨
		淘汰燃煤小机组	2019年12月底前	淘汰关停燃煤小机组1台0.15万千瓦
	煤质监管	煤质监管	全年	加强部门联动，严厉打击劣质煤流通、销售和使用，煤质抽检覆盖率不低于90%
	锅炉综合整治	锅炉管理台账	2019年12月底前	完善锅炉管理台账
		淘汰燃煤锅炉	2019年12月底前	淘汰燃煤锅炉18台227蒸吨。基本淘汰35蒸吨/时以下燃煤锅炉。全市范围内全面淘汰10蒸吨/时以下燃煤锅炉
		燃气锅炉低氮改造	2019年12月底前	完成72台534蒸吨燃气锅炉低氮改造或淘汰
		生物质锅炉	2019年12月底前	完成生物质锅炉超低排放改造淘汰2台5蒸吨；开展生物质锅炉高效除尘改造30台35蒸吨

类别	重点工作	主要任务	完成时限	工程措施
运输结构调整	运输结构调整	提升铁路货运量	2019 年 12 月底前	2019 年铁路货运量比 2018 年增长 50 万吨，增加 20%。开展大宗货物年货运量 150 万吨及以上的大型工矿企业和物流园区摸底调查
		发展新能源车	全年	新增新能源公交 150 辆、邮政和轻型城市物流车 66 辆
			2019 年 12 月底前	义乌机场新增或更换作业车辆采用新能源或清洁能源 24 辆
			2019 年 12 月底前	铁路货场新增或更换作业非道路移动机械采用新能源或清洁能源 9 辆
		老旧车淘汰	全年	淘汰国三及以下营运柴油货车 900 辆
	车船燃油品质改善	油品和尿素质量抽查	2019 年 12 月底前	强化油品质量监管，在全市加油站（点）抽检车用汽柴油共计 130 个批次。从高速公路、国道、省道沿线加油站抽检尿素 10 次以上。开展对大型工业企业和机场自备油库油品质量专项检查，对发现的问题依法依规进行处置
		打击黑加油站点	2019 年 12 月底前	组织开展清除无证照经营的黑加油站点、流动加油罐车专项整治行动，严厉打击生产销售不合格油品行为。从柴油货车油箱和尿素箱抽取检测柴油样品和车用尿素样品
	在用车环境管理	在用车执法监管	长期	秋冬季期间监督抽测柴油车数量不低于当地柴油车保有量的 80%。开展集中停放地和用车大户柴油货车抽检，实现重点用车大户基本覆盖
			2019 年 10 月底前	设置 1 处联合检测站，开展多部门全天候检测
			2019 年 12 月底前	检查排放检验机构 29 个，实现排放检验机构监管全覆盖
			2019 年 10 月底前	构建超标柴油车黑名单，将遥感监测（含黑烟抓拍）、停放地抽检及联合路检发现的超标车辆纳入黑名单，动态管理，并与公安、交通部门实施信息共享。推广使用“驾驶排放不合格的机动车上道路行驶的”交通违法处罚代码 6063，由生态环境部门取证，公安交管部门对路检路查和黑烟抓拍发现的上路行驶超标车辆进行处罚，交通部门强制维修
	非道路移动机械环境管理	高排放控制区	2019 年 12 月底前	划定并公布禁止使用高排放非道路移动机械的区域
		编码登记	2019 年 12 月底前	完成非道路移动机械摸底调查和编码登记
		排放检验	长期	秋冬季期间以施工工地和机场、物流园区、高排放控制区等为重点，开展非道路移动机械排放检测，每月抽查率达到 50%以上
		港口岸电	2019 年 12 月底前	提高港口岸电使用率

类别	重点工作	主要任务	完成时限	工程措施
用地结构调整	矿山综合整治	强化露天矿山综合治理	长期	开展露天矿山摸底排查，建立管理清单，推进 43 座废弃矿山扬尘治理
	扬尘综合治理	建筑扬尘治理	长期	严格落实施工场地“七个百分之百”要求
		施工扬尘管理清单	长期	动态更新施工工地管理清单
		施工扬尘监管	长期	完成 10 个 5 000 米^{2}以上土石方建筑工地安装在线监测和视频监控，并联网
		道路扬尘综合整治	长期	城市道路机械化清扫率达到 75%，县城达到 70%
		渣土运输车监管	全年	严厉打击无资质、标识不全、故意遮挡或污损车牌等渣土车违法行为。严格渣土运输车辆规范化管理，渣土运输车做到全密闭
		露天堆场扬尘整治	全年	城乡接合部、城中村拆迁的渣土和建筑垃圾不能及时清理的，采取苫盖等抑尘措施
		强化降尘量控制	全年	各县（区、市）降尘量控制在 5 吨/（月·千米^2）以下
	秸秆综合利用	加强秸秆焚烧管控	长期	建立网格化监管制度，在秋收阶段开展秸秆禁烧专项巡查。积极开展联合执法行动，建立秸秆焚烧长效监管机制
		加强秸秆综合利用	全年	全市秸秆综合利用率达到 94%
工业炉窑大气污染综合治理	监控监管	工业炉窑专项执法	2019 年 12 月底前	开展专项执法检查
VOCs 治理	重点工业行业 VOCs 综合治理	源头替代	2019 年 12 月底前	开展 2 家工业涂装企业低 VOCs 含量涂料替代试点工作
		无组织排放控制	2019 年 12 月底前	12 家纺织印染企业、5 家工业涂装企业、1 家医药企业、2 家包装印刷企业、1 家化工企业通过采取设备与场所密闭、工艺改进、废气有效收集等措施，完成 VOCs 无组织排放治理
		治污设施建设	2019 年 12 月底前	完成 25 家企业 VOCs 污染整治，建设适宜高效的治污设施
		精细化管控	全年	12 家包装印刷企业、8 家工业涂装企业、2 家医药企业、2 家橡胶和塑料制品企业推行“一厂一策”制度，加强企业运行管理
	油品储运销综合治理	油气回收治理	2019 年 12 月底前	开展加油站、储油库、油罐车油气污染防治专项检查，确保污染防治设施正常运行
		自动监控设备安装	2019 年 12 月底前	完成 28 座加油站、1 座储油库油气回收自动监控设备安装，推进与生态环境部门联网

类别	重点工作	主要任务	完成时限	工程措施
重污染天气应对	修订完善应急预案及减排清单	完善重污染天气应急预案	2019 年 10 月底前	修订完善重污染天气应急预案
		完善应急减排清单，夯实应急减排措施	2019 年 10 月底前	完成应急减排清单编制工作，落实“一厂一策”等各项应急减排措施
	应急运输响应	重污染天气移动源管控	2019 年 10 月底前	加强源头管控，根据实际情况，制定日货车使用量 10 辆以上企业、港口、铁路货场、物流园区的重污染天气车辆管控措施
能力建设	完善环境监测监控网络	环境空气质量监测网络建设	2019 年 12 月底前	建成乡镇（街道）环境空气质量自动监测站点 127 个，10 个省级重点工业园区全部建成环境空气质量自动监测站点
		环境空气 VOCs 监测	2019 年 12 月底前	建成环境空气 VOCs 监测站点 7 个
		遥感监测系统平台三级联网	长期	机动车遥感监测系统稳定传输数据
		定期排放检验机构三级联网	长期	市级机动车检验机构监管平台实现检测视频监控、防作弊报警提示、数据统计分析、检测机构管理、车辆环保信息管理，实现三级联网。对超标排放车辆开展大数据分析，追溯相关方责任
		重型柴油车车载诊断系统远程监控系统建设	全年	推进具备条件的国五重型柴油车车载诊断系统远程监控系统建设
		机场空气质量监测	2019 年 12 月底前	推进机场建设空气质量监测站 1 个
	源排放清单编制	编制大气污染源排放清单	2019 年 12 月底前	根据《2019 年浙江省大气污染源排放清单更新工作方案》，动态更新 2018 年大气污染源排放清单
	颗粒物来源解析	开展 $PM_{2.5}$ 来源解析	2019 年 12 月底前	根据《浙江省大气 $PM_{2.5}$ 来源解析工作方案》，开展城市大气污染颗粒物源解析

浙江省衢州市2019—2020年秋冬季大气污染综合治理攻坚行动方案

类别	重点工作	主要任务	完成时限	工程措施
产业结构调整	产业布局调整	建成区重污染企业搬迁	2019年12月底前	完成龙游县城区捷马化工有限公司年产4 000吨敌草隆生产线、年产25 000吨双甘膦生产线和年产50 000吨双氧水生产线搬迁改造
		化工行业整治	2019年12月底前	完成浙江铭隆化工有限公司年产6.5万吨硫酸生产线、年产12万吨过磷酸钙生产线、年产5万吨复合肥生产线关停整治
	“散乱污”企业和集群综合整治	“散乱污”企业及集群综合整治	2019年12月底前	完成53家“散乱污”企业清理整顿。（龙游10家、江山2家、柯城8家、衢江8家、集聚区3家、常山11家、开化11家）完善“散乱污”企业动态管理机制，实行网格化管理，压实基层责任，发现一起查处一起
	工业源污染治理	实施排污许可	2019年12月底前	完成畜牧业、非金属矿采选业、农副食品加工业等16大行业中23个细分行业小类排污许可证核发
		钢铁超低排放	2019年12月底前	完成元立公司二期焦炭地面除尘站超低排放改造，5号烧结机机尾烟气超低排放改造，完成球团竖炉超低排放改造
		无组织排放治理	2019年12月底前	完成3家240万吨产能水泥企业、4家砖瓦企业物料堆场、3家陶瓷行业、1家5万吨产能铝合金加工企业、2家6 000万块页岩砖生产企业无组织排放治理
		工业园区综合整治	2019年12月底前	树立行业标杆，制定综合整治方案，完成衢州高新技术产业园区、柯城航埠镇工业功能区、衢江经济开发区等7个工业园区集中整治年度任务
能源结构调整	煤炭消费总量控制	煤炭消费总量削减	全年	全市煤炭消费总量较2018年削减26万吨
	煤质监管	煤质监管	全年	加强部门联动，严厉打击劣质煤流通、销售和使用。煤质抽检覆盖率不低于90%，对抽检发现经营不合格散煤行为的，依法处罚
	锅炉综合整治	锅炉管理台账	2019年12月底前	完善锅炉管理台账
		淘汰燃煤锅炉	2019年12月底前	淘汰19台35蒸吨/时以下燃煤锅炉
		锅炉超低排放改造	2019年12月底前	完成开化县燃煤锅炉超低排放改造1台35蒸吨
		燃气锅炉低氮改造	2019年12月底前	完成17台101蒸吨燃气锅炉低氮改造或淘汰
		生物质锅炉	2019年12月底前	完成生物质锅炉超低排放改造1台4蒸吨，高效除尘改造1台4蒸吨

类别	重点工作	主要任务	完成时限	工程措施
运输结构调整	运输结构调整	提升铁路货运量	2019 年 12 月底前	落实本省运输结构调整方案的铁路货运量提升要求。对货运量超过 150 万吨的企业开展摸排，建立清单
		发展新能源车	全年	新增公交、环卫、邮政、出租、通勤、轻型城市物流车辆中新能源车比例达到 80%
		老旧车淘汰	全年	淘汰国三及以下营运柴油货车 1 000 辆
	车船燃油品质改善	油品质量抽查	2019 年 12 月底前	强化油品质量监管，按照年度抽检计划，在全市加油站（点）抽检车用汽柴油共计 30 个批次，实现年度全覆盖。开展对大型工业企业和机场自备油库油品质量专项检查，对发现的问题依法依规进行处置
		打击黑加油站点	2019 年 12 月底前	开展打击黑加油站点专项行动，依法查处取缔黑加油站点。从高速公路、国道、省道沿线加油站抽检尿素 10 次以上。推进从柴油货车油箱和尿素箱抽取检测柴油样品和车用尿素样品
	在用车环境管理	在用车执法监管	2020 年 3 月底前	秋冬季期间监督抽测柴油车数量不低于当地柴油车保有量的 80%，其中集中停放地和用车大户抽检柴油货车 500 辆以上，实现重点用车大户全覆盖
			2019 年 10 月底前	推进主要物流通道和城市入口建立多部门综合检测站
			2019 年 12 月底前	检查排放检验机构 44 个次，实现排放检验机构监管全覆盖
			2019 年 10 月底前	构建超标柴油车黑名单，将遥感监测（含黑烟抓拍）、停放地抽检及联合路检发现的超标车辆纳入黑名单，动态管理，并与公安、交通部门实现信息共享。推广使用“驾驶排放不合格的机动车上道路行驶的”交通违法处罚代码 6063，由生态环境部门取证，公安交管部门对路检路查和黑烟抓拍发现的上路行驶超标车辆进行处罚，交通部门强制维修
	非道路移动机械环境管理	高排放控制区	2019 年 12 月底前	划定并公布禁止使用高排放非道路移动机械的区域
		编码登记	2019 年 12 月底前	完成非道路移动机械摸底调查和编码登记
		排放检验	2019 年 12 月底前	秋冬季期间以施工工地和机场、物流园区、高排放控制区等为重点，开展非道路移动机械排放检测，做到重点场所全覆盖

类别	重点工作	主要任务	完成时限	工程措施
用地结构调整	矿山综合整治	强化露天矿山综合治理	长期	对污染治理不规范的露天矿山，依法责令停产整治，不达标不得恢复生产。对责任主体灭失露天矿山迹地进行综合治理
	扬尘综合治理	建筑扬尘治理	长期	严格落实施工场地“七个百分之百”要求
		施工扬尘管理清单	长期	定期动态更新施工工地管理清单
		施工扬尘监管	长期	火车站片区、百家塘片区等 5 000 米^{2}以上建筑工地全部安装在线监测，并与当地行业主管部门联网
		道路扬尘综合整治	长期	城区道路机械化清扫率达到 92%，县城达到 92%
		渣土运输车监管	全年	严厉打击无资质、标识不全、故意遮挡或污损车牌等渣土车违法行为。严格渣土运输车辆规范化管理，渣土运输车做到全密闭
		露天堆场扬尘整治	全年	全面清理城乡接合部以及城中村拆迁的渣土和建筑垃圾，不能及时清理的必须采取苫盖等抑尘措施
		强化降尘量控制	全年	各县（区、市）降尘量控制在 5 吨/（月 • 千米^2）以内
	秸秆综合利用	加强秸秆焚烧管控	长期	建立网格化监管制度，在秋收阶段开展秸秆禁烧专项巡查
		加强秸秆综合利用	全年	秸秆综合利用率达到 93%
工业炉窑大气污染综合治理	治理一批	工业炉窑废气深度治理	2019 年 12 月底前	完成 1 台 70 万吨产能焦化行业焦炉废气深度治理
	监控监管	工业炉窑专项执法	2019 年 12 月底前	开展专项执法检查
VOCs 治理	重点工业行业 VOCs 综合治理	源头替代	2019 年 12 月底前	完成 2 家包装印刷企业低 VOCs 含量油墨替代、2 家工业涂装企业低 VOCs 含量涂料替代
		治污设施建设	2019 年 12 月底前	完成 2 家印染企业、1 家工业涂装企业、3 家化工企业治污设施建设
		精细化管控	全年	24 家企业落实“一厂一策”制度，加强企业运行管理（巨化 2 家、柯城 2 家、衢江 2 家、龙游 4 家、江山 4 家、常山 4 家、开化 2 家、集聚区 4 家）
	油品储运销综合治理	油气回收治理	2019 年 10 月底前	开展加油站、储油库油气污染防治专项检查，确保油气污染防治设施正常运行
		自动监控设备安装	2019 年 12 月底前	5 个年销售汽油量大于 5 000 吨的加油站安装油气回收自动监控设备
	工业园区和企业集群综合治理	集中治理	2019 年 12 月底前	常山完成绿色产业集聚区常山片区 2 家企业 VOCs 治理和 2 家企业焊接废气、油雾废气治理。开化完成桐村 10 家密胺制品企业集中治理，建设密胺产业园，现有企业搬迁入园集中整治

类别	重点工作	主要任务	完成时限	工程措施
VOCs 治理	监测监控	自动监控设施安装	2019 年 12 月底前	高新园区等 1 个化工类工业园区建设监测预警监控体系，开展溯源分析。衢江经济开发区安装 1 套空气自动监控设施
	臭气异味治理	企业臭气异味治理治理	2019 年 12 月底前	完成 3 家企业臭气异味治理
重污染天气应对	修订完善应急预案及减排清单	完善重污染天气应急预案	2019 年 10 月底前	修订完善重污染天气应急预案
		完善应急减排清单，夯实应急减排措施	2019 年 10 月底前	完成应急减排清单编制工作，落实“一厂一策”等各项应急减排措施
能力建设	完善环境监测监控网络	环境空气质量监测网络建设	2019 年 12 月底前	增设环境空气质量自动监测站点 7 个，其中 2 个园区站点，5 个乡镇站点
		遥感监测系统平台三级联网	长期	机动车遥感监测系统稳定传输数据
		定期排放检验机构三级联网	长期	市级机动车检验机构监管平台实现检测视频监控、防作弊报警提示、数据统计分析、检测机构管理、车辆环保信息管理，实现三级联网。对超标排放车辆开展大数据分析，追溯相关方责任
		重型柴油车车载诊断系统远程监控系统建设	全年	推进具备条件的国五重型柴油车车载诊断系统远程监控系统建设和终端安装
	源排放清单编制	编制大气污染源排放清单	2019 年 10 月底前	根据《2019 年浙江省大气污染源排放清单更新工作方案》，动态更新 2018 年大气污染源排放清单
	颗粒物来源解析	开展 $PM_{2.5}$ 来源解析	2019 年 10 月底前	根据《浙江省大气 $PM_{2.5}$ 来源解析工作方案》，开展城市大气污染颗粒物源解析

浙江省舟山市2019—2020年秋冬季大气污染综合治理攻坚行动方案

类别	重点工作	主要任务	完成时限	工程措施
产业结构调整	“散乱污”企业和集群综合整治	“散乱污”企业综合整治	2019年12月底前	依法依规完成舟山市定海虹桥机械铸造厂、舟山市锦昌机械制造有限公司、嵊泗县兴达船厂等3家“散乱污”企业关停取缔工作。完善“散乱污”企业动态管理机制，实行网格化管理，压实基层责任，发现一起查处一起
	工业源污染治理	实施排污许可	2019年12月底前	完成家具制造业、汽车制造业等行业的排污许可证核发
		工业园区综合整治	2019年12月底前	制定舟山国际粮油产业园区、舟山海洋产业集聚区综合整治方案，同步推进区域环境综合整治和企业升级改造。强化舟山绿色石化基地全过程监理监管，加强绿色石化基地建设过程中工地、运输车辆等现场扬尘管控
		工业园区能源替代利用与资源共享	2019年12月底前	舟山国际粮油产业园区实现集中供热
能源结构调整	煤炭消费总量控制	煤炭消费总量削减	全年	全市煤炭消费总量较2018年削减1万吨
	锅炉综合整治	锅炉管理台账	2019年12月底前	完善锅炉管理台账
		淘汰燃煤锅炉	2019年12月底前	淘汰6台35蒸吨/时以下燃煤锅炉
		燃气锅炉低氮改造	2019年12月底前	完成浙江金鹰共创纺织有限公司2台10蒸吨、舟山市定海新奥能源发展有限公司4台20蒸吨天然气锅炉低氮改造
		生物质锅炉	2019年12月底前	制定锅炉综合整治方案，推进舟山市普陀汪汪角食品有限公司等建成区生物质锅炉超低排放改造或者淘汰
	煤质监管	煤质监管	全年	加强部门联动，严厉打击劣质煤流通、销售和使用。加强煤质抽查，对抽检发现经营不合格散煤行为的，依法处罚
运输结构调整	运输结构调整	江海联运	2019年12月底前	开展舟山六横煤炭中转储运基地二期可行性研究，推动煤炭、粮食等大宗货物海河联运
		发展新能源车	全年	新增及更新公交车中新能源比例达到100%
			2019年12月底前	港区内新增或更换作业车辆主要采用新能源或清洁能源。推进港作船舶采用新能源或清洁能源
			2019年12月底前	港区内新增或更换非道路移动机械主要采用新能源或清洁能源，比例达95%以上
		老旧车淘汰	全年	淘汰国三及以下营运柴油货车699辆

类别	重点工作	主要任务	完成时限	工程措施
运输结构调整	车船燃油品质改善	油品和尿素质量抽查	2019 年 12 月底前	开展对大型工业企业和机场自备油库油品质量专项检查，对发现的问题依法依规进行处置。强化油品质量监管，按照年度抽检计划，在全市加油站（点）抽检车用汽柴油共计 16 个批次，实现年度全覆盖。从高速公路、国道、省道沿线加油站抽检尿素 4 次以上
		打击黑加油站点	2019 年 12 月底前	根据省市推进成品油市场整治系列方案要求，开展打击黑加油站点专项行动，依法查处取缔黑加油站点。推进柴油货车油箱和尿素箱抽取检测柴油样品和车用尿素样品
		船用油品质量调查	2019 年 12 月底前	加强对船舶、油船、供油单位等油品监管。对港口内靠岸停泊船舶燃油质量抽查 1 000 艘次以上，覆盖全市各主要港口及锚地
	在用车环境管理	在用车执法监管	长期	秋冬季期间监督抽测柴油车数量不低于当地柴油车保有量的 80%。加大对车辆集中停放地和重点单位抽查力度，实现重点用车大户全覆盖
			2019 年 12 月底前	检查排放检验机构 20 个次，实现排放检验机构监管全覆盖
			2019 年 10 月底前	构建超标柴油车黑名单，将遥感监测（含黑烟抓拍）、停放地抽检及联合路检发现的超标车辆纳入黑名单，动态管理，并与公安、交通部门实现信息共享。推广使用“驾驶排放不合格的机动车上道路行驶的”交通违法处罚代码 6063，由生态环境部门取证，公安交管部门对路检路查和黑烟抓拍发现的上路行驶超标车辆进行处罚，交通部门强制维修
	非道路移动机械环境管理	高排放控制区	2019 年 12 月底前	划定并公布禁止使用高排放非道路移动机械的区域
		编码登记	2019 年 12 月底前	完成非道路移动机械摸底调查和编码登记
		排放检验	长期	秋冬季期间以施工工地和机场、物流园区、高排放控制区等为重点，开展非道路移动机械排放检验，做到重点场所全覆盖
		推动岸电建设	2019 年 12 月底前	完成 2 套港口岸电设施建设
		提高岸电使用率	2019 年 12 月底前	提高岸电使用率
用地结构调整	矿山综合整治	强化露天矿山综合治理	长期	对污染治理不规范的露天矿山，依法责令停产整治，不达标不得恢复生产。对责任主体灭失露天矿山迹地进行综合治理
	扬尘综合治理	建筑扬尘治理	长期	严格落实施工场地“七个百分之百”要求
		施工扬尘管理清单	长期	定期动态更新施工工地管理清单

类别	重点工作	主要任务	完成时限	工程措施
用地结构调整	扬尘综合治理	施工扬尘监管	长期	5 000 米^{2}及以上建筑工地或房屋建筑面积 10 000 米^{2}及以上在建工地出口必须安装 TSP 自动监测，视频监控装置和雾炮
		道路扬尘综合整治	长期	市区道路机械化清扫率达到 75%，县城达到 65%
		渣土运输车监管	全年	严厉打击无资质、标识不全、故意遮挡或污损车牌等渣土车违法行为。严格渣土运输车辆规范化管理，渣土运输车做到全密闭
		露天堆场扬尘整治	全年	全面清理城乡接合部以及城中村拆迁的渣土和建筑垃圾，不能及时清理的必须采取苫盖等抑尘措施
		强化降尘量控制	全年	各县（区）降尘量不高于 5 吨/（月・千米^2）
	秸秆综合利用	加强秸秆焚烧管控	长期	建立网格化监管制度，在秋收阶段开展秸秆禁烧专项巡查
		加强秸秆综合利用	全年	秸秆综合利用率达到 97%
工业炉窑大气污染综合治理	治理一批	工业炉窑废气整治	2019 年 12 月底前	积极推进舟山市定海金铸铜套厂等工业炉窑废气整治
	监控监管	工业炉窑专项执法	2019 年 12 月底前	开展专项执法检查
VOCs 治理	重点工业行业 VOCs 综合治理	源头替代	2019 年 12 月底前	推进船舶修造行业低 VOCs 含量涂料替代，完成舟山市原野船舶修造有限公司坞修涂装工艺改造实现清洁生产
		无组织排放控制	2019 年 12 月底前	完成舟山市新城腾云玉石店、舟山市普陀区乐菲门窗经营部无组织收集改造。舟山电厂、六横电厂等煤堆场采取封闭化改造、建设防风抑尘网等措施做好无组织管控
		治污设施建设	2019 年 12 月底前	完成舟山市大洋汽车同步带有限公司、浙江奥斯特汽车配件有限公司、舟山森垄木业有限公司等 3 家挥发性有机物收集并治理
		精细化管控	全年	中海石油舟山石化有限公司、中国石化集团公司册子岛原油商业储备基地、中化兴中石油转运舟山有限公司、常石集团舟山造船有限公司、舟山中远船务工程有限公司等 5 家企业制定“一厂一策”，加强企业运行管理
	油品储运销综合治理	油气回收治理	2019 年 12 月底前	开展加油站、储油库、油罐车油气污染防治专项检查，确保油气污染防治设施正常运行
		码头油气回收	2019 年 12 月底前	完成中海石油舟山石化有限公司原油码头油气回收主体设施建设
		自动监控设备安装	2019 年 12 月底前	完成 3 个 5 000 吨以上加油站油气回收自动监控设备安装

类别	重点工作	主要任务	完成时限	工程措施
VOCs 治理	监测监控	自动监控设备安装	2019 年 12 月底前	完成浙江华和热电有限公司 1 套自动监控设施建设
	臭气异味治理	臭气异味治理项目	2019 年 12 月底前	完成舟山市定海百达石化有限公司、舟山干览镇污水处理厂改扩建工程废气加盖收集处理后达标排放改造
	餐饮油烟	餐饮油烟管控	2019 年 12 月底前	开展餐饮企业专项检查行动，加大对油烟超标排放的处罚力度，确保净化装置高效稳定运行
重污染天气应对	修订完善应急预案及减排清单	完善重污染天气应急预案	2019 年 10 月底前	修订完善重污染天气应急预案
		完善应急减排清单，夯实应急减排措施	2019 年 10 月底前	完成应急减排清单编制工作，落实“一厂一策”等各项应急减排措施
能力建设	完善环境监测监控网络	环境空气质量监测网络建设	2019 年 12 月底前	积极推进石化项目自动站、港口自动站、全市各乡镇小微站建设
		环境空气 VOCs 监测	2019 年 12 月底前	完成中海石油舟山石化有限公司 VOCs 在线监控系统建设
		遥感监测系统平台三级联网	长期	机动车遥感监测系统稳定传输数据
		定期排放检验机构三级联网	长期	市级机动车检验机构监管平台实现检测视频监控、防作弊报警提示、数据统计分析、检测机构管理、车辆环保信息管理，实现三级联网。对超标排放车辆开展大数据分析，追溯相关方责任
		重型柴油车车载诊断系统远程监控系统建设	全年	推进具备条件的国五重型柴油车车载诊断系统远程监控系统建设
		机场空气质量监测	2019 年 12 月底前	舟山/普陀山机场建设空气质量监测站 1 个
	源排放清单编制	编制大气污染源排放清单	2019 年 12 月底前	根据《2019 年浙江省大气污染源排放清单更新工作方案》，动态更新 2018 年大气污染源排放清单
	颗粒物来源解析	开展 $PM_{2.5}$ 来源解析	2019 年 12 月底前	根据《浙江省大气 $PM_{2.5}$ 来源解析工作方案》，开展城市大气污染颗粒物源解析

浙江省台州市 2019—2020 年秋冬季大气污染综合治理攻坚行动方案

类别	重点工作	主要任务	完成时限	工程措施
产业结构调整	产业布局调整	建成区重污染企业搬迁	2019 年 12 月底前	实施浙江仙琚制药股份有限公司、浙江神洲药业有限公司、浙江台州清泉医药化工有限公司等 3 家企业搬迁
		化工行业整治	2020 年 3 月底前	对浙江台州化学原料药产业园区椒江区块、黄岩江口医化园区、浙江台州化学原料药产业园区临海区块、仙居现代工业园区等 4 个化工园区进行深度治理，确保稳定达标排放。推进实施 15 个医药化工企业 VOCs 清洁化生产
	“散乱污”企业综合整治	“散乱污”企业综合整治	2019 年 12 月底前	完成 1 500 家涉气“散乱污”企业清理整顿，完善“散乱污”企业动态管理机制，实行网格化管理，压实基层责任，发现一起查处一起
	工业源污染治理	实施排污许可	2019 年 12 月底前	完成畜牧业，食品制造业，酒、饮料和精制茶行业，木材加工，家具制造，化学原料和化学制品制造，汽车制造，电气机械和器材制造等 23 个行业排污许可证核发
		无组织排放治理	2019 年 12 月底前	开展钢铁、建材、火电等重点行业及燃煤锅炉无组织排放排查，实施燃煤电厂煤场封闭/半封闭改造，20 家企业完成物料（含废渣）运输、装卸、储存、转移、输送以及生产工艺过程等无组织排放的深度治理
		工业园区综合整治	2019 年 12 月底前	完成温岭市经济开发区、三门沿海工业城和台州高新区滨海工业园区等 3 个工业园区综合整治方案，同步推进浙江台州化学原料药产业园区椒江区块、黄岩江口医化园区、浙江台州化学原料药产业园区临海区块、临海杜桥眼镜区块、温岭市经济开发区、玉环市科技产业功能区、天台县洪三橡胶工业功能区、仙居现代工业园区、三门沿海工业城、台州高新区滨海工业园区等 10 个工业园区区域环境综合整治和企业升级改造
能源结构调整	煤炭消费总量控制	煤炭消费总量削减	全年	除 3 个省统调电厂外，全市煤炭消费总量较 2018 年削减 0.1 万吨
	煤质监管	煤质监管	全年	加强部门联动，严厉打击劣质煤流通、销售和使用。煤质抽检覆盖率不低于 90%，对抽检发现经营不合格散煤行为的，依法处罚
	锅炉综合整治	锅炉管理台账	2019 年 12 月底前	完善锅炉管理台账
		淘汰燃煤锅炉	2019 年 12 月底前	淘汰 15 台 35 蒸吨/时以下的燃煤锅炉
		锅炉超低排放改造	2019 年 12 月底前	完成台州市椒江热电有限公司燃煤锅炉超低排放改造 1 台 100 蒸吨
		燃气锅炉低氮改造	2019 年 12 月底前	完成 81 台 525 蒸吨燃气锅炉低氮改造或淘汰
		生物质锅炉	2019 年 12 月底前	淘汰建成区内生物质锅炉 11 台，推进生物质锅炉超低排放改造或淘汰工作

类别	重点工作	主要任务	完成时限	工程措施
运输结构调整	运输结构调整	提升水路货运量	2019 年 12 月底前	提高台州港水路运输量，水运量提升 5%以上
		加快铁路专用线建设	2019 年 12 月底前	全面摸排全市大宗货物年货运量在 150 万吨以上的大型工矿企业情况，加快台金高铁延伸头门港货运码头专用线建设
		发展新能源车	全年	新增公交、环卫、邮政、出租、通勤、轻型城市物流车辆中新能源车比例达到 80%
		老旧车淘汰	全年	淘汰国三及以下营运柴油货车 1 100 辆
	车船燃油品质改善	油品和尿素质量抽查	2019 年 12 月底前	强化油品质量监管，按照年度抽检计划，在全市加油站（点）抽检车用汽柴油共计 16 个批次，实现年度全覆盖。开展对自备油库的大型工业企业和机场的油品质量专项检查，对发现的问题依法依规进行处置。从高速公路、国道、省道沿线加油站抽检尿素 50 次以上
		开展成品油市场专项整治	2019 年 12 月底前	根据市推进成品油市场整治系列方案要求，开展打击黑加油站点专项行动，依法查处取缔黑加油站点。从柴油货车油箱和尿素箱抽取检测柴油样品和车用尿素样品
		船用油品质量调查	2019 年 12 月底前	对港口内靠岸停泊船舶燃油开展监督抽查
	在用车环境管理	在用车执法监管	2020 年 3 月底前	秋冬季期间监督抽测柴油车数量不低于当地柴油车保有量的 80%，重点抽检集中停放地和用车大户的柴油货车，实现重点用车大户全覆盖
			2019 年 10 月底前	建设多部门全天候综合检测站 1 个，并投入运行
			2019 年 12 月底前	检查排放检验机构 50 家次，实现排放检验机构监管全覆盖
			2019 年 10 月底前	构建超标柴油车黑名单，将遥感监测（含黑烟抓拍）、停放地抽检及联合路检发现的超标车辆纳入黑名单，动态管理，并与公安、交通部门实现信息共享。推广使用“驾驶排放不合格的机动车上道路行驶的”交通违法处罚代码 6063，由生态环境部门取证，公安交管部门对路检路查和黑烟抓拍发现的上路行驶超标车辆进行处罚，交通部门强制维修
	非道路移动机械环境管理	高排放控制区	2019 年 12 月底前	划定并公布禁止使用高排放非道路移动机械的区域
		编码登记	2019 年 12 月底前	完成非道路移动机械摸底调查和编码登记
		排放检验	2019 年 12 月底前	秋冬季期间高排放控制区内以施工工地和机场、物流园区等为重点，做到重点场所全覆盖
		港口岸电	2019 年 12 月底前	建成椒江 4 个和三门 1 个港口岸电设施，提高使用率
用地结构调整	矿山综合整治	强化露天矿山综合治理	长期	对污染治理不规范的露天矿山，依法责令停产整治，不达标不得恢复生产。对责任主体灭失露天矿山迹地进行综合治理
	扬尘综合治理	建筑扬尘治理	长期	严格按照施工场地“七个百分之百”要求，落实建筑施工和混凝土搅拌站、道路扬尘秋冬季精细化管控
		施工扬尘管理清单	长期	建立并定期动态更新施工工地管理清单

类别	重点工作	主要任务	完成时限	工程措施
用地结构调整	扬尘综合治理	施工扬尘监管	长期	5 000 $米^2$及以上建筑工地全部安装在线监测和视频监控，并与当地行业主管部门联网
		道路扬尘综合整治	长期	城市道路机械化清扫率达到 70%，县城达到 62%
		渣土运输车监管	全年	严厉打击无资质、标识不全、故意遮挡或污损车牌等渣土车违法行为。严格渣土运输车辆规范化管理，渣土运输车做到全密闭
		露天堆场扬尘整治	全年	全面清理城乡接合部以及城中村拆迁的渣土和建筑垃圾，不能及时清理的必须采取苫盖等抑尘措施
		强化降尘量控制	全年	各县（区、市）降尘量不高于 5 吨/（月・$千米^2$）
	秸秆综合利用	加强秸秆焚烧管控	长期	建立以乡镇（街道）为主体的网格化监管制度，在秋冬季开展秸秆禁烧专项巡查
		加强秸秆综合利用	全年	秸秆综合利用率达到 94%
工业炉窑大气污染综合治理	淘汰一批	工业炉（窑）淘汰	2019 年 12 月底前	对台州市轮窑厂等 3 家企业实施工业炉窑淘汰
	监控监管	监测监控	2019 年 12 月底前	炼钢行业安装自动监控系统共 1 套
		工业炉窑专项执法	2019 年 12 月底前	开展工业炉窑专项执法检查
VOCs 治理	重点工业行业 VOCs 综合治理	源头替代	2019 年 12 月底前	5 家工业涂装企业完成水性、粉末或高固体分涂料替代
		无组织排放控制	2019 年 12 月底前	合成革、医药化工和塑料制品等 20 家企业通过采取设备与场所密闭、工艺改进、废气有效收集等措施，完成 VOCs 无组织排放治理
		治污设施建设	2019 年 12 月底前	对印刷、医药化工、工业涂装、橡胶塑料和制鞋等 97 家企业的治污设施进行改造提升
		精细化管控	全年	医药化工、包装印刷、合成革、工业涂装和塑料制品等 31 家企业推行“一厂一策”制度，加大造船业和汽修行业 VOCs 精细化治理，加强企业运行管理
	油品储运销综合治理	油气回收治理	2019 年 12 月底前	开展加油站、储油库、油罐车油气污染防治专项检查，确保油气污染防治设施正常运行
		自动监控设备安装	2019 年 12 月底前	年销售汽油量大于 5 000 吨的加油站和 4 个储油库安装油气回收自动监控设备，并推进与生态环境部门联网
	工业园区和企业集群综合治理	集中治理	2019 年 12 月底前	推进椒江、临海 2 个眼镜园区建设集中涂装中心，配备高效废气治理设施，代替分散的涂装工序。浙江台州化学原料药产业园区椒江区块、黄岩江口医化园区、浙江台州化学原料药产业园区临海区块、仙居现代工业园区等 4 个化工类工业园区和企业集群，以厂区 VOCs 检测和 LDAR 泄漏检测相结合的方式，以园区为单位进行统一监管。完善仙居、临海等 2 个有机溶剂回收处置中心建设。推进天台区域性活性炭回收集中建设

类别	重点工作	主要任务	完成时限	工程措施
VOCs治理	工业园区和企业集群综合治理	统一管控	2019年12月底前	建设浙江台州化学原料药产业园区椒江区块、黄岩江口医化园区、浙江台州化学原料药产业园区临海区块等3个化工类工业园区监测预警监控体系，开展走航监测溯源分析；完善黄岩江口医化园区恶臭电子鼻监测监控
	监测监控	自动监控设施安装	2019年12月底前	医药化工、工业涂装和橡胶制品等34家企业主要排污口要安装自动监控设施
重污染天气应对	修订完善应急预案及减排清单	完善重污染天气应急预案	2019年10月底前	修订完善重污染天气应急预案
		完善应急减排清单，夯实应急减排措施	2019年10月底前	完成应急减排清单编制工作，落实“一厂一策”等各项应急减排措施
	应急运输响应	重污染天气移动源管控	2019年10月15日前	加强源头管控，根据实际情况，制定企业、港口、物流园区的重污染天气车辆管控措施，并安装门禁监控系统
能力建设	完善环境监测监控网络	环境空气质量监测网络建设	2019年12月底前	增设环境空气质量自动监测站点8个，其中县级城市自动监测站点1个，乡镇（街道）、农村自动监测站点2个，工业园区环境空气质量监测站点5个
		环境空气VOCs监测	2019年12月底前	建成环境空气VOCs监测站点2个
		遥感监测系统平台三级联网	长期	机动车遥感监测系统稳定传输数据
		定期排放检验机构三级联网	长期	市级机动车检验机构监管平台实现检测视频监控、防作弊报警提示、数据统计分析、检测机构管理、车辆环保信息管理，实现三级联网。对超标排放车辆开展大数据分析，追溯相关方责任
		重型柴油车车载诊断系统远程监控系统建设	全年	推进具备条件的国五重型柴油车车载诊断系统远程监控系统建设
		道路空气质量监测	2019年12月底前	在主要物流通道建设道路空气质量监测站1个
		机场空气质量监测	2019年12月底前	推进机场建设空气质量监测站1个
	源排放清单编制	编制大气污染源排放清单	2019年12月底前	根据《2019年浙江省大气污染源排放清单更新工作方案》，动态更新2018年大气污染源排放清单
	颗粒物来源解析	开展$PM_{2.5}$来源解析	2019年12月底前	根据《浙江省大气$PM_{2.5}$来源解析工作方案》，开展城市大气污染颗粒物源解析

浙江省丽水市2019—2020年秋冬季大气污染综合治理攻坚行动方案

类别	重点工作	主要任务	完成时限	工程措施
产业结构调整	“散乱污”企业和集群综合整治	“散乱污”企业综合整治	2019年12月底前	完善“散乱污”企业动态管理机制，实行网格化管理，压实基层责任，发现一起查处一起。完成今年任务（总共173家）剩下的68家涉气排放“散乱污”企业清理整顿
	工业源污染治理	实施排污许可	2019年12月底前	完成人造板制造、家具制造、化学原料和化学制品制造、汽车零部件配件制造、电池制造、生物质发电、污水处理、环境治理、热力生产和供应、酒的制造等行业排污许可证核发
		钢铁超低排放	2019年12月底前	完成青山钢铁有限公司一台50吨AOD炉，丽水华宏钢铁制品有限公司(产能120万吨)、浙江新宏钢制品有限公司（产能120万吨）、浙江冠富实业有限公司一台电炉（产能55万吨）4家钢铁企业超低排放改造
		无组织排放治理	2019年12月底前	完成浙江利马革业有限公司生产线密闭改造，完成浙江弘达竹木有限公司、浙江前进暖通有限公司物料（含废渣）运输、装卸、储存、转移、输送以及生产工艺过程的无组织排放深度治理
		工业园区综合整治	2019年12月底前	编制完成丽水工业园区、浙江龙泉经济开发区、青田经济开发区、浙江云和工业园区、庆元县工业园区、缙云经济开发区、丽缙园科技产业园、遂昌县工业园区、丽水生态产业集聚区松阳分区、丽水经济开发区10个省级工业园区整治方案，根据方案要求，逐步推进工业园区整治
能源结构调整	煤炭消费总量控制	煤炭消费总量削减	全年	全市煤炭消费总量较2018年削减0.5万吨
	锅炉综合整治	锅炉管理台账	2019年12月底前	完善锅炉管理台账
		淘汰燃煤锅炉	2019年12月底前	淘汰35蒸吨/时以下燃煤锅炉60台，10蒸吨/时以下燃煤锅炉清零
		燃气锅炉低氮改造	2019年12月底前	完成12台51蒸吨燃气锅炉低氮改造或关停
		生物质锅炉	2019年12月底前	依法依规关停2台生物质锅炉0.14蒸吨

类别	重点工作	主要任务	完成时限	工程措施
运输结构调整	运输结构调整	发展新能源车	全年	新增清洁能源公交车 200 辆，新增清洁能源出租车 150 辆
		老旧车淘汰	全年	印发《丽水市老旧营运车辆淘汰工作方案》，加快淘汰国三及以下营运柴油货车 300 辆
		船舶淘汰更新	2019 年 12 月底前	淘汰使用 20 年以上的内河航运船舶 15 艘
	车船燃油品质改善	油品质量抽查	2019 年 12 月底前	强化油品质量监管，按照年度抽检计划，在全市加油站（点）抽检车用汽柴油共计 80 个批次，实现年度全覆盖
		尿素质量抽查	2019 年 12 月底前	从高速公路、国道、省道沿线加油站抽检尿素 2 次以上
		使用终端油品和尿素质量抽查	2019 年 12 月底前	从柴油货车油箱和尿素箱分别抽取检测柴油样品、车用尿素样品各 5 个以上
	在用车环境管理	在用车执法监管	长期	秋冬季期间监督抽测柴油车数量不低于当地柴油车保有量的 80%，开展对车辆集中停放地和重点单位抽查工作，实现重点用车大户全覆盖
			2019 年 12 月底前	检查排放检验机构 11 个次，实现排放检验机构监管全覆盖
			2019 年 10 月底前	构建超标柴油车黑名单，将遥感监测（含黑烟抓拍）、停放地抽检及联合路检发现的超标车辆纳入黑名单，动态管理，并与公安、交通部门实现信息共享。推广使用“驾驶排放不合格的机动车上道路行驶的”交通违法处罚代码 6063。由生态环境部门取证，公安交管部门对路检路查和黑烟抓拍发现的上路行驶超标车辆进行处罚，交通部门强制维修
交通结构调整	非道路移动机械环境管理	高排放控制区	2019 年 12 月底前	划定并公布禁止使用高排放非道路移动机械的区域
		编码登记	2019 年 12 月底前	完成非道路移动机械摸底调查和编码登记
		排放检验	长期	秋冬季期间以施工工地、物流园区、高排放控制区等为重点，检测非道路移动机械 50%
用地结构调整	矿山综合整治	强化露天矿山综合治理	长期	对污染治理不规范的露天矿山，依法责令停产整治，不达标不得恢复生产。对责任主体灭失露天矿山迹地进行综合治理
	扬尘综合治理	建筑扬尘治理	长期	严格落实施工场地“七个百分之百”要求
		施工扬尘管理清单	长期	定期动态更新施工工地管理清单
		施工扬尘监管	长期	5 000 米^{2}以上建筑工地全部安装在线监测和视频监控，并与当地行业主管部门联网
		道路扬尘综合整治	长期	地级及以上城市道路机械化清扫率达到 85%，县城主干道路达到 80%

类别	重点工作	主要任务	完成时限	工程措施
用地结构调整	扬尘综合治理	渣土运输车监管	全年	严厉打击无资质、标识不全、故意遮挡或污损车牌等渣土车违法行为。严格渣土运输车辆规范化管理，渣土运输车做到全密闭
		露天堆场扬尘整治	全年	全面清理城乡接合部以及城中村拆迁的渣土和建筑垃圾，不能及时清理的必须采取苫盖等抑尘措施
		强化降尘量控制	全年	各县（区、市）降尘量不高于5吨/（月•千米^2）。每月持续发布各县（区、市）降尘通报，加强降尘管控
	秸秆综合利用	加强秸秆焚烧管控	长期	建立网格化监管制度，在秋收阶段开展秸秆禁烧专项巡查，城区建设安装33个秸秆焚烧高清视频探头加强管控
		加强秸秆综合利用	全年	秸秆综合利用率达到94%
工业炉窑大气污染综合治理	监控监管	监测监控	2019年12月底前	浙江科泰阀门有限公司等10家阀门企业，青田美进家五金锁业有限公司等5家五金企业安装在线监控
		工业炉窑专项执法	2019年12月底前	开展专项执法检查
VOCs治理	重点工业行业VOCs综合治理	源头替代	2019年12月底前	完成云和县森友工艺品有限公司、浙江格林玩具有限公司2家工业涂装企业低VOCs含量涂料替代。推广木质玩具行业实行涂料替代
		无组织排放控制	2019年12月底前	完成浙江合力革业有限公司、浙江新旭合成革有限公司2家合成革企业的生产线密闭改造；完成浙江玖玖木业用品有限公司废气有效收集；浙江丹妮婴童用品有限公司、浙江弘达竹木有限公司2家工业涂装企业，浙江福莱克铸造科技有限公司通过采取设备与场所密闭、工艺改进、废气有效收集等措施，完成VOCs无组织排放治理
		治污设施建设	2019年12月底前	完成浙江陕鼓能源开发有限公司二期集中精馏项目建设（完成时限2020年3月）；完成浙江闽锋化学有限公司（绿谷厂区）DMF精馏设施改造；2家木制家具制造企业、2家木制品企业、2家工业涂装企业、1家五金制造企业、1家阀门铸造企业、1家服装企业、1家制鞋企业建设适宜高效治污设施
		精细化管控	全年	浙江金棒运动器材有限公司等9家工业涂装企业，龙泉市亿龙竹木开发有限公司等4家木制品企业，浙江欧美威五金制品有限公司，丽水富居仕家居有限公司推行“一厂一策”制度，加强企业运行管理。开展全市汽修维修行业VOCs整治，出台整治规范文件

类别	重点工作	主要任务	完成时限	工程措施
VOCs 治理	油品储运销综合治理	油气回收治理	2019 年 12 月底前	开展加油站、储油库、油罐车油气污染防治专项检查，对发现的问题依法依规进行处置，确保油气污染防治设施正常运行
		自动监控设备安装	2019 年 12 月底前	2 个加油站完成油气回收自动监控设备安装
重污染天气应对	修订完善应急预案及减排清单	完善重污染天气应急预案	2019 年 10 月底前	修订完善重污染天气应急预案
		完善应急减排清单，夯实应急减排措施	2019 年 10 月底前	完成应急减排清单编制工作，落实“一厂一策”等各项应急减排措施
能力建设	完善环境监测监控网络	环境空气质量监测网络建设	2019 年 12 月底前	增设环境空气质量自动监测站点 2 个
		遥感监测系统平台三级联网	长期	机动车遥感监测系统稳定传输数据
		定期排放检验机构三级联网	长期	市级机动车检验机构监管平台实现检测视频监控、防作弊报警提示、数据统计分析、检测机构管理、车辆环保信息管理，实现三级联网。对超标排放车辆开展大数据分析，追溯相关方责任
		重型柴油车车载诊断系统远程监控系统建设	全年	推进具备条件的国五重型柴油车车载诊断系统远程监控系统建设
	源排放清单编制	编制大气污染源排放清单	2019 年 12 月底前	根据《2019 年浙江省大气污染源排放清单更新工作方案》，动态更新 2018 年大气污染源排放清单
	颗粒物来源解析	开展 $PM_{2.5}$ 来源解析	2019 年 10 月底前	根据《浙江省大气 $PM_{2.5}$ 来源解析工作方案》，开展城市大气污染颗粒物源解析

安徽省合肥市2019—2020年秋冬季大气污染综合治理攻坚行动方案

类别	重点工作	主要任务	完成时限	工程措施
产业结构调整	产业布局调整	重污染企业搬迁	2020年3月底前	安徽长丰海螺水泥有限公司异地搬迁
		化工行业整治	2019年12月底前	对合肥四方磷复肥有限责任公司实施停产；对合肥循环园利用激光雷达、走航车等技术手段进行摸排整治
	“散乱污”企业和集群综合整治	“散乱污”企业综合整治	2019年12月底前	完善“散乱污”企业动态管理机制，实行网格化管理，压实基层责任，发现一起查处一起。完成已摸排出的181家“散乱污”企业综合整治。2019年7月起再开展新一轮“散乱污”企业排查整治工作
	工业源污染治理	实施排污许可	2019年12月底前	按照国家、省统一安排完成排污许可证核发工作
		无组织排放治理	2019年12月底前	1.对2家建材企业建设物料大棚的运输廊道密闭，减少无组织排放。2.对2家钢构企业喷漆工序新建喷漆房、1家企业辅料堆场封闭。3.对3家建筑垃圾破碎、1家混凝土拌和站生产过程中无组织排放污染物的企业进行查封。4.对1家展柜生产公司、1家水稳拌合站2家企业无组织排放进行整治
		工业园区能源替代利用与资源共享	2019年12月底前	完成居巢经开区集中供热改造。对省级及以上工业园区继续排查高污染燃料使用情况，发现一家整改一家
能源结构调整	煤炭监管	散煤管理	全年	加强部门联动，严厉打击违法违规经营、使用散煤行为，对发现的违法违规行为，责令整改并依法处罚
		煤质监管	全年	对我市所有发电厂、热电厂及大型化工企业等用煤量大的单位使用的商品煤质量开展风险监测、抽样检测，依法从严查处无照经营、销售不符合标准煤炭的经营行为。煤质抽检不低于6组
	煤炭消费总量控制	煤炭消费总量削减	全年	全市煤炭消费总量完成国家和省下达的任务
	锅炉综合整治	淘汰燃煤锅炉	2019年12月底前	2019年底全市全面淘汰10蒸吨/时以下燃煤锅炉和燃煤设施。2020年基本淘汰35蒸吨/时以下燃煤锅炉
		锅炉超低排放改造	2019年12月底前	完成11台1 115蒸吨锅炉的超低排放改造
		燃气锅炉低氮改造	2019年12月底前	2019年底完成142台590.67蒸吨燃气锅炉低氮燃烧改造工作。2020年全面完成燃气锅炉低氮改造工作
		生物质锅炉	2019年12月底前	启动全市生物质锅炉排查工作；对城市建成区排查出的生物质锅炉启动超低排放改造

类别	重点工作	主要任务	完成时限	工程措施
运输结构调整	运输结构调整	提升铁路货运量	2019 年 12 月底前	与 2017 年相比，全社会铁路货运增量力争达到 16 万吨
		加快重点项目建设	2019 年 12 月底前	开展大宗货物年货运量 150 万吨及以上的大型工矿企业和物流园区摸底调查，按照宜水则水、宜铁则铁的原则，研究推进大宗货物“公转铁”或“公转水”。协同推进铜陵江北港专用线前期工作，三季度完成可研报批，争取项目年内开工。协同经开区推进派河港国际物流园铁路货场专用线项目，三季度完成项目可研编制，年内争取中国国家铁路集团有限公司批准本项目
		发展新能源车	全年	新增公交、环卫、邮政、出租、通勤、轻型城市物流车辆中新能源车比例达到 80%
			2019 年 12 月底前	机场新增或更换作业车辆采用新能源或清洁能源 13 辆
			2019 年 12 月底前	机场、铁路货场新增或更换作业非道路移动机械采用新能源或清洁能源 13 辆
		老旧车淘汰	全年	淘汰国三及以下营运柴油货车 400 辆；淘汰 2011 年入户的公交车辆 327 台
		船舶淘汰更新	2019 年 12 月底前	淘汰使用 20 年以上的内河航运船舶
	车船燃油品质改善	油品质量抽查	2019 年 12 月底前	强化油品质量监管，按照年度抽检计划，在全市加油站（点）抽检车用汽柴油 348 个批次，实现年度全覆盖
				开展大型工业企业自备油库油品质量检查，对发现的问题依法依规进行处置
		打击黑加油站点	2019 年 12 月底前	开展打击黑加油站点专项行动，对黑加油站进行查处取缔。在具备条件情况下，从柴油货车油箱和尿素箱抽取检测柴油样品和车用尿素样品
		尿素质量抽查	2019 年 12 月底前	从高速公路、国道、省道沿线加油站抽检尿素 100 次以上
		船用油品质量调查	2019 年 12 月底前	对港口内靠岸停泊船舶燃油抽查 20 次
	在用车环境管理	在用车执法监管	长期	秋冬季期间监督抽测柴油车数量不低于当地柴油车保有量的 80%。开展对用车大户和集中停放地柴油货车抽检力度
			2019 年 12 月底前	在主要物流通道和城市入口，部署多部门全天候综合检测站 4 个，并投入运行
			2019 年 12 月底前	检查排放检验机构 90 个次，实现排放检验机构监管全覆盖
			2019 年 10 月底前	构建超标柴油车黑名单，将遥感监测（含黑烟抓拍）、路检执法发现的超标车辆纳入黑名单，实现动态管理，严禁超标车辆上路行驶、进出重点用车企业。推广使用“驾驶排放不合格的机动车上道路行驶的”交通违法处罚代码 6063，由生态环境部门取证，公安交管部门对路检路查和黑烟抓拍发现的上路行驶超标车辆进行处罚，交通部门强制维修
	非道路移动机械环境管理	高排放控制区	2019 年 12 月底前	划定并公布禁止使用高排放非道路移动机械的区域
		备案登记	2019 年 12 月底前	完成非道路移动机械摸底调查和编码登记

类别	重点工作	主要任务	完成时限	工程措施
运输结构调整	非道路移动机械环境管理	排放检验	2019 年 12 月底前	以施工工地和港口码头、机场、物流园区、高排放控制区等为重点，开展非道路移动机械检测 50 辆，做到重点场所全覆盖
		港口岸电	2019 年 12 月底前	建成港口岸电设施 12 个。提高岸电设施使用率
		机场岸电	2019 年 12 月底前	机场岸电廊桥 APU 建设 19 个，做到全覆盖，提高使用率
用地结构调整	矿山综合整治	强化露天矿山综合治理	长期	对污染治理不规范的露天矿山，依法责令停产整治，不达标不得恢复生产。对责任主体灭失露天矿山迹地进行综合治理
	扬尘综合治理	建筑扬尘治理	长期	全面执行《安徽省建筑工程施工和预拌混凝土生产扬尘污染防治标准（实行）》，严格实施施工工地“六个百分之百”要求
		施工扬尘管理清单	长期	定期动态更新施工工地管理清单
		施工扬尘监管	长期	占地面积 5 000 米^{2}以上建筑工地全部安装在线监测和视频监控，并与当地行业主管部门联网
		道路扬尘综合整治	长期	地级及以上城市道路机械化清扫率达到 93%，县城达到 91%
		渣土运输车监管	全年	严厉打击无资质、标识不全、故意遮挡或污损车牌等渣土车违法行为。严格渣土运输车辆规范化管理，渣土运输车做到全密闭
		露天堆场扬尘整治	全年	全面清理城乡接合部以及城中村拆迁的渣土和建筑垃圾，不能及时清理的必须采取苫盖等抑尘措施。按 2019 年印发的《合肥市城市裸土地面硬化绿化整治方案》实施裸土整治
		强化降尘量控制	全年	各县（区、市）降尘量不高于 5 吨/（月 • 千米^2）
	秸秆综合利用	加强秸秆焚烧管控	长期	建立网格化监管制度，在秋收阶段开展秸秆禁烧专项巡查
		加强秸秆综合利用	全年	秸秆综合利用率达到 90%
工业炉窑大气污染综合治理	制定方案	制定实施方案	2019 年 10 月底前	制定工业炉窑大气污染综合治理实施方案，明确治理要求，细化任务分工，确定分年度重点项目
	淘汰一批	煤气发生炉淘汰	2019 年 12 月底前	淘汰 3 家企业煤气发生炉 3 台
		燃煤加热、烘干炉（窑）淘汰	2019 年 12 月底前	淘汰 2 台干燥炉；淘汰 3 台燃煤加热炉（窑）
	清洁能源替代一批	工业炉窑清洁能源替代	2019 年 12 月底前	完成 1 台工业炉窑液化气替代；完成 2 台工业炉窑电能替代（煤改电）；完成 4 台燃煤炉（窑）天然气替代；完成 1 台煤气发生炉（窑）电能替代
	治理一批	工业炉窑废气深度治理	2019 年 12 月底前	完成 2 家工业炉窑废气深度治理
	监控监管	工业炉窑专项执法	2019 年 12 月底前	开展专项执法检查

类别	重点工作	主要任务	完成时限	工程措施
VOCs 治理	重点工业行业 VOCs 综合治理	无组织排放控制	2019 年 12 月底前	3 家化工企业、13 家工业涂装企业、15 家包装印刷企业等通过采取设备与场所密闭、工艺改进、废气有效收集等措施，完成 VOCs 无组织排放治理
		治污设施建设	2019 年 12 月底前	2 家化工企业、25 家工业涂装企业、19 家包装印刷企业等建设适宜高效的治污设施
		精细化管控	全年	8 家化工企业、22 家工业涂装企业、9 家包装印刷企业等推行“一厂一策”制度，加强企业运行管理
	油品储运销综合治理	油气回收治理	2019 年 12 月底前	巩固油气回收成果，对设备设施运行情况、改造治理验收情况开展全面督查。对尚未实施改造、不正常使用油气回收治理设施的销售企业依法予以处理
		自动监控设备安装	2019 年 12 月底前	6 家年销售汽油量大于 5 000 吨的加油站安装油气回收自动监控设备并与生态环境部门联网
重污染天气应对	修订完善应急预案及减排清单	完善应急减排清单，夯实应急减排措施	2019 年 10 月底前	完成重点行业绩效分级，完成应急减排清单编制工作，落实“一厂一策”等各项应急减排措施
	应急运输响应	重污染天气移动源管控	2019 年 10 月底前	加强源头管控，根据实际情况，制定日货车使用量 10 辆以上企业、港口、铁路货场、物流园区的重污染天气车辆管控措施，推进在重点企业门口安装门禁监控系统。推进建设重污染天气车辆管控平台
能力建设	完善环境监测监控网络	环境空气质量监测网络建设	2019 年 12 月底前	启动乡镇（街道）大气小型标准站 100 个以上建设工作
		环境空气 VOCs 监测	2019 年 10 月底前	布设环境空气 VOCs 手工监测点位 2 个
		遥感监测系统平台三级联网	长期	机动车遥感监测系统稳定传输数据
		定期排放检验机构三级联网	长期	市级机动车检验机构监管平台实现检测视频监控、防作弊报警提示、数据统计分析、检测机构管理、车辆环保信息管理，实现三级联网
		重型柴油车车载诊断系统远程监控系统建设	全年	推进重型柴油车车载诊断系统远程监控系统建设和终端安装
		机场、港口空气质量监测	2019 年 12 月底前	在 7 个港口启动建设空气质量小型标准站。推进机场空气质量监测站点建设
	源排放清单编制	编制大气污染源排放清单	2020 年 3 月底前	完成 2018 年大气污染源排放清单编制

安徽省淮北市2019—2020年秋冬季大气污染综合治理攻坚行动方案

类别	重点工作	主要任务	完成时限	工程措施
产业结构调整	“散乱污”企业和集群综合整治	“散乱污”企业综合整治	2019年12月底前	按照《淮北市关于开展整治“散乱污”企业、治理散煤污染、规范餐饮油烟排放专项行动实施方案》，持续开展“散乱污”企业排查整治，完成濉溪县138个、杜集区58个、烈山区3个、相山区20个“散乱污”企业综合整治，完善“散乱污”企业动态管理机制，实行网格化管理，压实基层责任，发现一起查处一起
	工业源污染治理	实施排污许可	2019年12月底前	按照要求完成建材生产、污水处理及其再生利用、电镀设施、电池制造、汽车制造、肥料制造等行业排污许可证核发
		电厂超低排放	2019年10月底前	完成临涣中利发电有限公司（2条32万千瓦燃煤机组）、淮北涣城发电有限公司（2条30万千瓦燃煤机组）、安徽恒力电业有限责任公司（2条6兆瓦燃煤机组）、淮北新源热电有限公司（2条1.5万千瓦燃煤机组）、杨庄煤矸石热电厂（2条1.2万千瓦燃煤机组）超低排放改造
		水泥行业超低排放	2019年10月底前	持续落实《淮北市水泥行业环境整治专项行动方案》，推进水泥行业超低排放改造、全流程管控，完成淮北相山水泥有限责任公司（2 500吨/日熟料生产线）、淮北众城水泥有限责任公司（4 500吨/日和5 000吨/日两条熟料生产线）超低排放改造
		无组织排放治理	2019年12月底前	持续落实《淮北市关于开展工业企业大气污染治理专项行动的实施方案》，工业企业基本开展无组织排放专项整治。完成1家发电企业，2家水泥企业（相山和众城），3家建材企业，南坪码头完成物料（含废渣）运输、装卸、储存、转移、输送以及生产工艺过程等无组织排放的深度治理
		工业园区能源替代利用与资源共享	2019年12月底前	所有省级工业园区完成集中供热或清洁能源供热
		煤质监管	全年	加强部门联动，严厉打击劣质煤流通、销售和使用。煤质抽检覆盖率不低于90%，对抽检发现经营不合格散煤行为的，依法处罚
能源结构调整	煤炭消费总量控制	煤炭消费总量削减	全年	全市煤炭消费总量较2018年削减46.95万吨
		淘汰燃煤机组	2019年10月底前	淘汰关停淮北力源热电有限责任公司燃煤机组2台0.6万千瓦
	锅炉综合整治	锅炉管理台账	2019年10月底前	完善锅炉管理台账

类别	重点工作	主要任务	完成时限	工程措施
能源结构调整	锅炉综合整治	淘汰燃煤锅炉	2019 年 12 月底前	淘汰燃煤锅炉 30 台 226 蒸吨。全市 10 蒸吨以下燃煤锅炉全部淘汰；建成区范围内淘汰 35 蒸吨以下燃煤锅炉
		锅炉超低排放改造	2019 年 12 月底前	完成燃煤锅炉超低排放改造 12 台 4 580 蒸吨
		燃气锅炉低氮改造	2019 年 12 月底前	完成燃气锅炉低氮改造 43 台 260 蒸吨
		生物质锅炉	2019 年 12 月底前	完成濉溪浦发生物质发电有限公司 1 台 130 蒸吨生物质锅炉和上海电气（淮北）生物质热电有限公司 2 台 150 蒸吨生物质锅炉超低排放改造。推进全市生物质锅炉超低排放改造
运输结构调整	运输结构调整	提升既有铁路专用线综合利用效率	2019 年 12 月底前	以淮北矿业和皖北煤电两大矿业集团为对象，推进煤电相关企业原料与产成品从公路向铁路转移
		提升铁路货场作业能力	2019 年 12 月底前	着力提升铁路货场作业能力，完成青龙山无水港建设项目一期工程基础设施建设
		发展新能源车	全年	新增公交、环卫、邮政、出租、通勤、轻型城市物流车辆中新能源车比例达到 80%
		淘汰老旧车辆	长期	加快淘汰国三及以下营运柴油货车，采用稀薄燃烧技术或“油改气”的老旧燃气车辆
	车船燃油品质改善	油品质量抽查	2019 年 12 月底前	强化油品质量监管，按照年度抽检计划，在全市加油站（点）抽检车用汽柴油共计 100 组，实现年度全覆盖。开展对大型企业自备油库油品质量开展专项检查，对发现的问题依法依规进行处置
		开展成品油市场专项整治	2019 年 12 月底前	根据省市推进成品油市场整治系列方案要求，开展打击黑加油站点专项行动，对黑加油站点查处取缔工作进行督导。从柴油货车油箱和尿素箱抽取检测柴油样品 60 组
		尿素质量抽查	2019 年 12 月底前	从高速公路、国道、省道沿线加油站抽检尿素 5 组
	在用车环境管理	在用车执法监管	长期	秋冬季期间监督抽测柴油车数量不低于当地柴油车保有量的 80%。加大对车辆集中停放地和重点单位抽查力度，实现重点用车大户全覆盖
			2019 年 10 月底前	部署多部门全天候综合检测站 5 个，覆盖主要物流通道和城市入口，并投入运行
			2019 年 12 月底前	检查排放检验机构 8 家，实现排放检验机构监管全覆盖
			2019 年 12 月底前	构建超标柴油车黑名单，将遥感监测（含黑烟抓拍）、路检执法发现的超标车辆纳入黑名单，实现动态管理，严禁超标车辆上路行驶、进出重点用车企业。推广使用“驾驶排放不合格的机动车上道路行驶的”交通违法处罚代码 6063，由生态环境部门取证，公安交管部门对路检路查和黑烟抓拍发现的上路行驶超标车辆进行处罚，交通部门强制维修

类别	重点工作	主要任务	完成时限	工程措施
运输结构调整	非道路移动机械环境管理	高排放控制区	2019 年 10 月底前	划定并公布禁止使用高排放非道路移动机械的区域
		备案登记	2019 年 12 月底前	完成非道路移动机械摸底调查和编码登记
		排放检验	2019 年 12 月底前	以施工工地和港口码头、物流园区、高排放控制区等为重点，开展非道路移动机械检测 50 辆，做到重点场所全覆盖
		港口岸电	2019 年 12 月底前	建成港口岸电设施 3 个
用地结构调整	矿山综合整治	强化露天矿山综合治理	长期	对污染治理不规范的露天矿山，依法责令停产整治，不达标不得恢复生产。对责任主体灭失露天矿山迹地进行综合治理
	扬尘综合治理	建筑扬尘治理	长期	全面执行《安徽省建筑工程施工和预拌混凝土生产扬尘污染防治标准（试行）》，严格按照《淮北市关于开展整治扬尘污染专项行动的实施方案》要求，强化联合执法，严格落实施工工地“六个百分之百”要求
		施工扬尘管理清单	长期	定期动态更新施工工地管理清单
		施工扬尘监管	长期	占地面积 5 000 $米^2$ 以上建筑工地全部安装在线监测和视频监控，并与当地行业主管部门联网
		道路扬尘综合整治	长期	地级及以上城市道路机械化清扫率达到 90%，县城达到 100%（城区主干道）
		渣土运输车监管	全年	严厉打击无资质、标识不全、故意遮挡或污损车牌等渣土车违法行为。严格渣土运输车辆规范化管理，渣土运输车做到全密闭
		露天堆场扬尘整治	全年	全面清理城乡接合部以及城中村拆迁的渣土和建筑垃圾，不能及时清理的必须采取苫盖等抑尘措施
		强化降尘量控制	全年	各县（区、市）降尘量不高于 7 吨/（月・$千米^2$）
	秸秆综合利用	加强秸秆焚烧管控	长期	建立网格化监管制度，在秋收阶段开展秸秆禁烧专项巡查
		加强秸秆综合利用	全年	秸秆综合利用率达到 89%
工业炉窑大气污染综合治理	制定方案	制定实施方案	2019 年 10 月底前	制定工业炉窑大气污染综合治理实施方案，明确治理要求，细化任务分工，确定分年度重点项目
	淘汰一批	煤气发生炉淘汰	2019 年 12 月底前	淘汰煤气发生炉 4 台
	清洁能源替代一批	工业炉窑清洁能源替代（清洁能源包括天然气、电、集中供热等）	2019 年 12 月底前	完成玻璃制品制造行业 1 台炉窑（窑）天然气替代，饲料加工行业 1 台烘干炉天然气替代，日用品加工行业 1 台热风炉天然气替代

类别	重点工作	主要任务	完成时限	工程措施
工业炉窑大气污染综合治理	治理一批	工业炉窑废气深度治理	2019年12月底前	完成非金属制品制造业3台回转窑1台立窑废气深度治理；完成铝制品制造业2台熔铸炉废气深度治理
		砖瓦窑废气深度治理	2019年12月底前	严格落实《淮北市新型建材行业环境整治专项行动方案》，在全市范围内开展砖瓦窑厂环境整治专项行动，完成强力砖厂（1.2亿块产能）隧道窑废气深度治理示范工程；淘汰不能稳定达标企业；开展砖瓦炉窑除尘脱硫升级改造，安装烟气在线监测设备并与生态环境部门联网
		开展焦化行业专项行动	2019年10月底前	在全市范围内开展焦化行业环境整治专项行动，完成临涣焦化公司（440万产能）炼焦炉（窑）废气深度治理，完成鸿源煤化公司炼焦炉（窑）废气深度治理，确保大气污染物达到特别排放限值
	监控监管	监测监控	2019年10月底前	砖瓦制造行业、屠宰行业、煤炭开采等行业安装自动监控系统共70套
		工业炉窑专项执法	2019年10月底前	开展专项执法检查
VOCs治理	重点工业行业VOCs综合治理	源头替代	2019年12月底前	1家工业涂装企业完成低VOCs含量涂料替代；2家包装印刷企业完成低VOCs含量油墨替代
		无组织排放控制	2019年10月底前	持续落实《淮北市关于开展VOCs大气污染治理专项行动的实施方案》，2家焦化企业、1家家具制造企业、1家啤酒制造企业等通过采取设备与场所密闭、工艺改进、废气有效收集等措施，完成VOCs无组织排放治理
		治污设施建设及精细化管控	2019年10月底前	1家煤化工企业、1家焦化企业、1家化工企业、1家金属结构制造企业、1家机械制造企业、1家橡胶制造企业等建设适宜高效的治污设施，推行“一厂一策”制度，加强企业运行管理
		行业提标改造	2019年12月底前	开展包装印刷行业、家具制造行业VOCs深度治理
	油品储运销综合治理	油气回收治理	2019年12月底前	全市域加油站全部完成加油阶段油气回收治理工作。40辆油罐车、1座储油库等完成油气回收治理。加强油气回收装置运行维护
	监测监控	统一管控	2019年12月底前	完成安徽（淮北）新型煤化工合成材料基地1个化工类工业园区建设监测预警监控体系，开展溯源分析
		自动监控设施安装	2019年12月底前	4家化工企业、2家工业涂装企业主要排污口要安装自动监控设施共6套，并推进与生态环境部门联网

类别	重点工作	主要任务	完成时限	工程措施
重污染天气应对	修订完善应急预案及减排清单	完善重污染天气应急预案	2019 年 10 月底前	修订完善重污染天气应急预案
		完善应急减排清单，夯实应急减排措施	2019 年 10 月底前	完成重点行业绩效分级，完成应急减排清单编制工作，落实“一厂一策”等各项应急减排措施
	应急运输响应	重污染天气移动源管控	2019 年 10 月 15 日前	加强源头管控，根据实际情况，制定日货车使用量 10 辆以上企业、港口、铁路货场、物流园区的重污染天气车辆管控措施，并安装门禁监控系统
能力建设	完善环境监测监控网络	环境空气质量监测网络建设	2019 年 10 月底前	已建成环境空气质量自动监测站点 172 个，增设 3 个小型站
		环境空气 VOCs 监测	2019 年 10 月底前	建成环境空气 VOCs 监测站点 8 个
		遥感监测系统平台三级联网	长期	机动车遥感监测系统稳定传输数据
		定期排放检验机构三级联网	长期	市级机动车检验机构监管平台实现检测视频监控、防作弊报警提示、数据统计分析、检测机构管理、车辆环保信息管理，实现三级联网。对超标排放车辆开展大数据分析，追溯相关方责任
		重型柴油车车载诊断系统远程监控系统建设	全年	推进重型柴油车车载诊断系统远程监控系统建设和终端安装
		重污染天气车辆管控平台	2019 年 12 月底前	推进重污染天气车辆管控平台建设
		道路空气质量监测	2019 年 12 月底前	在主要物流通道建设微观站道路点 53 个
		港口空气质量监测	2019 年 12 月底前	南坪港口建设道路空气质量监测站 1 个
	源排放清单编制	编制大气污染源排放清单	2019 年 12 月底前	动态更新 2018 年大气污染源排放清单
	颗粒物来源解析	开展 $PM_{2.5}$ 来源解析	2019 年 10 月底前	完成 2018 年城市大气污染颗粒物源解析

安徽省亳州市2019—2020年秋冬季大气污染综合治理攻坚行动方案

类别	重点工作	主要任务	完成时限	工程措施
产业结构调整	产业布局调整	建成区重污染企业搬迁	2019年12月底前	实施蒙城万佛商砼有限公司搬迁改造
	“散乱污”企业和集群综合整治	“散乱污”企业综合整治	2019年12月底前	完成339家“散乱污”企业综合整治，同步实施区域环境整治工作。完善“散乱污”企业动态管理机制，实行网格化管理
		企业集群综合整治	2019年12月底前	完成谯城区石棉线加工集群、石材加工集群综合整治，同步实施区域环境整治工作
	工业源污染治理	实施排污许可	2019年12月底前	按照生态环境部部署要求完成排污许可证核发
		无组织排放治理	2019年12月底前	完成4家码头、2家生物质电厂物料（含废渣）运输、装卸、储存、转移、输送以及生产工艺过程等无组织排放的治理
		工业园区能源替代利用与资源共享	2019年12月底前	市经开区、亳芜现代产业园区、谯城经开区2019年底前实现集中供热或清洁能源供热，进一步扩大集中供热覆盖范围
能源结构调整	散煤治理	清洁能源替代散煤	2019年10月底前	完成散煤治理1.8847万户，共替代散煤3.51万吨
		煤质监管	全年	加强部门联动，严厉打击劣质煤流通、销售和使用。煤质抽检覆盖率不低于90%，对抽检发现经营不合格散煤行为的，依法处罚
	高污染燃料禁燃区	调整扩大禁燃区范围	2019年12月底前	将禁燃区范围扩大至市主城区全域范围及三县城市建成区，依法对违规使用高污染燃料的单位进行处罚
	煤炭消费总量控制	煤炭消费总量削减	全年	完成国家和省下达的煤炭削减任务，确保煤炭消费总量持续下降
	锅炉综合整治	锅炉管理台账	2019年10月底前	完善锅炉管理台账
		淘汰燃煤锅炉	2019年12月底前	行政区域内10蒸吨/时以下燃煤锅炉和燃煤设施全部淘汰，建成区内基本淘汰35蒸吨/时以下燃煤锅炉
		燃气锅炉低氮改造	2019年12月底前	完成燃气锅炉低氮改造29台135.5蒸吨
		生物质锅炉	2019年12月底前	完成生物质锅炉超低排放改造5台210蒸吨
	运输结构调整	提升铁路货运量	2019年12月底前	落实省运输结构调整方案的铁路货运量提升要求。开展年运输量150万吨货物企业摸排工作，按照宜铁则铁的原则，研究推进大宗货物“公转铁”

类别	重点工作	主要任务	完成时限	工程措施
能源结构调整	运输结构调整	发展新能源车	全年	新增新能源公交车 493 辆；新增新能源邮政车 5 辆
		老旧车淘汰	全年	淘汰国三及以下营运柴油货车 0.12 万辆
	车船燃油品质改善	油品质量抽查	2019 年 12 月底前	强化油品质量监管，按照年度抽检计划，在全市加油站（点）抽检车用汽柴油共计 180 个批次，实现年度全覆盖。开展自备油库油品质量检查，做到季度全覆盖
		打击黑加油站点	2019 年 12 月底前	根据省市推进成品油市场整治系列方案要求，开展打击黑加油站点专项行动，对黑加油站点查处取缔工作进行督导。从柴油货车油箱和尿素箱抽取检测柴油样品和车用尿素样品各 100 个以上
		尿素质量抽查	2019 年 12 月底前	从高速公路、国道、省道沿线加油站抽检尿素 100 次以上
		船用油品质量调查	2019 年 12 月底前	对港口内靠岸停泊船舶燃油抽查 20 次
	在用车环境管理	在用车执法监管	长期	秋冬季期间监督抽测柴油车数量不低于柴油车保有量的 80%。集中停放地和重点单位抽测 200 辆
			2019 年 10 月底前	推进主要物流通道及城市主要入口综合检测站建设，开展多部门全天候检测
			2019 年 12 月底前	检查排放检验机构 30 个次，实现排放检验机构监管全覆盖
	在用车环境管理	在用车执法监管	2019 年 10 月底前	构建超标柴油车黑名单，将遥感监测（含黑烟抓拍）、路检执法发现的超标车辆纳入黑名单，实现动态管理，严禁超标车辆上路行驶、进出重点用车企业。推广使用“驾驶排放不合格的机动车上道路行驶的”交通违法处罚代码 6063，由生态环境部门取证，公安交管部门对路检路查和黑烟抓拍发现的上路行驶超标车辆进行处罚，交通部门强制维修
	非道路移动机械环境管理	高排放控制区	2019 年 12 月底前	划定并公布禁止使用高排放非道路移动机械的区域
		备案登记	2019 年 12 月底前	完成非道路移动机械摸底调查和编码登记
		排放检验	2019 年 12 月底前	以施工工地和港口码头、物流园区、高排放控制区等为重点，开展非道路移动机械检测 1 600 辆以上，做到重点场所全覆盖
用地结构调整	扬尘综合治理	建筑扬尘治理	长期	全面执行《安徽省建筑工程施工和预拌混凝土生产扬尘污染防治标准（试行）》，严格落实施工工地“六个百分之百”要求
		施工扬尘管理清单	长期	定期动态更新施工工地管理清单

类别	重点工作	主要任务	完成时限	工程措施
用地结构调整	扬尘综合治理	施工扬尘监管	长期	占地面积 5 000 米^{2}以上建筑工地全部安装在线监测和视频监控，并与当地行业主管部门联网
		道路扬尘综合整治	长期	地级及以上城市道路机械化清扫率达到 90%，县城达到 65%
		渣土运输车监管	全年	严厉打击无资质、标识不全、故意遮挡或污损车牌等渣土车违法行为。严格渣土运输车辆规范化管理，渣土运输车做到全密闭
		露天堆场扬尘整治	全年	全面清理城乡接合部以及城中村拆迁的渣土和建筑垃圾，不能及时清理的必须采取苫盖等抑尘措施
		强化降尘量控制	全年	各县（区）降尘量不高于 7 吨/（月•千米^2）
	秸秆综合利用	加强秸秆焚烧管控	长期	建立网格化监管制度，在秋收阶段开展秸秆禁烧专项巡查。全年开展中药材秸秆禁烧
		加强秸秆综合利用	全年	秸秆综合利用率达到 91%
工业炉窑大气污染综合治理	制定方案	制定实施方案	2019 年 12 月底前	制定工业炉窑大气污染综合治理实施方案，明确治理要求，细化任务分工，确定分年度重点项目
	清洁能源替代一批	工业炉窑清洁能源替代	2019 年 12 月底前	完成安徽龙瑞玻璃有限公司 2 台年产 7.5 万吨玻璃液燃煤炉（窑）煤改气，亳州司尔特生态肥业有限公司 1 台燃煤加热烘干炉（窑）煤改气
	监控监管	监测监控	2019 年 12 月底前	砖瓦窑厂行业、生物质发电行业安装自动监控系统共 90 套，其中砖瓦窑厂 88 套、生物质发电厂 2 套
		工业炉窑专项执法	2019 年 12 月底前	开展专项执法检查
VOCs 治理	重点工业行业 VOCs 综合治理	源头替代	2019 年 12 月底前	安徽江淮安驰汽车有限公司、安徽丰源车业有限公司、利辛县凯盛汽车有限公司、安徽华兴车业有限公司、利辛县江淮扬天汽车有限公司等 5 家车企水性漆替代油性漆
		无组织排放控制	2019 年 12 月底前	完成安徽全森木业有限公司、蒙城县华良木业有限公司、安徽上元新型家居材料有限公司和蒙城县蓝韵印务有限公司等 16 家企业通过采取工艺改进、废气有效收集等措施，完成 VOCs 无组织排放治理
		治污设施建设	2019 年 12 月底前	亳州杉尚纺织科技有限公司建设适宜高效的治污设施，完成 25 家汽修企业 VOCs 治理

类别	重点工作	主要任务	完成时限	工程措施
VOCs治理	重点工业行业VOCs综合治理	精细化管控	全年	按照《重点行业挥发性有机物综合治理方案》（环大气〔2019〕53号），开展安徽兆鑫集团汽车有限公司、安徽省蒙城县华威汽车改装有限公司、利辛县宏旺金属制品等8家汽车企业从源头、生产过程和废气治理的全过程精细化管控
	油品储运销综合治理	油气回收治理	2019年12月底前	全市域加油站完成加油阶段油气回收治理工作。56辆油罐车完成油气回收治理。加强油气回收装置运行维护
		自动监控设备安装	2019年12月底前	1个加油站完成油气回收自动监控设备安装
重污染天气应对	修订完善应急预案及减排清单	完善重污染天气应急预案	2019年10月底前	修订完善重污染天气应急预案
		完善应急减排清单，夯实应急减排措施	2019年10月底前	完成重点行业绩效分级，完成应急减排清单编制工作，落实“一厂一策”等各项应急减排措施
	应急运输响应	重污染天气移动源管控	2019年10月15日前	加强源头管控，根据实际情况，制定日货车使用量10辆以上企业、港口、铁路货场、物流园区的重污染天气车辆管控措施，并安装门禁监控系统
能力建设	完善环境监测监控网络	环境空气质量监测网络建设	2019年10月底前	增设环境空气质量自动监测站点3个
		遥感监测系统平台三级联网	长期	机动车遥感监测系统稳定传输数据
		定期排放检验机构三级联网	长期	市级机动车检验机构监管平台实现检测视频监控、防作弊报警提示、数据统计分析、检测机构管理、车辆环保信息管理，实现三级联网。对超标排放车辆开展大数据分析，追溯相关方责任
		重型柴油车车载诊断系统远程监控系统建设	全年	推进重型柴油车车载诊断系统远程监控系统建设和终端安装
		重污染天气车辆管控平台	2019年12月底前	启动重污染天气车辆管控平台建设
	源排放清单编制	编制大气污染源排放清单	2019年12月底前	动态更新2018年大气污染源排放清单
	颗粒物来源解析	开展$PM_{2.5}$来源解析	2019年12月底前	完成2018—2019年秋冬季城市大气污染颗粒物源解析

安徽省宿州市2019—2020年秋冬季大气污染综合治理攻坚行动方案

类别	重点工作	主要任务	完成时限	工程措施
产业结构调整	“散乱污”企业和集群综合整治	“散乱污”企业综合整治	2019年12月底前	继续推进2018年至今排查的2 310家“散乱污”企业清理整顿和提升工作；并建立动态管理机制；完成灵璧县板材集群、埇桥区顺河乡板材旋切等2个“散乱污”企业集群综合整治。实行网格化管理，压实基层责任，发现一起查处一起
	工业源污染治理	实施排污许可	2019年12月底前	完成电力生产、污水处理及其再生利用、电池制造、肥料制造等14个行业2019年度排污许可证核发任务
		无组织排放治理	2019年12月底前	组织对6家煤矿（祁东矿、祁南矿、桃园矿、芦岭矿、朱仙庄矿、钱营孜矿）、2家水泥企业（天瑞、海螺）、61家砖瓦窑等重点行业开展无组织排放的排查，建立起管理台账，对发现的无组织排放源督促其按照《宿州市2019年工业企业无组织排放治理方案》相关规定开展深度治理
		工业园区能源替代利用与资源共享	2019年12月底前	加快推进6家省级工业园区集中供热或清洁能源供热建设
能源结构调整	散煤治理	清洁能源替代散煤	2019年10月底前	完成散煤治理1.9万户，煤改气3万户
		洁净煤替代散煤	2019年10月底前	建设3个清洁煤生产企业，推广洁净煤替代散煤，替代20个乡镇原煤使用
		煤质监管	全年	加强部门联动，严厉打击劣质煤流通、销售和使用。煤质抽检覆盖率不低于90%，对抽检发现经营不合格散煤行为的，依法处罚
	高污染燃料禁燃区	扩大高污染燃料禁燃区面积	2019年10月底前	高污染燃料禁燃区新增符离镇、西二铺乡、桃园镇、朱仙庄镇四个乡镇，面积扩大约22%
	煤炭消费总量控制	煤炭消费总量削减	全年	全市煤炭消费总量较2015年削减27万吨
	锅炉综合整治	锅炉管理台账	2019年12月底前	完善锅炉管理台账
		锅炉超低排放改造	2019年12月底前	完成燃煤锅炉超低排放改造3台108蒸吨，确保35蒸吨以上锅炉全部完成超低排放改造
		燃气锅炉低氮改造	2019年12月底前	建立燃气锅炉低氮改造清单，确保完成50%的燃气锅炉改造

类别	重点工作	主要任务	完成时限	工程措施
能源结构调整	锅炉综合整治	生物质锅炉	2020 年 12 月底前	建立生物质锅炉清单、取缔埇桥区符离、顺河乡等 16 家生物质锅炉，其他生物质锅炉实施高效除尘改造
运输结构调整	运输结构调整	加快铁路专用线建设	2019 年 12 月底前	推进符夹铁路、阜淮徐城际铁路的建设。开展年运输量 150 万吨货物企业摸排工作，研究推进大宗货物“公转铁”
		发展新能源车	全年	新增公交、环卫、邮政、出租、通勤、轻型城市物流车辆中新能源车比例达到 80%
		老旧车淘汰	全年	完成省政府下达的淘汰国三及以下营运柴油货车淘汰任务
	车船燃油品质改善	油品和尿素质量抽查	2019 年 12 月底前	强化油品质量监管，按照年度抽检计划，在全市加油站（点）抽检车用汽柴油，实现年度全覆盖；加强对企业自备油库的检查力度，做到季度全覆盖。秋冬季攻坚期间对销售车用尿素的加油站（点）抽检不少于 50 批次
		打击黑加油站点	2019 年 12 月底前	通过柴油货车油箱和尿素箱抽取检测柴油样品和车用尿素样品为线索，开展打击黑加油站点专项行动，对黑加油站点查处取缔工作进行督导
	在用车环境管理	在用车执法监管	长期	秋冬季期间监督抽测柴油车数量不低于当地柴油车保有量的 80%，其中集中停放地和重点单位抽检柴油货车 5 000 辆以上，实现重点用车大户全覆盖。推进“油改气”出租车尾气达标检验（燃气状态时检验），未达标车辆逐步淘汰
			2019 年 12 月底前	检查排放检验机构 20 家，实现排放检验机构监管全覆盖
			2019 年 10 月底前	构建超标柴油车黑名单，将黑烟抓拍、路检执法发现的超标车辆纳入黑名单，实现动态管理，严禁超标车辆上路行驶、进出重点用车企业。推广使用“驾驶排放不合格的机动车上道路行驶的”交通违法处罚代码 6063，由生态环境部门取证，公安交管部门对路检路查和黑烟抓拍发现的上路行驶超标车辆进行处罚，交通部门强制维修
			2019 年 10 月底前	推进主要物流通道及城市主要入口建立综合检测站，开展多部门全天候检测
	非道路移动机械环境管理	高排放控制区	2019 年 12 月底前	划定并公布禁止使用高排放非道路移动机械的区域
		备案登记	2019 年 10 月底前	完成城市非道路移动机械摸底调查和编码登记
		排放检验	2019 年 12 月底前	以施工工地、物流园区、高排放控制区等为重点，开展非道路移动机械专项检查工作，做到重点场所全覆盖

类别	重点工作	主要任务	完成时限	工程措施
用地结构调整	矿山综合整治	强化露天矿山综合治理	2019 年 12 月底前	基本完成对全市 74 家非煤矿山的生态修复工作
	扬尘综合治理	建筑扬尘治理	长期	全面执行《安徽省建筑工程施工和预拌混凝土生产扬尘污染防治标准（实行）》，严格落实施工工地“六个百分之百”要求
		施工扬尘管理清单	长期	完善全市施工工地扬尘管控清单，每月动态更新；进行综合督查考核
		施工扬尘监管	长期	建筑面积 5 000 米^2 及以上的建筑工地全部安装在线监测和视频监控，并与市住房城乡建设局系统监控平台联网，否则新开工工地不予办理土石方工程施工手续
		道路扬尘综合整治	长期	市区道路机械化清扫率达到 100%，县城建成区达到 86%
		渣土运输车监管	全年	严厉打击无资质、标识不全、故意遮挡或污损车牌等渣土车违法行为。严格渣土运输车辆规范化管理，市、区两级城管、公安交警等部门每月开展不少于 2 次执法行动，严厉查处、顶格处罚违规渣土运输行为。纳入名录管理的渣土运输车辆的密闭化率、卫星定位系统安装率均达到 100%
		露天堆场扬尘整治	全年	全面清理城乡接合部以及城中村拆迁的渣土和建筑垃圾，不能及时清理的必须采取苫盖等抑尘措施
		强化降尘量控制	全年	各县（区、市）降尘量不高于 5 吨/（月・千米^2）
	秸秆综合利用	加强秸秆焚烧管控	长期	建立网格化监管制度，在秋收阶段开展秸秆禁烧专项巡查
		加强秸秆综合利用	全年	秸秆综合利用率达到 89%
工业炉窑大气污染综合治理	制定方案	制定实施方案	2019 年 12 月底前	按照《宿州市工业炉窑大气污染综合治理实施方案》，定期调度进展情况，督促企业加大整治力度
	治理一批	工业炉窑废气深度治理	2019 年 12 月底前	完成砖瓦行业 30 家废气深度治理
	监控监管	监测监控	2020 年 3 月底前	安装自动监控系统共 135 套
		工业炉窑专项执法	2019 年 12 月底前	开展专项执法检查
VOCs 治理	重点工业行业 VOCs 综合治理	源头替代	2019 年 12 月底前	1 家包装印刷企业完成低 VOCs 含量油墨替代
		无组织排放控制	2019 年 12 月底前	9 家化工企业、1 家包装印刷企业等通过采取设备与场所密闭、工艺改进、废气有效收集等措施，完成 VOCs 无组织排放治理
		治污设施建设	2019 年 12 月底前	8 家化工企业、1 家包装印刷企业等建设适宜高效的治污设施。1 家企业安装 VOCs 自动监控设施 1 套

类别	重点工作	主要任务	完成时限	工程措施
VOCs 治理	工业园区和企业集群综合治理	集中治理	2019 年 12 月底前	萧县轻化工业园区推行泄漏检测统一监管
		统一管控	2019 年 12 月底前	宿州市经开区化工类工业园区应建设监测预警监控体系，开展溯源分析
重污染天气应对	修订完善应急预案及减排清单	完善重污染天气应急预案	2019 年 10 月底前	修订完善重污染天气应急预案
		完善应急减排清单，夯实应急减排措施	2019 年 10 月底前	完成重点行业绩效分级，完成应急减排清单编制工作，落实“一厂一策”等各项应急减排措施
	应急运输响应	重污染天气移动源管控	2019 年 12 月底前	推广重点企业门口安装门禁监控系统；加强源头管控，根据实际情况，制定单日货车使用量 10 辆以上企业、铁路货场、物流园区的重污染天气车辆管控措施
能力建设	完善环境监测监控网络	环境空气质量监测网络建设	2020 年 6 月底前	增设环境空气质量自动监测站点 27 个
		环境空气 VOCs 监测	2019 年 12 月底前	建成环境空气 VOCs 监测站点 2 个
		遥感监测系统平台三级联网	长期	机动车遥感监测系统稳定传输数据
		定期排放检验机构三级联网	长期	市级机动车检验机构监管平台实现检测视频监控、数据统计分析、检测机构管理、车辆环保信息管理，实现三级联网。对超标排放车辆开展大数据分析，追溯相关方责任
		重型柴油车车载诊断系统远程监控系统建设	全年	推进重型柴油车车载诊断系统远程监控系统建设和终端安装
		重污染天气车辆管控平台	2019 年 12 月底前	推进建设重污染天气车辆管控平台
	源排放清单编制	编制大气污染源排放清单	2020 年 3 月底前	完成 2018 年大气污染源排放清单编制
	颗粒物来源解析	开展 $PM_{2.5}$ 来源解析	2019 年 12 月底前	开展 2019 年城市大气污染颗粒物源解析

安徽省阜阳市 2019—2020 年秋冬季大气污染综合治理攻坚行动方案

类别	重点工作	主要任务	完成时限	工程措施
产业结构调整	“散乱污”企业和集群综合整治	“散乱污”企业综合整治	2019 年 10 月底前	完善“散乱污”企业动态管理机制，实行网格化管理，压实基层责任，发现一起查处一起。完成 339 家“散乱污”企业综合整治，其中，关停取缔 320 家，整顿规范 19 家
	工业源污染治理	实施排污许可	2019 年 12 月底前	按照《固定污染源排污许可分类管理目录》要求，完成 2019 年度排污许可证核发任务
		无组织排放治理	2019 年 12 月底前	开展工业企业无组织排放整治，对建材、火电等重点行业开展排查，建立动态管理台账，组织相关企业开展无组织排放深度治理。完成阜阳华润电力有限公司 3、4 煤场全封闭工作，完成 28 家企业的无组织排放治理工作
		工业园区综合整治	2019 年 12 月底前	树立行业标杆，制定综合整治方案，实施安徽阜阳经济开发区、安徽阜阳界首高新技术产业开发区、安徽临泉经济开发区、安徽太和经济开发区、安徽阜南经济开发区、安徽颍上经济开发区、安徽阜阳颍州经济开发区、安徽阜阳颍东经济开发区、安徽阜阳颍泉经济开发区、阜阳合肥现代产业园区集中整治，同步推进区域环境综合整治和企业升级改造
		工业园区能源替代利用与资源共享	2019 年 12 月底前	颍州经开区、阜阳经开区、太和经开区、颍上经开区、阜合现代产业园区完成集中供热或清洁能源供热
能源结构调整	散煤治理	清洁能源替代散煤	2019 年 10 月底前	完成散煤治理 2.44 万吨，全市散煤消费总量在 2017 年基础上下降 50%
		洁净煤替代散煤	长期	鼓励农业生产农村居民取暖和生活采用优质煤炭替代。在有条件的地区推进电能替代
		煤质监管	全年	加强部门联动，严厉打击劣质煤流通、销售和使用。对抽检发现经营不合格散煤行为的，依法处罚
	高污染燃料禁燃区	调整扩大禁燃区范围	2019 年 12 月底前	将阜城禁燃区范围扩大至阜阳城市规划区，依法对违规使用高污染燃料的单位进行处罚
	煤炭消费总量控制	煤炭消费总量削减	全年	2019 年煤炭消费总量控制在 904.565 万吨以内
	锅炉综合整治	锅炉管理台账	2019 年 10 月底前	完善锅炉管理台账
		淘汰燃煤锅炉	2019 年 12 月底前	淘汰燃煤锅炉 22 台 11 蒸吨。全市淘汰所有 10 蒸吨/时以下燃煤锅炉，城市建成区内淘汰所有 35 蒸吨/时以下燃煤锅炉
		燃气锅炉低氮改造	2019 年 12 月底前	完成燃气锅炉低氮改造 15 台 84 蒸吨
		生物质锅炉	2019 年 12 月底前	完成 3 台 12 蒸吨生物质锅炉的超低排放改造或淘汰工作
运输结构调整	运输结构调整	提升铁路货运量	2019 年 12 月底前	落实本省运输结构调整方案的铁路货运量提升要求
		加快重点项目建设	2019 年 12 月底前	开展年运输量 150 万吨货物企业摸排工作，按照宜水则水、宜铁则铁的原则，研究推进大宗货物“公转铁”或“公转水”。加快推进阜阳煤基新材料产业园铁路专用线项目，2019 年年底前开工建设。加快推进青阜铁路、阜淮铁路扩能改造项目和阜阳铁路物流港建设项目。2019 年年底前完成阜南、谢桥货场扩能改造

类别	重点工作	主要任务	完成时限	工程措施
运输结构调整	运输结构调整	发展新能源车	全年	新增公交、环卫、邮政、出租、通勤、轻型城市物流车辆中新能源车比例达到 80%，2019 年新增新能源公交车 100 辆
			2019 年 12 月底前	阜阳机场新增新能源作业车 1 辆，推广使用新能源或清洁能源非道路移动机械
		老旧车淘汰	2019 年 12 月底前	淘汰国三及以下营运柴油货车 1 000 辆、淘汰稀薄燃烧技术燃气车 100 辆
		船舶淘汰更新	2019 年 12 月底前	推广使用清洁能源或新能源船舶
			2019 年 12 月底前	淘汰使用 20 年以上的内河航运船舶
	车船燃油品质改善	油品质量抽查	2019 年 12 月底前	强化油品质量监管，按照年度抽检计划，在全市加油站（点）抽检车用汽柴油共计 310 个批次，实现年度全覆盖。开展对工业企业和机场自备油库油品质量专项检查，对发现的问题依法依规进行处置
		打击黑加油站点	2019 年 12 月底前	根据省市推进成品油市场整治系列方案要求，开展打击黑加油站点专项行动，对黑加油站点查处取缔工作进行督导。从柴油货车油箱和尿素箱抽取检测柴油样品和车用尿素样品各 100 个以上
		尿素质量抽查	2019 年 12 月底前	从高速公路、国道、省道沿线加油站抽检尿素 30 次以上
		船用油品质量调查	2019 年 12 月底前	对码头内靠岸停泊船舶燃油抽查 10 次
	在用车环境管理	在用车执法监管	2020 年 3 月底前	秋冬季期间监督抽测柴油车数量不低于当地柴油车保有量的 80%。开展车辆集中停放地和重点单位柴油车监督抽测
			2019 年 10 月底前	部署完成多部门全天候综合检测站，覆盖主要物流通道和城市入口，并投入运行
			2019 年 12 月底前	检查排放检验机构 20 个次，实现排放检验机构监管全覆盖
			2019 年 10 月底前	构建超标柴油车黑名单，将遥感监测（含黑烟抓拍）、路检执法发现的超标车辆纳入黑名单，实现动态管理，严禁超标车辆上路行驶、进出重点用车企业。推广使用“驾驶排放不合格的机动车上道路行驶的”交通违法处罚代码 6063，由生态环境部门取证，公安交管部门对路检路查和黑烟抓拍发现的上路行驶超标车辆进行处罚，交通部门强制维修
	非道路移动机械环境管理	高排放控制区	2019 年 12 月底前	划定并公布禁止使用高排放非道路移动机械的区域
		备案登记	2019 年 12 月底前	完成非道路移动机械摸底调查和编码登记
		排放检验	2019 年 12 月底前	以施工工地和港口码头、机场、物流园区、高排放控制区等为重点，开展非道路移动机械检测，做到重点场所全覆盖
		港口岸电	2019 年 12 月底前	建成港口岸电设施 2 个（古城龙岗码头、新远诚码头）

类别	重点工作	主要任务	完成时限	工程措施
用地结构调整	矿山综合整治	强化露天矿山综合治理	长期	对污染治理不规范的露天矿山，依法责令停产整治，不达标不得恢复生产。对责任主体灭失露天矿山迹地进行综合治理
	扬尘综合治理	建筑扬尘治理	长期	严格按照《安徽省建筑工程施工和预拌混凝土生产扬尘污染防治标准（试行）》要求，督促辖区内所有建筑工地全面落实“六个百分之百”，拆迁要实施湿法作业。严格按照《大气污染防治法》要求，对拒不改正的责令停工整治
		施工扬尘管理清单	长期	定期动态更新施工工地管理清单
		施工扬尘监管	长期	建筑面积 5 000 米^{2}以上建筑工地全部安装在线监测和视频监控，并与当地行业主管部门联网
		道路扬尘综合整治	长期	市区道路机械化清扫率达到 90%，县城达到 80%
		渣土运输车监管	全年	严厉打击无资质、标识不全、故意遮挡或污损车牌等渣土车违法行为。严格渣土运输车辆规范化管理，渣土运输车做到全密闭
		露天堆场扬尘整治	全年	全面清理城乡接合部以及城中村拆迁的渣土和建筑垃圾，不能及时清理的必须采取苫盖等抑尘措施
		强化降尘量控制	全年	各县（区、市）降尘量控制在 7 吨/（月·千米^2）以下
	秸秆综合利用	加强秸秆焚烧管控	长期	坚持网格化管理，进一步完善县干部包乡镇、乡镇干部包村、村干部包组、组干部包户工作机制。在秋收期间，9 个由市领导带队的秸秆禁烧包点督导组继续对各县市区（园区）开展不间断的集中督导
		加强秸秆综合利用	全年	着力推进健全农作物收储运体系，优化推进农作物秸秆机械化还田利用，大力发展农作物秸秆饲料化和基料化利用，稳步推进农作物秸秆能源化利用，全市秸秆综合利用率达到 90%
工业炉窑大气污染综合治理	制定方案	制定实施方案	2019 年 12 月底前	制定工业炉窑大气污染综合治理实施方案，明确治理要求，细化任务分工，确定分年度重点项目
	淘汰一批	工业炉窑淘汰	2019 年 12 月底前	淘汰 4 台砖瓦行业工业炉窑
	治理一批	工业炉窑废气深度治理	2019 年 12 月底前	加快推进砖瓦等行业工业炉窑废气深度治理，完成 27 个建材行业工业炉窑深度治理工作
	监控监管	监测监控	2019 年 12 月底前	化工、发电、再生铅、砖瓦等行业安装自动监控系统共 91 套
		工业炉窑专项执法	2019 年 10 月底前	开展专项执法检查
VOCs 治理	重点工业行业 VOCs 综合治理	源头替代	2019 年 12 月底前	3 家工业涂装企业完成低 VOCs 含量涂料替代；8 家包装印刷企业完成低 VOCs 含量油墨替代
		无组织排放控制	2019 年 12 月底前	按照《挥发性有机物无组织排放控制标准》（GB 37822—2019），梳理辖区范围内涉及挥发性有机物无组织排放企业清单，制定实施方案。6 家化工企业、12 家工业涂装企业、11 家包装印刷企业等、30 家再生塑料企业通过采取设备与场所密闭、工艺改进、废气有效收集等措施，完成 VOCs 无组织排放治理

类别	重点工作	主要任务	完成时限	工程措施
VOCs治理	重点工业行业VOCs综合治理	治污设施建设	2019年12月底前	16家工业涂装企业、4家包装印刷企业等建设适宜高效的治污设施
		精细化管控	全年	按照《重点行业挥发性有机物综合治理方案》（环大气〔2019〕53号），6家化工企业、3家工业涂装企业、8家包装印刷企业等推行“一厂一策”制度，加强企业运行管理
	油品储运销综合治理	油气回收治理	2019年10月底前	开展加油站、储油库、油罐车油气回收装置专项检查，确保油气回收装置正常运行
		自动监控设备安装	2019年12月底前	加快推进5家年销售汽油量大于5 000吨的加油站油气回收自动监控设备安装工作，并与生态环境部门联网
	工业企业监测监控	自动监控设施安装	2019年12月底前	1家化工企业、3家工业涂装企业主要排污口要安装自动监控设施共4套
重污染天气应对	修订完善应急减排清单	完善应急减排清单，夯实应急减排措施	2019年10月底前	完成重点行业绩效分级，完成应急减排清单编制工作，落实“一厂一策”等各项应急减排措施
	应急运输响应	重污染天气移动源管控	2019年10月15日前	加强源头管控，根据实际情况，制定日货车使用量10辆以上企业、港口、铁路货场、物流园区的重污染天气车辆管控措施，重点涉气企业安装门禁监控系统
能力建设	完善环境监测监控网络	环境空气质量监测网络建设	2019年12月底前	阜城城区增设环境空气质量自动监测站点1个，阜城三区增设乡镇空气自动监测站点31个，阜南县增设乡镇空气质量自动监测站点29个
		环境空气VOCs监测	2019年12月底前	阜城建成环境空气VOCs监测站点1个
		遥感监测系统平台三级联网	2020年3月底前	建成机动车遥感监测系统，并稳定传输数据
		定期排放检验机构三级联网	长期	市级机动车检验机构监管平台实现检测视频监控、数据统计分析、检测机构管理、车辆环保信息管理，实现三级联网。对超标排放车辆开展大数据分析，追溯相关方责任
		重型柴油车车载诊断系统远程监控系统建设	全年	推进重型柴油车车载诊断系统远程监控系统建设和终端安装
		重污染天气车辆管控平台	2019年12月底前	建设完成重污染天气车辆管控平台
		机场空气质量监测	2019年12月底前	推进机场空气质量监测站建设
	源排放清单编制	编制大气污染源排放清单	2020年3月底前	完成2018年大气污染源排放清单编制
	颗粒物来源解析	开展$PM_{2.5}$来源解析	2019年12月底前	完成城市大气污染颗粒物源解析

安徽省蚌埠市2019—2020年秋冬季大气污染综合治理攻坚行动方案

类别	重点工作	主要任务	完成时限	工程措施
产业结构调整	产业布局调整	建成区重污染企业搬迁	长期	实施中粮生物化学（安徽）股份有限公司（49万吨燃料乙醇）、安徽八一化工股份有限公司（18万吨硝基氯苯、20.7万吨离子膜烧碱、26万吨氯苯等）、安徽天润化学工业股份有限公司（3.8万吨聚丙烯酰胺）、安徽佳先功能助剂股份有限公司（1 500吨二苯甲酰甲烷、1 000吨硬脂酰苯甲酰甲烷）等4家城镇人口密集区危险化学品生产企业搬迁改造
		化工行业整治	2019年12月底前	对沫河口工业园区开展VOCs综合治理工作，完成安徽雪郎生物科技有限公司及蚌埠四方沥青有限责任公司污染防治设施升级改造，确保稳定达标排放的基础上减少排放量；完成化工行业首轮LDAR检测工作
	“散乱污”企业和集群综合整治	“散乱污”企业综合整治	长期	完成三县六区607家“散乱污”企业综合整治，同步完成区域环境整治
		“散乱污”集群综合整治	2019年10月底前	完善“散乱污”企业动态管理机制，实行网格化动态管理，对第一轮607家“散乱污”企业整治情况开展“回头看”，严防死灰复燃，并启动第二轮“散乱污”排查整治工作
	工业源污染治理	实施排污许可	2019年12月底前	按要求完成电力生产、污水处理及其再生利用、电镀设施、电池制造、汽车制造、肥料制造等行业272家企业排污许可证核发工作
		无组织排放治理	2019年12月底前	完成蚌埠中联水泥、中航三鑫太阳能光电玻璃等6家企业，1家港口，4家码头物料（含废渣）运输、装卸、储存、转移、输送以及生产过程等无组织排放深度治理，加强已完成改造企业无组织排放监管，严查不落实大气污染防治措施的环境违法行为
		工业园区综合整治	2019年12月底前	树立行业标杆，制定综合整治方案，完成怀远经济开发区园区、五河经济开发区园区、固镇经济开发区园区、淮上区工业园区（沫河口园区）等4个工业园区部分企业集中整治，同步推进区域环境综合整治和企业污染防治升级改造
		工业园区能源替代利用与资源共享	2019年12月底前	怀远县经济开发区、怀远县龙亢经济开发区、五河县经济开发区、固镇县经济开发区、固镇铜陵现代产业园、淮上区工业园完成集中供热或实现全部使用清洁能源
能源结构调整	散煤治理	清洁能源替代散煤	2019年10月底前	依法关闭市区散煤经营户14户，市区内1106户餐饮单位（含早餐店及流动摊点）完成清洁能源替代，严禁使用散煤及生物质燃料。严查流动销售散煤行为，推进市区城中村民用散煤整治或洁净煤替代工作
		洁净煤替代散煤	长期	市区中环线范围内严禁使用散煤，暂不具备清洁能源替代条件地区推广洁净煤替代散煤

类别	重点工作	主要任务	完成时限	工程措施
能源结构调整	散煤治理	煤质监管	全年	加强部门联动，严厉打击劣质煤流通、销售和使用。高污染燃料禁燃区内禁止销售散煤，合法销售点煤质抽检覆盖率不低于90%；秋冬季应急管控期间加大各企业抽检率
	高污染燃料禁燃区	调整扩大禁燃区范围	长期	将禁燃区范围扩大至宁洛高速—X401县道—圈堤路—京台高速—京台高速仁和集出口—蚌埠南与凤阳交界处—蚌五高速公路—宁洛高速，基本覆盖市区行政区域，并依法对违规使用高污染燃料的单位进行处罚
	煤炭消费总量控制	煤炭消费总量削减	全年	完成省发改委下发的煤炭消费总量削减任务
	锅炉综合整治	锅炉管理台账	2019年10月底前	完善锅炉（特种设备）管理台账，进行动态更新
		淘汰燃煤锅炉	2019年10月底前	淘汰燃煤锅炉22台合计121.07蒸吨。全市范围内基本完成35蒸吨/时以下燃煤锅炉清洁能源替代或淘汰
		燃气锅炉低氮改造	2019年12月底前	完成燃气锅炉低氮改造64台76.8蒸吨
		生物质锅炉	2019年12月底前	拆除蚌埠市福淋乳业有限公司1台10蒸吨生物质锅炉，改天然气4台13.4蒸吨，高效除尘改造31台24蒸吨
运输结构调整	运输结构调整	提升铁路货运量	长期	落实我市运输结构调整方案的铁路货运量提升要求
		加快铁路专用线建设	长期	加快推进蚌埠沫河口化工园区、蚌埠固镇丰原企业和蚌埠临港产业园综合货运中心铁路专用线建设。开展大宗货物年货运量150万吨及以上的大型工矿企业和物流园区摸底调查，按照宜水则水、宜铁则铁的原则，研究推进大宗货物“公转铁”或“公转水”
		发展新能源车	全年	新增公交、环卫、邮政、出租、通勤、轻型城市物流车辆中新能源车比例达到80%
			全年	港口新增或更换作业车辆主要采用新能源或清洁能源
			全年	港口新增或更换作业非道路移动机械主要采用新能源或清洁能源车辆
		老旧车淘汰	2019年12月底前	淘汰国三及以下营运柴油货车100辆。加快淘汰采用稀薄燃烧技术或“油改气”的老旧燃气车辆
		船舶淘汰更新	全年	推广使用清洁能源或新能源船舶
			2019年12月底前	淘汰使用20年以上的内河航运船舶5艘
	车船燃油品质改善	油品质量抽查	2019年12月底前	强化油品质量监管，按照年度抽检计划，在全市加油站（点）抽检车用汽柴油共计40个批次；对大型工业企业自备油库摸排检查，对排查发现的油库油品质量抽检，根据检测情况依法处理处置

类别	重点工作	主要任务	完成时限	工程措施
运输结构调整	车船燃油品质改善	打击黑加油站点	长期	根据省市推进成品油市场整治系列方案要求，持续加大力度，开展打击黑加油站点专项行动，对黑加油站点取缔工作进行督导。从柴油货车油箱和尿素箱抽取检测柴油样品和车用尿素样品各 100 个以上
		尿素质量抽查	2019 年 12 月底前	从国道、省道沿线加油站抽检尿素 30 次以上
		船用油品质量调查	2019 年 12 月底前	对港口内靠岸停泊船舶抽查燃油 10 次
	在用车环境管理	在用车执法监管	长期	秋冬季期间监督抽测柴油车数量不低于当地柴油车保有量的 80%，其中集中停放区域抽检柴油货车 50 辆以上。加大对车辆集中停放地和用车大户的抽检频次
			2019 年 10 月底前	部署多部门全天候综合检测站 3 个，覆盖主要物流通道和城市入口，并投入运行
			2019 年 12 月底前	检查排放检验机构 13 家 52 次，实现排放检验机构监管全覆盖
			2019 年 10 月底前	构建超标柴油车黑名单，将遥感监测（含黑烟抓拍）、路检执法发现的超标车辆纳入黑名单，实现动态管理，和交通、公安部门建立信息共享机制，严禁超标车辆上路行驶、进出重点用车企业，加大尾气超标车辆处罚力度。推广使用“驾驶排放不合格的机动车上道路行驶的”交通违法处罚代码 6063，由生态环境部门取证，公安交管部门对路检路查和黑烟抓拍发现的上路行驶超标车辆进行处罚，交通部门强制维修
	非道路移动机械环境管理	备案登记	2019 年 12 月底前	完成非道路移动机械摸底调查和编码登记
		排放检验	2019 年 12 月底前	以施工工地和港口码头、机场、物流园区、高排放控制区等为重点，开展非道路移动机械检测，做到重点场所全覆盖
		港口岸电	2019 年 12 月底前	建成港口岸电设施 3 个，提高使用率
用地结构调整	矿山综合整治	强化露天矿山综合治理	长期	对污染治理不规范的露天矿山，依法责令停产整治，不达标不得恢复生产。对责任主体灭失露天矿山迹地进行综合治理
	扬尘综合治理	建筑扬尘治理	长期	全面执行《安徽省建筑工程施工和预拌混凝土生产扬尘污染防治标准（试行）》，严格落实施工工地“六个百分之百”要求，将建筑工地环境违法行为与禁止招标惩戒挂钩
		施工扬尘管理清单	长期	定期动态更新施工工地管理清单
		施工扬尘监管	长期	占地面积 5 000 米^2 以上建筑工地全部安装在线监测和视频监控，并与当地行业主管部门联网
		道路扬尘综合整治	长期	地级及以上城市道路机械化清扫率达到 90%，县城达到 70%

类别	重点工作	主要任务	完成时限	工程措施
用地结构调整	扬尘综合治理	渣土运输车监管	全年	严厉打击无资质、标识不全、故意遮挡或污损车牌等渣土车违法行为。严格渣土运输车辆规范化管理，渣土运输车做到全密闭，严查渣土车不按审批路线行驶的行为
		露天堆场扬尘整治	全年	全面清理城乡接合部以及城中村拆迁的渣土和建筑垃圾，不能及时清理的及时采取苫盖等抑尘措施
		强化降尘量控制	全年	各县（区、市）降尘量不高于 7 吨/（月·千米^2）
	秸秆综合利用	加强秸秆焚烧管控	长期	建立网格化监管制度，在秋收阶段开展秸秆禁烧专项巡查
		加强秸秆综合利用	全年	秸秆综合利用率达到 90%以上
工业炉窑大气污染综合治理	淘汰一批	煤气发生炉淘汰	2019 年 12 月底前	安徽达林锌炭材料有限公司、安徽华强玻璃科技有限公司、安徽翔宇玻璃科技股份有限公司、蚌埠市龙淮玻璃制品有限公司、蚌埠市金辉玻璃制品有限公司 5 家企业淘汰煤气发生炉 6 台
		燃煤加热、烘干炉（窑）淘汰	2019 年 12 月底前	淘汰新天地生物肥业、晶显宏发有限公司等 2 家企业燃煤加热、烘干炉（窑）2 台
		炉（窑）淘汰	2019 年 12 月底前	完成安徽辉源机电有限公司 1 台工业炉窑淘汰任务
	清洁能源替代一批	工业炉窑清洁能源替代	2019 年 12 月底前	完成安徽达林锌炭材料有限公司、蚌埠市金辉玻璃制品有限公司、蚌埠市龙淮玻璃器皿有限公司 3 家单位工业炉窑清洁能源替代工作
	治理一批	工业炉窑废气深度治理	2019 年 12 月底前	完成蚌埠市万科硅材料科技有限公司、安徽福瑞斯特玻璃、安徽龙泉硅材料有限公司、安徽华强玻璃科技有限公司 4 家企业 5 座工业炉窑废气深度治理任务
	监控监管	监测监控	2019 年 10 月底前	全市完成焚烧炉 4 家、建材行业 1 家、玻璃行业 8 家、水泥行业 1 家共 14 家企业自动监控设施；完成全市 23 家 45 米高架源及“三个全覆盖”重点污染源涉及企业工业炉窑在线监测设施安装
		工业炉窑专项执法	2019 年 12 月底前	开展专项执法检查
VOCs 治理	重点工业行业 VOCs 综合治理	源头替代	长期	大力推广使用低 VOCs 含量的溶剂型涂料、油墨、胶黏剂等涂料，完成金黄山凹版印刷及辽源新材料等 2 家企业及 10 家汽修企业环保材料替代工作
		无组织排放控制	2019 年 12 月底前	按照《挥发性有机物无组织排放控制标准》，在全市范围内通过采取设备与场所密闭、工艺改进、废气有效收集等措施，完成 2 家化工企业、1 家工业涂装企业、6 家包装印刷企业等 9 家单位 VOCs 无组织排放治理
		治污设施建设	2019 年 12 月底前	5 家化工、9 家机械加工、1 家包装印刷、5 家其他制造等 20 家单位建设完成适宜高效的治污设施

类别	重点工作	主要任务	完成时限	工程措施
VOCs治理	重点工业行业VOCs综合治理	精细化管控	全年	按照《重点行业挥发性有机物综合治理方案》要求，在3家工业涂装企业（柳工起重机、安瑞科压缩机、安徽水利嘉和机电）、1家包装印刷企业（金黄山凹版印刷）推行“一厂一策”制度，加强企业运行管理
	油品储运销综合治理	油气回收治理	2019年11月底前	对加油站、储油库油气回收设施运行情况开展专项检查，对擅自停用油气回收治理设施和未正常使用治理设施的依法处罚
		自动监控设备安装	2019年12月底前	2个加油站、2座储油库等完成油气回收自动监控设备安装
	监测监控	自动监控设施安装	2019年10月底前	完成全市6家化工重点排污企业自动监控设施安装
重污染天气应对	修订完善应急预案及减排清单	完善重污染天气应急预案	2019年10月底前	修订完善重污染天气应急预案，完善清单修编工作
		完善应急减排清单，夯实应急减排措施	2019年10月底前	完成重点行业绩效分级，完成应急减排清单编制工作，落实“一厂一策”等各项应急减排措施
	应急运输响应	重污染天气移动源管控	2019年10月15日前	加强源头管控，根据实际情况，制定日货车使用量10辆以上企业、港口、铁路货场、物流园区的重污染天气车辆管控措施，并安装门禁监控系统
能力建设	完善环境监测监控网络	环境空气质量监测网络建设	2019年12月底前	增设环境空气质量自动监测站点310个
		环境空气VOCs监测	2019年12月底前	建成环境空气VOCs监测站点2个
		遥感监测系统平台三级联网	长期	机动车遥感监测系统稳定传输数据
		定期排放检验机构三级联网	长期	市级机动车检验机构监管平台实现检测视频监控、防作弊报警提示、数据统计分析、检测机构管理、车辆环保信息管理，实现三级联网。对超标排放车辆开展大数据分析，追溯相关方责任
		重型柴油车车载诊断系统远程监控系统建设	全年	推进重型柴油车车载诊断系统远程监控系统建设和终端安装
		重污染天气车辆管控平台	2019年12月底前	建设完成重污染天气车辆管控平台，并投入运行
		道路空气质量监测	2019年10月底前	在主要物流通道建设道路空气质量监测站146个
		机场、港口空气质量监测	2019年10月底前	在蚌埠港、徽商五源港口建设道路空气质量监测站3个
	源排放清单编制	编制大气污染源排放清单	2020年3月底前	完成2018年大气污染源排放清单编制
	颗粒物来源解析	开展 $PM_{2.5}$ 来源解析	2019年12月底前	完成2018年城市大气污染颗粒物源解析

安徽省淮南市2019—2020年秋冬季大气污染综合治理攻坚行动方案

类别	重点工作	主要任务	完成时限	工程措施
产业结构调整	产业布局调整	建成区重污染企业搬迁	2019年12月底前	实施强力商品混凝土有限公司、安徽发强玻璃有限责任公司、淮南市中岩新型建材有限公司、淮南市舜立机械有限公司医用氧分公司等4家企业搬迁改造
	“散乱污”企业和集群综合整治	“散乱污”企业综合整治	2019年12月底前	完善“散乱污”企业动态管理机制，实行网格化管理，压实基层责任，发现一起查处一起。目前列入清单的取缔关闭2家、规范整顿1家
	工业源污染治理	实施排污许可	2019年12月底前	按照《固定污染源排污许可分类管理名录》要求，完成2019年度排污许可证核发任务
		无组织排放治理	2019年12月底	2家煤矿、1家水泥企业、3家建材企业完成物料（含废渣）运输、装卸、储存、转移、输送以及生产工艺过程等无组织排放的深度治理
		工业园区能源替代利用与资源共享	2020年3月底前	推进工业园区集中供热或清洁能源供热
能源结构调整	散煤治理	煤质监管	全年	加强部门联动，严厉打击劣质煤流通、销售和使用。煤质抽检覆盖率不低于90%，对抽检发现经营不合格散煤行为的，依法处罚
	煤炭消费总量控制	煤炭消费总量削减	全年	全市煤炭消费总量较2018年削减84.25万吨
	锅炉综合整治	锅炉管理台账	2019年12月底前	完善锅炉管理台账
		淘汰燃煤锅炉	2019年12月底前	淘汰燃煤锅炉46台65.6蒸吨。城市建成区内基本淘汰35蒸吨以下燃煤锅炉。全市淘汰10蒸吨及以下燃煤锅炉
		燃气锅炉低氮改造	2019年12月底前	完成城市建成区内燃气锅炉低氮改造5台16蒸吨
		生物质锅炉超低改造	2019年12月底前	推进城市建成区内21台生物质锅炉超低排放改造或淘汰
运输结构调整	运输结构调整	提升铁路货运量	2019年12月底前	根据《淮南市推进运输结构调整工作实施方案》要求，全市铁路货运量较2018年增加18万吨
		加快铁路专用线建设	2020年12月底前	根据《淮南市推进运输结构调整工作实施方案》要求，新建物流园区、大型工矿企业铁路专用线9千米
		发展新能源车	全年	新增公交、环卫、邮政、出租、通勤、轻型城市物流车辆中新能源车比例达到80%
			2019年12月底前	港口、铁路货场等新增或更换作业车辆采用新能源或清洁能源8辆

类别	重点工作	主要任务	完成时限	工程措施
运输结构调整	运输结构调整	老旧车淘汰	全年	推进国三及以下营运柴油货车、采用稀薄燃烧技术或“油改气”的老旧燃气车辆淘汰
		重点企业管理	2019 年 12 月底前	开展大宗货物年货运量 150 万吨及以上的大型工矿企业和物流园区摸底调查，研究推进大宗货物“公转铁”
		减少公路货运量	2020 年 3 月底前	煤炭、矸石、火电等重点用车单位原则上不得使用国三及以下排放标准运输车辆（保障车辆除外），进一步减少地销煤。秋冬季期间，田家庵电厂、洛河电厂、新庄孜电厂日均汽运煤量在正常运输量基础上减少 60%，重污染天气期间禁止汽运煤（因安全生产需要时除外）
	车船燃油品质改善	油品质量抽查	2019 年 12 月底前	强化油品质量监管，按照年度抽检计划，在全市加油站（点）抽检车用汽柴油共计 30 组。开展大型企业自备油库油品质量检查
		打击黑加油站点	2019 年 12 月底前	根据省市推进成品油市场整治系列方案要求，开展打击黑加油站点专项行动，对黑加油站点查处取缔工作进行督导。从柴油货车油箱和尿素箱抽取检测柴油样品和车用尿素样品
		船用油品质量检查	2019 年 12 月底前	开展港口加油站、船舶用油监督抽查
		尿素质量抽查	2019 年 12 月底前	从高速公路、国道、省道沿线加油站抽检尿素 20 次以上
	在用车环境管理	在用车执法监管	2020 年 3 月底前	秋冬季期间监督抽测柴油车数量不低于当地柴油车保有量的 80%。加大车辆集中停放地、重点用车单位入户检查频次
			2019 年 10 月底前	部署多部门全天候综合检测站，并投入运行
			2019 年 12 月底前	检查排放检验机构 13 个次，实现排放检验机构监管全覆盖
			2019 年 10 月底前	构建超标柴油车黑名单，将遥感监测（含黑烟抓拍）、路检执法发现的超标车辆纳入黑名单，实现动态管理，严禁超标车辆上路行驶、进出重点用车企业。推广使用“驾驶排放不合格的机动车上道路行驶的”交通违法处罚代码 6063，由生态环境部门取证，公安交管部门对路检路查和黑烟抓拍发现的上路行驶超标车辆进行处罚，交通部门强制维修
	非道路移动机械环境管理	高排放控制区	2019 年 12 月底前	划定并公布禁止使用高排放非道路移动机械的区域
		备案登记	2019 年 12 月底前	完成非道路移动机械摸底调查和编码登记
		排放检验	2019 年 12 月底前	以施工工地和港口码头、物流园区、高排放控制区等为重点，开展非道路移动机械检测，做到重点场所全覆盖
		港口岸电	2019 年 12 月底前	建成港口岸电设施 6 个

类别	重点工作	主要任务	完成时限	工程措施
用地结构调整	矿山综合整治	强化露天矿山综合治理	长期	对污染治理不规范的露天矿山，依法责令停产整治，不达标不得恢复生产。对责任主体灭失露天矿山迹地进行综合治理
	扬尘综合治理	建筑扬尘治理	长期	全面执行《安徽省建筑工程施工和预拌混凝土生产扬尘污染防治标准（试行）》，严格落实施工工地“六个百分之百”要求
		施工扬尘管理清单	长期	定期动态更新施工工地管理清单。包括施工工地扬尘防治问题清单，解决措施，完成时限以及负责人
		施工扬尘监管	长期	占地面积5 000米^{2}以上建筑工地按规范完善在线监测和视频监控，并与当地行业主管部门联网。建立网格化监管机制，施工工地日巡查；重点监管土石方作业，做到全流程控制
		道路扬尘综合整治	长期	地级及以上城市道路机械化清扫率达到92%，县城达到88%。提高城市道路保洁质量，加强环卫作业考核，实现“路见本色”。开展矿区周边道路治理，基本做到路面无明显积尘，全面修复破损路面
		渣土运输车监管	全年	严厉打击无资质、标识不全、故意遮挡或污损车牌等渣土车违法行为。严格渣土运输车辆规范化管理，渣土运输车做到全密闭
		露天堆场扬尘整治	全年	全面清理城乡接合部以及城中村拆迁的渣土和建筑垃圾，不能及时清理的必须采取苫盖等抑尘措施。开展矸石堆场清理整治专项行动
		强化降尘量控制	全年	各县（区）降尘量不高于7吨/（月·千米^2）
	秸秆综合利用	加强秸秆焚烧管控	长期	建立网格化监管制度，在秋收阶段开展秸秆禁烧专项巡查
		加强秸秆综合利用	全年	秸秆综合利用率达到90%
工业炉窑大气污染综合治理	制定方案	制定实施方案	2019年10月底前	制定工业炉窑大气污染综合治理实施方案，明确治理要求，细化任务分工，确定分年度重点项目，推进砖瓦窑治理
	治理一批	工业炉窑废气深度治理	2019年12月底前	淘汰不能稳定达标的砖瓦窑，完成2座砖瓦窑、1个板材企业废气深度治理
	监控监管	工业炉窑专项执法	2019年12月底前	开展专项执法检查
VOCs治理	重点工业行业VOCs综合治理	无组织排放控制	2019年12月底前	1家橡胶和塑料制品企业、3家汽修企业、1家包装印刷企业通过采取设备与场所密闭、工艺改进、废气有效收集等措施，完成VOCs无组织排放治理
		治污设施建设	2019年12月底前	1家工业涂装企业建设适宜高效的治污设施
		精细化管控	全年	6家化工企业、2家工业涂装企业、17家包装印刷企业等推行“一厂一策”制度，加强企业运行管理

类别	重点工作	主要任务	完成时限	工程措施
VOCs治理	油品储运销综合治理	油气回收治理	2019年12月底前	全市域加油站全部完成加油阶段油气回收治理工作。23辆油罐车完成油气回收治理。加强油气回收装置运行维护
		自动监控设备安装	2019年12月底前	1个加油站，1座储油库完成油气回收自动监控设备安装
重污染天气应对	修订完善应急预案及减排清单	完善重污染天气应急预案	2019年10月底前	按照要求修订完善重污染天气应急预案，完成清单编制
		完善应急减排清单，夯实应急减排措施	2019年10月底前	完成重点行业绩效分级，完成应急减排清单编制工作，落实“一厂一策”等各项应急减排措施
	应急运输响应	重污染天气移动源管控	2019年10月15日前	加强源头管控，根据实际情况，制定日货车使用量10辆以上企业、港口、铁路货场、物流园区的重污染天气车辆管控措施，尝试安装门禁监控系统
能力建设	完善环境监测监控网络	遥感监测系统平台三级联网	长期	机动车遥感监测系统稳定传输数据
		定期排放检验机构三级联网	长期	市级机动车检验机构监管平台实现检测视频监控、防作弊报警提示、数据统计分析、检测机构管理、车辆环保信息管理，实现三级联网。对超标排放车辆开展大数据分析，追溯相关方责任
		重型柴油车车载诊断系统远程监控系统建设	全年	推进重型柴油车车载诊断系统远程监控系统建设和终端安装
		重污染天气车辆管控平台	2019年12月底前	建设完成重污染天气车辆管控平台
		乡镇空气质量监测	2019年10月底前	开展乡镇颗粒物监测并进行排名
	源排放清单编制	编制大气污染源排放清单	2020年3月底前	完成2018年大气污染源排放清单编制
	颗粒物来源解析	开展$PM_{2.5}$来源解析	2020年3月底前	完成2019年城市大气污染颗粒物源解析工作

安徽省滁州市2019—2020年秋冬季大气污染综合治理攻坚行动方案

类别	重点工作	主要任务	完成时限	工程措施
产业结构调整	产业布局调整	建成区重污染企业搬迁	2020年3月底前	完成2家企业（安隆乙炔气厂、润达溶剂）搬迁工作。推进2家企业（聚保利电装、金邦化工）搬迁
		化工行业整治	2019年12月底前	依法关停7家、转移8家、升级24家
	“散乱污”企业和集群综合整治	“散乱污”企业综合整治	2019年12月底前	完成210家“散乱污”企业整治，完善“散乱污”企业动态管理机制。实行网格化管理，压实基层责任，发现一起查处一起
	工业源污染治理	实施排污许可	2019年12月底前	按照《固定污染源排污许可分类管理目录》要求，完成2019年度排污许可证核发任务
		无组织排放治理	2019年12月底前	5家水泥企业（中联、海螺、华塑、中都、珍珠）、9个港口码头完成物料（含废渣）运输、装卸、储存、转移、输送以及生产工艺过程等无组织排放的深度治理
		工业园区综合整治	2019年12月底前	计划在10个省级以上工业园区各建设1套环境空气质量自动监测站点，在定远盐化工业园区建设监测预警监控体系，开展溯源分析。同步推进区域环境综合整治和企业升级改造
		工业园区能源替代利用与资源共享	2019年10月底前	明光市化工集中区、来安县经济开发区完成集中供热。梳理滁州市省级工业园区已完成和未完成名单，继续推动建设
能源结构调整	散煤治理	清洁能源替代散煤	2019年10月底前	完成经营性散煤治理297户。成立联合执法队伍，逐户摸排、宣传整治，全面清理整治市高污染燃料禁燃区域内经营性散煤使用
		煤质监管	全年	加强部门联动，严厉打击劣质煤流通、销售和使用。煤质抽检覆盖率不低于90%，对抽检发现经营不合格散煤行为的，依法处罚
	高污染燃料禁燃区	调整扩大禁燃区范围	2019年12月底前	拟将禁燃区范围扩大至滁马高速-京沪高铁-琅琊山风景名胜区-西涧湖-滁定路-滁淮高速-宁洛高速合围区域，依法对违规使用高污染燃料的单位进行处罚
	煤炭消费总量控制	煤炭消费总量削减	2019年12月底前	全市煤炭消费总量较2015年削减8万吨
	锅炉综合整治	淘汰燃煤锅炉	2019年12月底前	淘汰燃煤锅炉3台（德伦橡胶、华环国际、祥泰饲料）36.4蒸吨，推进淘汰燃煤锅炉3台（天鼎丰、可可美家乳胶、大发化纤）56.8蒸吨。城市建成区范围内淘汰35蒸吨以下燃煤锅炉，全市淘汰10蒸吨以下燃煤锅炉
		锅炉超低排放改造	2019年12月底前	推动燃煤锅炉超低排放改造2台70蒸吨（金禾化工自备电厂）
		燃气锅炉低氮改造	2019年12月底前	完成燃气锅炉低氮改造78台

类别	重点工作	主要任务	完成时限	工程措施
能源结构调整	锅炉综合整治	生物质锅炉	2019年12月底前	推动生物质锅炉超低排放改造1台75蒸吨（碧绿春酒厂）
			2020年3月底前	推动凤阳县12台建成区生物质锅炉、来安县11台建成区生物质锅炉超低排放改造，不具备改造条件的，实施集中供热或改用清洁能源
运输结构调整	运输结构调整	提升铁路货运量	全年	挖掘合宁铁路货物运输能力，实施滁州北等货场改造扩能，提升铁路货场作业能力，完成年度32万吨铁路货运量
		加快重点工程建设	全年	开展年运输量150万吨货物企业摸排工作，按照宜水则水、宜铁则铁的原则，研究推进大宗货物“公转铁”或“公转水”。支持凤阳县、明光市接轨京沪铁路，定远县接轨水蚌铁路。加快推进淮河、滁河、池河、襄河航道升级工程，重建汉河船闸、改建襄河口船闸
		发展新能源车	2020年	新增公交、邮政、环卫、出租、通勤、轻型城市物流车辆中新能源车比例达到80%
		老旧车淘汰	全年	积极推进国三及以下营运老旧柴油车、稀薄燃烧车辆淘汰
		船舶淘汰更新	长期	推广使用清洁能源或是新能源船舶
			长期	淘汰使用20年以上的内河航运船舶
	车船燃油品质改善	油品质量抽查	2019年12月底前	强化油品质量监管，按照年度抽检计划，在全市加油站（点），按“双随机一公开”组织抽检车用汽柴油，监督抽查不少于10个批次，根据油品质量状况增加抽查批次。开展对大型工业企业自备油库油品质量专项检查，对发现的问题依法依规进行处置
		打击黑加油站点	2019年12月底前	根据省市推进成品油市场整治系列方案要求，开展打击黑加油站点专项行动，对黑加油站点查处取缔工作进行督导。从柴油货车油箱和尿素箱抽取检测柴油样品和车用尿素样品各100个以上
		尿素质量抽查	2019年12月底前	强化尿素质量监管，在高速公路、国道、省道沿线加油站抽检尿素不少于10个批次，根据产品质量状况增加抽查批次
	在用车环境管理	在用车执法监管	长期	秋冬季期间监督抽测柴油车数量不低于当地柴油车保有量的80%。对柴油货车集中停放地和用车大户开展入户抽测
			2019年12月底前	检查排放检验机构18个，实现排放检验机构监管全覆盖
			2019年10月底前	构建超标柴油车黑名单，将遥感监测（含黑烟抓拍）、路检执法发现的超标车辆纳入黑名单，实现动态管理，严禁超标车辆上路行驶、进出重点用车企业。推广使用“驾驶排放不合格的机动车上道路行驶的”交通违法处罚代码6063，由生态环境部门取证，公安交管部门对路检路查和黑烟抓拍发现的上路行驶超标车辆进行处罚，交通部门强制维修

类别	重点工作	主要任务	完成时限	工程措施
运输结构调整	在用车环境管理	在用车执法监管	2019 年 10 月底前	依托现有治超站，部署多部门全天候综合监测站 3 个，覆盖主要物流通道和城市入口，并投入使用
	非道路移动机械环境管理	高排放控制区	2019 年 12 月底前	划定并公布禁止使用高排放非道路移动机械的区域
		备案登记	2019 年 12 月底前	完成非道路移动机械摸底调查和编码登记
		排放检验	2019 年 12 月底前	以施工工地和港口码头、物流园区、高排放控制区等为重点，开展非道路移动机械检测 150 辆，做到重点场所全覆盖
		港口岸电	2019 年 12 月底前	港口码头（凤阳顺达、龙阳、鸿运、犇牛，全椒安胜、华刚、鸿运、四通，天长天然港）建成岸电设施 33 个，提高使用率
用地结构调整	矿山综合整治	强化露天矿山综合治理	长期	对污染治理不规范的露天矿山，依法责令停产整治，不达标不得恢复生产。对责任主体灭失露天矿山迹地进行综合治理
	扬尘综合治理	建筑扬尘治理	长期	全面执行《安徽省建筑工程施工和预拌混凝土生产扬尘污染防治标准（试行）》和《滁州市扬尘污染防治条例》，严格落实施工工地“六个百分之百”要求
		施工扬尘管理清单	长期	定期动态更新施工工地管理清单
		施工扬尘监管	长期	占地面积 5 000 米^{2}以上建筑工地全部安装在线监测和视频监控，并与当地行业主管部门联网
		道路扬尘综合整治	长期	市区道路机械化清扫率达到 90%，县城达到 80%
		渣土运输车监管	全年	严格渣土运输车辆规范化管理，全面整治渣土运输车带泥上路、不密闭、车容不整等各类违规行为，实现渣土运输作业管理有序，扬尘污染防控措施到位，不污染路面，无扬尘污染。借助信息化管理平台，强化渣土车监管
		强化降尘量控制	全年	各县（区、市）降尘量控制在 5 吨/（月·千米^2）以下
	秸秆综合利用	加强秸秆焚烧管控	长期	建立网格化监管制度，在秋收阶段开展秸秆禁烧专项巡查
		加强秸秆综合利用	全年	秸秆综合利用率达到 90%
工业炉窑大气污染综合治理	淘汰一批	煤气发生炉淘汰	2019 年 12 月底前	淘汰凤阳县石英砂生产加工企业煤气发生炉 30 台
		加热、烘干炉（窑）淘汰	2019 年 12 月底前	淘汰涂装、石英砂行业加热、烘干炉（窑）29 台
	治理一批	工业炉窑废气深度治理	2019 年 12 月底前	推动玻璃、建材等行业 34 台炉（窑）废气深度治理。其中，凤阳县玻璃行业 7 台工业炉窑开展尾气脱硝深度治理，明光市凹土加工行业 10 台生物质工业炉窑开展尾气袋式除尘深度治理

类别	重点工作	主要任务	完成时限	工程措施
工业炉窑大气污染综合治理	清洁能源替代一批	工业炉窑清洁能源替代（清洁能源包括天然气、电、集中供热等）	2019 年 12 月底前	完成建材行业 1 台炉（窑）天然气替代（明光华慧晶甲微晶材料）
	监控监管	监测监控	2019 年 10 月底前	化工、建材行业共 6 家企业安装自动监控系统（天大钢管 PQF 环形炉、安普环保、亚克力、国强化工、常源新材料、宏源新材料）
			2019 年 12 月底前	完成重点污染源“三个全覆盖”建设（涉及 20 家炉窑企业）
		工业炉窑专项执法	2019 年 10 月底前	开展专项执法检查
VOCs 治理	重点工业行业 VOCs 综合治理	无组织排放控制	2019 年 12 月底前	按照《挥发性有机物无组织排放控制标准》（GB 37822—2019），梳理辖区范围内涉及挥发性有机物无组织排放企业清单，制定实施方案。7 家企业（美邦树脂、鑫龙化工、明辉电气、奥特佳、雄亚塑胶、明峰复合材料、庆伟再生塑业）通过采取设备与场所密闭、工艺改进、废气有效收集等措施，完成 VOCs 无组织排放治理
		治污设施建设	2019 年 12 月底前	24 家企业建设适宜高效的治污设施
		精细化管控	全年	按照《重点行业挥发性有机物综合治理方案》（环大气〔2019〕53 号），盐化园区推行“一厂一策”制度，3 家树脂企业（丹宝树脂、美邦树脂、龙泽源化工）作为精细化管控试点企业
	油品储运销综合治理	自动监控设备安装	2019 年 12 月底前	加快推进 4 个年销售汽油量大于 5 000 吨的加油站（滁州西环路加油站、滁州滁全路加油站、天长油库加油站、滁州中石化油库）、2 座储油库安装油气回收自动监控设备（明光中海油油库、天长中心加油站）
		油气回收治理	2019 年 10 月底前	开展加油站、储油库油气回收设施运行情况专项检查
	工业园区和企业集群综合治理	统一管控	2019 年 12 月底前	定远盐化工业园区建设监测预警监控体系，开展溯源分析
		汽车维修企业废气整治	2019 年 10 月底前	开展专项整治行动，对手续齐全且废气治理设施完备的，指导其规范营运；对无手续但具备规范条件的，督促完善相关手续和治理设施；对不具备规范条件的，督促自行拆除烤（喷）漆设施，逾期不拆除的依法查处取缔
重污染天气应对	修订完善应急预案及减排清单	完善重污染天气应急预案	2019 年 10 月底前	修订完善重污染天气应急预案
		完善应急减排清单，夯实应急减排措施	2019 年 10 月底前	完成重点行业绩效分级，完成应急减排清单编制工作，落实“一厂一策”等各项应急减排措施

类别	重点工作	主要任务	完成时限	工程措施
重污染天气应对	应急运输响应	重污染天气移动源管控	2019 年 10 月 15 日前	加强源头管控，公安交警部门根据重污染天气管控预案，及时对城区路面行驶柴油车辆进行管控。相关职能监管部门对主要港口、铁路货场、物流园区以及城区日货车使用量 10 辆以上的企业，制定重污染天气车辆管控措施，并督促重点管控企业安装门禁监控系统。推进重污染天气车辆管控平台建设
能力建设	完善环境监测监控网络	环境空气质量监测网络建设	2019 年 12 月底前	建成环境空气质量自动监测站点 10 个
		环境空气 VOCs 监测	2019 年 12 月底前	建成环境空气 VOCs 监测站点 2 个
		遥感监测系统平台三级联网	长期	保障机动车遥感监测数据稳定传输
		定期排放检验机构三级联网	长期	市级机动车检验机构监管平台实现检测视频监控、防作弊报警提示、数据统计分析、检测机构管理、车辆环保信息管理，实现三级联网。对超标排放车辆开展大数据分析，追溯相关方责任
		重型柴油车车载诊断系统远程监控建设	全年	推进重型柴油车车载诊断系统远程监控系统建设和终端安装
		道路空气质量监测	2019 年 12 月底前	在主要物流通道建设道路空气质量监测点
		港口空气质量监测	2019 年 12 月底前	在 4 个港口码头（全椒襄河鸿运公司码头、全椒县古河镇鸿运码头、来安县汊河滁州港航投资公司码头、来安县忠友码头）建设空气质量监测点
	源排放清单编制	编制大气污染源排放清单	2020 年 3 月底前	完成 2018 年大气污染源排放清单编制
	颗粒物来源解析	开展 $PM_{2.5}$ 来源解析	2019 年 12 月底前	启动城市大气污染颗粒物源解析

安徽省六安市 2019—2020 年秋冬季大气污染综合治理攻坚行动方案

类别	重点工作	主要任务	完成时限	工程措施
产业结构调整	“散乱污”企业和集群综合整治	“散乱污”企业综合整治	2019 年 10 月底前	完善“散乱污”企业动态管理机制，实行网格化管理，压实基层责任，发现一起查处一起。完成 741 家“散乱污”企业整治工作
	工业源污染治理	实施排污许可	2019 年 12 月底前	2019 年度完成 248 家排污许可证核发任务
		无组织排放治理	2019 年 12 月底前	霍邱达亿港务有限公司闸口村 1 号码头、霍邱中兴港务有限公司新淮码头完成物料（含废渣）运输、装卸、储存、转移、输送以及生产工艺过程等无组织排放的深度治理
		工业园区综合整治	2019 年 12 月底前	完成裕安区高新技术产业开发区区域环境综合整治和企业升级改造
		工业园区能源替代利用与资源共享	2019 年 12 月底前	所有市属省级开发区完成集中供热或清洁能源供热
能源结构调整	散煤治理	清洁能源替代散煤	2019 年 10 月底前	城区完成散煤治理 1 509 户，全部实现清洁能源替代。取缔经营炉灶 328 户
		煤质监管	全年	加强部门联动，严厉打击劣质煤流通、销售和使用。煤质抽检覆盖率不低于 90%，对抽检发现经营不合格散煤行为的，依法处罚
	高污染燃料禁燃区	调整扩大禁燃区范围	已完成	我市高污染燃料禁燃区已经调整扩大，范围在 2015 年的基础上扩大到约 93 千米^2，禁燃区范围内依法对违规使用高污染燃料的单位进行处罚
	煤炭消费总量控制	煤炭消费总量削减	全年	全市煤炭消费总量较 2018 年削减 10 万吨
	锅炉综合整治	淘汰燃煤锅炉	2019 年 12 月底前	淘汰乡镇 10 蒸吨/时以下燃煤锅炉 16 台共 16.5 蒸吨及 2 台 20 蒸吨/时锅炉。全市范围内基本淘汰 35 蒸吨/时以下燃煤锅炉。取缔农村地区粮食煤烘干设备 41 台
		锅炉超低排放改造	2020 年 3 月底前	完成 2 台 75 蒸吨燃煤锅炉超低排放改造（安徽蓝天盈丰环保科技有限公司）
		燃气锅炉低氮改造	2019 年 12 月底前	完成 90 台燃气锅炉低氮改造（金安区 13 台、裕安区 7 台、开发区 23 台、霍邱 6 台、金寨 7 台、霍山 12 台、舒城 22 台）
运输结构调整	运输结构调整	加快铁路专用线建设	2019 年 12 月底前	积极推进六安钢铁铁路专用线项目前期工作。开展年运输量 150 万吨货物企业摸排工作，研究推进大宗货物“公转铁”
		发展新能源车	全年	新增新能源出租车 36 辆、新能源公交车 99 辆
		老旧车淘汰	全年	淘汰国三及以下柴油货车 568 辆
	车船燃油品质改善	油品质量抽查	2019 年 12 月底前	强化油品质量监管，按照年度抽检计划，对车用燃油、车用尿素等产品的开展质量安全监督抽查工作，其中销售领域车用汽油、车用柴油等 17 组；流通领域成品油等 86 组
		打击黑加油站点	2019 年 12 月底前	根据省市推进成品油市场整治系列方案要求，开展打击黑加油站点专项行动，对黑加油站点查处取缔工作进行督导。从柴油货车油箱和尿素箱抽取检测柴油样品和车用尿素样品各 100 个以上

类别	重点工作	主要任务	完成时限	工程措施
运输结构调整	车船燃油品质改善	尿素质量抽查	2019年12月底前	从高速公路、国道、省道沿线加油站抽检尿素100个以上
		船用油品质量调查	2019年12月底前	对码头停泊船舶燃油抽查10次
	在用车环境管理	在用车执法监管	长期	秋冬季期间监督抽测柴油车数量不低于当地柴油车保有量的80%。加大对集中车辆停放地和用车大户的抽查检查
			2019年10月底前	部署多部门全天候综合检测站13个，覆盖主要物流通道和城市入口，并投入运行
			2019年12月底前	每季度对全市17个环检机构进行现场检查一次，实现排放检验机构监管全覆盖
			2019年10月底前	构建超标柴油车黑名单，将遥感监测（含黑烟抓拍）、路检执法发现的超标车辆纳入黑名单，实现动态管理，严禁超标车辆上路行驶、进出重点用车企业。推广使用“驾驶排放不合格的机动车上道路行驶的”交通违法处罚代码6063，由生态环境部门取证，公安交管部门对路检路查和黑烟抓拍发现的上路行驶超标车辆进行处罚，交通部门强制维修
	非道路移动机械环境管理	备案登记	2019年12月底前	完成非道路移动机械摸底调查和编码登记
		排放检验	2019年12月底前	以施工工地和港口码头、物流园区、高排放控制区等为重点，开展非道路移动机械检测，做到重点场所全覆盖
		港口岸电	2019年12月底前	建成港口岸电设施6个，提高使用率
用地结构调整	矿山综合整治	强化露天矿山综合治理	2019年10月底前	完成露天矿山年度治理任务5家
	扬尘综合治理	建筑扬尘治理	长期	全面执行《安徽省建筑工程施工和预拌混凝土生产扬尘污染防治标准（实行）》，严格实施施工工地“六个百分之百”要求。继续实施六安市建设领域扬尘治理专项行动
		施工扬尘管理清单	长期	定期动态更新施工工地管理清单
		施工扬尘监管	长期	占地面积在5 000米^{2}以上的建筑工地全部安装在线监测和监控，并与当地行业主管部门联网
		道路扬尘综合整治	长期	市建成区及县城道路机械化清扫率达到86%
		渣土运输车监管	全年	严厉打击无资质、标识不全、故意遮挡或污损车牌等渣土车违法行为。严格渣土运输车辆规范化管理，渣土运输车做到全密闭
		露天堆场扬尘整治	全年	全面清理城乡接合部以及城中村拆迁的渣土和建筑垃圾，不能及时清理的必须采取苫盖等抑尘措施
		强化降尘量控制	全年	各县（区）降尘量不高于5吨/（月·千米^2）
	秸秆综合利用	加强秸秆焚烧管控	长期	建立网格化监管和市直部门包保制度，在秋收阶段开展秸秆禁烧专项巡查
		加强秸秆综合利用	全年	秸秆综合利用率达到89%

类别	重点工作	主要任务	完成时限	工程措施
工业炉窑大气污染综合治理	制定方案	制定实施方案	2019 年 12 月底前	制定六安市工业炉窑专项整治方案
		砖瓦行业	2019 年 12 月底前	制定砖瓦行业专项整治方案
	治理一批	工业炉窑废气深度治理	2020 年 2 月底前	2020 年 2 月完成相应改造，安徽康泰玻业科技有限公司 2 台燃煤炉窑实施清洁能源替代。安徽星瑞齿轮传动有限公司压铸分公司熔炼炉增加一套高温布袋除尘装置
	监控监管	监测监控	2019 年 12 月底前	玻璃制造行业安装自动监控系统共 3 套
		工业炉窑专项执法	2019 年 11 月底前	开展专项执法检查 2 次
VOCs 治理	重点工业行业 VOCs 综合治理	源头替代	2020 年 3 月底前	推动六安江淮电机有限公司、安徽振博门业有限公司、霍邱县金富恒商贸有限公司、霍邱县黎鑫门业有限公司、霍邱县忠爱门业有限责任公司、霍邱县龙祥钢艺门业有限公司等企业进行低 VOCs 含量涂料、油墨等原辅材料替代
		无组织排放控制	2019 年 12 月底前	完成对辖区内 16 家挥发性有机物无组织排放企业控制
	油品储运销综合治理	油气回收治理	2019 年 12 月底前	对加油站和油罐车、储油库油气回收设施运行情况开展专项检查
		自动监控设备安装	2019 年 12 月底前	7 座年销售汽油量大于 5 000 吨的加油站、3 座储油库完成油气回收自动监控设备安装，推进与生态环境部门联网
重污染天气应对	修订完善应急预案及减排清单	完善重污染天气应急减排清单	2019 年 10 月底前	完善重污染天气应急减排清单
		完善应急减排清单，夯实应急减排措施	2019 年 10 月底前	完成重点行业绩效分级，完成应急减排清单编制工作，落实“一厂一策”等各项应急减排措施
	应急运输响应	重污染天气移动源管控	2019 年 10 月 15 日前	加强源头管控，根据实际情况，制定日货车使用量 10 辆以上企业、港口、物流园区的重污染天气车辆管控措施
能力建设	完善环境监测监控网络	环境空气质量监测网络建设	2019 年 10 月底前	增设环境空气质量自动监测站点 4 个，大气网格化监测点 314 个，激光雷达 2 座
		环境空气 VOCs 监测	2019 年 10 月底前	建成环境空气 VOCs 监测站点 85 个
		遥感监测系统平台三级联网	长期	机动车遥感监测系统稳定传输数据
		定期排放检验机构三级联网	长期	市级机动车检验机构监管平台实现检测视频监控、防作弊报警提示、数据统计分析、检测机构管理、车辆环保信息管理，实现三级联网。对超标排放车辆开展大数据分析，追溯相关方责任
		重型柴油车车载诊断系统远程监控系统建设	全年	推进重型柴油车车载诊断系统远程监控系统建设和终端安装
	源排放清单编制	编制大气污染源排放清单	2020 年 3 月底前	完成 2018 年大气污染源排放清单编制
	颗粒物来源解析	开展 $PM_{2.5}$ 来源解析	2019 年 10 月底前	启动城市大气污染颗粒物源解析

安徽省马鞍山市2019—2020年秋冬季大气污染综合治理攻坚行动方案

类别	重点工作	主要任务	完成时限	工程措施
产业结构调整	产业布局调整	建成区重污染企业搬迁	2019年12月底前	完成马钢奥瑟亚化工有限公司提标改造工程、马鞍山市宏泉环保科技有限公司搬迁工程
	“散乱污”企业和集群综合整治	“散乱污”企业综合整治	2019年12月底前	完善“散乱污”企业动态管理机制，实行网格化管理，压实基层责任，发现一起查处一起。在已完成653家“散乱污”企业整治基础上，今年继续动态排查“散乱污”企业43家并采取分类治理措施，并确保长江干流1千米以内无企业
		“散乱污”集群综合整治	2019年12月底前	完成江东大道与采石河路交叉口西南角“散乱污”企业集群综合整治，约15家企业。同步完成区域环境整治工作
	工业源污染治理	实施排污许可	2019年12月底前	按照《固定污染源排污许可分类管理目录》要求，完成电力生产、污水处理及其再生利用、电镀设施、电池制造、汽车制造、肥料制造等22个行业190家企业排污许可证核发
		钢铁超低排放	2019年12月底前	1.马钢股份公司完成3号烧结机机头脱硫改造、7号焦炉脱硫脱硝、颗粒物超低排放改造、1号高炉槽下、炉前除尘提标改造工程，港料总厂C26、C27转运站除尘提标改造工程，一钢轧总厂3号转炉新二次除尘提标改造项目，四钢轧总厂炼钢除尘系统优化提标改造等6个项目。2.安徽长江钢铁股份有限公司完成：烧结厂环保设施升级改造工程球团脱硫项目、烧结厂环保设施升级改造工程球团烘干及润磨造球除尘项目、烧结厂环保设施升级改造工程球团配料及环境除尘项目
		无组织排放治理	2019年12月底前	马钢完成炼铁总厂球团料场防尘网工程、冷轧总厂1720酸再生酸雾冷却净化改造、一钢轧总厂转炉烟气三次除尘转炉项目、四钢轧总厂炼钢主厂房全封闭、转炉高位中位上料通廊封闭以及炼钢废钢间封闭改造、炼铁总厂烧结配料室配料线环境治理、烧结内返转运站新建除尘系统、炼焦总厂焦化南区筒仓一期工程、集装箱运输智能化环保改造工程、3#高炉矿槽槽上新建除尘系统工程、资源公司灯泡线、干渣基地硬化改造及中心料场封闭大棚工程10个无组织排放治理项目
		工业园区综合整治	2019年12月底前	制定排查整治方案，完成市经开区、慈湖高新区等全市9个重点工业园区环境问题排查工作，预计2020年底前完成9个工业园区整治工作，同步推进区域环境综合整治和企业升级改造
		工业园区能源替代利用与资源共享	2020年12月底前	推进市经开区、慈湖高新区、当涂经开区集中供热建设

类别	重点工作	主要任务	完成时限	工程措施
能源结构调整	散煤治理	清洁能源替代散煤	2019 年 10 月底前	完成散煤治理，其中，以天然气代煤为主、电代煤辅助，公共服务机构开发利用地热能 1 处，共替代散煤 84 万吨
		煤质监管	全年	加强部门联动，严厉打击劣质煤流通、销售和使用。加大煤质抽检覆盖率，对抽检发现经营不合格散煤行为的，依法处罚
	煤炭消费总量控制	煤炭消费总量削减	全年	严控煤炭消费增量，对所有耗煤行业各类新建、改建、扩建耗煤项目实施煤炭消费等量置换或减量替代
	锅炉综合整治	锅炉管理台账	2019 年 12 月底前	完善锅炉管理台账
		淘汰燃煤锅炉	2019 年 12 月底前	行政区域内 10 蒸吨以下燃煤锅炉和燃煤设施全部淘汰完毕
		燃气锅炉低氮改造	2019 年 12 月底前	完成建成区 50%的燃气锅炉低氮改造
		生物质锅炉	2019 年 12 月底前	积极推进城市建成区生物质锅炉超低排放改造
运输结构调整	运输结构调整	提升铁路货运量	2019 年 12 月底前	落实本省运输结构调整方案的铁路货运量提升要求，利用马钢姑山矿至马钢生产基地既有铁路，实现中短距离公路货运向铁路转移，铁水联运比例达到 70%以上
		加快重点项目建设	2019 年底前	加快郑蒲港铁路专用线工程建设，及时协调解决项目建设过程中遇到的困难和问题，确保 2020 年底前建成投运。开展大宗货物年货运量 150 万吨及以上的大型工矿企业和物流园区摸底调查，按照宜水则水、宜铁则铁的原则，研究推进大宗货物“公转铁”或“公转水”
		发展新能源车	全年	新增公交车全部采用新能源
			2019 年 12 月底前	积极推进港作机械“油改电”工作进程
		老旧车船淘汰	长期	加快淘汰国三及以下营运柴油货车，采用稀薄燃烧技术或“油改气”的老旧燃气车辆。淘汰使用 20 年以上的内河航运船舶
	车船燃油品质改善	油品质量抽查	2019 年 12 月底前	强化油品质量监管，按照年度抽检计划，在加油站（点）抽检车用汽柴油 15 个批次，对重点企业自备油库开展油品质量专项检查，对发现的问题依法依规进行处置
		打击黑加油站点	2019 年 12 月底前	根据省市推进成品油市场整治系列方案要求，开展打击黑加油站点专项行动，对黑加油站点查处取缔工作进行督导。根据省市场监管部门工作计划，组织对本辖区内的成品油经销企业经销的油品和车用尿素的产品质量开展不定期抽查。从柴油货车油箱和尿素箱抽取检测柴油样品和车用尿素样品
		尿素质量抽查	2019 年 12 月底前	市内国省公路沿线加油站点持续全面销售符合产品质量要求的车用尿素，抽检车用尿素 5 组，覆盖所有加油站
		船用油品质量调查	2019 年 12 月底前	对港口内靠岸停泊船舶燃油抽查 10 次

类别	重点工作	主要任务	完成时限	工程措施
运输结构调整	在用车环境管理	在用车执法监管	2020 年 3 月底前	秋冬季期间监督抽测柴油车数量不低于当地柴油车保有量的 80%。在车辆集中停放地及重点单位抽检柴油货车，实现重点用车大户全覆盖
			2019 年 10 月底前	推进主要物流通道及城市主要入口建立综合检测站，开展多部门全天候检测
			2019 年 12 月底前	实现排放检验机构监管全覆盖
			2019 年 12 月底前	构建超标柴油车黑名单，将遥感监测（含黑烟抓拍）、路检执法发现的超标车辆纳入黑名单，实现动态管理，严禁超标车辆上路行驶、进出重点用车企业。推广使用“驾驶排放不合格的机动车上道路行驶的”交通违法处罚代码 6063，由生态环境部门取证，公安交管部门对路检路查和黑烟抓拍发现的上路行驶超标车辆进行处罚，交通部门强制维修
	非道路移动机械环境管理	高排放控制区	2019 年 12 月底前	划定并公布禁止使用高排放非道路移动机械的区域
		备案登记	2019 年 12 月底前	完成非道路移动机械摸底调查和编码登记
		排放检验	2019 年 12 月底前	以施工工地和港口码头、物流园区、高排放控制区等为重点，开展非道路移动机械检测，做到重点场所全覆盖
		港口岸电	2019 年 12 月底前	完成长江干线 26 家港口码头岸电设施改造
用地结构调整	矿山综合整治	强化露天矿山综合治理	长期	对污染治理不规范的露天矿山，依法责令停产整治，不达标不得恢复生产。对责任主体灭失露天矿山迹地进行综合治理
	扬尘综合治理	建筑扬尘治理	长期	全面执行《安徽省建筑工程施工和预拌混凝土生产扬尘污染防治标准（试行）》，严格落实施工工地“六个百分之百”要求
		施工扬尘管理清单	长期	定期动态更新施工工地管理清单，实施 3A 级标准化工地分类评价管理
		施工扬尘监管	长期	占地面积 5 000 米^2 以上建筑工地全部安装在线监测和视频监控
		道路扬尘综合整治	长期	主城区道路机械化清扫率达到 80%，靠近主城区的当涂县城达到 70%
		渣土运输车监管	全年	严厉打击无资质、标识不全、故意遮挡或污损车牌等渣土车违法行为。严格渣土运输车辆规范化管理，使用新型绿色环保渣土运输车，做到全密闭
		露天堆场扬尘整治	全年	全面清理城乡接合部以及城中村拆迁的渣土和建筑垃圾，不能及时清理的必须采取苫盖等抑尘措施
		强化降尘量控制	全年	各县（区）降尘量不高于 5 吨/（月•千米^2）
	秸秆综合利用	加强秸秆焚烧管控	长期	建立网格化监管制度，充分发挥区县、镇街两级特别是镇街一级政府主体作用，在秋收阶段开展秸秆禁烧专项巡查
		加强秸秆综合利用	全年	秸秆综合利用率达到 89%

类别	重点工作	主要任务	完成时限	工程措施
工业炉窑大气污染综合治理	制定方案	制定实施方案	2019年12月底前	制定工业炉窑大气污染综合治理实施方案，明确治理要求，细化任务分工，确定分年度重点项目
	淘汰一批	煤气发生炉淘汰	2019年12月底前	根据摸排清单，淘汰广源法兰煤气发生炉1台
	清洁能源替代一批	工业炉窑清洁能源替代	2019年12月底前	根据摸排清单，完成含山县陶瓷行业3台炉窑煤改气改造项目
	治理一批	工业炉窑废气深度治理	2019年12月底前	根据摸排清单，完成马钢7#焦炉烟气脱硫脱硝的治理
	监控监管	工业炉窑专项执法	2019年12月底前	开展专项执法检查
	油品储运销综合治理	油气回收治理	2019年12月底前	加强油气回收装置运行维护。推进年销售量5 000吨以上油品企业安装在线监测
挥发性有机物治理	监控监管	监测监控	2019年12月底前	星马汽车、雨花集团、首创环境、盛达前亮、鸿翩实业、祥恒包装、环宇铝业、将煜电子8家企业安装自动监控系统
重污染天气应对	修订完善应急预案及减排清单	完善重污染天气应急预案	2019年11月底前	按照省有关要求修订完善重污染天气应急预案
		完善应急减排清单，夯实应急减排措施	2019年10月底前	完成重点行业绩效分级，完成应急减排清单编制工作，落实“一厂一策”等各项应急减排措施
	应急运输响应	重污染天气移动源管控	2019年10月底前	加强源头管控，根据实际情况，制定日货车使用量10辆以上企业、港口、铁路货场、物流园区的重污染天气车辆管控措施，并安装门禁监控系统。推进重污染天气车辆管控平台建设
能力建设	完善环境监测监控网络	环境空气质量监测网络建设	2019年12月底前	增设郑蒲港新区环境空气质量自动监测站点1个
		环境空气VOCs监测	2019年12月底前	加快推进大气环境监测综合分析研判系统建设，完成168个空气质量微观站建设工作，其中，15个微型站七参数站点可以监测VOCs
		遥感监测系统平台三级联网	长期	机动车遥感监测系统稳定传输数据
		定期排放检验机构三级联网	长期	市级机动车检验机构监管平台实现检测视频监控、防作弊报警提示、数据统计分析、检测机构管理、车辆环保信息管理，实现三级联网。对超标排放车辆开展大数据分析，追溯相关方责任
		重型柴油车车载诊断系统远程监控系统建设	全年	推进重型柴油车车载诊断系统远程监控系统建设和终端安装
	源排放清单编制	编制空气质量限期达标规划	2019年12月底前	完成编制空气质量限期达标规划，启动源解析编制工作
		源排放清单编制	2020年3月底前	完成2018年源清单编制工作

安徽省芜湖市 2019—2020 年秋冬季大气污染综合治理攻坚行动方案

类别	重点工作	主要任务	完成时限	工程措施
产业结构调整	产业布局调整	建成区重污染企业搬迁	2019 年 12 月底前	实施安徽中天纺织科技股份有限公司搬迁改造；安徽远东船舶有限公司等 9 家船舶制造企业关停
	企业集群综合整治	“散乱污”企业综合整治	长期	落实“散乱污”企业动态管理机制，实行网格化管理，压实基层责任，完成 1147 家“散乱污”企业整治
	工业源污染治理	实施排污许可	2019 年 12 月底前	按照《固定污染源排污许可分类管理目录》要求，完成电力生产、污水处理及其再生利用、电镀设施、电池制造、汽车制造、肥料制造等行业 2019 年度排污许可证核发任务
		钢铁超低排放	2019 年 12 月底前	芜湖市新兴铸管有限责任公司完成烧结、焦化超低排放改造。芜湖市富鑫钢铁有限公司钢铁企业完成烧结、球团超低排放改造
		无组织排放治理	2019 年 12 月底前	芜湖市新兴铸管有限责任公司完成炼钢车间封闭，设置屋顶罩并配备除尘设施；焦炉炉体加罩封闭；完成 2#高炉出铁场封闭；生产工艺过程中煤、焦炭、烧结矿、铁合金等物料采用筒仓或密闭料仓密闭储存，石灰石、脱硫石膏采用封闭料棚储存；进出料场设置车轮清洗装置。芜湖市富鑫钢铁有限公司 2#、3#料棚完成封闭；进出料场设置车轮清洗装置；排查各车间及运输皮带除尘泄漏点，采取封闭或增加加湿机方式进行整治；更换 10 辆国五标准的运输车辆
		工业园区能源替代利用与资源共享	2020 年 3 月底前	稳步扩大芜湖经济技术开发区、三山经济开发区的集中供热范围。开工建设无为经济开发区、繁昌经济开发区集中供热项目
能源结构调整	散煤治理	清洁能源替代散煤	2019 年 12 月底前	散煤消费量较 2017 年累计减少 50%
		煤质监管	长期	加强部门联动，严厉打击劣质煤流通、销售和使用。煤质抽检覆盖率不低于 90%，对抽检发现经营不合格散煤行为的，依法处罚
	高污染燃料禁燃区	调整扩大禁燃区范围	长期	全部市区均已划为高污染燃料禁燃区，严格执行高污染燃料禁燃区规定
	煤炭消费总量控制	煤炭消费总量削减	全年	完成省下达的煤炭消费总量控制任务
	锅炉综合整治	锅炉管理台账	2019 年 12 月底前	对照锅炉管理台账持续开展自查，确保 10 蒸吨/时及以下燃煤锅炉全部淘汰或完成清洁能源改造
		淘汰燃煤锅炉	2019 年 12 月底前	芜湖长青藤热力技术有限公司 25 蒸吨/时燃煤锅炉淘汰，改用集中供热

类别	重点工作	主要任务	完成时限	工程措施
能源结构调整	锅炉综合整治	锅炉超低排放改造	2019年12月底前	完成燃煤锅炉超低排放改造3台450蒸吨
		燃气锅炉低氮改造	2019年12月底前	建立燃气锅炉低氮改造任务清单，完成燃气锅炉低氮改造50%任务量
		生物质锅炉	长期	加大生物质锅炉监管力度，推进城市建成区生物质锅炉实施超低排放，摸排生物质锅炉数量
运输结构调整	运输结构调整	提升铁路货运量	2019年12月底前	与2017年相比，全社会铁路货运量增长3万吨
		加快铁路专用线建设	2019年12月底前	开展大宗货物年货运量150万吨及以上的大型工矿企业和物流园区摸底调查，按照宜水则水、宜铁则铁的原则，研究推进大宗货物“公转铁”或“公转水”
		发展新能源车	全年	新增公交、环卫、邮政、出租、新能源车比例达到80%
			2019年12月底前	港口新增或更换作业车辆采用新能源或清洁能源2辆
		老旧车淘汰	2019年12月底前	淘汰稀薄燃烧技术燃气车120辆。开展国三及以下柴油货车摸底调查，推进淘汰工作
		船舶淘汰更新	2019年12月底前	推广使用清洁能源或新能源船舶2艘
			2020年3月底前	淘汰使用20年以上的内河航运船舶
	车船燃油品质改善	油品质量抽查	2019年12月底前	强化油品质量监管，按照年度抽查计划，在全市加油站（点）抽检80批次车用汽柴油。开展对大型工业企业自备油库油品质量专项检查，对发现的问题依法依规进行处置
		打击黑加油站点	2019年12月底前	根据省市推进成品油市场整治系列方案要求，开展打击黑加油站点专项行动，对黑加油站点查处取缔工作进行督导。从具备条件的柴油货车油箱和尿素箱抽取检测柴油样品和车用尿素样品各50个以上
		尿素质量抽查	2019年12月底前	从高速公路、国道、省道沿线加油站抽检尿素12批次以上
		船用油品质量调查	2020年3月底前	开展港口加油站油品检查工作
				对靠港船舶开展油品质量抽检
	在用车环境管理	在用车执法监管	长期	秋冬季期间监督抽测柴油车数量不低于当地柴油车保有量的80%。加大对车辆集中停放地和重点单位抽查力度，实现重点用车大户全覆盖
			2020年3月底前	设置1处柴油货车公安、生态环境、交通等多部门联合流动执法点
			2020年3月底前	检查排放检验机构20家次，实现排放检验机构监管全覆盖
			2019年12月底前	构建超标柴油车黑名单，将遥感监测（含黑烟抓拍）、路检执法发现的超标车辆纳入黑名单，实现动态管理，严禁超标车辆上路行驶、进出重点用车企业。推广使用“驾驶排放不合格的机动车上道路行驶的”交通违法处罚代码6063，由生态环境部门取证，公安交管部门对路检路查和黑烟抓拍发现的上路行驶超标车辆进行处罚，交通部门强制维修

类别	重点工作	主要任务	完成时限	工程措施
运输结构调整	非道路移动机械环境管理	高排放控制区	2019 年 12 月底前	按照《芜湖市人民政府关于划定高排放非道路移动机械禁用区的通告》，加强非道路移动机械环境监管力度
		备案登记	2019 年 12 月底前	完成非道路移动机械摸底调查和编码登记
		排放检验	长期	秋冬季期间，以施工工地、高排放控制区等为重点，检查 100 辆，做到重点场所全覆盖
		港口岸电	2019 年 12 月底前	推进信义光伏（安徽）控股有限公司、中交二航局第四工程有限公司岸电设施建设工作
用地结构调整	矿山综合整治	强化废弃露天矿山综合治理	长期	2019 年年底前完成 9 个废弃矿山地质环境治理项目：启动长江经济带 10 千米范围内废弃矿山生态修复工作，强化废弃地利用。对污染治理不规范的露天矿山，依法责令停产整治，不达标不得恢复生产
	扬尘综合治理	建筑扬尘治理	长期	全面执行《安徽省建筑工程施工和预拌混凝土生产扬尘污染防治标准（试行）》，严格落实施工工地“六个百分之百”要求
		施工扬尘管理清单	长期	定期动态更新施工工地管理清单
		施工扬尘监管	长期	占地面积 5 000 米^{2}以上建筑工地全部安装在线监测和视频监控，并与住建部门联网
		道路扬尘综合整治	长期	市区主要道路机械化清扫率达 90%。每日 0：00—5：00 对市区主要道路进行冲洗。白天针对重点区域、重点道路进行 4～6 次洒水降尘
		渣土运输车监管	全年	推行渣土运输法人化，渣土企业考核制；鼓励和引导新型智能环保渣土车辆进入市场，逐步淘汰老旧渣土车；规范建筑垃圾运输车外观，实行车辆管理编号；加大执法力度，组织全市规模渣土夜查
		露天堆场扬尘整治	全年	全面清理城乡接合部以及城中村拆迁的渣土和建筑垃圾，不能及时清理的必须采取苫盖等抑尘措施
		强化降尘量控制	全年	各县（区）降尘量不高于 5 吨/（月·千米^2）
	秸秆综合利用	加强秸秆焚烧管控	长期	建立网格化监管制度，在秋收阶段开展秸秆禁烧专项巡查
		加强秸秆综合利用	全年	秸秆综合利用率达到 89%
工业炉窑大气污染综合治理	制定方案	制定实施方案	2019 年 12 月底前	制定工业炉窑大气污染综合治理实施方案，明确治理要求，细化任务分工，确定重点项目
	监控监管	工业炉窑专项执法	2019 年 12 月底前	开展专项执法检查
VOCs 治理	重点工业行业 VOCs 综合治理	源头替代	2019 年 12 月底前	2 家工业涂装企业完成低 VOCs 含量涂料替代；2 家包装印刷企业完成低 VOCs 含量油墨替代
		无组织排放控制	2019 年 12 月底前	2 家工业涂装企业通过采取设备与场所密闭、工艺改进、废气有效收集等措施，完成 VOCs 无组织排放治理

类别	重点工作	主要任务	完成时限	工程措施
VOCs治理	重点工业行业VOCs综合治理	治污设施建设	2019年12月底前	2家工业涂装企业、2家漆包线生产企业建设适宜高效的治污设施
		精细化管控	2020年3月底前	按照《重点行业挥发性有机物综合治理方案》（环大气〔2019〕53号），2家化工企业、2家工业涂装企业、2家包装印刷企业等推行“一厂一策”制度，加强企业运行管理
	油品储运销综合治理	油气回收治理	2019年10月底前	开展加油站、储油库油气污染专项检查，确保油气污染防治设施正常运行
		自动监控设备安装	2019年12月底前	推进年销售汽油量大于5 000吨的加油站开展油气回收自动监控设备建设；推进开展储油库油气回收自动监控试点工作
	监测监控	自动监控设施安装	2019年12月底前	按照国家规定的技术规范要求，推进5家企业安装VOCs自动监控设施
重污染天气应对	修订完善应急预案及减排清单	完善重污染天气应急预案	2019年10月底前	修订完善重污染天气应急预案
		完善应急减排清单，夯实应急减排措施	2019年10月底前	完成重点行业绩效分级，完成应急减排清单编制工作，落实“一厂一策”等各项应急减排措施
	应急运输响应	重污染天气移动源管控	2019年10月15日前	加强源头管控，根据实际情况，制定日货车使用量10辆以上企业、港口、铁路货场、物流园区的重污染天气车辆管控措施，并安装门禁监控系统。推进重污染天气车辆管控平台建设
能力建设	完善环境监测监控网络	环境空气质量监测网络建设	长期	启动国家已批建的3个空气自动监测站点前期工作
		遥感监测系统平台三级联网	长期	在城市主要道路出入口建设10套遥感监测设备，机动车遥感监测系统稳定传输数据
		定期排放检验机构三级联网	长期	市级机动车检验机构监管平台实现检测视频监控、防作弊报警提示、数据统计分析、检测机构管理、车辆环保信息管理，实现三级联网
		重型柴油车车载诊断系统远程监控系统建设	长期	推进重型柴油车车载诊断系统远程监控系统建设和终端安装
		道路空气质量监测	2019年12月底前	在城市主要道路出入口建设道边微型空气质量监测点10个
	源排放清单编制	编制大气污染源排放清单	2020年3月底前	完成2018年大气污染源排放清单编制
	颗粒物来源解析	开展$PM_{2.5}$来源解析	2019年10月底前	完成2018—2019年城市大气颗粒物源解析工作

安徽省宣城市2019—2020年秋冬季大气污染综合治理攻坚行动方案

类别	重点工作	主要任务	完成时限	工程措施
产业结构调整	产业布局调整	化工行业整治	2019年12月底前	禁止新增化工园区，加大现有化工园区整治力度；依法关停3家化工企业
	“两高”行业产能控制	严控钢铁、铸造、水泥产能	长期	严禁新增钢铁、铸造、水泥等产能，新建项目严格执行产能置换
	“散乱污”企业和集群综合整治	“散乱污”企业综合整治	2019年12月底前	完善“散乱污”企业动态管理机制，实行网格化管理，压实基层责任，发现一起查处一起，全市共排查“散乱污”企业934家
			2019年12月底前	共排查“散乱污”企业934家，已经完成整改900家。其中整顿规范类166家，已全部完成；取缔关闭类768家，已完成734家。按期全部完成整治
	工业源污染治理	实施排污许可	2019年12月底前	完成《固定污染源排污许可分类管理目录》中2019年应发证共22个行业的排污许可证核发工作
		钢铁超低排放	2019年12月底前	完成泾县隆鑫铸造有限公司（产能50万吨）钢铁企业超低排放改造；启动安徽省郎溪县鸿泰钢铁有限公司（产能35万吨）钢铁企业超低排放改造
		无组织排放治理	2019年12月底前	巩固工业企业无组织排放整治成果，1家126万千瓦火力发电企业、2家20 000吨/日产能水泥企业，1家85 000吨产能铸造企业完成物料（含废渣）运输、装卸、储存、转移、输送以及生产工艺过程等无组织排放的深度治理
能源结构调整	散煤治理	煤质监管	全年	加强部门联动，严厉打击劣质煤流通、销售和使用。流通、销售领域商品煤煤质抽检覆盖率不低于90%，对抽检发现经营不合格散煤行为的，依法处罚
	高污染燃料禁燃区	强化禁燃区管控	长期	禁燃区内禁止使用、销售散煤等高污染燃料，依法对违规使用高污染燃料的单位进行处罚
	煤炭消费总量控制	煤炭消费总量削减	全年	完成国家和省下达的煤炭削减任务，确保煤炭消费总量持续下降
	锅炉综合整治	锅炉管理台账	2019年10月底前	完善锅炉管理台账
		淘汰燃煤锅炉	2019年12月底前	淘汰辖区内10蒸吨/时以下燃煤锅炉；淘汰市、县建成区内35蒸吨/时以下燃煤锅炉；全市淘汰燃煤锅炉44台99.78蒸吨
		燃气锅炉低氮改造	2019年12月底前	全市完成燃气锅炉低氮改造17台70蒸吨
		生物质锅炉	2019年12月底前	全市完成生物质锅炉超低排放改造3台8蒸吨，高效除尘改造2台10蒸吨

类别	重点工作	主要任务	完成时限	工程措施
运输结构调整	运输结构调整	提升铁路货运量	2019 年 12 月底前	推进宣城至广德铁路客货分离，探索皖赣线客货分离，充分释放原有普速铁路运能，进一步挖掘铁路货物运输潜力；国投电厂等建有铁路专用线的大型工矿企业，大宗货物铁路运输比例达到 90%以上；启动巷口桥铁路物流基地增建集装箱兼笨重货物装卸线、补强铁路物流基本功能和铁路相关设备设施
		加快铁路专用线建设	2019 年 12 月底前	充分发挥既有铁路专用线集疏运作用，改造升级相关设施设备，整合铁路建设资源，提高既有线路综合利用效率；摸排大宗货物年货运量 150 万吨以上的大型工矿企业，研究推进大宗货物“公转铁”
		发展新能源车	全年	新增公交、环卫、邮政、出租、通勤、轻型城市物流车辆中新能源车或清洁能源车比例达到 80%
			2019 年 12 月底前	港口、机场、铁路货场等新增作业车辆采用新能源或清洁能源
			2019 年 12 月底前	港口、机场、铁路货场等新增作业非道路移动机械采用新能源或清洁能源
		老旧车淘汰	全年	淘汰国三及以下营运柴油货车 307 辆
		老旧船舶淘汰更新	全年	淘汰使用 20 年以上的内河航运船舶
	车船燃油品质改善	油品质量抽查	2019 年 12 月底前	强化油品质量监管，按照“双随机，一公开”抽检计划，在全市加油站（点）抽检车用汽柴油开展抽查，每月抽查比例不低于 20%，实现年度全覆盖。开展对大型工矿企业自备油库油品质量专项检查，对发现的问题依法依规进行处置
		打击黑加油站点	2019 年 12 月底前	根据省市推进成品油市场整治系列方案要求，开展打击黑加油站点专项行动，对黑加油站点进行查处取缔。从具备条件的柴油货车油箱和尿素箱抽取检测柴油样品和车用尿素样品各 30 个以上
		尿素质量抽查	2019 年 12 月底前	从高速公路、国道、省道沿线加油站抽检尿素 10 次以上
		船用油品质量调查	2019 年 12 月底前	推进开展港口（码头）内靠岸停泊船舶燃油抽查工作
	在用车环境管理	在用车执法监管	长期	秋冬季期间监督抽测柴油车数量不低于当地柴油车保有量的 80%。加大对车辆集中停放地和重点单位抽查力度，实现重点用车大户全覆盖
			2019 年 10 月底前	除遥感监测点位外，另设置 1 处综合检查站，覆盖重要物流通道和城市入口，开展多部门全天候执法
			2019 年 12 月底前	检查排放检验机构 17 个次，实现排放检验机构监管全覆盖

类别	重点工作	主要任务	完成时限	工程措施
运输结构调整	在用车环境管理	在用车执法监管	2019 年 10 月底前	构建超标柴油车黑名单，将遥感监测（含黑烟抓拍）、路检执法发现的超标车辆纳入黑名单，实现动态管理，严禁超标车辆上路行驶、进出重点用车企业。推广使用“驾驶排放不合格的机动车上道路行驶的”交通违法处罚代码 6063，由生态环境部门取证，公安交管部门对路检路查和黑烟抓拍发现的上路行驶超标车辆进行处罚，交通部门强制维修
	非道路移动机械环境管理	高排放控制区	2019 年 12 月底前	划定并公布禁止使用高排放非道路移动机械的区域
		备案登记	2019 年 12 月底前	完成非道路移动机械摸底调查和编码登记
		排放检验	长期	秋冬季期间以施工工地和物流园区、高排放控制区等为重点，开展抽查抽测，做到重点场所全覆盖
		港口岸电	2019 年 12 月底前	建成港口岸电设施 8 个，全部投入使用
用地结构调整	矿山综合整治	强化露天矿山综合治理	长期	对污染治理不规范的露天矿山，依法责令停产整治，不达标不得恢复生产。对责任主体灭失露天矿山迹地进行综合治理
	扬尘综合治理	建筑扬尘治理	长期	全面执行《安徽省建筑工程施工和预拌混凝土生产扬尘污染防治标准（试行）》，严格落实施工工地“六个百分之百”要求
		施工扬尘管理清单	长期	定期动态更新施工工地管理清单。依托第三方气溶胶激光雷达扫描技术，对各类施工工地开展不间断巡查，对发现问题，及时督办、交办，督促落实“六个百分之百”
		施工扬尘监管	长期	建筑面积 5 000 米^{2}以上建筑工地全部安装在线监测和视频监控，并与当地行业主管部门联网
		道路扬尘综合整治	长期	依托第三方气溶胶激光雷达扫描技术，对城区道路开展不间断巡查，发现道路积尘或车辆抛洒等，督促冲洗保洁，并溯源处罚；重点区域路段每日冲洗洒水 5～10 次，保持路面见“本色”；地级及以上城市道路机械化清扫率达到 86%，县城达到 65%
		渣土运输车监管	全年	严厉打击无资质、标识不全、故意遮挡或污损车牌等渣土车违法行为。严格渣土运输车辆规范化管理，渣土运输车做到全密闭
		露天堆场扬尘整治	全年	全面清理城乡接合部以及城中村拆迁的渣土和建筑垃圾，不能及时清理的必须采取苫盖等抑尘措施
		强化降尘量控制	全年	每月对各县（区、市）降尘量进行监测和通报，降尘量不高于 5 吨/（月 • 千米^2）

类别	重点工作	主要任务	完成时限	工程措施
用地结构调整	秸秆综合利用	加强秸秆焚烧管控	长期	充分发挥“蓝天卫士”监控作用；建立网格化监管制度，在秋收阶段开展秸秆禁烧专项巡查
		加强秸秆综合利用	全年	秸秆综合利用率达到90%
工业炉窑大气污染综合治理	制定方案	制定实施方案	2019年12月底前	制定工业炉窑大气污染综合治理实施方案，明确治理要求，细化任务分工，分行业开展提标改造和无组织深度治理，确定分年度重点项目
	淘汰一批	煤气发生炉淘汰	2019年12月底前	全市共淘汰煤气发生炉6台
		燃煤加热、烘干炉（窑）淘汰	2019年12月底前	淘汰活性炭行业生物质烘干窑2台，淘汰燃煤加热炉1台
		燃煤炉（窑）淘汰	2019年12月底前	淘汰4家新型砖瓦窑
	清洁能源替代一批	工业炉窑清洁能源替代	2019年12月底前	完成化肥行业1台规模400万大卡燃煤热风炉天然气替代，琉璃瓦行业煤气发生炉1台天然气替代，铝压延加工行业熔铸炉1台50 000吨天然气替代
	治理一批	工业炉窑废气深度治理	2019年12月底前	完成化工行业煤气化炉废气深度治理1台、建材行业热风炉1台，水泥行业废气深度治理1台
	监控监管	监测监控	2019年12月底前	14家重点企业的工业炉窑完成自动监控设备安装、联网、运维监管“三个全覆盖”，实现实时监测监控
		工业炉窑专项执法	2019年10月底前	开展专项执法检查
VOCs治理	重点工业行业VOCs综合治理	源头替代	2019年12月底前	2家包装印刷企业完成低VOCs含量油墨替代
		无组织排放控制	2019年12月底前	按照《挥发性有机物无组织排放控制标准（GB 37822—2019）》，梳理辖区范围内涉及挥发性有机物无组织排放企业清单，制定实施方案，3家铸造企业、1家再生资源企业、4家工业涂装企业通过采取设备与场所密闭、工艺改进、废气有效收集等措施，完成VOCs无组织排放治理
		治污设施建设	2019年12月底前	1家酿造企业、2家工业涂装企业、2家橡胶零部件企业建设适宜高效的治污设施
		精细化管控	全年	按照《重点行业挥发性有机物综合治理方案》（环大气〔2019〕53号），1家石化企业、13家工业涂装企业、2家包装印刷企业等推行“一厂一策”制度，加强企业运行管理
	油品储运销综合治理	油气回收治理	2019年10月底前	开展加油站、储油库、油罐车油气污染防治专项检查，确保油气污染防治设施正常运行；新建加油站同步配套油气回收装置

类别	重点工作	主要任务	完成时限	工程措施
VOCs治理	油品储运销综合治理	自动监控设备安装	2019年12月底前	完成1座储油库油气回收自动监控设备安装，推进年销售量5 000吨以上油品企业安装在线监测
	监测监控	自动监控设施安装	2019年12月底前	根据上级统一部署，积极开展VOCs自动监控设施建设
重污染天气应对	修订完善应急预案及减排清单	完善重污染天气应急预案	2019年10月底前	修订完善重污染天气应急预案
		完善应急减排清单，夯实应急减排措施	2019年10月底前	完成重点行业绩效分级，完成应急减排清单编制工作，落实“一厂一策”等各项应急减排措施
	应急运输响应	重污染天气移动源管控	2019年10月15日前	加强源头管控，根据实际情况，制定日货车使用量10辆以上企业、港口、铁路货场、物流园区的重污染天气车辆管控措施，并安装门禁监控系统，并将监控信息传输到生态环境部门
能力建设	完善环境监测监控网络	环境空气质量监测网络建设	2019年12月底前	增设环境空气质量自动监测站点6个
		遥感监测系统平台三级联网	长期	机动车遥感监测系统稳定传输数据
		定期排放检验机构三级联网	长期	市级机动车检验机构监管平台实现检测视频监控、防作弊报警提示、数据统计分析、检测机构管理、车辆环保信息管理，实现三级联网。对超标排放车辆开展大数据分析，追溯相关方责任
		重型柴油车车载诊断系统远程监控系统建设	全年	推进重型柴油车车载诊断系统远程监控系统建设和终端安装
		重污染天气车辆管控平台	2019年12月底前	启动重污染天气车辆管控平台建设
	源排放清单编制	编制大气污染源排放清单	2020年3月底前	完成2018年大气污染源排放清单编制
	颗粒物来源解析	开展$PM_{2.5}$来源解析	2019年12月底前	启动城市大气污染颗粒物源解析

安徽省铜陵市2019—2020年秋冬季大气污染综合治理攻坚行动方案

类别	重点工作	主要任务	完成时限	工程措施
产业结构调整	产业布局调整	建成区重污染企业搬迁	2019年12月底前	推进老工业区企业搬迁，实施铜陵市恒兴化工有限责任公司（产能1万吨）、铜陵鸿兴化工有限责任公司（产能5 000吨）关停；完成枞阳县皖江铸业有限责任公司（产能44万吨）关闭
		化工行业整治	2019年12月底前	积极开展化工行业整治，禁止新建化工园区，严格执行全省化工投资项目相关规定。依法关停铜官山化工等5家沿江1千米化工企业
	“两高”行业产能控制	压减矿山产能12万吨	2019年11月底前	关停牛山矿业新桥硫铁矿、铜陵县玉泉矿业公司金龙铜矿、童祥矿业南洪向阳铜矿3家企业
	“散乱污”企业和集群综合整治	“散乱污”企业综合整治	2019年10月底前	持续加大排查力度，完善“散乱污”企业动态管理机制，实行网格化管理，压实基层责任，发现一起查处一起。已动态排查各类“散乱污”企业276家，完成2019年新增17家“散乱污”企业分类整治任务
	工业源污染治理	实施排污许可	2019年12月底前	按照《固定污染源排污许可分类管理目录》要求，完成电力生产、污水处理及其再生利用、电镀设施、电池制造、汽车制造、肥料制造等21个行业排污许可证核发
		钢铁超低排放	2019年12月底前	完成铜陵市富鑫钢铁有限公司（产能126万吨）烧结脱硝、铜陵市旋力特殊钢有限公司（产能100万吨）烧结烟气、有色铜冠冶化分公司（产能120万吨）球团脱硝、铜陵泰富特种材料公司（产能220万吨）焦炉烟气脱硝超低排放改造
		特别排放限值改造	2019年12月底前	完成铜陵海螺水泥有限公司1～4号水泥熟料生产线窑头及窑尾烟气、安徽枞阳海螺水泥股份有限公司3～4号水泥熟料生产线窑头及窑尾烟气、铜陵铜冠神虹化工有限责任公司硫化钠生产线尾气特别排放限值改造。推进有色金属冶炼、硫酸、钛白粉等重点行业企业特别排放限值改造
		无组织排放治理	2019年12月底前	完成铜陵海螺水泥有限公司（产能1 000万吨）、安徽枞阳海螺水泥股份有限公司（产能536万吨）、金冠铜业分公司、铜陵市富鑫钢铁有限公司（产能126万吨）物料（含废渣）运输、装卸、储存、转移、输送以及生产工艺过程等无组织排放的深度治理。继续开展化工、火电等重点行业企业排查，对发现的无组织排放源按要求进行无组织排放深度治理
		有色金属冶炼行业	2019年12月底前	制定专项整治方案，明确任务措施
		工业园区综合整治	2019年11月底前	开展省级以上开发区梳理排查，组织实施铜陵市开发区环境污染整治，同步推进区域环境综合整治，做到园区内企业、道路整治到位

类别	重点工作	主要任务	完成时限	工程措施
产业结构调整	工业源污染治理	工业园区能源替代利用与资源共享	2019年12月底前	开展省级以上开发区梳理排查，制定工作方案，组织开展有供热需求园区集中供热建设，开展全市开发区集中供热验收前期摸底工作，有序推进省级以上开发区集中供热验收工作，完成国家级开发区市级验收
能源结构调整	散煤治理	清洁能源替代散煤	2019年10月底前	散煤使用量由2017年的22 586吨减少至11 293吨，较2017年下降50%
		煤质监管	全年	加强部门联动，严厉打击劣质煤流通、销售和使用。煤质抽检覆盖率不低于90%，对抽检发现经营不合格散煤行为的，依法处罚。制订全年抽检计划，对全市用煤大户每月抽检一次，抽检结果及时公示
	高污染燃料禁燃区	调整扩大禁燃区范围	2019年10月底前	严格落实《铜陵市人民政府关于调整铜陵市高污染燃料禁燃区的通告》（铜政告〔2018〕21号），依法对违规使用高污染燃料的单位进行处罚
	煤炭消费总量控制	煤炭消费总量削减	2019年12月底前	制定实施《2019年铜陵市规模以上工业煤炭消费过快增长问题限期整改方案》，全市煤炭消费量较2015年削减32.5万吨
	锅炉综合整治	锅炉管理台账	2019年10月底前	建立锅炉动态管理台账
		淘汰燃煤锅炉	2019年11月底前	淘汰燃煤锅炉4台28蒸吨。城市建成区内完成35蒸吨及以下燃煤锅炉淘汰任务，全市域范围淘汰10蒸吨以下燃煤锅炉
		锅炉超低排放改造	2019年11月底前	完成六国化工公司2台130蒸吨（合计260蒸吨）燃煤锅炉超低排放改造，全面完成全市35蒸吨以上燃煤锅炉超低排放改造任务。推进全市生物质锅炉超低排放改造
		燃气锅炉低氮改造	2019年12月底前	推进金隆铜业有限公司3台20蒸吨（合计60蒸吨）燃气锅炉低氮改造
运输结构调整	运输结构调整	提升铁路货运量	2019年12月底前	落实长三角及本省运输结构调整方案的铁路货运量提升要求
		加快铁路专用线建设	2019年12月底前	加快铜陵江北港铁路专用线建设。在完成可研报告的基础上，加快铁路专用线初步设计工作。开展大宗货物年货运量150万吨及以上的大型工矿企业和物流园区摸底调查，按照宜水则水、宜铁则铁的原则，研究推进大宗货物“公转铁”或“公转水”
		发展新能源车	全年	新增公交、环卫、邮政、出租、通勤、轻型城市物流车辆中新能源车比例达到80%。凡财政资金购买的公务用车全部采用新能源车
			2019年12月底前	港口、铁路货场等新增或更换作业车辆采用新能源或清洁能源达到80%
			2019年12月底前	港口、铁路货场等新增或更换作业非道路移动机械采用新能源或清洁能源达到80%
		老旧车淘汰	全年	根据本省部署要求，摸排国三及以下柴油货车底数，推进国三及以下营运柴油货车、稀薄燃烧技术燃气车淘汰工作，完成70辆老旧公交车淘汰任务
		船舶淘汰更新	全年	淘汰使用20年以上的内河航运船舶

类别	重点工作	主要任务	完成时限	工程措施
运输结构调整	车船燃油品质改善	油品和尿素质量抽查	2019年12月底前	依据《安徽省产品质量监督抽查管理办法（试行）》规定，制订监督抽检计划。开展油品质量抽检，确保对加油站、油品仓储和批发企业监督检测全覆盖。秋冬季期间，对销售车用尿素的加油站（点）抽检不少于20批次。开展对大型工业企业自备油库油品质量专项检查，建立不合格油品问题清单，对发现的问题依法依规进行处置
	车船燃油品质改善	开展成品油市场专项整治	2019年11月底前	深入开展成品油市场专项整治工作，11月底前开展新一轮成品油黑窝点、流动加油车及企业自备油库整治。专项整治期间，从柴油货车油箱和尿素箱抽取检测柴油样品和车用尿素样品各100个以上。持续打击非法加油行为，防止死灰复燃
		船用油品质量调查	2019年12月底前	对港口内靠岸停泊船舶燃油抽查10次以上
	在用车环境管理	在用车执法监管	2020年3月底前	秋冬季期间监督抽测柴油车数量不低于当地柴油车保有量的80%，加大车辆集中停放地、重点用车大户抽检1 000辆次以上，实现重点用车大户全覆盖
			2019年10月底前	设置2处综合检测站，开展多部门全天候检测，基本覆盖主要物流通道和城市入口
			2019年12月底前	检查所有7个排放检验机构，实现监管全覆盖
			2019年11月底前	1.构建超标柴油车黑名单，将遥感监测（含黑烟抓拍）、路检执法发现的超标车辆纳入黑名单，实现动态管理，并与公安、交通部门实现信息共享，严禁超标车辆上路行驶、进出重点用车企业。2.推广使用“驾驶排放不合格的机动车上道路行驶的”交通违法处罚代码6063，由生态环境部门取证，公安交管部门对路检路查和黑烟抓拍发现的上路行驶超标车辆进行处罚，交通部门强制维修
	非道路移动机械环境管理	高排放控制区	2019年12月底前	划定并公布禁止使用高排放非道路移动机械的区域
		备案登记	2019年12月底前	完成非道路移动机械摸底调查和编码登记
		排放检验	2019年12月底前	以施工工地和港口码头、物流园区、高排放控制区等为重点，开展非道路移动机械抽检100台（套）以上，做到重点场所全覆盖
		港口岸电	2019年12月底前	建成港口岸电设施10个，推进靠港作业岸电提高使用率
用地结构调整	矿山综合整治	强化露天矿山综合治理	长期	完成6家非煤矿山环境综合治理工作，完成6家废弃露天矿山生态综合治理任务
	扬尘综合治理	建筑扬尘治理	长期	全面执行《安徽省建筑工程施工和预拌混凝土生产扬尘污染防治标准（试行）》，严格落实施工工地“六个百分之百”要求
		施工扬尘管理清单	长期	定期动态更新施工工地管理清单，每月开展更新，对已更新的104个工地按照“六个百分之百”要求完成整治

类别	重点工作	主要任务	完成时限	工程措施
用地结构调整	扬尘综合治理	施工扬尘监管	长期	合同工期三个月及以上、建筑面积 5 000 米^{2}及以上的建筑工地全部安装在线监测和视频监控，并与住房城乡建设部门联网，否则新开工地不予办理土石方工程施工手续
		道路扬尘综合整治	长期	地级及以上城市道路机械化清扫率达到 89%，县城达到 64%
		渣土运输车监管	全年	严厉打击无资质、标识不全、故意遮挡或污损车牌等渣土车违法行为。严格渣土运输车辆规范化管理，渣土运输车做到全密闭
		露天堆场扬尘整治	全年	全面清理城乡接合部以及城中村拆迁的渣土和建筑垃圾，不能及时清理的必须采取苫盖等抑尘措施
		强化降尘量控制	全年	全市各县（区）降尘量不高于 5 吨/（月・千米^2）
	秸秆综合利用	加强秸秆焚烧管控	长期	建立网格化监管制度，在秋收阶段开展秸秆禁烧专项巡查
		加强秸秆综合利用	全年	秸秆综合利用率达到 89%
工业炉窑大气污染综合治理	制定方案	制定实施方案	2019 年 11 月底前	制定工业炉窑大气污染综合治理实施方案，开展工业炉窑摸底，明确治理要求，细化任务分工，分行业提标改造和无组织深度治理，并确定分年度重点项目
	淘汰一批	煤气发生炉淘汰	2019 年 11 月底前	推进琉璃瓦行业专项整治，淘汰煤气发生炉 15 台
		燃煤加热、烘干炉（窑）淘汰	2019 年 11 月底前	淘汰加热、烘干炉（窑）4 台
	清洁能源替代一批	工业炉窑清洁能源替代（清洁能源包括天然气、电、集中供热等）	2019 年 10 月底前	完成建材行业 1 台加热炉（窑）1 000 米^{2}纸面石膏板产能集中供热替代
	治理一批	工业炉窑废气深度治理	2019 年 10 月底前	完成建材行业 1 台供热炉（窑）4 000 米^{2}纸面石膏板产能废气深度治理
	监控监管	监测监控	2019 年 11 月底前	建立各类工业炉窑管理清单，增加“三个”全覆盖重点污染源涉及的工业炉窑，分类推进安装在线监控设施
		工业炉窑专项执法	2019 年 11 月底前	开展专项执法检查 2 次
VOCs 治理	重点工业行业 VOCs 综合治理	源头替代	2019 年 11 月底前	2 家工业涂装企业完成低 VOCs 含量涂料替代
		无组织排放控制	2019 年 11 月底前	按照《挥发性有机物无组织排放控制标准》（GB 37822—2019），梳理辖区范围内涉及挥发性有机物无组织排放企业清单，制定实施方案。1 家汽修企业、1 家回收利用行业、1 家钢构加工企业通过采取设备与场所密闭、工艺改进、废气有效收集等措施，完成 VOCs 无组织排放治理
		精细化管控	全年	按照《重点行业挥发性有机物综合治理方案》（环大气〔2019〕53 号）。1 家煤化工企业、5 家化工企业、4 家工业涂装企业等推行“一厂一策”制度，加强企业运行管理

类别	重点工作	主要任务	完成时限	工程措施
VOCs 治理	油品储运销综合治理	油气回收治理	2019 年 10 月底前	开展加油站和储油库油气回收设施运行情况开展专项检查
	油品储运销综合治理	自动监控设备安装	2019 年 12 月底前	2 座年销售超过 5 000 吨加油站安装油气回收自动监控设备
	工业园区和企业集群综合治理	统一管控	2019 年 11 月底前	在横港工业区、铜陵经开区工业园区边界建设 3 个 VOCs 自动监控子站
重污染天气应对	修订完善应急预案及减排清单	完善重污染天气应急预案	2019 年 10 月底前	修订完善重污染天气应急预案和应急减排清单
		完善应急减排清单，夯实应急减排措施	2019 年 10 月底前	完成重点行业绩效分级，完成应急减排清单编制工作，落实“一厂一策”等各项应急减排措施
	应急运输响应	重污染天气移动源管控	2019 年 10 月 15 日前	加强源头管控，根据实际情况，制定日货车使用量 10 辆以上企业、港口、铁路货场、物流园区的重污染天气车辆管控措施，并安装门禁监控系统。推进重污染天气车辆管控平台建设
能力建设	完善环境监测监控网络	环境空气质量监测网络建设	2019 年 11 月底前	增设环境空气质量自动监测站点 34 个
		环境空气 VOCs 监测	2019 年 11 月底前	建成环境空气 VOCs 监测站点 3 个
		遥感监测系统平台三级联网	长期	机动车遥感监测系统稳定传输数据
		定期排放检验机构三级联网	长期	市级机动车检验机构监管平台实现检测视频监控、防作弊报警提示、数据统计分析、检测机构管理、车辆环保信息管理，实现三级联网。对超标排放车辆开展大数据分析，追溯相关方责任
	完善环境监测监控网络	重型柴油车车载诊断系统远程监控系统建设	全年	推进重型柴油车车载诊断系统远程监控系统建设和终端安装
		道路空气质量监测	2019 年 12 月底前	在主要物流通道建设道路空气质量监测站 14 个
		港口空气质量监测	2019 年 12 月底前	全市 23 个港口码头建设空气质量颗粒物监测点 23 个
	源排放清单编制	编制大气污染源排放清单	2020 年 3 月底前	完成 2018 年大气污染源排放清单编制
	颗粒物来源解析	开展 $PM_{2.5}$ 来源解析	2020 年 3 月底前	完成 2018 年城市大气污染颗粒物源解析

安徽省池州市2019—2020年秋冬季大气污染综合治理攻坚行动方案

类别	重点工作	主要任务	完成时限	工程措施
产业结构调整	产业布局调整	化工行业整治	2019年12月底前	推动东至县经济技术开发区持续开展环境综合整治，确保园区企业稳定达标排放
	“散乱污”企业和集群综合整治	“散乱污”企业综合整治	2019年12月底前	持续开展“散乱污”企业排查整治，加快剩余6家“散乱污”企业清理整治工作，对已排查出的448家“散乱污”企业进行再核查。坚决杜绝已取缔的“散乱污”企业死灰复燃
		“散乱污”集群综合整治	2019年12月底前	完成“散乱污”企业整治后的区域环境整治工作
	工业源污染治理	实施排污许可	2019年12月底前	完成畜牧业，食品制造业，酒、饮料和精制茶制造业，纺织业，木材加工和木、竹、藤、棕、草制品业，家具制造业，化学原料和化学制品制造业，非金属矿物制品业，有色金属冶炼和压延加工业，汽车制造业，电气机械和器材制造业，计算机、通信和其他电子设备制造业，电力、热力生产和供应业，水的生产和供应业，生态保护和环境治理业，通用工序等16个行业约130家排污单位排污许可证核发工作
		钢铁超低排放	2019年12月底前	完成安徽省贵航特钢有限公司（产能200万吨）炼铁工序的高炉出铁场、高炉矿槽，炼钢工序的铁水预处理、转炉超低排放改造；到2020年10月底，完成1#、2#（炼铁）高炉出铁场、矿槽颗粒物超低排放改造，转炉（炼钢）二次烟气除尘颗粒物超低排放改造，（无组织）物料储存、物料输送环节改造
		无组织排放治理	2019年12月底前	完成2家300万吨钢铁行业的物料储存和物料输送（石灰、除尘灰、脱硫灰、粉煤灰等粉状物料；铁精矿、煤、焦炭、烧结矿、球团矿、白云石、铁合金、钢渣、脱硫石膏等块状或粘湿物料）无组织排放深度治理；1家1 400万吨产能水泥企业物料储存和物料输送等无组织排放治理；30家建材行业无组织排放深度治理；29个港口码头完成92处物料（含废渣）堆场和39条皮带机生产线的无组织排放的深度治理
		工业园区综合整治	2019年12月底前	完成江南产业集中区、池州经济技术开发区、池州高新园区、东至经济技术开发区、青阳县经济技术开发区、东至县大渡口经济技术开发区等6个工业园区集中整治，同步推进区域环境综合整治和企业升级改造
		工业园区能源替代利用与资源共享	2019年12月底前	完成江南产业集中区、池州经济技术开发区、池州高新园区、东至经济技术开发区的集中供热或清洁能源供热
能源结构调整	散煤整治	散煤治理	2019年10月底前	持续开展高污染燃料禁燃区内的散煤清零工作，取缔4家散煤销售点（工商注册）、整治2家蜂窝煤制售点
		煤质监管	全年	加强部门联动，严厉打击劣质煤流通、销售和使用。煤质抽检覆盖率不低于90%，对抽检发现经营不合格散煤行为的，依法处罚

类别	重点工作	主要任务	完成时限	工程措施
能源结构调整	高污染燃料禁燃区	调整扩大禁燃区范围	2019 年 12 月底前	将禁燃区范围扩大至市、县建成区及城乡接合部范围，占总面积的 16%，依法对违规使用高污染燃料的单位进行处罚
	煤炭消费总量控制	煤炭消费总量削减	全年	完成国家和省下达的煤炭削减任务，确保煤炭消费总量持续下降
	锅炉综合整治	锅炉管理台账	2019 年 10 月底前	摸清贵池高新区、开发区、江南产业集中区锅炉底数，完善锅炉管理台账
		淘汰燃煤锅炉	2019 年 12 月底前	市行政区域内 10 蒸吨以下燃煤锅炉和燃煤设施全部淘汰完毕。完成有色行业燃煤锅炉 2 台清洁能源替代，完成有色、印染、造纸等行业燃煤锅炉 5 台集中供热替代
		锅炉超低排放改造	2019 年 10 月底前	加强监管，确保全市燃煤锅炉稳定达到超低排放标准，年底前完成 2 台 150 蒸吨燃煤锅炉超低排放改造
	锅炉综合整治	燃气锅炉低氮改造	全年	推进燃气锅炉低氮改造，建成区完成 50%的燃气锅炉低氮改造
		生物质锅炉	2019 年 10 月底前	推进生物质锅炉实施超低排放改造，10 月底前完成 1 台 25 蒸吨生物质锅炉高效除尘改造
运输结构调整	运输结构调整	提升铁路货运量	2019 年 12 月底前	与 2018 年相比，全市铁路到、发货运量力争增长 5 万吨
		加快铁路专用线建设	2019 年 12 月底前	开工建设东至经济开发区铁水联运设施联通项目。开展大宗货物年货运量 150 万吨及以上的大型工矿企业和物流园区摸底调查，按照宜水则水、宜铁则铁的原则，研究推进大宗货物“公转铁”或“公转水”
		发展新能源车	全年	新增公交、环卫、邮政、出租、通勤、轻型城市物流车辆中新能源车比例达到 80%
			2019 年 12 月底前	城市建成区新增和更新的公交全部采用新能源或清洁能源汽车，中心城区新能源或清洁能源公交车比例达到 95%
		老旧车淘汰	2020 年 3 月底前	淘汰国三及以下营运柴油货车 82 辆
		船舶淘汰更新	2019 年 12 月底前	积极推广使用清洁能源或新能源的船舶
			2019 年 12 月底前	淘汰使用 20 年以上的内河航运船舶 230 艘，改造老旧船舶 45 艘
	车船燃油品质改善	油品和尿素质量抽查	2019 年 12 月底前	强化油品质量监管，按照年度抽检计划，在全市加油站（点）抽检车用汽柴油共计 60 个批次，实现年度全覆盖；强化车用尿素质量监管，在秋冬季攻坚期间，对高速公路、国道、省道沿线加油站（点）的销售车用尿素抽检不少于 20 个批次样品数量；开展对大型工业企业和机场自备油库油品质量专项检查，对发现的问题依法依规进行处置
		开展成品油市场专项整治	2019 年 12 月底前	成立专项整治工作领导小组，出台集中攻坚行动实施方案，对涉嫌违法经营成品油线索开展为期一周的集中攻坚行动，将水上移动加油站列入攻坚行动，专项整治结束后将打击黑加油站工作列入常态化工作。专项整治期间，从集中停放地的柴油货车油箱和尿素箱抽取检测柴油样品和车用尿素样品各 50 个以上，持续打击非法加油行为，防止死灰复燃
		船用油品质量调查	2019 年 12 月底前	对港口内靠岸停泊船舶抽查燃油 20 次

类别	重点工作	主要任务	完成时限	工程措施
运输结构调整	在用车环境管理	在用车执法监管	长期	秋冬季期间监督抽测柴油车数量不低于当地柴油车保有量的 80%，其中集中停放地和用车大户抽检柴油货车 300 辆以上
			2019 年 10 月底前	部署多部门全天候综合检测站 2 个，覆盖主要物流通道和城市入口，并投入运行
			2019 年 12 月底前	检查排放检验机构 7 个次，实现排放检验机构监管全覆盖
			2019 年 12 月底前	构建超标柴油车黑名单，将遥感监测（含黑烟抓拍）、路检执法发现的超标车辆纳入黑名单，实现动态管理，严禁超标车辆上路行驶、进出重点用车企业。推广使用“驾驶排放不合格的机动车上道路行驶的”交通违法处罚代码 6063，由生态环境部门取证，公安交管部门对路检路查和黑烟抓拍发现的上路行驶超标车辆进行处罚，交通部门强制维修
	非道路移动机械环境管理	高排放控制区	2019 年 12 月底前	按照池州市大气办《关于划定非道路移动机械低排放区域的通告》要求，加强非道路移动机械环境监管力度
		备案登记	2019 年 12 月底前	完成非道路移动机械摸底调查和编码登记
		排放检验	2019 年 12 月底前	以施工工地和港口码头、机场、物流园区、高排放控制区等为重点，开展非道路移动机械检测 100 辆，做到重点场所全覆盖
		港口岸电	2019 年 12 月底前	建成港口岸电设施 14 个，其中改造 5 套，新建 9 套
		机场岸电	2019 年 12 月底前	新建廊桥全部配备 APU 设施
用地结构调整	矿山综合整治	强化露天矿山综合治理	2019 年 12 月底前	完成 44 家矿山生态修复工作任务，对污染治理不规范的露天矿山，依法责令停产整治，不达标不得恢复生产
	扬尘综合治理	建筑扬尘治理	长期	全面执行《安徽省建筑工程施工和预拌混凝土生产扬尘污染防治标准（试行）》，严格落实施工工地“六个百分之百”要求
		施工扬尘管理清单	长期	定期动态更新施工工地管理清单
		施工扬尘监管	长期	占地面积 5 000 米^{2}以上建筑工地全部安装在线监测和视频监控，并与行业主管部门联网，确保正常运行
		道路扬尘综合整治	长期	池州市区城市主次道路机械化清扫率达到 95%以上，江南产业集中区、贵池区、开发区、平天湖风景区、东至县、石台县、青阳县、九华山风景区县主城区主次干道机扫率达到 90%以上。及时修复破损路面，提升国道、省道、乡道、城乡接合部的道路维护水平
		渣土运输车监管	全年	严厉打击无资质企业参与渣土运输行为；严格渣土运输车辆规范化管理，渣土运输车做到全密闭运输，一车一证制，运输渣土车辆进出工地一车一洗制，净车上路；运输渣土车辆必须按规定的路线、时间、处置地点进行运输、倾倒；所有进入城区渣土车尾气全部达标排放

类别	重点工作	主要任务	完成时限	工程措施
用地结构调整	扬尘综合治理	露天堆场扬尘整治	全年	全面清理城乡接合部以及城中村拆迁的渣土和建筑垃圾，不能及时清理的必须采取苫盖等抑尘措施。加大日常对建筑装潢垃圾处置情况督查，同时加强沿街店面建筑装潢垃圾处置规范管理
		强化降尘量控制	全年	贵池区、东至县、石台县、青阳县实施降尘量监控，按要求进行通报
	秸秆综合利用	加强秸秆焚烧管控	长期	建立网格化监管制度，利用现有的秸秆禁烧监管平台，加大监管力度，对在人工巡查中仍发现火点的或是监管平台发现的火点未及时处理的，坚决严惩严处并追责
		加强秸秆综合利用	全年	秸秆综合利用率达到 90%
工业炉窑大气污染综合治理	制定方案	制定实施方案	2019 年 10 月底前	制定工业炉窑大气污染综合治理实施方案，明确治理要求，细化任务分工，确定分年度重点项目（按部、省厅要求）
	淘汰一批	煤气发生炉淘汰	2019 年 10 月底前	停用池州恒鑫材料科技有限公司煤气发生炉 3 台（二级炉，备用）
		工业炉（窑）淘汰	2019 年 12 月底前	淘汰贵池区西恩新材料科技有限公司危废综合利用工业炉窑 1 台
	治理一批	工业炉窑废气深度治理	2019 年 12 月底前	完成 4 家建材企业工业炉窑废气深度治理
	监控监管	监测监控	2019 年 12 月底前	2019 年新增的 21 家重点排污单位安装在线监控设施 30 余台套，56 家重点排污单位安装视频监控系统并与生态环境部门联网，其中 4 家涉及工业炉窑
		工业炉窑专项执法	2019 年 12 月底前	开展工业炉窑专项执法检查
VOCs 治理	重点工业行业 VOCs 综合治理	源头替代	2019 年 12 月底前	6 家工业涂装企业完成低 VOCs 含量涂料替代；1 家包装印刷（开发区林氏彩印厂）企业完成低 VOCs 含量油墨替代
		无组织排放控制	2019 年 12 月底前	按照《挥发性有机物无组织排放控制标准》（GB 37822—2019），梳理辖区范围内涉及挥发性有机物无组织排放企业清单，制定实施方案。1 家石化企业、12 家化工企业、6 家工业涂装企业、1 家包装印刷企业等通过采取设备与场所密闭、工艺改进、废气有效收集等措施，完成 VOCs 无组织排放治理
		精细化管控	全年	按照《重点行业挥发性有机物综合治理方案》（环大气〔2019〕53 号），1 家石化企业、12 家化工企业、6 家工业涂装企业、1 家包装印刷企业等推行“一厂一策”制度，加强企业运行管理
	油品储运销综合治理	油气回收治理	2019 年 12 月底前	开展加油站、储油库、油罐车油气污染防治专项检查，确保油气污染防治设施正常运行
		自动监控设备安装	2019 年 12 月底前	实现年销售汽油量大于 5 000 吨的加油站在线监控系统与生态环境部门联网；推进储油库油气回收自动监控设备安装工作
	工业园区和企业集群综合治理	统一管控	2019 年 12 月底前	东至经济开发区建设监测预警监控体系，开展溯源分析，推广实施恶臭电子鼻监控预警
	监测监控	自动监控设施安装	2019 年 12 月底前	1 家石化企业、10 家化工企业主要排污口要安装自动监控设施共 20 套

类别	重点工作	主要任务	完成时限	工程措施
重污染天气应对	修订完善应急预案及减排清单	完善重污染天气应急预案	2019 年 10 月底前	修订完善重污染天气应急预案及减排清单
		完善应急减排清单，夯实应急减排措施	2019 年 10 月底前	完成重点行业绩效分级，完成应急减排清单编制工作，落实“一厂一策”等各项应急减排措施
	应急运输响应	重污染天气移动源管控	2019 年 10 月 15 日前	加强源头管控，根据实际情况，制定日货车使用量 10 辆以上企业、港口、铁路货场、物流园区的重污染天气车辆管控措施，并安装门禁监控系统
能力建设	完善环境监测监控网络	环境空气质量监测网络建设	2019 年 12 月底前	增设环境空气质量自动监测站点 7 个
		环境空气 VOCs 监测	2019 年 12 月底前	建成环境空气 VOCs 监测站点 1 个
		遥感监测系统平台三级联网	长期	机动车遥感监测系统稳定传输数据
		定期排放检验机构三级联网	长期	市级机动车检验机构监管平台实现检测视频监控、防作弊报警提示、数据统计分析、检测机构管理、车辆环保信息管理，实现三级联网。对超标排放车辆开展大数据分析，追溯相关方责任
		重型柴油车车载诊断系统远程监控系统建设	全年	推进重型柴油车车载诊断系统远程监控系统建设和终端安装
		重污染天气车辆管控平台	2019 年 12 月底前	推进建设重污染天气车辆管控平台
		道路空气质量监测	2019 年 12 月底前	在主要物流通道建设道路空气质量监测站 2 个
		机场、港口空气质量监测	2019 年 12 月底前	在九华机场和远航港口建设道路空气质量监测站各 1 个
	源排放清单编制	编制大气污染源排放清单	2019 年 11 月底前	动态更新 2018 年大气污染源排放清单
	颗粒物来源解析	开展 $PM_{2.5}$ 来源解析	2019 年 10 月底前	完成 2018 年城市大气污染颗粒物源解析

安徽省安庆市2019—2020年秋冬季大气污染综合治理攻坚行动方案

类别	重点工作	主要任务	完成时限	工程措施
产业结构调整	产业布局调整	建成区重污染企业搬迁	2019年10月底前	实施吉港白鳍豚水泥公司（140万吨水泥）、安庆新曙光精细化工有限公司（5万吨合成氨、20万吨液态氰化钠）2家企业搬迁改造
		化工行业整治	2019年12月底前	依法关停2家（望江华威、万盛），升级1家（国孚），重组1家（三喜），对化工园区进行深度治理，明确稳定达标排放
	“散乱污”企业和集群综合整治	“散乱污”企业综合整治	2019年12月底前	对新排查“散乱污”企业149家，取缔关闭类80家，整顿规范类69家。完善“散乱污”企业动态管理机制，实行网格化管理，压实基层责任，发现一起查处一起，杜绝已取缔的“散乱污”企业死灰复燃
		“散乱污”集群综合整治	2019年12月底前	完成山口乡5家企业（皖河大桥东侧砂石经营户、皖河大桥西侧木料经营户、皖河大桥西侧砂石经营户、中勋建材、金硅矿业）、石化联盟内2家企业（志诚耐磨、志诚塑料）综合整治，同步完成区域环境整治工作
	工业源污染治理	实施排污许可	2019年12月底前	按照生态环境部要求完成排污许可证核发工作
		无组织排放治理	2019年12月底前	1家60万吨白水泥企业，2家720万吨/年熟料产能水泥企业，1家日产210吨平板玻璃企业，22个港口码头完成物料（含废渣）运输、装卸、储存、转移、输送以及生产工艺过程等无组织排放的深度治理
		工业园区综合整治	2019年12月底前	树立行业标杆，制定综合整治方案，完成五里农民创业园区、高新区化工园区集中整治，同步推进区域环境综合整治和企业升级改造
		工业园区能源替代利用与资源共享	2020年12月底前	潜山、怀宁、望江完成集中供热或清洁能源供热
能源结构调整	高污染燃料禁燃区	调整扩大禁燃区范围	2019年12月底前	严格执行《安庆市人民政府关于重新划定高污染燃料禁燃区的通告》（宜政秘〔2017〕224号）规定，对违规使用高污染燃料的单位依法进行处理。县级建成区全部纳入禁燃区范围
	煤炭消费总量控制	煤炭消费总量削减	全年	全市煤炭消费总量较2018年削减17.685万吨
	锅炉综合整治	锅炉管理台账	2019年10月底前	持续完善锅炉管理台账，对锅炉治理清单实行动态管理
		淘汰燃煤锅炉	2019年10月底前	淘汰35蒸吨/时及以下工业燃煤锅炉10台178蒸吨，行政区域内10蒸吨/时以下燃煤锅炉和燃煤设施全部淘汰完毕

类别	重点工作	主要任务	完成时限	工程措施
能源结构调整	锅炉综合整治	锅炉超低排放改造	2019 年 12 月底前	完成燃煤锅炉超低排放改造 3 台 450 蒸吨
		燃气锅炉低氮改造	2019 年 12 月底前	完成燃气锅炉低氮改造 5 台 10 蒸吨
		生物质锅炉	2019 年 12 月底前	9 月底前完成生物质锅炉的摸底工作，建立管理台账，10 月底前制定生物质锅炉超低排放改造计划
运输结构调整	运输结构调整	加快铁路专用线建设	2019 年 12 月底前	实施铁水联运，开工建设长风港区专用线和皖河新港铁路专用线。开展大宗货物年货运量 150 万吨及以上的大型工矿企业和物流园区摸底调查，按照宜水则水、宜铁则铁的原则，研究推进大宗货物“公转铁”或“公转水”
		提升铁路货运量	2019 年 12 月底前	铁路货运量比 2017 年增加 10 万吨
		发展新能源车	全年	新增公交、环卫、邮政、出租、通勤、轻型城市物流车辆中新能源车比例达到 80%
		发展新能源车	2019 年 12 月底前	港口、铁路货场等新增或更换作业车辆主要采用新能源或清洁能源。机场新增新能源车 1 辆
		老旧车淘汰	2019 年 12 月底前	港口、铁路货场等新增或更换作业非道路移动机械主要采用新能源或清洁能源
			2019 年 12 月底前	淘汰国三及以下营运柴油货车 494 辆、淘汰稀薄燃烧技术燃气车 39 辆
		船舶淘汰更新	2019 年 12 月底前	推广使用清洁能源或新能源船舶
			2019 年 12 月底前	淘汰使用 20 年以上的内河航运船舶。加快淘汰老旧、高耗能、高排放营运船舶
	车船燃油品质改善	油品质量抽查	2019 年 12 月底前	强化油品质量监管，按照年度抽检计划，在全市加油站（点）抽检车用汽柴油 100 个批次。开展大型工业企业和机场自备油库油品质量检查，对发现的问题依法依规进行处置
		打击黑加油站点	2019 年 12 月底前	市场监管、商务、应急管理、公安等部门联合开展打击黑加油站点和流动加油车专项治理，查处取缔黑加油站点，涉嫌违法犯罪的，追究其刑事责任。从柴油货车油箱和尿素箱抽取检测柴油样品和车用尿素样品
		尿素质量抽查	2019 年 12 月底前	从高速公路、国道、省道沿线加油站抽检尿素 10 次以上
	在用车环境管理	在用车执法监管	长期	秋冬季期间监督抽测柴油车数量不低于当地柴油车保有量的 80%，加大对车辆集中停放地和重点单位抽查力度，实现重点用车大户全覆盖
			2019 年 10 月底前	部署完成多部门综合检测站，在主要物流通道和城市入口按周开展生态环境、交通运输、公安等多部门联合执法
			2019 年 12 月底前	检查排放检验机构 24 个次，实现排放检验机构监管全覆盖

类别	重点工作	主要任务	完成时限	工程措施
运输结构调整	在用车环境管理	在用车执法监管	2019 年 10 月底前	构建超标柴油车黑名单，将遥感监测（含黑烟抓拍）、路检执法发现的超标车辆纳入黑名单，实现动态管理，严禁超标车辆上路行驶、进出重点用车企业。推广使用“驾驶排放不合格的机动车上道路行驶的”交通违法处罚代码 6063，由生态环境部门取证，公安交管部门对路检路查和黑烟抓拍发现的上路行驶超标车辆进行处罚，并由交通部门负责强制维修
	非道路移动机械环境管理	备案登记	2019 年 12 月底前	完成非道路移动机械摸底调查和编码登记
		排放检验	2019 年 12 月底前	以施工工地和港口码头、机场、物流园区、高排放控制区等为重点，开展非道路移动机械检测，做到重点场所全覆盖
		港口岸电	2019 年 12 月底前	建成安庆港 17、18 号码头等港口岸电设施 6 个
		机场岸电	2019 年 12 月底前	机场岸电廊桥 APU 建设 2 个
用地结构调整	矿山综合整治	强化露天矿山综合治理	长期	对污染治理不规范的露天矿山，依法责令停产整治，不达标不得恢复生产。对责任主体灭失露天矿山迹地进行综合治理。2019 年度完成 39 个废弃矿山生态修复，推进 7 家大中型矿山绿色矿山创建工作
	扬尘综合治理	建筑扬尘治理	长期	完成 180 个建筑施工场地扬尘整治。开展建筑施工工地专项检查，全面执行《安徽省建筑工程施工和预拌混凝土生产扬尘污染防治标准（试行）》，严格落实施工工地“六个百分之百”要求
		施工扬尘管理清单	长期	每月动态更新施工工地管理清单
		施工扬尘监管	长期	占地面积 5 000 米^{2}以上建筑工地全部安装在线监测和视频监控，并与当地行业主管部门联网
		道路扬尘综合整治	长期	落实道路施工工程防尘管控措施，市区及县城道路机械化清扫率达到 90%
		渣土运输车监管	全年	严厉打击渣土车违法违规运输行为，严格渣土运输车辆规范化管理，推广使用全密闭新型智能环保渣土车
		露天堆场扬尘整治	全年	全面排查整治全市域范围内的生活垃圾、建筑垃圾违规堆放暂存、非法转移、倾倒和填埋等行为；全面清理城乡接合部以及城中村拆迁的建筑垃圾，不能及时清运的必须督促其采取抑尘措施
		强化降尘量控制	全年	全市各县（区）降尘量不高于 5 吨/（月 • 千米^2）
		加强秸秆焚烧管控	长期	建立网格化监管制度，在秋收阶段开展秸秆禁烧专项巡查

类别	重点工作	主要任务	完成时限	工程措施
用地结构调整	秸秆综合利用	加强秸秆综合利用	全年	秸秆综合利用率达到 90%
工业炉窑大气污染综合治理	制定方案	制定实施方案	2019 年 10 月底前	制定市级工业炉窑大气污染综合治理实施方案，明确治理要求，细化任务分工，确定分年度重点项目
	治理一批	工业炉窑废气深度治理	2019 年 12 月底前	完成华泰林浆纸、兴棠新型建材、阿尔博波特兰 3 台炉窑深度治理
	监控监管	监测监控	2019 年 12 月底前	完成 3 家水泥企业自动监控设施 10 套
		工业炉窑专项执法	2019 年 12 月底前	开展专项执法检查
VOCs 治理	重点工业行业 VOCs 综合治理	源头替代	2019 年 12 月底前	推动工业涂装、包装印刷等行业的企业进行低 VOCs 含量涂料、油墨等原辅材料替代
		无组织排放控制	2019 年 12 月底前	开展西部城区 10 家重点化工企业 VOCs 排查监测工作，掌握我市化工行业 VOCs 排放情况。按照《挥发性有机物无组织排放控制标准》（GB 37822—2019）梳理辖区范围内涉及挥发性有机物无组织排放企业名单。1 家石化、7 家化工企业、10 家包装印刷企业、13 家塑料制品企业等通过采取设备与场所密闭、工艺改进、废气有效收集等措施，完成 VOCs 无组织排放治理
		治污设施建设	2019 年 12 月底前	石化 1 家、化工 12 家，塑料制品业 6 家，纺织印染 4 家，药业 4 家，合成树脂制造 3 家，汽车零部件及配件制造 3 家等 33 家建设适宜高效的治污设施
		精细化管控	全年	按照《重点行业挥发性有机物综合治理方案》（环大气〔2019〕53 号），在全区 70 余家化工企业等推行“一厂一策”制度，加强企业运行管理。（其中：化学品制造和贸易 45 家；医药中间体和原料药制造 8 家；玻璃制造业 2 家；实验室企业 20 家）
	油品储运销综合治理	油气回收治理	2019 年 10 月底前	对加油站、储油库油气回收设施运行情况开展专项检查
		自动监控设备安装	2019 年 12 月底前	7 个年销售汽油量大于 5 000 吨的加油站安装油气回收自动监控设备
重污染天气应对	修订完善应急预案及减排清单	完善重污染天气应急预案	2019 年 10 月底前	完善重污染天气应急预案
		完善应急减排清单，夯实应急减排措施	2019 年 10 月底前	完成重点行业绩效分级，完成应急减排清单编制工作，落实“一厂一策”等各项应急减排措施
	应急运输响应	重污染天气移动源管控	2019 年 10 月 15 日前	加强源头管控，根据实际情况，制定日货车使用量 10 辆以上企业、港口、铁路货场、物流园区的重污染天气车辆管控措施，并安装门禁监控系统

类别	重点工作	主要任务	完成时限	工程措施
能力建设	完善环境监测监控网络	环境空气质量监测网络建设	2019 年 12 月底前	增设环境空气质量自动监测站点 3 个
		环境空气 VOCs 监测	2019 年 12 月底前	建成环境空气 VOCs 自动监测站点 1 个
		遥感监测系统平台三级联网	长期	机动车遥感监测系统稳定传输数据
		定期排放检验机构三级联网	长期	市级机动车检验机构监管平台实现检测视频监控、防作弊报警提示、数据统计分析、检测机构管理、车辆环保信息管理，实现三级联网。对超标排放车辆开展大数据分析，追溯相关方责任
		重型柴油车车载诊断系统远程监控系统建设	全年	推进重型柴油车车载诊断系统远程监控系统建设和终端安装
		重污染天气车辆管控平台	2019 年 12 月底前	建设完成重污染天气车辆管控平台
		道路空气质量监测	2019 年 12 月底前	在主要物流通道建设道路空气质量监测站 4 个
		机场空气质量监测	2019 年 12 月底前	推进机场空气质量监测站点建设
	源排放清单编制	编制大气污染源排放清单	2020 年 3 月底前	完成 2018 年大气污染源排放清单编制
	开展 $PM_{2.5}$ 来源解析	开展 $PM_{2.5}$ 来源解析	2019 年 10 月底前	完成 2018 年城市大气污染颗粒物源解析

安徽省黄山市2019—2020年秋冬季大气污染综合治理攻坚行动方案

类别	重点工作	主要任务	完成时限	工程措施
产业结构调整	产业布局调整	化工行业整治	2019年11月底前	对徽州区循环园、歙县循环园2个化工园区进行深度治理，确保稳定达标排放
	“散乱污”企业综合整治	“散乱污”企业综合整治	2019年11月底前	完善“散乱污”企业动态管理机制，实行网格化管理，压实基层责任，发现一起查处一起，年底前基本完成“散乱污”企业综合整治
	工业源污染治理	实施排污许可	2019年12月底前	按照《固定污染源排污许可分类管理名录》要求，完成2019年度排污许可证核发任务
		无组织排放治理	2019年12月底前	对5家水泥粉磨站企业的无组织排放进一步治理，同时加强监管，确保企业已采取的治理措施落到实处
能源结构调整	煤炭消费总量控制	煤炭消费总量削减	全年	全市煤炭消费总量较2018年削减1.2万吨
	煤质监管	煤质监管	全年	加强部门联动，严厉打击劣质煤流通、销售和使用。煤质抽检覆盖率不低于90%，对抽检发现经营不合格散煤行为的，依法处罚
	锅炉综合整治	锅炉管理台账	2019年12月底前	建立并逐步完善锅炉管理台账
		淘汰燃煤锅炉	2019年11月底前	淘汰10蒸吨/时以下燃煤锅炉13台，淘汰或者改造35蒸吨/时以下燃煤锅炉3台
		锅炉特别排放限值改造	2019年10月底前	完成1台36.5蒸吨/时燃煤锅炉特别排放限值改造
运输结构调整	运输结构调整	提升铁路货运量	2019年12月底前	落实本省运输结构调整方案的铁路货运量提升要求
		加快铁路专用线建设	2019年12月底前	开展大宗货物年货运量150万吨及以上的大型工矿企业和物流园区摸底调查，研究推进大宗货物“公转铁”
		发展新能源车	全年	新增新能源公交车52台
			2019年12月底前	机场新增2辆新能源（电动）引导车
			2019年10月底前	机场候机楼购置2辆新能源全自动洗地机
		老旧车淘汰	全年	淘汰国三及以下营运柴油车51辆
		船舶淘汰更新	2019年12月底前	淘汰使用20年以上的内河航运船舶14艘
	车船燃油品质改善	油品质量抽查	2019年12月底前	强化油品质量监管，积极开展油品监督抽查工作。开展对大型工业企业和机场自备油库油品质量专项检查，对发现的问题依法依规进行处置

类别	重点工作	主要任务	完成时限	工程措施
运输结构调整	车船燃油品质改善	打击黑加油站点	2019 年 12 月底前	根据省市推进成品油市场整治系列方案要求，开展打击黑加油站点专项行动，对黑加油站点查处取缔工作进行督导。推进柴油货车油箱和尿素箱抽取检测柴油样品和车用尿素样品
		尿素质量抽查	2019 年 12 月底前	积极开展加油站尿素质量监督抽查工作
	在用车环境管理	在用车执法监管	长期	秋冬季期间加强对柴油车的监督抽查工作。加大对车辆集中停放地和重点单位抽查力度，实现重点用车大户全覆盖
			2019 年 10 月底前	部署多部门全天候综合检测站，开展联合执法
			2019 年 12 月底前	检查排放检验机构 14 家，实现排放检验机构监管全覆盖
	在用车环境管理	在用车执法监管	2019 年 12 月底前	构建超标柴油车黑名单，将遥感监测（含黑烟抓拍）、路检执法发现的超标车辆纳入黑名单，实现动态管理，和交通、公安部门建立信息共享机制，严禁超标车辆上路行驶、进出重点用车企业，加大尾气超标车辆处罚力度。推广使用“驾驶排放不合格的机动车上道路行驶的”交通违法处罚代码 6063，由生态环境部门取证，公安交管部门对路检路查和黑烟抓拍发现的上路行驶超标车辆进行处罚，交通部门强制维修
	非道路移动机械环境管理	备案登记	2019 年 12 月底前	完成非道路移动机械摸底调查和编码登记
		排放检验	2019 年 12 月底前	开展非道路移动机械的监督检查，对冒黑烟现象依法查处
用地结构调整	矿山综合整治	强化露天矿山综合治理	长期	对污染治理不规范的露天矿山，依法责令停产整治，不达标不得恢复生产。对责任主体灭失露天矿山进行综合治理
	扬尘综合治理	建筑扬尘治理	长期	全面执行《安徽省建筑工程施工和预拌混凝土生产扬尘污染防治标准（实行）》，严格实施工工地“六个百分之百”要求
		施工扬尘管理清单	长期	定期动态更新施工工地管理清单
		施工扬尘监管	长期	占地面积 3 000 米^{2}以上建筑工地全部安装在线监测和视频监控，并与当地行业主管部门联网
		道路扬尘综合整治	长期	市区道路机械化清扫率达到 88%，县城达到 80%
		渣土运输车监管	全年	严厉打击无资质、标识不全、故意遮挡或污损车牌等渣土车违法行为。严格渣土运输车辆规范化管理，渣土运输车做到全密闭
		露天堆场扬尘整治	全年	全面清理城乡接合部以及城中村拆迁的渣土和建筑垃圾，不能及时清理的必须采取苫盖等抑尘措施
		降尘量控制考核	全年	各县（区）降尘量不高于 5 吨/（月・千米^2）

类别	重点工作	主要任务	完成时限	工程措施
用地结构调整	秸秆综合利用	加强秸秆焚烧管控	长期	建立网格化监管制度，在秋收阶段开展秸秆禁烧专项巡查
		加强秸秆综合利用	全年	秸秆综合利用率达到 89%
VOCs 治理	重点工业行业 VOCs 综合治理	无组织排放控制	2019 年 11 月底前	6 家化工企业、2 家材料企业、2 家包装印刷企业等通过工艺改进、废气有效收集等措施，完成 VOCs 无组织排放治理
	油品储运销综合治理	油气回收治理	2019 年 12 月底前	加强对全市在营加油站油气回收治理工作的日常监管，加强油气回收装置运行维护
		自动监控设备安装	2019 年 12 月底前	年销售汽油量大于 5 000 吨的加油站安装油气回收自动监控设备
	监测监控	自动监控设施安装	2019 年 10 月底前	完成 36 家重点排污单位自动监控设施安装及联网
重污染天气应对	修订完善应急预案及减排清单	完善重污染天气应急预案	2019 年 11 月底前	修订完善重污染天气应急预案
		完善应急减排清单，夯实应急减排措施	2019 年 11 月底前	完成重点行业绩效分级，完成应急减排清单编制工作，落实“一厂一策”等各项应急减排措施
	应急运输响应	重污染天气移动源管控	2019 年 10 月 15 日前	加强源头管控，根据实际情况，制定日货车使用量 10 辆以上企业、港口、铁路货场、物流园区的重污染天气车辆管控措施，并安装门禁监控系统。推进重污染天气车辆管控平台建设
能力建设	完善环境监测监控网络	环境空气质量监测网络建设	2019 年 12 月底前	完成新建 4 个省控空气质量自动监测站
		遥感监测系统平台三级联网	长期	机动车遥感监测系统稳定传输数据
		定期排放检验机构三级联网	长期	市级机动车检验机构监管平台实现检测视频监控、防作弊报警提示、数据统计分析、检测机构管理、车辆环保信息管理，实现三级联网。对超标排放车辆开展大数据分析，追溯相关方责任
		机场空气质量监测	2019 年 12 月底前	推进机场安装空气质量监测仪器
	源排放清单编制	编制大气污染源排放清单	2019 年 12 月底前	完善和动态更新 2018 年大气污染源排放清单

关于印发《汾渭平原 2019—2020 年秋冬季大气污染综合治理攻坚行动方案》的通知

环大气〔2019〕98 号

晋中、运城、临汾、吕梁、洛阳、三门峡、西安、铜川、宝鸡、咸阳、渭南市人民政府，杨凌示范区管委会，西咸新区管委会，韩城市人民政府，中国石油天然气集团有限公司、中国石油化工集团有限公司、中国海洋石油集团有限公司、国家电网有限公司、中国国家铁路集团有限公司：

现将《汾渭平原 2019—2020 年秋冬季大气污染综合治理攻坚行动方案》印发给你们，请遵照执行。

生态环境部　发展改革委
工业和信息化部　公安部
财政部　住房城乡建设部
交通运输部　商务部
市场监管总局　能源局
山西省人民政府
河南省人民政府
陕西省人民政府
2019 年 11 月 4 日

汾渭平原 2019—2020 年秋冬季大气污染综合治理攻坚行动方案

党中央、国务院高度重视大气污染防治工作，将打赢蓝天保卫战作为打好污染防治攻坚战的重中之重。近年来，我国环境空气质量持续改善，细颗粒物（$PM_{2.5}$）浓度大幅下降，但环境空气质量改善成效还不稳固。汾渭平原秋冬季期间大气环境形势依然严峻，$PM_{2.5}$ 平均浓度是其他季节的 2 倍左右，重污染天数占全年 90%以上。2018—2019 年秋冬季，汾渭平原重污染天数同比增加 42.9%，4 个城市 $PM_{2.5}$ 平均浓度同比上升。2020 年是打赢蓝天保卫战三年行动计划的目标年、关键年，2019—2020 年秋冬季攻坚成效直接影响 2020 年目标的实现。据预测，受厄尔尼诺影响，2019—2020 年秋冬季气象条件整体偏差，不利于大气污染物扩散，进一步加大了大气污染治理压力，必须以更大的力度、更实的措施抵消不利气象条件带来的负面影响。各地要充分认识 2019—2020 年秋冬季大气污染综合治理攻坚的重要性和紧迫性，扎实推进各项任务措施，为坚决打赢蓝天保卫战、全面建成小康社会奠定坚实基础。

一、总体要求

主要目标：稳中求进，推进环境空气质量持续改善，汾渭平原全面完成 2019 年环境空气质量改善目标，协同控制温室气体排放，秋冬季期间（2019 年 10 月 1 日—2020 年 3 月 31 日），$PM_{2.5}$ 平均浓度同比下降 3%，重度及以上污染天数同比减少 3%（详见附件 1）。

实施范围：汾渭平原，包含山西省晋中、运城、临汾、吕梁市，河南省洛阳、三门峡市，陕西省西安、铜川、宝鸡、咸阳、渭南市以及杨凌示范区（含陕西省西咸新区、韩城市）。

基本思路：坚持标本兼治，突出重点难点，大力推动散煤治理和燃煤锅炉综合整治，推动焦化行业结构升级，加快煤炭、焦炭运输“公转铁”进程，加强扬尘综合管控。坚持综合施策，强化部门合作，加大政策支持力度，深入实施柴油货车、工业炉窑、挥发性有机物（VOCs）和扬尘专项治理行动。推进精准治污，强化科技支撑，因地制宜实施“一市一策”，加大晋中、临汾、吕梁交界汾河河谷地区以及运城河津、韩城交界地区等大气污染综合治理力度。积极应对重污染天气，进一步完善重污染天气应急预案，按照全覆盖、可核查的原则，夯实应急减排措施；实行企业分类分级管控，环保绩效水平高的企业重污染天气应急期间可不采取减排措施；加强区域应急联动。

二、主要任务

（一）调整优化产业结构

1．深入推进重污染行业产业结构调整。各地要按照本地已出台的钢铁、建材、焦化、化工等行业产业结构调整、高质量发展等方案要求，细化分解 2019 年度任务，明确与淘汰产能对应的主要设备，确保按时完成，取得阶段性进展。加快推进炉龄较长、炉况较差的炭化室高度 4.3 米焦炉压减工作。

2．推进企业集群升级改造。主要企业集群包括焦化、煤炭洗选、铸造、砖瓦、耐火材料、石材加工、石灰、有色金属冶炼、化工、家具、人造板、塑料制品等。各地要结合本地产业特征，针对特色企业集群，进一步梳理产业发展定位，确定发展规模及布局，2019 年 10 月底前，制定综合整治方案，建设清洁化企业集群。按照“标杆建设一批、改造提升一批、优化整合一批、淘汰退出一批”的总体要求，统一标准、统一时间表，从生产工艺、产品质量、安全生产、产能规模、燃料类型、原辅材料替代、污染治理、大宗货物运输等方面提出具体治理任务，加强无组织排放控制，提升产业发展质量和环保治理水平。

要依法开展整治，坚决反对“一刀切”。要培育、扶持、树立标杆企业，引领集群转型升级；对保留的企业，加强生产工艺过程和物料储存、运输无组织排放管控，有组织排放口全面达标排放，厂房建设整洁、规范，厂区道路和裸露地面硬化、绿化；制定集群清洁运输方案，优先采取铁路、管道等清洁运输方式；积极推广集中供汽供热或建设清洁低碳能源中心，具备条件的鼓励建设集中涂装中心、有机溶剂集中回收处置中心等；对集群周边区域进行环境整治，垃圾、杂草、杂物彻底清理，道路硬化、定期清扫，环境绿化美化。山西、陕西省煤炭洗选企业较多的城市应制定专项整治方案，对环保设施达不到要求的企业实施关停、整合；对保留的企业实施深度治理，全面提升煤炭储存、装卸、输送以及筛选、破碎等环节无组织排放控制水平。加大晋中、临汾、吕梁交界汾河河谷地区灵石县仁义沟和段纯镇、交口县双池镇、霍州市周边焦化、洗煤、氧化铝、煤炭采选等，以及运城河津、韩城交界地区焦化、钢铁、石灰、洗煤等行业大气污染综合治理力度。加快推进企业集群环境空气质量颗粒物、VOCs 等监测工作。

3．坚决治理“散乱污”企业。各省统一“散乱污”企业认定标准和整治要求。各城市要根据产业政策、产业布局规划，以及土地、环保、质量、安全、能耗等要求，进一步明确“散乱污”企业分类处置条件。对于提升改造类企业，高标准、严要求实施深度治理。

进一步夯实网格化管理，落实乡镇街道属地管理责任，以农村、城乡接合部、行政区域交界等为重点，强化多部门联动，坚决打击遏制“散乱污”企业死灰复燃、异地转移等反弹现象。实行“散乱污”企业动态管理，定期开展排查整治工作。创新监管方式，充分运用电网公司专用变压器电量数据以及卫星遥感、无人机等技术，扎实开展“散乱污”企业排查及监管工作。所有企业要挂牌生产、开门生产。

4．加强排污许可管理。2019 年 12 月底前，按照固定污染源排污许可分类管理名录要求，完成人造板、家具等行业排污许可证核发工作。深入开展固定污染源排污许可清理整顿工作，核发一个行业，清理一个行业。通过落实“摸、排、分、清”四项重点任务，全面摸清 2017—2019 年应完成排污许可证核发的重点行业排污单位情况，排污许可证应发尽发，实行登记管理，最终将所有固定污染源全部纳入生态环境管理。加大依证监管和执法处罚力度，督促企业持证排污、按证排污，对无证排污单位依法依规责令停产停业。

5．高标准实施钢铁行业超低排放改造。各地要按照《关于推进实施钢铁行业超低排放的意见》有关要求，加快制定本地钢铁行业超低排放改造计划方案，确定年度重点工程项目，系统组织开展工作。各地要督促实施改造的企业严格按照超低排放指标要求，全面实施有组织排放和无组织排放治理、大宗物料产品清洁运输；积极协调相关资源，为企业超低排放改造尤其是清洁运输等提供有利条件。2019 年 12 月底前，山西省完成钢铁行业超低排放改造 1 500 万吨；2020 年 3 月底前，陕西省完成龙门钢铁公司 265 米^{2}烧结机超低排放改造。

因厂制宜选择成熟适用的环保改造技术。除尘设施鼓励采用湿式静电除尘器、覆膜滤料袋式除尘器、滤筒除尘器等先进工艺；烟气脱硫实施增容提效改造等措施，提高运行稳定性，取消烟气旁路，鼓励净化处理后烟气回原烟囱排放；烟气脱硝采用活性炭（焦）、选择性催化还原（SCR）等高效脱硝技术。焦炉煤气实施精脱硫，高炉热风炉、轧钢热处理炉应采用低氮燃烧技术，鼓励实施烧结机头烟气循环。

加强评估监督。企业经评估确认全面达到超低排放要求的，按有关规定执行税收、差别化电价等激励政策，在重污染天气预警期间执行差别化应急减排措施；对在评估工作中弄虚作假的企业，一经发现，取消相关优惠政策，企业应急绩效等级降为C级。

6．推进工业炉窑大气污染综合治理。按照“淘汰一批、替代一批、治理一批”的原则，全面提升相关产业总体发展水平。各地要结合第二次污染源普查工作，系统建立工业炉窑管理清单；各省制定工业炉窑大气污染综合治理实施方案，确定分年度重点治理项目。

加快淘汰落后产能和不达标工业炉窑，实施燃料清洁低碳化替代，玻璃行业全面禁止掺烧高硫石油焦（硫含量大于3%）。加快取缔燃煤热风炉，依法淘汰热电联产供热管网覆盖范围内的燃煤加热、烘干炉（窑），淘汰一批化肥行业固定床间歇式煤气化炉，大力淘汰炉膛直径3米以下燃料类煤气发生炉。

深入推进工业炉窑污染深度治理。加大无组织排放治理力度，严格控制工业炉窑生产工艺过程及相关物料储存、输送等环节无组织排放。电解铝企业全面推进烟气脱硫设施建设，实施热残极冷却过程无组织排放治理，建设封闭高效的烟气收集系统。鼓励水泥企业实施污染深度治理。推进5.5米以上焦炉实施干熄焦改造。暂未制订行业排放标准的工业炉窑，原则上按照颗粒物、二氧化硫、氮氧化物排放分别不高于30毫克/米^3、200毫克/米^3、300毫克/米^{3}加快实施改造，其中，日用玻璃、玻璃棉氮氧化物排放不高于400毫克/米^3。

7．提升VOCs综合治理水平。各地要加强对企业帮扶指导，对本地VOCs排放量较大的企业，组织编制“一厂一策”方案。加大源头替代力度。大力推广使用低VOCs含量涂料、油墨、胶黏剂，在技术成熟的家具、整车生产、机械设备制造、汽修、印刷等行业，推进企业全面实施源头替代。各地应将低VOCs含量产品优先纳入政府采购名录，并在各类市政工程中率先推广使用。

强化无组织排放管控。全面加强含VOCs物料储存、转移和输送、设备与管线组件泄漏、敞开液面逸散以及工艺过程等五类排放源VOCs管控。按照“应收尽收、分质收集”的原则，显著提高废气收集率。密封点数量大于等于2000个的，开展泄漏检测与修复（LDAR）工作。推进建设适宜高效的治理设施，鼓励企业采用多种技术的组合工艺，提高VOCs治理效率。低浓度、大风量废气，宜采用沸石转轮吸附、活性炭吸附、减风增浓等浓缩技术，提高VOCs浓度后净化处理；高浓度废气，优先进行溶剂回收，难以回收的，宜采用高温焚烧、催化燃烧等技术。油气（溶剂）回收宜采用冷凝+吸附、吸附+吸收、膜分离+吸附等技术。低温等离子、光催化、光氧化技术主要适用于恶臭异味等治理；生物法主要适用于低浓度VOCs废气治理和恶臭异味治理。VOCs初始排放速率大于等于2千克/时的，去除效率不应低于80%（采用的原辅材料符合国家有关低VOCs含量产品规定的除外）。2019年12月底前，各地开展一轮VOCs执法检查，将有机溶剂使用量较大的，存在敞开式作业的，末端治理仅使用一次活性炭吸附、水或水溶液喷淋吸收、等离子、光催化、光氧化等技术的企业作为重点，对不能稳定达到《挥发性有机物无组织排放控制标准》以及相关行业排放标准要求的，督促企业限期整改。

（二）加快调整能源结构

8．有效推进清洁取暖。按照“以气定改、以供定需，先立后破、不立不破”的原则，坚持“先规划、先合同、后改造”，在保证温暖过冬的前提下，集中资源大力推进散煤治理；同步推动建筑节能改造，提高能源利用效率，保障工程质量，严格安全监管。各城市应按照 2020 年采暖期前平原地区基本完成生活和冬季取暖散煤替代的任务要求，统筹确定 2019 年度治理任务。

因地制宜，合理确定改造技术路线。坚持宜电则电、宜气则气、宜煤则煤、宜热则热，积极推广太阳能光热利用和集中式生物质利用。各地应根据签订的采暖期供气合同气量以及实际供气供电能力等，合理确定“煤改气”“煤改电”户数，合同签订不到位、基础设施建设不到位、安全保障不到位的情况下，不新增“煤改气”户数。要充分利用电厂供热潜能，加快供热管网建设，加大散煤替代力度。“煤改电”要以可持续、取暖效果佳、可靠性高、经济性好、受群众欢迎的技术为主，积极推广集中式电取暖、蓄热式电暖器、空气源热泵等，不鼓励取暖效果差、群众意见大的电热毯、“小太阳”等单一简易取暖方式。

根据各地上报情况，2019 年采暖季前，汾渭平原完成散煤治理 198 万户。其中，山西省 60 万户、河南省 30 万户、陕西省 108 万户。

9．严防散煤复烧。各地要采取综合措施，加强监督检查，防止已完成替代地区散煤复烧。对已完成清洁取暖改造的地区，地方人民政府应依法划定为高污染燃料禁燃区，并制定实施相关配套政策措施。各地应加大清洁取暖资金投入，确保补贴资金及时足额发放。加强用户培训和产品使用指导，帮助居民掌握取暖设备的安全使用方法。对暂未实施清洁取暖的地区，开展打击劣质煤销售专项行动，对散煤经销点进行全面监督检查，确保行政区域内使用的散煤质量符合国家或地方标准要求。

10．深入开展锅炉综合整治。依法依规加大燃煤小锅炉（含茶水炉、经营性炉灶、储粮烘干设备等燃煤设施）淘汰力度，加快农业大棚、畜禽舍燃煤设施淘汰。坚持因地制宜、多措并举，优先利用热电联产等方式替代燃煤锅炉。2019 年 12 月底前全部淘汰每小时 10 蒸吨及以下燃煤锅炉，城市建成区基本淘汰每小时 35 蒸吨以下燃煤锅炉。锅炉淘汰方式包括拆除取缔、清洁能源替代、烟道或烟囱物理切断等。2019 年 12 月底前，各地基本完成每小时 65 蒸吨及以上燃煤锅炉超低排放改造，达到燃煤电厂超低排放水平。

加快推进燃气锅炉低氮改造，暂未制定地方排放标准的，原则上按照氮氧化物排放浓度不高于 50 毫克/米^{3}进行改造。2019 年 12 月底前，陕西省基本完成燃气锅炉低氮改造。

对已完成超低排放改造的电力企业，各地要重点推进无组织排放控制、因地制宜稳步推动煤炭运输“公转铁”等清洁运输工作。对稳定达到超低排放要求的电厂，不得强制要求治理“白色烟羽”。

（三）积极调整运输结构

11．加快推进铁路专用线建设。按照《关于加快推进铁路专用线建设的指导意见》要求，积极推进铁路专用线建设。2019 年 10 月底前，各地要对大宗货物年货运量 150 万吨及以上的大型工矿企业和新建物流园区铁路专用线建设情况，企业环评批复要求建设铁路专用线落实情况等进行摸排，提出建设方案和工程进度表，确保 2020 年基本完成。各地要因地制宜，根据本地货物运输特征，大力发展多式联运；研究建设物流园区，提高货运组织效率。山西省全面推进重点煤矿企业全部接入铁路专用线。具有铁路专用线的大型工矿企业和新建物流园区，煤炭、焦炭、铁矿石等大宗货物铁路运输比例原则上达到 80%以上。

12．加快推进老旧车船淘汰。加快淘汰国三及以下排放标准的柴油货车、采用稀薄燃烧技术或“油改气”的老旧燃气车辆。各地应统筹考虑老旧柴油货车淘汰任务，2019 年 12 月底前，淘汰数量应达到任务量的 40%以上。

13．严肃查处机动车超标排放行为。强化多部门联合执法，完善生态环境部门监测取证、公安交管部门实施处罚、交通运输部门监督维修的联合监管模式，并通过国家机动车超标排放数据平台，将相关信息及时上报，实现信息共享。各地要加快在主要物流货运通道和城市主要入口布设排放检测站（点），针对柴油货车等开展常态化全天候执法检查。加大对物流园、工业园、货物集散地等车辆集中停放地，以及大型工矿企业、物流货运、长途客运、公交、环卫、邮政、旅游等重点单位入户检查力度，做到检查全覆盖。秋冬季期间，各地监督抽测的柴油车数量要大幅增加。

14．开展油品质量检查专项行动。2019 年 10 月底前，各地要以物流基地、货运车辆停车场和休息区、油品运输车、施工工地等为重点，集中打击和清理取缔黑加油站点、流动加油车，对不达标的油品追踪溯源，查处劣质油品存储销售集散地和生产加工企业，对有关涉案人员依法追究相关法律责任。

开展企业自备油库专项执法检查，各地应对大型工业企业、公交车场站、机场和铁路货场自备油库油品质量进行监督抽测，严禁储存和使用非标油，依法依规关停并妥善拆除不符合要求的自备油罐及装置（设施），2019 年 10 月底前完成。

15．加强非道路移动源污染防治。各地要制定非道路移动机械摸底调查和编码登记工作方案，以城市建成区内施工工地、物流园区、大型工矿企业以及机场、铁路货场等为重点，2019 年 12 月底前，全面完成非道路移动机械摸底调查和编码登记，并上传至国家非道路移动机械环保监管平台。各城市加快划定并公布禁止使用高排放非道路移动机械的区域，2019 年 12 月底前完成。

加大对非道路移动机械执法监管力度。各地要建立生态环境、建设、交通运输（含民航、铁路）等部门联合执法机制，秋冬季期间每月抽查率不低于 10%，对违规进入高排放控制区或冒黑烟等超标排放的非道路移动机械依法实施处罚，消除冒黑烟现象。

（四）优化调整用地结构

16．加强扬尘综合治理。严格降尘管控，各城市平均降尘量不得高于 9 吨/（月·千米^2）。各省要加强降尘量监测质控工作。自 2019 年 10 月起，各省每月按时向中国环境监测总站报送降尘量监测结果并向社会公布，对超标的城市和区县及时进行预警提醒。鼓励各城市不断加严降尘量控制指标，实施网格化降尘量监测考核。

加强施工扬尘控制。城市施工工地要严格落实工地周边围挡、物料堆放覆盖、土方开挖湿法作业、路面硬化、出入车辆清洗、渣土车辆密闭运输“六个百分之百”。5 000 米^2 及以上土石方建筑工地全部安装在线监测和视频监控设施，并与当地有关部门联网。长距离的市政、城市道路、水利等工程，要合理降低土方作业范围，实施分段施工。鼓励各地推动实施“阳光施工”“阳光运输”，减少夜间施工数量。将扬尘管理工作不到位的不良信息纳入建筑市场信用管理体系，情节严重的，列入建筑市场主体“黑名单”。

强化道路扬尘管控。扩大机械化清扫范围，对城市空气质量影响较大的城市周边道路、城市支路、背街里巷等，加大机械化清扫力度，提高清扫频次；推广主次干路高压冲洗与机扫联合作业模式，大幅度降低道路积尘负荷。构建环卫保洁指标量化考核机制。加强城市及周边道路两侧裸土、长期闲置土地绿化、硬化，对城市周边及物流园区周边等地柴油货车临时停车场实施路面硬化。

加强堆场扬尘污染控制。城区、城乡接合部等各类煤堆、灰堆、料堆、渣土堆等要采取苫盖等有效抑尘措施，灰堆、渣土堆要及时清运。

17．严控露天焚烧。坚持疏堵结合，因地制宜大力推进秸秆综合利用。强化地方各级政府秸秆禁烧主体责任，建立全覆盖网格化监管体系，充分利用网格化制度，加强“定点、定时、定人、定责”管控，综合运用卫星遥感、高清视频监控等手段，加强对各地露天焚烧监管。开展秋收阶段秸秆禁烧专项巡查。山西等地要加强矸石山综合治理，消除自燃和冒烟现象。

（五）有效应对重污染天气

18．深化区域应急联动。建立统一的预警启动与解除标准，将区域应急联动措施纳入城市重污染天气应急预案。建立生态环境部和省级、市级生态环境主管部门的区域应急联动快速响应机制，当预测到区域将出现大范围重污染天气时，生态环境部基于区域会商结果，及时向省级生态环境主管部门通报预测预报结果，省级生态环境主管部门根据预测预报结果发布预警提示信息，立即组织相关城市按相应级别启动重污染天气应急预案，实施区域应急联动。各地生态环境部门要加强与气象部门的合作。

秋冬季是重污染天气高发时期，各地可根据历史同期空气质量状况，结合国家中长期预测预报结果，提前研判未来空气质量变化趋势。当未来较长时间段内，有可能连续多次出现重污染天气过程，将频繁启动橙色及以上预警时，可提前指导行政区域内生产工序不可中断或短时间内难以完全停产的行业，预先调整生产计划，确保在预警期间能够有效落实应急减排措施。

19．夯实应急减排清单。各地应根据《关于加强重污染天气应对夯实应急减排措施的指导意见》，严格按照Ⅲ级、Ⅱ级、Ⅰ级应急响应时，二氧化硫、氮氧化物、颗粒物和VOCs的减排比例分别达到全社会排放量的10%、20%和30%以上的要求，完善重污染天气应急减排清单，摸清涉气企业和工序，做到减排措施全覆盖。指导工业企业制定“一厂一策”实施方案，明确不同应急等级条件下停产的生产线、工艺环节和各类减排措施的关键性指标，细化各减排工序责任人及联系方式等。各地按相关要求在重污染天气应急管理平台上填报应急减排清单，实现清单电子化管理。生态环境部对各地上报的应急减排清单实施评估。

20．实施差异化应急管理。对重点行业中钢铁、焦化、氧化铝、电解铝、炭素、铜冶炼、陶瓷、玻璃、石灰窑、铸造、炼油和石油化工、制药、农药、涂料、油墨等15个明确绩效分级指标的行业，应严格评级程序，细化分级办法，确定A、B、C级企业，实行动态管理。原则上，A级企业生产工艺、污染治理水平、排放强度等应达到全国领先水平，在重污染期间可不采取减排措施；B级企业应达到省内标杆水平，适当减少减排措施。对2018年产能利用率超过120%的钢铁企业可适当提高限产比例。对其他16个未实施绩效分级的重点行业，各省应结合本地实际情况，制定统一的应急减排措施，或自行制定绩效分级标准，实施差异化管控。对非重点行业，各地应根据行业排放水平、对环境空气质量影响程度等，自行制定应急减排措施。

对行政区域内较集中、成规模的特色产业，应统筹采取应急减排措施。对各类污染物不能稳定达标排放，未达到排污许可管理要求，或未按期完成秋冬季大气污染综合治理任务的企业，不纳入绩效分级范畴，应采取停产措施或最严级别限产措施，以生产线计。

（六）加强基础能力建设

21．完善环境监测网络。自 2019 年 10 月起，各省每月 10 日前将审核后的上月区县环境空气质量自动监测数据报送中国环境监测总站。2019 年 10 月底前，各地完成已建颗粒物组分监测站点联网工作，加快光化学监测网建设及联网运行。2019 年 12 月底前，各城市完成国家级新区、高新区、重点工业园区及机场环境空气质量监测站点建设。2020 年 1 月起，各省对高新区、重点工业园区等环境空气质量进行排名。

22．强化污染源自动监控体系建设。各地要严格落实排气口高度超过 45 米的高架源安装自动监控设施，数据传输有效率达到 90%的要求，未达到的实施整治。2019 年 12 月底前，各地应将石化、化工、包装印刷、工业涂装等主要 VOCs 排放行业中的重点源，以及涉冲天炉、玻璃熔窑、以煤和煤矸石为燃料的砖瓦烧结窑、耐火材料焙烧窑（电窑除外）、炭素焙（煅）烧炉（窑）、石灰窑、铁合金矿热炉和精炼炉等工业炉窑的企业，原则上纳入重点排污单位名录，安装烟气排放自动监控设施，并与生态环境主管部门联网。平板玻璃、建筑陶瓷等设有烟气旁路的企业，自动监控设施采样点应安装在原烟气与净化烟气混合后的烟道或排气筒上；不具备条件的，旁路烟道上也要安装自动监控设施，对超标或通过旁路排放的严格依法处罚。企业在正常生产以及限产、停产、检修等非正常工况下，均应保证自动监控设施正常运行并联网传输数据。各地对出现数据缺失、长时间掉线等异常情况，要及时进行核实和调查处理。

鼓励各地对颗粒物、VOCs 无组织排放突出的企业，要求在主要排放工序安装视频监控设施。具备条件的企业，应通过分布式控制系统（DCS）等，自动连续记录环保设施运行及相关生产过程主要参数。

23．建设机动车“天地车人”一体化监控系统。2019 年 12 月底前，各省完成机动车排放检验信息系统平台建设，形成遥感监测、定期排放检验、入户抽测数据国家—省—市三级联网，数据传输率达到 95%以上；各城市推进重污染天气车辆管控平台建设。年销售汽油量大于 5 000 吨的加油站应安装油气回收自动监控设备，加快与生态环境部门联网。

24．加强执法能力建设。加大对执法人员培训力度。各地应围绕大气污染防治法律法规、标准体系、政策文件、治理技术、监测监控技术规范、现场执法检查要点等方面，定期开展培训，提高执法人员业务能力和综合素质。配备便携式大气污染物快速检测仪、VOCs 泄漏检测仪、微风风速仪、油气回收三项检测仪、路检执法监测设备等，充分运用执法 App、自动监控、卫星遥感、无人机、电力数据等手段，提升执法水平。

三、保障措施

（七）加强组织领导

各地要切实加强组织领导，把秋冬季大气污染综合治理攻坚行动放在重要位置，作为打赢蓝天保卫战的关键举措。地方各级党委和政府要坚决扛起打赢蓝天保卫战的政治责任，全面落实“党政同责”“一岗双责”，对本行政区域的大气污染防治工作及环境空气质量负总责，主要领导为第一责任人。各有关部门要按照打赢蓝天保卫战职责分工，指导各地落实任务要求，完善政策措施，加大支持力度。各城市要将本地 2019—2020 年秋冬季大气污染综合治理攻坚行动方案（见附件 2）细化分解到各区县、各部门，明确时间表和责任人，主要任务纳入地方党委和政府督查督办重要内容；建立重点任务完成情况定期调度机制，有效总结经验，及时发现问题，部署下一步工作。

（八）加大政策支持力度

各地要进一步制定和完善农村居民天然气取暖运营补贴政策，确保农村居民用得起、用得好。地方各级人民政府要加大本级大气污染防治资金支持力度，重点用于散煤治理、工业污染源深度治理、燃煤锅炉整治、运输结构调整、柴油货车污染治理、大气污染防治能力建设等领域。地方各级生态环境部门配合财政部门，针对本地大气污染防治重点，做好大气专项资金使用工作，加强预算管理。各省要对大气专项资金使用情况开展绩效评价。研究制定“散乱污”企业综合治理激励政策。

加大价格政策支持力度。完善天然气门站价格政策，汾渭平原居民“煤改气”采暖期天然气门站价格不上浮。各省要落实好《关于北方地区清洁供暖价格政策意见的通知》，完善峰谷分时价格制度，完善采暖用电销售侧峰谷电价，延长采暖用电谷段时长至 10 个小时以上，进一步扩大采暖期谷段用电电价下浮比例；支持具备条件的地区建立采暖用电的市场化竞价采购机制，采暖用电参加电力市场化交易谷段输配电价减半执行。落实好差别电价政策，对限制类企业实行更高价格，支持各地根据实际需要扩大差别电价、阶梯电价执行行业范围，提高加价标准。铁路运输企业完善货运价格市场化运作机制，清理规范辅助作业环节收费，积极推行大宗货物“一口价”运输。

（九）全力做好气源电源供应保障

抓好天然气产供储销体系建设。加快 2019 年天然气基础设施互联互通重点工程建设，确保按计划建成投产。地方政府、城镇燃气企业和不可中断大用户、上游供气企业要按照《国务院关于促进天然气协调稳定发展的若干意见》有关要求，加快储气设施建设步伐。优化天然气使用方向，采暖期新增天然气重点向汾渭平原等倾斜，保障清洁取暖与温暖过冬。各地要进一步完善调峰用户清单，夯实“压非保民”应急预案。地方政府对“煤改电”配套电网工程和天然气互联互通管网建设应给予支持，统筹协调项目建设用地等。

国有企业要切实担负起社会责任，加大投入，确保气源电源稳定供应。中石油、中石化、中海油和延长石油要积极筹措天然气资源，加快管网互联互通和储气能力建设，做好清洁取暖保障工作。国家电网公司要继续推进“煤改电”实施，在条件具备的地区合理建设一批输变电工程，与相关城市统筹“煤改电”工程规划和实施，提高以电代煤比例。

（十）加大环境执法力度

各地要围绕秋冬季大气污染综合治理重点任务，加强执法，切实传导压力，推动企业落实生态环境保护主体责任，引导企业由“要我守法”向“我要守法”转变。提高环境执法针对性、精准性，针对生态环境部强化监督定点帮扶中发现的突出问题和共性问题，各地要举一反三，仔细分析查找薄弱环节，组织开展专项执法行动。强化颗粒物和 VOCs 无组织排放监管，加强对污染源在线监测数据质量比对性检查，严厉打击违法排污、弄虚作假等行为。对固定污染源排污许可清理整顿中“先发证再整改”的企业，加强监督执法，确保企业整改到位。

加强联合执法。在“散乱污”企业整治、油品质量监管、柴油车尾气排放抽查、扬尘管控等领域实施多部门联合执法，建立信息共享机制，形成执法合力。加大联合惩戒力度，多措并举治理低价中标乱象。依法依规将建设工程质量低劣的环保公司和环保设施运营管理水平低、存在弄虚作假行为的运维机构列入失信联合惩戒对象名单，纳入全国信用信息共享平台，并通过“信用中国”“国家企业信用信息公示系统”等网站向社会公布。

加大重污染天气预警期间执法检查力度。在重污染天气应急响应期间，各地区、各部门要系统部署应急减排工作，加密执法检查频次，严厉打击不落实应急减排措施、超标排污等违法行为。要加强电力部门电量数据、污染源自动监控数据等应用，实现科技执法、精准执法。加大违法处罚力度，各地要依据相关法律规定，对重污染天气预警期间实施的违法行为从严处罚，涉嫌犯罪的，移送公安机关依法查处。

（十一）开展强化监督定点帮扶

生态环境部统筹全国生态环境系统力量，持续开展蓝天保卫战重点区域强化监督定点帮扶工作，实现汾渭平原城市全覆盖。秋冬季期间，紧盯重污染天气应急预案执行、“煤改气”“煤改电”、群众信访案件督办、锅炉窑炉淘汰改造、燃煤小火电机组淘汰、“散乱污”企业排查整治、排污许可和依证监管、打击黑加油站点和油品质量检测等。同时加强对秸秆焚烧、垃圾焚烧、荒野焚烧以及施工扬尘、堆场扬尘等颗粒物污染管控情况的监督。对发现的问题实行“拉条挂账”式跟踪管理，督促地方建立问题台账，制定整改方案；对地方“举一反三”落实情况加强现场核实，督促整改到位，防止问题反弹。

强化监督定点帮扶工作组要切实增强帮扶意识和本领，帮助地方和企业共同做好大气污染防治工作。加快推动大气重污染成因与治理攻关项目研究成果的转化应用，充分利用攻关项目建立的数据、人才、平台等科研资源，持续推进“一市一策”驻点跟踪研究，重点开展污染过程预警预报和动态监控、污染成因解析、应急管控措施评估等工作，并组织攻关专家及时进行重污染成因科学解读。包保单位要加强宏观指导，组织大气重污染成因与治理攻关项目驻点跟踪研究工作组共同参与监督帮扶，完善“一市一策”治理方案；定期对攻坚任务进展和目标完成情况进行分析研判，对工作滞后、问题突出的，及时预警并报告；深入一线基层和企业开展调查研究，针对共性问题、突出问题等提出工作建议，指导地方优化污染治理方案，推动秋冬季大气污染综合治理各项任务措施取得实效；针对地方和企业反映的技术困难和政策问题，组织开展技术帮扶和政策解读，切实帮助地方政府和企业解决污染防治工作中的具体困难和实际问题。

（十二）强化监督问责

将秋冬季大气污染综合治理重点攻坚任务落实不力、环境问题突出，且环境空气质量明显恶化的地区作为中央生态环境保护督察重点。结合第二轮中央生态环境保护督察工作，重点督察地方党委、政府及有关部门大气污染综合治理不作为、慢作为以及“一刀切”等乱作为，甚至失职失责等问题；对问题严重的地区视情开展点穴式、机动式专项督察。

对重点攻坚任务落实不力，或者环境空气质量改善不到位且改善幅度排名靠后的，开展督察问责。综合运用排查、交办、核查、约谈、专项督察“五步法”监管机制，压实工作责任。汾渭平原大气污染防治协作小组办公室定期调度各地重点任务进展情况。秋冬季期间，生态环境部每月通报各地空气质量改善情况，对空气质量改善幅度达不到时序进度或重点任务进展缓慢的城市进行预警提醒；对空气质量改善幅度达不到目标任务或重点任务进展缓慢或空气质量指数（AQI）持续“爆表”的城市，公开约谈政府主要负责人；对未能完成终期空气质量改善目标任务或重点任务未按期完成的城市，严肃问责相关责任人，实行区域环评限批。发现篡改、伪造监测数据的，考核结果直接认定为不合格，并依法依纪追究责任。

附件：1．汾渭平原各城市 2019—2020 年秋冬季空气质量改善目标

2．汾渭平原各城市 2019—2020 年秋冬季大气污染综合治理攻坚行动方案

附件 1

汾渭平原各城市 2019—2020 年秋冬季空气质量改善目标

城　市	$PM_{2.5}$ 浓度同比下降比例/%	重污染天数同比减少/天
晋中市	2.0	持续改善
运城市	2.5	1
临汾市	2.0	1
吕梁市	持续改善	持续改善
洛阳市	3.0	1
三门峡市	3.5	1
西安市	2.0	1
（西咸新区）	2.0	1
铜川市	2.5	持续改善
宝鸡市	2.5	1
咸阳市	4.0	2
渭南市	2.0	1
（韩城市）	2.0	1
杨凌示范区	2.5	1

附件 2

山西省晋中市 2019—2020 年秋冬季大气污染综合治理攻坚行动方案

类别	重点工作	主要任务	完成时限	工程措施
产业结构调整	“两高”行业产能控制	压减焦炭产能	2019 年 12 月底前	淘汰焦炭产能 130 万吨，其中：山西金昌煤炭气化有限公司淘汰焦炭产能 60 万吨、山西神龙能源焦化有限公司淘汰焦炭产能 70 万吨
		4.3 米焦炉淘汰	2019 年 12 月底前	制定 4.3 米焦炉关停方案，推动 4.3 米炉龄 10 年以上的焦炉关停工作
	“散乱污”企业和集群综合整治	“散乱污”企业综合整治	长期	持续开展“散乱污”企业排查整治，实施“散乱污”企业动态清零，发现一起整治一起，分类实施关停取缔、搬迁和原地提升改造
	工业源污染治理	实施排污许可	2019 年 12 月底前	按照国家的统一部署和要求，完成磷肥、汽车、电池、水处理、锅炉、畜禽养殖、乳制品制造、家具制造、人造板制造等行业排污许可证核发工作。9 月底前，基本完成磷肥、汽车、电池、水处理、锅炉行业排污许可证核发，畜禽养殖、乳制品制造、家具制造、人造板制造等其他行业排污许可证发证率不少于 40%；11 月底前发证率不少于 80%；12 月 20 日前基本完成排污许可证年度核发任务；组织开展排污许可证持证执行情况合规性检查，未按规定领取排污许可证的企业，按无证排污责令停产；不按照排污许可证要求排污的，依法处罚
		钢铁超低排放	2019 年 12 月底前	山西新泰钢铁有限公司（钢铁）公司 2019 年 9 月底前完成无组织超低排放改造，2019 年 12 月底前完成 3 台烧结机有组织超低排放改造。积极推进其他有组织、清洁运输超低排放改造
		无组织排放治理	2019 年 10 月底前	2019 年完成无组织排放改造 77 家、涉及 92 个生产环节及点位。其中：混凝土搅拌站 2 家、水泥制品企业 7 家、炼焦企业 7 家、垃圾处理企业 1 家、铸造企业 2 家、耐火企业 4 家、煤炭发运站 17 家、水泵制造企业 1 家、电力生产企业 4 家、煤炭开采洗选企业 20 家、肥料制造企业 1 家、铁矿采选企业 4 家、煤制品制造企业 1 家、石料开采企业 1 家、砖瓦企业 1 家、煤炭综合利用企业 4 家
		玛钢行业治理	2019 年 10 月底前	太谷县制定玛钢企业专项整治方案，开展对标整改，逾期未完成整改企业停产整治
		炭素行业整治	2019 年 10 月底前	按照《晋中市炭素行业深度治理实施方案》（市环发〔2018〕26 号）要求对全市所有炭素企业开展“回头看”，对不能达到治理要求的企业依法实施停、限产治理

类别	重点工作	主要任务	完成时限	工程措施
产业结构调整	工业源污染治理	玻璃行业整治	2019 年 12 月底前	加强电炉氮氧化物排放浓度控制
		洗煤行业升级	2019 年 12 月底前	按照山西省人民政府办公厅《关于推进全省煤炭洗选行业产业升级实现规范发展的意见》（晋政办发〔2019〕58 号）要求，10 月底前完成实施方案制定和备案，11 月起组织实施，2020 年底完成目标任务
		工业园区综合整治	2019 年 12 月底前	树立行业标杆，完成介休市化工循环工业园区集中整治
能源结构调整	清洁取暖	清洁能源替代散煤	2019 年 10 月底前	完成散煤治理 10.3365 万户，其中，气代煤 1.873 万户、电代煤 0.9571 万户、集中供热替代 7.0536 万户、余热替代 0.1385 万户、其他清洁能源替代 0.3143 万户，共替代散煤约 40 万吨
		洁净煤替代散煤	2019 年 10 月底前	暂不具备清洁能源替代条件地区推广洁净煤替代散煤约 30 万吨
		煤质监管	全年	加强部门联动，严厉打击劣质煤流通、销售和使用，开展路检路查严禁劣质煤进入禁燃区。对民用散煤销售企业抽检覆盖率 100%，对抽检发现经营不合格散煤行为的，依法处罚。对使用散煤的居民用户煤质进行抽检
		采暖季 SO_2 浓度控制	2020 年 3 月底前	2019—2020 年秋冬季期间开展二氧化硫管控，全市二氧化硫小时浓度不超过 600 微克/米^3，平遥县、介休市二氧化硫浓度力争下降 50%以上，灵石县、太谷县、祁县二氧化硫浓度力争下降 30%以上
	煤炭消费总量控制	煤炭消费总量削减	全年	完成省下达的煤炭消费总量控制任务
		淘汰燃煤机组	2019 年 12 月底前	淘汰关停左权鑫源燃煤机组 1 台（2.5 万千瓦）
	锅炉综合整治	锅炉管理台账	2019 年 10 月底前	完善锅炉管理台账
		淘汰燃煤锅炉	2019 年 10 月底前	全市域基本淘汰 35 蒸吨以下燃煤锅炉（不含未纳入清洁取暖改造范围的农村自建小区燃煤锅炉），约 245 台共 998.95 蒸吨
		锅炉超低排放改造	2019 年 10 月底前	完成燃煤锅炉超低排放改造 31 台共 3 075 蒸吨
		燃气锅炉低氮改造	2019 年 10 月底前	积极有序推进燃气锅炉低氮燃烧技术改造，完成燃气锅炉低氮改造 87 台共 651 蒸吨
		生物质锅炉	2019 年 10 月底前	完成生物质锅炉超低排放改造 11 台共 158.4 蒸吨
运输结构调整	运输结构调整	提升铁路货运量	2019 年 12 月底前	较 2017 年增加 1 200 万吨
		加快铁路专用线建设	2020 年 3 月底前	开展大宗货物年货运量 150 万吨及以上的大型工矿企业和物流园区摸底调查，按照宜铁则铁的原则，研究推进大宗货物“公转铁”方案。推动介休瑞汇达能源有限公司铁路专用线建设、阳泉煤业有限责任公司铁路专用线建设
		老旧车淘汰	2019 年 12 月底前	加快淘汰国三及以下排放标准营运柴油货车

类别	重点工作	主要任务	完成时限	工程措施
运输结构调整	车船燃油品质改善	油品、尿素质量抽查	2019 年 12 月底前	强化油品、尿素质量监管，在全市加油站（点）抽检车用汽柴油共计 300 个批次以上，从高速公路、国道、省道沿线加油站抽检尿素 80 次以上。对油库（含内部加油站）抽查比例每月不少于 30%，实现年度全覆盖。开展对大型工业企业自备油库油品质量专项检查，对发现的问题依法依规进行处置
		打击黑加油站点	2019 年 12 月底前	根据省市推进成品油市场整治方案要求，开展打击黑加油站点专项行动。从柴油货车油箱和尿素箱抽取检测柴油样品和车用尿素样品各 50 个以上
	在用车环境管理	在用车环境管理	长期	秋冬季期间监督抽测柴油车数量不低于当地柴油车保有量的 80%
			2019 年 10 月底前	主要物流通道及城市主要入口建立综合检测站 6 个，开展多部门全天候检测
			2019 年 12 月底前	检查排放检验机构 30 个次，实现排放检验机构监管全覆盖
			长期	对运输企业大户和用车企业大户（柴油货车 20 辆以上）开展入户监督抽测 100 辆次
			2019 年 12 月底前	构建超标柴油车黑名单，将遥感监测（含黑烟抓拍）、路检执法发现的超标车辆纳入黑名单，实现动态管理，严禁超标车辆上路行驶、进出重点用车企业。推广使用“驾驶排放不合格的机动车上道路行驶的”交通违法处罚代码 6063，由生态环境部门取证，公安交管部门对路检路查和黑烟抓拍发现的上路行驶超标车辆进行处罚，并由交通部门负责强制维修
	非道路移动机械环境管理	备案登记	2019 年 12 月底前	完成非道路移动机械摸底调查和编码登记
		排放检验	2019 年 12 月底前	以施工工地和物流园区、高排放控制区等为重点，开展非道路移动机械检测 100 辆以上
用地结构调整	矿山综合整治	强化露天矿山综合治理	长期	对污染治理不规范的露天矿山，依法责令停产整治，不达标不得恢复生产。对责任主体灭失露天矿山迹地进行综合治理
	扬尘综合治理	建筑扬尘治理	长期	开展建筑工地、拆迁作业整治，严格落实施工工地“六个百分之百”要求
			长期	开展建成区过境河道、干渠扬尘整治，杜绝河道、干渠倾倒建筑渣土、生活垃圾等扬尘污染物，水利工程施工现场清洁施工
		施工扬尘监管	长期	定期动态更新施工工地管理清单
			长期	5 000 $米^2$ 及以上的土石方建筑工地在扬尘作业场所和工地车辆出入位置安装在线监测和视频监控（其中，视频监控应满足对工地作业场所和工地车辆进出情况监控），并与当地行业主管部门和生态环境部门联网

类别	重点工作	主要任务	完成时限	工程措施
用地结构调整	扬尘综合治理	施工扬尘监管	长期	加强扬尘在线监测数据的应用，现场在线监控 PM_{10} 数据小时均值达 250 微克/米^3 时，施工单位应停止扬尘作业，拒不执行的，由行业主管部门予以查处，并将不良信息纳入建筑市场信用管理体系，列入建筑市场主体“黑名单”
		道路扬尘综合整治	长期	开展城乡接合部道路、国省干线公路扬尘整治，以及城市市政道路保洁整治。市城区道路机械化清扫率达到 95%，县城区机械化清扫率达到 91.5%
		渣土运输车监管	全年	开展建筑渣土运输整治，严厉打击无资质、标识不全、故意遮挡或污损车牌等渣土车违法行为。严格渣土运输车辆规范化管理，渣土运输车做到全密闭
		露天堆场扬尘整治	全年	开展裸露地面整治，全面清理城乡接合部以及城中村拆迁的渣土和建筑垃圾，不能及时清理的必须采取苫盖等抑尘措施。开展再生资源回收站点扬尘整治，减少扬尘污染
		强化降尘量控制	全年	各县（市、区）降尘量不超过 9 吨/（月・千米^2），达不到要求的各县（市、区）制定降尘管控方案，减少降尘量
	秸秆综合利用	加强秸秆焚烧管控	长期	建立网格化监管制度，在秋收阶段开展秸秆禁烧专项巡查
		加强秸秆综合利用	全年	秸秆综合利用率达到 90%
工业炉窑大气污染综合治理	淘汰一批	煤气发生炉淘汰	2019 年 12 月底前	淘汰煤气发生炉 7 台
	清洁能源替代一批	工业炉窑清洁能源替代	2019 年 10 月底前	完成 3 台耐火材料制品制造煤气发生炉和 1 台石灰和石膏制造煤气发生炉天然气替代
	治理一批	工业炉窑废气深度治理	2019 年 10 月底前	完成深度治理共 167 台，其中：玻璃行业 52 台，铸造行业 3 台，耐火材料制品制造行业 71 台，石灰制造行业 25 台，建材行业 3 台，砖瓦行业 1 台，化工行业 8 台，非金属废料和碎屑加工处理行业 1 台，建筑陶瓷制品制造行业 3 台
	监控监管	工业炉窑专项执法	2019 年 12 月底前	开展专项执法检查
VOCs 治理	重点工业行业 VOCs 综合治理	无组织排放控制	2019 年 12 月底前	8 家煤化工企业、67 家工业涂装企业通过采取设备与场所密闭、工艺改进、废气有效收集等措施，完成 VOCs 无组织排放治理
		治污设施建设	2019 年 12 月底前	8 家煤化工企业、67 家工业涂装企业建设适宜的治污设施
		精细化管控	全年	8 家煤化工企业、67 家工业涂装企业推行“一厂一策”制度，加强企业运行管理
	油品储运销综合治理	油气回收治理	2019 年 10 月底前	开展加油站、储油库油气回收治理设施运行情况专项检查
		自动监控设备安装	2019 年 12 月底前	实现年销售汽油量大于 5 000 吨的加油站在线监控系统与生态环境部门联网

类别	重点工作	主要任务	完成时限	工程措施
重污染天气应对	修订完善应急预案及减排清单	完善重污染天气应急预案	2019 年 10 月底前	修订完善重污染天气应急预案
	完善应急减排清单	完善应急减排清单，夯实应急减排措施	2019 年 10 月底前	完成重点行业绩效分级，完成应急减排清单编制工作，落实“一厂一策”等各项应急减排措施
	应急运输响应	重污染天气移动源管控	2019 年 10 月 15 日前	对钢铁、电力、建材、焦化、有色、化工、矿山等涉及大宗物料运输的重点用车企业，实施重污染天气应急响应。在重污染天气预警期间停止柴油货车进出厂区；重点用车企业要安装管控运输车辆的门禁和视频监控系统，监控数据至少保存 1 年以上
能力建设	完善环境监测监控网络	环境空气 VOCs 监测	2019 年 10 月底前	建成环境空气 VOCs 监测站点 1 个
		遥感监测系统平台三级联网	长期	机动车遥感监测系统稳定传输数据
		定期排放检验机构三级联网	长期	市级机动车检验机构监管平台实现检测视频监控、防作弊报警提示、数据统计分析、检测机构管理、车辆环保信息管理，实现三级联网。对超标排放车辆开展大数据分析，追溯相关方责任
		重污染天气车辆管控平台	2019 年 12 月底前	建设移动源综合管控平台，加强重点企业门禁系统监管
		道路空气质量监测	2019 年 12 月底前	在主要物流通道建设道路空气质量监测站 3 个
	源排放清单编制	编制大气污染源排放清单	2019 年 12 月底前	动态更新 2018 年大气污染源排放清单

山西省运城市2019—2020年秋冬季大气污染综合治理攻坚行动方案

类别	重点工作	主要任务	完成时限	工程措施
产业结构调整	产业布局调整	建成区重污染企业搬迁	2019年12月底前	完成山焦盐化四厂和永济凯通印染厂退城搬迁工作
		化工行业整治	2019年12月底前	对风陵渡园区8家化工等企业进行深度治理，确保稳定达标排放
	“两高”行业产能控制	压减煤炭产能	2019年12月底前	化解煤炭产能60万吨（平陆大金禾煤业）
		压减焦炭产能	2019年12月底前	淘汰焦炭产能60万吨
	“散乱污”企业和集群综合整治	“散乱污”企业综合整治	全年	完善“散乱污”企业动态清零管理机制，实行网格化管理，压实基层责任，发现一起查处一起
	工业源污染治理	实施排污许可	2019年12月底前	按照国家的统一部署和要求，完成磷肥、汽车、电池、水处理、锅炉、畜禽养殖、乳制品制造、家具制造、人造板制造等行业排污许可证核发工作。9月底前，基本完成磷肥、汽车、电池、水处理、锅炉行业排污许可证核发，畜禽养殖、乳制品制造、家具制造、人造板制造等其他行业排污许可证发证率不少于40%；11月底前发证率不少于80%；12月20日前基本完成排污许可证年度核发任务
			2019年12月底前	组织开展排污许可证持证执行情况合规性检查，未按规定领取排污许可证的企业，按无证排污责令停产；不按照排污许可证要求排污的，依法处罚
		钢铁超低排放	2019年12月底前	钢铁企业达到无组织排放控制要求；完成3家钢铁企业（建龙、高义、宏达粗钢产能1 035万吨）超低排放改造
		无组织排放治理	2019年12月底前	开展钢铁、建材、有色、火电、焦化、铸造等重点行业及燃煤锅炉等物料（含废渣）运输、装卸、储存、转移和工艺过程等无组织排放深度治理，全年完成无组织排放改造109家
		洗煤厂整治	2019年12月底前	9月底前制定洗煤厂专项整治方案；年底前取缔一批，整合一批，提升一批
		河津市区域综合整治	2019年12月底前	对全市21家石料厂实施停产整顿，并逐步实施关停取缔，5家石料加工厂予以关停取缔；完成11家焦化行业特别排放限值改造任务；增加清扫车、抑尘车，加大清扫频次；完成全市40家高钙灰、50家洗煤及储煤企业产能压减50%整治工作

类别	重点工作	主要任务	完成时限	工程措施
能源结构调整	清洁取暖	清洁能源替代散煤	2019 年 10 月底前	完成散煤治理 16 万户，其中，气代煤 24 506 户、电代煤 48 857 户、集中供热替代 79 550 户、可再生能源 7 520 户，共替代散煤 48 万吨
		洁净煤替代散煤	2019 年 12 月底前	暂不具备清洁能源替代条件地区推广洁净煤替代散煤，替代 12 万户
		煤质监管	全年	对民用散煤销售企业每月煤质抽检覆盖率达到 10%以上，全年抽检覆盖率 100%。对使用散煤的居民用户煤质进行抽检
			全年	加强部门联动，严厉打击劣质煤流通、销售和使用。对抽检发现经营不合格散煤行为的，依法处罚。严控散煤销售
	高污染燃料禁燃区	调整扩大禁燃区范围	2019 年 10 月底前	已完成清洁取暖改造的区域要及时划定为“禁煤区”，并扩大中心城区禁煤区范围，禁止散煤进入，防止散煤复燃。依法对违规使用高污染燃料的单位进行处罚
	禁煤区划定	各县（市、区）划定禁煤区	2019 年 10 月底前	河津、临猗、稷山、新绛、闻喜、夏县等县（市）划定禁煤区
	煤炭消费总量控制	煤炭消费总量削减	全年	完成省下达的煤炭消费总量控制任务
		优化煤炭使用结构	全年	2019 年非电用煤量较上年减少
	锅炉综合整治	锅炉管理台账	2019 年 10 月底前	完善锅炉管理台账，实施清单管理
		淘汰燃煤锅炉	2019 年 10 月底前	市域范围内淘汰 10 蒸吨及以下燃煤锅炉。淘汰燃煤锅炉 207 台 1371.8 蒸吨。盐湖区、稷山县、河津市、新绛县、闻喜县率先完成 35 蒸吨以下 126 台燃煤锅炉淘汰
		锅炉超低排放改造	2019 年 10 月底前	完成燃煤锅炉超低排放改造 26 台 2 965 蒸吨
		燃气锅炉低氮改造	2019 年 10 月底前	完成燃气锅炉低氮改造 109 台 641.2 蒸吨
		生物质锅炉	2019 年 10 月底前	完成生物质锅炉淘汰 4 台，超低排放改造 1 台
运输结构调整	运输结构调整	提升铁路货运量	2019 年 12 月底前	铁路货运量比 2017 年增长 700 万吨
		加快铁路专用线建设	2019 年 12 月底前	开展大宗货物年货运量 150 万吨及以上的大型工矿企业和物流园区摸底调查，按照宜水则水，宜铁则铁的原则，研究推进大宗货物“公转铁”或“公转水”方案。推进王家岭煤矿、新绛物流铁路专用线建设
		发展新能源车	全年	新增公交、环卫、邮政、出租、通勤、轻型城市物流车辆中新能源和清洁能源车比例达到 80%
		老旧车淘汰	全年	加快淘汰国三及以下营运柴油货车

类别	重点工作	主要任务	完成时限	工程措施
运输结构调整	车船燃油品质改善	油品和尿素质量抽查	2019 年 12 月底前	强化油品质量监管，在全市加油站（点）抽检车用汽柴油共计 710 个批次，实现年度全覆盖。开展大型工业企业和机场自备油库油品质量检查，做到季度全覆盖。高速公路、国道、省道沿线加油站抽检尿素 100 次以上
		打击黑加油站点	2019 年 12 月底前	根据省市推进成品油市场整治系列方案要求，开展打击黑加油站点专项行动，对黑加油站点查处取缔工作进行督导。柴油货车油箱和尿素箱抽取检测柴油样品和车用尿素样品各 100 个以上
	在用车环境管理	在用车执法监管	长期	秋冬季期间监督抽测柴油车数量不低于当地柴油车保有量的 80%
			2019 年 10 月底前	部署 7 个多部门全天候综合检测站，覆盖主要物流通道和城市入口，并投入运行
			2019 年 12 月底前	开展两轮排放检验机构专项检查，实现排放检验机构监管全覆盖
			长期	建立柴油货车用车大户管理台账，按照“双随机”模式增加定期和不定期抽测频次。检测数量不低于 300 辆次
			2019 年 10 月底前	建立超标柴油车黑名单，将遥感监测（含黑烟抓拍）、路检执法发现的超标车辆纳入黑名单，实现与公安交管、交通等部门信息共享并动态管理。 推广使用“驾驶排放不合格的机动车上路行驶的” 交通违法处罚代码 6063，由生态环境部门取证，公安交管部门对路检路查和黑烟抓拍发现的上路行驶超标车辆进行处罚，并由交通部门负责强制维修
	非道路移动机械环境管理	高排放控制区	2019 年 12 月底前	扩大禁止使用高排放非道路移动机械的区域，并按照禁用区公告要求进行严格管控
		备案登记	2019 年 12 月底前	完成非道路移动机械摸底调查和编码登记
		排放检验	2019 年 12 月底前	秋冬季期间加强对进入禁止使用高排放非道路移动机械区域内作业的工程机械的监督检查，抽测车辆达到 100 辆以上
用地结构调整	矿山综合整治	强化露天矿山综合治理	长期	对污染治理不规范的露天矿山，依法责令停产整治，不达标不得恢复生产。对责任主体灭失露天矿山迹地进行综合治理
	扬尘综合治理	建筑扬尘治理	长期	严格落实施工工地“六个百分之百”要求
		施工扬尘管理清单	长期	定期动态更新施工工地管理清单
		施工扬尘监管	长期	5 000 米^{2}及以上土石方建筑工地全部安装在线监测和视频监控，并与当地行业主管部门联网

类别	重点工作	主要任务	完成时限	工程措施
用地结构调整	秸秆综合利用	施工扬尘监管	长期	加强扬尘在线监测数据的应用，现场在线监控 PM_{10} 小时均值达到 250 微克/米 ^{3} 时，施工单位应立即停止扬尘作业，拒不执行的，由住建部门依法予以查处，并将施工单位扬尘管理工作不到位的不良信息纳入建筑市场信用管理体系，列入建筑市场主体“黑名单”
		道路扬尘综合整治	长期	市区道路机械化清扫率达到 75%，县城达到 65%
		渣土运输车监管	全年	严厉打击无资质、标识不全、故意遮挡或污损车牌等渣土车违法行为。严格渣土运输车辆规范化管理，渣土运输车做到全密闭
		露天堆场扬尘整治	全年	全面清理城乡接合部以及城中村拆迁的渣土和建筑垃圾，不能及时清理的必须采取苫盖等抑尘措施
		强化降尘量控制	全年	全市降尘量不高于 9 吨/（月・千米 ^{2}）。河津市不高于 12 吨/（月・千米 ^{2}），芮城县不高于 10 吨/（月・千米 ^{2}）
		加强秸秆焚烧管控	长期	建立网格化监管制度，在秋收阶段开展秸秆禁烧专项巡查
		加强秸秆综合利用	全年	秸秆综合利用率达到 90%
工业炉窑大气污染综合治理	淘汰一批	煤气发生炉淘汰	2019 年 10 月底前	淘汰煤气发生炉 86 台。淘汰化肥行业间歇式煤气发生炉 9 台
		燃煤加热、烘干炉（窑）等炉窑淘汰	2019 年 10 月底前	淘汰燃煤加热、烘干炉（窑）26 台
	清洁能源替代一批	工业炉窑清洁能源替代	2019 年 10 月底前	完成 36 台炉（窑）天然气替代，完成 6 台电能替代
	治理一批	工业炉窑废气深度治理	2019 年 10 月底前	完成焦化行业炼焦炉（窑）23 台废气深度治理；完成陶瓷行业焙烧炉（窑）废气深度治理 8 台 5 000 万米 ^{2} 墙砖产能；完成铸造、有色金属冶炼等行业 275 台熔化炉废气深度治理；完成建材等行业 182 台焙烧炉废气深度治理
		氧化铝行业治理	2019 年 12 月底前	完成氧化铝行业煤气发生炉深度治理
		日用玻璃行业治理	2019 年 12 月底前	配套建设高效脱硝设施，NO_x 排放稳定达到 400 毫克/米 ^{3}，若不能取消旁路，则要建设备用脱硝设施
	监控监管	监测监控	2019 年 10 月底前	有色冶炼行业、化工、造纸等行业安装自动监控系统共 31 套
		工业炉窑专项执法	2019 年 10 月底前	制定工作方案，开展专项执法检查
VOCs 治理	重点工业行业 VOCs 综合治理	源头替代	2019 年 12 月底前	推进工业涂装企业开展低 VOCs 含量涂料替代、包装印刷企业完成低 VOCs 含量油墨替代
		无组织排放控制	2019 年 12 月底前	99 家企业等通过采取设备与场所密闭、工艺改进、废气有效收集等措施，完成 VOCs 无组织排放治理

类别	重点工作	主要任务	完成时限	工程措施
VOCs治理	重点工业行业VOCs综合治理	治污设施建设	2019年12月底前	完成48家工业企业VOCs治理
		精细化管控	全年	对57家工业企业已有VOCs治理设施进行升级改造，提高VOCs去除效率
	油品储运销	油气回收治理	2019年10月底前	开展加油站、储油库油气回收治理设施运行情况专项检查
大气污染综合治理	开展专项执法行动	执法检查	2019年10月底前	市政府召开大气污染重点工作部署会，开展扬尘、机动车、VOCs专项检查
			2019年10月底前	通过百日清零行动，开展大气污染重点工作专项督查。按照《运城市违法排污大整治“百日清零”行动方案》，实现“禁煤区”散煤清零、“散乱污”企业动态清零、燃煤锅炉淘汰任务清零、城市建成区扬尘污染问题清零、机动车冒黑烟现象清零，督促完成工业企业提标改造任务和VOCs专项整治任务
重污染天气应对	修订完善应急预案及减排清单	完善重污染天气应急预案	2019年10月底前	修订完善重污染天气应急预案
		完善应急减排清单，夯实应急减排措施	长期	完成应急减排清单编制工作，实行重点行业绩效分级管理，落实“一厂一策”等各项应急减排措施
	应急运输响应	重污染天气移动源管控	2019年10月15日前	加强源头管控，根据实际情况，制定日货车使用量10辆以上企业、铁路货场、物流园区的重污染天气车辆管控措施，并安装门禁监控系统。建设完成重污染天气车辆管控平台
能力建设	完善环境监测监控网络	环境空气VOCs监测	2019年12月底前	建成环境空气VOCs监测站点1个
		遥感监测系统平台三级联网	长期	机动车遥感监测系统稳定传输数据
		定期排放检验机构三级联网	长期	市级机动车检验机构监管平台实现检测视频监控、防作弊报警提示、数据统计分析、检测机构管理、车辆环保信息管理，实现三级联网。对超标排放车辆开展大数据分析，追溯相关方责任
		道路空气质量监测	2019年12月底前	利用物联网技术在中心城区100辆出租车上安装移动监测仪，并实现数据联网
		机场空气质量监测	2019年12月底前	推进机场空气质量监测站建设
	源排放清单	编制大气污染源排放清单	2019年10月底前	动态更新2018年大气污染源排放清单
	颗粒物来源解析	开展$PM_{2.5}$来源解析	2019年10月底前	完成2018年城市大气污染颗粒物源解析

山西省临汾市2019—2020年秋冬季大气污染综合治理攻坚行动方案

类别	重点工作	主要任务	完成时限	工程措施
产业结构调整	“两高”行业产能控制	制定钢铁和焦化布局意见	2019年12月底前	完成钢铁和焦化布局调整意见制定并组织实施
		铸造、洗煤、煤焦发运站专项整治	2019年10月底前	按照取缔一批、整合一批、提升一批的要求，完成铸造、洗煤行业专项整治。按照《临汾市煤焦发运站环境综合整治方案》要求完成煤焦发运站环境综合整治，对未按期完成治理任务的企业实施停产整治。全市洗煤行业专项整治按照《临汾市洗煤企业专项整治实施方案》要求，完成一城三区洗煤企业专项整治取缔关闭和淘汰退出两项任务
		建成区及周边重污染企业搬迁退出	2019年10月底前	对佛塑集团临汾经纬分公司企业实施停产并启动搬迁，完成山西东方恒略精密铸造有限公司（钢铁部分）、山西远中焦化有限公司、山西三维瑞德焦化有限公司和山西顺泰实业有限公司关停退出
		压减煤炭产能	2019年12月底前	化解煤炭产能330万吨
		压减焦炭产能	2019年12月底前	淘汰过剩产能227万吨
	“散乱污”企业和集群综合整治	“散乱污”企业综合整治	2019年10月底前	全面组织排查，建立清单，分类实施整治。进一步完善“散乱污”企业动态管理机制，实行网格化管理，压实基层责任，发现一起查处一起
		“散乱污”集群综合整治	2019年10月底前	根据排查情况，在开展“散乱污”企业综合整治的同时，对“散乱污”企业较为集中的区域同步进行区域环境综合整治
	工业源污染治理	实施排污许可	2019年12月底前	按照国家的统一部署和要求，基本完成磷肥、汽车、电池、水处理、锅炉行业排污许可证核发；畜禽养殖、乳制品制造、家具制造、人造板制造等其他行业排污许可证发证率不少于40%；11月底前发证率不少于80%；12月20日前基本完成排污许可证年度核发任务
		钢铁超低排放	2019年10月底前	基本完成11家（产能约1 300万吨）钢铁（含连铸和铁合金）企业有组织和无组织超低排放改造
		无组织排放治理	2019年10月底前	完成19家焦化企业（产能约2 000万吨）、6家水泥熟料生产企业（产能540万吨）（含废渣）运输、装卸、储存、转移、输送以及生产过程等无组织排放的深度治理
		工业园区综合整治	2019年10月底前	对曲沃县生态工业园区实施环境综合整治，规范园区污染集中处理设施建设，强化园区及周边扬尘污染监管，改善区域环境质量

类别	重点工作	主要任务	完成时限	工程措施
产业结构调整	工业源污染治理	工业园区能源替代利用与资源共享	2019 年 10 月底前	推进洪洞县、曲沃县、襄汾县重点工业园区完成集中供热或清洁能源供热
能源结构调整	清洁取暖	清洁能源替代散煤	2019 年 10 月底前	完成散煤治理 10.53 万户，其中，气代煤 4.05 万户、电代煤 2.06 万户、集中供热替代 4.05 万户、地热能替代 0.017 万户、其他清洁能源替代 0.3546 万户，共替代散煤 36.8 万吨（每户 3.5 吨）
		洁净煤替代散煤	2019 年 10 月底前	暂不具备清洁能源替代条件地区推广洁净煤替代散煤，替代 21.45 万户
		煤质监管	全年	优质煤供应点煤质抽检覆盖率不低于 90%；民用散煤销售企业每月抽检率 10%以上，全年抽检率 100%；对使用散煤的居民用户煤质进行抽检，对抽检发现经营不合格散煤行为的，溯源销售单位，依法处罚
	高污染燃料禁燃区	调整扩大禁燃区范围	2019 年 10 月底前	根据清洁取暖改造实际，将各县市区建成区和清洁取暖覆盖区划定为禁煤区和高污染燃料禁燃区
	煤炭消费总量控制	煤炭消费总量削减	全年	2019 年全市煤炭消费总量较 2018 年实现负增长
	锅炉综合整治	淘汰燃煤锅炉	2019 年 10 月底前	全市基本淘汰 35 蒸吨以下燃煤锅炉，共 172 台 708 蒸吨
		锅炉超低排放改造	2019 年 10 月底前	基本完成保留的燃煤锅炉超低排放改造，共 48 台 5 420 蒸吨
		燃气锅炉低氮改造	2019 年 10 月底前	基本完成燃气锅炉低氮改造，共 492 台 4 140 蒸吨
		生物质锅炉	2019 年 10 月底前	县城建成区内 5 台生物质锅炉完成超低排放改造或淘汰
运输结构调整	运输结构调整	提升铁路货运量	2019 年 12 月底前	加快临汾市范围内的南同蒲铁路侯马至风陵渡（华山）段扩能改造，2019 年铁路货运量比 2017 年增加 1 500 万吨
		加快铁路专用线建设	2019 年 12 月底前	开展大宗货物年货运量 150 万吨及以上的大型工矿企业和物流园区摸底调查，按照宜铁则铁的原则，研究推进大宗货物“公转铁”方案。加快重点企业铁路专用线建设，大幅提高铁路运输比例。加快推进洪洞恒富煤焦集运站铁路专用线、中南铁路蒲县专用线、安泽永鑫铁路专运线以及张台地方铁路等项目建设进度
		老旧车淘汰	2019 年 12 月底前	加快淘汰国三及以下营运柴油车
	车船燃油品质改善	油品、尿素质量抽查	2019 年 12 月底前	强化油品质量监管，按照年度抽检计划，在全市 446 个加油站（点）抽检车用汽柴油共计 800 批次，实现年度全覆盖。开展对大型工业企业和机场自备油库油品质量专项检查，对发现的问题依法依规进行处置。从高速公路、国道、省道沿线加油站抽检尿素 100 次以上

类别	重点工作	主要任务	完成时限	工程措施
运输结构调整	车船燃油品质改善	打击黑加油站点	2019 年 10 月底前	2019 年 9 月底前开展黑加油站点打击行动，严厉打击取缔黑加油站（点），对使用端油品和尿素质量抽查。秋冬季攻坚期间对黑加油站点整治工作进行动态检查，严防死灰复燃。开展重点用油工业企业、公交场站等自备油库油品质量检查，做到季度全覆盖。从柴油货车油箱和尿素箱抽取检测柴油样品和车用尿素样品
	在用车环境管理	在用车执法监管	长期	秋冬季期间监督抽测柴油车数量不低于当地柴油车保有量的 80%
			2019 年 10 月底前	在市区周边主要物流通道和城市入口设立 5 个综合检查点，开展路查路检，对车辆实施抽检
			2019 年 12 月底前	检查排放检验机构 32 个次，实现排放检验机构监管全覆盖
			2019 年 10 月底前	构建超标柴油车黑名单，将遥感监测（含黑烟抓拍）、路检执法发现的超标车辆纳入黑名单，实现与公安交管、交通等部门信息共享并动态管理。推广使用“驾驶排放不合格的机动车上道路行驶的”交通违法处罚代码 6063，由生态环境部门取证，公安交管部门对路检路查和黑烟抓拍发现的上路行驶超标车辆进行处罚，并由交通部门负责强制维修
		用车大户入户检查	长期	秋冬季期间对柴油车超过 20 辆的用车单位及运输企业开展尾气入户抽查抽检 1 500 辆
		高排放控制区	2019 年 10 月底前	各县（市、区）划定并公布禁止使用高排放非道路移动机械的区域
		备案登记	2019 年 12 月底前	完成非道路移动机械摸底调查和编码登记工作
		排放检验	2019 年 12 月底前	以施工工地、机场、物流园区、高排放控制区等为重点，开展非道路移动机械检测 100 辆以上
		机场岸电	2019 年 12 月底前	机场岸电廊桥 APU 建设 6 个，做到全覆盖
用地结构调整	矿山综合整治	强化露天矿山综合治理	长期	加强对全市 199 座露天矿山企业开发利用方案落实指导监管。对其中 2020 年 1 月采矿许可证到期的露天矿山企业列入核查清单进行核查，对露天矿山企业核查中发现的问题提出整改意见及建议，限期整改。对整治不到位的未通过验收的露天矿山企业列入严重违法名单，并通过信息公示系统向社会公示
	扬尘综合治理	建筑扬尘治理	长期	严格落实施工工地“六个百分之百”要求。把扬尘治理和各方责任主体信用管理体系相结合，将扬尘治理不达标的行为记入不良行为记录
		施工扬尘管理清单	长期	定期动态更新施工工地管理清单

类别	重点工作	主要任务	完成时限	工程措施
用地结构调整	扬尘综合治理	施工扬尘监管	长期	5 000 米^{2}及以上土石方建筑工地全部安装在线监测和视频监控，并与当地行业主管部门联网
			长期	加强扬尘在线监测数据的应用，现场在线监控 PM_{10} 小时均值达到 250 微克/米^{3}时，施工单位应立即停止扬尘作业，拒不执行的，由住建部门依法予以查处，并将施工单位扬尘管理工作不到位的不良信息纳入建筑市场信用管理体系，列入建筑市场主体“黑名单”
		道路扬尘综合整治	长期	加大道路清扫力度，城市区域道路清扫严格执行有关清扫制度，提高机械化清扫率、加大洒水力度，232、309、108、桃临线等重污染路段要及时处治路面病害，加大洒水抑尘力度，有效提高公路通行能力。开展路域环境综合整治，定期对公路沿线的设施进行清洗、维修，对道路平交道口、沿路门店前未硬化区域进行硬化。市区道路机械化清扫率稳定达到 75%，县城达到 65%
		渣土运输车监管	全年	严厉打击无资质、标识不全、故意遮挡或污损车牌等渣土车违法行为。严格渣土运输车辆规范化管理，渣土运输车做到全密闭
		露天堆场扬尘整治	全年	全面清理城乡接合部以及城中村拆迁的渣土和建筑垃圾，不能及时清理的必须采取苫盖等抑尘措施
		强化降尘量控制	全年	各县（市、区）降尘量不高于 9 吨/（月·千米^2）以内
	秸秆综合利用	加强秸秆焚烧管控	长期	建立网格化监管制度，在秋收阶段开展秸秆禁烧专项巡查。发现一处，查处一处
		加强秸秆综合利用	2019 年全年	秸秆综合利用率达到 88%
工业炉窑大气污染综合治理	淘汰一批	煤气发生炉淘汰	2019 年 10 月底前	淘汰煤气发生炉 1 台
		烧结机淘汰	2019 年 10 月底前	淘汰烧结机 1 台
	清洁能源替代一批	工业炉窑清洁能源替代	2019 年 10 月底前	完成铸造企业煤改电替代，其中熔化炉 5 台，热处理炉 2 台，熔炼炉 4 台；完成建材企业煤改气替代，其中加热炉 1 台、干燥炉 5 台；完成铸造企业煤改气替代，其中热处理炉 3 台，熔化炉 1 台；建材企业 1 台焙烧炉实现集中供热
	治理一批	工业炉窑废气深度治理	2019 年 10 月底前	完成焦化行业深度治理炼焦炉 24 座，加热炉 4 台，完成铸造行业熔化炉深度治理 57 台；完成石膏厂深度治理加热炉 1 台，干燥炉 8 台
	监控监管	监测监控	2019 年 10 月底前	6 个行业安装自动监控系统并与市平台联网共 235 台套
		工业炉窑专项执法	2019 年 10 月底前	开展专项执法检查

类别	重点工作	主要任务	完成时限	工程措施
VOCs 治理	重点工业行业 VOCs 综合治理	源头替代	2019 年 10 月底前	1 家包装印刷企业完成低 VOCs 含量油墨替代
		无组织排放控制	2019 年 10 月底前	10 家焦化企业、7 家化工企业、5 家工业涂装企业、1 家包装印刷企业等通过采取设备与场所密闭、工艺改进，其中酚氰废水必须加盖密闭，焦炉浮顶罐废气必须收集处理，完成 VOCs 无组织排放治理
		治污设施建设	2019 年 10 月底前	完成化工、工业涂装、包装印刷等行业 36 家企业 VOCs 综合治理建设适宜高效的治污设施
		精细化管控	全年	2 家化工企业、19 家焦化企业（化产工段）、2 家工业涂装企业、1 家包装印刷企业等推行“一厂一策”制度，加强企业运行管理
	油品储运销综合治理	油气回收治理	2019 年 10 月底前	开展加油站、储油库油气回收设施运行情况专项检查，确保油气污染防治设施正常运行
		自动监控设备安装	2019 年 12 月底前	3 座储油库等完成油气回收自动监控设备安装。年销售汽油量大于 5 000 吨的 2 个加油站安装油气回收自动监控设备，推进与生态环境部门联网
	工业园区和企业集群综合治理	集中治理	2019 年 10 月底前	安泽工业园区内永鑫煤焦化有限公司、山西太岳焦化有限公司化产工段，配备高效废气治理设施，持续开展泄漏和检测管理。襄汾县万鑫达焦化、建韬万鑫达企业集群、襄汾县河西晋能焦化、宏源焦化、光大气源焦化等企业集群化工工段，配备高效废气治理设施，持续开展泄漏和检测管理
		统一管控	2019 年 10 月底前	全市范围内正常生产的 19 家焦化企业，实施 VOCs 治理，在用燃气、燃煤锅炉实施低氮改造，达到超低排放标准；配备高效废气治理设施，持续开展泄漏和检测管理，重点生产区域安装 VOCs 在线监测仪，数据上传至管控治一体化平台实施统一监管
	监测监控	自动监控设施安装	2019 年 12 月底前	纳入重点排污企业名录的 VOCs 排放重点源主要排污口安装在线监测设施
重污染天气应对	修订完善应急预案及减排清单	完善重污染天气应急预案	2019 年 10 月底前	修订完善重污染天气应急预案
		完善应急减排清单，夯实应急减排措施	2019 年 10 月底前	完成重点行业绩效分级，完成应急减排清单编制工作，落实“一厂一策”等各项应急减排措施
	应急运输响应	重污染天气移动源管控	2019 年 10 月 15 日前	加强源头管控，根据实际情况，制定日货车使用量 10 辆以上企业、铁路货场、物流园区的重污染天气车辆管控措施，并安装门禁监控系统。2019 年 12 月底前建设完成重污染天气车辆管控平台

类别	重点工作	主要任务	完成时限	工程措施
能力建设	完善环境监测监控网络	乡镇（办事处）空气质量监测站和企业监测站建设	2019 年 10 月底前	尧都区增设乡镇环境空气质量自动监测站点 19 个（含已建 7 个）；重点行业建设企业空气质量自动监测站点 49 个。并与市级平台联网
		环境空气 VOCs 监测	2019 年 11 月底前	在市区建设一个环境空气 VOCs 自动监测站点 1 个
		遥感监测系统平台三级联网	长期	机动车遥感监测系统稳定传输数据
		定期排放检验机构三级联网	长期	市级机动车检验机构监管平台实现检测视频监控、防作弊报警提示、数据统计分析、检测机构管理、车辆环保信息管理，实现三级联网。对超标排放车辆开展大数据分析，追溯相关方责任
		机场空气质量监测站建设	2019 年 12 月底前	推进机场空气质量监测站建设
		重型柴油车车载诊断系统远程监控系统建设	全年	推进重型柴油车车载诊断系统远程监控系统建设和终端安装
	源排放清单编制	编制大气污染源排放清单	2019 年 10 月底前	动态更新 2018 年大气污染源排放清单
	颗粒物来源解析	开展 $PM_{2.5}$ 来源解析	2019 年 10 月底前	完成 2018 年城市大气污染颗粒物源解析

山西省吕梁市2019—2020年秋冬季大气污染综合治理攻坚行动方案

类别	重点工作	主要任务	完成时限	工程措施
产业结构调整	“两高”行业产能控制	压减钢铁产能	2019年12月底前	淘汰炼钢产能140万吨
		压减水泥产能	2019年12月底前	淘汰水泥产能20万吨（石楼齐鲁水泥）
		压减焦炭产能	2019年10月底前	淘汰离石大土河焦化有限公司焦化三厂公司（71万吨）、山西吕梁耀龙煤焦铁有限公司（40万吨）、山西新星冶炼集团有限公司（60万吨）、山西楼东俊安煤气化有限公司（40万吨）等4家企业焦炭产能211万吨
	“散乱污”企业和集群综合整治	“散乱污”企业综合整治	2019年12月底前	完善“散乱污”企业动态管理机制，实行网格化管理，压实基层责任，发现一起查处一起
	工业源污染治理	实施排污许可	2019年12月底前	按照国家的统一部署和要求，完成磷肥、汽车、电池、水处理、锅炉、畜禽养殖、乳制品制造、家具制造、人造板制造等行业排污许可证核发工作。9月底前，基本完成磷肥、汽车、电池、水处理、锅炉行业排污许可证核发，畜禽养殖、乳制品制造、家具制造、人造板制造等其他行业排污许可证发证率不少于40%；11月底前发证率不少于80%；12月20日前基本完成排污许可证年度核发任务
			2019年12月底前	组织开展排污许可证持证执行情况合规性检查，未按规定领取排污许可证的企业，按无证排污责令停产；不按照排污许可证要求排污的，依法处罚
		钢铁超低排放	2019年12月底前	完成山西中阳钢铁有限公司（炼铁388万吨，炼钢535万吨）超低排放改造
			2019年10月底前	文水海威钢铁有限公司（炼铁483.5万吨，炼钢330万吨）未完成超低排放改造不得恢复生产
		铸造行业整治	2019年12月底前	开展铸造行业综合治理
		橡胶行业整治	2019年12月底前	开展橡胶行业综合治理
		洗煤厂整治	2019年12月底前	9月底前制定洗煤厂专项整治方案；年底前取缔一批，整合一批，提升一批
		无组织排放治理	2019年12月底前	14户铸造企业，27户水泥企业等完成物料（含废渣）运输、装卸、储存、转移、输送以及生产工艺过程等无组织排放的深度治理。全市783家企业1 794个生产环节和节点全部完成治理
		工业园区综合整治	2019年10月底前	树立行业标杆，开展交城经济开发区、孝义开发区、文水开发区等3个工业园区集中整治，同步推进区域环境综合整治和企业升级改造

类别	重点工作	主要任务	完成时限	工程措施
产业结构调整	工业源污染治理	工业园区能源替代利用与资源共享	2019年12月底前	推进工业园区集中供热或清洁能源供热改造
能源结构调整	清洁取暖	清洁能源替代散煤	2019年10月底前	完成城区集中供热1 327万米^2；完成农村地区气代煤4.67万户、电代煤4.07万户、集中供热14.44万户
		洁净煤替代散煤	2019年10月底前	暂不具备清洁能源替代条件地区推广洁净煤替代散煤，设置民用洁净煤供应点81个，推广替代4.0089万户
		煤质监管	全年	对民用散煤销售企业每月煤质抽检覆盖率达到10%以上，全年抽检覆盖率100%，对抽检发现经营不合格民用散煤的，依法处罚。对使用散煤的居民用户煤质进行抽检
			全年	加强部门联动，严厉打击劣质煤流通、销售和使用。对抽检发现经营不合格散煤行为的，依法处罚
	高污染燃料禁燃区	调整扩大禁燃区范围	2019年10月底前	已完成清洁取暖改造的区域要及时划定为高污染燃料禁燃区，防止散煤复燃。依法对违规使用高污染燃料的单位进行处罚
	煤炭消费总量控制	煤炭消费总量削减	全年	全市煤炭消费总量较2018年削减30万吨
			全年	2019年非电用煤量较上年减少
	锅炉综合整治	淘汰燃煤锅炉	2019年10月底前	完成全市范围内所有10蒸吨及以下燃煤锅炉淘汰，汾阳、孝义、文水、交城完成辖区范围内35蒸吨以下燃煤锅炉淘汰。全年淘汰燃煤锅炉574台1 593蒸吨
		锅炉超低排放改造	2019年10月底前	全市65蒸吨及以上燃煤锅炉和市县建成区燃煤供热锅炉全部完成超低排放改造，共计33台3 585蒸吨燃煤锅炉
		燃气锅炉低氮改造	2019年12月底前	完成154台781.5蒸吨燃气锅炉低氮燃烧改造
		生物质锅炉	2019年10月底前	完成3台12蒸吨生物质锅炉高效除尘改造
运输结构调整	运输结构调整	提升铁路货运量	2019年12月底前	利用兴县蔡家崖集运站、兴县肖家洼铁路专用线、兴县豫能兴鹤铁路集运专用线、临县北集运站、柳林孟门集运站、文水海威钢铁集运站、岚县太钢专用线，加快实施物料运输“公转铁”。铁路货运量比2017年增加1 500万吨
		加快铁路专用线建设	全年	开展大宗货物年货运量150万吨及以上的大型工矿企业和物流园区摸底调查，按照宜铁则铁的原则，研究推进大宗货物“公转铁”方案。推动临县车赶集运站、兴县赵家塔铁路专用线、岚县社科集运站等6个集运站和专用线的建设
		发展新能源车	全年	城市建成区新增公交、环卫、出租的车辆全部采用新能源车
		老旧车淘汰	全年	加快淘汰国三及以下排放标准的营运柴油货车

类别	重点工作	主要任务	完成时限	工程措施
运输结构调整	车船燃油品质改善	油品和尿素质量抽查	2019 年 12 月底前	强化油品质量监管，按照年度抽检计划，在全市 437 个加油站（点）抽检车用汽柴油达到 300 个批次以上，力争实现年度全覆盖。开展重点用油工业企业、公交场站等自备油库油品质量检查，做到季度全覆盖。对高速公路、国道、省道沿线加油站抽检尿素至少一次，力争实现全年加油站全覆盖
		打击黑加油站点	2019 年 12 月底前	继续深入开展打击黑加油站点专项行动，秋冬季期间对黑加油站点查处取缔工作进行动态检查，严防死灰复燃。从柴油货车油箱和尿素箱抽取检测柴油样品和车用尿素样品各 100 个以上
	在用车环境管理	在用车执法监管	长期	秋冬季期间监督抽测柴油车数量不低于当地柴油车保有量的 80%
			2019 年 10 月底前	主要物流通道和城市入口建立 5 个检测站，开展多部门全天候综合检测
			2019 年 12 月底前	检查排放检验机构 24 个次，实现全市机动车排放检验机构监管全覆盖
			2019 年 12 月底前	对柴油车超过 20 辆的用车单位和运输企业开展不少于 10 户的监督抽测
			2019 年 10 月底前	建立超标柴油车黑名单，将遥感监测（含黑烟抓拍）、路检执法发现的超标车辆纳入黑名单，实现与公安交管、交通等部门信息共享并动态管理。推广使用“驾驶排放不合格的机动车上道路行驶的”交通违法处罚代码 6063，由生态环境部门取证，公安交管部门对路检路查和黑烟抓拍发现的上路行驶超标车辆进行处罚，并由交通部门负责强制维修
	非道路移动机械环境管理	高排放控制区	2019 年 10 月底前	划定并公布禁止使用高排放非道路移动机械的区域
		备案登记	2019 年 12 月底前	完成非道路移动机械摸底调查和编码登记
		排放检验	2019 年 12 月底前	以施工工地、物流园区、高排放控制区等为重点，开展非道路移动机械检测 100 辆以上，做到重点场所全覆盖
		机场岸电	2019 年 12 月底前	机场岸电廊桥 APU 建设 4 个，做到全覆盖，提高使用率
用地结构调整	矿山综合整治	强化露天矿山综合治理	长期	对污染治理不规范的露天矿山，依法责令停产整治，不达标不得恢复生产。对责任主体灭失露天矿山迹地进行综合治理
		矸石山综合治理	2019 年 12 月底前	114 个矸石山完成生态环境恢复治理，全市矸石山达到治理标准

类别	重点工作	主要任务	完成时限	工程措施
用地结构调整	扬尘综合治理	建筑扬尘治理	长期	严格落实施工工地“六个百分之百”要求
		施工扬尘管理清单	长期	定期动态更新施工工地管理清单
		施工扬尘监管	长期	5 000 米^{2}及以上土石方建筑工地全部安装在线监测和视频监控，（其中，视频监控应满足对工地作业现场和车辆进出情况监控要求），并与当地行业主管部门联网
			长期	加强扬尘在线监测数据的应用，现场在线监控 PM_{10} 小时均值达到 250 微克/米^{3}时，施工单位应立即停止扬尘作业，拒不执行的，由住建部门依法予以查处，并将施工单位扬尘管理工作不到位的不良信息纳入建筑市场信用管理体系，列入建筑市场主体“黑名单”
		道路扬尘综合整治	长期	设区市城市道路机械化清扫率达到 90%，县城达到 70%
		渣土运输车监管	全年	严厉打击无资质、标识不全、故意遮挡或污损车牌等渣土车违法行为。建立管理制度，严格渣土运输车辆规范化管理，渣土运输车做到全密闭
		露天堆场扬尘整治	全年	全面清理城乡接合部以及城中村拆迁的渣土和建筑垃圾，不能及时清理的必须采取苫盖等抑尘措施
		强化降尘量控制	全年	各县（市、区）降尘量不高于 9 吨/（月·千米^2）
	秸秆综合利用	加强秸秆焚烧管控	长期	建立网格化监管制度，在秋收阶段开展秸秆禁烧专项巡查
		加强秸秆综合利用	全年	秸秆综合利用率达到 85%
工业炉窑大气污染综合治理	淘汰一批	煤气发生炉淘汰	2019 年 12 月底前	汾阳市淘汰 2 台煤气发生炉
		焙（煅） 烧炉淘汰	2019 年 12 月底前	孝义市淘汰 49 台焙（煅） 烧炉
	治理一批	工业炉窑废气深度治理	2019 年 12 月底前	29 家焦化企业严格执行焦化行业大气污染物特别排放限值相关规定，2 家完成特别排放限值改造，全市保留的 31 户焦化企业 2 898 万吨产能稳定达到特别排放限值。全市完成包括钢铁、焦化、水泥、陶瓷、砖瓦、耐火材料等行业在内的 550 座工业炉窑深度治理
	监控监管	监测监控	2019 年 12 月底前	铝工业行业（氧化铝）安装自动监控系统共 10 套
		工业炉窑专项执法	2019 年 12 月底前	按照《吕梁市工业炉窑污染治理专项行动方案》继续深入开展专项执法检查，未完成深度治理的全部停产或淘汰
VOCs 治理	重点工业行业 VOCs 综合治理	无组织排放控制	2019 年 12 月底前	29 家焦化、37 家再生胶企业、其他 35 家企业共 101 户企业等通过采取设备与场所密闭、工艺改进、废气有效收集等措施，完成 VOCs 无组织排放治理。其中酚氰废水必须加盖密闭，焦炉浮顶罐废气必须收集处理

类别	重点工作	主要任务	完成时限	工程措施
VOCs治理	重点工业行业VOCs综合治理	治污设施建设	2019年12月底前	29家焦化、37家再生胶企业、其他35家企业共101户企业建设适宜高效的治污设施
		精细化管控	全年	29家焦化、37家再生胶企业、其他35家企业共101户企业等推行“一厂一策”制度，加强企业运行管理
	油品储运销综合治理	油气回收治理	2019年10月底前	对加油站、储油库油气回收设施运行情况开展专项检查
		自动监控设备安装	2019年12月底前	完成中石化所属3个加油站油气回收自动监控设备安装，推进与生态环境部门联网
	监测监控	自动监控设施安装	2019年12月底前	29家焦化、1家甲醇厂、1家无机盐制造共31户企业安装自动监控设施共112套
重污染天气应对	修订完善应急预案及减排清单	完善重污染天气应急预案	2019年10月底前	修订完善重污染天气应急预案
		完善应急减排清单，夯实应急减排措施	2019年10月底前	完成重点行业绩效分级，完成应急减排清单编制工作，落实“一厂一策”等各项应急减排措施
	应急运输响应	重污染天气移动源管控	2019年10月15日前	交通部门对使用量10辆以上的企业物流园区等源头企业进行加强监督，在重污染天气时加强管控措施，严格限制车辆出厂情况，积极推动源头企业安装门禁监控系统进行管理。建成重污染天气车辆管控平台，实现使用量10辆以上源头企业门禁系统与平台联网管控
能力建设	完善环境监测监控网络	环境空气VOCs监测	2019年12月底前	建成吕梁市区环境空气VOCs监测站点1个
		遥感监测系统平台三级联网	长期	建设机动车遥感监测设备5套，实现稳定传输数据
		定期排放检验机构三级联网	长期	市级机动车检验机构监管平台实现检测视频监控、防作弊报警提示、数据统计分析、检测机构管理、车辆环保信息管理，实现三级联网。对超标排放车辆开展大数据分析，追溯相关方责任
		重型柴油车车载诊断系统远程监控系统建设	全年	推进重型柴油车车载诊断系统远程监控系统建设和终端安装
		机场空气质量监测	2019年12月底前	推进机场空气质量监测站建设
	源排放清单编制	编制大气污染源排放清单	2019年12月底前	动态更新2018年大气污染源排放清单
	颗粒物来源解析	开展$PM_{2.5}$来源解析	2019年12月底前	完成2018年城市大气污染颗粒物源解析

河南省洛阳市2019—2020年秋冬季大气污染综合治理攻坚行动方案

类别	重点工作	主要任务	完成时限	工程措施
产业结构调整	产业布局调整	建成区重污染企业及化工企业退出搬迁改造	2019年12月底前	洪恩化工、富钦耐火等9家企业关闭退出。黎明化工科工贸总公司等6家企业转型转产。中信重工等3家企业就地改造
	两高行业产能控制	压减焦炭产能	2019年12月底前	列入淘汰退出清单的洛阳榕拓焦化减少煤炭消费60%
		压减玻璃产能	2019年10月底前	关停伊川县永生玻璃有限公司平拉玻璃生产线（2.2万吨/年）
	“散乱污”企业和集群综合整治	“散乱污”企业及集群综合整治	2019年12月底前	完善“散乱污”企业及集群动态管理机制，实行网格化管理，压实基层责任，发现一起，取缔一起，确保动态清零
	工业源污染治理	实施排污许可	2019年12月底前	完成磷肥制造、汽车制造、电池制造、污水处理厂、热力生产和供应、酒及饮料制造、畜禽养殖等19个行业排污许可证核发
		重点行业超低排放	2019年10月底前	完成水泥熟料（4家）、玻璃（4家）、电解铝（5家）、炭素（3家）企业超低排放治理
		无组织排放治理	2019年10月底前	15个行业（718家）企业开展无组织排放治理复查复核，开展对物料（含废渣）运输、装卸、储存、转移、输送以及生产工艺过程等无组织排放的深度治理
		工业园区综合整治	2019年12月底前	城市区和“六组团”省批产业集聚区聘请环保专家，建立“专家指导+园区监管+环保执法”的环保监管机制，结合园区实际制定园区环境治理方案，通过整治实现园区企业合法生产，所有企业环保达标，园区环境管理规范，园区基础设施完善
			2019年10月底前	孟津华阳产业区、吉利石化产业园区等2个产业区建设恶臭电子鼻监控预警体系，开展溯源预警
		工业园区能源替代利用与资源共享	2019年12月底前	完成18个产业集聚区集中供热或清洁能源供热

类别	重点工作	主要任务	完成时限	工程措施
能源结构调整	清洁取暖	清洁能源替代散煤	2019年11月15日前	按照清洁取暖试点城市要求，加大清洁能源替代力度，完成居民取暖“双替代”21万户，其中电代煤18.5万户，气代煤2.5万户
		洁净型煤替代散煤	2019年10月底前	禁煤区范围内的洁净型煤加工厂和配送网点退出市场，禁煤区外推广使用洁净型煤
		煤质监管	全年	市场监督管理局负责生产流通领域煤质监管，每月对洁净型煤生产企业抽检一次（申请停产的除外）。市生态环境局监察支队开展重点用煤工业企业煤质专项检查，对使用劣质燃煤的依法处罚
	高污染燃料禁燃区管理	强化禁燃区管理	全年	加强高污染燃料禁燃区管理，燃煤散烧设施动态清零，依法对违规使用高污染燃料的单位进行处罚
	煤炭消费总量控制	煤炭总量削减	全年	全市煤炭消费总量控制在省下达的目标以内
		淘汰燃煤机组	2019年12月底前	淘汰关停洛阳华润环保能源有限公司2×5.5万千瓦燃煤机组
	锅炉综合整治	燃煤锅炉淘汰	2019年10月底前	空空导弹研究院拆除4台燃煤锅炉
		燃油锅炉提标治理	2019年10月底前	完成15台36.8蒸吨燃油锅炉提标治理
		燃气锅炉低氮改造	2019年10月底前	153台（1 078蒸吨）4蒸吨及以上燃气锅炉完成低氮改造
		生物锅炉提标治理	2019年10月底前	完成生物质锅炉超低排放改造35台222蒸吨
运输结构调整	运输结构调整	提升铁路货运量	2019年12月底前	2019年全市铁路货运量达到1 525万吨以上，火电、电解铝、钢铁、焦化、装备制造等重点行业大宗货物铁路运输比例达到32%
		铁路专用线建设	2019年12月底前	推进新安万基集团、伊川伊电集团、中储洛阳物流有限公司铁路专用线建设。开展大宗货物年货运量150万吨及以上的大型工矿企业和物流园区摸底调查，研究推进大宗货物“公转铁”方案
		发展新能源车	2019年12月底前	推广使用新能源汽车3 500辆，完成公交、市政、环卫、邮政、出租、通勤、轻型物流快递、景区观光、社区警务等行业40%
		老旧车淘汰	全年	加快淘汰国三及以下营运柴油货车
	车船燃油品质改善	油品质量抽查	2019年12月底前	强化油品质量监管，按照年度抽检计划，在全市加油站（点）抽检车用汽柴油共计1220个批次，实现年度全覆盖。市商务局对生产领域汽柴油每月抽检6个批次。7—12月共抽检36个批次。开展大型工业企业、机场自备油库油品质量检查，做到季度全覆盖。从高速公路、国道、省道沿线加油站抽检尿素100次以上，打击劣质车用尿素销售

类别	重点工作	主要任务	完成时限	工程措施
运输结构调整	车船燃油品质改善	打击黑加油站点	秋冬季期间	根据省市推进成品油市场整治系列方案要求，开展打击黑加油站点专项行动，对黑加油站点查处取缔工作进行督导
		使用终端油品尿素质量抽查	2019 年 12 月底前	在车辆集中停放地对柴油货车油箱和尿素箱抽取检测柴油样品和车用尿素样品各 100 个以上，溯源追根，移交市场监督管理局，打击劣质油品、劣质车用尿素销售商家
	在用车环境管理	在用车执法监管	长期	秋冬季期间监督抽测柴油车数量不低于当地柴油车保有量的 80%。加大对车辆集中停放地和用车大户检验力度，抽检户数不少于 80%
			2019 年 10 月底前	部署多部门综合检测站 18 个，覆盖主要物流通道和城市入口，并投入运行
			2019 年 12 月底前	检查排放检验机构 32 家次，实现排放检验机构监管全覆盖
			2019 年 10 月底前	建立超标柴油车黑名单，将遥感监测（含黑烟抓拍）、路检执法发现的超标车辆纳入黑名单，实现动态管理，严禁超标车辆上路行驶、进出重点用车企业。推广使用“驾驶排放不合格的机动车上道路行驶的”交通违法处罚代码 6063，落实“环保取证+公安处罚+交通监督维修”制度
	非道路移动机械环境管理	高排放控制区环境管理	2019 年 12 月底前	加强非道路移动机械高排放控制区域的监管，开展监督执法
		备案登记	2019 年 12 月底前	完成现有非道路移动机械摸底调查和编码登记
		排放检验	2019 年 12 月底前	以施工工地和机场、物流园区、高排放控制区等为重点，开展非道路移动机械检测 1 000 辆，做到重点场所全覆盖
用地结构调整	矿山综合整治	强化露天矿山综合治理	长期	开展露天矿山排查，建立管理清单；对治理不规范的露天矿山，依法责令停产整治，不达标不得恢复生产；对责任主体灭失露天矿山迹地进行综合治理
	扬尘综合治理	建筑扬尘治理	长期	严格落实施工工地“七个百分之百”控尘措施，落实“一岗双责”，“管项目必须管环保”，推广第三方污染治理模式，严查扬尘污染行为
		施工扬尘管理清单	长期	建立施工工地分级分包监管责任台账，定期动态更新施工工地管理清单
		施工扬尘监管	长期	5 000 米^{2}及以上施工工地全部安装在线监测和视频监控，并与当地行业主管部门联网
		道路扬尘综合整治	长期	制定并落实《洛阳市城市精细化管理方案》，全面推行“路长制”，实施“以克论净”考核。城市道路“以克论净”合格率 90%以上。组织开展城市清洁行动
		渣土运输车监管	全年	严格渣土车运输车辆规范化管理，渣土车运输做到全封闭。严查渣土车的运输许可证、准运证、车辆带泥上路、私拉乱倒、沿路抛撒、车容车貌、密闭运输等违法违规行为

类别	重点工作	主要任务	完成时限	工程措施
用地结构调整	扬尘综合治理	露天堆场扬尘整治	全年	全面清理城乡接合部以及城中村拆迁的渣土和建筑垃圾，不能及时清理的必须采取苫盖等抑尘措施
		强化降尘量控制	全年	全市及各县（市、区）降尘量不高于9吨/（月·千米^2）。市区及县城建成区降尘量不高于7吨/（月·千米^2）
	秸秆综合利用	加强秸秆焚烧管控	长期	建立网格化监管制度，在秋收阶段开展秸秆禁烧专项巡查
		加强秸秆综合利用	全年	秸秆综合利用率达到90%
工业炉窑综合治理	淘汰一批	燃煤加热炉燃煤烘干炉淘汰	2019年12月底前	进一步加强监管，发现一起，淘汰一起
		中频炉淘汰	2019年 10月底前	98家铸造企业淘汰242台无磁轭铝壳中频炉
	清洁能源替代一批	工业炉窑清洁能源替代	2019年12月底前	完成11家工业企业12台炉窑的天然气替代，完成2家工业企业3台炉窑的电能替代
	治理一批	工业炉窑废气治理	2019年10月底前	完成有色、耐材、刚玉、砖瓦等行业258家企业工业炉窑废气提标治理
	监控监管	监测监控	2019年10月底前	94家涉气企业完成在线监控设施建设并联网
		工业炉窑专项执法	2019年10月底前	开展工业炉窑专项执法检查活动，9月出台方案，并按方案实施
VOCs治理	重点工业行业VOCs综合治理	源头替代	2019年12月底前	根据《重点行业挥发性有机物削减行动计划》要求，工业涂装、包装印刷等行业已不再使用高挥发性有机物涂装材料，2019年12月底前，对全市相关行业再进行一次大排查，发现一起，整改一起
		无组织排放控制	2019年10月底前	开展VOCs企业无组织排放治理“回头看”，查漏补缺，治理到位
		精细化管控	全年	79家包装印刷企业、135家工业涂装企业、41家化工企业、1家石化企业推行“一厂一策”制度，加强企业运行管理
	油品储运销综合治理	油气回收环境监管	2019年10月底前	对辖区汽油储油库、加油站油气回收设施进行专项执法检查
		自动监控设备安装	2019年10月底前	积极推进年销售汽油量大于5 000吨的加油站和中石化、中石油储油库安装油气回收VOCs自动监控设备，并推进与生态环境部门联网
	监测监控	自动监控设施安装	2019年10月20日前	完成31家石化、化工、工业涂装、印刷包装VOCs自动监控设施建设

类别	重点工作	主要任务	完成时限	工程措施
重污染天气应对	修订应急预案及减排清单	完善重污染天气应急预案	2019 年 10 月底前	修订完善重污染天气应急预案
		完善减排清单夯实减排措施	2019 年 10 月底前	完成重点行业绩效分级，完成应急减排清单编制工作，落实“一厂一策”等各项应急减排措施
	应急运输响应	重污染天气移动源管控	2019 年 10 月底前	制定日货车使用量 10 辆次以上企业、铁路货场、物流园区的重污染天气车辆管控措施，并安装门禁监控系统，启动建设重污染天气车辆管控平台
能力建设	完善环境监测监控网络	环境空气质量监测网络建设	2019 年 10 月底前	增设环境空气质量自动监测站点 3～5 个
		环境空气 VOCs 监测	2019 年 10 月底前	城市区建成环境空气 VOCs 监测站点 1 个
		遥感监测系统平台三级联网	长期	机动车遥感监测系统稳定传输数据
		定期排放检验机构三级联网	长期	市级机动车检验机构监管平台实现检测视频监控、防作弊报警提示、数据统计分析、检测机构管理、车辆环保信息管理，实现三级联网。对超标排放车辆开展大数据分析，追溯相关方责任
		重型柴油车车载诊断系统远程监控系统建设	全年	按照省厅要求，推进重型柴油车车载诊断系统远程监控系统建设和终端安装
		道路空气质量检测	2019 年 12 月底前	在主要物流通道（城市环城路、环城高速口、机场路口、新 310 国道重点地段）建设道路空气质量微型检测站 10～15 个，纳入微站管理系统
		推进机场空气质量监测站建设	2019 年 12 月底前	推进洛阳北郊机场空气质量监测站建设
	源排放清单编制	编制大气污染源排放清单	2019 年 10 月底前	动态更新 2019 年大气污染源排放清单
	颗粒物来源解析	开展 $PM_{2.5}$ 来源解析	2019 年 10 月底前	完成 2018 年秋冬季城市大气污染颗粒物源解析

河南省三门峡市2019—2020年秋冬季大气污染综合治理攻坚行动方案

类别	重点工作	主要任务	完成时限	工程措施
产业结构调整	产业布局调整	建成区重污染企业搬迁	2019年10月底前	加快推进三门峡电熔刚玉有限责任公司（年产13万吨高纯氧化铝基复合新材料）退城入园搬迁改造
		化工行业整治	2019年10月底前	关闭退出2家年产18万吨尿素企业（灵宝兴华化工有限公司、三门峡金茂化工有限公司），完成升级改造搬迁至化工园区1家（义马鸿业科技化工有限公司）
	“散乱污”企业和集群综合整治	“散乱污”企业综合整治	长期	完善“散乱污”企业动态管理机制，实行网格化管理，压实基层责任，发现一起查处一起，实施动态清零
	工业源污染治理	实施排污许可	2019年12月底前	核发完成畜牧业、食品制造业、砖瓦等22个行业排污许可证
		无组织排放治理	2019年12月底前	3家1万余吨/天产能水泥企业完成物料（含废渣）运输、装卸、储存、转移、输送以及生产工艺过程等无组织排放的深度治理
		非电行业提标治理	2019年12月底前	推进3家水泥、2家炭素企业完成超低排放改造
能源结构调整	清洁取暖	清洁能源替代散煤	2019年11月15日前	完成“双替代”供暖9万户，其中，气代煤供暖0.7万户、电代煤供暖8.3万户
		洁净煤替代散煤	2019年12月底前	暂不具备清洁能源替代条件地区推广洁净煤替代散煤，全市洁净型煤2019—2020年预计覆盖用户数13.9万户左右
		煤质监管	全年	严厉打击劣质民用型煤生产（加工）、销售行为。对民用型煤生产（加工）企业的抽检率不低于90%，对发现生产（加工）、销售不合格民用型煤的，依法处罚。对全市36家用煤企业进行抽检，每季度抽检比例不低于25%
	高污染燃料禁燃区	调整扩大禁燃区范围	全年	在2016年已确定的市、县禁燃区范围基础上扩展（渑池县扩展18个村点，共68余千米^2；义马市扩展千秋矿区，共2.3千米^2；灵宝市扩展东至宏农涧河霸底河，南至道南尹庄镇浊峪村，北至城关镇牛庄村，西至焦村镇焦村村形成的闭合区域），逐步将完成“双替代”的区域列入禁燃区范围
	煤炭消费总量控制	煤炭消费总量削减	全年	全市煤炭消费总量控制在省下达的目标以内
		淘汰不达标燃煤机组	2019年12月底前	淘汰关停燃煤机组1台1.2万千瓦
	锅炉综合整治	锅炉管理台账	2019年10月底前	完善22台锅炉管理台账
		淘汰燃煤锅炉	2019年12月底前	淘汰燃煤锅炉11台共200蒸吨
		燃气锅炉低氮改造	2019年12月底前	完成燃气锅炉低氮改造11台共94蒸吨

类别	重点工作	主要任务	完成时限	工程措施
运输结构调整	运输结构调整	提升铁路货运量	2019 年 12 月底前	2019 年全市铁路货运量比 2017 年增加 240 万吨
		加快铁路专用线建设	2019 年 12 月底前	开展大宗货物年货运量 150 万吨及以上的大型工矿企业和物流园区摸底调查，研究推进大宗货物“公转铁”方案。积极推进河南中欧大宗商品物流产业园、灵宝金城冶金有限责任公司铁路专用线建设
		发展新能源车	2019 年 12 月底前	新增公交、环卫、邮政等新能源车比例达到 80%
			2019 年 12 月底前	推进铁路货场新增或更换作业车辆采用新能源或清洁能源
			2019 年 12 月底前	推进铁路货场新增或更换作业非道路移动机械采用新能源或清洁能源
		老旧车淘汰	全年	推进淘汰国三及以下营运柴油货车
	车船燃油品质改善	油品质量和车用尿素质量抽查	2019 年 12 月底前	强化油品质量监管，按照年度抽检计划，在全市加油站（点）抽检车用汽柴油共计 220 个批次，实现加油站抽检全覆盖；从高速公路、国道、省道沿线加油站抽检尿素 35 批次以上。开展大型工业企业、机场自备油库油品质量检查，对发现的问题依法依规进行处置
		打击黑加油站点	2019 年 10 月底前	根据省推进成品油市场整治系列方案要求，开展打击黑加油站点专项行动，对黑加油站点查处取缔工作进行督导。从柴油货车油箱和尿素箱抽取检测柴油样品和车用尿素样品各 100 个以上。持续打击非法加油行为，防止死灰复燃
	在用车环境管理	在用车执法监管	长期	秋冬季监督抽测柴油车数量不低于当地柴油车保有量的 80%。加大对车辆集中停放地和用车大户的柴油车抽检力度，抽检数量不少于 1 000 辆
			2019 年 10 月底前	部署多部门全天候综合检测站 4 个，开展重型柴油货车污染治理专项执法检查
			2019 年 12 月底前	检查 14 家排放检验机构，实现排放检验机构监管全覆盖
			2019 年 10 月底前	建立超标柴油车黑名单，路检执法发现的超标车辆纳入黑名单，实现动态管理，严禁超标车辆上路行驶、进出重点用车企业。建立全市遥感监测平台，实现实时数据传输。推广使用“驾驶排放不合格的机动车上道路行驶的”交通违法处罚代码 6063，由生态环境部门取证，公安交管部门对路检路查和黑烟抓拍发现的上路行驶违法超标车辆进行处罚，并由交通部门强制维修
	非道路移动机械环境管理	高排放控制区监管	2019 年 12 月底前	严格落实高排放控制区要求，开展监督执法工作
		备案登记	2019 年 12 月底前	完成非道路移动机械摸底调查和编码登记
		排放检验	2019 年 12 月底前	以施工工地和物流园区、高排放控制区等为重点，开展非道路移动机械检测 200 辆，做到重点场所全覆盖

类别	重点工作	主要任务	完成时限	工程措施
用地结构调整	矿山综合整治	强化露天矿山综合治理	长期	对污染治理不规范的露天矿山依法责令停产整治，治理不到位不得恢复生产。对责任主体灭失露天矿山由当地政府筹措资金进行综合治理
	扬尘综合治理	施工扬尘管理清单	长期	建立施工工地管理清单，并定期动态更新
		施工扬尘监管	长期	5 000 米^{2}及以上建筑工地全部安装在线监测和视频监控，并与当地行业主管部门联网
		道路扬尘综合整治	长期	城区道路清扫保洁洒水降尘实行政府购买第三方服务（与北京市环卫集公司签订市区城乡环卫一体化 PPP 项目合同）、市场化运行，政府部门按标准进行监督考核
		渣土运输车监管	全年	严厉打击无资质、标识不全、故意遮挡或污损车牌等渣土车违法行为。严格渣土运输车辆规范化管理，渣土运输车做到全密闭，全部渣土车安装 GPS 定位系统并联网
		露天堆场扬尘整治	全年	全面清理城乡接合部以及城中村拆迁的渣土和建筑垃圾，不能及时清理的必须采取苫盖等抑尘措施
		强化降尘量控制	全年	全市及各县（市、区）降尘量不高于 9 吨/（月·千米^2）
	秸秆综合利用	加强秸秆焚烧管控	长期	强化属地管理、党政同责、一岗双责、失职追责，持续坚持“政府负责、部门联动、网格管理”工作机制，全面落实市、县、乡、村四级责任。重点禁烧时段、重污染天气等时期，开展全天候、不间断地督导巡查
		加强秸秆综合利用	全年	秸秆综合利用率达到 89%
工业炉窑大气污染综合治理	治理一批	工业炉窑废气深度治理	2019 年 12 月底前	完成 49 家企业工业炉窑废气深度治理
	监控监管	监测监控	2019 年 12 月底前	完成 49 套自动监控设施安装
		工业炉窑专项执法	长期	开展专项执法检查
VOCs 治理	重点工业行业 VOCs 综合治理	源头替代	长期推进	引导鼓励工业涂装企业完成低 VOCs 含量涂料替代、包装印刷企业完成低 VOCs 含量油墨替代
		无组织排放控制	2019 年 10 月底前	1 家化工企业、3 家工业涂装企业、4 家包装印刷企业等共 12 家企业通过采取设备与场所密闭、工艺改进、废气有效收集等措施，完成 VOCs 无组织排放治理
		治污设施建设	2019 年 10 月底前	1 家化工企业、3 家工业涂装企业、4 家包装印刷企业等共 12 家企业建设适宜高效的治污设施

类别	重点工作	主要任务	完成时限	工程措施
VOCs治理	重点工业行业VOCs综合治理	精细化管控	全年	1 家化工企业、3 家工业涂装企业、4 家包装印刷企业等共 12 家企业推行“一厂一策”制度，加强企业运行管理
	油品储运销综合治理	油气回收治理	2019 年 10 月底前	对储油库、加油站、油罐车油气回收设施运行情况开展专项检查
		自动监控设备安装	2019 年 12 月底前	推进年销售汽油量大于 5 000 吨的 3 家加油站安装的油气回收自动监控设备联网工作
重污染天气应对	修订完善重污染天气应急预案及减排清单	完善重污染天气应急预案	2019 年 10 月底前	修订完善应急预案
		完善应急减排清单，夯实应急减排措施	2019 年 10 月底前	完成重点行业绩效分级，完成应急减排清单编制工作，落实“一厂一策”等各项应急减排措施
	应急运输响应	重污染天气移动源管控	2019 年 10 月 15 日前	加强源头管控，根据实际情况，制定日货车使用量 10 辆以上企业、铁路货场、物流园区的重污染天气车辆管控措施，并安装门禁监控系统。启动重污染天气车辆管控平台建设
能力建设	完善环境监测监控网络	遥感监测系统平台三级联网	长期	机动车遥感监测系统稳定传输数据
		定期排放检验机构三级联网	长期	利用全省机动车环保监测监控平台，加强排放检验机构管理
		重型柴油车车载诊断系统远程监控系统建设	全年	推进重型柴油车车载诊断系统远程监控系统建设和终端安装
	源排放清单编制	编制大气污染源排放清单	2019 年 12 月底前	完成大气污染源排放清单编制
	颗粒物来源解析	开展 $PM_{2.5}$ 来源解析	2019 年 12 月底前	完成城市大气污染颗粒物源解析

陕西省西安市 2019—2020 年秋冬季大气污染综合治理攻坚行动方案

类别	重点工作	主要任务	完成时限	工程措施
产业结构调整	产业布局调整	建成区重污染企业搬迁	2019 年 12 月底前	实施西安经建油漆股份有限公司搬迁工作（涂料产能 1.9 万吨）。实施西安双吉化工建材有限公司技术改造工作（保温材料产能 4 000 $米^3$）
		化工行业整治	2019 年 12 月底前	对全市 17 个重点建设县域工业集中区内是否存在化工企业开展排查，发现一家依法依规整治一家，禁止私自变更集中区使用属性。各区县政府、开发区管委会，每季度对辖区内工业集中区及大中型企业“厂中厂”内是否存在化工企业开展一次排查，发现一家依法依规整治一家
	“两高”行业产能控制	压减水泥产能	2019 年 12 月底前	压减西京水泥有限公司水泥产能 30 万吨
	“散乱污”企业和集群综合整治	“散乱污”企业综合整治	2019 年 12 月底前	完善“散乱污”企业动态管理机制，实行网格化管理，压实基层责任，全面完成年度整治任务 550 家。对新发现的“散乱污”企业，发现一起查处一起
	工业源污染治理	实施排污许可	2019 年 12 月底前	按照《陕西省关于做好全省固定污染源排污许可核发管理工作的通知》（陕环排管函〔2019〕49 号）要求的 66 个行业和 4 个通用工序排污许可证核发
		无组织排放治理	2019 年 12 月底前	对西安路桥红旗水泥制品有限公司等 10 家建材企业料仓、物料装卸、运输等环节无组织排放进行深度治理
		工业园区能源替代利用与资源共享	2019 年 12 月底前	所有工业园区完成集中供热或清洁能源供热
能源结构调整	清洁取暖	清洁能源替代散煤	2019 年采暖季前	完成散煤治理 10.27 万户，其中，气代煤 1.39 万户、电代煤 8.88 万户
		洁净煤替代散煤	2019 年 10 月底前	暂不具备清洁能源替代条件地区推广洁净煤替代散煤，替代 0.64 万户
		散煤复烧监管	2020 年 3 月底前	加大已完成清洁能源替代区域散煤复烧监管
		煤质监管	全年	加强部门联动，严厉打击劣质煤流通、销售和使用。煤质抽检覆盖率不低于 90%，对抽检发现经营不合格散煤行为的，依法处罚
		生物质燃烧管控	秋冬季	1. 持续加大秸秆、垃圾、树叶、杂物等露天焚烧违法行为的管控、查处力度。2. 秋冬季期间，全市各涉农区县加大对使用柴（薪）取暖、做饭的管控，推广使用清洁能源或洁净煤替代柴（薪）。3. 加快推进西安市环保烟火监控系统服务项目（一期）建设进度，实现对露天焚烧及生物质燃烧火情的精准监控
	煤炭消费总量控制	煤炭消费总量削减	全年	规上煤炭削减任务按照省上下达任务落实

类别	重点工作	主要任务	完成时限	工程措施
能源结构调整	锅炉综合整治	锅炉管理台账	全年	完善锅炉台账
		淘汰燃煤锅炉	2019 年 12 月底前	继续对 35 蒸吨以下燃煤锅炉进行排查，发现一台，拆改一台
		锅炉超低排放改造	2019 年 12 月底前	完成燃煤锅炉超低排放改造 6 台 1 200 蒸吨
		燃气锅炉低氮改造	2019 年 12 月底前	完成 1 609 台共计 3 950 蒸吨燃气锅炉低氮改造
		生物质锅炉	2019 年 12 月底前	试点完成 2 家企业 47 蒸吨生物质锅炉治理，确保符合《陕西省锅炉大气污染物排放标准》（GB 61 1226—2018）标准要求
运输结构调整	运输结构调整	提升铁路货运量	2019 年 12 月底前	铁路货运量比 2017 年增加 110 万吨。加快推进“一带一路”中转枢纽多式联运基地项目建设
		加快铁路专用线建设	2019 年 12 月底前	对目前西安市铁路货运及大宗物料运输情况进行摸排，按照《陕西省推进运输结构调整工作实施方案（2019—2020 年）》要求，制定西安市铁路专用线建设规划
		发展新能源车	2019 年 12 月底前	新增公交、环卫（新增 115 辆，新能源占比 100%）、邮政、出租、通勤、轻型城市物流车辆中新能源车比例达到 80%。出租车新能源车比例达到 80%；鼓励民营公交车辆使用纯电动公交车
		老旧车淘汰	2019 年 12 月底前	加快淘汰国三及以下营运柴油货车
		船舶淘汰更新	2019 年 12 月底前	推广使用新能源船舶（主要为公园水库游乐船舶）
	车用燃油品质改善	油品和尿素质量抽查	2020 年 3 月底前	强化油品质量监管，按照年度抽检计划，在全市加油站（点）抽检车用汽柴油共计 400 个批次。加强对企业自备油库油品质量检查力度。秋冬季期间，从高速公路、国道、省道沿线加油站抽检尿素 60 批次以上
		打击黑加油站点	2019 年 12 月底前	根据省市推进成品油市场整治系列方案要求，开展打击黑加油站点专项行动。秋冬季期间，加大对大型物流企业车辆停放地入户检查，从柴油货车油箱和尿素箱抽取检测柴油样品和车用尿素样品各 100 个以上
	在用车环境管理	在用车执法监管	秋冬季	秋冬季期间监督抽测柴油车数量不低于当地柴油车保有量的 80%。加大对车辆集中停放地和重点用车大户监督执法力度，抽查 1 300 辆
			2019 年 10 月底前	部署多部门全天候综合检测站 20 个，覆盖主要物流通道和城市入口，并投入运行
			2019 年 12 月底前	检查排放检验机构 30 个次，实现排放检验机构监管全覆盖
			2019 年 10 月底前	1. 构建超标柴油车黑名单，将遥感监测（含黑烟抓拍）、路检执法发现的超标车辆纳入黑名单，实现动态管理，严禁超标车辆上路行驶、进出重点用车企业。2. 推广使用“驾驶排放不合格的机动车上道路行驶的”交通违法处罚代码 6063，由生态环境部门取证，公安交管部门对路检路查和黑烟抓拍发现的上路行驶超标车辆进行处罚，并由交通部门负责强制维修

类别	重点工作	主要任务	完成时限	工程措施
运输结构调整	在用车环境管理	非道路移动机械高排放控制区划定	2019 年 12 月底前	按照《西安市人民政府关于划定禁止使用高排放非道路移动机械区域的通告》（市政告字〔2019〕1 号），加强非道路移动机械环境监管力度
		非道路移动机械备案登记	2019 年 10 月底前	完成行政区内现有非道路移动机械摸底调查和编码登记
		非道路移动机械排放检验	2020 年 3 月底前	以施工工地和高排放控制区等为重点，开展非道路移动机械检测 1 000 辆以上，做到重点场所全覆盖
用地结构调整	矿山综合治理	强化露天矿山综合治理	长期	对污染治理不规范的露天矿山，依法责令停产整治，不达标不得恢复生产。对责任主体灭失露天矿山地质环境进行恢复治理
	扬尘综合治理	建筑扬尘治理	长期	严格落实施工工地“六个百分之百”要求
		施工扬尘管理清单	长期	定期动态更新施工工地管理清单
		施工扬尘监管	长期	1. 严格执行“冬防期”涉土工地施工监管相关要求。2. 出土总量在 5 000 米^{3}以上（含）或集中施工面积超过 300 米^{2}的出土工地，拆除工期超过 1 个月的拆迁工地安装在线监测和视频监控，并于当地主管部门联网；工期超过 2 个月或占地面积超过 300 米^{2}或总投资额超过 100 万元以上的建筑工地全部安装在线监测和视频监控，并与当地行业主管部门联网。严肃查处未经审批擅自排放土方和建筑垃圾的施工工地。3. 2019 年 10 月底前，对现有已开工的地铁建设工地进行全面摸排、调查，对符合全密闭施工条件的站、点，制定全密闭施工方案，并组织实施
		道路扬尘综合整治	长期	1. 城市道路机械化清扫率达到 95%，县城达到 80%。城市地区道路机械化清扫每天不少于 3 次，国省公路平原区二级公路非结冰期每天不少于 1 次。2. 充分运用出租车走航监测系统，实行实时监控，及时对重点路段开展道路清扫保洁。3. 对 210 国道灞桥街道、西泉街道、新筑街道段，108 省道太乙宫街道段、南横线兴隆街道段等重点路段加严道路扬尘综合整治力度。4. 阎良区、临潼区、高陵区、鄠邑区、周至县、蓝田县全面排查裸露或破损道路，制定降尘抑尘及道路修复措施
		渣土运输车监管	全年	1. 严厉打击无资质、标识不全、故意遮挡或污损车牌等渣土车违法行为。严格渣土运输车辆规范化管理，每季度进行渣土运输车辆全密闭检查。渣土车辆运输期间，必须保持车身平整、无破损；车身号牌清晰统一；密闭装置无破损、变形、生锈、密闭不严；车身及轮胎干净，无挂土带泥现象；车辆清运时证照齐全、无超高装载。达不到上述标准要求的，严禁进行施工作业。2. 全市所有渣土运输车辆全部使用国Ⅴ排放标准及以上车型

类别	重点工作	主要任务	完成时限	工程措施
用地结构调整	扬尘综合治理	露天堆场扬尘整治	全年	1. 全面清理城乡接合部及城中村拆迁产生的建筑垃圾，不能及时清理的要设置围档，并进行防风抑尘或苫盖、绿化抑尘。2. 工业企业堆场应采取封闭等措施，采用密闭设备输送物料的，必须在装卸处配备吸尘、喷淋等防尘措施，并保持防尘设施的正常使用；适合喷淋的物料堆场应设置固定式或移动式的喷淋设施堆场地面必须全部硬化；物料用车辆运输出厂的企业必须设置洗车台；进出堆场的道路必须配备清扫设施、洒水车或其他喷洒设施。3. 渣土消纳场在门口醒目位置悬挂“建筑垃圾消纳监管公示牌”和“消纳场区平面图”。对车辆进出口道路（不少于 30 米）进行硬化处理，设置冲洗设备、洗车槽、沉淀池等附属设施并保证正常使用；所有消纳场所安装空气质量自动检测设备和远程监控设施；消纳作业面配备足够数量的洒水、降尘设备，对已消纳完成区域进行复绿或覆盖措施。严肃查处未经审批擅自消纳土方的“非法倾倒点”
		强化降尘量控制	秋冬季	各县（区）降尘量不高于 10 吨/（月·千米^2），每月通报排名
	秸秆综合利用	加强秸秆焚烧管控	长期	充分发挥网格化管理制度，在夏秋收阶段开展秸秆禁烧专项巡查，杜绝露天焚烧
		加强秸秆综合利用	全年	秸秆综合利用率达到 95%
工业炉窑大气污染综合治理	治理一批	炉（窑）淘汰	2019 年 10 月底前	淘汰崔德顺砖厂、中能机砖厂 2 家砖瓦窑
		工业炉窑废气深度治理	2019 年 12 月底前	完成临潼区陕西理忠环保新材料有限公司、鑫达环保建材有限公司、孟塬环保建材有限公司、达昌环保建材有限公司、宏鑫建材厂 5 家砖瓦企业废气综合治理。完成高新区西安煜阳重型机械制造有限公司 1 家铸造企业废气综合治理。完成蓝田县西安尧柏水泥有限公司 1 家水泥企业废气深度治理
	监控监管	监测监控	2019 年 11 月底前	高新区西安煜阳重型机械制造有限公司 1 家铸造企业安装自动监控系统
		工业炉窑专项执法	2019 年 12 月底前	开展专项执法检查
VOCs 治理	重点工业行业 VOCs 综合治理	源头替代	2019 年 12 月底前	试点 2 家工业涂装企业完成低 VOCs 含量涂料替代；2 家包装印刷企业完成低 VOCs 含量油墨替代
		无组织排放控制	2019 年 12 月底前	7 家工业涂装企业通过采取设备与场所密闭、工艺改进、废气有效收集等措施，完成 VOCs 无组织排放治理
		治污设施建设	2019 年 12 月底前	西安西电电力电容器有限责任公司建设过滤棉+活性炭、喷淋塔+活性炭处理工艺，中交西安筑路机械有限公司建设干式过滤+活性炭+催化燃烧处理工艺，陕西重型汽车有限公司建设沸石转轮+RTO 处理工艺，博思格建筑系统（西安）有限公司建设沸石转轮+RTO 处理工艺，西安天虹电器有限公司建设干式过滤+UV 光解催化+活性炭吸附处理工艺

类别	重点工作	主要任务	完成时限	工程措施
VOCs治理	重点工业行业VOCs综合治理	精细化管控	全年	1 家家具制造企业、1 家电子制造企业、4 家工业涂装企业、3 家包装印刷企业等推行“一厂一策”制度，加强企业运行管理
	油品储运销综合治理	油气回收治理	2019 年 10 月底前	秋冬季前，开展一轮加油站、储油库油气污染防治设施设备工况及运行情况、回收效率专项检查，确保油气污染防治设施正常运行。秋冬季期间，持续开展执法检查
		自动监控设备安装	2019 年 12 月底前	92 个年销售汽油量大于 5 000 吨的加油站油气回收自动监控设备安装，并推进与生态环境部门联网工作
	监测监控	自动监控设施安装	2019 年 12 月底前	7 家企业安装 VOCs 自动监控设施 7 套
重污染天气应对	修订完善应急预案及减排清单	完善重污染天气应急预案	2019 年 10 月底前	修订完善重污染天气应急预案
		完善应急减排清单，夯实应急减排措施	2019 年 10 月底前	完成重点行业绩效分级，完成应急减排清单编制工作，落实“一厂一策”等各项应急减排措施
	应急运输响应	重污染天气移动源管控	2019 年 10 月 15 日前	1. 加强源头管控，根据实际情况，制定日货车使用量 10 辆以上企业、铁路货场、物流园区的重污染天气车辆管控措施，并安装门禁监控系统。启动重污染天气车辆管控平台建设。2. 重污染天气应急期间，除应急预案明确除外的特种或保障车辆以外，原则上禁止使用国Ⅳ及以下中重型货运汽车
能力建设	完善环境监测监控网络	环境空气 VOCs 监测	2019 年 12 月底前	建成环境空气 VOCs 监测站点 2 个
		遥感监测系统平台三级联网	长期	机动车遥感监测系统稳定传输数据
		定期排放检验机构三级联网	长期	市级机动车检验机构监管平台实现检测视频监控、防作弊报警提示、数据统计分析、检测机构管理、车辆环保信息管理，实现三级联网。对超标排放车辆开展大数据分析，追溯相关方责任
		道路空气质量监测	长期	持续做好全市 6 个点位道路交通空气质量监测工作
	源排放清单编制	编制大气污染源排放清单	2019 年 10 月底前	完成 2018 年大气污染源排放清单编制
	颗粒物来源解析	开展 $PM_{2.5}$ 来源解析	2019 年 10 月底前	完成 2018 年城市大气污染颗粒物源解析

陕西省铜川市2019—2020年秋冬季大气污染综合治理攻坚行动方案

类别	重点工作	主要任务	完成时限	工程措施
产业结构调整	产业布局调整	建成区重污染企业搬迁	2019年12月底前	加快推进冀东水泥股份有限公司5、6、7号三条生产线搬迁工作进度
	“两高”行业产能控制	压减煤炭产能	2019年12月底前	压减煤炭产能90万吨（耀州区白石崖矿业有限公司90万吨）
	“散乱污”企业综合整治	“散乱污”企业综合整治	2019年12月底前	完成剩余18家“散乱污”企业综合整治。持续开展“散乱污”企业排查整治。完善“散乱污”企业动态管理机制，实行网格化管理，压实基层责任，发现一起查处一起
	工业源污染治理	实施排污许可	2019年12月底前	按照国家、省统一安排完成排污许可证核发任务
		无组织排放治理	2019年12月底前	巩固工业企业无组织排放整治成果，对建材、水泥等重点行业无组织排放开展排查，完成4家水泥企业无组织排放精细化治理
		工业园区综合整治	2019年12月底前	制定综合整治方案，开展铜川新材料产业园区、董家河循环经济产业园区、耀州窑文化基地等3个工业园区集中整治，同步推进区域环境综合整治和企业升级改造
		工业园区能源替代利用与资源共享	2019年12月底前	有条件的工业园区向有需求企业集中供热或清洁能源供热
能源结构调整	清洁取暖	清洁能源替代散煤	2019年采暖季前	结合我市被确定为北方清洁取暖试点城市，加快清洁能源替代散煤进度，完成散煤治理5.49万户，其中煤改电5.24万户，煤改气0.25万户
		洁净煤替代散煤	2019年10月底前	暂不具备清洁能源替代条件地区推广洁净煤替代散煤，替代0.06万户
		煤质监管	全年	加强部门联动，严厉打击劣质煤流通、销售和使用。煤质抽检覆盖率不低于90%，对抽检发现经营不合格散煤行为的，依法处罚
	高污染燃料禁燃区	调整扩大禁燃区范围	2019年12月底前	严格落实《铜川市人民政府关于划定高污染燃料禁燃区和限制区的通告》（铜政发〔2017〕2号），对违规使用高污染燃料的单位依法进行处理
	煤炭消费总量控制	煤炭消费总量削减	全年	煤炭消费总量控制在国家和省上下达的范围内
	锅炉综合整治	锅炉管理台账	2019年12月底前	摸清锅炉底数，完善锅炉管理台账
		淘汰燃煤锅炉	2019年12月底前	基本淘汰35蒸吨以下燃煤锅炉，年内淘汰行政区域内燃煤锅炉56台162蒸吨
		燃气锅炉低氮改造	2019年12月底前	完成燃气锅炉低氮改造152台195蒸吨

类别	重点工作	主要任务	完成时限	工程措施
运输结构调整	运输结构调整	提升铁路货运量	2019 年 12 月底前	提升现有铁路线路货运能力，2019 年比 2017 年增加 280 万吨。开展大宗货物年货运量 150 万吨及以上的大型工矿企业和物流园区摸底调查，研究推进大宗货物“公转铁”方案
		发展新能源车	2019 年 12 月底前	新增公交、邮政、出租、通勤、轻型城市物流车辆中清洁能源车和新能源车比例达到 80%
		老旧车淘汰	2019 年 12 月底前	加快淘汰国三及以下营运柴油货车
	车辆燃油品质改善	油品质量抽查	2019 年 12 月底前	强化油品质量监管，按照年度抽检计划，全年在全市加油站（点）抽检车用汽柴油 74 个批次，实现年度全覆盖。开展对大型工业企业自备油库油品质量专项检查，对发现的问题依法依规进行处置
		打击黑加油站点	2019 年 10 月底前	根据省市推进成品油市场整治系列方案要求，开展打击黑加油站点专项行动，对黑加油站点查处取缔。从柴油货车油箱和尿素箱抽取检测柴油样品和车用尿素样品 60 个以上。持续打击非法加油行为，防止死灰复燃
		尿素质量抽查	2019 年 12 月底前	从高速公路、国道、省道沿线加油站抽检尿素 60 次以上
	在用车环境管理	在用车执法监管	2020 年 3 月底前	秋冬季期间监督抽测柴油车数量不低于当地柴油车保有量的 80%。加大对车辆集中停放地和重点用车大户的监督力度，抽检柴油货车 200 辆
			2019 年 10 月底前	设置柴油货车综合检测联合执法站点 2 个，对主要物流通道和城市入口货运车辆进行尾气检测
			2019 年 12 月底前	实现排放检验机构监管全覆盖
			2019 年 10 月底前	构建超标柴油车黑名单，将遥感监测、路检执法发现的超标车辆纳入黑名单，实现动态管理，并与公安、交通部门实现信息共享，严禁超标车辆上路行驶。推广使用“驾驶排放不合格的机动车上道路行驶的”交通违法处罚代码 6063，由生态环境部门取证，公安交管部门对路检路查发现的上路行驶超标车辆进行处罚，并由交通部门负责强制维修
	非道路移动机械环境管理	高排放控制区	2019 年 10 月底前	划定并公布禁止使用高排放非道路移动机械的区域
		备案登记	2019 年 12 月底前	完成非道路移动机械摸底调查和编码登记
		排放检验	长期	秋冬季期间以施工工地、高排放控制区等为重点，开展非道路移动机械抽测 50 辆，做到重点场所全覆盖

类别	重点工作	主要任务	完成时限	工程措施
用地结构调整	矿山综合整治	强化露天矿山综合治理	长期	对现有非煤矿山实行“边开采、边治理”的矿山生态恢复治理，做好秋季植树造林。对检查中发现的污染治理不规范的露天矿山，依法责令停产整治，不达标不得恢复生产。对一二三道沟等责任主体灭失露天矿山迹地，通过山水林田湖等项目进行综合治理
	扬尘综合治理	建筑扬尘治理	长期	严格落实施工工地“六个百分之百”要求
		施工扬尘管理清单	长期	定期动态更新施工工地管理清单
		施工扬尘监管	长期	5 000 米^{2}以上建筑工地全部安装在线监测和视频监控，并与住建部门监控平台联网
		道路扬尘综合整治	长期	加强重点道路扬尘整治力度，实行精细化保洁，增加洒水冲洗力度和频次，城市道路机械化清扫率达到 85%
		渣土运输车监管	全年	严厉打击无资质、标识不全、故意遮挡或污损车牌等渣土车违法行为。严格渣土运输车辆规范化管理，渣土运输车做到全密闭
		露天堆场扬尘整治	全年	落实区县、镇办属地管理职责，全面清理城乡接合部以及城中村拆迁的渣土和建筑垃圾，不能及时清理的必须采取苫盖等抑尘措施
		强化降尘量控制	全年	全市及各县（市、区）降尘量不高于 9 吨/（月・千米^2）
	秸秆综合利用	加强秸秆焚烧管控	长期	建立网格化监管制度，构建区县、镇办、村组和社区网格巡查监管机制，充分发挥视频监控作用，在秋收阶段开展秸秆禁烧专项巡查
		加强秸秆综合利用	全年	主要农作物秸秆机械化综合利用率达到 89%
工业炉窑大气污染综合治理	制定方案	制定实施方案	2019 年 12 月底前	制定工业炉窑大气污染综合治理实施方案，明确治理要求，细化任务分工，确定年度重点项目，督促企业加大整治力度
	淘汰一批	煤气发生炉淘汰	2019 年 10 月底前	淘汰煤气发生炉 2 台
	治理一批	工业炉窑废气深度治理	2019 年 12 月底前	完成 2 家陶瓷行业炉（窑）废气深度治理
	监控监管	监测监控	2019 年 12 月底前	加强 17 家涉气企业污染源在线监控系统的运行监管
		工业炉窑专项执法	2019 年 12 月底前	开展专项执法检查
VOCs 治理	重点工业行业 VOCs 综合治理	源头替代	2019 年 11 月底前	完成 1 家工业涂装企业完成低 VOCs 含量涂料替代；完成 2 家包装印刷企业低 VOCs 含量油墨替代
		无组织排放控制	2019 年 12 月底前	完成宝莱家人造板有限公司 VOCs 无组织排放治理
		治污设施建设	2019 年 12 月底前	完成 2 家加油站 VOCs 自动监控设施安装建设工作
		精细化管控	全年	推行“一厂一策”制度，加强企业运行管理

类别	重点工作	主要任务	完成时限	工程措施
VOCs治理	油品储运销综合治理	油气回收治理	2019 年 10 月底前	对加油站和储油库油气回收治理设施运行情况、回收效率开展监督检查，确保正常使用
		自动监控设备安装	2019 年 12 月底前	完成 2 个年销售汽油量大于 5 000 吨的加油站油气回收自动监控设备安装建设工作，并推进与生态环境部门联网工作
重污染天气应对	修订完善应急预案及减排清单	完善重污染天气应急预案	2019 年 10 月底前	修订完善重污染天气应急预案
		完善应急减排清单，夯实应急减排措施	2019 年 10 月底前	完成重点行业绩效分级，完成应急减排清单编制工作，落实“一厂一策”等各项应急减排措施
	应急运输响应	重污染天气移动源管控	2019 年 10 月 15 日前	加强源头管控，落实 210 国道货运车辆限时通行措施。根据实际情况，制定重点企业重污染天气货车管控措施，并在出入口安装门禁监控系统、车辆号码智能识别系统。启动重污染天气车辆应急管控平台建设
能力建设	完善环境监测监控网络	环境空气质量监测网络建设	2019 年 12 月底前	增设环境空气质量自动监测站点 29 个
		遥感监测系统平台三级联网	长期	建成机动车遥感监测系统并联网
		定期排放检验机构三级联网	长期	市级机动车检验机构监管平台实现检测视频监控、数据统计分析、检测机构管理、车辆环保信息管理，实现三级联网
		重型柴油车车载诊断系统远程监控系统建设	全年	推进重型柴油车车载诊断系统远程监控系统建设
	源排放清单编制	编制大气污染源排放清单	2019 年 12 月底前	动态更新 2018 年大气污染源排放清单
	颗粒物来源解析	开展 $PM_{2.5}$ 来源解析	2019 年 10 月底前	完成 2018 年城市大气污染颗粒物源解析

陕西省宝鸡市 2019—2020 年秋冬季大气污染综合治理攻坚行动方案

类别	重点工作	主要任务	完成时限	工程措施
产业结构调整	产业布局调整	建成区重污染企业搬迁	2019 年 12 月底前	完成千阳县申博陶瓷有限公司搬迁改造或关闭工作
		化工行业整治	2019 年 12 月底前	加强长青工业园区整治提升改造，实施宝鸡第二发电有限责任公司 15 万吨储煤棚建设和陕西长青能源化工有限责任公司厂外备用渣场完善工程建设项目
	“两高”行业产能控制	压减水泥产能	2019 年 12 月底前	实施宝鸡众喜凤凰山水泥有限公司 2 500 吨/日产能置换项目
		压减焦炭产能	2019 年 12 月底前	通过“以锌定焦”“以钢定焦”措施，严控东岭焦化产能
	“散乱污”企业和集群综合整治	“散乱污”企业综合整治	2019 年 12 月底前	完成 2018 年已排查出、尚未完成整治的 1 046 户“散乱污”工业企业综合整治。完善“散乱污”企业动态管理机制，实行网格化管理，压实基层责任，发现一起查处一起
		“散乱污”集群综合整治	2019 年 12 月底前	完成千河“散乱污”工业企业集群综合整治，同步完成区域环境整治工作
	工业源污染治理	实施排污许可	2019 年 12 月底前	完成陶瓷、砖瓦等行业排污许可证核发
		无组织排放治理	2019 年 12 月底前	完成 8 家水泥企业 3.45 万吨/日产能物料（含废渣）运输、装卸、储存、转移、输送以及生产工艺过程等无组织排放的深度治理
		工业园区综合整治	2019 年 12 月底前	树立行业标杆，制定综合整治方案，完成长青工业园区集中整治，同步推进区域环境综合整治和企业升级改造
		工业园区能源替代利用与资源共享	2019 年 12 月底前	完成眉县常兴纺织工业园区集中供热或清洁能源供热
能源结构调整	清洁取暖	清洁能源替代散煤	2019 年采暖季前	完成散煤治理 24.46 万户，其中，气代煤 7.7 万户、电代煤 16.76 万户
		洁净煤替代散煤	2019 年采暖季前	暂不具备清洁能源替代条件地区推广洁净煤替代散煤
		煤质监管	全年	加强部门联动，严厉打击劣质煤流通、销售和使用。煤质抽检覆盖率不低于 90%，对抽检发现经营不合格散煤行为的，依法处罚
	高污染燃料禁燃区	调整扩大禁燃区范围	2019 年 12 月底前	巩固禁燃区建设成果，逐步将实施“双替代”区域纳入禁燃区范围，依法对禁燃区内违规使用高污染燃料的单位进行处罚
	煤炭消费总量控制	煤炭消费总量削减	全年	完成省下达的煤炭总量控制任务
		淘汰不达标燃煤机组	2019 年 12 月底前	淘汰关停宝鸡市热力公司#2 机组 0.6 万千瓦、岐星热力公司#1 机组 0.6 万千瓦

类别	重点工作	主要任务	完成时限	工程措施
能源结构调整	锅炉综合整治	锅炉管理台账	2019年10月底前	完善锅炉管理台账，清单管理
		淘汰燃煤锅炉	2019年12月底前	淘汰燃煤锅炉263台870蒸吨。全市范围内基本淘汰35蒸吨以下燃煤锅炉，已完成超低排放改造和涉及民生的除外
		锅炉超低排放改造	2019年12月底前	完成燃煤锅炉超低排放改造5台380蒸吨
		燃气锅炉低氮改造	2019年12月底前	完成燃气锅炉低氮改造262台672蒸吨
		生物质锅炉	2020年3月底前	加强生物质锅炉监管，强化源头控制，新增加生物质锅炉严格执行《陕西省锅炉大气污染物排放标准（DB/61 1226—2018）》
运输结构调整	运输结构调整	提升铁路货运量	2019年12月底前	2019年铁路货运量比2017年增加190万吨。大幅增加重点企业铁路货运占比，2019年东岭冶炼有限公司铁路货运比由65%增加至70%，宝鸡第二发电厂铁路货运占比不低于80%，大唐热电厂铁路货运量不低于80万吨
		加快铁路专用线建设	2019年12月底前	充分发挥宝麟运煤铁路专线、阳平铁路物流基地项目作用，增加铁路货运比例。开展大宗货物年货运量150万吨及以上的大型工矿企业和物流园区摸底调查研究推进大宗货物“公转铁”方案
		发展新能源车	2019年12月底前	新增公交车中新能源车比例不低于80%，新增出租中清洁能源车比例不低于80%。新增环卫车辆中新能源车比例不低于50%
			2019年12月底前	更新清洁能源出租车780辆，更新新能源公交车100台
		老旧车淘汰	2019年12月底前	加快淘汰国三及以下营运柴油货车
	车船燃油品质改善	油品质量抽查和尿素质量抽查	2019年12月底前	强化油品质量监管，制订年度抽检计划，在全市加油站（点）抽检车用汽柴油不少于60个批次。加强对企业自备油库油品质量检查抽测，依法依规处置。开展尿素质量抽查，从高速公路、国道、省道沿线加油站抽检尿素50次以上
		打击黑加油站点	2019年12月底前	根据省市推进成品油市场整治系列方案要求，开展打击黑加油站点专项行动，推进黑加油站点查处取缔工作
		使用终端油品和尿素质量抽查	2019年12月底前	从柴油货车油箱和尿素箱抽取检测柴油样品和车用尿素样品各100个以上
	在用车环境管理	在用车执法监管	长期	秋冬季期间监督抽测柴油车数量不低于当地柴油车保有量的50%。加大对车辆集中停放地和重点用车大户的监督指导力度，抽查500辆

类别	重点工作	主要任务	完成时限	工程措施
运输结构调整	在用车环境管理	在用车执法监管	2019年10月底前	部署多部门检查点2个，加强在用车执法监管，在主要物流通道和城市入口，实施多部门联合执法
			2019年12月底前	每季度开展排放检验机构检查，实现18个排放检验机构监管全覆盖
			2019年10月底前	构建超标柴油车黑名单，将遥感监测（含黑烟抓拍）、路检执法发现的超标车辆纳入黑名单，实现动态管理，严禁超标车辆上路行驶、进出重点用车企业。超标车辆上路行驶将由公安交管部门实施处罚。推广使用“驾驶排放不合格的机动车上道路行驶的”交通违法处罚代码6063，由生态环境部门取证，公安交管部门对路检路查和黑烟抓拍发现的上路行驶超标车辆进行处罚，并由交通部门负责强制维修
	非道路移动机械环境管理	高排放控制区监督执法	2019年12月底前	加强高排放控制区内非道移动机械监管
		备案登记	2019年12月底前	完成非道路移动机械摸底调查和编码登记
		排放检验	2019年12月底前	以施工工地和物流园区、高排放控制区等为重点，开展非道路移动机械检测50次，做到重点场所全覆盖
用地结构调整	矿山综合整治	强化露天矿山综合治理	长期	对污染治理不规范的露天矿山，依法责令停产整治，不达标不得恢复生产。对责任主体灭失露天矿山迹地进行综合治理
	扬尘综合治理	建筑扬尘治理	长期	严格落实施工工地“六个百分之百”要求
		施工扬尘管理清单	长期	按季度定期动态更新施工工地管理清单
		施工扬尘监管	长期	5 000米^{2}以上建筑工地安装在线监测和视频监控，并与当地行业主管部门联网
		国省干线公路施工扬尘治理	长期	堆料场、弃渣场采取苫盖抑尘措施，拌合站进出道路采取路面硬化及洒水措施
		道路扬尘综合整治	长期	城区主干道路机械化清扫率不低于90%，县城主干道机械化清扫率不低于70%。加大城区街道洒水降尘频次
		渣土运输车监管	全年	严厉打击无资质、标识不全、故意遮挡或污损车牌等渣土车违法行为。严格渣土运输车辆规范化管理，渣土运输车做到全密闭
		露天堆场扬尘整治	全年	全面清理城乡接合部以及城中村拆迁的渣土和建筑垃圾，不能及时清理的必须采取苫盖等抑尘措施
		强化降尘量控制	全年	各县（区）降尘量不高于9吨/（月・千米^2）

类别	重点工作	主要任务	完成时限	工程措施
用地结构调整	秸秆综合利用	加强秸秆焚烧管控	长期	建立网格化监管制度，落实县区、镇村属地监管职责，在秋收阶段开展秸秆禁烧专项巡查
		加强秸秆综合利用	全年	持续推进秸秆机械化综合利用示范田建设，抓好秸秆综合利用技术示范推广，全市秸秆综合利用率达到83%
工业炉窑大气污染综合治理	淘汰一批、清洁能源替代一批、治理一批	煤气发生炉淘汰或清洁改造	2020年3月底前	实施宝鸡市申博陶瓷有限公司、陕西众德汇陶瓷有限公司、宝鸡市亚辉工贸有限公司等企业9台煤气发生炉淘汰或清洁能源改造
		工业炉窑清洁能源替代（清洁能源包括天然气、电、集中供热等），工业炉窑废气深度治理	2020年3月底前	对摸排出的宝鸡聚全兴石油机械有限公司等21户企业共25台各类燃煤熔化炉、干燥炉、煅烧炉、加热炉等实施治理，结合企业工艺水平、污染物排放及清洁能源覆盖实际，制订整治计划，按要求完成淘汰、清洁改造或深度治理
	监控监管	监测监控	2019年12月底前	推进铸造等重点行业自动监控系统安装
		工业炉窑专项执法	2019年12月底前	将工业炉窑达标排放、清洁化改造工作作为秋冬季各项督查检查重点，开展专项执法检查
VOCs治理	重点工业行业VOCs综合治理	源头替代	2019年12月底前	完成宝鸡石油机械厂、523文化传播有限公司等3家工业企业低挥发性原料替代示范项目
		治理与管控	2019年12月底前	突出重点行业、重点区域、重点时段，加大涉VOCs排放的“散乱污”工业企业整治，提高涉VOCs企业环保准入门槛。逐步开展NO_x和VOCs协调减排、臭氧防治机理研究。实施宝鸡市超顺钢铁制品有限公司等63户机械制造、家具制造、汽车装配、包装印刷等重点企业喷漆房、涂装线升级改造等VOCs治理项目。完成陕西东岭冶炼有限公司煤气冷鼓治理、粗苯储槽治理、生化处理废气收集项目。加强已经实施VOCs治理重点企业污染治理设施运行监管，推行“一厂一策”，确保治理效果
	油品储运销综合治理	油气回收治理	2019年10月底前	开展加油站、储油库油气污染防治设备运行、回收效率专项检查，确保油气污染防治设施正常运行
		自动监控设备安装	2020年3月底前	完成年销售汽油量大于5 000吨的加油站安装油气回收自动监控设备，并推进与生态环境部门联网工作
	监测监控	自动监控设施安装	2020年3月底前	完成宝鸡石油机械有限公司、中铁宝桥有限公司等15家工业涂装企业主要排污口安装VOCs自动在线监控设施15套

类别	重点工作	主要任务	完成时限	工程措施
重污染天气应对	修订完善应急预案及减排清单	完善重污染天气应急预案	2019 年 10 月底前	修订完善重污染天气应急预案
		完善应急减排清单，夯实应急减排措施	2019 年 10 月底前	完成重点行业绩效分级，编制应急减排清单，落实“一厂一策”等各项应急减排措施
	应急运输响应	重污染天气移动源管控	2019 年 10 月 15 日前	按照市政府重污染天气应急响应命令，公共交通启动《宝鸡市交通运输系统重污染天气应急预案》，按等级增加运力。重点涉气企业出入口安装视频门禁监控系统和车牌自动识别系统，启动重污染天气平台建设
能力建设	完善环境监测监控网络	环境空气质量监测网络建设	2019 年 12 月底前	增设环境空气质量自动监测站点 8 个
		环境空气 VOCs 监测	2019 年 12 月底前	建成长青工业园区、霸王河工业园区、蔡家坡经开区环境空气 VOCs 监测站点 3 个
		遥感监测系统平台三级联网	长期	机动车遥感监测系统稳定传输数据
		定期排放检验机构三级联网	长期	市级机动车检验机构监管平台实现检测视频监控、防作弊报警提示、数据统计分析、检测机构管理、车辆环保信息管理，实现三级联网。对超标排放车辆开展大数据分析，追溯相关方责任
		重型柴油车车载诊断系统远程监控系统建设	全年	推进重型柴油车车载诊断系统远程监控系统建设和终端安装
	源排放清单编制	编制大气污染源排放清单	2019 年 10 月底前	完成 2018 年大气污染源排放清单编制
	颗粒物来源解析	开展 $PM_{2.5}$ 来源解析	2019 年 10 月底前	完成 2018 年城市大气污染颗粒物源解析

陕西省咸阳市2019—2020年秋冬季大气污染综合治理攻坚行动方案

类别	重点工作	主要任务	完成时限	工程措施
产业结构调整	产业布局调整及重点行业治理	建成区重污染企业搬迁	2019年12月底前	2019年10月底前关停彩虹光伏玻璃厂，12月底前完成陕西生益科技有限公司关停搬迁
		煤化工企业整治	2019年12月底前	对兴化化工低温甲醇洗尾气水洗系统进行改造，提高尾气水洗塔的洗涤效果，确保稳定达标排放
		石化企业整治	2019年12月底前	长庆石化对标全国石化行业标杆企业，进行提升整治，建设厂区空气质量自动监测站和VOCs监测站
		橡胶行业整治	2019年12月底前	启动市主城区及周边橡胶企业搬迁入园
		水泥行业整治	2019年12月底前	礼泉海螺水泥完成2条生产线电改袋超净排放改造，进一步降低颗粒物排放。泾阳县声威水泥启动1条生产线水泥窑分段燃烧改造实验，降低氮氧化物排放
		玻璃制品行业整治	2019年10月底前	玻璃制品行业须达到《关中地区重点行业大气污染物排放标准》（DB 61/941—2018）相关要求，对不能稳定达标排放的企业，采取综合措施进行治理。台玻启动建设备用污染治理设施
	“散乱污”企业和集群综合整治	“散乱污”企业综合整治	2019年10月底前	实施清零行动，力争全面完成2018年剩余任务；加强动态监管，实行网格化管理，全力防止“散乱污”滋生反弹
		“散乱污”集群综合整治	2019年10月底前	完成乾县橡胶集群“散乱污”企业搬迁整治，同步完成区域环境整治工作
	工业源污染治理	实施排污许可	2019年12月底前	完成橡胶、建材、陶瓷、电子等行业排污许可证核发
		无组织排放治理	2019年12月底前	1家火电、2家建材、1家涉燃煤锅炉企业完成物料（含废渣）运输、装卸、储存、转移、输送以及生产工艺过程等无组织排放的深度治理
		工业园区综合整治	2020年3月底前	启动兴平化工园区、渭城化工聚集区集中整治工作，同步推进区域环境综合整治和企业升级改造
		工业园区能源替代利用与资源共享	2019年12月底前	推进工业园区集中供热或清洁能源供热建设
能源结构调整	清洁取暖	清洁能源替代散煤	2019年采暖季前	完成散煤治理17.43万户，其中，气代煤3.16万户、电代煤13.86万户、集中供热替代0.41万户
		煤质监管	2020年3月底前	采暖季煤质抽检覆盖率不低于90%，对抽检发现经营不合格散煤行为的，依法处罚
		严防散煤复烧	秋冬季期间	开展散煤复烧专项整治行动，禁止煤矿零售散煤，对已完成燃煤清洁化替代的居民和农户，组织有偿回收存煤

类别	重点工作	主要任务	完成时限	工程措施
能源结构调整	煤炭消费总量控制	煤炭消费总量削减	全年	完成省上下达的年度减煤任务
		淘汰不达标燃煤机组	2019年11月底前	淘汰关停彬县电力燃煤机组2台共1.2万千瓦
	锅炉综合整治	锅炉管理台账	2019年12月底前	完善锅炉管理台账
		淘汰燃煤锅炉	2019年12月底前	除保障民生供热和20蒸吨及以上已完成超低排放改造的锅炉外，其余35蒸吨以下燃煤锅炉全部淘汰
		燃气锅炉低氮改造	2019年12月底前	建立燃气锅炉动态管理清单，现有锅炉全部达到《陕西省锅炉大气污染物排放标准》
运输结构调整	运输结构调整	提升铁路货运量	2019年12月底前	落实省运输结构调整方案的铁路货运量提升要求，加快城西中信公铁联运货运枢纽站建设；加快三原华阳公铁联运枢纽站项目前期工作；大力推进绿色城市配送工程
		加快铁路专用线建设	2019年12月底前	开展专题调研、制定交通结构调整方案
		发展新能源车	2019年12月底前	市城区更新新能源公交320辆，更换120辆新能源城市配送物流车
		老旧车淘汰	2019年12月底前	加快淘汰国三及以下营运柴油货车
	车船燃油品质改善	油品质量及尿素质量抽查	2019年12月底前	强化油品质量监管，严厉打击非法生产、销售不符合国家标准的车用燃油行为。对生产、储存环节年抽检率达到100%；对销售环节年抽检率不低于80%，抽检加油站车用汽柴油不低于330批次；对企业自备油库进行摸排抽测，对抽测不合格的进行依法依规处置；以高速路、国道、省道等主干线加油站为重点，年抽检车用尿素不低于30批次
		打击黑加油站点	2019年12月底前	根据省市推进成品油市场整治系列方案要求，开展打击黑加油站点专项行动，对黑加油站点查处取缔工作进行督导
		使用终端油品和尿素质量抽查	2019年12月底前	从柴油货车油箱和尿素箱抽取检测柴油样品和车用尿素样品各50份以上
	在用车环境管理	在用车执法监管	秋冬季	监督抽测柴油车数量不低于当地柴油车保有量的80%。加大对车辆集中停放地和用车大户监督执法力度，抽查200辆
			2019年10月底前	利用18个现有入城卡口机动车联合检查站，加强机动车检查。启动新增固定式机动车遥感监测站点建设
			2019年12月底前	检查排放检验机构11个（次），实现排放检验机构监管全覆盖
			2019年10月底前	构建超标柴油车黑名单，将遥感监测（含黑烟抓拍）、路检执法发现的超标车辆纳入黑名单，实现动态管理，严禁超标车辆上路行驶、进出重点用车企业。推广使用“驾驶排放不合格的机动车上道路行驶的”交通违法处罚代码6063，由生态环境部门取证，公安交管部门对路检路查和黑烟抓拍发现的上路行驶超标车辆进行处罚，并由交通部门负责强制维修

类别	重点工作	主要任务	完成时限	工程措施
运输结构调整	非道路移动机械环境管理	高排放控制区	2019 年 10 月底前	划定并公布禁止使用高排放非道路移动机械的区域
		备案登记	2019 年 12 月底前	完成非道路移动机械摸底调查和编码登记
		油品抽测和排放检验	2019 年 12 月底前	以施工工地、物流园区、高排放控制区等为重点，开展非道路移动机械抽样检测 120 辆，持续开展油品抽测，做到重点场所全覆盖
用地结构调整	矿山综合整治	强化露天矿山综合治理	长期	对污染治理不规范的露天矿山，依法责令停产整治，不达标不得恢复生产。对责任主体灭失的四星友谊、德龙、星辉等露天矿山迹地采取平整、覆土、修筑排水渠、集雨窑、挂网、喷播、修建观景亭等措施对矿山环境进行综合治理
	扬尘综合治理	建筑扬尘治理	长期	强化施工工地覆盖、硬化、湿法作业等抑尘措施，实行施工工地扬尘在线考核，定期排名，进行土方作业的工地须配备政府专职监管人员
		施工扬尘管理清单	长期	定期动态更新施工工地管理清单
		施工扬尘监管	长期	市城区建筑工地全部安装颗粒物在线监测和视频监控，占地面积 10 000 米^2 及以下的施工场地应至少设置 1 个监测点，每增加 10 000 米^2 增设 1 个监测点；工地内视频监控范围要达到 100%覆盖；并全部接入数字城管平台
		道路扬尘综合整治	长期	以背街小巷、城乡接合部、国省县乡道路等为重点，加大清扫保洁频次。市城区道路机械化清扫率达到 90%，县城达到 60%
		裸露地面整治	2020 年 3 月底前	对市城区裸露地面进行全面排查、建立清单、分批实施绿化、硬化等措施
		渣土运输车监管	全年	严厉打击无资质、标识不全、故意遮挡或污损车牌等渣土车违法行为。严格渣土运输车辆规范化管理，渣土运输车做到全密闭
		露天堆场扬尘整治	全年	全面清理城乡接合部以及城中村拆迁的渣土和建筑垃圾，不能及时清理的必须采取苫盖等抑尘措施
		强化降尘量控制	全年	各县（市、区）降尘量不高于 9 吨/（月・千米^2）
	秸秆综合利用	加强秸秆焚烧管控	长期	建立网格化监管制度，在秋收阶段开展秸秆禁烧专项巡查。建设露天焚烧红外视频监控系统，做到火点快速发现、快速处置
		加强秸秆综合利用	全年	秸秆综合利用率达到 91%
工业炉窑大气污染综合治理	淘汰一批	煤气发生炉淘汰	2019 年 10 月底前	2019 年 10 月底前淘汰安兴玻璃煤气发生炉 1 台，2020 年 10 月底前完成剩余 1 台拆改
	监控监管	监测监控	2020 年 12 月底前	防水材料行业、煤化工行业、砖瓦行业及 45 米高架源等安装自动监控系统共 85 套
		工业炉窑专项执法	长期	开展专项执法检查

类别	重点工作	主要任务	完成时限	工程措施
VOCs治理	重点工业行业VOCs综合治理	印刷行业VOCs治理	2019年12月底前	50家印刷企业制定综合提升整治方案，完成低VOCs含量油墨替代
		无组织排放控制	2020年3月底前	西北橡胶等5家橡胶企业通过设备与场所密闭、工艺改进、废气有效收集等措施，完成VOCs无组织排放治理
		治污设施建设	2019年12月底前	2家机械企业、5家橡胶企业、2家材料企业建设适宜高效的治污设施
	油品储运销综合治理	油气回收治理	2019年10月底前	对油气回收设施运行工作进行专项检查，对回收效率较低的责令整改
		自动监控设备安装	2019年12月底前	5个年销售汽油量大于5 000吨的加油站安装油气回收自动监控设备
	工业园区和企业集群企业集群综合治理	集中治理	2020年3月底前	渭城、兴平、长武、永寿等4个石化、化工类工业园区和企业集群，推行泄漏检测与修复
		统一管控	2019年12月底前	渭城、兴平、高新等3个石化、化工、电子等工业园区或聚集区建设含VOCs因子的在线监控体系，开展监测分析
	监测监控	自动监控设施安装	2019年12月底前	2家石化企业、2家化工企业、2家防水材料企业、1家电子企业、1家涂料油漆企业主要排污口要安装自动监控设施共8套
重污染天气应对	修订完善应急预案及减排清单	完善重污染天气应急预案	2019年10月底前	修订完善重污染天气应急预案
		完善应急减排清单，夯实应急减排措施	2019年10月底前	完成重点行业绩效分级，完成应急减排清单编制工作，落实“一厂一策”等各项应急减排措施
	应急运输响应	重污染天气移动源管控	2019年10月15日前	督促重点用车企业与运输企业签订清洁运输协议，重污染天气应急响应期间，检查督促用车企业厂区内落实相关应急措施，建材、化工、矿山等日货车使用10辆以上企业及物流园区、城市物流配送企业出入口安装视频门禁监控系统，车牌号码智能识别系统。启动重污染天气车辆管控平台建设
能力建设	完善环境监测监控网络	环境空气质量监测网络建设	2019年12月底前	增设镇办环境空气质量自动监测站点35个
		遥感监测系统平台三级联网	长期	机动车遥感监测系统稳定传输数据
		定期排放检验机构三级联网	长期	市级机动车检验机构监管平台实现检测视频监控、防作弊报警提示、数据统计分析、检测机构管理、车辆环保信息管理，实现三级联网。对超标排放车辆开展大数据分析，追溯相关方责任
		重型柴油车车载诊断系统远程监控系统建设	全年	推进具备条件的重型柴油车车载诊断系统远程监控系统建设和终端安装。新车和转入车辆在车辆登记上牌环节、排放检验前要求安装
	源排放清单编制	编制大气污染源排放清单	2019年12月底前	动态更新2018年大气污染源排放清单
	颗粒物来源解析	开展$PM_{2.5}$来源解析	2019年10月底前	完成2018年城市大气污染颗粒物源解析

陕西省渭南市2019—2020年秋冬季大气污染综合治理攻坚行动方案

类别	重点工作	主要任务	完成时限	工程措施
产业结构调整	产业布局调整	建成区重污染企业搬迁	2019年12月底前	根据《陕西省人民政府办公厅关于下达城镇人口密集区危险化学品生产企业搬迁改造工作任务的通知》（陕政办函〔2018〕354号）要求，持续推进陕西渭河煤化工集团有限公司实施异地搬迁、陕西陕化煤化工集团有限公司和陕西比迪欧化工有限公司就地改造
	“散乱污”企业和集群综合整治	“散乱污”企业综合整治	2019年12月底前	以“治污”为重点，采取提升改造、整合搬迁和关停取缔等方式，对2018年剩余的548户“散乱污”工业企业分类施策，精准整治；同时，继续开展“散乱污”工业企业排查和综合整治工作，发现一户，整治一户
	工业源污染治理	实施排污许可	2019年12月底前	按照省上安排，完成固定污染源名录涉及的所有行业排污许可证核发
		无组织排放治理	2019年12月底前	完成陕西华电蒲城发电有限责任公司物料（含废渣）运输、装卸、储存、转移、输送以及生产工艺过程等无组织排放的深度治理
		工业园区综合整治	2019年12月底前	推进澄城工业园区和澄城韦庄工业园区整合，加强蒲城高新区和渭北煤化工园区整治提升工作
		工业园区能源替代利用与资源共享	2019年12月底前	开展渭南高新区集中供热管网改造和天然气集中供热项目
能源结构调整	清洁取暖	清洁能源替代散煤	2019年采暖季前	完成清洁能源替代40万户，其中，煤改电36.77万户，煤改气2.99万户，煤改集中供暖0.24万户
		洁净煤替代散煤	2019年10月底前	暂不具备清洁能源替代条件地区推广洁净煤替代散煤
		煤质监管	全年	加强部门联动，严厉打击劣质煤流通、销售和使用。煤质抽检覆盖率不低于90%，对抽检发现经营不合格散煤行为的，依法处罚
	高污染燃料禁燃区	调整扩大禁燃区范围	2019年12月底前	将禁燃区范围扩大至近郊，依法对违规使用高污染燃料的单位进行处罚
	煤炭消费总量控制	煤炭消费总量削减	全年	完成省上下达的煤炭削减任务
	锅炉综合整治	锅炉管理台账	2019年12月底前	完善锅炉管理台账
		淘汰燃煤锅炉	2019年12月底前	淘汰燃煤锅炉222台209.6蒸吨。所有35蒸吨/时以下（不含35蒸吨）燃煤锅炉（20蒸吨/时及以上已完成超低排放改造的除外）全部拆除或实行清洁能源改造
		燃气锅炉低氮改造	2019年12月底前	完成268台1 030蒸吨燃气锅炉低氮改造

类别	重点工作	主要任务	完成时限	工程措施
运输结构调整	运输结构调整	提升铁路货运量	2019年12月底前	贯彻落实省运输结构调整方案，铁路货运量较2017年提升460万吨
		加快铁路专用线建设	2019年12月底前	贯彻落实省运输结构调整方案，配合建设中国飞行试验研究院铁路专用线、陕西储备物资管理局四五六处铁路专用线。开展大宗货物年货运量150万吨及以上的大型工矿企业和物流园区摸底调查，研究推进大宗货物“公转铁”方案
		发展新能源车	2019年12月底前	新增公交、环卫、邮政、出租、通勤、轻型城市物流车辆中新能源车或清洁能源车比例达到80%
		老旧车淘汰	2019年12月底前	加快淘汰国三及以下营运柴油货车
	车船燃油品质改善	油品和尿素质量抽查	2019年12月底前	深入开展成品油市场专项整治工作，抽检加油站汽柴油样品200批次，加大对企业自备油库油品质量检查整治力度；高速公路、国道、省道沿线加油站（点）抽检车用尿素10次。对发现的问题依法依规进行处置
		打击黑加油站点	长期	根据省市推进成品油市场整治系列方案要求，开展打击黑加油站点专项行动，对黑加油站点查处取缔工作进行督导。从柴油货车油箱和尿素箱抽取检测车用尿素样品10个以上
	在用车环境管理	在用车执法监管	长期	秋冬季期间监督抽测柴油车数量不低于本市柴油车保有量的80%。重点用车大户抽检车辆不低于200辆
			2019年10月底前	部署多部门全天候综合检测站至少4个，覆盖主要物流通道和城市入口，并投入运行
			2019年12月底前	实现对22个排放检验机构监管全覆盖
			2019年10月底前	构建超标柴油车黑名单，将遥感监测（含黑烟抓拍）、停放地抽检及联合路检发现的超标车辆纳入黑名单，动态管理，并与公安、交通部门实现信息共享。推广使用“驾驶排放不合格的机动车上道路行驶的”交通违法处罚代码6063，由生态环境部门取证，公安交管部门对路检路查和黑烟抓拍发现的上路行驶超标车辆进行处罚，并由交通部门负责维修
	非道路移动机械环境管理	高排放控制区	2019年12月底前	划定并公布禁止使用高排放非道路移动机械的区域，加强非道路移动机械环境监管力度
		备案登记	2019年12月底前	完成非道路移动机械摸底调查和编码登记
		排放检验	2019年12月底前	以施工工地和物流园区、高排放控制区等为重点，开展非道路移动机械检测100辆，做到重点场所全覆盖
用地结构调整	矿山综合整治	强化露天矿山综合治理	长期	对污染治理不规范的露天矿山，依法责令停产整治，不达标不得恢复生产。对责任主体灭失露天矿山迹地进行综合治理
	扬尘综合治理	建筑扬尘治理	长期	严格落实施工周边围挡、物料堆放覆盖、土方开挖湿法作业、路面硬化、出入车辆清洗、渣土车辆密闭运输“六个百分之百”要求；将污染环境情节严重的单位，列入建筑市场主体“黑名单”

类别	重点工作	主要任务	完成时限	工程措施
用地结构调整	扬尘综合治理	施工扬尘管理清单	长期	定期动态更新施工工地管理清单
		施工扬尘监管	长期	5 000 米^{2}以上设土石方作业的建筑工地全部安装在线监测和视频监控，并与当地行业主管部门联网
		道路扬尘综合整治	长期	提高道路机械化清扫率，城市建成区达到 70%以上，主要行车道达到 97%以上；县城建成区达到 60%以上，主要行车道达到 65%以上。新增吸尘式道路保洁车辆比例不低于新增保洁车辆的 70%。及时修复破损严重道路，从源头防止扬尘产生
		渣土运输车监管	全年	严厉打击无资质、标识不全、故意遮挡或污损车牌等渣土车违法行为。严格渣土运输车辆规范化管理，渣土运输车做到全密闭
		露天堆场扬尘整治	全年	全面清理城乡接合部以及城中村拆迁的渣土和建筑垃圾，不能及时清理的必须采取苫盖等抑尘措施
		城区裸露土地综合整治	全年	持续排查城市荒地空地、非硬化路面、绿化带、工地裸土（地）、滩涂等裸露土地，按照“宜绿则绿、宜硬则硬、宜盖则盖”的原则，分类施策，综合整治
		强化降尘量控制	全年	各县（市、区）降尘量不高于 9 吨/（月 • 千米^2）
	秸秆综合利用	加强秸秆焚烧管控	长期	建立网格化监管制度，在秋收阶段开展秸秆禁烧专项巡查
		加强秸秆综合利用	全年	秸秆综合利用率达到 92.5%
工业炉窑大气污染综合治理	制定方案	制定实施方案	2019 年 12 月底前	制定工业炉窑大气污染综合治理实施方案，明确治理要求，细化任务分工，确定分年度重点项目
	淘汰一批	燃煤加热、烘干炉（窑）淘汰	2019 年 12 月底前	淘汰燃煤加热、烘干炉（窑）28 台
		工业炉（窑）淘汰	2019 年 12 月底前	淘汰蒲城县旭峰碳酸钙有限责任公司、蒲城县兴盛建材有限公司、蒲城坞垅水泥有限公司、陕西蒲城金虹镁业有限公司共 10 台炉窑
	治理一批	工业炉窑废气深度治理	2019 年 12 月底前	完成陕西陕焦化工有限公司 70 万吨、95 万吨焦炉烟气脱硝改造；陕西实丰水泥股份有限公司水泥炉窑低氮燃烧改造；尧柏特种水泥集团有限责任公司蒲城分公司 2#窑电改电+布袋除尘升级改造
	监控监管	监测监控	2019 年 12 月底前	陕西拓日新能源科技有限公司（平板玻璃制造行业）安装自动监控系统 1 套
		工业炉窑专项执法	2019 年 12 月底前	开展专项执法检查
VOCs 治理	重点工业行业 VOCs 综合治理	源头替代	2019 年 12 月底前	引导鼓励工业涂装企业完成低 VOCs 含量涂料替代，包装印刷企业完成低 VOCs 含量油墨替代

类别	重点工作	主要任务	完成时限	工程措施
VOCs治理	重点工业行业VOCs综合治理	无组织排放控制	2019年12月底前	持续开展煤化工行业泄漏检测与修复工作，提升VOCs无组织排放治理能力
		治污设施建设	2019年12月底前	1家煤化工企业、1家焦化、7家机械（专用设备）制造、1家树脂制造、2家农药制造、1家工业涂装企业、1家纸制品、1家包装印刷企业、1家家具加工等建设适宜高效的治污设施
		精细化管控	全年	2家煤化工（肥料制造）企业、1家电池制造、2家金属结构制造、1家木质家具制造、3家农药制造、1家涂料制造、5家橡胶和塑料制造、5家有机化学原料制造、5家专用设备制造业等推行“一厂一策”制度，加强企业运行管理
	油品储运销综合治理	油气回收治理	2019年10月底前	加大对加油站、储油库油气污染防治设施设备运行情况、回收效率专项检查，确保油气污染防治设施正常运行
	监测监控	自动监控设施安装	2019年12月底前	3家煤化工企业、1家焦化企业主要排污口要安装自动监控设施共4套
重污染天气应对	修订完善应急预案及减排清单	完善重污染天气应急预案	2019年10月底前	修订完善重污染天气应急预案
		完善应急减排清单，夯实应急减排措施	2019年10月底前	完成重点行业绩效分级，完成应急减排清单编制工作，落实“一厂一策”等各项应急减排措施
	应急运输响应	重污染天气移动源管控	2019年10月15日前	加强源头管控，根据实际情况，制定日货车使用量10辆以上企业、铁路货场、物流园区的重污染天气车辆管控措施，并在出入口安装视频门禁监控系统、车牌号码智能识别系统。启动重污染天气应急车辆管控平台建设
能力建设	完善环境监测监控网络	环境空气质量监测网络建设	2019年12月底前	增设环境空气质量自动监测站点13个
		遥感监测系统平台三级联网	长期	机动车遥感监测系统稳定传输数据
		定期排放检验机构三级联网	长期	市级机动车检验机构监管平台实现检测视频监控、防作弊报警提示、数据统计分析、检测机构管理、车辆环保信息管理，实现三级联网
		重型柴油车车载诊断系统远程监控系统建设	全年	推进具备条件的重型柴油车车载诊断系统远程监控系统建设和终端安装
	源排放清单编制	编制大气污染源排放清单	2019年12月底前	完成2018年大气污染源排放清单编制
	颗粒物来源解析	开展$PM_{2.5}$来源解析	2019年12月底前	完成2018年城市大气污染颗粒物源解析

陕西省杨凌示范区2019—2020年秋冬季大气污染综合治理攻坚行动方案

类别	重点工作	主要任务	完成时限	工程措施
产业结构调整	“散乱污”企业和集群综合整治	“散乱污”企业综合整治	2019年10月底前	完善“散乱污”企业动态管理机制，实行网格化管理，压实基层责任，发现一起查处一起
	工业源污染治理	实施排污许可	2019年12月底前	完成全区工业企业排污许可证核发
		无组织排放治理	2019年12月底前	完成区内3家物料、储存及生产工艺过程等无组织排放的深度治理
能源结构调整	清洁取暖	清洁能源替代散煤	2019年采暖季前	全面完成清洁取暖改造任务。完成散煤治理3 098户，全部为煤改电
		煤质监管	全年	加强部门联动，严厉打击劣质煤流通、销售和使用。煤质抽检覆盖率不低于90%，对抽检发现经营不合格散煤行为的，依法处罚
	高污染燃料禁燃区	禁燃区监管	长期	依法对违规使用高污染燃料的单位进行处罚
	锅炉综合整治	锅炉管理台账	2019年12月底前	完善燃煤锅炉管理台账，加大排查力度，冬防期间每月排查一次，发现一台拆除一台
		燃气锅炉低氮改造	2019年12月底前	完成燃气锅炉低氮改造32台107蒸吨
	煤炭消费总量控制	煤炭消费总量削减	全年	完成省下达的煤炭消费总量控制任务
运输结构调整	运输结构调整	提升铁路货运量	2019年11月底前	落实陕西省运输结构调整方案的铁路货运量提升要求，督促陕西华电杨凌华电热电公司煤炭运输公铁比达到80%。开展大宗货物年货运量150万吨及以上的大型工矿企业和物流园区摸底调查，研究推进大宗货物“公转铁”方案
		发展新能源车	2019年12月底前	新增或更换公交、环卫、邮政新能源车比例达到80%
		老旧车淘汰	2019年12月底前	加快淘汰国三及以下营运柴油货车
	车船燃油品质改善	油品和尿素质量抽查	2019年12月底前	强化油品质量监管，按照年度抽检计划，在全区加油站（点）抽检车用汽柴油尿素共计14个批次，实现年度全覆盖。开展对大型工业企业自备油库油品质量专项检查，对发现的问题依法依规进行处置
		打击黑加油站点	长期	开展打击黑加油站点专项行动，对黑加油站点查处取缔工作进行督导
		使用终端油品和尿素质量抽查	2019年12月底前	从柴油货车油箱和尿素箱抽取检测柴油样品和车用尿素样品各100个以上
	在用车环境管理	在用车执法监管	秋冬季	秋冬季期间监督抽测柴油车数量不低于当地柴油车保有量的80%。加大对车辆集中停放地和重点用车大户的监管力度，抽查50辆以上

类别	重点工作	主要任务	完成时限	工程措施
运输结构调整	在用车环境管理	在用车执法监管	2019 年 10 月底前	联合公安、交通、市场监管等部门在西宝高速出口设 1 个监测点，加强车辆尾气排放监测
			2019 年 12 月底前	检查排放检验机构 2 家，实现排放检验机构监管全覆盖
			2019 年 10 月底前	构建超标柴油车黑名单，将遥感监测（含黑烟抓拍）、停放地抽检及联合路检执法发现的超标车辆纳入黑名单，动态管理，并与公安、交通部门实现信息共享。 推广使用“驾驶排放不合格的机动车上道路行驶的”交通违法处罚代码 6063，由生态环境部门取证，公安交管部门对路检路查和黑烟抓拍发现的上路行驶超标车辆进行处罚，并由交通部门负责强制维修
	非道路移动机械环境管理	高排放控制区	2019 年 12 月底前	划定并公布禁止使用高排放非道路移动机械的区域
		备案登记	2019 年 12 月底前	完成非道路移动机械编码登记
		排放检验	2019 年 12 月底前	以施工工地和物流园区、高排放控制区等为重点，对区内 60 辆非道路移动机械进行检测管控，做到重点场所全覆盖
用地结构调整	扬尘综合治理	建筑扬尘治理	长期	对区内 72 个开工工地每月不少于 1 次排查，严格落实施工工地“六个百分之百”要求
		施工扬尘管理清单	长期	定期动态更新施工工地管理清单
		施工扬尘监管	长期	5 000 米^{2}以上建筑工地全部安装在线监测和视频监控，与示范区住建部门联网，实现动态监管全覆盖
		道路扬尘综合整治	长期	杨凌示范区城市道路机械化清扫率达到 100%
		渣土运输车监管	全年	严厉打击无资质、标识不全、故意遮挡或污损车牌等渣土车违法行为。严格渣土运输车辆规范化管理，渣土运输车做到全密闭
		露天堆场扬尘整治	全年	全面清理城乡接合部以及城中村拆迁的渣土和建筑垃圾，不能及时清理的必须采取苫盖等抑尘措施
		强化降尘量控制	全年	全区降尘量不高于 9 吨/（月·千米^2）
	秸秆综合利用	加强秸秆焚烧管控	长期	建立网格化监管制度，在秋收阶段开展秸秆禁烧专项巡查
		加强秸秆综合利用	全年	秸秆综合利用率达到 93%以上
VOCs 治理	重点工业行业 VOCs 综合治理	源头替代	2019 年 12 月底前	1 家工业涂装企业完成低 VOCs 含量涂料替代；1 家包装印刷企业完成低 VOCs 含量油墨替代
		无组织排放控制	2019 年 11 月底前	1 家工业涂装企业、1 家包装印刷企业等通过采取设备与场所密闭、工艺改进、废气有效收集等措施，完成 VOCs 无组织排放治理
		治污设施建设	2019 年 10 月底前	完成区内 35 家汽修企业治污设施深度治理，1 家企业安装 VOCs 自动监控设施 1 套

类别	重点工作	主要任务	完成时限	工程措施
VOCs治理	重点工业行业VOCs综合治理	精细化管控	全年	对区内35家汽修企业和1家工业企业以及1家印刷企业等推行“一厂一策”制度，加强企业运行管理
	油品储运销综合治理	油气回收治理	2019年10月底前	开展加油站油气污染防治专项检查，确保油气污染防治设施正常运行
		自动监控设备安装	2019年12月底前	推进年销售汽油量大于5 000吨的2个加油站完成油气回收自动监控设备联网工作
	监测监控	自动监控设施安装	2019年10月底前	1家工业涂装企业主要排污口安装自动监控设施共1套
重污染天气应对	修订完善应急预案及减排清单	完善重污染天气应急预案	2019年10月底前	修订完善重污染天气应急预案
		完善应急减排清单，夯实应急减排措施	2019年10月底前	完成重点行业绩效分级，完成应急减排清单编制工作，区内58家企业落实“一厂一策”等各项应急减排措施
	应急运输响应	重污染天气移动源管控	2019年10月15日前	加强源头管控，根据实际情况，制定重点涉气企业重污染天气车辆管控措施，并安装门禁监控系统。启动重污染天气车辆管控平台建设
能力建设	完善环境监测监控网络	环境空气质量监测网络建设	2019年10月底前	增设环境空气质量自动监测站点3个
		环境空气VOCs监测	2019年10月底前	建成环境空气VOCs监测站点1个
		遥感监测系统平台三级联网	长期	机动车遥感监测系统稳定传输数据
		定期排放检验机构三级联网	长期	市级机动车检验机构监管平台实现检测视频监控、防作弊报警提示、数据统计分析、检测机构管理、车辆环保信息管理，实现三级联网
		重型柴油车车载诊断系统远程监控系统建设	全年	推进具有条件的重型柴油车车载诊断系统远程监控系统建设和终端安装
		道路空气质量监测	2019年12月底前	在主要道路建设空气质量监测站20个，并实现数据联网分析，建立排名考核机制
	源排放清单编制	编制大气污染源排放清单	2019年10月底前	动态更新2018年大气污染源排放清单
	颗粒物来源解析	开展$PM_{2.5}$来源解析	2019年12月底前	完成2019年城市大气污染颗粒物源解析

陕西省西咸新区2019—2020年秋冬季大气污染综合治理攻坚行动方案

类别	重点工作	主要任务	完成时限	工程措施
产业结构调整	“散乱污”企业综合整治	“散乱污”企业综合整治	2019年12月底前	完成剩余298家“散乱污”企业综合整治，完善“散乱污”企业动态管理机制，实行网格化管理，压实基层责任，发现一起查处一起
	工业源污染治理	实施排污许可	2019年12月底前	完成汽车零部件制造、酒及饮料制造等2019年需完成的行业排污许可证核发
		无组织排放治理	2019年12月底前	完成陕西渭河发电有限公司封闭式煤仓建设
		园区综合整治	2019年12月底前	制定综合整治方案，完成空港物流聚集区、沣东及秦汉汽车产业园、泾河永乐工业园区等环境综合整治
能源结构调整	清洁取暖	清洁能源替代散煤	2019年采暖季前	完成散煤治理9.6万户，其中煤改电5.86万户，煤改气3.74万户
			秋冬季	加大宣传引导和巡查检查力度，避免已实施煤改洁区域出现散煤或生物质复烧情况
		洁净煤替代散煤	2019年10月底前	暂不具备清洁能源替代条件地区推广洁净煤替代散煤
		无干扰地热供暖	2019年12月底前	年内新开工建设6个无干扰地热供暖项目
		煤质监管	秋冬季	加强部门联动，严厉打击劣质煤流通、销售和使用。煤质抽检覆盖率不低于90%，对抽检发现经营不合格散煤行为的，依法处罚
	高污染燃料禁燃区	加强监管	长期	禁止在高污染燃料禁燃区内（按已征地范围动态更新）销售、燃用高污染燃料，禁止新建、扩建高污染燃料的设施；依法对违规使用高污染燃料的单位进行处罚
	煤炭消费总量控制	煤炭消费总量削减	全年	非电企业煤炭消费总量较2018年降低，削减任务以省发改委下达为准
	锅炉综合整治	锅炉管理台账	2019年12月底前	继续完善锅炉管理台账
		淘汰燃煤锅炉	长期	巩固35蒸吨以下地方燃煤锅炉拆改成效，发现一台，拆除一台，每月进行排查并更新台账
		燃气锅炉低氮改造	2019年12月底前	完成燃气锅炉低氮改造16台46.5蒸吨
运输结构调整	运输结构调整	提升铁路货运量	2019年12月底前	落实《陕西省推进运输结构调整工作实施方案（2019—2020年）》，2019年铁路货运达到178万吨。开展大宗货物年货运量150万吨及以上的大型工矿企业和物流园区摸底调查，研究推进大宗货物“公转铁”方案
		发展新能源车	全年	新增公交、环卫、通勤、轻型城市物流车辆中新能源或清洁能源比例达到80%
			全年	除消防、救护、除冰雪、加油车辆设备及无新能源产品车辆设备外，机场内运营新增和更新车辆设备100%使用新能源
		老旧车淘汰	全年	配合西安、咸阳淘汰国三及以下营运柴油货车和稀薄燃烧技术燃气车辆

类别	重点工作	主要任务	完成时限	工程措施
运输结构调整	车船燃油品质改善	油品和尿素质量抽查	2019年12月底前	强化油品质量监管，按照年度抽检计划，新区加油站（点）抽检车用汽柴油共计100个批次，实现年度全覆盖。开展工业企业自备油库摸排，对发现的进行抽测，依法依规处置；开展机场自备油库油品质量检查，对机场的中航油等自备油库开展检查，做到季度全覆盖。从高速公路、国道、省道沿线加油站抽检尿素50次以上
		打击黑加油站点	2019年10月底前	开展打击黑加油站点专项行动，对黑加油站点查处取缔工作进行督导。从柴油货车油箱和尿素箱抽取检测柴油样品和车用尿素样品各50个以上
	在用车环境管理	在用车执法监管	秋冬季	开展柴油车排气监督抽测工作，严禁超标车上路行驶。加大对车辆集中停放地和重点用车大户的监督检查力度，抽查100辆，实现重点用车大户全覆盖
			2019年10月底前	设立多部门全天候检查站点13个，覆盖主要物流通道和入区道路，并投入运行
			2019年12月底前	检查排放检验机构3个，实现排放检验机构监管全覆盖
			2019年10月底前	构建超标柴油车黑名单，将遥感监测（含黑烟抓拍）、路检执法发现的超标车辆纳入黑名单，实现动态管理，与公安、交通部门实施信息共享，严禁超标车辆上路行驶、进出重点用车企业。推广使用“驾驶排放不合格的机动车上道路行驶的”交通违法处罚代码6063，由生态环境部门取证，公安交管部门对路检路查和黑烟抓拍发现的上路行驶超标车辆进行处罚，并由交通部门负责强制维修
	非道路移动机械环境管理	高排放控制区	2019年10月底前	划定禁止使用高排放非道路移动机械的区域，并按照禁用区公告要求进行严格管控
		备案登记	2019年12月底前	完成非道路移动机械摸底调查和编码登记
		排放检验	秋冬季	以施工工地、机场、物流园区、高排放控制区等为重点，开展非道路移动机械排气检测500辆，做到重点场所全覆盖
		机场岸电	2019年12月底前	西安咸阳国际机场近机位全部使用岸电，有序推进远机位使用移动电源
用地结构调整	扬尘综合治理	建筑扬尘治理	长期	严格落实施工工地“六个百分之百”和“严管重罚”制度，对责任新城（园办）实施财政扣款
		施工扬尘管理清单	长期	定期动态更新施工工地管理清单
		施工扬尘监管	长期	5 000米^{2}以上建筑工地全部安装在线监测和视频监控，并与当地行业主管部门联网
		道路扬尘综合整治	2019年12月底前	主干道机扫率达到100%，街镇达到60%。持续按月开展道路积尘负荷走航监测和考评工作

类别	重点工作	主要任务	完成时限	工程措施
用地结构调整	扬尘综合治理	渣土运输车监管	全年	严厉打击无资质、标识不全、故意遮挡或污损车牌等渣土车违法行为。严格渣土运输车辆规范化管理，渣土运输车做到全密闭
		露天堆场扬尘整治	全年	全面清理城乡接合部以及城中村拆迁的渣土和建筑垃圾，不能及时清理的必须采取有效的抑尘措施
		强化降尘量控制	全年	各新城降尘量不高于 9 吨/（月·千米^2）
	秸秆综合利用	加强秸秆焚烧管控	长期	建立网格化监管制度，在秋收阶段开展秸秆禁烧专项巡查
		加强秸秆综合利用	全年	秸秆综合利用率达到 95%
工业炉窑大气污染综合治理	治理一批	工业炉窑废气深度治理	2019 年 12 月底前	完成玻璃行业 5 台煤气发生炉深度治理
	监控监管	工业炉窑专项执法	2019 年 12 月底前	开展专项执法检查
VOCs 治理	重点工业行业 VOCs 综合治理	源头替代	2019 年 11 月底前	2 家工业涂装企业完成低 VOCs 含量涂料替代；8 家包装印刷企业完成低 VOCs 含量油墨替代
		无组织排放控制	2019 年 10 月底前	1 家石化企业、1 家煤化工企业、1 家涂装企业通过采取设备与场所密闭、工艺改进、废气有效收集等措施，完成 VOCs 无组织排放治理
		治污设施建设	2019 年 12 月底前	1 家机械制造、1 家橡胶生产企业完成治理
		精细化管控	全年	推行“一厂一策”制度，加强企业运行管理
	油品储运销综合治理	油气回收治理	2019 年 10 月底前	开展现有加油站和储油库油气回收设施运行情况专项检查，确保油气回收装置正常运行
	工业园区和企业集群综合治理	集中治理	2019 年 12 月底前	实施化工行业泄漏检测统一监管
	监测监控	自动监控设施安装	2019 年 12 月底前	按照国家 VOCs 在线设施安装及验收技术规范要求，推进 2 家工业涂装企业、1 家橡胶轮胎生产企业在主要排污口安装自动监控设施

类别	重点工作	主要任务	完成时限	工程措施
重污染天气应对	修订完善应急预案及减排清单	完善重污染天气应急预案	2019 年 10 月底前	修订完善重污染天气应急预案
		完善应急减排清单，夯实应急减排措施	2019 年 10 月底前	完成重点行业绩效分级，完成应急减排清单编制工作，落实“一厂一策”等各项应急减排措施
	应急运输响应	重污染天气移动源管控	2019 年 12 月底前	加强源头管控，根据实际情况，制定重点涉气企业、物流园区的重污染天气车辆管控措施，并安装门禁监控系统；启动建设重污染天气车辆管控平台
禁燃禁放	强化巡查检查	烟花爆竹管控	全年	新区范围内全面禁止销售燃放烟花爆竹；不再审批核发烟花爆竹经营许可证，建立巡查机制
		文明祭祀	全年	大力倡导文明祭祀，推行健康安全祭祀仪式，引导群众破除露天焚烧纸钱香烛、燃放鞭炮祭品等陈规陋习
		露天焚烧管控	全年	禁止露天焚烧农作物、垃圾、废弃物等各类行为
能力建设	完善环境监测监控网络	环境空气质量监测网络建设	2019 年 12 月底前	按省统一安排，配合做好沣东集团省控站点建设
		环境空气 VOCs 监测	2019 年 12 月底前	按省统一安排，配合建成环境空气 VOCs 监测站点 1 个
		遥感监测系统平台三级联网	长期	机动车遥感监测系统稳定传输数据
		定期排放检验机构三级联网	长期	机动车检验机构监管平台实现检测视频监控、防作弊报警提示、数据统计分析、检测机构管理、车辆环保信息管理，实现三级联网。对超标排放车辆开展大数据分析，追溯相关方责任
		重型柴油车车载诊断系统远程监控系统建设	全年	推进重型柴油车车载诊断系统远程监控系统建设和终端安装
		机场空气质量监测	2019 年 12 月底前	研究推进机场空气质量监测体系建设
	源排放清单编制	编制大气污染源排放清单	2019 年 10 月底前	动态更新 2018—2019 年大气污染源排放清单；运用管控决策系统，探索精准减排管控措施
	颗粒物来源解析	开展 $PM_{2.5}$ 来源解析	2019 年 10 月底前	完成 2018 年大气污染颗粒物源解析

陕西省韩城市 2019—2020 年秋冬季大气污染综合治理攻坚行动方案

类别	重点工作	主要任务	完成时限	工程措施
产业结构调整	“两高”行业产能控制	压减煤炭产能	2019 年 12 月底前	关闭煤矿 1 处，化解煤炭产能 30 万吨
	“散乱污”企业和集群综合整治	“散乱污”企业综合整治	2019 年 12 月底前	完成剩余 30 家“散乱污”企业综合整治。进一步完善“散乱污”企业动态管理机制，实行网格化管理，压实基层责任，发现一起整改查处一起
	工业源污染治理	实施排污许可	2019 年 12 月底前	完成污水处理及再生利用、热力生产和供应等 11 个行业排污许可证核发
		钢铁超低排放	2020 年 3 月底前	完成龙钢公司（产能 700 万吨）265 米 ^{2} 烧结机超低排放改造，开工建设 400 米 ^{2}、450 米 ^{2} 烧结机超低排放改造工程
		无组织排放治理	2019 年 12 月底前	对 1 家钢铁企业（产能 700 万吨），5 家独立焦化企业（产能 890 万吨），1 家水泥企业（产能日产 2 500 吨熟料）完成物料（含废渣）封闭储仓建设，完成厂区内物料输送以及生产工艺过程等无组织排放的密闭治理
				推进现有 36 家独立洗煤企业全部实施综合整治，完成三面全密闭的物料储仓及厂区内物料转运密闭廊道建设
		工业园区综合整治	2019 年 12 月底前	树立行业标杆，制定综合整治方案，对韩城经济技术开发区实施集中综合整治，同步推进区域环境综合整治和企业升级改造
能源结构调整	清洁取暖	清洁能源替代散煤	2019 年采暖季前	完成散煤治理 0.48 万户，其中，气代煤 0.35 万户、电代煤 0.13 万户
		洁净煤替代散煤	2019 年 10 月底前	暂不具备清洁能源替代条件地区推广洁净煤替代散煤，替代 0.02 万户
		煤质监管	全年	加强部门联动，严厉打击劣质煤流通、销售和使用。煤质抽检覆盖率不低于 90%，对抽检发现经营不合格散煤行为的，依法处罚
	高污染燃料禁燃区	调整扩大禁燃区范围	2019 年 12 月底前	加大划定的禁燃区监管，坚决杜绝禁燃区内高污染燃料使用，对违规使用高污染燃料的单位依法严厉处罚
	煤炭消费总量控制	煤炭消费总量削减	全年	完成 2019 年省上下达的煤炭削减任务
		淘汰燃煤小机组	2019 年 10 月底前	淘汰关停综合利用煤矸石、煤泥 1.2 万千瓦小火电机组 2 台
	锅炉综合整治	锅炉管理台账	全年	进一步完善各类锅炉动态管理台账
		淘汰燃煤锅炉	全年	全市范围内排查出的 35 蒸吨以下燃煤锅炉已全部淘汰拆改完毕。继续巡查排查，发现一台立即拆改一台

类别	重点工作	主要任务	完成时限	工程措施
能源结构调整	锅炉综合整治	锅炉超低排放改造	全年	全市35蒸吨以上燃煤锅炉（6台920蒸吨）已全部完成超低排放改造。加强监管，确保稳定达到超低排放限值要求
		燃气锅炉低氮改造	2019年10月底前	完成燃气锅炉管理清单中剩余的23台47.45蒸吨生产经营类燃气锅炉低氮燃烧改造
		生物质锅炉	全年	加强现有11台生物质锅炉除尘设施运行监管，确保稳定达标排放
运输结构调整	运输结构调整	提升铁路货运量	2019年12月底前	按照省运输结构调整方案要求，铁路货运量较2017年增加57万吨
		加快铁路专用线建设	2019年12月底前	摸排确定货运量大于150万吨大型企业清单，研究推进“公转铁”方案
		老旧车淘汰	2019年12月底前	加快淘汰国三及以下营运柴油货车
	车船燃油品质改善	油品和尿素质量抽查	2019年12月底前	强化油品质量监管，按照年度抽检计划，在全市加油站（点）抽检车用汽柴油共计80个批次，实现年度全覆盖。对企业自备油库进行摸底调查，对发现的油品质量问题依法依规进行处置。对高速公路、国道、省道沿线加油站抽检尿素10次以上
		打击黑加油站点	2019年10月底前	根据省市推进成品油市场整治系列方案要求，开展打击黑加油站点专项行动，对黑加油站点查处取缔工作进行督导。持续打击非法加油行为，防止死灰复燃。从柴油货车油箱和尿素箱抽取检测柴油样品和车用尿素样品各10个以上
	在用车环境管理	在用车执法监管	长期	秋冬季期间监督检查柴油车数量不低于当地柴油车保有量的80%。加大对柴油车重点使用企业、集中停放地监督执法检查
			2019年10月底前	推进多部门全天候综合检测站建设，确保覆盖主要物流通道和城市入口
			2019年12月底前	加强2个机动车排放检验机构监督执法检查，实现排放检验机构监管全覆盖
			2019年10月底前	建立超标柴油车黑名单，将遥感监测（含黑烟抓拍）、停放地抽检及联合路检执法发现的超标车辆纳入黑名单，实行动态管理，并与公安、交通部门实现信息共享。推进“驾驶排放不合格的机动车上道路行驶的” 交通违法处罚代码6063，生态环境部门取证、公安交管部门处罚、交通部门强制维修联合监管执法模式
	非道路移动机械管理	高排放控制区	2019年10月底前	划定并公布禁止使用高排放非道路移动机械的区域，开展高排区域执法检查
		备案登记	2019年12月底前	完成非道路移动机械摸底调查和编码登记
		排放检验	秋冬季	以施工工地、高排放控制区等为检测重点，实现重点场所全覆盖

类别	重点工作	主要任务	完成时限	工程措施
用地结构调整	矿山综合整治	强化露天矿山综合治理	长期	对污染治理不规范的露天矿山，依法责令停产整治，不达标不得恢复生产。推进矿山生态修复治理
	扬尘综合治理	建筑扬尘治理	长期	严格落实施工工地“六个百分之百”要求
		施工扬尘管理清单	长期	定期动态更新施工工地管理清单
		施工扬尘监管	长期	5 000 米^{2}以上建筑工地全部安装在线监测和视频监控，并与当地行业主管部门联网
		道路扬尘综合整治	长期	加大道路扬尘管控，城市道路机械化清扫率达到 89%。推进过境高速、省道机械化清扫作业
		渣土运输车监管	全年	严厉打击无资质、标识不全、故意遮挡或污损车牌等渣土车违法行为。严格渣土运输车辆规范化管理，渣土运输车做到全密闭
		露天堆场扬尘整治	全年	全面清理城乡接合部以及城中村拆迁的渣土和建筑垃圾，不能及时清理的必须采取苫盖等抑尘措施
		强化降尘量控制	全年	全市降尘量不高于 9 吨/（月・千米^2）
	秸秆综合利用	加强秸秆焚烧管控	长期	建立网格化监管制度，在秋收阶段开展秸秆禁烧专项巡查
		加强秸秆综合利用	全年	秸秆综合利用率达到 88%以上
工业炉窑大气污染综合治理	制定方案	制定实施方案	2019 年 12 月底前	制定工业炉窑大气污染综合治理实施方案，明确治理要求，细化任务分工，确定分年度重点治理项目
	治理一批	工业炉窑废气深度治理	2019 年 12 月底前	推进工业炉窑全面达标排放。对钢铁、水泥、焦化、陶瓷、砖瓦等行业颗粒物、二氧化硫、氮氧化物按全面执行大气污染物特别排放限值和关中地标限值实施改造；对石灰、粉体等行业颗粒物、二氧化硫、氮氧化物按不高于 30 毫克/米^3、200 毫克/米^3、300 毫克/米^{3}实施改造
	监控监管	监测监控	2019 年 10 月底前	新增安装自动监控系统 2 套
		工业炉窑专项执法	2019 年 12 月底前	开展专项执法检查 2 次以上
VOCs 治理	重点工业行业 VOCs 综合治理	源头替代	2019 年 12 月底前	推进 2 家工业涂装企业低 VOCs 含量涂料替代和 6 家包装印刷企业低 VOCs 含量油墨替代
		无组织排放控制	2019 年 12 月底前	对 9 家煤化工企业实施泄漏检测，并完成泄漏点的修复；完成 5 家焦化企业化产装置区 VOCs 无组织排放收集回炉燃烧深度治理
		治污设施建设	2019 年 12 月底前	对 2 家工业涂装企业进行喷漆废气处理技术升级改造；6 家煤化工企业在主要 VOCs 排污口安装自动监控设施共 12 套，并推进联网工作

类别	重点工作	主要任务	完成时限	工程措施
VOCs治理	重点工业行业VOCs综合治理	精细化管控	全年	推进9家煤化工企业、2家工业涂装企业等“一厂一策”管理制度，加强企业VOCs排放管控
	油品储运销综合治理	油气回收治理	2019年10月底前	加强全市49座加油站油气回收治理设施监管，开展专项检查，确保油气污染防治设施正常运行
重污染天气应对	修订完善应急预案及减排清单	完善重污染天气应急预案	2019年10月底前	修订完善重污染天气应急预案
		完善应急减排清单，夯实应急减排措施	2019年10月底前	完成重点行业绩效分级，完成应急减排清单编制工作，落实“一厂一策”等各项应急减排措施
	应急运输响应	重污染天气移动源管控	2019年10月15日前	加强源头管控，根据实际情况，制定重点涉气企业重污染天气车辆管控措施，并安装门禁监控系统。启动重污染天气车辆管控平台建设
能力建设	完善环境监测监控网络	环境空气质量监测网络建设	2019年12月底前	增设环境空气质量自动监测站点2个
		环境空气VOCs监测	2019年10月底前	建成环境空气VOCs监测站点1个
		遥感监测系统平台三级联网	长期	机动车遥感监测系统稳定传输数据
		重型柴油车车载诊断系统远程监控系统建设	全年	推进具备条件的重型柴油车车载诊断系统远程监控系统建设和终端安装
	源排放清单编制	编制大气污染源排放清单	2019年10月底前	动态更新2018年大气污染源排放清单
	颗粒物来源解析	开展$PM_{2.5}$来源解析	2019年10月底前	完成2018年城市大气污染颗粒物源解析

关于印发《关于改革完善信访投诉工作机制　推进解决群众身边突出生态环境问题的指导意见》的通知

环厅〔2019〕106 号

各省、自治区、直辖市生态环境厅（局），军委后勤保障部军事设施建设局，新疆生产建设兵团生态环境局，机关各部门，各派出机构、直属单位：

为完善信访投诉工作机制，创新信访投诉工作方法，探索推进生态环境治理体系和治理能力现代化，助力打好污染防治攻坚战，我部制定了《关于改革完善信访投诉工作机制　推进解决群众身边突出生态环境问题的指导意见》，现印发给你们，请遵照执行。

生态环境部

2019 年 11 月 27 日

关于改革完善信访投诉工作机制　推进解决群众身边突出生态环境问题的指导意见

为深入贯彻习近平新时代中国特色社会主义思想，全面落实习近平生态文明思想、习近平总书记关于加强和改进人民信访工作的重要思想和党的十九届四中全会精神，坚持以人民为中心的发展思想，创新和完善生态环境信访投诉工作机制，探索推进生态环境治理体系和治理能力现代化，助力打好污染防治攻坚战，提出以下指导意见。

一、进一步提高政治站位，充分认识解决群众身边突出生态环境问题的重大意义

解决群众身边突出生态环境问题，是坚持党的根本宗旨、不忘初心、牢记使命的时代要求；是增强“四个意识”、坚定“四个自信”、做到“两个维护”的具体体现；是防范化解生态环境风险、促进社会和谐稳定发展和实现环境效益、经济效益、社会效益多赢的关键环节。

信访投诉是群众参加社会治理的重要途径，是发现群众身边突出生态环境问题的主要渠道之一，是解决群众身边突出生态环境问题的有力抓手。各级生态环境部门要把改革完善信访投诉工作机制、解决群众身边突出生态环境问题作为重点工作任务，积极探索生态

环境治理体系和治理能力现代化，既要发挥联系群众的“桥头堡”作用，又要成为服务生态环境保护工作的“信息源”和检验生态文明建设成效的“试金石”。

二、进一步转变思想观念，树立解决群众身边突出生态环境问题的新理念

树立新时期生态环境保护大局观，将群众信访投诉作为精准发现生态环境问题线索的“金矿”，变压力为动力，变挑战为机遇。

（一）从被动应对向主动作为转变。改变将群众信访投诉视为“找麻烦、添乱子”的错误观点，扭转“掩盖问题、摆平问题”的错误思维，提倡和鼓励全社会参与监督。将群众当作生态环境部门的“千里眼”“顺风耳”，当作守护生态环境的“同盟军”，打一场污染防治攻坚的人民战争。

（二）从程序终结向群众满意转变。以“事情解决、群众满意”为工作核心要求，既在宏观上做好顶层设计，也在微观上抓好督促督导，把信访投诉工作落到实处，确保群众信访投诉的问题立查、立改、见效，避免程序空转、终而不结。

（三）从“小环保”向“大环保”转变。推进落实生态环境保护“党政同责、一岗双责”，积极协调地方政府及相关部门和单位，制定解决群众身边突出生态环境问题责任清单，建立部门间信息共享、问题移交、处理督办工作机制，形成生态环境部门统一监管，相关部门分工负责的横向联合、上下联动工作模式，凝聚工作合力，构建广泛的生态环境保护统一战线。

三、进一步抓好统筹整合，完善解决群众身边突出生态环境问题的新体系

坚持和发展新时代“枫桥经验”，畅通和规范群众诉求表达、利益协调、权益保障通道，完善信访投诉制度。加快构建解决群众身边突出生态环境问题的“大平台、大数据、大系统”，提升信息化水平和能力，创新监管手段，规范处理程序，强化推动落实。

（一）统一信息来源。统筹领导批示及上级部门转件、来信、来访、“12369”热线电话、微信微博、网上投诉、电子邮件以及其他渠道（部领导和机关各部门、部属单位等）受理的信访投诉问题，梳理涉及生态环境部门职责的有效信访投诉和有效问题线索，及时受理、及时答复、及时公开。积极推进网上信访，实现“数据多跑路、群众少跑腿”。各级生态环境部门要统筹管理各渠道的信访投诉，确保有效信访投诉“问题有人接、案件及时办、效果有监督、办结有回应”。

（二）统一工作平台。生态环境部在整合现有全国信访信息管理系统和“12369”环保投诉联网管理平台的基础上，加快打造一体化受理、分级办理的信访投诉云平台，形成统一的数据格式和办理流程，实现“一网登记、一网转办、一网处理、一网回复”。地方各级生态环境部门原则上应统一使用云平台，确因特殊需要使用自有平台的，要严格遵循云平台数据接口规范，强化业务和数据衔接，确保“工作不断档、信息可共享”。

（三）统一分析研判。深入挖掘云平台数据潜力，加强定量分析和综合研判。各级生态环境部门既要定期对云平台数据进行分析对比，又要针对特定问题开展专题研究，对群众集中、反复反映的突出生态环境问题提早实施预警，专案专办；对发现的普遍性、典型

性、苗头性、倾向性问题，移交业务部门深入研究，并作为行政审批、政策制定、区域环评、排污许可、资金使用等方面的重要参考因素。

（四）统一部门管理。紧扣解决问题，理顺生态环境部现有来信来访接待与投诉受理等工作机构，逐步实现“一个部门、一支队伍、一套制度”的管理模式，统一履行综合指导、接待受理、转办督办、大数据分析、风险研判、信访投诉事项信息公开等职责。省级及以下生态环境部门信访投诉工作可参考借鉴生态环境部的做法，落实综合协调职责，方便受理、查询、督办。

四、进一步创新工作方法，健全解决群众身边突出生态环境问题的新机制

坚持双向发力，既调动基层工作积极性，又强化顶层监督和帮扶，建立上下互动、规范统一的解决群众身边突出生态环境问题工作机制。

（一）转交属地部门。涉及地方生态环境部门职责的有效信访投诉，统一按照《信访条例》“属地管理、分级负责”原则，转交属地生态环境部门办理。承办单位应按照“从严从快”工作要求调查处理，及时公开结果并答复信访人，回应群众关切。情况复杂确需延期的，办理中要建立问题台账，明确落实责任人和时间节点；情况特殊确需长期整改落实的，承办单位应在 30 日内报送整改措施及时限，每季度向社会公开整改进展情况，视情采取现场督察、挂牌督办等方式，推动问题整改落实。

（二）转交本级业务部门。属于本级职责的审批监管、履职申请、意见建议等有效信访投诉，转交相关业务部门办理。定期梳理群众关心关注的热点问题、主要诉求，转送相关业务部门研究处理。业务部门在政策制定、审核把关及指导地方开展工作过程中，应多听取群众意见，提高政策的科学性、可操作性，从源头上预防和减少信访矛盾。

（三）转交区域督察和流域监管机构。生态环境部在依法将问题线索转交属地办理的同时，涉及地方党委政府及其相关部门职责的有效信访投诉，定期转交各区域督察局，作为日常督察和监管执法的重要线索。对涉流域海域水环境的有效信访投诉，定期转交各流域海域生态环境监督管理局，作为生态环境监管执法工作线索。区域督察和流域监管机构对问题线索进行核实、查处的，应及时反馈相关情况。

（四）纳入强化监督帮扶范围。生态环境部将解决群众身边突出生态环境问题与强化监督帮扶工作统筹结合起来。涉及强化监督帮扶相关工作的有效信访投诉，定期转交执法局作为问题线索，拉条挂账、形成清单并安排强化监督帮扶工作组进行现场核查。对问题仍然存在的，由执法局向属地政府或生态环境部门发函督办，督促限期整改。各地生态环境部门可参照该做法，结合本地开展的监督执法与帮扶工作，及时梳理转交问题线索。

（五）纳入生态环境保护督察。各级生态环境部门要以中央、省级生态环境保护督察为契机，将长期未能解决的有效信访投诉提供给督察组作为问题线索，由督察组视情开展督察，督促各地党委、政府及有关部门落实主体责任，妥善解决群众身边突出生态环境问题。

（六）充分利用舆论监督。各级生态环境部门对群众反映的身边突出生态环境问题，要定期通过开设媒体专栏、网上公告、微博跟帖、召开新闻发布会等方式，向社会公开问

题处理情况，接受社会监督。坚持正确舆论导向，对办结的典型案例，进行积极宣传；对屡次投诉、久拖不结的典型案例，坚决予以曝光。

五、进一步加强组织领导，落实解决群众身边突出生态环境问题的新措施

围绕解决群众身边突出生态环境问题工作，各级生态环境部门要加强统一领导，健全工作队伍，完善制度规范，强化技术支撑。

（一）夯实领导责任。各级生态环境部门主要负责人要亲自部署解决群众身边突出生态环境问题的总体方案，明确并督促落实各内设机构（单位）分工责任，完善与其他政府部门、社会机构和企业等方面沟通协调机制，加大对企业的监督、帮扶力度，形成各负其责、高效协同的运转体系。

（二）倡导有序举报。根据生态环境部《关于加强生态环境违法行为举报奖励工作的指导意见》精神，对如实举报破坏生态环境违法行为的个人、集体和社会组织给予精神或物质奖励。

（三）强化督导督办。充分利用生态环境“互联网+监管”系统，规范和强化全流程监督，实现办理时间点、办理人员、办理流程、办理结果等的全透明、可核查、能督促。主动接受外部监督，及时公开生态环境问题办理情况，实现信访人对投诉问题的办理进度和办理结果可查询、可跟踪、可评价。

（四）严格考核落实。将群众身边突出生态环境问题办理情况作为工作绩效考核重要指标，定期开展督查评估并通报进展情况。对工作滞后地区加强督办指导，明确整改要求，督促整改落实；对工作中推诿拖延、敷衍塞责的工作人员依纪依法追究责任。

关于深化生态环境科技体制改革激发科技创新活力的实施意见

环科财〔2019〕109号

机关各部门、各派出机构、各直属单位，各国家环境保护重点实验室、工程技术中心、科学观测研究站：

为贯彻党的十九大和十九届二中、三中、四中全会精神，以习近平新时代中国特色社会主义思想为指导，落实习近平生态文明思想、全国生态环境保护大会精神以及党中央、国务院有关科技体制改革系列文件要求，经中共生态环境部党组会议审议同意，现就深入推进生态环境科技体制改革激发科技创新活力，切实发挥科技创新在打好污染防治攻坚战和生态文明建设中的支撑与引领作用，加快推进生态环境治理体系与治理能力现代化，提出如下意见。

一、完善科技创新能力体系建设

（一）构建支撑生态环境治理体系与治理能力现代化的科技创新格局

引领聚集各方科研力量和科技资源，投入打好污染防治攻坚战和生态环境保护中，更好地发挥科技支撑作用。针对生态环境质量持续改善和环境管理的科技需求，聚焦重大创新方向，优化调整科研力量布局，完善科技创新体系，促进科技成果支撑引领生态环境治理体系与治理能力现代化。

（二）打造高水平科技创新平台

争创生态环境领域国家实验室。以现有的国家级科技创新平台为基础，进一步凝练重大创新方向和创新目标，在区域大气污染防治、水生态环境质量改善、土壤与地下水保护修复、固体废物资源化、核与辐射安全、生物多样性与生态安全、环境健康与风险防控、气候变化与协同治理、海洋生态修复与环境治理、绿色发展与环境政策综合模拟等领域，支持创建若干国家重点实验室、国家工程研究中心和国家野外科学观测研究站等。

给予国家环境保护重点实验室、工程技术中心和科学观测研究站等部级科技创新平台稳定的运行维护支持，促进优势学科领域实现国际上的并跑领跑。强化部级科技创新平台管理与绩效评估工作，对成绩突出的在科研项目立项、基础设施建设、大型仪器设备购置等方面给予政策倾斜和建设资金奖励。

支持部属科研单位和部级科技创新平台开展形式多样的生态环境科普活动，大力推进科研项目成果科普化，建设一批高水平的国家生态环境科普基地。

（三）推进产学研用协同创新模式

支持部属科研单位围绕国家生态环境保护重大战略部署，联合全国科研院所、高校、企业等优势科研资源，建立科学研究与行政管理深度融合的联合研究中心和攻关中心。鼓励围绕重点区域、流域、海域环境治理和生态保护需求，探索建立若干产学研用相结合、权责清晰、组织高效的区域创新平台或研发基地。鼓励围绕生态环境保护重大技术研发、装备研制、工程示范和产业发展，与科研院所、企业合作建立产业技术创新联盟，形成协同创新和融合发展新模式。完善国家生态环境科技成果转化综合服务平台，鼓励部属科研单位围绕生态环境科技成果转化，与有关单位合作建设成果转化示范基地。

（四）完善实施仪器设备与数据共享机制

优化整合生态环境领域现有各类科研基础设施、大型仪器设备等资源，统筹监测、调查、科研项目等数据，构建仪器设备共用、数据资源共享的机制和多层次开放服务机制。实行部属科研单位仪器设备与数据共享评价制度，并将评价结果作为部属科研单位修缮购置专项等资金投入的重要依据。

二、优化科研立项，加大投入力度

（五）推动重大科研项目立项实施

围绕国家重大发展战略，聚焦重大科学问题，凝练生态环境领域关键科技需求，以生态环境质量改善和生态文明建设为目标，超前谋划设计区域性、流域性、海域性重大科研项目。围绕贯彻落实国家核安全观，凝练核与辐射监管领域关键技术与重大装备需求，设计储备重大科研项目。推动重大科研项目立项实施，部属科研单位应进一步明确自身定位和科技创新优势，建立有利于承担重大科研项目实施和科技成果产出的工作机制，推动建设规范化的生态环境科研项目管理专业机构。

（六）实施政府购买服务改革试点

推进政府购买服务改革，对适宜由部属科研单位或其他社会力量承担的政府购买服务事项，采用直接委托或竞争性购买等方式，实行合同化管理。部属科研单位承接政府购买服务取得的收入，应当纳入单位预算统一核算，依法纳税并享受相关税收优惠等政策，税后收入由受托单位按相关政策规定进行支配。

三、深化科研管理“放管服”改革

（七）赋予部属科研单位更大自主权

充分尊重科研院所在岗位设置、人员聘用、内部机构调整、绩效工资分配、评价考核、科研组织等方面的管理权限。部属科研单位可根据事业发展需要和人员现状，在核定的内设机构总数内提出调整建议，经征得分管业务工作的部领导同意后，报部机构编制部门。在核定的内设机构框架下，部属科研单位可根据发展需要自主设置研究团队。部属科研单位完善内部用人制度，根据科技创新事业发展需要，在主责主业范围内自主设置岗位、自主聘用工作人员、自主聘用内设机构负责人。对科研实力突出、高层次人才集中、管理规范有效的部属科研单位，可适当增加高级专业技术岗位比例。专业技术人员直接提任领导人员可参照《科研事业单位领导人员管理暂行办法》执行。

部属科研单位逐步建立实施章程管理制度，明确职能定位、权力责任和业务范围。实施章程管理的单位，可按照精简、效能的原则，自主设置、变更和取消单位的内设机构。

（八）强化部属科研单位绩效管理

部属科研单位要制定中长期发展目标和规划，明确绩效目标及指标。按照权责利效相统一和分类评价原则，建立以创新、结果和实绩为导向，以支撑服务生态环境保护重点工作为核心的评价考核机制，突出中长期绩效管理，评价结果以适当方式公开，并作为部属科研单位财政拨款、科技创新基地建设、领导人员考评奖励、绩效工资总量核定、职称评审等的重要依据。

（九）简化科研活动过程管理

在项目管理、人才培养、基地建设、国际合作等科技活动中，精简申报要求，减少科研项目实施周期内的一般性评估、检查、抽查、审计等活动，减少项目材料的重复报送，减少项目执行期、人才培养期、科研基地建设期之内的过程管理程序。合并项目财务验收和技术验收，实施针对关键节点的“里程碑”式管理和结果导向的绩效管理。赋予项目负责人在研究方案、技术路线和团队组建等方面更大自主权。部属科研单位建立完善有利于科研活动的设备耗材采购管理制度，对科研急需的设备和耗材，简化采购流程，缩短采购时间。

（十）区别管理科研人员国际合作交流活动

承担科研任务的人员（含担任领导职务同时承担科研任务的专家学者、返聘人员），因公出国（境）开展活动、科学研究、学术访问、出席重要国际学术会议以及执行国际学术组织履职任务等学术交流合作，应实施导向明确的区别管理，计划单列。出国（境）批次数、团组人数、在外停留天数，应根据科研实际需要从严控制，不列入限量管理范围。对计划外确需临时参加国际学术会议的，应在报批时说明理由，部相关主管司局按有关规定审批并办理。鼓励科研人员申请国家留学基金等学术交流与培训项目。

四、推进高层次科技人才队伍建设

（十一）加大专业领域人才培养力度

切实营造有利于专业人才发现、储备、培养和再教育的良好环境，部属科研单位加大生态环境专业技术领军人才培养力度，在承担项目、自主选题、奖励、职称评定、岗位聘用、薪酬待遇等方面给予政策倾斜。支持科研人员在基础研究和应用基础研究领域瞄准前沿开展自由探索，建立鼓励创新、宽容失败的容错机制。加大青年人才培养力度，优先支持青年人才牵头申报国家科技计划（专项、基金等）项目，并保障科研条件。做好研究生培养工作，充分发挥部属科研单位在生态环境领域的专业优势、学科优势和师资优势，整合教育资源，扩大招生规模，健全学位层次和教育基础设施，完善研究生培养共建与资源共享机制。

（十二）建立灵活的高层次人才引进交流机制

部属科研单位根据创建国家级科技创新平台和牵头实施国家重大科技创新任务需要，制订年度急需紧缺高层次等优秀人才引进计划，明确激励范畴和考核标准，制定有关内控制度办法。简化招聘流程，可采取“一人一议”决策方式和灵活多样的引聘方式自主引进、自筹经费、自定薪酬，所需岗位不占本单位专业技术岗位指标，其薪酬在所在单位绩效工资总量中单列，相应增加单位当年绩效工资总量。

（十三）改进创新科技人才评价考核方式

鼓励部属科研单位建立科技人才分类评价考核体系。按基础研究、支撑决策、技术服务等类别制定科学合理、各有侧重的人才差异化评价标准，优化收入分配激励机制。突破唯论文、唯学历、唯项目、唯奖项的人才评价障碍，推行代表作评价制度，突出品德、能力、业绩导向，将科研成果对生态环境工作的决策支撑作用、成果转化效益和科技服务满意度等作为人才评价、聘用和考核的重要指标。

五、促进科技成果转化政策落地

（十四）落实科技成果转化政策

科研人员受托开展技术开发、技术评估、技术咨询、技术服务、技术培训、科学普及等，均纳入科技成果转化范畴。对横向项目，依据合同法和促进科技成果转化法进行管理。横向项目完成后获得的净收入，优先按合同约定提取报酬，如无合同约定，允许提取一定比例，用于奖励对完成和转化成果作出重要贡献的人员。

（十五）推进实施科研人员股权激励

部属科研单位积极探索符合科技成果特点和本单位实际的转化机制和创新模式，对市场急需、可能形成国产化优势的技术成果，可采取投资和技术入股方式进行转化，赋予科研人员职务科技成果长期使用权，给予科研人员和团队不低于60%的股权激励保障。部属科研单位内设研发机构负责人可依法依规获得科技成果转化现金和股权奖励。在科技成果定价、收益分配基准、股权分配等方面领导班子要集体决策、勇于担当，并建立健全股权激励相关的执行机制与监督机制。

六、加强作风和学风建设

（十六）大力弘扬新时代科学家精神

要大力弘扬爱国、创新、求实、奉献、协同、育人的新时代科学家精神，厚植家国、民族、为民、事业情怀，崇尚学术民主、坚持诚信底线，反对浮夸浮躁、投机取巧和“圈子”文化。营造良好科研创新环境，鼓励科研人员积极投身污染防治攻坚战和生态文明建设，努力取得科技新突破，创造新业绩，支撑美丽中国建设。对在污染防治攻坚战和生态文明建设中取得重要原始创新、获得重大科技突破、作出杰出贡献的科研团队和人员，予以一定的奖励，并适当扩大其团队规模，优先推荐其承担国家重大科研任务，支持其参与国家重大人才计划的竞争，支持其承担更多的部门预算项目，宣传报道其先进事迹。

（十七）落实科研诚信责任

完善生态环境领域科研诚信制度，建立科研人员信用记录，加大信息公开力度，实行“零容忍”“一票否决”、终身追责和联合惩戒。对于违反作风和学风的科研人员，视情节给予通报并向社会公开，纳入失信行为黑名单，采取减少或取消其科研项目和研究经费、降低或取消其岗位等级、取消参与表彰资格、撤回相关荣誉称号、追究相关责任等处理措施。情节特别严重、构成违法犯罪的，依法移交司法机关。

（十八）全面加强党的领导

部属科研单位要始终坚持和加强党的领导，增强“四个意识”，坚定“四个自信”，做到“两个维护”，始终在思想上政治上行动上同以习近平同志为核心的党中央保持高度一致，确保科技改革始终沿着正确政治方向发展。牢固树立抓好党建是最大政绩的鲜明导向，把完成好科技创新攻坚克难的重大任务、激发科研人员的积极性创造性、增强科研人员的获得感和荣誉感，作为检验党建工作的重要标准，注重发展优秀青年科技骨干加入党组织，充分发挥基层党组织政治功能，以党建工作新成效保障党中央和部党组各项改革措施不折不扣地落实。把全面从严治党要求贯穿到改革全过程、落到实处，积极推进重大决策、重大事项、重要制度等公开，强化内部流程控制，完善风险评估机制，坚决防止改革中滋生腐败。助力打造“政治强、本领高、作风硬、敢担当，特别能吃苦、特别能战斗、特别能奉献”的生态环境保护科技铁军。

部科技、人事、财务等部门建立监督评估机制，归口联系司局加强对部属科研单位的指导和支持，推进各项改革措施落地生效。部属科研单位党政主要领导是本单位抓落实第一责任人，要强化担当作为，狠抓组织落实，结合实际情况，半年内制定完善本单位科研、人事、财务、成果转化、科研诚信等具体管理办法，建立健全相关工作体系和配套制度，确保各项改革措施稳定有序、公平公正推进落实，真正激发科技创新活力，为打好污染防治攻坚战、推进生态环境治理体系和治理能力现代化、建设美丽中国作出更大贡献。

生态环境部
2019年12月2日

关于印发《关于在检察公益诉讼中加强协作配合依法打好污染防治攻坚战的意见》的通知

高检会〔2019〕1号

各省、自治区、直辖市人民检察院、生态环境厅（局）及发展和改革委员会、司法厅（局）、自然资源、住房城乡建设、交通运输、水利、农业农村、林业和草原主管部门，解放军军事检察院，新疆生产建设兵团人民检察院、生态环境主管部门及发展和改革委员会、司法局、自然资源、住房城乡建设、交通运输、水利、农业农村、林业和草原主管部门：

现将《关于在检察公益诉讼中加强协作配合依法打好污染防治攻坚战的意见》印发给你们，请结合本地实际，认真贯彻落实。执行中遇到的问题，请及时向最高人民检察院、生态环境部及国家发展和改革委员会、司法部、自然资源部、住房城乡建设部、交通运输部、水利部、农业农村部、国家林业和草原局报告。

最高人民检察院　生态环境部
国家发展和改革委员会　司法部
自然资源部　住房城乡建设部
交通运输部　水利部
农业农村部　国家林业和草原局
2019年1月2日

关于在检察公益诉讼中加强协作配合依法打好污染防治攻坚战的意见

为贯彻落实党中央、国务院关于打好污染防治攻坚战的各项决策部署，充分发挥检察机关、行政执法机关职能作用，最高人民检察院、生态环境部会同国家发展和改革委员会、司法部、自然资源部、住房城乡建设部、交通运输部、水利部、农业农村部、国家林业和草原局等部门，就在检察公益诉讼中加强协作配合，合力打好污染防治攻坚战，共同推进生态文明建设，形成如下协作意见。

一、关于线索移送的问题

1．完善公益诉讼案件线索移送机制。各方应积极借助行政执法与刑事司法衔接信息共享平台的经验做法，逐步实现生态环境和资源保护领域相关信息实时共享。行政执法机关发现涉嫌破坏生态环境和自然资源的公益诉讼案件线索，应及时移送检察机关办理。

2．建立交流会商和研判机制。各单位确定相关职能部门共同建立执法情况和公益诉讼线索交流会商和研判机制，由检察机关召集，每年会商一次，确有需要的，可随时召开。有关行政机关也可就本系统行政执法和公益诉讼线索情况单独进行交流会商，共同研究解决生态环境和资源保护执法中的突出问题。检察机关对生态环境和资源保护领域易发、高发的系统性、领域性问题，可以集中提出意见建议；行政执法机关对检察机关办案中的司法不规范等问题，可以提出改进的意见建议。

3．建立健全信息共享机制。根据检察机关办理公益诉讼案件需要，行政执法机关向检察机关提供行政执法信息平台中涉及生态环境和资源保护领域的行政处罚信息和监测数据，以及环保督察等专项行动中发现的问题和线索信息。检察机关定期向行政执法机关提供已办刑事犯罪、公益诉讼等案件信息和数据信息。进一步明确移送标准，逐步实现行政执法机关发现公益诉讼案件线索及时移送检察机关、检察机关发现行政执法机关可能存在履职违法性问题提前预警等功能。

二、关于立案管辖的问题

4．探索建立管辖通报制度。检察机关办理行政公益诉讼案件，一般由违法行使职权或者不作为的行政机关所在地的同级人民检察院立案并进行诉前程序。对于多个检察机关均有管辖权的情形，上级检察机关可与被监督行政执法机关的上级机关加强沟通、征求意见，从有利于执法办案、有利于解决问题的角度，确定管辖的检察机关。

5．坚持根据监督对象立案。对于一个行政执法机关涉及多个行政相对人的同类行政违法行为，检察机关可作为一个案件立案；对于一个污染环境或者破坏生态的事件，多个行政机关存在违法行使职权或者不作为情形的，检察机关可以分别立案。

6．探索立案管辖与诉讼管辖适当分离。上级检察机关可根据案件情况，综合考虑被监督对象的行政层级、生态环境损害程度、社会影响、治理效果等因素，将案件线索指定辖区内其他下级检察机关立案。在人民法院实行环境资源案件集中管辖的地区，需要提起诉讼的，一般移送集中管辖法院对应的检察院提起诉讼。

三、关于调查取证的问题

7．建立沟通协调机制。检察机关在调查取证过程中，要加强与行政执法机关的沟通协调。对于重大敏感案件线索，应及时向被监督行政执法机关的上级机关通报情况。行政执法机关应积极配合检察机关调查收集证据。

8．建立专业支持机制。各行政执法机关可根据自身行业特点，为检察机关办案在调查取证、鉴定评估等方面提供专业咨询和技术支持，如协助做好涉案污染物的检测鉴定工作等。检察机关可根据行政执法机关办案需要或要求，提供相关法律咨询。

9．做好公益诉讼与生态环境损害赔偿改革的衔接。深化对公益诉讼与生态环境损害赔偿诉讼关系的研究，加强检察机关、行政执法机关与审判机关的沟通协调，做好公益诉讼制度与生态环境损害赔偿制度的配合和衔接。

四、关于司法鉴定的问题

10．探索建立检察公益诉讼中生态环境损害司法鉴定管理和使用衔接机制。遵循统筹规划、合理布局、总量控制、有序发展的原则，针对司法实践中存在的司法鉴定委托难等问题，适当吸纳相关行政执法机关的鉴定检测机构，加快准入一批诉讼急需、社会关注的生态环境损害司法鉴定机构。针对鉴定规范不明确、鉴定标准不统一等问题，加快对生态环境损害鉴定评估相关标准规范的修订、制定等工作，建立健全标准规范体系。加强对鉴定机构及其鉴定人的监督管理，实行动态管理，完善退出机制，建立与司法机关的管理和使用衔接机制，畅通联络渠道，实现信息共享，不断提高鉴定质量和公信力。

11．探索完善鉴定收费管理和经费保障机制。司法部、生态环境部会同国家发展和改革委员会等部门指导地方完善司法鉴定收费政策。与相关鉴定机构协商，探索检察机关提起生态环境损害公益诉讼时先不预交鉴定费，待人民法院判决后由败诉方承担。与有关部门协商，探索将鉴定评估费用列入财政保障。

12．依法合理使用专家意见等证据。检察机关在办案过程中，涉及案件的专门性问题难以鉴定的，可以结合案件其他证据，并参考行政执法机关意见、专家意见等予以认定。

五、关于诉前程序的问题

13．明确行政执法机关履职尽责的标准。对行政执法机关不依法履行法定职责的判断和认定，应以法律规定的行政执法机关法定职责为依据，对照行政执法机关的执法权力清单和责任清单，以是否采取有效措施制止违法行为、是否全面运用法律法规、规章和规范性文件规定的行政监管手段、国家利益或者社会公共利益是否得到了有效保护为标准。检察机关和行政执法机关要加强沟通和协调，可通过听证、圆桌会议、公开宣告等形式，争取诉前工作效果最大化。最高人民检察院会同有关行政执法机关及时研究出台文件，明确行政执法机关不依法履行法定职责的认定标准。

14．强化诉前检察建议释法说理。检察机关制发诉前检察建议，要准确写明行政执法机关违法行使职权或者不作为的事实依据和法律依据，意见部分要精准、具体，并进行充分的释法说理。要严守检察权边界，不干涉行政执法机关的正常履职和自由裁量权。

15．依法履行行政监管职责。行政执法机关接到检察建议书后应在规定时间内书面反馈，确属履职不到位或存在不作为的，应当积极采取有效措施进行整改；因客观原因难以在规定期限内整改完毕的，应当制作具体可行的整改方案，及时向检察机关说明情况；不存在因违法行政致国家利益和社会公共利益受损情形的，应当及时回复并说明情况。

六、关于提起诉讼的问题

16．检察机关应依法提起公益诉讼。经过诉前程序，行政执法机关仍未依法全面履行职责，国家利益或者社会公共利益受侵害状态尚未得到实质性遏制的，人民检察院依法提起行政公益诉讼。

17．行政执法机关应依法参与诉讼活动。进入诉讼程序的，行政执法机关应按照行政应诉规定相关要求积极参加诉讼，做好应诉准备工作，根据诉讼类型和具体请求积极应诉答辩。对于国家利益或者社会公共利益受到损害的情形，在诉讼过程中要继续推动问题整改落实，力争实质解决。对于法院作出的生效判决要严格执行，及时纠正违法行政行为或主动依法履职。

七、关于日常联络的问题

18．建立日常沟通联络制度。各方应明确专门联络机构和具体联络人员，负责日常联络及文件传输等工作。各方可定期或不定期召开联席会议，共同研讨解决生态环境和资源保护领域中存在的具体问题，以及司法办案中突出存在的确定管辖难、调查取证难、司法鉴定难、法律适用难、从严惩治难等问题。对于达成一致的事项，以会议纪要、会签文件、共同出台指导意见等形式予以明确。检察机关和各相关行政执法机关可以在日常工作层面进一步拓宽交流沟通的渠道和方式，建立经常性、多样化的交流沟通机制。

19．建立重大情况通报制度。为切实保护国家利益和社会公共利益，及时处置突发性、普遍性等重大问题，对于涉及生态环境行政执法及检察公益诉讼的重大案件、事件和舆情，各方应当及时相互通报，共同研究制定处置办法，及时回应社会关切。在办案中发现相关国家机关工作人员失职渎职等职务违法犯罪线索的，应当及时移送纪检监察机关。

20．建立联合开展专项行动机制。各方开展的涉及对方工作范围的专项行动等，可邀请对方参与，真正形成检察机关与行政执法机关司法、执法工作合力，共同促进生态环境和资源保护领域依法行政。

八、关于人员交流的问题

21．建立人员交流和培训机制。各方可定期互派业务骨干挂职，强化实践锻炼，进一步优化干部队伍素质。检察机关可聘请部分行政执法机关业务骨干任命为特邀检察官助理，共同参与公益诉讼办案工作。检察机关和行政执法机关举办相关培训时，可以为各方预留名额，或邀请各方单位领导和办案骨干介绍情况，定期开展业务交流活动，共同提高行政执法和检察监督能力。

关于印发《国家生态环境科普基地管理办法》的通知

环科财函〔2019〕74号

各省、自治区、直辖市生态环境厅（局）、科技厅（委、局），新疆生产建设兵团生态环境局、科技局，生态环境部、科技部直属单位，各国家生态环境科普基地：

为贯彻落实习近平生态文明思想，提升全民生态环境意识和科学素质，规范国家特色科普基地建设和运行管理，提高科普基地设施服务能力，生态环境部会同科技部对原《国家环保科普基地申报与评审暂行办法》（环发〔2006〕210号）进行了修订，现将修订后的《国家生态环境科普基地管理办法》印发给你们，请遵照执行。

生态环境部

科技部

2019年6月3日

国家生态环境科普基地管理办法

第一章 总 则

第一条 根据《中华人民共和国环境保护法》《中华人民共和国科学技术普及法》，为加强和规范国家生态环境科普基地（以下简称科普基地）的建设与管理，顺应全面加强生态环境保护和加快建设世界科技强国的有关要求，制定本办法。

第二条 本办法适用于科普基地的申报、评议、命名、运行与管理等工作。

第三条 科普基地是践行习近平生态文明思想，展示生态环境保护科技成果与生态文明实践的重要场所，是向公众普及生态环境科技知识、宣传生态文明建设成就、提高全民生态与科学文化素质的重要阵地，在开展社会性、群众性、经常性的科普活动中具有示范性，是国家特色科普基地的重要组成部分。主要包括场馆、自然保护地、企业、产业园区、科研院所、教育培训等类别。

第四条 生态环境部会同科技部共同负责科普基地的管理，具体工作由生态环境部科技与财务司和科技部引进国外智力管理司共同承担。各省、自治区、直辖市生态环境主管部门会同科技主管部门负责本行政区域内的科普基地审核、推荐和运行配套保障工作。

第五条 成立科普基地管理办公室（以下简称管理办公室），负责科普基地建设、运行和管理等日常工作。管理办公室设在中国环境科学学会。

第二章　申报条件

第六条　科普基地申报单位应具备以下基本条件：

（一）中国大陆境内注册，具有独立法人资格；

（二）具有鲜明的生态环境特色；

（三）建有生态环境科普展示场馆，展示内容与技术手段在同类性质单位居领先水平；

（四）面向公众开放，具有一定规模的接待能力；

（五）具有开展科普活动的专职部门，配备专兼职生态环境科普人员；

（六）具有年度生态环境科普工作计划；

（七）具有固定的生态环境特色科普活动；

（八）具有稳定的科普工作经费，保障科普场馆的运行和科普活动的开展；

（九）具备策划、创作、开发生态环境科普宣传作品的能力；

（十）具有网站、微信、微博等对外宣传渠道。

第七条　场馆类科普基地是指具有生态环境特色的科普场馆，如博物馆、科技馆等。申报场馆类科普基地应具备以下分类条件：

（一）生态环境科普展示面积不低于 500 米^2；

（二）展示内容准确，科技含量高，信息量丰富；

（三）具有稳定的生态环境科普专业队伍，包括创意策划、导游讲解、活动组织等人员，并定期对科普人员进行培训；

（四）年开放天数不少于 200 天，年接待公众 10 万人次以上；

（五）定期面向周边社区、农村、学校、基层单位等举办生态环境科普巡展等活动。

第八条　自然保护地类科普基地是指各类自然资源保护场地，如国家公园、自然保护区、森林公园、湿地公园、风景名胜区等。申报自然保护地类科普基地应具备以下分类条件：

（一）拥有典型的自然景观体系，已获得 4A 级及以上国家旅游景区资质；

（二）建有室内生态环境科普展馆，展示面积不低于 200 米^2，配有能容纳 100 人以上的影视报告厅或专业性户外影视设施；

（三）室内展示内容应根据单位资源优势，紧扣生态环境主题，传播的生态环境内容准确，科技含量高，信息量丰富；

（四）室内外展示内容相匹配，设有通俗易懂的生态环境解说系统，包括完整的生态环境导游词、科普标识等；

（五）配备专兼职生态环境科普人员，每年定期对讲解员、导游进行生态环境科普培训；

（六）常年向公众开放，年接待公众 10 万人次以上，定期开展生态环境科普宣传活动；

（七）积极面向青少年组织开展环境教育、自然体验等活动。

第九条　企业类科普基地是指从事污水、废气、土壤、固体废物等处理处置的污染治理型企业和践行绿色发展、从事清洁生产、循环经济的环境友好型企业。申报企业类科普基地应具备以下分类条件：

（一）核心技术在同行业中处于领先地位；

（二）展示传播内容符合本单位专业特点，体现生态环境特色；

（三）建有固定生态环境科普展厅，展示面积不低于 200 米^2，配有能容纳 50 人以上的影视报告厅；

（四）设有参观通道和匹配的生态环境科普标识，具有体现单位特色的生态环境解说词；

（五）平均每周至少开放 1 天，年接待公众 5 000 人次以上；

（六）配备 2 名以上专职生态环境科普人员；

（七）同周边社区、学校等建立长期联系，定期组织开展共建活动。

第十条 产业园区类科普基地是指体现生态环境友好的各行业产业园区，如物流园区、科技园区、文化创意园区、工业园区、生态农业园区等。申报产业园区类科普基地应具备以下分类条件：

（一）展示传播内容结合行业特点，体现生态环境特色；

（二）建有固定生态环境科普展厅，展示面积不低于 500 米^2，配有能容纳 100 人以上的影视报告厅；

（三）设有参观通道和匹配的生态环境科普标识，具有体现行业特色的生态环境解说词；

（四）年开放天数不少于 200 天，年接待公众 1 万人次以上。

（五）配备 3 名以上专职生态环境科普人员。

第十一条 科研院所类科普基地是指从事生态环境科学研究或生态环境友好型科学研究的科研机构、高等院校、环境监测站（中心）等单位。申报科研院所类科普基地应具备以下分类条件：

（一）展示传播内容具有鲜明的生态环境特色；

（二）建有室内生态环境科普展厅，展示面积不低于 200 米^2，配有能容纳 100 人以上的影视报告厅；

（三）具有用于公众开展生态环境实验、互动体验的开放场所；

（四）对公众开放的实验室设有参观通道和匹配的生态环境科普标识及解说词；

（五）定期开展接待公众参观，举办生态环境科普活动；

（六）平均每周至少开放 1 天，年接待公众 5 000 人次以上。

第十二条 教育培训类科普基地是指具有生态环境科普和教育特色，主要针对青少年的培训学校、实践科普基地等单位。申报教育培训类科普基地应具备以下分类条件：

（一）教育和实践内容具有鲜明的生态环境特色；

（二）建有固定生态环境科普展厅，展示面积不低于 200 米^2，用于科普教育活动的场所面积不低于 5000 米^2；

（三）室内外开放场所设有参观通道、生态环境科普标识；

（四）教学大纲设有生态环境教育版块，配备生态环境科普特色教材，传授的生态环境内容准确，科技含量高，信息量丰富；

（五）拥有 2 名以上从事生态环境科普教育的专兼职教师，建有科普教育人员定期培训制度；

（六）年开放天数不少于 200 天，年培训学生 5 万人次以上。

第三章　申报程序

第十三条 科普基地申报工作每两年开展一次。

第十四条 符合上述申报条件的单位，按要求准备《国家生态环境科普基地申报表》（见附表）以及相关附件和证明材料，报送所在省、自治区、直辖市生态环境主管部门。

第十五条　各省、自治区、直辖市生态环境主管部门会同科技主管部门联合进行审核与推荐，并报送至生态环境部和科技部。

第十六条　生态环境部直属单位、科技部直属单位可直接报送申请材料。

第四章　评议与命名

第十七条　生态环境部和科技部组织管理办公室开展科普基地的评议工作。

第十八条　评议程序分为会议评议和现场评议两个阶段。申报材料通过会议评议后，方可进入现场评议。

第十九条　会议评议内容包括科普资源、科普展示、科普活动、科普管理等方面。现场评议重点核实申报材料是否与实际相符。

第二十条　科普基地评议工作实行公示制度。评议结果向社会公示，公示期为自公示之日起 30 天。有异议者，应在公示期内提出实名书面材料，并提供必要的证明文件，逾期和匿名异议不予受理。

第二十一条　对通过评议且没有异议，或经处理消除异议的申报场所，生态环境部和科技部正式命名为国家生态环境科普基地，并颁发证书和牌匾。

第五章　运行与管理

第二十二条　已命名科普基地应发挥自身特色，积极传播习近平生态文明思想和生态环境科学知识，服务国家生态环境中心工作。

第二十三条　已命名科普基地每年应在科技活动周和世界环境日等期间积极开展科普活动，积极参与生态环境科普讲解、科学实验展演汇演等全国性科普活动，积极参加全国生态环境科普工作交流和培训，积极开发公众喜闻乐见的科普作品，通过各种媒体渠道对外传播。

第二十四条　已命名科普基地每年按要求向管理办公室提交年度科普工作总结和计划。

第二十五条　管理办公室对已命名科普基地择优给予能力建设支持，同时向生态环境部、科技部、地方政府等优先推荐承担科普项目。

第二十六条　生态环境部和科技部对已命名科普基地实行动态管理，命名有效期为三年。有效期结束后，经综合评估认定为合格的，可被继续命名为国家生态环境科普基地。

第二十七条　已命名科普基地有下列情况之一的，视为自动放弃国家生态环境科普基地称号，四年内不得重新申报：

（一）综合评估不合格，经整改后仍达不到要求的；

（二）拒不提交年度科普工作总结与计划的；

（三）发生重大环境污染、生态破坏、安全责任事故的；

（四）发生其他有损国家生态环境科普基地荣誉的行为。

第六章　附　则

第二十八条　本办法由生态环境部和科技部负责解释。

第二十九条　本办法自印发之日起实施。原《国家环保科普基地申报与评审暂行办法》（环发〔2006〕210 号）废止。

附表：国家生态环境科普基地申报表

附表

国家生态环境科普基地申报表

申报单位名称 ________________（单位盖章）

单位地址________________________________

单位法定代表人________________（签字）

联系人及电话____________________________

填表日期__________年______月______日______

生态环境部　科技部

二〇一九年

填 写 说 明

1．严格按照报表设定的格式如实填写，不得自行增删报表栏目（内部表格可自行扩充），字体统一采用5号宋体。

2．“申报单位名称”需为法人单位名称，“申报基地名称”是指申报单位内具有生态环境科普功能的场所，可与“申报单位名称”相同。

3．报表采用A4复印纸双面打印装订，要求目录和页码标注清晰，另行提供的材料应与申报表一并装订。

4．申报单位应对所提供材料的真实性负责，由单位负责人签字，加盖单位公章后报出。

5．省（区、市）、新疆生产建设兵团生态环境厅（局）会同省（区、市）、新疆生产建设兵团科技厅（委、局）写明推荐理由和意见，负责人签字，分别加盖生态环境厅（局）和科技厅（委、局）公章后报出。

一、基本信息

申报单位名称					
申报基地名称					
上级主管单位					
基地详细地址					
通信地址				邮政编码	
法定代表人		联系人		固定电话	
移动电话		传　真		公共邮箱	

二、基地类型（单选）

□场馆类：博物馆、科技馆等具有生态环境特色的科普场馆。

□自然保护地类：国家公园、自然保护区、森林公园、湿地公园、风景名胜区等具有生态环境特色的自然资源保护场所。

□企业类：污水、废气、土壤、固体废物等处理处置企业；清洁生产、循环经济等环境友好型企业。

□产业园区类：体现生态环境友好的物流园区、科技园区、文化创意园区、总部基地、生态农业园区等。

□科研院所类：从事生态环境科学研究的科研院所、高等院校、环境监测站（中心）等单位。

□教育培训类：具有生态环境科普和教育特色的培训学校、实践基地等单位。

□其他

三、生态环境科普工作管理制度、规划或计划（3～5 年内）。

□有（请附书面材料）　□无

四、生态环境科普工作人员情况

专职人员数：　　　　名；兼职人员数：　　　　名。

专兼职	姓名	年龄	专业	学历	职称	从事生态环境科普年限

五、生态环境科普展示场所总面积：　米^2，其中室内场馆　　米^2，室外　　米^2，影视报告厅　米^2。

六、每年对外开放时间：　　　　天。

七、每年接待公众：　　　　　人次。

八、生态环境科普经费年度投入情况

政府投资：　　　　　万元；社会赞助：　　　　　万元。

单位自筹：　　　　　万元；其　　他：　　　　　万元。

九、基地对外宣传渠道

□网站 □网页 网址：______________________ □微博 □微信 名称：___________________

十、基地总体概况（包括申报单位简介、基地科普特色、基地创建历程、发展愿景等，不超过 1000 字）。

十一、生态环境科普展示内容体系（不超过 1000 字，要求层次清晰）。

十二、列出展示基地生态环境科普特色的照片一套，并在每张照片下面做简要说明（照片数量不超过 20 张，说明文字不超过 50 字）。

十三、列出基地为公众提供的生态环境科普宣传品清单（限 5 种以内，并附样品一套）。

序　号	宣传品名称	载体形式	传播量
1			
2			
3			
4			
5			

十四、基地生态环境科普解说词一套（不超过 2000 字）。

十五、提供获国家、省部级和国际组织嘉奖情况（提供相关证明）及相关资质证明（如：4A 级旅游景区证书等），并在每张证书下面做简要介绍（介绍文字不超过 50 字）。

十六、列出近三年来基地生态环境科普典型活动清单（限 10 个以内）。

序号	年月	活动名称	主要参与对象	影响
1				
2				
3				
4				
5				
6				
7				
8				
9				
10				

十七、申报单位承诺书

本单位承诺，本材料符合国家各项法律法规，填报内容真实有效，对填报内容承担一切责任。

申报单位负责人（签字）

单位（公章）

年　月　日

十八、推荐单位意见及联系人

生态环境厅（局）负责人（签字） 单位（公章） 年　月　日 联系人：　　联系电话：	科技厅（委、局）负责人（签字） 单位（公章） 年　月　日 联系人：　　联系电话：

关于《消耗臭氧层物质管理条例》中“生产”概念的法律适用意见

环法规函〔2019〕101号

各省、自治区、直辖市生态环境厅（局），新疆生产建设兵团生态环境局，计划单列市、省会城市生态环境局：

《消耗臭氧层物质管理条例》（以下简称《条例》）第三条第一款规定：“在中华人民共和国境内从事消耗臭氧层物质的生产、销售、使用和进出口等活动，适用本条例。”第二款规定：“前款所称生产，是指制造消耗臭氧层物质的活动。”在贯彻执行《条例》过程中，对《条例》规定的“生产”如何理解和适用，存在不同观点。经研究，现提出以下意见。

一、执法发现的问题

近期，我部在相关执法活动中发现，一些企业在从事生产活动时，附带或者联带产生了一定量的消耗臭氧层物质。具体情况是：生产一氯甲烷、二氯甲烷、三氯甲烷的企业，主要采用甲醇法和甲烷法进行生产。由于生产工艺的原因，生产一氯甲烷、二氯甲烷、三氯甲烷的生产线，通常要产生四氯化碳副产品或者联产品。原料中甲醇或者甲烷与氯气的不同比例，影响着四氯化碳的产生比例。总体上，各种生产工艺副产或者联产的四氯化碳比例在4%～8%之间。

四氯化碳属于甲烷氯化物。甲烷氯化物是有机产品中仅次于氯乙烯的大宗氯系产品，是重要的化工原料和有机溶剂。其中，四氯化碳对臭氧层有破坏作用，属于列入《中国受控消耗臭氧层物质清单》的化学物质。

二、法律适用意见

关于生产一氯甲烷、二氯甲烷、三氯甲烷的企业，由于工艺原因副产或者联产出一定量四氯化碳的情形，是否属于《条例》规定的“生产”行为，我部认为，《条例》规定的“生产”，不仅包括以生产特定产品为目的的生产，还包括由于工艺原因必然产生副产品或者联产品的生产行为。由于作为副产品或者联产品生产四氯化碳的问题较普遍，为便于对该类行为进行规范、管理，落实《蒙特利尔议定书》和《中国逐步淘汰消耗臭氧层物质国家方案》有关工作要求，应当将由于工艺原因副产或者联产出一定量四氯化碳的情形纳入《条例》中“生产”概念的适用范围。

生态环境部

2019年8月30日

关于《消耗臭氧层物质管理条例》中“使用”概念及“无生产配额许可证生产”的法律适用意见

环法规函〔2019〕112号

各省、自治区、直辖市生态环境厅（局），新疆生产建设兵团生态环境局，计划单列市生态环境局：

为落实《蒙特利尔议定书》和《中国逐步淘汰消耗臭氧层物质国家方案》有关工作要求，指导消耗臭氧层物质有关环境违法行为的执法监管，现就《消耗臭氧层物质管理条例》（以下简称《条例》）中“使用”概念及“无生产配额许可证生产”的理解和适用，提出以下意见。

一、关于《条例》第三条中“使用”概念的法律适用

《条例》第三条第一款规定：“在中华人民共和国境内从事消耗臭氧层物质的生产、销售、使用和进出口等活动，适用本条例。”第二款规定：“前款所称使用，是指利用消耗臭氧层物质进行的生产经营等活动，不包括使用含消耗臭氧层物质的产品的活动。”

我部认为，该条第二款规定：“前款所称使用，是指利用消耗臭氧层物质进行的生产经营等活动”，不仅包括直接利用消耗臭氧层物质进行的生产经营等活动，还包括利用含有消耗臭氧层物质的原料进行的生产经营等活动。如，利用含有一定浓度 CFC-11 的组合聚醚，生产聚氨酯泡沫的情形，可以适用《条例》有关“使用”的规定。

二、关于《条例》第三十一条“无生产配额许可证生产”的法律适用

《条例》第三十一条规定：“无生产配额许可证生产消耗臭氧层物质的，由所在地县级以上地方人民政府环境保护主管部门责令停止违法行为，没收用于违法生产消耗臭氧层物质的原料、违法生产的消耗臭氧层物质和违法所得，拆除、销毁用于违法生产消耗臭氧层物质的设备、设施，并处100万元的罚款。”

我部认为，该条规定的“无生产配额许可证生产”，不仅包括依法应当获得生产配额许可证但无生产配额许可证生产的情形，还包括依法不能获得生产配额许可证而无生产配额许可证生产的情形。如，生产已经列入淘汰落后产品的消耗臭氧层物质的情形，可以适用《条例》第三十一条有关“无生产配额许可证生产”的规定。

生态环境部
2019年9月20日

关于“未验先投”违法行为行政处罚新旧法律规范衔接适用问题的意见

环法规函〔2019〕121号

各省、自治区、直辖市生态环境厅（局），新疆生产建设兵团生态环境局，计划单列市生态环境局：

2017年修订的《建设项目环境保护管理条例》（自2017年10月1日起施行，以下简称新条例）施行以来，关于需要配套建设的环境保护设施未建成、未经验收或者验收不合格，建设项目即投入生产或者使用（以下简称“未验先投”）违法行为的处罚，在新旧条例过渡期间如何适用法律，实践中存在较大争议。

根据最高人民法院于2004年5月18日印发的《关于审理行政案件适用法律规范问题的座谈会纪要》（法〔2004〕96号，以下简称《纪要》）有关新旧法律规范衔接适用基本规则的规定，结合生态环境执法实践，并经征求最高人民法院和司法部意见，现就新旧条例过渡期间“未验先投”违法行为行政处罚有关法律适用问题，提出以下意见。

一、有关法规规定和新旧法律规范衔接适用基本规则

（一）有关法规规定

新条例第二十三条第一款规定：“违反本条例规定，需要配套建设的环境保护设施未建成、未经验收或者验收不合格，建设项目即投入生产或者使用，或者在环境保护设施验收中弄虚作假的，由县级以上环境保护行政主管部门责令限期改正，处20万元以上100万元以下的罚款；逾期不改正的，处100万元以上200万元以下的罚款；对直接负责的主管人员和其他责任人员，处5万元以上20万元以下的罚款；造成重大环境污染或者生态破坏的，责令停止生产或者使用，或者报经有批准权的人民政府批准，责令关闭。”

修订前的《建设项目环境保护管理条例》（自1998年11月29日起施行，2017年10月1日废止，以下简称旧条例）第二十八条规定：“违反本条例规定，建设项目需要配套建设的环境保护设施未建成、未经验收或者经验收不合格，主体工程正式投入生产或者使用的，由审批该建设项目环境影响报告书、环境影响报告表或者环境影响登记表的环境保护行政主管部门责令停止生产或者使用，可以处10万元以下的罚款。”

（二）新旧法律规范衔接适用基本规则

《纪要》明确提出：“根据行政审判中的普遍认识和做法，行政相对人的行为发生在新法施行以前，具体行政行为作出在新法施行以后，人民法院审查具体行政行为的合法性时，实体问题适用旧法规定，程序问题适用新法规定，但下列情形除外：（一）法律、法规或

规章另有规定的；（二）适用新法对保护行政相对人的合法权益更为有利的；（三）按照具体行政行为的性质应当适用新法的实体规定的。”

二、“未验先投”违法行为发生在旧条例施行期间，一直连续或继续到新条例施行之后的，适用新条例进行处罚

经征求最高人民法院意见，《纪要》中提到的“行政相对人的行为发生在新法施行之前”，是指行政相对人的行为终了之日发生在新法施行之前。如果行政相对人的违法行为一直持续到新法施行之后，则不属于“行政相对人的行为发生在新法施行之前”。

因此，“未验先投”违法行为发生在旧条例施行期间，一直连续或继续到新条例施行之后的，不属于《纪要》规定的“行政相对人的行为发生在新法施行以前”的情形，不存在新旧条例的选择适用问题，应当适用新条例作出行政处罚。

我部此前印发的相关解释或者文件，与本意见不一致的，以本意见为准。

生态环境部

2019年10月17日

关于《消耗臭氧层物质管理条例》第三十二条有关法律适用问题的意见

环法规函〔2019〕140号

各省、自治区、直辖市生态环境厅（局），新疆生产建设兵团生态环境局，计划单列市生态环境局：

《消耗臭氧层物质管理条例》（以下简称《条例》）第三十二条规定：“依照本条例规定应当申请领取使用配额许可证的单位无使用配额许可证使用消耗臭氧层物质的，由所在地县级以上地方人民政府环境保护主管部门责令停止违法行为，没收违法使用的消耗臭氧层物质、违法使用消耗臭氧层物质生产的产品和违法所得，并处20万元的罚款；情节严重的，并处50万元的罚款，拆除、销毁用于违法使用消耗臭氧层物质的设备、设施。”

为落实《蒙特利尔议定书》和《中国逐步淘汰消耗臭氧层物质国家方案》有关要求，加大对涉及消耗臭氧层物质有关违法行为的执法力度，结合有关行业协会意见，现就《条例》第三十二条有关法律适用问题，提出以下意见。

一、关于组合聚醚中检测出 CFC-11 的有关认定

实践中，利用 CFC-11 生产组合聚醚的行为，属于《条例》第三十二条约束的使用行为。

经检测，生产出的组合聚醚中 CFC-11 含量在 0.1%（质量分数，下同）及以上的，可以认为组合聚醚生产单位已经构成利用 CFC-11 生产组合聚醚的行为。

生产出的组合聚醚中含有 CFC-11，但含量在 0.1%以下的，对组合聚醚生产单位是否构成利用 CFC-11 生产组合聚醚的行为，立案调查的生态环境主管部门可以结合其他调查情况作出判断。其他调查情况可以包括：组合聚醚生产单位能否说明及证明组合聚醚中含有 CFC-11 的合理原因，以及能否提供确未使用 CFC-11 的有关证据等。同时，生态环境主管部门可以对该组合聚醚生产单位生产的其他批次组合聚醚产品进行检查。

二、关于聚氨酯泡沫制品中检测出 CFC-11 的有关认定

实践中，直接利用 CFC-11 生产聚氨酯泡沫，或者利用含有 CFC-11 的组合聚醚生产聚氨酯泡沫的行为，属于《条例》第三十二条约束的使用行为。

生产出的聚氨酯泡沫制品检测出含有 CFC-11 的，可以认为聚氨酯泡沫生产单位已经构成直接利用 CFC-11 生产聚氨酯泡沫，或者利用含有 CFC-11 的组合聚醚生产聚氨酯泡沫的行为。聚氨酯泡沫生产单位利用含有 CFC-11 的组合聚醚进行生产的，可以追查该组合聚醚的来源，另案依法查处。

生态环境部

2019 年 11 月 26 日

（五）国家核安全局文件

关于发布核安全导则《放射性废物处置设施的监测和检查》的通知

国核安发〔2019〕58号

为进一步完善我国核与辐射安全法规体系，加强对放射性废物处置设施的安全监管，我局组织制定了核安全导则《放射性废物处置设施的监测和检查》（HAD 401/09—2019），现予公布，自公布之日起实施。

国家核安全局
2019年3月22日

附件

核安全导则　HAD 401/09—2019

放射性废物处置设施的监测和检查

（2019年3月22日　国家核安全局批准发布）

本导则自2019年3月22日起实施。

本导则由国家核安全局负责解释。

本导则是指导性文件。在实际工作中可以采用不同于本导则的方法和方案，但必须证明所采用的方法和方案至少具有与本导则相同的安全水平。

本导则的附录为参考性文件。

1　引言

1.1　目的

本导则的目的是为放射性废物处置设施的监测和检查提供指导，通过监测和检查确认放射性废物处置设施功能的有效性，保障放射性废物处置设施的安全。

1.2 范围

1.2.1 本导则适用于放射性废物处置设施营运单位对近地表处置设施和地质处置设施在运行前阶段、运行阶段、关闭后阶段（至设施移交前）开展监测和检查工作。极低水平放射性废物填埋设施可参照执行。本导则不包括非放射性污染监测内容。

1.2.2 本导则不适用于处置铀钍矿冶废物的设施。

2 监测和检查的原则和目标

2.1 原则

（1）监测和检查应为设施的安全全过程系统分析提供信息。

（2）应根据废物特性和处置设施类型制定相应的监测和检查计划。

（3）监测和检查应能够确认工程屏障和天然屏障的性能是否受到损害。

（4）编制监测计划时还应考虑公众的关注。

2.2 目标

监测和检查的主要目标如下。

（1）证明设施是否符合监管要求和许可证条件；

（2）验证处置系统的运行状态是否与安全分析中描述的一致；

（3）为制定工程屏障、天然屏障的补救措施提供信息；

（4）验证设施安全分析所使用的主要假设和模型是否符合实际情况；

（5）为处置设施、场址和周围环境的数据库提供信息；

（6）为公众提供信息。

3 废物产生单位和处置设施营运单位的责任

3.1 放射性废物产生单位的责任

放射性废物产生单位应对本单位产生的放射性废物进行分类，对废物中放射性核素活度浓度等废物特性进行测量和信息记录，并保证数据、信息的准确可靠。

3.2 放射性废物处置设施营运单位的责任

放射性废物处置设施营运单位应承担以下责任。

（1）制定并执行符合监管部门要求的监测和检查计划；

（2）对放射性废物产生单位的废物分类、测量过程进行核实以保证废物符合处置场废物接收准则；

（3）定期向监管部门报告监测和检查计划的执行情况和监测结果；

（4）保留、存储、维护和管理通过监测和检查获取的数据；

（5）确保监测和检查所需资源得到落实；

（6）在设施移交时，提出移交后设施监护管理的建议。

4 监测计划的制定和实施

4.1 一般要求

4.1.1 监测计划应包括处置设施监测和环境监测，以评估公众照射和环境影响。

4.1.2 制定监测计划应充分考虑设施的安全分析的需求，能够将监测结果与安全全过程系统分析所做的预测进行比较。

4.1.3 监测计划的重点应放在部件失效或故障的后果可能会影响到安全的区域及易于探测到设施异常的区域。

4.1.4 应对监测计划进行最优化设计，此过程应考虑监测的代价和利益分析。

4.1.5 监测计划的制定通常包括以下工作内容。

（1）选择对设施的安全全过程系统分析具有重要意义的参数并进行论证；

（2）确定监测计划的范围和目标；

（3）建立监测计划的评估和修订制度；

（4）测量方法和设备的选择；

（5）测量位置、对象的选择；

（6）监测时间和频次的选择；

（7）建立质量控制要求及措施；

（8）监测数据的使用说明；

（9）建立管理规范和监测结果报告制度；

（10）监测结果评价；

（11）建立监测数据的信息管理系统。

4.1.6 制定监测计划应考虑的关键技术因素包括。

（1）处置设施的设计容量；

（2）废物特性及其包装容器特性；

（3）设施类型和设计参数；

（4）场址特性和工程屏障特性；

（5）设施所处的阶段。

上述因素影响到处置设施可能释放的放射性核素、释放途径和释放量，有助于确定特定监测目标和说明监测计划的合理性。

4.1.7 运行前阶段监测计划的目的是进行本底调查获取本底值，运行前阶段场址特性调查的目的是确定处置设施的自然环境特性和社会环境特性。

如果在运行前阶段发现场址及其附近可能存在放射性核素（特别是长寿命核素）污染，应当扩大监测范围，确定放射性污染区域和污染程度，并分析污染来源。

4.1.8 开展的监测活动不应降低屏障的性能。

4.1.9 监测计划中各种监测项目对应的测量点位或取样点位应具有足够的代表性并符合相关的标准要求。

4.1.10 监测计划应当在处置设施运行前阶段制定，并在设施运行阶段持续更新。

4.1.11　在监测计划中应当考虑通过采取设置平行样品、第三方抽样检测等方法来检验监测数据的可信度。

4.1.12　处置设施关闭后，为了评估设施整体性能和设施对公众和环境的潜在影响，应实施关闭后监测。

4.1.13　监测计划应包括必要的信息公开内容。

4.1.14　如果监测结果表明存在影响安全和环境的非预期变化，应针对非预期变化开展专项监测，并判断是否需要修订安全状况评估或环境影响评估报告，以及是否需要修改监测计划或采取行动。

4.2　不同类型处置设施的监测

4.2.1　近地表处置设施

近地表处置设施处置的废物一般为低水平放射性废物以及能满足近地表处置设施运行许可要求的中水平放射性废物，近地表处置设施的监测计划主要包括处置设施监测、废物监测（仅适用于运行阶段）和环境辐射监测。处置设施监测包括场所辐射监测、流出物监测、屏障监测、控制区出入监测等；废物监测是对验证废物包是否符合接收标准的有关项目进行监测，选择的监测项目应便于执行（例如废物包表面剂量率）；环境辐射监测的范围和项目按相关标准执行。近地表处置设施实施监测的宗旨是为验证处置系统的完整性提供数据支持。

4.2.2　地质处置设施

地质处置设施处置的废物一般为高水平放射性废物，以及不能满足近地表处置设施许可要求的中水平放射性废物。地质处置设施的监测计划主要包括处置设施监测、废物监测（仅适用于运行阶段）和环境辐射监测。考虑到地质处置设施的特殊性，处置设施监测应根据设施的屏障特性和处置流程制定监测项目；废物监测是对验证废物包是否符合接收标准的有关项目进行监测，选择的监测项目应便于执行（例如废物包表面剂量率）；地质处置设施包容的废物早期向环境释放是极不可能的，因此环境辐射监测项目在各阶段均可根据厂址特性进行简化设计，集中在某些环境介质（如地下水）的放射性核素测量上，但应同时满足公众安全和关注的需要。地质处置设施实施监测的宗旨是为验证处置系统的完整性提供数据支持。

地质处置设施的监测参考案例见附录。

4.3　处置设施不同阶段的监测

处置设施不同阶段的监测目的见图 1，主要监测活动包括。

（1）获取本底值；

（2）监测处置设施屏障的性能及变化；

（3）监测放射性核素的迁移和向生物圈的释放；

（4）建立环境信息数据库。

4.3.1　运行前阶段监测

开展运行前阶段监测的主要目的包括。

（1）评估场址的适宜性；

本底监测——
收集数据用于厂址评价过程，以及识别重要特征、事件和过程，用于安全分析第一次迭代。

设施建造至运行前监测——
为评估与监管部门要求的一致性，为运行活动提供支持，以及在后续申请许可证时为安全分析提供支持。在此时期可能增加额外的测量。

运行监测——
为评估与监管部门要求的一致性，以及在后续申请许可证时，为安全分析提供支持。

关闭监测——
为评估与监管部门要求的一致性，为关闭活动和后续关闭后监测提供支持。在此时期可能增加额外的测量，也可能中断现有的测量。

关闭后监测（如果适用）——
为评估与监管部门要求的一致性，以及为后来的决策（例如缩小监测规模、符合监管要求的处置设施场址释放等）提供支持。

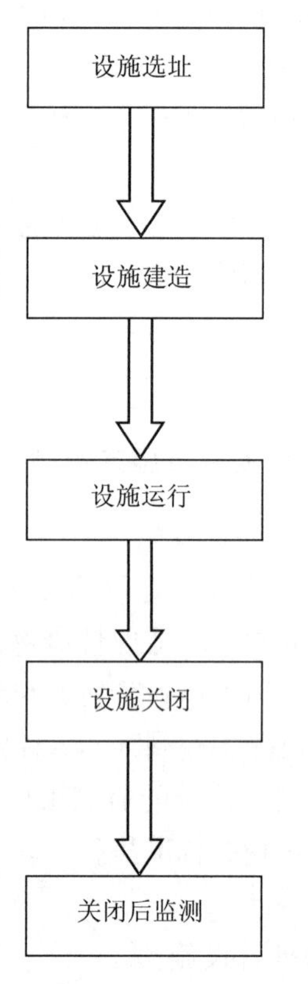

运行前阶段

运行阶段

关闭后阶段

图1　处置设施不同阶段的监测活动

（2）提供设施设计所需的输入数据；

（3）提供设施的安全分析所需的输入数据；

（4）获取与后期监测结果进行比较的本底值；

（5）为制定运行阶段监测计划提供帮助。

4.3.2　运行阶段的监测

4.3.2.1　开展运行阶段监测的主要目的包括。

（1）提供处置设施的性能数据，确认处置系统的性能，并用于改进安全分析；

（2）为检查流出物处理和控制系统是否正常运转提供必要信息；

（3）提供发生运行偏离的预警和报警信息；

（4）为处置设施内放射性核素向环境释放提供早期警报；

（5）提供放射性核素向环境的排放数据，用于估算排放导致的环境辐射水平变化和公众照射。

4.3.2.2　运行阶段监测计划应重点考虑与处置设施运行相关的放射性核素释放可能性，并作为安全分析的组成部分。

4.3.2.3　运行阶段监测计划包括关闭监测，处置设施停止接收废物至设施关闭前的关闭期内营运单位应执行关闭监测计划，可以在运行阶段监测计划的基础上根据关闭期安全全过程系统分析的需要制定关闭监测计划。

4.3.2.4　应急监测是为缓解事故后果或采取干预行动提供数据支持，只适用于运行阶段。

处置设施营运单位应在设施投入运行前制定应急监测计划，对场址可能发生的假想事件做出应急安排，包括监测安排、人员安排、程序制定、设备配备和其他安排，为保持应急监测能力，应定期进行演练。应急监测应能够及时提供数据，以便能够在应急情况下做出快速响应和通报。

4.3.3　关闭后阶段监测

4.3.3.1　为了评价设施关闭后的性能和环境影响，营运单位应在设施关闭前制定关闭后阶段监测计划，在设施关闭后至移交前执行。开展关闭后阶段监测的主要目的包括：

（1）提供处置设施的性能数据，确认处置系统的性能；

（2）为处置设施内放射性核素向环境释放提供早期警报；

（3）为后续的决策（如改变控制方式、改变监测范围和频次）提供数据支持。

4.3.3.2　关闭后阶段监测重点是探测环境中可能来自于处置设施的放射性物质，并保持监测和维护的能力。确定关闭后阶段监测项目、范围和频次的主要因素包括。

（1）处置设施的类型及其随时间推移的潜在危险程度，这取决于是否存在长寿命放射性核素及其活度；

（2）处置设施的性能。

4.3.3.3　处置设施关闭后的有组织控制可以是主动的或被动的，主动的有组织控制包括监测环境中的放射性核素浓度及屏障的性能和完整性，被动的有组织控制包括限制场址的使用并设置场址标识，关闭后阶段的监测计划中应包括有关设施责任主体和有组织控制模式变更的信息。

5　检查计划的制定和实施

5.1　一般要求

5.1.1　执行检查计划的目的是为了掌控处置设施的情况，以验证安全屏障的完整性和迅速识别可能导致放射性核素向环境迁移或释放的状况。检查还包括对设施运行记录的审核或审查。检查计划主要适用于运行时期，一般通过定期检查来实施。

5.1.2　营运单位应在处置设施建造阶段开始制定检查计划，并根据场址条件和运行情况的变化定期更新，检查计划的主要内容包括：

（1）对场址和周边区域的描述；

（2）对处置设施部件和使用环境的描述；

（3）设施检查的类型和频次；

（4）设施检查程序；

（5）设施维修和定期试验程序；

（6）检查记录和报告要求；

（7）质量保证。

5.2　不同类型处置设施的检查

5.2.1　近地表处置设施

近地表处置设施的检查主要包括设施检查、系统性能检查（运行阶段）、设备性能和有效期检查（运行阶段）、辅助系统功能检查和设施周边环境检查等。对于近地表处置设施，应当在运行前开始执行检查计划并持续到关闭后阶段，直至主动的有组织控制期结束。关闭后阶段的检查可根据需要缩减，但通常应包括处置设施表面覆盖物检查。

5.2.2　地质处置设施

地质处置设施的检查除常规的设施检查、系统性能检查（运行阶段）、设备性能和有效期检查（运行阶段）、辅助系统功能检查外，还应根据设施的地质和工程特性制定有针对性的检查，并尽量使用自动化和远程检查方法。地质处置设施的地下处置单元很难影响地面环境，因此周边环境检查的重点是可能对地面设施造成危害的环境因素。地质处置设施应当在运行前开始执行检查计划，如果设施关闭后不再有可能进入工程屏障，可以在设施关闭后停止执行检查计划。

5.3　处置设施不同阶段的检查

5.3.1　运行前阶段检查

检查计划应根据处置设施的类型从建造前开始制定，在建造期间执行，以便验证检查计划的合理性，并根据执行情况进行适应性调整。运行前阶段的检查应覆盖设施所有可达区域，与处置设施性能和安全屏障完整性相关的系统、设备和部件均应纳入检查计划。

5.3.2　运行阶段检查

处置设施运行阶段检查应能够确认安全屏障的完整性是否受到保护和维持，处置设备和辅助系统是否能够正常运行。正在进行处置作业且受条件限制不能接近的区域，可通过远程摄像头等方式进行检查；已封闭而不能接近的处置区域不宜进行直接检查；处置设施的保护性部件只要位于可达区域，就应纳入检查计划进行定期检查。

5.3.3　关闭后阶段检查

处置设施营运单位应在设施关闭前制定关闭后阶段检查计划，根据处置设施的类型、性能评估结果和废物处置区域的可达性确定检查的范围、持续时间和检查终止条件，在设施关闭后至移交前执行关闭后阶段检查计划。

5.4　处置设施检查的具体要求

5.4.1　检查的类型和频次

5.4.1.1　营运单位应当基于场址和设施特性条件以及对人类的潜在危害程度确定设施检查的类型和频次，检查通常包括定期检查和专项检查。

5.4.1.2　检查计划应包括对处置设施的安全具有较大影响的系统、部件和设备的检查（可以采用目视检查和物理检查）以及对设施表面状况和包容性的检查（例如对建筑物和排水渠的完整性、植被状况和异常特征进行观察）。

5.4.2　营运单位的定期检查

5.4.2.1　营运单位应定期对处置设施所有可达区域的部件进行检查，检查前应先审查以前的检查报告（表）和整改措施是否落实，检查完成后需填写检查报告（表），给出检查结论和提出整改意见。

5.4.2.2　在废物处置设施建造期间、重大变更期间和补救工作期间均应开展定期检查，确保建造或变更符合设计要求并且不损害部件性能。

5.4.3　营运单位的专项检查

专项检查主要是指在发生极端自然事件（如重大火灾、强烈地震、洪水、暴雨或龙卷风等）之后或发生偏离正常运行情况下以及来源于外部经验反馈经评估适用于本设施，而需要实施的检查。营运单位开展专项检查的目的是核实废物处置设施的部件是否被破坏和能否正常执行功能，或排除可能存在的隐患。专项检查完成后应尽快完成检查报告，为制定后续行动计划提供支持。

6　监测和检查信息的使用和管理

6.1　监测和检查信息的使用

6.1.1　监测和检查信息的使用方应包含营运单位、监管部门和其他利益相关方。

6.1.2　可采用设计冗余测量点位或平行样品、独立的验证、良好的设计和可靠的设备等方法保证监测数据的可信性，此外，承担监测和检查工作的人员应经过相关培训或具有相关资质。

6.1.3　处置设施所有阶段均应提供监测和检查数据，以支撑设施的安全分析和评价。

6.1.4　监测和检查获取的信息应当能够或有助于证明遵守监管要求。

6.1.5　为便于制定新设施的监测和检查计划，可在处置设施运行前收集类似设施的已有监测和检查信息以进行经验反馈。

6.1.6　设施投入运行后至设施移交前，监测和检查获取的信息应用于设施的安全全过程系统分析，既应通过直接证据（如直接测量参数）也要通过间接证据（如模型预测）来验证处置系统是否按预期发挥作用。

6.1.7　考虑到设施建设各阶段的不确定性以及安全全过程系统分析的保守性，监测到非预期的结果后应尽早与监管部门和其他相关方交流监测结果。

6.1.8　监测到非预期的结果并不一定表明该处置系统的安全已受到影响，排除测量误差后，应分析相关信息，重点放在识别趋势，确定其在安全分析中的重要性。如果设施的安全状况和环境影响评估中未考虑这些非预期结果，应重新评估并修订监测和检查计划。

6.2　监测和检查信息的管理

6.2.1　由于处置设施的寿期很长，监测和检查为设施整个寿期的决策提供信息支持，因此处置设施应建设信息管理系统来管理监测和检查信息。

6.2.2　信息管理系统应具有执行数据分析、记录保持和档案管理的功能。

6.2.3　建设信息管理系统时应考虑数据使用和管理需求的长期性和易用性，宜采用数字化、智能化和三维可视化技术。

7　质量保证

7.1　质量保证文件

7.1.1　应根据本导则要求编制监测和检查对应的质量保证文件。

7.1.2　质量保证文件应分阶段对处置场监测和检查的质量保证工作做出规定，保证监测和检查计划正确执行，取得可信的监测和检查数据并符合相关的标准和监管要求。

7.1.3　编制质量保证文件应考虑以下因素：

（1）法律法规要求；

（2）设施和设备的维护；

（3）设备和仪器的标定与维修频度；

（4）人员培训；

（5）质控样品交叉分析比对；

（6）监测数据的可追溯性；

（7）记录控制；

（8）建立人员资格考核、监测和检查计划的执行程序等程序文件。

7.2　质量控制

7.2.1　质量控制适用于监测和检查的所有步骤，例如：

（1）采样程序；

（2）制样程序；

（3）监测和检查对象、位置的选择；

（4）测量程序；

（5）检查执行程序；

（6）数据处理方法；

（7）测量和检查结果的解释与评价；

（8）不符合项控制（如有）；

（9）报告；

（10）记录的保存。

7.2.2　应建立清晰的质量控制管理流程，保障数据的质量，例如用于管理决策的数据，应有管理流程来审查或验证数据是否合格。应设立专门的质量控制机构，负责质量保证相关活动的实施。

名词解释

监测（monitoring）

指为了评估放射性废物处置设施系统部件性能和所处置的放射性废物对公众和环境影响，开展连续或定期测量，包括辐射参数、环境参数和工程参数等的测量。

检查（surveillance）

指为了验证安全屏障的完整性对处置设施进行实物检验核查，确认设施的结构、系统和部件是否与安全分析中的描述一致。

安全全过程系统分析（safety case）

指支持和说明处置设施安全的科学、技术、行政和管理等方面论据和论证的文件集成，涵盖场址的适宜性，设施的设计、建造和运行的安全性，辐射风险评价的合理性，以及所有与处置设施安全相关工作的充分性和可靠性。

附录　地质处置设施的监测案例

1　监测参数

放射性废物地质处置设施的监测参数可以分为以下几类。

— 必要的本底（基准）趋势参数

— 废物包状况参数

— 处置设施的结构和工程屏障参数

— 评估处置设施建造活动产生的影响的参数

— 围岩圈的变化参数

— 放射性污染和其他污染参数

此外，必须监测对设施的安全状况和环境影响评估具有关键作用的参数。

2　本底监测

本底监测需要在设施建造和运行产生影响之前开始，以获取场址早期的本底信息和初始场址特性信息。本底监测的范围包括基础地球科学、工程、环境以及与处置设施运行和关闭后安全评价存在潜在关系的参数，例如，用于评估建造和运行期间岩层、地下水系统发生变化的参数，在关闭后阶段用于评估该处置设施对天然过程和环境产生的任何影响的参数。

建立本底信息需要的主要特性参数包括。

— 围岩和周围地质环境中地下水流场（材料特性，地下水水压分布，水力梯度，补给和排泄区域等）

— 地下水的地球化学特性（氧化还原性，盐度，主要的微量元素浓度，天然放射性核素含量等）

— 属于处置设施组成部分的围岩的矿物学特性

— 有助于处置设施结构稳定的围岩的地质力学特性

— 属于处置设施一部分的围岩的运输和滞留特性

— 属于处置设施一部分的围岩的断裂（包括裂隙）特性

— 地下水、地表水、空气、土壤、沉积物以及动植物中天然放射性本底水平

— 气象条件和气候条件

— 地表水系统水文学，包括排水模式和入渗率

— 自然栖息地和生态系统的生态学

在发现重要的参数值有继续升高或降低的趋势时，本底监测需持续进行以便建立具有一定置信度水平的趋势数据，并充分了解趋势变化的原因。

3　废物包状况监测

废物包的状况关系到废物的可回取性，因此对表示废物包完整性或状态的参数进行监测是非常重要的。废物包的状况变化主要受退化现象影响，如腐蚀的影响、废物堆积的稳定性、地下水再饱和以及产生气体等。

废物包状况参数分为两类：能够直接测量的参数（如：腐蚀电流、应变、黏土缓冲区的膨胀压力）和环境参数（如：温度、湿度、地下水再饱和压力）。在一些处置设施的设计中，尤其是对于某些中放废物，对尽可能地靠近废物包处、由废物产生的气体进行分析，已成为评价工程屏障的完整性和/或性能的有效参数。

4 处置设施的结构和工程屏障监测

受自然过程和人为活动的影响，处置设施的结构稳定性可能会发生变化，对处置设施周围地区进行持续的监测有助于评价其稳定性，一般监测参数包括。

— 力学性能
— 应力
— 应变
— 借助地下工程开挖的常规观测：
- 岩体应力
- 岩体支护结构的变形和载荷
- 墙体和内衬结构的变形
- 裂隙

工程屏障由废物周围用于隔离和包容该废物的所有材料组成，包括密封材料、部分回填层和部分处置设施的结构等。

5 处置设施建造活动的监测

处置设施的建造会干扰已存在的自然体系，处置设施运行也会引起进一步的变化，其中一些变化可能需要很多年才能显现出来。因此应当对建造活动导致的处置设施环境变化进行监测，例如：

— 开挖工程中机械干扰产生的影响
— 开挖和排水工程对周围地质环境的水力特性和水化学特性的影响
— 废物释热导致的热-力耦合效应
— 处置设施的建造及运行所引起的化学反应对周围环境的地球化学特性的影响（主要是设施内通风，也包括采用回填材料和加固材料，比如：钢筋、灌浆和喷射混凝土、密封材料、废物本身和/或废物包的部件等）

围岩中监测的参数是：

— 力学干扰：
- 应力场
- 变形
- 裂隙

— 水力学干扰：
- 渗透性
- 水压力
- 饱和度

— 地球化学干扰：

- 成分（孔隙水和矿物）
- pH 值
- 氧化还原相关参数
- 迟滞性能
- 生物学变化

— 热干扰：

- 温度分布
- 从温度分布获得的热导率

6　周围基岩的监测

处置设施周围的基岩会以很多不同的方式对该处置设施的存在做出响应（如：力学、水力学和化学）。相关可测量的参数包括温度、应力、地下水化学、地下水压力、溶质化学和矿物成分等，上述参数一般可通过围岩的地表场址特性调查和地下钻孔调查获得。

调查可以使用的地球物理方法包括。

— 地球物理测量法

— 氡射气法

— 空气辐射测量法

应重点对隔离系统长期性能有直接影响的岩体结构的水力学和力学行为进行监测，例如主要裂隙水的连通性。

对于在地下水饱和区域的处置设施，在处置设施处于开放状态时，地下水将绕过该处置设施，然而随着处置设施地下水再饱和（或者部分饱和），地下水将通过该处置设施后再次流回到岩石圈，会导致岩石圈的地球化学性质产生变化，对于某些处置设施（例如主要使用水泥结构的处置设施）这种变化可能是重要的。

7　放射性污染监测

因为废物容器的预计寿命有几千年，如果地质处置设施正常演化，废物包、工程屏障或处置巷道释放的放射性核素是监测不到的。只有在设施非正常演化的情况下，放射性核素才有可能在一个较短的时间尺度内释放出来。为了获得本底（基准）条件以便能够对污染物移动和释放的影响进行比较，需要测量工程屏障、围岩和岩石圈的以下参数。

— 渗滤液的污染水平

— 地下水的放射性活度浓度

— 潜在污染区内的水力梯度，水流速度和水流方向

— 浅层水的水位

— 河水流速

— 含水层补给量

— 水的化学成分

8　建立环境数据库

建立长时间尺度（几十年以上）的环境数据库有利于评估建造处置设施的适用性，数

据库相关参数包括。

— 气象

— 水文，包括排水、水的用途和水质

— 不同环境介质中的放射性核素和其他污染物的浓度，包括动植物、沉积物和水

— 当地的生态环境

— 地貌演化过程，如：剥蚀作用、局部侵蚀和边坡变化

— 地壳构造的活动性，如：垂直和横向地壳运动速率，地震现象和地热流

— 周围区域的土地利用情况

所有这些参数可以进行持续的、长时间的测量。

表 1 总结了一个地质处置设施不同阶段需要监测的参数。

表 1　地质处置设施不同阶段需要监测的参数表

监测的参数/程序	运行前阶段（包括场址选择和设施建造）	运行阶段（包括关闭）	关闭后阶段[a]
本底值（基准值）			
围岩和周围岩石圈的地下水流场			
— 地下水压力分布			
— 水力梯度			
— 流向			
— 渗透性			
— 补给和排泄区域			
地下水的地球化学特性	√		
— 氧化还原条件			
— 盐度			
— 主要的微量元素浓度			
— 天然放射性核素含量/本底活度			
属于处置设施构成部分的围岩的矿物特性	√		
围岩的地质力学性质	√		
属于处置设施构成部分的围岩的迟滞和水力学特性	√		
属于处置设施构成部分的围岩的断裂（包括裂隙）特性调查与评价	√		
地下水，地表水，空气，土壤，沉淀物，动植物的天然放射性的本底水平	√		
岩石圈周围和大气中的化学和物理变化	√		
气象和气候条件	√		
地表水系统的水文学条件，包括排水模式和入渗率	√		
自然栖息地的生态和生态系统	√	√	
处置设施结构力学性能		√	
工程屏障力学特性		√	
工程屏障迟滞和水力学特性		√	
本底参数的持续监测		√	√
废物包的完整性			

监测的参数/程序	运行前阶段（包括场址选择和设施建造）	运行阶段（包括关闭）	关闭后阶段[a]
能够直接测量参数		√	（√）
— 腐蚀性			
— 应变			
— 废物包的压力（即黏土缓冲材料的膨胀压力）			
环境参数		√	（√）
— 温度			
— 湿度			
— 地下水再饱和度			
— 废物产生气体的特性			
处置设施结构和工程屏障			
处置设施结构和工程屏障的稳定性		√	（√）
— 力学性能			
— 应力			
— 应变			
— 地下开挖监测			
• 岩体应力			
• 变形和岩体支护载荷			
• 墙体和内衬结构的变形			
• 裂隙			
工程屏障参数		√	（√）
— 地下水再饱和速度			
— 变化			
• 水力学特性			
• 力学性能（包括膨胀）			
• 化学特性			
• 热学特性			
防水措施及其监测		√	（√）
处置设施引起的干扰（建造，放置废物和工程屏障）			
围岩力学干扰	√	√	（√）
— 应力场			
— 变形			
— 裂隙			
地球化学干扰	√	√	（√）
— 岩土成分（间隙水和矿物学特征）			
— pH 值			
— 氧化还原特性			
— 迟滞特性			
— 生物特性学变化			
水力学干扰	√	√	（√）
— 渗透性			
— 水压力			
— 饱和度			

监测的参数/程序	运行前阶段（包括场址选择和设施建造）	运行阶段（包括关闭）	关闭后阶段[a]
热干扰		√	（√）
— 温度分布			
— 热导率			
监测放射性核素的释放			
渗滤液水位		√	（√）
地下水放射性活度浓度		√	（√）
潜在污染区域的污染程度		√	（√）
水力梯度，潜在污染区域内水流动的速度和方向		√	（√）
潜水位水平		√	√
含水层的补给和排泄		√	√
水的化学成分		√	√
岩石圈变化			
力学性能		√	√
— 应力			
— 应变			
— 裂隙			
水力学性能			√
— 地下水压力			
化学特性		√	√
— 溶质化学			
— 矿物性质			
热属性		√	√
— 温度			
环境数据库的建立			
气象学	√	√	√
水文学，包括排水，给水和水质	√	√	√
不同环境介质中放射性核素和其他污染物的浓度	√	√	√
局部区域生态环境	√	√	√
地貌演化，如：剥蚀作用、局部侵蚀和边坡演变	√	√	√
构造活动，如：垂直向和横向地壳运动速率，地震现象和地热流；	√	√	√
周围区域的土地利用情况	√	√	√

a 在运行期和关闭后都进行监测，且只要不影响其长期安全、可以将测量范围缩小的项目，这里用（√）表示。

注：本附录即为《Monitoring and Surveillance of Radioactive Waste Disposal Facilities》（SSG-31）的附录Ⅰ。

关于印发《民用核安全设备焊接人员操作考试技术要求（试行）》的通知

国核安发〔2019〕238 号

各相关单位：

为规范民用核安全设备焊接人员资格考核工作，根据《民用核安全设备焊接人员资格管理规定》（生态环境部令　第 5 号）的有关规定，国家核安全局组织编制了《民用核安全设备焊接人员操作考试技术要求（试行）》，现印发给你们，请遵照执行。

国家核安全局
2019 年 11 月 22 日

附件

民用核安全设备焊接人员操作考试技术要求（试行）

1　引　言

1.1　目的

为加强民用核安全设备焊接人员（以下简称焊接人员）资格管理，明确焊接人员操作考试技术要求，根据《民用核安全设备焊接人员资格管理规定》（HAF 603）的规定，制定本技术要求。

1.2　范围

本技术要求适用于焊接人员资格考核的操作考试。

本技术要求所称的焊接人员是指从事民用核安全设备焊接操作的焊工、焊接操作工。

2　考试内容

2.1　焊接方法

焊接方法分类和代号见表 1。

表 1　焊接方法分类和代号

焊 接 方 法		代 号
焊条电弧焊		SMAW
钨极惰性气体保护电弧焊	手工	GTAW
	自动或机械化	GTAW-A 或 GTAW-M
熔化极气体保护电弧焊		GMAW
埋弧焊		SAW
电子束焊		EBW
激光焊		LBW

注：不同焊接方法之间不能互相替代。其中焊条电弧焊、钨极惰性气体保护电弧焊（手工）、熔化极气体保护电弧焊的表现形式为手工焊，钨极惰性气体保护电弧焊（自动或机械化）、埋弧焊、电子束焊、激光焊的表现形式为自动焊或机械化焊。

2.2　考试试件

各焊接方法操作考试试件及要求见表 2。

表 2　操作考试项目及要求[*1]

焊接方法	试件形式	试件材料	试件规格[*2]/mm	试件数量	考试时间[*3]	焊接位置	要求
焊条电弧焊[*4]	板对接	碳钢	12	1	90 分钟	PF	单面焊双面成形
	管对接	碳钢	Φ108×8	1	90 分钟	PH	带衬垫[*5]
钨极惰性气体保护电弧焊（手工）[*6]	管对接	奥氏体不锈钢	Φ60×5	2	90 分钟	PH	单面焊双面成形
	管板角接	碳钢	Φ60×5/δ10	1	90 分钟	PH	插入式、板侧开坡口、单面焊双面成形
钨极惰性气体保护电弧焊（自动或机械化）[*7]	板对接	—	12	1	60 分钟	—	单面焊双面成形
	管对接	—	Φ108×8	1	60 分钟	—	
	管子-管板	—	—	6	60 分钟	—	—
熔化极气体保护电弧焊[*8]	板对接	碳钢	12	1	60 分钟	PF	单面焊双面成形
埋弧焊[*9]	板对接	—	16	1	60 分钟	—	带衬垫或双面焊
电子束焊[*10]	板对接	—	4	1	60 分钟	—	单面焊双面成形
	管对接	—	Φ273×4	1	60 分钟	—	
激光焊	板对接	—	10	1	60 分钟	—	单面焊双面成形

注：1. “—”表示考核单位可根据焊接设备特点自行确定；

2. 试件规格尺寸的偏差应在规定值±10%范围内；

3. 考试时间指考试施焊时间，不包括考前试件打磨、组装和点固焊时间；

4. 焊条电弧焊采用板对接和管对接两种试件进行考试，两种试件考试均合格则其操作考试合格；

5. 从事钨极惰性气体保护电弧焊（手工）打底、焊条电弧焊填充和盖面的（以下简称氩电联焊），采用管对接试件不带衬垫，该试件考试合格后，仅适用于氩电联焊的情况；

6. 钨极惰性气体保护电弧焊（手工）采用管对接和管板角接两种试件进行考试，两种试件考试均合格则其操作考试合格；

7. 除管子-管板外的钨极惰性气体保护电弧焊（自动或机械化），可根据焊接设备特点，从管对接和板对接试件中任选一种进行考试，试件考试合格则其操作考试合格；
从事自动或机械化钨极惰性气体保护电弧焊（管子-管板）焊接活动的，应采用管子-管板试件进行考试，管材应为奥氏体不锈钢或镍基合金材料，该试件考试合格后，仅适用于管子-管板焊接；
8. 熔化极气体保护电弧焊采用半自动熔化极气体保护电弧焊的方法进行考试，对于采用实芯或药芯焊丝不做限制；
9. 埋弧焊采用丝极埋弧焊的方法进行考试。从事带极堆焊的人员应取得埋弧焊资格；
10. 电子束焊可根据焊接设备及产品特点，从板对接和管对接两种试件中任选一种进行考试。

2.3 焊接位置及代号

考试试件的焊接位置和代号见图 1，图中箭头表示焊接方向。

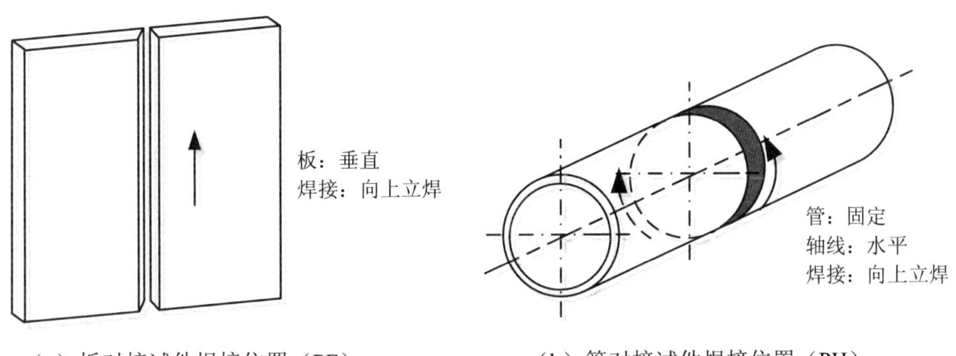

（a）板对接试件焊接位置（PF）　　（b）管对接试件焊接位置（PH）

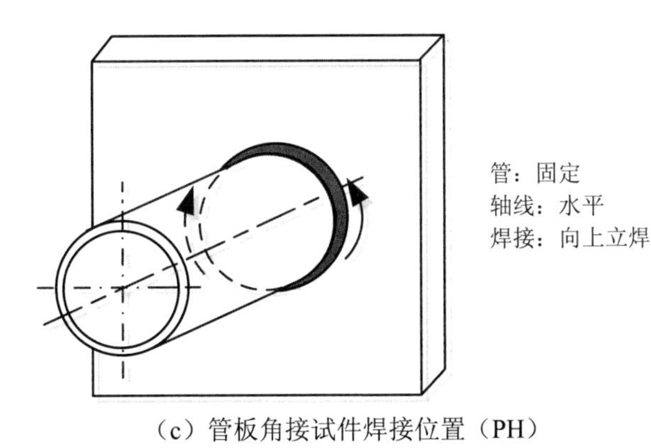

（c）管板角接试件焊接位置（PH）

图 1　考试试件的焊接位置和代号

3 考试试件要求

板对接考试试件尺寸见图 2（a），对于自动焊和机械化焊，试板长度应大于等于 400 mm。管对接考试试件的尺寸见图 2（b）。管板角接考试试件的尺寸见图 2（c）。

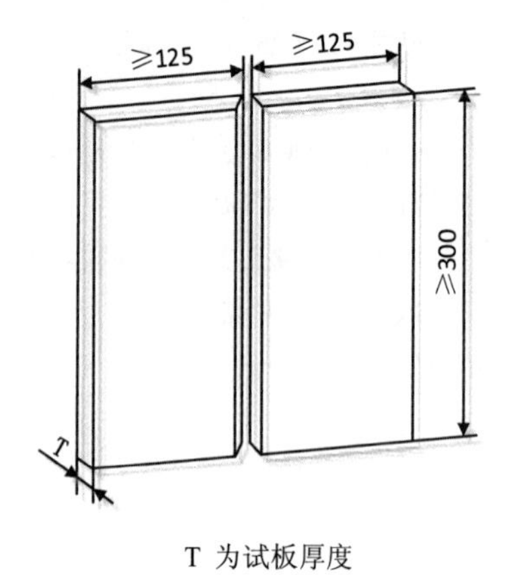

T 为试板厚度

（a）板对接试件尺寸（mm）

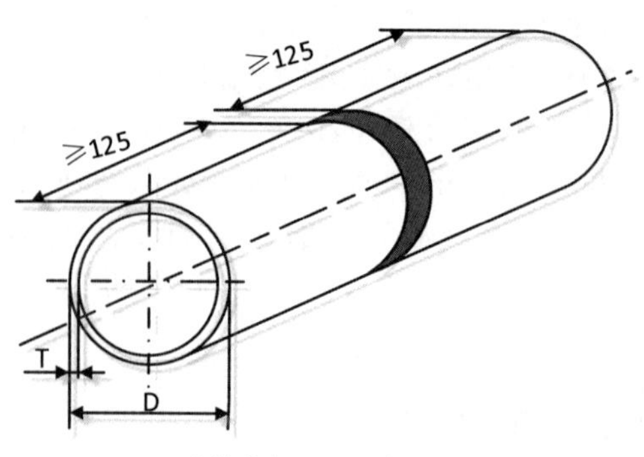

D 为管外径　T 为管壁厚

（b）管对接试件尺寸（mm）

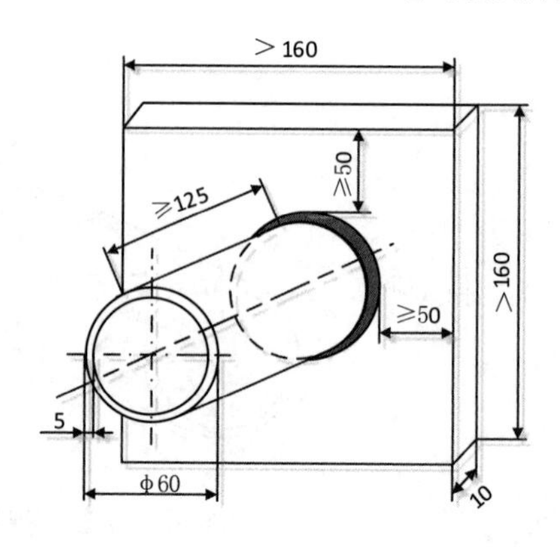

（c）管板角接试件尺寸（mm）

图 2　考试试件规格尺寸

4 考试施焊要求

4.1　基本要求

4.1.1　操作考试只能由一名焊接人员在规定的试件上进行，不允许在同一试件上采用不同焊接方法进行组合考试（氩电联焊除外）。

4.1.2　操作考试试件的数量应当符合表 2 要求，不允许多焊试件从中挑选。

4.1.3　试件的制备和焊接应满足下列要求：

（1）考试试件的坡口表面和坡口两侧各 25 mm 范围内应当清理干净，去除铁屑、氧化皮、油、锈和污垢等杂物。

（2）试件坡口形式和尺寸应当按照焊接工艺规程制备，或者由考核单位按照相应国家标准和行业标准制备。

（3）焊条和焊剂应当按规定要求烘干，随用随取，焊丝应当除油、除锈。

（4）水平固定试件上应当标注焊接位置的钟点标记，定位焊缝不得在“6 点”标记处；管对接和管板角接向上立焊时应当从“6 点”标记处起弧。

（5）操作考试前，应在监考人员与焊接人员共同在场确认的情况下，在试件上标注焊接人员考试编号。

（6）手工焊操作考试时，所有试件的第一层焊缝中至少应当有一个停弧再焊接头；自动焊和机械化焊操作考试时，每一焊道中间不得停弧。

（7）手工焊操作考试时，不允许采用刚性固定的方法对试件进行固定，但允许组对时给试件预留反变形量。

（8）自动焊和机械化焊操作考试时，允许加引弧板和熄弧板。

（9）试件开始焊接后，焊接位置不得改变。角度偏差应当在试件规定位置±5°范围内。

（10）操作考试时，除第一层和中间焊道接头在更换焊条时允许修磨外，其他焊道（包括最后一层）不允许修磨和打磨。

（11）操作考试时，焊接人员应在规定的时间内完成考试。

4.2　焊接填充材料

4.2.1　考试用焊接填充材料应与考试试件母材相匹配（等成分或等强度原则）。

4.2.2　管子-管板的钨极惰性气体保护电弧焊（自动或机械化）考试时需要使用焊接填充材料的，焊接填充材料应采用奥氏体不锈钢或镍合金。

4.3　焊接工艺评定

对于每项考试所使用的焊接工艺规程应有适当的、有效的焊接工艺评定作为技术支撑。适用的焊接工艺评定应满足以下要求：

（1）焊接工艺评定应符合国内核电厂已采用的成熟的标准规范要求。

（2）焊接工艺评定适用范围能覆盖操作考试。

（3）焊接工艺评定为有效状态。

4.4　焊接工艺规程

4.4.1　焊接人员应当按照批准的考试用焊接工艺规程焊接考试试件。

4.4.2　考试用焊接工艺规程应包括可能影响考试结果的各种焊接变素，焊接参数应细化到焊接人员按照考试用焊接工艺规程能独立进行施焊的程度。

4.5　考试过程要求

操作考试过程主要考查焊接人员的操作习惯、质量意识和核安全文化意识，出现以下情况的，该项操作考试不合格：

（1）母材、焊材的牌号和规格尺寸使用错误。

（2）开焊后，试件点固焊接位置错误，试件位置错误或违规变更试件位置。

（3）手工焊时试件进行刚性固定。

（4）手工焊打底焊道停弧再焊接头未控制。

（5）打底层和中间焊道违规修磨和打磨，最后一层焊缝打磨、返修（最终焊缝非原始状态）。

（6）故意遮挡监控探头。

（7）其他严重违反考试规定或考试纪律的行为。

5 考试试件检验要求

5.1 检验项目和数量

5.1.1 操作考试试件的检验项目和数量见表3，表中目视检验试件数量即考试试件数量。

表3 试件检验项目和数量

试件形式		试件形状尺寸		检验项目/件		
		厚度/mm	管外径/mm	目视检验	渗透检验	射线检验
对接接头	板对接	—	—	1	1	1
	管对接	5	60	2	2	2
		8	108	1	1	1
		4	273	1	1	1
管板角接		10	60	1	1	1
管子-管板		—		6	6	6

5.2 检验要求

5.2.1 试件目视检验（VT）合格后，方可进行其他无损检验项目。

5.2.2 试件目视检验（VT）按照《核电厂核岛机械设备无损检测》（NB/T 20003）要求的条件和方法进行。

5.2.3 手工焊的板对接试件两端 20 mm 内的缺陷不计，焊缝的余高和宽度应测量最大值和最小值，但不取平均值，单面焊的背面焊缝宽度可不测量。

5.2.4 试件焊缝的目视检验应符合下列要求：

（1）焊缝表面应是焊后原始状态，不允许加工修磨或返修。

（2）焊缝外形尺寸应符合表4的规定以及下列要求：

a. 板对接试件焊缝边缘直线度：手工焊≤2 mm；自动焊和机械化焊≤3 mm。

b. 管板角接试件角焊缝凸度或凹度应不大于 1.5 mm；管板角接试件角焊缝的焊脚 K 为 T+（0～3）mm（T 为管壁厚）。

c. 不带衬垫的板对接试件、管板角接试件和外径不小于 76 mm 的管对接试件背面焊缝的凸起应不大于 3 mm。

表4 试件焊缝外形尺寸 单位：mm

焊接方法	焊缝余高		焊缝余高差		焊缝宽度	
	平焊位置	其他位置	平焊位置	其他位置	比坡口每侧增宽	宽度差
手工焊	—	0～4	—	≤3	0.5～2.5	≤3
自动焊和机械化焊	0～3	0～3	≤2	≤2	2～4	≤2

5.2.5 各种焊缝表面不得有裂纹、未熔合、夹渣、气孔、焊瘤和未焊透。自动焊和机械化焊的焊缝表面不得有咬边和凹坑。手工焊焊缝表面的咬边和背面凹坑不得超过表5的规定。

表 5　手工焊焊缝表面咬边和背面凹坑

缺陷名称	允许的最大尺寸
咬边	深度≤0.5 mm；焊缝两侧咬边总长度不得超过焊缝长度的 10%
背面凹坑	当 T≤6 mm 时，深度≤15% T，或≤0.5 mm（取小值）；当 T＞6 mm 时，深度≤10% T，或≤1.5 mm（取小值）。总长度不超过焊缝长度的 10%

5.2.6　板对接试件焊后变形角度θ≤3°，见图 3（a）。试件的错边量不得大于 10%T，且≤2 mm，见图 3（b）。

5.2.7　属于一个考试项目的所有试件目视检验的结果均符合上述各项要求，该项试件的目视检验为合格，否则为不合格。

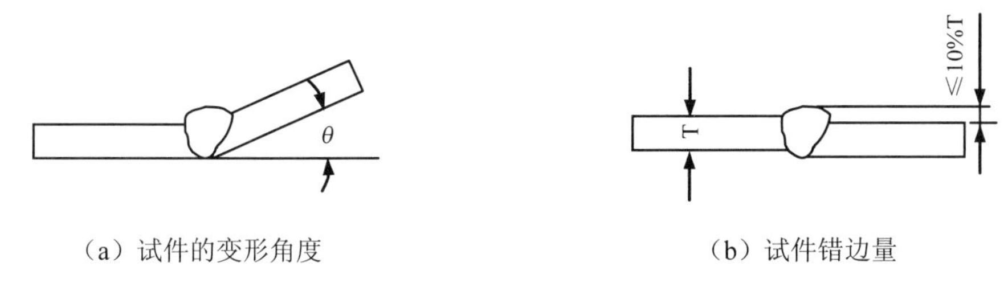

（a）试件的变形角度　　（b）试件错边量

图 3　板状试件的变形角度和错边量

5.2.8　试件的渗透检验（PT）、射线检验（RT）应按照《核电厂核岛机械设备无损检测》（NB/T 20003）的要求进行，焊缝质量应符合 1 级焊缝的检验要求。

5.2.9　试件的无损检验人员资格应符合《民用核安全设备无损检验人员管理规定》（HAF 602）的规定。

关于发布《核动力厂营运单位的应急准备和应急响应》等三个核安全导则的通知

国核安发〔2019〕244 号

为进一步规范和加强对核动力厂、研究堆和核燃料循环设施营运单位核应急工作的安全监管，我局组织修订了核安全导则《核动力厂营运单位的应急准备和应急响应》（HAD 002/01—2019）、《研究堆营运单位的应急准备和应急响应》（HAD 002/06—2019）和《核燃料循环设施营运单位的应急准备和应急响应》（HAD 002/07—2019），现予公布，自 2020 年 1 月 1 日起实施。

原《核动力厂营运单位的应急准备和应急响应》（HAD 002/01—2010）、《研究堆应急计划和准备》（HAD 002/06—1991）和《核燃料循环设施营运单位的应急准备和应急响应》（HAD 002/07—2010）自新导则实施之日起废止。

国家核安全局
2019 年 11 月 29 日

附件 1

核安全导则 HAD 002/01—2019

核动力厂营运单位的应急准备和应急响应

（2019 年 11 月 29 日　国家核安全局批准发布）

本导则自 2020 年 1 月 1 日起实施
本导则由国家核安全局负责解释

本导则是指导性文件。在实际工作中可以采用不同于本导则的方法和方案，但必须证明所采用的方法和方案至少具有与本导则相同的安全水平。

本导则的附录为参考性文件。

1　引言

1.1　目的

核动力厂的选址、设计、建造、运行和退役均需严格按照核安全法规进行。在采取种种预防性措施后，核动力厂因失误或事故进入核事故应急状态的可能性虽然很小，但仍不能完全排除。核事故可能导致放射性物质不可接受的释放，或对人员造成不可接受的照射。为了加强并维持应急响应能力，以便在一旦发生事故时能快速有效地控制事故，并减轻其后果，每一个核动力厂营运单位应有周密的场内核事故应急预案（以下称为应急预案）和充分的应急准备。

本导则为核动力厂营运单位制定应急预案，开展应急准备和应急响应行动提供指导。

1.2　范围

本导则适用于核动力厂营运单位的核事故应急准备和应急响应，以及国务院核安全监督管理部门对营运单位应急准备和应急响应工作的监督管理，给出了在不同阶段对核动力厂营运单位应急准备和应急响应的具体要求。

2　应急预案及相关文件的制定

2.1　不同阶段应急准备和应急响应要求

2.1.1　厂址选择阶段

论证核动力厂厂址适宜性时，应评价厂址区域在整个预计寿期内执行应急预案的可行性。评价时要考虑下列与厂址有关的因素：

（1）人口密度和分布，离人口中心的距离，以及在核动力厂整个预计寿期内的变化；

（2）在应急状态下难以隐蔽或撤离的人群，例如在医院或监狱内的人员或中、小学生；

（3）特殊的地理特征，例如半岛、山地地形、河流；

（4）当地的运输和通信网络的能力；

（5）厂址周边和区域的经济、工业、农业、生态和环境特征；

（6）可能导致应急状态或限制应急响应有效性的灾害性外部事件或可预见的自然灾害。

在厂址选择阶段向国务院核安全监督管理部门提交的文件中，应包括关于厂址执行应急预案可行性分析的内容。

有关选址阶段应急工作的要求参见附录 A。

2.1.2　设计建造阶段

在设计建造阶段，营运单位应对核动力厂事故类型及其后果作出分析，对场内的应急设施、应急设备和应急撤离路线作出安排。在初步安全分析报告（PSAR）有关运行管理的章节中，应提出应急预案的初步方案，其内容包括：应急预案的目的，依据的法规和适用范围，营运单位拟设置的应急组织及其职责的框架，应急计划区范围的初步测算及其环境（人口、道路、交通等）概况，主要应急设施与设备的基本功能和位置，撤离路线、撤离时间及可行性分析，场内、外应急组织、资源及接口的安排。

若正在建设的核动力厂场区内或附近已有正在运行的核动力厂，应保证正在建设的核动力厂工作人员的安全。对于扩建核动力厂，营运单位应在其原应急预案的基础上增加针对新建机组情况的内容；对于新建核动力厂，新建核动力厂营运单位应针对附近正在运行的核动力厂潜在事故，制定相应的应急预案，并进行相应的应急准备。

2.1.3　运行阶段

营运单位应制定应急预案，并作为运行申请材料之一于首次装料前与最终安全分析报告一并报国务院核安全监督管理部门审查。在首次装料前，核动力厂营运单位应完成应急准备工作，并进行装料前场内综合应急演习。

在整个核动力厂运行阶段，应急准备应做到常备不懈；应急状态下需要使用的设施、设备和通信系统等必须妥善维护，处于随时可用状态。应定期进行应急演习和对应急预案进行复审和修订。

在核动力厂进入应急状态时，应有效实施应急响应，按规定向国务院核工业主管部门、核安全监督管理部门和省、自治区、直辖市人民政府指定的部门报告事故情况并与场外核应急组织协调配合，以保障工作人员、公众和环境的安全。

2.1.4　退役阶段

在核动力厂退役报告中应有应急预案的内容，说明在退役期间可能出现的应急状态及其对策，考虑待退役的核动力厂可能产生的辐射危害，对营运单位负责控制这些危害的组织和应急设施作出安排。在退役期间一旦发生事故，应有效实施应急响应，以保障工作人员、公众和环境的安全。

2.2 应急预案的制定

2.2.1 应急预案考虑的事故

营运单位在制定应急预案时，不仅要考虑预期的运行工况和事故工况，而且应考虑那些发生概率很小且后果更为严重的事故，包括其环境后果大于设计基准事故的严重事故。应急预案还应考虑到非核危害与核危害同时发生所形成的应急状态，诸如火灾与严重辐射危害或污染同时发生、有毒气体或窒息性气体与辐射和污染并存等，同时要考虑特定的厂址条件。

2.2.2 应急预案的内容

应急预案应至少包括以下基本内容：制定应急预案的目的、依据、范围，核动力厂及其环境概况，应急计划区，应急状态分级及应急行动水平，应急组织与职责，应急设施与设备，应急通信、报告与通知，应急运行控制与系统设备抢修，事故后果评价，应急环境监测，应急防护措施，应急照射控制，医学救护，应急补救行动，应急终止和恢复行动，集团公司核事故应急支援，公众信息沟通与舆情应对，记录和报告，应急响应能力的保持。

应急预案提交国务院核安全监督管理部门复审时，应包含详细的修订说明。

营运单位在首次装料前提交的应急预案还应包括如下专题的技术文件：应急行动水平、主要应急设施可居留性、应急环境监测方案、应急计划区、操作干预水平和集团公司核事故应急支援方案等。复审时，原则上不再要求提交上述技术文件，但在核设施本身或环境发生的改变对相关内容造成影响时，仍应提交修订后的技术文件。

核动力厂营运单位应急预案的格式和内容见附录 B。

2.3 应急预案执行程序

营运单位应根据其应急预案制定相应的应急准备和应急响应执行程序。执行程序清单应列入应急预案中。国务院核安全监督管理部门在审查应急预案或进行核安全监督检查时，可对这些程序文本进行检查。

应急预案执行程序应为应急工作人员执行应急预案提供全面的、具体的方法和步骤，以保证协调一致和及时有效的行动。应急预案执行程序应根据应急预案及其他相关因素的变化及时修订，保证其准确性及可操作性。

营运单位应急预案执行程序清单示例见附录 C。

2.4 应急预案的协调

对于多堆厂址，同一营运单位的应制定统一的应急预案，不同营运单位的应急预案应相互协调。

场内核事故应急预案应与营运单位其他突发事件应急预案相协调。

场内核事故应急预案和场外核事故应急预案应相互补充和协调。在事故后果可能超越场区边界的情况下，营运单位应估算可能的放射性物质的释放量，并向场外核应急组织提供相应的实施公众防护措施的内容和方法的建议。

3 应急组织

3.1 概述

营运单位应在应急预案中列出正常运行组织的应急准备职责和场内应急组织的应急响应职责。

3.2 应急组织的主要职责和基本组织结构

3.2.1 营运单位应成立场内统一的应急组织，其主要职责是：

（1）执行国家核应急工作的方针和政策；

（2）制定、修订和实施场内应急预案及其执行程序，做好核应急准备；

（3）规定应急行动组织的任务及相互间的接口；

（4）及时采取措施，缓解事故后果；

（5）保护场内和受营运单位控制的区域内人员的安全；

（6）及时向国务院核工业主管部门、核安全监督管理部门和省、自治区、直辖市人民政府指定的部门报告事故情况并与场外核应急组织协调配合。

3.2.2 营运单位应急组织包括应急指挥部和若干应急行动组。营运单位的应急预案应明确规定应急指挥部及各应急行动组的职责，设立相应的应急岗位，配备经提名和授权的合格岗位人员。

3.2.3 营运单位应急组织应具备在应急状态下及时启动及连续工作的能力。

核动力厂典型的应急组织结构框架举例见附录D。

3.3 应急指挥部

3.3.1 营运单位应设立应急指挥部，作为本单位在应急状态下进行应急响应的领导和指挥机构。应急指挥部由总指挥及其他成员组成。应急总指挥由营运单位法定代表人或法定代表人指定的代理人担任。应急预案中应明确应急总指挥的替代人及替代顺序。应急总指挥及其替代人应具备10年以上核动力厂生产相关管理经验。

3.3.2 应急指挥部的职责为：

（1）应急总指挥负责统一指挥应急状态下场内的响应行动，批准进入和终止应急待命、厂房应急和场区应急状态（紧急情况下，在应急指挥部启动前，当班值长应代行应急总指挥的职责）；

（2）及时向国务院核工业主管部门、核安全监督管理部门和省、自治区、直辖市人民政府指定的部门报告事故情况，并保持在事故过程中的紧密联系；

（3）提出进入场外应急状态和场外采取应急防护措施的建议；

（4）配合和协助省、自治区、直辖市核应急组织做好核事故应急响应工作；

（5）必要时向场外核应急组织请求支援。

3.4 应急行动组

3.4.1 营运单位应根据积极兼容的原则设置若干应急行动组，并配备合适的人员。应急行动组一般包括运行控制组、技术支持组、辐射防护组、运行支持组、后勤保障组、公众信息组等。营运单位在建立应急组织时可采取不同的方案，但应涵盖下述职责：场内各系统的运行控制，辐射测量与后果评价，防护行动实施（隐蔽、撤离及人员清点、失踪人员搜救等），医学救护，应急通信，消防与保卫，交通运输与器材、物资供应等后勤保障，公众信息与舆情应对。应急状态下，各应急行动组应保持与应急指挥部及其他相关应急行动组之间通畅的通信联系。

3.4.2 运行控制组的主要职责为：

（1）发布初始应急通知和事故报警信号；

（2）对应急状态进行初步评价，向应急指挥部提出应急状态等级的建议；

（3）执行应急运行规程、控制并维持机组在安全状态；

（4）向应急指挥部、技术支持组提供有关事故性质及规模的资料，并随时向应急指挥部报告事故发展情况。

3.4.3 技术支持组的主要职责为：

（1）掌握事故机组状态，分析、评价事故，向运行控制组提供有关诊断事故、采取对策方面的建议和指导；

（2）向应急指挥部推荐可行的应急响应行动，或者根据事故诊断、评价，提出应采取的防护行动建议。

3.4.4 辐射防护组的主要职责为：

（1）负责场内辐射和化学监测，对场内污染区域进行调查、评价、划分、标记和控制；

（2）开展必要的场外辐射调查、取样、分析和评价；

（3）提出场内、外辐射防护行动建议，确定工作人员服用稳定碘的要求和发放；

（4）组织适当人员、提供相关设备支持核动力厂应急运行和辐射防护应急响应行动，监督、评价和控制应急工作人员的受照剂量；

（5）其他辐射防护工作。

3.4.5 运行支持组的主要职责为：

（1）管理应急状态下所需的应急设计、建造、施工和工程抢险工作；

（2）负责专业维修，组织队伍、配备足够的专业人员，并及时投入、补充、替换人员，对系统、设备进行维护、修理、故障的排除。

3.4.6 后勤保障组的主要职责为：

（1）提供通信设备，保证通信畅通；

（2）保证各应急组织和人员的办公条件，提供办公用品、器材；

（3）负责应急工作人员和临时增援工作人员的食宿生活安排和物资供应；

（4）负责场内安全保卫、消防、交通管理、应急医疗救护；

（5）负责设备、材料、医疗设备、药品的采购供应；

（6）负责文件、资料、通信等的整理、归档、保存；

（7）负责组织人员撤离和人员搜救。

3.4.7　公众信息组通常在应急总指挥直接领导下，管理应急期间公众信息工作。公众信息组的主要职责为：

（1）及时了解事故信息；

（2）收集公众、社会的反映，以便开展适当的沟通；

（3）准备和提供有关资料；

（4）根据授权，做好新闻发布会的准备。

3.5　与场外核应急组织的接口

3.5.1　营运单位应在应急预案中明确与场外核应急组织及有关部门的接口，说明场外核应急组织及有关部门的名称、职能。

3.5.2　营运单位场内应急组织应与场外核应急组织相互协调，并明确职责分工，必要时应签订有关书面协议。

3.5.3　营运单位应制定请求外部力量支援的方案，并将集团应急支援力量作为重要补充纳入营运单位自身的应急准备与响应体系。

4　应急状态及应急行动水平

4.1　应急状态分级

核动力厂的应急状态分为应急待命、厂房应急、场区应急和场外应急：

（1）应急待命　出现可能危及核动力厂安全的某些特定工况或事件，表明核动力厂安全水平处于不确定或可能有明显降低。

（2）厂房应急　核动力厂的安全水平有实际的或潜在的大的降低，但事件的后果仅限于厂房或场区的局部区域，不会对场外产生威胁。

（3）场区应急　核动力厂的工程安全设施可能严重失效，安全水平发生重大降低，事故后果扩大到整个场区，除了场区边界附近，场外放射性照射水平不会超过紧急防护行动干预水平，早期的信息和评价表明场外尚不必采取防护措施。

（4）场外应急　发生或可能发生放射性物质的大量释放，事故后果超越场区边界，导致场外的放射性照射水平超过紧急防护行动干预水平，以至于有必要采取场外防护措施。

4.2　应急行动水平

营运单位应根据核动力厂的设计特征和厂址特征，确定用于应急状态分级的初始条件及其相应的应急行动水平。在首次装料前，申请运行许可证时，应提交应急行动水平及编制说明；在运行阶段，应根据运行经验反馈，对其进行持续修订完善。

应急行动水平应具有以下基本特征：

（1）一致性。在相类似的风险水平下，由应急行动水平可得出相类似的结论。不同核动力厂，只要应急状态等级相同，则其代表的风险水平和所需要的应急响应水平是大致相同的。

（2）完整性。应急行动水平应包括可触发各个应急状态的所有适用条件。

（3）可操作性。应急行动水平应尽量使用客观、可观测的值，以便于快速、正确地识别，并以此判断应触发的应急状态等级。

（4）逻辑性。在多重事件组合的分级中，应考虑事件进程的逻辑性。

应急行动水平一般采用初始条件和应急行动水平矩阵的形式。矩阵中应至少包括识别类、应急状态、初始条件、应急行动水平、适用条件等技术要素。识别类应便于操作，并能够覆盖所有制定的应急行动水平。可采用如下4种识别类：

（1）辐射水平或放射性流出物异常；

（2）裂变产物屏障降级；

（3）影响核动力厂安全的危害和其他事件；

（4）系统故障。

制定应急行动水平时需考虑其适用条件。适用条件主要包括放射性物质存在的位置及核动力厂的运行模式。核动力厂运行模式是指具有相近热力学和堆物理特性的多个标准运行工况和标准状态，应与核动力厂运行技术规格书中规定的运行模式保持一致。制定的应急行动水平文件还应对应急状态等级的确定、升级、降级原则以及瞬态事件的管理进行规定。

初始条件和应急行动水平矩阵示例见附录E。

5 应急计划区

5.1 确定应急计划区的原则

5.1.1 划分应急计划区并进行相应的应急准备，其目的是在应急干预的情况下便于迅速组织有效的应急响应行动，最大限度地降低事故对公众和环境可能产生的影响。在多数事故情况下，需要采取应急响应行动的区域可能只局限于相应应急计划区的一部分，但在发生严重核事故的极个别情况下，也有可能需要在相应应急计划区之外的区域采取应急响应行动，但由于出现这种极个别情况的概率极小，同时，应急计划区内的应急准备为必要时在应急计划区外采取应急响应行动提供了良好的基础，因此，应急准备一般只在应急计划区内进行。

5.1.2 确定核动力厂应急计划区时，既要考虑设计基准事故，也应考虑严重事故，以使在确定的应急计划区所进行的应急准备能应对严重程度不同的潜在事故后果。对于发生概率极小的事故，在确定核动力厂应急计划区时可不予考虑，以免使所确定的应急计划区的范围过大。

5.1.3 应急计划区划分为烟羽应急计划区和食入应急计划区。前者针对放射性烟羽产生的直接外照射、吸入放射性烟羽中放射性核素产生的内照射和沉积在地面的放射性核素产生的外照射；后者则针对摄入被事故释放的放射性核素污染的食物和水而产生的内照射。

5.1.4 营运单位应基于可能发生的核事故及其后果的分析，在其应急预案中明确需要建立的应急计划区类型以及应急计划区的范围大小。

5.2 应急计划区的确定

5.2.1 营运单位在其应急预案中应描述确定应急计划区所考虑的事故及其源项，划定应急计划区的方法和安全准则。

5.2.2　确定核动力厂应急计划区的范围时，应遵循下列安全准则：

（1）在烟羽应急计划区之外，所考虑的后果最严重的严重事故序列使公众个人可能受到的最大预期剂量不应超过《电离辐射防护与辐射源安全基本标准》（GB 18871）所规定的任何情况下预期均应进行干预的剂量水平；

（2）在烟羽应急计划区之外，对于各种设计基准事故和大多数严重事故序列，相应于特定紧急防护行动的预期剂量在数值上一般应不大于 GB 18871 所规定的相应的通用优化干预水平；

（3）在食入应急计划区之外，大多数严重事故序列所造成的食品和饮用水的污染水平不应超过 GB 18871 所规定的食品和饮用水的通用行动水平。

5.2.3　确定核动力厂应急计划区时，所考虑的事故及其源项应经国务院核安全监督管理部门认可。

5.2.4　营运单位应在应急预案中提出应急计划区大小的建议值，论证其合理性，并经国务院核安全监督管理部门认可。

5.2.5　确定应急计划区的实际边界时，还应考虑核动力厂周围的具体环境特征（如地形、行政区划边界、人口分布、交通和通信）、社会经济状况和公众心理等因素，使划定的应急计划区实际边界（不一定是圆形）符合当地的实际情况，便于进行应急准备和应急响应。

5.2.6　营运单位在应急预案中应提供在建或运行核动力厂的应急计划区的实际边界，应急计划区内的人口分布，说明特殊人群（例如医院、监狱和中、小学校等）的分布、基本情况和相关的应急安排。

5.2.7　对于多堆厂址，应急计划区应有统一的考虑。其范围应包括针对每一反应堆机组所确定的应急计划区的范围，其边界可以是各机组应急计划区边界的包络线。

6　应急设施和应急设备

6.1　概述

核动力厂营运单位应根据日常运行和应急相兼容的原则，设置相应的应急设施，在应急预案中对主要应急设施作出明确的规定和必要的说明，并描述各主要应急设施内应急相关文件、物资、器材的基本配置。

6.2　主控制室

6.2.1　在应急的初始阶段，在启动应急控制中心以前，核动力厂主控制室可能是指挥应急响应的主要设施。安装在主控制室内的设备应足以满足应急期间对核动力厂的控制和监视。应当用诸如冗余度和多样化的办法来保证主控制室的通信系统的可靠性。

6.2.2　必须采取适当的措施（包括在核动力厂主控制室和外部环境之间设置屏障），并向主控制室人员提供足够的信息，以在较长时间内保护主控制室人员免于受到事故工况下形成的高辐照水平、放射性物质的释放、火灾、易爆或有毒气体的危害，并满足 6.13.3 所要求的可居留性准则。

6.2.3　其他必需的应急设备可在主控制室，或其附近的地方取得。

6.3 辅助控制室

6.3.1 在与核动力厂主控制室实体和电气分隔的辅助控制室内，应有足够的仪表及控制设备，以便在主控制室丧失其完成基本安全功能的能力时，能实施停堆、保持停堆状态、导出余热并监测核动力厂基本参数。

6.3.2 如果辅助控制室在设计上有可居留要求，则应满足6.13.3所要求的可居留性准则。

6.4 应急控制中心

6.4.1 营运单位应在应急预案中描述应急控制中心的位置、功能和设计要求。

6.4.2 营运单位应在场区适当的地点建立应急控制中心。在应急状态下，应急控制中心是营运单位实施应急响应的指挥场所，还可以是某些应急行动组的集合与工作场所。

6.4.3 应急控制中心应满足的主要设计要求有：

（1）其位置应设在场区内与核动力厂主控制室相分离的地方，与可能的事故释放源有一定距离，并尽量避开主导风向下风向；

（2）其构筑物应满足一定的抗震要求，并具备抵御设计基准洪水危害的能力，详见附录F；

（3）与其可居留性及可用性相关的设备应满足地震条件下的可用性，详见附录F；

（4）应保证应急期间的应急工作人员可以顺利地到达该中心；

（5）在中心内可取得核动力厂场内重要参数、核动力厂场内及其邻近地区放射性状况信息以及气象数据；

（6）应具有联络核动力厂主控制室、辅助控制室、场内其他重要地点以及场内外应急组织的可靠通信手段；

（7）应有适当的措施，长时间地防护因严重事故而引起的危害，确保其可居留性，满足6.13.3所要求的可居留性准则。

6.4.4 除非能证明应急控制中心对所有假设的应急状态都能适用，否则应在不大可能受到影响的合适地点设立一个备用的应急控制中心，保证在所有假设的应急状态下应急控制中心和备用应急控制中心至少有一个是可用的。备用应急控制中心应尽量建设在烟羽应急计划区外、烟羽应急计划区边界附近且交通便利的地方。备用应急控制中心应能获取核动力厂重要安全参数，并保证与场外应急设施之间的有效通信。

6.5 技术支持中心

6.5.1 技术支持中心是在应急响应期间对主控制室和应急指挥部提供技术支持的场所，应具备足够的获取机组状态参数及其他应急相关信息的手段，以便进行事故分析，制定事故对策。

6.5.2 技术支持中心应与主控制室分开设置，可以设置在主控制室可居留区内，但应不干扰主控制室人员的操作，也可建在应急控制中心内，或单独建设。技术支持中心需满足6.13.3所要求的可居留性准则。当技术支持中心不满足可居留性时，需设置后备的技术支持中心。后备技术支持中心应能实现技术支持中心的基本功能。

6.6 运行支持中心

6.6.1 运行支持中心是在应急响应期间供执行设备检修、系统或设备损坏探查、堆芯损伤取样分析和其他执行纠正行动任务的人员集合与等待指派具体任务的场所。

6.6.2 运行支持中心与主控制室、核动力厂场内的响应队伍及场外的响应人员（如消防队）有安全可靠的通信设备，有足够的空间用于响应队伍的集合、装备和安排工作。

6.6.3 运行支持中心应与核动力厂主控制室、技术支持中心分开设置。可设置在核动力厂保护区内，或在能够快速进入保护区的其他合适位置。该位置应与可能的放射性事故释放源保持一定距离。

6.7 通信系统

6.7.1 核动力厂营运单位的应急通信系统应具备下列功能：保障在应急期间营运单位内部（包括各应急设施、各应急组织之间）以及与国务院核安全监督管理部门、场外核应急组织等单位的通信联络和数据信息传输；具有向国务院核安全监督管理部门进行实时在线传输核动力厂重要安全参数的能力。

6.7.2 为核动力厂正常运行所安装的通信系统，应遵循以下基本设计准则：

（1）应按照积极兼容和冗余的原则进行设计；

（2）安全电话系统，在应急控制中心、主控制室、技术支持中心、运行支持中心和辅助控制室等主要应急设施内应设置有满足应急响应行动需要的通信通道和布点；

（3）生产/行政电话系统，除满足在（2）条中提及的应急控制中心、主控制室、技术支持中心、运行支持中心和辅助控制室的语音通信需求外，对于分布较为分散的应急集合点，应考虑设置语音和数据布点；

（4）有线广播系统、报警系统直接与应急响应及行动有关，应保证完整和场区有效覆盖；

（5）应配备一定数量的卫星电话；

（6）为了保障通信网络的可靠性，核动力厂与本地公网之间的外部通信中继链路宜采用不同物理路由接入公网上的两个不同节点；

（7）应急通信系统设计应具有通信手段的多样性和足够的冗余度，同时需兼顾防干扰、防阻塞和防非法截取信息等网络安全技术要求，专用网络的防护等级应符合我国信息系统安全等级保护相关法规要求；

（8）应急通信系统的上游电源应至少有一路引自应急电源。为保证可靠性，应急通信系统应考虑配置通信专用不间断电源。

6.8 评价设施与设备

6.8.1 核动力厂的评价设施与设备应具备以下功能：

（1）获取核动力厂运行状态和重要安全参数；

（2）诊断预测核动力厂事故状态；

（3）预测和估算事故的场内、场外辐射后果；

（4）获取评价所需要的厂址地区相关参数（气象、水文、地震等）。

6.8.2 提供的设备应包括获取适当范围内有关参数的仪器设备，以便在可能的范围内可靠地调查分析事故的演变过程并进行合适的辐射防护评价，评价系统应能满足堆芯损伤评价和事故后果评价的需要。评价设备通常包括：

（1）核动力厂测量与控制设备，监测事故演变过程的设备（例如通过监测压力和温度、液面高度和流量率、反应堆冷却系统和安全壳内的氢浓度）；

（2）自然现象监测仪，例如现场气象观测系统、气象仪器、地震仪器等，现场气象观测系统应具有厂址条件的代表性，及时维护校验以保证数据可靠性；

（3）与执行辐射防护工作相关的监测仪表和设备，这些设备即使在最严重的辐射条件下和恶劣环境条件下都应保持其充分的可运行性、灵敏度和精确度；

（4）事故后果快速评价手册；

（5）地图，例如标有通道和拟建路段位置、调查区域、撤离区域、取样点、学校、医院、私人和公共水源等的地图。

在营运单位应急预案中，应列出用于应急测量以及连续评价应急状态的评价系统、设施、设备和文件。

6.9 辐射监测设施与设备

6.9.1 核动力厂辐射监测设施与设备应具备以下功能：

（1）监测事故状态下气态或液态放射性物质的释放；

（2）监测事故状态下核动力厂有关场所、受污染车辆、人员、场区及其附近的辐射水平，判断放射性污染的范围和程度。

6.9.2 应配置以下辐射监测仪表和设备：

（1）用于正常和应急状态时的工艺、区域、流出物等监测和测量的固定式和可携式辐射监测器及取样装置；

（2）测量外照射剂量、剂量率和气溶胶中 β-γ 放射性的固定式和活动式的辐射监测仪器；

（3）实验室设备，包括配有全套监测、通信设备的活动实验室和设在核动力厂及其附近的取样设施。

6.9.3 核动力厂环境监测设施和监测点位布置应具有合理性和代表性，满足核动力厂所制定的事故工况下应急环境监测方案规定的要求。当极端外部事件导致环境监测设施不可用时，应具备适当的后备宽量程监测手段或及时恢复监测设施可用性的手段，确保为核动力厂及其周边环境质量评价提供现场监测数据。选用的仪表设备，即使在最严重的辐射条件下和恶劣环境条件下都应保持其充分的可运行性、灵敏度和精确度。

6.9.4 环境实验室的设置应避开主导风向的下风向；环境实验室位于烟羽应急计划区内的核动力厂，应在烟羽应急计划区外建立后备环境监测手段，保证有效实施应急监测。

6.10 辐射防护设施与设备

为了有效地执行 7.8 中所列的防护措施，应配备足够的个人辐射监测设备，如表面污染监测仪、全身计数器等，以满足应急响应期间对人员辐射照射情况监测和评价的需要。应提供现场应急工作人员的辐射防护装备与器材，例如：呼吸防护用的口罩、面罩、配有滤毒罐的防毒面具、稳定碘片、防护衣、帽、眼镜、手套、鞋等。应提供可作为隐蔽场所的设施，并将它们列入营运单位应急预案。应说明具有防护功能设施的性能（如屏蔽、通风和物资供给）。

6.11 急救和医疗设施与设备

营运单位应建立场区医疗应急设施、淋浴与去污设施，具有必要的隔离和快速清除人体放射性污染的设备、条件以及相应的实验室和仪器。

6.12 应急撤离路线和集合点

核动力厂应在场内设置足够数量、具有醒目而持久标识的应急撤离路线和集合点，集合点应能抵御恶劣的自然条件，应考虑有关辐射分区、防火、工业安全和安保等要求，并配备为安全使用这些路线和应急集合点所必需的应急照明、通风和其他辅助设施。

设计中考虑的内、外部事件或多个事件的组合发生后，必须至少有一条路线可供位于场区内的工作场所和其他区域的人员撤离。

6.13 可居留性要求

6.13.1 应采取适当措施和提供足够的信息保护应急设施内的工作人员，防止事故工况下形成的过量照射、放射性物质的释放或爆炸性物质或有毒气体之类险情的继发性危害，以保持其采取必要行动的能力。

6.13.2 营运单位应对应急设施的可居留性进行评价。可居留性的评价和审查不应局限于设计基准事故，应适当考虑严重事故的影响。

6.13.3 当考虑涉及放射性物质释放的事故情景时，应根据工作人员可能受照射剂量的大小确定是否满足可居留性准则。主控制室等重要应急设施应满足的可居留性准则如下：在设定的持续应急响应期间内（一般为 30 天），工作人员接受的有效剂量不大于 50 mSv，甲状腺当量剂量不大于 500 mSv。

6.13.4 事故情况下可居留性评价中，剂量的估算应考虑应急设施的有限空间，采用符合实际的有限 γ 射线烟云剂量模式。

6.13.5 大气弥散因子是评价事故后果、可居留性的重要输入参数。计算大气弥散因子所用的气象数据应从厂址气象测量中获取。确定大气弥散因子时应考虑建筑物尾流的影响。

7 应急响应和防护措施

7.1 概述

营运单位的应急预案中应明确提出进行干预的原则、干预水平和行动水平，规定各级应急状态时应采取的对策、防护措施和执行应急行动的程序。

营运单位在事故期间应尽一切努力确保停堆、余热冷却、包容放射性等三项基本安全功能。

7.2 干预原则和干预水平

7.2.1 干预原则

在应急干预的决策过程中，既要考虑辐射剂量的降低，也要考虑实施防护措施的困难和代价，因此，在应急干预的决策中，应遵循下列干预原则：

（1）正当性原则——在干预情况下，只要采取防护行动或补救行动是正当的，则应采取这类行动。所谓正当，指拟议中的干预应利大于弊，即由于降低辐射剂量而减少的危害，应当足以说明干预本身带来的危害与代价（包括社会代价在内）是值得的。

（2）最优化原则——任何这类防护行动或补救行动的形式、规模和持续时间均应是最优化的，使在通常的社会、经济情况下，从总体上考虑，能获得最大的净利益。

（3）应当尽可能防止公众成员因辐射照射而产生严重确定性效应。如果任何个人所受的预期剂量（而不是可防止的剂量）或剂量率接近或预计会接近可能导致严重损伤的阈值，则采取防护行动几乎总是正当的。

7.2.2 干预水平

应急防护行动的干预水平和行动水平应满足 GB 18871 的规定。

营运单位的应急预案应根据使用的干预水平和行动水平，提出与环境测量（例如沉积物剂量率和沉积物放射性活度水平）和食品浓度有关的操作干预水平设定值及其修订方法。

7.3 应急状态下的响应行动

核动力厂营运单位在各应急状态下应采取的主要响应行动如下：

7.3.1 应急待命

（1）必要的应急工作人员进入岗位，保证必要的应急响应措施能及时实施；

（2）运行人员应采取措施使反应堆恢复和保持安全状态，并做好进一步行动准备；

（3）启动必要的应急设施和设备；

（4）按规定向国务院核工业主管部门、核安全监督管理部门和省、自治区、直辖市人民政府指定的部门等有关机构报告。

7.3.2 厂房应急

（1）全部应急工作人员到达规定的岗位，按应急预案的要求实施相应的应急响应行动；

（2）开始场区内辐射监测，确定事故的严重程度；

（3）事故厂房内非应急工作人员撤离相关区域；

（4）按规定向国务院核工业主管部门、核安全监督管理部门和省、自治区、直辖市人民政府指定的部门等有关机构报告。

7.3.3 场区应急

（1）应急工作人员全部到位，各应急行动组全面实施应急响应行动；

（2）对放射性流出物和场内外的辐射水平进行全面监测与评价；

（3）适时实施场区内非应急工作人员的撤离工作；

（4）按规定向国务院核工业主管部门、核安全监督管理部门和省、自治区、直辖市人民政府指定的部门等有关机构报告；

（5）保持与地方核应急组织或地方有关应急机构的信息交换与协调，必要时请求地方核应急组织或地方有关应急机构以及应急技术支持单位的支援。

7.3.4 场外应急

（1）实施 7.3.3 的所有响应行动；

（2）向场外核应急组织提出进入场外应急和实施公众防护行动的建议。

7.4 应急通知

应急指挥部应负责将实施应急的决定立即通知有关组织和人员。通知时应做到：

（1）严格按规定的程序和术语进行；

（2）通知的初始信息应简短和明确，提供的信息有：核动力厂名称、报告人姓名和职务、核动力厂工况、事故起因、进入应急状态的时间、应急状态的等级、已采取或将要采取的应急措施等；

（3）确保信息可靠。

7.5 应急监测

7.5.1 需要采取的应急监测活动主要有：

（1）与应急相关的工艺参数的监测；

（2）流出物监测、场区与工作场所辐射水平监测；

（3）环境辐射监测。

7.5.2 应制定具有可操作性的应急环境监测方案和具体的实施程序或操作步骤。

7.6 评价活动

在应急期间，营运单位应开展评价活动，为防护行动决策提供技术支持。评价活动应包括下列内容：

（1）收集掌握事故的演变过程、源项、核动力厂所在地和附近地区的气象参数等评价所需的资料；

（2）对所收集的资料进行归纳和分析，从而预报事故工况下的辐射剂量；

（3）根据评价结论提出确认或修改应急状态的级别和采取相应措施的建议。

7.7 运行控制与补救行动

7.7.1 运行控制与补救行动的目的是控制和缓解事故，使核设施尽快和尽可能恢复到受控的安全状态，并减轻对工作人员和公众的辐射后果。

7.7.2 可能采取的运行控制与补救行动包括应急状态下工艺系统或反应堆的运行控制、设备抢修、工程抢险、灭火以及其他纠正与缓解事故、减轻事故后果的行动。

7.7.3 营运单位应针对各类可能发生的运行控制与补救行动制定相应的操作规程或执行程序，以保障补救行动的有效开展。

7.7.4 营运单位应急补水、移动电源、防洪能力、外部自然灾害应对等还应满足福岛核事故后核电厂相关改进行动的技术要求。

7.8 应急防护措施

7.8.1 营运单位的应急预案应规定切实可行的应急防护措施。

7.8.2 制定的应急防护措施应符合下列基本要求：

（1）对不同的应急状态应规定相应的防护措施，而且采取的防护措施是正当的；

（2）在恶劣环境条件下，保证防护措施的可用性；

（3）营运单位的应急防护措施应与地方核应急组织采取的应急防护措施相互补充和协调一致。

7.8.3 具体的应急防护措施一般应包括：

（1）根据场内辐射监测结果，确定污染区并加以标志或警戒；

（2）对场内的人员和离开场区的车辆和物资进行监测，必要时加以洗消；

（3）对场区的出入和通道加以控制，限制人员进入严重污染区；

（4）提供具有良好屏蔽、密封和通风过滤条件的场所作为隐蔽所，或告诫人们关闭门窗切勿外出；

（5）分发碘片和个人防护衣具；

（6）受伤、受污染、受照射人员的现场医学救治和向地方或专科医院的转送；

（7）当污染水平超过标准时，人员的食物和饮料应在监控下供应；

（8）非应急工作人员的部分或全部撤离。应在应急预案中对撤离条件、撤离路线和撤离方案作概要描述。

7.9 应急照射的控制

为保证应急工作人员的健康与安全，控制应急工作人员受到的照射应满足下列原则与要求：

（1）除下列情况外，从事干预的工作人员所受到的照射不得超过 GB 18871 中所规定的职业照射的最大单一年份剂量限值：

a）为抢救生命或避免严重损伤的行动；

b）为防止可能对人类和环境产生重大影响的灾难情况发展的行动；

c）为避免大的集体剂量的行动。

从事上述行动时，除了抢救生命的行动外，必须尽一切合理的努力，将工作人员所受到的剂量保持在最大单一年份剂量限值的两倍以下；对于抢救生命的行动，应做出各种努力，将工作人员的受照剂量保持在最大单一年份剂量限值的 10 倍以下，以防止确定性健康效应的发生。此外，当采取行动的工作人员的受照剂量可能达到或超过最大单一年份剂量限值的 10 倍时，只有在行动给他人带来的利益明显大于工作人员本人所承受的危险时才应采取该行动。

（2）应急工作人员可能接受超过职业照射最大年剂量时，应严格履行审批程序，事先预计可能受到的剂量大小，采取一切合理的步骤为行动提供适当的防护。

（3）当执行应急响应行动的工作人员可能接受超过最大单一年份剂量限值时，采取这些行动的工作人员应是自愿的；应事先将采取行动所面临的健康危险情况清楚而全面地通知工作人员，应在实际可行的范围内，就需要采取的行动对他们进行培训。

（4）一旦应急干预阶段结束，从事恢复工作（如核动力厂与建筑物维修、废物处理或场区及周围地区去污等）的工作人员所受的照射，应满足 GB 18871 中有关职业照射控制的全部具体要求。

（5）对参与应急干预的工作人员的受照剂量进行评价和记录。干预结束时，应向有关工作人员通知他们所接受的剂量和可能带来的健康危险。

（6）不得因工作人员在应急照射情况下接受了剂量而拒绝他们今后再从事伴有职业照射的工作。但是，如果经历过应急照射的工作人员所受到的剂量超过了最大单一年份剂量限值的 10 倍，或者工作人员自己提出要求，则在他们进一步接受任何照射之前，应认真听取执业医师的医学劝告。

7.10 医学救护

7.10.1 营运单位应具有急救和医疗支持的响应能力，提供对人员的急救医疗支持，包括去污、受污染伤员的处理和将他们运送到场外医疗机构的急救和医疗人员支持。

7.10.2 营运单位应建立现场医学救护和场外医学支持程序。现场医学救护程序应包括医疗救护人员、设备、救护车等的启动以及急救去污、受伤、受污染人员的分类、登记与转运安排。场外医学支持程序应描述对场外医学组织的要求与计划安排，场外医疗支持人员进入核动力厂的程序等。应在应急预案中以附件形式给出与场外医学救护支持单位的协议及联系方式。

7.10.3 应急响应时，场内救治（或现场救护）的主要任务是发现和救出伤员，对伤员进行初步医学处理，初步估计受照人员的受照剂量，抢救需紧急处理的危重伤员等。

8 应急终止和恢复行动

8.1 应急状态的终止

8.1.1 当营运单位确认事故已受到控制并且核动力厂的放射性物质释放的量已低于可接受的水平时，可以考虑终止场内的应急状态。

8.1.2 对于应急待命状态、厂房应急状态和场区应急状态，营运单位的应急总指挥可根据 8.1.1 的原则来决定并发布应急状态终止的命令，并报国务院核工业主管部门、核安全监督管理部门和省、自治区、直辖市人民政府指定的部门。

8.1.3 对于场外应急状态，营运单位根据核动力厂的状态，将终止场外应急状态的建议报省、自治区、直辖市核应急组织，经省、自治区、直辖市核应急组织审定后上报国家核事故应急协调委员会，经批准后，由省、自治区、直辖市核应急组织发布终止应急状态。

8.2 恢复行动

营运单位的应急预案应包括应急状态终止后的恢复行动方案，其主要内容包括：

（1）制定解除营运单位所负责区域控制的有关规定；

（2）制定污染物的处置和去污方案；

（3）继续测量地表辐射水平和土壤、植物、水等环境样品中放射性含量，并估算对公众造成的照射剂量。

9 应急响应能力的保持

9.1 培训

9.1.1 培训的目的是使应急工作人员熟悉和掌握应急预案的基本内容，使应急工作人员具有完成特定应急任务的基本知识和技能。营运单位应制定各类应急工作人员的培训和定期再培训计划或大纲，明确应该接受培训的人员、培训的主要内容、培训和定期再培训的频度和学时要求、培训方法（授课、实际操作、考试等），以及培训效果的评价等。

9.1.2 在核动力厂首次装料前，营运单位负责对所有应急工作人员（包括应急指挥人员）进行培训和考核。培训的主要内容包括：

（1）应急预案的基本内容和完成应急任务的基本知识和技能；

（2）应急状态下应急执行程序；

（3）应急状态下应急工作人员的职责。

9.1.3 在核动力厂运行寿期内，营运单位对所有应急工作人员（包括应急指挥人员），每年至少进行一次与他们预计要完成的应急任务相适应的再培训与考核。

9.1.4 场区非应急工作人员及外来进场工作人员应接受必要的培训，临时外来人员应接受应急事项告知。

9.2 演习

9.2.1 演习的目的是检验应急预案的有效性、应急准备的完善性、应急设施与设备的可用性、应急响应能力的适应性和应急工作人员的协同性，同时为修改应急预案提供依据。

9.2.2 应急演习包括场内应急组织的单项演习（练习）、综合演习和与场外核应急组织的联合演习。每个核动力厂的综合演习至少每两年举行一次，但对拥有 3 台及 3 台以上机组的营运单位，综合演习频度应适当增加；各单项演习至少每年举行一次，对通信、数据传输、人员启动的演习要求更高的频度。营运单位应参加由省、自治区、直辖市核事故应急协调委员会组织的场内外联合演习。

9.2.3 营运单位应持续开展应急演习情景库的开发与应用，加强动态管理，不断完善情景设计，提高实战性和检验性。演习前应制定演习方案，方案中包括专门为演习或练习设计的合理的事故情景。演习前，原则上演习情景应对参演人员保密。综合演习方案在演习前 30 天提交国务院核安全监督管理部门。

9.2.4 在每次演习结束后，营运单位应对演习的效果、取得的经验和存在问题等进行自评估，对应急响应行动提出改进意见和建议，并对应急预案提出修改意见。

9.2.5 国务院核安全监督管理部门组织现场监督综合演习，对演习进行评估。必要时，也可以对营运单位的其他应急演习进行监督评估。对国务院核安全监督管理部门在演习评估报告中提出的营运单位在应急准备中存在的问题，营运单位应及时进行纠正。

9.3 应急设施、设备的维护

9.3.1 营运单位应保证所有应急设施、设备和物资始终处于良好的备用状态，对应急设备和物资的保养、检验和清点等加以安排。

9.3.2 营运单位应规定应急设施、设备的定期清点、维护、测试和校准制度，以保障这些设施、设备随时可以使用。

9.4 应急预案的复审与修订

9.4.1 营运单位应对应急预案及其执行程序定期、不定期进行复审与修订，以吸取培训及训练与演习的成果、核动力厂实际发生的事件或事故的经验，适应现场与环境条件的变化、核安全法规要求的变更、设施和设备的变动以及技术的进步等。修订后的应急预案及修订说明应及时报国务院核安全监督管理部门。

9.4.2 营运单位应至少每 5 年对应急预案进行一次全面修订，并在周期届满前至少 6 个月报国务院核安全监督管理部门，经审查认可后方可生效。

9.4.3 应急预案涉及的应急组织机构、应急设施设备、应急行动水平等要素如果发生重大变更，并可能会对营运单位应急准备和响应工作产生重要影响时，或国务院核安全监督管理部门认为有必要修订时，营运单位应及时修订应急预案报国务院核安全监督管理部门，经审查认可后方可生效。

9.4.4 营运单位应将应急预案及执行程序的修改及时通知所有有关单位。

10 记录和报告

10.1 记录

营运单位应把应急准备工作和应急响应期间的情况详细地进行记录并存档，其主要内容包括：

（1）培训和演习的内容，参加的人员和取得的效果等；

（2）应急设施的检查和维修，应急设备及其配件的清点、测试、标定和维修等情况；

（3）事故始发过程和演变过程，核动力厂安全重要参数和监测数据；

（4）应急期间的评价活动、采取的补救措施、防护措施和恢复措施以及应急行动的程序和所需的时间等。

10.2 报告

10.2.1 营运单位应在每年的第一季度向国务院核安全监督管理部门提交上年度的应急准备工作实施情况的总结和当年的计划报告。

10.2.2 每次综合演习结束后 30 天内，营运单位应向国务院核安全监督管理部门和所在地区核与辐射安全监督站提交报告。

10.2.3 发生核事故时，营运单位应及时向国务院核工业主管部门、核安全监督管理部门和省、自治区、直辖市人民政府指定的部门报告。

10.2.4 营运单位核事故应急报告的内容和格式按核动力厂营运单位报告制度相关核安全法规执行。

10.2.5 营运单位应在进入应急状态、应急状态等级发生变更或应急状态终止后15分钟内，首先用电话，随后用传真方式（或其他安全有效通信方式）向国务院核安全监督管理部门和所在地区核与辐射安全监督站发出应急通告。

10.2.6 营运单位应在进入厂房应急或高于厂房应急状态后的1小时内用电话和传真方式（或其他安全有效通信方式）向国务院核安全监督管理部门和所在地区核与辐射安全监督

站发出应急报告；此后，每隔1小时用电话和传真方式（或其他安全有效通信方式）向国务院核安全监督管理部门和所在地区核与辐射安全监督站报告一次，直至应急状态变更或终止。

10.2.7 在事故态势出现大的变化时，随时用电话和传真方式（或其他安全有效通信方式）向国务院核安全监督管理部门和所在地区核与辐射安全监督站发出应急报告。此后，每隔1 小时用电话和传真方式（或其他安全有效通信方式）向国务院核安全监督管理部门和所在地区核与辐射安全监督站报告一次，直至应急状态变更或终止。

10.2.8 在事故态势得到控制后，每隔 4 小时用电话和传真方式（或其他安全有效通信方式）向国务院核安全监督管理部门和所在地区核与辐射安全监督站报告一次，直至应急状态终止。

10.2.9 营运单位应在应急状态终止后 30 天内向国务院核安全监督管理部门和所在地区核与辐射安全监督站提交最终评价报告。报告的主要内容包括：

（1）事件或事故发生前核动力厂工况、主要运行参数和事件或事故的演变过程；

（2）事件或事故过程中放射性物质的释放方式，释放的核素及其数量；

（3）事件或事故发生的原因；

（4）事件或事故发生后采取的补救措施和应急防护措施；

（5）对事件或事故后果的估算，包括场内外剂量分布、环境污染水平和人员受照射情况；

（6）事件或事故造成的经济损失；

（7）经验教训和防止其再发生的预防措施；

（8）需要说明的其他问题和参考资料。

名词解释

核事故

核设施内的核燃料、放射性产物、放射性废物或者运入运出核设施的核材料所发生的放射性、毒害性、爆炸性或者其他危害性事故，或者一系列事故。

场区

具有确定的边界、在营运单位有效控制下的核设施所在区域。

应急计划区

为在核设施发生事故时能及时有效地采取保护公众的防护行动，事先在核设施周围建立的、制定了应急预案并做好应急准备的区域。

烟羽应急计划区

针对烟羽照射途径（烟羽浸没外照射、吸入内照射和地面沉积外照射）建立的应急计划区。

食入应急计划区

针对食入照射途径（污染的水和食物的食入内照射）建立的应急计划区。

可居留性

用于描述某一区域是否满足可以在其中连续或暂时居留的程度。

干预水平

针对应急或持续照射情况所制定的可防止剂量水平，当达到这种水平时应考虑采取相应的防护行动或补救行动。

应急行动水平

用来建立、识别和确定应急等级和开始执行相应的应急措施的预先确定和可以观测的参数或判据。它们可能是：仪表读数、设备状态指示、可测参数（场内或场外）、独立的可观察的事件、分析结果、特定应急运行程序的入口或导致进入特定的应急状态等级的其他现象（如发生的话）。

应急防护措施

核或辐射事故情况下用于控制工作人员和公众所接受的剂量而采取的保护措施。

附录 A　有关选址阶段应急工作的要求

A.1　总的要求

在核动力厂选址阶段，应当确认核动力厂在整个寿期内，在实施应急预案方面不存在不可克服的困难。

进行核动力厂厂址选择的过程中，对执行应急预案的可行性应加以论证。不应当有可能妨碍该区域中居民的隐蔽或撤离，或者妨碍应急所需的场外服务机构进出的厂址条件。应通过相应的技术方法（如应急撤离时间等）分析公众实施应急防护行动的可行性以及潜在薄弱环节，并分析是否可以接受。

应急预案可行性的论证应基于该区域厂址特定的自然和社会环境等因素。若根据对相关因素的评估，确定不能制定切实可行的应急预案，那么所选的厂址应考虑为不可接受。

A.2　自然环境

为评价核动力厂在厂址区域的潜在影响，特别是为了制定应急预案，应当调查、描述地理条件、水文、地质、气象、外部自然事件等可能对采取应急防护行动或应急救援有重大影响的因素。

A.3 社会环境

在评价执行应急预案的可行性时，应当考虑厂址区域的社会经济现状和规划，重点关注以下要素：

（1）人口（包括常住人口和流动人口）及分布特征，预计的人口增长率；

（2）在采取应急防护行动时需要特殊考虑的场所（如监狱、学校、医院、养老院、疗养院、旅游景点和军事基地等）情况；

（3）交通路网情况；

（4）通信设施及其他可用于信息传递设施的分布和使用情况；

（5）具有爆炸、火灾、有毒气体释放等潜在风险设施（如仓库、工矿企业、军事设施、机场和航线等）；

（6）饮用水源、农产品收集和分配体系。

当厂址靠近国界时，按照我国签署的《及早通报核事故公约》《核事故或辐射紧急情况援助公约》与《核安全公约》的相关要求，还应考虑该核动力厂潜在核事故对境外的影响与可能涉及核应急领域的双边或多边合作问题。核动力厂营运单位或筹建单位应会同所在地省级人民政府有关部门，分析核动力厂放射性越境释放的可能性与对境外（包括海域界外）的可能影响，提出必要的建议。

附录 B　核动力厂营运单位场内核事故应急预案的格式和内容

B.0 应急预案的命名与编号

营运单位的应急预案应按照“（核设施名称）场内核事故应急预案”的格式进行命名。核设施名称指营运单位的全称或简称，如“XX 核电厂”或“XX 基地”。为规范应急预案的管理，营运单位应对应急预案加注版次信息，版次编号的统一格式从第 1 版开始，按照阿拉伯数字顺序后延，如第 1 版、第 2 版、第 3 版。每个版次的应急预案在送审时应在封面注明“送审版”。在每个版次的审查过程中版次号保持不变。得到国务院核安全监督管理部门的审查认可后，在版本号后增加审查认可年份，作为正式生效版本，如“第 1 版-2018”。

B.1 总则

描述制定应急预案的目的；列出所依据的法律、法规、导则、标准和相关文件；说明应急预案的适用范围；与核动力厂其他应急预案及场外应急预案的接口等。

B.2 核动力厂及其环境概况

描述核动力厂的基本情况，包括机组特性、机组主要参数数据、专设安全设施、重要安全系统等；概要描述历年来进入应急状态的情况。

描述厂址的地理位置（标出经纬度），给出厂址地理位置图，标出场区边界、非居住区边界和规划限制区边界；并概要描述厂址周围的主要环境特征，包括地形、地貌、气候与气象、水体分布、工业、交通运输与农牧业，以及人口分布等。

B.3 应急计划区

给出用于确定应急计划区大小的事故源项；描述核动力厂厂址周围建立烟羽和食入应急计划区的原则和方法；给出应急计划区大小划分的建议，并在地图上标出两个应急计划区的边界；概述应急计划区内的人口分布，特别应说明特殊人群（例如医院、监狱和中、小学等）的分布。此外，还应给出场区及其附近营运单位负责的应急责任区（包括场区、职工宿舍社区以及受营运单位委托为核动力厂服务的单位的工作区与职工宿舍区）的区划图。

B.4 应急状态分级及应急行动水平

描述四级应急状态的基本特征；并简要说明场内外应急组织应采取的相应响应行动；列表给出用于认识和判断应急状态的初始条件和应急行动水平。应根据核动力厂的设计特征和厂址特征提出应急行动水平。

对于多堆厂址的核动力厂，还应当说明事故电厂处于某一应急状态时非事故电厂可能受到的影响和应处的应急状态。

B.5 应急组织与职责

概述核动力厂正常运行组织和场内应急组织，提供相应的组织框图，标明各机构的职责及相互关系；分别描述正常运行组织的组成、应急准备职责以及场内应急组织的组成、应急响应职责；给出应急指挥部的组成、应急指挥及应急指挥部成员的职责、关键成员的替代顺序；描述各应急行动组［其工作范围应覆盖应急运行、堆安全分析、通信、环境监测、事故后果评价、应急维修与工程抢险、防护行动实施（隐蔽、撤离及人员清点、营救与寻找等）、应急照射控制、消防和安全保卫、医学救护、公众信息、应急物资供应、后勤保障和交通运输等方面］的组成及职责；明确应急指挥部统一指挥应急状态下的应急响应，并负责与国务院核安全监督管理部门及场外核应急组织的联系。

对于多堆厂址的核动力厂营运单位，其应急指挥部的组成应保证具有统一协调场内应急响应行动的能力。

说明场内应急组织与场外核应急组织的接口，重点描述与地方核应急组织的接口、联络人、相互支援与责任分工等。

B.6 应急设施与设备

列出应设置的主要应急设施，包括主控制室、辅助或备用控制室（点）、技术支持中心或支持点、应急控制中心、运行支持中心（或支持点）、评价设施与设备、应急环境监测设施与设备以及通信系统等的位置、基本功能及应配置的主要文件、设备与器材；同时说明某些设施是否满足可居留性的要求。

概要描述医学救护设施、淋浴与去污设施以及消防设备等应急辅助设施、设备的配置。

描述核动力厂设置的应急撤离路线、集合点以及所需满足的安全要求。

B.7 应急通信、报告与通知

描述对应急通信系统的基本要求（冗余性、多样性、畅通性、保密性以及抗干扰能力和覆盖范围）；所拥有的通信能力与系统（包括语音通信系统、数据收集和传输系统）；描述应急通知和报告的方法与程序，包括向国务院核工业主管部门、核安全监督管理部门和省、自治区、直辖市人民政府指定的部门等的应急报告，以及通知场内应急工作人员和非应急工作人员（包括承包商及外来参观人员）的方法和程序。

B.8 应急运行控制与系统设备抢修

描述应急状态下的运行控制（例如事故诊断与事故规程应用）及对系统设备抢修的工作安排。

B.9 事故后果评价

描述事故后果评价的目的、任务和主要工作内容：事故工况评价、堆芯损伤评价、工作场所与场内场外辐射水平评估以及场外辐射后果的预测与评价；说明获取参数（预估源项、安全壳与流出物的辐射测量结果、气象参数）的方法与安排，并重点描述场外辐射后果评价方法。

在应急预案中对堆芯损伤评价的方法和模式应有概要的描述，在程序中应说明堆芯损伤状况与一回路冷却剂中放射性核素比活度、安全壳γ辐射水平、堆芯裸露时间等参数的关系。

B.10 应急环境监测

描述应急环境监测的内容及安排，包括陆域监测、巡测和海上监测；描述应急环境监测组织机构；描述在事故早期、中期、后期的监测任务和内容；描述监测设施设备的配置（含环境实验室）和点位设置；描述应急环境监测的实施过程和质量保证内容。

B.11 应急响应与防护措施

列出经场内、外协调一致的通用干预水平与通用行动水平；说明在应急状态下，如何根据监测结果对操作干预水平进行修改的原则与方法；并在附件中给出针对本核动力厂及厂址特点建立的操作干预水平。

规定各应急状态下启动应急组织、开展评价工作、应急抢修、采取纠正及补救行动和采取防护行动的决策及其实施的方法和程序；补救行动包括工程抢险措施、伤员救护和扑灭火灾等行动；应规定应急工作人员在各应急状态下的启动范围及到岗位置。

描述有关场内防护行动决策的原则和实施场内防护行动（包括人员的通知、清点、隐蔽和撤离等）的计划；说明对场外实施防护行动所承诺的责任和提出公众防护行动建议的方法和程序。

B.12 应急照射控制

说明控制应急工作人员辐射照射的基本原则；给出应急工作人员在各类应急行动中的

剂量控制水平；概述控制应急工作人员照射的措施和应急照射的审批程序等。

B.13　医学救护

描述营运单位应急医学救护的任务和计划安排；描述可用于应急状态下医学救护的设施、设备和能力；对受伤和受污染人员实施医学救护的安排。

B.14　应急补救行动

概述应急状态下可能采取的应急补救行动、相应的计划安排、可获得的场外消防支援，应对其他自然灾害的能力与安排等。

B.15　应急终止和恢复行动

概述应急状态终止的条件和应急状态终止的批准与发布程序；给出场内恢复组织的组成和职责；说明应急组织向恢复组织的职责转移及拟采取的主要恢复措施。

B.16　集团公司核事故应急支援

简要描述集团公司核事故应急预案体系、组织体系和支援能力；并以附件的形式提供集团公司核事故应急支援方案和营运单位核事故应急状态下需要集团支援的内容。

B.17　公众信息沟通与舆情应对

描述核动力厂营运单位在与公众信息沟通中的职责；信息沟通的内容与方法；以及公众获得信息的渠道和新闻媒体信息传播的统一管理。

B.18　记录和报告

描述对记录的基本要求和基本内容，包括制定、维持、修改应急预案的记录，应急响应的记录，以及应急终止与恢复阶段的记录；同时，还应描述提交应急准备工作的年度计划报告和上年度的总结报告的安排。

B.19　应急响应能力的保持

应急响应能力的保持包括：

（1）培训，描述应接受培训的各类人员，说明对他们培训和再培训的内容和计划安排；

（2）演习，说明各类演习的目的、类别、规模、频度和情景设计，以及对演习的评议要求；

（3）应急设施、设备的检查、测试和维护，描述对主要应急设施、设备的定期检查、测试及日常维护工作的安排；

（4）应急预案的复审与修订，概要说明对应急预案进行复审与修订的要求、频度和方法，以及修订后的应急预案的审查和发放。

B.20　术语

列出本应急预案中使用的、使用者并不十分熟悉的或为本核动力厂及其营运单位专用的主要名词术语及其定义。

B.21 附件

列出本应急预案有关的各主要文件、资料的名称与内容，包括与各级应急组织及外部应急支援单位的协议文件、函件，以及应急预案执行程序目录。

附录C 核动力厂营运单位场内核事故应急预案执行程序清单示例

核动力厂营运单位场内核事故应急预案执行程序应包括但不限于以下内容：

C.1 应急响应程序

1 应急行动水平
2 事故机组状态诊断及分析或堆芯损伤评价程序
3 应急组织的启动
4 应急设施的启动与工作
5 通知和报告程序
6 事故后果评价
7 应急运行规程
8 严重事故管理导则
9 应急环境监测方案
10 场内应急防护行动
11 应急工作人员受照控制
12 场外应急防护行动建议
13 公众信息沟通与舆情应对
14 应急状态终止和恢复行动

C.2 应急准备程序

1 应急设施、设备、物资的管理、维护和检查
2 培训
3 演习
4 应急预案与执行程序的评议、修改与发放

附录 D　核动力厂应急组织结构框架举例

附录 E　初始条件和应急行动水平矩阵示例

识别类的 IC、EAL （第 X 页/共 X 页）

应急状态 / IC 索引	场外应急（G）	场区应急（S）	厂房应急（A）	应急待命（U）
反应性控制失效	SG1：反应堆紧急停堆系统未完成自动停堆，且手动停堆不成功；同时有关参数显示堆芯冷却能力受到极大威胁。	SS1：运行参数值已超过反应堆紧急停堆系统整定值，但反应堆紧急停堆系统未能完成或未能启动自动停堆，同时手动停堆不成功。	SA1：运行参数值已超过反应堆紧急停堆系统整定值，但反应堆紧急停堆系统未能完成或未能启动自动停堆，手动停堆成功。	SU1：发生意外反应性事故。
	适用条件：（1）	适用条件：（1）（2）	适用条件：（1）（2）[1]	适用条件：全部[2]
	EAL1-SG1：主控制室显示自动和手动停堆均未成功，同时关键安全功能状态树显示：堆芯冷却红色报警。 …… EALn-SG1：	EAL1-SS1：从主控制室观察显示自动和手动停堆均不成功。 …… EALn-SS1：	EAL1-SA1：仪表显示运行参数值已经超过反应堆紧急停堆系统整定值，但反应堆未自动停堆；手动停堆成功。 …… EALn -SA1：	EAL1-SU1：核仪表显示持续的、非计划的功率正周期； EAL2-SU1：关键安全功能状态树显示：次临界度红色报警。 …… EALn-SU1：
	……	……	……	……
	SGn：	SSn：	SAn：	SUn：
	适用条件：	适用条件：	适用条件：	适用条件：
	EAL1-SGn： …… EALn-SGn：	EAL1-SSn： …… EALn-SSn：	EAL1-SAn： …… EALn-SAn：	EAL1-SUn： …… EALn-SUn：

注：1. （1）（2）代表定义的运行模式标识符。

2. 全部　表示定义的所有运行工况。

附录 F　应急控制中心抗震及防洪要求

应急控制中心可在民用规范体系下，按建筑结构抗震设计规范的基本烈度加 1 度进行抗震设计；为了满足 SL-2 情况下应急控制中心可居留性的要求，应急控制中心应按 SL-2 相当的地面加速度（不低于Ⅱ类场地）的民用反应谱进行弹性设计；当应急控制中心位于低于Ⅱ类的场地时，应进行场地土层分析重新确定地震输入加速度值。

应急控制中心内与可居留性及可用性相关的设备应满足地震条件下的可用性，满足抗震要求的设备至少应包括应急柴油机、UPS 主机、通风空调机组、数据服务器、应急水箱和水泵。

应急控制中心应具备抵御设计基准洪水危害的能力，在遭遇超设计基准洪水（假想设计基准洪水位叠加千年一遇降雨）的情况下，可参照福岛核事故后核电厂相关改进行动的技术要求进行防水封堵。

附件 2

核安全导则 HAD 002/06—2019

研究堆营运单位的应急准备和应急响应

（2019 年 11 月 29 日　国家核安全局批准发布）

本导则自 2020 年 1 月 1 日起实施

本导则由国家核安全局负责解释

本导则是指导性文件。在实际工作中可以采用不同于本导则的方法和方案，但必须证明所采用的方法和方案至少具有与本导则相同的安全水平。

本导则的附录为参考性文件。

1　引言

1.1　目的

研究堆的选址、设计、建造、运行和退役均需严格按照核安全法规进行。在采取种种预防性措施后，研究堆因失误或事故进入核事故应急状态的可能性虽然很小，但仍不能完全排除。核事故可能导致放射性物质不可接受的释放，或对人员造成不可接受的照射。为了加强并维持应急响应能力，以便在一旦发生事故时能快速有效地控制事故，并减轻其后果，每一个研究堆营运单位应有周密的场内核事故应急预案（以下称为应急预案）和充分的应急准备。

本导则为研究堆营运单位制定应急预案，开展应急准备和应急响应行动提供指导。

1.2 范围

本导则适用于研究堆营运单位的核事故应急准备和应急响应，以及国务院核安全监督管理部门对营运单位应急准备和应急响应工作的监督管理，给出了在不同阶段对研究堆营运单位应急准备和应急响应的具体要求。

2 应急预案及相关文件的制定

2.1 不同阶段应急准备和应急响应要求

2.1.1 厂址选择阶段

论证研究堆厂址适宜性时，应评价厂址区域在整个预计寿期内执行应急预案的可行性。在厂址选择阶段向国务院核安全监督管理部门提交的文件中，应包括关于厂址执行应急预案可行性分析的内容。

2.1.2 设计建造阶段

在研究堆设计建造阶段，营运单位应对研究堆事故类型及其后果作出分析，对场内的应急设施、应急设备和应急撤离路线作出安排。在初步安全分析报告（PSAR）有关运行管理的章节中，应提出应急预案的初步方案，其内容包括：应急预案的目的，依据的法规和适用范围，营运单位拟设置的应急组织及其职责的框架，应急计划区（如有）范围的初步测算及其环境（人口、道路、交通等）概况，主要应急设施与设备的基本功能和位置，撤离路线，场内、外应急组织、资源及接口的安排。

若正在建设的研究堆场区内或附近已有正在运行的研究堆，应保证正在建设的研究堆工作人员的安全。对于扩建研究堆，营运单位应在其原应急预案的基础上增加针对新建设施情况的内容；对于新建研究堆，新建研究堆营运单位应针对附近正在运行的研究堆潜在事故，制定相应的应急预案，并进行相应的应急准备。

2.1.3 运行阶段

营运单位应制定应急预案，并作为运行申请材料之一于首次装料前与最终安全分析报告一并报国务院核安全监督管理部门审查。在首次装料前，研究堆营运单位应完成应急准备工作，并进行装料前场内综合应急演习。

在整个研究堆运行阶段，应急准备应做到常备不懈；应急状态下需要使用的设施、设备和通信系统等必须妥善维护，处于随时可用状态。应定期进行应急演习和对应急预案进行复审和修订。

在研究堆进入应急状态时，应有效实施应急响应，按规定向国务院核工业主管部门、核安全监督管理部门和省、自治区、直辖市人民政府指定的部门报告事故情况并与场外核应急组织协调配合，以保障工作人员、公众和环境的安全。

2.1.4 退役阶段

在研究堆退役报告中应有应急预案的内容，说明在退役期间可能出现的应急状态及其对策，考虑待退役的研究堆可能产生的辐射危害，对营运单位负责控制这些危害的组织和应急设施作出安排。在退役期间一旦发生事故，应有效实施应急响应，以保障工作人员、公众和环境的安全。

2.2 应急预案的制定

2.2.1 应急预案考虑的事故

营运单位在制定应急预案时，不仅要考虑预期的运行工况和事故工况，而且应考虑那些发生概率很小且后果更为严重的事故，包括其环境后果大于设计基准事故的超设计基准事故。应急预案还应考虑到非核危害与核危害同时发生所形成的应急状态，诸如火灾与严重辐射危害或污染同时发生、有毒气体或窒息性气体与辐射和污染并存等，同时要考虑特定的厂址条件。

2.2.2 应急预案的内容

应急预案应至少包括以下基本内容：制定应急预案的目的、依据、范围，研究堆及其环境概况，应急计划区（如有），应急行动水平，应急组织与职责，应急设施与设备，应急通信、报告与通知，事故后果评价，应急环境监测，应急防护措施，应急照射控制，医学救护，运行控制与补救行动，应急终止和恢复行动，公众信息沟通与舆情应对，记录和报告，应急响应能力的保持。

应急预案提交国务院核安全监督管理部门复审时，应包含详细的修订说明。

营运单位在首次装料前提交的应急预案还应包括如下专题的技术文件：应急初始条件和应急行动水平、主要应急设施可居留性、应急环境监测方案、应急计划区（如有）等。复审时，原则上不再要求提交上述技术文件，但在核设施本身或环境发生的改变对相关内容造成影响时，仍应提交修订后的技术文件。

研究堆营运单位应急预案的格式和内容见附录 A。

2.3 应急预案执行程序

营运单位应根据其应急预案制定相应的应急准备和应急响应执行程序。执行程序清单应列入应急预案中。国务院核安全监督管理部门在审查应急预案或进行核安全监督检查时，可对这些程序文本进行检查。

应急预案执行程序应为应急工作人员执行应急预案提供全面的、具体的方法和步骤，以保证协调一致和及时有效的行动。应急预案执行程序应根据应急预案及其他相关因素的变化及时修订，保证其准确性和可操作性。

营运单位应急预案执行程序清单示例见附录 B。

2.4 应急预案的协调

对于多堆厂址，同一营运单位的应制定涵盖各设施的统一的应急预案，不同营运单位的应急预案应相互协调。

场内核事故应急预案应与营运单位其他突发事件应急预案相协调。

如涉及场外应急状态，场内核事故应急预案和场外核事故应急预案应相互补充和协调。在事故后果可能超越场区边界的情况下，营运单位应估算可能的放射性物质的释放量，并向场外核应急组织提供相应的实施公众防护措施的内容和方法的建议。

3 应急组织

3.1 概述

营运单位应在应急预案中列出正常运行组织的应急准备职责和场内应急组织的应急响应职责。

3.2 应急组织的主要职责和基本组织结构

3.2.1 营运单位应成立场内统一的应急组织，其主要职责是：

（1）执行国家核应急工作的方针和政策；

（2）制定、修订和实施场内应急预案及其执行程序，做好核应急准备；

（3）规定应急行动组织的任务及相互间的接口；

（4）及时采取措施，缓解事故后果；

（5）保护场内和受营运单位控制的区域内人员的安全；

（6）及时向国务院核工业主管部门、核安全监督管理部门和省、自治区、直辖市人民政府指定的部门报告事故情况并与场外核应急组织协调配合。

3.2.2 营运单位应急组织包括应急指挥部和若干应急行动组。营运单位的应急预案应明确规定应急指挥部及各应急行动组的职责，设立相应的应急岗位，配备经提名和授权的合格岗位人员。

3.2.3 营运单位应急组织应具备在应急状态下及时启动及连续工作的能力。

3.3 应急指挥部

3.3.1 营运单位应设立应急指挥部，作为本单位在应急状态下进行应急响应的领导和指挥机构。应急指挥部由总指挥及其他成员组成。应急总指挥由营运单位法定代表人或法定代表人指定的代理人担任。应急预案中应明确应急总指挥的替代人及替代顺序。应急总指挥及其替代人应具备 5 年以上研究堆生产相关管理经验。

3.3.2 应急指挥部的职责为：

（1）应急总指挥负责统一指挥应急状态下场内的响应行动，批准进入和终止应急待命、厂房应急和场区应急状态（紧急情况下，在应急指挥部启动前，运行值班负责人/当班值长应代行应急总指挥的职责）；

（2）及时向国务院核工业主管部门、核安全监督管理部门和省、自治区、直辖市人民政府指定的部门报告事故情况，并保持在事故过程中的紧密联系；

（3）提出进入场外应急状态和场外采取应急防护措施的建议；

（4）配合和协助省、自治区、直辖市核应急组织做好核应急响应工作；

（5）必要时向场外核应急组织请求支援。

3.4 应急行动组

3.4.1 营运单位应根据积极兼容的原则设置若干应急行动组，并配备合适的人员。应急行动组一般包括应急运行组、技术支持组、监测评价组、安全保卫组、后勤保障组、公众信息组等。营运单位在建立应急组织时可采取不同的方案，但应涵盖下述职责：应急运行控制，堆安全分析，反应堆工程技术支援，工程抢险，应急监测与后果评价，防护行动实施（隐蔽、撤离及人员清点、营救与寻找等），医学救护，应急通信，应急照射控制，消防和安全保卫，交通运输与器材、物资供应、后勤保障，公众信息与舆情应对。应急状态下，各应急行动组应保持与应急指挥部及其他应急行动组之间通畅的通信联系。

3.4.2　应急运行组的主要职责为：

（1）发布初始应急通知和事故报警信号；

（2）对应急状态进行初步评价，向应急指挥部提出应急状态等级的建议；

（3）执行应急运行规程、控制并维持研究堆在安全状态；

（4）组织实施厂房内的应急措施，控制事故和减轻事故的后果，抢修故障和受损害的系统、设备；

（5）向应急指挥部、技术支持组提供事故有关的资料，并随时向应急指挥部报告事故发展情况。

3.4.3　技术支持组的主要职责为：

（1）从技术上分析、评价事故，向应急运行组提供有关诊断事故、采取对策方面的建议和指导；

（2）向应急指挥部推荐可行的应急响应行动，或者根据事故诊断、评价，提出应采取的防护行动建议。

3.4.4　监测评价组的主要职责为：

（1）负责场内辐射和化学监测，对场内污染区域进行调查、评价、划分、标记和控制；

（2）开展必要的场外辐射调查、取样、分析和评价；

（3）提出场内、外辐射防护行动建议，确定工作人员服用稳定碘的要求和发放；

（4）组织适当人员、提供相关设备支持现场的应急响应行动，监督、评价和控制应急工作人员的受照剂量。

3.4.5　安全保卫组的主要职责为：

（1）负责场内安全保卫、消防、交通管理、应急医疗救护；

（2）负责组织人员撤离和人员搜救。

3.4.6　后勤保障组的主要职责为：

（1）提供通信设备，保证通信畅通；

（2）保证各应急组织和人员的办公条件，提供办公用品、器材；

（3）负责应急工作人员和临时增援工作人员的食宿生活安排和物资供应；

（4）负责设备、材料的采购供应；

（5）负责文件、资料、通信等的整理、归档、保存。

3.4.7　公众信息组通常在应急总指挥直接领导下，管理应急期间公众信息工作。公众信息组的主要职责为：

（1）及时了解事故信息；

（2）收集公众、社会的反映，以便开展适当的沟通；

（3）准备和提供有关资料；

（4）根据授权，做好新闻发布会的准备。

3.5 与场外核应急组织的接口

3.5.1 营运单位应在应急预案中明确与场外核应急组织及有关部门的接口，说明场外核应急组织及有关部门的名称、职能。

3.5.2 营运单位场内应急组织应与场外核应急组织、后援组织相互协调，并明确职责分工，必要时应签订有关书面协议。

4 应急状态及应急行动水平

4.1 应急状态分级

核设施应急状态一般分为应急待命、厂房应急、场区应急和场外应急。营运单位应根据研究堆的设计特征、所假定的核事故类型、辐射后果的严重程度等来确定所达到的应急状态等级。

（1）应急待命 出现可能危及研究堆安全的某些特定工况或事件，表明研究堆安全水平处于不确定或可能有明显降低。

（2）厂房应急 研究堆的安全水平有实际的或潜在的大的降低，但事件的后果仅限于厂房或场区的局部区域，不会对场外产生威胁。

（3）场区应急 研究堆的工程安全设施可能严重失效，安全水平发生重大降低，事故后果扩大到整个场区，除了场区边界附近，场外放射性照射水平不会超过紧急防护行动干预水平。

（4）场外应急 发生或可能发生放射性物质的大量释放，事故后果超越场区边界，导致场外的放射性照射水平超过紧急防护行动干预水平，以至于有必要采取场外防护措施。

4.2 应急行动水平

营运单位应根据研究堆的设计特征和厂址特征，确定用于应急状态分级的初始条件及其相应的应急行动水平。在首次装料前，申请运行许可证时，应提交应急行动水平及编制说明；在运行阶段，应根据运行经验反馈，对其进行持续修订完善。

应急行动水平应具有以下基本特征：

（1）一致性。在相类似的风险水平下，由应急行动水平可得出相类似的结论。不同研究堆，只要应急状态等级相同，则其代表的风险水平和所需要的应急响应水平是大致相同的。

（2）完整性。应急行动水平应包括可触发各个应急状态的所有适用条件。

（3）可操作性。应急行动水平应尽量使用客观、可观测的值，以便于快速、正确地识别，并以此判断应触发的应急状态等级。

（4）逻辑性。在多重事件组合的分级中，应考虑事件进程的逻辑性。

应急行动水平一般采用初始条件和应急行动水平矩阵的形式。矩阵中应至少包括识别类、应急状态、初始条件、应急行动水平、适用条件等技术要素。识别类应便于操作，并能够覆盖所有制定的应急行动水平。可采用如下 5 种识别类：

（1）重要安全功能故障；

（2）裂变产物屏障丧失；

（3）辐射水平；

（4）安保、火灾、自然灾害和其他事件；

（5）实验设备和系统事件。

制定应急行动水平时需考虑其适用条件。适用条件主要包括放射性物质存在的位置及研究堆的运行模式。制定的应急行动水平文件还应对应急状态等级的确定、升级、降级原则以及瞬态事件的管理进行规定。

研究堆初始条件和应急行动水平矩阵示例见附录C。

5 应急计划区

5.1 确定应急计划区的原则

5.1.1 对于存在场外应急状态的研究堆厂址，应考虑建立应急计划区。

5.1.2 确定研究堆应急计划区时，既要考虑设计基准事故，也应考虑超设计基准事故，以使在确定的应急计划区所进行的应急准备能应对严重程度不同的潜在事故后果。对于发生概率极小的事故，在确定研究堆应急计划区时可不予考虑，以免使确定的应急计划区的范围过大。

5.1.3 营运单位应基于研究堆可能发生的核事故及其后果的分析或研究堆的功率水平，在其应急预案中明确需要建立的应急计划区类型以及应急计划区的范围大小。附录D给出了根据堆功率水平确定应急计划区大小的推荐值。若该值超出场区范围，则应按照5.2的要求确定应急计划区。

5.2 应急计划区的确定

5.2.1 营运单位在其应急预案中应描述确定应急计划区所考虑的事故及其源项，划定应急计划区的方法和安全准则。

5.2.2 确定研究堆应急计划区的范围时，应遵循下列安全准则：

（1）在烟羽应急计划区之外，所考虑的后果最严重的超设计基准事故序列使公众个人可能受到的最大预期剂量不应超过《电离辐射防护与辐射源安全基本标准》（GB 18871）所规定的任何情况下预期均应进行干预的剂量水平；

（2）在烟羽应急计划区之外，对于各种设计基准事故和大多数超设计基准事故序列（或经论证的特定的严重事故），相应于特定紧急防护行动的预期剂量在数值上一般应不大于GB 18871所规定的相应的通用优化干预水平；

（3）在食入应急计划区之外，大多数严重事故序列所造成的食品和饮用水的污染水平不应超过GB 18871所规定的食品和饮用水的通用行动水平。

5.2.3 确定研究堆应急计划区时，所考虑的事故及其源项应经国务院核安全监督管理部门认可。

5.2.4 营运单位应在应急预案中提出应急计划区大小的建议值，论证其合理性，并经国务院核安全监督管理部门认可。

5.2.5 确定应急计划区的实际边界时，还应考虑研究堆周围的具体环境特征（如地形、行政区划边界、人口分布、交通和通信）、社会经济状况和公众心理等因素，使划定的应急计划区实际边界（不一定是圆形）符合当地的实际情况，便于进行应急准备和应急响应。

5.2.6　营运单位在应急预案中应提供在建或运行研究堆的应急计划区的实际边界，应急计划区内的人口分布，说明特殊人群（例如医院、监狱和中、小学校等）的分布、基本情况和相关的应急安排。

5.2.7　对于多堆厂址，应急计划区应有统一的考虑。其范围应包括针对每一反应堆所确定的应急计划区的范围，其边界可以是各反应堆应急计划区边界的包络线。

6　应急设施和应急设备

6.1　概述

研究堆营运单位应根据日常运行和应急相兼容的原则，设置相应的应急设施，在应急预案中对主要应急设施作出明确的规定和必要的说明，并描述各主要应急设施内应急相关文件、物资、器材的基本配置。

6.2　主控制室与辅助控制室

6.2.1　营运单位应在应急预案中描述主控制室与辅助控制室的位置、功能和设计要求。

6.2.2　主控制室的主要功能是对研究堆进行操作控制，执行缓解行动。

6.2.3　主控制室应满足 6.10 的可居留性要求；具有对辐射水平进行连续监测的措施。配置必要的个人防护用品、应急预案及其他相关文件（例如各种应急预案的执行程序）等。

6.2.4　必要时，应设置与主控制室实体隔离、功能上独立的辅助控制室，在应急期间反应堆操纵人员可以在辅助控制室内进行工作。

6.3　应急控制中心

6.3.1　营运单位应在应急预案中描述应急控制中心的位置、功能和设计要求。

6.3.2　营运单位应在场区适当的地点建立应急控制中心。在应急状态下，应急控制中心是营运单位实施应急响应的指挥场所，还可以是某些应急行动小组的集合与工作场所。

6.3.3　应急控制中心应满足的主要设计要求有：

（1）其位置应设在场区内与主控制室相分离的地方，与可能的事故释放源有一定距离，并尽量避开主导风向下风向；

（2）应保证应急期间的应急工作人员可以顺利地到达该中心；

（3）在中心内可取得研究堆场内重要参数和研究堆场内及其邻近地区放射性状况信息以及气象数据；

（4）应具有联络研究堆主控制室、辅助控制室、场内其他重要地点以及场内外应急组织的可靠通信手段；

（5）应有适当的措施，长时间地防护因超设计基准事故而引起的危害，满足 6.10 的可居留性要求。

6.3.4　该中心应配备必要的个人防护用品、辐射监测仪表等；此外，还应配置应急预案及其他相关文件（各种应急预案的执行程序，最终安全分析报告和环境影响报告，场区平面布置图，厂址地理位置图和场区周围地形图，以及应急工作人员名单及其联络方式等）。

6.4 通信系统

6.4.1 研究堆营运单位的应急通信系统应具备下列功能：保障在应急期间营运单位内部（包括各应急设施、各应急组织之间）以及与国务院核安全监督管理部门、场外核应急组织等单位的通信联络和数据信息传输；具有向国务院核安全监督管理部门进行实时在线传输研究堆重要安全参数的能力。

6.4.2 为研究堆正常运行所安装的通信系统，应遵循以下基本设计准则：

（1）应按照积极兼容和冗余的原则进行设计；

（2）安全电话系统，在应急控制中心、主控制室和辅助控制室等主要应急设施内应设置有满足应急响应行动需要的通信通道和布点；

（3）生产/行政电话系统，除满足在（2）条中提及的应急控制中心、主控制室和辅助控制室的语音通信需求外，对于分布较为分散的应急集合点，应考虑设置语音和数据布点；

（4）有线广播系统、报警系统直接与应急响应及行动有关，应保证完整和场区有效覆盖；

（5）为了保障通信网络的可靠性，研究堆与本地公网之间的外部通信中继链路宜采用不同物理路由接入公网上的两个不同节点；

（6）应急通信系统设计应具有通信手段的多样性和足够的冗余度，同时需兼顾防干扰、防阻塞和防非法截取信息等网络安全技术要求，专用网络的防护等级应符合我国信息系统安全等级保护相关法规要求；

（7）应急通信系统的上游电源应至少有一路引自应急电源。为保证可靠性，应急通信系统应考虑配置通信专用不间断电源。

6.5 评价设施与设备

6.5.1 营运单位应根据研究堆的事故特点建立应急评价系统，具有评价事故状态、后果等的能力。

6.5.2 应配备相应的事故评价的仪器仪表，描述它们的功能（或性能）、用途、数量，以及设施位置和仪表贮存或安装的地点，并说明其可满足评价的要求。

6.6 辐射监测设施与设备

营运单位应在应急预案中列出可用于应急监测的设施与设备，包括场所监测、个人监测、流出物监测以及环境监测等的设施与设备，描述它们的功能（或性能）、用途、数量，以及设施位置和仪表设备贮存或安装的地点，并说明它们可以满足监测的要求。

6.7 辐射防护设施与设备

为了有效地执行 7.8 中所列的防护措施，应配备足够的个人辐射监测设备，如表面污染监测仪、全身计数器等，以满足应急响应期间对人员辐射照射情况监测和评价的需要。应提供现场应急工作人员的辐射防护装备与器材，例如，呼吸防护用的口罩、面罩、配有滤毒罐的防毒面具、稳定碘片、防护衣、帽、眼镜、手套、鞋等。应提供可作为隐蔽场所的设施，并将它们列入营运单位应急预案。应说明具有防护功能设施的性能（如屏蔽、通风和物资供给）。

6.8 急救和医疗设施与设备

营运单位需配备现场人员去污、急救和医疗设施、设备与器材。包括：
（1）工作人员的去污和防止或减少污染扩散的设施与设备；
（2）受污染伤员的医疗现场处置和运送工具。

6.9 应急撤离路线和集合点

营运单位应针对可能实施的人员撤离，在场内设置具有醒目而持久标识的应急撤离路线和集合点，集合点应能抵御恶劣的自然条件，应考虑有关辐射分区、防火、工业安全和安保等要求，并配备为安全使用这些路线所必需的应急照明、通风和其他辅助设施。

6.10 可居留性要求

6.10.1 应采取适当措施和提供足够的信息保护应急设施内的工作人员，防止事故工况下形成的过量照射、放射性物质的释放或爆炸性物质或有毒气体之类险情的继发性危害，以保持其采取必要行动的能力。
6.10.2 营运单位应对应急设施的可居留性进行评价。可居留性的评价和审查不应局限于设计基准事故，应适当考虑超设计基准事故的影响。
6.10.3 当考虑涉及放射性物质释放的事故情景时，应根据工作人员可能受照射剂量的大小确定是否满足可居留性准则。主控制室等重要应急设施应满足的可居留性准则如下：在设定的持续应急响应期间内（事故持续期），工作人员接受的有效剂量不大于 50 mSv，甲状腺当量剂量不大于 500 mSv。
6.10.4 事故情况下可居留性的评价中，剂量的估算应考虑应急设施的有限空间，采用符合实际的有限 γ 射线烟云剂量模式。
6.10.5 大气弥散因子是评价事故后果、可居留性的重要输入参数。计算大气弥散因子所用的气象数据应从厂址气象测量中获取。确定大气弥散因子时应考虑建筑物尾流的影响。

7 应急响应和防护措施

7.1 概述

营运单位的应急预案中应明确提出进行干预的原则、干预水平和行动水平，规定各级应急状态时应采取的对策、防护措施和执行应急行动的程序。

7.2 干预原则和干预水平

7.2.1 干预原则

在应急干预的决策中，既要考虑辐射剂量的降低，也要考虑实施防护措施的困难和代价。因此，在应急干预的决策中，应遵循下列干预原则：

（1）正当性原则——在干预情况下，只要采取防护行动或补救行动是正当的，则应采取这类行动。所谓正当，指拟议中的干预应利大于弊，即由于降低辐射剂量而减少的危害，应当足以说明干预本身带来的危害与代价（包括社会代价在内）是值得的。

（2）最优化原则——任何这类防护行动或补救行动的形式、规模和持续时间均应是最优化的，使在通常的社会、经济情况下，从总体上考虑，能获得最大的净利益。

（3）应当尽可能防止公众成员因辐射照射而产生严重确定性效应。如果任何个人所受的预期剂量（而不是可防止的剂量）或剂量率接近或预计会接近可能导致严重损伤的阈值，则采取防护行动几乎总是正当的。

7.2.2 干预水平

应急防护行动的干预水平和行动水平应满足 GB 18871 的规定。

7.3 应急状态下的响应行动

研究堆营运单位在各应急状态下应采取的主要响应行动如下：

7.3.1 应急待命

（1）必要的应急工作人员进入岗位，保证必要的应急响应措施能及时实施；

（2）运行人员应采取措施使反应堆恢复和保持安全状态，并做好进一步行动准备；

（3）启动必要的应急设施和设备；

（4）按规定向国务院核工业主管部门、核安全监督管理部门和省、自治区、直辖市人民政府指定的部门等有关机构报告。

7.3.2 厂房应急

（1）启动场内各应急组织，全部应急工作人员到达规定的岗位，按应急预案的要求实施相应的应急响应行动；

（2）开始场区内辐射监测，确定事故的严重程度；

（3）事故厂房内非应急工作人员撤离相关区域；

（4）按规定向国务院核工业主管部门、核安全监督管理部门和省、自治区、直辖市人民政府指定的部门等有关机构报告。

7.3.3 场区应急

（1）应急工作人员全部到位，各应急行动组全面实施应急响应行动；

（2）对放射性流出物和场内外的辐射水平进行全面监测与评价；

（3）适时实施场区内非应急工作人员的撤离工作；

（4）按规定向国务院核工业主管部门、核安全监督管理部门和省、自治区、直辖市人民政府指定的部门等有关机构报告；

（5）保持与地方核应急组织或地方有关应急机构的信息交换与协调，必要时请求地方核应急组织或地方有关应急机构以及应急技术支持单位的支援。

7.3.4 场外应急

（1）实施 7.3.3 的所有响应行动；

（2）向场外应急组织提出进入场外应急和实施公众防护行动的建议。

7.4 应急通知

应急指挥部应负责将实施应急的决定立即通知有关组织和人员。通知时应做到：

（1）严格按规定的程序和术语进行；

（2）通知的初始信息应简短和明确，提供的信息有：研究堆名称、报告人姓名和职务、研究堆工况、事故起因、进入应急状态的时间、应急状态的等级、已采取或将要采取的应急措施等；

（3）确保信息可靠。

7.5 应急监测

7.5.1 需要采取的应急监测活动主要有：

（1）与应急相关的工艺参数的监测；

（2）流出物监测、场区与工作场所辐射水平监测；

（3）环境辐射监测。

7.5.2 应制定具有可操作性的应急环境监测方案和具体的实施程序或操作步骤。

7.5.3 需要特别说明的是，即使没有场外应急，仍应做好场外辐射环境监测工作。

7.6 评价活动

在应急期间，营运单位应开展评价活动，为防护行动决策提供技术支持。评价活动应包括下列内容：

（1）收集掌握事故的演变过程、源项、研究堆所在地和附近地区的气象参数等评价所需的资料；

（2）对所收集的资料进行归纳和分析，从而预报事故工况下的辐射剂量；

（3）根据评价结论提出确认或修改应急状态的级别和采取相应措施的建议。

7.7 运行控制与补救行动

7.7.1 运行控制与补救行动的目的是控制和缓解事故，使核设施尽快和尽可能恢复到受控的安全状态，并减轻对工作人员和公众的辐射后果。

7.7.2 可能采取的运行控制与补救行动包括应急状态下工艺系统或反应堆的运行控制、设备抢修、工程抢险、灭火以及其他纠正与缓解事故、减轻事故后果的行动。

7.7.3 营运单位应针对各类可能发生的运行控制与补救行动制定相应的操作规程或执行程序，以保障补救行动的有效开展。

7.8 应急防护措施

7.8.1 营运单位的应急预案应规定切实可行的应急防护措施。

7.8.2 制定的应急防护措施应符合下列基本要求：

（1）对不同的应急状态应规定相应的防护措施，而且采取的防护措施是正当的；

（2）在恶劣环境条件下，保证防护措施的可用性。

7.8.3 具体的应急防护措施一般应包括：

（1）根据场内辐射监测结果，确定污染区并加以标志或警戒；

（2）对场内的人员和离开场区的车辆和物资进行监测，必要时加以洗消；

（3）对场区的出入和通道加以控制，限制人员进入严重污染区；

（4）提供具有良好屏蔽、密封和通风过滤条件的场所作为隐蔽所，或告诫人们关闭门窗切勿外出；

（5）受伤、受污染、受照射人员的现场医学救治和向地方或专科医院的转送；

（6）非应急工作人员的部分或全部撤离。应在应急预案中对撤离条件、撤离路线和撤离方案作概要描述；

（7）其他防护措施，如找寻失踪人员、使用个人防护用品等。

7.9 应急照射的控制

为保证应急工作人员的健康与安全，控制应急工作人员受到的照射应满足下列原则与要求：

（1）除下列情况外，从事干预的工作人员所受到的照射不得超过 GB 18871 中所规定的职业照射的最大单一年份剂量限值：

a）为抢救生命或避免严重损伤的行动；

b）为防止可能对人类和环境产生重大影响的灾难情况发展的行动；

c）为避免大的集体剂量的行动。

从事上述行动时，除了抢救生命的行动外，必须尽一切合理的努力，将工作人员所受到的剂量保持在最大单一年份剂量限值的两倍以下；对于抢救生命的行动，应做出各种努力，将工作人员的受照剂量保持在最大单一年份剂量限值的 10 倍以下，以防止确定性健康效应的发生。此外，当采取行动的工作人员的受照剂量可能达到或超过最大单一年份剂量限值的 10 倍时，只有在行动给他人带来的利益明显大于工作人员本人所承受的危险时才应采取该行动。

（2）应急工作人员可能接受超过职业照射最大年剂量时，应严格履行审批程序，事先预计可能受到的剂量大小，采取一切合理的步骤为行动提供适当的防护。

（3）当执行应急响应行动的工作人员可能接受超过最大单一年份剂量限值时，采取这些行动的工作人员应是自愿的；应事先将采取行动所面临的健康危险情况清楚而全面地通知工作人员，应在实际可行的范围内，就需要采取的行动对他们进行培训。

（4）一旦应急干预阶段结束，从事恢复工作（如研究堆与建筑物维修、废物处理、场区及周围地区去污等）的工作人员所受的照射，应满足 GB 18871 中有关职业照射控制的全部具体要求。

（5）对参与应急干预的工作人员的受照剂量进行评价和记录。干预结束时，应向有关工作人员通知他们所接受的剂量和可能带来的健康危险。

（6）不得因工作人员在应急照射情况下接受了剂量而拒绝他们今后再从事伴有职业照射的工作。但是，如果经历过应急照射的工作人员所受到的剂量超过了最大单一年份剂量限值的 10 倍，或者工作人员自己提出要求，则在他们进一步接受任何照射之前，应认真听取执业医师的医学劝告。

7.10 医学救护

7.10.1 现场医学救护的首要任务是抢救生命和外伤救治，辐射损伤救治则是核与辐射应急响应中特有的医学救治问题。辐射损伤的现场医学救治的主要内容包括：受污染、受照射状况的评估与受照剂量的估算；体表或伤口去污；受伤受污染人员分类、处理及病人转送等。

7.10.2 营运单位应具有急救和医疗支持的响应能力，配备相应的人员和设备，提供对人员的急救医疗支持，包括去污、受污染伤员的处理和（或）转送至场外医疗机构。

7.10.3 营运单位应建立医学救护和场外医学支持程序，并在应急预案中以附件形式给出与场外医学救护支持单位的协议及联系方式。

8 应急终止和恢复行动

8.1 应急状态的终止

8.1.1 当营运单位确认反应堆已恢复到安全状态，事故已受到控制并且放射性物质的释放已停止或低于可接受的水平时，则可以考虑终止场内的应急状态。

8.1.2 对于应急待命、厂房应急或者场区应急，营运单位的应急总指挥可根据 8.1.1 的原则来决定并发布应急状态终止的命令，并报国务院核工业主管部门、核安全监督管理部门和省、自治区、直辖市人民政府指定的部门。

8.1.3 对于场外应急，营运单位根据研究堆的状态，将终止场外应急状态的建议报省、自治区、直辖市核应急组织，经省、自治区、直辖市核应急组织审定后上报国家核事故应急协调委员会，经批准后，由省、自治区、直辖市核应急组织发布终止应急状态。

8.1.4 营运单位应提供判断反应堆恢复安全状态和满足应急状态终止条件的准则。

8.2 恢复行动

营运单位的应急预案应包括应急状态终止后的恢复行动方案，其主要内容包括：

（1）制定解除营运单位所负责区域控制的有关规定；

（2）制定污染物的处置和去污方案；

（3）继续测量地表辐射水平和土壤、植物、水等环境样品中放射性含量，并估算对公众造成的照射剂量。

9 应急响应能力的保持

9.1 培训

9.1.1 培训的目的是使应急工作人员熟悉和掌握应急预案的基本内容，使应急工作人员具有完成特定应急任务的基本知识和技能。营运单位应制定各类应急工作人员的培训和定期再培训计划或大纲，明确应该接受培训的人员、培训的主要内容、培训和定期再培训的频度和学时要求、培训方法（授课、实际操作、考试等），以及培训效果的评价等。

9.1.2 在研究堆首次装料前，营运单位负责对所有应急工作人员（包括应急指挥人员）进行培训和考核。培训的主要内容包括：

（1）应急预案的基本内容和完成应急任务的基本知识和技能；

（2）应急状态下应急执行程序；

（3）应急状态下应急工作人员的职责。

9.1.3 在研究堆运行寿期内，营运单位对所有应急工作人员（包括应急指挥人员），每年至少进行一次与他们预计要完成的应急任务相适应的再培训与考核。

9.1.4 场区非应急工作人员及外来进场工作人员应接受必要的培训，临时外来人员应接受应急事项告知。

9.2 演习

9.2.1 演习的目的是检验应急预案的有效性、应急准备的完善性、应急设施与设备的可用性、应急响应能力的适应性和应急工作人员的协同性，同时为修改应急预案提供依据。
9.2.2 应急演习包括场内应急组织的单项演习（练习）、综合演习和与场外核应急组织的联合演习。营运单位的综合演习至少每两年进行一次，各单项演习至少每年进行一次，对通信、数据传输、人员启动的演习要求更高的频度。
9.2.3 营运单位应开展应急演习情景库的开发与应用，提高演习的实战性和检验性。演习前应制定演习方案，方案中包括专门为演习或练习设计的合理的事故情景。演习前，原则上演习情景应对参演人员保密。综合演习方案在演习前 30 天提交国务院核安全监督管理部门。
9.2.4 在每次演习结束后，营运单位应对演习的效果、取得的经验和存在的问题等进行自评估，对应急响应行动提出改进意见和建议，并对应急预案提出修改意见。
9.2.5 国务院核安全监督管理部门组织现场监督综合演习，对演习进行评估。对国务院核安全监督管理部门在演习评估报告中提出的营运单位在应急准备中存在的问题，营运单位应及时进行纠正。

9.3 应急设施、设备的维护

9.3.1 营运单位应保证所有应急设施、设备和物资始终处于良好的备用状态，对应急设备和物资的保养、检验和清点等加以安排。
9.3.2 营运单位应规定应急设施、设备的定期清点、维护、测试和校准制度，以保障这些设施、设备随时可以使用。

9.4 应急预案的复审与修订

9.4.1 营运单位应对应急预案及其执行程序定期、不定期进行复审与修订，以吸取培训及训练与演习的成果、研究堆实际发生的事件或事故的经验，适应现场与环境条件的变化、核安全法规要求的变更、设施和设备的变动以及技术的进步等。修订后的应急预案及修订说明应及时报国务院核安全监督管理部门。
9.4.2 营运单位应至少每 5 年对应急预案进行一次全面修订，并在周期届满前至少 6 个月报国务院核安全监督管理部门，经审查认可后方可生效。
9.4.3 应急预案涉及的应急组织机构、应急设施设备、应急行动水平等要素如果发生重大变更，并可能会对营运单位应急准备和响应工作产生重要影响时，或国务院核安全监督管理部门认为有必要修订时，营运单位应及时修订应急预案报国务院核安全监督管理部门，经审查认可后方可生效。
9.4.4 营运单位应将应急预案及执行程序的修改及时通知所有有关单位。

10 记录和报告

10.1 记录

营运单位应把应急准备工作和应急响应期间的情况详细地进行记录并存档，其主要内容包括：

（1）培训和演习的内容，参加的人员和取得的效果等；

（2）应急设施的检查和维修，应急设备及其配件的清点、测试、标定和维修等情况；

（3）事故始发过程和演变过程，研究堆安全重要参数和监测数据；

（4）应急期间的评价活动、采取的补救措施、防护措施和恢复措施以及应急行动的程序和所需的时间等。

10.2 报告

10.2.1 营运单位应在每年的第一季度向国务院核安全监督管理部门提交上年度的应急准备工作实施情况的总结和当年的计划报告。

10.2.2 每次综合演习结束后 30 天内，营运单位应向国务院核安全监督管理部门和所在地区核与辐射安全监督站提交报告。

10.2.3 发生核事故时，营运单位应及时向国务院核工业主管部门、核安全监督管理部门和省、自治区、直辖市人民政府指定的部门报告。

10.2.4 营运单位核事故应急报告的内容和格式按研究堆营运单位报告制度相关核安全法规执行。

10.2.5 营运单位应在进入应急状态、应急状态等级发生变更或应急状态终止后30分钟内，首先用电话，随后用传真方式（或其他安全有效通信方式）向国务院核安全监督管理部门和所在地区核与辐射安全监督站发出应急通告。

10.2.6 营运单位应在进入厂房应急或高于厂房应急状态后的 1 小时内用电话和传真方式（或其他安全有效通信方式）向国务院核安全监督管理部门和所在地区核与辐射安全监督站发出应急报告；此后，每隔 2 小时用电话和传真方式（或其他安全有效通信方式）向国务院核安全监督管理部门和所在地区核与辐射安全监督站报告一次，直至应急状态变更或终止。

10.2.7 在事故态势出现大的变化时，随时用电话和传真方式（或其他安全有效通信方式）向国务院核安全监督管理部门和所在地区核与辐射安全监督站发出应急报告。此后，每隔 2 小时用电话和传真方式（或其他安全有效通信方式）向国务院核安全监督管理部门和所在地区核与辐射安全监督站报告一次，直至应急状态变更或终止。

10.2.8 在事故态势得到控制后，每隔 6 小时用电话和传真方式（或其他安全有效通信方式）向国务院核安全监督管理部门和所在地区核与辐射安全监督站报告一次，直至应急状态终止。

10.2.9 营运单位应在终止应急状态后30天内向国务院核安全监督管理部门和所在地区核与辐射安全监督站提交最终评价报告。报告的主要内容包括：

（1）事件或事故发生前研究堆工况、主要运行参数和事件或事故的演变过程；

（2）事件或事故过程中放射性物质的释放方式，释放的核素及其数量；

（3）事件或事故发生的原因；

（4）事件或事故发生后采取的补救措施和应急防护措施；

（5）对事件或事故后果的估算，包括场内外剂量分布、环境污染水平和人员受照射情况；

（6）事件或事故造成的经济损失；

（7）经验教训和防止再发生的预防措施；

（8）需要说明的其他问题和参考资料。

名词解释

场区

具有确定的边界、在营运单位有效控制下的核设施所在区域。

应急计划区

为在核设施发生事故时能及时有效地采取保护公众的防护行动，事先在核设施周围建立的、制定了应急预案并做好应急准备的区域。

应急行动水平

用来建立、识别和确定应急等级和开始执行相应的应急措施的预先确定和可以观测的参数或判据。它们可能是：仪表读数、设备状态指示、可测参数（场内或场外）、独立的可观察的事件、分析结果、特定应急运行程序的入口或导致进入特定的应急状态等级的其他现象（如发生的话）。

可居留性

用于描述某一区域是否满足可以在其中连续或暂时居留的程度。

附录 A　研究堆营运单位场内核事故应急预案的格式和内容

A.0　应急预案的命名与编号

营运单位的应急预案应按照“（核设施名称）场内核事故应急预案”的格式进行命名。核设施名称指营运单位的全称或简称。为规范应急预案的管理，营运单位应对应急预案加注版次信息，版次编号的统一格式从第 1 版开始，按照阿拉伯数字顺序后延，如第 1 版、第 2 版、第 3 版。每个版次的应急预案在送审时应在封面注明“送审版”。在每个版次的审查过程中版次号保持不变。得到国务院核安全监督管理部门的审查认可后，在版本号后增加审查认可年份，作为正式生效版本，如“第 1 版-2018”。

A.1　总则

描述制定应急预案的目的；列出所依据的法律、法规、导则、标准和相关文件；说明应急预案的适用范围；与研究堆其他应急预案及场外应急预案的接口等。

A.2 研究堆及其环境概况

描述研究堆的基本情况，包括研究堆的堆型和功率水平，主要安全特性与工程安全设施等；概要描述历年来进入应急状态的情况。

描述厂址的地理位置（标出经纬度），给出厂址地理位置图，标出场区边界；并概要描述厂址周围的主要环境特征，包括地形、地貌、气候与气象、水体分布、工业、交通运输，以及人口分布等。

A.3 应急计划区

对于可能存在场外应急状态的研究堆，应在本章描述用于确定应急计划区大小的事故源项；确定应急计划区的方法；推荐的应急计划区大小；应急计划区的主要环境特征以及人口分布等。

A.4 应急状态分级及应急行动水平

描述应急状态的基本特征；并简要说明应急组织应采取的相应响应行动；列表给出用于认识和判断应急状态的初始条件和应急行动水平。应根据研究堆的设计特征和厂址特征提出应急行动水平。

对于多堆厂址的研究堆，还应当说明事故研究堆处于某一应急状态时，非事故研究堆可能受到的影响和应处的应急状态。

A.5 应急组织与职责

概述正常运行组织和应急响应组织，提供相应的组织框图；分别描述正常运行组织的组成、应急准备职责以及应急响应组织的组成、应急响应职责；给出应急指挥部的组成及各成员的职责、替代顺序；描述各应急行动组（其工作范围应覆盖应急运行控制、堆安全分析、反应堆工程技术支援、工程抢险、应急监测与后果评价、防护行动实施、医学救护、应急通信、应急照射控制、消防和安全保卫、交通运输与器材、物资供应、后勤保障、公众信息与舆情应对等方面）的组成及职责；明确应急指挥部统一指挥应急状态下的应急响应，并负责与国务院核安全监督管理部门及场外核应急组织的联系。

对于多堆厂址的研究堆营运单位，其应急指挥部的组成应保证具有统一协调场内应急响应行动的能力。

说明场内应急组织与场外核应急组织间的接口，重点描述与地方核应急组织的接口、联络人、相互支援与责任分工等。

A.6 应急设施与设备

列出应设置的主要应急设施，包括主控制室、辅助控制室、应急控制中心、通信系统、监测和评价设施等的位置、基本功能及应配置的主要文件、设备与器材；同时说明某些设施是否满足可居留性的要求。

概要描述医学救护设施以及消防设备等应急辅助设施、设备的配置。

描述研究堆设置的应急撤离路线、集合点以及所需满足的安全要求。

A.7　应急通信、报告与通知

描述对应急通信系统的基本要求（冗余性、多样性、畅通性、保密性以及抗干扰能力和覆盖范围）；所拥有的通信能力与系统（包括语音通信系统、数据收集和传输系统）；描述应急通知和报告的方法与程序，包括向国务院核工业主管部门、核安全监督管理部门和省、自治区、直辖市人民政府指定的部门等的应急报告，以及通知场内应急工作人员和非应急工作人员（包括承包商及外来参观人员）的方法和程序。

A.8　应急响应和防护措施

A.8.1　干预原则和干预水平

描述采用的干预原则；各种防护行动下使用的干预水平和控制食品的通用行动水平。

A.8.2　应急响应行动

描述各级应急状态下计划采取的应急响应行动或措施。

规定应急组织的启动，包括在工作和非工作时间发布每一级应急状态的具体方法、启动应急组织的程序；描述应急工作人员在各应急状态下的启动状态及到岗地点。

A.8.3　应急监测

列出应急状态期间营运单位监测的目的、任务和主要内容；应急状态下流出物监测、工作场所监测与环境监测的内容及安排。

A.8.4　评价活动

列出应急状态期间营运单位评价工作的目的、任务和主要内容；描述事故工况评价和事故后果评价方法。

A.8.5　运行控制与补救行动

描述应急状态下营运单位补救行动的主要内容，包括控制事态、减轻事故后果等方面的工作，例如针对反应堆典型事故下所采取的控制措施和抢险行动、外部事件或自然灾害引起的抢险行动、扑灭火灾行动等。

A.8.6　应急防护措施

描述营运单位计划实施的保护场区人员的具体应急防护措施，包括采取人员隐蔽、撤离和清点，使用防护设备与器材以及污染控制等措施；说明实施这些防护措施的计划安排，包括人员集合清点的地点、人员撤离路线、车辆安排及交通控制等的安排。

A.8.7　应急照射的控制

说明控制应急工作人员辐射照射的基本原则；给出应急工作人员在各类应急行动中的剂量控制水平；概述控制应急工作人员照射的措施和应急照射的审批程序等。

A.8.8　医学救护

描述营运单位应急医学救护的任务和计划安排；描述可用于应急状态下医学救护的设施、设备和能力；对受伤和受污染人员实施医学救护的安排。

A.9　应急终止和恢复行动

概述应急状态终止的条件和应急状态终止的批准与发布程序；给出场内恢复组织的组成和职责；说明应急组织向恢复组织的职责转移及拟采取的主要恢复措施。

A.10 记录与报告

描述对记录的基本要求和基本内容，包括制定、维持、修改应急预案的记录，应急响应的记录，以及应急终止与恢复阶段的记录。同时，还应描述提交应急准备工作的年度计划报告和上年度的总结报告的安排。

A.11 应急响应能力的保持

应急响应能力的保持包括：

（1）培训，描述应接受培训的各类人员，说明对他们培训和再培训的内容和计划安排；

（2）演习，说明各类演习的目的、类别、规模、频度和情景设计，以及对演习的评议要求；

（3）应急设施、设备的检查、测试和维护，描述对主要应急设施、设备的定期检查、测试及日常维护工作的安排；

（4）应急预案的复审与修订，概要说明对应急预案进行复审与修订的要求、频度和方法，以及修订后的应急预案的审查和发放。

A.12 术语

列出本应急预案中使用的、使用者并不十分熟悉的或为本研究堆营运单位专用的主要名词术语及其定义。

A.13 附件

列出本应急预案有关的各主要文件、资料的名称与内容，包括与各级应急组织及外部应急支援单位的协议文件、函件，以及应急预案执行程序目录。

附录 B 研究堆营运单位场内核事故应急预案执行程序清单示例

研究堆营运单位场内核事故应急预案执行程序应包括但不限于以下内容：

B.1 应急响应程序

1 应急行动水平

2 反应堆状态诊断

3 应急组织的启动

4 应急设施的启动与工作

5 通知和报告程序

6 事故后果评价

7 事故/事件处置程序

8 应急环境监测方案

9 场内应急防护行动

10 应急工作人员受照控制

11 公众信息沟通与舆情应对

12 应急状态终止和恢复行动

B.2 应急准备程序

1 应急设施、设备、物资的管理、维护和检查

2 培训

3 演习

4 应急预案与执行程序的评议、修改与发放

附录 C 初始条件和应急行动水平矩阵示例

初始条件＼应急状态	场外应急（G）	场区应急（S）	厂房应急（A）	应急待命（U）
重要安全功能故障				
停止核反应失败	EAL1-SG1：5%【或特定功率水平】功率以上紧急停堆失败，和以下任意一项： • 池/堆池水位低于活性燃料顶部 或 • 多个辐射监测仪表数值异常上升（100～1000 倍） 或 • 其他表明发生或即将发生堆芯损坏的指征	EAL1-SS1：5%【或特定功率水平】功率以上紧急停堆失败，异常情况表明需要自动或手动紧急停堆以及不能保持池/堆池正常水位	EAL1-SA1：5%【或特定功率水平】功率以上紧急停堆失败，异常情况表明需要自动或手动紧急停堆	EAL1-SU1：在可以充分排出余热的正常停堆时不能完全停堆
	EALn-SGn：	EALn-SSn：	EALn-SAn：	EALn-SUn：
裂变产物屏障丧失				
辐射水平				
安保、火灾、自然灾害和其他事件				
实验设备和系统事件				

附录 D 研究堆应急计划区的推荐值

额定功率水平 P	应急计划区范围（以反应堆为中心）
P≤2MW	运行边界
2MW＜P≤10MW	100 m
10MW＜P≤20MW	400 m
20MW＜P≤50MW	800 m
P＞50MW	＞800 m，视具体情况而定，在某些方面应遵循动力堆的有关规定

附件 3

核安全导则 HAD 002/07—2019

核燃料循环设施营运单位的应急准备和应急响应

（2019 年 11 月 29 日　国家核安全局批准发布）

本导则自 2020 年 1 月 1 日起实施

本导则由国家核安全局负责解释

本导则是指导性文件。在实际工作中可以采用不同于本导则的方法和方案，但必须证明所采用的方法和方案至少具有与本导则相同的安全水平。

本导则的附录为参考性文件。

1　引言

1.1　目的

核燃料循环设施的选址、设计、建造、运行和退役均需严格按照核安全法规进行。在采取种种预防性措施后，核燃料循环设施因失误或事故进入核事故应急状态的可能性虽然很小，但仍不能完全排除。核事故可能导致放射性物质不可接受的释放，或对人员造成不可接受的照射。为了加强并维持应急响应能力，以便在一旦发生事故时能快速有效地控制事故，并减轻其后果，每一个核燃料循环设施营运单位应有周密的场内核事故应急预案（以下简称应急预案）和充分的应急准备。

本导则为民用核燃料循环设施营运单位制定应急预案，开展应急准备和应急响应行动提供指导。

1.2　范围

本导则适用于除核反应堆外的民用核燃料循环设施（包括核燃料生产、加工、贮存和后处理设施等）营运单位的核事故应急准备和应急响应，以及国务院核安全监督管理部门对营运单位应急准备和应急响应工作的监督管理，给出了在不同阶段对核燃料循环设施营运单位应急准备和应急响应的具体要求。

对于不同类型的核燃料循环设施，由于其加工、处理或贮存的核材料及其他放射性物质的数量、物理化学形态、核素组成、放射性活度和特性等差别较大，且其工艺技术、工程安全设施和运行方式等各有特点，导致核事故的性质及其辐射后果可能存在相当大的差别。因此营运单位在使用本导则时，应根据核燃料循环设施的性质和风险程度，制定应急预案及执行程序。

2 应急预案及相关文件的制定

2.1 不同阶段应急准备和应急响应要求

2.1.1 厂址选择阶段

论证核燃料循环设施厂址适宜性时，应评价厂址区域在整个预计寿期内实施应急预案的可行性。在厂址选择阶段向国务院核安全监督管理部门提交的文件中，应包括关于厂址执行应急预案可行性分析的内容。

2.1.2 设计建造阶段

在设计建造阶段，营运单位应对核燃料循环设施事故状态（包括超设计基准事故）及其后果作出分析，对场内的应急设施、应急设备和应急撤离路线作出安排。在初步安全分析报告（PSAR）有关运行管理的章节中，应提出应急预案的初步方案，其内容包括：应急预案的目的，依据的法规和适用范围，营运单位拟设置的应急组织及其职责的框架，应急计划区（如有）范围的初步测算及其环境（人口、道路、交通等）概况，主要应急设施与设备的基本功能和位置，撤离路线，场内、外应急组织、资源及接口的安排。

若正在建设的核燃料循环设施场区内或附近已有正在运行的核燃料循环设施，应保证正在建设的核燃料循环设施工作人员的安全。对于扩建核燃料循环设施，营运单位应在其原应急预案的基础上增加针对新建设施情况的内容；对于新建核燃料循环设施，新建核燃料循环设施营运单位应针对附近正在运行的核燃料循环设施潜在事故，制定相应的应急预案，并进行相应的应急准备。

2.1.3 运行阶段

营运单位应制定应急预案，并作为运行申请材料之一于首次装（投）料前与最终安全分析报告一并报国务院核安全监督管理部门审查。在首次装（投）料前，核燃料循环设施营运单位应完成应急准备工作，并进行装（投）料前场内综合应急演习。

在整个核燃料循环设施运行阶段，应急准备应做到常备不懈；应急状态下需要使用的设施、设备和通信系统等必须妥善维护，处于随时可用状态。应定期进行应急演习和对应急预案进行复审和修订。

在核燃料循环设施进入应急状态时，应有效实施应急响应，按规定向国务院核工业主管部门、核安全监督管理部门和省、自治区、直辖市人民政府指定的部门报告事故情况并与场外核应急组织协调配合，以保障工作人员、公众和环境的安全。

2.1.4 退役阶段

在核燃料循环设施退役报告中应有应急预案的内容，说明在退役期间可能出现的应急状态及其对策，考虑待退役的核燃料循环设施可能产生的辐射危害，对营运单位负责控制这些危害的组织和应急设施作出安排。在退役期间一旦发生事故，应有效实施应急响应，以保障工作人员、公众和环境的安全。

2.2 应急预案的制定

2.2.1 应急预案考虑的事故

营运单位在制定应急预案时，不仅要考虑预期的运行工况和事故工况，而且应考虑那些发生概率很小且后果更为严重的事故，包括其环境后果大于设计基准事故的超设计基准事故（包括严重事故）。应急预案还应考虑到非核危害与核危害同时发生所形成的应急状态，诸如火灾与严重辐射危害或污染同时发生、有毒气体或窒息性气体与辐射和污染并存等，同时要考虑特定的厂址条件。

附录A给出了各主要核燃料循环设施的参考事故，可供营运单位制定应急预案时参考。

2.2.2 应急预案的内容

应急预案应至少包括以下基本内容：制定应急预案的目的、依据、范围，核燃料循环设施及其环境概况，应急计划区（如有），应急状态分级及应急行动水平，应急组织与职责，应急设施与设备，应急通信、报告与通知，事故后果评价，应急环境监测，应急防护措施，应急照射控制，医学救护，应急补救行动，应急终止和恢复行动，公众信息沟通与舆情应对，记录和报告，应急响应能力的保持。

应急预案提交国务院核安全监督管理部门复审时，应包含详细的修订说明。

营运单位在首次装（投）料前提交的应急预案还应包括如下专题的技术文件：应急行动水平、主要应急设施可居留性、应急环境监测方案、应急计划区（如有）等。复审时，原则上不再要求提交上述技术文件，但在核设施本身或环境发生的改变对相关内容造成影响时，仍应提交修订后的技术文件。

核燃料循环设施营运单位场内核事故应急预案的格式和内容见附录B。

2.3 应急预案执行程序

营运单位应根据其应急预案制定相应的应急准备和应急响应执行程序。执行程序清单应列入应急预案中。国务院核安全监督管理部门在审查应急预案或进行核安全监督检查时，可对这些程序文本进行检查。

应急预案执行程序应为应急工作人员执行应急预案提供全面的、具体的方法和步骤，以保证协调一致和及时有效的行动。应急预案执行程序应根据应急预案及其他相关因素的变化及时修订，保证其准确性及可操作性。

营运单位应急预案执行程序清单示例见附录C。

2.4 应急预案的协调

对于多设施厂址，同一营运单位的应制定涵盖各设施的统一的应急预案，不同营运单位的应急预案应相互协调。

场内核事故应急预案应与营运单位其他突发事件应急预案相协调。

如涉及场外应急状态，场内核事故应急预案和场外核事故应急预案应相互补充和协调。在事故后果可能超越场区边界的情况下，营运单位应估算可能的放射性物质的释放量，并向场外核应急组织提供相应的实施公众防护措施的内容和方法的建议。

3 应急组织

3.1 概述

营运单位应在应急预案中列出正常运行组织的应急准备职责和场内应急组织的应急

响应职责。

3.2　应急组织的主要职责和基本组织结构

3.2.1　营运单位应成立场内统一的应急组织，其主要职责是：

（1）执行国家核应急工作的方针和政策；

（2）制定、修订和实施场内核应急预案及其执行程序，做好核应急准备；

（3）规定应急行动组织的任务及相互间的接口；

（4）及时采取措施，缓解事故后果；

（5）保护场内和受营运单位控制的区域内人员的安全；

（6）及时向国务院核工业主管部门、核安全监督管理部门和省、自治区、直辖市人民政府指定的部门报告事故情况并与场外核应急组织协调配合。

3.2.2　营运单位应急组织包括应急指挥部和若干应急行动组。营运单位的应急预案应明确规定应急指挥部及各应急行动组的职责，设立相应的应急岗位，配备经提名和授权的合格岗位人员。

3.2.3　营运单位的应急组织应具备在应急状态下及时启动及连续工作的能力。

3.3　应急指挥部

3.3.1　营运单位应设立应急指挥部，作为本单位在应急状态下进行应急响应的领导和指挥机构。应急指挥部由总指挥及其他成员组成。应急总指挥由营运单位法定代表人或法定代表人指定的代理人担任。应急预案中应明确应急总指挥的替代人及替代顺序。应急总指挥及其替代人应具备 5 年以上核燃料循环设施生产相关管理经验。

3.3.2　应急指挥部的职责为：

（1）应急总指挥负责统一指挥应急状态下场内的响应行动，批准进入和终止应急待命、厂房应急和场区应急状态（紧急情况下，在应急指挥部启动前，运行值班负责人应代行应急总指挥的职责）；

（2）及时向国务院核工业主管部门、核安全监督管理部门和省、自治区、直辖市人民政府指定的部门报告事故情况，并保持在事故过程中的紧密联系；

（3）提出进入场外应急状态和场外采取应急防护措施的建议；

（4）配合和协助省、自治区、直辖市核应急组织做好核应急响应工作；

（5）必要时向场外核应急组织请求支援。

3.4　应急行动组

3.4.1　营运单位应根据积极兼容的原则设置若干应急行动组，并配备合适的人员。应急行动组一般包括技术支持组、辐射防护组、事故抢险组、后勤保障组、公众信息组等。营运单位在建立应急组织时可采取不同的方案，但应涵盖下述职责：场内各系统的运行、操作，辐射测量与后果评价，临界安全评价，防护行动实施（隐蔽、撤离及人员清点、失踪人员搜救等），医学救护，应急通信，应急照射控制，消防与保卫，交通运输与器材、物资供应、后勤保障，公众信息与舆情应对。应急状态下，各应急行动组应保持与应急指挥部及其他相关应急行动组之间通畅的通信联系。

3.4.2 技术支持组的主要职责为：

（1）对应急状态进行初步评价，向应急指挥部提出应急状态等级的建议；

（2）掌握事故状态，分析、评价事故，向事故抢险组提供有关诊断事故、采取对策方面的建议和指导；

（3）向应急指挥部推荐可行的应急响应行动，或者根据事故诊断、评价，提出应采取的防护行动建议。

3.4.3 辐射防护组的主要职责为：

（1）负责场内辐射和化学监测，对场内污染区域进行调查、评价、划分、标记和控制；

（2）开展必要的场外辐射调查、取样、分析和评价；

（3）提出场内、外辐射防护行动建议，确定工作人员服用稳定碘的要求和发放；

（4）组织适当人员、提供相关设备支持辐射防护应急响应行动，监督、评价和控制应急工作人员的受照剂量；

（5）其他辐射防护工作。

3.4.4 事故抢修组的主要职责为：

（1）管理应急状态下所需的应急设计、建造、施工和工程抢险工作；

（2）负责专业维修，组织队伍、配备足够的专业人员，并及时投入、补充、替换人员，对系统、设备进行维护、修理、故障的排除。

3.4.5 后勤保障组的主要职责为：

（1）提供通信设备，保证通信畅通；

（2）保证各应急组织和人员的办公条件，提供办公用品、器材；

（3）负责应急工作人员和临时增援工作人员的食宿生活安排和物资供应；

（4）负责场内安全保卫、消防、交通管理、应急医疗救护；

（5）负责设备、材料、医疗设备、药品的采购供应；

（6）负责文件、资料、通信等的整理、归档、保存；

（7）负责组织人员撤离和人员搜救。

3.4.6 公众信息组通常在应急总指挥直接领导下，管理应急期间公众信息工作。公众信息组的主要职责为：

（1）及时了解事故信息；

（2）收集公众、社会的反映，以便开展适当的沟通；

（3）准备和提供有关资料；

（4）根据授权，做好新闻发布会的准备。

3.5 与场外核应急组织的接口

3.5.1 营运单位应在应急预案中明确与场外核应急组织及有关部门的接口，说明场外核应急组织及有关部门的名称、职能。

3.5.2 营运单位场内应急组织应与场外核应急组织、后援组织相互协调，并明确职责分工，必要时应签订有关书面协议。

4 应急状态及应急行动水平

4.1 应急状态分级

核设施应急状态一般分为应急待命、厂房应急、场区应急和场外应急。营运单位应根据核燃料循环设施的类型、设计特征、所假定的事故类型以及事故后果的严重程度来确定所达到的应急状态等级。

对于可能发生较大量 UF_6 释放的核燃料循环设施，在确定应急状态分级时需考虑 UF_6 与空气中的水或水蒸气作用产生的 HF 等的化学毒性的危害。

（1）应急待命出现可能危及设施安全的某些特定工况或事件，表明设施安全水平处于不确定或可能有明显降低。

（2）厂房应急设施的安全水平有实际的或潜在的大的降低，但事件的后果仅限于厂房或场区的局部区域，不会对场外产生威胁。

（3）场区应急设施的工程安全设施可能严重失效，安全水平发生重大降低，事故后果扩大到整个场区，除了场区边界附近，场外放射性照射水平不会超过紧急防护行动干预水平或由核事故引发的化学毒性的危害不会影响到场外，早期的信息和评价表明场外尚不必采取防护措施。

（4）场外应急发生或可能发生放射性物质或有毒物质大量释放，且事故后果超越场区边界，导致场外的放射性照射水平超过紧急防护行动干预水平或由核事故引发的化学毒性的危害影响到场外，以至于有必要采取场外防护措施。

4.2 应急行动水平

营运单位应根据核燃料循环设施的设计特征和厂址特征，确定用于应急状态分级的初始条件及其相应的应急行动水平。在首次装（投）料前，申请运行许可证时，应提交应急行动水平及编制说明；在运行阶段，应根据运行经验反馈，对其进行持续修订完善。

应急行动水平应具有以下基本特征：

（1）一致性。在相类似的风险水平下，由应急行动水平可得出相类似的结论。不同核燃料循环设施，只要应急状态等级相同，则其代表的风险水平和所需要的应急响应水平是大致相同的。

（2）完整性。应急行动水平应包括可触发各个应急状态的所有适用条件。

（3）可操作性。应急行动水平应尽量使用客观、可观测的值，以便快速、正确地识别，并以此判断应触发的应急状态等级。

（4）逻辑性。在多重事件组合的分级中，应考虑事件进程的逻辑性。

应急行动水平一般采用初始条件和应急行动水平矩阵的形式。矩阵中应至少包括识别类、应急状态、初始条件、应急行动水平等技术要素。识别类应便于操作，并能够覆盖所有制定的应急行动水平。由于核燃料循环设施类型多，不同的设施可有不同的识别类。一般可采用如下 5 种识别类：

（1）辐射水平或放射性流出物异常；

（2）影响核燃料循环设施安全的危害和其他事件；

（3）系统故障；

（4）放射性物质包容和屏蔽性能降低；

（5）考虑到核燃料循环设施的事故和特征，除上述4种识别类外，还可以事件或事故始发作为初始条件。

制定的应急行动水平文件还应对应急状态等级的确定、升级、降级原则进行规定。

核燃料循环设施初始条件和应急行动水平矩阵示例见附录D。

5 应急计划区

5.1 确定应急计划区的原则

5.1.1 对于存在场外应急状态的核燃料循环设施厂址，应考虑建立应急计划区。

5.1.2 确定应急计划区时，既应考虑设计基准事故，也应考虑超设计基准事故（包括严重事故），以使在所确定的应急计划区内所做的应急准备能应对严重程度不同的事故后果。对于发生概率极小的事故，在确定核燃料循环设施应急计划区时可不予考虑，以免使确定的应急计划区的范围过大。

5.1.3 应急计划区划分为烟羽应急计划区和食入应急计划区。前者针对放射性烟羽产生的直接外照射、吸入放射性烟羽中放射性核素产生的内照射和沉积在地面的放射性核素产生的外照射；后者则针对摄入被事故释放的放射性核素污染的食物和水而产生的内照射。

5.1.4 营运单位应基于可能发生的核事故及其后果的分析，在其应急预案中明确需要建立的应急计划区类型以及应急计划区的范围大小。应急计划区类型和范围因核燃料循环设施类型、规模、设计特征等情况的不同而不同。

5.1.5 对于可能发生较大量UF_6释放的核燃料循环设施，在确定应急计划区的范围时需考虑UF_6与空气中的水或水蒸气作用产生的HF等的化学毒性的危害。

5.2 应急计划区的确定

5.2.1 营运单位在其应急预案中应描述确定应急计划区所考虑的事故及其源项，划定应急计划区的方法和安全准则。

5.2.2 确定核燃料循环设施应急计划区的范围时，应遵循下列安全准则：

（1）在烟羽应急计划区之外，所考虑的后果最严重的严重事故序列使公众个人可能受到的最大预期剂量不应超过《电离辐射防护与辐射源安全基本标准》（GB 18871）所规定的任何情况下预期均应进行干预的剂量水平；

（2）在烟羽应急计划区之外，对于各种设计基准事故和大多数严重事故序列（或经论证的特定的严重事故），相应于特定紧急防护行动的预期剂量在数值上一般应不大于GB 18871所规定的相应的通用优化干预水平；

（3）在食入应急计划区之外，大多数严重事故序列所造成的食品和饮用水的污染水平不应超过GB 18871所规定的食品和饮用水的通用行动水平。

5.2.3 确定核燃料循环设施应急计划区时，所考虑的事故及其源项应经国务院核安全监督管理部门认可。

5.2.4 营运单位应在应急预案中提出应急计划区大小的建议值，论证其合理性，并经国务院核安全监督管理部门认可。

5.2.5　确定应急计划区实际边界时，还应考虑核燃料循环设施周围的具体环境特征（如地形、行政区划边界、人口分布、交通和通信）、社会经济状况和公众心理等因素，使划定的应急计划区实际边界（不一定是圆形）符合当地的实际情况，便于进行应急准备和应急响应。

5.2.6　营运单位在应急预案中应提供在建或运行核燃料循环设施的应急计划区的实际边界，应急计划区内的人口分布，说明特殊人群（例如医院、监狱和中、小学校等）的分布、基本情况和相关的应急安排。

5.2.7　对于多设施厂址，应急计划区应有统一的考虑。其范围应包括针对每一设施所确定的应急计划区的范围，其边界可以是各设施应急计划区边界的包络线。

6　应急设施和应急设备

6.1　概述

核燃料循环设施营运单位应根据日常运行和应急相兼容的原则，设置相应的应急设施，在应急预案中对主要应急设施作出明确的规定和必要的说明，并描述各主要应急设施内应急相关文件、物资、器材的基本配置。

6.2　应急控制中心

6.2.1　营运单位应在应急预案中描述应急控制中心的位置、功能和设计要求。

6.2.2　营运单位应在场区适当的地点建立应急控制中心。在应急状态下，应急控制中心是营运单位实施应急响应的指挥场所，还可以是某些应急行动组的集合与工作场所。

6.2.3　应急控制中心应满足的主要设计要求有：

（1）其位置应与可能的事故地点及其他应急活动场所保持适当的距离，并尽量避开主导风向下风向。

（2）应保证应急期间的应急工作人员可以顺利地到达该中心。

（3）应配置必要的接收、显示设备，以获得有关设施工况的重要参数和厂址环境辐射状况的相关信息；还需要配备必要的个人防护用品、辐射监测仪表等；此外，还应配置应急预案及其他相关文件（各种应急预案的执行程序、最终安全分析报告和环境影响报告、场区平面布置图、厂址地理位置图和场区周围地形图、以及应急工作人员名单及其联络方式等）。

（4）应具有联络核燃料循环设施控制室、场内其他重要地点以及场内外应急组织的可靠通信手段。

（5）应具有一定的屏蔽、密封与通风净化功能（视可能的事故后果而定），以确保该中心在所有假设的应急状态下都具有可居留性，保证应急指挥人员和应急工作人员在应急状态下可以在此中心安全地实施应急指挥与响应行动。

6.2.4　必要时建立备用应急控制中心。

6.2.5　当考虑涉及放射性物质释放的事故情景（如临界事故）时，应根据工作人员可能受照射剂量的大小确定是否满足 6.11.3 的可居留性准则。

6.2.6　当考虑涉及化学危害的事故情景（如 UF_6 释放事故）时，应考虑化学毒性导致的可能的健康效应。

6.3 控制室

6.3.1 营运单位应在其应急预案中描述控制室的位置、功能和设计要求。

6.3.2 实施运行控制、探明应急状态及对其进行分级，执行缓解行动以及启动响应组织的控制室，应满足 6.11 的可居留性要求，并考虑化学毒性导致的可能的健康效应。配置必要的个人防护用品、应急预案及其他相关文件（例如各种应急预案的执行程序）等。

6.4 通信系统

6.4.1 核燃料循环设施营运单位的应急通信系统应具备下列功能：保障在应急期间营运单位内部（包括各应急设施、各应急组织之间）以及与国务院核安全监督管理部门、场外核应急组织等单位的通信联络和数据信息传输；具有向国务院核安全监督管理部门进行实时在线传输设施重要安全参数的能力。

6.4.2 为核燃料循环设施正常运行所安装的通信系统，应遵循以下基本设计准则：

（1）应按照积极兼容和冗余的原则进行设计；

（2）安全电话系统，在应急控制中心、控制室等主要应急设施内应设置有满足应急响应行动需要的通信通道和布点；

（3）生产/行政电话系统，除满足在（2）条中提及的应急控制中心、控制室的语音通信需求外，对于分布较为分散的应急集合点，应考虑设置语音和数据布点；

（4）有线广播系统、报警系统直接与应急响应及行动有关，应保证完整和场区有效覆盖；

（5）应配备一定数量的卫星电话；

（6）为了保障通信网络的可靠性，核燃料循环设施与本地公网之间的外部通信中继链路宜采用不同物理路由接入公网上的两个不同节点；

（7）应急通信系统设计应具有通信手段的多样性和足够的冗余度，同时需兼顾防干扰、防阻塞和防非法截取信息等网络安全技术要求，专用网络的防护等级应符合我国信息系统安全等级保护相关法规要求；

（8）应急通信系统的上游电源应至少有一路引自应急电源。为保证可靠性，应急通信系统应考虑配置通信专用不间断电源。

6.5 评价设施与设备

6.5.1 营运单位应根据设施的事故特点（如临界事故、UF_6 泄漏事故、爆炸事故等）建立应急评价系统，具有评价事故状态、后果等的能力（包括放射性释放与非放有害化学物质释放）。

6.5.2 应配备相应的事故评价的仪器仪表，描述其功能（或性能）、用途、数量，以及设施位置和仪表贮存或安装的地点，并说明其可满足评价的要求。

6.6 辐射监测设施与设备

营运单位应在应急预案中列出可用于应急监测的设施与设备，包括场所监测、个人监测、流出物监测以及环境监测等的设施与设备，描述其功能（或性能）、用途、数量，以及设施位置和仪表设备贮存或安装的地点，并说明其可满足监测的要求。

6.7 辐射防护设施与设备

为了有效地执行 7.8 中所列的防护措施，应配备足够的个人辐射监测设备，如表面污染监测仪、全身计数器等，以满足应急响应期间对人员辐射照射情况监测和评价的需要。应提供现场应急工作人员的辐射防护装备与器材，例如，呼吸防护用的口罩、配有滤毒罐的防毒面具，防护衣、帽、手套、鞋等。应提供可作为隐蔽场所的设施，并将它们列入营运单位应急预案。应说明具有防护功能设施的性能（如屏蔽、通风和物资供给）。

6.8 急救和医疗设施与设备

营运单位需配备现场人员去污、急救和医疗设施、设备与器材。包括：

（1）工作人员的去污和防止或减少污染扩散的设施与设备；

（2）受污染伤员的医疗现场处置和运送工具。

6.9 应急撤离路线和集合点

营运单位应针对可能实施的人员撤离，在场内设置具有醒目而持久标识的应急撤离路线和集合点，集合点应能抵御恶劣的自然条件，应考虑有关辐射分区、防火、工业安全和安保等要求，并配备为安全使用这些路线所必需的应急照明、通风和其他辅助设施。

6.10 其他应急设备和物资

需要准备的其他应急设备和物资包括消防器材、交通控制与人员撤离路线使用的标识物、事故抢险用的物资等。

6.11 可居留性要求

6.11.1 应采取适当措施和提供足够的信息保护应急设施内的工作人员，防止事故工况下形成的过量照射、放射性物质的释放或爆炸性物质或有毒气体之类险情的继发性危害，以保持其采取必要行动的能力。

6.11.2 营运单位应对应急设施的可居留性进行评价。可居留性的评价和审查不应局限于设计基准事故，应当适当考虑超设计基准事故（包括严重事故）的影响。

6.11.3 当考虑涉及放射性物质释放的事故情景时，应根据工作人员可能受照射剂量的大小确定是否满足可居留性准则。应急控制中心等重要应急设施应满足的可居留性准则如下：在事故持续期，工作人员接受的有效剂量不大于 50 mSv，甲状腺当量剂量不大于 500 mSv。

7 应急响应和防护措施

7.1 概述

营运单位的应急预案中应明确提出进行干预的原则、干预水平和行动水平，规定各级应急状态时应采取的对策、防护措施和执行应急行动的程序。

7.2 干预原则和干预水平

7.2.1 干预原则

在应急干预的决策中，既要考虑辐射剂量的降低，也要考虑实施防护措施的困难和代价。因此，在应急干预的决策中，应遵循下列干预原则：

（1）正当性原则——在干预情况下，只要采取防护行动或补救行动是正当的，则应采取这类行动。所谓正当，指拟议中的干预应利大于弊，即由于降低辐射剂量而减少的危害，应当足以说明干预本身带来的危害与代价（包括社会代价在内）是值得的。

（2）最优化原则——任何这类防护行动或补救行动的形式、规模和持续时间均应是最优化的，使在通常的社会、经济情况下，从总体上考虑，能获得最大的净利益。

（3）应当尽可能防止公众成员因辐射照射而产生严重确定性效应。如果任何个人所受的预期剂量（而不是可防止的剂量）或剂量率接近或预计会接近可能导致严重损伤的阈值，则采取防护行动几乎总是正当的。

7.2.2 干预水平

应急防护行动的干预水平和行动水平应满足 GB 18871 的规定。

7.3 应急状态下的响应行动

核燃料循环设施营运单位在各应急状态下应采取的主要响应行动如下：

7.3.1 应急待命

（1）必要的应急工作人员进入岗位，保证必要的应急响应措施能及时实施；

（2）运行人员应采取措施使核燃料循环设施恢复和保持安全状态，并做好进一步行动准备；

（3）启动必要的应急设施和设备；

（4）按规定向国务院核工业主管部门、核安全监督管理部门和省、自治区、直辖市人民政府指定的部门等有关机构报告。

7.3.2 厂房应急

（1）启动场内各应急组织，全部应急工作人员到达规定的岗位，按应急预案的要求实施相应的应急响应行动；

（2）开始场区内辐射监测，确定事故的严重程度；

（3）事故厂房内非应急工作人员撤离相关区域；

（4）按规定向国务院核工业主管部门、核安全监督管理部门和省、自治区、直辖市人民政府指定的部门等有关机构报告。

7.3.3 场区应急

（1）应急工作人员全部到位，各应急行动组全面实施应急响应行动；

（2）对放射性流出物和场内外的辐射水平进行全面监测与评价；

（3）适时实施场区内非应急工作人员的撤离工作；

（4）按规定向国务院核工业主管部门、核安全监督管理部门和省、自治区、直辖市人民政府指定的部门等有关机构报告；

（5）保持与地方核应急组织或地方有关应急机构的信息交换与协调，必要时请求地方核应急组织或地方有关应急机构以及应急技术支持单位的支援。

7.3.4 场外应急

（1）实施 7.3.3 的所有响应行动；

（2）向场外应急组织提出进入场外应急和实施公众防护行动的建议。

7.4 应急通知

应急指挥部应负责将实施应急的决定立即通知有关组织和人员。通知时应做到：

（1）严格按规定的程序和术语进行；

（2）通知的初始信息应简短和明确，提供的信息有：设施名称、报告人姓名和职务、事故起因、进入应急状态的时间、应急状态的等级、已采取或将要采取的应急措施等；

（3）确保信息可靠。

7.5 应急监测

7.5.1 需要采取的应急监测活动主要有：

（1）与应急相关的工艺参数的监测；

（2）流出物监测、场区与工作场所辐射水平监测；

（3）环境辐射监测及必要时空气中 HF 浓度的监测。

7.5.2 应制定具有可操作性的应急环境监测方案和具体的实施程序或操作步骤。

7.5.3 需要特别说明的是，即使没有场外应急，仍应做好场外辐射环境监测工作。

7.6 评价活动

在应急状态期间，营运单位应开展评价活动，为防护行动决策提供技术支持。评价活动应包括下列内容：

（1）收集掌握事故的演变过程、源项、设施所在地和附近地区的气象参数等评价所需的资料；

（2）对所收集的资料进行归纳和分析，从而预报事故工况下的辐射剂量及化学危害；

（3）根据评价结论提出确认或修改应急状态的级别和采取相应措施的建议。

7.7 补救行动

7.7.1 补救行动的目的是控制和缓解事故，使设施尽快和尽可能恢复到受控的安全状态，并减轻对工作人员和公众的辐射后果。

7.7.2 可能采取的补救行动有工艺系统或整个设施的紧急停闭、灭火、抢修，以及其他纠正与缓解事故、减轻事故后果的行动。

7.7.3 营运单位应针对各类可能发生的补救行动制定相应的操作规程或执行程序，以保障补救行动的有效开展。

7.8 应急防护措施

7.8.1 营运单位的应急预案应规定切实可行的应急防护措施。对于有可能出现场外应急状态的核燃料循环设施还应在应急预案中描述提出进入场外应急和实施场外应急防护行动建议的安排。

7.8.2　制定的应急防护措施应符合下列基本要求：

（1）对不同的应急状态应规定相应的防护措施，而且采取的防护措施是正当的；

（2）在恶劣环境条件下，保证防护措施的可用性。

7.8.3　具体的应急防护措施一般应包括：

（1）根据场内辐射监测结果，确定污染区并加以标志或警戒；

（2）对场内的人员和离开场区的车辆和物资进行监测，必要时加以洗消；

（3）对场区的出入和通道加以控制，限制人员进入严重污染区；

（4）提供具有良好屏蔽、密封和通风过滤条件的场所作为隐蔽所，或告诫人们关闭门窗切勿外出；

（5）受伤、受污染、受照射人员的现场医学救治和向地方或专科医院的转送；

（6）非应急工作人员的部分或全部撤离（应在应急预案中对撤离条件、撤离路线和撤离方案作概要描述）；

（7）其他防护措施，如找寻失踪人员、使用个人防护用品等。

7.9　应急照射的控制

为保证应急工作人员的健康与安全，控制应急工作人员受到的照射应满足下列原则与要求：

（1）除下列情况外，从事干预的工作人员所受到的照射不得超过 GB 18871 中所规定的职业照射的最大单一年份剂量限值：

a）为抢救生命或避免严重损伤的行动；

b）为防止可能对人类和环境产生重大影响的灾难情况发展的行动；

c）为避免大的集体剂量的行动。

从事上述行动时，除了抢救生命的行动外，必须尽一切合理的努力，将工作人员所受到的剂量保持在最大单一年份剂量限值的两倍以下；对于抢救生命的行动，应做出各种努力，将工作人员的受照剂量保持在最大单一年份剂量限值的 10 倍以下，以防止确定性健康效应的发生。此外，当采取行动的工作人员的受照剂量可能达到或超过最大单一年份剂量限值的 10 倍时，只有在行动给他人带来的利益明显大于工作人员本人所承受的危险时才应采取该行动。

（2）应急工作人员可能接受超过职业照射最大年剂量时，应严格履行审批程序，事先预计可能受到的剂量大小，采取一切合理的步骤为行动提供适当的防护。

（3）当执行应急响应行动的工作人员可能接受超过最大单一年份剂量限值时，采取这些行动的工作人员应是自愿的；应事先将采取行动所面临的健康危险情况清楚而全面地通知工作人员，应在实际可行的范围内，就需要采取的行动对他们进行培训。

（4）一旦应急干预阶段结束，从事恢复工作（如核燃料循环设施与建筑物维修、废物处理或场区及周围地区去污等）的工作人员所受的照射，应满足 GB 18871 中有关职业照射控制的全部具体要求。

（5）对参与应急干预的工作人员的受照剂量进行评价和记录。干预结束时，应向有关工作人员通知他们所接受的剂量和可能带来的健康危险。

（6）不得因工作人员在应急照射情况下接受了剂量而拒绝他们今后再从事伴有职业照射的工作。但是，如果经历过应急照射的工作人员所受到的剂量超过了最大单一年份剂量限值的 10 倍，或者工作人员自己提出要求，则在他们进一步接受任何照射之前，应认真听取执业医师的医学劝告。

7.10 医学救护

7.10.1 现场医学救护的首要任务是抢救生命和外伤救治，辐射损伤救治则是核与辐射应急响应中特有的医学救治问题。辐射损伤的现场医学救治的主要内容包括：受污染、受照射状况的评估与受照剂量的估算、体表或伤口去污、受伤受污染人员分类、处理及病人转送等。

7.10.2 营运单位应具有急救和医疗支持的响应能力，配备相应的人员和设备，提供对人员的急救医疗支持，包括去污、受污染伤员的处理和（或）转送至场外医疗机构。

7.10.3 营运单位应建立现场医学救护和场外医学支持程序，并在应急预案中以附件形式给出与场外医学救护支持单位的协议或合同相关内容及联系方式。

8 应急终止和恢复行动

8.1 应急状态的终止

8.1.1 当营运单位确认事故已受到控制并且核燃料循环设施的放射性物质释放的量已低于可接受的水平时，可以考虑终止场内的应急状态。

8.1.2 对于应急待命状态、厂房应急状态和场区应急状态，营运单位的应急总指挥可根据 8.1.1 的原则来决定并发布应急状态终止的命令，并报国务院核工业主管部门、核安全监督管理部门和省、自治区、直辖市人民政府指定的部门。

8.1.3 对于场外应急状态，营运单位根据核燃料循环设施的状态，将终止场外应急状态的建议报省、自治区、直辖市核应急组织，经省、自治区、直辖市核应急组织审定后上报国家核事故应急协调委员会，经批准后，由省、自治区、直辖市核应急组织发布终止应急状态。

8.2 恢复行动

营运单位的应急预案应包括应急状态终止后的恢复行动方案，其主要内容包括：

（1）制定解除营运单位所负责区域控制的有关规定；

（2）制定污染物的处置和去污方案；

（3）继续测量地表辐射水平和土壤、植物、水等环境样品中放射性含量，并估算对公众造成的照射剂量。

9 应急响应能力的保持

9.1 培训

9.1.1 培训的目的是使应急工作人员熟悉和掌握应急预案的基本内容，使应急工作人员具有完成特定应急任务的基本知识和技能。营运单位应制定各类应急工作人员的培训和定期再培训计划或大纲，明确应该接受培训的人员、培训的主要内容、培训和定期再培训的频度和学时要求、培训方法（授课、实际操作、考试等），以及培训效果的评价等。

9.1.2　在核燃料循环设施首次装（投）料前，营运单位负责对所有应急工作人员（包括应急指挥人员）进行培训和考核。培训的主要内容包括：

（1）应急预案的基本内容和完成应急任务的基本知识和技能；

（2）应急状态下应急执行程序；

（3）应急状态下应急工作人员的职责。

9.1.3　在设施运行寿期内，营运单位对所有应急工作人员（包括应急指挥人员），每年至少进行一次与他们预计要完成的应急任务相适应的再培训与考核。

9.1.4　场区非应急工作人员及外来进场工作人员应接受必要的培训，临时外来人员应接受应急事项告知。

9.2　演习

9.2.1　演习的目的是检验应急预案的有效性、应急准备的完善性、应急设施与设备的可用性、应急响应能力的适应性和应急工作人员的协同性，同时为修改应急预案提供依据。

9.2.2　应急演习包括场内应急组织的单项演习（练习）、综合演习和与场外核应急组织的联合演习。营运单位的综合演习至少每两年举行一次，各单项演习至少每年举行一次，对通信、数据传输、人员启动的演习要求更高的频度。在设施首次装（投）料前，营运单位应进行综合演习。

9.2.3　营运单位应开展应急演习情景库的开发与应用，提高实战性和检验性。演习前应制定演习方案，方案中包括专门为演习或练习设计的合理的事故情景。演习前，原则上演习情景应对参演人员保密。综合演习方案在演习前30天提交国务院核安全监督管理部门。

9.2.4　在每次演习结束后，营运单位应对演习的效果、取得的经验和存在问题等进行自评估，对应急响应行动提出改进意见和建议，并对应急预案提出修改意见。

9.2.5　国务院核安全监督管理部门组织现场监督综合演习，对演习进行评估。对国务院核安全监督管理部门在演习评估报告中提出的营运单位在应急准备中存在的问题，营运单位应及时进行纠正。

9.3　应急设施、设备的维护

9.3.1　营运单位应保证所有应急设施、设备和物资始终处于良好的备用状态，对应急设备和物资的保养、检验和清点等加以安排。

9.3.2　营运单位应规定应急设施、设备的定期清点、维护、测试和校准制度，以保障这些设施、设备随时可以使用。

9.4　应急预案的复审与修订

9.4.1　营运单位应对应急预案及其执行程序定期、不定期进行复审与修订，以吸取培训及训练与演习的成果、核燃料循环设施实际发生的事件或事故的经验，适应现场与环境条件的变化、核安全法规要求的变更、设施和设备的变动以及技术的进步等。修订后的应急预案及修订说明应及时报国务院核安全监督管理部门。

9.4.2　营运单位应至少每 5 年对应急预案进行一次全面修订，并在周期届满前至少 6 个月报国务院核安全监督管理部门，经审查认可后方可生效。

9.4.3　应急预案涉及的应急组织机构、应急设施设备、应急行动水平等要素如果发生重大变更，并可能会对营运单位应急准备和响应工作产生重要影响时，或国务院核安全监督管理部门认为有必要修订时，营运单位应及时修订应急预案报国务院核安全监督管理部门，经审查认可后方可生效。

9.4.4　营运单位应将应急预案及执行程序的修改及时通知所有有关单位。

10　记录和报告

10.1　记录

营运单位应把应急准备工作和应急响应期间的情况详细地进行记录并存档，其主要内容包括：

（1）培训和演习的内容，参加的人员和取得的效果等；

（2）应急设施的检查和维修，应急设备及其配件的清点、测试、标定和维修等情况；

（3）事故始发过程和演变过程，设施安全重要参数和监测数据；

（4）应急期间的评价活动、采取的补救措施、防护措施和恢复措施以及应急行动的程序和所需的时间等。

10.2　报告

10.2.1　营运单位应在每年的第一季度向国务院核安全监督管理部门提交上年度的应急准备工作实施情况的总结和当年的计划报告。

10.2.2　每次综合演习结束后 30 天内，营运单位应向国务院核安全监督管理部门和所在地区核与辐射安全监督站提交报告。

10.2.3　发生核事故时，营运单位应及时向国务院核工业主管部门、核安全监督管理部门和省、自治区、直辖市人民政府指定的部门报告。

10.2.4　营运单位核事故应急报告的内容和格式按核燃料循环设施营运单位报告制度相关核安全法规执行。

10.2.5　营运单位应在进入应急状态、应急状态等级发生变更或应急状态终止后 1 小时内，首先用电话，随后用传真方式（或其他安全有效通信方式）向国务院核安全监督管理部门和所在地区核与辐射安全监督站发出应急通告。

10.2.6　营运单位应在进入厂房应急或高于厂房应急的状态后的 1 小时内用电话和传真方式（或其他安全有效通信方式）向国务院核安全监督管理部门和所在地区核与辐射安全监督站发出应急报告；此后，每隔 2 小时用电话和传真方式（或其他安全有效通信方式）向国务院核安全监督管理部门和所在地区核与辐射安全监督站报告一次，直至应急状态变更或终止。

10.2.7　在事故态势出现大的变化时，随时用电话和传真方式（或其他安全有效通信方式）向国务院核安全监督管理部门和所在地区核与辐射安全监督站发出应急报告。此后，每隔

2 小时用电话和传真方式（或其他安全有效通信方式）向国务院核安全监督管理部门和所在地区核与辐射安全监督站报告一次，直至应急状态变更或终止。

10.2.8 营运单位应在应急状态终止后30天内向国务院核安全监督管理部门和所在地区核与辐射安全监督站提交最终评价报告。报告的主要内容包括：

（1）事件或事故发生前的主要运行参数和事件或事故的演变过程；

（2）事件或事故过程中放射性物质释放方式，释放的核素及其数量；

（3）事件或事故发生的原因；

（4）事件或事故发生后采取的补救措施和应急防护措施；

（5）对事件或事故后果的估算，包括场内外剂量分布、环境污染水平和人员受照射情况；

（6）事件或事故造成的经济损失；

（7）经验教训和防止再发生的预防措施；

（8）需要说明的其他问题和参考资料。

名词解释

场区

具有确定的边界，在营运单位有效控制下的核设施所在区域。

应急计划区

为在核设施发生事故时能及时有效地采取保护公众的防护行动，事先在核设施周围建立的、制定了应急预案并做好应急准备的区域。

应急行动水平

用来建立、识别和确定应急等级和开始执行相应的应急措施的预先确定和可以观测的参数或判据。它们可能是：仪表读数、设备状态指示、可测参数（场内或场外）、独立的可观察的事件、分析结果、特定应急运行程序的入口或导致进入特定的应急状态等级的其他现象（如发生的话）。

可居留性

用于描述某一区域是否满足可以在其中连续或暂时居留的程度。

附录 A 核燃料循环设施的参考事故

A.1 UF_6转化

1 大量 UF_6释放事故，特别是数吨级 UF_6热罐破裂（特别关注 HF 和重金属铀的化学毒性的危害）；

2 火灾、化学爆炸；

3 全厂正常供电和应急电源全部长时间失电事故。

A.2 铀浓缩

1 大量UF_6释放事故（类同UF_6转化）；
2 临界事故；
3 火灾、爆炸等；
4 全厂正常供电和应急电源全部长时间失电事故。

A.3 铀燃料元件

1 元件制造临界事故；
2 大量UF_6释放事故；
3 氢爆炸事故；
4 全厂正常供电和应急电源全部长时间失电事故。

A.4 乏燃料贮存水池

1 燃料组件掉落，燃料棒破损事故；
2 临界事故；
3 水池水位不可控下降事故；
4 全厂正常供电和应急电源全部长时间失电事故。

A.5 乏燃料干罐贮存

1 丧失屏蔽事故；
2 装贮全是破损燃料棒的贮罐盖子脱落事故。

A.6 乏燃料后处理

1 临界事故；
2 火灾；
3 爆炸事故（如红油爆炸、高放废液蒸发器爆炸）；
4 锆合金粉末着火事故；
5 液体贮存大罐破裂事故；
6 全厂正常供电和应急电源全部长时间失电事故。

附录B 核燃料循环设施营运单位场内核事故应急预案的格式和内容

B.0 应急预案的命名与编号

营运单位的应急预案应按照“（核设施名称）场内核事故应急预案”的格式进行命名。核设施名称指营运单位的全称或简称。为规范应急预案的管理，营运单位应对应急预案加注版次信息，版次编号的统一格式从第1版开始，按照阿拉伯数字顺序后延，如第1版、第2版、第3版。每个版次的应急预案在送审时应在封面注明“送审版”。在每个版次的审查过程中版次号保持不变。得到国务院核安全监督管理部门的审查认可后，在版本号后增加审查认可年份，作为正式生效版本，如“第1版-2018”。

B.1 总则

描述制定应急预案的目的；列出所依据法律、法规、导则、标准和相关文件；说明应急预案的适应范围；与核燃料循环设施其他应急预案及场外应急预案的接口等。

B.2 设施及其环境概况

描述核燃料循环设施的基本情况，包括地理位置、建造目的、许可进行的核活动及其运行计划；主要设施与功能（附场区平面布置图）；主要安全特性与工程安全设施等；概要描述历年来进入应急状态的情况。

简要说明场区周围与应急准备和响应相关的主要环境特征，包括：地形、气象、水文、土地与水资源利用、人口分布、居民中心（可能存在场外应急状态的设施还应提供有关特殊居民组：医院、敬老院、中小学、幼儿园、监狱等的情况）以及重要工业设施、交通条件等。

B.3 应急计划区

对于可能存在场外应急状态的核燃料循环设施，应在本章描述用于确定应急计划区大小的事故源项；确定应急计划区的方法；推荐的应急计划区大小及应急计划区的主要环境特征。

B.4 应急状态分级与应急行动水平

给出营运单位制定应急预案时所考虑的各种核事故类型；描述事故发生的可能部位、原因、可能的后果，以及与应急状态的对应关系，特别注意分析是否可能出现场外应急。

描述各级应急状态的基本特征；简要说明场内外应急组织应采取的应急响应行动；列表给出用于识别和判断应急状态的初始条件应急行动水平。所给出的判据应尽可能是定量的，并且是基于设施的设计特征和厂址特征得到的。

对于多设施厂址的核燃料循环设施，还应当说明发生事故的设施处于某一应急状态时，非事故设施可能受到的影响和应处的应急状态。

B.5 应急组织与职责

概述正常运行组织和场内应急组织，提供相应的组织框图，分别描述正常运行组织的组成、应急准备职责以及应急响应组织的组成、应急响应职责；给出应急指挥部的组成及关键成员的职责和替代顺序；描述各应急行动组［其工作范围覆盖应急运行、通信、环境监测、事故后果评价、应急维修与工程抢险、防护行动实施（隐蔽、撤离及人员清点、营救与寻找等）、应急照射控制、消防和安全保卫、医学救护、公众信息、应急物资供应、后勤保障和交通运输］的组成及职责；明确应急指挥部统一指挥应急状态下的应急响应，并负责与国务院核安全监督管理部门及场外核应急组织的联系。

对于多堆厂址的核燃料循环设施营运单位，其应急指挥部的组成应保证具有统一协调场内应急响应行动的能力。

说明场内应急组织与场外核应急组织间的接口，重点描述与地方核应急组织的接口、联络人、相互支援与责任分工等。

B.6　应急设施与设备

列出应设置的主要应急设施，包括应急控制中心和备用应急控制中心、控制室、通信系统、评价设施与设备以及辐射监测设施与设备等的位置，基本功能及应配置的主要文件、设备与器材；同时说明某些设施是否满足可居留性的要求。

概要描述医学救护设施、淋浴与去污设施以及消防设备等应急辅助设施、设备的配置。

描述核燃料循环设施设置的应急撤离路线、集合点以及所需满足的安全要求。

B.7　应急通信、报告与通知

描述对应急通信系统的基本要求（冗余性、多样性、畅通性、保密性以及抗干扰能力和覆盖范围）；所拥有的通信能力与系统（包括语音通信系统、数据收集和传输系统）；描述应急通知和报告的方法与程序，包括向国务院核工业主管部门、核安全监督管理部门和省、自治区、直辖市人民政府指定的部门等的应急报告，以及通知场内应急工作人员和非应急工作人员（包括承包商及外来参观人员）的方法和程序。

B.8　应急响应和防护措施

B.8.1　干预原则和干预水平

描述采用的干预原则；各种防护行动下使用的干预水平和控制食品的通用行动水平。

B.8.2　应急响应行动

描述各级应急状态下计划采取的应急响应行动或措施。

规定应急组织的启动，包括在工作和非工作时间发布每一级应急状态的具体方法、启动应急组织的程序；描述应急工作人员在各应急状态下的启动状态及到岗地点。

B.8.3　评价活动

列出应急状态期间营运单位评价工作的目的、任务和主要内容；描述事故工况评价（含临界安全评价）和事故后果评价方法。

B.8.4　应急监测

列出应急状态期间营运单位监测的目的、任务和主要内容；应急状态下流出物监测、工作场所监测与环境监测内容及安排。

B.8.5　补救行动

概述应急状态期间营运单位补救工作的主要内容，包括控制事态、减轻事故后果、救护受伤和过量受照人员等方面的工作，例如设施设备的关闭、工程抢险、伤员救护和扑灭火灾等。

B.8.6　应急防护措施

描述营运单位计划实施的保护场区人员的具体应急防护措施，包括采取人员隐蔽、撤离和清点，使用防护设备与器材以及污染控制等措施；说明实施这些防护措施的计划安排，包括人员集合清点的地点、人员撤离路线、车辆安排及交通控制等的安排。

B.8.7　应急照射的控制

说明控制应急工作人员辐射照射的基本原则；给出应急工作人员在各类应急行动中的剂量控制水平；概述控制应急工作人员照射的措施和应急照射的审批程序等。

B.8.8　医学救护

描述营运单位应急医学救护的任务和计划安排；描述可用于应急状态下医学救护的设施、设备和能力；对受伤和受污染人员实施医学救护的安排。

B.9　应急终止和恢复行动

概述应急状态终止的条件和应急状态终止的批准与发布程序；给出场内恢复组织的组成和职责；说明应急组织向恢复组织的职责转移及拟采取的主要恢复措施。

B.10　记录与报告

描述对记录的基本要求和基本内容，包括制定、维持、修改应急预案的记录，应急响应的记录，以及应急终止与恢复阶段的记录；同时，还应描述提交应急准备工作的年度计划报告和上年度的总结报告的安排。

B.11　应急响应能力的保持

应急响应能力的保持包括：

（1）培训，描述应接受培训的各类人员，说明对他们培训和再培训的内容和计划安排；

（2）演习，说明各类演习的目的、类别、规模、频度和情景设计，以及对演习的评议要求；

（3）应急设施、设备的检查、测试和维护，描述对主要应急设施、设备的定期检查、测试及日常维护工作的安排；

（4）应急预案的复审与修订，概要说明对应急预案进行复审与修订的要求、频度和方法，以及修订后的应急预案的审查和发放。

B.12 术语

列出本应急预案中使用的、使用者并不十分熟悉的或为核燃料循环设施及其营运单位专用的主要名词术语及其定义。

B.13 附件

列出本应急预案有关的各主要文件、资料的名称与内容，包括与各级应急组织及外部应急支援单位的协议文件、函件，以及应急预案执行程序目录。

附录 C　核燃料循环设施营运单位场内核事故应急预案执行程序清单示例

核燃料循环设施营运单位场内核事故应急预案执行程序应包括但不限于以下内容：

C.1　应急响应程序

1 应急行动水平
2 应急组织的启动
3 应急设施的启动与工作
4 通知和报告程序
5 事故后果评价
6 事故/事件处置程序
7 应急环境监测方案
8 场内应急防护行动
9 应急工作人员受照控制
10 场外应急防护行动建议（如有场外应急）
11 公众信息沟通与舆情应对
12 应急状态终止和恢复行动

C.2 应急准备程序

1 应急设施、设备、物资的管理、维护和检查
2 培训
3 演习
4 应急预案与执行程序的评议、修改与发放

附录 D　初始条件和应急行动水平矩阵示例

应急状态 初始条件	场外应急 （G）	场区应急 （S）	厂房应急 （A）	应急待命 （U）
事件或事故始发				
临界事故	EG1：靠近场区边界处发生临界事故	ES1：发生不可控的临界事故		
	EAL1-EG1： …… EALn-EG1：	EAL1-ES1： …… EALn-ES1：		
	……	……		
	EGn：	ESn：		
	EAL1-EGn： …… EALn-EGn：	EAL1-ESn： …… EALn-ESn：		
UF_6泄漏事故	……	……	……	……
……	……	……	……	……
辐射水平或放射性流出物异常				
……	……	……	……	……
影响核燃料循环设施安全的危害和其他事件				

初始条件 \ 应急状态	场外应急（G）	场区应急（S）	厂房应急（A）	应急待命（U）
……	……	……	……	……
系统故障				
……	……	……	……	……
放射性物质包容和屏蔽性能降低				
……	……	……	……	……

关于印发《核电厂配置风险管理的技术政策（试行）》的通知

国核安发〔2019〕262 号

各有关单位：

为指导核电厂营运单位建立和优化核电厂配置风险管理体系，提高核安全管理决策的科学性和有效性，保障核电厂运行安全，国家核安全局组织制定了《核电厂配置风险管理的技术政策（试行）》，现印发给你们。

各核电厂营运单位应制定初步实施计划，建立配置风险管理体系和开发风险监测工具，并请于 2020 年 3 月 30 日前将实施计划报送国家核安全局。国家核安全局将在各核电厂营运单位实施计划的基础上统筹考虑，试点先行，协调推进相关工作。

国家核安全局

2019 年 12 月 30 日

附件

核电厂配置风险管理的技术政策（试　行）

一、前言

为保障核电厂的运行安全，防止或减轻可能危及安全的事故后果，核电厂设置了大量的安全系统，以将事故后果限制在可接受的范围内。为保证安全系统的可用性，核电厂营运单位编制了技术规格书，对核电厂配置（即核电厂各安全系统、设备及其必要的支持系统所处的状态）进行管理。技术规格书通常针对各具体系统或设备给出允许的维修时间等限制，但并不能对多重系统或设备失效进行有效管理，从而控制多重系统或设备失效可能导致的核电厂风险增量，尽管有些技术规格书对多重系统或设备失效做了一些规定，但由于核电厂配置组合的复杂性和多样性，这种对风险的控制方式并不完全合理。国际实践表明，对多重设备失效进行控制的有效方法是核电厂的配置风险管理。

配置风险管理通常使用风险监测工具来开展，为了使风险评估的结果便于理解，使可接受的和不可接受的风险水平有清楚明确的定义，大多数核电厂都会在建立配置风险管理流程的同时，建立一套风险阈值和相应的风险管理矩阵来对不同的风险水平分类并进行分级管理。

国家核安全局制定本技术政策的目的是指导核电厂营运单位建立和优化核电厂配置风险管理体系，提高核安全管理决策的科学性和有效性。

二、概念及术语

本技术政策中使用的概念和术语解释如下：

活态概率安全分析（Living PSA）：在核电厂运行期间，应用概率安全分析方法，考虑核电厂设计和运行的变更、新的技术信息、更加精确的方法和工具，以及从核电厂运行中得到的新信息等，及时更新概率安全分析模型和数据，以充分反映核电厂的现状。

配置风险管理（Configuration Risk Management）：利用活态概率安全分析模型，根据核电厂实际运行配置计算风险指标，开展核电厂风险管理的方法。

核电厂技术规格书：为确保核电厂正常运行或预计运行事件状态下的重要初始参数和安全系统配置处于正确的范围和合适的状态，而制定的一整套有关的运行要求和限制。在我国的核安全法规和导则中称为“核电厂运行限值和条件”，国内某些核电厂又称为“核电厂技术规范”或“核电厂运行技术规范”。

基准风险：考虑了设备因试验、维修等原因导致的不可用度，计算得到的年平均风险水平数值。核电厂常用的基准风险指标是堆芯损坏频率（CDF）和早期大量放射性释放频率（LERF），单位是1/堆年。

瞬时风险：在特定的核电厂配置情况下计算得到的风险水平数值，伴随核电厂配置随时间的变化，瞬时风险也是变化的。核电厂常用的瞬时风险指标是堆芯损坏频率（CDF）和早期大量放射性释放频率（LERF），单位是1/堆年。

零维修风险：如果某瞬时风险对应的是核电厂所有设备都可用情况下的风险值，即没有设备因试验、维修等原因导致不可用（零维修）的情况下的风险值，该瞬时风险即为零维修风险。

累积风险增量：某配置的瞬时风险相对零维修风险的增量对该配置持续时间的累积，即为累积风险增量。常用的累积风险指标是堆芯损坏概率增量（ICDP）和早期大量放射性释放概率增量（ILERP）。

允许配置时间（ACT）：使用风险监测器对特定的核电厂配置状态计算得到的允许配

置持续时间，即为允许配置时间。比较配置状态的 ICDP/ILERP 累积到对应风险阈值的时间，选取其中较小的作为允许配置时间。

三、配置风险管理的实施

核电厂配置风险管理实施流程包括确定风险阈值、建立风险管理矩阵和评价配置风险等三个步骤。

（一）确定风险阈值

核电厂营运单位应在满足监管要求的前提下，根据核电厂实际情况确定一套风险阈值（通常包括瞬时风险和累积风险）来对应不同的风险水平分类。确定的风险阈值应该能够有效地区别不同的风险水平，同时考虑不同风险管理活动所需的资源投入，以有效利用资源。

（二）建立风险管理矩阵

核电厂营运单位应根据已确定的风险阈值建立风险管理矩阵，可将风险矩阵划分为风险可接受的正常控制区、需要控制风险的风险管理区（1 个或多个）和风险不可接受区。本技术政策给出三个风险区的实施方法，核电厂营运单位可根据需求对风险管理区进一步细分。如表 1 所示，不同的风险区按照风险从低到高，用不同颜色区域（绿、黄、红）来表示。

表 1　核电厂风险区划分

运行（随机不可用）	风险区域	维修（计划不可用）
风险可接受，安排正常维修即可	正常控制区（绿区）	正常工作控制
需要控制风险，维修应尽快完成，同时可能需采取补偿措施	风险管理区（黄区）	评价不可定量因素，制定风险管理措施
风险不可接受，需立即采取措施	风险不可接受区（红区）	不主动进入该配置

（三）评价配置风险，采取相应行动

运行配置风险管理：在核电厂发生运行异常，导致一个或多个安全重要设备不可用时，核电厂营运单位除执行技术规格书中规定的措施以外，还需采用风险监测工具评价配置风险，并根据风险所处的区域采取相应的行动。通常，处于绿区，正常执行维修活动；处于黄区，维修行动需尽快完成，允许配置时间由累积风险限值计算结果来确定，必要时需采取补偿措施；处于红区，则需立即采取行动降低风险，若机组处于功率运行状态，则需要立即停堆后撤，使机组处于可接受的风险水平。

维修配置风险管理：在核电厂实施维修活动前，需采用风险监测工具对维修计划进行配置风险评价，并根据风险所处的区域采取相应的行动。通常，处于绿区，按照正常的工作控制；处于黄区，则需评价不可定量的因素，并制定风险管理措施；处于红区，则不允许主动进入该风险配置。如果评价结果表明当前配置下开展既定的维修活动有较大风险，核电厂营运单位需调整维修活动时间窗口。

计算出配置风险后，核电厂营运单位还应对评价结果进行评估，如识别出当前配置下的主要风险贡献项等，根据风险所在区域采取相应行动，必要时采取相应的风险补偿措施。

四、配置风险管理的风险阈值

核电厂配置风险管理中的风险阈值是针对不同的风险指标来确定的，一套风险指标与对应的风险阈值共同构成了配置风险管理中衡量风险高低的尺度。风险阈值通常包括瞬时风险和累积风险两类定量风险指标。

参考国际上的良好实践，并结合我国核电厂实际情况，本技术政策给出了一种可接受的为各风险区域确定风险阈值的方法：

（一）运行配置风险管理

1. 运行配置风险管理的风险阈值主要考虑瞬时风险，推荐采用基准风险（包括 CDF 和 LERF）的 2 倍作为风险管理区下限值（绿区上限值）。

2. 推荐采用 10^{-3}/堆年（CDF）作为风险管理区上限值（红区下限值）。

3. 推荐采用累积风险限值 ICDP＜10^{-6} 和 ILERP＜10^{-7} 计算允许配置时间，取其中较小值。在评价不可定量因素并采取了控制风险的措施后，允许配置时间可以延长到 10 倍。

（二）维修配置风险管理

1. 维修配置风险管理的风险阈值主要考虑累积风险增量，推荐采用 10^{-6}（ICDP）和 10^{-7}（ILERP）作为风险管理区下限值（绿区上限值）。

2. 推荐采用 10^{-5}（ICDP）和 10^{-6}（ILERP）作为风险管理区上限值（红区下限值）。不允许维修活动过程中瞬时风险指标 CDF 达到 10^{-3}/堆年。

（三）其他相关说明

1. 运行配置风险管理与维修配置风险管理采用的累积风险限值相一致，如果核电厂发生突发运行异常，瞬时风险进入黄区，而相应维修活动的累积风险增量仍处于绿区，核电厂可以进行正常工作控制。

2. 上述风险阈值对应的是全范围始发事件的风险，如果核电厂 PSA 范围尚不完善，可通过补充额外分析来扩大范围或对风险阈值进行适当调整。

3. 国家核安全局鼓励核电厂采用比推荐值更严格的风险阈值，尽量降低风险，进一步提高安全水平。

4. 核电厂营运单位确定风险阈值的过程及最终确定的风险阈值应形成文件，可供国家核安全局检查或评估。

五、配置风险管理工具的开发和应用

核电厂营运单位应按照本技术政策对核电厂运行和维修活动进行配置风险管理，并制订实施计划，及时地建立配置风险管理体系和开发风险监测工具。核电厂营运单位在执行本技术政策时应保证核电厂安全水平得以维持甚至提高。

国家核安全局将逐步制定和发布核电厂风险监测工具开发及使用的技术指导文件，并通过适当的方式（如同行评估等）确认核电厂风险监测工具的质量。

主送单位名单见表 2。

表 2　主送单位名单

序　号	单　位
1	生态环境部华北核与辐射安全监督站
2	生态环境部华东核与辐射安全监督站
3	生态环境部华南核与辐射安全监督站
4	生态环境部东北核与辐射安全监督站
5	生态环境部核与辐射安全中心
6	机械科学研究总院核设备安全与可靠性中心
7	苏州热工研究院
8	北京核安全审评中心
9	中国核工业集团有限公司
10	中国核能电力股份有限公司
11	中国广核集团有限公司
12	国家电力投资集团有限公司
13	中国华能集团有限公司
14	中国核电工程有限公司
15	中广核工程有限公司
16	上海核工程研究设计院
17	华龙国际核电技术公司
18	中核武汉核电运行技术股份有限公司
19	中核核电运行管理有限公司
20	江苏核电有限公司
21	福建福清核电有限公司
22	三门核电有限公司
23	海南核电有限公司
24	大亚湾核电运营管理有限责任公司
25	辽宁红沿河核电有限公司
26	福建宁德核电有限公司
27	阳江核电有限公司
28	台山核电合营有限公司
29	广西防城港核电有限公司
30	山东核电有限公司
31	国核示范电站有限责任公司
32	华能山东石岛湾核电有限公司
33	中核国电漳州能源有限公司

关于发布《核动力厂防火与防爆设计》等两项核安全导则的通知

国核安发〔2019〕265 号

为进一步完善我国核与辐射安全法规体系，加强核动力厂的核安全监管，我局组织制定了《核动力厂防火与防爆设计》（HAD 102/11—2019）和《核动力厂辐射防护设计》（HAD 102/12—2019）等两项核安全导则，现予公布，自公布之日起施行。

1996 年制定的《核电厂防火》（HAD 102/11—1996）和 1990 年制定的《核电厂辐射防护设计》（HAD 102/12—1990）同时废止。

国家核安全局

2019 年 12 月 31 日

附件 1

核安全导则 HAD 102/11—2019

核动力厂防火与防爆设计

（2019 年 12 月 31 日国家核安全局批准发布）

本导则自 2019 年 12 月 31 日起实施

本导则由国家核安全局负责解释

本导则是指导性文件。在实际工作中可以采用不同于本导则的方法和方案，但必须证明所采用的方法和方案至少具有与本导则相同的安全水平。

1 引言

1.1 目的

1.1.1 本导则是对《核动力厂设计安全规定》（HAF 102，以下简称《规定》）中有关条款的说明和细化，为核动力厂设计单位和执照申请者提供关于核动力厂内部防火与防爆设计的指导。

1.1.2　本导则的附件为参考性文件。

1.2　范围

1.2.1　本导则适用于陆上固定式热中子反应堆核动力厂。对于其他类型的核动力厂，其内部防火与防爆设计可参照本导则，但应进行针对性评价。

1.2.2　本导则只涉及为保护核动力厂安全重要物项而采用的内部防火与防爆设计措施，不包括对核动力厂消防、人员安全防护和财产保护的一般要求。

1.2.3　本导则防爆相关内容为对核动力厂系统和部件释放出的易燃液体和气体所致爆炸的防护，不涉及对系统和部件自身爆炸的防护。系统和部件应通过自身设计解决其防爆问题。

2　总则

2.1　概述

2.1.1　《规定》对核动力厂消防系统提出了基本要求。在核动力厂安全重要构筑物、系统和部件的设计和布置中，应尽可能降低内、外部事件引发内部火灾与爆炸的可能性，缓解其后果。应保持停堆、排出余热、包容放射性物质和监测核动力厂状态的能力。应通过采用多重部件、多样系统、实体隔离和故障安全的适当组合实现下述目标：

（1）防止火灾发生；

（2）快速探测并扑灭确已发生的火灾，从而限制火灾的损害；

（3）防止尚未扑灭的火灾蔓延，使其对执行重要安全功能系统的影响减至最小。

2.1.2　核动力厂的防火设计应符合以下要求：

（1）将火灾发生的概率降至最低；

（2）通过自动和/或人工消防的组合达到火灾的早期探测和灭火；

（3）通过防火屏障和实体或空间隔离防止火灾蔓延。

2.1.3　防爆设计应按以下步骤实施：

（1）防止爆炸发生；

（2）如果爆炸环境不可避免，应将爆炸的风险减至最小；

（3）采取设计措施限制爆炸后果。

在步骤（1）、（2）都不能实现的情况下，应采用步骤（3）。

2.1.4　在核动力厂设计中，应设置多重安全系统，避免假设始发事件（如火灾或爆炸）妨碍安全系统执行规定的安全功能。当安全系统的多重性和多样性降低时，应强化每一重安全系统免受火灾和爆炸影响的保护措施。火灾方面，一般可通过非能动防护、实体隔离的改进，和/或使用更多的火灾自动报警系统和灭火系统来实现。

2.1.5　应根据以下假设开展防火设计：

（1）火灾可发生在任何有固定或临时可燃物料处；

（2）同一时间只发生一场火灾，随后出现的火灾蔓延应被认为是该单一事件的一部分；

（3）火灾可发生在核动力厂任何正常运行状态下。

另外，应考虑火灾和其他可能独立于火灾的假设始发事件的组合（见 2.5 节）。

2.1.6　应进行火灾危害性分析以证明核动力厂设计满足 2.1.1 节所述的安全目标。3.5 节给出了火灾危害性分析的范围和指导。

2.2　火灾预防

2.2.1　核动力厂的火灾荷载应保持在合理可行的最小值，应尽可能采用不燃材料，否则应采用阻燃材料。

2.2.2　应将点燃源的数目减至最少。

2.2.3　核动力厂各系统的设计应尽可能保证不会因其失效而引起火灾。

2.2.4　对于功能失效或故障可能引起不可接受的放射性物质释放的安全重要物项，应采取相应的保护措施使其免受雷击等自然现象所引起火灾的危害。

2.2.5　应采取设计措施妥善贮存运行中的临时可燃物料，使其远离安全重要物项，或采取必要的保护措施。核动力厂运行阶段防火方面的指导见核动力厂运行防火安全的相关导则。

2.3　火灾自动报警和灭火

2.3.1　应设置火灾自动报警系统和灭火系统，以及火灾危害性分析确定的其他必要系统（见 3.5 节）。火灾自动报警系统和灭火系统应在发生火灾时及时报警和/或迅速灭火，并把火灾对安全重要物项和工作人员的不利影响降至最低。

2.3.2　灭火系统在必要时应能自动启动。灭火系统的设计和布置应保证其运行、破裂或误操作不影响安全重要构筑物、系统和部件的功能，不损坏临界事故的防护措施，不同时影响多重安全系列，确保为满足单一故障准则而采取的措施有效。

2.3.3　应考虑灭火系统发生故障的可能性。应考虑来自防火区相邻位置或相邻防火小区中系统流出物的影响。

2.3.4　为保证人工灭火行动顺利实施，应设置适当的应急照明和通信设备。

2.4　火灾包容和减轻火灾后果

2.4.1　应将安全系统的多重部件充分隔离，以保证火灾只会影响安全系统某一系列，而不会妨碍冗余设置的另一系列执行安全功能。可将安全系统的每个冗余系列置于独立的防火区内，或至少置于独立的防火小区内以实现上述目标（见 3.3～3.4 节）。应将防火区之间的贯穿部件数量减至最少。

2.4.2　应针对包含安全系统的所有区域，以及其他对安全系统构成火灾危害的部位分析假想火灾的后果。分析中应假定假想火灾所处防火区或防火小区内所有安全系统的功能全部失效，除非该安全系统由经鉴定合格的防火屏障保护或能承受火灾后果。对于例外情况，应证明分析的合理性。

2.4.3　每一防火区中的火灾自动报警系统、灭火系统及其支持系统（如通风、排水系统等）应尽可能独立于这些系统在其他防火区中的对应部分，以保持相邻防火区内这些系统的可运行性。

2.5 事件组合

2.5.1 如概率安全分析能够证明某种极不可能发生事件的随机组合发生频率低至可以忽略，则这种事件组合可不作为假设事故考虑。

2.5.2 消防系统和设备的设计应考虑火灾和其他可能独立于火灾的假设始发事件的组合，并采取适当应对措施。例如，对于失水事故和独立火灾事件的组合，应考虑在事故后的长期阶段发生独立火灾，而不考虑在事故发生和缓解系统启动等短期阶段中叠加发生独立火灾。

2.5.3 一个假设始发事件不应导致危及安全系统的火灾。应在火灾危害性分析中确定可能导致火灾的原因，如严重的地震事件或汽轮发电机解体，必要时应采取特定的应对措施（如使用电缆包覆、火灾自动报警系统和灭火系统等）。在火灾危害性分析中，应特别注意高温设备和输送易燃液体、气体的管路失效的可能。

2.5.4 应识别出在假设始发事件的各种效应下仍需要维持其功能（如完整性，和/或功能性，和/或可运行性）的消防系统和设备，并对其进行适当的设计和鉴定，使其具备抵御假设始发事件影响的适当能力。

2.5.5 对于发生假设始发事件后无须维持其功能的消防系统和设备，其设计和鉴定应保证其失效方式不会危及核安全相关物项。

2.6 爆炸危害的防护

2.6.1 核动力厂应通过设计尽可能消除爆炸危害。设计中应优先考虑防止或限制形成爆炸性环境的措施。

2.6.2 应尽可能将可能产生或有助于产生爆炸性混合气体的易燃气体、可燃液体和可燃物料排除在防火区、防火小区、与防火区和防火小区相邻的区域，以及通过通风系统相连的区域之外。如不能实现，则应严格限制这些物料的数量并提供足够的贮存设施，并将活性物质、氧化剂和可燃物料相互隔离。易燃气体压缩钢瓶应妥善存放在远离主厂房的专用围场内，并根据所处局部环境条件提供适当保护。应考虑设置火灾自动报警系统、易燃气体自动探测系统和自动灭火系统，以防止火灾引发爆炸影响其他厂房内的安全重要物项。

2.6.3 应针对防火区、防火小区，以及爆炸对这些区域有明显危害的其他区域识别其爆炸危害。在识别爆炸危害中应考虑物理爆炸（如高能电弧引起的快速空气膨胀），化学爆炸（如气体混合物爆炸、充油变压器爆炸）和火灾引起的爆炸，还应考虑假设始发事件的效应（如易燃气体输送管道破裂）。

2.6.4 应选择适当的电气部件（如断路器），并通过设计限制电弧可能出现的概率、大小和持续时间，将物理爆炸的危害减至最小。

2.6.5 如不能避免形成爆炸性环境，则应采用适当的设计或制定必要的运行规程将风险减至最小，相关措施包括：限制爆炸性气体的体积、消除点燃源、足够的通风量、选择适用于爆炸性环境的电气设备、惰化、泄爆（如爆破板或其他压力释放装置）以及与安全重要物项隔离等。应识别在假设始发事件后需要维持功能的设备，并对其进行适当的设计和鉴定。

2.6.6　应通过隔离潜在火灾与潜在爆炸性液体和气体，或通过能动措施（如能提供冷却和蒸汽扩散的固定水基灭火系统）将火灾引起爆炸（如沸腾液体膨胀汽化爆炸）的风险减至最低。应考虑由沸腾液体膨胀汽化爆炸产生的冲击波超压和飞射物，以及在远离释放点位置点燃易燃气体导致气云爆炸的可能性。

2.6.7　应识别不能消除的爆炸危害，并采取设计措施限制爆炸后果（如超压、产生飞射物或火灾）。应根据 2.1.1 节的要求评价假想爆炸对安全系统的影响。还应评价主控室和辅助控制室运行人员的疏散和救援路线。在必要时应采取特定的设计措施。

3　厂房设计

3.1　概述

3.1.1　为保证在核动力厂设计中体现第 2 章所述的防火安全目标，本章对必要的设计活动进行说明。

3.2　布置和建造

3.2.1　在设计初期，应对厂房进行防火分区。防火分区将安全重要物项与高火灾荷载相隔离，并将多重安全系统相互隔离。通过隔离降低火灾蔓延风险，减小火灾的二次效应并防止共模故障。

3.2.2　厂房构筑物应具有适当的耐火能力。对于布置在防火区内或构成防火区边界的厂房结构部件，其耐火稳定性等级（承载能力）应不小于防火区自身的耐火极限要求。

3.2.3　核动力厂全厂（特别是反应堆安全壳和控制室内）应尽可能使用不燃或阻燃和耐热材料。

3.2.4　应在设计初始阶段为可燃物料及其在厂房中的位置建立清单。该清单是火灾危害性分析的重要输入，应在核动力厂整个寿期内不断更新。

3.2.5　应尽可能避免在安全重要物项附近布置可燃物料。

3.2.6　应设置足够的疏散和救援路线（见附件Ⅱ）。

3.3　防火区的应用：火灾封锁法

3.3.1　为体现第 2 章中所述的隔离原则，并将安全重要物项与高火灾荷载及其他火灾危害隔离，应优先考虑将多重安全重要物项布置在相互隔离的防火区内。这种方法称为火灾封锁法。

3.3.2　防火区是一个完全由防火屏障包围的厂房或区域。防火区防火屏障的耐火极限应足够高，即使其中的火灾荷载完全燃烧也不应破坏该防火屏障。

3.3.3　应将火灾包容在防火区内，防止火灾及其效应（如烟气和热量）在防火区之间传播，从而避免多重安全重要物项的同时失效。

3.3.4　防火屏障提供的隔离应可靠，不能因火灾作用在共用厂房部件（如建筑设备系统或通风系统）上的温度或压力效应而减弱。

3.3.5　鉴于任何贯穿部件都会降低防火屏障可靠性和总的效果，应将贯穿部件的数量减至最少。对于构成防火屏障一部分的通道封闭装置（如防火门、防火阀、安全壳闸门、防火封堵等）和防火区边界，其耐火极限至少应与防火屏障自身所需耐火极限相同。

3.3.6 对于采用火灾封锁法的防火区，应在火灾危害性分析确定有高火灾荷载的区域设置灭火系统，以尽快控制火灾。

3.3.7 应在火灾危害性分析中确定构成防火区边界的防火屏障的耐火极限，该耐火极限至少为 60 分钟。附件Ⅲ中提供了关于防火屏障和贯穿部件的相关信息。

3.4 防火小区的应用：火灾扑灭法

3.4.1 核动力厂设计中，防火要求和其他要求之间的冲突可能会限制火灾封锁法的应用。例如：

（1）在反应堆安全壳、控制室或辅助控制室区域，安全系统的多重系列可能会布置在同一个防火区中且相互靠近；

（2）使用建筑构件构成的防火屏障可能会过度地影响核动力厂正常活动（如核动力厂维修、接近设备和在役检查）的区域。

3.4.2 上述情况中，如不能使用防火区隔离安全重要物项，可将安全重要物项设置于分隔的防火小区中进行防护。这种方法称为火灾扑灭法。

3.4.3 防火小区是多重安全重要物项分别布置在其中的分隔区域，防火小区可能不具有完全包围它的防火屏障，因此应采取其他防护措施防止火灾在防火小区间蔓延。这些措施包括：

（1）限制使用可燃物料；

（2）设备之间采用距离分隔，且中间没有可燃物料；

（3）设置就地非能动防火措施，如防火屏或电缆包覆；

（4）设置灭火系统。

可以采用能动和非能动防火措施的组合以达到适当的防护水平，如可同时使用防火屏障和灭火系统。

3.4.4 应通过火灾危害性分析证明，在不同防火小区内防止多重安全重要物项失效的保护措施是充分的。

3.4.5 如防火小区间仅采用距离分隔进行防护，应通过火灾危害性分析证明辐射和对流传热效应不会破坏该分隔作用。

3.5 火灾危害性分析

3.5.1 应进行核动力厂火灾危害性分析，特别是要通过火灾危害性分析确定必要的防火屏障耐火极限以及火灾自动报警系统和灭火系统能力，以证明满足 2.1.1 节中的所有安全要求。

3.5.2 应在核动力厂初步设计阶段开展火灾危害性分析，在反应堆首次装料前进行更新，并在运行期间定期更新。

3.5.3 火灾危害性分析应以 2.1.5 节所述的假设为基础。

3.5.4 对于多机组核动力厂，防火设计中无须考虑在多个机组中同时发生相互无关的火灾，但在火灾危害性分析中应考虑火灾从一个机组蔓延到其他机组的可能性。

3.5.5 火灾危害性分析有以下目的：

（1）识别安全重要物项，确定安全重要物项每个部件在各防火分区内的位置；

（2）分析预计的火灾发展过程及其对安全重要物项造成的后果（应说明分析方法所用的假设和限制条件）；

（3）确定防火屏障（特别是防火区边界）所需的耐火极限；

（4）确定必要的非能动和能动防火措施；

（5）识别需要设置附加防火分隔或防火措施的情况，特别是对于共模故障，确保安全系统在火灾期间及之后仍能保持功能。确定必要的非能动和能动防火措施的范围，以分隔防火小区。

（6）验证防火设计满足了 2.1.1 节的要求。

3.5.6 应在火灾危害性分析中对火灾和灭火系统的二次效应进行评估，确保不会对核安全产生不利影响。

3.5.7 概率安全分析可作为确定论方法的补充。在核动力厂设计阶段，可以用概率安全分析识别火灾风险和对火灾风险分级，并用概率安全分析支持确定论方法得出的核动力厂布置和防火设计。

3.6 火灾和灭火系统的二次效应

3.6.1 火灾一次效应是在防火区和防火小区中火灾对安全系统的直接损坏。火灾二次效应是指火灾烟气和热量传播到防火区或防火小区以外的相关效应。本节对二次效应进行概述，减轻火灾二次效应的指导见第 6 章。

3.6.2 二次效应对安全的影响取决于所分析区域防火设计基础方法的选择（火灾封锁法或火灾扑灭法）。设计合理的防火区的防火屏障可以防止防火区之间二次效应的传播，但在防火小区之间可能发生二次效应的传播。二次效应举例如下：

（1）水喷雾导致液体中子毒物的过度稀释及其对第二停堆系统效果的影响；

（2）水喷雾对贮存中的有一定富集度的燃料临界安全的影响；

（3）水喷雾导致放射性物质的扩散而污染其他区域和排水系统；

（4）灭火系统在其正确动作或误动作喷放后的不可用；

（5）误启动一个灭火系统后产生的显著有害效应和其他灭火系统的不可用。在水基灭火系统中，这可能是因第一个系统启动引起管网中压力波动所导致；

（6）热量、烟气、水喷雾、水喷雾蒸发的蒸汽、雨淋或喷淋系统引起的水淹和泡沫液的腐蚀对安全重要物项的有害影响；

（7）电缆绝缘体燃烧产生的腐蚀性产物可能被带到远离初始火灾的潮湿环境区域，在初始火灾后若干小时或数天后导致可能的设备和构筑物腐蚀或电气故障；

（8）干粉化学灭火剂引起电气接头绝缘破裂或腐蚀，导致电气开关装置的故障；

（9）二氧化碳灭火系统的喷放使温度突然下降或压力冲击，引起敏感电子设备误动作；

（10）水喷放到高温金属部件上，造成温度突然下降；

（11）水侵入电气系统，引起短路或接地导致的故障；

（12）设备或管道损坏导致的电气回路断路、短路、接地错误、电弧放电和附加能量输入；

（13）由构筑物变形或坍塌引起的，并可能由（二次）爆炸产生飞射物而加重的机械损坏，以及对安全重要物项产生的附加荷载和高温流体释放；

（14）烟气汇集和热量累积妨碍工作人员有效执行必要的职责（如在控制室）；

（15）疏散和救援路线受阻。

4　火灾预防措施和爆炸危害控制

4.1　概述

4.1.1　核动力厂内包含一系列可燃物料，如部分构筑物、设备、电缆线路或贮存的各种物料。由于假设在核动力厂内任何存在可燃物料的区域都可能发生火灾，因此应在设计中对所有固定或临时的火灾荷载采取火灾预防措施。这些措施包括将固定可燃物料的火灾荷载减至最小、防止临时可燃物料的积累、控制或消除点燃源等。

4.1.2　应在核动力厂设计初期开始火灾预防措施的设计，并在核燃料到达厂区之前完成实施。

4.2　可燃物料控制

4.2.1　为了减少火灾荷载并将火灾危害降至最低，应尽可能考虑以下方面：

（1）建筑材料（如结构材料、绝热层、覆盖层、涂层和楼板材料）和固定设施尽可能使用不燃材料；

（2）使用不燃或难燃构造的空气过滤器和过滤器框架；

（3）润滑油管线采用保护套管或双层管设计；

（4）汽轮机和其他设备的控制系统使用难燃液压控制液；

（5）厂房内部选用干式变压器；

（6）大型充油式变压器设置在不会因火灾而导致过度危害的外部区域；

（7）电气设备（如开关、断路器）和控制隔间、仪表隔间中使用不燃或阻燃材料；

（8）多重系列开关柜之间、开关柜与其他设备之间通过防火屏障或防火区隔离；

（9）使用阻燃电缆或耐火电缆（电缆火灾的防护见附件Ⅳ）；

（10）设置防火屏障或防火区，将包含高火灾荷载电缆的区域（竖井或电缆敷设间）与其他设备隔离；

（11）脚手架和工作台使用不燃材料制作。

4.2.2　应采取措施防止绝热材料吸收易燃液体（如油），设置适当的保护性覆盖或防滴落措施。

4.2.3　电气系统设计应尽可能不引发或助长火灾。

4.2.4　电缆应敷设在钢制桥架、电缆配管中，或其他可接受结构形式的不燃电缆支架上。动力电缆之间及电缆桥架之间的距离应足够大，以防止电缆过热。电气保护系统的设计应避免电缆在正常负荷和暂时短路情况下过热。安全重要物项的电缆应尽可能避免穿过高火灾危害的区域。

4.2.5　核动力厂厂房内易燃液体和气体的允许贮存量应最小化。包含安全重要物项的区域或厂房内不应储存大量的易燃或可燃物料。

4.2.6　易燃液体或气体的包容系统应具有高度完整性以防止泄漏，并应保护它们免受振动和其他效应的破坏。应设置安全装置（如限流、过流和/或自动切断装置以及围挡装置），限制发生故障时可能的溢流。

4.3 爆炸危害控制

4.3.1 氢气瓶、氢气专用容器以及供应管线应设置在与包含安全重要物项区域相隔离的室外通风良好区域。若布置在室内，设备应设置在外墙处，且与包含安全重要物项的区域隔离，并在贮存处设置通风系统，以保证在发生气体泄漏时维持氢气浓度远低于爆炸下限。应设置能在适当的低氢气浓度水平下报警的氢气探测设备。

4.3.2 应在氢气冷却汽轮发电机组处设置监测装置，以指示冷却系统中氢气的压力和纯度。在充、排气前应使用不活泼气体（如二氧化碳或氮气）清扫充氢气部件、相关管道和风管系统。

4.3.3 在核动力厂运行中存在氢气潜在危害处，应采取使用氢气监测设备、复合器、适当的通风、受控氢气燃烧系统，采用适用于爆炸性气体环境的设备等适当措施控制危害。在采用惰化措施的场所，应考虑在维修和换料期间火灾危害性的上升，并注意保证气体混合物在不可燃限值范围内。

4.3.4 适用时，应按照上述规定贮存和使用运行中大量需要的任何其他易燃气体，包括用于维护和维修工作的储气（如乙炔、丙烷、丁烷和液化石油气）钢瓶。

4.3.5 应在运行中可能产生氢气的蓄电池间设置独立的排风系统，直接排风至厂房外，使氢气浓度保持在低于燃烧下限的安全水平。蓄电池间应设置氢气探测系统和通风系统传感器，相关的氢气浓度接近燃烧下限水平、通风系统故障等应能在控制室报警和显示。应在蓄电池间布置和通风系统设计中防止氢气局部积聚。若蓄电池间通风系统中设有防火阀，应考虑其关闭对氢气积聚的影响。应考虑使用氢气释放量较少的蓄电池，但不能因此认为可以消除产生氢气的风险。

4.4 可燃物料控制的附加考虑

4.4.1 应迅速探测出固定装置内易燃液体或气体的显著泄漏，以便及时采取纠正行动。可使用固定式易燃气体探测器、鉴定合格的液位报警器或压力报警器，以及其他适当的自动或手动措施探测泄漏。

4.4.2 在核动力厂可能存在大量易燃液体的场所，应采取措施限制破裂、泄漏或喷溅造成易燃液体释放。应采用不燃墙体或堤围挡易燃液体罐、贮存区域或贮存库，该围挡应具有足够的容积，以容纳该场所易燃液体的所有储量和预计的消防泡沫或消防水量。在适用时，油管应包裹在连续的同心钢套管内或布置在混凝土槽中，以防止管道破裂时油的泄漏。应设置排放沟，将溢出的物料排放到安全位置，以限制向环境的释放并防止火灾蔓延。

4.4.3 应设置有适当耐火极限的贮存间，以容纳核动力厂运行所需的少量易燃液体。

4.5 防雷

包含安全重要物项的厂房或区域应设置防雷系统。防雷系统的相关建议和指导见核动力厂应急动力系统、仪表和控制系统的相关导则。

4.6 点燃源的控制

应控制源自于系统和设备的潜在点燃源，尽可能通过设计使系统和设备不产生任何点燃源。若存在点燃源，应将其封闭或与可燃物料相隔离以保证安全。应根据工作环境对电气设备进行选择和分级。应使输送可燃液体或气体的设备正确接地。对无法布置在其他位置的可燃物料附近的高温管网，应进行屏蔽和/或绝热。

4.7 多机组核动力厂

4.7.1 在多机组核动力厂的建造或运行中，应采取措施保证一个机组发生的火灾不会对邻近运行机组造成安全影响，必要时应采用临时防火隔离措施保护运行机组。
4.7.2 应考虑机组间共用设施发生火灾的可能性。

5 火灾自动报警和灭火

5.1 概述

5.1.1 为保护安全重要物项，核动力厂应随时具备火灾自动报警和有效控制火灾的能力，并可通过固定灭火系统与人工灭火能力的组合实现火灾控制。为保证防火区和防火小区有足够的防火安全水平，核动力厂设计中应考虑以下因素：

（1）火灾自动报警系统和灭火系统作为防火区或防火小区安全防火必须的能动部件，应严格控制其设计、采购、安装、验证和定期试验，以保证其可用性。灭火系统应包含在其所保护的安全功能的单一故障准则评价中；

（2）用于应对假设始发事件（如地震）后潜在火灾的火灾自动报警系统或固定灭火系统应能抵御该假设始发事件的影响；

（3）灭火系统的正常运行或误操作应不影响安全功能。

5.1.2 在核燃料到达厂区之前，所有火灾自动报警系统均应可用，并有充分可用的灭火设备保护核燃料在贮存和运输过程中不受火灾影响。在反应堆首次装料之前，所有灭火系统均应可用。
5.1.3 火灾自动报警系统和灭火系统的可靠性应与其在纵深防御中所起的作用相匹配。
5.1.4 火灾自动报警系统和灭火系统应易于接近，以便检查、维修和试验。
5.1.5 应将火灾自动报警系统和灭火系统的误报警和误喷放减至最少。

5.2 火灾自动报警系统

5.2.1 每个防火区或防火小区均应配备火灾自动报警系统（火灾探测器的具体指导见附件Ⅴ）。
5.2.2 应在火灾危害性分析中确定火灾自动报警系统的特性、布置、所需的响应时间和探测器特性。
5.2.3 火灾自动报警系统应通过声光报警在控制室中指示火灾位置。对于通常有人员活动的区域，还应设置就地声光报警。火灾报警信号应是独特的，不与厂内其他报警信号相混淆。

5.2.4　应为所有的火灾自动报警系统设置不间断应急供电，并在必要处设置耐火供电电缆，以确保在失去正常供电时不丧失功能。

5.2.5　应合理布置探测器，避免正常运行所需风量和压差造成的气流将烟气或热量带离探测器，从而使探测器报警的启动过度滞后。火灾探测器的布置应避免通风系统气流引发误报警。

5.2.6　在选择和安装火灾自动报警系统探测设备时，应考虑其工作环境（如辐射、湿度、温度和气流）。若由于环境原因（如强辐射水平或高温）不宜将探测器放置在需要保护的区域内，应考虑替代方法，例如用自动运行的远距离探测器对需保护区域进行气体采样分析。

5.2.7　自动灭火系统的启动应有信号指示。

5.2.8　若由火灾自动报警系统控制的消防设施（消防泵、水喷雾系统、通风设备和防火阀等）的误动作对核动力厂存在不利影响，应使用串联的两个探测信号控制这些消防设施运行。如果发现误动作，可操作停止系统运行。

5.2.9　火灾自动报警系统和灭火启动系统的配线应是：

（1）通过适当选择电缆类型、正确布线、环路结构或其他方法保护其不受火灾的影响；

（2）保护其不受机械损坏；

（3）连续监测其完整性和功能。

5.3　固定灭火系统

5.3.1　概述

5.3.1.1　核动力厂应设置固定灭火设备，其中包括人工灭火设备（如消火栓等）。

5.3.1.2　火灾危害性分析应确定自动灭火系统（如自动喷水系统，水喷雾系统，泡沫、细水雾或气体系统，干式化学系统）的需求。灭火系统的设计应基于火灾危害性分析的结果，以保证设计与需要防护的火灾危害相匹配。

5.3.1.3　在选择需要安装的灭火系统类型时，应按火灾危害性分析中的要求，考虑必需的响应时间、火灾抑制特性（如热冲击）和系统运行对人员和安全重要物项的影响（如水或泡沫淹没核燃料贮存区域可能达到临界条件）。

5.3.1.4　在含有高火灾荷载的场所（有深部火灾可能性的位置和需要冷却的位置），通常应优先选用水系统。在电缆敷设间和贮存区，应采用自动水喷淋或水喷雾灭火系统。对于含油量大的设备（如汽轮发电机和油冷变压器）的灭火，可采用自动水喷淋灭火系统、水喷雾灭火系统或泡沫灭火系统。细水雾系统具有喷放少量水就可以控制火灾的优势。气体灭火系统通常用于包含控制柜和其他易受水损坏的电气设备场所。

5.3.1.5　为保证灭火系统在紧急火情时能够迅速启动，应优先选择自动灭火系统。除湿式自动喷水系统外，其他自动灭火系统应具有手动启动措施。所有自动灭火系统均应设置可以终止误喷放的手动停止措施。

5.3.1.6　只有在手动启动灭火系统的延迟不会导致不可接受的损害的情况下，才可采用手动操作灭火系统。

5.3.1.7　对于仅可手动启动的固定灭火系统，应能在一段时间内承受火灾影响，以便有充分的时间手动启动。

5.3.1.8 对灭火系统的所有电气启动系统及供电部件（除探测装置本身），都应进行防火保护或将其布置在该灭火系统保护的防火区之外。灭火系统的供电故障应能引发报警。

5.3.1.9 应编制维修、试验和检查大纲，以保证消防系统及部件可正确运行和满足设计要求。相关建议和指导见核动力厂运行防火安全的相关导则。

5.3.2 水基灭火系统

5.3.2.1 水基灭火系统应能够永久性连接到可靠、充足的消防水源。

5.3.2.2 水基自动灭火系统包括自动喷水、水喷雾、雨淋、泡沫和细水雾系统。这些系统特性的概述见附件Ⅵ。根据火灾危害性分析，应在存在以下任一特征的场所设置自动水喷淋（或水喷雾）系统：

（1）存在高火灾荷载；

（2）可能出现火灾的快速蔓延；

（3）火灾可能损害多重安全系统；

（4）火灾对消防队员可能产生不可接受的危害；

（5）不可控火灾会导致难以接近灭火位置。

5.3.2.3 若火灾危害性分析表明仅使用水不能有效地处置危害（如对含有可燃液体的装置），则应考虑采用泡沫灭火系统。

5.3.2.4 除了假想火灾，水喷淋系统的设计还应该考虑多种因素。这些因素包括喷头的间距和位置、闭式或开式喷头系统的选择、喷头和执行部件的额定温度和热响应时间、灭火所需的喷水流量等。对这些因素的进一步讨论见附件Ⅵ。

5.3.2.5 为避免电化学腐蚀，水喷淋和水喷雾系统零部件的材料应相互匹配。

5.3.3 消火栓、消火栓立管和水龙带系统

5.3.3.1 反应堆厂房应设置干式或无压湿式管网和水龙带系统。反应堆厂房消火栓系统应能就地或远程操作。

5.3.3.2 室外消火栓供水环路应覆盖核动力厂所有室外区域，室内消防立管系统应覆盖核动力厂所有室内区域。室内消防立管系统应配有针对火灾的充分数量和长度的消防水龙带、足够的接口和附件。

5.3.3.3 消火栓水龙带接口和消防立管接口应与核动力厂内、外的灭火设备相匹配。

5.3.3.4 在厂区内的所有关键位置上均应配置适用的灭火器材附件，如消防水龙带、水带接口、泡沫混合器和水枪等。这些附件应可以与厂外消防装置相匹配。

5.3.3.5 通向独立厂房的每条消防支管上，至少应有两个独立的消火栓布置点。应在每条支管上设置指示型隔离阀。

5.3.4 消防供水系统

5.3.4.1 消防供水系统的主环路应按照最大供水水量进行设计。灭火设备的供水应通过主环路分配，使水能从两个方向达到每个连接处（图 1）。

5.3.4.2 消防水主环路的各部分之间应设置隔离阀门（图 1），并设置能显示阀门状态的就地指示。对于火灾危害性分析确定必须的防火分区灭火系统，均不应因主环路上单个阀门的关闭而完全丧失能力。消防水环路上的阀门应远离其保护范围内的火灾，以保持不受该区域内火灾的影响。

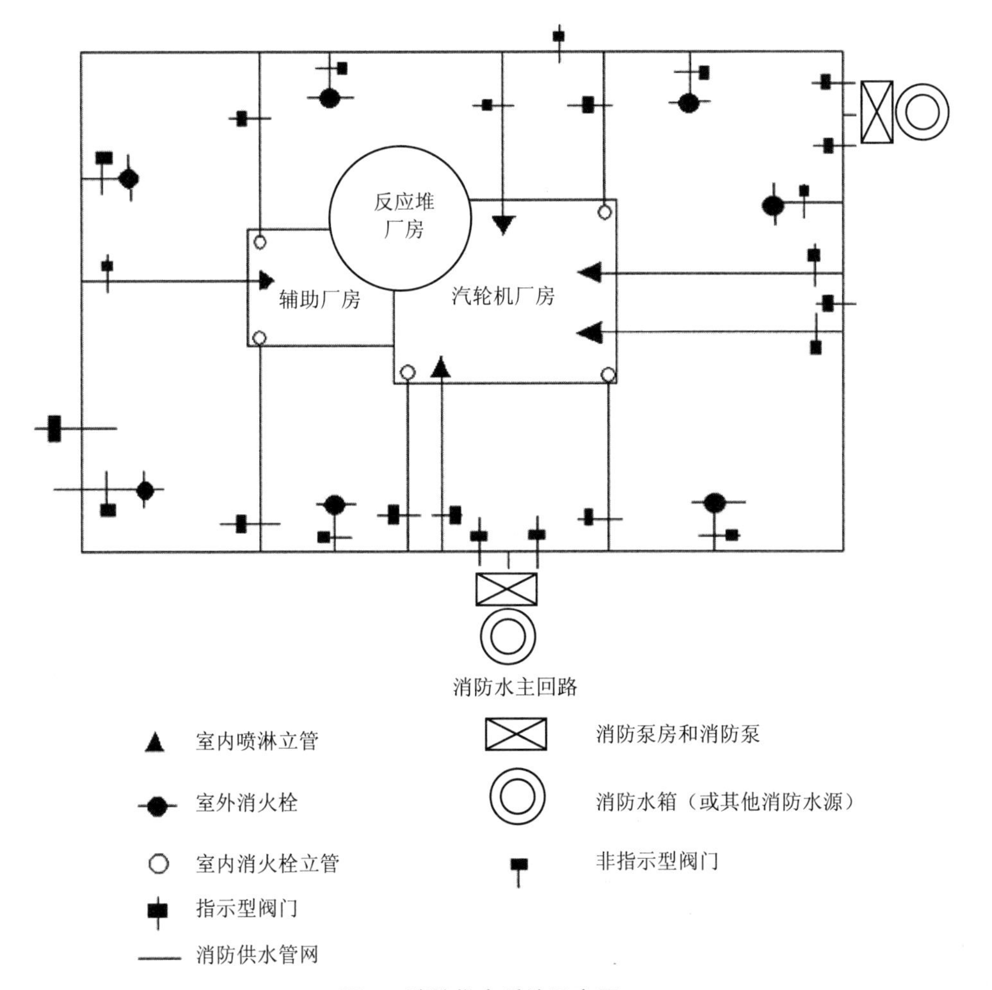

图 1　消防供水系统示意图

5.3.4.3　灭火系统的供水系统通常应仅用于消防。该系统不得与生产用水或生活用水系统的管线相连接，除非这些系统的水可作为消防供水的备用水，或消防供水可执行缓解事故工况的安全功能。在上述情况下，应为这种连接设置常闭隔离阀，并在正常运行期间提供阀门开闭状态监视。

5.3.4.4　在多机组场址中，多个机组可共用供水设施，消防用水主环路也可在一定范围内用于多个机组。

5.3.4.5　在由消防泵运行提供必要消防水的厂区，消防泵应多重设置并相互隔离，以保证可靠、适当的供水能力。消防泵应能独立控制、自动启动和手动关闭，并由核动力厂应急供电系统和独立发动机提供多样化动力驱动，或由满足系统分级要求的柴油机供电系统中不同的系列分别进行供电。在控制室中应能够显示消防泵运行、供电故障或消防泵失效。在有冰冻危险的区域，应设置低温报警。

5.3.4.6　应根据火灾最小持续时间（2 小时）及在所需压力下的最大预计流量设计消防供水系统。该流量由火灾危害性分析得出，应以固定灭火系统运行时的最大需水量加上适当的人工消防用水量为基础进行计算。设计消防供水系统时，应考虑核动力厂内该系统最高出口处的最低压力要求，以及在低温气候条件下的防冻要求。应考虑加热保温或其他措施以防止易损坏管段的冰冻。

5.3.4.7 通常应设置两个独立的可靠水源。如果只设一个水源，则必须是足够大的湖泊、池塘、河流等水体，并应设置至少两个独立的取水口。如果采用水箱，则必须设置两个 100%系统容量的水箱。核动力厂主供水系统应保证能在足够短时间（8 小时）内重新充满任一水箱。两个水箱必须互相连通，以便消防泵能从任一水箱或同时从两个水箱抽水。在发生泄漏时，每个水箱应能隔离。应在水箱上设置可与消防车或消防泵连接的接口。

5.3.4.8 当消防供水和最终热阱共用同一水源时，还应符合以下条件：

（1）消防系统所需的供水量应是总水量中的一个专用部分；

（2）消防系统的运行或故障不应损害向最终热阱供水的功能，向最终热阱供水功能的运行或故障也不应损害消防系统的功能。

5.3.4.9 消防水系统的供水应考虑必要的化学处理和附加过滤，以避免因碎片、生物污垢或腐蚀产物导致喷头堵塞。

5.3.4.10 应采取措施检查喷水设备（如过滤器、连接头和喷头）。应定期通过喷放试验检查水流，以保证灭火系统在核动力厂整个寿期内能持续执行功能。试验中应采取预防措施，防止水对电子设备的损坏。

5.3.5 气体灭火系统

5.3.5.1 二氧化碳及其他不消耗臭氧的气体（如氩气和氩氮混合气和氯氟烃等）可用于气体灭火系统。由于二氧化碳可能引起对工作人员的严重危害，人员正常工作区域不应采用二氧化碳系统灭火。

5.3.5.2 对气体灭火系统应考虑：

（1）在确定气体灭火系统的需求时，应考虑火灾的类型、灭火剂与其他物质可能的化学反应、对活性炭吸附器的影响，以及热分解产物和灭火剂本身的毒性和腐蚀性。

（2）气体灭火剂对火灾没有明显的冷却效应，需要冷却的场所（如包含电缆材料的高火灾荷载区域的深部火灾）不应使用气体灭火剂。当需要气体灭火剂扑灭油表面火灾时，应考虑在燃料冷却之前若灭火剂浓度降至低于所需最低水平后燃料重新点燃的可能性。

（3）使用气体灭火系统的场所，应确认在所需时间段内能维持灭火剂气体所需的灭火浓度。

（4）气体灭火系统设计应避免导致构筑物或设备损坏的超压。

（5）气体灭火系统的喷嘴布置应避免初始喷放时吹扫火焰。

（6）对于可能对工作人员产生危害的二氧化碳灭火系统和其他气体灭火系统，应设置启动前早期报警，以便工作人员在系统喷放前从受影响区域快速疏散。

5.3.5.3 对于可能因二氧化碳或其他有害气体从灭火系统中意外泄漏或喷放导致危险环境的场所，应采取适当的安全预防措施保护进入的工作人员。这些安全预防措施应包括：

（1）设置当工作人员位于或可能位于系统保护区域内时防止系统自动喷放的装置；

（2）在保护区域外设置可手动操作系统的装置；

（3）火灾自动报警系统应在环境恢复为正常状态前持续运行（避免在火灾仍然进行时人员过早进入，并保护人员免受有毒气体危害）；

（4）灭火气体喷放后，从厂房入口到系统保护的包容结构应持续报警，直到环境已恢复到正常状态。

5.3.5.4　应采取预防措施，防止危险浓度的二氧化碳或其他有害灭火气体泄漏至相邻的可能有人员的区域。

5.3.5.5　应设置措施在气体灭火系统喷放灭火后为受保护封闭区域通风。通常需要对受保护封闭区域进行强制通风以保证排出对工作人员有害的空气且不转移到其他区域。

5.3.5.6　应考虑安全重要物项在气体灭火系统喷放期间或之后发生局部冷却的后果。

5.3.5.7　附件Ⅶ提供了气体灭火系统的进一步指导。

5.3.6　干粉和化学灭火系统

5.3.6.1　干粉和化学灭火系统包括一定量的干粉和化学灭火剂、压缩气体推进剂、相关的分配管网、喷头以及探测和/或启动装置。发生火灾时，系统可通过手动启动，或通过探测系统控制自动或远程启动。该系统通常用于防护易燃液体火灾和某些电气设备火灾。由于干粉灭火后通常会留下腐蚀性残余物，因此对于敏感电气设备区域灭火不应使用干粉灭火剂。

5.3.6.2　所选择的干粉或化学灭火剂应与可燃物料和/或火灾危害相适应。对于金属火灾应使用特定的干粉灭火剂。

5.3.6.3　由于干粉灭火系统喷放后的受污染干粉残余物可能难于去污，应慎重考虑对可能受污染的区域使用干粉灭火系统。使用干粉灭火系统还应考虑可能带来的通风系统过滤器堵塞。

5.3.6.4　应考虑干粉灭火系统和其他灭火系统（如泡沫灭火系统）一起使用时可能出现的不利影响。

5.3.6.5　干粉灭火系统不能提供冷却和惰性环境，且只能最低限度的防护火灾危害，应采取预防措施消除或降低火灾复燃的可能性。

5.3.6.6　干粉灭火系统不易于维护。应采取预防措施防止干粉在贮存容器中结块和在喷放期间堵塞喷嘴。

5.4　移动式灭火器

5.4.1　应为核动力厂工作人员灭火提供适当的移动式灭火器，其类型和规格应与所防护的火灾危害相适应。

5.4.2　核动力厂应装备足够数量、适当类型的移动式灭火器，以及相应的配件或设施。应清楚标明所有灭火器的位置。

5.4.3　灭火器宜布置在靠近水龙带的位置，并沿着疏散和救援路线布置。

5.4.4　应考虑使用灭火器可能带来的不利后果，如使用干粉灭火器之后的清洁问题。

5.4.5　对于存在潜在可燃液体火灾危害的区域，应配备适用于扑灭该类火灾的泡沫浓缩液和便携设备。

5.4.6　在核燃料贮存、装卸或运输通道处，不应使用水基或泡沫以及其他含有中子慢化能力灭火剂的移动式灭火器，除非核临界安全评价已证明其安全性。

5.5 人工灭火

5.5.1 人工灭火是防火纵深防御策略中的重要部分。在设计阶段就应确定厂内和厂外消防队的救援能力。厂区内火灾的位置和厂外消防队的响应时间将影响人工灭火效果。人工灭火相关指导见核动力厂运行防火安全的相关导则。
5.5.2 核动力厂设计应能允许消防队及相关重型车辆进入。
5.5.3 所有防火区应设置合适的应急照明。
5.5.4 应在选定的位置安装可靠供电的固定式有线应急通信系统。
5.5.5 应在控制室和其他选定场所设置如双向无线电装置等替代通信设备。消防队应配备便携式双向无线电通信设备。在首次装料之前，应通过试验验证这些无线电装置的频率和发送功率不会引起核动力厂保护系统和控制装置误动作。
5.5.6 应在适当的位置设置自持式呼吸装置（包括备用储气钢瓶和再充气设备），以供应急响应人员使用。
5.5.7 核动力厂设备及物品的贮存布置应尽可能便于消防通行。
5.5.8 对于包容安全重要物项的场所，应制定详细的灭火预案。

5.6 排烟和排热

5.6.1 为降低温度和有利于人工灭火，应通过评价确定是否需要排出烟气和热量（包括是否需要专门的排烟和排热系统）。
5.6.2 在排烟系统的设计中，应考虑以下因素：火灾荷载、烟气传播特性、能见度、毒性、消防通道、固定灭火系统的类型和放射性释放。
5.6.3 排烟和排热系统的排出能力应取决于对防火区和防火小区中假想火灾所释放烟气和热量的评价。应在以下位置设置排烟和排热措施：

（1）包含电缆的高火灾荷载区域；

（2）包含易燃液体的高火灾荷载区域；

（3）包含安全系统且通常有人员活动的区域（如主控室）。

6 减轻火灾的二次效应

6.1 概述

6.1.1 火灾的二次效应是产生烟气（可能扩散到未受初始火灾影响的其他区域）、热量和火焰。这些效应可能导致火灾进一步蔓延、设备损坏、功能失效甚至引发爆炸。灭火系统的二次效应在 3.6.2 节中给出，火灾危害性分析应评价这些效应。在评价中还应考虑由源自外部火灾和临时火灾荷载产生的二次效应。
6.1.2 减轻火灾二次效应的主要目的如下：

（1）将火焰、热量和烟气限制在有限空间内，将火灾蔓延和对周边的后续影响减至最小；

（2）为工作人员提供安全的疏散和救援路线；

（3）为工作人员提供通道以便人工灭火、手动启动固定灭火系统和人工操作必要的其他系统；

（4）控制灭火剂的扩散以防止损坏安全重要物项；

（5）必要时，在火灾期间或之后提供措施排出烟气和热量。

6.2 厂房布置

6.2.1 核动力厂厂房、设备、通风系统和固定灭火系统的布置应考虑减轻火灾后果。

6.2.2 应为消防队和现场操作人员设置具备适当保护的疏散和救援路线。这些路线上应没有可燃物料。应防止火灾和烟气从附近的防火区和防火小区传播到疏散和救援路线。详见附件Ⅱ。

6.3 通风系统

6.3.1 通风系统不应损害厂房分隔要求和多重安全系统的可用性。

6.3.2 为不同安全系列防火区设置的通风系统宜相互独立并完全隔离。当包含安全系统一个系列的防火区发生火灾导致其通风系统失效后，服务其冗余系列的通风系统应能够正常执行功能。通风系统处于防火区之外的部分（风管、风机房和过滤器）应具有与防火区相同的耐火极限，或由相同耐火极限的防火阀对防火区贯穿部件进行隔离。

6.3.3 如果通风系统用于多个防火区，应采取措施保持防火区之间的隔离。应在每个防火区边界上适当设置防火阀或耐火风管，以防止火灾、热量或烟气传播到其他防火区。

6.3.4 活性炭吸附器具有高火灾荷载。吸附器火灾可能导致放射性物质的释放。应采取非能动和能动的防护措施保护活性炭吸附器免受火灾危害。这些措施可包括：

（1）将吸附器布置在防火区内；

（2）监测空气温度和自动隔离气流；

（3）通过水喷淋冷却吸附器箱体外部的自动保护装置；

（4）在吸附器箱体内部设置带人工水龙带接口的固定灭火装置。设计该系统时，应考虑到在水流量过低时过热活性炭和水可能发生反应产生氢气，应采用大流量供水以防止这种情况发生。

6.3.5 通风系统的过滤器被可燃物料（如油）污染时，其失效和故障可能导致不可接受的放射性释放，因此应采取以下预防措施：

（1）通过适当的防火屏障将过滤器和其他设备隔离；

（2）应采取适当措施（如上游和下游设置防火阀）保护过滤器免受火灾影响；

（3）应在过滤器上游和下游的风管内安装火灾探测器。其中燃烧产物探测器宜设置在过滤器下游，温度探测器宜设置在过滤器上游。

6.3.6 防火区新风口的布置应远离其他防火区的排风和排烟口，距离设计应可以防止吸入烟气或燃烧产物，避免安全重要物项的失效。

6.4 火灾与潜在放射性释放

6.4.1 在火灾危害性分析中应识别出在火灾情况下可能释放放射性物质的设备。应将该设备布置在隔离的防火区内，并将该防火区内的固定或临时火灾荷载减至最小。

6.4.2 为满足安全要求，可能需要对包容放射性物质的防火区设置通风排烟措施。尽管通风排烟可能导致放射性物质释放到外部环境，但消防条件的改善可能防止更大量放射性物质的最终释放。以下两种情况应加以区分：

（1）能够证明可能的放射性释放量低于可接受限值；

（2）放射性释放量可能超过可接受限值。在这种情况下应采取措施关闭通风或防火阀。

在上述每种情况下，都应进行排风监测。

6.4.3 应采取设计措施保持放射性物质释放量可合理达到的尽量低。设计措施应包括监测过滤器状态等，以帮助操作人员做出操作决定。

6.5 电气设备的布置

多重安全系统的电缆应敷设在各自的专用保护路径中，宜设置在相互隔离的防火区内，且电缆不宜穿过安全系统的多重系列。在某些特定部位（如控制室和反应堆安全壳等）的例外情况，可使用经鉴定具有一定耐火极限的防火屏障（如电缆包覆）保护电缆，或根据火灾危害性分析采用灭火系统等适当方法。

6.6 火灾引起爆炸的防护

应尽可能消除在防火区内或相邻位置发生与火灾相关的二次爆炸的可能性。如果这种爆炸仍然可能发生，应评估火灾和爆炸的联合效应，并在设计中采取措施保证既不危害核安全功能，也不危害核动力厂工作人员的安全。

6.7 特殊场所

6.7.1 核动力厂主控室内不同安全系统的设备可能位置相邻。应特别注意确保在控制室中所有的电气柜、房间结构、固定家具、地板和墙面涂层使用不燃或阻燃材料。执行相同安全功能的多重设备应分别设置在独立的电气柜中，且应具有该位置最大可能的实体隔离。否则，应设置防火屏障提供必要的隔离。应尽可能将控制室的火灾荷载控制在最低水平。

6.7.2 核动力厂主控室与其他可能发生火灾的场所之间应进行充分隔离。为保证主控室可居留性，应防止烟气和火灾热气流的侵入，并防止火灾和灭火系统运行引起的其他二次效应。

6.7.3 辅助控制室的防火应与主控室的相同。应特别注意对灭火系统运行产生的水淹和其他后果的防护。辅助控制室与主控室应在不同防火区内，不应与主控室共用通风系统。主控室、辅助控制室及其相关的通风系统之间的隔离应在任何假设始发事件（如火灾或爆炸）之后能够满足本导则 2.1.3 节的要求。

6.7.4 核动力厂安全壳是一个防火区，其中的安全系统多重系列的设备物项可能相邻。在该防火区内的结构材料、安全系统间的防火隔断和防火屏障应为不燃材料。安全系统的多重系列应尽可能相互远离。

6.7.5 如果反应堆冷却剂泵电机装有大量可燃润滑油，应为其设置火灾自动报警系统、固定灭火系统（通常为手动控制）和集油系统。集油系统应能从所有潜在泄漏点和喷放点收集油和水，并将其排放到可排气的容器或其他安全场所。

6.7.6 汽轮机厂房可能包含安全重要物项，且存在大量火灾荷载，对其进行防火区划分通常较为困难。在汽轮机的润滑、冷却和液压系统中，以及发电机内的氢气环境中存在大量可燃物料。因此，除设置灭火系统之外，还应为所有包含易燃液体的设备设置足够的集油系统。应将易燃的碳氢基润滑液体的用量减至最小。如果必须使用易燃液体，应选用满足运行要求的高闪点液体。

7 安全分级和质量保证

7.1 安全分级

7.1.1 防火设施对防火安全目标的贡献取决于核动力厂的设计和布置，以及防火措施的具体方案，在设计阶段应确定防火设施的安全分级。

7.1.2 在采用火灾封锁法的场所，安全系统设备由具备抵御防火区中可燃物料完全燃烧能力的防火屏障包围。对于在火灾时失效无法执行功能会导致 2.1.1 节中目标不能满足的防火屏障，可将其确定为“安全相关物项”。

7.1.3 在采用火灾扑灭法的场所，通过材料限制、距离分隔、防火屏障或其他就地非能动防火措施、灭火系统或这些措施的组合实现防止火灾在多重安全系列之间的蔓延。对于在火灾时失效会导致 2.1.1 节中目标不能满足的火灾自动报警系统或灭火系统，可根据核动力的设计和布置将其确定为“安全相关系统”或“安全系统”。

7.1.4 鉴于火灾对核安全的潜在后果，在消防系统和设备的设计中应对其质量保证、鉴定试验和在役试验予以特殊考虑。

7.2 质量保证

7.2.1 应从核动力厂设计的初始阶段开始，对消防设施实施质量保证措施，并贯穿整个设计、建造、调试、运行和退役过程。

7.2.2 质量保证大纲应保证：

（1）设计满足所有的防火要求；

（2）所有消防设备和材料应满足基于消防要求和图纸要求的采购技术规格书，火灾自动报警、灭火设备和部件应经鉴定适于完成预期功能，且优先选用经过验证的产品，新开发的火灾自动报警、灭火设备和部件应进行鉴定；

（3）火灾自动报警系统和灭火系统的设备、部件和材料应按设计要求进行制造和安装，灭火系统和设备应完成所要求的运行前和启动试验程序；

（4）在建造、调试、运行或退役期间，一旦发生影响安全重要物项的火灾，应进行评价以保证受影响物项能保持或恢复到设计要求的能力；

（5）发布实施防火规程，火灾自动报警和灭火的系统、设备和部件应经过测试且可运行，核动力厂工作人员对于这些系统、设备和部件的运行和使用应接受适当的培训。

7.2.3 应在书面程序中明确实施质量保证大纲的控制措施。

名词解释

下列术语适用于本导则，其他术语可见《规定》中的名词解释。

燃烧 Combustion

物质与氧气进行的放热反应，通常伴随产生火焰、和/或发光、和/或产生烟雾。

火灾 Fire

以发出热量为特征并伴随着烟气或火焰或两者，以不可控的形式在时间或空间上传播的燃烧过程。

爆炸 Explosion

导致温度或压力升高或两者同时升高的急剧氧化或分解反应。

防火阀 Fire Damper

在一定条件下为防止火灾通过风管蔓延而设计的自动关闭装置。

防火隔断 Fire Stop

用于将火灾限制在厂房建筑单元内部或建筑单元之间的实体屏障。

防火屏障 Fire Barrier

用于限制火灾后果的屏障，它包括墙壁、地板、天花板或者用于封堵门洞、闸门、贯穿部件和通风系统等通道的装置。

防火区 Fire Compartment

为防止火灾在规定的时间内蔓延而构筑的厂房或部分厂房，防火区可由一个或多个房间组成，其边界全部用防火屏障包围。

防火小区 Fire Cell

为保护安全重要物项，设置防火设施（如限制可燃物料的数量、空间分隔、固定灭火系统、防火涂层或其他设施）以隔离火灾的区域，通过该设置使被隔离的系统不会受到显著损坏。

可燃物料 Combustible Material

可以燃烧的固体、液体或气体物质。

非可燃物料 Non-Combustible Material

在使用形态和预计条件下，当经火烧或受热时不会点燃、助燃、燃烧或释放易燃气体的材料。

火灾荷载 Fire Load

空间内所有可燃物料（包括墙壁、隔墙、地板和天花板的面层）全部燃烧可能释放热量的总和。

耐火极限 Fire Resistance

建筑结构构件、部件或构筑物在标准燃烧试验条件下保持承受所要求的荷载，保持完整性、和/或热绝缘、和/或所规定的其他预计功能的时间长度。

阻燃 Fire Retardant

物体对某些物料的燃烧起到熄灭、减少或显著阻滞作用的性质。

误动作 Spurious Action

未想到和未预计（错误的或无意的）的火灾自动报警系统和灭火系统的运行状态。

附件Ⅰ　火灾封锁法和火灾扑灭法的应用

Ⅰ.1　图Ⅰ.1显示了火灾封锁法和火灾扑灭法的应用

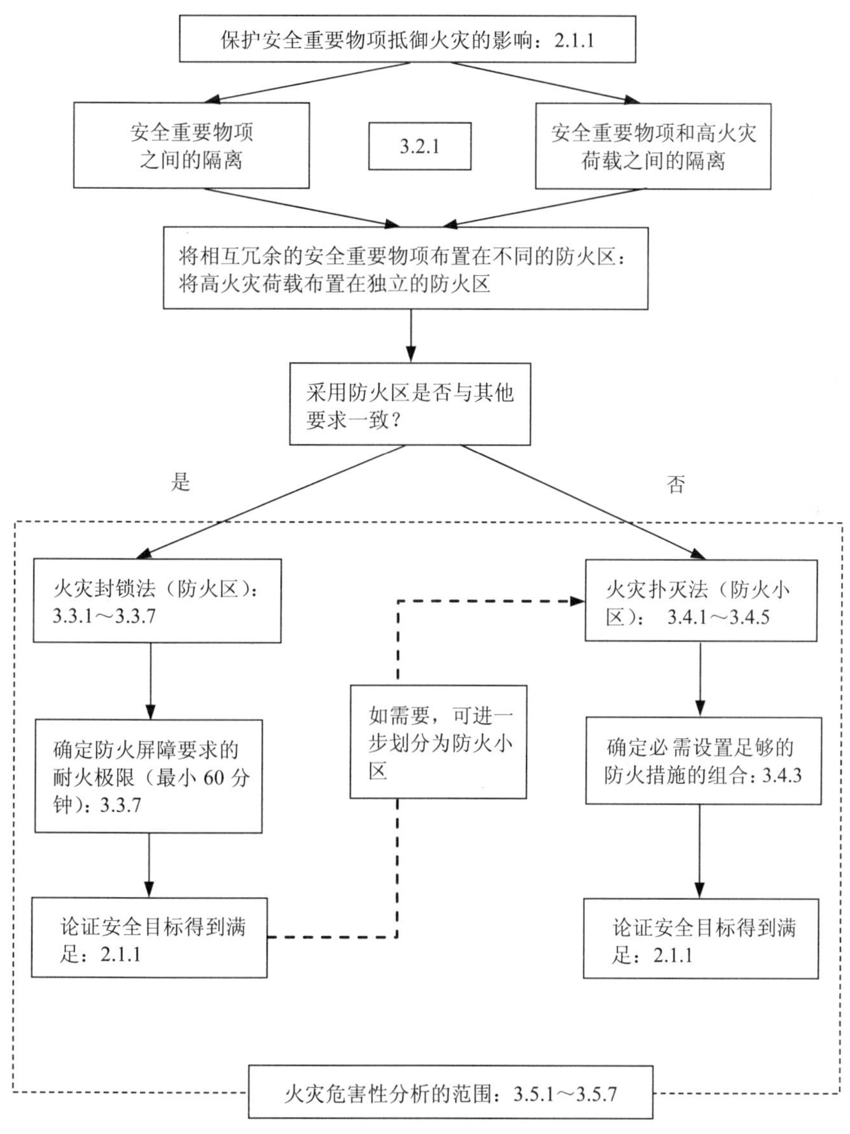

图Ⅰ.1　火灾封锁法和火灾扑灭法的应用

附件Ⅱ　疏散和救援路线

考虑到国家建筑规范、预防事故的消防法规和规定以及核安全方面的要求，应为工作人员设置足够的疏散和救援路线。每个厂房至少设置两条疏散路线。对于每条路线应符合以下要求：

（1）应保护疏散和救援路线不受火灾和烟气的影响。受保护的疏散和救援路线包括从厂房通向外部出口的楼梯和通道。

（2）疏散和救援路线上不应该存放任何物料。

（3）应按国家法规要求在疏散和救援路线的适当部位设置灭火器。

（4）疏散和救援路线上应当设置清晰易于辨认的永久性标识。标识应指向最近的安全通道。

（5）在所有的楼梯间内应清楚标明楼层。

（6）在疏散和救援路线上应设置应急照明。

（7）在火灾危害性分析中确定的所有场所、所有疏散路线和厂房的出口处，应设置适用的报警措施（如火灾报警按钮）。

（8）应具有通过机械系统或其他方法为疏散和救援路线提供通风的能力以防止烟气聚集，便于人员通行。

（9）用于疏散和救援路线的楼梯间应保持没有任何可燃物料。为保持楼梯间无烟气，可能需要设置正压送风。应采取措施排除通往楼梯的走廊和房间的烟气。对于高的多层楼梯间应分段考虑上述措施。

（10）通往楼梯间的路线上和疏散、救援路线上应设置自闭型常闭门，且应朝疏散方向开启。

（11）应采取措施允许从安全壳气闸门快速撤出反应堆厂房。这些措施应能应对预计在维修期间和换料大修期间停留在安全壳内最大数量工作人员的疏散。

（12）应为所有的疏散和救援路线设置可靠的通信系统。

附件Ⅲ 防火屏障

Ⅲ.1 核动力厂中防火屏障的总目标是为某一空间（如防火区）提供非能动边界，此屏障具备可论证的承受和包容预计火灾的能力，并且防止该火灾蔓延到防火屏障背火面的材料和物项，或不引起这些材料和物项的直接或间接损坏。在规定的时间长度内，防火屏障应在没有任何灭火系统动作的条件下能完成这种功能。

Ⅲ.2 防火屏障耐火极限的特征是火灾条件下的稳定性、完整性和隔热性。相应的准则是：

（1）机械承载力；

（2）防御火焰以及热气流或易燃气体的能力；

（3）隔热性。当背火面温度保持低于预定值（如平均温度低于 140℃和任意一点温度低于 180℃）时，则认为满足要求。

Ⅲ.3 应验证防火屏障的背火面不释放易燃气体。

Ⅲ.4 根据非能动防火系统在火灾中的特定功能和可能作用，可以按三个性能准则进行分类：

（1）承载能力（稳定性）。承载部件试样支撑试验荷载的能力，变形量或变形率或两者均不超过特定准则。

（2）完整性。隔离部件试样按照特定准则包容火灾的能力，该准则是针对火灾引起的坍塌、孔洞和裂缝，以及背火面的持续火焰。

（3）隔热性。隔离部件试样限制背火面的温升低于特定水平的能力。

Ⅲ.5　在每一分类中，部件的防火等级以“耐火极限”（分钟或小时）表示，对应根据国际标准化组织（ISO）标准或其他标准的热试验程序中该部件可以持续执行其功能或起作用的时间段。

Ⅲ.6　在火灾危害性分析中，应确定用作防火屏障的部件（墙、天花板、地板、门、风阀、贯穿部件封堵和电缆包裹）的特定功能（承载能力、完整性和隔热性）和耐火极限。

附件Ⅳ　电缆火灾的防护

Ⅳ.1　防火措施

Ⅳ.1.1　除了用作燃料以及用作润滑和绝缘液体的液态碳氢化合物之外，大量有机绝缘电缆构成了核动力厂中重要的可燃物料来源。在火灾危害性分析中应确定电缆火灾对安全重要物项的影响。

Ⅳ.1.2　应采取多种设计方法限制电缆火灾的影响，包括：防止电路过载或短路；在电缆敷设安装中限制可燃物料的总量；降低电缆绝缘层的可燃性；设置防火措施限制火灾蔓延；在安全系统多重系列电缆之间，以及在动力电缆和控制电缆之间进行隔离。

Ⅳ.2　电缆量的控制

Ⅳ.2.1　应控制安装在电缆桥架和电缆敷设路径上的聚合物绝缘电缆数量，防止火灾荷载超过防火区防火屏障耐火极限的包容范围，并降低火灾沿电缆桥架的传播速率。这些控制措施可能包括对电缆桥架数量和规格的限制和/或对敷设在其上的绝缘体填装量的控制，且应与所采用电缆的燃烧特性相对应。

Ⅳ.3　燃烧试验

Ⅳ.3.1　尽管阻燃电缆鉴定试验的具体要求有所不同，但电缆的大尺度火焰传播试验通常包括火焰点燃源烧垂直电缆试件的项目。电缆火灾试验相关的重要变化因素如下：

（1）作为点燃源的电缆量；

（2）电缆布置；

（3）阻燃性；

（4）火灾蔓延的范围；

（5）空气流量；

（6）包容结构的隔热性；

（7）烟气的毒性和腐蚀性。

Ⅳ.4　电缆防火

Ⅳ.4.1　在某些情况下，电缆防火应设置特定的非能动保护措施，包括：

（1）降低点燃和火焰传播可能性的电缆涂层；

（2）与其他火灾荷载和其他系统隔离的电缆包覆；

（3）限制火焰传播的防火隔断。

在使用材料的选择中应考虑这些非能动措施可能导致电缆过热和许用电流的降低。

Ⅳ.4.2　经验表明用水可以迅速扑灭多数电缆火灾，因此自动水基系统（如水喷淋系统）应作为电缆火灾的主要灭火系统。成束电缆可能产生深部火灾，不易被气体灭火剂扑灭。如果采用气体系统，在设计中应考虑深部火灾的可能性。对电缆火灾通常优先选用水基灭火系统。

Ⅳ.4.3　在电缆高度集中需要人工消防作为固定灭火系统补充的场所，消防队员应针对所采用的技术和设备接受培训。

Ⅳ.4.4　在设置固定水灭火系统的场所，应屏蔽可能被水损坏的设备，或将其布置位置远离火灾危害和水。应设置排水设施排出灭火用水以确保水的聚集不会使安全重要物项失效。

Ⅳ.4.5　通过设置适当的隔离，采用火灾封锁法或火灾扑灭法可降低电缆火灾的潜在影响。

Ⅳ.4.6　在某些情况下，单独使用空间隔离（隔离空间内无可燃物）或与其他防火安全措施联合使用可以提供充分隔离，以防止多重安全重要物项因单一火灾而损坏。不可能规定一个对所有情况都能提供充分安全分隔的最小距离，应通过对具体情况的详细分析确定隔离的适当性。

Ⅳ.4.7　应优先采用设置无贯穿部件防火屏障的方法对安全系统的多重系列进行隔离。

附件Ⅴ　火灾探测器

Ⅴ.1　本附件针对特定应用中选用火灾探测器需考虑的因素提供进一步指导。

Ⅴ.2　火灾探测器的类型

火灾探测器的主要类型有：

（1）感温探测器：包括 A）用作喷水系统触发装置的易碎玻璃球和易熔联结；B）用于电气触发探测系统的屋顶安装探测器、线型感温电缆、测温敏感元件、热电偶和电阻温度计探测器。

（2）感烟探测器（或燃烧产物探测器）：主要有离子型和光电感烟探测器。吸气式感烟探测系统利用管道连续从不同位置将气体样品引至中央感烟探测器。

（3）火焰探测器（红外和紫外探测器）：通常用于探测火焰。

（4）易燃气体探测器：用于监测可能出现易燃气体与空气混合的区域或包容结构。

（5）早期报警火灾探测器。

Ⅴ.3　探测器特性

Ⅴ.3.1　感温探测器一般设置在火灾危险设备临近的上方或周围，也用于空气条件可能引起感烟探测器误报警的场所（如可能存在油烟的场所）。感温探测器也用于易燃液体温度上升到危险水平的早期报警。线型感温电缆布置在靠近危险源的位置（如电缆桥架内），沿电缆长度方向上任意一点达到一定温度时动作，线型感温电缆动作可触发其周围的灭火系统。

Ⅴ.3.2　感烟探测器通常比感温探测器更早探测到早期阶段的火情，因此在多数场所优先采用。在具有高电离辐射水平的场合，不应使用离子型探测器，除非针对使用环境进行了鉴定并具有可以验证其持续灵敏度的维修大纲。感烟探测器的布置点应保证其性能不会受到通风系统的不利影响。

Ⅴ.3.3　红外线和紫外线探测器能迅速探测火灾。它们应用于火灾可能快速发展的场所，如柴油机房（转动机械、高热及易燃液体的组合可能导致快速发展的火灾）。选择此类探测器应注意保证其他红外或紫外线源（如热管道或阳光）不会引起误报警。

Ⅴ.3.4 针对特定气体的易燃气体探测器应安装在正常和事故情况下可能出现易燃气体和空气混合物的场所（如室内氢气贮存区）。

Ⅴ.3.5 基于空气取样和烟雾颗粒高灵敏度探测的探测器系统用于早期报警。某些应用光学比较方法的探测器也可比常规探测器提供更早期报警。

Ⅴ.3.6 所有类型的探测器都可用作灭火系统的启动装置。具有高可靠性的感温探测器通常用于启动水基灭火系统。对于需要快速响应的高火灾危害区域（如易燃液体贮存区），通常选择感烟或光学探测器。感烟或光学探测器通常也用于启动气体灭火系统。

Ⅴ.4 探测器类型和位置的选择

Ⅴ.4.1 火灾探测器类型和布置点的选择应保证探测器按预计对火灾做出响应。影响火灾探测器对火势增长响应的因素有：

（1）燃烧速率；

（2）燃烧速率的变化率；

（3）燃烧物料的特性；

（4）天花板高度；

（5）探测器的布置点；

（6）墙的位置；

（7）气流障碍物的位置；

（8）房间的通风；

（9）探测器的响应特性。

Ⅴ.4.2 应分析评价所选火灾探测器类型和位置的有效性。

附件Ⅵ 自动水喷淋和水喷雾系统

Ⅵ.1 对于普通固体可燃物料和易燃液体火灾，一般认为水是最有效的灭火剂。已经证实水喷淋和水喷雾系统对易燃液体火灾（包括池式火灾和压力喷射火灾）的灭火是有效的。正确设计的水喷雾系统还可安全应用于带载电气火灾（如变压器）。

Ⅵ.2 水喷淋和水喷雾系统包括所有释放水以控制和扑灭火灾的消防系统，包括闭式或开式喷头系统。对于闭式喷头系统，在达到某一最低温度前，单个喷头的易熔或易碎元件可防止水喷出。对于开式喷头系统，当管道系统的阀门用手动或自动方式开启后，水将直接释放。

Ⅵ.3 细水雾系统使用超高水压和具有特殊内部设计的螺旋和涡流喷嘴，或两相喷嘴（如水和加压空气），在喷嘴喷放口处产生非常小的水滴。细水雾系统最主要的优点在于使用相对少的水量就能达到灭火的目的。由于需要较高压力，细水雾系统较为复杂。对于具体设备和设计，该系统应按照严格的预试验安排进行安装。

Ⅵ.4 所用喷头或喷嘴的类型和特性，以及系统本身的布置应针对特定危害进行选择。

Ⅵ.5 除了要考虑火灾危害性分析中确定的预计火灾以外，在设计水喷淋和水喷雾系统时应考虑多种因素，包括喷头的间距和位置、启动装置或喷头的额定温度和热响应时间，以及灭火所需喷水流量等。

Ⅵ.6　应当根据具体装置的喷放特性和火灾危害性分析中所确定需防护的火灾危害严重程度来确定喷头的间距。仅根据相关标准确定的喷头间距，不一定能适当防护所有的火灾危害。

Ⅵ.7　喷头的布置位置应对火灾有最佳响应和最佳喷水分布，并将影响水分布的障碍减至最小。

Ⅵ.8　喷水喷头的额定启动温度应适当高于正常最高环境温度。

Ⅵ.9　在火灾危害性分析中确定需快速启动水喷淋系统的场所应采用快速响应喷头，如由火灾自动报警系统中感烟探测器联动的雨淋系统。

Ⅵ.10　喷水流量和喷水强度是确定喷头对扑灭特定火灾是否有效的关键参数。水喷淋系统的喷水强度是喷头的孔口尺寸、消防给水系统的容量和压力、喷水系统管道尺寸和布置的函数。可以通过水力学计算确定预计的喷水强度。设计喷放强度应与预计的火灾强烈程度相匹配。

Ⅵ.11　水喷淋系统由于真实火灾或喷头误动作引起的喷水可能导致对湿气敏感的电气系统误动作。应在火灾危害性分析中评价喷头误喷放的可能性和喷放后果。可能需要对安全重要系统的敏感部件设置防水侵入的特殊遮蔽。

Ⅵ.12　在使用水基灭火系统的场所，应当采取措施控制可能受污染的水，应设置数量充分布置适当的疏水设施以防止放射性物质向环境的任何不可控释放。

Ⅵ.13　为了快速响应火灾，水喷淋系统应优先采用自动启动。只有在火灾危害性分析中明确论证在火灾紧急情况下水喷淋系统的延迟运行不会损害核动力厂安全的场所，才可使用手动操作的水喷淋系统。

附件Ⅶ　气体灭火系统

Ⅶ.1　气体灭火剂灭火后不会留下任何残余物，通常被称为清洁灭火剂。气体灭火剂不导电，其综合特性适合于保护电气设备。清洁灭火剂系统的不足在于灭火时需要维持一定的灭火剂浓度、系统复杂、不能提供冷却以及一次性使用属性等。

Ⅶ.2　使用气体灭火剂通常有两种方法提供保护：（1）局部应用，灭火剂朝火灾或设备的特定部件喷放；（2）整体淹没，灭火剂喷入一个防火区或一个封闭的设备（如开关柜）。有些灭火剂不适合局部应用。

Ⅶ.3　气体灭火剂的总量应足够灭火。除卤素灭火剂外的气体灭火剂通常是通过对氧气的稀释达到灭火目的。在确定所需的灭火剂用量时，应考虑包容结构的泄漏量、对于特定火灾所需的灭火浓度、灭火剂流量和设计浓度需维持的时间。

Ⅶ.4　应评价受保护包容结构因气体灭火剂喷放导致压力上升的结构效应，必要处应设置安全排气。在排气布置中应注意不要将超压或环境条件转移到缓解区域。

Ⅶ.5　应考虑气体灭火系统直接喷放到设备上造成热冲击而带来损坏的可能性。这可能在对电气柜的局部手动操作和自动喷放期间产生。

Ⅶ.6　卤代烃灭火剂通过抑制化学反应进行灭火。这类灭火剂在灭火之前或灭火期间蒸发气化，不会留下任何残余微粒。某些卤代烃灭火剂（如哈龙）由于会释放对地球臭氧层有破坏作用的挥发性溴而应禁止使用。

Ⅶ.7 气体灭火剂的整体淹没方法要求灭火剂气体快速和均匀分布至整个淹没空间。这通常通过使用特殊喷嘴和适当的系统设计在启动后的 10～30 秒内实现。当气体灭火剂比空气重时，为了尽量减少空间内的气体分层和灭火剂气体可能的更快泄漏，灭火剂气体的快速分配是特别重要的。

Ⅶ.8 对于气体灭火系统，应在调试中通过实际喷放试验或使用等效方法来实施运行试验。

附件 2

核安全导则 HAD 102/12—2019

核动力厂辐射防护设计

（2019 年 12 月 31 日　国家核安全局批准发布）

本导则自 2019 年 12 月 31 日起实施

本导则由国家核安全局负责解释

本导则是指导性文件。在实际工作中可以采用不同于本导则的方法和方案，但必须证明所采用的方法和方案至少具有与本导则相同的安全水平。

1 引言

1.1 目的

1.1.1 本导则是对《核动力厂设计安全规定》（HAF 102）有关条款的说明和细化，其目的是在新建核动力厂的设计中建立和保持对辐射危害的有效防御措施，为实现辐射防护目标提供指导。本导则的主要内容可作为在役核动力厂设计修改和安全审查的参考。

1.1.2 本导则的附件Ⅰ、Ⅱ、Ⅲ与正文具有同等效力。

1.1.3 本导则的附录为参考性文件。

1.2 范围

1.2.1 本导则的适用范围包括：

（1）核动力厂设计中为实现剂量限制和辐射防护最优化体系所采取的辐射防护措施；

（2）核动力厂设计中对厂区人员和公众采取的辐射防护措施；

（3）用于计算厂内外辐射水平和满足辐射防护设计要求的方法；

（4）确定在设计中为厂区人员、公众和环境提供防护所针对的运行、退役和事故工况下的重要辐射源和污染源；

（5）事故工况（包括严重事故）的辐射防护措施；

（6）放射性废物的操作、处理和贮存的辐射防护。

1.2.2 本导则不涉及放射性废物长期贮存或处置方面与废物形态和质量有关的安全问题，

不涉及为减少事故发生频率和防止事故发展而需要采取的设计措施，也不涉及实际运行和退役过程的辐射防护。

2 安全目标、剂量限制与防护最优化

2.1 安全目标

核动力厂辐射防护设计必须保证在所有运行状态下核动力厂内的辐射照射或由于该核动力厂任何计划排放放射性物质引起的辐射照射低于规定限值，且可合理达到的尽量低。同时，还应采取措施减轻任何事故的放射性后果。

2.2 运行状态下的剂量限值和剂量约束

2.2.1 核动力厂的设计，应当使运行期间产生的辐射照射不超过为工作人员和公众所规定的剂量限值。剂量限值应符合《电离辐射防护与辐射源安全基本标准》（GB 18871）的规定。

2.2.2 对于职业照射，应在核动力厂设计阶段确定剂量约束并作为确定辐射防护最优化方案范围的边界条件。职业照射剂量约束值不是剂量限值，超过剂量约束不代表未遵守监管要求，但可能导致采取后续行动。

2.2.3 对于公众照射，个人剂量约束应符合《核动力厂环境辐射防护规定》（GB 6249）的规定。

2.3 最优化原则的应用

2.3.1 在考虑了下列经济和社会因素之后，所有的辐射照射都应当保持在规定限值以内，并处于可合理达到的尽量低的水平：

（1）应当通过辐射防护措施，把核动力厂运行状态和事故工况引起的辐射照射降低到一定的数值，使得进一步增加设计、建造和运行费用与所获得的辐射照射的减少相比已不值得（经济因素）。

（2）设计中应考虑减小辐射防护控制区中不同类型工作人员所接受的职业照射剂量的差异，避免放射性工作区的恶劣工作条件（社会因素）。可能受到最大辐射照射的工作人员包括换料、维修、检查和辐射防护人员等。

2.3.2 通常，辐射防护最优化应对一系列的防护措施（例如屏蔽、通风、控制距离和把辐射照射时间减至最短的手段等）进行选择。为此，应确定可行的待选方案和比较准则及数值，并对这些方案进行评估和比较。附件 I 描述了有关决策分析方法。

2.3.3 最优化的概念还应当用于避免或减轻导致工作人员或公众照射的核动力厂事故后果的设计特征中。

2.4 运行期间的设计目标

2.4.1 为了保证在设计中将人员受照剂量降低到可合理达到的尽量低的水平，同时体现最佳实践，应当对职业照射设定个人剂量和集体剂量设计目标，对公众照射设定个人剂量设计目标。个人剂量设计目标为剂量限值的一个适当的份额，应体现剂量约束的概念。

2.4.2　为了将设计的重点放在对工作人员的个人剂量和集体剂量贡献较大的有关方面，需要对可能受到最大剂量的工作人员组（例如维修人员和保健物理人员等）设定集体剂量设计目标。同样，需要对每个工种的集体剂量设定设计目标，例如主要部件的维修、在役检查、换料和废物管理等。上述设计目标与设计关键阶段的剂量评价相结合，可作为剂量监测和运行中剂量管理的依据。
2.4.3　核动力厂工作人员集体剂量的设计目标可用人·希沃特/吉瓦·年（man·Sv/GWe·a）的形式来表示。应根据辐射防护最优化设计或参照良好实践确定集体剂量设计目标。

2.5　事故工况的设计目标

2.5.1　事故工况的设计目标是将核动力厂可能释放的放射性物质对公众带来的风险以及由于放射性释放和直接照射给厂区工作人员带来的风险限制在可接受的水平。应当将事故剂量的计算值与事故工况设计目标中所规定的剂量准则进行比较，以判断假想事故工况下保护厂区人员和公众的设计措施是否充分。应对不同发生频率的事故设定不同的设计目标。对于设计基准事故，要求在厂区边界和非居住区以外只会产生较小的辐射影响，即从辐射防护的角度而言没有必要采取撤离措施。

3　辐射防护设计

3.1　辐射源

3.1.1　在设计阶段，应当确定运行状态的辐射源的大小和位置。附件II简要描述了正常运行和退役期间导致辐射照射的主要辐射源，包括反应堆堆芯和压力容器、反应堆冷却剂和液体慢化剂系统、蒸汽和汽轮机系统、废物处理系统、已辐照燃料、新燃料贮存设施、去污设施以及各种其他辐射源（例如用于无损检验的密封源等）。最大的辐射源是反应堆堆芯、已辐照燃料和废树脂，设计应确保人员不会受到这些辐射源的直接照射。
3.1.2　在核动力厂的设计阶段，应确定事故工况下潜在的辐射照射源的大小、位置和可能的输运机理和输运途径。
3.1.3　对于采取了预防性设计措施的事故工况，其主要辐射源是从燃料元件中释放或者从滞留它们的各种系统和设备中释放出来的放射性裂变产物。附件III描述了对所选定的事故的辐射源进行评价的方法的实例。

3.2　运行期间的辐射防护设计

3.2.1　人力资源
3.2.1.1　设计部门应充分了解设计中的辐射防护措施。为此，设计团队应配备或聘请辐射防护专业人员，以提出完善的辐射防护要求和提供必要的培训。应将良好的运行经验反馈给设计部门，使设计工作和运行程序之间相互协调。
3.2.1.2　防护与安全的最优化应当贯穿于核动力厂寿期内从设计、建造、运行直至退役的所有阶段。应当采用系统的方法制定辐射防护大纲和放射性废物管理大纲，以保证最优化原则在核动力厂运行阶段中得到有效的实施。
3.2.1.3　在设计的每一个阶段，设计部门都应认识到辐射防护的重要性。

3.2.1.4　有关化学参数在控制核动力厂的辐射源方面起着非常重要的作用。放射化学方面的专业人员应参与设计过程，材料方面的专业人员应参与控制腐蚀产物所产生源项的设计过程。

3.2.2　组织

3.2.2.1　为使辐射防护的设计满足要求，应保证对可能影响照射的决定及辐射防护专业人员提出的建议都记录在案，并制定合理的设计过程。应当有适当的手段，以保证设计人员在设计过程中的每个阶段都考虑了所要求的辐射防护措施。

3.2.2.2　在整个设计过程中应实施系统化的质量保证大纲。

3.2.3　设计策略

3.2.3.1　一般方法

3.2.3.1.1　在设计开始时应确定设计目标，见本导则 2.4 节。

3.2.3.1.2　通常，为减少放射性物质对环境的释放，会增强废物处理系统，这会导致厂区人员因完成附加的工作而增加受照剂量。在实践中，可以独立地考虑公众照射和职业照射设计目标。然而，在提供减少释放的最佳的实际可行的手段时，应对厂区人员受到的照射进行监测，以保证其不会有不必要的增加。

3.2.3.1.3　在确定设计目标时，应考虑在辐射防护方面具有良好运行记录的核动力厂的经验。应考虑参考核动力厂与所设计的核动力厂在设计、运行或政策方面的差异，这些差异可能包括功率水平、一回路的材料、燃料类型、燃耗、负荷跟踪、反应堆在燃料失效情况下的运行要求，以及运行状态下安全壳的可达性要求。

3.2.3.1.4　图 1 给出了核动力厂设计中使用设计目标的一个简单示例。在设计过程的初始阶段，为保证实现所设定的设计目标而对原来的设计进行了修改。但是，实现设计目标并不保证剂量将会减少到可合理达到的尽量低的水平，因此，需要进一步完善设计以保证辐射防护的最优化。

3.2.3.2　厂区人员的辐射防护设计

3.2.3.2.1　厂区人员的辐射防护设计应采取以下步骤：

（1）首先应制定控制照射的策略，以保证在设计的早期阶段以合理的顺序考虑了最重要的方面。例如，在很多类型的反应堆设计中，能够降低剂量的两个主要方面是定期维修和不定期维修。在一些压水堆的设计中，蒸汽发生器和阀门是两个重要的照射来源。因此，应首先考虑这些物项并保证设计的可靠性得到过验证。这可将照射降低到可合理达到的尽量低的水平，并有助于提高核动力厂的效益。

应考虑的第二个方面是使放射性核素的产生和积累最小化的设计特征。减少放射性核素的产生和积累将降低整个核动力厂的辐射和污染水平，而局部的解决方案（例如增加屏蔽或改善通风）只会带来局部的好处。在考虑整体设计特征之后，还须考虑核动力厂的局部特征，例如核动力厂的布置、屏蔽以及系统和部件的设计等。图 2 给出了压水堆设计策略的简化示意图。

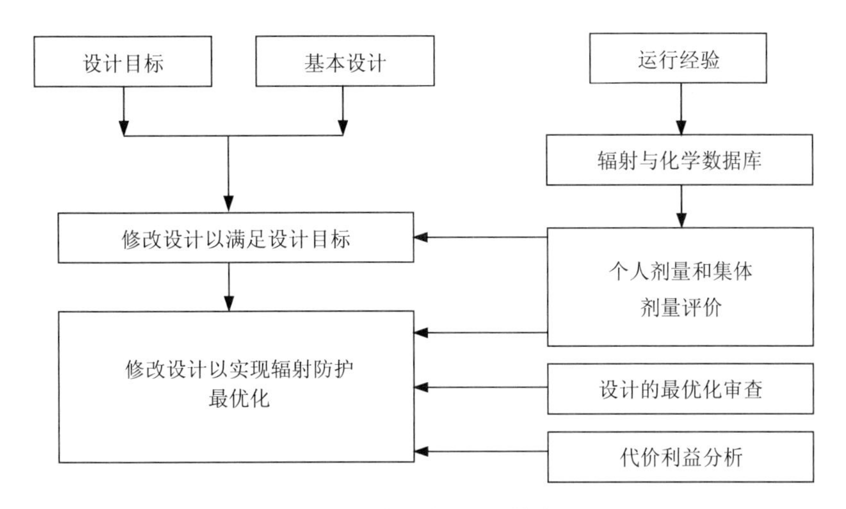

图 1　辐射防护最优化策略

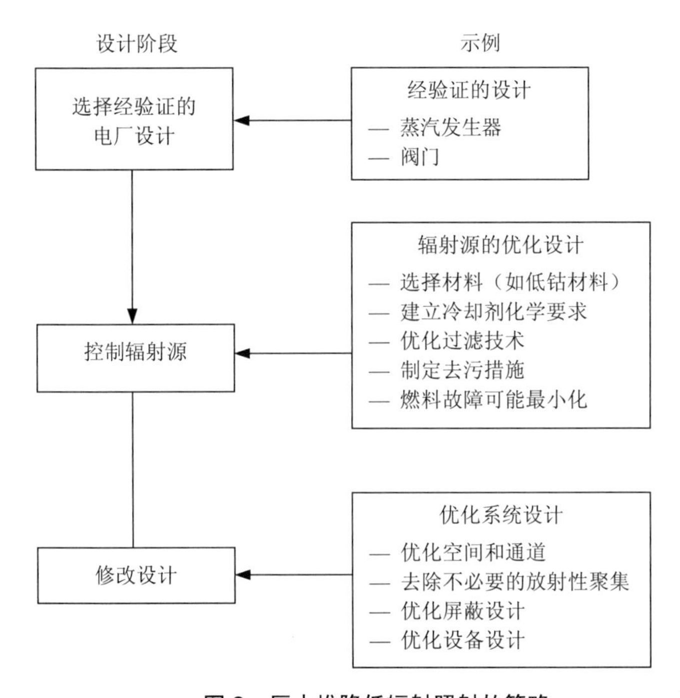

图 2　压水堆降低辐射照射的策略

（2）应制定核动力厂的总体要求并形成相关文件。总体要求包括核动力厂的布置原则和在设计中限制使用的材料。这些文件是设计质量保证过程的一部分。

（3）根据预期剂量率、污染水平、可达性要求以及安全序列的隔离需要等特定要求，提出合理的核动力厂布置并对控制区进行进一步分区。可以使用辐射防护设计基准的源项计算预期剂量率（见附件Ⅱ和附录）；在相关设计和运行参数差别不大的情况下，也可以根据类似核动力厂的运行经验估计预期剂量率。在设计阶段，应对辐射分区进行细致的分析计算。

（4）应制定完善的维修大纲、程序以及合理安排操作任务。应基于运行要求而不仅仅是为满足相关规定或剂量约束而人为地增加每项任务的工作人员数量。对于预计剂量相对较小的任务，一般可以将所需的工作量表述为在每个辐射区域中花费的人·小时。同时也应确定完成每项任务的工作人员的类型，包括维修人员、在役检查人员、支持人员（如脚手架拆装人员）、去污人员和保健物理人员等。

（5）应结合上述第（3）和第（4）步骤的结果对个人剂量和集体剂量做出评估。评估时，可使用有关的数据库。在能够获得相关运行经验的情况下，应最大限度地利用这些经验，尤其是对于计划外维修等难以预计的工作。

（6）图 3 给出了确定个人剂量和集体剂量的流程。在设计的每个重要阶段都应采用图 3 所示的程序。随着设计的深入，其详细程度应逐步提高。在设计的每个阶段，所评估的剂量都应与每个类型的工作所设定的设计目标进行比较。

（7）对于图 3 中的每个步骤，在有不同的设计方案可供选择时，应进行最优化的研究。对于预计辐射剂量将超过设计目标的情况，这种研究尤其重要。

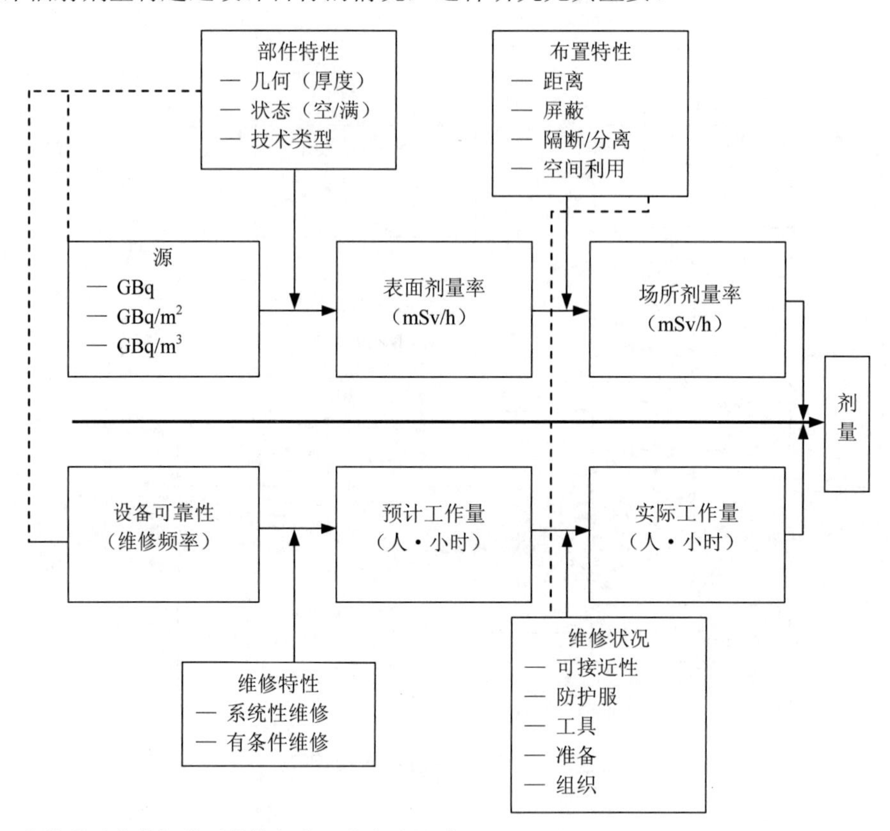

注：虚线表示某些部分对其他部分可能产生影响。

图 3　核动力厂辐射剂量评估示意图

如表 1 所示，上述厂区人员的辐射防护设计程序应是迭代进行、逐步细化的过程。

3.2.3.2.2　应对在设计过程中所做出的所有决定及其理由进行备案，使得影响辐射照射的每一个设计方面都是合理的。这是设计质量保证的一部分。

3.2.3.2.3　应考虑制订初步的退役计划，以保证设计考虑了在退役期间降低和控制照射的必要特征。在很多情况下，这些特征与运行状态所必要的特征相同，但是对于退役可能需要某些附加的特征。如果这些附加的特征很重要，应使运行状态所必要的特征和退役所必要的特征达到最优化。

表 1　设计过程实施策略实例

	设计目标		最优化过程	剂量率		个人和集体剂量
子项[b] 步骤[a]	个人剂量目标	集体剂量目标	待完成的研究	分区	表面剂量率	工作量
步骤一[c]	所有工作人员的平均值	设计总值	选择方案优/缺点描述	（不相关）	（不相关）	选择方案的工作量估计
步骤二	更新步骤一的数值	更新步骤一的数值	评估主要选择方案	建立初步分区	（不相关）	大纲确定的工作量估计
步骤三	确定的工作人员平均值	随步骤二的决定更新	限于重要点位	使用设计源项/现实源项/事故源项评估	计算表面剂量率	工作量估计
步骤四	每类工作人员的剂量目标值	更新	按任务细化	确认/精确性	确认/精确性	工作量的详细估计

步骤[a]：研究工作延续数年的复杂工程的设计通常分为若干个步骤。研究的详细程度随步骤数而增加。

子项[b]：要考虑的主要参数。

步骤一[c]：在步骤一期间，将设定平均剂量约束（包括所有的工作人员类型）以及集体剂量目标，包括一定的裕度；最优化研究将给出选择方案优、缺点的清单；不进行分区或表面剂量率计算；将考虑不同选择方案（所涉及的工作由工作人员或机器人完成），估计工作量（人 • 小时）。

3.2.3.2.4　应采用下述部分或全部措施，使设计应有利于职业照射剂量目标的实现，包括个人剂量和集体剂量。

（1）降低工作区中的剂量率：

A）降低源项（例如通过去污、材料选择、腐蚀控制、水化学、过滤和净化等防止外来物质进入一回路系统）；

B）改进屏蔽；

C）增加工作人员和源之间的距离（如利用远程操作）；

（2）减少在辐射场内的停留时间：

A）采用可靠性高的设备，以保证较低的设备故障率；

B）保证设备容易维修和移出；

C）通过在设计中采取内设的辅助设备和设置永久出入口等措施，以减少有关操作；

D）保证良好的可达性和良好的照明。

3.2.3.3　公众成员的辐射防护设计

3.2.3.3.1　在设计开始时，应设定公众成员的年个人剂量设计目标。必要时，应考虑场址周边区域的发展和寿期内的人口分布情况。

3.2.3.3.2　应以下述方式实现设定的设计目标：

（1）在设计过程的早期阶段查明影响公众成员剂量的场址特征，并在设计中加以考虑。

（2）考虑相关的运行经验，利用放射性废液废气处理系统设计的最佳可行手段，设定放射性流出物的排放目标，包括年排放总量目标和排放浓度目标。

（3）评估关键人群组所受到的剂量，以保证设计目标的实现。

（4）如果考虑的方案不能实现设定的设计目标，评估其他可选方案。

3.2.3.3.3 设计应保证能够对离开核动力厂的材料的沾污进行适当的监测。

3.2.3.4 调试要求

3.2.3.4.1 设计中为运行状态提供最佳辐射防护水平而考虑的措施覆盖了调试过程的辐射防护要求。在调试过程中，由于较低的功率水平和有关部件中的放射性物质的积累较少，辐射水平要低于运行状态。

3.2.3.4.2 应在调试早期采取措施查明可能存在的设计缺陷（例如屏蔽设计不能满足防止漏束的要求等），以便在满功率运行之前纠正这些缺陷。

3.3 事故工况辐射防护的设计方法

3.3.1 应通过高质量的设计和在核动力厂设计中考虑的特殊设施（例如各种安全系统）来达到事故工况的设计目标。应通过安全分析确认已经达到了设计目标。为了证明能够符合剂量接受准则，应根据设计基准事故分析中的保守假设和设计扩展工况分析中的最佳估算方法进行确定论安全分析及相关的剂量评价和概率安全评价。

3.3.2 为实现上述设计目标，应制定必要的设计规定和规程（例如控制室的进入、关键设备的维修、工艺取样等），使核动力厂的运行人员能够恰当地处理事故。

3.3.3 应在设计中考虑相关的运行实践，以保证为事故工况厂区人员和公众提供足够的辐射防护。应培育安全文化，以保证给予安全问题最高的优先级以及在恰当的裕度下满足事故工况下放射性物质释放的要求。

3.3.4 应咨询辐射防护、运行、设计和事故分析等领域的专业人员，以保证对事故工况下用于辐射防护的核动力厂系统和部件进行恰当的设计。在整个设计过程中，这些人员之间应当保持经常性的交流，以满足核安全监管部门有关事故工况下辐射防护的要求，同时设计也应保证能够实施有效的事故管理程序。

4 运行期间厂区工作人员的辐射防护

4.1 辐射源的控制

4.1.1 概述

4.1.1.1 在设计的早期阶段，应对核动力厂辐射源的控制进行最优化设计，因为辐射源会影响到整个核动力厂的辐射水平，而其他方面的设计仅会对局部区域内的辐射水平产生影响。对于大多数反应堆的设计，主要辐射源是活化腐蚀产物，只有在发生大量燃料包壳失效的情况下，裂变产物才有可能成为主要的辐射源。这些辐射源来源于堆芯，并通过反应堆冷却剂进行输运，在使用液体慢化的反应堆中也通过慢化剂进行输运。任何降低辐射源强或减少放射性物质输运，不增加额外成本且不降低设备可靠性的实际可行的措施都应采用。应尽可能地防止泄漏，并提供泄漏监测手段，尤其是对于存在氚泄漏危险的重水堆。如果使用密封技术，应确保密封材料中不含锑。附件Ⅱ对正常运行和退役期间的辐射源及其控制进行了详细的描述。

4.1.1.2 应在设计阶段适当地考虑退役，以便于退役的进行，避免或减少不必要的辐射照射。在设施和设备的设计以及在运行的有关安排方面也应考虑便于退役。例如，对于在正常运行状态下不可达的区域，应为便于退役设计必要的通道。

4.1.2　腐蚀产物

4.1.2.1　应通过下列措施减少活化腐蚀产物源项：

（1）通过选择合适的材料和控制冷却剂的化学性质，减少回路材料的腐蚀和侵蚀速率；

（2）通过选择适当的材料，尽量减少可能成为重要辐射源的核素浓度（尤其是钢中的钴）；

（3）设置净化系统（例如粒子过滤器和离子交换树脂床）；

（4）尽量减少堆芯补给水中能够被活化核素的浓度；

（5）设备和管道的设计应能尽量减少腐蚀产物的累积。

4.1.2.2　根据最优化设计原则，应减少高钴材料（例如钨铬钴合金，这种材料由于硬度很高，常被用于阀门座和轴承中）在主冷却剂回路、化学控制回路、沸水堆汽轮机系统以及直接连接的回路中的使用，这对于堆内构件尤其重要。应特别注意补给水系统加热器材料的选择，同时考虑到在靠近堆芯入口处的补给水回路或堆芯冷却剂回流回路上安装过滤器时可能遇到的问题。

4.1.2.3　还应特别注意材料的选择和冷却剂的化学成分，它们对核蒸汽供应系统的可靠性起着重要的作用。应谨慎考虑材料和冷却剂的相容性，这对于保证减少一回路部件所需维护、修理和例行检查的次数非常重要。应只使用与冷却剂相容的材料，并特别注意发生晶间应力腐蚀裂纹的问题。

4.1.2.4　在水冷反应堆中，利用能去除可溶性核素的离子交换树脂以及粒子过滤器去除腐蚀产物。处理能力应能满足在启动和冷停堆状态期间突然增加的腐蚀产物和裂变产物的释放量。

4.1.2.5　对于水冷堆和气冷堆的主冷却剂回路，应设置去除放射性和非放射性的腐蚀产物的系统。这些系统对于具有不锈钢燃料包壳的气冷堆（如改进型气冷堆）减少放射性物质在冷却剂系统可能的沉积尤为重要。在改进型气冷堆中，冷却剂回路中的活化腐蚀产物主要来源于燃料包壳的氧化。当发生反应堆紧急停堆、燃料元件受到热冲击时，氧化物会从堆芯表面以颗粒物形式脱落下来。在冷却剂的流道上应设置过滤器，以去除冷却剂中被活化的氧化物，从而减少在蒸汽发生器内，以及需要进行检查和维修的冷却剂回路的其他区域内的沉积。应对燃料包壳进行处理（例如电镀），以减少剥落。

4.1.3　裂变产物

燃料包壳的破损可能使裂变产物释放到冷却剂中，从而能显著地增加冷却剂中的放射性，并且污染冷却剂回路。包壳破损的燃料元件应尽快从堆芯中取出，以减少这种辐射源对厂区工作人员的照射。在停堆换料的情况下，应提供包壳失效的监测措施，并对运行状态下冷却剂的放射性活度浓度设置适当的限值，当冷却剂的放射性活度浓度超过运行技术规格书中规定的限值时，应在规定的时间内停堆。

4.1.4　池水中的活度

应采用粒子过滤器和离子交换树脂等组成的净化系统，将燃料贮存池的池水保持在较低的放射性水平。对贮存有重大破损燃料的燃料贮存池进行改造时，设计中应考虑防止放射性物质泄漏到池水中的措施，例如将燃料装罐或其他等效操作。

4.2 厂房布置

在设计阶段，应对设备进行操作、检查、维修、修理、更换和退役的可达性进行评估，以保证能满足相应的要求。设计应当使厂房的布置便于上述工作的开展，并能限制厂区人员受到的辐射照射和污染的扩散。区域分隔、适当的通风布置、设备吊运装置、更换装置、出入控制、远距离装卸装置、去污装置和屏蔽以及系统和部件的有关设计措施等都可以作为实现该目的而采取的手段。

4.2.1 区域和分区

4.2.1.1 应对辐射工作场所建立控制区和监督区。每个辐射防护控制区应分别为人员、物资和设备设置尽量少的出入口。人员通道和物流通道必须严格分开。

4.2.1.2 厂房的布置应把需要和可能需要专门防护手段或安全措施的区域设定为控制区，以便控制正常工作条件下的正常照射或防止污染扩散，并预防潜在照射或限制潜在照射的范围；把未被定为控制区，在其中通常不需要专门的防护手段或安全措施，但需要经常对职业照射条件进行监督和评价的区域设定为监督区。

4.2.1.3 应对辐射防护控制区域的每个控制区出入口进行控制，并监测离开辐射防护控制区的人员和设备。

4.2.1.4 在设计阶段，应根据预期的辐射水平和放射性污染水平（例如剂量率、表面污染水平或空气中放射性核素的活度浓度）将辐射防护控制区细分为若干子区，包括在运行期间不太可能进入的子区；子区中的辐射或污染水平越高，对该子区的进出控制越严格，以满足剂量限值和剂量约束的要求。

4.2.1.5 应考虑在运行或者计划性维修期间可能需要对某些区域进行临时或永久重新划分的可能性。因此，应特别注意出入路线的规划。在重新划分时，应对这些分区和控制区进行重新评价。

4.2.2 更衣场所及相关设施

4.2.2.1 在辐射防护控制区内，应在较清洁的和可能较脏的区域之间的选定位置设置更衣场所，以防止污染的扩散。这些场所中所需的设备，取决于从这两个区域的交界处进入可能较脏一侧的要求和预计的污染水平。在设计阶段，应当为确定的更衣场所提供服务点（例如电、水、压缩空气等），还应当为活动房屋的装配留有足够的空间，以便设置临时更衣室。

4.2.2.2 在可能存在空气污染（例如碘、气溶胶、氚等）的地方，应设置永久更衣场所，在该区内应有个人去污设施、防护服（包括塑料衣裤及连带的防毒面具、防护罩、空气管道、涡流冷却器等）和污染监测装置等，以供日常运行、停堆或应急状态所需。

4.2.2.3 更衣室应设置在控制区出入口与监督区的交界处。

4.2.2.4 在更衣室内，应提供实体屏障把清洁区和可能的污染区清楚地分隔开。更衣室的空间应足够大，以满足维修期间的工作需要和防止人员的接触式交叉沾污，并应考虑临时工作人员。

4.2.2.5 控制区出入口应当提供人员和设备外部污染检测设备，对该区域的出口应当进行监视，以保证只有得到全身污染监测器的许可信号或经辐射防护人员许可后，人员和设备才能离开。

4.2.2.6　除辐射监测器以外，更衣室至少还应当提供以下设施：

（1）人员去污设施（淋浴或洗涤盆）；

（2）清洁工作服及其必要的贮存设施；

（3）污染工作服存放容器。

4.2.3　进入和停留控制

4.2.3.1　对高剂量率区和高污染区应采用加锁门进行控制。需要时，可采用联锁装置以保证只能在可接受的低辐射水平时才可以进入，该装置应设计为失效时发出报警信号。

4.2.3.2　应当将人员穿过辐射区和污染区的路线缩至最短，以减少穿越这些区域所花的时间。

4.2.3.3　为减少在辐射防护控制区工作的人员所受的辐射剂量和污染的扩散，辐射防护控制区的布置应使工作人员不必穿过较高辐射区才能进入较低辐射区，也不必穿过高污染区进入较低污染区。关于辐射水平和污染水平的确定，应充分利用同类型反应堆的运行经验反馈。

4.2.3.4　设计应能限制污染物的扩散，并易于建立临时性的包容装置。

4.2.3.5　设计应当使在辐射区和污染区从事维修、试验和修理所需的停留时间符合辐射防护最优化原则。例如，可以通过以下措施来实现：

（1）设置足够宽敞的走廊，以易于到达核动力厂的系统和部件。对于厂区工作人员有可能穿戴全身防护服（包括带有便携式气源的面罩或者通过软管连接气源的面罩）的区域，走廊的大小应考虑这种情况。

（2）提供足够宽敞的清洁走廊，以便于将核动力厂物项送到维修车间进行去污、维修或处置。应在设计阶段规划出核动力厂退役期间大型设备的搬运路线，并应把所需的装备考虑进去。

（3）在工作区域有足够的空间，以进行维修或检查等工作。

（4）高辐射区有良好的可达性，例如压水堆的蒸汽发生器的水室和主冷却剂系统的阀门室等。

（5）在低辐射水平区设置等待区域。

（6）将可能进行频繁操作或需要维修和拆除的部件，设置在便于工作的高度。

（7）在预计需要对核动力厂的设备进行维修或拆除的区域，提供梯子、通道平台、吊车轨道或吊车。设计中应包括便于安装临时屏蔽的特性。

（8）运用计算机辅助设计模型对影响工作时间的设计进行优化。在核动力厂的建造期间进行视频或照相记录，以便于对运行期间高辐射区域中的工作做好计划，从而缩短工作时间。

（9）在需要进行例行维修和检查的部位，提供易于快速拆除屏蔽和保温层的设备。

（10）提供便于工作的专用工具和设备，以减少照射时间。

（11）提供远程控制设备。

（12）提供适当的通信系统，以便与在辐射区或污染区工作的人员进行联系。

4.3　系统设计

4.3.1　核动力厂系统的设计应基于运行核动力厂在降低辐射照射方面的经验反馈。在考虑新建核动力厂的辐射防护设计改进时，这些经验是非常有价值的。

4.3.2　在系统的设计中应当采用下述降低辐射照射的措施，除非有其他更为重要的考虑使这些措施变得不现实，或者采用这样的措施过于昂贵而不符合“可合理达到的尽量低”的原则：

（1）需要进行定期维修的部件（例如泵和阀门）处于高辐射水平场所中时，应当将工作空间屏蔽起来，防止来自其他系统的辐射。

（2）不必安装在放射性部件近旁的非放射性部件（例如显示仪器、辅助设备、驱动机构和控制设备等），应设置在高辐射区外。

（3）对于放射性液体取样，应提供辐射照射最小化的方法（如远距离取样）。为了减少污染，应在取样点下面设置滴水收集盘。应提供处理这些收集盘容纳物的适当措施，这些措施可能包括与废液处理车间疏水连接的管道。

（4）应提供避免和减少放射性淤泥在管道和容器内沉积的方法（如冲洗）。

（5）对互为备用的放射性系统，如果要求在其中一个系统运行时对另一个系统进行维修，则应当在两个系统之间设置足够的屏蔽。

（6）如果需要在高辐射区中拆除屏蔽，应当备有起重设备或其他快速且易于使用的拆除设备。

4.3.3　含有放射性液体的管道应尽可能地不靠近非放射性的管道，并且应与需要维修的物项保持适当的距离。在管道和墙之间应留出足够的空间以进行检查、维修和修改等工作。

4.3.4　应通过对流体流动方式的适当设计、化学成分的控制以及使用内表面光滑和平整的管道，防止放射性物质在管道内不可控的累积。

4.3.5　应尽量减少通风和排水管道。排水应设置排放到地坑或封闭系统中。管道的设计应避免造成液体在某些地方汇集。

4.3.6　在管道设计中，应尽量减少需要在役检查的焊缝，需要检查的焊缝应具有良好的可达性。

4.3.7　在冷却剂回路和辅助回路的设计中，应尽量避免存在可能造成流体不流动和活化腐蚀产物沉积的死角。

4.3.8　泄排管道的位置应保证回路排水时不会有残留水的积累，放射性液体的回路设计应尽量减少泄排点的数量。如果排水管线上存在死水点，则在回路充满水时和在正常运行状态下，就会出现高的污染水平。为了降低辐射源，贮水箱应具有排水和冲洗设施。

4.4　部件设计

4.4.1　部件设计的一般原则是满足辐射防护的要求，其中大部分原则与系统设计相同。

4.4.2　在设计中将辐射照射减少到最小的主要方法是采用高可靠性的部件，这样的部件要求最低限度的监督、维修、试验和标定。

4.4.3　设计应保证在高辐射区使用的部件易于拆除。

4.4.4　应将核动力厂部件中的放射性物质降低到最小，以减少对厂区工作人员的照射。

4.4.5　可能被污染的部件和厂房区域的设计，应保证易于采用化学或机械的方法去污。包括提供光滑的表面，避免放射性物质可能积聚的弯角和凹坑，以及为盛装放射性液体的回路提供隔离、冲洗和疏水等措施。

4.4.6　应尽量缩短放射性物质流经管道的长度，以将核动力厂部件中的放射性物质总量减至最少，从而减少对厂区工作人员的辐射照射。但在选择最短路径时，载有放射性物质的管道不得穿过人员需要经常进出的区域和低辐射区。在核动力厂的设计中，非常重要的工作之一是确定在含有放射性流体部件的系统之间如何相互连接，并在设计的早期就在核动力厂的布置中加以考虑。

4.4.7　对那些在维护和检修时可能造成较大集体剂量的部件，应进行充分的隔离。

4.5　远程技术

4.5.1　应尽可能采用远程技术，以将工作人员受到的照射减至最小，包括远距离检查、设备的拆除和重新安装。在设计阶段应考虑这些技术，因为在施工后，由于空间的限制，可能使以后的安装更困难或者不可能。对于核电厂设备的检查、拆除和操作可能是半远程的，因为厂区人员可能仍需要进入辐射防护控制区在台架上安装设备。远程或半远程技术的一个例子是设备焊缝的超声波检查。安装扫描器时可能需要靠近焊缝，但之后操作人员可以在低辐射区进行操作。为进行远程外观检查，应该采用电视摄像机和使用由铅玻璃或者与其相当材料组成的屏蔽观察窗。

4.5.2　远程技术可以在退役期间拆除大多数放射性设备时发挥重要作用。在设计阶段应考虑使用这种技术，并在设计中保证对它们的使用得到落实。在核动力厂的整个寿期以及退役过程中，远程控制技术会得到改进。在进行相关的工作时，应采用能够获得的最佳的实际可用的技术。

4.6　去污和地面疏水

4.6.1　应在设计阶段考虑去污的必要性。如果通过去污能明显降低辐射照射，则应当设置去污装置。在规划去污设施时，应考虑预计与冷却剂或废物接触的所有部件。

4.6.2　所有可能发生污染液体泄漏或溢出的区域，都应给予特殊的考虑。应把这些区域设计成易于去污（例如地板上采用特殊的覆面）和易于控制污染物的扩散。在这些区域中要有多重隔障，地面要有足够的坡度，以限制污染面积，并能快速排出和收集溢出的液体。

4.6.3　燃料贮存池和燃料装卸池的壁面以及在这些区域中使用的设备，可能会被污染。当这些水池的水位降低时，壁面可能变干，从而可能造成气载放射性的危害。应在壁面变干前进行去污。应提供必要的系统，在可能需要在水池中进行修理的燃料运输罐和部件变干前进行去污。

4.6.4　应对放射性系统回路定期进行在线化学去污，为此需安装过滤器和离子交换柱。

4.6.5　对需要进行检修的运输工具和设备，应提供必要的去污装置。在运输之前对运输屏蔽罐和货包（例如，辐照后燃料元件或废物货包）的表面进行去污。

4.6.6　应提供去污设施满足工作人员和可重复利用的防护服的去污需要。

4.6.7　所有具有放射性液体系统的房间都应设置放射性排水的地漏系统。这些房间的地面排水通道和坡度的设计应保证排出设计基准泄漏量，并以可控的方式排向收集放射性液体的系统。地面放射性排水系统的设计应保证在发生地坑阻塞或者排水能力不足的情况下能够避免发生水淹事件。在设计地面放射性排水系统时，应考虑房间内温度和压力改变对排水的影响。所有地坑或者房间都应具有液体放射性水平探测器，并在放射性水平较高时发出警报。

4.6.8　地面排水系统应设置过滤，以防止大量的颗粒物进入水处理系统。

4.6.9　收集罐的容积要足够大，以防止在临时转运放射性废液时，对其他系统造成不必要的负担。同时，收集罐的容积也要能足以确保放射性废液的排放对环境的影响将保持在较低水平。

4.6.10 来自去污设施的疏水应当排向放射性废液处理系统。

4.7　屏蔽

4.7.1　屏蔽设计

4.7.1.1　对于特定辐射源的屏蔽设计，首先应确定剂量率的设计目标值，该值的大小应考虑在该区域中预期停留的频度和持续时间，同时还应考虑源项的不确定性以及预期剂量率分析的不确定性。

4.7.1.2　在确定屏蔽的技术规格时，应考虑核动力厂整个寿期内放射性核素的累积。

4.7.1.3　在对源的可能源强完成评价之后，屏蔽设计是一个反复进行的过程。首先，应设计没有贯穿的屏蔽；其次，应考虑需要穿过屏蔽层的贯穿，例如管道、电缆和出入通道，并应采取措施为厂区人员的防护保持屏蔽的有效性。

4.7.1.4　屏蔽材料的选择应基于射线的特性（β射线、轫致辐射、中子和γ射线，或者只有γ射线），材料的屏蔽性能（例如散射、吸收、二次辐射的产生、活化），机械性能或者其他性能（例如稳定性、与其他材料的相容性、结构特性），以及空间和重量的限制。

4.7.1.5　环境条件的变化可能会导致屏蔽有效性的丧失。应当考虑中子和γ射线与屏蔽材料相互作用而引起的效应(例如,具有较高中子吸收截面的核素的燃耗、辐射分解和脆化)，与其他材料的反应而引起的效应（例如，冷却剂产生的腐蚀和侵蚀）以及温度效应（例如，混凝土脱氢、脱水）。

4.7.1.6　应对堆芯和辐照过的燃料发出的中子进行屏蔽。对未受辐照的混合氧化物燃料也应提供中子屏蔽。

4.7.1.7　为了获得对堆芯或其他中子源的最佳屏蔽设计，可能需要采用组合材料。铁、钢等具有很高的弹性或者非弹性散射截面的材料可用来降低高能中子的能量。水或者混凝土等含有低原子序数的材料可用于降低中子的能量，这种作用的截面低于屏蔽材料的核非弹性散射截面的阈值。

4.7.1.8　当中子被屏蔽体俘获时，应当将因俘获产生的γ射线吸收掉。通常采用混凝土作为反应堆压力容器外侧的中子屏蔽。中子屏蔽的设计应保证在人员可进入的区域内，中子的辐射水平很低。

4.7.1.9　质量厚度相同的屏蔽体对γ射线通量的减弱具有大致相同的能力，尤其是对能量较高的γ射线。在空间受限的地方，应使用高密度和高原子序数的材料，例如铅。另外，也可以使用混凝土，采用特殊的骨料和添加剂能够提高混凝土的有效密度。

4.7.1.10　应通过适宜的质量保证程序，以避免建造期间在屏蔽层中形成空洞。

4.7.1.11　永久屏蔽的设计应考虑地震的作用。

4.7.1.12　在核动力厂运行期间可能需要临时附加屏蔽的区域，在设计中应考虑附加屏蔽的重量，以及运输和安装该屏蔽的需求。

4.7.2　穿越屏蔽体的贯穿

4.7.2.1　贯穿是中子和γ射线易于穿过的途径。无论一次源是中子还是γ射线，控制因贯穿造成的剂量率的基本方法是相同的。这些方法包括：

（1）将含有很低密度物质（例如气体，包括空气）的直线通道的截面积和数目减少到最少；

（2）设置屏蔽塞；

（3）设置Z形或弯曲通道，以保证沿任何视线路径都存在屏蔽。在这种情况下，需要增加贯穿附近的壁厚或密度，以补偿因贯穿造成的材料损失；

（4）用砂浆或其他填充屏蔽材料填满所有缝隙。

4.7.2.2　在某些情况下，根据相对于贯穿处源的强度和位置，可能不需要附加的屏蔽。在另外一些情况下，应采用具有屏蔽塞或迷宫的复杂屏蔽设计，此时需要用计算机进行屏蔽计算以验证该设计。

4.7.2.3　高辐射区的人员入口是屏蔽贯穿的特殊情况，这种情况下贯穿的尺寸大于屏蔽厚度。在考虑这种通道的屏蔽措施时，应考虑源的强度和源所在区域外侧的剂量率限值要求。通常的办法是采用迷宫或者屏蔽墙（即阴影屏蔽），以使只有少量的散射辐射可以到达该区域的入口处。

4.8　通风

4.8.1　为了保持辐射防护控制区内的工作场所适宜的清洁条件，应设置专用的能动通风系统。

4.8.2　就辐射防护而言，通风系统的主要目的是控制工作环境的气载放射性污染，以减少佩戴呼吸防护的需要。

4.8.3　应当使用空气净化过滤器和保持适当的压差来限制污染物的扩散和向环境的释放量。

4.8.4　过滤器的位置和屏蔽应当尽可能使污染的过滤器对核动力厂工作人员的辐射照射减至最少。

4.8.5　通风系统应提供合适的空气条件，使工作人员感到舒适。

4.8.6　在设计控制气载放射性污染的通风系统时，应考虑以下方面：

（1）热力和机械力的混合作用机制；

（2）在降低气载放射性污染方面，受到稀释效率的限制；

（3）潜在污染区域内的排气靠近污染源的位置；

（4）采用与污染区潜在污染水平相匹配的排放速率；

（5）应当保证排出空气的排放点不靠近通风系统的进风口。

4.8.7　通风系统中的气流组织，应使气载污染水平较低区域处的压力高于气载污染水平较高区域处的压力。通风系统中的气流方向应从气载污染水平较低的区域流向气载污染水平较高的区域，然后排出。气流速度的大小应尽可能减小污染物的再悬浮。

4.8.8　在维修期间可能发生气载污染的区域中，应当采用便携式通风系统（通风机、过滤器和帐篷），配置相应的电源点，并为通风系统的操作提供足够的空间。

4.8.9　通风系统的排气应设置为排入污染通风排气系统中。为了减少从外部环境把粉尘带入核动力厂内和防止污染传播的增加，在空气入口处应使用过滤器。

4.9 废物处理系统

4.9.1 在固态、液态和气态的放射性废物处理系统中的设备可能含有高水平的放射性物质，为此应当为厂区人员提供针对这种放射性物质的辐射防护。应当对处理的废物中预计的放射性核素成分，及其在废物处理系统的每个区域中可能引起的最高辐射水平进行估算。应当把在所考虑区域中的最高辐射水平的源（例如离子交换树脂、报废的放射性部件、过滤器废物等）作为系统辐射防护设计的设计基准并适当考虑其屏蔽。在评估这些辐射源项和辐射水平时，应当考虑由于处理而可能引起废物中的放射性浓度变化，特别是放射性浓度的增加（例如焚烧炉的炉灰或压缩废物）。

4.9.2 废物处理系统的设计应设法把树脂和蒸发浓缩物在系统的管道和部件中的沉积、在各种储罐中的结晶和沉积量减至最少。

4.9.3 废物处理系统的设计应尽可能降低各种泄漏的可能性。尤其是应该关注防止各容器中树脂和浓缩物的泄漏。要保证能够迅速监测到各种泄漏。在容器所在的房间中，应采用围墙把每个容器包围起来，包围的容积应能容纳该容器所装的液体量，或者每个房间的墙面都应易于去污，其去污高度线至少应为在没有采用围墙隔离情况下因容器泄漏而淹没的高度。

4.9.4 设计应保证对树脂进行远程控制的反向流动冲洗、洗涤、再生和替换。

4.10 放射性废物的厂内贮存

4.10.1 应对核动力厂内产生的放射性废物提供安全的贮存设施。贮存设施的设计应考虑废物的来源、废物形态（固态、液态、气态或某种混合形态）、放射性核素的种类，以及涉及对废物进行处理的特性。废物的安全贮存在一定程度上取决于贮存设施相关的设计、建造、运行和维修。对贮存设施的设计应保证在放射性废物接收、操作、贮存和回取的情况下，对工作人员或公众不会造成过量的照射，对环境不会造成不可接受的影响。

4.10.2 放射性废物的贮存设施应包含以下功能：

（1）维持对所贮存物质的包容；

（2）提供辐射防护功能（通过屏蔽和污染控制的方式）；

（3）提供必要的通风；

（4）废物可回取，以便运离厂区。

4.10.3 贮存设施对废物应具有保护措施，以防止在贮存期间和回取时由于损坏或性能下降可能给操作带来安全问题。在整个寿期内应保证包括贮存容器在内的整个贮存设施的屏蔽和贮存功能完好。应通过适宜的设计、选择合适的材料、维护和维修，或者设备更换来满足上述要求。应考虑以下因素：

（1）化学稳定性，以防止在废物的贮存过程中由于贮存设施与废物的相互作用或者外部条件而引起的腐蚀；

（2）抗辐照损伤的保护，特别是辐照造成的有机材料的降解和电子设备的损坏；

（3）抵抗运行负荷、事件和事故导致的影响；

（4）抵抗热效应。

4.10.4 应考虑贮存废物变化的可能性，这种变化会导致：

（1）由于化学效应或者辐照分解效应（例如辐照分解产生的氢气）引起有害气体的产生，从而造成压力增加以至超压；

（2）引起易燃的或者腐蚀性物质的产生；

（3）金属的加速腐蚀（特别是低碳钢）。

4.10.5 在贮存设施的设计中应当考虑发生事故的可能性。这与正常运行所要求的设计特点可能是不同的，应补充考虑。

4.10.6 在贮存设施的设计中除了考虑放射性危害外，还应当考虑非放射性危害（例如火灾或爆炸），这些非放射性危害可能引起重大的放射性后果。

4.10.7 应在适当的地方为贮存设施设置有效的安全联锁装置或具体的防范措施，以防止危险性的操作或误操作。这些联锁装置或防范措施应能防止不应有的转运（例如废物转运到厂区人员停留区域造成高剂量率）。

4.10.8 在废物包装容器会导致高剂量率的地方，或者放射性气溶胶或气体可能释放到工作场所并引起危险的地方，应当采用远程操作。

4.10.9 远程操作装置的设计应使其便于进行维修和修理，例如提供具有屏蔽的服务区，使工作人员受到的辐射照射保持在可合理达到的尽量低的水平。

4.11 辐照过燃料的在堆贮存

辐照过燃料贮存设施应包含以下功能：

（1）维持次临界状态；

（2）排除自身的衰变余热；

（3）满足 4.10 节的要求。

5 运行期间公众的辐射防护

5.1 排放准则

5.1.1 为保护公众免受核动力厂运行造成的辐射影响，核动力厂营运单位应当保证流出物中的放射性物质和核动力厂的直接辐射对公众造成的个人剂量不超过规定的限值并符合最优化原则。应当考虑液体、工艺废气和通风空气。对放射性流出物排放实施监管的一般原则是促使采用排放最小化的最佳可行方法，对最为重要的放射性核素规定相应的排放控制值是实施排放监管的主要手段之一。

5.1.2 核动力厂流出物的排放限值在其他有关规定和标准中描述，本导则不再重复。

5.2 源的减少

5.2.1 为保护厂区人员所采取的控制放射性物质来源的设计措施会对废物流和排放的活度产生影响。然而，对于一些放射性核素，应更多地考虑对公众的保护。以碘的同位素为例，应确定它们的运行限值，如果在规定的时间段内超过了该限值，则应使反应堆进入适当的状态以防止对公众产生不可接受的辐射照射。

5.2.2 在实践中，运行限值通常取决于为限制假想事件的后果（例如燃料包壳破损或者蒸汽发生器传热管破裂）所提出的有关要求，而不是取决于释放限值。在运行状态下，可以利用废物管理系统将碘从废物流中去除。在核动力厂的辐射防护设计中，应明确阐述是如何考虑上述有关问题的，包括废物处理系统的能力、允许的排放限值、设计基准事故的剂量准则以及核动力厂运行的辐射防护考虑等。

5.3 废液废气处理系统

5.3.1 应当监测和控制液态和气态流出物的流量和放射性浓度，以确保不超过管理排放限值。应基于最佳可行的方法设置液体和气体处理设施。

5.3.2 废液处理系统

5.3.2.1 需要进行处理的放射性废液的主要来源包括由于运行原因而排放的一回路冷却剂、收集放射性液体系统泄漏水的地面疏水、核动力厂和燃料元件容器去污水、过滤器和离子交换器反洗水、二回路冷却剂泄漏、洗衣水和更衣室淋浴水，以及化学实验室用水等。本导则主要针对水溶性的被污染水。当存在大量非水溶性的液体废物时，应考虑采用单独的废物处理系统进行处理。

5.3.2.2 经过验证的处理放射性废液方法有机械过滤、离子交换、离心分离、蒸发和化学沉淀等。为了使运行人员有充分的灵活性应对不同来源和含有异常成分的液体，以及对初级处理后没有达到排放要求的低放射性水平的水进行再处理，应将液体废物处理系统中的不同处理工艺进行连接使用。对于压水堆的非气态一回路冷却剂，尽管同样的再循环是良好实践，但为了控制核动力厂中气载氚的水平，可能需要排放一回路冷却剂。压水堆运行时，二回路（汽轮机）中可能出现的放射性是由于在蒸汽发生器中一回路向二回路泄漏引起的，在这种情况下，可能需要对二回路水进行处理，以减少水在排放前的放射性。

5.3.2.3 应当采取措施降低不能返回核动力厂的水的放射性水平，以满足所设定的剂量设计目标和排放限值。必要时，可以让这些水多次通过液体废物处理系统，以降低其中的放射性核素含量。

5.3.2.4 应当考虑液体废物管理系统所产生的固体废物的数量。应精心设计放射性水回路以防止泄漏，并使核动力厂需要去污的可能性减至最小，从而尽可能减少需要处理的液体量。应采用适合于水中污染物的类型和浓度水平的处理方式，以达到所要求的净化指标，使厂区人员的剂量和固体废物的产生量最小化。应当将不同来源的废物分类为不同的废物流。每种废物流应包含所有在化学特征和颗粒物方面具有相似特征的废物，以便对每一种废物流都能进行最适当的处理。在设计中还应考虑所产生的固体废物的预期贮存和最终处置的验收准则，这可能会限制除盐器中有机材料的使用。

5.3.2.5 水冷反应堆核动力厂放射性液态流出物向环境排放应采用槽式排放，排放的放射性总量应符合《核动力厂环境辐射防护规定》（GB 6249）中有关放射性液态流出物年排放总量限值的相关规定。

5.3.3 废气处理系统

5.3.3.1 应当采用最佳的可行方法减少放射性核素向大气的排放，放射性核素向大气的排放应遵守适用的管理限值，包括剂量约束和最优化要求。为了满足这些要求，应当设置气体废物管理系统。

5.3.3.2 气体废物管理系统的设计应做到收集核动力厂产生的所有放射性气体并在排放

到环境之前对其进行必要的处理。以惰性气体为例，当可能包含短寿命放射性核素（如^{133}Xe）时，应延迟该放射性气体的排放。通常使用延迟箱、延迟管或炭延迟床来实现。通常不必要去除长寿命惰性气体（如^{85}Kr），必要时可使用经过适当设计和选材的低温装置。

5.3.3.3 对于通常具有最大辐射影响的碘同位素，一般通过炭过滤器去除。应提供使用最易穿透的碘的形态对这些过滤器进行测试的手段，以确保其在核动力厂整个寿期中的效率。

5.3.3.4 应使用过滤器去除来自气体废物管理系统和通风系统的颗粒物。应确保所有来自核动力厂的可能含放射性的气体通过高效过滤器排放。

5.3.3.5 用于减少放射性释放的装置的性能，应当至少能达到安全分析所要求的效率。

5.3.3.6 所有放射性气态流出物都应通过高架方式向大气排放，并考虑场址的地形条件。如果气态流出物中放射性物质的含量可减少到能够允许某种程度的厂区建筑物卷吸效应，那么释放点的高度可以不必高于现存建筑物（即独立的烟囱）。应在最优化的过程中说明这种做法的合理性，并将事故工况考虑在内。

5.3.4 通风空气处理系统

在运行状态下，有些因素可以使排入环境的气载放射性物质（总量和浓度）减少到可接受的水平。这些因素包括，为保护厂区人员而实施的通风控制措施、废气处理系统，以及排放后环境大气的稀释作用。然而，针对某些运行规程或运行事件以及某些外部过程（例如牧草—牛奶食物链的碘浓集），可能需要引入附加的设计措施，以便在向环境释放前减少从辐射防护控制区排出的气态流出物中放射性物质的含量。

5.4 屏蔽

5.4.1 应当确保用于运行状态下保护厂区工作人员和事故工况下保护公众免受直接照射或散射照射的屏蔽措施，在运行状态下对公众也能提供足够的防护。应对辐射的“天空反散射”进行必要的考虑，尤其是对于具有轻型结构屋顶的建筑物。必要时，应设置适当的隔离围栏，以限制公众接近厂区。

6 运行和退役期间辐射水平的估算

6.1 概述

6.1.1 剂量率计算的第一步是估计源强及其分布，这可能涉及活化腐蚀产物或裂变产物进入反应堆冷却剂（液体或者气体）后的输运、沉积和重新分布的计算。第二步是计算从源点向剂量计算点的辐射输运在剂量点所产生的注量率（通量），以及利用粒子注量率乘以适当的转换因子计算辐射剂量率。

6.2 源的种类

6.2.1 附件Ⅱ详细描述了正常运行和退役期间反应堆系统的辐射源以及它们的产生途径。

6.2.2 附件Ⅱ描述的辐射源可以分为5类，它们以不同的方式对潜在照射产生影响。因此，在设计中应以不同的方式考虑这些辐射源。一般而言，它们是：

（1）决定屏蔽设计的辐射源；

（2）不可能进行屏蔽，但在核动力厂运行期间又可能成为工作人员受照剂量主要来源的辐射源；

（3）退役期间工作人员受照剂量主要来源的辐射源；

（4）核动力厂运行期间对于工作人员可能是特别危险的辐射源，如放射性微粒（含有α放射性或高浓度的活化钴）；

（5）核动力厂运行期间，对公众剂量有重要贡献的辐射源。

在某些情况下，一个类型的辐射源可能同属于多个类别。

6.3 源项及辐射传播：特定的屏蔽设计

6.3.1 反应堆堆芯及其周边

6.3.1.1 在运行核动力厂中，主要的辐射源是反应堆堆芯以及被堆芯逃逸中子活化的周边材料。

6.3.1.2 评估源强首先应确定裂变率、中子发射率及堆芯中子注量率的空间分布和能量分布。可以利用计算机程序进行计算，计算程序应考虑堆芯材料的空间分布以及燃料成分的变化、锕系元素和裂变产物毒物的产额和控制毒物随燃耗的变化（取决于控制棒的位置、液态慢化剂的液位、毒物浓度等）。将堆芯计算确定的中子发射率和中子通量分布作为计算穿过冷却剂、堆芯周围结构和屏蔽材料的中子能量分布和空间分布的输入数据。把中子通量分布应用于计算机程序（该程序可以与中子通量计算相衔接）和手工计算中，以确定堆芯和周围材料中的γ射线源的产生率。应确定瞬时源和缓发源（活化源）的产生率。对于活化源，在确定γ射线源的强度时，应考虑核素的衰变（半衰期）和在中子场中的辐照时间。在大多数情况下，决定人员剂量率的是γ射线源。

6.3.1.3 应使用本导则附件Ⅱ中讨论的方法确定主要的辐射源。

6.3.2 反应堆部件

6.3.2.1 有些设计中，会定期从压力容器中取出反应堆压力容器内的许多部件，从而成为压力容器外的辐射源。这些辐射源包括乏燃料、控制棒、中子源、堆芯内的测量仪表，对于某些反应堆设计还包括堆内构件。

6.3.2.2 作为屏蔽设计的基础，所有这些部件的源项应当基于在核动力厂整个寿期内可能产生的最大的活度，这可能对应于最大额定燃耗燃料组件的活度和其他各部件达到寿命时的活度。

6.3.3 冷却剂的活度

6.3.3.1 当对释放进入主冷却剂、在主冷却剂中输运和沉积的放射性物质产生的源项进行评估时，应当考虑：

（1）腐蚀产物；

（2）裂变产物；

（3）活化产物。

6.3.3.2 附录对腐蚀产物和裂变产物分别进行了描述。评估的详细程度取决于所考虑的反应堆的类型。不同反应堆类型之间存在相似之处，附件Ⅲ主要对轻水堆进行了更为详细的描述。对于大多数类型的反应堆，在停堆期间对辐射水平乃至工作人员职业照射的主要贡献来自腐蚀产物。^{16}N 是重要的活化产物之一，它发射高能γ射线，是功率运行时的主要辐射源。

6.3.4　穿过屏蔽层的辐射

6.3.4.1　对辐射源粒子注量计算方法的详细描述超出了本导则的范围，本导则的附件Ⅱ对一些方面进行了讨论。

6.3.4.2　应对辐射源发出的辐射（主要是γ射线）穿过简单、单一材料大体积屏蔽层或含有低密度区（气体或者空泡）和低减弱区的复杂几何结构进行计算，这种结构具有散射表面，易于传播辐射。

6.3.4.3　为了使屏蔽的设计达到可接受的剂量率水平，首先应根据以往的经验来确定所需的减弱倍数，然后根据辐射防护最优化原则，将工作人员所受剂量与制定的剂量设计目标值进行比较来评估屏蔽设计的效果。在设计中应当考虑保持屏蔽材料的整体性，以及辐照对屏蔽材料的影响。必要时，应重复这个过程以达到可接受的辐射水平。

6.4　难以屏蔽的源

6.4.1　在有些情况下，某些辐射源是难以进行屏蔽的，例如压水堆蒸汽发生器的水室以及轻水堆一回路管道保温层的拆除及在役检查。在这些情况下，设计应保证工作任务能够尽可能迅速地完成或可以使用远程操作设备。

6.5　退役期间决定剂量和废物体积的源

6.5.1　退役期间对剂量产生主要贡献的辐射源是堆芯的部件及其周边材料中的活化产物、一回路和辅助回路中的污染以及核动力厂积累的放射性物质。

6.5.2　在良好设计和运行的反应堆中，主要的辐射源是堆芯内或堆芯附近的活化产物。主要的放射性同位素是具有数年或者更长半衰期的核素。在多数情况下，停堆数十年后，最重要的放射性同位素仍将是钢材中杂质活化产生的 ^{60}Co，并将起支配作用直至钢材中的 ^{63}Ni 成为重要的辐射源。在这种情况下，控制杂质水平对控制运行期间辐射源的大小和退役期间辐射源的大小都是有效的。

6.5.3　存在大量混凝土时，源项的大小对工作人员的剂量和产生的放射性废物的体积都可能带来影响。这种情况下，在运行期间不是很重要的放射性核素可能成为起支配作用的源项，例如稀土同位素，应在设计中控制这些杂质的含量。

6.5.4　当反应堆运行中存在燃料元件包壳破损时，一回路和辅助回路可能会被α核素污染。沉积在回路表面上的辐照过的燃料的量可能会达数十克。在这种情况下，由α发射体产生的内照射是维修、运行和退役期间的特殊危险，应对其采取相关的防范措施，如提供呼吸防护等。

6.6　特殊危险

6.6.1　特殊危险一般指所谓的“热点”。“热点”是冷却剂中存在的一些小物体的活化引起的。这些小物体可能是：

（1）部件和/或燃料组件异常磨损下来的金属颗粒；

（2）残留在一回路中或其他与一回路相连回路中的碎片；

（3）燃料表面上沉积的片状沉积物。

6.6.2　“热点”的放射性浓度依赖于材料及活化时间。它们通常通过水的输运从一个环路移动到另一个环路。这些源产生的表面剂量率介于数十毫希沃特/小时到数百希沃特/小时之间。

6.7　对公众照射剂量产生重要贡献的源

6.7.1　对剂量有重要贡献的源这一概念是相对的，对公众照射剂量产生重要贡献的辐射源一般主要有：

（1）^{14}C、^{3}H 和 ^{85}Kr，废物处理系统可采用的最佳实际可行的去除手段对它们的去除效率较低，而且它们的半衰期较长；

（2）^{41}Ar，公众剂量的重要贡献者，虽然半衰期很短，但释放到大气中的数量较大（在改进型气冷堆和某些压水堆运行期间，来自于安全壳通风）；

（3）^{133}Xe，虽然发射的γ射线较弱，但在反应堆有大量燃料包壳破损情况下运行时，它可能成为重要的辐射源；

（4）碘、铯和腐蚀产物。

7　运行和退役期间的辐射监测

7.1　概述

7.1.1　在核动力厂设计中，为有效实施对厂区人员和公众的辐射防护措施，应当制定辐射监测大纲。应包括：

（1）个人剂量监测；

（2）工作场所监测；

（3）流出物监测；

（4）环境监测；

（5）工艺辐射监测。

7.1.2　在核动力厂运行和退役期间都需要进行辐射监测。在退役过程中，一些初始的监测设备可能将被移除或者不再必要，或者针对退役活动需要采取不同的监测措施。因此，应在退役开始之前对监测系统的设计进行审查。

7.1.3　为使厂区人员和公众免受过量的在核动力厂运行和退役期间产生的辐射照射，应使用固定式、便携式的辐射监测设备，监测工作区域和厂区外的周围环境状况，以及在不同分区出入口的固定点对人员进行污染监测。

7.1.4　采用的仪器应能够监测核动力厂系统和房间中的辐射剂量率、辐射剂量和放射性物质的活度以及放射性物质的释放量。应提供空气监测系统来探测室内空气以及通风系统中的放射性物质。应对工艺流进行辐射测量，以监测核动力厂内的液体和气体系统中放射性物质的输运。应对释放物进行辐射测量，以监测核动力厂的液态和气态放射性流出物。辐射测量系统和设备也可以提供与其他系统运行相关的信息。

7.1.5　应在核动力厂的设计中对完成上述监测任务的设备进行描述。测量通道的基本原理和设计基础、量程和探测器的位置应记录存档。系统设计应符合监管要求。安全重要设备应冗余设置。

7.1.6　在选择辐射监测设备时，至少应考虑以下特性：

（1）剂量率或活度浓度的量程；

（2）灵敏度；

（3）需要监测的放射性核素；

（4）报警阈值；

（5）电源和备用电源；

（6）环境条件；

（7）试验、标定和便于维修；

（8）异常情况下的功能特性；

（9）超负荷状态的响应特性；

（10）失效模式指示；

（11）因存在其他放射性核素而对监测数据产生干扰或导致数据崩溃的可能性，特别是在中子、氚和其他β辐射源的监测中应考虑这种情况。

7.1.7　测量系统的设计应保证在其指定环境条件下的可操作性。至少应规定测量系统工作环境的温度、气压、湿度、振动和周围辐射场的变化范围。

7.1.8　当测量结果超过测量系统的规定限值时，测量系统应具备在一定范围内能够探测到并进行提示的能力。在一些特殊情况下，有必要使用两个或者更多的测量通道来覆盖指定的测量范围。在这些情况下，不同通道的测量范围应充分交迭。

7.1.9　应在核动力厂的主控室、保健物理室、某些就地控制点以及核动力厂的计算机信息系统中设置能指示辐射测量值相关数据的系统。应根据辐射监测系统的设计目标设置报警信号。

7.2　个人剂量监测

7.2.1　监测工作人员个人剂量的设备应能对所接受的外照射和内照射进行测量、评估和记录。应当为在辐射防护控制区内工作的所有厂区人员提供足够的辐射监测设备和其他相关措施。

7.3　工作场所监测

7.3.1　工作场所监测包括辐射剂量率和气载放射性核素总量及表面污染的测量。在辐射防护控制区内应当安装带有就地报警器和明确读数的固定式连续运行仪表，以便给出在所选区域内的辐射剂量率和气载污染物的有关信息。在控制室或适当位置的独立剂量室内，应当设置能给出所选区域内剂量率信息的系统，这些仪表的量程应当从比该区相应的报警水平至少低一个数量级开始一直扩展到该区域预计的最高水平并留有恰当的裕量。

7.3.2　为了对短时间的特殊维修操作进行监测，尤其是监测高剂量率可能变化的区域，应同时配备便携式剂量率仪器，在剂量率超过整定值时能自动报警。在设计有声报警系统时，应考虑在相关区域内可能存在的噪声水平。还应提供表面污染测量仪器。

7.3.3　在轻水堆中，应在如下位置安装外照射监测系统：

（1）反应堆安全壳；

（2）邻近安全壳上部（换料区域）的房间；

（3）乏燃料贮存设施；

（4）换料机；

（5）放射性废物的处理和贮存设施；

（6）去污设施；

（7）燃料和废物的运输路径。

对于其他类型的反应堆，应在相应的位置设置类似的监测系统。

7.3.4　应在选定位置处设置探测空气中放射性物质污染的永久监测仪器。应确定空气中的放射性浓度，至少应为辐射防护控制区内的可达场所确定空气中的放射性浓度，这些场所的气载放射性物质可能影响工作人员的辐射剂量。在轻水堆中，还应在下列区域的排气通风管道处设置监测仪器：

（1）安全壳；

（2）乏燃料贮存设施；

（3）辅助厂房；

（4）放射性废物厂房。

对于其他类型的反应堆，应在相应的位置设置类似的监测系统。

7.3.5　在选择空气监测仪器时，应考虑气载污染物的物理形态（气体或颗粒形式）以及某些放射性核素（如放射性碘）的化学形态。空气污染的测量取样应尽可能具有代表性。

7.3.6　应当能够对辐射工作场所进出口处的空气和表面污染进行监测。

7.4　流出物监测

7.4.1　应当为向环境排放的所有放射性液态和气态流出物配备监测和记录的设备。另外，对流出物产生量占核动力厂总排放量很大份额的系统，应当设置监测设备。在水冷反应堆中，应当按具体情况对下列系统进行监测：

（1）气体排放系统；

（2）放射性废物罐的排气集管；

（3）有潜在放射性污染的厂房通风系统；

（4）排入核动力厂排水渠的放射性排水管线。

7.4.2　冷凝器抽气系统设置监测装置对于压水堆中蒸汽发生器传热管破裂的探测是有效的。在气冷反应堆中，应对反应堆冷却剂的排放进行取样和监测。

7.4.3　流出物监测设备应能够确定排放物的总放射性活度和核素成分。应通过在线测量和实验室分析完成上述工作。

7.4.4　液态放射性流出物排放前应对槽内液态放射性流出物取样监测，槽式排放口应设置明显标识。排放管线上应安装自动报警和排放控制装置。

7.5　环境监测

7.5.1　为了完善流出物监测大纲，应当配备相应的环境监测设备，这种设备应能探测出辐射超过本底的显著增加（通常取大于本底信号标准偏差的两倍）。环境监测应当包括外照射、气溶胶、碘浓度以及沉积放射性的测量（既可以连续测量，也可以在规定时间间隔内用积分法测量）。

7.5.2　应在核动力厂外配备低水平测量装置，以便测量气态取样装置中粒子和碘的放射性活度以及附近收集的生物样品中沉积物的放射性活度。

7.5.3　必须进行适当的运行前研究，以便为照射途径参数的确定、规划核动力厂运行期间要求的监测等提供必需的资料。

7.6　工艺辐射监测

7.6.1　应当设置辐射测量系统用于监测工艺液体和气体的放射性浓度，以探测燃料的失效以及放射性物质从工艺系统向外泄漏或者泄漏进入工艺系统。

7.6.2　应使用固定的辐射测量设备监测压水堆一回路和二回路以及沸水堆主冷却剂和主蒸汽管道中的放射性浓度。在间接循环反应堆中，当二回路系统在低于一回路系统的压力下运行时，放射性物质可能通过热交换器从一回路侧泄漏进二回路，这种情形也可能在压水堆和快中子增殖反应堆中发生。因此，应对二回路中的放射性水平进行监测。应通过对二回路蒸汽管道（针对 ^{16}N）或主冷凝器抽气管道（针对裂变产物）的辐射监测来探测可能需要迅速采取行动的大泄漏。

7.6.3　在加压重水反应堆中，检测向二回路系统泄漏的另一种方法是对一回路系统的补给水量进行监测，由于一回路系统的正常泄漏率很小，从补给水贮存箱的水位下降，可以明显地看出这种泄漏率的增加。对于加压重水反应堆，检测向二回路系统泄漏的有效方法还包括：

（1）监测氚的活度；

（2）监测重水的浓度。

7.6.4　应为放射性废气处理系统以及液体和固体废物处理系统设置相应的工艺辐射监测系统。

7.6.5　应提供适当的方法监测可能发生重大放射性污染的流体系统中的放射性水平。另外，应提供适宜的方法收集工艺样品，送至放射性化学实验室进行详细分析。

7.6.6　可能被污染的辅助系统包括：

（1）辐照过的燃料的贮存、冷却和净化系统；

（2）与放射性疏水系统相连的污水坑；

（3）放射性物质排放的通风管道；

（4）与放射性回路（例如由于热交换器的泄漏可能被污染的回路）只用一道实体屏障隔开的回路或系统，或者可能发生活化的冷却系统。

7.6.7　应提供必要的设备进行定期取样，以确定这些系统中放射性核素的含量。

7.6.8　燃料元件在达到规定的燃耗深度后或者有不可接受的破损时，应当从堆芯中卸出。因此，在反应堆的设计中应当包括检测燃料元件破损的监测系统。系统的工作原理是在核动力厂运行期间，测量主冷却剂或废气中能够指示燃料元件发生不可接受破损的裂变产物的放射性水平。另外，在运行或停堆的工况下，监测系统还应当能够鉴别包含不可接受的破损元件的特定燃料组件或通道。

8　辐射防护的辅助设施

8.1　核动力厂设计应当包括在运行和维修以及应急响应期间可有效地控制辐射照射的辅助设施，尤其是执行如下功能的辅助设施：限制辐射防护控制区内的污染物扩散和防止污染扩散到辐射防护控制区之外；充分实施工作场所监测和个人监测；为工作人员提供必需的防护设备和完成其他的辐射防护工作等。

8.2 这些辅助设施应包括：

（1）配备保健物理室，包括辐射仪器和防护设备测试和标定设施的工作场所；

（2）更换防护服房间；

（3）人员去污设施；

（4）设备去污设施；

（5）污染服洗涤设施；

（6）急救室；

（7）放化实验室（样品制备与活度测量）；

（8）污染物品与工具的贮存区；

（9）存放被污染设备的车间；

（10）辐射源贮存室；

（11）废物收集、分类、处理、整备和贮存设施；

（12）剂量测量实验室或者外部服务商提供的剂量监测服务；

（13）可用于创建相关的数据库且可按需升级的数据记录和存储系统；

（14）备用的或者外部的保健物理控制室；

（15）厂内应急集合区域；

（16）应急控制中心；

（17）厂内人员隐蔽场所。

8.3 应提供如下设备，并保证它们在核动力厂投入运行之前可用：

（1）防护服、靴子等；

（2）呼吸道防护设备；

（3）空气取样器和测量气载放射性浓度的设备；

（4）带有可变报警阈值的便携式剂量率计，人员和表面污染监测装置；

（5）可移动屏蔽、标识、绳索、支架和远程操作工具；

（6）通信设备；

（7）气象仪器；

（8）个人内照射监测设备；

（9）盛放固体放射性废物的临时容器和盛放液体放射性废物的特定容器；

（10）应急设备（包括附加的防护服，自供电空气取样器和应急车辆）；

（11）急救设备；

（12）废物贮存区域周围的取样和分析设备，例如放射性废物地下贮存设施的测井监测设备等。

9 事故工况下的辐射防护

9.1 事故工况下厂区工作人员的辐射防护

9.1.1 在设计过程中，应当评价事故期间和事故后可能存在的辐射源的大小和位置及可能的输运机制和照射途径。应在评价中考虑包括严重事故在内的所有潜在事故情景（见附件III）。

9.1.2　核动力厂设计应使营运单位在发生事故时或在辐射应急情况下能够保证所有厂区工作人员的安全，并符合有关法规和导则对应急准备的要求。事故工况下，对从事干预的工作人员的防护应符合《电离辐射防护与辐射源安全基本标准》（GB 18871）的规定。

9.1.3　为采取事故管理措施和应急准备措施，应当保持核动力厂中某些区域的可居留性。应急时可能经过以下区域的通道：控制室、安放应急系统的房间（或者临近这些房间的地方）、厂区取样设施（如安全壳和烟囱等处的取样设施）、应急控制中心、实验室和技术支持室。为此，应为如下活动制定操作规程：事故管理、维修和应急准备。应根据可居留性评价的结果对设计进行必要的修改和完善。

9.1.4　应确定可能要求应急工作人员在场内或场外实施应急响应的预计危险状态。应对应急工作人员可能需要在场内或场外实施应急响应的预计危险状态做出相应安排，以保证为应急工作人员提供所有可行的防护措施。这些安排应包括：持续评价和记录应急工作人员所受到的辐射剂量；保证按照已制定的技术指南和国家有关法规与标准的要求对受照剂量和污染进行控制；为预计危险状态下的应急响应提供适当的专用防护设备、程序和培训等。

9.1.5　除运行状态下所需措施之外，还应采取附加措施对辐射源进行屏蔽，以保证厂区工作人员能够进入和停留在核动力厂控制室或者辅助控制点（例如远程停堆控制点）操作和维护关键设备（事故中必须连续运行以防止事故升级或防止放射性进一步释放的设备以及事故后监测核动力厂状态的设备），又不会受到超过规定剂量准则的照射，包括在发生事故后需要进行维修或修理的设备的可达性。应安装自动或远程控制设备（例如远程控制阀门）使运行人员不必靠近进行干预。

9.1.6　应当预先考虑辐射源的位移（例如堆芯移动到反应堆厂房的底板上），屏蔽效能的减弱（例如由于混凝土的侵蚀），屏蔽失效和包括天空反散射在内的散射。所有这些因素对事故后的辐射水平都可能产生重要的影响。

9.1.7　在事故工况下，如果采用移动式废液处理系统，应防止放射性废液向环境的泄漏，并根据需要设置屏蔽，以减少系统对厂区人员的辐射。

9.1.8　在事故工况下，为保证核动力厂或厂区工作人员的安全，一些区域（例如反应堆厂房、燃料贮存厂房、核动力厂控制室和辅助控制点等）要求具有可达性。应当采取措施，降低这些区域内的气载放射性污染程度。可以通过关闭进风口和排风口来达到上述目的。在这种情况下，应通过对循环系统中的空气进行冷却来排出热量。如果预计被污染的空气向上述区域的泄漏量很大，以至于没有呼吸保护设备就不能在房间内停留，则应将适当部分的循环空气进行过滤。可以用二次包容或把污染气体导入大气中（必要时通过过滤器），以限制气载污染物在整个核动力厂内散布。尤其重要的是，应从氧气供应和在有气态化学品释放情况下的可居留性两个方面考虑控制室的可居留性要求。

9.1.9　应当考虑事故后气体和液体取样的要求和手段（例如远距离取样），并根据需要采取屏蔽措施，使取样和样品检测不会使厂区工作人员受到过高的辐射照射。

9.1.10　应当有报警和厂区工作人员集合的措施。应为不参与事故控制或消防的厂区工作人员设置隐蔽场所。应在控制室、辅助控制点以及人员集合点之间建立有效的通信联络。

9.1.11 应保证房间易于辨识、标记清晰以及消除通道中妨碍厂区工作人员自由行走的一切障碍物，以有利于厂区工作人员的防护，可采取的主要措施是缩短在事故中完成安全相关行动期间人员受照的时间。在设计阶段，应对这些因素给予适当的考虑。

9.1.12 应当对事故中预计仍保持较低辐射水平的区域做出标记。这些区域可用于安置被疏散的厂区工作人员和监测这些人员的受污染状况。个人监测的记录装置也应存放在这里。

9.2 事故工况下公众的辐射防护

9.2.1 为防止公众在事故工况下受到不适当照射而采取的设计措施包括降低事故发生频率和缓解事故后果两个方面。应当确定设计基准事故和设计扩展工况的可能后果以证明满足设计目标。

9.2.2 应当通过安全分析来评价是否满足设计基准事故的设计目标。如果安全分析表明没有满足验收准则，则应在设计中引入附加的保护措施或者制定相应的运行措施，保证验收准则得以满足。

9.2.3 通常，事故工况下进行评估的放射性释放是向大气的释放，但也需考虑并评估事故工况下放射性物质释放到水环境中的可能。

9.2.4 事故工况下可能释放到大气中的放射性物质的弥散取决于释放点和事故期间的气象条件。在设计中通常假设在事故期间和事故后具有不利的气象条件，用于评价弥散后果的假设应基于场址所在区域和场址的气象和环境条件。计算公众剂量的方法应符合国家核安全监管部门和国家有关标准的要求，并应进行验证。

9.2.5 在分析是否满足公众剂量设计目标的过程中，应在照射的持续时间、气象条件、事故时公众的屏蔽和停留等方面采用保守的假设。

9.2.6 在发生重大事故情况下计划实施应急防护行动的场外区域，应对放射性污染、放射性物质的释放以及辐射剂量的快速评价做出适宜的安排，以便确定或修改放射性物质释放后的紧急防护行动。

9.2.7 对于严重事故情景，应进行具体的分析以评价是否满足国家关于事故的短期和长期后果的监管要求。

9.2.8 为了减少事故工况下放射性释放对公众产生的放射性后果，可采取的设计措施包括：

（1）安全壳的密封和隔离。

（2）对排气进行过滤以减少气载放射性物质的释放量，应适当考虑经过滤排气系统旁路的事故释放途径。

（3）在设计中采用最佳实践，如使用新的过滤材料、增加过滤器深度，或在过滤器前使空气干燥，以提高过滤器的去污因子。

（4）当放射性物质排入安全壳或建筑物，由于其直接或散射辐射（包括天空反散射）可能导致辐射照射的增加而造成超过为事故分析而设定的剂量准则时，应在相关的位置处设置屏蔽。

（5）采用密封安全壳建筑物或减少排气流量的方法延长放射性物质在安全壳建筑物内的衰变时间。

（6）通过降低流体排放速度或缩短阀门关闭时间以减少放射性物质的释放量；通过添加适当的化学添加剂或者在反应堆地坑中添加化学添加剂以保证喷淋系统捕集碘的效率。在喷淋系统的设计中应注意安全壳中氚的控制。

（7）考虑设计基准事故工况下放射性废液的滞留能力。

（8）在设计阶段给出事故工况下禁止公众进入的区域。

9.2.9 另外，应考虑安全相关的设计措施（可能基于概率安全分析），主要包括：

（1）开发或升级安全系统、反应堆保护系统和仪控系统，使可能导致设计扩展工况的设备故障和运行人员失误减至最少；

（2）保证重要设备和仪器，包括保健物理仪器和保护系统的电源可用。

9.2.10 在应急时，应保证相关信息得以记录和保留，以用于应急期间、应急结束后的评估工作，以及应急工作人员和可能受影响的公众成员的长期健康监测和跟踪。

9.3 事故工况下的辐射监测

9.3.1 用于核动力厂事故管理的辐射监测系统应包括假想事故工况时所需的监测设备，应当保证这些设备即使在某些严重事故情况下仍然可以正常运行。应提供便携式监测仪器（用于监测剂量率、表面污染以及气载污染），其量程范围应能满足严重事故情况下辐射监测的需要。应保证运行人员能够在事故期间对全厂及其周围的辐射水平进行快速可靠的评价，并据此采取必要的行动。

9.3.2 应当对以下方面的快速评价做出安排：设施的异常工况；辐射照射和放射性物质的释放；厂区内外的辐射状态。这包括获得必需的信息，这些信息支持运行人员的缓解操作、应急状态分级、厂区紧急防护行动、工作人员的防护以及场外应采取的应急防护行动的建议。这些安排还应当包括提供有关仪器的可达性，这些仪器可以显示或测量在核或辐射应急情况下易于测量或者观测的参数，这些参数是事件分级的基础。设施中的仪器或系统的响应涵盖假想应急状态的整个范围，包括严重事故。

9.3.3 应采取措施使运行人员了解辐射监测系统在事故导致的环境条件下的性能表现。

9.3.4 应对核动力厂内所有可能区域的放射性物质浓度，事故导致的释放，包括释放的核素成分以及预期的环境污染做出适当的评价，以保证辐射监测仪器能充分实现设计目标，包括必要的量程范围。对于严重事故尤应如此，在严重事故情况下，安全壳内的辐射场或者可能从安全壳排放的放射性气体辐射场导致的外照射剂量率可高达 10^6 Gy/h（戈瑞/小时），碘和气溶胶的活度浓度可高达 10^{15}Bq/m^3（贝克/米^3）。

9.3.5 测量系统应在规定的事故环境条件下保持可操作性。至少应规定温度、压力、湿度、振动和周围辐射场的范围。

9.3.6 应当使空气样品通过组合式粒子和碘过滤器，并用移动监测设备或者在事故工况下可用的实验室进行γ谱分析，以测量气载碘和粒子的放射性活度。应当事先作好运输移动设备的准备。

9.3.7 对于设计基准事故，为连续辐射监测系统供电的应急电源应当满足单一故障准则。

9.3.8 在主控室以及人员需要执行事故管理措施的位置处，应当能获得事故工况下的辐射测量数据。应当提供适当的通信系统，以便能在不同场所之间发送信息和指令，并提供与其他相关部门之间的外部联络。应当具备将相关数据直接传输到应急控制中心的手段。

9.3.9　在事故条件下，应提供适宜的取样方法，以获得用于实验室测量的反应堆安全壳内有代表性的气体和液体样品。取样设备应当设计成不仅能够满足设计基准事故工况下的取样要求，而且能够满足严重事故工况下的取样要求。实验室应当作出相应安排以便安全处理和分析这些“热”样品。

9.3.10　在厂区附近应设置自动外照射测量网络，这种测量系统应给运行人员和应急响应组织提供环境辐射水平的实时数据。这些环境辐射水平数据可用于核动力厂释放早期阶段的应急行动决策，以及用于估计释放到安全壳外的放射性源项。

名词解释

设计

对一个设施及其组成部分进行概念设计、制订详细计划、进行支持性计算以及制定技术规格书的过程和结果。

设计目标

最优化过程中的有用工具。它不是限值，在有合理理由的情况下可以被超过。实现设计目标本身并不表明设计满足了最优化原则。如果代价是合理的，那么应当将剂量降低到设计目标之下。

污染

材料或人体内部或表面或其他场所出现的不希望有的或可能有害的放射性物质。

源

可以通过发射电离辐射或释放放射性物质而引起辐射照射的一切物质或实体。

摄入

放射性核素通过吸入、食入或经由皮肤进入人体内的过程。

工作人员

受聘用全日、兼职或临时从事辐射工作并已了解与职业辐射防护有关的权利和义务的任何人员。

公众成员

指除职业受照人员和医疗受照人员以外的任何社会成员。但对于验证是否符合公众照射的年剂量限值而言，则指有关关键人群组中有代表性的个人。

关键人群组

对于某一给定的辐射源和给定的照射途径，受照相当均匀，并能代表因该给定辐射源和该给定照射途径所受有效剂量或当量剂量最高的个人的一组公众成员。

职业照射

除了国家有关法规和标准所排除的照射以及根据国家有关法规和标准予以豁免的实践或源所产生的照射以外，工作人员在其工作过程中所受的所有照射。

公众照射

公众成员所受的辐射源的照射，包括获准的源和实践所产生的照射和在干预情况下受到的照射，但不包括职业照射、医疗照射和当地正常天然本底辐射的照射。

潜在照射

有一定把握预期不会受到但可能会因源的事故或某种具有偶然性质的事件或事件序列（包括设备故障和操作错误）所引起的照射。

可防止的剂量

采取防护行动所减少的剂量，即在不采取防护行动的情况下预期会受到的剂量与采取防护行动的情况下预期会受到的剂量之差。

预期剂量

若不采取防护行动或补救行动，预期会受到的剂量。

导出空气浓度（DAC）

特定放射性核素在空气中的活性浓度导出限值的计算值，对于呼吸不变的 DAC 水平的污染空气、从事一年轻微体力活动的参考人而言，将会摄入与所涉及核素的年摄入限值相对应的摄入量。

弥散

放射性核素在空气中（空气动力学的）或水中（水力学的）散布，主要产生于影响所处介质中不同分子速度的物理过程。

实践

任何引入新的照射源或照射途径，或扩大受照人员范围，或改变现有源的照射途径网络，从而使人们受到的照射或受到照射的可能性或受到照射的人数增加的人类活动。

评价

系统地分析与源和实践以及与防护和安全措施相关的危害的过程和结果，目的在于给出与准则进行比较的绩效度量。

正当化

决定一个实践是否如国际放射防护委员会（ICRP）辐射防护体系所要求的那样总体上是有益的过程，即引进或继续该实践对个人和社会所带来的利益是否大于该实践所产生的危害（包括辐射损害在内）。

剂量约束

对源可能造成的个人剂量预先确定的一种限制，它是源相关的，被用作对所考虑的源进行防护和安全最优化时的约束条件。对于职业照射，剂量约束是一种与源相关的个人剂量值，用于限制最优化过程所考虑的选择范围。对于公众照射，剂量约束是公众成员从一个受控源的计划运动中接受的年剂量的上界。剂量约束所指的照射是任何关键人群组在受控源的预期运行过程中、经所有照射途径所接受的年剂量之和。对每个源的剂量约束应保证关键人群组所受的来自所有受控源的剂量之和保持在剂量限值以内。

辐射防护

对电离辐射对人可能产生的效应进行防护，以及实现这种防护所采取的手段。

辐射防护大纲

旨在为辐射防护措施提供充分考虑的系统化的安排。

放射性排放

实践中的源产生的以气体、气溶胶、液体或固体等形式向环境排放的放射性物质，通常是为了使放射性物质得到弥散和稀释。

监测

为评价或控制辐射或放射性物质的照射，对剂量或污染所进行的测量及对测量结果的解释。

个人监测

使用工作人员佩戴的设备所获得的测量结果，或通过工作人员体内或体表放射性物质的量的测量结果进行的监测。

安全文化

存在于单位和人员中的种种特性和态度的总和，它确立安全第一的观念，使防护与安全问题由于其重要性而保证得到应有的重视。

安全序列

完成安全功能的一组核动力厂部件，例如应急堆芯冷却泵及其相关的设备和水源。

附件Ⅰ 最优化原则的应用

Ⅰ.1 在核动力厂及其部件的设计中，最优化的基本作用是保证以适宜的方法对控制辐射剂量的工程措施进行决策。在大多数情况下，最优化寻求在降低辐射剂量、保证可靠的能源生产和所涉及的代价之间达到一个合理的平衡。在实际应用中，这常常是一个决策的问题。在核动力厂的设计阶段，或者对于费用投入大的重大修改，可能需要使用更为系统化的方法，必要时可以使用辅助决策技术。

Ⅰ.2 对于可从在役的核动力厂获得足够多资料和数据（例如放射性物质的产生及其输运、辐射照射相关参数）的反应堆类型，对决策过程中所要求的许多准则和输入参数可以进行定量化的分析，从而有助于完成相应的最优化分析。

Ⅰ.3 在某些情况下，需要对所涉及的有关因素进行适当的权衡。例如，个人剂量与集体剂量的权衡，以及公众照射与职业照射的权衡等。对于这些较为复杂的情况，可以采用多准则分析的辅助决策技术对可选择的辐射防护方案进行评估。

Ⅰ.4 如果采用代价—利益差分分析方法，需要对防止的剂量建立相应的货币值。

Ⅰ.5 如果在职业照射的控制中使用防止的剂量的货币值作为决策的考虑因素之一，可以采用单位剂量货币值的基准值对辐射剂量进行货币化评估。在个人剂量接近剂量限值时，应使单位剂量的货币值随剂量的增加而增加。

Ⅰ.6 需要强调的是，上述决策分析及其结果只是为决策提供必要的资料和数据，并不代表决策的最终结果。在这种决策过程中，专业人员的判断往往起着重要作用。例如，从经济角度出发，分析可能不能说明使用远程设备来避免人员进入高辐射区或者高污染区必要性的正当性，但可能从社会因素的角度作出使用这种设备的决定。这些分析的复杂程度需要反映所涉及的辐射剂量的大小。

Ⅰ.7 在设计的最优化中，需要认识到辐射照射只是厂区人员可能受到的若干危险类型中的一种，降低辐射照射的措施不应增加总的危险。

附件II　正常运行和退役期间的辐射源

II.1　概述

II.1.1　应当清楚地了解到，某一已知运行状态下重要辐射源有可能在不同的运行状态下变为次要的辐射源。同样，辐射源的重要性会随着具体的情况而改变。从剂量的角度来看，某些同位素在运行期间是次要的，但在退役期间可能变得很重要，而且根据退役的特点，其源项将随着退役的进行而不断变化。即使对于同类型的反应堆，设计的改变也可能会对辐射源的重要性产生很大的影响。

II.2　反应堆堆芯和压力容器

II.2.1　在功率运行期间，裂变过程产生裂变产物和锕系元素。从辐射剂量的角度来看，对厂区人员和公众有重要影响的同位素通常是惰性气体的同位素、碘和铯，但是其他一些同位素，例如锶和钚，可能也是很重要的。在严重事故中，应该考虑更大范围的放射性核素。当反应堆在功率运行期间，由于裂变过程和裂变产物的衰变，燃料元件会发射出中子和γ射线。堆芯和周围材料由于发生中子俘获，也会发射γ射线。如果冷却剂中含有氧，则功率运行期间另一个重要的辐射源是 ^{16}N，它是由快中子与压力容器内冷却剂中含的 ^{16}O 相互作用而生成的。此外，以重水作为慢化剂的反应堆，γ射线和氘的相互作用会生成光中子。在功率运行期间，从堆芯和压力容器区域还会发射出β粒子和正电子，但从辐射防护角度来看并不重要，因为这些带电粒子的穿透距离有限。

II.2.2　堆芯发射出的中子和γ射线是高强度的辐射源。在主屏蔽外侧残留中子引起结构材料的活化是另一个辐射源。在停堆期间，活化辐射源可能成为增加剂量率的次要辐射源，而在核动力厂退役期间则将成为主要的辐射源。

II.2.3　当存在着穿透屏蔽层的直接通路时，中子和γ射线穿过这种通路时将不会被减弱或者减弱很少。这种现象将使剂量率增加，甚至会使离堆芯很远处的剂量率增加。

II.2.4　对于钠作为冷却剂的快中子增殖反应堆，冷却剂泵和蒸汽发生器位于压力容器内，二回路冷却剂及其部件的结构材料可能被活化。最重要的放射性核素是 ^{22}Na、^{24}Na、^{54}Mn、^{58}Co、^{60}Co 和 ^{59}Fe。

II.2.5　即使把反应堆厂房设计为在满功率运行状态下不允许长时间进入，但是，应当能做到在可接受的条件下的短期进入，以满足某些操作的需要。

II.2.6　如果在反应堆运行期间允许进入反应堆厂房，则应当考虑其他辐射源（包括 ^{41}Ar、^{3}H、挥发性裂变产物和惰性气体造成的气载污染物）的影响。在压水堆中，空气中包含的 ^{40}Ar 的活化是 ^{41}Ar 的来源，它发射γ射线。反应堆堆腔的通风（在某些设计中）会把 ^{41}Ar 污染物输运到操作平台之上的反应堆建筑物的自由空间中。虽然它们引起的剂量率（外照射）比较低，但是当个人剂量率目标值低于 10 微希沃特/小时或者更低时，其影响可能是不可忽略的。在重水反应堆中和轻水堆的燃料厂房中，^{3}H 同样也是一个重要的潜在气载污染源。

II.2.7　在停堆之后，在压力容器附近的主要辐射源是γ射线，它们来自裂变产物和压力容器中的活化产物，以及处在中子长期辐照下保温层中的金属和其他材料中的活化产物。在某些重水堆设计中，由于光中子源引起的次临界倍增而产生的中子会导致在短时间内（大约 24 小时）功率水平显著地上升，并伴随发出γ射线。

Ⅱ.2.8　在轻水堆中，活化产物主要产生于：燃料组件的结构材料、燃料棒包壳、压力容器内的结构材料、控制棒、一次和二次中子源管、压力容器本身、水和杂质、主屏蔽；在气冷堆中，活化产物主要存在于：燃料棒包壳、压力容器内的屏蔽材料（例如在反应堆堆芯和热交换器之间以及在堆芯上下方的屏蔽材料）、压力容器以及部分热交换器；在压力管式重水反应堆中，活化产物主要存在于：燃料棒包壳、压力管、排管容器的排管、控制棒管、排管容器以及屏蔽箱中。

Ⅱ.3　反应堆冷却剂及液体慢化系统

Ⅱ.3.1　如果冷却剂中含有氧（例如轻水堆、重水堆），则在功率运行期间 ^{16}N 是重要的辐射源，它是由冷却剂通过反应堆堆芯时由快中子和 ^{16}O 的反应生成的。^{16}N 是很强的γ源，发射的γ射线能量在 6～7 兆电子伏。由于 ^{16}N 的半衰期很短（约 7.1 秒），所以当它在堆芯和冷却剂系统构件之间的输运时间与其半衰期相比较足够长时，它的重要性将会减小。在这种情况下，冷却剂的其他活化产物，例如 ^{41}Ar（气冷堆）、^{19}O 以及 ^{18}F（水冷堆）可能对辐射水平的贡献最为重要。在压水堆中，冷却剂在回路中的输运时间与 ^{16}N 的半衰期相近，因而在运行期间 ^{16}N 对一回路周围剂量率的贡献起支配性的作用。

Ⅱ.3.2　在水冷堆中，尤其是重水堆中，氚是一个重要的内照射辐射源。在轻水堆中，液态和气态流出物中以重水形式释放到环境的氚是一个重要的辐射源，因为目前还没有一种代价低廉并能有效地把它从废物中去除的方法。

Ⅱ.3.3　从包壳有破损的燃料棒中释放出来的裂变产物是反应堆冷却剂中的一个辐射源。这种源的活度取决于很多参数，包括包壳破损的数量和破口大小、邻近破口处的局部功率、燃料的燃耗深度等。但是，在现代反应堆中，燃料包壳发生破损极其罕见。此外，包壳破损的主要原因（约 80%）是流动的细小微粒（碎片）与包壳相互作用引起的，因而在燃料组件的底部安装了过滤网而使包壳的破损显著减少了。

Ⅱ.3.4　裂变产物也可能来自包壳表面残留的铀污染（在制造过程中不可能做到绝对的清洁）和包壳内含有的铀进入冷却剂而裂变产生。因此，需要对铀污染（“杂质铀”）的限值作出规定。

Ⅱ.3.5　在维修和修理期间对剂量率的主要贡献来自活化腐蚀产物，例如，^{60}Co、^{58}Co、^{54}Mn、^{59}Fe 和 ^{51}Cr。它们沉积在主冷却剂回路以及连接到该回路的所有构件和管道的内表面上。裂变产物，如 ^{131}I、^{134}Cs、^{137}Cs，由于它们的源项较小，沉积率较低，因而对这些回路周围的剂量率的贡献也比较低。但是，对于某些部件（例如热交换器和阀门），为了进行维修和修理，需要打开这些部件或进入其中，此时这些核素对剂量率的贡献就会显著增加。

Ⅱ.3.6　如果反应堆运行时发生大量燃料包壳的破损，就会有较大数量的燃料（几克或者几十克）释放到冷却剂中去。在这种情况下，水和沉积物中的α放射性是不可忽略的。当打开回路和部件进行维修和修理时，裂变产物和腐蚀产物就是一个很重要的内照射潜在辐射源。同样，在退役期间也是一个重要的潜在辐射源。

Ⅱ.3.7　在分离式慢化系统含有氧的情况下（例如压力管式反应堆），则在反应堆运行期间 ^{16}N 将是一个主要的辐射源。在停堆后，主冷却剂系统周围的辐射水平主要由活化腐蚀产物造成。水冷却剂或慢化剂中的氚，只有在它们从系统中释放出来并变成气态的情况下，才会对辐射危害有贡献。因此，由于主冷却剂的有限泄漏是允许的，在轻水堆的设计中应考虑这种危害。

Ⅱ.3.8　在压水堆蒸汽发生器的材质为镍基材料的情况下，当反应堆从功率运行状态转换成冷停堆状态时会发生一个重要的现象，即物理（温度、压力）和化学（从还原条件转换为氧化条件）条件会发生重大改变。此时，腐蚀产物的沉积氧化物的溶解性显著增加。沉积在燃料上的活化腐蚀产物会大量释放到冷却剂中去，并使得水中的放射性浓度增加2～3 个数量级。这种释放率不是恒定的，并且它在温度从高温降低到 80℃时也会减少。金属核素也会释放，对于大面积的含镍合金，总的释放量达到几千克的数量级。当过氧水注入时释放会迅速增加，并出现尖峰现象。净化常数（即净化流量率与总水量的比率）决定了终止释放的氧化条件和水中放射性浓度的变化。一般可以忽略堆芯外侧沉积物的溶解。因此，对这些部件（主管道、蒸汽发生器、泵）通常不进行去污，剂量率不发生变化。净化期间去除下来的高活度腐蚀产物主要聚积在化学和容积控制系统的过滤器、离子交换器上，其放射性活度可能等于在运行期间聚积的总放射性活度。设计（主要是蒸汽发生器管道的合金成分，即镍基或铁镍合金）会对这些现象产生很大的影响。在这期间，水中放射性物质对反应堆冷却剂系统、化学和容积控制系统以及余热排出系统周围剂量率的贡献，与沉积物的贡献相比不可忽略。

Ⅱ.3.9　对于压水堆，在停堆期间观察到裂变产物的尖峰现象。当一回路压力降低时，在燃料棒内所有空间（燃料芯块的裂缝、燃料芯块与包壳之间的间隙，以及燃料棒的膨胀腔）聚集的裂变产物可能释放到冷却剂中。水可能进入燃料棒内，并把裂变产物冲刷出来。因此，释放不限于气体和可挥发性核素。释放量主要取决于包壳破损的特性。

Ⅱ.3.10　在水冷却和慢化的反应堆（如轻水堆和重水堆）的净化系统中，放射性物质将聚集在过滤器和离子交换树脂上。这些放射性物质包含裂变产物（例如碘和铯，它们由燃料包壳破损处释放到冷却剂中）和活化腐蚀产物（通过冷却剂和慢化剂输运）。过滤器、离子交换树脂，以及所有可能聚集放射性物质的部件，都可能有很高的放射性，因而需要进行屏蔽。在过滤器中聚集的碘衰变时可以形成放射性的惰性气体。在重水堆中，^{16}N 发出的光子导致在重水中产生光中子。这种辐射源对确定堆芯外部冷却剂回路所需的屏蔽时起着非常重要的作用。在气冷堆中，气体处理系统将收集放射性腐蚀产物（例如，^{58}Co、^{60}Co）和裂变产物（如碘、铯），它们将成为重要的辐射源。

Ⅱ.3.11　对于钠冷快中子增殖堆，主要的辐射源是 ^{22}Na 和 ^{24}Na。钠蒸汽可能穿透反应堆压力容器的屏蔽盖板而进入一回路的部件。如果这些部件穿过屏蔽层，则需要考虑对它们进行屏蔽，以使在操作地面上的剂量率达到可以接受的水平。在燃料中由三元裂变产生的氚会通过燃料的不锈钢包壳释放（基本机制是扩散）到主冷却剂中。如果包壳发生破损，则裂变产物（例如碘、铯）会释放到冷却剂中。钠冷却剂可以用惰性气体（例如氩）覆盖。覆盖气体的活化将生成 ^{39}Ar 和 ^{41}Ar，它们可能泄漏而进入反应堆建筑物中。

Ⅱ.3.12　在某些气冷堆的冷却剂中含有氚、以碳酰基硫化物形态存在的 ^{35}S 和 ^{14}C。^{35}S 主要由石墨慢化剂中的杂质氯产生。氚来自石墨中的杂质锂，^{14}C 来自冷却剂和慢化剂中的杂质氮。由于这些核素只发射β射线，因而它们仅仅在被吸入或摄入时才可能对健康造成危害。

Ⅱ.3.13　在轻水堆和重水堆中产生的 ^{14}C 来源包括，燃料氧化物和慢化剂中存在的 ^{17}O 发生的（n，α）反应、燃料中存在的杂质 ^{14}N 发生的（n，p）反应，以及三元裂变。在重水堆中由于慢化剂的数量很大，因而 ^{14}C 主要来自慢化剂中 ^{17}O 的（n，α）反应。^{14}C 可能是主要源项，对全球长期集体剂量有贡献。在某些重水堆系统中，^{14}C 对总集体剂量的贡献相当小，这是因为 ^{14}C 被净化系统从慢化剂中有效地去除了。

Ⅱ.4　蒸汽系统和汽轮机系统

Ⅱ.4.1　在直接循环的水堆中，功率运行期间蒸汽中夹带的 ^{16}N 可能是主要辐射源。对于具有轻结构的建筑物，例如汽轮机厂房的屋顶，应当仔细分析来自天空散射的影响。在冷凝器的出口段 ^{19}O 也应被视为主要的辐射源。在燃料棒破损情况下，气体裂变产物（主要是惰性气体），以及挥发性裂变产物（如像碘和铯）将是一个附加的辐射源。在功率运行期间，与 ^{16}N 相比，这些源是次要的，但在反应堆停堆以后，这些同位素及其子体产物（例如 ^{140}Ba）将是本系统中的主要辐射源。另一个辐射源可能是由蒸汽中的水滴夹带的不挥发的腐蚀产物。

Ⅱ.4.2　在压水堆中，蒸汽系统和汽轮机系统是通过实体屏障（热交换器管道）与放射性系统分隔开的。因此，在这些反应堆中，只有在一回路和二回路之间出现泄漏时，放射性物质才能进入蒸汽系统和汽轮机系统。如果能够对泄漏率进行监控（例如测量二回路水中的放射性或 ^{16}N），并且把二回路中的放射性保持在较低的水平，那么就不需要对来自该系统的直接辐射和散射辐射采取防护措施。因此，应当使一回路到二回路的最大允许泄漏率保持在很低的水平。一旦发生一回路向二回路的泄漏，则应对二回路采取净化措施，并对来自二回路的废物进行处理。可以通过监测给水系统中的氚来探测主冷却剂向二回路的泄漏。如果给水系统中有放射性物质，则可能由于给水系统的泄漏和蒸汽排放造成放射性物质向环境的释放失控。

Ⅱ.4.3　在直接循环的核动力厂中，需要考虑的辅助系统污染的附加辐射源是采用蒸汽对放射性废物进行浓缩的设备的泄漏。这种污染源之一是通过传热管泄漏产生的，传热管的泄漏使污染废物进入加热蒸汽的冷凝液中。来自加热蒸气的污染冷凝水可能进入辅助系统。

Ⅱ.4.4　在快中子增殖反应堆中，二回路的钠冷却剂可能被活化而形成 ^{22}Na 和 ^{24}Na。如果钠从蒸汽发生器输送到安全壳外侧建筑物的时间不能与 ^{22}Na 和 ^{24}Na 半衰期相当，则可能造成安全壳外侧建筑物的部分区域的剂量率增加。

Ⅱ.5　废物处理系统

Ⅱ.5.1　废液处理系统

Ⅱ.5.1.1　废液处理系统收集放射性废液并进行净化处理，使之能达到能在核动力厂中复用的水平，按规定排放或在贮存库中安全处置。

Ⅱ.5.1.2　废液的成分（放射性活度浓度、固态物和化学成分）随它们的来源而不同。通常的做法是按照它们的预计成分进行分类和处理。废液处理系统中的液体的放射性浓度有很宽的范围。可以把废液划分为如下几类：

（1）高纯度废液（例如在功率运行期间压水堆一回路泄漏的废水）；

（2）高化学物含量废液（例如去污液）；

（3）高固体物含量废液（例如地面疏水）；

（4）含洗涤剂的废液（例如洗衣房排水、人员淋浴水）；

（5）含油废液（例如在气冷堆中来自风机润滑油箱所在区域的地面疏水）。

Ⅱ.5.1.3　不允许把少量的高放射性浓度的废液与同类大量的低放射性浓度的废液相混合。

Ⅱ.5.1.4　在轻水堆中，某些废液在处理前其放射性核素的浓度可能与反应堆冷却剂中放射性核素的浓度相同（短寿命核素和气体除外，前者会衰变掉，后者会由于卸压而逸出）。在这种未经处理的废液中，放射性核素的浓度可能达到 $10^{10}Bq/m^3$ 量级。因此，废液处理系统在处理放射性废液时，放射性物质将累积在该系统的过滤器、离子交换器和蒸发器等部件中。

Ⅱ.5.1.5　在多数情况下，积累的放射性核素将由活化物质组成，如 ^{60}Co、^{58}Co、^{54}Mn 和 ^{59}Fe（取决于一回路中使用材料的成分和腐蚀速率）。如果发生燃料包壳破损，裂变产物（例如，碘、铯和锶的同位素）可能是很重要的放射性核素。

Ⅱ.5.2　气体处理系统

Ⅱ.5.2.1　废气系统

Ⅱ.5.2.1.1　在水冷堆中，冷却剂的活化将产生一些短寿命的放射性气体（^{16}N、^{19}O、^{13}N）。裂变气体由燃料包壳破损处释放到冷却剂中。必要时，用专门的除气系统把这些气体从冷却剂中排出。在直接循环沸水堆的情况下，这些气体在它们被除气系统排出之前，在冷却剂中有短时间的停留。但是，在间接循环系统（如压水堆）中，只是在停堆之前才需要去除裂变气体。在这种情况下，停堆期间须打开系统时降低系统中的放射性尤为重要。在堆芯中有破损燃料和高除气速率的情况下（例如在沸水堆中），在系统的高放射性部分（端头部位），其浓度可达到 $5\times10^{11}Bq/m^3$ 量级。在这种情况下，相当大的份额是由短寿命同位素（例如半衰期少于 1 小时）产生的。当气体在一回路中平均停留时间较长的情况下（例如压水堆运行在低除气速率的情况），长寿命同位素将是放射性的最重要组成部分。

Ⅱ.5.2.1.2　在废气系统中设置滞留箱、滞留管、活性碳延迟床或者低温装置等部件，使收集到的气体延迟向环境释放，延迟时间应足以使大部分放射性物质能在排放前衰变。

Ⅱ.5.2.1.3　在直接循环的沸水堆中存在着辐照分解气体和在压水堆一回路冷却剂中存在着很高的氢浓度，这是废气系统设计中十分重要的问题之一。空气可能进入这些系统并有可能形成可燃气体的混合物。需要设置复合器，以避免形成这种可燃气体混合物。通过复合器减少可燃气体体积的同时，还能把该系统的延迟时间增大约 10 倍。还有其他可能的解决方案，例如采用实际措施和适当的操作步骤把通风排放和含氢废气排放严格地分隔开来。

Ⅱ.5.2.1.4　增加延迟时间将会减少流出物中短寿命同位素的含量，但不会显著改变其半衰期比延迟时间还长的那些同位素的含量。但是，把延迟时间增加到 30 天能很大地减少流出物中惰性气体的释放量，尤其是 ^{133}Xe。在这种情况下，释放的放射性核素最重要的是 ^{85}Kr 和 ^{14}C。

Ⅱ.5.2.1.5　建筑物的通风可能是释放放射性气体和少量气溶胶的来源，主要的同位素是 ^{3}H（来自水池的蒸发）和 ^{41}Ar。

Ⅱ.5.2.2　工艺排气

Ⅱ.5.2.2.1　在某些情况下，在对放射性气体进行处理前不可能防止其与非放射性气体（例如空气）的稀释，例如：

（1）排管容器穹顶的气体（压力管式反应堆中）。

（2）盛装含有挥发性物质的液体贮存容器中的覆盖气体（例如轻水堆中收集反应堆冷却剂泄漏水的贮存箱，以及在废液处理系统中的贮存箱或某些其他设备）。在某些情况下，气体是由衰变形成的（例如碘变成氙）。

（3）在气冷堆中，冷却剂气体泄漏到含有空气的区域。

（4）在打开轻水堆压力容器之前，由于卸压和降低水位会使空气进入压力容器内。

Ⅱ.5.2.2.2　放射性气体排放管的位置应远离核动力厂运行人员。在改进型气冷堆和压力管式反应堆的排管容器穹顶气体的情况下，主要的放射性核素是 ^{41}Ar。在轻水堆中，主要的放射性核素通常是裂变气体。在压力管式反应堆中工艺排气管直接与（在贮存箱等中的）冷却剂接触，因而排气中的放射性也同样是裂变气体。

Ⅱ.5.3　固体废物

Ⅱ.5.3.1 除燃料外，在运行期间固体放射性废物的主要来源如下：

（1）要拆除的活化或污染的部件或构件（例如控制棒、中子源组件、损坏的泵、中子注量率测量组件，以及其结构或零件等）；

（2）气冷堆燃料组件的已辐照部件（这种反应堆中，燃料组件要从核动力厂中拆除）；

（3）离子交换树脂、过滤器材料、过滤器涂层材料、催化剂、干燥剂等；

（4）蒸发器的浓缩液和沉积物；

（5）污染的工具；

（6）污染的工作服、毛巾、塑料薄膜、纸张等。

Ⅱ.5.3.2　百万千瓦级核动力厂每运行年产生的未被处理的废物的总体积可能高达几百立方米，其中大部分是低放废物。废物的放射性浓度在很宽的范围内变化，其中有少量的最大放射性浓度高达 5×10^{16} Bq/m^3 量级的活化部件，离子交换树脂和过滤器材料达到 5×10^{14}Bq/m^3 量级。在大多数情况下，长寿命的活化产物（例如 ^{60}Co），以及当发生燃料包壳破损时的长寿命的裂变产物（尤其是 ^{134}Cs 和 ^{137}Cs）是主要的辐射源。

Ⅱ.5.3.3　应当对固体废物进行谨慎的管理使其体积最小化。但是，若把向环境的释放量减少到非常低的水平，则将导致固体废物体积的增加。

Ⅱ.6　辐照过的燃料

Ⅱ.6.1　在辐照过的燃料中积聚了大量裂变产物和超铀元素，因而放射性水平很高。对于不停堆换料系统，还应当考虑换料系统中由燃料发出的缓发中子。燃料组件结构材料的活化形成了附加的辐射源。

Ⅱ.6.2　在装卸和贮存辐照过的燃料期间，一些放射性核素会释放到周围的冷却剂中。当辐照过的燃料在水中转运或贮存时，放射性物质可能以腐蚀产物溶解于水中或以颗粒物的形式释放，即使是部分燃料未泡在水中。如果燃料包壳被氧化，则被活化的包壳材料可能会由于热冲击或机械振动使它们从燃料组件的表面剥落下来。另外，破损燃料棒可能释放出裂变产物，其中最主要的同位素是惰性气体、碘、铯和锶等。

Ⅱ.6.3　对于湿法燃料贮存和装卸系统，应当设置具有微粒过滤和离子交换的净化系统。通常把它们与余热排出系统结合在一起。水中的放射性物质被过滤器和离子交换树脂去除，从而过滤器和离子交换树脂变成了辐射源。装卸、净化和余热排出系统的污染也会成为附加的辐射源。

Ⅱ.6.4　在改进型气冷堆中，采用干式的燃料操作系统，在燃料组件被拆卸之前先采用干式贮存，然后把燃料元件贮存在水池中。类似的燃料操作系统可以用于将来的气冷堆中。从燃料元件表面上剥落下来的腐蚀产物会污染燃料操作系统和干法燃料贮存系统。拆卸下来的燃料组件的某些部件存放在核动力厂的专用储存室内。

Ⅱ.7　新燃料的贮存

Ⅱ.7.1　如果燃料元件是利用新铀制造的，那么（未辐照过的）新燃料的放射性水平很低。由于新燃料所发射的大部分辐射是非贯穿辐射，这种辐射将被燃料包壳大量吸收，因此外照射问题是次要的。

Ⅱ.7.2　在混合氧化燃料的情况下，新燃料元件中可能含有再循环产生的钚，在某些元件中还可能使用了再循环铀，因而这种新燃料元件可能是有放射性的。在这种情况下，新燃料将是一个重要的中子和γ辐射源，因而直到把它们装入反应堆之前的所有时间内，都应当对它们进行屏蔽和包容。中子源的强度将取决于生产钚后所经历的时间，因为发射中子的锕系元素是由于钚的衰变而产生的。

Ⅱ.7.3　在 ^{232}Th—^{233}U 燃料的情况下，新燃料可能具有很高的放射性，这是由于存在有 ^{232}U 的子体产物。在它们被装入反应堆之前，应当对它们进行屏蔽和包容。

Ⅱ.8　去污设施

Ⅱ.8.1　在废液中的放射性物质主要是腐蚀产物包含的核素，如 ^{60}Co、^{58}Co、^{51}Cr、^{59}Fe、^{54}Mn 等。这些放射性物质产生于被污染的部件、被污染的区域、被污染的可重复使用的防护服等的去污，以及用来去除表面放射性污染的设施的工作人员的去污等。一般而言，人员和工作服去污产生废液的放射性浓度较低，而在重大修理工作前进行设备去污所产生的废液可能具有中等或者较高的放射性浓度。

Ⅱ.9　其他辐射源

Ⅱ.9.1　核动力厂还有其他一些辐射源，例如启动中子源、腐蚀样品、堆芯内外的探测器、仪表标定源，以及射线探伤检查用的源等。

附件Ⅲ　事故工况下的辐射源

Ⅲ.1　概述

Ⅲ.1.1　在对核动力厂进行安全分析时，应当确定事故工况下辐射源的大小。事故工况下的主要辐射源由各种放射性裂变产物组成，对这种辐射源应采取预防性的设计措施。这些裂变产物从燃料元件或者从滞留它们的各种系统和设备中释放出来。可能导致裂变产物从燃料元件中释放的事故包括丧失冷却剂事故和反应性事故，在这些事故中燃料包壳因包壳材料的超压或过热而失效。乏燃料装卸事故（由于燃料组件跌落时的碰撞而导致燃料包壳的机械损伤）也属于这种情况。最易挥发的放射性核素通常主导事故源项。

Ⅲ.1.2　应考虑事故后放射性物质在空气过滤器或废液处理系统部件中积累以及从中释放出来的可能性。与裂变产物和锕系元素相比，活化产物的辐射通常是次要的。

Ⅲ.1.3　本附件以选定的事故情景为例描述确定辐射源的方法和步骤。所选定的事故情景涵盖了所有主要的核动力厂设计类别。本附件没有明确描述严重事故的情景，因为这与特定的核动力厂相关。

III.2　轻水反应堆

III.2.1　失水事故

III.2.1.1　应计算各种失水事故（包括主管道双端断裂）中可能导致的包壳最大破损数以及由破损燃料释放出的每种裂变产物的份额（与化学元素有关）。应评价事故后裂变产物从冷却剂向安全壳（或等效包容装置）的释放及其在安全壳内的行为（例如析出、泼洒或喷淋导致的沉积以及碘的各种反应）。评价时应假设反应堆堆芯已经运行了相当长的时间，以至于在事故发生时堆芯中裂变产物的积存量达到最大平衡值。应确定事故后随时间变化的安全壳泄漏率（例如依据设计压力下的泄漏率和事故后随时间变化的压力）。虽然安全壳内的高压会导致安全壳隔离，进而使向环境的释放降到最低，但在分析中仍要考虑安全壳隔离前发生重大释放的可能性。

III.2.1.2　失水事故分析的另一种方法是对这类事故后进入安全壳大气的裂变产物占堆芯裂变产物总量的份额作出相应的规定。通常，对不同类别的化学元素规定不同的份额，而与针对这类事故所采取的设计措施无关。因此，将这些份额设定为假设的上限值，而不考虑应急堆芯冷却系统的性能特性。

III.2.1.3　放射性核素从安全壳中逸出后的行为取决于核动力厂的设计特点。在某些设计中，放射性物质可能立即进入到大气中；在其他一些设计中，放射性物质被二次安全壳包容。放射性物质还可逸出至紧邻的厂房内，并且只有经过滤器后才能以低速率通过烟囱排出。

III.2.2　沸水堆蒸汽管道破裂事故

III.2.2.1　沸水堆主蒸汽管道破裂事故可能比上述讨论的冷却剂再循环管道破裂事故更为严重。事故后果与管道的直径和核动力厂安全系统的特性密切相关，因此有必要对下面两种情况都做分析：

（1）如果蒸汽管道破裂的位置是在安全壳内，则事故序列类似于失水事故的事故序列，但是燃料包壳破损份额会有所不同。需要假定满功率运行状态下的裂变产物平衡浓度。潜在放射性释放的设计分析应考虑导致安全壳隔离所需的时间和冷却剂净化系统的效率。

（2）如果蒸汽管道破裂的位置是在安全壳外，而且靠近安全壳处的主蒸汽管道隔离阀立即关闭以隔离反应堆，则预计仅释放在运行状态下存在于蒸汽管段中的小部分放射性物质。蒸汽在破口所在厂房中的冷凝和除惰性气体外其他物质的沉积，将减少可向大气释放的放射性核素数量。放射性核素向大气释放的位置取决于核动力厂的设计。通常，冷却剂释放到安全壳以外的厂房时将造成厂房超压，使放射性核素通过预定的释放点（通常在屋顶），门或者通过因超压或泄漏而打开的其他薄弱构筑物释放出来。如果管道破裂的位置不靠近该厂房的逸出点，则可以假定蒸汽和厂房内的空气相混合。在超压卸压后，将不再通过不受控制的释放点向外释放，而是通过通风系统或过滤器经烟囱排放。

III.2.2.2　有些核动力厂中，在主蒸汽隔离阀之间增设泄漏控制系统以限制放射性物质通过这种途径逸出。

III.2.2.3　在超压卸压后，如果超压卸压的通路不能够关闭，而又不能通过通风系统或烟囱的自然气流来恢复该构筑物内的负压，则还应考虑超压卸压后从该构筑物直接释放的可能性。

III.2.3　压水堆蒸汽管道破裂事故

III.2.3.1　压水堆蒸汽管道破裂时，起初只释放正常运行期间可能存在于二回路系统中的少量放射性。

III.2.3.2　但蒸汽管道破裂事故后，需要根据蒸汽管道破裂后一回路和二回路的压差评价蒸汽发生器传热管的完整性。如果不能保证蒸汽发生器传热管结构的完整性，则需要估算可能进入二回路侧的一回路水量。反应堆停堆后，正如附件II所讨论的那样，裂变产物的尖峰效应会使泄漏水中包含的放射性核素浓度随时间增大。

III.2.3.3　蒸汽发生器的设计特点使进入二次侧的一回路水与蒸汽发生器内的二回路水混合。事故后短时间内产生的蒸汽将通过破裂的蒸汽管段漏出，其湿度因卸压而高于正常值。

III.2.3.4　如果蒸汽管道破口无法与蒸汽发生器隔离，即使蒸汽发生器传热管没有丧失完整性，也会因为蒸汽管道双端断裂从破裂的蒸汽管道中释放蒸汽而导致大量放射性向大气释放。如果在一回路冷却剂中出现碘峰值且一回路到二回路的泄漏达到技术规格书中的最大值，则逸出的蒸汽放射性浓度是很大的。如果燃料包壳再出现破损，则这种事故导致的蒸汽放射性浓度会更高。这种事故的显著释放产生于：

（1）技术规格书规定泄漏率下的高活度浓度值；

（2）不能充分隔离的破口；

（3）受事故影响的蒸汽发生器蒸干，导致蒸汽发生器内放射性物质不能分配。

III.2.3.5　停堆后，蒸汽的产生量取决于衰变热。由于蒸汽流量低而汽水分离器和干燥器的效率高，故蒸汽的湿度变低。因此，经卸压阀释放的蒸汽中，水溶性物质诸如碘、铯等的浓度相对较低。隔离出现故障的蒸汽发生器和根据设计采取其他安全措施预计将减少放射性物质的释放。

III.2.4　蒸汽发生器传热管破裂

III.2.4.1　压水堆中蒸汽发生器管道破裂事故可能导致放射性物质向大气释放。这种释放可能是显著的，因为如果碘峰值没有在事故初始时刻前出现，则会在事故瞬态过程出现。

III.2.4.2　设计基准通常假设蒸汽发生器传热管破裂是一根或者更多的蒸汽发生器传热管发生双端断裂。一回路和二回路之间的屏障破口引起反应堆冷却剂向二回路侧释放，导致反应堆停堆，二回路侧的蒸汽卸压阀开启，向大气释放污染的蒸汽。即使二回路侧的蒸汽卸压阀没有开启，由于直接将一回路冷却剂夹带进入蒸汽管道，也可能造成放射性释放。事故期间的辐射源是一回路中已有的、流向二回路破口的放射性裂变产物。破口流量增大时意味着通过二回路侧卸压阀向大气释放的放射性裂变产物数量增大。

III.2.4.3　反应堆事故保护停堆以后，衰变热的大小、运行人员隔离受影响的蒸汽发生器及实施一回路卸压的动作时间决定了放射性释放的数量。一回路和二回路的压力平衡将终止放射性物质向大气的释放。运行人员使用完好的蒸汽发生器实施核动力厂的冷却。

III.2.4.4　事故瞬态特性取决于自动安全系统以及运行人员采取有效行动的起始时刻。时间假设因动作的不同而有所不同。

III.2.5　燃料装卸事故

III.2.5.1　对假设的燃料装卸事故（例如燃料在从堆芯容器向贮存池输送过程中跌落）的影响进行设计分析时，首先应确定在事故发生时燃料内的放射性总量。应选择使放射性后果估算偏于保守的燃料辐照史的假设。

Ⅲ.2.5.2　应当采用从核动力厂停堆到燃料装卸开始所经历的最短时间来确定在燃料装卸操作开始时燃料棒中的最大源项积存量。碰撞可能导致的破损燃料棒数目可以通过理论计算和对实际发生的或在试验中发生的类似燃料元件事件的评价来获得。向周围水池释放的惰性气体占总量的份额取决于燃料棒内自由空间的体积。对碘从包壳破损的燃料棒中释放到池水中的主要机理尚无一致的看法。碘可能主要是由渗入破损燃料棒中的水浸析出来，也可能主要来自于假定存在于燃料棒自由空间内的“气相”碘释放。

Ⅲ.2.5.3　通常保守的做法是忽略惰性气体在池水中的溶解作用。然而，大部分碘和铯将被滞留在池水中。碘向水池上方气空间的释放最好用一个分配系数（在空气和水中的体积放射性浓度之比）来描述。

Ⅲ.2.5.4　为了确定核动力厂排入大气中的各种放射性核素的量，还需要考虑其他特性和参数，如水和空气的体积比、到通风系统关闭为止经过的时间、水池上方空气即时抽吸系统（包括池面扫气系统）的设计特征和效率等。

Ⅲ.2.5.5　为了简化评估过程，对于某些反应堆设计，可将从燃料中释放后预计进入燃料贮存池上方气空间的碘份额规定为某个普适数值。

Ⅲ.2.5.6　除了惰性气体和碘外，渗入破损燃料棒内的水还可能把铯缓慢地浸析出来，浸析量最高可能达到总量的百分之几。这些铯在水中以离子态存在，可以忽略向池水上方气空间的转移。

Ⅲ.2.5.7　向环境释放的惰性气体和碘的总量，受所采用的通风率和使用的水池扫气系统类型的控制。将根据过滤器的设计，选择适当的去污因子考虑过滤器对排出气流中碘的去除效应。对适当的区域进行隔离可以终止排放，当核动力厂贮存池设置在安全壳内时，这种方法尤其适用。如果由运行人员实施这种隔离，则通常应假定有一段时间的延迟。

Ⅲ.2.6　辅助系统事故

Ⅲ.2.6.1　辅助系统事故的例子包括辅助系统管道破裂、过滤器或者吸附器着火、贮存箱内爆炸、放射性废液溢出、放射性废物系统着火等，它们的后果可能与前面章节描述的事故后果一样严重。这些后果的严重性取决于所涉及系统的设计特点，不同反应堆的设计有显著差别。因此，应根据各个系统的具体情况选择用于事故分析的假设条件。

Ⅲ.2.6.2　一种重要的事故类型是当在反应堆停堆后投运余热排出系统时，其中的管线出现破裂或者反应堆功率运行时，运行中的化学和容积控制系统出现破裂。在这两种情况下，对源项最重要的贡献是由停堆导致的或在破裂前出现的裂变产物峰值。

Ⅲ.2.6.3　这些失效分析需要考虑以下参数随时间的变化：管道泄漏率；放射性气体通过辅助厂房及可用通风系统的迁移；事故条件下碘的行为和过滤器系统的效率。

Ⅲ.2.7　严重事故

Ⅲ.2.7.1　严重事故可能导致的后果取决于核动力厂的设计、失效和运行人员失误的性质。在这种情况下，安全系统由于失效或失误而无法执行所需安全功能，进而导致严重的堆芯损伤，并威胁剩余放射性物质屏障的完整性。

Ⅲ.2.7.2　在严重事故期间可能发生严重的堆芯损伤，因此需要详细分析这种事故可能造成的放射性后果，这些后果可能严重影响公众健康和安全。这种分析能够对可能释放到环境的放射性源项的种类和大小作出定量的评价。

III.3　重水反应堆

III.3.1　用重水（氧化氘）作慢化剂或冷却剂或者同时用作慢化剂和冷却剂的反应堆和上述描述的轻水反应堆一样，可能因同类事故导致放射性释放。在压力管式反应堆中，失水事故的分析应包括多根压力管道、集管和单根管道破裂。应该注意，在设计基准事故中没有考虑单根压力管破口叠加集管破口或管道破口。还应该分析蒸汽发生器管道或热交换器管道破损事故。

III.3.2　运行核动力厂中的重水内含有氘的活化物氚。氚以氧化物形式（也就是水）存在，通常不是事故后造成公众潜在放射性危害的重要因素。但是仍须考虑某些事故期间和事故之后氚的存在对厂区人员的危害。

III.4　不停堆换料的反应堆

III.4.1　在具有不停堆换料能力的反应堆中，应考虑把换料机和反应堆堆芯连接时或向乏燃料贮存池运输乏燃料的过程中，因换料操作中的失误而引起事故的可能性。这些事故后果的严重程度依据发生故障的位置和燃料从堆芯卸出的时间，将小于或等于一次小的失水事故的后果。

III.5　其他事故

III.5.1　在核动力厂中，可能发生其他假设始发事件导致放射性物质向环境释放的区域包括：

（1）乏燃料装卸区（例如装料机、干式燃料贮存、燃料拆卸室、燃料贮存池以及燃料运输容器装卸平台）；

（2）放射性流出物处理车间；

（3）燃料池水处理和冷却车间；

（4）冷却剂处理车间；

（5）固体放射性废物贮存区；

（6）燃料元件碎片贮存室；

（7）通风过滤器。

附录　运行和退役源项的确定

1 腐蚀产物源项

1.1　与主冷却剂接触的钢材和合金的腐蚀产物导致氧化层原位增长以及离子向冷却剂的释放。这种机制的驱动力是存在于冷却剂和氧化层气孔之间的浓度梯度。

1.2　需要模拟的现象和关系在图 4 中描述。原则上，腐蚀产物的行为可用很多方法模拟，从手算到使用复杂的软件，既包括解析模型，也包括现象学模型。

1.3　在轻水堆中，对确定主冷却剂中腐蚀产物行为而言，冷却剂温度和 pH 条件下与水中氧化物的溶解度相关的参数是非常重要的参数。为确定压水堆冷却剂中活度，相关参数具体描述如下：

（1）在压水堆中，对确定主冷却剂中腐蚀产物行为而言，冷却剂温度范围在 280～340℃并且 300℃下 pH 范围为 6.5～7.4 时，与不饱和的镍钴铁素体在水中的溶解度相关的参数是非常重要的。

（2）描述腐蚀产物行为使用的模型应当具有模拟“水—金属”相互作用的大系统的能力，对于这种模拟，以下是典型参数：

A）与主冷却剂接触的面积：约 22 000 米^2；

B）冷却剂质量：200～300 吨；

C）冷却剂流速：0.1～15 米/秒；

D）每循环所经历的时间（反应堆—蒸汽发生器—反应堆）：约 10 秒，其中包括约 1 秒的时间在活性区；

E）合金的种类：锆-4 合金/镍合金 600，镍合金 690，镍合金 800/镍 718/硬质镀面材料（钨铬钴合金）/不锈钢。

（3）放射性核素的先驱核［腐蚀产物核素靶核，主要是 ^{58}Ni（n，p）^{58}Co 和 ^{59}Co（n，γ）^{60}Co］质量的数量级：

A）释放率（平均）：1 毫克/（分米^2・月）；

B）循环持续时间：10 个月；

C）除锆合金（基本无释放）以外的面积：17 000 米^2；

D）^{59}Co 含量（杂质）：约 5×10^{-4} 克/克；

E）镍合金中的 ^{58}Ni（镍合金 600，690）含量：约 3×10^{-1} 克/克。

因此，在 10 个月的循环周期中向反应堆冷却剂的（靶核）输入量大约是：^{59}Co 为 10 克/周期，^{58}Ni 为 5 千克/周期。

（4）硬面材料（堆内构件的部件、泵轴承、阀门、控制棒驱动机构等）的磨损增加了 ^{59}Co 的数量。

由于上述原因，大约 10 克的 ^{59}Co 和 5 千克的 ^{58}Ni 分别是 ^{60}Co 和 ^{58}Co 沉积量的来源，这些沉积的 ^{60}Co 和 ^{58}Co 造成了 90%的剂量率和职业照射。

1.4　在快中子反应堆情况下，二回路冷却剂通过中子通量区，应当评价由于二回路腐蚀导致的源项。影响腐蚀产物源项的一些重要现象包括：

（1）离子态物质能够沉淀并凝聚成颗粒。

（2）这些颗粒随流体循环，可能在反应堆堆芯内或者活性区外的表面形成沉积物。通过这一过程，它们在循环期间或者在堆芯内的表面上沉积以后被活化。

（3）能够通过冷却剂净化系统去除主冷却剂中的离子和颗粒。该过程的有效性取决于流速和冷却剂净化系统的过滤器和离子交换柱的去污因子。如果任何一个因子太低，净化系统将变得无效。

因为一回路是一个几乎封闭的并且不等温的系统，上述过程与其逆过程形成竞争，例如颗粒和沉积物可能溶解。

1.5　使用的模型应当适合所分析的系统的特性。本附录 1.3 节给出了压水堆的主要参数。

1.6　应当建模的其他因素示例如下：

（1）当主冷却剂中氧化物的浓度很低时（在压水堆中典型值在 10^{-9} 克/克的量级）；

（2）当合金中元素的释放量与其组成不成比例时；

（3）当化学条件在整个燃料循环中在指定的范围内变化时；

（4）当需要考虑冷却剂和表面温度时；

（5）当摩擦造成的磨损变得显著时。

1.7 与腐蚀产物行为有关的现象太复杂，使得基于解析模型的手算或是使用计算机程序计算的精确度都比较低。但是，考虑了物理和化学现象的程序计算结果要精确得多。计算不能给出绝对意义上的精确结果，但是可正确预测重要设计参数和源项之间的关系。因此计算对于优化 ^{58}Co 和 ^{60}Co 的源的水平有着重要的作用。

1.8 由于相关现象的复杂特性，评价由腐蚀产物造成的源项的另一个重要的输入是相关核动力厂的运行经验。运行核动力厂经验的适用性取决于如何将运行核动力厂的所有相关因素与核动力厂设计的相关因素相比较。这些因素包括冷却剂回路的材料及其杂质、冷却剂化学、停堆程序以及所有其他已提到的因素。收集最准确的运行经验涉及在核动力厂的整个寿期内（包括反应堆停堆这样的瞬态工况期间），在完全相同的位置进行定期的测量。

1.9 为了对设计中核动力厂的辐射源水平进行最优化，有必要了解在相应运行核动力厂的部件上沉积的放射性物质的特性和组成。可使用经过校准的γ谱仪来实现这一目的。机组状态从功率运行转变到冷停堆时，冷却剂物理和化学条件的变化是造成燃料元件上沉积的腐蚀产物大量溶解的原因。冷却剂中放射性核素的活度峰值是不可预测的。但是，对于给定的反应堆类型，可以给出变化范围。由于同一核动力厂中腐蚀产物的沉积会随不同的燃料循环而变化，应保证所使用的运行数据转换为对设计目的而言有充分包络性的数值。

1.10 对于为了核动力厂改进或者核动力厂退役的目的而评价源项，在同一核动力厂的所有相关剂量点的最新测量结果是不可替代的。

2 裂变产物源项

2.1 确定裂变产物源项的通常方法包括：

（1）计算裂变产物在燃料中的积存量；

（2）确定在燃料芯块所有空隙中的放射性核素的数量，以及相应的活度；

（3）确定可能通过包壳破损释放到冷却剂中的放射性核素的总活度。

2.2 早期放射性核素向冷却剂释放是由一些系数来表示的，这些系数的值由早期实验得到，并依赖于所考虑的元素。在这种情况下，没有考虑到一些非常重要的参数（例如局部功率和温度以及缺陷的“尺寸”），与运行经验的吻合程度一般很低。在计算由于裂变产物造成的源项时，冷却剂中裂变产物活度的相应的不确定性可由假设一个比运行反应堆中发现的大得多的燃料棒包壳破损来补偿（对于轻水堆，一般假设堆芯燃料棒总数的 0.25%发生破损）。相应的裂变产物源项用于放射性物质累积区域（例如过滤器和离子交换器）的屏蔽设计。

2.3 通过考虑释放系数与同位素半衰期的关系以及考虑早期方法中忽略的参数，先进程序可以获得更精确的裂变产物释放结果，因而与运行经验吻合得很好，并且基于这种程序的预测结果可以作为大大降低屏蔽设计保守性的基础。

2.4 这种源项计算方法的改进对于屏蔽的最优化很重要，因为新旧计算方法可能导致源项相差 3～10 倍（相差倍数依赖于同位素）。对于发射 1 兆电子伏γ射线的点源，源项减小 5 倍将导致混凝土屏蔽层厚度减小约 20 厘米。

2.5 一个替代的方法是使用来自相关核动力厂运行经验的合理包络值。确定其他运行核动力厂相关性的因素包括燃料元件设计以及燃料的额定功率和燃耗。

2.6 在核动力厂瞬态期间，裂变产物通过包壳破损在短时间内释放到冷却剂中。这是造成冷却剂活度峰值的原因。释放量和持续时间可以通过运行经验获得合理的包络值。

2.7 对于核动力厂修改或退役的情况，对该核动力厂进行的最新的测量是其他方式所不能替代的。

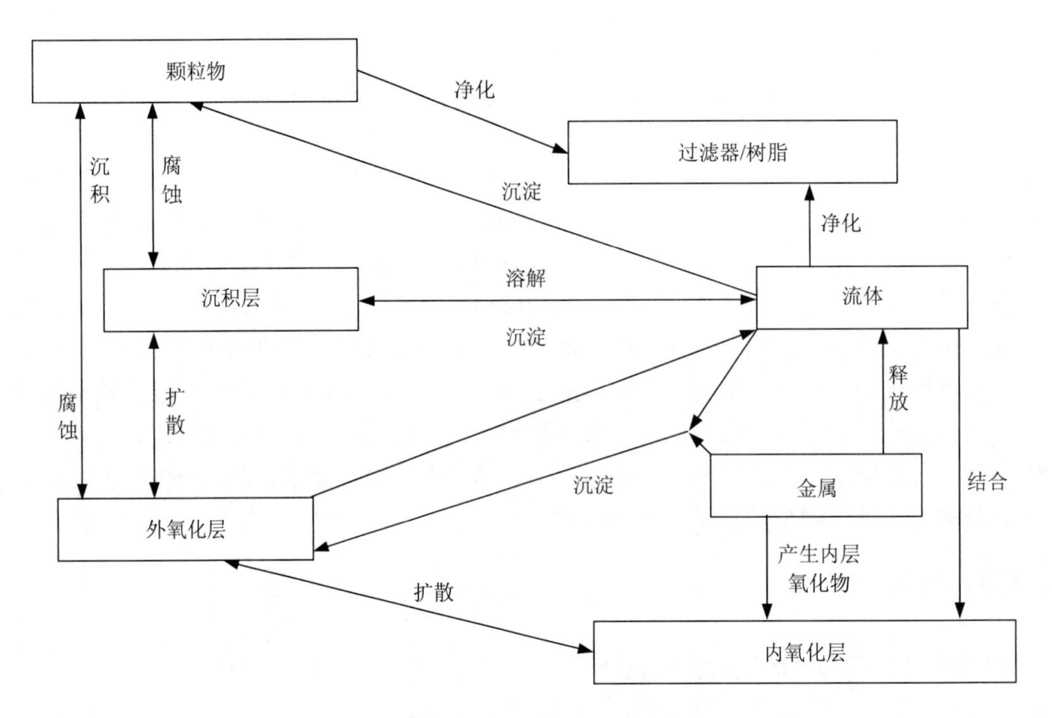

图 4 在模拟腐蚀产物行为时须考虑现象的流程图

关于发布《核动力厂抗震设计与鉴定》等两项核安全导则的通知

国核安发〔2019〕266 号

为进一步完善我国核与辐射安全法规体系，加强核动力厂的核安全监管，我局组织制定了《核动力厂抗震设计与鉴定》（HAD 102/02—2019）和《核动力厂内部危险（火灾和爆炸除外）的防护设计》（HAD 102/04—2019）等两项核安全导则，现予公布，自公布之日起施行。

1996 年制定的《核电厂的抗震设计与鉴定》（HAD 102/02—1996）和 1986 年制定的

《核电厂内部飞射物及其二次效应的防护》（HAD 102/04—1986）同时废止。

国家核安全局
2019 年 12 月 31 日

附件 1

核安全导则 HAD 102/02—2019

核动力厂抗震设计与鉴定

（2019 年 12 月 31 日国家核安全局批准发布）

本导则自 2019 年 12 月 31 日起实施
本导则由国家核安全局负责解释

本导则是指导性文件。在实际工作中可以采用不同于本导则的方法和方案，但必须证明所采用的方法和方案至少具有与本导则相同的安全水平。

1 引言

1.1 目的

1.1.1 本导则是对《核动力厂设计安全规定》（HAF 102，以下简称《规定》）有关条款的说明和细化，其目的是给核安全监督管理部门、核动力厂设计人员和营运单位就核动力厂设计与鉴定提供可接受的通用方法，使场址地震动不致危及核动力厂安全，并在构筑物和设备的分析、试验鉴定所用方法和程序的一致性方面给予指导，使其满足《规定》的安全要求。
1.1.2 附件 I 与正文具有同等效力。

1.2 范围

1.2.1 本导则适用于符合核动力厂地震危险性评价相关导则排除准则的陆上固定式水冷反应堆核动力厂的设计，以抵御场址特定地震。本导则不涉及地震动的强度或核动力厂各物项的风险度。
1.2.2 当采用简化程序进行设计和验证时，应证明这些程序对于实现安全目标的适宜性，并从安全的角度进行恰当的评价。
1.2.3 本导则适用于新建核动力厂的设计与建造，通常不用于对已建核动力厂的重新评价。本导则不适用于已建核动力厂的抗震设计裕度评价。
1.2.4 本导则也可用于其他类型核动力厂的设计，但应根据反应堆类型及其特殊的安全要求，采用工程判断的方法评价其适用性。

1.2.5 本导则中关于模型化与物项鉴定方面的技术建议可应用于地震以外其他原因引发振动的设计，如工业设施的爆炸、飞机撞击、采石场爆炸或高速旋转机械的事故等。但是，对于此类扩展应慎用，尤其是关于诱发振动的频率范围、持续时间、方向和对核动力厂的影响机理等方面，应进行工程判断。还应注意到，抵御此类荷载的设计可采用不同的形式（如防撞墙），或可能包括其他不同的破坏形式（如冲击荷载引起的结痂或破碎）。本导则不考虑这些特殊的工程措施。

2 总则

2.1 概述

2.1.1 本章依据《规定》中的要求，按构筑物、系统和部件在设计基准地震事件中的安全重要性，提出抗震分类的建议。为保证在设计中有适当的安全裕度[①]，还给出了关于设计标准应用的建议。

2.1.2 对于本导则适用范围内所涵盖的影响核动力厂安全的物项、服务和过程，应制定质量保证措施并有效实施。

2.2 设计基准地震

2.2.1 对每个场址应评定其地震危险性，并根据相关程序及核动力厂设计确定的目标概率水平或原则，给出两个级别的设计基准地震动：运行安全地震动（SL-1）和极限安全地震动（SL-2）。

2.2.2 在核动力厂的设计中，SL-2 与最严格的安全要求相关，而 SL-1 则具有不同的安全意义，其可能性较大且严重性较低，可由营运单位经综合评估确定。通常，SL-1 用于荷载组合（由于与概率相关的原因，其他事件与较低强度的地震组合）、事故后的检查及许可证要求。作为较低水平的地震动，SL-1 通常不与安全要求相关，只与运行要求相关。当核动力厂运行中场址实际发生的地震动超越 SL-1 时，应采取措施停堆，并应依据相关要求对核动力厂安全相关物项进行评估，经过核安全监督管理部门的审查认可后，方可恢复核动力厂运行。

2.2.3 对核动力厂每个安全级物项均应考虑 SL-2。最低水平应考虑相当于自由场地面加速度峰值 0.15g（设计反应谱中零周期加速度的值）。

2.2.4 设计基准地震动的确定一般考虑潜在地震动的频谱及持续时间。当判定有多个震源对危险性具有主要贡献时，尤其应注意不同震源的频谱效应与持续时间的影响。在此情况下，对源于不同震源（如远场和近场）的地震动（或反应谱）进行包络时应更加谨慎。考虑到构筑物、系统和部件的抗震要求不同，宜对不同的地震动分别进行承载力评价。

2.2.5 输入地震动一般定义在地表或基岩表面处的自由场。当需要在基础标高处进行地震输入时，可采用反演—正演的方法来赋值。

① 本文中，安全裕度是指在设计、材料选择、建造、维修和质量保证中的特殊条款的结果。

2.3 构筑物、系统和部件的抗震分类

2.3.1 由地震引起的任何主要的场址预期效应，与通过核动力厂构筑物传至构筑物、系统和部件的震动相关。震动可通过直接或间接相互作用机制（如由地震引发的物项间的机械相互作用、危险物质的释放、火灾或水淹、操作人员通道的破坏以及撤离道路或进场道路的不可用等）影响核动力厂的安全功能。

2.3.2 所有构筑物、系统和部件都要经受任何可能发生的地震作用，而地震事件发生时所要求的性能可以不同于在安全分级中考虑的安全功能。这些安全功能是基于在所有设计基准工况下（假设始发事件）要求最高的安全功能。因此对于从安全出发的设计方法，除了安全分级以外，还要根据其在地震期间和地震后的安全重要性将构筑物、系统和部件进行分类。构筑物、系统和部件的抗震可分为抗震Ⅰ类、抗震Ⅱ类和非核抗震类，或根据核动力厂机组的设计特性分为更多类。分类的目的是有利于公众和环境对放射性物质释放的防护和保障核安全。

2.3.3 应规定核动力厂的抗震Ⅰ类物项。此类物项应设计为可承受 SL-2。抗震Ⅰ类物项通常相应于安全上的最高类别，并包括所有安全重要物项。具体来说，抗震Ⅰ类物项应包括下列物项及其支承结构：

（1）作为 SL-2 的后果，其失效会直接或间接导致事故工况的物项；

（2）使反应堆停堆，保持反应堆处于停堆状态，在要求期间内排出余热所需的物项，以及对上述功能的参数进行监测所必需的物项；

（3）预防或缓解设计中考虑的任何假设始发事件（不论其发生的概率如何）引起的放射性释放超过限值所必需的物项；

（4）预防或缓解乏燃料池不可接受的放射性释放后果所需的物项。

2.3.4 在 2.3.3 节（3）中物项的选取与纵深防御有关：在 SL-2 水平的地震事件中，所有层次的防御应总是处于可用状态①。为防御地震以外的外部事件所设计的实体屏障，在地震期间应保持完整性和功能性。

2.3.5 尽管轻水堆一回路主要压力边界是按承受地震荷载进行设计的，但作为一种保守措施，仍假设在一回路压力边界会发生某些设计基准事故而设置了减轻其后果的物项，这类物项也要包括在抗震Ⅰ类物项中。

2.3.6 核动力厂抗震Ⅰ类物项的设计、安装与维修应符合严格的实践，即应高于常规风险的设施所采用的安全裕度。对于任何抗震Ⅰ类的物项，应按照安全功能要求确定适当的验收准则②（如表明功能性、密封性或最大变形的设计参数）。但是在某些情况下，如果详细评价其对核动力厂安全功能的影响，对于包含 SL-2 的荷载组合，实体屏障的验收准则可以适当降低。

2.3.7 可确定核动力厂的抗震Ⅱ类物项。抗震Ⅱ类物项应包括：

（1）所有具有放射性风险但与反应堆无关的物项（如乏燃料厂房和放射性废物厂房）。

---

① 在纵深防御的框架中，对所有外部事件的防御是第一层次纵深防御的一部分。

② 验收准则是对评价构筑物、系统和部件执行其设计功能的能力所用的功能性的或状态性指标而规定的边界值。此处所用的验收准则是指在所定义的假想初始事件下，对构筑物、系统和部件功能性的或状态性的指标规定的边界值（如：与功能性、密封性或无相互作用相关的指示）。

要求这些物项具有的安全裕度与其潜在放射性后果相一致。由于这些物项一般来说与不同的释放机理有关（如废物泄漏、乏燃料筒损坏），其预期后果与反应堆的潜在后果不同；

（2）不属于抗震Ⅰ类［特别是2.3.3节（2）和（3）中的物项］，但在足够长的时间内（在该时间段内具有合理地发生SL-2或SL-1的可能性）预防或缓解核动力厂事故工况（由地震以外的假设始发事件引起的）所需要的物项；

（3）与场址可达性相关的物项及实施应急撤离计划所需的物项。

2.3.8　抗震Ⅱ类物项的设计地震水平应在以下基础上确定：为保护物项防御这一地震水平所做的附加工作必须与可能减轻核动力厂人员或公众遭受地震引起的风险相称。必须遵守国家规定的放射性物质释放可接受的限值。

2.3.9　不属于抗震Ⅰ类、抗震Ⅱ类的非核抗震类物项应依据国家非核设施的规范进行设计，即按常规风险的设施进行设计。其中的一些对核动力厂运行重要的物项，可根据运行目标选择较严格的验收准则。这种做法可减少核动力厂停堆、检查和重新申请许可证的需要，从而使核动力厂持续运行。

2.3.10　在核动力厂所有物项中（包括那些安全上不重要的物项），那些可能与抗震Ⅰ类和抗震Ⅱ类物项发生空间相互作用（如由于倒塌、坠落或移位）或其他相互作用（如通过危险物质释放、火灾、水淹或地震引起的相互作用）的物项，应论证这些物项引起的潜在影响和造成的损害，既不影响任何抗震Ⅰ类及抗震Ⅱ类物项的安全功能，也不影响任何与安全相关的操纵员行动。

2.3.11　作为地震后果，根据分析、试验或经验，预计会发生某些相互作用，并且会危及抗震Ⅰ类或抗震Ⅱ类物项的功能（包括操作行动）时，应采取下述措施之一：

（1）这类物项应重新分类为抗震Ⅰ类或抗震Ⅱ类，并重新进行设计；

（2）为了避免对抗震Ⅰ类或抗震Ⅱ类物项产生不利影响，这类物项应按SL-2进行鉴定；

（3）应适当地保护被危及的抗震Ⅰ类或抗震Ⅱ类物项，以免其功能受到与此类物项相互作用的危害。

2.3.12　第2.3.10节所述物项应按照核应用实践进行设计、安装和维修。但是，在第2.3.11节（2）中，当认为其与抗震Ⅰ类或抗震Ⅱ类物项发生相互作用的频率非常低时，可以适当降低安全裕度。

2.3.13　对物项的抗震分类，应以清楚地了解为保证安全在地震期间或地震后对其功能的要求为基础。根据不同的安全功能，同一系统中的不同部件可能属于不同的抗震类别，例如应考虑密封性、损坏（如疲劳、磨损及开裂等）程度、机械或电气功能、最大位移、永久变形的程度和几何尺寸的保持等方面。

2.3.14　对核动力厂所有可能的运行模式都应考虑地震荷载。在抗震设计中，对所设计的物项应考虑其抗震分类。

2.3.15　应依据反应堆类型、核安全法规和标准以及场址的特殊边界条件（如冷却水源的可用性）等进行抗震分类。

2.3.16　作为设计过程的一部分，应列出具有相关验收准则的所有物项的详细清单。示范的清单见附件Ⅰ。

2.4 地震荷载与运行荷载的组合

2.4.1 设计荷载的分组如下：

（1）L1，正常运行引起的荷载；

（2）L2，预计运行事件引起的附加荷载；

（3）L3，事故工况引起的附加荷载。

2.4.2 应按所考虑物项的特定位置计算地震荷载，要考虑土体和厂房构筑物的特性，包括质量和刚度及厂房内设备的分布。应保证已考虑了起控制作用的荷载组合。

2.4.3 对于抗震设计，地震引起的荷载应与核动力厂的运行荷载进行如下组合：

（1）对于抗震Ⅰ类和抗震Ⅱ类的物项，应根据其类别将L1与设计基准地震组合；

（2）对于抗震Ⅰ类和抗震Ⅱ类的物项，如果L2或L3由地震荷载引起并（/或）与地震荷载同时发生的可能性大（如L2与地震无关①，但发生相当频繁，就可能是这种情况），则L1和L2（或L3）应与设计基准地震组合；

（3）对已确认会发生与抗震Ⅰ类或抗震Ⅱ类物项相互作用的其他抗震物项，应采用与抗震Ⅰ类或抗震Ⅱ类物项相同的荷载组合，但可用不同的安全裕度；

（4）对于非核抗震类物项，应将相关设计基准荷载按常规工业规范进行组合。

表1 与地震荷载的荷载组合

抗震类别	L1	L2	L3	地震荷载	安全裕度
Ⅰ	√			SL-2	依据较高风险设施的设计规范（核规范）
	√	√		SL-2	同上[b]
	√		√	SL-2	同上[b]
Ⅱ	√			SL-2或SL-1[a]	依据风险与核动力厂不同（通常较低）的设施的设计规范
	√	√		SL-2或SL-1[a]	同上[b]
	√		√	SL-2或SL-1[a]	同上[b]
与抗震Ⅰ类或抗震Ⅱ类物项发生空间相互作用	√			SL-2或SL-1[a]	依据较高风险设施的设计规范（核规范）或较低风险[c]的设计规范
	√	√		SL-2或SL-1[a]	同上[b]
	√		√	SL-2或SL-1[a]	同上[b]
非核抗震类	√			常规地震输入	依据常规风险设施的设计规范

a 如果有恰当论证支持，荷载组合时可用SL-1，而不是SL-2。

b 仅在由SL-2引起或与其同时发生的可能性高时才考虑。

c 如果能表明相互作用的可能性小，可以考虑较小的安全裕度。

2.4.4 对于构筑物、系统和部件的抗震设计，应考虑假设由地震引发的在场址处的外部事件，如水淹或火灾等。这些外部事件应根据频率分析确定。作为地震后果，这些荷载应与SL-1或SL-2组合，并恰当地考虑事件的发生时间和持续时间。

① 典型的由地震事件引发的L2可能是由反应堆停堆产生的荷载。

2.5 抗震能力

2.5.1 荷载组合的验收准则（包括 SL-2 或 SL-1，与 L1 或 L2 或 L3 组合的效应）应与无地震作用的 L3 的相关做法相同。

2.5.2 对于抗震 I 类和抗震 II 类的构筑物，如果证明其验收准则（以表征弹性、最大裂缝宽度、不出现屈曲或最大延性的设计参数来表示）满足与其抗震类别一致的安全裕度，则可设计为呈现非线性特征（选择材料和/或几何尺寸）。不可逆的结构性状影响程度（如与接缝处的延性有关）应与相关地震场景的预计发生频度相一致。在任何情况下，应根据抗震分类明确地评定特定的验收准则（如密封性、最大相对位移及功能性）[①]。

2.5.3 与抗震 I 类或抗震 II 类可能存在相互作用的构筑物也可设计为呈现非线性特征。结构构件的节点，特别是接缝或连接处，应与验收准则所要求的延性水平相一致。

2.5.4 材料特性应依据由适当的质量保证程序所支持的特性值来选定。为了保证材料及构筑物、系统和部件的长期安全性能，应进行适当的老化评价。

2.5.5 应对由地震事件导致的加速退化的机理进行专门评价。如果这种机理在核动力厂寿期内引起任何抗震性能的降低，则为了保证设计中所要求的震后安全水平，应对其考虑附加的安全裕度。

2.5.6 为了保证足够的抗震安全，应实现延性设计，并且应引入逐渐的、可察觉的失效模式。下述措施作为范例，指出设计阶段所应考虑的问题：

（1）在钢筋混凝土结构中，应避免发生在剪切区和/或连接处或在混凝土受压区发生脆性破坏；

（2）应确定适当的混凝土最小抗压强度，以保证结构构件的极限强度由钢筋强度控制；

（3）对于配筋，应确定适当的极限拉应力与抗拉屈服强度的最小比值，以保证最小延性；

（4）结构节点（尤其在钢筋混凝土结构中）应设计成为高延性并具有承受大变形与扭转的能力；这种措施应与抗震分类中确定的验收准则相一致，但也要考虑超设计基准地震；

（5）为了给“长期”的几何形态（如抗御蠕变与沉降）及材料的延性特性（如抗御辐照脆化）的假设提供依据，对于老化应进行适当的考虑。

2.5.7 破前漏概念[②]的应用代表了一种特殊情况：当应用此准则时，应使用与所需精度相一致的程序进行分析或试验，针对地震对裂纹扩展的贡献进行专门的评价。

2.5.8 非核抗震类物项的验收准则至少应按照常规风险设施的国家标准及规范执行。

2.5.9 当 SL-1 小于等于 SL-2 的 1/3 时，强度设计分析可不考虑 SL-1，但仍需对 SL-1 产生的应力循环进行疲劳分析评价。所考虑地震循环次数为 2 次 SL-2 且每次 SL-2 有 10 个最大的应力循环；也可采用等效于 20 次 SL-2 振动循环的低振动幅值多循环次数来代替，但振动幅度不应小于 SL-2 最大振动幅度的 1/3。

---

① 对于某些密封性结构（如安全壳和燃料水池）在极端地震下的验收准则有所降低。在此情况下，极端地震下只要求保持整体性，但震后恢复运行是视地震对此类结构的密封性影响的评价而定的。

② 破前漏概念是一种影响设计、材料选择、建造、质量保证、监督与检查的总体方法。它对一些设计假设，如燃料组件设计时的瞬态荷载、冷却剂压力边界的瞬态荷载（避免考虑双端断裂）、由管道破裂场景产生的甩击荷载等具有重要的影响。

2.5.10 当 SL-1 大于 SL-2 的 1/3 时，疲劳分析应考虑 5 次 SL-1 和 1 次 SL-2，每次地震假设有 10 个峰值循环。

2.6 超设计基准地震的考虑

2.6.1 应依据上述各节列出的总体要求和第 3 章给出的设计要求进行抗震设计，以便为超设计基准地震提供一定的裕度，以防止陡边效应[①]。

2.6.2 为了进一步了解核动力厂的抗震裕度和抗震性能的薄弱环节，对新建核动力厂进行抗震裕度评估或地震概率安全分析时，可采用现实模型进行结构易损性分析，并根据场址特征确定适当的裕度地震。核动力厂设计应能保证极端情况下用于防止核动力厂早期放射性释放或大量放射性释放所需的物项能够发挥作用。

2.6.3 对于特定的物项，由于高度的非线性状态（如为满足热荷载的其他设计准则而安装的单轴横向约束等引起的非线性状态）不能遵守抗震设计的通用原则，应对其进行敏感性研究，并且为了提高安全裕度，应采取适当的加强措施。

3 抗震设计

3.1 采用适当的厂房布置

3.1.1 在厂房设计的初期阶段，应提出主要设施的初步布置，这项工作应阶段性地进行审核，以获得最佳的抗震设计。对过去破坏性地震的后果都应有清楚的了解，并严格地贯彻到整个抗震设计过程中。在初步设计中，为减轻地震对构筑物、系统和部件的效应，应考虑本节所给出的建议。

3.1.2 在初步设计阶段，应通过采用以下原则，选择适当的结构布置使地震效应（如作用力、不利的扭转或摆动效应等方面）最小：

（1）尽可能降低所有结构的重心；

（2）构筑物的平面和立面应尽可能简单和规则，并避免埋置深度不同；

（3）尽可能避免突伸的部分（即对称性差）；

（4）尽可能使各楼层的刚度中心靠近其重心；

（5）尽可能避免不同抗震类别和不同动态特性的构筑物或设备之间的刚性连接。

3.1.3 为减少构筑物间不应有的差动，应在实际可行的范围内考虑将这些构筑物建在同一基础结构上，或者应至少避免不同的埋置深度。在核动力厂的选址中，应避免基底的土体特性有显著差异。所有单独基础或桩基均应在构筑物基底平面内相互连接。

3.1.4 为便于抗震分析，应采用规则的结构布置和简单的结构连接，并改善附加在构筑物上的管道和设备的抗震性能。在交接的结构边界（如伸缩缝或施工缝）处、构筑物间的连接处、或通过地下管沟向构筑物或由构筑物供给水电时，应注意避免由于差动造成损坏或失效。

3.1.5 对于整体设计或部分设计，可采用抗震系统和装置（如基底隔震装置）的特定方法。

---

① 陡边效应是指在核动力厂中，由微小变化的输入引发核动力厂状态的重大突变。例如，由参数微小的偏离导致核动力厂从一种状态突变到另一种状态的严重异常行为。

该技术应整体考虑较复杂的基础系统的设计和为隔震装置进行定期检查和维修而制定的专门操作规程，这些额外的工作可明显降低构筑物、系统和部件的抗震需要。当相对位移增加时，应对结构交界面及其连接的设计予以重视，这些内容应在构筑物设计中明确。此外，当隔震装置对其他荷载的反应更不利时，应评价隔震装置的效应。

3.2 岩土参数

3.2.1 场址特定岩土特性的资料应由场址勘察、试验分析及工程假设来获得。第 4 章讨论了岩土模型化方法。

3.3 土木工程结构

3.3.1 在结构设计与设计审查时应特别关注下述项目：

（1）持力层土体的适宜性；

（2）基础支承类型的适宜性或相互联结的结构下采用不同类型基础的适宜性（例如应避免同一构筑物单元的一部分基础支撑在桩上或基岩上，而另一部分直接坐落于土体上）；

（3）结构框架和剪力墙应均衡对称地布置，以获得最佳的刚度、荷载和重量分布，使扭转效应最小；

（4）要防止相邻建筑物之间因动力变形发生碰撞（这类现象也可能发生在弱耦联结构中）；

（5）附属建筑和附属物与主体结构的连接要恰当，见 3.3.1 节（4）；

（6）要保证主要结构构件具有足够抗力，尤其是抗横向剪力；

（7）要保证足够延性和避免由剪力或压力引起脆性破坏。例如保证有足够的配筋，尤其是柱内有足够的箍筋（即足够的约束），以防止在塑性区内受压钢筋的过早屈曲；

（8）钢筋的布置和分布，钢筋的高度集中可能引起混凝土沿钢筋线开裂；

（9）有必要对结构构件的连接及物项与混凝土的锚固点进行设计，以保证延性破坏模式（如锚固长度应足够长以防止拔出，并且应配置足够的横向拉筋），同时构件间的连接要尽可能做到该构件与被连接的构件具有同样的强度和延性；

（10）对地震中由于竖向力和水平位移引起的非线性弯矩（即“P-Δ”效应）进行评价；

（11）地下水浮力对基础的附加效应；

（12）在地震时，结构在防水层上横向滑动的可能性（尤其是潮湿时）；

（13）“非结构”构件（如隔墙）对结构构件的动态效应；

（14）为抗地震差动而设计的大型整体结构中对施工缝及温度应力的详细设计；

（15）当安全壳的刚度大于周围混凝土结构的刚度，而它们又相互联结或可能相互作用，以致混凝土结构上的地震荷载可能传到安全壳上时，各种作用力的传递效应。由于这种结构相互作用的复杂性，使这种力难以确定，应尽可能将这类结构在基础标高以上分开；

（16）机械部件应恰当地锚固在土建结构上；

（17）有必要加固“非结构”墙或钢结构，以防止其或其部分构件坠落到安全相关物项上。

3.3.2 在采用建筑物基底隔震方案时，应关注以下内容：

（1）建筑物基底隔震的目的是通过在其基底设置隔震支座，以减小其水平地震反应。所选隔震支座的水平刚度应使隔震结构的水平自振频率明显低于未采用隔震方案的结构。应考虑选取适宜的固有频率；

（2）上部结构的质量应尽量均匀分布在每个隔震支座上；

（3）为了减小扭转效应，隔震支座的刚度中心与上部结构重心在隔震支座系统平面上的投影点之间的偏心应在限值以内；

（4）隔震支座应能够支撑上部结构的重力荷载而不出现过度蠕变，并且应能够抵抗如飞机撞击、风荷载及温度变形等非地震作用；

（5）隔震支座应能够承受由设计基准地震引起的水平位移，同时还应安全地支撑上部结构的重力荷载以及地震产生的竖向地震作用；

（6）除非采用附加装置提供该阻尼，否则隔震支座应提供足够的阻尼以控制地震作用产生的水平位移；

（7）结构抗震分析既要考虑未老化时的隔震支座特性，又要考虑老化时的特性，并应考虑支座制造中的误差；

（8）设计中应通过采取工程措施防止隔震支座因火灾而丧失承载能力（包括飞机撞击引起的火灾），即在主体结构的下部空间不应有火源，且此空间在飞机撞击后不应有火灾入口通道；

（9）设计阶段应采用全尺寸隔震支座进行初始试验（瞬态试验和动力试验）和鉴定试验，以达到以下目标：

A）判定支座的坚固性；

B）至少应考虑设计基准地震下的位移，为结构设计提供隔震支座参数（如水平阻尼、水平刚度，均为固有频率和剪应变的函数）；

C）为隔震支座制造提供控制参考值。

（10）隔震支座应通过采用原型支座全尺寸试验和支座缩尺试验进行抗震鉴定。鉴定应满足下述要求：

A）应对老化效应下的剪切模量和阻尼进行详细说明；

B）说明缩尺试验对于全尺寸试验的代表性和比例系数。

（11）核动力厂总体布置应减小地震和其他荷载作用下结构位移的影响，并在其周边提供足够的自由变形空间（抗震缝）；

（12）隔震支座的支承应足够高，以允许维修监测与便于支座更换；

（13）隔震支座的设计应考虑更换的可行性；

（14）设计阶段就应考虑支座置换方法，并经过鉴定；

（15）鉴于隔震支座的安装精度要求较高，因此安装过程应经过鉴定；

（16）设计阶段就应考虑后续支座特性监测的监测程序。

3.4 土工结构

3.4.1 在核动力厂场址中可能遇到下列安全相关的土工结构：

（1）最终热阱：坝、沟渠、堤；

（2）场址保护：坝、沟渠、防波堤、海堤、护坡；

（3）场址周边：挡土墙、自然斜坡、路堑和填土。

3.4.2 这些土工结构应依据其抗震类别设计，使其对下述地震相关效应具有足够的抗震能力：

（1）由设计基准地震动引起的斜坡破坏，包括液化；

（2）结构在弱地基材料上或强度可因液化而降低的地基材料上的滑移；

（3）由于地震动引起的埋置管道的损坏或通过裂缝的渗漏；

（4）由于滨海场址海啸或水库中湖涌、塌方或岩石掉入水库、溢洪道或泄洪工程的损坏而使构筑物淹没；

（5）挡土墙的倾覆。

3.4.3 相关的设计方法可参考核动力厂场址选择与地质或地基相关的导则。

3.5 管道和设备

3.5.1 对于设备和管道支承的抗震设计，应制定专门的要求：

（1）在支承的设计中，应注意保证所有接头的设计能按支承分析中所假定的方式起作用，并能传递被连接构件中所确定的全部荷载。特别是，如果采用六个自由度的约束支承，则这些支承的设计、制造和安装应能将被支承构件产生的任何意外破坏和开裂延伸到功能部件（如反应堆压力容器或一回路管道等）的危险性减至最小；

（2）在设备锚固装置的设计中，如可能采用的钩状或带端板的锚栓，应注意保证所有可能的内力和弯矩已全部考虑，并且锚固材料是适用的。尤其重要的是要保证基底板有足够的刚度，以避免翘曲效应；保证锚栓恰当的紧固，以避免摆动效应、频率降低、反应水平提高、高于设计荷载和增加松动、拔出及疲劳的危险。在安装预拉至接近其屈服点时，应加大锚栓直径或增加锚栓数量。

3.5.2 为改善抗震能力，应考虑以下方面：

（1）设备的支承支柱应设交叉支承，除非其尺寸可保证不采用此做法。应避免共振，在某些情况下（如对于堆内构件要通过变更设计来避免共振是困难的），可以调整反应堆厂房内部结构本身的振动特性来防止共振效应。如果系统刚度较大，应考虑热应力、其他动力荷载及支承点的差动效应；

（2）就合理可行而言，重要的是要避免如管道、仪表和堆内构件等设备在支承结构主振型频率发生共振。在某些情况下，设备反应虽然很大，但实际上又不可能通过其他办法来减小，此时可通过适当的设计修改来增加系统的阻尼；

（3）为对管道和部件提供地震约束，同时又允许自由热变形，应使用阻尼器或运动限制器。由于缓冲器的使用与运行和维修有关，应避免采用过多的缓冲器。对地震荷载过于保守的设计会减小温度荷载的设计裕度（自由位移受约束），故确定地震输入时应采用实际的阻尼值；

（4）应特别注意相邻部件之间或部件与相邻建筑构件之间因动力位移而发生碰撞的可能性。这类部件之间、部件与构筑物贯穿件之间、部件与连于建筑的地下联接之间以及建筑物之间的联接应具有柔性；

（5）管道支承的布置应使其传到设备的荷载为最小。

3.5.3 上述措施对所有可能的振动源（如飞机撞击、运行振动及爆炸）也应参考使用，但它们的效应可能不同于地震引起的效应。

3.6 选用适当的设计标准

3.6.1 根据实际经验，同一项目中的不同专业（如机械、土建和电气）对设计、材料选择和建造质量通常采用不同的标准。在不同的设计工作中，应在早期对各自的安全裕度、相应的不确定性程度及其与项目总体安全要求的一致性进行评价。

3.6.2 设计应保证能够实现核动力厂总体安全方面的设计假设，这种评价可能实际影响项目管理及在整个设计评价和建造阶段的质量管理体系。

3.6.3 特别是，在选择适当的设计标准时，应评价下述选项的兼容性与适宜性：

（1）国内和国际的核与非核的抗震设计标准；

（2）国内和国际的除抗震设计外的核设计标准；

（3）国内的非核和非抗震的设计标准。

从场址数据到材料强度计算的整个设计过程中，安全裕度、设计程序和质量保证要求均应在评价中进行比较。由于设计标准的混用对设计的整体安全裕度必然会产生难以评价的后果，应尽量避免标准的混用。

3.6.4 应在安全评价阶段，评价设计所提供的总体安全裕度。

3.7 定期安全审查

3.7.1 运行核动力厂在规定时间间隔内或一旦证实对任何设计假设有明显改变时，应进行核动力厂的定期安全审查。为了支持定期安全审查，应实施适当的结构控制与监测。

3.7.2 在此审查中，应依据新的场址评价（如新地震事件的发生或获取新的区域发震构造证据）、现行设计与鉴定的标准和新的设计方法对原设计假定进行评价，该评价结果将影响运行执照更新时需要考虑的事项。

3.7.3 在定期安全审查结束时，应保证设备抗震鉴定的有效性得以延续。应将保持设备抗震鉴定状态的必要性反映在控制核动力厂变更的规程中（包括其运行规程的变更）。在此体系中，除了具有核设施所期望的良好管理标准外，还应保持与抗震鉴定的构筑物、系统和部件相邻的区域没有相互作用的危险。

4 设备抗震鉴定

4.1 设备抗震鉴定的基本要求

4.1.1 安全重要物项的抗震鉴定可采用下述一种或几种方法进行：

（1）分析；

（2）试验；

（3）地震经验；

（4）与已鉴定合格的类似物项的比较。

也可采用这些方法的组合，如图 1 所示。

4.1.2 通常抗震鉴定包括结构完整性鉴定以及可运行性或功能性鉴定。抗震鉴定可直接在实际物项或原型物项上进行，或间接在缩尺模型上、缩尺原型物项上或简化的物项上进行，当被鉴定物项与参考物项之间能确定其相似性且后者已进行过直接鉴定时，可通过相似性进行鉴定。不论采用哪种方法，该方法都应精确地代表部件或结构在遭受所指定的效应时的性能。

4.1.3　应注意确保所建模型的精细程度与将进行鉴定的物项相一致。

4.1.4　任何鉴定方法要求正确地或保守地模拟在地震时施加于该物项的边界条件，或者对边界条件的偏离不会显著地影响鉴定结果。在这些边界条件中，最重要的是：激振方式、支承形式、环境条件和运行工况。

4.1.5　为了保证鉴定结果（尤其是对于原型试验）足够可靠，应考虑分析和试验相结合的方法。一般来说：

在采用试验法的情况下，分析方法应给出：

（1）试验中传感器的位置；

（2）规定试验范围与试验程序；

（3）试验数据的处理。

在采用分析法的情况下，试验方法应证明：

（1）材料建模时所选择的本构关系的合理性；

（2）所确定的失效模式。

4.1.6　分析法抗震鉴定应用于只有完整性要求而没有其他安全功能性要求的物项，以及其尺寸或规模不可能进行试验鉴定的物项。土木工程结构、贮槽、分布系统及大型设备物项通常在满足上述建模要求后，采用分析法鉴定。

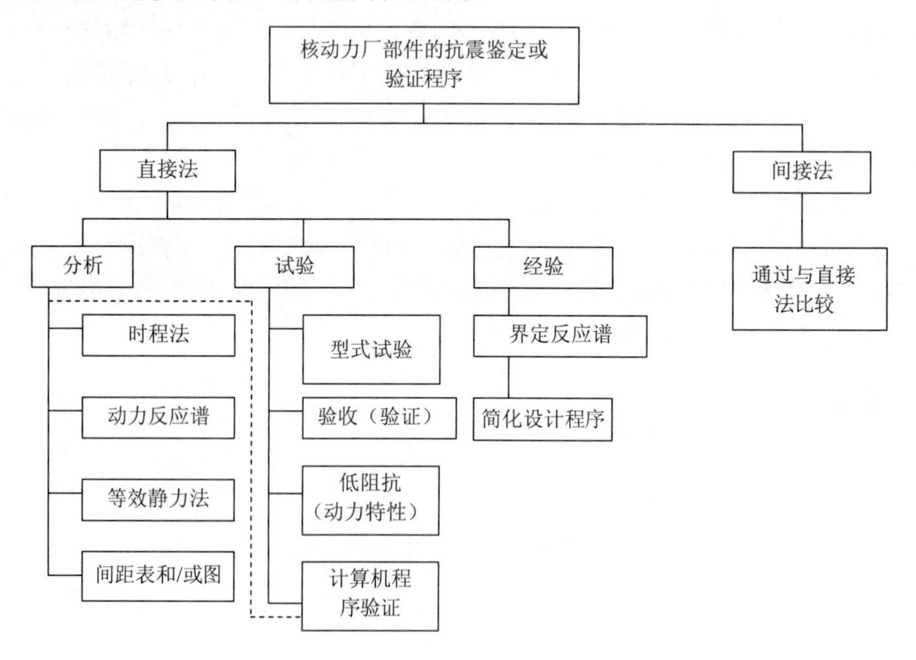

图 1　抗震鉴定或验证方法概要

4.1.7　对于设备，应参照核安全分级所确定的验收准则，通过特定的试验方法进行与地震有关的可能失效模式的系统评定。由于精细的计算机分析模拟技术的改进，即使是能动设备（如泵、阀门和柴油发电机组）在地震条件下的性能，也可通过分析进行预测。只有当潜在的失效模式可通过应力、变形（包括间隙）或荷载来识别时，能动部件的运行可行性方可采用分析进行鉴定。否则，能动部件的鉴定应采用试验或地震经验来进行。

4.1.8　一般来说，高水平的精密分析仍然要作一系列的假设，且至多也只是得出地震时的性状。特别是对能动设备的功能性要求，应始终使用试验或经验数据来验证分析结果。

4.1.9　除了上述方法以外，对于与抗震Ⅰ类或抗震Ⅱ类存在相互作用物项的抗震鉴定，应派专职专业人员进行现场巡查，以评价所有潜在的相互作用机制：机械相互作用或由于危险物质释放造成的相互作用，火灾及水淹（由地震引发的），以及由于可达性的丧失而妨碍操作人员安全相关的行动。在此基础上，这种巡查方法可作为设计评价的一部分，并应制订巡查计划。

4.2　分析法鉴定

4.2.1　模型化技术

4.2.1.1　地震动输入模型化

（1）鉴定物项的输入地震动可使用保守而尽可能接近实际的时程或反应谱。反应谱的形状、地面加速度峰值及运动持续时间应按核动力厂地震危险性评价相关导则所论述的方法来推导，并与风险定义相一致。

（2）对物项数值模型通常的做法是同时输入两个水平方向和一个竖直方向的地震动分量。此时，分量之间应独立统计。当分量单独地输入时，相应的结构反应应适当地组合，以考虑两个方向输入分量的统计独立性。

4.2.1.2　构筑物及设备的通用建模技术

（1）核动力厂可按其结构特征采用不同的方式建模（如集中质量模型、一维模型、轴对称模型、二维或三维有限元模型）。应使用最适宜、可靠的数值建模技术，使其给结果带来的不确定性最小。

（2）核动力厂构筑物和设备的典型模型见图 2 和图 3。引入这些图形说明，分析模型的建立可因其复杂性而有多种可能。采用简单概念模型能取得复杂结构或机械系统的总体反应，而局部的应力和变形最好由细化的模型得到。

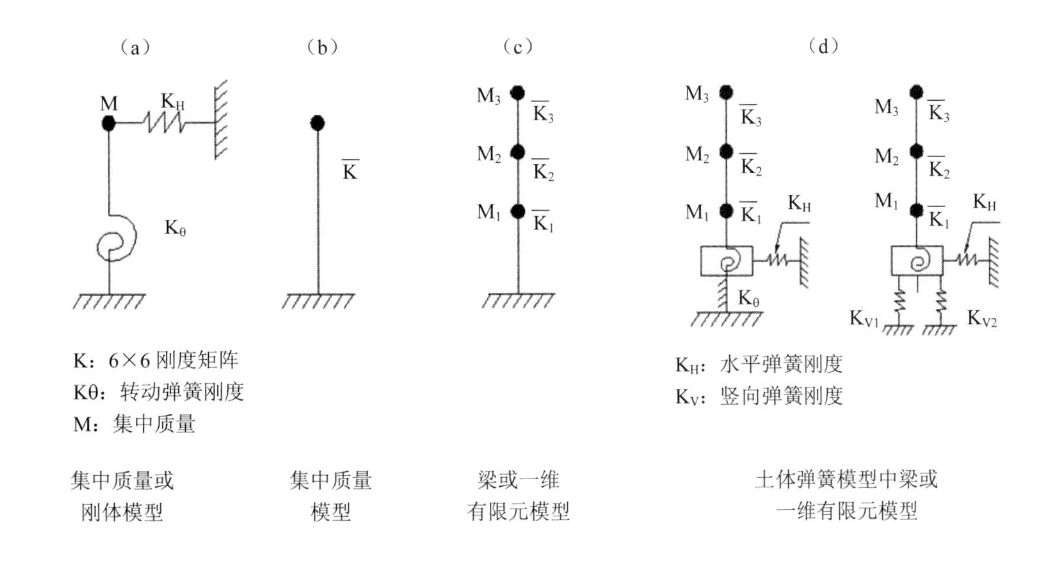

（e）

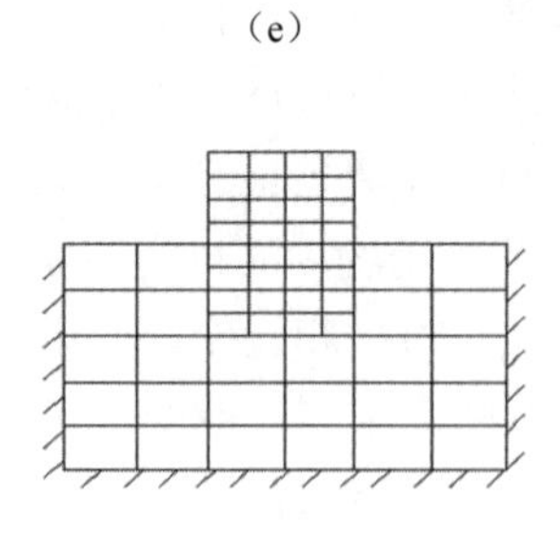

表示建筑物与土—结构相互作用的二维有限元模型

（f）

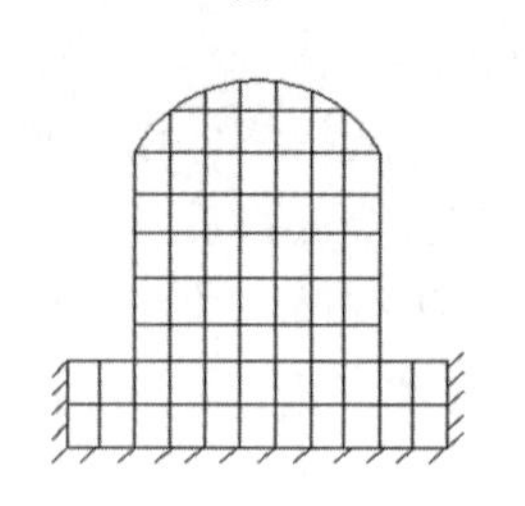

二维有限元或轴对称建筑物和土—结构相互作用模型（容器内单元可模拟内部爆炸与温度效应）

（g）

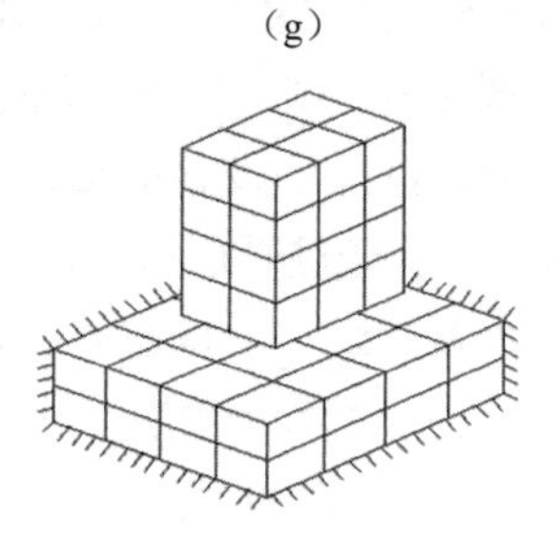

建筑物与土—结构相互作用的三维有限元模型（注意有限元的单元网格划分与地基标高以下的网格不同：可以按需要采用不同的网格密度）

图 2　动力或静力分析的各种构筑物模型示例

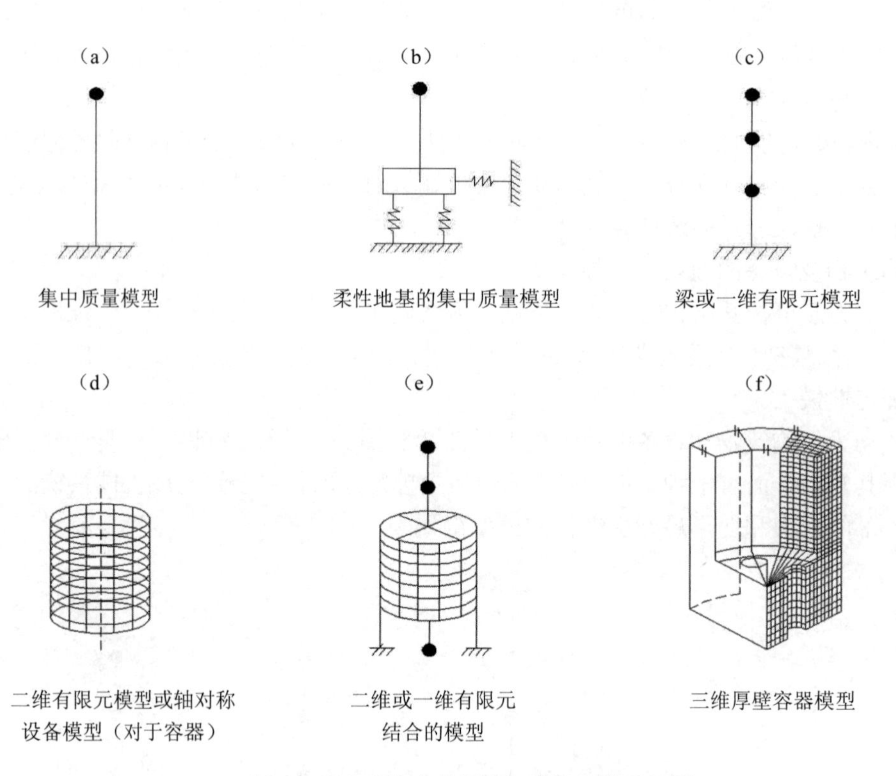

图 3　动力或静力分析的各种设备模型示例

（3）对于结构部件使用简化的集中质量模型，或用弹簧支撑的刚性质量模型来代表土—结构相互作用应仅限于对细化模型所作计算的准确性进行校核。

（4）如果这些分析工具已被以广泛接受的方法为基础的经验或理论结果所验证，则具有上千自由度并使用复杂土体建模技术的模型得出的计算结果就具有足够的置信度。

（5）应在分析模型中恰当地考虑结构系统的质量特性。建模的质量应考虑运行荷载（包括活荷载）的适当贡献，依据该荷载与地震荷载组合的概率评价以及对其不利效应的设计考虑综合确定。

（6）如果某些结构部件的反应具有不确定性，则应建立多于一个的模型。为了对不确定性的判断提供依据，应进行敏感性分析，而且如果使用这种建模技术，也有助于确定有限元单元的大小、类型及数量。为了消除可能存在的不确定性，应通过试验或对不同数值模型的比较，对模型进行验证。

（7）适当自由度数量的选择往往是直观的（如在计算有楼板的常规建筑时）。在另一些情况中，例如对于壳或梁式结构，选取就不是很明显，而取决于抗震分析所需的振型数。模型的详细度应与要求的鉴定目标相一致，并应能够代表相应的局部模型。为保证在分析中考虑了足够的振型数（未计入的质量），一种实用的方法是增加一个刚体或零周期加速度振型，这样可使评价中可能没有被计入的最高频率振型得以修正。应进行缺失质量评价以最终确认截止频率的正确性。在有限元模型范围内，还应保证支承的反力计算正确。

4.2.1.3 解耦准则

（1）核动力厂的结构可能非常复杂，而整体结构的单一完整模型会过于烦琐或可能失真。因此应通过定义主系统和子系统来确定子结构。

（2）与地基一起形成土—结构相互作用模型的主结构构成主系统，其他附属于主系统的构筑物、系统和部件构成子系统。

（3）应使用某些准则来决定在主系统的分析中是否应考虑某一特定子系统。这种解耦准则应定义子系统与支承子系统的主系统之间的相对质量比及频率比的限值。应特别注意确定子系统与主系统之间是否存在共振的可能。

（4）如不符合解耦准则，在主系统的模型中应包括一个适宜的子系统模型。当子系统的所有共振频率（考虑了支承的柔性）都高于放大频率时（对一般设计基准地震在 15Hz 以上），应只将质量包括在主系统的模型中。

（5）对于子系统的详细分析，应通过主系统模型的分析得出地震输入（包括不同支承或附属件的运动）。当耦合明显时，子系统的模型应包括在主系统的分析中。至少应在关注的频率范围内，子系统模型具有与子系统的详细模型相同的自振频率及振型质量。

4.2.1.4 材料特性

（1）钢筋混凝土结构的模型化通常假定为截面未开裂。在敏感性分析中，应对截面减小效应（等效于某种程度的开裂）进行评价。

（2）土体特性、频率及其与应变的相关性的选定应恰当地建档，应确定土体特性的变化范围，以考虑土体参数的不确定性。这种变化的影响可能包络结构特性的变化（如截面开裂），这方面应在安全评价中明确说明。

（3）应切合实际地保守确定用于鉴定分析的结构阻尼。在这方面，应谨慎地评价试验所测定的材料或结构系统的阻尼，因为它可能并不代表安装在核动力厂的部件的实际结构性状。

（4）应由保守的工程判断得到用于抗震分析的土体阻尼值（与几何形状和材料相关）。如有试验数据作为依据，可考虑采用随振动频率和振幅而变化的阻尼系数。

（5）应特别注意具有不同阻尼值的模型各部分（如土体、结构及部件）的数值建模。

4.2.1.5 与土体、液体及其他结构的相互作用

（1）在建筑物或建在地面的大型贮槽的建模过程中，应考虑土—结构相互作用并明确地建入模型。考虑到埋深、地下水位、土体特性的局部变化，应将针对地表条件定义的输

入地震动向土—结构联合体规定的标高（典型的是在基底标高处）进行反演。此过程应包括扭转输入。当所得输入地震动锐减时，应谨慎地进行判断。

（2）应建立适当的土—结构联合体模型评价土—结构相互作用效应。随着健全的材料特性关系的应用而使得分析程序的可信度不断增加，即使对于非常细化的模型，此项工作也可相对容易地完成。当能够说明其保守性时，可使用简化方法。应完整地记录土体特性的适当取值范围和土体边界建模的方法。应特别注意土体边界的建模，其中应计入地震波在无限介质中的辐射效应。

（3）应评价由于地震动引起的作用于构筑物地下部分或基础的侧向土压力。

（4）应评价饱和颗粒土层在设计基准地震（通常定义为 SL-2）下的潜在液化、潜在承载力的丧失和潜在沉降，并应证明具有适当的安全裕度。

（5）应按相关导则的要求考虑埋置构筑物的抗震设计，并考虑地震对独立埋置构筑物（如埋置管道、管沟及井筒）的下述效应：

A）在地震期间及地震后由周围土体迫使其变形；

B）在与建筑物或其他结构的联结端处的位移差或荷载；

C）所盛装液体的效应（冲击荷载、液压及晃动效应）。

（6）当同一基础结构上的相邻建筑物或部件的相对位移会影响特定的验收准则（如表示弹性、最大裂缝宽度、无屈曲或最大延性的设计参数）时，则应将它们包含在同一模型内。

（7）应校核在相邻结构部件间或相邻建筑物间结构接缝处有足够的间隙，以避免撞击和挤压，并考虑有足够的安全裕度。

（8）在结构建模时应考虑由于盛装在水箱或水池中的液体可能使子系统表现出的惯性作用。尤其是，应评价并谨慎考虑由于竖向柔性水箱的吸附产生的竖向运动。

（9）晃动的液体可对结构或部分结构产生很大的上下冲击和撞击荷载及循环荷载。这种冲击荷载在其作用路径上可能引起贮槽顶盖、贮槽和水池壁附件的破坏。一旦发现有冲击荷载，就应采用专门的程序进行建模。

（10）当采用等效质量及弹簧结合建立适当的简化模型时，应保证在所要求的频率范围已正确地考虑到晃动效应。

（11）晃动模态的阻尼系数应是非常低的①，因为与振动的脉冲模态相关的阻尼通常与容器材料、所使用的连接与锚固相关。另外，如果预计自由水面的加速度竖向分量大于1.0g，则可能在自由水面产生额外的波浪。在此情况下，应考虑在反应中的非线性阻尼效应。

4.2.1.6 对于机械和电气部件的通用建模技术

（1）除一回路物项外的机械与电气部件，在分析时通常以连于支承结构上的单质点或多质点体系来表示。如果证明它们满足上述总体解耦准则，其与主厂房的动力耦联一般是可以忽略的。

（2）设备的模型化通常分为如图 3 所示的几类。对于没有与支承结构一起模拟的部件，其分析的输入是楼层反应，用设计楼层时程②或设计反应谱③来表示。

---

① 晃动模态的阻尼系数通常应取为 0.5%或更低。

② 设计楼层时程是由设计基准地震动导出的所考虑结构的楼层与时间有关的运动记录，其中考虑了输入地震动的可变性和不确定性及建筑物与地基的特性。

③ 竖向可采用等效静力输入。

（3）隔热层的用量、支承间隙的大小、位置及数量、连接形式（如法兰连接）、反应频率以及柔性支承或能量吸收支承装置的使用，均对部件设计中考虑的阻尼有影响。应谨慎地核查这种影响并适当地在模型化过程中考虑。

（4）对于装有液体的容器和贮槽，应考虑晃动和冲击荷载的效应（包括频率的影响）。还应考虑液体运动或淹没结构上的压力变化的效应。这些效应可能包括来自流体的流体动力荷载及对功能性能的降低（如燃料水池屏蔽效率降低或仪表信号干扰）。

4.2.1.7 分布系统的通用建模技术

（1）分布系统（管道、电缆托盘及电缆套管）对地震激发的反应趋于完全非线性。采用线弹性分析方法进行的应力及支承反力计算是应力及支承荷载的粗略计算，仅适用于与验收准则进行比较，以确定设计的适宜性，但是这种计算不得用于得出实际应力和支承荷载的精确值。对位移有某些限制的分布系统名义上的固定支承，在模型化时可以认为是刚性连接的。

（2）在模型中应考虑管道系统部件（如弯头、三通及接管）的柔度或刚度。在管道的抗震分析中可忽略弹簧吊架。如果管道系统中有泵或阀门，应评价它们对响应的贡献。应考虑所有附加质量及其偏心（如阀门操作器、泵、管道内的液体及隔热层）。

（3）当分布系统与两个或更多个具有不同位移和不同适用反应谱的点连接时，应谨慎使用某一个特定支承点的反应谱。为考虑惯性效应，应使用包络反应谱或多个反应谱。但是，结果不一定总是保守的，在对它们进行评价时应使用工程判断。如果结果不可靠，应使用多支点激振与模态分析相结合的方法。

（4）除惯性效应以外，应谨慎考虑支承之间的差动效应，因为地震经验表明，这种现象将是地震引起管道系统损坏的一个主要因素。

4.2.2 分析技术

4.2.2.1 结构分析方法

（1）当要求数值分析以地震的楼层反应谱[①]、最大相对位移、相对速度、绝对加速度及最大应力的形式输出时，对于大多数模型采用线性动力分析方法通常是恰当的（如直接时间积分、模态分析、频率积分及反应谱）。另外，当适宜或需要时可采用非线性动力分析方法（如结构发生翘离，支承与荷载关系为非线性，土—结构相互作用问题中的地基材料特性或固体间的相互作用为非线性时）。

（2）线性求解法与非线性求解法之间的权衡是依据具体情况而定：后者通常要求更好地确定带有不确定性的输入参数。因此应通过参数研究来作决定。

（3）通常简化方法（如等效静力法）应仅用于估算。

（4）在反应谱法中，应直接使用设计反应谱来计算每一振型的最大反应。每个主导方向的最大反应应通过振型最大值的适当组合确定（如每一振型反应的平方和的平方根，或完全平方组合法）。对于紧密振型频率，应采用保守的方法，即取每个紧密振型和刚性反应的绝对值之和，或采用完全平方组合法。缺失质量与建模的详细程度、分析中使用的截止频率及振型参与系数等因素有关，还应谨慎评价并形成文档。

（5）以三个不同方向输入加速度引起的反应应按各个反应的平方和的平方根进行组合。

---

① 楼层反应谱是对于输入地震动，构筑物某一特定楼层标高运动的反应谱。

（6）在时程法[①]中，系统的结构反应是直接作为时间的函数或转换为振型坐标（仅用于线性模型）后计算的。输入运动应以在地面标高处或特定楼层标高处的一组天然加速度时程或人工加速度时程来代表。时程的选取应恰当地代表设计反应谱，地震灾害的计算应直接作为时间的函数或转换为振型坐标（仅用于线性模型）。输入地震动应以在地面标高处或特定楼层标高处的一组天然加速度时程或人工加速度时程来代表，其选取应能恰当地代表地震灾害的设计反应谱及其他特性（如持续时间）。

（7）应选取适当的时间积分步长与所要求的结果精细程度相一致，并与总体模型化假定相一致（如网格密度）。

（8）对于非线性分析，将不同荷载计算的结果进行线性组合已不再合理。在此情况下，应采用保守的包络方法，但需经过适当验证。

（9）对于抗震Ⅰ类或抗震Ⅱ类物项，依靠对内力（线性计算）或输入反应谱采用延性系数的方法只用于校核计算。对于与抗震Ⅰ类或抗震Ⅱ类存在相互作用的物项及非核抗震类物项，适宜时可采用延性系数的简化方法，但应对它们的取值通过试验或分析进行恰当的论证。

4.2.2.2　楼层反应谱的评价

（1）楼层反应谱通常作为设备的地震动输入，应根据构筑物对设计基准地震动的反应得到。对于结构分析，应采用天然或人工合成时程作为地震输入（应能证明由它们生成的反应谱至少与设计基准地震动的反应谱一样保守）。

（2）楼层反应谱[②]也可用直接法计算，该法是以对自由场地震动与楼层反应谱之间关系的简化的工程假定为基础的。但是，楼层反应谱结果的保守性应与由时程法计算结果的保守性进行比较。

（3）应根据正确的工程判断，对计算的楼层反应谱进行严格审查，其中应考虑反应谱的形状，以及建筑物的振动特性与地基支承材料之间的关系。

（4）应拓宽[③]计算所得的楼层反应谱，以计及建筑物部件振动特性计算中可能存在的不确定性。如果对所考虑的与土体模型化相关的不确定性进行了参数研究，则拓宽的范围可以减小。另外，拓宽反应谱的各分谱段可逐段用于部件分析。对于具有紧密频率间隔的系统，采用分段的反应谱可有助于避免过分的保守性。

（5）对于连接于非常柔性的结构构件上的设备（由于楼板的柔性使竖向反应放大），或当建筑物出现明显的扭转运动时，应考虑对输入的楼层反应谱进行调整。当建筑物的刚度中心和质量中心明显不同，而在建筑物结构模型化中没有对此进行考虑时，应对远离刚度中心的物项按非线性程序进行分析，或考虑支承结构的扭转反应对楼层反应谱进行调整。

（6）如果出现了明显进入非线性结构反应范围的情况，则应对楼层反应谱进行适当的调整。与任何物项相关的延性值都应与其结构构造细节相一致。

4.2.2.3　设备分析方法

设备及设备支承中的计算应力和反力应是动态或静态分析的直接输出。应注意的是电

① 时程是与时间相关的地震动记录，或对于坐落于基底的结构的特定楼层或特定标高处，与时间有关的地震反应运动。

② 设计楼层反应谱是在构筑物特定标高处的楼层运动反应谱，系通过考虑在地震动输入以及构筑物与基础的特性中的变化与不确定性修正一个或多个楼层反应谱而得到。

③ 在应用中，典型的取值为±10%至±15%。

气设备（不包括锚固件或支承），一般仅通过试验或利用经验资料来评价其可运行性。而对电气柜、仪表板或支架结构等采用弹性理论进行分析，以计算柜内传递函数与计算支承荷载或锚固件荷载。

4.2.2.4 分布系统的分析方法

（1）对于分布系统（如管道、电缆托盘、电缆导管、穿管与风管及其支承），振型反应谱分析可用于安全级系统的大直径管道（大于 60 mm）的抗震设计，而静力法通常用于小直径管道的分析。根据一般分析或试验所制定的间距表及间距图也用于小直径管道的评价，并且一般用于电缆托盘、电缆导管、穿管及风管的评价。还可基于由地震经验得到的数据使用简化的分析或设计法。所有这些简化技术均应进行恰当验证，以证明它们与更加精细的模型化技术相比的保守程度，并应适当地记录在案。

（2）对于直径 60 mm 或更小的管道，可采用拟静力法。以频率范围在 $0.5f_f$ 至 $2.0f_f$（f_f 为设备的基频）的设计基准反应谱的最大加速度作为设计加速度。而后使用适当的放大系数，通常为 1.0～1.5，取决于支承的数量。在使用此方法之前，应经过严格的分析或试验法进行验证。

4.3 应用试验法、地震经验和间接法进行抗震鉴定

4.3.1 应用试验法进行抗震鉴定

4.3.1.1 试验类型及典型应用领域

（1）对物项进行直接抗震鉴定的方法是对实际物项或原型进行试验。如果某一物项的完整性或执行功能的能力不能通过分析的方法被合理可信地证实，则应通过试验证明其能力或使试验有助于直接或间接地验证该物项。

（2）试验类型包括：

A）极限试验（易损性试验）；

B）验收试验（验证试验）；

C）低阻抗试验（动力特性试验）；

D）计算程序验证试验。

（3）当分析或地震经验不能辨别或确定抗震 I 类和抗震 II 类物项的破坏模式时，应进行试验鉴定。通过试验作直接鉴定时采用定型试验与验收试验。低阻抗（动力特性）试验应仅用于查明相似性或验证分析模型。计算程序验证试验应用于分析方法（通常使用计算机程序）的一般验证。试验方法取决于物项所需的输入、重量、尺寸、外形和运行特性，以及适用的试验设备的特性。

（4）当必须评价标准电气设备及机械部件对于失效、损坏或非线性反应的设计裕度以及辨别下限破坏模式时，应采用极限试验（易损性试验）。这种试验一般用振动台来进行。由于试验条件一般覆盖比设计基准要求的荷载谱更宽的范围，因此该试验还为设计扩展工况的性状提供信息，故而易损性试验应能检测出意外破坏模式或潜在故障。

（5）验收（验证）试验也用于电气及机械部件，以证明其抗震的恰当性。这类试验一般用振动台来进行。

（6）计算程序验证试验对于可靠的分析工作是重要的。计算机程序在应用前应利用足够数量的试验结果或来自其他适当的计算机程序或分析方法的结果来进行验证。许多能覆

盖所关注范围的试验结果应与分析结果相适应。

4.3.1.2 试验装置

（1）极限试验与验收试验通常在试验室中进行。应有下述一种或多种设施可用：

A）振动台（一个或多个自由度）；

B）液压激振器（通常需要大型刚性反力墙）；

C）电动激振器；

D）机械激振器（偏心质量型）；

E）冲击锤；

F）爆炸激振器。

（2）低阻抗（动力特性）试验是在现场的物项上进行，物项一般采用机械激振器、冲击、爆炸和其他低能激振器以及环境激振进行试验。这类试验不能直接用于物项的地震鉴定，但可用来确定包括支承在内的动力特性，这些动力特性可在分析或其他试验中使用，以对物项进行鉴定。

4.3.1.3 试验计划

（1）进行一项以评价物项的完整性或功能能力为目的的试验，需要正确地或保守地模拟地震时该物项在核动力厂中所处的条件，或者对于这些条件的任何偏离都不会明显地影响结果。在这些条件中最重要的是：

A）输入地震动；

B）边界（支承）条件；

C）环境条件（如压力与温度）；

D）运行条件（如果必须评定功能能力）。

（2）在试验中，物项应经受保守的试验条件，以使产生的效应至少同设计基准地震事件与其他适当的设计或运行条件同时发生时所产生的效应一样强烈。对于偏离应按具体情况进行评价。

（3）试验可在现场也可在试验室进行。因为成本高且通常与可达性冲突，设备及部件的现场试验应限于少数鉴定方面。对于实际支承、边界条件及老化效应的评价，这是一种可靠的策略。结构的现场试验通常是唯一的方法，用以获取材料的实际特性、结构的抗震总体性能及土—结构相互作用效应，并且只要其可为类似结构提供参考就应进行现场试验。

（4）输入运动应与试验物项的抗震分类一致，以达到所需安全裕度的可靠性。

（5）例如包含许多不同装置的控制盘这类复杂物项，应在物项本身的原型上或在各个装置上进行试验，其标定的地震试验输入要考虑这些装置在物项内或物项上的位置及连接方法（通过柜内传递函数）。

（6）应考虑老化效应，它可能在物项寿期内引起物项退化或改变物项性质。

（7）抗震试验可在物项本身或全尺寸模型上进行，适宜时也可在缩尺模型上进行。但从鉴定目的而言，应就部件本身或全尺寸模型进行未经任何简化的试验；如果没有其他切实可行的替代方法，允许谨慎地采用缩尺模型进行鉴定。这类试验包括：

A）为保证部件所要求的安全功能或在地震期间和地震后不出现瞬态运行故障的功能试验；

B）目的在于证明部件机械强度的完整性试验。

（8）当进行缩尺试验时，应考虑建立利用间接法进行抗震鉴定的相似性准则。

（9）任何试验结果均应有对测量数据详细的评价，包括可靠性（通常由统计分析取得）、信噪比和敏感性的评价，以清楚地辨明数字（由数据处理产生）和物理的（由模型化假定产生）不确定性来源。

4.3.1.4 试验的实施

（1）每次试验的重复次数或荷载循环的次数与使用情况有关，但对结果的评定应考虑各种类型疲劳或棘轮效应所造成的损伤的积累，以便有可能对物项的运行寿期作出鉴定。

（2）对于需在地震情况下通过试验证实功能的部件，如符合下列条件之一的，采用一次单方向的激振即可认为满足要求，否则应采用多向同时输入：

A）如果部件设计审查和外观检查或探查试验清楚地证明部件三个方向的激振效应是相互足够独立的；

B）振动台强度的增加能计及三个方向同时激振所引起的相互作用（例如，在单方向激振幅度的增加能包络因耦联效应引起另一方向的反应）。

（3）如采用随机振动或多频输入，应依据适当的程序进行。输入运动的持续时间应根据预期的地震持续时间来决定。

（4）刚性系统的鉴定试验可采用频率大大低于系统第一振型固有频率的正弦运动或正弦拍波运动。由此产生的试验反应谱要包络为鉴定该物项所要求的反应谱。如果没有适用的振动装置，可采用谐振正弦运动，以得到物项所必需的合格的反应水平。

（5）当系统在所关注的频率范围内具有一个或更多的共振频率时，试验的输入运动应有一个不小于所要求的设计反应谱的试验反应谱。这可利用时程输入来实现，这个时程的试验反应谱要包络物项鉴定所要求的参考反应谱。

（6）当物项的固有频率很分散时，可分别进行独立的试验，例如采用比例合适①的频率给定的正弦输入（该输入有半正弦波或其他关注的时间包络）。然而，此类试验应采用两个或两个以上人工时程或天然时程来进行，它们的反应谱不小于所要求的设计基准反应谱。应用几个不同的时程有助于克服由单个时程特性可能引起的缺陷。

（7）部件的自振频率和其他振动特性一般可通过低阻抗振动特性试验（可采用 0.01g 到 0.05g 的低水平输入）来确定。

（8）对于非线性系统，应注意到低阻抗或低激振水平试验，其结果可能不同于在高地震水平下进行的试验结果。若将对低阻抗试验用于设备的抗震鉴定，则要求设备的反应基本保持线性，直至达到可能失效的激振水平，以便能确定设计裕度。

（9）对于能动物项（即运动或改变状态的那些物项），作为试验程序的一部分，一般要预先规定其功能要求。多数情况下，要求能动物项在地震激振过后履行其能动功能。若它们需要在地震激振过程中或可能的余震过程中履行能动功能，则应在规定功能试验要求时考虑这一要求。还应注意使功能性试验和使用时所要求的安全功能一致②。

（10）要特别注意用于控制或数据计算的计算机的功能要求。这类设备的抗震性能非常复杂，且探测其失效或破坏可能是困难的。应编制专门的程序，包括准备在抗震试验中

① 比例合适的含义是试验谱在固有频率处的幅值高于所要求的谱的幅值。

② 例如，为了改变线路状态继电器要求至少 20 ms 来断开，对于这种情况，在地震中若由于继电器几毫秒振颤引起警示灯发亮就不合适了。

和试验后进行功能性试验的说明书。

（11）应依据专门的质保程序进行下述活动：

A）所有试验设备均应进行校准并应保存校准的文档；

B）所有控制试验设备的软件均应提供鉴定文档。

4.3.2 应用地震经验进行抗震鉴定

4.3.2.1 等同于被鉴定物项的一个物项在实际地震中所经历的地震激振水平应有效地包络该物项在建筑物的结构安装点上的设计地震动。被鉴定物项与经受强震的物项应具有相同的式样和类型，或应具有相同的物理性质和具有相似的支承或锚固特性。对于能动物项，应表明该物项执行的功能与抗震Ⅰ类或抗震Ⅱ类物项在地震期间或地震后（包括任何余震效应）所要求的功能相同。

4.3.2.2 一般以经验资料为依据直接鉴定单个物项时，其资料的质量和详细程度应不低于用分析或试验作直接鉴定时的要求。如同用分析或试验作直接鉴定的情况，地震经验也可用作间接法鉴定的依据。

4.3.3 应用间接法进行抗震鉴定

4.3.3.1 间接法鉴定以建立被鉴定物项与此前已经过分析、试验或地震经验鉴定的参照物项之间的相似性为基础。大量的地震经验资料，特别是适用于分布系统抗震鉴定的资料，在某种程度上，已被用来证实这类系统的分析计算和抗震鉴定的简化[①]是合理的。电缆托盘的抗震鉴定是根据地震经验资料作简化分析计算的一个例子。

4.3.3.2 用于鉴定被鉴定物项的地震输入应包络该物项的设计谱和参照物项所用的地震输入；同时还应等于或超过被鉴定物项所要求的地震输入。对物项比例模型的输入应考虑恰当的相似关系。还要求被鉴定物项的物理特性和支承条件、能动物项的功能特性以及对被鉴定物项的其他各项要求均与参照物项的要求非常相似。

4.3.3.3 间接法的可靠应用取决于严格的易验证的相似准则，它们以恰当的公式表达并被正确地运用。该准则的有效性验证和对审查队伍的资格培训是该过程的重要环节，故应清楚地记录在安全文档中。

4.3.3.4 当间接法用于与抗震Ⅰ类或抗震Ⅱ类存在相互作用的物项时，应通过专业人员的巡查来证实其相似性准则的运用。尤其是，鉴于潜在地震会引起大量的各种相互作用（由地震引起的碰撞、危险物质的释放、火灾或水淹），以及结构、设备和分布系统恰当的锚固和支承的重要性，所有抗震鉴定合格的物项均应在运行前由胜任抗震设计工作和具有抗震经验的结构工程师进行检查。

4.3.3.5 这种鉴定方法的目的是保证已就位物项，在考虑其锚固和相互作用[②]效应（对于物项与运行人员）后能承受设计基准地震效应而不丧失结构完整性。

4.3.3.6 应依据可用的质量保证程序将地震巡查工程师的培训记录和已满足适当准则的证据，记录在鉴定的安全文档中。

---

① 就通常验收准则而言，采用三倍静重对有延性支承（允许侧向有很大位移而不破坏）的电缆托盘进行计算是适宜的。

② 地震相互作用是由地震引起的导致物项之间或物项与运行人员之间有影响的相互作用，这些影响损害他们履行其应尽的安全职能。相互作用可能是机械的（锤击、撞击、磨损及爆炸）、化学的（有毒或窒息物质释放）、辐射的（剂量的增加）或由地震引发的火灾或水淹。

5 地震仪表

5.1 概述

5.1.1 核动力厂设置地震仪表的原因如下：

（1）结构监测：收集核动力厂构筑物、系统和部件的动力性状的资料，以评价建筑物和设备抗震设计及鉴定中采用的分析方法的适用程度；

（2）地震监测：提供报警，以提醒运行人员进行震后检查，对核动力厂停堆的必要性进行判断；

（3）地震自动停堆系统：可为核动力厂的地震自动停堆提供触发机制。

5.1.2 所安装的地震仪表数量及其安全分级和抗震分类应取决于与系统设计相关的假设地震始发事件，并且一般来说，取决于仪表在核动力厂应急程序中的重要性。当安装地震监测和地震自动停堆系统时，应适当地进行安全分级并应提供适当的冗余。

5.1.3 安装在核动力厂的地震仪表应根据书面维修程序进行校准和维修。

5.2 结构的地震反应监测

5.2.1 每座核动力厂场址安装的地震仪表，其最少数量如下：

（1）安装一台三轴向强震记录仪记录自由场运动；

（2）安装一台三轴向强震记录仪记录反应堆厂房底板运动；

（3）在反应堆厂房最具有代表性的楼层上安装三轴向强震记录仪。

在 SL-2 自由场加速度大于或等于 0.25g 的场址应考虑安装附加的地震仪表。

5.2.2 应定期对数据进行收集和分析，以支持核动力厂的定期安全审查。

5.3 地震监测与地震自动停堆系统

5.3.1 是否安装地震自动停堆系统或一旦发生地震是否由地震监测来支持运行人员的行动，由下列各项决定：

（1）核动力厂场址的地震活动水平、频度及持续时间：对处于低地震活动区的场址，设置自动系统是不尽合理的；

（2）核动力厂系统的抗震能力：尤其是在抗震设计基准升级的情况下，自动系统应作为附加的保护措施；

（3）与误停堆相关的安全考虑：地震自动停堆系统不得用于环境噪声水平高的区域，包括由其他核动力厂设备产生的噪声；

（4）对由地震时自动停堆引发的瞬态与地震加速度的叠加效应的评价：对核动力厂安全来说，这种组合效应有时可能比核动力厂满负荷运行时受地震的影响更具威胁性；

（5）运行人员的信心与可靠性水平：对于非自动系统，运行人员在震后行动的决定上起着重要的作用，因此应针对这一偶发事件进行恰当的培训。

5.3.2 低触发水平报警应接近 SL-1（通常与运行限值相关），此时不会对安全相关物项造成严重损坏。

5.3.3 对于地震自动停堆系统，反应堆停堆的最高阈值和触发水平应参照 SL-2 确定。并且还要参照这样一个事实，即对于这种水准的地震，场址附近的区域可能严重破坏，同时伴随失去厂外电源和排出余热所需水源的中断。所有应急程序和运行人员的行动均应与此场景相一致。

5.3.4　传感器应优先布置在自由场以及核动力厂中安全相关设备的位置。触发水平应与核动力厂中传感器的位置相适应，并与抗震分析相一致。对于多机组场址，应协调不同的机组之间的停堆逻辑。

5.4　数据处理

5.4.1　震后运行人员行动和地震自动停堆两者都应根据一组恰当的参数，这组参数由记录的数据导出并经适当处理，这样做有两个主要目的：

（1）减少伪信号的影响；

（2）提供损坏指示，以便与抗震设计阶段所作假定相比较。

5.4.2　为实现上述两个目的，采用适当的软件，使用不同位置和不同方向信号的组合（滤除伪信号），加以适当的信号滤波（为了滤除未损坏部分的信号贡献），以及评价累积损伤参数，并以核动力厂巡查的方法进行证实。

5.4.3　累积损伤参数应主要依据速度记录的集成，从而在安全相关设备中，提供由地震引起损坏的更具代表性的参数。这种总体参数值应与同样数量的由自由场设计基准地震得来的数据以及地震经验数据进行比较。在核动力厂的其他位置也应作类似的比较，因为它们可为震后巡查，继而为核动力厂重新运行的决策提供良好支撑。

5.5　震后行动

5.5.1　即使安装了地震自动停堆系统，核动力厂也应对震后行动制订计划。

5.5.2　主控室运行人员应通过安装的地震仪表得知地震的发生。随后的响应应包括所记录到的地震动与安全相关物项的特定设计作比较评价并对核动力厂损坏作现场巡查评价，以及在地震发生后，对核动力厂恢复（或继续）运行是否就绪进行评价。

5.5.3　在这类巡查中要进行检查的物项清单应与核动力厂物项的安全分级和抗震分类相一致。震后要进行的试验的性质、范围和位置应清楚地确定并直接与预期地震损坏相关。考虑到实际可行，试验可能限于对可达物项的目测检查，以及与所有其他安全相关物项抗震性能的验证对比。

5.5.4　可依据所经历过的地震损坏来规定这类检查的不同水平（以适当的分析参数来衡量）：应在运行人员、核动力厂内部技术支持人员和外部专家组之间明确各自的责任。

5.5.5　应在规程中明确及时通知核安全监督管理部门及其参与核动力厂重新启动的规定。

5.5.6　震后运行程序的推荐做法和指导包括必要的时机、责任和追溯等，见核动力厂运行限值和条件与运行规程相关导则。

附件Ⅰ　抗震分类举例

Ⅰ.1　本列表为抗震Ⅰ类物项的示例（本列表并不全面）：

（1）工艺系统：

A）主冷却剂系统；

B）主蒸汽和主给水系统（安全壳内部分）；

C）余热排出系统；

D）控制棒驱动系统；

E）安全注入系统。

（2）安全级电气系统和应急电源系统：包括柴油发电机、其附属及分布系统。

（3）仪控系统：

A）反应堆保护系统、反应堆紧急停堆系统；

B）事故及事故后测量监测仪表；

C）主控制室。

（4）专设安全设施。

（5）容纳或支撑安全级机械设备和电仪设备的结构及建筑物。

（6）保护场址的堤或坝。

Ⅰ.2　可能影响抗震Ⅰ类或抗震Ⅱ类物项安全功能或运行人员安全相关行动的，与抗震Ⅰ类或抗震Ⅱ类存在相互作用的物项示例：

（1）汽轮机厂房；

（2）排气烟囱；

（3）冷却水取水构筑物；

（4）进厂道路经过的边坡、桥梁和隧道等。

Ⅰ.3　与抗震Ⅰ类或抗震Ⅱ类存在相互作用的构筑物中由地震引发的崩塌、坠落、移位或结构与设备的空间反应可能发生或引起下列示例：

（1）碎屑荷载；

（2）旋转机械破坏造成的飞射物；

（3）由于贮存容器爆裂造成的冲击波；

（4）应急冷却管的阻塞；

（5）水淹；

（6）火灾；

（7）有毒物质的释放。

Ⅰ.4　抗震Ⅱ类物项示例：

（1）放射性废物厂房。

Ⅰ.5　非核抗震类物项示例：

（1）车间及仓库；

（2）食堂；

（3）行政办公楼。

附件 2

核安全导则 HAD 102/04—2019

核动力厂内部危险（火灾和爆炸除外）的防护设计

（2019 年 12 月 31 日国家核安全局批准发布）

本导则自 2019 年 12 月 31 日起实施

本导则由国家核安全局负责解释

本导则是指导性文件。在实际工作中可以采用不同于本导则的方法和方案，但必须证明所采用的方法和方案至少具有与本导则相同的安全水平。

1　引言

1.1　目的

本导则是对《核动力厂设计安全规定》（HAF 102，以下简称《规定》）有关条款的说明和细化，其目的是为评价核动力厂内部危险[①]的可能后果，以及分析方法和程序提供指导。本导则可供核安全监督管理部门、核动力厂设计人员和许可证持有者使用。

1.2　范围

1.2.1　本导则适用于陆上固定式热中子反应堆核动力厂。本导则给出的例子一般源自轻水反应堆核动力厂，但给出的建议通常也适用于其他类型的热中子反应堆核动力厂。

1.2.2　本导则讨论了《规定》中所描述的核动力厂不同运行状态下可能发生的假设始发事件[②]，并补充了相关章节的内容。本导则使用概率论和确定论方法对以下内容进行评价：

（1）假设始发事件，使用确定论方法进行假设，以及使用概率论方法估算其发生频率；

（2）构筑物、系统和部件[③]受影响的可能性或频率；

（3）造成损坏后果的可能性或频率；

（4）后果的全面评价，并对其可接受性做出判断。

1.2.3　本导则为假设始发事件的后果（包括二次和级联效应）分析，以及相应的功能分析提供指导。本导则也讨论了防护内部危险和降低 1.2.2 节中相关频率的措施。

1.2.4　本导则将评价下列内部危险：飞射物、构筑物倒塌和物体跌落、管道损坏及其后果、管道甩动、喷射效应和水淹。对于每一个危险，本导则将描述假设始发事件并讨论预防和防护的具体措施。其他内部危险（如车辆对构筑物、系统和部件的撞击，有毒或窒息性气

---

①内部危险是在场址边界内，核动力厂运行区域发生的危险。本导则中所研究的内部危险是将火灾和爆炸排除在外的。

②假设始发事件是设计阶段确定的能导致预计运行事件或事故工况的事件。假设始发事件的主因可能是可信的设备故障、人员差错（设施范围内部和外部皆可）和人为或自然事件。

③构筑物、系统和部件是涵盖整个设施的用于保护核安全的所有物项或活动（除人员差错之外）的总称。构筑物是非能动物项，包括建筑物、容器、屏蔽等。系统包括以某种方式组合在一起来执行特定（能动的）功能的几个部件之和。

体的释放）在本导则中没有涉及。

1.2.5　对于已有的核动力厂，某些设计建议在实际中可能难以实现。若建议可行，涉及维修、监督和在役检查的建议应该得到满足；若不可行，则还应考虑故障后果的分析。

2　总体考虑

2.1　假设始发事件

2.1.1　《规定》提出了核动力厂安全设计的要求和概念，其名词解释中定义了假设始发事件。假设始发事件可能挑战任何层次的纵深防御，在设计过程中必须进行考虑。所考虑的假设始发事件应包括内部危险。

2.1.2　根据《规定》的要求，对于在概率论和确定论基础上选择的假设始发事件，核动力厂设计对其的敏感性应减至最小。应提供合适的预防和缓解措施来应对假设始发事件的影响。本导则将详述这些内容。

2.2　可接受性考虑

2.2.1　根据纵深防御的总原则，核动力厂设计中应考虑：

（1）预防或限制假设始发事件的发生；

（2）保护构筑物、系统和部件（将核动力厂带到并维持安全停堆状态所必需的，或其失效会导致不可接受的放射性释放）免受所考虑的假设始发事件的所有可能影响；

（3）构筑物、系统和部件的稳健性（如开展质量鉴定）；

（4）其他措施，如可能的固有安全特性、安全重要系统的冗余设计、多样性系统和实体隔离。

2.2.2　任一设备故障的安全评价中应包括假设始发事件及其影响，以下情况除外：

（1）假设始发事件发生的频率（表示为 P_1）低到可以接受的程度（见 2.2.9、2.2.10 节），以至于可以排除考虑其后果的必要；

（2）系统或部件受影响的频率（表示为 P_2）足够低（见 2.2.9、2.2.10 节）；

（3）如果系统受影响，其导致不可接受后果[①]的频率（表示为 P_3）足够低（见 2.2.9、2.2.10 节）；

（4）不可接受后果的总的频率（表示为 P）足够低（见 2.2.9、2.2.10 节）。P 等于 P_1、P_2 和 P_3 的乘积。P 的估算应考虑多重性和其他有益的设计特性，以及共因故障的可能性、某些部件所假设的不可用性和其他不利事件的发生。

2.2.3　降低这些频率的方法示例如下：

（1）保守性设计可降低 P_1；

（2）布置上采取某些措施，如在源和靶[②]之间设置实体隔离，可降低 P_2；

（3）对可能受影响的靶进行全面设计和鉴定，可降低 P_3；

（4）应用恰当的运行规程可以把 P 降低到最小。例如，把出现意外水淹的频率降低到

---

①不可接受的后果意味着《规定》的安全要求所定义的三个安全功能中一个或多个的丧失：（1）控制反应性；（2）排出堆芯热量；（3）包容放射性物质和控制运行排放及限制事故释放。

②靶是源所涉及的安全相关构筑物、系统和部件。

最小（对 P_1 的影响）或采取有效的行动避免水淹的蔓延（对 P_2 的影响）。

2.2.4　确定论方法认为，上述方法排除了假设始发事件的发生和/或其对安全的不可接受的影响，即至少认为频率 P_1、P_2 或 P_3 中的一个将降低到零。概率论方法将优先使用核动力厂全面的特有可靠性数据，否则其将作为确定论方法的补充。

2.2.5　按优先级顺序来排列，最佳的设计方法是实际消除假设始发事件（P_1 减小到可接受）；其次是将构筑物、系统和部件与源隔离（P_2 减小到可接受）；使后果可以接受也是一种选择（P_3 减小到可接受）。应尽可能保证纵深防御第二层次的有效性，必要时还应保证第三层次的有效性来维持纵深防御。某些情况下可能需要使用所有三个层次防御的组合。

2.2.6　在核动力厂设计中，对于按照相同原则设计的、质量标准和运行条件类似的部件，可以通过分析某一部件的频率 P_1 来分析这类部件相关的危险。

2.2.7　在核动力厂设计中，为了把 P_1（如将存在跌落风险的物体安装在底层地板上就可以将其从假设始发事件中排除）和/或 P_2（如相对于反应堆厂房布局而为汽轮发电机选择合适的方位）降低到最小，在确定核动力厂布置时应考虑对内部危险的防护。这种最小化的程度主要取决于核动力厂布置和设备的细节。

2.2.8　在核动力厂设计或修改过程中，本导则所述的分析过程可以作为一种优化工具，为降低一个或多个 P_i 因子（P_1、P_2 或 P_3）进行设计变更。概率论方法中，可应用该分析过程为防护设计的可接受性提供依据。

2.2.9　稀有事件的频率和后果依据置信度（置信度的变化范围很大）来确定，这主要依赖可有效控制的物项来实现。这意味着，在某种情况下主要关注降低 P_1，在另一种情况下则主要关注降低 P_2 或 P_3。为了处理在量化 P_1、P_2 或 P_3 上的不确定性，应恰当地结合分析和实验工作来确定最坏的情况和能够做出的保守估计。

2.2.10　由于对特别严重后果量化的不确定性或者所估计的概率置信度不足，对于相关风险的不确定性，应采取一些措施（如监督、监测、检查、屏蔽和实体隔离等方法）进行特别关注。

2.2.11　基于风险的考虑，应明确识别出那些可能的危险并进行详细和全面的考虑，对其他危险则仅需粗略地评价。有时给出某些最大后果事件的极限频率，低于此频率的风险则认为是可接受的[①]。更多情况下，指标值是启发式的，概率限值是不明确的。在此类情况下，可根据确定论方法计算（如应力分析、断裂力学或撞击损坏分析的计算）和工程判断，来分别对每一种情况进行决策。

2.3　二次和级联效应的分析

2.3.1　假设始发事件直接导致的损坏称为一次效应。假设始发事件通过某些损坏扩展的失效机理而间接导致的损坏称为二次效应。二次效应导致的损坏可能超过一次效应。当需要对假设的设备故障进行安全评价来证明满足核动力厂基本安全功能时，评价应包括所有的二次效应。某些情况下，本导则讨论的假设始发事件可认为是另一个假设始发事件的二次效应（如管道甩动可能导致的二次飞射物等）。

2.3.2　二次效应的特点是其可能引起的损坏程度差异很大，很多设计人员无法控制的因素

---

①根据所涉及的方法和关注的设施，小到可接受的频率 P 被定义为小于每年 10^{-7} 至 10^{-6}。

会起作用，因此应优先考虑那些能采取终止级联效应的措施，即降低 P_1 和/或 P_2 而不是降低 P_3 的措施。应特别注意预防管道破裂，因为其可能导致几个潜在的假设始发事件发生（如水淹、管道甩动和喷射效应）。

2.3.3 核动力厂设计应考虑由假设始发事件引起的二次和级联效应。在建造完成后应通过系统、全面的方法进行验证，并补充相关的设计措施，确保已考虑到所有的可能性。一种方法是使用列出所有可能二次效应的核对清单，并解释说明这些二次效应不会导致不可接受的间接损坏，并通过巡检对这种方法进行补充。

2.3.4 在全面分析中应评价下述重要的二次效应：

2.3.4.1 二次飞射物

飞射物或管道甩动可能产生二次飞射物（如混凝土块或部件的各部分），其可能导致不可接受的损坏。一般来说，归纳这些二次飞射物的特征是很困难的；最稳妥的措施是防止其产生或将其限制在源处。例如，管材的延性和断裂韧性足够高，则不大可能发生自发的多处管道破裂导致管道部件分离成为二次飞射物。

2.3.4.2 物体跌落

若管道甩动或飞射物损坏位于安全系统上方重物的支撑结构，其导致的物体跌落可能引起进一步损坏。某些情况下应证明物体跌落不会导致不可接受的损坏。如果不能证明，应修改支撑结构来承受飞射物冲击，或者应采取措施来防止这种冲击。

2.3.4.3 高能管道①和部件的失效

如果假设始发事件会导致含有大量贮能流体的管道或部件破裂，这种流体能量可能通过下面方式或机理释放来导致进一步损坏：喷射、高压、压力波、温度或湿度上升、管道甩动、水淹、二次飞射物、化学反应和高活度放射性。高能管道和部件的破裂也可能引起安全系统鉴定中考虑的冷却剂丧失事故或其他事故。除非能根据所拥有的能量和可能破裂的位置，或通过其他合适而具体的分析方法直接证明上述机理不会导致安全系统明显的损坏，否则就应采取措施来防止管道和部件破裂的假设始发事件，或尽可能把发生这一事件的可能性降至最低。

2.3.4.4 水淹

对于正常情况下充满液体的管道、水箱或水池，可能遭受高能飞射物撞击的位置，应评价水淹造成损坏的可能性。在评价管道破裂后果时，也应考虑冷却剂由于虹吸效应从设备和水箱中的泄漏。水淹可通过如电气短路、火灾、流体静水压力效应、波动作用、热冲击、仪器故障、浮力和临界风险（与硼稀释相关）等效应来对安全重要物项产生间接损坏，其效应取决于所涉及的液体的装量和特性。如果安全重要物项有被水淹的可能性，由于预防和缓解所有可能的水淹效应是非常困难的，大多数情况下，稳妥的措施是将 P_2 降低到可以接受的水平。

2.3.4.5 放射性物质释放②

对包容或控制放射性物质释放所需物项的撞击可能造成放射性物质的释放。水淹也可

---

①高能管道定义为在工作介质是水的情况下，内部运行压力大于或等于 2.0 兆帕且运行温度大于或等于 100 摄氏度的管道，而对于其他流体可能是其他限值。

② 避免任何超出规定限值的放射性物质释放是《规定》中所建立的总的安全目标，其已被安全分析所包络。从这个意义来说，放射性物质释放不是二次效应。

能导致放射性物质释放。这些释放可能影响一些部件的功能。

2.3.4.6 化学反应

飞射物或管道甩动撞击可能释放危险的化学物质，而水淹、气体扩散或喷射效应可能导致化学反应。涉及的化学反应可能包括：

（1）能导致火灾或爆炸的易燃或爆炸性液体的释放；

（2）通常保持隔离的化学物质之间的放热反应；

（3）对构筑物或部件的酸腐蚀；

（4）能劣化重要材料或可产生大量气体并伴有压力效应的快速腐蚀性反应；

（5）可以释放有毒物质的反应（源的释放或化学反应结果）；

（6）窒息性气体的产生或释放。

由于水淹的化学反应产生的效应种类繁多且很难预计，稳妥的措施是使 P_2 降低到可以接受的水平。例如，应确保只在必须的情况下使用支持这类反应的化学物质，并限制到最小量。

2.3.4.7 电气损坏

飞射物、管道甩动和水淹可能损坏电气设备或导致其故障（如误动作）。核动力厂电气设备和线路的数量多且范围广，飞射物的穿越实际上肯定会导致一些电路失效（如电缆的断裂、设备的破坏或者电气致燃火灾）。在保护电气设备免受撞击引起间接损坏的设计中，应考虑适当使用如多重电路的实体隔离、故障安全电路、恰当地应用熔断器和断路器、足够的防火措施和屏障等技术。应依据考虑的假设始发事件具体情况确定最合适的方案。例如某个假设金属飞射物可能导致电缆间的意外连接，进而影响熔断器的可靠性，那么应使用其他更有效的电气保护方法。应注意到，电路复杂的潜在失效模式意味着不可能彻底评价所造成的危险后果；除非被保护的物项不受危险影响，否则应假设最不利的失效模式。

2.3.4.8 仪表和控制线路的损坏

一些气动、液压设备以及需要监测或控制技术参数的仪表线路，可能因飞射物、管道甩动或喷射效应而损坏，并进而可能导致系统误动作或向操纵员提供不恰当的信息。应参照电气损坏进行最不利的假设。

2.3.4.9 火灾

假设始发事件可能导致火灾，例如飞射物撞击可能产生一个点燃源（如在易燃物料附近的电弧）。化学反应或电气短路也可能导致火灾。应参照相关导则评价由于火灾或可能的后续影响所造成损坏的可能性。

2.3.4.10 人员伤害

假设始发事件可能直接或间接地导致核动力厂工作人员受到伤害。通常在工作人员执行安全功能所停留的核动力厂区域内，假设始发事件造成影响的频率应降低到可以接受的水平。假设始发事件也可能使工作人员无法进入某些区域，如果要求工作人员进入这些区域进行干预行动，那么应采取措施保证其安全，否则应排除该行动的必要性。

2.3.5 一旦假设始发事件会导致预计运行事件，应证明核动力厂设计能防止其升级为设计基准事故。同样的，一旦假设始发事件直接导致设计基准事故，应能证明核动力厂设计能防止其升级为设计扩展工况。对于这些假设始发事件的分析，单一故障准则适用于相应的安全组合；相反，在对其他初始事件的分析中，不受事件影响的部件则应被认为是可用的。

2.3.6　在核动力厂安全分析报告中考虑的假设始发事件仅代表了少数最具挑战性的假设始发事件。实际上在内部危险方面应考虑的假设始发事件应更多，包括一整套对安全重要系统可能的损坏，以及失效后会影响安全系统的辅助系统。

2.3.7　推荐以渐进方式开展分析。筛选过程中，应确定作为假设始发事件来源的备选部件。筛选过程应足够谨慎，如果对某部件有疑问，则不应被排除，而必须列在更详细分析的潜在危险名单上。这种情况下概率安全分析方法可能有助于评价。

2.3.8　筛选过程中应对需要安全系统运行的情况进行描述，包括假设始发事件本身（如失水事故），一次效应造成的损坏和二次效应（如果有）引起的任何后续损坏。

2.3.9　使用筛选过程确定可运行的系统。由于假设始发事件本身，或者由于超出本导则范围的原因所引发的安全系统某个部件不可用而导致某个系统不可用。例如安全系统的某个部件发生故障（单一故障准则），或在试验或维修模式中，或操纵员差错。分析时应考虑可能的共因故障。

2.3.10　应确定安全系统剩余（未受损的）能力是否足够应对已发生的情况（如假设始发事件和其影响及级联效应）。如果不能证明安全系统有足够的能力，那么应进行额外的保护或者增加安全系统的多重性，或使用两者的组合，以证明安全系统具有足够的能力。

2.3.11　实际上，对内部危险的防护将涉及大量的工程判断和实际准则的使用。因此，应尽实际可能提供实验基础来支撑理论分析。

2.3.12　在用来处理假设始发事件后果的专用装置或设施的设计中，应采取预防措施，保证该专用装置或设施对所考虑的假设始发事件是经过鉴定的，且其本身不会成为一个新的假设始发事件的来源。

2.4　防护和安全的考虑

2.4.1　预防假设始发事件的方法和手段

2.4.1.1　设计

2.4.1.1.1　应执行有严格的设计限值并对部件故障形成第一层防御的保守性设计来降低 P_1。通常采取的措施包括详细地分析设备的静态、动态、热荷载及其组合，适当应用安全因子，全面控制材料特性，以及在制造中恰当的质量保证措施。例如，应考虑使用安全装置或系统来限制最大压力或旋转速度以降低 P_1。在可能的范围内，部件设计应考虑老化效应。

2.4.1.1.2　在设备故障后果会危害安全的情况下，上述的设计方法至少应结合检查、监督措施或其他降低 P_1 的方法来使用。

2.4.1.2　检查

2.4.1.2.1　反应堆一回路的管道和部件及其支撑件应定期进行无损检验，以探测其材料在运行中可能扩展的缺陷。所使用的在役检查技术敏感度应能探测并定性那些远小于可能导致严重失效的缺陷。应注意保证持续的检查，以确保不会因管壁的变薄（或其他原因）而增大 P_1。

2.4.1.2.2　以在役检查有效为前提，应识别制造过程中的缺陷，并通过分析来预测其发展。检查的频度应适当，以便为探测到缺陷生长和可能的失效之间提供足够的时间裕量。可以通过其他调查来补充定期无损检验。例如，部件移动原因的调查可能指示出有水锤现象或其他未预计到的荷载。应彻底研究加速缺陷发展的相关因素（如疲劳、腐蚀或蠕变等）。

2.4.1.2.3　如果发现可能危及某个给定构筑物、系统和部件的未预料到的缺陷或核动力厂设备故障，则应考虑该核动力厂以及其他同类核动力厂中类似物项缺陷或故障的可能性。

2.4.1.2.4　在役检查结合其他降低故障频率的措施以及深入研究（如破前漏的验收准则）能够提供一个可以无须假设压力容器、管道以及转动设备整体失效的可接受基准，因此无须提供额外的设计措施来防护某些类型的内部危险（如飞射物和管道甩动）。但应考虑泄漏的后果（如喷射影响、水淹、潮湿、温度上升、窒息效应和放射性释放）。

2.4.2　监测系统

2.4.2.1　在要求降低 P_1 的情况下，有的监测技术能指示出初始失效。该项技术是基于以下经验：大部分失效，特别是延性金属部件的失效是逐渐发展的，从而允许在危险情况产生前及时采取纠正行动。在所有用来降低 P_1 的方法中，有效监测对核动力厂设计或运行带来的干扰最小。应认识到监测仅可给出警告而不是预防失效。此外，监测系统可为维修计划提供有用的信息。

2.4.2.2　核动力厂监测应包括管道和压力容器的泄漏探测系统、大型转动设备振动的监测和松脱部件监测，其他监测应针对低周期和高周期疲劳、位移、水化学、振动和热分层效应、老化效应、磨损探测和润滑材料化学等。

2.4.2.3　在监测系统的设计中，应考虑运行经验反馈（包括老化效应）。转动机械的振动监测系统、高压水系统中泄漏探测系统和松脱部件的监测系统已得到广泛和长期的应用。在核动力厂和常规动力厂中，有许多关于振动监测器及时向操纵员警告设备的劣化而防止重大损失的记录。在大多数核动力厂中，安装了测量湿度、温度、放射性活度水平、压力或地坑水位及其他参量的多重系统，来探测不同尺寸和不同位置的泄漏。在许多实例中，核动力厂安装的探测器或其例行检查发现的各类小泄漏，避免了重大的失效。

2.4.2.4　减少设备失效的监测系统可靠程度在实践中各不相同。根据纵深防御原则，监测系统的应用应认为是其他减少设备失效手段的补充，但本身不是减少设备失效的有效手段。例如就防止一回路破裂而言，泄漏探测系统和声学监测系统是保守设计和制造、无损检验以及一些其他因素的附加措施。对更高级别的安全设施或构筑物和部件的设计，基于上述所有方法，仍需假设管道的破裂。应为监测系统制定适当的维修大纲。

2.4.2.5　为了排除和降低大型管道破裂的频率及随之而来的飞射物、管道甩动和喷射影响的后果，应执行一个全面的规程来鉴定具体的管道系统[①]。

2.4.2.6　适当的运行规程有助于降低假设始发事件产生的频率。例如防止金属压力容器的过度热应力和监测容器材料辐射脆化；通过使用卸压阀和保护系统触发的安全设施来限制核动力厂瞬态；有一定风险的运行活动期间的各种禁止或限制；使用地震仪器给地震后持续运行的核动力厂工况的评估提供数据；一回路和二回路的水化学的控制来抑制腐蚀和腐蚀引发的破裂。

2.4.3　保护构筑物、系统和部件免遭可能影响的方法和手段

2.4.3.1　布置规定

2.4.3.1.1 作为一种降低 P_2 的有效途径，应在核动力厂设计早期阶段对布置作出规定。这

---

①对管道系统进行鉴定的全面规程的例子有欧洲对破前漏概念应用的安全实践（EUR18549），美国核管会的破前漏应用（SRP3.6.3），德国（RSK 指导方针）应用的破裂排除大纲或日本应用破前漏的指导方针（JEAG4613）。

方面应考虑类似设施上的经验反馈。布置上的决策对预防飞射物和水淹危险是特别重要的，这些考虑将在本导则的相关章节中进行讨论。

2.4.3.2　屏障和实体隔离

2.4.3.2.1 如果核动力厂的总体布置不足以将 P_2 降低到可接受水平，则可在假设始发事件来源处和预计受影响的部件之间设置屏障。屏障最好应位于靠近动态效应来源（飞射物、管道甩动和其他撞击物）的位置。这样，不仅可以保护所有潜在靶，还可以消除对飞射物散射的关注。另外，对假设撞击物在其运动过程中可以持续获得能量（如喷射驱动飞射物和管道甩动）的情况下，越靠近源处的屏障设计要求越不苛刻。然而，在一些特殊情况下，除一两个靶之外，现有的构筑物可能对于所有的靶都提供了足够的保护，那么最好是在这些靶处设置专用屏障。在假设水淹的情况下，应以适当地门、门槛、平台、阻挡墙的形式来设置屏障。但应适当的考虑试验和维修问题，例如在压力容器和管道外表面处的屏障应确保焊缝的可达性。

2.4.3.2.2 基于多重部件间应相互独立且其分隔应有助于消除外部共模因素导致的多重故障，在安全设备（包括电源、仪表电缆和任何相关系统）的多重物项之间应设置实体隔离。在对每种情况依次评价的基础上，应确定假设始发事件是否会损伤多重安全系统。由于假设始发事件可能损坏一个部件而其二次效应可能损坏与其匹配的多重部件，应特别注意可能存在二次效应的情况。

2.4.4　避免不可接受后果的方法和手段

2.4.4.1　只要可能，构筑物、系统和部件的设计都应是耐失效设计。也就是说，即使这些物项失效，也将把核动力厂带到趋于安全的工况。对于内部危险防护，如设计有效则可有助于减轻假设内部危险的后果，其在其他领域还有更广泛的应用。

2.4.4.2　假设始发事件可以导致随后的流体释放，这将导致核动力厂局部湿度、温度、压力和放射性活度水平的增加从而改变局部环境。应使用在该环境中可以执行安全功能且经合格鉴定的设备。如果部件未在这种环境下鉴定合格，则应认为是不可用或应通过密封、屏蔽和其他恰当方法进行保护。此外，外罩会使维修活动复杂化且需要在每次维修活动完成后恢复封闭。

2.4.4.3　通过不加压保护套管缓解高压流体加压管道破裂可能的后果已在多种条件下成功应用。但该方案可能给内部管道检查增加困难。

3　内部危险的评价

3.1　飞射物

在核动力厂设计和评价中，应考虑由假设始发事件引起的内部飞射物（如压力容器和管道的失效、阀的故障、控制棒的弹出和高速转动设备的失效）。也应评价二次飞射物的可能性。应首先采用防止出现内部飞射物的可行性方法；否则应使用下文所述的方法为构筑物、系统和部件提供内部飞射物防护。通常用确定论和概率论方法的组合来进行核动力厂飞射物危险的分析和防护飞射物设计的分析。某些飞射物是用确定论进行假设，而作用在构筑物、系统和部件上的撞击或损坏效应则可用确定论或概率论方法进行评价。在一些例子中，飞射物危险评价的所有方面（包括起源、撞击和损坏）均由概率论方法处理。

3.1.1　防止飞射物的产生

3.1.1.1　压力容器的失效

3.1.1.1.1　对核动力厂安全重要的压力容器，应依据广泛应用和成熟的实践进行设计和建造以保证其安全运行。应开展设计分析来证明在所有设计工况下其应力水平是可以接受的。应根据已批准的程序监督设计、建造、安装和试验的所有阶段以验证所有的工作符合设计规范，并且压力容器的最终质量是可以接受的。在调试和运行中应使用监督大纲以及可靠的超压保护系统来确定压力容器可维持在设计限值内。这种压力容器（如反应堆压力容器）破裂通常认为是几乎不可能的，无须作为假设始发事件进行考虑。

3.1.1.1.2　核动力厂中其他容器可能无须这么严格的设计、质保和监督。但是应评价这些内部容纳高内能流体容器的失效，因为如果其断裂，则将成为飞射物来源。压力容器的失效可能存在多种失效模式，这取决于材料特性、容器的形状、焊缝的位置、接管的设计、建造结果和运行条件等因素。由脆性材料组成的金属容器更可能产生飞射物。

3.1.1.1.3　容器使用延性材料和附加锚固或支撑等方法可以进一步降低 P_1。如果确定 P_1 不够低或假设容器可能以脆性的方式失效时，所假设飞射物的尺寸和形状应具有包络性，并通过分析来确定设计基准飞射物。此外采用简化的保守方法来确定要考虑的飞射物是可以接受的。

3.1.1.1.4　因为无法预计容器行为和可能受到的严重损坏，应将其设计成不能整体成为飞射物。如果容器可能整体成为飞射物，应分析各种断裂位置和破口尺寸以确定产生的喷放是否足够将容器从限制它的支撑物（约束件）上分离出来。如果容器可能与其约束件分离，应完善设计来防止这种失效。

3.1.1.1.5　对于设置密封塞将核燃料限制在其位置上的反应堆，应进行专门设计以保证密封塞弹出的频率足够低。如缺少该考虑，应评价失效的后果，或把单一密封塞的弹出作为飞射物进行评价。

3.1.1.2　阀门故障

3.1.1.2.1　在高内能流体系统中的阀门应作为潜在的飞射物进行评价。为便于维修，阀门通常设计成由许多可拆卸的部件组成。这些可拆卸部件的失效可能产生飞射物。作为以往良好的工程实践，即使尚未观察到阀杆、阀盖或固定螺栓的故障，这些故障也应作为可能的飞射物进行考虑。阀体强度通常应远高于连接管道。因此，在大多数情况下阀体本身成为飞射物是相当不可能的，在核动力厂设计和/或评价中通常不考虑该内容。

3.1.1.2.2　阀门设计中首选和最简单方法是使 P_1 减小到可接受，可采取以下几种方法来实现。阀杆应加装特定装置，以确保在阀杆故障情况下有能力防止其变成飞射物。阀盖通常由螺栓固定，作为设计规则，单个螺栓损坏时，除螺栓本身，不会导致其他飞射物。该规则应用于阀门、压力容器和其他包含高内能流体的螺栓固定部件。如果流体经过垫圈连接处发生泄漏，应考虑由于腐蚀或应力腐蚀造成多重螺栓失效的可能性。

3.1.1.3　控制棒弹出

3.1.1.3.1　在大多数反应堆设计了具有插入和抽出堆芯的固体中子吸收控制元件（控制棒）装置，其耐压壳在反应堆压力容器处形成了封头。由于设计上反应堆压力容器承受相当大的流体压力，通常假设其中一个封头由于所包容流体的驱动力而以控制棒弹出的方式失效。假设控制棒弹出引起的反应性瞬态和冷却剂丧失事故，均不在本导则中进行讨论。

基于特定的反应堆设计，控制棒弹出有可能导致重大的一次和二次效应损坏。典型案例包括可能损坏附近的控制棒、安全系统和安全壳构筑物。

3.1.1.3.2　在某些类型的反应堆中，由于特殊的设计装置，可以降低控制棒的弹出频率。应通过实验和分析来证明，该种设计装置在某个控制棒驱动壳失效情况下能够保持控制棒和驱动组件不被弹出。

3.1.1.4　高速转动设备失效

3.1.1.4.1　核动力厂中存在含有高速转动部件的大型设备，例如主汽轮发电机组、蒸汽轮机、大型泵（如主冷却剂泵）及其电机、飞轮。这些转动部件具有相当大的转动惯量，一旦损坏可以转化为转子碎片的迁移动能。这种损坏可以由转动部件上的缺陷或超速造成的过高应力引起。

3.1.1.4.2　转动机械通常有一个围绕转动部件的重型固定结构，那么应考虑失效后由于固定部件的能量吸收特性所造成碎片的能量损失。由于构筑物的形状不同，穿透这些构筑物的能量损失必定是一个复杂过程。应在实际可行范围内采用类似构筑物的实验基础上建立的经验关系式进行能量损失计算。为简化起见，通常使用保守的方法计算，即假设飞射物和固定转子罩的相互作用中没有能量损失。

3.1.1.4.3　以往的例子表明，一旦转动设备失效会飞射出大量尺寸和形状不同的碎片。实验数据表明，对于简单的几何体（如碟型），失效过程趋向于生成一些大致相当的碎片。应力集中、结构的不连续性、材料中的缺陷和其他因素都可能影响失效过程，从而影响形成碎片的类型。转动机械失效产生的飞射物应根据其造成损坏的可能性而确定其性质，并应包括在可能的一次和二次效应评价中。

3.1.1.4.4　假设由高速转动设备失效导致的典型飞射物包括：

（1）风机叶片；

（2）汽轮机碟型碎片或叶片；

（3）泵叶轮；

（4）法兰；

（5）连接螺栓。

3.1.1.4.5　为确定这些转动设备的 P_1，应采取以下步骤：

（1）在设计基准考虑的所有核动力厂状态下（包括预计运行事件和设计基准事故），应在材料的选择、速度控制特性和应力裕量等方面，评价转动机械本身的设计；

（2）应评价旋转机械的制造过程是否符合设计要求、检测可能缺陷的无损检验和其他试验的恰当性，以及为保证设备安装满足所有技术规格而采取的质量控制措施的恰当性；

（3）应评价防止破坏性超速相关方法的可靠性，包括探测和防止开始超速的设备，相关的电源设备与仪表和控制设备，以及所有这些设备定期校验和备用试验所涉及的规程等。

3.1.1.4.6　转动设备的速度由输入能量和输出荷载之间的平衡来确定。输出荷载的突然减少和输入能量的突然增大都会导致超速。在很有可能因飞射物而造成不可接受的损坏处，应设置额外的限制转动速度的多重手段，如通过控制器、离合器和刹车装置以及通过仪表、控制和阀门系统的组合来降低发生不可接受超速的可能性。

3.1.1.4.7　应注意，虽有工程方案实现限速和防止过量超速而产生飞射物，但这些措施本身可能不足以使转动设备产生飞射物的可能性减小到可接受水平。除了超速导致的失效之外，在正常运行速度或低于正常运行速度的情况下也有可能由于转子上的缺陷导致产生飞射物。应用其他手段来应对这些飞射物，如保守设计、高质量制造、细致地操作、适当监测相关参数（如振动）和全面的在役检查。适当地应用所有的这些手段之后，转动机械失效产生的飞射物的频率可明显地降低。

3.1.2　飞射物分析及其防护

3.1.2.1　在假设设备故障导致飞射物产生的分析中，应确定这些飞射物的飞射方向和可能的靶。

3.1.2.2　通过研究有关破裂机理可以缩小调查范围。例如，根据飞射物能量和质量，可以限定其最大射程。在某些情况下，如大型的汽轮机飞射物，其可能影响的最大范围覆盖了整个核动力厂场址。了解飞射物可能从一个特定源射出的方向，有助于确定可能的潜在靶，以避免飞射物的撞击。特例之一是阀杆飞射物，其驱动能量是单方向的。其他实例中，飞射物的飞行范围内最可能是平面或扇面，如旋转机器飞射物。旋转机器失效证据表明，高能飞射物通常在旋转平面的一个狭窄的角度内射出，除非它们位于源处的某些屏障（如外壳）偏转。在后者的情况下，应进行试验或分析来估计迁移方向的限值。

3.1.2.3　在设计和/或评价中，应考虑到可能需要一种能滞留设备故障产生的高能飞射物，或能将这些飞射物反射到一个无害方向的装置。在某些情况下对旋转设备可增设这样的装置。通常，泵的重型外壳以及电机和发电机的大型定子可能滞留或偏转由转子破坏性损坏导致的碎片。

3.1.2.4　通常可以通过适当地选择阀门在系统中的方位来降低 P_2。除非被其他考虑所排除，否则阀杆的安装应确保阀杆或相关部件的射出不会撞击重要靶。

3.1.2.5　在布置方面，特别有指导意义的例子是主汽轮发电机。除其他重要限制外，主汽轮发电机的布置应使那些可能的重要靶（如控制室）位于被汽轮机飞射物直接撞击的可能性最小的区域，即在沿着汽轮机轴的一个圆锥范围内。这种布置考虑到以下事实：如果转子大的碎片射出，将会在旋转平面的 25°范围内飞出。这种布置不会排除它们撞击重要靶的可能，但其明显降低了直接撞击的频率。

3.1.2.6　通常将很可能受到飞射物撞击的阀、泵、发电机和高压气体容器布置在一个足够坚固的混凝土结构内。这种方法作为一种消除危险的手段是直接、简单和容易理解的，还应采取相应措施便于设备所需要的维修和检查。

3.1.2.7　在某些情况中，在包容高压流体的管线外加上非承压保护管的预防措施对于防护飞射物可能是有效的。由此得到两个防护特性：保护周围的构筑物和设备免受甩动管道和可能的二次飞射物的撞击以及保护内部管道免受周围区域内所产生的飞射物的撞击。

3.1.2.8　降低 P_2 的最直接且效果明显的设计方法可能是在飞射物源和靶之间设置屏障。屏障也用来降低某些二次效应，例如外表面损伤或甚至从混凝土上弹出碎块。

3.1.2.9　核动力厂中通常设置飞射物屏障来吸收假设飞射物的能量和防止其飞出屏障。通常飞射物屏障由钢筋混凝土厚板或钢板组成。也可采用其他手段，如钢编织网和飞射物偏转屏障。如 2.4.3.2.1 节所述，通常屏障应置于飞射物源处。

3.1.2.10　屏障（无论是为其他目的设置的构筑物或专用的飞射物屏障）的评价中需要考虑飞射物对屏障的局部和整体效应。可能处于支配地位的是飞射物的局部或整体效应，这取决于所假设的飞射物质量、速度和撞击区域，但两者都应进行评价。飞射物的局部效应是穿透、钻孔和造成疤痕或混凝土块的弹射和剥落，这些效应将主要被限制在靶的撞击面积内。整体效应包括弯曲、拉伸或剪切形式的结构损坏。小的飞射物（如阀杆），主要是局部效应，而大的缓慢的运动飞射物，如那些结构倒塌和跌落荷载引起的主要是整体效应。那些转动机械引发的速度更快的大型飞射物可能同时呈现局部和整体效应。

3.1.2.11 在分析飞射物对屏障的局部效应中，实践中使用可接受的经验公式来确定飞射物在屏障上穿透的深度。公式由不同的实验得来，且限于实验所采用的参数范围内适用。应认识到，穿透深度公式不是在所有的情况下都足以确定飞射物屏障的设计（如所需的厚度、强度和使用钢筋或混凝土进行强化）。飞射物的质量、速度、撞击面积、形状和硬度，以及建筑的特性和靶的强度都是应考虑的重要参数。选择适用公式需要专业人员的工程判断，因为可能没有直接可用的公式，可能需要对参数范围进行一定的外推。在对钢筋混凝土的局部效应考虑中，另一个额外因素是剥落、造成外表面损伤或碎块射出引起的二次飞射物。由于二次飞射物的散射具有难以预计的特性，因此在任何可能出现的地方都应防止发生这些现象。通过足够厚的屏障或通过在混凝土表面设置钢衬里能预防二次飞射物的产生。

3.1.2.12 对屏障所受整体飞射物效应的考虑应包括飞射物局部效应可能造成的构筑物变形。如果穿透没有造成构筑物大的局部变形，为了确定屏障是否可以包容飞射物且能持续执行其设计功能这一目的，可以使用能量平衡和动量平衡的方法估算主要构件中的挠度或应力。如果像通常那样，飞射物局部效应很严重，应建立应力响应时程，且构筑物响应作为一个脉冲荷载进行分析。应考虑由飞射物撞击导致的动态荷载，且适当地关注目标构筑物的频率响应。当屏障的响应可能会影响直接安装在屏障上或安装在屏障附近的设备的可运行性时，这种效应是特别重要的。

3.1.2.13 如果 $P_1 \times P_2$ 的值不能证明能减小到可接受水平，则下一步是使 P_3 减小到可接受水平。可以通过对靶的可能撞击进行详细分析，来证明该撞击及其可能的二次效应不会妨碍其满足安全要求。

3.1.2.14 在涉及多重安全系统中，应使用实体隔离保证即使飞射物损坏一个或更多的多重安全系统后仍可满足总的安全要求。这是有关布置问题的延伸，但此方法在某些方面需要特殊考虑。

3.1.2.15 飞射物的数量和范围很大程度上影响多重重要靶实体隔离的价值。对于设备故障仅产生一个或两个高能飞射物的情况，实体隔离和适当的多重性也许是足够的。如果在多个方向上可能同时产生多个飞射物，那么距离分隔和多重性的优势将大大降低。应考虑可能的靶以及飞射物的安排和布置，把这类事件的影响降至最低。

3.2 结构倒塌和物体坠落

任何构筑物或“非结构”构件或有大量潜能的物体都可以认为是可能的假设始发事件来源。应考察所有这种构筑物（冷却塔、烟囱和汽轮机厂房）来确定其倒塌是否会影响构筑物、系统和部件。对于确认为一旦倒塌可能影响构筑物、系统和部件的构筑物，应证明其设计和建造可以避免倒塌的可能性，否则应评价倒塌的后果。同样，应评价由跌落物（吊车和被提升荷载）施加于构筑物、系统和部件上的危险。

3.2.1　构筑物和“非结构”构件

3.2.1.1　核动力厂中安全相关构筑物设计成能承受极端荷载，如地震、强风、飞射物撞击、外部爆炸、外部水淹、雪和冷却剂丧失事故引起的作用。因此，认为由内部原因造成构筑物倒塌是不可能的。设计实践是保证安全分级较低的构筑物失效不会扩展到安全分级较高的构筑物、系统和部件，否则，安全分级较低的构筑物失效应作为一个假设始发事件进行评价。除了把 P_1 降至最小，应使用实体隔离保证单一构筑物倒塌不会影响所有的多重度来降低 P_2。

3.2.1.2　“非结构”构件（如分区墙壁、楼梯和架子）的失效会对构筑物、系统和部件产生影响。外部危险（如地震、强风、爆炸或飞射物撞击）可能是这些失效的起因。某些情况下，“非结构”构件的失效可能由内部始发事件（如操纵员差错或维修期间事故）引起。这些情况下应评价其对构筑物、系统和部件的影响。应注意避免这种失效，或是通过合适的定位和足够的屏障设计，把对构筑物、系统和部件的潜在损坏降至最小。

3.2.2　重型设备跌落

3.2.2.1　如果核动力厂设备中的重型物项位于一个相当高的位置，且这种设备跌落事件的可能性不能忽略，则应评价与其相关的可能危害。一般而言，重型设备跌落可由外部事件引起，例如地震或飞射物撞击，也可由人员差错引起。按照相关导则的建议可以降低由于内部始发事件而导致的重型设备跌落的可能性。

3.2.2.2　为了确定产生的飞射物或飞射物群可能的方向、尺寸、形状和能量，以及其可能对安全产生的后果，应分析物体的特性及其跌落的原因。

3.2.2.3　通常功能设计要求决定了这类设备的实体位置。在功能上要求重型设备接近重要靶时，可能需要提供足够的设计措施（如吊车上多重电缆或联锁）来降低故障的频率。另外，在邻近构筑物、系统和部件处装卸重荷载时应更加小心。应特别注意对吊车（如其联锁、电缆和刹车）、绞索、传送带、挂钩及相关物项进行定期检查和维修。

3.2.2.4　对吊车吊装重型荷载（如燃料运输容器）的情况，在可能跌落飞射物和靶之间设置屏蔽或屏障通常是不实际的。对于使用在水中进行燃料贮存的反应堆，应关注燃料容器跌落到燃料贮存池中的可能性。若燃料容器从最高操作高度跌落贮存池中，这种可能性通常通过计算分析来确定燃料池是否会有大的破裂，并证明在燃料容器跌落造成的泄漏事件中，补水系统有足够的能力维持水池的水位。应考虑的另一个实践是将燃料容器的装卸操作限制在远离水池本身和远离其他重要靶的区域。

3.3　管道损坏及其后果

3.3.1　假设始发事件的假设

3.3.1.1　所考虑的破裂类型及其位置

3.3.1.1.1　根据所考虑管道的特性（内部参数、直径、应力值和疲劳因子），应考虑以下类型的破裂作为假设始发事件：

（1）对于高能管道（除了那些已确定的破前漏、破裂排除或低概率破裂的管道外）：周向断裂或纵向贯穿裂缝；

（2）对于中能管道[①]：有限面积的泄漏。

3.3.1.1.2 如果可以证明所考虑的管道系统在高能参数下运行时间较短（如少于机组总运行时间的 2%）或如果其名义应力比较低（如低于 50 兆帕），仅考虑有限泄漏（而不是破裂）的假设是可以接受的。

3.3.1.1.3 应按如下方法确定假设破裂位置：

(1)对于那些按照适用于安全重要系统的规则而设计与运行的管道系统，在其终端(固定点、与大管道或部件的连接处）和高应力的中点。

（2）其他管道的所有位置。

对于公称直径小于 50 毫米的管道系统，应假设破口可能在所有位置上发生。

3.3.1.1.4 周向管道断裂可能由以下原因导致：由随机的同时双端剪切断裂引起的管道破裂；劣化失效机理如腐蚀或疲劳（即裂缝生长超过其临界尺寸）造成的损坏；由于其他管道断裂造成的影响；应考虑的其他影响。这种管道断裂最可能的地方是任意一个在直管部件和管道部件（如管道弯头，三通管、异径管、阀或泵的接管）之间的周向焊缝；总的来说，是在刚性和振动有变化或温差导致流体分层的地方。高能管道双端剪切断裂的频率可以从运行经验和断裂力学计算中得到，也可以从概率安全分析评价中得到。

3.3.1.1.5 即使高能管道上由大面积泄漏引起大的纵向贯穿裂缝比周向裂缝发生的可能性低，也应将其作为假设始发事件进行考虑。

3.3.1.1.6 在应急堆芯冷却系统能力和安全壳承压能力的分析中，应假设高能管道瞬时完全破裂。这些管道破裂的后果包括水淹以及压力、湿度和温度上升。在设计中应考虑这些后果对部件鉴定的影响及杂质渗入应急堆芯冷却水中的影响。

3.3.1.2 引起的现象

3.3.1.2.1 假设始发事件可能通过局部效应（如直接机械接触或喷射影响）以及总体效应（如水淹、湿度上升、温度上升、窒息效应和更高的辐射水平）对安全系统产生影响。应分析这些可能的效应。

3.3.1.2.2 特别是，有限面积的泄漏[②]和破裂一样，应作为能导致内部水淹危险的假设始发事件进行考虑。对于法兰连接和不同类型的密封，应逐个分析可能的泄漏面积。

3.3.1.2.3 在 3.4、3.5、3.6 节中将讨论可能由管道失效引起的三种主要现象：管道甩动、喷射效应和水淹。

3.3.2 管道破裂的排除和防止

3.3.2.1 与对容器所采取的措施相类似，对高能管道采用很高的质量标准可以把管道断裂风险降低到可以有效排除其破裂的水平。

3.3.2.2 如果对于所考虑的管道已经进行了破前漏、破裂排除或低概率破裂的合格质量鉴定，导致自发破裂[③,④]的频率足够低，则无须假设管道破裂。一般而言，应进行破裂机理

---

①中能管道定义为工作介质是水的情况下，内部运行压力小于 2.0 兆帕或运行温度小于 100 摄氏度的管道。对于其他流体可能应用其他的限值。

②这个泄漏的尺寸可定义为管道截面的 0.1 倍或使用以下的公式：面积由 S×D/4 给出。其中，S 是管道的壁厚，D 是内径。

③对于应用破前漏或破裂排除的质量鉴定的高质量管道推荐频率限值为每年 10^{-7}。

④应注意到，鉴定为破裂排除的管线本身应受到保护免受内部危险的后果，如管道破裂，飞射物或重型荷载的跌落。

分析来计算泄漏尺寸。作为一种替代分析方法，应假设相当于流动截面10%的泄漏尺寸的次临界裂纹[①]。应表明泄漏探测系统有足够的灵敏度来探测恰好为次临界破口漏出的最小泄漏量。

3.3.2.3　对于没有破前漏或破裂排除鉴定的一回路和二回路管道，如果采取了有利于安全的附加措施，如监督措施（增加在役检查或对泄漏、振动和疲劳、水化学、松脱部件、移位和磨蚀及腐蚀的监测），则可以明显降低管道破裂的频率。

3.4　管道甩动

3.4.1　管道甩动现象

3.4.1.1　典型的管道甩动现象仅由高能管线的双端剪切断裂产生。包容在系统里高内能流体排放产生的力推动破裂管道的自由截面端，加速破口附近的自由管段将其从安装位置移开。在管段不受限制或其足够大移动的情况下，不断加大的弯曲力矩使其在最近的管道甩动约束件或在刚性或充分坚硬的支撑处形成了一种塑性的铰链。这就确定了在管道甩动期间绕该点转动的管段长度。

3.4.1.2　甩动管道一旦撞击到构筑物、系统和部件，其运动会减缓或停止，运动管段的动能作为冲击荷载部分的或全部的传递到靶上。应预防对安全相关靶的机械撞击，如果不能避免，对于不可接受的后果应进行研究。

3.4.1.3　高能管道上出现大的纵向贯穿裂缝的情况下，由于管道没有断开，在这个裂缝附近也不会发生典型的管道甩动。但基于管线形成有三个塑性铰链的V形假设，应考虑其形成较大的位移，有可能影响其他安全相关设备。

3.4.2　管道甩动分析

3.4.2.1　应在几何上分析甩动管段来确定可能危及靶构筑物、系统和部件可能的管段运动方向及动能。对靶的任何可能的机械撞击，应在系统瞬态详细评价的基础上，通过适当的动态分析进行研究，来量化甩动管道喷射力和能量，以及会传递到靶上的能量份额（可根据保守假设限定分析范围）。此外，分析应包括甩动管道约束件的有效性评价，以证明实体约束确保管道偏移很小。在终端破裂的情况下，应考虑对其余终端的二次效应。

3.4.2.2　应直接从系统设计和假设断裂的位置和类型中获得破裂管道的特性。在管道甩动的情况下，通常保守假设一个周向的完全断裂，且管道将在最近的刚性约束件处形成一个铰链。对于形成完全塑性铰链的自由甩动管道的分析来说，应考虑使用简化但已得到证明的工程公式。

3.4.2.3　对于撞击后果的分析，应假设甩动管道撞击在一个设计相似、直径较小的管道，一般引起靶管损坏（破裂）。靶管直径大于或等于甩动管道时则无须假设其失去完整性[②]。如果一个额外的质量（如一个阀或一个流量孔板）存在于甩动支管，则运动的动能将增加。这种情况下，即使靶管直径大于甩动管也有可能会被打破。

3.4.2.4　在对甩动管道的研究中，应考虑撞击靶后导致破裂并伴有二次飞射物弹射的可能性。飞射物的源可能是管段内、或附属于管段的单个集中质量的物体（如阀、泵或重型部

---

①有限长度的高质量管道的管段（超级管道）无须假设任何失效（破裂或泄漏）。

②如果被撞击的管道的厚度薄于撞击管道，则应考虑被撞击管道的有限泄漏的可能性。

件）。如果这些部件通过设计独立支撑件来防止破裂和二次飞射物的形成，则分析应扩展到这些支撑点。还应注意管道上的仪表和类似附件可能成为飞射物。

3.4.3 管道甩动后果的防护

3.4.3.1 尽管一般认为核动力厂管道系统中发生严重管道断裂的频率是可以接受的低，但通常实践是在所选择的位置通过使用实体约束件来限制可能破裂管道的运动。如果管线在合适的位置上安装了足够数量有效的管道甩动约束件，则认为可以排除了管道甩动现象。

3.4.3.2 通常除降低双端断裂频率和使用管道甩动约束件来消除管道甩动外，可能还需要采取保护性措施来降低安全相关管道、设备被撞击或发生不能允许毁坏的频率。特别在可能的管道破裂或泄漏点，应采取特定的保护措施确保附近的隔离阀的可运行性。

3.4.3.3 如果满足以下任一条件，则无须提供特殊措施来防护管道甩动引起的撞击后果：

（1）如 3.3.1.1～3.3.2.3 节所述，排除管道破裂。这种设计需确保在役检查的可达性。

（2）通过保护性屏障、屏蔽或合适的距离使甩动管道在实体上与安全重要管线（如那些实体隔离的系列）及安全相关构筑物、系统和部件相分隔。

（3）可证明管道在双端断裂后，任一端在最近的甩动约束件或刚性支撑件形成的塑性铰链附近的任何可能方向上不受限制的自由运动，都不会撞击任何安全重要构筑物、系统和部件。

（4）可证明甩动管道的内能不足以将受影响的安全相关构筑物、系统和部件的安全功能削弱到不可接受的程度。

3.5 喷射效应

3.5.1 喷射效应的现象

3.5.1.1 喷射是承压系统出现泄漏或破裂，并以特定方向和很高速度喷射出流体束。

3.5.1.2 喷射通常来自那些破裂的部件，如在分析中假设的包容高能加压流体的管道和容器。这些管道或容器的泄漏或破裂就是假设始发事件。一般而言，低能量系统可以排除喷射效应。

3.5.1.3 在合适情况下应考虑其他可能的喷射源，例如气体喷射（其可能的燃烧效应在相关导则中说明）。

3.5.1.4 一旦分析中假设的高能管道或容器破裂，则不可避免地产生喷射。防止喷射产生的唯一方法是防止该假设始发事件本身。有许多措施可以在时间和/或空间上限制喷射。例如，在故障点上游安装阀门和下游安装逆止阀可以在出现喷射后很快将其停止。在破裂管道周围安装屏障可以限制喷射的范围（见 2.4.3.2.1 节和 2.4.3.2.2 节）。

3.5.2 喷射的分析

3.5.2.1 对每一个已假设的位置和尺寸的破口，应评价喷射的几何特征（形状和方向）和物理参数（压力和温度）与时间和空间的函数关系。

3.5.2.2 喷射源通常是假设容器和管道出现周向破裂或纵向泄漏。该类喷射会限制在一个特定的方向。就周向破裂而言，可能会沿管道的纵向或周向喷射。周向喷射是在管道破裂两段分离的早期阶段，各来自一段管道的两个纵向喷射交汇作用产生的结果。如果管段的运动被限制，在管段错位之前，周向喷射可能持续一段时间。

3.5.2.3 如果假设始发事件产生多个喷射，应考虑喷射之间可能的相互影响。例如没有约束件的管道双端破裂，其中可能产生两个喷射，即管道每一处破裂端产生一个喷射。

3.5.2.4 应考虑喷射源（如甩动管道）运动对喷射几何特性以及其他可能的影响（如在喷射轨道附近的物体）。

3.5.2.5 可以使用最新的计算机程序，或在实验数据基础上的简化近似，或适当的保守假设，来分析喷射形状和特性。

3.5.3 喷射后果的防护

3.5.3.1 应进行喷射后果分析，考虑喷射对靶的下述影响：机械荷载（压力或撞击）、热荷载（温度，包括对应区域的热应力和热冲击）和流体特性（如电气设备中由于进入液态水而导致的可能短路）。还应考虑可能的化学作用，特别是喷射流体不是水的情况。如果那些非构筑物、系统和部件的靶的损坏可能导致重要的二次后果，则有必要分析喷射对其影响。例如管道保温层的损坏，尽管保温层不是安全重要物项，但保温层材料的碎片可能堵塞应急堆芯冷却系统再循环泵的地坑滤网。

3.5.3.2 除了对靶的直接喷射作用（局部效应），流体也可能对室内整体环境情况产生重要的影响。该影响取决于很多因素，包括持续时间、喷射参数和空间尺寸。如果需要关注该因素，那么还应分析总体环境参数以及其对构筑物、系统和部件功能的影响，该分析通常是设备环境鉴定过程的一部分。设备鉴定考虑的假设始发事件通常被限制在安全分析报告所分析的设计基准事故这样有限的范围内。内部危险（见 2.3.6 节）应考虑更大范围的假设始发事件，包括压力、温度、湿度、水位和放射性对构筑物、系统和部件的功能性影响。例如，辅助系统的破口通常不在设计基准事故中进行分析，但应在内部危险评价中进行考虑。应通过分析表明，由喷射产生的总体环境条件不比那些在设备鉴定过程中所考虑的环境条件更苛刻。如果无法保证这一点，所涉及的部件应重新鉴定或进行保护。

3.5.3.3 室内总体环境条件的改变可能由那些与内部危险无关的因素产生。这不在本导则所考虑的范围之内，应在设备鉴定过程中考虑相应的保护措施。

3.5.3.4 对直接喷射作用的防护与对飞射物的防护相似（见 3.1 节）。应将保护性措施设计成既能应对飞射物也能应对喷射效应，应尽可能在总体上能应对多种内部危险。

3.5.3.5 设计防护措施中应考虑的飞射物和喷射之间的区别包括：

（1）持续时间（飞射物通常假设导致的瞬间影响，而喷射除了瞬间影响之外还持续一段时间；应考虑喷射可能带来腐蚀而穿透屏障）；

（2）喷射和飞射物在撞击屏障之后的行为相当不同，屏障设计应确保不会将喷射或飞射物偏转到不利的方向上；

（3）由于喷射是流体现象，一些屏障（如网）对飞射物防护是有效的，但是不能保护构筑物、系统和部件免受喷射的影响。

3.6 水淹

3.6.1 水淹现象

3.6.1.1 水淹可以由任何导致液体（通常是水）排放的假设始发事件引起。该类假设始发事件的例子包括，在分析中假设的管道、容器和水箱的泄漏或破裂，以及可以导致喷淋系统（安全壳喷淋或灭火器喷淋）触发（含误动作和正常动作）的假设始发事件。

3.6.1.2 一般来说，水淹意味着在房间的地板上形成水坑，如果不能保证充分的排水，也意味着液体将汇集到更高的位置上。例如电缆桥架一般位于地板水平之上的，但来自喷淋或冷凝蒸汽的水还是有可能汇集其中，那么位于这些位置的设备应考虑水淹影响。此外，桥架里的水还有可能排到其他不利的区域。

3.6.1.3　水淹的假设始发事件的例子包括：

（1）一回路和二回路系统的泄漏或破裂；

（2）安全壳喷淋系统的误动作；

（3）二回路给水系统的泄漏或破裂；

（4）应急堆芯冷却系统的泄漏或破裂；

（5）厂用水系统的泄漏或破裂；

（6）消防水系统的泄漏或破裂；

（7）维修期间的人员差错（如错误地打开阀门、进出孔或法兰而未关闭）。

3.6.1.4　预防原则一般和那些预防其他内部危险的原则相似。既然水淹可以由在分析中假设的容器、水箱或管道的泄漏或破裂产生，那么降低 P_1 的任何措施都可以降低水淹的可能性。

3.6.1.5　减少人员差错也是降低水淹频率的一个重要措施。

3.6.2　水淹的分析

3.6.2.1　应仔细地确定所有可能的假设始发事件。最好的方法是根据构筑物、系统和部件列表建立假设始发事件表，然后识别所有可能的液体来源（包括来自其他房间）。应逐个巡视相关房间来支持识别的液体来源。

3.6.2.2　对于每一个假设始发事件，应考虑在可能的人员差错的情况下确定 P_1。

3.6.2.3　对于所有的假设始发事件，除非 P_1 已减小到可接受的低，否则不仅对于包含液体源的房间，而且对于液体可能蔓延到的所有房间（通过门、导管、墙或地板上的裂缝），宜确定水位与时间的函数关系。在连接水箱或水池的管道破裂的情况下，应考虑可能加大液体排出的虹吸效应。碎片可能堵塞排水孔，如果由此导致更严重的情况，那么设计中也应考虑这种情况。在使用容量—高度关系式来确定液体水位时，应使用房间竣工状态的参数进行计算。还应分析液体可能汇集在房间较高的位置（如电缆桥架）。在一些情况下也有必要分析水淹把相关物体和/或小破碎颗粒输送到不利区域的情况。一个典型的例子是应急堆芯冷却系统滤网的堵塞。保温层碎片、腐蚀颗粒甚至人员头发都可能被水带到滤网并堵塞滤网。

3.6.2.4　对于电气装置，如果液体是水，通常认为水淹是重要的关注内容。如果液体和热的物体相接触，相关压力可能出现偏移，这种现象应在土木工程构筑物的设计中进行考虑。还应考虑其他如 2.3.4 节中所述的可能的后果。

3.6.3　水淹后果的防护

3.6.3.1　有目的的水淹有时候是一种设计特性，在设计中应充分考虑该现象（如仪表和控制系统的一些部件应根据安全壳喷淋的要求进行鉴定，一些门或墙应是可以防御消防喷淋水侵蚀的）。作为设计特性，这些有目的的水淹通常不认为是内部危险，但由于其相似特性，有目的的水淹应包括在水淹事件组中。

3.6.3.2　可以通过如核动力厂布置等措施来降低构筑物、系统和部件受水淹影响的频率 P_2。在这种情况下，多重系统有效的实体隔离可能意味着垂直位置上的隔离。构筑物、系统和部件可位于一个高于最大可能水淹水位的基座上。如不可行，可以使用屏障进行隔离（围绕部件的墙或者是完整的密封）。还应通过所有可行措施来保证尽可能快地减轻水淹（除非是作为设计特性的有目的的水淹）影响，并防止其扩展到不利的区域（如设置相应的门槛）。可以用来减轻水淹影响的手段包括：

（1）适当的设计（在可能有风险的管道上设置隔离阀、排水管和泵）；

（2）探测系统（水淹报警）；

（3）规程（运行规程和/或应急规程）。

对于采取的所有减轻水淹影响的行动，应详细评价其成功的可能性。如有疑问，分析中应假设其无效。在确定论方法中，应假设后果最严重的单一故障。

3.6.3.3　经过潮湿工况甚至浸没环境中鉴定合格的设备可降低系统或部件严重损坏的频率 P_3。

3.6.3.4　如果任意一种方法实际中都无法实现，则可使用实体隔离的多重系统或部件来降低不可接受后果的总频率。由于液体可以淹没整个房间甚至可以扩展到其他房间，应考虑存在共因失效的可能性。

3.6.3.5　如果水淹足够快（如在水箱整体破裂的情况下），应考虑和分析可能形成的波。波可能将局部水位提高到远高于基于稳态所预计的水位值。波也可能给构筑物、系统和部件施加一个大的机械荷载。如果确定存在这种可能性，则应提供适当的防护措施（如通过屏障，适当的布置或实体隔离的构筑物、系统和部件的多重性）。

3.6.3.6　除了在本节中所描述的水淹直接影响外，流动液体也可能对房间中的整体环境情况有明显的影响。应在设备鉴定过程中考虑这些影响。

（六）部办公厅文件、部办公厅函

关于印发《废铅蓄电池污染防治行动方案》的通知

环办固体〔2019〕3号

各省、自治区、直辖市、新疆生产建设兵团生态环境（环境保护）厅（局）、发展改革委、工业和信息化主管部门、公安厅（局）、司法厅（局）、财政厅（局）、交通运输厅（局、委）、市场监管局（厅、委），国家税务总局各省、自治区、直辖市和计划单列市税务局：

为加强废铅蓄电池污染防治，全面打好污染防治攻坚战，现将《废铅蓄电池污染防治行动方案》印发给你们，请认真落实要求，加快推进废铅蓄电池污染防治各项工作。

生态环境部办公厅
发展改革委办公厅
工业和信息化部办公厅
公安部办公厅
司法部办公厅
财政部办公厅
交通运输部办公厅
税务总局办公厅
市场监管总局办公厅
2019年1月18日

废铅蓄电池污染防治行动方案

近年来，随着铅蓄电池在汽车、电动自行车和储能等领域的大规模应用，我国铅蓄电池和再生铅行业快速发展。铅蓄电池报废数量大，再生利用具有很高的资源和环境价值，但废铅蓄电池来源广泛且分散，部分非正规企业和个人为牟取非法利益，导致非法收集处理废铅蓄电池污染问题屡禁不绝，严重危害群众身体健康和生态环境安全。按照党中央、国务院关于全面加强生态环境保护打好污染防治攻坚战的决策部署，为了加强废铅蓄电池污染防治，提高资源综合利用水平，促进铅蓄电池生产和再生铅行业规范有序发展，保护生态环境安全和人民群众身体健康，制定本方案。

一、总体要求

（一）指导思想

全面贯彻党的十九大和十九届二中、三中全会精神，以习近平新时代中国特色社会主义思想为指导，深入落实习近平生态文明思想和全国生态环境保护大会精神，认真落实党中央、国务院决策部署，坚持和贯彻绿色发展理念，将废铅蓄电池污染防治作为打好污染防治攻坚战的重要内容，以有效防控环境风险为目标，以提高废铅蓄电池规范收集处理率为主线，完善源头严防、过程严管、后果严惩的监管体系，严厉打击涉废铅蓄电池违法犯罪行为，建立规范的废铅蓄电池收集处理体系，有效遏制非法收集处理造成的环境污染，维护国家生态环境安全，保护人民群众身体健康。

（二）基本原则

坚持疏堵结合、标本兼治。完善废铅蓄电池收集、贮存、转移、利用处置管理制度，支持铅蓄电池生产企业和再生铅企业建立正规收集处理体系；持续保持高压态势，严厉打击非法收集处理违法犯罪行为。

坚持分类施策、综合治理。根据环境风险、收集处理客观条件等因素，分类合理确定废铅蓄电池收集处理管控要求；综合运用法律、经济、行政手段，开展全生命周期治理，完善联合奖惩机制。

坚持协调配合、狠抓落实。各部门按照职责分工密切配合、齐抓共管，形成工作合力；加强跟踪督查，确保各项任务落地见效；各地切实落实主体责任，做好废铅蓄电池污染整治和收集处理体系建设等工作。

坚持多元参与、全民共治。加强铅蓄电池污染防治宣传教育，引导相关企业、公共机构和公众积极参与废铅蓄电池规范收集处理；强化信息公开，完善公众监督、举报机制。

（三）主要目标

按照国务院《关于印发“十三五”生态环境保护规划的通知》（国发〔2016〕65 号）、国务院办公厅《关于印发生产者责任延伸制度推行方案的通知》（国办发〔2016〕99 号）的相关任务要求，整治废铅蓄电池非法收集处理环境污染，落实生产者责任延伸制度，提高废铅蓄电池规范收集处理率。到 2020 年，铅蓄电池生产企业通过落实生产者责任延伸制度实现废铅蓄电池规范收集率达到 40%；到 2025 年，废铅蓄电池规范收集率达到 70%；规范收集的废铅蓄电池全部安全利用处置。

二、推动铅蓄电池生产行业绿色发展

（四）建立铅蓄电池相关行业企业清单。分别建立铅蓄电池生产、原生铅和再生铅等重点企业清单，向社会公开并动态更新。[生态环境部以及地方政府相关部门（以下均含地方政府相关部门，不再重复）负责落实，2019 年 6 月底前完成]

（五）严厉打击非法生产销售行为。将铅蓄电池作为重点商品，持续依法打击违法生产、销售假冒伪劣铅蓄电池行为。（市场监管总局负责长期落实）

（六）大力推行清洁生产。对列入铅蓄电池生产、原生铅和再生铅企业清单的企业，依法实施强制性清洁生产审核，两次清洁生产审核的间隔时间不得超过五年。（生态环境部、发展改革委负责长期落实）

（七）推进铅酸蓄电池生产者责任延伸制度。制定发布铅酸蓄电池回收利用管理办法，落实生产者延伸责任。（发展改革委、生态环境部负责落实，2019 年底前完成）充分发挥铅酸蓄电池生产和再生铅骨干企业的带动作用，鼓励回收企业依托生产商的营销网络建立逆向回收体系，铅酸蓄电池生产企业、进口商通过自建回收体系或与社会回收体系合作等方式，建立规范的回收利用体系。鼓励铅蓄电池生产企业开展生态设计，加大再生原料的使用比例；鼓励铅蓄电池生产企业与铅冶炼企业优势互补，支持利用现有铅矿冶炼技术和装备处理废铅蓄电池。加强对再生铅企业的管理，促进再生铅企业规模化和清洁化发展。（发展改革委、工业和信息化部、生态环境部按职能分别负责长期落实）

三、完善废铅蓄电池收集体系

（八）完善配套法律制度。修订《中华人民共和国固体废物污染环境防治法》，明确生产者责任延伸制度以及废铅蓄电池收集许可制度；（生态环境部、司法部负责落实）修订《危险废物转移联单管理办法》，完善转移管理要求；（生态环境部、交通运输部负责落实，2019 年底前完成）修订《国家危险废物名录》，在风险可控前提下针对收集、贮存、转移等环节提出豁免管理要求。（生态环境部、发展改革委、公安部、交通运输部负责落实，2019 年底前完成）

（九）开展废铅蓄电池集中收集和跨区域转运制度试点。为探索完善废铅蓄电池收集、转移管理制度，选择有条件的地区，开展废铅蓄电池集中收集和跨区域转运制度试点，对未破损的密封式免维护废铅蓄电池在收集、贮存、转移等环节有条件豁免或简化管理要求，降低成本，提高效率，推动建立规范有序的收集处理体系。（生态环境部、交通运输部负责落实，2020 年底前完成）

（十）加强汽车维修行业废铅蓄电池产生源管理。加强对汽车整车维修企业（一类、二类）等废铅蓄电池产生源的培训和指导，督促其依法依规将废铅蓄电池交送正规收集处理渠道，并纳入相关资质管理或考核评级指标体系。（交通运输部、生态环境部负责长期落实，2019 年启动）

四、强化再生铅行业规范化管理

（十一）严格废铅蓄电池经营许可准入管理。制定并公布废铅蓄电池危险废物经营许可证审查指南，修订《废铅酸蓄电池处理污染控制技术规范》，严格许可条件，禁止无合法再生铅能力的企业拆解废铅蓄电池。（生态环境部负责落实，2019 年底前完成）

（十二）加强再生铅企业危险废物规范化管理。将再生铅企业作为危险废物规范化管理工作的重点，提升再生铅企业危险废物规范化管理水平。（生态环境部负责长期落实）再生铅企业应依法安装自动监测和视频监控设备（即“装”），在厂区门口树立电子显示屏用于信息公开（即“树”），逐步将实时监控数据与各级生态环境部门联网（即“联”），实

现信息化管理。（生态环境部负责落实，2020年底前完成）

五、严厉打击涉废铅蓄电池违法犯罪行为

（十三）严厉打击和严肃查处涉废铅蓄电池企业违法犯罪行为。严厉打击非法收集拆解废铅蓄电池、非法冶炼再生铅等环境违法犯罪行为。（生态环境部、公安部负责长期落实）加强对铅蓄电池生产企业、原生铅企业和再生铅企业的涉废铅蓄电池违法行为检查，对无危险废物经营许可证接收废铅蓄电池，不按规定执行危险废物转移联单制度，非法处置废酸液，以及非法接收“倒酸”电池、再生粗铅、铅膏铅板等行为依法予以查处。（生态环境部、市场监管总局负责长期落实）

（十四）加强对再生铅企业的税收监管。对再生铅企业税收执行情况进行日常核查和风险评估，对涉嫌偷逃骗税和虚开发票等严重税收违法行为的企业，依法开展税务稽查。（税务总局负责长期落实）

（十五）开展联合惩戒。将涉废铅蓄电池有关违法企业、人员信息纳入生态环境领域违法失信名单，在全国信用信息共享平台、“信用中国”网站和国家企业信用信息公示系统上公示，实行公开曝光，开展联合惩戒。（生态环境部、发展改革委、公安部、交通运输部、税务总局、市场监管总局等负责长期落实，2019年启动）

六、建立长效保障机制

（十六）实施相关税收优惠政策。贯彻落实好现行资源综合利用增值税优惠政策，对利用废铅蓄电池生产再生铅的企业，可按规定享受税收优惠政策，支持废铅蓄电池处理行业发展。（财政部、税务总局负责长期落实）

（十七）提升信息化管理水平。建立铅蓄电池全生命周期追溯系统，推动实行统一的编码规范。（工业和信息化部、市场监管总局、发展改革委、生态环境部负责落实，2020年底前完成）建立废铅蓄电池收集处理公共信息服务平台，将废铅蓄电池规范收集处理信息全部接入平台，并与相关主管部门建立的铅蓄电池生产管理信息系统联网，逐步实现铅蓄电池生产、运输、销售、废弃、收集、贮存、转运、利用处置信息全过程可追溯。（生态环境部、工业和信息化部、市场监管总局负责长期落实）

（十八）建立健全督察问责长效机制。对废铅蓄电池非法收集、非法冶炼再生铅问题突出、群众反映强烈、造成环境严重污染的地区，视情开展点穴式、机动式专项督察，对查实的失职失责行为实施约谈或移交问责。（生态环境部负责长期落实）

（十九）鼓励公众参与。开展废铅蓄电池环境健康危害知识教育和培训，广泛宣传废铅蓄电池收集处理的相关政策，在机动车4S店、汽车整车维修企业（一类、二类）、电动自行车销售维修企业、铅蓄电池销售场所设置规范收集处理提示性信息，促进正规渠道废铅蓄电池收集处理率提升。（生态环境部、交通运输部等分别负责长期落实）鼓励有奖举报，鼓励公众通过电话、信函、电子邮件、政府网站、微信平台等途径，对非法收集、非法冶炼再生铅、偷税漏税、生产假冒伪劣电池等违法犯罪行为进行监督和举报。（生态环境部、公安部、税务总局、市场监管总局等分别负责长期落实）

关于印发《铅蓄电池生产企业集中收集和跨区域转运制度试点工作方案》的通知

环办固体〔2019〕5号

各省、自治区、直辖市、新疆生产建设兵团生态环境（环境保护）厅（局）、交通运输厅（局、委）：

为落实《废铅蓄电池污染防治行动方案》有关要求，推动铅蓄电池生产企业落实生产者责任延伸制度，建立规范有序的废铅蓄电池收集处理体系，现将《铅蓄电池生产企业集中收集和跨区域转运制度试点工作方案》印发给你们，请认真组织落实。

生态环境部办公厅
交通运输部办公厅
2019年1月24日

铅蓄电池生产企业集中收集和跨区域转运制度试点工作方案

为落实《废铅蓄电池污染防治行动方案》，开展废铅蓄电池集中收集和跨区域转运制度试点，推动铅蓄电池生产企业落实生产者责任延伸制度，建立规范有序的废铅蓄电池收集处理体系，制定本方案。

一、总体要求

（一）指导思想

全面贯彻党的十九大和十九届二中、三中全会精神，以习近平新时代中国特色社会主义思想为指导，深入落实习近平生态文明思想和全国生态环境保护大会精神，将铅蓄电池污染防治作为打好污染防治攻坚战的重要内容，加快推动建立生产者责任延伸制度，不断完善配套政策法规体系，充分发挥铅蓄电池生产企业主体作用，提高废铅蓄电池规范收集处理率，有效防控环境风险。

（二）基本原则

政府推动，企业主导。发挥政府部门的积极引导和政策支持作用，发挥铅蓄电池生产企业在落实生产者责任延伸制度中的主体作用，形成有利的制度体系和市场环境。

强化监管，先行先试。选择有一定工作基础的地区开展试点，严格组织审核与过程监管，强化试点企业主体责任，积极探索铅蓄电池生产企业集中收集和跨区域转运管理模式。

分类管理，防控风险。根据废铅蓄电池环境风险大小，实施分类管理，着力防控废铅蓄电池集中收集和跨区域转运的环境风险。

（三）工作目标

到 2020 年，试点地区铅蓄电池领域的生产者责任延伸制度体系基本形成，废铅蓄电池集中收集和跨区域转运制度体系初步建立，有效防控废铅蓄电池环境风险；试点单位在试点地区的废铅蓄电池规范回收率达到 40%以上。

二、试点范围

（一）试点单位

参与试点的单位应当是有一定规模和市场占有率的铅蓄电池生产企业及其委托的专业回收企业。鼓励试点单位依托有关行业协会、联盟等生产者责任组织联合开展试点工作。具有废铅蓄电池收集、利用、处置经营许可证的单位开展废铅蓄电池集中收集和跨区域转运活动，也可参照本方案执行。

（二）试点地区

在北京、天津、河北、辽宁、上海、江苏、浙江、安徽、福建、江西、山东、河南、湖北、海南、重庆、四川、甘肃、青海、宁夏、新疆等已经具有一定工作基础的省（区、市），开展铅蓄电池生产企业集中收集和跨区域转运制度试点工作。

（三）试点时间

试点工作自本通知印发之日起，至 2020 年 12 月 31 日结束。

三、试点内容

（一）建立铅蓄电池生产企业集中收集模式

1．规范废铅蓄电池收集网点建设

试点单位可以依托铅蓄电池销售网点、机动车 4S 店、维修网点等设立收集网点（以下简称收集网点），收集日常生活中产生的废铅蓄电池，收集过程可豁免危险废物管理要求。根据环境风险大小将废铅蓄电池分为两类管理：未破损的密封式免维护废铅蓄电池（以下简称第 I 类废铅蓄电池）；开口式废铅蓄电池和破损的密封式免维护废铅蓄电池（以下简称第Ⅱ类废铅蓄电池）。

收集网点可以利用现有场所暂时存放少量的废铅蓄电池，但应当划分出专门存放区域，采取防止废铅蓄电池破损及酸液泄漏的措施，并在显著位置张贴废铅蓄电池收集提示性信息。第Ⅱ类废铅蓄电池应当放置在耐腐蚀、不易破损变形的专用容器内，防止酸液泄漏造成环境污染。

2．规范废铅蓄电池集中贮存设施建设

试点单位应设立废铅蓄电池集中贮存设施（以下简称集中转运点），将收集的废铅蓄电池在集中转运点集中后，转移至持有危险废物经营许可证的废铅蓄电池利用处置单位。

试点单位设立的集中转运点，应当符合所在地省级生态环境部门的要求。可以依托现有铅蓄电池产品仓库、危险废物贮存设施设立具有一定规模的废铅蓄电池集中转运点，但应当划分出专门贮存区域，采取防止废铅蓄电池破损及酸液泄漏的措施，并设置危险废物标识、标签。依托铅蓄电池产品仓库设立的集中转运点和新建的专用集中转运点，均应当依法办理危险废物贮存设施环境影响评价报告文件。应保持废铅蓄电池的结构和外形完整，严禁私自损坏废铅蓄电池；第Ⅱ类废铅蓄电池应当妥善包装，放置在耐腐蚀、不易破损变形的专用容器内，单独分区存放并配备必要的污染防治措施。

3．申请领取废铅蓄电池收集经营许可证

试点单位从事废铅蓄电池收集活动，应向省级生态环境部门申请领取危险废物收集经营许可证。省级生态环境部门颁发危险废物收集经营许可证时，应载明全部集中转运点的名称、地址和贮存能力等内容。领取危险废物收集经营许可证的试点单位，可以在发证机关管辖的行政区域内通过集中转运点收集企业事业单位产生的废铅蓄电池。

（二）规范废铅蓄电池转运管理要求

1．废铅蓄电池转移管理要求

收集网点向集中转运点转移第Ⅰ类废铅蓄电池，应当做好台账记录，如实记录废铅蓄电池的数量、重量、来源、去向等信息。收集网点向集中转运点转移第Ⅱ类废铅蓄电池的，以及企业事业单位向集中转运点、集中转运点向废铅蓄电池利用处置单位转移废铅蓄电池的，应填写危险废物转移联单。危险废物转移联单中，应根据《危险货物道路运输规则》（JT/T 617）注明废铅蓄电池对应的危险货物联合国编号。

集中转运点应当制定危险废物管理计划，并定期向所在地县级以上地方生态环境部门申报废铅蓄电池收集、贮存的数量、重量、来源、去向等有关资料。危险废物管理计划中，应当包括危险废物转移计划。

2．废铅蓄电池运输管理要求

通过道路运输废铅蓄电池，应当遵守《道路危险货物运输管理规定》和《危险货物道路运输规则》（JT/T 617）的规定，并按要求委托具有危险货物道路运输相应资质的企业或单位运输。破碎的废铅蓄电池应放置于耐腐蚀的容器内，并采取必要的防风、防雨、防渗漏、防遗撒措施。操作人员应接受危险货物道路运输专业知识培训、安全应急培训，装卸废铅蓄电池时应采取措施防止容器、车辆损坏或者其中的含铅酸液泄漏。

在满足上述包装容器、人员培训及装卸条件时，以下三种废铅蓄电池可按照普通货物进行管理，豁免运输企业资质、专业车辆和从业人员资格等危险货物运输管理要求：

（1）符合《危险货物道路运输规则 第3部分：品名及运输要求索引》（JT/T 617.3）附录B所列第238项特殊规定，危险货物联合国编号为“2800”（蓄电池，湿的，不溢出的，蓄存电的）的废铅蓄电池；

（2）不符合《危险货物道路运输规则 第3部分：品名及运输要求索引》（JT/T 617.3）附录B所列第238项特殊规定，但符合《危险货物道路运输规则 第1部分：通则》（JT/T 617.1）第5.1条要求，每个运输单元载运重量不高于500公斤的危险货物联合国编号为“2800”（蓄电池，湿的，不溢出的，蓄存电的）的废铅蓄电池；

（3）符合《危险货物道路运输规则 第1部分：通则》（JT/T 617.1）第5.1条要求，每个运输单元载运重量不高于500公斤的危险货物联合国编号为“2794”（蓄电池，湿的，装有酸液的，蓄存电的）的废铅蓄电池。

3．提升废铅蓄电池跨区域转运效率

跨省（区、市）转移废铅蓄电池的，应当经移出地和移入地省级生态环境部门批准。鼓励省级生态环境部门之间开展区域合作，简化跨省（区、市）转移第Ⅰ类废铅蓄电池审批手续，试点期间对试点单位跨省（区、市）转移申请可进行一次性审批。跨省（区、市）转移第Ⅱ类废铅蓄电池的，要严格遵守危险废物转移管理的有关规定。

（三）强化废铅蓄电池收集转运信息化监督管理

试点单位应建立废铅蓄电池收集处理数据信息管理系统，如实记录收集、贮存、转移废铅蓄电池的数量、重量、来源、去向等信息，并实现与全国固体废物管理信息系统或者各省自建信息系统的数据对接。

各试点地区要依托全国固体废物管理信息系统或者与该系统对接的各省自建信息系统，建立废铅蓄电池收集处理专用信息平台，对废铅蓄电池收集、贮存、转移、利用处置情况进行汇总、统计分析和核查管理。废铅蓄电池转移必须通过全国固体废物管理信息系统或者与该系统对接的各省自建信息系统运行危险废物电子转移联单。

四、组织实施

（一）试点单位自行申报

申请试点单位应当根据本方案和试点地区省级生态环境部门的要求，编制具体实施方案并确定试点工作目标（2020年底前，使本单位在试点地区的废铅蓄电池规范收集处理率达到40%以上），向试点地区省级生态环境部门提交申请。

（二）试点单位应当具备的条件

有危险废物标识、管理计划、申报登记、转移、突发环境事件应急预案等环境管理制度以及危险货物运输管理制度；有配套的污染防治措施和事故应急救援措施；集中转运点具备专用贮存场地、运输工具、收集包装设备；申请试点单位及其法定代表人近1年没有因发生突发环境事件和环境违法行为受到刑事处罚。

（三）试点单位的审核确定

试点地区省级生态环境部门要组织对申请试点单位的申报材料和相关污染防治设施进行评审或现场核查，根据评审或现场核查结果确定试点单位并进行公示；对符合条件的，颁发危险废物收集经营许可证，并予以公告。试点单位数量由试点地区省级生态环境部门根据实际情况确定。

五、工作要求

（一）加强组织领导

本试点工作由省级生态环境部门负责组织实施。试点地区省级生态环境部门要高度重视，会同交通运输部门健全工作机制，制定试点工作实施方案，因地制宜明确试点工作目标、任务要求、标准规范和保障措施，认真组织开展试点工作。

试点地区省级生态环境部门要会同交通运输部门于2019年2月底前将实施方案分别

报送生态环境部和交通运输部备案，2019 年 12 月底前将试点工作进展情况报送生态环境部，2020 年 12 月底前将试点工作总结报告报送生态环境部和交通运输部。

其他拟开展试点工作的省（区、市）应向生态环境部提交申请。

（二）严格监督管理

生态环境部门要加强对试点单位的指导与监督检查，对在试点申报、信息报送过程中存在弄虚作假行为的、未按照试点实施方案开展试点工作的以及试点期间引发重大环境污染事件的，要依法依规处理，情节严重的，取消试点资格。

生态环境部门要加强对试点单位和废铅蓄电池利用处置企业的监管，督促落实各项管理制度；加大废铅蓄电池环境违法行为打击力度，将非法转移、倒卖、利用处置废铅蓄电池的违法企业事业单位和其他生产经营者信息纳入生态环境领域违法失信名单，实行公开曝光，涉嫌犯罪的，移交司法机关。

交通运输部门要依法加强危险货物道路运输企业的监管，指导其采取保障运输安全的措施并遵守危险货物运输管理的有关规定，依法打击废铅蓄电池运输违法违规行为。

（三）加大信息公开和公众参与

试点单位应向社会公布全部废铅蓄电池收集网点和集中转运点的名称、地址和联系方式，运输车辆信息和收集作业人员联系方式，环境保护制度和污染防治措施落实情况等信息。

试点地区省级生态环境部门应在政府网站上公布本地区全部试点单位及其收集网点和集中转运点名称、地址、联系方式，并通报同级发展改革、工业和信息化、财政、公安、交通运输、商务、税务、市场监管等部门。要充分利用网络、广播、电视、报刊等新闻媒体，开展废铅蓄电池环境健康危害教育，广泛宣传废铅蓄电池收集处理的相关政策。建立有奖举报机制，鼓励公众通过“12369”环保举报热线、信函、电子邮件、政府网站、微信平台等途径，对非法收集、非法冶炼再生铅等环境违法行为进行监督和举报。

关于印发《临空经济区规划环境影响评价技术要点（试行）》的通知

环办环评〔2019〕15 号

各省、自治区、直辖市生态环境厅（局），新疆生产建设兵团环境保护局，各相关单位：

为贯彻落实《规划环境影响评价条例》，规范和指导临空经济区规划环境影响评价工作，促进临空经济区与生态环境保护协调可持续发展，我部组织制定了《临空经济区规划环境影响评价技术要点（试行）》。现印发给你们，请参考执行。

生态环境部办公厅

2019 年 2 月 27 日

临空经济区规划环境影响评价技术要点
（试行）

（生态环境部　2019年2月）

1　总体要求

1.1　适用范围

本技术要点针对临空经济区及其生态环境影响特点，规定了临空经济区规划环境影响评价工作的技术思路、重点内容和环境影响报告书的编制要求。

本技术要点所指临空经济区，包括临空经济示范区、航空港经济综合试验区、航空经济示范区等依托或临近航空枢纽和综合交通运输体系，以提供高时效、高质量、高附加值产品和服务，集聚发展航空运输业、高端制造业和现代服务业等而形成的特殊经济区域。临空产业指以航空港为中心经济空间形成的航空关联度不同的产业集群，包括航空运输、航空制造、航空食品和航空器维修业，高端制造业、轻型产品制造业，信息技术密集型的现代服务业以及总部经济和金融产业等。

本技术要点未涉及的规划环境影响评价的一般性原则、内容、工作程序、技术方法等参照《规划环境影响评价技术导则总纲》执行。

1.2　技术思路

（1）开展临空经济区规划分析，全面识别规划实施面临的主要资源环境制约因素，分析、预测和评价临空经济区规划对区域生态环境质量及生态系统可能产生的影响。

（2）结合区域生态保护红线和资源利用上线要求，以改善区域生态环境质量和保障区域生态安全为目标，提出临空经济区规划在空间分区环境管控、污染物排放控制和生态环境准入等方面的生态环境管理要求，实现临空经济区内航空港、临空产业及居住空间相互协调可持续发展。

1.3　评价时段及评价重点

评价时段应与临空经济区规划的基准年和规划期一致，不同规划期（近期、中远期）评价重点不同。

规划近期评价重点为规划实施的环境可行性：根据临空经济区规划内容，识别区域生态保护红线和生态空间，确定主要资源环境制约因素，分析规划开发强度及对主要生态环境敏感区可能产生的环境影响。结合航空港总体规划等相关规划，对区域现有产业的环境符合性进行全面筛查，提出规划优化调整建议和减缓不良生态环境影响的对策和措施，从空间管控、污染物排放控制和生态环境准入等方面提出生态环境管理要求。

规划中远期评价重点是解决空间布局和产业发展定位问题：根据区域生态保护红线和

生态空间分布、资源环境承载力、航空港中远期发展规划等，提出临空经济区规划范围内不同土地利用功能的控制性要求及空间布局上的差异化环境管控建议等。

1.4 生态环境敏感区识别

根据区域生态保护红线和生态空间特征，按照生态环境功能属性及生态环境保护需求，结合临空经济区规划产业布局、集中居住区的空间分布、航空港和综合交通枢纽产生的大气和噪声等环境影响范围，识别临空经济区规划实施可能影响的生态环境敏感区，给出区域生态环境敏感区空间布局图。

2 规划分析要点

2.1 规划编制情况介绍

说明临空经济区的设立情况以及规划编制背景、编制过程等。对于修编规划，应说明上一轮规划、规划环评及审查意见的执行情况。

说明规划环境影响评价与规划编制互动过程和互动内容，包括与航空港总体规划编制机构或实施机构的沟通情况。

2.2 规划主要内容分析

明确规划范围和年限，说明规划的目标定位、功能分区、产业结构、发展规模、建设时序以及配套的专项规划、近期重点建设项目等内容。

2.3 与相关规划的环境协调性分析

（1）分析临空经济区规划与相关的国家和地方规划、区域“生态保护红线、环境质量底线、资源利用上线，生态环境准入清单”管控要求的符合性，重点关注评价范围内的城镇体系、土地利用和综合交通类规划。

（2）分析临空经济区规划与同层位的自然资源开发利用或生态环境保护相关规划在关键资源和环境利用等方面的协调性，明确规划间是否存在矛盾和冲突。说明临空经济区规划与航空港不同发展时期的土地利用需求及与《航空器噪声相容性规划》等的协调性。

（3）分析临空经济区规划与区域生态环境敏感区在空间布局和生态环境保护之间的协调性，重点说明临空经济区内航空港、临空产业及居住空间之间的协调关系。

2.4 规划开发强度分析

根据不同规划发展情景确定的开发目标、产业规模以及近期重点建设项目清单，核算规划实施所需的关键性资源需求量、主要污染物（包括常规污染物和特征污染物）的产生量和排放量，分析可能导致的生态破坏、环境污染、资源消耗等问题。

开发强度分析中，应将航空港远期发展所需的声环境管控空间作为土地利用的主要制约因素，特别关注临空经济区与航空港发展带来的人口聚集和交通物流增长产生的区域性大气环境污染问题，大气污染应特别关注氮氧化物和挥发性有机物等污染因子。

3 区域生态环境现状调查与评价

（1）生态环境质量现状调查应以区域例行监测资料为主，必要时可辅以补充监测。除常规污染因子外，大气环境质量现状调查需要特别关注氮氧化物和挥发性有机物等污染因子。

（2）临空经济区内的航空港应作为重点调查对象。全面调查航空港周边声环境及大气环境现状，航空港现状及近（中、远）期的水资源、土地资源需求及污染物排放情况。评价可引用已有研究成果，若无现有资料可参考，需通过现状监测及开展航空港近（中、远）期的环境影响预测，明确航空港现状及未来发展的环境影响程度和范围。按照不同环境要素的影响程度说明空间管控存在的主要矛盾并提出解决建议。

（3）对已具有一定开发强度的临空经济区，需调查评价现有企业与临空经济区规划产业定位的符合性，对存在生态环境制约因素的企业提出优化调整建议。

（4）基于现状调查分析结果，结合临空经济区规划所在区域的资源环境特点、生态环境质量现状与变化趋势、现有产业与临空经济区规划定位及航空港总体规划之间的协调性，分析临空经济区规划实施在区域生态系统、环境质量、资源能源等方面可能存在的制约因素，提出解决建议。

（5）调查临空经济区内公众环保投诉情况，分析产生的原因。

4 环境影响识别和评价指标体系

4.1 环境影响识别

临空经济区规划实施后，一方面将带来产业发展、人口集聚、交通物流增加等，对区域生态环境造成一定影响；另一方面，规划区内部构建航空港、临空产业及居住空间一体化发展格局，相互之间需要和谐共存。充分考虑临空经济区规划内部协调性和外部生态环境影响因素，可从生态系统、环境质量、资源能源、社会经济等方面开展环境影响识别。

4.2 评价指标体系

（1）评价指标应可量化、可考核，既要反映临空经济区规划的特点，又要易于进行环境影响的评价和跟踪监测。重点考虑土地利用功能协调性、空间布局合理性、生态环境质量改善、资源能源利用效率提高以及污染物排放控制等因素。

（2）临空经济区规划环境影响评价推荐指标库参见附录，开展评价时可根据区域生态环境特征和规划方案选取或增补指标。

5 环境影响预测与评价

5.1 影响预测与评价

分时段（近期、中远期）预测评价规划实施对区域生态破坏、环境污染和资源消耗的影响，在开展各环境要素的环境影响预测和评价时，需重点关注以下内容。

（1）声环境影响预测与评价应重点分析航空港噪声影响范围及其对规划区土地利用的控制性要求。

收集航空港总体规划确定的近（中、远）期发展规模下飞机噪声等值线的包络范围。如无现有资料，需根据航空港建设规模对近（中、远）期噪声影响范围进行定量模拟预测。分析临空经济区规划范围内声环境敏感区与航空港总体规划噪声影响范围的空间位置关系。

分析区域内依托航空港建设的综合交通枢纽的噪声和振动影响范围，及其与临空经济区内声环境敏感区的空间位置关系。

（2）大气环境影响预测与评价应叠加航空港建设与运行期间排放的大气污染物。

测算在航空港总体规划近（中、远）期发展规模下，飞机起降、综合交通枢纽及附属设施排放的大气污染物（重点关注氮氧化物和挥发性有机物等污染因子），叠加临空经济区排放的大气污染物，预测大气环境影响范围和程度。对已具有一定开发强度的临空经济区需将现有企业大气污染物排放贡献纳入影响评价中，综合评价区域大气环境质量变化是否满足环境质量底线要求。应重点分析飞机高频次、长期起降对区域和主航道下方集中居住区的大气叠加环境影响，绘制机场周边大气环境影响范围图。

5.2 资源与环境承载力分析

5.2.1 资源承载力分析

临空经济区规划环评的资源承载力分析重点关注土地资源和水资源。

（1）土地资源承载力分析

根据上层位空间规划及区域生态保护红线、生态空间保护要求，结合临空经济区开发对土地资源的需求，分析不同规划发展阶段的区域土地资源供需平衡，明确区域土地资源对规划发展的支撑能力。结合声环境和大气环境影响预测提出的空间分区环境管控要求，确定临空经济区内不同地块的控制性要求。

（2）水资源承载力分析

对规划区内现有及规划的供水设施、供水规模及供水水源进行分析，综合临空经济区生态用水、居民生活用水需求及区域内航空港近（中、远）期发展和临空产业对水资源的需求，论证区域可利用水资源对临空经济区规划实施的支撑条件。

水资源承载力分析应重点关注临空经济区生态用水、生活用水及航空港、临空产业发展对水资源需求的平衡关系，结合区域水资源综合利用方案，统筹各类水资源，保障区域新鲜水和再生水资源的充分利用。若区域可供水量无法满足规划的用水需求，需按照“以水定产”的原则，在充分提升航空港用水效率的基础上，对临空经济区产业发展规模进行优化调整。

5.2.2 环境承载力分析

（1）大气环境承载力分析

根据区域气象条件和污染特征，以规划区环境空气质量改善为目标，在充分考虑航空港飞机起降、综合交通枢纽运行产生的大气污染物的累积影响下，测算二氧化硫、氮氧化物、颗粒物、挥发性有机物等主要污染物（可根据区域特征增加特征污染物）在规划各时段的允许排放量。

（2）水环境承载力分析

以规划区控制单元的水环境质量改善为目标，在充分考虑航空港及综合交通枢纽污水排放的情况下，测算化学需氧量、氨氮等主要污染物（可根据区域特征增加特征污染物）在规划各时段的允许排放量。根据水环境容量的测算结果，分析规划区水资源综合利用的要求和主要利用途径，论证集中污水处理设施选址、污水排放规模及排放标准的合理性。

6　规划方案综合论证和优化调整建议

6.1　规划方案环境合理性综合论证

从区域环境目标可达性，临空经济区规划与相关规划的环境协调性、规划实施对生态环境敏感区的环境影响等方面，对规划的定位、规模、结构、布局、建设时序的环境合理性进行充分论证。

规划布局的外部合理性分析聚焦于规划区外部的协调性，重点说明规划与城市建设发展用地、区域生态保护红线和生态空间等的协调性。规划布局的内部合理性重点说明航空港、综合交通枢纽产生的噪声及振动影响、大气环境影响等对临空经济区的空间管控要求，航空港、临空产业及居住空间之间协调发展的环境合理性。

6.2　规划优化调整建议

（1）明确临空经济区空间分区环境管控要求

根据航空港及综合交通枢纽的声环境和大气环境影响空间管控范围、生态环境敏感区的保护要求等，提出规划优化调整的空间分区环境管控要求，明确航空港、临空产业及居住区的空间分区。对机场主航道下方及综合交通枢纽两侧，给出清晰明确的空间管控建议图。

（2）明确临空经济区大气污染物排放控制要求

以区域生态环境质量改善为目标，基于环境承载力的评价结论，合理确定临空经济区产业规模。在充分考虑区域飞机起降、综合交通枢纽及已建企业等现有大气污染物排放的基础上，给出区域大气污染物排放控制要求。

（3）明确临空经济区生态环境准入清单

以国家相关法律法规、区域生态环境质量改善目标、生态环境敏感区的保护要求为依据，结合临空经济区资源环境承载力及生态环境质量现状，突出临空经济产业特色，制定临空经济区差别化的生态环境准入清单，对不符合生态环境准入要求的规划内容提出优化调整建议。

7　生态环境影响减缓对策和措施

生态环境影响减缓对策和措施应具有针对性和可操作性，重点关注以下方面。

（1）噪声和振动防护措施。明确区域噪声控制要求，针对航空港和综合交通枢纽产生的噪声和振动影响，从优化空间布局、制定区域土地利用控制要求等方面提出降低噪声和振动影响的对策措施。

（2）大气环境保护措施。根据区域大气环境质量保护目标，在充分考虑航空港及综合交通枢纽产生的大气污染物排放强度的基础上提出区域大气污染治理措施。

（3）水资源循环利用方案。结合区域水资源循环利用方案分析论证临空经济区内污水收集排放体系以及再生水回用的可行性。

8 环境管理与跟踪评价

（1）按照临空经济区内生态环境管理应统筹协调的原则，提出区域生态环境管理机制和要求建议，明确生态环境管理的主要内容。

（2）根据环境影响评价结论，结合规划的不确定因素，给出规划近期需要开展跟踪监测的主要内容。监测网络建设应统筹兼顾航空港已有噪声监测系统，并实施联动管理。

（3）结合临空经济区建设进度安排、区域生态保护红线及生态空间的变化情况，提出适时开展阶段性跟踪评价的要求，包括跟踪评价的时段、工作重点、组织形式（包括监督和实施单位）等。

（4）临空经济区内建设项目的环境影响评价，应重点分析与产业定位以及土地利用性质的符合性、与空间分区环境管控要求以及生态环境准入要求的匹配性、与航空港及综合交通枢纽选址的协调性等。可适当简化内容包括区域生态保护红线及生态空间分布情况、区域生态环境质量现状调查等内容。

9 评价结论

评价结论应包括规划与环评互动过程和互动结果、规划实施资源环境制约因素、可能产生的不良生态环境影响、规划方案的环境合理性、规划优化调整建议和主要生态环境保护对策措施、评价总体结论等。

10 图件构成与要求

10.1 图件构成

临空经济区规划环境影响报告书图件应包括：

工作内容	图　件
规划概述	临空经济区规划地理位置图、四至范围图、空间布局图、产业功能分布图、土地利用图等
规划分析	临空经济区规划与相关规划（如城镇体系、土地利用和综合交通类相关规划、生态功能区划、环境功能区划、主体功能区规划）的关系图等
生态环境现状调查与评价	土地利用现状图、地表水系图、水文地质图、饮用水水源地保护范围图、生态环境敏感区范围图、重要野生动物栖息地及迁徙路线分布图等；临空经济区规划范围内重要环保基础设施分布图、主要污染源位置图等；环境质量监测点分布图、生态现状评价成果图等
环境影响与预测	各环境要素环境影响预测结果图等
优化调整建议	噪声及大气环境影响空间管控范围图、规划优化调整成果图等
其他图件	需要说明的其他图件等

10.2 图件制作规范与要求

图件应选择适当的比例尺，清晰、完整、准确地反映规划布局、评价区域生态环境质量状况以及相对位置关系等信息；当规划范围较大时，可对重点区域给出局部放大图，确保相关图示信息清晰。

图件基础数据来源应具有时效性，成图精度应满足生态环境影响判别需求。所有图件均标注图名、指北针、比例尺、图例、注记等相关内容。

11　报告书编制要求

总体要求：规划环境影响报告书应图文并茂、数据翔实、文字简洁、结构完整、论据充分、重点突出、结论和建议明确。

附录

临空经济区规划环境影响评价推荐指标库

指标名称			单　位	现状指标	规划指标	
					近期	中远期
空间管控及规划协调性		规划范围与生态保护红线和生态空间协调性	—			
		规划与航空港总体规划协调性	—			
资源利用	土地资源	建设用地面积	千米^2			
		单位用地面积工业增加值	亿元/千米^2			
		绿地覆盖率	%			
	水资源	用水总量	万立方米/年			
		单位生产总值用水量	万元/立方米			
		单位工业增加值用水量	万元/立方米			
		工业重复用水率	%			
		再生水利用率	%			
	能源	单位工业增加值能耗	万元/吨标准煤			
生态环境质量	声环境	区域环境噪声达标区覆盖率	%			
		航空港噪声达标率	%			
		航空港噪声覆盖区土地利用协调性	相容性			
	环境空气	区域环境空气质量达标率	%			
		大气环境保护相关政策要求确定的环境质量目标	—			
		航空港大气影响范围土地利用协调性	相容性			
	水环境	规划区及周边可能受影响的集中式饮用水水源地达标率	%			
		区域地表水环境质量达标率	%			
		区域地下水环境质量达标率	%			
		水环境保护相关政策要求确定的环境质量目标	—			
	土壤环境	土壤环境保护相关政策要求确定的环境质量目标	—			
		区域土壤环境质量达标率	%			
	生态环境	对生态环境敏感区的影响程度	—			
		对野生保护动物和植物的影响程度	—			
污染物控制	水污染物	化学需氧量排放量（系数）	吨/年（吨/亿元）			
		氨氮排放量（系数）				
		总磷排放量（系数）				
		其他特征因子排放量（系数）				
		污水集中处理率	%			

指标名称			单 位	现状指标	规划指标	
					近期	中远期
污染物控制	大气污染物	二氧化硫排放量（系数）	吨/年（吨/亿元）			
		氮氧化物排放量（系数）				
		颗粒物排放量（系数）				
		挥发性有机物排放量（系数）				
		其他特征因子排放量（系数）				
	固体废物	一般固体废物安全处置率	%			
		危险废物安全处置率	%			
环境管理	环评及验收执行率		%			
	公众投诉意见整改情况		—			
	环境管理制度与能力建设		—			
其他需要列入评价指标体系的指标						

关于印发《环境应急资源调查指南（试行）》的通知

环办应急〔2019〕17 号

各省、自治区、直辖市生态环境厅（局），新疆生产建设兵团生态环境局：

为指导生态环境部门、企事业单位组织开展环境应急资源调查，我部组织编制了《环境应急资源调查指南（试行）》。现印发给你们，请参照执行。

请各地加强宣传和培训，积极推动环境应急资源调查和管理水平提升。

生态环境部办公厅

2019 年 3 月 1 日

附件

环境应急资源调查指南（试行）

1 适用范围

本指南重点规范了环境应急资源的调查内容和调查程序，适用于生态环境部门、企事业单位组织开展环境应急资源调查工作。

本指南所称环境应急资源，是指采取紧急措施应对突发环境事件时所需要的物资和装备。开展环境应急资源调查，可以将应急管理、技术支持、处置救援等环境应急队伍和应急指挥、应急拦截与储存、应急疏散与临时安置、物资存放等环境应急场所同步纳入调查范围。

2 调查目的

开展环境应急资源调查，收集和掌握本地区、本单位第一时间可以调用的环境应急资源状况，建立健全重点环境应急资源信息库，加强环境应急资源储备管理，促进环境应急预案质量和环境应急能力提升。

3 调查原则

环境应急资源调查应遵循客观、专业、可靠的原则。“客观”是指针对已经储备的资源和已经掌握的资源信息进行调查。“专业”是指重点针对环境应急时的专用资源进行调查。“可靠”是指调查过程科学、调查结论可信、资源调集可保障。

4 调查主体

调查主体为生态环境部门或企事业单位。

5 调查内容

发生或可能发生突发环境事件时，第一时间可以调用的环境应急资源情况，包括可以直接使用或可以协调使用的环境应急资源，并对环境应急资源的管理、维护、获得方式与保存时限等进行调查。

附录 A 为环境应急资源参考名录。调查主体可以从环境应急的任务需求、作业方式或资源功能，进一步扩展调查内容。需要注意的是，环境应急资源来源广泛，在应急现场常常会结合实际将普通物品直接或简单改造用于现场处置，如木糠用于吸附，吨桶改造成加药设备。

5.1 生态环境部门的调查

以本级行政区域内为主，必要时可以对区域、流域周边环境应急资源信息进行调查。优先调查政府及生态环境等相关部门应急物资库的环境应急资源，同时将重点联系的企事业单位尤其是大型企业的物资库纳入调查范围。根据风险情况和应急需求，还可以将生产、供应环境应急资源的单位，产品、原料、辅料可以用作环境应急资源的单位等其他有必要调查的单位纳入调查范围。

5.2 企事业单位的调查

以企事业单位内部为主，包括自储、代储、协议储备的环境应急资源。必要时可以把能够用于环境应急的产品、原料、辅料纳入调查范围。

6 调查程序

一般按以下程序组织开展调查，调查主体可根据调查规模适当简化。

6.1 制定调查方案

收集分析环境风险评估、应急预案、演练记录、事件处置记录和历史调查、日常管理资料，确定本次调查的目标、对象、范围、方式、计划等，设计调查表格，明确人员和任务。

附录 B 为环境应急资源调查表（示例），供调查主体参考。

6.2 安排部署调查

通过印发通知、组织培训、召开会议等形式，安排部署调查任务，使调查人员了解调查内容和时间安排，掌握调查技术路线和调查技术重点。

6.3　信息采集审核

调查人员按照调查方案，采取填表调查、问卷调查、实地调查等相结合的方式收集有关信息，填写调查表格。汇总收集到的信息，通过逻辑分析、人员访谈、现场抽查等方式，查验数据的完备性、真实性、有效性。重点环境应急资源应进行现场勘查。

6.4　编写调查报告

调查报告一般包括调查概要、调查过程及数据核实、调查结果与结论，并附以环境应急资源信息清单、分布图、调配流程及调查方案等必要的文件。

附录C为环境应急资源调查报告（表）的参考格式，供调查主体参考。

6.5　建立信息档案

汇总整理调查成果，建立包括资源清单、调查报告、管理制度在内的调查信息档案。逐步实现调查信息的结构化、数据化、信息化。

6.6　调查数据更新

调查主体应当加强对环境应急资源信息的动态管理，及时更新环境应急资源信息。在评估修订环境应急预案时，应对环境应急资源情况一并进行更新。

调查数据更新可参照以上调查程序适当简化。

附录A

环境应急资源参考名录

主要作业方式或资源功能	重点应急资源名称	备注
污染源切断	沙包沙袋、快速膨胀袋、溢漏围堤、下水道阻流袋、排水井保护垫、沟渠密封袋、充气式堵水气囊	
污染物控制	围油栏（常规围油栏、橡胶围油栏、PVC围油栏、防火围油栏）、浮桶（聚乙烯浮桶、拦污浮桶、管道浮桶、泡沫浮桶、警示浮球）、水工材料（土工布、土工膜、彩条布、钢丝格栅、导流管件）	
污染物收集	收油机、潜水泵（包括防爆潜水泵）、吸油毡、吸油棉、吸污卷、吸污袋、吨桶、油囊、储罐	
污染物降解	溶药装置：搅拌机、搅拌桨 加药装置：水泵、阀门、流量计，加药管，水污染、大气污染、固体废物处理一体化装置 吸附剂：活性炭、硅胶、矾土、白土、膨润土、沸石 中和剂：硫酸、盐酸、硝酸，碳酸钠、碳酸氢钠、氢氧化钙、氢氧化钠、氧化钙 絮凝剂：聚丙烯酰胺、三氯化铁、聚合氯化铝、聚合硫酸铁 氧化还原剂：双氧水、高锰酸钾、次氯酸钠，焦亚硫酸钠、亚硫酸氢钠、硫酸亚铁 沉淀剂：硫化钠	
安全防护	预警装置：防毒面具、防化服、防化靴、防化手套、防化护目镜、防辐射服、氧气（空气）呼吸器、呼吸面具、安全帽、手套、安全鞋、工作服、安全警示背心、安全绳、碘片等	

主要作业方式或资源功能	重点应急资源名称	备注
应急通信和指挥	应急指挥及信息系统 应急指挥车、应急指挥船 对讲机、定位仪 海事卫星视频传输系统及单兵系统等	
环境监测	采样设备 便携式监测设备 应急监测车（船） 无人机（船）	具体可参考环境应急监测装备推荐配置表等

注：1．应急资源来源广泛，调查时可结合环境风险特点对参考名录进行扩展；

2．参考名录收录资源突出环境应急特点，其他通用性资源可参考《应急保障重点物资分类目录（2015 年）》（发改办运行〔2015〕825 号）等；

3．应急资源可能有多种功能，参考名录按照应急资源的突出功能收录。

附录 B

环境应急资源调查表

（示例）

B.1　生态环境部门环境应急资源调查表

1．政府（部门）建设的应急物资库调查表

调查人及联系方式：　　　　　　　　　　审核人及联系方式：

应急物资库基本信息							
物资库名称							
所在地						经纬度	
所属单位							
负责人	姓名			联系人	姓名		
	联系方式				联系方式		
环境应急资源信息							
序号	名称	品牌	型号/规格	储备量	报废日期	主要功能	备注

注：1．名称：按资源常规名称或参考附录 A 填写。

2．品牌：填写资源的商标品牌。

3．型号/规格：填写资源的规格型号，有规范型号的按规范型号填写，无规范型号的填写其主要性质、性能或品质。污染物降解类物质需注意其纯度、是否有涉水证、是否属于食品级等。

4．储存量：单位为吨、件，其他法定或规范的单位。

5．主要功能：资源在环境应急中的主要用途。

2．重点联系企业应急物资库调查表

调查人及联系方式： 审核人及联系方式：

<table>
<tr><td colspan="8">重点联系单位基本信息</td></tr>
<tr><td>单位名称</td><td colspan="7"></td></tr>
<tr><td>物资库位置</td><td colspan="5"></td><td>经纬度</td><td></td></tr>
<tr><td rowspan="2">负责人</td><td>姓名</td><td colspan="2"></td><td rowspan="2">联系人</td><td>姓名</td><td colspan="2"></td></tr>
<tr><td>联系方式</td><td colspan="2"></td><td>联系方式</td><td colspan="2"></td></tr>
<tr><td colspan="8">环境应急资源信息</td></tr>
<tr><td>序号</td><td>名称</td><td>品牌</td><td>型号/规格</td><td>储备量</td><td>报废日期</td><td>主要功能</td><td>备注</td></tr>
<tr><td></td><td></td><td></td><td></td><td></td><td></td><td></td><td></td></tr>
<tr><td></td><td></td><td></td><td></td><td></td><td></td><td></td><td></td></tr>
</table>

3．环境应急资源生产企业信息调查表

调查人及联系方式： 审核人及联系方式：

<table>
<tr><td colspan="10">环境应急资源生产企业信息</td></tr>
<tr><td rowspan="2">序号</td><td rowspan="2">资源名称</td><td rowspan="2">数量</td><td rowspan="2">型号/规格</td><td colspan="5">企业信息</td><td rowspan="2">备注</td></tr>
<tr><td>单位名称</td><td>地址</td><td>经纬度</td><td>联系人</td><td>联系方式</td></tr>
<tr><td></td><td></td><td></td><td></td><td></td><td></td><td></td><td></td><td></td><td></td></tr>
<tr><td></td><td></td><td></td><td></td><td></td><td></td><td></td><td></td><td></td><td></td></tr>
</table>

4．环境应急支持单位和应急场所信息调查表

调查人及联系方式： 审核人及联系方式：

序号	类　别	单位名称	主 要 能 力	备注
	应急救援单位			
	应急监测单位			
	应急指挥场所			

B.2　企事业单位环境应急资源调查表

调查人及联系方式： 审核人及联系方式：

<table>
<tr><td colspan="8">企事业单位基本信息</td></tr>
<tr><td>单位名称</td><td colspan="7"></td></tr>
<tr><td>物资库位置</td><td colspan="5"></td><td>经纬度</td><td></td></tr>
<tr><td rowspan="2">负责人</td><td>姓名</td><td colspan="2"></td><td rowspan="2">联系人</td><td>姓名</td><td colspan="2"></td></tr>
<tr><td>联系方式</td><td colspan="2"></td><td>联系方式</td><td colspan="2"></td></tr>
<tr><td colspan="8">环境应急资源信息</td></tr>
<tr><td>序号</td><td>名称</td><td>品牌</td><td>型号/规格</td><td>储备量</td><td>报废日期</td><td>主要功能</td><td>备注</td></tr>
<tr><td></td><td></td><td></td><td></td><td></td><td></td><td></td><td></td></tr>
<tr><td></td><td></td><td></td><td></td><td></td><td></td><td></td><td></td></tr>
</table>

环境应急支持单位信息			
序号	类别	单位名称	主要能力
	应急救援单位		
	应急监测单位		

注：本表适用于企业自行开展环境应急资源调查时参照使用。

附录 C

环境应急资源调查报告（表）

（参考格式）

C.1 生态环境部门环境应急资源调查报告

1．调查概要

简介调查背景，描述调查主体和调查对象，说明调查信息的基准时间和调查工作的起止时间等基本信息。

2．调查过程及数据核实

介绍调查过程中的主要活动。可按时间次序说明不同阶段的主要活动，如调查启动、调查动员、调查培训、数据采集、调查信息分析、调查报告编制等活动。

介绍调查过程中数据核实等质量控制的措施和手段，以及质量控制的结果。

3．调查结果与结论

结合区域环境风险评估结论，分析环境应急资源匹配情况，提出完善环境应急资源储备的建议。

4．调查报告的附件

参考附录 B，汇总编制环境应急资源清单。绘制环境应急资源分布图。

调查通知、调查方案等相关文件也可以作为附件纳入调查报告。

C.2 企事业单位环境应急资源调查报告表

1. 调查概述			
调查开始时间	年 月 日	调查结束时间	年 月 日
调查负责人姓名		调查联系人/电话	
调查过程	（简要说明调查过程）		
2. 调查结果（调查结果如果为“有”，应附相应调查表）			
应急资源情况	资源品种：___种； 是否有外部环境应急支持单位：□有，____家；□无		

3. 调查质量控制与管理
是否进行了调查信息审核：□有；□无 是否建立了调查信息档案：□有；□无 是否建立了调查更新机制：□有；□无
4.资源储备与应急需求匹配的分析结论
□完全满足；□满足；□基本满足；□不能满足
5. 附件
一般包括以下附件： 5.1 环境应急资源/信息汇总表 5.2 环境应急资源单位内部分布图 5.3 环境应急资源管理维护更新等制度

注：1. 企事业单位可依据突发环境事件风险评估，分析环境应急资源匹配情况，给出分析结论；

2. 参考附录 B 汇总形成环境应急资源/信息汇总表等相关附件（单位内部的资源可不提供经纬度），绘制环境应急资源分布图并说明调配路线。

关于印发《规划环境影响跟踪评价技术指南（试行）》的通知

环办环评〔2019〕20 号

各省、自治区、直辖市生态环境厅（局），新疆生产建设兵团生态环境局，各有关单位：

为贯彻落实《中华人民共和国环境影响评价法》和《规划环境影响评价条例》，规范并指导规划环境影响跟踪评价工作，我部组织制定了《规划环境影响跟踪评价技术指南（试行）》。现印发给你们，请参考执行。

生态环境部办公厅

2019 年 3 月 8 日

附件

规划环境影响跟踪评价技术指南

（试行）

（生态环境部　2019年3月）

1　总则

1.1　适用范围

《中华人民共和国环境影响评价法》和《规划环境影响评价条例》中规定的各类综合性规划和专项规划实施后可能对生态环境有重大影响的，规划编制机关可参照本指南及时开展规划环境影响的跟踪评价。

1.2　评价目的

以改善区域环境质量和保障区域生态安全为目标，规划编制机关结合区域生态环境质量变化情况、国家和地方最新的生态环境管理要求和公众对规划实施产生的生态环境影响的意见，对已经和正在产生的环境影响进行监测、调查和评价，分析规划实施的实际环境影响，评估规划采取的预防或者减轻不良生态环境影响的对策和措施的有效性，研判规划实施是否对生态环境产生了重大影响，对规划已实施部分造成的生态环境问题提出解决方案，对规划后续实施内容提出优化调整建议或减轻不良生态环境影响的对策和措施。

1.3　工作程序

（1）通过调查规划实施情况、受影响区域的生态环境演变趋势，分析规划实施产生的实际生态环境影响，并与环境影响评价文件预测的影响状况进行比较和评估。

（2）对规划已实施部分，如规划实施中采取的预防或者减轻不良生态环境影响的对策和措施有效，且符合国家和地方最新的生态环境管理要求，可提出继续实施原规划方案的建议。如对策和措施不能满足国家和地方最新的生态环境管理要求，结合公众意见，对规划已实施部分造成的不良生态环境影响提出整改措施。

（3）对规划未实施部分，基于国家和地方最新的生态环境管理要求或必要的影响预测分析，提出规划后续实施的生态环境影响减缓对策和措施。如规划未实施部分与原规划相比在资源能源消耗、主要污染物排放、生态环境影响等方面发生了较大的变化，或规划后续实施不能满足国家和地方最新的生态环境管理要求，应提出规划优化调整或修订的建议。

（4）跟踪评价工作成果应与规划编制机关进行充分衔接和互动。

规划环境影响跟踪评价技术流程见下图。

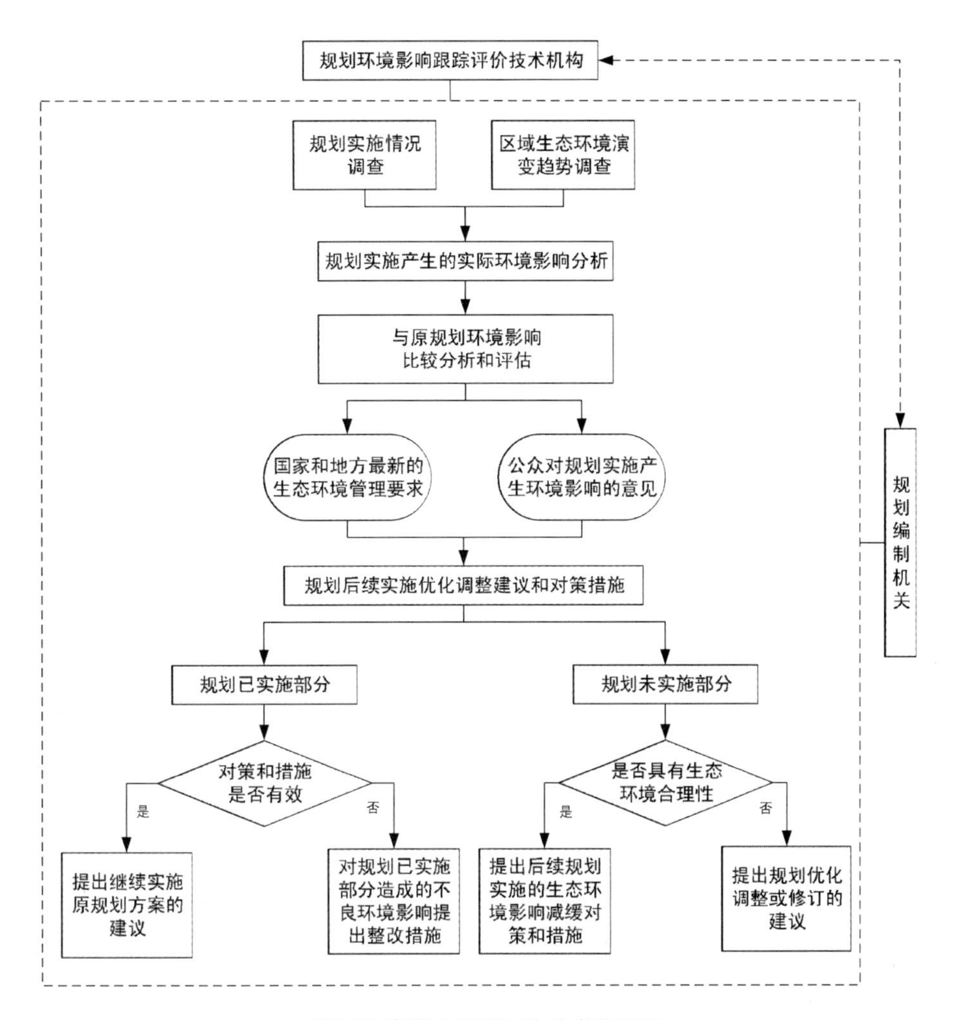

规划环境影响跟踪评价技术流程图

2 规划实施及开发强度对比

2.1 规划实施情况

说明规划实施背景，对比规划并结合图表说明规划已实施的主要内容，包括空间范围、布局、结构与规模等，说明其变化情况、变化原因，并明确规划是否实施完毕。

2.2 开发强度对比

（1）对比规划和规划环评确定的发展目标，说明规划实施过程中支撑性资源（如水资源、土地资源、海洋资源、岸线资源等）和能源的消耗量或利用量。分析规划已实施部分的资源能源利用效率及其变化情况。

（2）以产业发展为重点的规划，对比规划及规划环评推荐情景，重点说明规划实施过程中主要污染物排放情况，包括污染源分布、污染物种类、排放强度及其变化情况；以资源开发利用为重点的规划，重点说明规划实施对区域、流域生态系统的结构、功能及受保护关键物种的影响范围和程度及其变化情况，对重要生境的占用或改变情况。

（3）回顾规划实施至开展跟踪评价期间的突发环境事件及其发生的原因、采取的应急措施及效果，说明规划的生态环境风险防范措施和应急响应体系实施及其变化情况。

2.3 环境管理要求落实情况

（1）对比开展规划环评时的各项生态环境保护要求（包括规划、规划环评及审查意见的要求），说明规划在落实空间管控、污染防治、生态修复与建设、生态补偿等方面以及区域或流域联防联控等生态环境影响减缓对策和措施的实施情况，包括对规划环评及审查意见提出的规划优化调整建议的采纳和执行情况、规划实施区域内具体建设项目落实生态环境准入要求（如资源利用效率、污染物排放管控、污染防治措施、开发建设时序、生态环境风险防控和生态保护修复等）的情况。

（2）对比开展跟踪评价时国家和地方最新的生态环境管理要求，特别是区域“生态保护红线、环境质量底线、资源利用上线和生态环境准入清单”（即“三线一单”）管控要求，分析规划与其的符合性。

（3）说明规划包含的建设项目（包括已建、在建和拟建）环境影响评价、竣工环保验收、排污许可证等制度执行情况。说明规划实施区域环境管理及监测体系（特别是规划环评提出的定期监测计划）的落实情况、运行效果及存在的问题。

3 区域生态环境演变趋势

3.1 生态环境质量变化趋势分析

3.1.1 环境质量变化趋势分析

（1）结合国家和地方最新的生态环境管理要求，综合区域、流域社会经济发展趋势及生态环境敏感区的变化情况分析，评价区域、流域大气、水（包括地表水、地下水及海洋）、土壤、声等环境要素的质量现状和变化趋势。

（2）环境质量调查以收集规划实施中的定期监测结果和区域、流域的例行监测资料为主，也可利用区域其他已有监测资料。若已有资料不能满足需要，可适当开展补充调查和监测。监测因子及点位的选择遵循以下原则。

①监测布点和监测因子尽可能与规划环评开展的环境质量监测衔接；

②结合规划实施状况、污染源位置、流域水文情势、区域气象特征以及规划实施后生态环境敏感区变化情况适当增减点位；

③根据国家和地方最新的生态环境管理要求和规划实施情况，补充特征污染物的监测。

3.1.2 生态系统结构与功能变化趋势分析

对区域、流域开发等规划，调查区域、流域生态系统及生态环境敏感区状况，结合规划环评阶段的本底调查、规划实施期间的跟踪调查及相关项目环境影响后评价等，评价区域、流域生态系统的变化趋势和关键驱动因素。对产业园区等规划，结合区域生态保护红线管控要求，分析区域内生态环境敏感区的生态环境质量现状和存在的问题。

3.2 资源环境承载力变化分析

调查区域为保障规划实施提供的支撑性资源（包括水资源、土地资源、海洋资源、岸线资源等）和能源的配置情况。对比实际利用情况，结合区域资源能源利用上线，分析区域、流域资源环境承载力存在的问题及其与规划实施的关联性。

4 公众意见调查

（1）征求相关部门及专家意见，全面了解区域主要环境问题和制约因素。

（2）收集规划实施至开展跟踪评价期间，公众对规划产生的环境影响的投诉意见，并分析原因。

5 生态环境影响对比评估及对策措施有效性分析

5.1 规划已实施部分环境影响对比评估

以规划实施进度、区域或流域生态环境质量变化趋势以及资源环境承载力变化分析为基础，对比评估规划实际产生的生态环境影响范围、程度和规划环评预测结论，若差异较大，需深入分析原因。

5.2 环保措施有效性分析及整改建议

如规划、规划环评及审查意见提出的各项生态环境保护对策和措施已落实，且规划实施后区域、流域生态环境质量满足国家和地方最新的生态环境管理要求，则可认为采取的预防或者减轻不良生态环境影响的对策和措施有效，可提出继续实施原规划方案的建议。

如规划实施后区域、流域生态环境质量突破底线要求，则可认为规划已实施部分的环保对策和措施没有发挥效果或效果不佳，跟踪评价应认真分析规划环境影响评价文件预测结果与实际影响产生差异的原因，从空间布局优化、污染物排放控制、环境风险防范、区域污染治理、流域生态保护、环境管理水平提升等方面提出有针对性的规划优化调整目标、减轻不良环境影响的对策措施或规划修订建议。

（1）如规划已实施部分未按规划、规划环评及审查意见要求，落实预防或减轻不良生态环境影响的对策和措施，或对策和措施不合理，导致区域、流域生态环境质量不能达到要求或生态环境功能降低，则应针对规划已实施部分造成的生态环境影响提出明确的整改措施要求。

（2）如因国家或地方提升生态环境管理要求，或区域、流域社会经济发生变化，导致生态环境质量突破底线、生态环境功能降低，则需对规划已实施部分采取的预防或减轻不良生态环境影响的对策和措施提出改进建议。

（3）若规划未按规划方案实施，导致规划、规划环评及审查意见提出的要求无法落实，则需重新提出预防或减轻不良环境影响的对策和措施。

6 生态环境管理优化建议

6.1 规划后续实施开发强度预测

（1）结合图表说明规划后续实施的空间范围和布局、发展规模、产业结构、建设时序和配套基础设施依托条件等规划内容。

（2）在叠加规划实施区域在建项目的基础上，分情景估算规划后续实施对支撑性资源能源的需求量和主要污染物的产生量、排放量，分析规划实施的生态环境影响范围、程度和生态环境风险。对区域、流域开发等空间尺度较大规划，还要分析区域主要生态因子的变化情况，包括流域水文情势、生物量、植被覆盖率、受保护关键物种受影响范围和程度及重要生境的占用或改变情况。

6.2 生态环境影响减缓对策措施和规划优化调整建议

根据规划已实施情况、区域资源环境演变趋势、生态环境影响对比评估、生态环境影响减缓对策和措施有效性分析等内容，结合国家和地方最新生态环境管理要求，提出规划优化调整或修订的建议。

（1）若规划已实施部分采取的生态环境影响减缓对策和措施有效，经对规划后续实施内容的环境影响进行必要的预测分析后，区域、流域资源环境基本可接受，则从空间布局、污染物排放、环境风险防范、资源能源利用等方面，提出生态环境管控要求和生态环境准入清单，明确不良生态环境影响减缓对策和措施。

（2）经过综合论证，如规划后续实施内容缺乏环境合理性，特别是存在以下情形的，应提出规划优化调整或修订的建议，并应及时重新开展规划环境影响评价工作。

①发展定位、发展目标与国家或地方最新的生态环境管理要求不符。

②与规划原方案相比在规模、结构、布局、时序等方面发生了较大的变化，采取最严格的生态保护和污染防治措施后，区域或流域的资源与环境仍无法支撑规划实施，可能造成重大的生态破坏或环境污染，导致区域生态环境管理要求无法实现。

7 评价结论

评价结论是对跟踪评价工作成果的归纳和总结，应明确、简洁、清晰。

在评价结论中应重点明确以下内容。

（1）规划在实施过程中的变化情况、变化原因，实施中采取的生态环境影响减缓对策和措施的合理性和有效性。

（2）区域或流域生态环境质量现状及变化趋势、资源环境承载力的变化情况。结合国家、地方最新的生态环境管理要求和公众意见，对规划已实施部分造成的生态环境问题提出解决方案。

（3）对未实施完毕的规划，说明规划后续实施内容的生态环境合理性，对规划后续实施内容提出优化调整建议或减轻不良生态环境影响的对策和措施。

关于做好污水处理厂排污许可管理工作的通知

环办环评〔2019〕22号

各省、自治区、直辖市生态环境厅（局），新疆生产建设兵团生态环境局：

根据《城市黑臭水体治理攻坚战实施方案》要求，2018年北京市、天津市等36个重点城市建成区污水处理厂排污许可证提前一年核发，共核发排污许可证846张，圆满完成工作任务。无锡市、连云港市、中山市、东莞市、清远市和吴忠市等非重点城市，完成了部分污水处理厂排污许可证核发。2019 年是打好长江保护修复攻坚战、渤海综合治理攻坚战、城市黑臭水体治理攻坚战，完成覆盖所有固定污染源的排污许可证核发工作的关键之年，按照《排污许可制全面支撑打好污染防治攻坚战工作方案》的要求，现将 2019 年污水处理厂排污许可管理工作的安排通知如下。

一、加快完成排污许可证核发工作

（一）总结借鉴先进经验

各省级生态环境部门要总结借鉴 36 个重点城市采取的提前摸底排查、加强宣贯培训、集中填报审核、按期调度督办等经验，因地制宜，在本省（区、市）范围内推广实施。

（二）加快做好清单摸底工作

各省级生态环境部门应以第二次污染源普查数据为基础，组织开展污水处理厂清单梳理，4 月底前形成本地区 2019 年应取得排污许可证的污水处理厂清单，清单内容应包括单位名称、统一社会信用代码/组织机构代码、行业分类及所在行政区域、处理规模。

（三）加快完成核发任务

2019 年 6 月底前各省（区、市）总体应完成 50%的污水处理厂排污许可证核发工作，10 月底全部完成。其中长江经济带各省（市）和渤海沿岸城市（天津市、大连市、营口市、盘锦市、锦州市、葫芦岛市、秦皇岛市、唐山市、沧州市、滨州市、东营市、潍坊市、烟台市）在 8 月底前完成所有污水处理厂的排污许可证核发工作。对于暂无法核发排污许可证的，要建立台账，并按照固定污染源清理整顿相关要求进行整改，实行挂账销号。

（四）强化来水和排水信息审核

各地核发部门应严格按照《排污许可证申请与核发技术规范　水处理（试行）》的要求核发污水处理厂排污许可证，规范污水处理厂管控的污染物项目和执行的污染物排放标准，严格控制总氮、总磷等污染因子的许可排放量，强化纳管企业清单、收水范围、污水管网信息、入河、入海排污口等信息完整性和准确性的审核。

二、强化证后监管工作

地方各级生态环境部门应当以改善流域水环境质量为目标，加强污水处理厂的证后监管，全面开展持证污水处理厂按证排污监督管理工作。

（一）严厉打击无证排污

36 个重点城市生态环境部门应严厉打击建成区污水处理厂无证排污、超标排污、不按证开展自行监测等违法违规行为，检查结果应于 5 月底前上传至全国排污许可证管理信息平台；长江经济带各省（市）和渤海沿岸城市在 11 月底前应按照“双随机、一公开”等要求开展一轮无证排污检查。对于无证污水处理厂，按照固定污染源清理整顿相关要求提出整改意见，并纳入长江保护修复攻坚战、渤海综合治理攻坚战、城市黑臭水体治理攻坚战有关工作。

（二）开展证后管理工作

36 个重点城市、长江经济带各省（市）及渤海沿岸城市生态环境部门应按照排污许可证核发进度及时开展排污许可证后管理。5 月底前，省级生态环境部门应对 36 个重点城市建成区污水处理厂开展排污许可证质量抽查，重点核查许可限值的合规性以及纳管企业名单、收水范围、废水排放去向（含入河排污口信息）等内容的完整性，并将检查结果报送我部；同时还应检查污水处理厂工业废水进水口和总排口的水质自动监测和数据联网情况，以及环境管理台账记录和执行报告上报情况。

（三）推动许可数据应用

积极探索入河污染源排放、排污口排放和水体水质的联动管理。长江经济带各省（市）生态环境部门应结合长江入河排污口排查整治等排污口专项行动的结果，以长江水质不达标流域、城市黑臭水体为重点，充分利用污水处理厂排污许可证数据以及自行监测数据，倒查污水管网建设、纳管企业排污等情况，逐步掌握固定污染源排污与超标区域水环境质量的响应关系，建立改善水环境质量的长效机制。

三、保障措施

（一）严格落实责任

地方各级生态环境部门应按照《国务院办公厅关于印发控制污染物排放许可制实施方案的通知》等相关规定以及本通知要求，落实责任，建立调度机制，确保各项工作有序推进。我部将对排污许可证核发进度和证后管理开展等情况，加大督办力度。

（二）加强培训宣传

我部将组织开展国家层面的培训，地方各级生态环境部门应尽快组织开展行政区域内相关部门和污水处理厂的培训，并通过媒体等渠道向企业、公众宣传排污许可制实施要求。

（三）加强抽查调度

我部将开展国家层面排污许可证质量抽查工作，并将抽查结果反馈省级生态环境部门；开展地方生态环境部门按证执法情况调研，将存在严重违规行为的纳入中央生态环境保护督察并将结果作为污染防治攻坚战考核的重要依据。

（四）及时报送信息

省级生态环境部门负责将相关信息上传至全国排污许可证管理信息平台。2019 年 4 月底前上传各省（区、市）污水处理厂清单；5 月底前上报 36 个重点城市建成区排污许可证质量抽查和无证排污等检查结果；11 月底前上报长江经济带各省（市）和渤海沿岸城市污水处理厂无证排污检查结果。我部将从 2019 年 7 月开始逐月公布各省（区、市）污水处理厂排污许可证申请与核发情况。

生态环境部办公厅
2019 年 3 月 16 日

关于印发《生态环境部行政许可标准化指南（2019版）》的通知

环办法规〔2019〕27号

机关各部门，各派出机构、直属单位：

为深入贯彻落实《中华人民共和国行政许可法》等法律法规，进一步规范行政许可工作，我部研究制定了《生态环境部行政许可标准化指南（2019版）》（以下简称指南）。现予印发，自印发之日起施行。

各有关单位应抓好贯彻落实，持续改进和提升我部行政许可工作质量，实现以标准化促进行政许可规范化，约束行政权力，规范自由裁量权，加快建设人民群众满意的体系完备、科学规范、运行有效的行政许可制度。

本指南可供地方各级生态环境主管部门参照执行。

生态环境部办公厅

2019年3月26日

附件

生态环境部行政许可标准化指南（2019版）

一、总则

为贯彻落实《中华人民共和国行政许可法》（以下简称行政许可法）等法律法规，进一步规范生态环境部行政许可工作，指导生态环境部各业务部门开展职权范围内的审批事项，依照国务院审改办、国家标准委于2016年7月29日发布的《行政许可标准化指引（2016版）》（以下简称指引）及其他有关行政许可的规章和规范性文件的规定，编制本指南。在应用过程中如有更新，应当以最新发布的内容为准。

（一）适用范围

本指南适用于生态环境部职权范围内的行政许可标准化建设。指南规定了生态环境部的行政许可事项、行政许可流程、行政许可服务、行政许可受理场所建设与管理，以及行政许可监督检查评价的规范化要求，提出了具体可操作的工作指导。

本指南旨在为生态环境部所属涉及行政许可的各部门提供行政许可工作标准和指引，

以优化各行政许可事项的审批流程，减少审批环节，提高审批效率，约束行政权力，规范自由裁量权，提高行政许可工作的可预期性和可操作性，加强对行政许可工作的验证、考核和监督，为申请人办理行政许可事项提供便利。

生态环境部行政许可事项中涉及国家秘密、商业秘密或者个人隐私的，依照国家有关规定办理。

（二）基本原则

——依法行政。贯彻落实行政许可法和国家有关法律法规，实现行政许可全过程、各环节依法有序开展。

——简明实用。参照本指南并结合相关行政许可实践，形成简明扼要、实用易行的规范化文本、流程、指南，既适于生态环境部各业务部门掌握使用，又便于各机关、企业、事业单位与公民办事和社会监督。

——积极创新。行政许可标准化建设既要适应现实状况，又要体现前瞻性。要主动创造条件，充分借鉴国内外先进经验，在考虑制度适应性的前提下，积极探索行政许可新机制。

——持续改进。建立在实施中完善、在改进中提升的动态工作机制，根据指南实施情况和申请人需求，不断改进行政许可标准化的体系和内容，不断提高行政许可工作质量和水平。

（三）建设目标

建成涵盖生态环境部职权范围内的行政许可“全事项、全过程、各环节”相互配套协调的标准体系，建立有效的行政许可标准实施、监督和评价体系，以标准化促进行政许可规范化，加快建设人民群众满意的系统完备、科学规范、运行有效的行政许可制度。

二、行政许可事项管理标准化

（一）行政许可事项的清单管理与编码管理

依照行政许可法、生态环境法律法规，以及国务院有关行政审批制度改革、实行行政许可标准化的统一部署和生态环境部有关行政许可工作的具体安排，由生态环境部推进职能转变协调小组办公室（以下简称部协调办）会同法规与标准司（以下简称法规司）根据国务院推进政府职能转变和“放管服”改革协调小组办公室（以下简称国务院协调办）公布的《行政审批事项公开目录》，初步梳理生态环境部行政许可事项目录，并对其进行编码。

1. 承办行政许可事项的部门在其所负责的行政许可事项类别、法律依据等发生变更时，应当及时通报部协调办，并抄送办公厅、法规司，由部协调办报国务院协调办修改《行政审批事项公开目录》，办公厅负责将国务院协调办确定的《行政审批事项公开目录》在行政审批服务大厅和网上行政审批平台发布。

2. 线下媒体（展板、海报、LED 显示屏等）与线上媒体（网站、微信公众号等）提供生态环境部行政许可事项目录内容时应当保持一致。承办行政许可事项的部门应当对其在不同载体提供的行政许可信息进行核校，确保同一信息在不同载体的一致性，避免引发行政许可申请人误解，影响政府公信力。

（二）行政许可事项的动态管理与信息化管理

生态环境部按照党中央、国务院有关深化行政审批制度改革、不断推进简政放权、积极推进“互联网+”行动等部署安排，结合行政许可的实施效果、设立行政许可事项的必要性、社会对特定行政许可事项的反映等，借助互联网和移动客户端，对行政许可事项及其内容实行动态管理与信息化管理。

1. 动态管理的内容。生态环境部对行政许可事项，包括事项名称、编码、法律依据、子项目及其编码、审批部门与审批对象、被委托部门及其法律依据、委托环节等内容进行动态管理。生态环境部公开的行政许可事项及其核心内容应当载明该信息的更新时间。

2. 动态管理的时间安排和方式。生态环境部根据《国务院关于积极推进“互联网+”行动的指导意见》，充分发挥互联网高效、便捷的优势，创新行政许可服务模式，深入推进网上办理服务。对行政许可事项信息，实行线下与线上媒体或者终端同步更新。行政许可动态管理，应当保证相关信息在所有政府信息官方发布渠道或者媒体实行同步公开与更新，避免因所公开信息不一致而引发混乱。生态环境部行政许可事项，实行定期更新与不定期更新相结合的方式进行。承办行政许可事项的部门，应当在行政许可事项的关键信息发生变更后 7 个工作日内，对该信息进行更新，并及时通报部协调办和办公厅。

三、行政许可流程管理标准化

（一）行政许可流程的主要环节

依照行政许可法，行政许可实施的流程包括申请、受理、审查、决定等环节。

1. 申请

生态环境部的行政许可事项申请方式分为现场申请和网上申请两种。承办行政许可事项的部门应当在各许可事项的服务指南或者网络平台上载明申请人需要提交的材料清单，以及具体申请方法和步骤等注意事项。申请人在申请行政许可时应当按照办事服务指南要求提交申请材料。

2. 受理

（1）受理单

申请人现场或者通过邮寄方式向生态环境部提交行政许可申请，申请材料齐全且符合法定形式的，承办行政许可事项的部门应当在规定时间内出具加盖受理机构专用印章的受理单。受理单的内容应当包括：事项名称、受理单号、申请人及联系电话、受理机构、受理人及联系电话、受理依据、材料清单（或者加盖注有“所有材料齐全”字样的印章）、受理时间、法定办结时间、承诺办结时间、证件发放方式、办理进程查询方式、收费状况。（见附录 1 示例 1）

对于申请受理后依法需要公示、听证、招标、拍卖、检验、检测、检疫、测绘、鉴定评估、技术评审等的，应当在受理单上注明，并写明所需时限。

依法经下级行政许可实施机关审查后上报的，受理单由下级行政许可实施机关出具。对于共同审批的行政许可事项，能够统一受理的，由牵头的行政许可实施机关统一受理；申请材料由牵头的行政许可实施机关一次收清，并根据行政许可流程在所涉及的行政许可实施机关之间转送。

网上受理的，应当通过电子回执等方式予以确认。

能够当场办理的行政许可事项，可以直接出具准予行政许可的证件或者文书，不再出具受理单。

（2）补正或者更正

对申请材料不齐全或者不符合法定形式的，应当当场或者5个工作日内告知需要补正的全部内容，并出具一次性告知书，由申请人补正后予以受理。网上受理的申请材料不齐全或者不符合法定形式的，应当以适当方式通知申请人。申请材料中的错误可以当场更正的，应当请申请人当场更正。

一次性告知书应当加盖受理机构的专用印章，并写明以下内容：事项名称、告知书编号、提交材料时间、补正内容、联系人及联系电话。（见附录1示例2）

（3）不予受理

对申请事项依法不需要取得行政许可、申请事项依法不属于生态环境部职权范围，以及申请人隐瞒有关情况或者提供虚假材料申请行政许可等情形，不予受理。对于不予受理的情形，承办行政许可事项的部门应当一次性告知申请人理由和依据，并出具加盖受理机构专用印章的不予受理决定书，送达申请人。不予受理决定书的内容应当包括：事项名称、通知书编号、不予受理的理由和依据、联系人及联系电话、其他说明（告知申请人相关咨询渠道，获得法律救济的权利和途径等）。（见附录1示例3）

（4）信息公开与共享

办公厅将行政许可申请需要的所有信息汇编成形式统一的服务指南，在生态环境部行政审批大厅公开放置，并在生态环境部政府网站（http：//www.mee.gov.cn）的"办事服务"专栏上公示。服务指南的编写见本指南第四部分。

生态环境部建立统一的申请人档案信息系统。对于不同审批环节都需要提交相同的申请材料，能够在申请人档案信息系统中共享获取的，不再要求申请人提交。

3. 审查

承办行政许可事项的部门应当制定其承担的行政许可事项的审查工作细则，具体内容包括项目信息、审查过程、审查方式、监督检查要求等内容和要素。（审查工作细则编制参考样式见附录2）

4. 决定

承办行政许可事项的部门应当明确作出行政许可决定的方式及送达的方式。能够当场作出决定的，应当当场作出书面行政许可决定；不能当场作出决定的，应当在法定期限内按照规定程序作出行政许可决定。

对作出准予行政许可决定，需要颁发行政许可证件的，应当自作出决定之日起10个工作日内向申请人颁发加盖受理机构专用印章的许可证、执照、登记证等证件。

承办行政许可事项的部门依法作出不予许可决定的，应当向申请人出具不予许可决定书，内容应当包括：申请人名称、申请事项、不予许可的理由和依据、告知申请人权利救济途径和方式。（见附录1示例4）

行政许可的决定（包括准予许可和不予许可的决定）应当采取现场领取、邮寄等方式及时送达申请人，并在生态环境部政府网站上向社会公开。承办行政许可事项的部门还应当将准予行政许可决定的效力范围、作出决定之后的后续环节（如变更、延续、注销、年检、竣工验收等事宜）等告知申请人。

5. 变更

在行政许可证件有效期内，被许可人要求变更行政许可事项的，应当按照变更类型向承办行政许可事项的部门提出变更申请，并提交申请变更的材料。变更类型、申请变更的材料清单、提交方式和步骤等注意事项应当在各许可事项的服务指南中载明。符合法定条件、标准的，承办行政许可事项的部门应当依法办理变更手续。

6. 延续

生态环境部发放的行政许可证件的有效期限包括长期有效和在一定期限内有效。对于在一定期限内有效的行政许可证件，有效期届满后，被许可人需要延续的，应当在有效期届满 30 日前向承办行政许可事项的部门提出延续申请。法律、法规、规章另有规定的，依照其规定。

被许可人应当在规定期限内向承办行政许可事项的部门提交申请延续的材料。材料的清单、提交方式和步骤等注意事项应当在各许可事项的服务指南中载明。承办行政许可事项的部门应当依照法定条件、标准和规定的审查程序进行审查；符合条件的，应当准予延续。

7. 注销

出现下列情形的，承办行政许可事项的部门应当依法办理注销手续：（1）行政许可有效期届满未延续的；（2）赋予公民特定资格的行政许可，该公民死亡或者丧失行为能力的；（3）法人或者其他组织依法终止的；（4）行政许可依法被撤销、撤回，或者行政许可证件依法被吊销的；（5）因不可抗力导致行政许可事项无法实施的；（6）法律、法规规定的应当注销行政许可的其他情形。在办理注销手续后，承办行政许可事项的部门应当及时对生态环境部行政许可管理系统内的信息进行更新，并向社会公开。

8. 补办

在行政许可证件有效期限内，被许可人的证件遗失或者毁损的，可以向承办行政许可事项的部门提出补办申请。申请补办的材料清单、提交方式和步骤等注意事项应当在各许可事项的服务指南中载明。符合法定条件、标准的，承办行政许可事项的部门应当予以补办。

（二）行政许可流程的梳理和优化

生态环境部承办行政许可事项的部门应当以方便申请人办理业务为原则，对行政许可流程进行优化整合，既要保证程序严密合法，又要杜绝无实质意义的重复审核、签批，尽量简化审批程序，压缩办理时限。

承办行政许可事项的部门应当将所承办的各个许可事项的办事程序分别制作成办事流程图，使服务对象更直观、清晰地了解行政许可流程，尤其是涉及其他部门审批前置的事项办理程序。各许可事项的办事流程图应当纳入服务指南，一并在生态环境部行政审批大厅公开放置，并在生态环境部政府网站的“公众服务”专栏上公示。办事流程图的编制要求，参照指引附录 1 执行。（流程图参考样式见附录 1 示例 5）

四、行政许可服务标准化

（一）服务的基本要求

1. 服务制度和规范

生态环境部在提供行政许可服务的过程中，严格遵循以下制度：

（1）信息公开制。承办行政许可事项的部门应当按照法定形式和程序，主动将行政许可应当公开的信息通过生态环境部政府网站、微信公众号、自助查询端口、《中国环境报》《生态环境部公报》、信函、电子邮件、广播、电视媒体、政务微博等渠道向公众主动公开，或者依申请向特定的个人或者单位公开。

（2）一次性告知制。承办行政许可事项的部门在受理行政许可的过程中，应当一次性告知申请人申请材料是否齐全以及如何补正、是否受理及其理由、是否需要实地勘查等特殊程序，以及下一步需要进行的程序、收费标准等事项。

（3）首问责任制。行政审批大厅接受咨询或者申请的首位工作人员即为首问责任人。首问责任人根据许可事项窗口职责对咨询、办理事项负责到底，认真答复和处理申请人提出的问题。申请人咨询的问题属于本窗口工作范畴的，应当详细解答；不属于本窗口工作范畴的，耐心告知申请人到相关窗口办理。首问责任人不能解答或者办理的，可以指定或者委托熟悉业务的同志解答；必要时，可以转请承办行政许可事项的部门进行解答或者办理。不得以任何方式、理由或者借口推诿、搪塞申请人。

（4）顶岗补位制。行政审批大厅各窗口要设立专门岗位。承办行政许可事项的部门应当安排熟悉窗口业务的人员负责相关岗位。各窗口不得以任何理由和方式出现空岗、缺位，延误许可事项的正常办理。

（5）服务承诺制。行政审批大厅各窗口工作人员在受理行政许可申请的过程中，应当向申请人做出以下承诺：坚持依法行政，严格按照法律、法规、规章和有关规范性文件办理许可事项，严格按程序办事；文明热情，对申请人做到以礼相待，耐心解答，规范用语；高效便民，受理办件认真落实“首问责任”“一次性告知”“限时办结”等制度，能当即办理的绝不拖延；廉洁行政，不收受申请人的贿赂。

（6）责任追究制。承办行政许可事项的部门应当按照生态环境部有关规定，通过走访、监督评价等方式，及时发现工作中存在的问题。对违反相关制度的人员进行责任追究。对因玩忽职守、滥用职权或者工作失误等不良行为造成严重后果或者产生不良影响的人员，应当予以相应的惩罚；造成损害的应当依法赔偿。

（7）文明服务制。行政审批大厅窗口应当设置岗位牌，工作人员要着装整洁得体，仪表端庄大方，举止文明礼貌，在工作过程中应当用语亲切、表达清晰，对申请人的疑问要耐心解答，并保持微笑服务。

2. 编制服务指南

承办行政许可事项的部门，应当针对其承办的每个行政许可事项，分别编制行政许可事项服务指南。

（1）编制服务指南的总体要求

①承办行政许可事项的部门编制的服务指南应当与生态环境部行政审批事项目录中的事项一一对应；②服务指南需经规范程序编制发布；③服务指南应当在生态环境部行政审批大厅和政府网站上向社会公开。

（2）服务指南的构成要素

服务指南的构成要素可以根据行政许可事项的具体情况增加。服务指南简版至少应当包含下表中的所有必选事项。服务指南完整版包含下表中的所有事项，还可包含下表之外的其他要素。（服务指南编制的参考样式见附录 3）

框架	构成要素的名称	内容表述要求	类型
封面	服务指南编号*		必选
	标志*		必选
	服务指南名称*	应当体现事项名称	必选
	发布日期		可选
	实施日期		可选
	发布机关		可选
正文	正文标题		可选
	一、适用范围*	应当明确该服务指南所涉及的内容以及所适用的对象	必选
	二、事项审查类型*	应当注明该事项的审查类型，如前审后批、即审即办等	必选
	三、审批依据*	应当注明该事项所依据的法律法规、国务院决定、规章等的名称，也可指明所依据的具体条款。可提供查询所依据的法律法规、规章等的指引	必选
	四、受理机关*		必选
	五、决定机关*		必选
	六、数量限制*	应当对该事项一定时期内许可总量有无限制做出说明。如果无数量限制，应当注明“无数量限制”；如果有数量限制，应当注明“有数量限制”，并标出月限额和年限额。如果无法标出月限额、年限额，应当注明查询的途径或者数量设定的出处	必选
	七、申请条件*	应当注明提出申请之前申请人需具备的条件或者申请人提交的材料需具备的条件，比如需提供省级主管部门签署的审查意见，需加盖单位公章等	必选
	八、禁止性要求*	应当注明不予许可的情形。如果内容不复杂，可合并到“七、申请条件”中	必选
	九、申请材料目录*	应当注明需要提交的全部材料目录以及每个材料所需的数量、性质（原件还是复印件）	必选
	十、申请接收◇	根据实际情况，可注明接收申请材料的联系人、联系电话、办公地址、邮箱、传真或者网址等	
	十一、办理基本流程*		必选
	十二、办理方式	网上受理/现场受理等	可选
	十三、办结时限*	应当注明从受理之日到作出决定的时间范围（不包含依法进行听证、招标、拍卖、检验、检测、检疫、鉴定和专家评审等所需的时间）。依法需要听证、招标、拍卖、检验、检测、检疫、鉴定和专家评审等的，应当注明所需时间。涉及征求其他行政许可实施机关意见的，征求意见时限计算在办结时限内。需经国务院审议的，办结时限按照《中华人民共和国行政许可法》第42、43条的规定确定。涉及国（境）外有关机构获准的，应当注明办结时限不含国（境）外有关机构核准所需的时间	必选
	十四、收费依据及标准*	应当注明收费所依据的法律、法规，指明法定收费事项及标准。无须收费的，注明“无”或者“不收费”	必选
	十五、审批结果	应当注明证照载体形式	可选
	十六、结果送达*	应当注明决定的颁发、送达时限以及决定的送达方式。当场能够作出决定的，注明“当场送达”	必选

框架	构成要素的名称	内容表述要求	类型
正文	十七、申请人权利和义务	可以注明查询或者查看申请人权利和义务的途径	
	十八、咨询途径◇	注明咨询窗口的联系方式或者具体承办行政许可事项的部门的联系方式等	
	十九、监督投诉渠道*		必选
	二十、办公地址和时间*		必选
	二十一、办理进程和结果公开查询◇	注明查询办理进程和结果的途径。该项可与“十八、咨询途径”合并	
附录	流程图*	如果是流程图简版，应当注明查询完整版的途径	必选
	相关申请材料示范文本、常见错误示例、常见问题解答*		必选

注：表中，标明“*”的事项是服务指南中的必备内容；标明“◇”的事项是在服务指南中不体现具体内容，但向申请人指明可以通过其他途径查询或者查看的内容；未作任何标明的事项，是可选项。

（二）咨询服务

1. 现场咨询

承办行政许可事项的部门应当在行政审批大厅设置专门窗口，并设置“咨询服务”标识，方便申请人现场咨询。

窗口工作人员，在为公众提供现场咨询服务时，应当遵循以下标准：

（1）与申请人交谈时须面带微笑、口齿清楚、条理清晰、言简意赅、使用普通话。

（2）接待咨询时，一律使用礼貌用语，如“您好，请问您需要办理什么业务”“请您到××号××窗口办理（指明准确位置）”等，不得出现不耐烦、推诿等态度。禁止使用冷、横、硬用语，如“我不清楚，你去问×××”“有牌子，自己看”“已经告诉你了，还不懂”“下班了，明天再来”等。

（3）工作人员应当按照一次性告知制度对申请人的咨询作出清晰明确答复，并提供相关事项的服务网址、服务指南及其他可以查询的相关服务等。如果工作人员现场不能答复的，应当告知申请人答复时间及其他咨询途径。如果申请人所办理的事项不在此窗口办理的，应当向其指明正确的窗口；如申请人依然不清楚的，应当引导申请人至业务窗口。如果申请人所办理事项不在该办理场所的，应当给申请人提供办理场所的地址以及电话等联系方式。

（4）如果群众出现误解或者出言不逊时，应当耐心做好政策宣传和解释工作。遇到重大问题无法做出答复时，应当及时汇报给上级领导处理。

（5）工作人员应当做好咨询记录。记录的内容包括咨询人、咨询时间、咨询内容、答复结果等。

2. 非现场咨询

承办行政许可事项的部门应当在服务指南、办事窗口、政府网站上公示咨询服务电话，还可以通过创办微信公众号、APP 应用程序、发送电子邮件等方式提供非现场咨询服务，并指定专人或者专用系统进行解答。咨询电话要保持畅通，邮件、微信、APP 应用咨询要及时回复。使用自动回复系统的，应当及时更新数据库。接受咨询时，如果数据库中有相关内容，可以直接答复；如果查询不到相关内容，应当联系其他机构进行咨询，等待其他机构提供答复意见后再回复咨询人，同时要做好咨询记录。

承办行政许可事项的部门还应当通过电话、网络、微信等渠道提供预约服务，并能够实现 24 小时预约。

（三）网上服务

1. 统一服务平台

生态环境部统一服务平台为生态环境部政府网站。在生态环境部政府网站上开设专门的“生态环境部行政许可”板块，整合生态环境部现有行政许可申报和信息发布渠道，并将生态环境部行政审批公开目录中许可事项的各项信息，包括网上咨询、审批事项目录公开、服务指南公开、审批信息公开、投诉监督等信息统一在该板块集中发布，及时进行动态更新。

建立网络版行政许可集成系统即“生态环境部行政审批综合办公系统”。该集成系统负责处理申请人在网上所做的行政许可申请事项。对于申请人的线下申请，由工作人员在网络版“生态环境部行政审批综合办公系统”进行统一操作，实现对行政许可事项线下申请与线上申请处理平台的一体化。

2. 网上受理

（1）基本原则

承办行政许可事项的部门在网上受理服务的过程中应当遵循以下基本原则：

①公开性。及时、全面、准确地在生态环境部政府网站“公众服务”专栏上公开行政许可事项的相关信息以及更新信息。

②安全性。妥善处理信息公开和保守国家秘密、商业秘密、个人隐私的关系，提供安全、稳定、可恢复的网络服务。

③易用性。网络页面的设计应当界面清晰、操作简单，符合服务对象的使用习惯。

④时效性。在生态环境部政府网站上公开的信息应当及时更新，对申请人的申请应当在承诺的时限内做出回应并妥善处理。

⑤兼容性。数据接口应当规范、兼容，支持多种数据库环境，并能够与原有的其他应用系统兼容，运行平台和服务栏目具有升级、拓展的能力。

⑥共享性。网络系统的设计应当便于承办行政许可事项的部门之间的信息交流和共享，避免申请人在上传申请材料时重复提交，简化办事流程。

（2）服务要求

网上受理系统应当提供服务向导，说明网上服务的总体流程和注意事项，以及网上服务功能。

网上受理系统应当提供注册/登录服务；用户注册信息至少包括用户类别、姓名（单位名称）、身份证号码（组织机构代码）、联系方式；登录用户可以下载受理单、一次性告知书，查询网上审批进度。对已受理的网上申请事项，需要现场核实的，应当提供网上预审批服务。对已经受理完毕的网上申请事项，应当做到可以查询受理结果并下载许可/不予许可决定书。

网上受理系统应当做到可以对事项办理状态进行查询，依据受理编号或者有效证件号码等信息，提供事项办理查询服务。事项办理查询信息应当包括事项类型、事项编码、事项名称、办件名称、申请时间、受理部门、当前状态、预计办结时间等。

（3）服务保障

网上受理系统的设计应当保证用户隐私与信息安全，保障系统正常运行。网上受理系统应当对申请人的申请过程以及各级管理员的操作维护动作进行详细记录，并提供统计、审计与分析功能。对于专业性较强的术语、复杂的操作等，应当有在线帮助或者操作指南；对执行后会产生严重后果的功能，应当设置警告提示，并在执行命令前要求确认。逐步建设电子证照库，管理电子证照类申请材料，提供电子化审批结果。

五、行政许可受理场所建设与管理标准化

（一）总体要求

生态环境部设立实体性行政审批大厅，逐步完善网上行政审批平台，将实体性行政审批大厅的处理流程纳入到网上行政审批平台的业务流程。行政审批大厅负责统一受理申请人或者其代理人的行政许可申请材料，向承办行政许可事项的部门转交申请人的行政许可申请材料，送达生态环境部作出的行政许可决定。

行政审批大厅应当在大厅内明显位置，网上行政审批平台应当在生态环境部政府网站明显位置，以简明易懂的方式设置展示生态环境部行政许可事项清单。对由于合理原因无法或者不适合在行政审批大厅受理的行政许可事项，承办行政许可事项的部门应当设立专门的行政许可服务窗口，负责受理申请材料、转交申请材料、送达行政许可决定。

行政审批大厅应当在其提供的行政许可事项清单中载明该行政许可申请的受理机构和审批机构，载明对有关行政许可事项统一受理申请、统一提供咨询服务、统一送达决定的行政审批大厅或者行政许可服务窗口。

办公厅会同承办行政许可事项的部门负责建设行政审批大厅与网上行政审批平台，负责行政审批大厅与网上行政审批大厅的同步建设工作。行政审批大厅的管理应当严格执行行政审批大厅服务工作规范、行政审批大厅服务规范“六不准”等规定。

（二）受理场所的设置与建设

1. 行政审批大厅的设置与建设

生态环境部行政审批大厅设于北京市西城区西直门南小街 115 号，负责提供统一受理申请、统一咨询服务、统一送达决定等方面的服务。

2. 网上行政审批平台的建设

办公厅对现有生态环境部行政许可网上办理渠道进行整合，建立网上行政审批平台即网络版“生态环境部政务服务大厅”，集中负责行政许可网上申请工作。建立服务于生态环境部行政审批大厅和网上行政审批平台的统一工作系统。网上行政审批平台发布的行政许可事项清单是生态环境部的官方正式许可事项清单。

（三）受理场所日常管理机制

1. 受理场所的管理

办公厅负责行政审批大厅与网上行政审批平台的日常管理工作。办公厅按照《政务服务中心运行规范第 1 部分：基本要求》（GB/T 32169.1—2015）中 6.3 的规定，对行政审批大厅人员、安全、设施设备进行管理。设立生态环境部行政许可服务窗口的，由设立该窗

口的承办行政许可事项的部门负责对窗口人员、安全、设施设备等进行管理。

2. 人员配置与服务要求

生态环境部行政审批大厅与行政许可服务窗口的工作人员应当有良好的思想政治觉悟，熟悉各项业务工作，熟练掌握行政许可事项服务流程。办公厅和相关承办行政许可事项的部门应当参照《政务服务中心运行规范第 3 部分：窗口服务提供要求》（GB/T 32169.3—2015）第 5 章的规定，对受理场所人员的服务礼仪进行要求和监督。

生态环境部行政审批大厅和行政许可服务窗口应当保持受理窗口或者服务大厅环境整洁、舒适安全、秩序井然，提供良好、齐全的饮用水、书写工具、行政许可流程张贴等便民服务设施。

3. 提供申请材料示范文本、常见错误示例

行政审批大厅和行政许可服务窗口应当对申请人办理行政许可申请事项中的常见问题进行梳理，整理制作行政许可申请常见问题问答手册，提供指导行政许可申请人正确填写申请材料的示范文本。对行政许可申请人在行政许可申请材料填报过程中常见的错误示例也应当进行梳理、汇总并集中展示。

行政审批大厅的工作人员应当对日常行政许可办理过程中遇到的常见问题进行收集和汇总，并及时对常见问题问答手册、申请材料正确填写的示范文本、填写申请材料中的常见错误等进行更新。办公厅负责对常见问题问答手册、申请材料正确填写的示范文本、常见错误的定期更新情况等进行监督检查。

4. 信息公开与保密、档案管理

除涉及国家秘密、商业秘密或者个人隐私外，生态环境部行政审批大厅、行政许可服务窗口、承办行政许可事项的部门应当及时主动地公开当事人提交的行政许可事项的进展情况和处理结果。信息公开的方式包括宣传栏（板）、触摸屏、LED 公告屏、政府信息公开栏或者信息资料索取点、网络等，信息公开的方式应当在行政许可事项服务指南中载明。

建立完备的行政许可事项台账制度。承办行政许可事项的部门应当按照行政许可申请受理、处理与决定三个主要环节，分别建立行政许可事项材料办理台账，确保行政许可事项申请处理过程各个环节有明确的负责人、完整的流程记录并且可追溯。

规范档案管理制度。按照《环境保护档案管理办法》（环境保护部、国家档案局令第 43 号）的要求，承办行政许可事项的部门应当对行政许可各环节产生的相关文件材料进行收集、整理、归档，确保文件材料齐全、完整，并按要求向档案部门移交。办公厅负责对档案管理工作进行监督、指导，对存在问题提出整改，并对整改情况进行跟踪。

六、行政许可监督检查评价标准化

（一）监督检查

行政许可标准化的监督检查采取业务监督与行政监察相结合的方式进行。法规司、部协调办负责对承办行政许可事项部门的行政许可事项标准化工作开展情况进行监督检查。

监督检查可以采取定期或者不定期的抽样检查、抽点检查、定点检查，以及现场巡查与电子监察相结合等方式进行。

进行监督检查时，重点对承办行政许可事项的部门是否存在超权限、超时限、逆程序

办理行政许可事项，是否存在不作为、乱作为、权力寻租、恶意刁难、吃拿卡要等违规情况进行检查。监督检查结束后，由法规司会同部协调办，对承办行政许可事项的部门提出监督检查结果和改进行政许可服务有关工作的建议。对涉嫌违纪违法的，按照行政监察、纪律检查等规定办理。

（二）评价

1. 评价方式

采用自我评价、申请人满意度评价、第三方评价等三种方式开展生态环境部行政许可标准化评价工作。申请人满意度评价由办公厅组织进行，自我评价和第三方评价由法规司会同部协调办组织实施。评价结果是承办行政许可事项的部门改进和持续提高行政许可质量的依据。

2. 评价指标

对行政许可的信息公开情况进行评价的主要内容是：（1）网上行政审批平台即生态环境部政务服务大厅的建设情况，包括栏目是否完整、内容是否充实、有关信息更新是否及时等；（2）“生态环境部行政审批综合办公系统”用户使用友好性情况；（3）对现有生态环境部所有行政许可事项网上申请与信息发布渠道的整合情况；（4）是否督促承办行政许可事项的部门对其行政许可申请和信息发布渠道进行清理，督促效果如何；（5）是否提供了使用者对“生态环境部行政审批综合办公系统”使用情况的反馈及其优化建议的渠道，该渠道是否真正发挥作用。

对行政许可的管理情况进行评价的主要内容是：行政许可信息公开情况、行政许可动态管理情况、行政许可流程梳理优化情况、办事效率情况、文明服务情况、便民利民的创新措施情况、违规办理情况、投诉情况、行政复议和行政诉讼情况等。具体指标包括下列内容（参见附录4）：

——行政许可信息公开情况。行政许可事项的名称、编码、设定依据等的确定情况；行政许可事项向社会公开情况；办理进程、结果、服务指南主动公开或者依申请公开情况等。

——行政许可事项动态管理情况。及时更正和更新行政许可事项信息情况；及时动态发布相关行政许可事项的改进、提升信息情况等。

——行政许可流程梳理优化情况。行政许可流程设置合理性论证情况；对功能、方法、对象重复的审查环节合并、整合、精简情况；审批环节先后顺序合理性论证情况等。

——办事效率与便民利民创新措施情况。可通过行政许可事项受理集中率、按时办结率、提前办结率等指标反映。

——超期办结、违规办理情况。例如：申请事项无人受理，申请材料齐全且符合法定形式和审批权限的申请事项不予受理等；擅自增加办理环节和办理条件，对已经受理的事项无正当理由停止办理等；逾期不予办理；未按规定收费；未按规定向申请人送达证照、批准文件等。

——投诉、行政复议或者行政诉讼情况。投诉、行政复议、行政诉讼发生的数量；投诉处理效果满意情况。出现投诉、行政复议或者行政诉讼，且投诉处理结果、复议决定、法院裁判等认定行政许可存在违法或者不当情形的情况。

——突发事件应急机制的建立情况。比如，针对网上行政审批平台，是否建立了网络瘫痪等突发情形的应急机制；在意外停电情况下，是否设立了确保行政审批大厅办公系统和网上行政审批平台服务器正常运行的备用电设备。

3. 评价结果

评价结果由四部分组成，即自我评价、申请人满意度评价、第三方评价、持续改进状况。该四项子评价均采取百分制。评价采取按年评价方式进行。

在第一个评价年度，年度最终评价结果由自我评价结果（占 20%）、申请人满意度评价结果（占 40%）、第三方评价结果（占 40%）加权后所得，即最终评价结果=自我评价结果×20%+申请人满意度评价结果×40%+第三方评价结果×40%。从第二个评价年度开始，年度最终评价结果由自我评价结果（占 20%）、申请人满意度评价结果（占 30%）、第三方评价结果（占 30%）、持续改进状况评价结果（占 20%）加权后所得，即年度评价结果=自我评价结果×20%+申请人满意度评价结果×30%+第三方评价结果×30%+持续改进评价结果×20%。

最终评价结果应当及时公布，作为行政许可效能评价的重要依据。最终评价结果应当梳理办公厅和承办行政许可事项的部门在行政许可标准化方面存在的问题清单，并提出相应改进建议。

4. 持续改进

在监督检查和评价结果的基础上，通过下列方式促进承办行政许可事项的部门持续改进和提高提升行政许可工作质量：

（1）畅通机关工作人员、申请人提出改进诉求和动议的渠道，及时发现问题。通过电子邮箱、热线电话、网站留言、在线服务评价等方式，畅通机关工作人员、申请人对生态环境部行政许可工作提出改进诉求和完善建议的各种渠道。

（2）建立快速反馈机制，使各方提出的诉求和动议能够及时得到响应。承办行政许可事项的部门应当对机关工作人员、申请人提出的诉求和建议及时认真地作出回复，承诺将尽可能改进和完善行政许可工作。将承办行政许可事项的部门对诉求的及时反馈情况与公众满意度评价情况，纳入到对其持续改进服务的评价考核之中。对诉求和完善建议比较集中的领域，承办行政许可事项的部门应当建立快速反馈机制。

（3）建立激励机制，鼓励机关工作人员提出合理化建议。采取通报表扬、物质奖励等方式鼓励机关工作人员对改进和完善行政许可工作提出合理化建议。

（4）根据国务院协调办对生态环境部行政许可标准化工作的改进意见与建议，及时制定行政许可标准化工作改进和完善工作方案，及时向国务院协调办报告改进进展情况，并在改进工作完成时向国务院协调办提交改进工作完成情况报告。

附录 1

生态环境部行政许可流程标准化文书示例

示例 1

中华人民共和国生态环境部行政许可受理单

受理单号：

×××（单位）：

你（单位）提出的××××行政许可申请，经审查，我部认为你（单位）提交的申请材料齐全，符合法定形式。根据《××××》第×条的规定，决定受理。

<table>
<tr><td>事项名称</td><td colspan="3"></td></tr>
<tr><td>事项代码</td><td colspan="3"></td></tr>
<tr><td rowspan="3">申请人信息</td><td>名称</td><td colspan="2"></td></tr>
<tr><td>地址</td><td colspan="2"></td></tr>
<tr><td>电话</td><td colspan="2"></td></tr>
<tr><td rowspan="3">受理机构</td><td>名称</td><td colspan="2"></td></tr>
<tr><td>受理人</td><td colspan="2"></td></tr>
<tr><td>电话</td><td colspan="2"></td></tr>
<tr><td>材料清单</td><td colspan="3">（附后或者加盖“所有材料齐全”字样印章）</td></tr>
<tr><td>接收材料时间</td><td>年　月　日</td><td>法定办结时限</td><td>自受理行政许可申请之日起××日</td></tr>
<tr><td>受理时间</td><td>年　月　日</td><td>承诺办结时限</td><td>自受理行政许可申请之日起××日。
其中，该事项办理过程中涉及以下程序：
□听证、□招标、□拍卖、□检验、
□检测、□检疫、□鉴定、□专家评审
（可根据实际情况选择并分别注明时限），不计入办理时限</td></tr>
<tr><td>许可文书
发放方式</td><td colspan="3"></td></tr>
<tr><td>办理进程
查询方式</td><td colspan="3"></td></tr>
<tr><td>收费状况</td><td colspan="3"></td></tr>
</table>

经 办 人：×××××

联系电话：×××××

监督投诉电话：×××××

（受理机构）专用印章

年　月　日

附件：申请材料清单

示例 2

中华人民共和国生态环境部
行政许可材料补正一次性告知书

文书号：

×××（单位）：

你（单位）于×年×月×日向我部提出××××行政许可申请。经审查，我部认为你（单位）提交的申请材料不齐全（或者不符合法定形式要求），暂时不能受理。根据《××××》第×条的规定，现一次性告知你（单位）向我部提交下列补正材料：

1. ××××××××××（原件/复印件，一式×份）；

2. ×××××××××（原件/复印件，一式×份）；

……

请你（单位）按要求补充齐全或者更正、修改上述材料后，于×年×月×日前向我机构××窗口提交。

经办人：×××××

联系电话：×××××

监督投诉电话：×××××

（受理机构）专用印章

年　月　日

示例 3

中华人民共和国生态环境部
不予受理行政许可决定书

文书号：

×××（单位）：

你（单位）提出的××××行政许可申请，经形式审查，我部认为该申请事项依法不需要取得行政许可/不属于我部职责范围/你（单位）隐瞒有关情况或者提供虚假材料申请行政许可，根据《中华人民共和国行政许可法》第三十二条/第七十八条的规定，决定不予受理。

（不属于我部行政许可职责范围的，应一并告知申请人向有关行政机关申请）

经 办 人：×××××

联系电话：×××××

监督投诉电话：×××××

（受理机构）专用印章

年　月　日

示例 4

中华人民共和国生态环境部
不予行政许可决定书

文书号：

×××（单位）：

你（单位）于×年×月×日向我部提出××××行政许可申请。经审查，我部认为你（单位）的申请不符合法定的条件、标准，根据《×××××》第×条的规定，决定不予许可。

我部作出不予许可的具体理由如下：

1. ××××××××××××××××××××××××××××××××××××；

2. ××××××××××××××××××××××××××××××××××××；

3. ××××××××××××××××××××××××××××××××××××；

……

综上，你（单位）的申请不符合《×××××》第×条规定的××××条件、××××标准。

你（单位）如对本决定不服，可以在收到决定书之日起六十日内向我部行政复议机构申请行政复议，或者在收到决定书之日起六个月内向人民法院提起行政诉讼。

经 办 人：×××××

联系电话：×××××

监督投诉电话：×××××

生态环境部印章

年　月　日

示例 5

进口民用核安全设备安全检验合格审批事项办事流程图

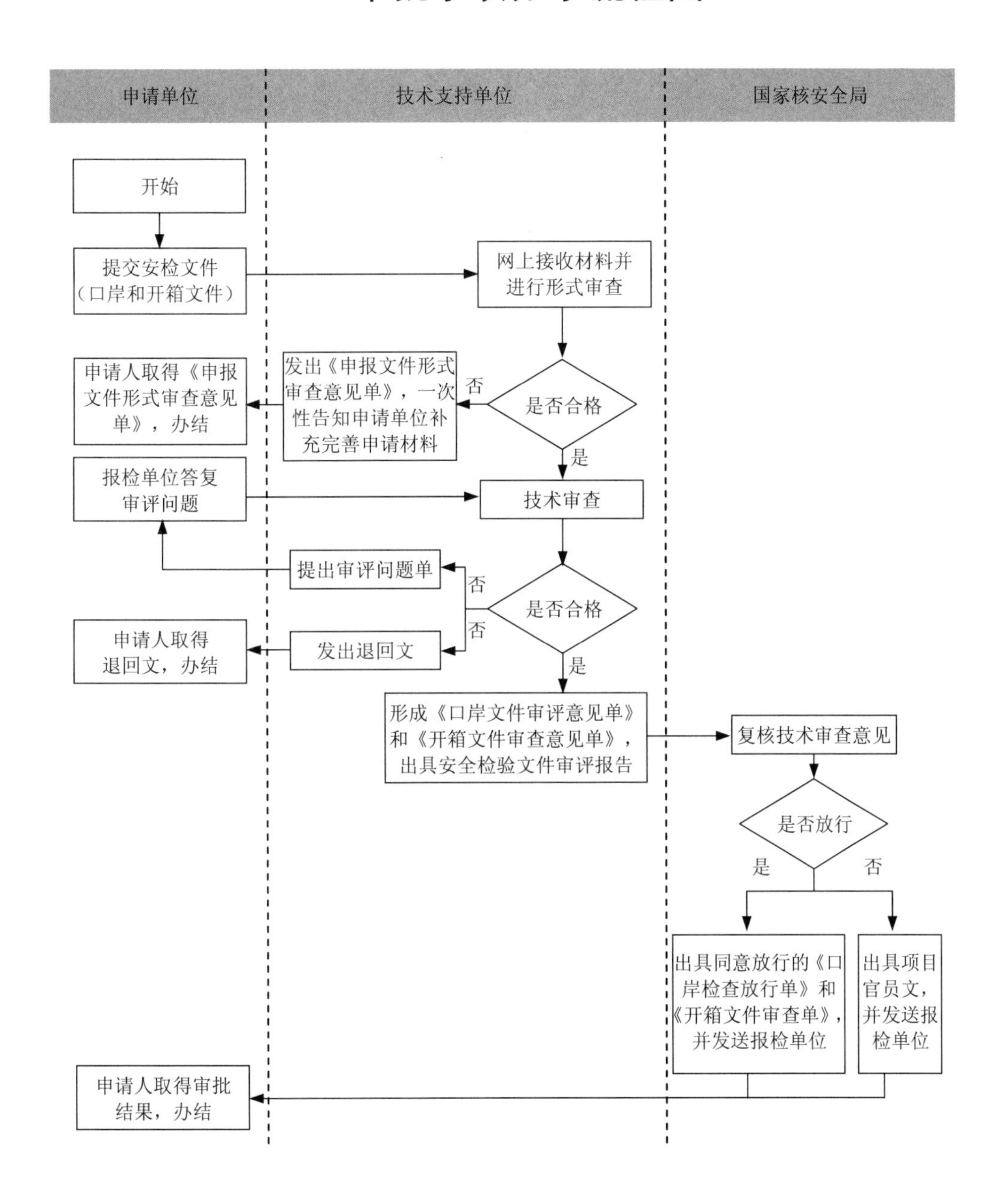

附录 2

审查工作细则编制参考样式

XXXXXXXXXXXXXXX
审查工作细则

一、项目信息

项目名称：××××××××××××××××××××
审批类别：行政许可
项目编码：×××××

二、审查过程

（一）审查流程
生态环境部××××司/局对××××××××申请事项进行审查。具体流程如下：
1. ××××××××××××××××××××××××××××××××××××；
2. ××××××××××××××××××××××××××××××××××××；
3. ××××××××××××××××××××××××××××××××××××；
……

（二）审查环节与经办要求
1. 审查人员

2. 审查环节

3. 经办要求

4. 时限要求

5. 审查时限

6. 公示公告时限

7. 审查方式

三、监督检查要求

（一）监督检查制度

（二）监督和投诉途径

窗口投诉：生态环境部信访办公室

电话投诉：××××××

通信地址：北京市西城区西直门南小街 115 号，邮政编码：100035

附录 3

服务指南编制参考样式

编号：×××××

XXXXXXXXXXXXXXX（项目名称）审批事项服务指南

发布日期：××××年××月××日

实施日期：××××年××月××日

发布机关：生态环境部

建设项目环境影响评价审批（核与辐射项目除外）事项服务指南

一、适用范围

本指南适用于核与辐射以外的建设项目环境影响评价审批的申请和办理。

二、事项审查类型

前审后批。

三、审查方式

现场审查。

四、审批依据

（一）《中华人民共和国环境保护法》第××条
（二）《中华人民共和国环境影响评价法》第××条
……

五、受理机关

生态环境部。（行政审批大厅）

六、决定机关

生态环境部。

七、数量限制

无。

八、办理条件

（一）申请条件

根据《建设项目环境影响评价分类管理名录》规定，建设单位组织编制的环境影响评价文件，属于《环境保护部审批环境影响评价文件的建设项目目录（2015 年本）》中规定由我部审批的项目，向我部提出申请。

（二）具备或符合如下条件的，准予批准

1. 符合环境保护相关法律法规。建设项目涉及依法划定的自然保护区、风景名胜区、生活饮用水水源保护区及其他需要特别保护的区域的，应当符合国家有关法律法规关于该区域内建设项目环境管理的规定。

2. 符合国家产业政策和清洁生产标准或者要求。

3. 建设项目选址、选线、布局符合区域、流域规划、城市总体规划及有关规划环评。

4. 项目所在区域环境质量满足相应环境功能区划和生态功能区划标准或要求。

5. 拟采取的污染防治措施能确保污染物排放达到国家和地方规定的排放标准，满足污染物总量控制要求；涉及可能产生放射性污染的，拟采取的防治措施能有效预防和控制放射性污染。

6. 公众参与程序符合环境影响评价公众参与相关规定要求。

7. 拟采取的生态保护措施能有效预防和控制生态破坏。

（三）有下列情形之一的，不予批准

1. 建设项目类型及其选址、布局、规模等不符合环境保护法律法规和相关法定规划；

2. 所在区域环境质量未达到国家或者地方环境质量标准，且建设项目拟采取的措施不能满足区域环境质量改善目标管理要求；

3. 建设项目采取的污染防治措施无法确保污染物排放达到国家和地方排放标准，或者未采取必要措施预防和控制生态破坏；

4. 改建、扩建和技术改造项目，未针对项目原有环境污染和生态破坏提出有效防治措施；

5. 建设项目的环境影响报告书、环境影响报告表的基础资料数据明显不实，内容存在重大缺陷、遗漏，或者环境影响评价结论不明确、不合理。

九、申请材料

（一）申请材料清单

根据《国家环境保护总局建设项目环境影响评价文件审批程序规定》《环境保护部审批环境影响评价文件的建设项目目录（2015 年本）》，应由生态环境部审批的建设项目环境影响评价文件，建设单位应当向生态环境部提出申请，提交下列材料，并对所有申报材料内容的真实性负责：

1. 建设单位出具的申请书一份；

2. 建设项目环境影响评价文件纸质版一式六份，电子版一式两份；

3. 关于环境影响评价文件中删除不宜公开信息说明；

4. 根据有关法律法规应提交的其他文件。

（二）申请材料提交

建设单位可从生态环境部政务服务大厅提交申请材料。确定受理的项目（即建设单位在网上受理系统收到受理通知），建设单位将该项目相关纸质材料提交至生态环境部行政审批大厅或环境影响评价与排放管理司相关项目环评处。

十、申请接收

（一）接收方式

1. 网上接收

生态环境部政务服务大厅（http：//zwfw.mee.gov.cn/）

2. 窗口接收

接收部门名称：生态环境部行政审批大厅

接收地址：北京市西城区西直门南小街 115 号

3. 信函接收

接收部门名称：生态环境部行政审批大厅

接收地址：北京市西城区西直门南小街 115 号

邮政编码：100035

联系电话：（010）66556045（010）66556047（传真）

（二）办公时间

周一至周五及调休工作日，8：30—11：30，13：30—17：00。法定节假日除外。

十一、办理基本流程

（一）申请与受理

建设单位从生态环境部政务服务大厅登录提交申请材料。经初步核验，生态环境部对建设单位提出的申请和提交的材料分别作出下列处理：

1. 申请材料齐全、符合法定形式的，予以受理，并出具受理通知书；

2. 申请材料不齐全或不符合法定形式的，在 5 个工作日内一次告知建设单位需要补正的内容；

3. 按照审批权限规定不属于生态环境部审批的申请事项，不予受理，并告知建设单位。

（二）技术评估

生态环境部委托技术评估机构对建设项目环境影响评价文件进行评估，评估机构应在规定时限内提交评估报告，并对评估结论负责。

（三）审查批准

经审查，对符合条件的建设项目，生态环境部作出予以批准的决定，并书面通知建设单位；对不符合条件的建设项目，生态环境部作出不予批准的决定，书面通知建设单位，并说明理由。

（四）信息公开

根据《建设项目环境影响评价政府信息公开指南（试行）》，生态环境部在政府网站（网址：www.mee.gov.cn）对建设项目环境影响评价文件受理、审查、审批政府信息予以公开。国家规定需要保密和涉及国家秘密、商业秘密等相关政府信息除外。

十二、办结时限

建设项目环境影响评价文件受理时间为 5 个工作日。受理环境影响报告书之日起 60 日内，受理环境影响报告表之日起 30 日内，根据审查结果，分别作出相应的审批决定，并书面通知建设单位。重新审核的建设项目，生态环境部应当自收到环境影响评价文件之日起 10 日内，将审核意见书面通知建设单位。依法进行听证、专家评审、建设单位补充相关材料和技术评估所需时间不计算在内。

十三、审批收费依据及标准

不收费。

十四、审批结果

生态环境部对于批准的建设项目环境影响评价文件，以“环审〔20××〕××号”文件出具《关于××××环境影响报告书（表）的批复》；对于不予批准的建设项目环境影响评价文件，以“环办环评函〔20××〕××号”出具《关于不予批准×××环境影响报告书（表）的通知》。

十五、结果送达

生态环境部作出审批决定后，应及时通过电话等形式通知或告知建设单位，通过现场领取或邮寄方式将审批结果（文书）送达，并在 15 日内通过政府网站和报纸发布公告。

十六、申请人权利和义务

（一）行政复议与行政诉讼权利告知

根据《中华人民共和国行政复议法》和《中华人民共和国行政诉讼法》，公民、法人或者其他组织认为公告的建设项目环境影响评价文件审批决定侵犯其合法权益的，可以自公告期限届满之日起六十日内提起行政复议，也可以自公告期限届满之日起六个月内提起行政诉讼。

（二）听证权利告知

根据《中华人民共和国行政许可法》，自审查公示起五日内，申请人、利害关系人可提出听证申请。

十七、咨询途径

（一）窗口咨询：

部门名称：生态环境部行政审批大厅

地址：北京市西城区西直门南小街 115 号
电话：（010）66556045
（二）业务电话咨询：
××××××××
电话：××××××
（三）信函咨询：
部门名称：生态环境部行政审批大厅
地址：北京市西城区西直门南小街 115 号
邮编：100035

十八、监督和投诉渠道

（一）窗口投诉：生态环境部信访办公室
（二）电话投诉：（010）66556060
（三）信函投诉：
投诉受理部门名称：生态环境部信访办公室
通信地址：北京市西城区西直门南小街 115 号
邮政编码：100035

十九、办公地址和时间

（一）办公地址：北京市西城区西直门南小街 115 号行政审批大厅

（二）办公时间：周一至周五或调休工作日，8：30—11：30，13：30—17：00。法定节假日除外。

（三）乘车路线：乘地铁 2 号线、6 号线到车公庄站，从 B 出口方向向南走 70 米后向东走 200 米。

二十、公开查询

建设项目环境影响评价文件受理后，可通过生态环境部官网（www.mee.gov.cn）查询审批结果。

附件：1. 建设项目环境影响评价审批工作流程图
2. 相关申请材料示范文件
3. 常见错误示例
4. 常见问题解答

附件 1

建设项目环境影响评价审批工作流程图

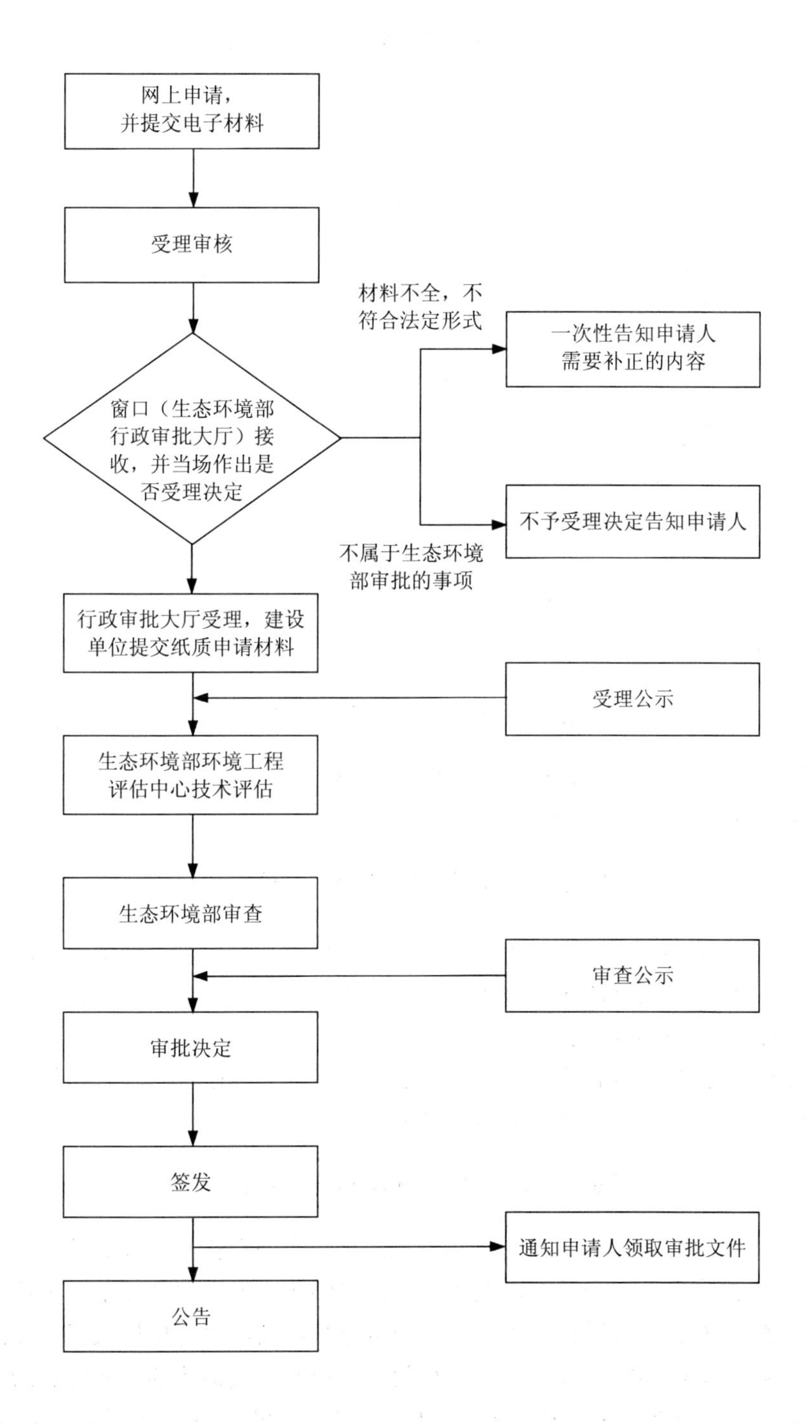

附件 2

相关申请材料示范文件
×××项目环境影响报告书

概　述

简要说明建设项目的特点、环境影响评价的工作过程、关注的主要环境问题及环境影响、环境影响评价的主要结论。

第一章　总则

总则应包括编制依据、评价因子与评价标准、评价工作等级和评价范围、相关规划及环境功能区划、主要环境保护目标等。

第二章　建设项目工程分析

本章应包括建设项目的概况、影响因素分析，对以污染影响为主的建设项目，还应该包含源强核算内容。

第三章　环境现状调查与评价

根据区域环境特征、建设项目特点和专题评价设置情况，从自然环境、环境质量和区域污染源等方面选择相应内容进行现状调查与评价。

第四章　环境影响预测与评价

结合建设项目特点和所在区域环境的特征，根据环境质量标准、环境要素或专题评价技术导则等相关要求，给出预测时段、预测内容、预测范围、预测方法、参数选择及预测结果，对建设项目的环境影响进行评价。

环境风险评价应根据专题技术导则要求，明确危险源、风险类型、扩散途径、与环境保护目标相对位置关系等，预测影响的范围和程度。

第五章　环境保护措施及其可行性论证

明确提出建设项目各阶段拟采取的具体污染防治、生态保护与恢复、环境风险防范及应急处置等环境保护措施。结合环境影响预测与评价结论，分析论证拟采取措施的技术可行性、经济合理性、长期稳定运行和达标排放的可靠性，满足环境质量改善和排污许可要求的可行性。根据同类或相同措施的实际运行效果，说明各类措施的有效性。给出各项污染防治、生态保护等环境保护措施和环境风险防范及应急处置措施的具体内容、责任主体、实施时段、环境保护投资及资金来源等。

第六章　环境影响经济损益分析

从环境要素、资源类别等方面筛选出需要或者可能进行经济评价的环境影响因子，以定性与定量相结合的方式，估算建设项目所引起环境影响的经济价值，重点核算虚拟治理成本以及生态保护与恢复措施的费用。

第七章　环境管理与监测计划

根据建设项目环境影响情况，针对建设项目建设、生产运行、服务期满（可根据项目情况选择）等不同阶段，有针对性提出具有可操作性的环境监理要求、环境监测计划等环境管理要求。

第八章　环境影响评价结论

对建设项目的建设概况、环境质量现状、污染物排放情况、主要环境影响、公众意见采纳情况、环境保护措施、环境影响经济损益分析、环境管理与监测计划等内容进行概括总结，结合环境质量目标要求，明确给出建设项目的环境影响可行性结论。

对存在重大环境制约因素、环境影响不可接受或环境风险不可控、环境保护措施经济技术不满足长期稳定达标及生态保护要求、区域环境问题突出且整治计划不落实或不能满足环境质量改善目标的建设项目，应提出环境影响不可行的结论。

附录和附件

将建设项目评价标准、应用模式、引用文献资料、原燃料品质等依据文件、资料附在环境影响报告书后。主要参考文献和引用资料的应注意时效性和来源。

附件 3

常见错误示例

一、审查请示主送应为“生态环境部”，而不是“生态环境部环评影响评价司”。

二、报告书未附环评单位资质页、编制人员签名页以及未盖公章等。

三、报告书未提供全本公示网址链接或有关证明。

四、报告书未附盖章的审批登记表，以及审批登记表信息不完整。

五、公示版本中未删除涉及国家秘密、商业秘密及个人隐私内容。

六、公示版本中删减掉大量图表，不符合我部关于全本公开的要求。

七、报告书目录有误，前后不对应。

八、评价结论未说明公众意见采纳情况，不符合新总纲要求。

附件 4

常见问题解答

一、哪些项目环评在生态环境部受理和审批？

事项名称：建设项目环境影响评价审批（核与辐射建设项目除外）事项

问题类型：事项申报问题

答：根据《中华人民共和国环境影响评价法》和国务院《政府核准的投资项目目录》，我部制定了生态环境部审批环境影响评价文件的建设项目目录，并适时进行动态调整，现行有效的由生态环境部审批环境影响评价文件的建设项目目录为《环境保护部审批环境影响评价文件的建设项目目录（2015 年本）》，已在生态环境部网站公开。

二、建设项目环评文件申请受理需要提交哪些材料？

事项名称：建设项目环境影响评价审批（核与辐射建设项目除外）审批事项

问题类型：事项申报问题

答：建设单位在报送环评文件申请受理时，需提交环境影响报告书（表），审查的请示文及删除涉密内容的说明等。

三、受理建设项目环评文件审批申请后，何时能够拿到环评批文？

事项名称：建设项目环境影响评价审批（核与辐射建设项目除外）审批事项

问题类型：事项申报问题

答：根据《中华人民共和国环境影响评价法》第二十二条规定，对于经审查符合受理条件的建设项目，受理环境影响报告书之日起 60 个工作日内，受理环境影响报告表之日起 30 个工作日内，根据审查结果，分别作出相应的审批决定并书面通知建设单位（评估时间不计在内）。

附录 4

生态环境部行政许可标准化评价指标

1. 生态环境部行政许可标准化测评指标

编号	测评指标		测评标准
1	一、行政许可信息公开情况（20 分）	制定并公开统一的行政许可事项清单（2 分）	在政府网站或者在线办事网站公开全部行政许可事项清单，2 分；未分开，0 分
2		行政许可事项名称、依据、实施机关、对象等要素明确、齐全（3 分）	行政许可事项包含事项名称、依据、实施机关、对象等要素视为完整，以完整的行政许可事项在清单中的比例计分，满分 3 分，缺少一个要素扣 0.5 分
3		编制服务指南完整版与简版（5 分）	编制所有事项服务指南，且包括完整版与简版，5 分；编制所有事项服务指南，但仅有简版，3～4 分；只编制部分事项服务指南，1～2 分；未编制服务指南，0 分
4		服务指南要素符合《指引》要求（6 分）	服务指南包含《指引》要求的全部必选要素与可选要素，6 分；包含全部必选要素，但可选要素缺失，5 分；必选要素缺失三项（含）之内，3～4 分；必选要素缺失三项以上六项（含）以下，1～2 分；必选要素缺失七项（含）以上，0 分
5		公开收费依据和标准（2 分）	公开收费的依据文件名称、具体设立条款、执行标准、缴费的方式，2 分；未公开，0 分
6		依法公开行政许可决定(2 分)	在网络平台或者受理场所公开行政许可决定，2 分；未公开，0 分
7	二、行政许可事项动态管理情况（5 分）	及时更新行政许可事项信息（5 分）	根据法律、法规，及时更新事项清单，5 分；未及时更新，0 分
8	三、行政许可流程梳理优化情况（5 分）	编制行政许可流程图，不在流程图外增加办事流程（5 分）	流程图要素完整，便于索取和识别，未在流程图外增加办事流程，5 分；提供流程图，要素基本完整，索取和识别比较方便，未在流程图外增加办事流程，2～4 分；未提供流程图，或者流程图要素缺失严重，无法取得和识别，或者在流程图外增加办事流程，0～1 分
9	四、办事效率情况（15 分）	受理集中率（通过窗口或者服务大厅集中受理的行政许可事项数量与行政许可实施机关的行政许可事项总数之比）(5 分)	受理集中率为 100%，5 分；90%～100%，4 分；80%～90%，3 分；70%～80%，2 分；60%～70%，1 分；60%及以下，0 分
10		按时办结率（按照法定时限办结的行政许可事项件数与同期内行政许可实施机关办结总行政许可事项件数之比）(5 分)	按时办结率为 100%，5 分；90%～100%，4 分；80%～90%，3 分；70%～80%，2 分；60%～70%，1 分；60%及以下，0 分
11		提前办结率（实际办理时间短于法定时限的件数与同期内行政许可实施机关办结总行政许可事项件数之比）(5 分)	提前办结率为 50%～100%，5 分；30%～50%，4 分；10%～30%，3 分；10%以下（不包括 0%），2 分；0%，0 分

编号	测　评　指　标		测　评　标　准
12	五、文明服务情况（20分）	建立信息公开、一次性告知、首问责任、顶岗补位、服务承诺、责任追究、文明服务等七项服务制度（6分）	制定七项服务制度有关规定或者文件，具备科学性、可操作性，6分；形成服务制度规定或者文件，且完整涉及指标所述全部7项内容，但科学性、可操作性一般，3～5分；有相关服务制度或者文件，但未涉及指标所述全部7项内容，1～2分；未形成相关规定或者文件，0分
13		咨询服务规范（4分）	现场咨询与非现场咨询均畅通、便捷，可通过现场或者非现场预申请、预受理，4分；有专人提供服务且可进行预约，3分；有现场咨询与非现场咨询两种渠道，但咨询渠道畅通性、便捷性一般，2分；有相关咨询渠道，但形式单一，仅有现场咨询或者非现场咨询一种渠道，1分；没有任何咨询方式、渠道，0分
14		网上服务规范（4分）	建立统一的网上行政许可服务平台或者将行政许可事项纳入已有的统一平台，且平台功能齐全，4分；平台功能有待提升的，1～3分；未建立统一的网上行政许可服务平台或者未将行政许可事项纳入已有的统一平台，0分
15		服务指南方便查询获取（3分）	公开服务指南完整版的查询途径和获取方式，且在窗口提供简版，3分；仅公开完整版的查询途径和获取方式但未在窗口提供简版，或者仅在窗口提供简版但未公开完整版的查询途径或者获取方式，2分；完整版或者简版均未公开提供，0分
16		人员管理（3分）	人员着装规范、注重服装礼仪、精通业务的，3分；着装、礼仪、业务一般的，1分；着装、礼仪、业务较差的，0分
17	六、便民利民的创新措施情况（5分）	便民利民的服务设施设备（5分）	饮用水、书写工具、行政许可流程张贴等便民利民的服务设施设备齐全、良好的，2分；一般的，1分；基本无服务设施设备或者设施设备无法使用的，0分
18	七、违规办理情况（20分）	5日内一次性告知情况（5分）	行政审批窗口工作人员在接待办理中，未一次性书面告知申请人依法提交相关办事材料的，每例扣5分；告知出错的，每例扣5分
19		受理情况（5分）	申请事项无人受理的，每例扣5分；申请材料齐全且符合法定形式和审批权限的申请事项，被不予受理的，每例扣5分
20		办理情况（5分）	对已经受理的事项无正当理由停止办理，每例扣5分；不予行政许可未书面告知理由、告知救济权利的，每例扣2分
21		颁发行政许可证件情况（5分）	需要颁发行政许可证件的，未在决定之日起10日内颁发，每发现1例扣0.5分
22	八、投诉、行政复议或者行政诉讼情况（10分）	投诉、行政复议或者行政诉讼情况（10分）	因服务态度、服务质量和办事效率差等，被申请人投诉，经查属实的，每例扣5分；存在吃、拿、卡、要现象的，每例扣10分；出现行政复议或者行政诉讼，且复议决定、法院判决等认定行政许可实施机关存在违法或者不当情形的，违法情形每例扣10分，不当情形每例扣5分

2. 生态环境部行政审批大厅满意度评价表

评价指标	评价等次				
	满意	比较满意	基本满意	不满意	不了解
您对我部行政审批大厅在提供事项清单、办事指南等指引方面是否满意？					
您对我部行政审批大厅统一接收、统一答复的窗口服务方面是否满意？					
您对我部行政审批大厅建设和开通的网上行政审批平台是否满意？					
您对我部实体行政审批大厅提供便民服务的服务设施是否满意？					
评价意见：					

3.生态环境部行政审批大厅意见建议征集表

姓名		联系方式	
单位		邮箱	

办事事由	意见建议
网上行政审批平台（事项申报、进度查询、结果公示、信息发布、协同服务等）	
微信服务号（信息推送、服务功能等）	
窗口服务（服务态度、用语规范、办事效率等）	
服务设施及其他	

关于做好入河排污口和水功能区划相关工作的通知

环办水体〔2019〕36号

各省、自治区、直辖市生态环境厅（局），新疆生产建设兵团生态环境局，各流域生态环境监督管理局：

按照《深化党和国家机构改革方案》要求，入河排污口设置管理和编制水功能区划职责整合至生态环境部。为做好职责整合后的各项工作，现将有关事项通知如下。

一、深刻认识机构改革中职责整合的重要意义

2018 年党和国家机构改革整合了过去分散的生态环境保护职责，将入河排污口设置管理和编制水功能区划职责由相关部门划转至生态环境部，实现了从污染源到排入水体的全链条管理，为加强环境污染治理，打好污染防治攻坚战奠定了重要基础。各级生态环境主管部门和各流域生态环境监督管理局要深入贯彻落实习近平生态文明思想，高度重视入河排污口和水功能区划相关工作，履行好机构改革赋予的新职责，充分释放改革红利，切实改善水环境质量，增进人民群众对改革的获得感。

二、确保职责整合后各项工作不断档

地方各级生态环境主管部门和各流域生态环境监督管理局要尽快完成资料移交，抓紧开展相关工作，确保入河排污口和水功能区划相关职责及时整合到位（建议移交的资料清单见附件）。要加强相关人员培训，杜绝工作推诿扯皮、不作为、乱作为等现象，确保机构改革职责整合工作有序衔接、平稳过渡。

（一）做好入河排污口设置管理工作。地方各级生态环境主管部门和各流域生态环境监督管理局要依据《中华人民共和国水法》《中华人民共和国水污染防治法》《入河排污口监督管理办法》《入河排污口管理技术导则》等法律法规与标准规范，开展监督管理工作，科学实施监测，做好入河排污口申请受理及设置审核工作，主动为企业做好服务，确保按时办结许可。对可能影响防洪、通航、渔业及河堤安全的入河排污口设置，还应征求同级相关行政主管部门意见。

（二）加强水功能区监测与考核工作。2019—2020 年，地方各级生态环境主管部门和各流域生态环境监督管理局要依照现有规定开展水功能区水质监测评价和水功能区限制纳污红线考核工作，并组织编制各类评价报告。各流域生态环境监督管理局负责含省界断面的水功能区监测，各省（区、市）生态环境主管部门组织开展其他水功能区监测（监测断面清单及监测频次要求见附件）。监测频次原则上每月一次，监测项目为高锰酸盐指数（或 COD）和氨氮，监测结果通过 VPN 直报中国环境监测总站。地方人民政府对水功能区监测评价考核已作出安排的，按照相关要求执行。

三、积极稳妥推进改革任务落实

为深入探索行之有效的工作方法，按照“由点到面、逐步推开”的原则，我部已经在江苏省泰州市、重庆市渝北区开展了长江入河排污口排查整治试点。通过试点示范，总结提炼一整套工作思路、工作程序及标准规范，为在全国全面推开提供经验借鉴。

为推进山水林田湖草系统治理和水资源、水环境、水生态“三水统筹”，实现水功能区与水环境控制单元区划体系和管控手段的有机融合，构建全国统一的水生态环境管理区划体系、监测体系和考核体系，我部将组织开展水功能区与水环境控制单元整合工作，力争 2019 年年底前全面完成，为“十四五”水生态环境管理工作奠定基础。

各级生态环境主管部门和各流域生态环境监督管理局要进一步强化责任意识、协作意识，认真抓好各项改革任务落实。针对工作中出现的新情况、新问题，及时研究提出针对性措施，务求取得实效。有关情况请及时反馈我部。

四、联系人及联系方式

（一）入河排污口设置管理工作
联系人：水生态环境司　练湘津
电话：（010）66556262
邮箱：xjlian@mee.gov.cn
（二）水功能区划整合工作
联系人：水生态环境司　郝远远
电话：（010）66556267
邮箱：ssyysc@mee.gov.cn
（三）水功能区监测工作
联系人：中国环境监测总站　李文攀
电话：（010）84943093
邮箱：liwp@cnemc.cn

生态环境部办公厅
2019 年 4 月 24 日

附件

有关资料清单

序号	类型	资料名称	相关说明或要求
建议移交的资料清单			
1	文件	本省（区、市）人民政府批复的水功能区划	正文、附表、附图等材料纸质版、电子版
2	文件	本省（区、市）2018 年度重要江河湖泊水功能区监测方案	正文、附件等材料的纸质版或电子版
3	数据	全国重要江河湖泊水功能区、省级及以下水功能区监测断面位置信息	以经纬度或矢量图形式
4	数据	2012 年以来历年全国重要江河湖泊水功能区、省级及以下水功能区逐月水质监测数据及水质评价结果	Excel 形式
5	数据	入河排污口台账、历次排查工作成果等	文件或 Excel 形式
水功能区监测断面清单及监测频次要求			
6	数据	水功能区监测断面清单及监测频次要求	在生态环境部网站“通知公告”栏目公开并提供下载

关于在生态环境系统推进行政执法公示制度执法全过程记录制度重大执法决定法制审核制度的实施意见

环办执法〔2019〕42号

各省、自治区、直辖市生态环境厅（局），新疆生产建设兵团生态环境局，机关各部门：

为规范各级生态环境部门行政检查、行政处罚、行政强制、行政许可等行为，加强对推行行政执法公示制度、执法全过程记录制度、重大执法决定法制审核制度（以下简称“三项制度”）的指导，促进生态环境保护综合执法队伍严格规范公正文明执法，切实保障人民群众合法环境权益，根据《国务院办公厅关于全面推行行政执法公示制度执法全过程记录制度重大执法决定法制审核制度的指导意见》（以下简称《指导意见》），结合生态环境行政执法实际，提出以下实施意见。

一、全面推行行政执法公示制度

各级生态环境部门应按照“谁执法谁公示”的原则，明确公示内容的采集、审核、发布职责，规范信息公示内容的标准、格式，确保公开信息的合法性、准确性和及时性。执法信息一般应在政务网站公开，鼓励充分利用“两微”平台、新闻媒体、办事大厅公示栏、服务窗口等渠道公开，做到高效便民。对涉及国家秘密、商业秘密、个人隐私等不宜公开的信息，依法确需公开的，应作适当处理后公开。发现公开的行政执法信息不准确的，应及时予以更正。

（一）强化事前公开

1．主动公开相关信息。按照《中华人民共和国政府信息公开条例》《环境信息公开办法（试行）》等要求，向社会主动公开以下生态环境行政执法信息：

（1）生态环境保护法律、法规、规章、标准和行政处罚自由裁量基准等规范性文件；

（2）本部门机构设置、工作职责、执法人员等信息；

（3）本部门行政许可办事指南和行政处罚、行政强制流程等；

（4）对本部门行政执法的监督方式和救济渠道；

（5）“双随机”抽查事项清单和抽查工作细则；

（6）法律、法规、规章规定应当公开的其他生态环境行政执法信息。

2．编制发布权责清单。按照中共中央办公厅、国务院办公厅印发的《关于深化生态环境保护综合行政执法改革的指导意见》要求，到2019年年底前，各级生态环境保护综合执法队伍基本完成权力和责任清单的制定公布工作，向社会公开职能职责、执法依据、执法标准、运行流程、监督途径和问责机制，建立完善权力和责任清单的动态调整和长效管理机制，根据法律法规立改废释和机构职能变化情况及时进行调整公布。

（二）规范事中公示

1．执法全程公示执法身份。执法人员在进行监督检查、调查取证、送达执法文书以及实施查封、扣押等执法活动时，必须主动出示行政执法证件表明身份，并按规定着统一执法制式服装和标志。

2．做好告知说明。执法人员在行政执法活动中应依法出具执法文书，告知行政相对人执法事由、执法依据、权利义务等内容，特别是救济的权利、程序、渠道，并在行政执法文书中予以记录。

3．明示政务服务岗位信息。行政许可、群众来访受理等政务服务窗口应设置岗位信息公示牌，明示工作人员岗位职责、申请材料示范文本，以及办理进度查询、咨询服务、投诉举报途径等信息。

（三）加强事后公开

1．及时公开执法决定。行政执法决定应在作出之日起 20 个工作日内，向社会公布执法机关、执法对象、执法类别、执法结论等信息。其中，除另有规定外，行政许可、行政处罚信息应在作出之日起 7 个工作日内公开。

2．动态更新信息内容。建立健全执法决定信息公开发布、撤销与更新机制，已公开的行政执法决定被依法撤销、确认违法或者要求重新作出的，应当及时从信息公示平台撤下原行政执法决定信息。行政执法决定信息在信息公示平台上的公开期限，按照国家和地方有关规定执行。

3．拓展应用环境信息。拓展行政执法决定信息应用范围，按照对生态环境领域失信生产经营单位及其有关人员进行联合惩戒的要求，向相关单位提供行政执法决定信息，推进部门联合惩戒。

二、全面推行执法全过程记录制度

各级生态环境部门应按照合法、客观、公正的原则，根据不同执法行为的性质种类、现场情况、执法环节，通过合法、恰当、有效的文字、音像等方式记录行政执法全过程，按规范归档保存，实现全过程留痕和可回溯管理。

（一）规范记录内容

1．文字记录。将行政执法文书作为行政检查、行政处罚、行政强制、行政许可等执法活动全过程及内部审批全流程记录的基本形式。地方各级生态环境部门可以在行政执法文书基本格式标准基础上，参照《环境行政执法文书制作指南》，结合本地实际，完善有关文书格式，制作环境行政执法文书模板，规范行政执法的重要事项和关键环节，做到文字记录合法规范、客观全面、及时准确。

2．音像记录。做好音像记录与文字记录的衔接工作，对查封扣押、限产停产或者经政府批准的停业关闭等涉及重大权益的现场执法活动和执法办案场所，应全程音像记录；对现场执法、调查取证、举行听证、文书送达等容易引发争议的行政执法过程，应根据实际情况进行音像记录。鼓励有条件的地方使用执法记录仪对现场执法全过程记录。对文字记录能够全面有效记录执法行为的，可不进行音像记录。因查处违法行为，需要进行隐蔽录音录像的，应当不违反法律规定，且不得侵害当事人的合法权益。

（二）妥善保管储存

行政执法过程中形成的文字和音像记录资料，应当按照有关法律、法规、规章和档案管理规定形成案卷归档保存，确保所有行政执法行为有据可查，有源可溯。案卷内的音像资料，应编号并备注摄录内容，不得故意毁损、擅自修改删除或者剪辑拼接。音频资料应视情况备注对话人员的身份信息和主要对话内容。

（三）加强制度建设

地方各级生态环境部门应建立健全本部门执法全过程记录的管理制度，明确设备配备、使用规范、适用范围、记录要素、存储应用等要求，强化对全过程记录的刚性约束。

三、全面推行重大执法决定法制审核制度

各级生态环境部门在作出重大执法决定前，应严格进行法制审核，未经法制审核或者审核未通过的，不得作出决定。

（一）明确审核机构

进行法制审核的机构一般是各级生态环境部门负责法制工作的内设机构，没有条件单独设立法制工作内设机构的，应设立专门的法制审核岗位，按规定配备具有法律专业背景并与法制审核工作任务相适应的法制审核人员。鼓励采取聘用方式，发挥法律顾问、公职律师在法制审核工作中的作用。

（二）明确审核范围

各级生态环境部门根据本部门履行行政许可、行政处罚、行政强制等行政执法职责的具体情况，结合违法行为种类、涉案金额、执法层级、涉案金额、社会影响等因素，在 2019 年年底前制定本部门重大执法决定法制审核目录清单。凡涉及重大公共利益，可能造成重大社会影响或引发社会风险，直接关系行政相对人或第三人重大权益，经过听证程序作出行政执法决定，以及案件情况疑难复杂、涉及多个法律关系的，都应进行法制审核。

（三）明确审核内容

审核内容重点包括执法主体、管辖权限、执法程序、事实认定、法律适用、证据使用、自由裁量权运用等。法制审核机构完成审核后，应根据不同情形，提出同意或者存在问题的书面审核意见。对法制审核机构提出的问题，行政执法承办机构应及时进行研究，作出相应处理后再次报送法制审核。

（四）明确审核责任

各级生态环境部门应结合实际，确定本部门法制审核流程，明确送审材料报送要求和审核的方式、时限、责任，建立健全法制审核机构与行政执法承办机构对审核意见不一致时的协调机制。行政执法承办机构对送审材料的真实性、准确性、完整性，以及执法的事实、证据、法律适用、程序的合法性负责。法制审核机构对重大执法决定的法制审核意见负责。

四、加大组织保障力度

各级生态环境部门要以习近平新时代中国特色社会主义思想为指导，全面贯彻党的十九大和十九届二中、三中全会精神，按照《指导意见》的部署要求，全面、深入推行“三项制度”，着力推进生态环境行政执法透明、规范、合法、公正，确保依法履行法定职责。

（一）统筹协调推进

地方各级生态环境部门要按照《指导意见》要求，在本级人民政府的具体组织实施下，稳妥有序推进“三项制度”的落实。在确保统一、规范的基础上，紧密结合各地工作实际，注重与生态环境保护综合行政执法改革、编制生态环境保护综合执法队伍权力和责任清单等生态环境行政执法各项制度建设的统筹推进，加强与生态环境系统内部纵向的资源整合、信息共享，做到各项制度有机衔接、高度融合，防止各行其是、重复建设。

（二）加强行政执法信息化建设

各级生态环境部门要依托大数据、云计算等信息技术手段，大力推进“互联网+政务服务”平台、环境执法平台、“互联网+监管”和生态环境保护大数据系统建设。地方各级生态环境部门应健全移动执法系统管理制度，继续推进移动执法系统建设，实现与生态环境部环境监管执法平台数据共享和业务协同。通过规范移动执法系统使用，强化管理，发挥移动执法系统的信息化记录、存储、查询以及现场执法、执法作业指导、任务管理、队伍管理等功能，全过程记录并有效约束规范行政执法，进一步提高生态环境行政执法的信息化和规范化水平。

（三）加大保障力度

地方各级生态环境部门要结合执法实际，按照《指导意见》要求，将生态环境行政执法装备需求报本级人民政府列入财政预算。进一步加强生态环境保护综合执法队伍建设，不断提升执法人员业务能力和执法素养，打造政治坚定、作风优良、纪律严明、廉洁务实的执法队伍。加强行政执法人员资格管理，健全各类培训制度。

各级生态环境部门在 2019 年年底前，制定完成本部门生态环境保护综合执法队伍权力和责任清单、重大执法决定法制审核目录清单等相关配套规定，形成科学合理的“三项制度”体系并全面推行。地方各级生态环境部门按照《指导意见》要求，于每年 1 月 31 日前公开本机关上年度行政执法总体情况有关数据，并报本级人民政府和上级生态环境部门，省级生态环境部门还应将“三项制度”的推进实施情况报送我部。

我部将通过行政执法案例指导、规范行政处罚自由裁量权、行政处罚案卷评查等方式，对各地生态环境部门推行“三项制度”工作予以指导、督促。

生态环境部办公厅
2019 年 5 月 5 日

关于印发《生态保护红线勘界定标技术规程》的通知

环办生态〔2019〕49号

各省、自治区、直辖市生态环境厅（局）、自然资源主管部门，新疆生产建设兵团生态环境局、自然资源局：

根据中共中央办公厅、国务院办公厅《关于划定并严守生态保护红线的若干意见》（以下简称《若干意见》）要求，生态环境部、自然资源部制定了《生态保护红线勘界定标技术规程》。现印发给你们，请参照本技术规程，推进生态保护红线勘界定标工作。京津冀、长江经济带省份和宁夏回族自治区等15省（区、市）依据国务院认定的生态保护红线评估结果，开展勘界定标；其他省份请在国务院批准生态保护红线划定方案后，启动勘界定标。按照《若干意见》要求，生态保护红线勘界定标应于2020年年底前全面完成。

联系人：生态环境部自然生态保护司　徐延达、彭慧芳

电话：（010）66556337、66556308

联系人：自然资源部国土空间规划局　康君录

电话：（010）66558570

生态环境部办公厅
自然资源部办公厅
2019年8月26日

生态保护红线勘界定标技术规程

为贯彻落实《中华人民共和国环境保护法》《关于划定并严守生态保护红线的若干意见》《关于全面加强生态环境保护坚决打好污染防治攻坚战的实施意见》《关于建立国土空间规划体系并监督实施的若干意见》，指导全国生态保护红线勘界定标工作，促进生态保护红线落地并实施严格管护，制定本技术规程。

1　适用范围

本规程适用于全国陆域生态保护红线勘界定标工作，海洋生态保护红线勘界定标技术规程另行制定。

2 规范性引用文件

本规程内容引用了下列文件中的条款。凡是不注明日期的引用文件，其有效版本适用于本规程。

GB/T 2260—2007 《中华人民共和国行政区划代码》

GB/T 14911—2008 《测绘基本术语》

GB/T 18314—2009 《全球定位系统（GPS）测量规范》

GB/T 18316—2008 《数字测绘成果质量检查与验收》

GB/T 17796—2009 《行政区域界线测绘规范》

GB/T 17278—2009 《数字地形图产品基本要求》

GB/T 15968—2008 《遥感影像平面图制作规范》

TD/T 1001—2012 《地籍调查规程》

TD/T 1008—2007 《土地勘测定界规程》

TD/T 1055—2019 《第三次全国国土调查技术规程》

《生态保护红线划定指南》（环办生态〔2017〕48 号）

3 术语和定义

生态保护红线：指在生态空间范围内具有特殊重要生态功能、必须强制性严格保护的区域，是保障和维护国家生态安全的底线和生命线，通常包括具有重要水源涵养、生物多样性维护、水土保持、防风固沙、海岸生态稳定等功能的生态功能重要区域，以及水土流失、土地沙化、石漠化等生态环境敏感脆弱区域。

生态保护红线图斑：指由生态保护红线矢量边界形成的具有相关属性信息的闭合图形。

勘界：指对已划定的生态保护红线边界进行内业核定与外业勘查，确定合理且准确的界线。

定标：指在重要点位设立统一规范的生态保护红线界桩和标识牌的行为。

界桩：指沿生态保护红线边界按一定方式设立的地界标志桩。

标识牌：指以警示宣传为目的，在醒目位置设立的包含生态保护红线名称、面积、范围、功能、监管等基本信息的标识牌。

重点地段（部位）：指主要路口、村庄周边及其他人为活动集中的地点。

重要拐点：指生态保护红线边界走向发生明显变化的点位。

缩略语：

DOM 数字正射影像图 Digital Orthophoto Map

DEM 数字高程模型 Digital Elevation Model

GNSS 全球导航卫星系统 Global Navigation Satellite System

4 总则

4.1 目标

按照精准、简单、易行的要求，开展生态保护红线勘界定标工作，核定生态保护红线边界，在重点地段（部位）、重要拐点等关键控制点设立界桩，在醒目位置竖立统一规范的标识牌，并将有关信息登记入库，确保生态保护红线精准落地，为生态保护红线长效管理奠定基础。

4.2 原则

（1）精准落地原则

与第三次全国国土调查、保护地勘界立标等工作相衔接，结合山脉、河流、地貌单元、植被等自然地理边界，保持生态系统完整性，科学勘定生态保护红线界线，确保生态保护红线边界清晰、落地准确。

（2）有序衔接原则

按照“三条控制线”（生态保护红线、永久基本农田、城镇开发边界）互不交叉重叠的要求，勘界定标工作应与国土空间规划、土地利用、城乡发展布局、矿产资源、国家应对气候变化、区域生态保护等相关规划相协调。

（3）简单易行原则

充分利用已有的工作基础和成果，在满足生态保护红线监管需求的前提下，综合考虑人力、资金和后勤保障等条件，因地制宜设立界桩与标识牌，力求操作简便、切实可行。

4.3 数学基础

坐标系统：采用“2000 国家大地坐标系（CGCS 2000）”。

高程基准：采用“1985 国家高程基准”，高程系统为正常高，高程值单位为“米”。

投影方式：按照 GB/T 17278—2009，标准分幅数据采用高斯-克吕格投影，3 度分带，以“米”为坐标单位，坐标值至少保留 2 位小数；按照行政区域组织的数据可不分带，采用地理坐标，经纬度值采用“度”为单位，用双精度浮点数表示，至少保留 6 位小数。

4.4 精度要求

（1）空间分辨率

数字正射影像图空间分辨率应优于相应比例尺万分之一米。

（2）平面精度

按照 GB/T 15968—2008，数字正射影像图的平面中误差一般不应大于相应比例尺图上平地、丘陵地±0.5 mm，山地、高山地±0.75 mm。明显地物点平面位置中误差的两倍为其最大误差。

（3）勘界精度

依据工作底图，实地勘定生态保护红线边界。勘定的明显界线与 DOM 上同名地物移位原则上不大于图上 0.3 mm，不明显界线不大于图上 1.0 mm。对于荒漠、高山等人烟稀少地区可结合实际适度放宽精度要求。

4.5 计量单位

长度单位采用米（m）；面积计算单位采用平方米（m^2）；面积统计汇总单位采用平方千米（km^2）。

4.6 技术路线

勘界定标的主要技术步骤包括：工作准备、内业处理、现场勘界、打桩立标、成果检查和成果汇总与入库等，技术路线见图 1。

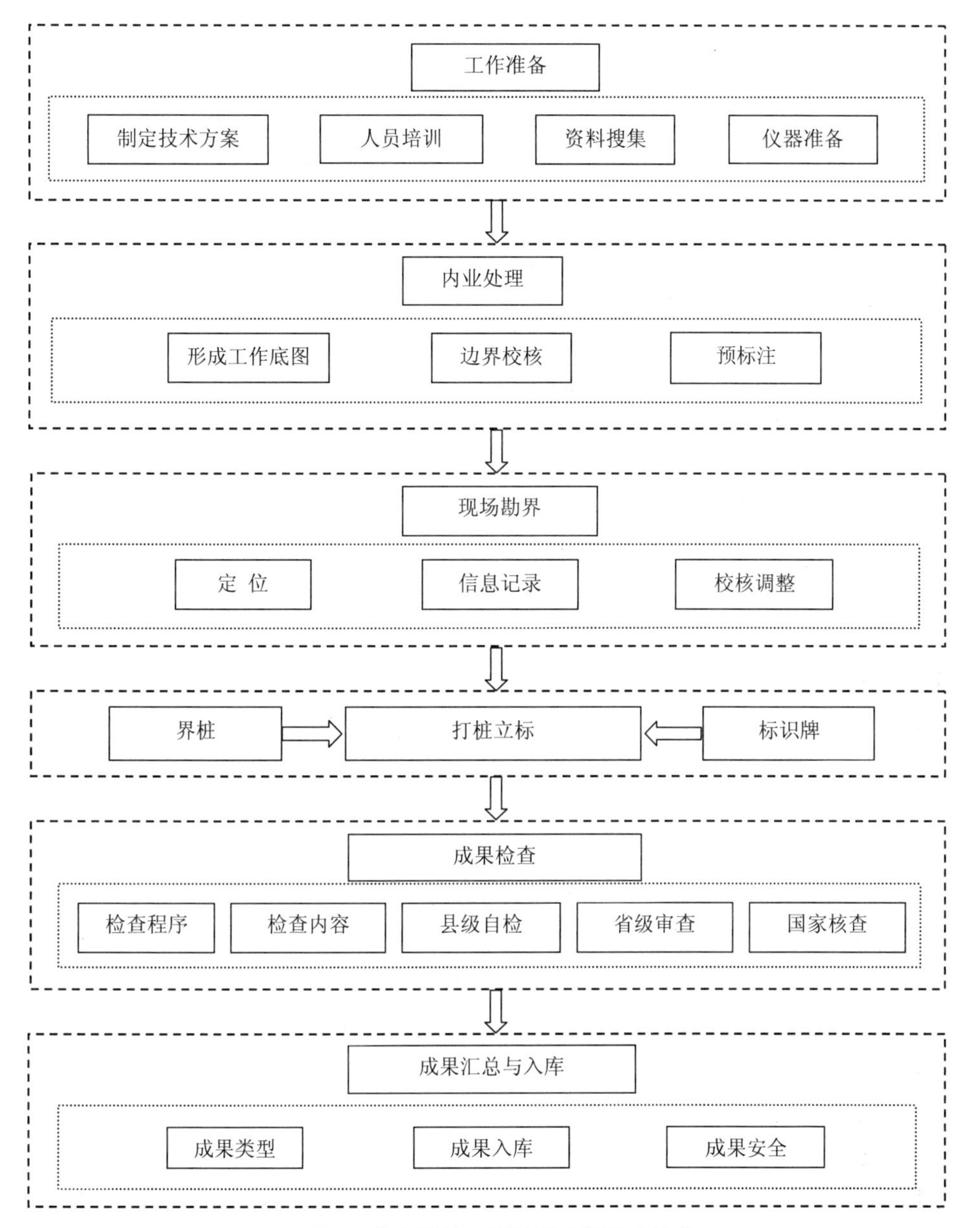

图 1　生态保护红线勘界定标技术路线

5　工作准备

5.1　制定技术方案

各地根据本地区实际情况，制定勘界定标技术方案。方案内容包括：基本概况、工作目标、技术路线与方法、主要成果、责任分工、进度安排等。

5.2　人员培训

各省（区、市）应对参加勘界定标的人员进行培训，解读相关技术要求和政策文件，明确勘界定标任务、主要内容、成果要求和工作纪律，掌握规范化作业程序和勘界定标方法，确保勘界定标成果质量。

5.3 资料搜集

开展生态保护红线勘界定标工作前，应收集以下相关资料：

（1）生态保护红线资料：包括生态保护红线划定方案文本、图件资料等。

（2）基础地理信息资料：包括第三次全国国土调查的 DOM、DEM、境界线、图斑、地类、权属、海岛等资料。

（3）遥感资料：包括近期航空、航天遥感图件和相关统计数据等资料。

（4）规划资料：包括国土空间规划、生态功能区划、生态环境保护规划、矿产资源规划、林草水利规划、基础设施规划、旅游开发规划等各类规划。

（5）其他资料：包括划定过程中与部门、市县对接的资料，社会经济等资料，土地利用权属和地类监管的资料。

5.4 仪器准备

一般包括GNSS定位测量设备、全站仪、数码相机、激光测距仪、望远镜、台式机、笔记本电脑、一体化外业调查系统等野外定位和观测工具。

6 内业处理

6.1 制作工作底图

根据生态保护红线分布图，以用于第三次全国国土调查的高清数字正射影像图为基础，辅以大比例尺土地利用和基础地理信息等数据，制作生态保护红线勘界定标工作底图。工作底图的符号、设色、整饰等要求参照 TD/T 1055—2019 进行规范。

6.2 边界校核

按照勘界定标的原则，在生态保护红线评估调整工作成果的基础上，通过人工判读，进一步校核生态保护红线的边界，主要内容包括：

（1）生态保护红线边界与实际地物存在偏差的，按以下边界予以修正，具体包括：地形地貌或生态系统完整性确定的边界，如林线、雪线、流域分界线；生态系统分布界线；江河、湖库，以及海岸等向陆域（或向海）延伸一定距离的边界；第三次全国国土调查、地理国情监测等明确的地块边界。

（2）对生态保护红线内涉及永久基本农田、人工商品林、矿业权（探矿权、采矿权）、国家规划矿区、战略性矿产储量规模在中型以上的矿产地、村镇居民点、交通水利等基础设施建设等边界进行校核，确保“三条控制线”不交叉不重叠，并预留发展空间。

（3）对当地政府在勘界定标过程中新提出的拟增加图斑、拟删减图斑及其依据进行校核和确认。

在校核基础上，提取拟增加图层、拟删减图层。若存在争议或内业无法确定的，提取图斑后形成问题图层，待现场勘界时进一步校核。

6.3 预标注

采用图解法获取人为活动较频繁、利于公众宣传的生态保护红线边界上重点地段（部位）、重要拐点等关键控制点，标绘在生态保护红线工作底图上，作为拟设界桩和标识牌的预选点位，并输出外业勘界工作图。

7　现场勘界

利用工作底图实地勘测生态保护红线边界、拟设界桩和标识牌位置，并进行校核调整，做好信息记录和现场照片采集。

对于内业校核后边界准确且无争议的图斑，以及难以到达或人迹罕至的偏远地区，如荒漠、草原、高山、冰川等区域，只需准确落图并入库，可以不进行现场勘界。

对于国家公园、自然保护区、风景名胜区、地质公园、森林公园、世界自然遗产地、水产种质资源保护区、饮用水水源地和湿地公园，以及极小种群物种分布的栖息地、国家一级公益林、重要湿地（含滨海湿地）、国家级水土流失重点预防区、沙化土地封禁保护区等，以主管部门确定的边界为准。

7.1　定位

现场核实工作底图上难以明确界定或具有争议的生态保护红线问题图斑，确定红线边界拐点的实地位置，并标绘在工作底图上。

根据预标注确定的拟设界桩和标识牌的坐标位置，结合典型地物或定位测量设备找到拟设点位的位置，按照有效版本 GB/T 17796—2009 中界桩的测量方法获得界桩的经纬度坐标，量测拟设界桩点与方位物的距离。

7.2　信息记录

详细记录生态保护红线现场勘界信息，填写外业核查记录表（附录 A），并现场拍照（近景和远景至少各一张）。

7.3　校核调整

根据外业勘界的工作底图、实测数据和记录表，对问题图斑、拟设界桩和标识牌点位进行精细纠正。校核过程中仍有疑问的点位，以实地勘界的结果为准。

对勘界后的生态保护红线图斑重新进行面积测算，填写生态保护红线变化图斑记录表（附录 B）。

8　编号

8.1　红线图斑编号

按照“行政编号—类型编号—数量编号”的三级编号方式对生态保护红线斑块进行编号。勘界定标过程中，要求对每一个图斑的类型（生态功能重要区、生态环境敏感区）进行明确并单独编号，各个图斑之间不交叉重叠。编号的构成形式见表 1。

（1）行政编号：以县级行政区为单位，采用 GB/T 2260 规定的行政区划代码，由 6 位阿拉伯数字组成。

（2）类型编号：由 4 位组成，前 2 位表示类型特征（01 表示生态功能重要区，02 表示生态环境敏感区），后 2 位表示功能属性特征。

（3）数量编号：表示同一县级行政区内生态保护红线的图斑数量，从 0001 开始编号。同一县级行政区内生态保护红线图斑的数量编号按照由北到南、自西向东的顺序连续编号。

表 1　生态保护红线斑块编号构成

<table>
<tr><td>行政编号</td><td colspan="4">类型编号</td><td>数量编号</td></tr>
<tr><td rowspan="10">××××××</td><td colspan="2">类型特征</td><td colspan="2">功能属性</td><td rowspan="10">0001
0002
0003
……</td></tr>
<tr><td rowspan="5">01</td><td rowspan="5">生态功能重要区</td><td>01</td><td>水源涵养</td></tr>
<tr><td>02</td><td>生物多样性维护</td></tr>
<tr><td>03</td><td>水土保持</td></tr>
<tr><td>04</td><td>防风固沙</td></tr>
<tr><td>05</td><td>其他生态功能</td></tr>
<tr><td rowspan="4">02</td><td rowspan="4">生态环境敏感区</td><td>01</td><td>水土流失</td></tr>
<tr><td>02</td><td>土地沙化</td></tr>
<tr><td>03</td><td>石漠化</td></tr>
<tr><td>04</td><td>其他敏感性</td></tr>
</table>

8.2　界桩编号

界桩编号指在生态保护红线图斑编号的基础上，增加一列界桩序号，由“行政编号-类型编号-数量编号-界桩序号”四部分组成。界桩序号表示某一县级行政区范围内设立的界桩数量编号，按照由北到南、自西向东的顺序从 001 开始依次编号。界桩编号应逐一入库，形成生态保护红线界桩编号数据库。如“110228-0101-0002-003”表示北京市密云区第 2 个生态保护红线图斑，该图斑具有水源涵养生态功能，界桩序号为 003。

自然保护区、饮用水水源地等保护地已设立的界桩应按照本规程规定的编号方法，在生态保护红线界桩编号数据库中重新编号，并在属性中标注为“现有保护地已设界桩”。

跨越不同行政区域的红线图斑，只需在行政边界与红线图斑相交的两个端点设立界桩，并在界桩编号后括注字母 A。

8.3　界桩刻号

界桩刻号由“字母 HXJ-界桩序号”两部分组成。同一县级行政区域内的界桩刻号与界桩编号数据库一一对应。

在已立界桩之间插竖的新桩，其界桩刻号是在上一个原有界桩号后括注数字序号，例如：HXJ-001（1）。

8.4　标识牌编号

标识牌编号由“字母 HXB-标识牌序号”两部分组成。标识牌序号表示某一县级行政区域范围内设立的标识牌数量编号，按照由北到南、自西向东的顺序从 001 开始依次编号。

9　埋设界桩与标识牌

9.1　界桩

以控制边界线基本走向为原则，在重点地段、重要拐点等关键控制点埋设界桩（制作要求见附录 E），其他区域可设立电子界桩、电子围栏等虚拟电子边界。对于人类活动密集地区，应适当增加界桩数量。

自然保护区、饮用水水源地等保护地已设立的界桩可延续使用，不再新设界桩。

9.2　标识牌

以警示宣传生态保护红线为目标，充分考虑地形、地标、地物和人口分布特征，在易到达、人类活动相对密集的区域或道路与红线的交叉点等位置醒目处埋设标识牌（制作要求见附录F）。

各地可根据实际情况，在人类活动相对密集区域标识牌上增设摄像头、电子显示屏等设备，也可设立一些简易的警示牌。

9.3　调整

当拟设界桩或标识牌不具备埋设条件，或生态保护红线边界发生变化时，与之相关的界桩或标识牌也应随之进行调整，并更新相应信息。

9.4　填写登记表

填写界桩登记表（附录C）和标识牌登记表（附录D）。

10　成果检查

10.1　检查程序

包括县级自检、省级审查、国家核查。

10.2　检查内容

（1）技术方案等相关文件是否齐全并符合要求；

（2）作业流程是否符合规范；

（3）生态保护红线边界调整是否符合要求；

（4）数据库内容是否完整、逻辑是否一致、各类要素和属性是否齐全、拓扑结构是否正确；

（5）提交成果是否规范、齐全，并具有主管部门及责任部门认可的签章。

10.3　县级自检

勘界定标过程中应建立科学规范的质量控制体系，严格实行检查制度，各县（市、区）对勘界定标成果进行 100%的自检，以确保成果的完整性、规范性、真实性和准确性。检查应对技术标准的执行情况、成果质量情况、检查人员履行职责情况等内容进行全程记录，发现质量问题应及时处理，并及时把有关情况完整记录，形成检查报告。

10.4　省级审查

各省（区、市）政府组织对本行政区域的勘界定标成果进行审查，审查的重点为勘界定标成果的科学性和合理性。各省（区、市）政府将审查通过的勘界定标成果报送生态环境部、自然资源部。

10.5　国家核查

国家核查采用内业审核与实地抽查相结合的方式，按照一定的抽查比例重点对变化图斑进行对比分析与实地核查。内业审核以遥感影像和现场照片为依据，采用计算机自动比对和人机交互检查方式。

11　成果汇总与入库

11.1　成果类型

图件成果：包括生态保护红线空间分布图等。

数据成果：包括勘界后的生态保护红线数据、界桩和标识牌点位分布数据、生态保护红线增加图层数据、生态保护红线删减图层数据等。

表册成果：包括打印签字版和扫描版的外业核查记录表、变化图斑记录表、界桩登记表、标识牌登记表和结果确认表等。

文本成果：包括技术方案、质量检查报告、成果报告等。

多媒体成果：包括工作过程中的照片和音视频等。

11.2　成果入库

按照生态保护红线台账建设要求，以县域为单元，对经各地认定后提交的勘界定标成果数据进行完整性检查和数据质量检查，包括属性字段检查、坐标系检查、空间拓扑检查、图斑面积和数量统计，对通过质检的数据实现数据资源的分类和编目，开展数据整合、集成等处理并进行入库前元数据信息提取，最终实现各类勘界定标成果的入库，纳入生态保护红线台账和国土空间规划一张图。

11.3　成果安全

勘界定标过程中涉及国家秘密的资料和数据，必须严格按照国家有关保密规定进行管理，确保不发生失密、泄密问题。涉及资料使用的单位和公司要与资料提供方签订保密协议书。向社会公开的地图成果，应依法履行地图审核批准程序。

附录 A

生态保护红线外业核查记录表

<table>
<tr><td>图斑编号</td><td colspan="3"></td><td colspan="2">点位类型</td><td colspan="2">□重要拐点　□界桩
□标识牌　　□补测点</td></tr>
<tr><td>所在地</td><td colspan="3"></td><td colspan="2">核查时间</td><td colspan="2"></td></tr>
<tr><td>附近地物类型</td><td colspan="7"></td></tr>
<tr><td>现场照片编号</td><td colspan="3"></td><td colspan="2">是否需要调整</td><td colspan="2"></td></tr>
<tr><td>坐标</td><td colspan="4">东经（°　′　″）</td><td colspan="3">北纬（°　′　″）</td></tr>
<tr><td>高程</td><td colspan="7"></td></tr>
<tr><td>备注</td><td colspan="7"></td></tr>
<tr><td>填表人</td><td></td><td>日期</td><td></td><td>审核人</td><td></td><td>日期</td><td></td></tr>
</table>

注：1. 图斑编号参照正文 8.1 节中的红线图斑编号要求；

2. 现场照片编号采取“图斑编号+照片序号”的方式，如 110228-0101-0002-01 表示北京市密云区第 2 个生态保护红线图斑的第 1 张照片；

3. 核查时间采用 24 小时制，精确到分；

4. 经纬度使用“度分秒”格式，其中“秒”精确到小数点后 3 位。

附录 B

生态保护红线变化图斑记录表

图斑编号		红线名称			
所在地					
勘界前面积（km^2）		勘界后面积（km^2）			
图斑变化依据					
图斑所在区域正射影像图					
影像时间					
备注					
填表人	日期		审核人	日期	

附录 C

生态保护红线界桩登记表

界桩编号			界桩刻号	
所在地			是否附标识牌	是□　否□
界桩点与方位物的相关位置	编号	距离（m）	方位物位置	
	1			
	2			
	3			
	4			
	5			
坐标	东经（°　′　″）		北纬（°　′　″）	
照片编号				
界桩位置略图			界桩现场照片	
备注				
填表人	日期		审核人	日期

注：1. 照片编号采取“界桩刻号+照片序号”的方式，如 HXJ-001-01 表示所在县域第 1 号界桩的第 1 张照片；

2. 经纬度使用“度分秒”格式，其中“秒”精确到小数点后 3 位。

附录 D

生态保护红线标识牌登记表

<table>
<tr><td>图斑编号</td><td colspan="3"></td><td colspan="2">标识牌编号</td><td colspan="2"></td></tr>
<tr><td>所在地</td><td colspan="7"></td></tr>
<tr><td>标识牌内容</td><td colspan="7"></td></tr>
<tr><td>坐标</td><td colspan="3">东经（°　′　″）</td><td colspan="4">北纬（°　′　″）</td></tr>
<tr><td>照片编号</td><td colspan="7"></td></tr>
<tr><td colspan="4">标识牌位置略图</td><td colspan="4">标识牌现场照片</td></tr>
<tr><td colspan="4"></td><td colspan="4"></td></tr>
<tr><td>备注</td><td colspan="7"></td></tr>
<tr><td>填表人</td><td></td><td>日期</td><td></td><td>审核人</td><td></td><td>日期</td><td></td></tr>
</table>

注：1. 照片编号采取“标识牌编号+照片序号”的方式，如 HXB-001-01 表示所在县域第 1 个标识牌的第 1 张照片；

2. 经纬度使用“度分秒”格式，其中“秒”精确到小数点后 3 位。

附录 E

生态保护红线界桩制作要求

1　规格与内容

1.1　界桩规格

生态保护红线界桩规格为：150 mm×150 mm×500 mm（地上高），界桩埋入地下深度不小于 600 mm。

1.2　界桩内容

界桩内容应包括生态保护红线字样及形象标识、刻号、设立主体等。有条件的地方可在界桩上增加二维码，链接生态保护红线相关信息。

界桩正面和背面：上方为生态保护红线形象标识，下方为“生态保护红线”和刻号。

界桩左侧面和右侧面：上方为生态保护红线形象标识，下方为“生态保护红线”和“×××人民政府立”。

如生态保护红线位于少数民族群众聚居区，还应加注该少数民族文字。

生态保护红线界桩示意图及尺寸见附图。

1.3　版面要素与要求

界桩版面文字、图案色值、字体及尺寸大小见表 1。

表 1　生态保护红线界桩版面要素规格

序号	名称	色值	字体	规格大小
1	生态保护红线图形标	—	—	Φ10cm
2	界桩	红色值为 C20，M100，Y100，K0	黑体或宋体	40PT
3	生态保护红线	红色值为 C20，M100，Y100，K0	黑体或宋体	40PT
4	×××人民政府立	黑色值为 C0，M0，Y0，K100	黑体或宋体	10PT
5	编号	黑色值为 C0，M0，Y0，K100	Times new Roman	10PT
6	二维码	—		10cm×10cm

注：字体大小可根据内容多少进行适当调整。

2 界桩的构造

生态保护红线界桩应遵循环保、节能、科技含量高、成本低、视觉美、易维护、易更新的原则。根据本地实际，可选用耐腐蚀性良好的纤维强化塑料、钢筋混凝土、石材等材料进行制作，并具有防水、防晒、防蚀、防冻和坚固等耐用特性。

附图

生态保护红线界桩图示及尺寸

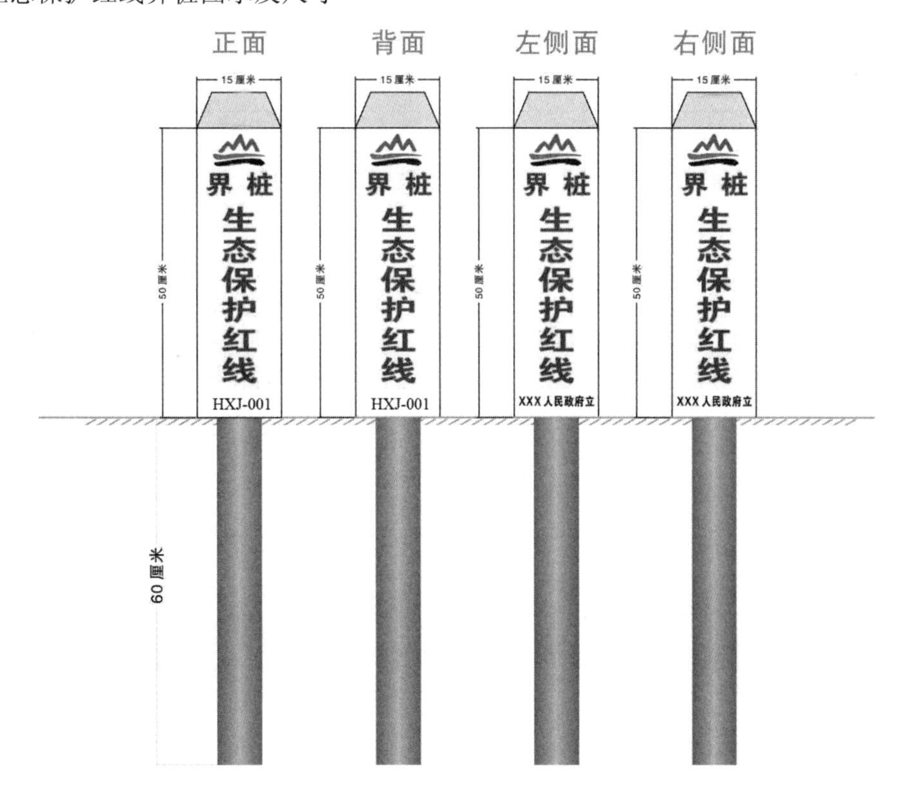

附录 F

生态保护红线标识牌制作要求

1　规格与内容

1.1　标识牌规格

生态保护红线标识牌版面规格为：1 200 mm×2 000 mm。

1.2　标识牌内容

标识牌版面分为左右两部分，其中：

左半部分：上方为生态保护红线图形标、名称和编号，下方为生态保护红线示意图（需包括县城、乡镇、村庄等行政区域位置，经纬度，红线类型，道路，河流水系等基本信息）、二维码（可选）、主管部门、管理部门和监督电话。

右半部分：上方为警示标语“此标识牌以西（东、南、北）为国家生态保护红线范围，请谨慎行为，一切活动应遵守生态保护红线相关管理规定”。下方为生态保护红线内容介绍，包括主导生态功能、生态保护红线区域简介（生态保护红线区域名称、地理区位、面积、气候特点、地形地貌、特色物种、管控条款等）和“×××人民政府××××年立”。

如果生态保护红线位于少数民族群众聚居区，可加注该少数民族文字。

生态保护红线标识牌示意图及尺寸可参考附图。

1.3　版面要素与要求

标识牌版面文字、图案色值、字体及尺寸大小见表 1。

表 1　生态保护红线标识牌版面要素规格

序号	名称	色值	字体	尺寸大小
1	生态保护红线图形标识牌	—	—	Φ16 cm
2	生态保护红线名称	黑色值为 C0，M0，Y0，K100	黑体或宋体	220PT
3	编号	黑色值为 C0，M0，Y0，K100	黑体或宋体	95PT
4	生态保护红线平面图	—		86 cm×75 cm
5	图例	—		25 cm×22 cm
6	二维码	—		12 cm×12 cm
7	管理单位、主管部门、监督电话及其内容	绿色值为 C100，M0，Y100，K0	黑体或宋体	90PT
8	联系方式线框	绿色值为 C100，M0，Y100，K0		5 mm
9	警示语线框	红色值为 C0，M100，Y100，K0	黑体或宋体	155PT
10	主导生态功能	—	黑体或宋体	95PT
11	主导生态功能内容	—	黑体或宋体	95PT
12	红线区域简介	—	黑体或宋体	95PT
13	红线区域简介内容	—	黑体或宋体	95PT
14	×××人民政府××××年立	—	黑体或宋体	120PT

注：上述要素大小可根据内容多少进行适当调整。

2 设立位置

生态保护红线标识牌的设立位置应充分考虑生态保护红线的地形、地标、地物的特点。标识牌根据生态环境管理需要在人群易见的醒目位置处设立，一般设立于生态保护红线陆域界线的拐点、控制点及重要点（如公路、铁路等与生态保护红线交叉点）。

3 标识牌的构造

生态保护红线标识牌应遵循环保、节能、科技含量高、成本低、视觉美、易维护、易更新的原则，根据本地实际，可选用金属、混凝土等材料进行制作，并具有防水、防晒、防蚀、防冻和坚固等耐用特性。

附图

生态保护红线标识牌图示及尺寸

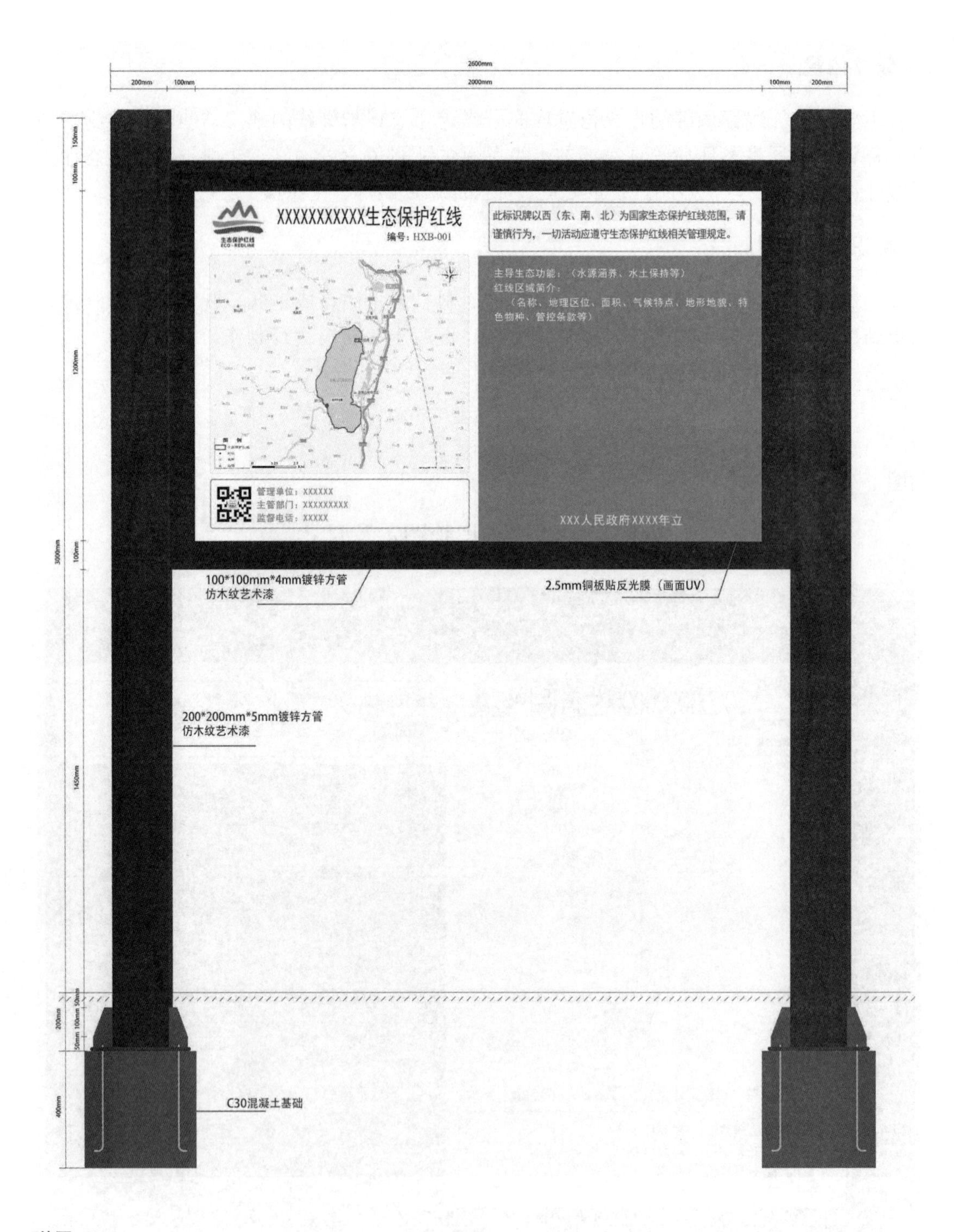

附录 G

生态保护红线空间分布图制作要求

1 图名

×××省（区、市）生态保护红线空间分布图

2 底图

生态保护红线空间分布图原则上要求在 DEM 地形图上绘制，若无地形图，则采用高清遥感影像图作为底图。

3 图式

生态保护红线空间分布图至少应包括生态保护红线范围、禁止开发区域范围、行政区界线、县级以上行政区驻地等基本要素，并标注行政区名称等，各要素表达图式见表 1。

表 1 生态保护红线空间分布图要素表达图式

要素	表达图式	
	图式符号	RGB
生态保护红线		RGB（255，0，0）
禁止开发区域		RGB（0，175，80）
国界	3.0 4.0 0.6 1.5	RGB（0，0，0）
未定国界	3.0 4.0 0.6 1.5	RGB（0，0，0）
省、自治区、直辖市界	4.0 4.0 0.5	RGB（0，0，0）
地区、州、地级市、盟界	3.0 1.0 0.4	RGB（0，0，0）
县、区、县级市、旗界	3.0 2.0 0.3	RGB（0，0，0）
乡、镇、街道界	4.0 4.0 1.0 0.3	RGB（0，0，0）
省级政府驻地	6.0 (4.5)	RGB（0，0，0）
市级政府驻地	5.0 (3.5)	RGB（0，0，0）
县级政府驻地	4.0 (2.5)	RGB（0，0，0）
乡级政府驻地	3.0 (2.0)	RGB（0，0，0）

注 1. 境界分国界和国家内部境界两种，国家内部境界是政区和其他地域范围的分界线。
2. 当两级以上境界重合时，按高一级境界绘出。当境界在单线地物中间经过时，境界符号应在单线地物两侧跳绘；当境界在地物一侧经过时，境界符号移位绘出。

4 图幅及图面配置

图幅大小优先采用标准 A3（297 mm×420 mm），各省根据辖区范围和形状选择横幅或竖幅布置，图中应包括图名、指北针、比例尺、图例、制图单位和日期等制图信息。图幅配置示例见附图。

附图　生态保护红线空间分布图配置示例

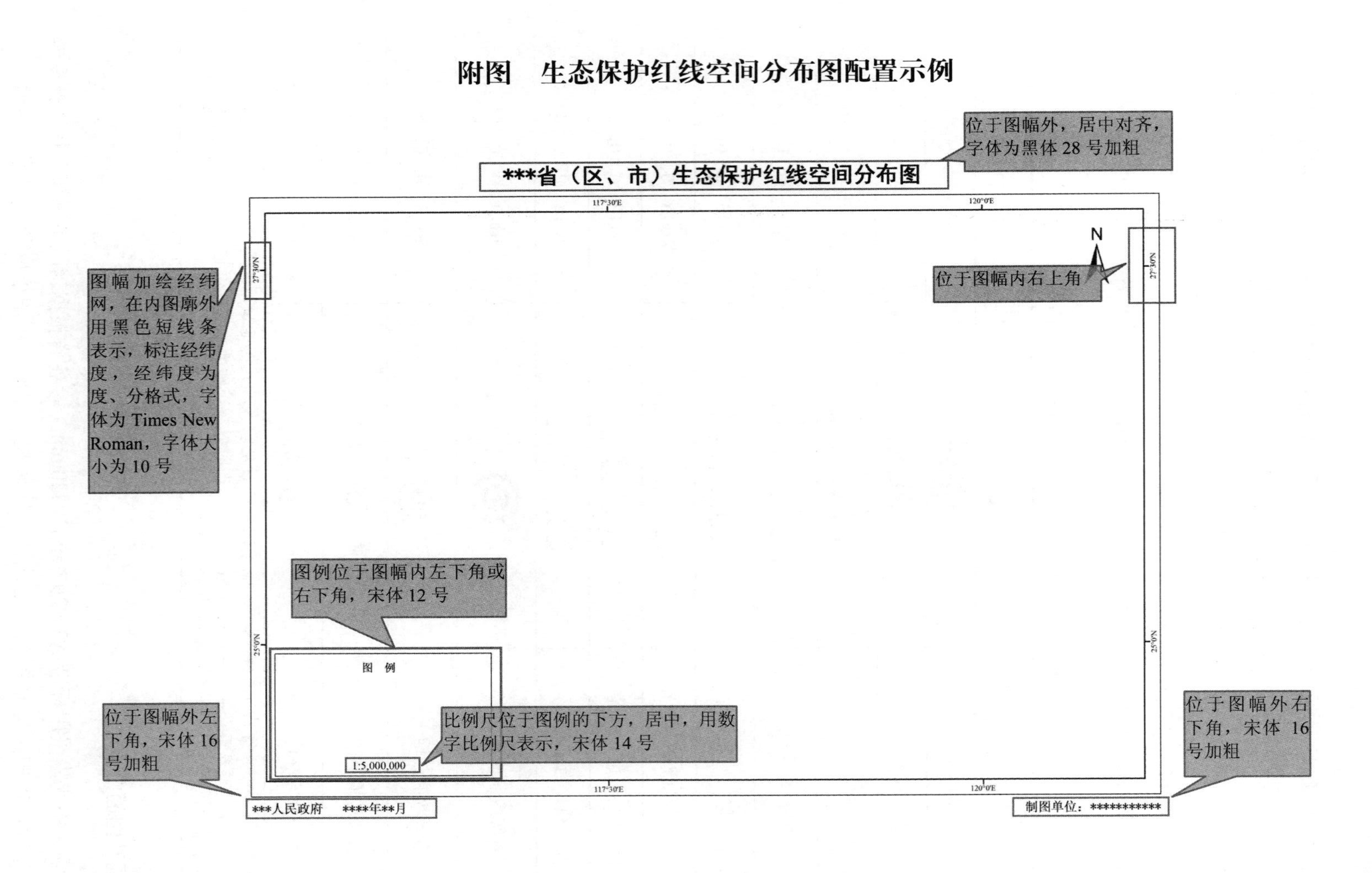

关于印发《蓝天保卫战重点区域强化监督定点帮扶工作实施细则（试行）》的通知

环办执法〔2019〕50 号

各省、自治区、直辖市生态环境厅（局），新疆生产建设兵团生态环境局，机关各部门，各派出机构、直属单位：

为进一步规范蓝天保卫战重点区域强化监督定点帮扶工作，全面落实《打赢蓝天保卫战三年行动计划》各项任务，结合“不忘初心、牢记使命”主题教育检视整改工作薄弱环节和存在的问题，我部制定了《蓝天保卫战重点区域强化监督定点帮扶工作实施细则（试行）》。现印发给你们，请高度重视，在强化监督定点帮扶工作中认真落实。

联系人：生态环境执法局　钱永涛、张辉钊

电话：（010）66556471、66556445

传真：（010）66103204

邮箱：qian.yongtao@mee.gov.cn

生态环境部办公厅

2019 年 8 月 30 日

蓝天保卫战重点区域强化监督定点帮扶工作实施细则

（试　行）

第一条　按照中央“不忘初心、牢记使命”主题教育 “守初心、担使命，找差距、抓落实”的总要求，加强党建和业务融合，认真查找整改蓝天保卫战重点区域强化监督定点帮扶工作薄弱环节和存在的问题，进一步规范监督帮扶行为，打造生态环保铁军，全面落实《打赢蓝天保卫战三年行动计划》《蓝天保卫战重点区域强化监督定点帮扶工作方案》相关要求，制定本细则。

第二条　生态环境执法局负责协调管理强化监督定点帮扶工作，贯彻落实部党组关于强化监督定点帮扶工作的决策部署，统筹提供工作平台和技术支撑，保障工作机制高效运转。

（一）向部党组报告工作情况，组织落实部党组确定的工作任务；

（二）生态环境执法局党支部组织开展强化监督定点帮扶党建工作，指导工作组及时成立临时党支部，规范开展党组织活动，落实全面从严治党要求；汇总临时党支部党建工作信息，定期报生态环境部机关党委备案；

（三）拟定强化监督定点帮扶工作的计划方案、制度规范，并组织实施，根据工作需要及时通报各包保单位；

（四）组织做好人员抽调、业务培训、督促指导、考核评估，以及推送清单资料、审核问题及申诉、交办及督办问题、核查整改、发布信息等工作；制定并适时修订问题认定和督办标准；定期推送强化监督定点帮扶典型案例，指导各包保单位更好地完成相关工作；

（五）协调保障强化监督 APP 及环境监管执法平台的运行、维护和优化；

（六）联系被监督帮扶城市，调度攻坚任务进展，了解推进大气污染防治攻坚和督办问题整改的工作机制及经验做法，并协调地方做好必要的工作保障；

（七）汇总工作情况通报包保单位，根据需要通报相关省、市人民政府；

（八）承担部党组交办的其他事项；

大气环境司等相关司局按照《蓝天保卫战重点区域强化监督定点帮扶工作方案》职责分工要求，做好配合协调工作。

第三条 包保单位按照部党组统一部署和工作要求，严格落实包保责任，强化担当作为，全面完成强化监督定点帮扶任务。

（一）主要负责同志是对口强化监督定点帮扶工作第一责任人，并明确 1 名负责同志负责统筹协调本单位强化监督定点帮扶工作；

（二）牵头负责单位的党组织归口管理工作组临时党支部，指定临时党支部书记；各包保单位对本单位派出人员负有廉政监督责任，切实抓好派出人员队伍管理和作风建设；

（三）统筹考虑人员选派计划，及时向生态环境执法局报送名单；中心组成员由包保单位协商确定；

（四）通过调阅资料、走访调研等方式，及时了解被监督帮扶城市攻坚任务完成情况，并注意工作积累，保持工作连续性；通过座谈交流、问题交办、定期反馈等方式传导压力，压实当地政府及相关部门责任；

（五）协调大气重污染成因与治理攻关项目驻点跟踪研究工作组开展工作，积极推动相关成果应用；定期对被监督帮扶城市蓝天保卫战推进措施和效果开展评估，提出完善“一市一策”治理方案的建议，相关工作可商科技与财务司、大气环境司、生态环境执法局参与和支持；

（六）可面向被监督帮扶城市政府及企业相关人员组织开展政策解读、形势分析、技术培训、经验交流等帮扶活动；

（七）对被监督帮扶城市提出的帮扶需求，可组织技术专家对区域性大气污染问题、重点涉气行业整治、涉气企业治理等开展专题调查研究，提出对策建议，帮助解决实际困难。技术专家可由包保单位协调科技与财务司、大气环境司等相关司局联系安排。

第四条 中心组负责宣贯习近平生态文明思想，组织落实强化监督定点帮扶各项任务，联络协调被监督帮扶城市政府及相关部门配合做好监督帮扶有关事项，督促指导普通组开展工作。

（一）向被监督帮扶城市党委、政府及相关部门、企业深入宣传习近平生态文明思想，传达党中央、国务院打赢蓝天保卫战决策部署，解读生态环境保护法律法规及大气污染防治政策；

（二）负责临时党支部工作，坚持党建引领，紧紧围绕强化监督定点帮扶工作开展形式灵活多样的党组织活动，加强工作组队伍管理和作风建设；

（三）对被监督帮扶城市大气污染防治重点攻坚任务完成情况及涉气企业进行抽查，深入基层一线和企事业单位开展调查研究，查找区域性问题、共性问题和突出问题；

（四）按要求报送工作简报和工作总结，推荐优秀工作组和个人，报送典型案例，提供被监督帮扶城市好的经验做法；

（五）加强与地市生态环境部门沟通对接，通过调阅资料、座谈交流等方式，了解被监督帮扶城市大气污染防治工作情况，以及工作中的重点和难点；

（六）根据工作需要，经请示牵头负责单位分管领导同意后，可约见问题突出的县区党委、政府及相关部门负责同志，反馈问题、传导压力、压实责任；反馈的相关内容纳入工作小结，报生态环境执法局备案；

（七）通过每日工作调度、微信视频会议、共同开展工作等方式，掌握普通组工作开展情况。对工作效率低、效果差的工作组，要分析原因，并通过通报提醒、个别指导、批评教育等方式加强指导和督促，帮助提高工作成效；

（八）对工作组成员不服从管理的，要及时提醒和批评，督促改正；对提醒和批评后仍拒不改正的，以及违反相关纪律的，及时向生态环境执法局和派出单位反映，提出处理建议，由生态环境执法局商派出单位严肃处理；

（九）如遇特殊情况，需替换组长和其他人员，应向生态环境执法局和派出单位报告；在工作组遇到交通事故、人员疾病等突发情况时及时向生态环境执法局和派出单位报告，联系被监督帮扶城市政府或相关部门提供必要协助；

（十）完成其他交办任务。

第五条 普通组负责宣贯习近平生态文明思想，在中心组统筹、协调、指导下，认真落实各项任务，按清单开展问题排查。

（一）向基层群众及企业深入宣传习近平生态文明思想，宣讲打赢蓝天保卫战工作要求，解读生态环境保护法律法规及大气污染防治政策；

（二）按推送任务要求摸排核实攻坚任务台账清单完成情况；

（三）按照攻坚方案和推送任务排查涉气环境问题；

（四）核查督办问题整改和群众信访问题处理情况，推动解决群众身边的突出环境问题；

（五）按要求及时报送党建活动、工作开展情况和发现问题情况；

（六）完成其他交办任务。

第六条 特别组的工作职责和任务根据具体方案确定，由生态环境执法局直接调度指挥，由中心组协调保障。

第七条 工作组人员由生态环境执法局统一组织，包保单位按照要求协商派出。应当符合下列条件：

（一）信念坚定、敢于担当、公道正派、清正廉洁；

（二）能够坚持依法办事，具有较强的业务能力；

（三）身体健康，情绪稳定，适应户外工作，无突发疾病病史（不得安排孕期、哺乳期女职工）；

（四）派出工作期间原则上不再承担本单位工作。

第八条 工作组及所有人员应严格遵守《生态环境部污染防治攻坚战强化监督工作“五不准”》等相关纪律要求，不替代、不干预、不打扰被监督帮扶城市政府及相关部门的正常工作。

（一）不偏离强化监督定点帮扶工作主方向，聚焦蓝天保卫战治理任务和减排措施；

（二）不直接受理生态环境污染问题举报投诉；

（三）未经授权，不参与突发环境事件应急处置；

（四）不参与处理生态环境污染问题网络舆情；

（五）不干预环境违法案件办理程序，不提出处理处罚意见；

（六）不随意要求地方修改变更大气污染综合治理攻坚方案和行动计划。如发现有关方案和计划存在问题，应向生态环境执法局反映，由生态环境执法局商大气环境司研究，并按程序报批后，向有关地方政府提出修改意见建议；

（七）不随意召集由被监督帮扶城市政府及相关部门参加的各种正式会议，确有必要召开的应请示牵头负责单位分管领导同意，并严格控制参会单位和人员规模；会议情况及内容及时报生态环境执法局备案；

（八）不以共同检查、联合工作等为由，要求被监督帮扶城市党委、政府相关负责同志陪同；

（九）不要求被监督帮扶城市政府及相关部门提供食宿、车辆等工作保障；

（十）不得利用工作便利为本单位或其他单位和个人承揽咨询、服务及工程项目；

（十一）所有帮扶工作不得收取任何费用。

第九条 包保单位每季度向部党组书面报告强化监督定点帮扶工作进展情况。书面报告需经包保单位主要负责人共同签字，由生态环境执法局汇总后报部党组。

2019 年 8 月 31 日前报送前一阶段工作进展，12 月 31 日前报送 2019 年度工作进展。从 2020 年开始，每季度末报送阶段性工作进展，第四季度末报送本年度工作进展。

第十条 原则上，在非秋冬季期间每 3 个月 1 次，秋冬季期间每 2 个月 1 次，由牵头负责单位主要负责同志，或委托其他分管领导带队，组织包保单位与被监督帮扶城市党委、政府进行正式情况反馈，通报发现的突出问题和相关情况，提出工作建议，同时了解被监督帮扶城市大气污染防治工作进展，听取对强化监督定点帮扶工作的意见建议。

第十一条

（一）生态环境执法局建立工作联络群，搭建信息交流平台，统筹调度指挥，统一推送信息；通过联络群交流共享大气污染治理政策规定、督察执法、科研攻关，以及包保单位落实工作责任的经验做法等信息；

（二）每个包保单位指定 1 名协调联络员，负责具体协调人员抽调、信息传达、问题反馈等事项；

（三）包保单位之间应建立协调联络机制，定期由牵头负责单位召集共同负责单位，围绕大气环境质量改善目标，会商研究强化监督定点帮扶工作，确定近远期工作重点及帮扶任务，推进重点任务落实，尤其是在被监督帮扶城市大气环境质量改善程度低于要求时，应及时分析研究对策，帮助寻找解决办法；视情可邀请大气环境司、生态环境执法局等司局参与会商；

（四）包保单位与被监督帮扶城市之间应建立协调联络机制，及时沟通信息、协调工作，形成工作合力。

第十二条 生态环境执法局和牵头负责单位分别组织对各包保单位的组织工作及派出人员个人表现进行考评，以被监督帮扶城市攻坚任务完成情况、监督和帮扶成效以及党建工作和队伍管理情况为主要依据。

牵头负责单位将考评结果和推荐情况提供给生态环境执法局，作为生态环境执法局综合考评的重要依据。中心组每轮次对工作组提出考评建议，可推荐 1～2 名工作成效突出的个人，在评优时优先考虑。

生态环境部根据考评结果对工作成效显著的单位和个人通报表扬，对组织工作不力的单位和违反相关纪律的个人进行通报批评，对有关违纪问题依法依规严肃处理；考评结果纳入单位年终工作考核和党建考核。

关于印发《化学物质环境风险评估技术方法框架性指南（试行）》的通知

环办固体〔2019〕54 号

为加强化学物质环境管理，建立健全化学物质环境风险评估技术方法体系，规范和指导化学物质环境风险评估工作，生态环境部、卫生健康委组织编制了《化学物质环境风险评估技术方法框架性指南（试行）》，现予印发。

生态环境部办公厅
卫生健康委办公厅
2019 年 8 月 26 日

化学物质环境风险评估技术方法框架性指南

（试　行）

评估化学物质环境风险，是安全利用化学物质的先决条件。化学物质环境风险评估是通过分析化学物质的固有危害属性及其在生产、加工、使用和废弃处置全生命周期过程中进入生态环境及向人体暴露等方面的信息，科学确定化学物质对生态环境和人体健康的风险程度，为有针对性地制定和实施风险控制措施提供决策依据。

一、适用范围

本指南规定了化学物质环境风险评估的基本框架，明确了化学物质环境风险评估的基本要点、技术要求和报告编制要求。

本指南适用于单一化学物质正常生产使用时不同暴露途径的环境风险评估，不适用于事故泄露状况下的风险评估。

二、基本要点

（一）评估步骤

化学物质环境风险评估通常包括危害识别、剂量（浓度）-反应（效应）评估、暴露评估和风险表征四个步骤（以下简称“四步法”）。

1．危害识别

危害识别是确定化学物质具有的固有危害属性，主要包括生态毒理学和健康毒理学属性两部分。

2．剂量（浓度）-反应（效应）评估

剂量（浓度）-反应（效应）评估是确定化学物质暴露浓度/剂量与毒性效应之间的关系。

3．暴露评估

暴露评估是估算化学物质对生态环境或人体的暴露程度。

环境风险评估中，通常以环境中化学物质的浓度表示；健康风险评估中，通常以人体的化学物质总暴露量表示。

4．风险表征

风险表征是在化学物质危害识别、剂量（浓度）-反应（效应）评估及暴露评估基础上，定性或定量分析判别化学物质对生态环境和人体健康造成风险的概率和程度。

风险评估并不都需要经过上述完整的四个步骤。如危害识别和剂量（浓度）-反应（效应）评估表明该化学物质对生态环境和人体健康的危害极低，则无需开展后续风险评估；暴露评估表明某暴露途径不存在，则该暴露途径下的后续风险评估就可终止。此外，为提高风险评估效率和降低评估成本，开展风险评估通常首先基于现有数据，以相对保守的方式对合理最坏情形下的风险进行评估，若未发现化学物质存在不合理风险，则评估过程终止；若风险值得关注，则收集更详尽的数据信息，开展进一步的详细风险评估。

（二）评估结论

化学物质环境风险评估通常有以下三种结论：

1．未发现存在不合理风险，评估结论基于现有资料得出，在未掌握新的信息之前，暂不需要采取新的风险防控措施。

2．存在不合理风险，需要采取进一步的风险防控措施来降低风险。

3．风险无法确定，需要补充化学物质的信息（包括进一步的毒性测试），并再次进行风险评估。

（三）不确定性分析

风险评估是基于当前科学认知和有限的数据开展的，关于化学物质危害、暴露很难获得极为准确的数据，因此风险评估存在不确定性。应进行不确定性分析，识别风险评估过程存在的所有影响评估结论的不确定性来源，必要时须进行敏感性分析。

结合风险管控目标，为降低风险评估的不确定性，可以进一步研究与收集化学物质有关毒性和暴露数据，持续反复开展风险评估，即风险评估可以是一个迭代过程。

（四）数据质量评估

在风险评估中，需要对采用的化学物质的毒性数据和暴露数据质量进行评估。

通常，毒性数据重点评估相关性、可靠性和充分性。相关性是指数据和测试方法对危害识别或风险表征的适用程度。可靠性是指有关毒性测试数据的内在质量，与测试方法以及对测试过程和结果描述的清晰程度、逻辑性等相关。充分性是指毒性数据足以支撑对某些危害或风险的判断。

对于暴露数据，如果采用实测暴露数据，通常重点评估可靠性和代表性，对实测采样与分析方法、样品数量、采样点位、实测地理空间和时间尺度等进行综合评估。如果采用模型计算数据，应当对模型适用性、模型输入参数的准确性等进行充分评估。

（五）暴露评估的空间尺度

暴露评估通常可以在两个空间尺度上进行，一是点源尺度，指化学物质相关点源附近的空间区域，通常代表最不利的暴露情形；二是区域尺度，相对于点源尺度而言，指更大范围的空间区域，通常代表平均暴露情形。

两个空间尺度的暴露场景一般而言都是对实际场所的模拟和标准化。

（六）关于 PBT 和 vPvB 类化学物质风险评估

PBT 类化学物质是指具有持久性、生物累积性和毒性的化学物质，vPvB 类化学物质是指具有高持久性和高生物累积性的化学物质。PBT 和 vPvB 类化学物质能够在环境中长期累积并且在生物体内不断蓄积，其长远效应难以预测；而且，这种环境累积某种程度上具有不可逆性，即使停止排放，化学物质环境浓度也不必然降低。

对属于 PBT 和 vPvB 类的化学物质，应用上述“四步法”开展定量风险评估存在很大的不确定性，也无法推导出具有充分可靠度的安全浓度。通常重点开展排放和暴露特征识别，即识别 PBT 和 vPvB 类化学物质在全生命周期内向环境的释放情况，以及该化学物质对人体和环境所有可能的暴露途径。在上述基础上，提出减少排放以及对人体和环境暴露的措施。

（七）金属及其化合物风险评估应考虑的因素

与有机化学物质相比，金属及其化合物因其自身特点，在进行风险评估时应当予以考虑。重点包括：

1．自然本底属性。金属及其化合物通常是环境中天然存在的成分，在自然界具有本底浓度，而且不同地理区域的本底浓度存在很大差异。人类和动植物在长期进化过程中，可能对不同水平的金属具有一定的适应性。

2．营养属性。一些金属是维持人类、动物、植物和微生物健康必不可少的营养元素，但过少或过量时都会产生负面效应。

3．金属形态。不同价态的金属、不同的金属化合物，其生物有效性、毒性效应等均不相同。

三、技术要求

环境风险评估应评估化学物质对内陆环境和海洋环境的潜在风险，以及化学物质通过环境间接暴露的人体健康风险。

对内陆环境的风险评估一般包括内陆水生环境（包括沉积物）、陆生环境、大气环境、顶级捕食者以及污水处理系统微生物环境。对于海洋环境的风险评估一般包括海洋水环境（包括沉积物）和顶级捕食者。

通过环境间接暴露的人体健康风险评估通常评估人体通过吸入、摄入以及皮肤接触产生的健康风险。开展评估时，应关注化学物质对敏感人群（如孕妇、儿童、老人等）的影响。

（一）危害识别

1．环境危害识别

环境危害识别是确定化学物质具有的生态毒理特性，一般包括急性毒性和慢性毒性。

通常采用化学物质对藻、溞、鱼（代表三种不同营养级）的毒性代表对内陆水环境和海洋水环境的危害，采用对摇蚊、带丝蚓、狐尾藻等生物的毒性代表对沉积物的危害，采用对植物、蚯蚓、土壤微生物的毒性代表对陆生生物环境的危害，采用对活性污泥的毒性代表对污水处理系统微生物环境的危害。对于大气环境的危害通常包括全球气候变暖、消耗臭氧层、酸雨效应等非生物效应以及特定的环境生物效应，评估中重点考虑化学物质对大气环境的生物效应。对于顶级捕食者的评估，重点考虑亲脂性化学物质通过食物链的蓄积。

2．健康危害识别

健康危害识别重点关注化学物质的致癌性、致突变性、生殖发育毒性、重复剂量毒性等慢性毒性以及致敏性等。一种化学物质可能具有多种毒性。

通常而言，有四类数据可用来定性化学物质危害性：流行病学调查数据、动物体内实验数据、体外实验数据以及其他数据（如计算毒理学数据）。流行病学调查数据是确定化学物质对人体健康危害的最可靠资料，但一般较难获得；而且由于许多混杂因子（如共暴露污染物）、目标人群差异性、样本量、健康影响滞后性等的影响，难以确定化学物质与健康危害的因果关系。目前而言，动物实验数据依旧是危害识别的主要数据来源。

（二）剂量（浓度）-反应（效应）评估

1．环境危害的剂量（浓度）-反应（效应）评估

利用生态毒理学数据，针对不同的评估对象，推导预测无效应浓度（PNEC），如 $PNEC_{水}$、$PNEC_{沉积物}$、$PNEC_{土壤}$、$PNEC_{微生物}$等。PNEC 是指通常不会产生不良效应的浓度。

PNEC 值通常根据最低的半数致死浓度（LC_{50}）、半数效应浓度（EC_{50}）或无观察效应浓度（NOEC）除以合适的评估系数（AF）推导获得。生态毒性数据充分时，也可采用其他方法推导 PNEC，如物种敏感度分布法等。

通常情况下，水环境生态毒性数据相对丰富，其他评估对象如土壤、沉积物等生态毒理数据相对缺乏，此时可采取其他方法推导 PNEC。如土壤相关数据缺失时，可采用相平衡分配法来推导土壤环境的 PNEC，即根据 $PNEC_{水}$和水土分配系数（$K_{土壤-水}$）推导 $PNEC_{土壤}$，但该方法推导的 $PNEC_{土壤}$一般用于筛查是否需要开展后续的毒性测试，不能替代采用土壤生态毒理数据推导的 PNEC。

2．健康危害的剂量（浓度）-反应（效应）评估

根据毒性机理的不同，健康危害的剂量（浓度）-反应（效应）评估分以下两类情况：

第一类情况是有阈值的剂量（浓度）-反应（效应）评估。即化学物质只有超过一定剂量（阈值），才会造成毒性效应，这一阈值称作“未观察到有害效应的剂量水平”（NOAEL）。当 NOAEL 值无法得到时，可以用“可观察到有害效应的最低剂量水平”（LOAEL）作为毒性阈值。

确定 NOAEL 或 LOAEL 值后，进一步计算该化学物质对人体无有害效应的安全阈值，例如每日可耐受摄入量（TDI），即人体终生每天都摄入该剂量以下的化学物质，也不会引起健康危害效应。需要强调的是：估算安全阈值的假设前提是人的一生都处于暴露中。

安全阈值一般是用 NOAEL 除以不确定性系数（UF）获得。不确定系数一般考虑种间差异、个体差异和其他不确定性因子（如数据的可靠性、暴露时间等）。由于化学物质在不同物种体内代谢作用不同，个体对化学物质的敏感性不同，通常，不确定系数不超过 10 000。

第二类情况是无阈值的剂量（浓度）-反应（效应）评估。即并不存在一个下限值，摄入任何剂量的化学物质都有一定概率导致健康危害的情形，比如与遗传毒性有关的致癌性问题等。对于无阈值的剂量（浓度）-反应（效应）评估，通常通过数学模型，在给定的可接受风险概率下计算安全剂量（VSD）。

化学物质安全阈值或安全剂量除采用上述方法获得外，也可根据具体情况采用基准剂量法（BMD）进行计算。

（三）暴露评估

1．环境暴露评估

一般而言，需针对不同的评估对象，推导化学物质的预测环境浓度（PEC），如 $PEC_{水}$、$PEC_{沉积物}$、$PEC_{土壤}$、PEC_{stp} 等。

PEC 可基于环境中的实测数据和模型计算进行推导。考虑到环境暴露评估的不确定性，当 PEC 通过环境实测数据和模型计算同时获得时，通常应对存在的以下情况进行具体分析：

（1）模型计算 PEC≈基于监测的 PEC 时，说明最重要的暴露源均已考虑在内。应基于专业判断，采用更具可信度的结果。

（2）模型计算 PEC＞基于监测的 PEC 时，一方面，模型可能没有很好地模拟环境的实际状况，或有关化学物质的降解过程未充分考虑；另一方面，监测数据也可能不可靠，或仅代表环境背景浓度。如果基于监测的 PEC 是根据大量有代表性的样品推导的，则应优先采用。但是，如果模型假定的最坏情形是合理的，则可采用模型计算的 PEC。

（3）模型计算 PEC＜基于监测的 PEC 时，需要考虑模型是否合适，比如在模型中相关排放源并未考虑在内，或者可能过高估算了化学物质的降解性等。

环境暴露评估应当考虑化学物质生产使用与排放的不同情况，建立暴露场景时应当考虑地形和气象等条件的差异性。如果使用暴露模型，一般采用通用的标准环境，即预先设立相关的默认环境参数。环境参数可以是实际环境参数的平均值，或合理最坏暴露场景下的环境参数值，如温度，大气、水、土壤的密度，水环境中悬浮物浓度，悬浮物中固相体积比、水相体积比、有机碳重量比等。

2．健康暴露评估

通过环境间接暴露的人体健康暴露评估，主要是基于地表水、地下水、大气和土壤中化学物质的预测环境浓度，估算人体对化学物质每日的总暴露量。通常以化学物质对人体的外暴露剂量表示。

通常考虑三种暴露途径：吸入、摄入和皮肤接触。

通常按以下步骤进行：

（1）评估人体不同暴露途径相关介质中化学物质浓度。

（2）评估人体对每类介质的摄入率。

（3）综合人体对各介质的摄入率及介质中化学物质的浓度，计算摄入总量（必要时，考虑各摄入途径下的生物利用率）。

由于人群行为的差异，导致不同人群的暴露差异性大。暴露场景的选择对于风险评估结论具有重大影响。要完全科学合理地选择一个暴露场景极其困难，需要综合考虑各方面因素，进行折中处理，通常选择“合理的最坏场景”和典型场景。事故和滥用导致的暴露一般不予考虑，但已采取的风险管控措施应考虑在内。

（四）风险表征

1．环境风险表征

环境风险表征是定性或定量表示在不同评估对象中化学物质暴露水平与预测无效应浓度之间的关系。对于同一种化学物质，暴露的评估对象不同，则风险表征结果也不一样。

（1）定量风险表征

对于可以获得预测环境浓度（PEC）以及预测无效应浓度（PNEC）的化学物质，将评估对象中化学物质的PEC与PNEC进行比较，分别表征化学物质对不同评估对象的环境风险。

如果PEC/PNEC≤1，表明未发现化学物质存在不合理环境风险。

如果PEC/PNEC>1，表明化学物质存在不合理环境风险。

鉴于风险评估存在不确定性，对于上述两种情形，可根据具体情况，采用证据权重、专家判断等方式决定是否需要进一步收集暴露与毒性数据，开展进一步风险评估，以最终确定是否存在不合理风险。

（2）定性风险表征

当无法获得化学物质的PEC或PNEC值时，可采用定性方法表征潜在环境风险发生的可能性。比如：

当PEC不能合理估算时，若定性暴露评估表明该化学物质的环境暴露不会对任何评估对象产生明显影响，则环境风险可不予关注；若定性暴露评估表明该化学物质存在明显的环境暴露，则需要根据化学物质的生物累积性潜力、具有类似结构的其他物质相关数据等进行综合的专业判断。

对于PNEC不能合理估算情形，如短期测试未发现毒性效应而长期生态毒性数据缺乏时，需要定性评估以确定是否有必要开展进一步的长期毒性测试。定性评估时应考虑环境暴露水平以及慢性毒性效应发生的可能性。

2．健康风险表征

健康风险表征是定性或定量地表示人体的暴露水平与安全阈值或安全剂量之间的关系。对于同一种化学物质，暴露场景和暴露人群不同，健康危害效应不同，则风险表征结果也不一样。

通过比较人体总暴露量与安全阈值（例如 TDI）或安全剂量之间的关系，表征化学物质的健康风险：

（1）如果化学物质暴露量小于安全阈值或安全剂量，表明未发现化学物质存在不合理健康风险。

（2）如果化学物质暴露量大于或等于安全阈值或安全剂量，表明化学物质存在不合理健康风险。

鉴于风险评估存在不确定性，对于上述两种情形，可根据具体情况，采用证据权重、专家判断等方式决定是否需要进一步收集暴露与毒性数据，开展进一步风险评估，以最终确定是否存在不合理风险。

当无法获得化学物质的人体健康安全阈值或安全剂量时，可采用定性方法表征潜在人体健康风险发生的可能性。

四、报告编制

化学物质环境风险评估报告主要包括：评估目的、评估范围、数据收集与数据评估、危害识别、剂量（浓度）-反应（效应）评估、暴露评估、风险表征、不确定性分析、评估结论等内容。

关于印发《建设用地土壤污染状况调查、风险评估、风险管控及修复效果评估报告评审指南》的通知

环办土壤〔2019〕63 号

各省、自治区、直辖市生态环境厅（局）、自然资源主管部门，新疆生产建设兵团生态环境局、自然资源局：

为贯彻落实《中华人民共和国土壤污染防治法》，指导和规范建设用地土壤污染状况调查报告、土壤污染风险评估报告、风险管控效果评估报告及修复效果评估报告的评审工作，生态环境部会同自然资源部研究制定了《建设用地土壤污染状况调查、风险评估、风险管控及修复效果评估报告评审指南》。现印发给你们，请遵照执行。

生态环境部办公厅
自然资源部办公厅
2019 年 12 月 17 日

建设用地土壤污染状况调查、风险评估、风险管控及修复效果评估报告评审指南

一、适用范围

本指南适用于经土壤污染状况普查、详查、监测、现场检查等方式，表明有土壤污染风险的建设用地地块，以及用途变更为住宅、公共管理与公共服务用地的，变更前应当按照规定进行土壤污染状况调查的地块的土壤污染状况调查、风险评估、效果评估等报告的评审工作。

二、组织评审机制

（一）组织评审部门

建设用地土壤污染状况调查报告，由设区的市级以上地方生态环境主管部门会同自然资源主管部门组织评审。直辖市可由县以上地方人民政府相关部门组织评审。

建设用地土壤污染风险评估报告、风险管控效果评估报告、修复效果评估报告，由省级生态环境主管部门会同自然资源等主管部门组织评审。

（二）组织评审方式

生态环境主管部门会同自然资源等主管部门（以下简称组织评审部门）应当本着科学、合理、高效原则，组织开展评审工作。可以因地制宜，采取以下任一方式组织评审。

1．组织专家评审；

2．指定或者委托第三方专业机构评审或者组织评审；

3．省级生态环境主管部门会同自然资源主管部门认可的其他方式。

（三）部门分工

生态环境主管部门职责：1. 确定组织评审方式；2. 受理申请；3. 建立专家库；4. 档案、信息管理；5. 报告质量信息公开；6. 会同自然资源主管部门建立建设用地土壤污染风险管控和修复名录。

自然资源主管部门职责：1. 核实地块用地面积（四至范围）、历史、现状、土地使用权人、规划用途、用途变更、有关用地审批和规划许可等信息；2. 推荐本系统专家进入专家库；3. 确定部门代表参加评审。

（四）组织评审的经费

组织评审的经费应当分别列入生态环境主管部门和自然资源主管部门预算。

三、评审依据及有关原则

（一）评审依据

主要是国家和地方相关法律法规规章、标准规范。包括但不限于：《中华人民共和国土壤污染防治法》《污染地块土壤环境管理办法（试行）》《工矿用地土壤环境管理办法（试行）》《土壤环境质量　建设用地土壤污染风险管控标准（试行）》《地下水质量标准》《建设用地土壤污染状况调查技术导则》《建设用地土壤污染风险管控和修复监测技术导则》《建设用地土壤污染风险评估技术导则》《建设用地土壤修复技术导则》《污染地块风险管控与土壤修复效果评估技术导则》《污染地块地下水修复和风险管控技术导则》《地块土壤和地下水中挥发性有机物采样技术导则》《工业企业场地环境调查评估与修复工作指南（试行）》《建设用地土壤环境调查评估技术指南》《固体废物鉴别标准　通则》《危险废物鉴别标准　通则》等。

国家和地方相关法律法规规章、标准规范等未明确规定的内容，专家或者第三方专业机构依据专业知识判定。

生态环境主管部门对相关土壤污染风险管控和修复活动开展环境监管和环境监测的相关记录，可作为评审依据。

（二）有关原则

1．整体性原则

建设用地土壤污染防治涉及土壤污染状况调查、风险评估、风险管控及修复、效果评估等环节，环环相扣。要从整体上把握，而不是孤立审查各环节的报告，必要时，可以对前一环节报告是否能够满足本环节工作的要求进行评审。如：评审风险评估报告时，应当对土壤污染状况调查的数据是否能够满足风险评估的要求进行评审，对数据不满足要求的应该在风险评估阶段开展补充调查。

2．实事求是原则

对风险管控、修复、效果评估等后续环节工作的实施过程中可能发现未调查出的污染（包括污染物或者污染区域），要正确区分客观不确定性和弄虚作假，实事求是，分类处理。

（三）相关报告的重新评审

1．土壤污染状况调查报告

土壤污染状况调查报告通过评审后，发现存在未查明的污染（包括污染物或者污染区域），组织评审部门可要求补充开展土壤污染状况调查并重新评审。

2．土壤污染状况风险评估报告

土壤污染状况风险评估报告评审通过后，采取风险管控措施或者编制修复方案时，变更风险评估报告中确定的相关风险管控、修复目标的，变更规划用途的，以及土壤污染状况调查报告重新评审的，申请人应当重新申请对风险评估报告进行评审。

3．因报告编制质量问题造成的重新评审

土壤污染状况调查、风险评估、风险管控及修复效果评估报告因报告编制质量评审未通过的，经修改完善后应当重新评审。

四、评审程序及时限

（一）申请

1．申请人

（1）按照规定进行土壤污染状况调查的土地使用权人；

（2）按照国务院生态环境主管部门的规定进行土壤污染风险评估的土壤污染责任人、土地使用权人；

（3）达到土壤污染风险评估报告确定的风险管控、修复目标且可以安全利用的建设用地地块的土壤污染责任人、土地使用权人；

（4）依法组织实施土壤污染风险管控和修复的地方人民政府以及有关部门和单位。

2．申请材料

申请人提出申请时，应提交以下材料，并对材料真实性负责：

（1）建设用地土壤污染状况调查、风险评估、风险管控及修复效果评估报告评审申请表（可参考附件 1）；

（2）申请评审土壤污染状况调查报告的：用于评审的土壤污染状况调查报告（含水文地质调查内容）及相关检测报告；

申请评审土壤污染状况风险评估报告的：用于评审的土壤污染风险评估报告；

申请评审风险管控效果评估报告、修复效果评估报告的：用于评审的土壤污染风险管控效果评估报告、修复效果评估报告，相关检测报告，风险管控/修复方案，风险管控/修复设计方案、施工方案，施工过程中的相关关键资料。

（3）申请人及报告出具单位承诺书（见附件 2、3）。

（4）生态环境主管部门、自然资源主管部门规定的其他相关资料。

（二）受理

组织评审的生态环境主管部门对申请是否属于受理范围、申请材料的完整性等进行审核，于 5 个工作日内作出受理或者不予受理的决定。

申请材料不完整的，应一次性告知需要补正的材料。

不予受理的，应说明不予受理的理由。

（三）组织评审

组织评审部门应当在受理申请后 30 个工作日内完成评审。如需开展抽样检测（检测机构需具备相应资质）等工作的，其时间不计算在内。

五、专家评审

生态环境主管部门会同自然资源主管部门，或者第三方专业机构组织专家进行评审的，总体要求如下。

（一）专家审查的形式

一般为会议审查，包括查阅资料，并根据需要开展必要的现场踏勘和抽样检测。

（二）建立专家库

省级生态环境主管部门会同自然资源主管部门应当建立健全土壤污染防治专家库，实施动态管理。有条件的设区市也可建立本行政区域专家库。专家评审原则上从专家库抽取或者选取专家。评审涉及行业管理的，可以邀请专家库以外的行业专家。与评审项目各方有利益相关的专家应主动回避。

专家应具备以下条件：①熟悉土壤污染防治相关法律法规（特别是《中华人民共和国土壤污染防治法》），掌握关于评审土壤污染状况调查、风险评估、风险管控及修复效果评估报告的法律要求；熟悉土壤污染防治相关政策、标准和规范。涉及地下水受到污染的，应当熟悉地下水污染防治相关法律法规、政策、标准和规范；②具有良好职业道德，能坚持科学、客观、公正、高效、廉洁的评审原则，身体健康，能够承担专家审查任务；③在建设用地风险管控和修复涉及的专业或者行业中有较深造诣，熟悉其专业或者行业的国内外情况及动态；④具有高级以上专业技术职称或者取得相关行业职业资格证书，且从事相关专业领域工作3年及以上，在相关领域有突出专业特长或者管理经验的专业技术职称可适当放宽；⑤无犯罪记录。

（三）专家组成

1．关于土壤污染状况调查报告评审

原则上人数应不少于3人，复杂或者高风险场地的报告可适当增加专家组人数。优先选择具有土壤污染状况调查经验的专家。建设用地土壤污染涉及有色金属冶炼、石油加工、化工、焦化、电镀、制革等行业及从事过危险废物贮存、利用、处置等相关企业的，至少有1名熟悉相关工艺流程的行业专家；涉及地下水受到污染的，至少有1名熟悉地下水污染防治的专家。

专家组组长原则上应有建设用地土壤污染状况调查从业经验。

2．关于土壤污染风险评估报告评审

原则上人数应不少于3人，复杂或者高风险场地的报告可适当增加专家组人数。优先选择熟悉场地概念模型构建、健康风险评估以及具有土壤污染风险评估经验的专家。涉及地下水受到污染的，至少有1名熟悉地下水污染防治的专家。

专家组组长原则上应有建设用地土壤污染风险评估从业经验。

3．关于土壤污染风险管控效果评估报告及修复效果评估报告评审

原则上人数应不少于3人，复杂或者高风险场地的报告可适当增加专家组人数。优先选择熟悉相关风险管控或者修复工艺技术以及具有土壤污染风险评估、风险管控、修复及效果评估从业经验的专家。涉及地下水受到污染的，至少有1名熟悉地下水污染防治的专家。

专家组组长原则上应有建设用地土壤污染风险评估、风险管控、修复或者效果评估从业经验。

（四）专家及专家组意见

评审组织部门或者第三方专业机构，应提前将需要评审的报告及相关资料送达专家组所有成员。

专家组成员应按照评审意见的内容要求，独立出具个人审查意见，对其出具的个人审查意见负责。

经专家会审后，专家组综合形成评审意见，并由专家组所有成员签字确认。

六、第三方专业机构评审

第三方专业机构应符合以下基本条件：①在国内注册的法人单位，有健全的组织机构，具有固定的工作场所；②遵守国家有关法律法规和政策规定，社会信誉良好，无违法记录；③具有承担国家和地方生态环境保护有关规划、政策研究和咨询的工作经验；④具有3名及以上长期（10年及以上）从事环境保护管理、政策、规划、技术咨询工作经验的高级职称技术人员；⑤原则上承担审查任务合同期内不得承接或者参与本行政区域内所评审类别的项目。

不组织专家评审的，第三方专业机构按照评审意见的内容要求出具评审意见。

七、评审意见

评审应当就以下问题给出明确意见和结论。

（一）土壤污染状况调查报告

1．土壤污染状况调查程序与方法是否符合国家相关标准规范要求。土壤污染状况调查遵循分阶段调查的原则，土壤污染状况调查报告为根据国家相关标准规范可以结束调查时的完整调查报告。

2．土壤污染状况调查报告是否包括以下主要内容：地块基本信息、土壤是否受到污染、污染物含量是否超过土壤污染风险管控标准等内容。污染物含量超过土壤污染风险管控标准的，土壤污染状况调查报告还应当包括污染类型、污染来源以及地下水是否受到污染等内容。

3．污染物含量是否超过土壤污染风险管控标准的结论。一般存在3种情况：土壤污染物超过风险管控标准；未超过，且无需进一步补充调查；无法得出结论，需要进一步补充调查。

4．报告是否通过。包括3种情况：通过，无需修改；通过但需修改，并提出修改要求和修改后的审核方式；未通过，并提出明确具体的整改要求。

（二）土壤污染风险评估报告

1．土壤污染状况调查的数据是否能够满足风险评估的要求。一般存在2种情况：满足；不满足，需要进一步补充调查。

2．土壤污染风险评估程序与方法是否符合国家相关标准规范要求。

3．土壤污染风险评估报告是否包括以下内容：主要污染物状况；土壤及地下水污染范围；暴露情景与公众健康风险；风险管控、修复的目标和基本要求等。

4．是否需要实施风险管控、修复。一般存在3种情况：风险不可接受，需要采取风险管控、修复措施；风险可接受，且不需要进一步补充调查，不需要采取风险管控、修复措施；风险不确定，需要进一步补充调查，并再次进行风险评估和评审。

5．风险管控、修复的目标和基本要求等是否科学合理。

6．报告是否通过。包括3种情况：通过，无需修改；通过但需修改，并提出修改要求和修改后的审核方式；未通过，并提出明确具体的整改要求。

（三）风险管控效果评估报告、修复效果评估报告

1．土壤污染风险管控、修复效果评估程序与方法是否符合国家相关标准规范要求。

2．风险管控效果评估报告、修复效果评估报告是否包括以下内容：是否达到土壤污染风险评估报告确定的风险管控、修复目标且可以安全利用等内容。

3．是否达到土壤污染风险评估报告确定的风险管控、修复目标且可以安全利用。一般存在3种情况：未达到土壤污染风险评估报告确定的风险管控、修复目标，不可以安全利用；达到土壤污染风险评估报告确定的风险管控、修复目标且可以安全利用；不确定，需要进一步补充调查，并再次进行效果评估。

4．报告是否通过。包括3种情况：通过，无需修改；通过但需修改，并提出修改要求和修改后的审核方式；未通过，并提出明确具体的整改要求。

八、评审后的管理

生态环境主管部门会同自然资源主管部门应当于评审意见形成后5个工作日内，采取适当形式将评审意见告知申请人。

（一）土壤污染状况调查报告

对土壤污染状况调查报告评审表明污染物含量超过土壤污染风险管控标准的建设用地地块，土壤污染责任人、土地使用权人应当按照国务院生态环境主管部门的规定进行土壤污染风险评估，并将土壤污染风险评估报告报省级生态环境主管部门。

（二）土壤污染风险评估报告

依据土壤污染风险评估报告的评审意见，省级生态环境主管部门应当会同自然资源主管部门，及时将需要实施风险管控、修复的地块纳入建设用地土壤污染风险管控和修复名录。

（三）风险管控效果评估报告、修复效果评估报告

依据风险管控效果评估报告、修复效果评估报告的评审意见，省级生态环境主管部门应当会同自然资源主管部门，及时将达到土壤污染风险评估报告确定的风险管控、修复目标且可以安全利用的地块移出建设用地土壤污染风险管控和修复名录，按照规定向社会公开。

（四）档案、信息管理

组织评审部门应建立相应的档案管理制度，妥善保存申请材料、评审意见等相关材料，档案保存期限不少于30年。开展重新评审的，相关材料与之前评审的材料均需存档。

申请人应当在评审前将土壤污染状况调查报告、土壤污染风险评估报告、风险管控效果评估报告、修复效果评估报告，上传全国土壤环境信息平台。报告审核通过但需要进一步修改完善的报告，申请人应当在评审结束后30个工作日内将修改完善后的土壤污染状况调查报告、土壤污染风险评估报告、风险管控效果评估报告、修复效果评估报告上传全国土壤环境信息平台。

组织评审部门应当将报告的评审意见及时上传全国土壤环境信息平台。

（五）报告质量信息公开

组织评审部门应当定期将报告评审通过汇总情况在其官网予以公布（每年至少一次）。公开内容包括但不限于以下内容：报告编制单位名称、提交报告总数、一次性通过率。

九、相关责任

从事土壤污染状况调查和土壤污染风险评估、风险管控、修复、风险管控效果评估、修复效果评估等活动的单位，对其出具的调查报告、风险评估报告、风险管控效果评估报告、修复效果评估报告的真实性、准确性、完整性负责，并按照约定对风险管控、修复、后期管理等活动结果负责。

附件 1

建设用地土壤污染状况调查、风险评估、风险管控及修复效果评估报告评审申请表

<table>
<tr><td>项目名称</td><td colspan="5"></td></tr>
<tr><td>报告类型</td><td colspan="5">□土壤污染状况调查
□土壤污染风险评估
□土壤污染风险管控效果评估
□土壤污染修复效果评估</td></tr>
<tr><td>联系人</td><td></td><td>联系电话</td><td></td><td>电子邮箱</td><td></td></tr>
<tr><td>地块类型</td><td colspan="5">□经土壤污染状况普查、详查、监测、现场检查等方式，表明有土壤污染风险
□用途变更为住宅、公共管理、公共服务用地，变更前应当按照规定进行土壤污染状况调查的地块</td></tr>
<tr><td>土地使用权取得时间（地方人民政府以及有关部门申请的，填写土地使用权收回时间）</td><td colspan="2">年　月　日</td><td colspan="2">前土地使用权人</td><td></td></tr>
<tr><td rowspan="2">建设用地地点</td><td colspan="5">____省（区、市）____地区（市、州、盟）________县（区、市、旗）____乡（镇）________街（村）</td></tr>
<tr><td colspan="5">经度：____° 纬度：____°
□项目中心　□其他（简要说明）</td></tr>
<tr><td>四至范围</td><td colspan="3">（可另附图）
注明拐点坐标（2000 国家大地坐标系）</td><td>占地面积/米^2</td><td></td></tr>
<tr><td>行业类别（现状为工矿用地的填写该栏）</td><td colspan="5">□有色金属冶炼□石油加工□化工□焦化□电镀
□制革□危险废物贮存、利用、处置活动用地
□其他____</td></tr>
<tr><td>有关用地审批和规划许可情况</td><td colspan="5">□已依法办理建设用地审批手续
□已核发建设用地规划许可证
□已核发建设工程规划许可证</td></tr>
</table>

规划用途	□第一类用地： 包括 GB 50137 规定的□居住用地 R □中小学用地 A33 □医疗卫生用地 A5 □社会福利设施用地 A6 □公园绿地 G1 中的社区公园或者儿童公园用地 □第二类用地：包括 GB 50137 规定的□工业用地 M □物流仓储用地 W □商业服务业设施用地 B □道路与交通设施用地 S □公共设施用地 U □公共管理与公共服务用地 A（A33、A5、A6 除外）□绿地与广场用地 G（G1 中的社区公园或者儿童公园用地除外） □不确定
报告主要结论	（可另附页）

申请人：（申请人为单位的盖章，申请人为个人的签字）

申请日期：　　年　月　日

附件 2

申请人承诺书

本单位（或者个人）郑重承诺：

我单位（或者本人）对申请材料的真实性负责；为报告出具单位提供的相应资料、全部数据及内容真实有效，绝不弄虚作假。

如有违反，愿意为提供虚假资料和信息引发的一切后果承担全部法律责任。

承诺单位：（公章）

法定代表人（或者申请个人）：（签名）

年　月　日

附件 3

报告出具单位承诺书

本单位郑重承诺：

我单位对××××××报告的真实性、准确性、完整性负责。

本报告的直接负责的主管人员是：

姓名：　　身份证号：　　负责篇章：　　签名：

本报告的其他直接责任人员包括：

姓名：　　身份证号：　　负责篇章：　　签名：

姓名：　　身份证号：　　负责篇章：　　签名：

姓名：　　身份证号：　　负责篇章：　　签名：

如出具虚假报告，愿意承担全部法律责任。

承诺单位：（公章）

法定代表人：（签名）

年　月　日

关于做好“三磷”建设项目环境影响评价与排污许可管理工作的通知

环办环评〔2019〕65号

各省、自治区、直辖市生态环境厅（局），新疆生产建设兵团生态环境局：

为贯彻落实国务院《“十三五”生态环境保护规划》（国发〔2016〕65号）和《长江保护修复攻坚战行动计划》（环水体〔2018〕181号）相关要求，充分发挥环境影响评价制度的源头预防作用，强化排污许可监管效能，切实做好磷矿、磷化工（包括磷肥、含磷农药、黄磷制造等）和磷石膏库（以下简称“三磷”）建设项目环境影响评价与排污许可管理工作，现将有关事项通知如下。

一、严格环境影响评价，源头防范环境风险

（一）优化产业规划布局，严格项目选址要求。新建、扩建磷化工项目应布设在依法合规设立的化工园区或具有化工定位的产业园区内，所在化工园区或产业园区应依法开展规划环境影响评价工作，并与所在省（区、市）生态保护红线、环境质量底线、资源利用上线和生态环境准入清单成果做好衔接，落实相应管控要求。磷化工建设项目应符合园区规划及规划环评要求。“三磷”建设项目应论证是否符合生态环境准入清单，对不符合的依法不予审批。

“三磷”建设项目选址不得位于饮用水水源保护区、自然保护区、风景名胜区以及国家法律法规明确的其他禁止建设区域。选址应避开岩溶强发育、存在较多落水洞或岩溶漏斗的区域。长江干流及主要支流岸线 1 千米范围内禁止新建、扩建磷矿、磷化工项目，长江干流 3 千米范围内、主要支流岸线 1 千米范围内禁止新建、扩建尾矿库和磷石膏库。

（二）严格总磷排放控制，规范区域削减替代要求。地方生态环境部门应以环境质量改善为核心，严格总磷等主要污染物区域削减要求。建设项目所在水环境控制单元

或断面总磷超标的，实施总磷排放量 2 倍或以上削减替代。所在水环境控制单元或断面总磷达标的，实施总磷排放量等量或以上削减替代。替代量应来源于项目同一水环境控制单元或断面上游拟实施关停、升级改造的工业企业，不得来源于农业源、城镇污水处理厂或已列入流域环境质量改善计划的工业企业。相应的减排措施应确保在项目投产前完成。

地方生态环境部门在审查项目环境影响评价文件时应核实区域削减源，并在审批文件中对出让总量控制指标的排污单位提出明确要求。在项目环评审批后，产生实际排污行为前，排污许可证核发部门应对已取得排污许可证的出让总量控制指标的排污单位依法进行变更，对尚未取得排污许可证的出让总量控制指标的排污单位按削减后要求核发其排污许可证。

（三）严格建设项目环评审批，强化环境管理要求。地方生态环境部门应按照相关环境保护法律法规、标准和技术规范等要求审批“三磷”建设项目环评文件，并在审批过程中对相应环境保护措施提出严格要求。

磷矿建设项目选矿废水、尾矿库尾水应闭路循环，磷肥建设项目废水应收集处理后全部回用，含磷农药建设项目母液应单独处理后资源化利用，黄磷建设项目废水应收集处理后全部回用，磷石膏库渗滤液及含污雨水收集处理后全部回用。重点排污单位废水排放口应安装总磷在线监测设备并与生态环境部门联网。

黄磷建设项目电炉气经净化处理后综合利用，含磷无组织废气应收集处理后达标排放。磷化工建设项目生产废气应加强含磷污染物、氟化物的排放治理。磷矿、磷化工和磷石膏库建设项目应采取有效措施控制储存、装卸、运输及工艺过程等无组织排放。

磷肥建设项目应实行“以用定产”，以磷石膏综合利用量决定湿法磷酸产量。同步落实磷石膏综合利用途径，综合利用不畅的可利用现有磷石膏库堆存，不得新建、扩建磷石膏库（暂存场除外）。磷石膏库、尾矿库、暂存场按第Ⅱ类一般工业固体废物处置要求采取防渗、地下水导排等措施，并建设地下水监测井，开展日常监控，防范地下水环境污染。磷化工建设项目应明确产生固体废物属性及危险废物类别，采取清洁生产措施，减少固体废物、危险废物的产生量和危害性。

改建、扩建项目应对现有工程（包括磷石膏库、尾矿库）进行回顾分析，全面梳理存在的环境影响问题，并提出“以新带老”或整改措施。

（四）开展环评文件批复落实情况检查。地方生态环境部门应加强对“三磷”建设项目环评文件批复落实情况的检查。已经开工在建的，重点检查各项环保要求和措施是否同步实施，是否存在重大变动未重新报批等情况；已经投入生产或者使用的，重点检查各项环保措施是否同步建成投运，区域削减措施是否落实到位，是否按要求开展自主验收等。对未落实环评批复及要求的，责令限期改正并依法依规予以处理处罚。

二、落实排污许可制度，强化事中事后监管

（五）按期完成排污许可证核发，实现排污许可全覆盖。省级生态环境部门应以第二次污染源普查、尾矿库环境基础信息排查摸底、长江“三磷”专项排查整治等成果数据为基础，组织开展“三磷”行业清单梳理，建立应核发排污许可证的企业清单。地方生态环境部门应如期完成磷肥、黄磷行业排污许可证核发，2020 年 9 月底前完成磷矿排污许可证

核发；新建、改建、扩建“三磷”建设项目在实际排污之前核发（变更）排污许可证，实现“三磷”行业固定污染源排污许可全覆盖。

长江流域地方生态环境部门对长江“三磷”专项排查整治行动中要求关停取缔的“三磷”企业不予核发排污许可证，已经核发的应依法注销排污许可证；对纳入规范整治且已核发排污许可证的企业，督促其完成整改并执行排污许可证相关要求。

（六）开展排污许可证质量和落实情况检查。各省级生态环境部门应在2020年3月底前完成含磷农药行业排污许可证质量和落实情况检查，2020年9月底前完成磷肥、黄磷和磷矿行业排污许可证质量和落实情况检查，并将检查结果上传至全国排污许可证管理信息平台。排污许可证质量重点检查排污许可管控污染物、污染物许可限值、自行监测等环境管理内容是否符合要求。落实情况重点检查排污单位是否按要求开展自行监测、台账记录是否完整、真实，定期提交执行报告情况。

（七）加大环境综合监管力度，强化监管效能。地方生态环境执法部门应将“三磷”建设项目企业纳入年度执法计划，加大执法检查力度，对发现的未批先建、环保“三同时”不落实、未验先投、无证排污、不按证排污等违法违规行为依法进行处理处罚。

三、落实信息公开要求，主动接受社会监督

（八）强化信息公开，建立共享机制。地方生态环境部门应按照信息公开相关要求，主动公开项目环评文件受理情况、拟作出的审批意见和审批决定，并在全国排污许可证管理信息平台及时公布“三磷”企业排污许可证发放情况，保障公众环境保护知情权、参与权和监督权。

建立完善环评文件审批、排污许可证核发、监督执法等信息共享机制，及时将环评、“三同时”、竣工环保自主验收和排污许可违法违规行为处罚情况等信息纳入全国企业信用信息公示系统，完善失信联合惩戒机制。

生态环境部办公厅

2019年12月31日

关于艾草精油提炼建设项目环境影响评价类别的复函

环办环评函〔2019〕74号

贵州省生态环境厅：

你厅《关于艾草精油提炼建设项目适用环境影响评价类别的请示》（黔环呈〔2018〕

249 号）收悉。经研究，函复如下。

来信所述的艾草精油提炼项目属于《国民经济行业分类》（GB/T 4754—2017）“268 日用化学产品制造”中的“2684 香料、香精制造”，应按照《建设项目环境影响评价分类管理名录》（环境保护部令　第 44 号）第 39 类的“日用化学品制造（除单纯混合和分装外的）”项目有关规定，编制环境影响报告书。

特此函复。

生态环境部办公厅

2019 年 1 月 22 日

关于感染性废物和损伤性废物豁免认定有关事项的复函

环办固体函〔2019〕105 号

山东省生态环境厅：

你厅《关于感染性废物和损伤性废物豁免认定有关事项的请示》（鲁环发〔2018〕52 号）收悉。经研究，函复如下。

根据《国家危险废物名录》第五条关于“列入本名录附录《危险废物豁免管理清单》中的危险废物，在所列的豁免环节，且满足相应的豁免条件时，可以按照豁免内容的规定实行豁免管理”的规定，以及《危险废物豁免管理清单》相关要求，感染性废物（废物代码为 831-001-01）和损伤性废物（废物代码为 831-002-01）按照《医疗废物高温蒸汽集中处理工程技术规范（试行）》（HJ/T 276—2006）、《医疗废物化学消毒集中处理工程技术规范（试行）》（HJ/T 228—2006）或《医疗废物微波消毒集中处理工程技术规范（试行）》（HJ/T 229—2006）进行处理后，仍属于危险废物；处理后的废物进入生活垃圾填埋场填埋处置或进入生活垃圾焚烧厂焚烧处置，处置过程不按危险废物管理。

特此函复。

生态环境部办公厅

2019 年 1 月 29 日

关于贯彻落实《关于深化生态环境保护综合行政执法改革的指导意见》的通知

环办执法函〔2019〕149号

各省、自治区、直辖市生态环境厅（局），新疆生产建设兵团环境保护局：

近日，中共中央办公厅、国务院办公厅印发《关于深化生态环境保护综合行政执法改革的指导意见》（中办发〔2018〕64号，以下简称《指导意见》）。全国生态环境系统要认真学习、贯彻落实《指导意见》精神，扎实推进生态环境保护综合执法改革各项任务落实。现将有关要求通知如下。

一、充分认识贯彻落实《指导意见》的重大意义

《指导意见》以习近平生态文明思想为指导，立足党和国家事业发展全局，适应新时代新历史方位，顺应人民群众新期待，对生态环境保护综合行政执法改革做出全面、系统、深入部署，是打造生态环境保护执法铁军，推进我国生态环境治理体系和治理能力现代化建设的又一个纲领性文件。《指导意见》既坚持中央对五支综合执法队伍的共性要求，又尽量突出生态环境保护领域执法的特性要求，提出了18条改革举措。《指导意见》任务明确、要求具体、措施可行。各级生态环境部门务必学习好、宣传好、贯彻好，大力推进《指导意见》落地见效，形成生动实践。

二、贯彻落实《指导意见》的有关要求

（一）加强沟通协调，主动担当作为。

此次综合行政执法改革不仅涉及生态环境系统内部纵向的层级执法职责调整，也涉及外部横向的部门间执法职责整合。各级生态环境部门要强化责任担当，主动向同级党委政府汇报，争取最大限度支持，需要相关部门配合的，要提前做好沟通。要根据本地实际情况，向同级政府提出贯彻落实《指导意见》的实施方案，明确责任、细化分工，确保各项改革任务顺利推进。

（二）落实重点任务，确保落地见效。

《指导意见》明确要求，2019年3月底前基本完成生态环境保护综合执法队伍整合组建工作，2019年年底前各级生态环境保护综合执法队伍要基本完成权力和责任清单的制定和公布工作，2020年基本建立职责明确、边界清晰、行为规范、保障有力、运转高效、充满活力的生态环境保护综合行政执法体制，基本形成与生态环境保护事业相适应的行政执

法职能体系。地方各级生态环境部门要准确把握自身定位，在党委政府的领导下扎实做好建议方案，大力推动贯彻实施。

（三）强化队伍建设，提升执法能力。

各级生态环境部门要以此次改革为契机，按照《指导意见》要求，切实加强队伍建设。加快建立完善执法人员持证上岗和资格管理制度、考核奖惩制度、责任追究和尽职免责制度、执法全过程记录制度、重大执法决定法制审核制度、执法案卷评查和评议考核制度、领导干部违法违规干预执法活动或插手具体生态环境保护案件查处责任追究制度等，加快建立完善立功表彰机制、纠错问责机制、信息共享和大数据执法监管机制、行政执法和刑事司法衔接机制等，全面推进环境执法标准化建设，努力实现机构规范化、装备现代化、队伍专业化和管理制度化。

（四）清理执法事项，推动尽职免责。

作为此次改革的配套文件，《生态环境保护综合行政执法事项指导目录》已经完成征求意见，近期将印发。省、市级生态环境部门要以此为参照，结合实际，全面梳理地方性法规和规章中规定的执法事项，按照规范、精简的要求，建立执法事项清单管理制度，并实行动态调整。省、市级生态环境保护综合执法队伍要在2019年年底前，基本完成权力和责任清单的制定和发布，确定生态环境保护综合执法队伍、岗位及执法人员的执法责任，探索建立责任追究和尽职免责制度。

（五）加大宣传力度，形成良好氛围。

各级生态环境部门要高度重视《指导意见》的学习宣传，通过举办培训班、研讨班等方式，组织推动地方各级政府相关部门深入学习，统一思想，精准掌握《指导意见》核心内容和重点任务。同时，要发掘综合执法改革好的经验、做法，研究分析，争取在主流媒体持续发表主题文章报道，扩大舆论影响，形成推进生态环境综合行政执法改革的良好舆论氛围。

三、加强《指导意见》贯彻落实情况信息报送

为及时全面跟踪掌握全国生态环境保护综合执法改革进展情况，加强对各省份综合执法改革工作的指导，请各省级生态环境部门根据具体要求和时间节点及时将印发文件、召开会议、采取措施等改革最新进展情况报送我部。

（一）2019年3月31日前，每两周填报《贯彻落实〈指导意见〉重点举措统计表》和《贯彻落实〈指导意见〉进展情况统计表》（见附件1和附件2）。

（二）2019年3月31日前，报送生态环境保护综合执法队伍整合组建工作自评报告。

（三）2019年4月1日以后，按照附件1和附件2的要求每月底前填报进展情况表。

（四）2019年12月31日前，报送生态环境保护综合执法队伍权力和责任清单的制定和公布工作自评报告、执法改革年度总结报告。

联系人：王聚欣

电话：（010）56500313

传真：（010）56500313

生态环境部办公厅

2019年2月3日

附件 1

贯彻落实《指导意见》重点举措统计表

填报单位：　　　　　　　　　　　　　　　　　　　　　　　　　　　　　　填报时间：

序号	类型 （发文/会议/活动/机制或制度/其他）	组织单位	名称	时间
1				
2				
3				

填写说明：

1．请填写自《关于深化生态环境保护综合行政执法改革的指导意见》发布以来贯彻落实情况。除重大改革措施外，县级及以下党委、政府和地市级及以下各相关部门的贯彻落实情况可不填报；

2．类型填写“发文”“会议”“活动”“机制或制度”或“其他”；

3．时间请填写文件印发时间、会议召开时间或活动开展时间；

4．仅报送两周（本月）最新进展，两周（本月）无进展也需报告。

附件 2

贯彻落实《指导意见》进展情况统计表

填报单位：　　　　　　　　　　　　　　　　　　　　　　　　　　　　　　填报时间：

<table>
<tr><td colspan="2" rowspan="4">省级</td><td colspan="14">综合执法改革进展情况</td></tr>
<tr><td rowspan="2">是否完成</td><td colspan="3">内设执法机构</td><td colspan="3">单设执法队伍</td><td colspan="6">外部门划转编制数</td><td rowspan="2">划入职责</td></tr>
<tr><td>是否设</td><td>名称</td><td>编制数</td><td>是否设</td><td>名称</td><td>编制数</td><td>林业</td><td>海洋</td><td>国土</td><td>农业</td><td>水利</td><td>发改</td></tr>
<tr><td></td><td></td><td></td><td></td><td></td><td></td><td></td><td></td><td></td><td></td><td></td><td></td><td></td><td></td></tr>
<tr><td colspan="2" rowspan="2">地市级</td><td colspan="5">地市总数</td><td colspan="4">本周完成执法改革地市数</td><td colspan="5">累计完成地市数</td></tr>
<tr><td colspan="5"></td><td colspan="4"></td><td colspan="5"></td></tr>
<tr><td rowspan="9">地市完成情况统计</td><td rowspan="2">序号</td><td rowspan="2">地市名称</td><td rowspan="2" colspan="3">是否完成</td><td rowspan="2">方案是否制定</td><td rowspan="2" colspan="2">批准编制数</td><td colspan="6">外部门划转编制数</td><td rowspan="2">划入职责</td></tr>
<tr><td>林业</td><td>海洋</td><td>国土</td><td>农业</td><td>水利</td><td>发改</td></tr>
<tr><td>1</td><td></td><td colspan="3"></td><td></td><td colspan="2"></td><td></td><td></td><td></td><td></td><td></td><td></td><td></td></tr>
<tr><td>2</td><td></td><td colspan="3"></td><td></td><td colspan="2"></td><td></td><td></td><td></td><td></td><td></td><td></td><td></td></tr>
<tr><td>3</td><td></td><td colspan="3"></td><td></td><td colspan="2"></td><td></td><td></td><td></td><td></td><td></td><td></td><td></td></tr>
<tr><td>4</td><td></td><td colspan="3"></td><td></td><td colspan="2"></td><td></td><td></td><td></td><td></td><td></td><td></td><td></td></tr>
<tr><td>5</td><td></td><td colspan="3"></td><td></td><td colspan="2"></td><td></td><td></td><td></td><td></td><td></td><td></td><td></td></tr>
<tr><td>6</td><td></td><td colspan="3"></td><td></td><td colspan="2"></td><td></td><td></td><td></td><td></td><td></td><td></td><td></td></tr>
<tr><td>7</td><td></td><td colspan="3"></td><td></td><td colspan="2"></td><td></td><td></td><td></td><td></td><td></td><td></td><td></td></tr>
</table>

填写说明：

1．仅填写两周（本月）改革完成情况，两周（本月）无进展也需报告；

2．本表原则上填写至 2019 年 3 月 31 日；

3．填写编制数和外部门划转编制数要注明编制性质（行政、参公或事业）；

4．完成执法改革以印发方案，并完成职责。

关于《医疗机构水污染物排放标准》执行中有关问题的复函

环办水体函〔2019〕279 号

四川省生态环境厅：

你厅《关于执行〈医疗机构水污染物排放标准〉有关问题的请示》（川环〔2019〕5 号）收悉。经研究，函复如下。

县级以下且 20 张床位以上的综合医疗机构和其他所有医疗机构应按照《医疗机构水污染物排放标准》（GB 18466—2005）4.1.2 节的要求，执行该标准表 2 的水污染物排放限值。

生态环境部办公厅

2019 年 3 月 16 日

关于做好 2019 年重点湖库蓝藻水华防控工作的通知

环办水体函〔2019〕283 号

各省、自治区、直辖市生态环境厅（局），新疆生产建设兵团生态环境局：

据气象部门分析预测，2019 年 1 月至 5 月全国大部分地区气温较常年同期偏高，太湖、巢湖、滇池、洱海等流域 1—5 月气温与多年平均气温相比增加 0.5～2℃，利于蓝藻水华发生。同时，据 2019 年 1 月水质监测结果，太湖、滇池叶绿素 a 浓度较往年同期偏高。为落实《水污染防治行动计划》要求，保障饮用水安全，各地应积极采取相关措施防控湖库蓝藻水华灾害。现将有关要求通知如下。

一、强化监测预警。严密监控重点湖库水质和蓝藻水华动态，在蓝藻水华暴发敏感区和高发期，制定和实施加密监测方案，综合水文、气象、水质和藻类监测结果，加强蓝藻水华形势分析和预测预警。太湖、巢湖、滇池、洱海等重点湖库，要采用卫星遥感和人工巡测相结合的手段监控水华动态。对发生规模化蓝藻水华的湖库，要及时将蓝藻水华发生情况报送当地政府和我部。

二、制定应急预案。对发生过规模化蓝藻水华的重点湖库，应制定蓝藻水华防控应急预案，建立应急工作机制，明确责任分工，加强应急物资储备，定期开展应急预案演练。

三、加强敏感水域水华控制。对于集中水源地取水口及其周边至少500米范围区域，开展蓝藻围挡和打捞处置。加强饮用水水源水质监控，及时分析蓝藻水华对饮用水安全的影响。督促指导自来水厂做好备用水源的保护及有关设备的维护、调试，保障居民饮用水供应。加强风景名胜区、集中居民区、休闲场所等人群敏感区周边蓝藻水华防控，确保无明显蓝藻堆积、腐烂发臭现象。加强沉水植被重点分布区蓝藻打捞，防止水生植被退化。

四、实施水华综合防控。持续推进重点湖库生态环境治理，对汇入富营养化湖库的河流应严格实施氮磷浓度控制，及时清理入湖河沟淤泥、垃圾，降低入湖污染负荷。结合湖库水华防控的实践经验，适当采取生态水位调节、生态调水、水生植被恢复和水生态调控等措施，提升湖库生态环境承载能力，降低蓝藻水华暴发风险。

五、严格环境执法监督。加大对重点湖库及其主要入湖河流沿岸区域的监督执法力度，定期巡查，依法严厉打击私设暗管、不正常使用水污染物处理设施和超标排放等环境违法行为，追究相关人员法律责任。强化生态环境空间管控，严守生态保护红线，依法严厉打击侵占河湖水域岸线、围垦湖泊、填湖造地等行为。

我部将密切关注各重点湖库水质及蓝藻水华变化情况，适时组织开展工作督导，对蓝藻水华防控工作落后地区予以通报。

生态环境部办公厅

2019年2月20日

关于《工业污染源现场检查技术规范》有关问题的复函

环办执法函〔2019〕293号

四川省生态环境厅：

你厅《关于执行〈工业污染源现场检查技术规范〉有关问题的请示》(川环〔2019〕3号）收悉。经研究，函复如下。

《工业污染源现场检查技术规范》(HJ 606—2011）属于推荐性标准，适用于对工业污染源的现场检查活动。各级生态环境主管部门对属于工业污染源的排污单位进行现场检查，均可参照执行该标准。

特此函复。

生态环境部办公厅

2019年3月20日

关于印发《2019年环保设施和城市污水垃圾处理设施向公众开放工作实施方案》的通知

环办宣教函〔2019〕333号

各省、自治区、直辖市生态环境厅（局），新疆生产建设兵团生态环境局：

为深入贯彻落实《中共中央 国务院关于全面加强生态环境保护坚决打好污染防治攻坚战的意见》，根据《关于进一步做好全国环保设施和城市污水垃圾处理设施向公众开放工作的通知》要求，2019年，各省（区、市）四类设施开放城市的比例应达到70%。为有序推进工作，我部研究制定了《2019年环保设施和城市污水垃圾处理设施向公众开放工作实施方案》，现印发给你们。请结合实际，认真做好组织实施及有关情况报送工作。

生态环境部办公厅

2019年3月29日

2019年环保设施和城市污水垃圾处理设施向公众开放工作实施方案

一、组织指导

在部宣传教育司统一指导下，由部宣传教育中心具体负责本方案各项工作的实施。

部宣传教育中心组建专门团队，负责组织策划、协调联络、检查督促，及时发现工作中存在的问题，提出解决方案，确保各项工作顺利实施。

各省级生态环境部门积极与住房城乡建设（排水、环卫）部门建立联络沟通机制，牵头组织制定本地区年度设施开放工作实施方案、编制联络人员信息表（见附件1），于2019年4月8日前向部宣传教育中心报备。相关地级市的工作实施方案及联络人员信息表应同时向省级生态环境部门报备。

二、报送名单

按照《关于进一步做好全国环保设施和城市污水垃圾处理设施向公众开放工作的通知》要求，各省级生态环境部门应尽早会同住房城乡建设（排水、环卫）部门确定第三批拟向公众开放的设施单位名单，确保四类设施开放城市比例达到 70%，并于 2019 年 4 月 26 日前完成汇总报送工作（报送格式见附件 2）。

三、集中开放

除每两个月至少组织一次开放活动外，为配合六五环境日相关活动，营造人人参与生态环境保护的良好社会氛围，2019 年 6 月 5 日前后，请各地生态环境部门组织已公布的各类设施单位集中向公众开放，将设施开放活动在六五期间推向高潮。有关活动安排请在年度实施方案中体现。

四、交流培训

9—10 月，举办全国设施开放工作经验交流会并对有关工作人员进行培训，组织各地代表现场观摩学习设施开放工作典型案例，深入交流各地设施开放工作先进经验，并对下一步工作作出部署。

五、开展宣传

各省级生态环境部门应定期报送省级或地市级开放活动动态信息，每季度不少于 2 篇，"生态环境部"两微专栏将择优予以推送；向中国环境报提供设施开放工作相关经验稿件或配合开展相关采访报道 1 次；利用各类媒体资源加大宣传设施开放工作力度，全年至少开发制作短视频、H5、折页、挂图、海报等宣传产品 2 件。10 月前，部宣传教育中心制作设施开放系列科普宣传片 4 部。

六、总结及通报

各省级生态环境部门于 2019 年 12 月底前，报送年度设施开放工作总结及 2020 年工作计划。根据各地设施开放工作推进情况、任务完成情况，对工作有力的省份予以通报表扬，对工作推进不力的省份予以通报批评。部宣传教育中心将适时征集并汇编设施开放工作优秀实践案例，向全国推广。

七、联系人及联系方式

（一）生态环境部宣传教育司　杨玉玲、董文萱
电 话：（010）66556057、66556058
邮 箱：gzkf@mee.gov.cn
（二）生态环境部宣传教育中心　云昊、杨俊
电 话：（010）84646361 转 606、84665685
传 真：（010）84630877

附件 1

全国环保设施和城市污水垃圾处理设施向公众开放工作联络人员信息表

填报单位（盖章）：

省级	部门	单位及部门全称	部门负责人			具体联络人		
			职务	姓名	联系电话	职务	姓名	联系电话（座机+手机）
例：**省（区、市）	生态环境部门							
	住建部门							

注：请按格式要求完整填写信息，连同“本省年度设施开放工作实施方案”于 2019 年 4 月 8 日（星期一）前将电子版及盖章扫描版发至 gzkf@mee.gov.cn 邮箱。

联系人：云 昊　电话：（010）84646361 转 606

附件 2

第三批全国环保设施和城市污水垃圾处理设施向公众开放单位推荐名单

填报单位（盖章）：

省级	市（地、州、盟）、区	设施种类（注意排序）	设施单位名称（以登记在册的全称为准）	设施单位详细地址（具体到门牌号）	统一社会信用代码	联系人	联系电话（座机）
例：**省（区、市）	**市	监测	××××××××××××××	××××××××××××××	××××××××××	×××	×××-×××××××
		污水	××××××××××××××	××××××××××××××	××××××××××	×××	×××-×××××××
		垃圾	××××××××××××××	××××××××××××××	××××××××××	×××	×××-×××××××
		危险废物/电子废物	××××××××××××××（注明危险废物或电子废物）	××××××××××××××	××××××××××	×××	×××-×××××××
	……						
请按顺序填写你省（区、市）所有地市级城市标准名称：1. ××市　2. ××市　3. ××市　……							

填报人：　　　　　　　　　　　　　　填报人联系方式（座机+手机）：

注：请严格按照格式要求完整填写每项信息，认真核对，不重复报送已公布过的设施单位，并于 2019 年 4 月 26 日（星期五）前将电子版及盖章扫描版发至 gzkf@mee.gov.cn 邮箱。

联系人：云 昊　电话：（010）84646361 转 606

关于建设项目总投资额认定有关意见的复函

环办法规函〔2019〕338号

河南省生态环境厅：

你厅《关于建设项目总投资额认定若干问题的请示》（豫环〔2019〕2号）收悉。经研究，并征求国家发展改革委意见，函复如下。

一、关于分期建设的建设项目总投资额认定

建设项目在发展改革部门按一个建设项目进行核准、备案，但实际中分期建设的，对项目开工前已取得核准、备案文件，且核准、备案文件中明确说明该项目是分期建设的，可以依据《关于生态环境执法中建设项目“总投资额”认定问题的指导意见（试行）》（环政法〔2018〕85 号），以当期工程总投资额作为处罚依据；对项目核准、备案文件中未明确该项目是分期建设的，应当以发展改革部门核准、备案的建设项目总投资额作为处罚依据。

二、关于已经基本建成尚未投入生产或者使用的建设项目总投资额认定

建设项目基本建成但未全部建成，尚未投入生产或者使用的，属于仍处于建设过程中，应当依据《关于生态环境执法中建设项目“总投资额”认定问题的指导意见（试行）》（环政法〔2018〕85号）第五条、第六条，认定其总投资额。

特此函复。

生态环境部办公厅

2019年4月1日

关于印发《地级及以上城市国家地表水考核断面水环境质量排名方案（试行）》的函

环办监测函〔2019〕452号

各省、自治区、直辖市生态环境厅（局），新疆生产建设兵团生态环境局：

为贯彻落实《水污染防治行动计划》，推进国家地表水考核断面水环境质量信息公开工作，根据《中华人民共和国环境保护法》和有关法律法规要求，我部组织制定了《地级

及以上城市国家地表水考核断面水环境质量排名方案（试行）》，现印发给你们。

联系人：生态环境监测司　曹侃、王东

电话：（010）66556816、66556815

传真：（010）66556808

邮箱：quality@mee.gov.cn

生态环境部办公厅

2019 年 5 月 5 日

地级及以上城市国家地表水考核断面水环境质量排名方案（试行）

为贯彻落实《水污染防治行动计划》关于公布城市水环境质量排名的要求，进一步加强地级及以上城市国家地表水考核断面水环境质量信息公开工作，推动有效改善水环境质量，制定本方案。

一、指导思想

深入贯彻党的十九大和十九届二中、三中全会精神，全面落实习近平生态文明思想、全国生态环境保护大会精神和中共中央、国务院《关于全面加强生态环境保护坚决打好污染防治攻坚战的意见》，贯彻落实《中华人民共和国环境保护法》《中华人民共和国水污染防治法》，大力推进生态文明建设，贯彻绿水青山就是金山银山的绿色发展观，推动全民参与，为全力打好碧水保卫战提供有力保障。

二、工作目标

以改善水环境质量为核心，充分发挥城市国家地表水考核断面水环境质量排名的倒逼作用，加强舆论监督，加快推进全国水生态环境保护工作，落实地方水污染防治责任，持续提升饮用水安全保障水平，大幅度减少污染严重水体，推进《水污染防治行动计划》，以及长江保护修复、渤海环境综合治理、水源地保护等攻坚战行动计划全面实施，推动全国水环境质量稳步改善。

三、排名城市

设置有国家地表水考核断面的所有地级及以上城市。

国家地表水考核断面共 2 050 个，详见《“十三五”国家地表水环境质量监测网设置方案》（环监测〔2016〕30 号）。

四、排名方法

依据《城市地表水环境质量排名技术规定（试行）》（环办监测〔2017〕51 号），对地级及以上城市国家地表水考核断面水环境质量进行排名，具体如下：

（一）国家地表水考核断面水环境质量状况排名：计算各城市水质综合指数（CWQI），再将城市水质综合指数由小到大排序，得出各城市排名。

（二）国家地表水考核断面水环境质量变化情况排名：计算各城市水质综合指数变化程度（△CWQI，负值说明水质变好，正值说明水质变差），再将变化程度由小到大（由负至正）排列，得到各城市国家地表水考核断面水环境质量变化情况排名。排名时段内城市所有国家地表水考核断面均达到或优于III类水质的城市，或国家地表水考核断面水环境质量由好到差排名在前 20%的城市，不纳入水环境质量变化情况相对较差的后 30 个城市排名。

五、排名指标

按照《城市地表水环境质量排名技术规定（试行）》（环办监测〔2017〕51 号）要求，地级及以上城市国家地表水考核断面水环境质量状况排名和变化情况排名，均采用《地表水环境质量标准》（GB 3838—2002）表 1 中除水温、粪大肠菌群和总氮以外的 21 项指标进行计算。具体包括：pH、溶解氧、高锰酸盐指数、生化需氧量、氨氮、石油类、挥发酚、汞、铅、总磷、化学需氧量、铜、锌、氟化物、硒、砷、镉、铬（六价）、氰化物、阴离子表面活性剂和硫化物。

六、排名周期

每季度开展地级及以上城市国家地表水考核断面水环境质量状况及变化情况排名，发布国家地表水考核断面水环境质量相对较好的前 30 位城市和相对较差的后 30 位城市名单、与上年同期相比水环境质量改善幅度相对较好的前 30 位城市和相对较差的后 30 位城市名单，以及该城市相对应的国家地表水考核断面所在水体的名称。

关于印发《“无废城市”建设试点实施方案编制指南》和《“无废城市”建设指标体系（试行）》的函

环办固体函〔2019〕467 号

深圳市、包头市、铜陵市、威海市、重庆市、绍兴市、三亚市、许昌市、徐州市、盘锦市、西宁市、瑞金市、光泽县人民政府，河北雄安新区、北京经济技术开发区、中新天津生态城管理委员会：

为贯彻落实《国务院办公厅关于印发“无废城市”建设试点工作方案的通知》（国办发（2018）128号）相关要求，科学指导试点城市编制“无废城市”建设试点实施方案，充分发挥指标体系的导向性、引领性，我部研究制定了《“无废城市”建设试点实施方案编制指南》（以下简称《编制指南》）和《“无废城市”建设指标体系（试行）》（以下简称《指标体系》）。现印送给你们，请按照《编制指南》及《指标体系》要求，结合实际，抓紧编制“无废城市”建设试点实施方案。

联系人：固体司　赵娜娜、温雪峰

电话：（010）66556254

生态环境部办公厅

2019年5月8日

“无废城市”建设试点实施方案编制指南

为贯彻落实《国务院办公厅关于印发“无废城市”建设试点工作方案的通知》（国办发〔2018〕128号，以下简称《试点方案》），指导试点城市（试点区域，下同）做好“无废城市”建设试点实施方案（以下简称实施方案）编制工作，制定本指南。

一、编制原则

坚持问题导向。立足城市现状与未来，梳理迈向“无废城市”目标过程中，经济社会发展存在的核心问题、薄弱环节，因地制宜设定目标任务，提出针对性强、易于操作的任务措施。

坚持统筹协调。方案编制要与城乡经济社会发展规划有机融合，在生态文明体制改革、工业发展绿色转型、乡村振兴战略总体框架下，将固体废物精细化综合管理水平提升与城市精致化管理和供给侧结构性改革相衔接；将“无废城市”的建设目标与城市已开展、正在开展和拟开展的相关试点示范经验、成果相融合；统筹工业、农业、生活、消费等领域各类固体废物的产生、收运、利用与处置管理需求，整体推进，补齐短板，发挥协同增效作用。

坚持责任明晰。明确城市党委、政府责任和部门分工，将目标、任务逐一落实到责任单位和责任人；有效发挥专家或专业机构在实施方案编制、试点建设和成果凝练过程中的指导作用。

二、实施方案内容

实施方案应以《试点方案》为依据，立足城市实际，确定试点目标、试点任务、预期成果，做好任务分解、进度安排和措施保障。

（一）总则

明确实施方案的编制依据、试点范围和时限等。

1．编制依据

明确实施方案编制的法律法规、技术规范、相关文件等依据。

2．试点范围及时限

试点范围原则上为城市行政管辖的全部区域（特殊情况除外）。

试点时限为 2 年，即 2019 年 1 月至 2020 年 12 月。

（二）城乡发展与固体废物管理概况

1．城市发展基本情况

试点城市经济社会发展、生态环境状况，以及未来区域经济社会发展、城乡建设、生态环境、农业发展等相关规划情况。以 2018 年为基准年，分析城市社会经济发展的现状、目标和趋势，包括城市和农村地区的人口、产业结构、重点行业等。

2．从城市发展角度梳理固体废物管理现状

（1）试点城市工业产业发展现状；工业固体废物产生、贮存、利用、处置、历史堆存等现状；大宗工业固体废物综合利用产业发展现状。

（2）试点城市农村发展现状；畜禽粪污、秸秆、废旧农膜及农药包装废弃物等主要农业废弃物产生、回收、利用、处置现状；农村生活垃圾产生、分类办法、收运处理以及农村环境卫生管护机制等现状。

（3）试点城市发展及城市管理、城乡融合现状；再生资源、包装废物、生活垃圾、建筑垃圾、污水污泥利用处置产业发展现状。

（4）已开展或正在开展的与固体废物相关的改革和试点示范情况，特别是制度、能力建设、体制机制模式创新情况。

3．试点城市固体废物管理存在的主要问题

分析在现有社会经济和管理机制条件下，主要类别固体废物管理面临的主要问题。对照《试点方案》提出的目标要求，从推动城市可持续发展，实现城市管理与固体废物管理有机融合，最大程度减少固体废物产生、推动资源化利用，保障安全处置防控环境风险的角度，梳理法规标准、政策制度、技术装备、市场经济手段、绩效评价、政绩考核等方面存在的短板，分析主要原因。

（三）目标与指标

从推动城市产业转型升级，推动基础设施完善，推动城乡有机融合角度，提出“无废城市”建设的总体目标、阶段目标和具体指标。

试点城市可参考《“无废城市”建设指标体系（试行）》，科学筛选确定能够充分反映城市固体废物管理重点领域需求、发展阶段、技术经济条件等实际情况的必选指标、可选指标和自选指标，并设定 2020 年拟达到的目标。

（四）试点任务

1．推动区域工业高质量发展与大宗工业固体废物贮存处置总量趋零增长

针对区域工业体系绿色化水平不足导致的固体废物管理与工业发展不匹配、不协调的突出矛盾，研究提出在区域、园区、企业等不同层面，促进逐步降低工业固体废物产生强

度、提高工业固体废物综合利用率、控制工业固体废物贮存处置总量、促进工业固体废物资源综合利用产业发展等方面的具体任务措施，保障区域内不同类别的固体废物产生量与相对应的处置能力匹配，推动实现大宗工业固体废物贮存处置总量趋零增长。

以资源开发为主导产业的城市，在深化绿色矿山建设、资源能源消费总量和强度“双控”、固体废物产消平衡、历史遗留固体废物总量削减等方面提出具体任务。

以制造业为主导产业的城市，在重点企业绿色设计和绿色供应链建设，生产者责任延伸制度探索，绿色工厂、循环型园区推进等方面提出具体任务。

2．推动区域农业高质量发展与主要农业废弃物资源化利用

针对农业废弃物收储运体系不完善与综合利用不足的突出短板，以构建生态循环农业模式为载体，研究提出整县推进种养循环农业示范、完善农业废弃物收储运体系、提高农业废弃物处置能力等方面的具体任务措施，推动畜禽粪污和农作物秸秆资源化利用，废旧农膜和农药包装废弃物回收，推动实现主要农业废弃物资源化利用。

3．推动践行绿色生活方式与生活垃圾源头减量和资源化利用

针对城乡生活垃圾产生量不断增长与分类回收、利用处置能力不足的突出矛盾，研究提出降低人均生活垃圾日产生量、提高生活垃圾分类收运系统覆盖率和农村卫生厕所普及率、提高生活垃圾回收利用率、控制生活垃圾填埋量等方面的具体任务措施，鼓励采用政府和社会资本合作（PPP）等模式新建城市生活垃圾处置项目，推动实现城乡生活消费领域固体废物高效利用处置。

综合性城市，在生活垃圾源头分类、建筑垃圾综合利用、污泥处理、再生资源回收与高质化利用方面提出具体任务。

服务业发达的城市，还应在限制生产、销售和使用一次性不可降解塑料制品和过度包装，开展绿色物流体系建设，推进快递业绿色包装应用，推广光盘行动等方面提出具体任务，推动和引导形成简约适度的绿色生活方式和消费模式。

4．推动危险废物全过程规范化管理与全面安全管控

针对危险废物源头产生、转移运输、利用处置等环节生态环境风险较突出的问题，在危险废物源头风险防控、事中事后监管、收集利用处置能力建设以及政策标准法规完善等方面提出具体任务，保障区域主要危险废物类别产生量和处置能力相匹配且略有富余，进一步强化危险废物规范化管理，严厉打击非法转移、非法利用、非法处置危险废物，全面提升危险废物风险防控能力。

5．推动固体废物精细化综合管理与三产发展协同融合

针对固体废物管理职能分散、市场发展程度不足的突出问题，研究提出强化法规政策体系建设、促进固体废物回收利用处置投资、强化企业环境信用评价、形成固体废物管理技术示范模式、提高固体废物污染各类案件处置能力等保障能力建设、提高群众获得感的具体任务措施。

针对工业、农业、生活等领域各类固体废物的产生、收运、利用与处置管理需求，加强一、二、三产业融合，围绕提升固体废物特别是危险废物环境监管能力、污染治理能力和风险防范能力，在城市管理体制和长效机制建设方面，提出具体路径、任务与预期目标，促进末端处置管理向源头管控转变。

已开展过或正在开展各类固体废物试点的城市，重点在评估制度的适用性、机制的有

效性、模式的可复制性、标准规范与管理政策的配套性等基础上，进一步探索完善固体废物综合管理制度和技术体系。

固体废物相关产业市场化程度比较高的试点城市，重点按照固体废物环境风险、市场价值、产业成熟度等进行分级管理，分类施策，以激发市场活力、培育新的固体废物产业增长点为目标，探索政府、社会以及政府和社会资本合作的可持续商业模式。

围绕党政机关、企事业单位、社区、家庭等不同社会单元，广泛开展“无废城市”理念和措施的宣传推广，不断提高固体废物减量化、资源化、无害化的社会知晓度、公众参与度和满意度，促进形成“无废城市”建设的社会氛围。

（五）主要任务清单及进度安排

制定为落实“无废城市”建设任务要求而需要开展的任务清单，明确工作内容、预期目标、责任主体、完成时限、资金投入等，主要包括需要开展的政策文件、标准规范等的制度体系建设，监管信息系统、固体废物鉴别、技术评估等技术体系建设，推动形成“无废城市”建设所需的产品体系、金融工具等，以及推动形成固体废物减量化、分类回收、利用处置等能力提升的工程项目等。

1.“无废城市”制度体系建设任务清单及进度安排

2.“无废城市”技术体系建设任务清单及进度安排

3.“无废城市”市场体系建设任务清单及进度安排

4.“无废城市”工程建设项目清单及进度安排

针对上述任务清单，明确哪些是2年试点期可以完成的、必须完成的，哪些是周期较长需要持续推进的，明确动态调整机制。

（六）保障措施

提出保障实施方案顺利实施的组织领导、资金支持、宣传引导等措施。

1．加强组织领导

试点城市党委、政府将“无废城市”建设试点工作列为年度重点工作任务。成立由党委或政府主要领导同志为组长，生态环境、发展改革、工业和信息化、财政、自然资源、住房城乡建设、农业农村等相关部门领导同志参与的工作推进小组，明确职责分工，建立部门责任清单和重点工作任务清单。

2．加强技术指导

试点城市组建包括来自政府、技术单位和产业专家在内的技术团队，编制实施方案，制定利用处置技术文件，并持续指导试点建设，确保一张蓝图绘到底。支持组建“产学研政”技术创新和应用推广平台，组织开展技术对接，促进先进适用技术转化落地。

3．加大资金支持

明确“无废城市”建设试点资金筹措方案、保障渠道和资金规模。加大财政资金统筹整合力度，鼓励金融机构在风险可控前提下加大资金支持力度，支持固体废物源头减量、资源化利用和安全处置体系建设，激发市场活力。

4．强化宣传引导

面向党政机关、学校、社区、家庭、企业开展生态文明教育，将绿色生产方式和生活方式等相关内容纳入领导干部培训及市民教育体系，全方位开展宣传教育。加强固体废物产生、利用与处置信息公开，充分发挥社会组织和公众监督作用。

“无废城市”建设指标体系（试行）

为落实《国务院办公厅关于印发“无废城市”建设试点工作方案的通知》（国办发〔2018〕128号）要求，引导城市开展试点工作，制定《“无废城市”建设指标体系（试行）》（以下简称《指标体系》）。

《指标体系》以创新、协调、绿色、开放、共享的发展理念为引领，坚持科学性、系统性、可操作性和前瞻性原则，以固体废物减量化和资源化利用为核心，从固体废物源头减量、资源化利用、最终处置、保障能力、群众获得感5个方面进行设计。

一、指标设置

《指标体系》由一级指标、二级指标和三级指标组成，其中一级指标5个、二级指标18个、三级指标59个（具体见表1）。三级指标分为3类：第1类（标注★）为必选指标，共22项，是所有试点城市均需开展调查的指标；第2类为可选指标，共37项，试点城市结合城市类型、特点及试点任务安排选择对应指标；第3类为自选指标，由试点城市结合自身发展定位、发展阶段、资源禀赋、产业结构、经济技术基础等差异性自行设置，为完善我国固体废物统计制度提供支撑。各项指标数据主要来源于现有统计调查数据，或专项调查数据，用于反映城市试点建设成效和发展趋势。试点城市应结合自身城市发展定位、试点建设实际需求等，科学设定各项指标于2020年达到的目标值，但不应低于国家、所在省（区、市）的要求。

表1　“无废城市”建设指标体系（试行）

序号	一级指标	二级指标	三级指标	数据来源*
1	固体废物源头减量	工业源头减量	工业固体废物产生强度★	市生态环境局、市统计局
2			实施清洁生产工业企业占比★	市生态环境局、市发展改革委
3			开展绿色工厂建设的企业数量	市工信局
4			开展生态工业园区建设、循环化改造的工业园区数量★	市生态环境局、市发展改革委
5			开展绿色矿山建设的矿山数量	市自然资源局
6		农业源头减量	开展生态农业示范县、种养结合循环农业示范县建设数量	市农业农村局
7			农药、化肥使用量	市农业农村局、市统计局
8			绿色食品、有机农产品种植推广面积占比	市农业农村局
9		建筑业源头减量	绿色建筑占新建建筑的比例	市住建局
10		生活领域源头减量	人均生活垃圾日产生量★	市住建局、市农业农村局
11			生活垃圾分类收运系统覆盖率	市住建局、市发展改革委、市农业农村局

序号	一级指标	二级指标	三级指标	数据来源*
12	固体废物源头减量	生活领域源头减量	开展“无废城市细胞”建设的单位数量（机关、企事业单位、饭店、商场、集贸市场、社区、村镇、家庭）	各相关部门
13			快递绿色包装使用比例	市邮政管理局
14	固体废物资源化利用	工业固体废物资源化利用	一般工业固体废物综合利用率★	市生态环境局
15			工业危险废物综合利用率	市生态环境局
16		农业废弃物资源化利用	农业废弃物收储运体系覆盖率★	市农业农村局
17			秸秆综合利用率	市农业农村局
18			畜禽粪污综合利用率	市农业农村局
19			地膜回收率	市农业农村局
20		建筑垃圾资源化利用	建筑垃圾综合利用率★	市住建局
21		生活领域固体废物资源化利用	生活垃圾回收利用率★	市住建局
22			再生资源回收量增长率	市商务局
23			餐厨垃圾回收利用量增长率	市住建局、市发展改革委
24			主要废弃产品回收利用量增长率	根据产品所属行业确定相关部门
25			医疗卫生机构可回收物资源回收率★	市卫生健康委、市商务局
26	固体废物最终处置	危险废物安全处置	工业危险废物安全处置量★	市生态环境局
27			医疗废物收集处置体系覆盖率★	市卫生健康委
28			社会源危险废物收集处置体系覆盖率	涉及社会源危险废物的主管部门
29		一般工业固体废物贮存处置	一般工业固体废物贮存处置量★	市生态环境局
30			开展大宗工业固体废物堆存场所（含尾矿库）综合整治的堆场数量占比	市自然资源局、市生态环境局、市应急管理局
31		农业废弃物处置	病死猪集中专业无害化处理率	市农业农村局
32			农药包装废弃物回收处置量	市农业农村局、市生态环境局
33		建筑垃圾消纳处置	建筑垃圾消纳量	市住建局
34		生活领域固体废物处置	生活垃圾填埋量★	市住建局、市农业农村局
35			农村卫生厕所普及率★	市农业农村局
36			有害垃圾收集处置体系覆盖率	市住建局
37			非正规垃圾填埋场整治完成率	市住建局
38	保障能力	制度体系建设	“无废城市”建设地方性法规或政策性文件制定★	负责“无废城市”建设的协调机构
39			“无废城市”建设协调机制	负责“无废城市”建设的协调机构
40			“无废城市”建设成效纳入政绩考核情况★	市委组织部门、监察部门
41		市场体系建设	固体废物回收利用处置投资占环境污染治理投资总额比重★	市生态环境局
42			纳入企业环境信用评价范围的固体废物相关企业数量占比	市生态环境局
43			危险废物经营单位环境污染责任保险覆盖率	市生态环境局、市银保监局或地方金融监管局
44			“无废城市”建设相关项目绿色信贷余额	市银保监局或地方金融监管局

序号	一级指标	二级指标	三级指标	数据来源*
45	保障能力	市场体系建设	固体废物回收利用处置骨干企业数量★	市发展改革委、市商务局、市工信局、市生态环境局
46			资源循环利用产业工业增加值占区域GDP的比重	市统计局
47		技术体系建设	大宗工业固体废物减量化、资源化、无害化技术示范	市工信局、市发展改革委
48			农业废弃物全量利用技术示范	市农业农村局
49			生活垃圾减量化和资源化技术示范★	市住建局
50	保障能力	技术体系建设	危险废物全面安全管控技术示范★	市生态环境局
51			固体废物回收利用处置关键技术工艺、设备研发及应用示范	市科技局
52		监管体系建设	固体废物监管能力建设	负责"无废城市"建设的协调机构
53			危险废物规范化管理抽查合格率	市生态环境局
54			发现、处置、侦破固体废物环境污染刑事案件数量★	市公安局、市生态环境局
55			固体废物相关环境污染事件数量	市生态环境局
56			涉固体废物信访、投诉、举报案件办结率	市生态环境局
57	群众获得感	群众获得感	"无废城市"建设宣传教育培训普及率	第三方调查
58			政府、企事业单位、公众对"无废城市"建设的参与程度	第三方调查
59			公众对"无废城市"建设成效的满意程度★	第三方调查

注：★表示必选指标。

* 可由试点城市根据具体情况调整涉及的主管部门。

二、指标说明

1．工业固体废物产生强度★

（1）指标解释：指纳入固体废物申报登记范围的工业企业，每万元工业增加值的工业固体废物（包括一般工业固体废物和工业危险废物）产生量。该指标是用于促进全面降低一般工业固体废物和工业危险废物的源头产生水平的综合性指标。试点期间，各地可根据情况，在三级指标中，细化设置主导产业工业固体废物产生强度指标。

工业固体废物产生量包括一般工业固体废物和工业危险废物产生量。一般工业固体废物指未被列入《国家危险废物名录》或者根据国家规定的危险废物鉴别标准（GB 5085）、固体废物浸出毒性浸出方法（GB 5086）及固体废物浸出毒性测定方法（GB/T 15555）判定不具有危险特性的工业固体废物。工业危险废物指工业企业产生的、列入《国家危险废物名录》或者根据国家规定的危险废物鉴别标准和鉴别方法认定的具有危险特性的固体废物。

（2）计算方法：工业固体废物产生强度=工业固体废物产生量÷工业增加值。

（3）发展趋势：未来该指标应逐渐降低并趋于平稳。

（4）数据来源：市生态环境局、市统计局。

2．实施清洁生产工业企业占比★

（1）指标解释：指全市域内应实行强制清洁生产的工业企业中，达到Ⅰ级（国际领先水平）和Ⅱ级（国内先进水平）清洁生产水平的工业企业数量占比。该指标用于推动应实行强制清洁生产的行业企业依法实施清洁生产，提高资源利用效率，减少或避免产生工业固体废物、特别是危险废物，降低固体废物危害性，减少进入最终处置环节的固体废物量。

（2）计算方法：实施清洁生产工业企业占比=达到Ⅰ级（国际领先水平）和Ⅱ级（国内先进水平）清洁生产水平的工业企业数量÷应实行强制清洁生产的工业企业数量×100%。

（3）发展趋势：未来该指标应不断提高并趋于最大化。

（4）数据来源：市生态环境局、市发展改革委。

3．开展绿色工厂建设的企业数量

（1）指标解释：绿色工厂是指对照《绿色工厂评价通则》（GB/T 36132）和相关行业绿色工厂评价导则，实现了用地集约化、原料无害化、生产洁净化、废物资源化、能源低碳化的工厂，可包括国家级、省级、市级等各级绿色工厂。该指标用于促进工厂减少有害物质的使用，提高原材料使用效率和工业固体废物综合利用率，逐步建成绿色工厂。

（2）发展趋势：该指标应不断增长。

（3）数据来源：市工信局。

4．开展生态工业园区建设、循环化改造的工业园区数量★

（1）指标解释：指开展生态工业园区建设、循环化改造的各级各类工业园区数量。该指标用于促进各地对现有工业园区开展改造升级，建成循环化园区或生态工业园区，同时对新建园区，应按照生态工业园区、循环化园区建设标准开展建设。

（2）发展趋势：未来，所有园区应达到生态工业园区、循环化园区建设标准。

（3）数据来源：市生态环境局、市发展改革委。

5．开展绿色矿山建设的矿山数量

（1）指标解释：指城市大中型生产矿山中开展绿色矿山建设的新建矿山和生产矿山数量。开展绿色矿山建设的新建矿山和生产矿山，指按照自然资源部发布的各类绿色矿山建设规范开展绿色矿山建设的矿山。该指标用于促进降低矿产资源开采过程固体废物产生强度和环境影响，加快矿业转型与绿色发展。

（2）发展趋势：未来，所有矿山应达到绿色矿山建设标准。

（3）数据来源：市自然资源局。

6．开展生态农业示范县、种养结合循环农业示范县建设数量

（1）指标解释：指城市开展各级生态农业示范县、种养结合循环农业示范县数量。该指标用于加强种养结合、促进农业循环经济发展，是农业生产模式转型的一个重要指标。

（2）发展趋势：未来，所有以农业为主的县级行政区划应达到生态农业示范县、循环农业示范县建设标准。

（3）数据来源：市农业农村局。

7．农药、化肥使用量

（1）指标解释：指城市农村地区当年农药、化肥的使用量。该指标主要是推动控制和

减少农业生产中农药、化肥使用量，促进应用有机肥，加强农业面源污染治理，不断提升农业可持续发展支撑能力。

（2）发展趋势：该指标应不断降低。

（3）数据来源：市农业农村局、市统计局。

8．绿色食品、有机农产品种植推广面积占比

（1）指标解释：指城市绿色食品、有机农产品的种植面积占全市种植土地面积的比率。绿色食品、有机农产品种植推广面积的不断扩大，是生态农业、循环农业发展的重要体现，有利于促进减少农药化肥使用量，促进种养平衡和农业废弃物综合利用。

（2）计算方法：绿色食品、有机农产品种植推广面积占比=绿色食品、有机农产品的种植面积÷全市种植土地面积×100%。

（3）发展趋势：该指标应不断提高。

（4）数据来源：市农业农村局。

9．绿色建筑占新建建筑的比例

（1）指标解释：指城镇新建民用建筑（住宅建筑和公共建筑）中达到《绿色建筑评价标准》（GB/T 50378）或省市级相关标准的绿色建筑面积的总和占全市新建民用建筑面积总和的比例。《绿色建筑评价标准》是推动城市高质量发展系列标准之一。绿色建筑的推广是促进建筑垃圾源头减量，促进建筑垃圾综合利用，提高建筑节能水平，推动城市高质量发展的重要抓手。

（2）计算方法：绿色建筑占新建建筑的比例=新建绿色建筑面积总和÷全市新建民用建筑面积总和×100%。

（3）发展趋势：该指标应不断提高。

（4）数据来源：市住建局。

10．人均生活垃圾日产生量★

（1）指标解释：指每人每日的生活垃圾产生量。该指标是反映生活领域固体废物减量工作成效的综合性指标，是城市开展生活垃圾收运处置基础设施规划建设的基本依据。试点期间，该指标可根据生活垃圾日清运量、收运系统覆盖率和常住人口计算得到。

（2）计算方法：人均生活垃圾日产生量=生活垃圾日清运量÷（生活垃圾收运系统覆盖率×城乡常住人口）。

（3）发展趋势：该指标应随着生活垃圾清运系统覆盖率的不断提升、垃圾源头分类的不断推进，逐步降低并趋于合理水平。

（4）数据来源：市住建局、市农业农村局。

11．生活垃圾分类收运系统覆盖率

（1）指标解释：指城市和农村地区开展生活垃圾分类收集、分类运输的社区和行政村数量占社区和行政村总数的比率。该指标用于推动试点城市生活垃圾分类收运系统实现城乡全覆盖，促进有价值物质的回收利用、减少生活垃圾源头产生量。

（2）计算方法：生活垃圾分类收运系统覆盖率=开展生活垃圾分类收运的社区和行政村数量÷社区和行政村总数×100%。

（3）发展趋势：生活垃圾分类收运系统覆盖率应达到100%。

（4）数据来源：市住建局、市发展改革委、市农业农村局。

12．开展“无废城市细胞”建设的单位数量（机关、企事业单位、饭店、商场、集贸市场、社区、村镇、家庭）

（1）指标解释：指经统计调查达成“无废城市细胞”标准的各类单位数量。“无废城市细胞”是指社会生活的各个组成单元，包括机关、企事业单位、饭店、商场、集贸市场、社区、村镇、家庭等，是贯彻落实“无废城市”建设理念、体现试点工作成效的重要载体。试点城市应因地制宜建立“无废城市细胞”行为守则、倡议、标准等，并推动达成。

（2）发展趋势：该指标应不断增长。

（3）数据来源：各相关部门。

13．快递绿色包装使用比例

（1）指标解释：指城市行政区划内寄出的快件（含邮件）使用符合相关标准的可降解或可重复利用的绿色包装材料的比例。

（2）计算方法：快递绿色包装使用率=快递绿色包装使用量÷快递包装总使用量×100%。

（3）发展趋势：该指标应不断提高。

（4）数据来源：市邮政管理局。

14．一般工业固体废物综合利用率★

（1）指标解释：指一般工业固体废物综合利用量占一般工业固体废物产生量（包括综合利用往年贮存量）的百分率。该指标用于大幅提高工业固体废物资源化利用水平。一般工业固体废物综合利用量指报告期内企业通过回收、加工、循环、交换等方式，从固体废物中提取或者使其转化为可以利用的资源、能源和其他原材料的固体废物量（包括综合利用往年贮存量）。城市可根据实际情况，增加具体类别工业固体废物综合利用率作为自选指标，如煤矸石综合利用率、粉煤灰综合利用率等。

（2）计算方法：一般工业固体废物综合利用率=一般工业固体废物综合利用量÷（当年一般工业固体废物产生量+综合利用往年贮存量）×100%。

（3）发展趋势：未来该指标应不断提高并趋于合理水平。

（4）数据来源：市生态环境局。

15．　工业危险废物综合利用率

（1）指标解释：指城市工业企业产生的危险废物综合利用量占工业危险废物产生总量（包括综合利用往年工业危险废物贮存量）的比率。

（2）计算方法：工业危险废物综合利用率=工业危险废物综合利用量÷（当年工业危险废物产生量+综合利用往年工业危险废物贮存量）×100%。

（3）发展趋势：未来该指标应不断提高并趋于合理水平。

（4）数据来源：市生态环境局。

16．农业废弃物收储运体系覆盖率★

（1）指标解释：指城市纳入农业废弃物收储运体系的行政村数量与行政村总数的比值。城市可根据具体情况确定管理对象，如秸秆、畜禽粪污、地膜等。该指标用于促进主要农业废弃物的收集、利用水平。

（2）计算方法：农业废弃物收储运体系覆盖率=纳入农业废弃物收储运体系的行政村数量÷行政村总数×100%。

（3）发展趋势：未来该指标应不断提高并最终实现全覆盖。

（4）数据来源：市农业农村局。

17．秸秆综合利用率

（1）指标解释：指秸秆肥料化（含还田）、饲料化、基料化、燃料化、原料化利用总量与秸秆可收集资源量（测算）的比值。根据《农业农村部办公厅关于做好农作物秸秆资源台账建设工作的通知》（农办科〔2019〕3 号），可收集资源量为理论资源量与收集系数的乘积，其中理论资源量为作物产量与该农作物草谷比的乘积。

（2）计算方法：农作物秸秆综合利用率=秸秆综合利用量÷秸秆可收集资源量×100%。

（3）发展趋势：未来该指标应不断提高并趋于合理水平。

（4）数据来源：市农业农村局。

18．畜禽粪污综合利用率

（1）指标解释：指用于生产沼气且沼肥还田利用、堆（沤）肥、肥水、燃料、商品有机肥、垫料、基质等并符合有关标准或要求的畜禽粪污量，占畜禽粪污产生总量的比例。畜禽粪污产生量和综合利用量根据畜禽规模养殖场直联直报信息系统确定。

（2）计算方法：畜禽粪污综合利用率=畜禽粪污综合利用量÷畜禽粪污产生量（测算）×100%。

（3）发展趋势：未来该指标应不断提高并趋于合理水平。

（4）数据来源：市农业农村局。

19．地膜回收率

（1）指标解释：指地膜回收量与使用量的比值。

（2）计算方法：地膜回收率=地膜回收量÷地膜使用量×100%。

（3）发展趋势：未来该指标应不断提高。

（4）数据来源：市农业农村局。

20．建筑垃圾综合利用率★

（1）指标解释：指该城市建筑垃圾经分拣、剔除或粉碎后，作为新型建筑材料重新利用量与建筑垃圾产生总量的比值。建筑垃圾，指新建、改（扩）建、拆除各类建（构）筑物、管网、道桥以及房屋装饰装修过程中所产生的工程渣土、废弃泥浆、工程垃圾、拆除垃圾和装修垃圾等。试点期间，建筑垃圾产生量可根据施工面积估算，相关系数取值由城市根据具体情况确定。

（2）计算方法：建筑垃圾综合利用率=建筑垃圾综合利用量÷建筑垃圾产生量（估算）×100%。

（3）发展趋势：未来该指标应不断提高。

（4）数据来源：市住建局。

21．生活垃圾回收利用率★

（1）指标解释：指生活垃圾进入焚烧和填埋设施之前，可回收物和易腐垃圾的回收利用量占生活垃圾产生量的百分率。试点期间，生活垃圾产生量可根据生活垃圾清运量和收运系统覆盖率计算得到。该指标用于提高生活垃圾中可回收物和易腐垃圾的回收利用水平，减少生活垃圾焚烧和填埋量。

（2）计算方法：生活垃圾回收利用率=生活垃圾回收利用量÷生活垃圾产生量×100%。

生活垃圾产生量=生活垃圾清运量÷生活垃圾收运系统覆盖率。

（3）发展趋势：该指标应不断提高并趋于合理水平。

（4）数据来源：市住建局。

22．再生资源回收量增长率

（1）指标解释：指当年再生资源回收量相对于上一年再生资源回收量的增长率。再生资源类别包括报废汽车、废弃电器电子产品、废钢铁、废铜、废铝、废铅蓄电池、废塑料、废纸、废玻璃、废油、废旧轮胎等。该指标用于促进再生资源回收利用水平提升。

（2）计算方法：再生资源回收量增长率=（当年再生资源回收量-上一年再生资源回收量）÷上一年再生资源回收量×100%。

（3）发展趋势：试点期间，该指标应大于零。

（4）数据来源：市商务局。

23．餐厨垃圾回收利用量增长率

（1）指标解释：指城市建成区餐饮业当年餐厨垃圾回收利用量相对于上一年餐厨垃圾回收利用量的增长率。餐饮业统计对象为全市建成区内餐饮业、机关企事业食堂等。该指标用于促进餐厨垃圾回收利用水平提升，推动实现餐厨垃圾全部回收利用。

（2）计算方法：餐厨垃圾回收利用量增长率=（当年餐厨垃圾回收利用量-上一年餐厨垃圾回收利用量）÷上一年餐厨垃圾回收利用量×100%。

（3）发展趋势：试点期间，该指标应大于零。

（4）数据来源：市住建局、市发展改革委。

24．主要废弃产品回收利用量增长率

（1）指标解释：指当年纳入管理的废铅蓄电池、废动力电池、废弃电器电子产品、包装废物等典型废弃产品分类回收网点的回收量相对于上一年回收量的增长率。具体产品种类由城市根据情况自行确定。

（2）计算方法：主要废弃产品回收量增长率=（当年主要废弃产品回收量-上一年主要废弃产品回收量）÷上一年主要废弃产品回收量×100%。

（3）发展趋势：试点期间，该指标应大于零。

（4）数据来源：根据产品所属行业确定相关部门。

25．医疗卫生机构可回收物资源回收率★

（1）指标解释：指医疗卫生机构可回收物的回收量与可回收物产生量的比值。医疗机构可回收物主要包括未经患者血液、体液、排泄物等污染的输液瓶（袋），塑料类包装袋、包装盒、包装箱、纸张，纸质外包装物，废弃电器电子产品，经过擦拭或熏蒸方式消毒处理后废弃的病床、轮椅、输液架等。该指标用于提高医疗卫生机构可回收物的回收水平。

（2）计算方法：医疗卫生机构可回收物资源回收率=可回收物的回收量÷可回收物产生量×100%。

（3）发展趋势：未来该指标应不断提高并趋于合理水平。

（4）数据来源：市卫生健康委、市商务局。

26．工业危险废物安全处置量★

（1）指标解释：指工业危险废物自行安全处置和由持有危险废物经营许可证单位进行安全处置的工业危险废物量。该指标用于促进提高工业危险废物安全处置水平。

（2）发展趋势：未来该指标应稳定于合理水平，在源头减量和资源化利用最大化的前提下，实现全部安全处置。

（3）数据来源：市生态环境局。

27．医疗废物收集处置体系覆盖率★

（1）指标解释：指城市纳入医疗废物收运管理范围（包括城市和农村地区），并由持有医疗废物经营许可证单位进行处置的医疗卫生机构占医疗卫生机构总数的百分比。该指标用于推动和引领提高医疗废物收集能力。

（2）计算方法：医疗废物收集处置体系覆盖率=纳入医疗废物收集处置体系的医疗卫生机构数量÷医疗卫生机构总数×100%。

（3）发展趋势：该指标应不断提高并最终实现全覆盖。

（4）数据来源：市卫生健康委。

28．社会源危险废物收集处置体系覆盖率

（1）指标解释：指纳入危险废物收集处置体系的社会源危险废物产生单位（试点期间可以高校及研究机构实验室、汽修企业为主）数量占社会源危险废物产生单位总数的百分率。

（2）计算方法：社会源危险废物收集处置体系覆盖率=纳入危险废物收集处置体系的社会源危险废物产生单位数量÷社会源危险废物产生单位总数×100%。

（3）发展趋势：未来该指标应不断提高并最终实现全覆盖。

（4）数据来源：涉及社会源危险废物的主管部门。

29．一般工业固体废物贮存处置量★

（1）指标解释：指城市贮存处置的一般工业固体废物量。该指标用于严格控制一般工业固体废物贮存处置量增长。

（2）发展趋势：该指标是严格控制指标，试点期间，应以现有贮存处置总量不增长为目标，合理设定当年新增的一般工业固体废物贮存处置量控制目标。未来，该指标应逐步下降，并趋于稳定。

（3）数据来源：市生态环境局。

30．开展大宗工业固体废物堆存场所（含尾矿库）综合整治的堆场数量占比

（1）指标解释：指完成大宗工业固体废物堆存场所（含尾矿库）综合整治项目数量与综合整治任务项目总数的比值。大宗工业固体废物指我国各工业领域在生产活动中年产生量在 1 000 万吨以上、对环境和安全影响较大的固体废物，主要包括：尾矿、煤矸石、粉煤灰、冶炼渣、工业副产石膏、赤泥和电石渣。整治内容包括建立工业固体废物管理台账，如实记录种类、产生、贮存、利用、处置等情况，且工业固体废物堆场达到《一般工业固体废物贮存、处置场污染控制标准》（GB 18599）。

（2）计算方法：开展大宗工业固体废物堆存场所（含尾矿库）综合整治的堆场数量占比=开展大宗工业固体废物堆存场所（含尾矿库）综合整治项目数量÷综合整治任务项目总数×100%。

（3）发展趋势：试点期间，应治理的全部堆存场所，应完成或启动治理工作。

（4）数据来源：市自然资源局、市生态环境局、市应急管理局。

31．病死猪集中专业无害化处理率

（1）指标解释：指采取焚烧、化制等工厂化方式统一收集、集中处理的病死猪占全部无害化处理的病死猪的比例。

（2）发展趋势：该指标应达到 100%。

（3）数据来源：市农业农村局。

32．农药包装废弃物回收处置量

（1）指标解释：指农药包装废弃物回收处置量。该指标用于促进农药包装废弃物回收和集中处置体系建设，保障农业生产安全、农产品质量安全和农业生态环境安全。

（2）发展趋势：该指标应不断提高，未来应实现全部规范回收处置。

（3）数据来源：市农业农村局、市生态环境局。

33．建筑垃圾消纳量

（1）指标解释：指进入规范的城镇建筑垃圾消纳场的建筑垃圾总量。

（2）发展趋势：该指标应控制在合理水平，在建筑垃圾源头减量和资源化利用最大化的前提下，逐步实现全部规范消纳。

（3）数据来源：市住建局。

34．生活垃圾填埋量★

（1）指标解释：指全市域（包括城市和农村）范围内采用填埋方式处置生活垃圾的总量。该指标用于促进生活垃圾填埋量不断降低，最终实现“零填埋”。

（2）发展趋势：该指标是严格控制指标，在合理、适度分类的前提下，生活垃圾填埋量应不断降低并最终趋近于零。

（3）数据来源：市住建局、市农业农村局。

35．农村卫生厕所普及率★

（1）指标解释：指使用各类卫生厕所的农户数与农村总户数的比率。卫生厕所指达到《农村户厕卫生规范》（GB 19379）和《粪便无害化卫生要求》（GB 7959）等基本要求，具有粪便无害化处理设施、按规范进行使用管理的厕所。农村总户数指县域（不含）以下农户总数。该指标用于促进农村粪便无害化处理，进一步提升改厕质量。

（2）计算方法：农村卫生厕所普及率=使用各类卫生厕所的农户数÷农村总户数×100%。

（3）发展趋势：农村卫生厕所普及率应不断提高。

（4）数据来源：市农业农村局。

36．有害垃圾收集处置体系覆盖率

（1）指标解释：指城市建成区内纳入有害垃圾分类收集、分类运输、分类处置体系的居民小区数量占居民小区总数的百分率。根据《生活垃圾分类制度实施方案》，有害垃圾主要包括：废电池（镉镍电池、氧化汞电池、铅蓄电池等），废荧光灯管（日光灯管、节能灯等），废温度计，废血压计，废药品及其包装物，废油漆、溶剂及其包装物，废杀虫剂、消毒剂及其包装物，废胶片及废相纸等。

（2）计算方法：有害垃圾收集处置体系覆盖率=纳入有害垃圾收集处置体系的居民小区数量÷居民小区总数×100%。

（3）发展趋势：该指标应不断提高并最终实现全覆盖。

（4）数据来源：市住建局。

37．非正规垃圾填埋场整治完成率

（1）指标解释：指完成治理的非正规垃圾填埋场数量占全市非正规垃圾填埋场数量的比率。非正规垃圾填埋场是利用自然条件堆填，没有按照垃圾卫生填埋场建设的规范标准进行完善边坡、顶部、底部防渗漏设计和建设，同时缺少土地用地、规划、立项、环境保护等方面的合法批准手续的垃圾填埋场。

（2）计算方法：非正规垃圾填埋场整治完成率=治理后规范的垃圾填埋场数量÷非正规垃圾填埋场数量×100%。

（3）发展趋势：该指标应不断提高并达到 100%。

（4）数据来源：市住建局。

38．“无废城市”建设地方性法规或政策性文件制定★

（1）指标解释：指城市涉及固体废物减量化、资源化、无害化相关内容的地方性法规、政策性文件、统计制度的制定和出台情况。

（2）数据来源：负责“无废城市”建设的协调机构。

39．“无废城市”建设协调机制

（1）指标解释：指市委市政府牵头组织成立、市委市政府主要领导负责，生态环境、发展改革、工业和信息化、住房城乡建设、农业农村、综合执法、商务等相关部门共同参与的组织协调机构，以及部门责任清单和协作机制建设情况。

（2）数据来源：负责“无废城市”建设的协调机构。

40．“无废城市”建设成效纳入政绩考核情况★

（1）指标解释：指将“无废城市”建设重要指标及完成成效纳入各级政府及其组成部门政绩考核情况。

（2）数据来源：市委组织部门、监察部门。

41．固体废物回收利用处置投资占环境污染治理投资总额比重★

（1）指标解释：工业企业当年用于固体废物减量化、资源化、无害化，以及废弃产品回收等研发、技改、管理、能力建设等活动的资金投入总额占环境污染治理投资总额的比例。该指标用于鼓励工业企业投资开展固体废物回收利用处置建设。

（2）发展趋势：该指标应不断提高。

（3）数据来源：市生态环境局。

42．纳入企业环境信用评价范围的固体废物相关企业数量占比

（1）指标解释：指城市纳入环境信用评价的固体废物相关企业占全部固体废物相关企业的比例。固体废物相关企业指固体废物产生企业，以及从事固体废物回收、利用、处置等经营活动的各类企业。

（2）计算方法：纳入企业环境信用评价范围的固体废物相关企业数量占比=纳入环境信用评价的固体废物相关企业数量÷全部固体废物相关企业数量×100%。

（3）发展趋势：该指标应不断提高，最终实现全覆盖。

（4）数据来源：市生态环境局。

43．危险废物经营单位环境污染责任保险覆盖率

（1）指标解释：纳入环境污染责任保险的危险废物经营单位数量占危险废物经营单位总数的比例。

（2）发展趋势：该指标应不断提高，并实现危险废物经营单位全覆盖。

（3）数据来源：市生态环境局、市银保监局或地方金融监管局。

44．“无废城市”建设相关项目绿色信贷余额

（1）指标解释：指银行业金融机构用于支持“无废城市”建设的绿色信贷余额。根据《中国银监会办公厅关于报送绿色信贷统计表的通知》（银监办发〔2013〕185 号）以及《关于报送绿色信贷统计表的通知》（银监统通〔2014〕60 号）建立的绿色信贷统计制度，绿色信贷包括支持绿色农业开发项目、资源循环利用项目、垃圾处理及污染防治项目等的贷款，信贷余额可以反映国内主要银行在该领域的贷款规模情况。

（2）发展趋势：该指标应保持稳定增长。

（3）数据来源：市银保监局或地方金融监管局。

45．固体废物回收利用处置骨干企业数量★

（1）指标解释：指城市在固体废物回收、资源化利用、处置领域的骨干企业数量。骨干企业应为自主创新能力强、市场占有率高、具有自主知识产权、能够提供较多就业机会的固体废物回收利用处置企业，具体评价标准由试点城市自行确定。

（2）数据来源：市发展改革委、市商务局、市工信局、市生态环境局。

46．资源循环利用产业工业增加值占区域 GDP 的比重

（1）指标解释：指当年资源循环利用产业所产生的工业增加值与区域 GDP 的比值。根据《战略性新兴产业分类（2018）》，资源循环利用产业包括矿产资源与工业废弃资源利用设备制造、矿产资源综合利用、工业固体废物回收和资源化利用、城乡生活垃圾与农林废弃资源利用设备制造、城乡生活垃圾综合利用、农林废弃物资源化利用。

（2）计算方法：资源循环利用产业工业增加值占区域 GDP 的比重=资源循环利用产业工业增加值÷区域 GDP 总量×100%。

（3）发展趋势：该指标应不断提高。

（4）数据来源：市统计局。

47．大宗工业固体废物减量化、资源化、无害化技术示范

（1）指标解释：指城市在大宗工业固体废物减量化、资源化、无害化方面，形成的可在全国、全省或一定区域内推广、复制的技术示范。例如，结合本市固体废物重点产生行业，在尾矿、煤矸石、粉煤灰、冶炼渣、工业副产石膏等大宗工业固体废物减量化、资源化、无害化等方面形成的技术示范。

（2）数据来源：市工信局、市发展改革委。

48．农业废弃物全量利用技术示范

（1）指标解释：指城市在农业废弃物全量利用方面，形成的可在全国、全省或一定区域内推广、复制的技术示范。例如，结合本市农业结构，在秸秆、畜禽粪污综合利用，种养循环生态农业技术等方面形成的技术示范。

（2）数据来源：市农业农村局。

49．生活垃圾减量化和资源化技术示范★

（1）指标解释：指城市在生活垃圾减量化和资源化方面，形成的可在全国、全省或一定区域内推广、复制的技术示范。例如，结合城市生活垃圾处理和处置现实需求与长远趋势，在垃圾填埋减量、利用等方面形成的技术示范。

（2）数据来源：市住建局。

50．危险废物全面安全管控技术示范★

（1）指标解释：指城市在危险废物全面安全管控方面，形成的可在全国、全省或一定区域内推广、复制的技术示范。例如，在危险废物源头减量、预处理、综合利用、终端处置等全过程的安全管控技术等。

（2）数据来源：市生态环境局。

51．固体废物回收利用处置关键技术工艺、设备研发及应用示范

（1）指标解释：指企业、科研单位、高等院校等开展固体废物减量化、资源化、无害化相关关键技术工艺和设备研发及工程应用示范数量。

（2）数据来源：市科技局。

52．固体废物监管能力建设

（1）指标解释：指城市政府及相关部门固体废物监管人员、信息化管理系统、业务培训、执法监管设备设施、监管工作经费、信息公开等固体废物相关监管工作的制度体系、技术体系能力建设情况。

（2）数据来源：负责“无废城市”建设的协调机构。

53．危险废物规范化管理抽查合格率

（1）指标解释：指按照《“十三五”全国危险废物规范化管理督查考核工作方案》和《危险废物规范化管理指标体系》，对全市域范围内的危险废物产生单位和经营单位进行规范化管理抽查考核评估得到的合格率。

（2）计算方法：

产生单位危险废物规范化管理合格率＝（经抽查考核达标的危险废物产生单位数量+0.7×经考核基本达标的危险废物产生单位数量）÷纳入危险废物产生单位规范化管理抽查考核单位数量×100%。

经营单位危险废物规范化管理合格率＝（经抽查考核达标的危险废物经营单位数量+0.7×经考核基本达标的危险废物经营单位数量）÷纳入危险废物经营单位规范化管理抽查考核数量×100%。

（3）发展趋势：该指标应不断提高。

（4）数据来源：市生态环境局。

54．发现、处置、侦破固体废物环境污染刑事案件数量★

（1）指标解释：指城市全市域范围内发现、处置、侦破固体废物环境污染刑事案件数量。目前阶段，该指标可反映对固体废物环境污染违法行为的打击力度和工作成效，用于促进加大监管执法力度，震慑和防范固体废物相关违法违规活动。

（2）数据来源：市公安局、市生态环境局。

55．固体废物相关环境污染事件数量

（1）指标解释：指城市全市域内发生的固体废物相关的环境污染事件和突发环境事件数量。试点期间，全市域内不发生固体废物相关的环境污染事件和突发事件，但不包括来自行政区域外的非法倾倒等事件。

（2）发展趋势：该指标应为零。

（3）数据来源：市生态环境局。

56. 涉固体废物信访、投诉、举报案件办结率

（1）指标解释：指城市全市域内涉固体废物信访、投诉、举报案件中，经及时调查处理、回复的案件占比。该指标用于反映固体废物信访、投诉、举报案件的应对和处理的效率、质量。

（2）发展趋势：未来该指标应不断提高并达到100%。

（3）数据来源：市生态环境局。

57.“无废城市”建设宣传教育培训普及率

（1）指标解释：指“无废城市”建设宣传教育培训开展情况，例如通过电视、广播、网络、客户端等方式，以及针对党政机关、学校、企事业单位、社会公众等开展宣传教育培训等的情况。目的是增加公众对本城市“无废城市”建设的了解程度，对绿色生产方式、绿色生活方式、绿色消费方式的了解程度等。

（2）发展趋势：该指标应不断提高。

（3）数据来源：第三方调查。

58. 政府、企事业单位、公众对“无废城市”建设的参与程度

（1）指标解释：反映政府、企事业单位、公众参与绿色生产方式、绿色生活方式、绿色消费方式的程度，例如参加生活垃圾分类、塑料包装制品的替代和重复利用、餐厨垃圾减量等情况，根据调查结果综合反映“无废城市”的全民参与程度。

（2）发展趋势：该指标应不断提高。

（3）数据来源：第三方调查。

59. 公众对“无废城市”建设成效的满意程度★

（1）指标解释：反映公众对所在城市工业固体废物、生活垃圾、农业废弃物的减量、回收利用、处置、整治等管理现状的满意程度。根据调查结果综合反映公众对“无废城市”建设成效的满意程度。

（2）发展趋势：该指标应不断提高。

（3）数据来源：第三方调查。

关于医疗废水监督性监测采样频次和分析方法等有关问题的复函

环办水体函〔2019〕503号

广东省生态环境厅：

你厅《关于明确医疗废水监督性监测采样频次和分析方法等有关问题的请示》（粤环报〔2019〕27号）收悉。经研究，函复如下。

一、根据我部《关于在环境监测工作中实施国家环境保护标准问题的复函》（环函

〔2010〕90号）和《关于火电厂氮氧化物监测方法有关问题的复函》（环科函〔2015〕3号）的相关内容，新发布的环境监测方法标准与排放标准指定的监测方法不同，但适用范围相同的，原则上也可用于该污染物的监测。但根据《水质总大肠菌群和粪大肠菌群的测定　纸片快速法》（HJ 755—2015）（以下简称纸片快速法）编制说明，在测定粪大肠菌群时，纸片快速法与多管发酵法的测定结果有显著性差异。但与多管发酵法相比，纸片快速法具有所需时间短、操作简便、检测结果受人员影响小等优点，且测定结果具有相关性，故在测定医疗机构排水中粪大肠菌群时，纸片快速法可作为参考方法。

二、《环境行政处罚办法》第三十七条规定："环境保护主管部门在对排污单位进行监督检查时，可以现场即时采样，监测结果可以作为判定污染物排放是否超标的证据。"《关于环境保护部门现场检查中排污监测方法问题的解释》（国家环境保护总局公告　2007年第16号）规定："环保部门在对排污单位进行监督性检查时，可以环保工作人员现场即时采样或监测的结果作为判定排污行为是否超标以及实施相关环境保护管理措施的依据。"据此，即时采样监测结果可以作为行政执法依据。

三、《地表水和污水监测技术规范》（HJ/T 91—2002）规定："排污单位如有污水处理设施并能正常运转使污水能稳定排放，则污染物排放曲线比较平稳，监督监测可以采瞬时样"。据此，在满足上述要求后，瞬时样可用于监督性监测。

特此函复。

生态环境部办公厅

2019年5月19日

关于明确《中华人民共和国水污染防治法》中"运营单位"的复函

环办水体函〔2019〕620号

重庆市生态环境局：

你局《关于明确〈中华人民共和国水污染防治法〉中"运营单位"的请示》（渝环〔2019〕90号）收悉。经研究，函复如下。

《城镇排水与污水处理条例》第十六条规定："城镇排水与污水处理设施竣工验收合格后，由城镇排水主管部门通过招标投标、委托等方式确定符合条件的设施维护运营单位负责管理"。据此，城镇污水集中处理设施的运营单位应为由城镇排水主管部门通过招标投标、委托等方式确定的运营主体。

因此，由城镇排水主管部门通过招标投标、委托等方式确定的城镇污水集中处理设施运营主体是《中华人民共和国水污染防治法》第二十一条、第四十九条和第五十条规定的法律责任主体，该主体应当依法取得排污许可证，保证城镇污水集中处理设施的正常运行，并对城镇污水集中处理设施的出水水质负责。

特此函复。

生态环境部办公厅
2019 年 7 月 11 日

关于印发《生态环境部政府信息公开实施办法》的通知

环办厅函〔2019〕633 号

机关各部门，各派出机构、直属单位：

为贯彻落实国务院新修订的《中华人民共和国政府信息公开条例》，我部制定了《生态环境部政府信息公开实施办法》，已经 2019 年第 5 次部常务会议审议通过，现印发给你们，请遵照执行。

生态环境部办公厅
2019 年 7 月 18 日

生态环境部政府信息公开实施办法

第一章 总 则

第一条 为了保障公民、法人和其他组织依法获取生态环境部政府信息，提高政府工作的透明度，建设法治政府，充分发挥生态环境政府信息对人民群众生产、生活和经济社会活动的服务作用，依据《中华人民共和国环境保护法》《中华人民共和国核安全法》《中华人民共和国政府信息公开条例》等法律法规，制定本办法。

第二条 本办法所称政府信息，是指生态环境部机关在履行生态环境管理职能过程中制作或者获取的，以一定形式记录、保存的信息。

第三条 生态环境部政务公开领导小组（以下简称政务公开领导小组）统筹领导我部政府信息公开工作。

办公厅（政务公开领导小组办公室）负责组织协调政府信息公开日常工作。具体职能是：

（一）组织办理政府信息公开事宜；

（二）维护和更新公开的政府信息；

（三）组织编制政府信息公开指南、政府信息主动公开基本目录和政府信息公开工作年度报告；

（四）组织开展对拟公开政府信息的审查；

（五）制定政府信息公开制度、年度计划并组织实施；

（六）组织政府信息公开培训；

（七）指导生态环境系统政府信息公开工作；

（八）接受公民、法人和其他组织对政府信息公开工作的监督和建议；

（九）我部规定的与政府信息公开有关的其他职能。

机关各部门在职责范围内开展政府信息公开相关工作，对本部门拟公开的政府信息进行审核。

第四条 政府信息公开应当坚持以公开为常态、不公开为例外，遵循公正、公平、合法、便民、客观的原则，积极推进生态环境决策、执行、管理、服务、结果公开，逐步增加政府信息公开的广度和深度。

第五条 发现影响或者可能影响社会稳定、扰乱社会和经济管理秩序的虚假或者不完整信息的，应当发布准确的政府信息予以澄清。

第二章　公开的主体和范围

第六条 办公厅负责归口管理我部政府信息公开工作，机关各部门负责提供本部门制作或者牵头制作的，以及从公民、法人和其他组织获取的政府信息。机关各部门获取的其他行政机关的政府信息，由制作或者最初获取该政府信息的行政机关负责公开。法律、法规对政府信息公开的权限另有规定的，从其规定。

第七条 公开政府信息应当加强协调沟通，拟公开的政府信息涉及其他行政机关的，应当与其他行政机关协商、确认，保证公开的政府信息准确一致。

拟公开的政府信息依照法律、法规和国家有关规定需要批准的，经批准后予以公开。

第八条 政府信息公开，采取主动公开和依申请公开的方式。

办公厅根据国家有关法律、法规和我部“三定”规定，组织编制、公布并及时更新我部政府信息公开指南和政府信息主动公开基本目录。

第九条 依法确定为国家秘密的政府信息，法律、法规禁止公开的政府信息，以及公开后可能危及国家安全、公共安全、经济安全、社会稳定的政府信息，不予公开。

第十条 涉及商业秘密、个人隐私等公开会对第三方合法权益造成损害的政府信息，不得公开。但是第三方同意公开或者机关部门认为不公开会对公共利益造成重大影响的，予以公开。

第十一条 机关各部门在履行行政管理职能过程中形成的讨论记录、过程稿、磋商信函、请示报告等过程性信息以及行政执法案卷信息，可以不予公开。法律、法规、规章规定上述信息应当公开的，从其规定。

人事管理、后勤管理、内部工作流程等方面的内部事务信息，可以不予公开。

第十二条 机关各部门应当按照“谁公开、谁负责”的原则，严格落实政府信息公开的审查程序和责任。依照《中华人民共和国保守国家秘密法》《中华人民共和国政府信息公开条例》以及其他法律、法规和国家有关规定，对拟公开的政府信息进行审核。机关部门不能确定政府信息是否可以公开的，应当报保密管理部门或者政务公开领导小组办公室确定。

第十三条 机关各部门应当建立健全政府信息管理动态调整机制，对本部门不予公开的政府信息进行定期评估审查，对因情势变化可以公开的政府信息应当公开。

第三章 主动公开

第十四条 对涉及公共利益调整、需要公众广泛知晓或者需要公众参与决策的政府信息，应当主动公开。

第十五条 属于我部政府信息主动公开基本目录规定的公开内容，应当按照规定的时限，及时准确公开。

第十六条 公开政府信息按照以下程序实施：

（一）核实、校对拟主动公开的政府信息；

（二）对拟主动公开的政府信息进行审查。在我部政府网站上公开的，应当填写政府网站信息发布审查表；

（三）经审定后按照规定的方式和渠道公开政府信息。

第十七条 主动公开的政府信息，通过以下一种或者几种方式、场所、设施进行公开：

（一）生态环境部政府网站、国家核安全局网站；

（二）生态环境部公报、中国环境报；

（三）新闻发布会；

（四）生态环境部微信、微博、生态环境部政府网站客户端；

（五）广播、电视、报刊等新闻媒体；

（六）信息公告栏、电子信息屏、资料查阅室、行政审批大厅等设施、场所；

（七）其他便于公众获取信息的形式。

第十八条 属于主动公开的政府信息，应当自该政府信息形成或者变更之日起 20 个工作日内及时公开。法律、法规对政府信息公开期限另有规定的，从其规定。

第十九条 机关各部门应当加强生态环境政策、规章等政府信息的解读工作，准确传递政策意图，及时解疑释惑，回应公众关切。

第四章 依申请公开

第二十条 办公厅负责建立健全政府信息依申请公开工作制度，规范政府信息公开申请的接收、登记、审核、办理、答复和归档等工作流程，组织办理我部政府信息公开申请事项，管理维护依申请公开办理系统。

承办公开申请事项的机关部门（以下简称承办部门），是办理政府信息公开申请的责任主体，具体负责办理公开申请的答复工作，并对答复程序和内容负责。

第二十一条 我部政府信息公开书面申请主要采用申请表形式。根据申请人提交的

《生态环境部政府信息公开申请表》（以下简称《申请表》）开展依申请公开工作。申请人填写《申请表》确有困难的，可以当面口头提出，由我部政府信息公开工作人员代为填写。

《申请表》包含以下信息：

（一）申请人的姓名或者名称、身份证明、联系方式；

（二）申请公开的政府信息名称、文号或者便于查询的其他特征性描述；

（三）申请公开的政府信息的形式要求，包括获取信息的方式、途径。

第二十二条 我部采取以下方式，接收政府信息公开申请：

（一）当面提交。申请人可以到生态环境部行政审批大厅现场填写《申请表》，当面交予政府信息公开工作人员。

（二）邮寄信函。申请人下载打印填写《申请表》后，通过信函方式邮寄至生态环境部办公厅。

（三）在线申请。通过生态环境部政府网站在线提交《申请表》。

（四）传真传送。通过传真发送《申请表》。

（五）其他途径。

第二十三条 政府信息公开申请内容不明确的，承办部门应当给予指导和释明。确需补正的，自收到申请之日起 5 个工作日内转办公厅，办公厅 2 个工作日内一次性告知申请人作出补正，说明需要补正的事项和合理补正期限。答复期限自收到补正的申请之日起计算。

申请人无正当理由逾期不补正的，视为放弃申请，承办部门不再处理该政府信息公开申请。

第二十四条 我部收到政府信息公开申请的时间，按照下列规定确定：

（一）申请人当面提交政府信息公开申请的，以提交之日为收到申请之日；

（二）申请人以邮寄方式提交政府信息公开申请的，以我部签收之日为收到申请之日；以平常信函等无需签收的邮寄方式提交政府信息公开申请的，办公厅应当于收到申请的当日与申请人确认，确认之日为收到申请之日；

（三）申请人通过在线申请或者传真提交政府信息公开申请的，以双方确认之日为收到申请之日。

第二十五条 收到《申请表》后，办公厅组织承办部门及时完成政府信息公开申请答复工作。能够当场答复的，办公厅商承办部门当场答复，并做好记录；不能当场答复的，办公厅组织承办部门，自收到申请之日起 20 个工作日内予以答复。

承办部门征求第三方和其他机关意见所需时间不计算在答复时限内。

第二十六条 办公厅收到申请之日起的 1 个工作日内，完成政府信息公开申请审核工作，符合条件的政府信息公开申请，及时受理并将相关信息录入依申请公开办理系统。

第二十七条 办公厅对已受理的政府信息公开申请提出拟办建议，并填写《生态环境部政府信息依申请公开办理单》（以下简称《办理单》）。经相关负责人核准后，在 1 个工作日内将《申请表》《办理单》转送承办部门。其中，同一政府信息公开申请涉及多个部门职责的，《办理单》所列第一个承办部门为主办部门。

承办部门对分工有不同意见时，在收到《办理单》1 个工作日内向办公厅提出建议，办公厅在 1 个工作日内研究并作出分工决定。

第二十八条　承办部门收到《办理单》后，负责拟制《生态环境部政府信息公开告知书》（以下简称《告知书》），并在《办理单》明确的时限内反馈办公厅。

同一政府信息公开申请涉及多个部门职责的，由主办部门负责拟制《告知书》。其他部门按照职责分别提供答复材料，并于收到《办理单》之日起3个工作日内，将答复材料提供主办部门。

承办部门拟制的《告知书》、答复材料等，应当经过本部门负责人审核。

第二十九条　对于政府信息公开申请，承办部门根据下列情况拟制《告知书》：

（一）所申请公开信息已经主动公开的，告知申请人获取该政府信息的方式、途径；

（二）所申请公开信息可以公开的，向申请人提供该政府信息，或者告知申请人获取该政府信息的方式、途径和时间；

（三）根据规定决定不予公开的，告知申请人不予公开并说明理由；

（四）经检索没有所申请公开信息的，应当告知申请人该政府信息不存在；

（五）所申请公开信息不属于我部负责公开的，告知申请人并说明理由；对能够确定负责公开该政府信息的行政机关的，告知申请人该行政机关的名称、联系方式；

（六）已就申请人提出的政府信息公开申请作出答复、申请人重复申请公开相同政府信息的，告知申请人不予重复处理；

（七）申请公开的信息中含有不应当公开或者不属于政府信息的内容，但是能够做出区分处理的，应当向申请人提供可以公开的政府信息内容，并对不予公开的内容说明理由；

（八）有关法律、行政法规对信息的获取有特别规定的，告知申请人依照有关法律、行政法规的规定办理。

第三十条　承办部门向申请人提供的信息，应当是已经制作或者获取的政府信息。除按照第二十九条第七项规定能够作区分处理的外，需要承办部门对现有政府信息进行加工、分析的，可以不予提供。

第三十一条　办公厅对承办部门反馈的《告知书》进行形式审核。主要审核以下内容：

（一）答复内容与申请的相符性，相关法律、法规依据援引情况；

（二）不应当公开或者不属于政府信息的内容是否区分处理、说明；

（三）其他形式审核。

办公厅在收到《告知书》之日起1个工作日内完成审核、编号。

第三十二条　办公厅组织承办部门校核《告知书》。承办部门确认无误并签字、终校，办公厅加盖公开专用章后，答复申请人。

第三十三条　承办部门根据申请人要求及政府信息保存的实际情况，确定提供政府信息的具体形式；按照申请人要求的形式提供政府信息可能危及政府信息载体安全或者公开成本过高的，可以通过电子数据以及其他适当形式提供，或者安排申请人查阅、抄录相关政府信息。

第三十四条　依申请公开的政府信息公开会损害第三方合法权益的，承办部门应当书面征求第三方意见。第三方应当自收到征求意见书之日起 15 个工作日内提出意见。第三方不同意公开且有合理理由的，承办部门不予公开；承办部门认为不公开可能对公共利益造成重大影响的，报政务公开领导小组审定后，可以予以公开，并将决定公开的政府信息内容和理由书面告知第三方。

第三方逾期未提出意见的，由承办部门提出是否公开的意见。承办部门认为需要公开的，按程序报批审定后答复申请人；承办部门决定不公开的，应当提出理由并告知申请人。

第三十五条 承办部门认为需要延长办理时限的，填写《生态环境部政府信息公开延期审批单》，经本部门负责人审批后，于《办理单》明确答复期限前3个工作日报办公厅。

办公厅审查同意延期的，告知申请人延期答复。延长的期限最长不得超过20个工作日。

第三十六条 申请人申请公开政府信息的数量、频次明显超过合理范围，办公厅应当要求申请人说明理由。认为申请理由不合理的，告知申请人不予处理；认为申请人理由合理，但无法在规定期限内答复申请人的，应当确定延迟答复的合理期限并告知申请人。具体答复期限，由办公厅商承办部门确定。

第三十七条 收到公民、法人和其他组织提出的政府信息更正要求，由办公厅商承办部门核实，对于属实的应当予以更正并告知申请人；不属于我部职能范围的，可以告知申请人向有权更正的行政机关提出。

第三十八条 对于多个申请人提出的相同政府信息公开申请，且该政府信息属于可以公开的，办公厅商承办部门，按程序报批后将该政府信息纳入主动公开的范围。

对我部依申请公开的政府信息，申请人认为涉及公众利益调整、需要公众广泛知晓或者需要公众参与决策的，可以建议将该政府信息纳入主动公开范围的，办公厅商承办部门认为属于主动公开范围的，按程序报批后及时主动公开。

第三十九条 申请人以政府信息公开申请的形式进行生态环境信访、投诉、举报等活动，办公厅负责告知申请人不作为政府信息公开申请处理，并告知其通过相应渠道提出。

申请人提出的申请内容为要求我部提供公报、报刊、书籍等公开出版物的，承办部门可以告知其获取的途径。

第四十条 对向我部提出政府信息公开申请存在阅读困难或者视听障碍的公民，办公厅可以在申请现场提供必要的帮助和便利。

第四十一条 我部依申请提供政府信息，不收取费用。

对于申请人申请公开政府信息的数量、频次明显超过合理范围的，根据国家制定的有关办法收取信息处理费。

第五章　监督和保障

第四十二条 机关各部门根据法律、法规和国家有关规定，不断完善政府信息公开工作，主动接受国务院政府信息公开主管部门的考核、评议。

第四十三条 办公厅定期或者不定期举办面向机关各部门、生态环境系统的政府信息公开工作培训。根据工作需要，组织开展政府信息公开工作调研，了解掌握生态环境部门政府信息公开工作推进情况。

第四十四条 办公厅应当加强对部系统政府信息公开工作的指导和监督，对未按要求开展政府信息公开工作的，予以督促整改、通报批评或者提出处理建议。

第四十五条 机关各部门应当在每年年底前，向办公厅提供本部门年度政府信息公开工作情况。主要包括以下内容：

（一）本部门主动公开政府信息情况；

（二）处理政府信息公开申请情况；

（三）政府信息公开工作中存在问题及改进情况；

（四）本部门政府信息公开下一年工作安排；

（五）其他事项。

每年 1 月 31 日前，我部向国务院政府信息公开工作主管部门提交上一年度政府信息公开工作年度报告，并向社会公开。

第四十六条 公民、法人或者其他组织认为我部政府信息公开工作侵犯其合法权益的，可以向国务院政府信息公开工作主管部门投诉、举报，也可以依法申请行政复议或者提起行政诉讼。涉及政府信息公开的行政复议或者行政诉讼工作，由承办部门、办公厅配合法规司办理。

第六章 附 则

第四十七条 部派出机构、内设机构依照法律、法规对外以自己名义履行行政管理职能的，由该派出机构、内设机构负责与所履行行政管理职能有关的政府信息公开工作。

具有公益性质、与人民群众利益密切相关的部直属事业单位，在提供公共服务过程中制作、获取的信息，其信息公开依据相关法律、法规和规章要求，另行制定。

第四十八条 本办法由生态环境部办公厅负责解释。

第四十九条 本办法自印发之日起施行，原《环境保护部政府信息依申请公开工作规程》（环办厅〔2017〕95 号）同时废止。

关于加快推进非道路移动机械摸底调查和编码登记工作的通知

环办大气函〔2019〕655 号

各省、自治区、直辖市生态环境厅（局），新疆生产建设兵团生态环境局：

为贯彻落实国务院《打赢蓝天保卫战三年行动计划》和《柴油货车污染治理攻坚战行动计划》相关要求，加快推进非道路移动机械摸底调查和编码登记工作，现将有关事项通知如下。

一、充分认识开展摸底调查和编码登记工作的重要性

非道路移动机械种类繁多，应用广泛，相对于机动车而言，存在底数不清、污染控制技术水平相对落后、污染物排放量大等问题。《打赢蓝天保卫战三年行动计划》和《柴油货车污染治理攻坚战行动计划》明确要求，开展非道路移动机械摸底调查和编码登记，划

定非道路移动机械排放控制区，严格管控高排放非道路移动机械。各地要统一思想，提高认识，强化组织协调，健全工作机制，通过摸底调查和编码登记，摸清非道路移动机械底数和排放水平，为有效实施排放控制区管理、管控高排放非道路移动机械、减少污染物排放奠定基础。

二、突出重点场所，全面有效推进工作落实

各地生态环境部门按照重点突破、全面推进的原则，制定摸底调查和编码登记工作方案，力争做到机械类型、数量全覆盖。以城市建成区内施工工地、物流园区、大型工矿企业以及港口、码头、机场、铁路货场使用的非道路移动机械为重点，主要包括挖掘机、起重机、推土机、装载机、压路机、摊铺机、平地机、叉车、桩工机械、堆高机、牵引车、摆渡车、场内车辆等机械类型。摸底调查和编码登记信息主要包括生产厂家名称、出厂日期等基本信息，所有人或使用人名称（可为单位或个人）、联系方式等登记人信息，排放阶段、机械类型（按用途分）、燃料类型、污染控制装置等技术信息，以及机械铭牌、发动机铭牌、非道路移动机械环保信息公开标签等。按照《柴油货车污染治理攻坚战行动计划》要求，于 2019 年年底前完成在用非道路移动机械摸底调查和编码登记，新购置或转入的非道路移动机械，应在购置或转入之日起 30 日内完成编码登记。

三、加强部门协同，通过信息化手段简化流程

各地生态环境部门要加强与行业主管部门沟通协调，充分发挥相关部门和行业组织的作用，形成联合工作机制。要简化流程，通过服务办事窗口、网上监管平台、手机应用程序（APP）、现场填报等方式开展摸底调查和编码登记工作，对完成信息登记的非道路移动机械按照统一编码规则发放非道路移动机械环保标牌，并根据实际情况，选择悬挂、粘贴、喷涂等方式固定，具体技术要求见附件。非道路移动机械环保标牌具有唯一性，编码规则全国统一，环保标牌跨区域有效、各地互认。对于此前已经完成编码登记、在本地使用的非道路移动机械可沿用原编码和环保标牌。鼓励通过电子标牌的方式实现非道路移动机械数据化管理。可直接通过国家非道路移动机械环保监管平台（以下简称国家平台）和 APP 开展摸底调查和编码登记工作，自动实现信息联网报送。使用本地平台的地区，应在 2019 年年底前与国家平台进行技术对接，实现信息联网报送。国家平台（https：//fdl.vecc.org.cn/fdlgather/）和 APP 由中国环境科学研究院机动车排污监控中心负责建设运行。

四、加强指导，确保数据信息准确规范

各省级生态环境部门要及时组织培训，定期调度工作进展，加大对填报信息的审核和复查力度，通过现场抽查等方式核实，确保信息准确规范，杜绝“一机多码”或“多机一码”的现象。各地生态环境部门要充分利用广播、电视、报纸、网络等媒体，并深入施工工地、物流园区、大型工矿企业、港口、码头、机场、铁路货场等场所，广泛宣传非道路移动机械摸底调查和编码登记相关政策和方法。鼓励各地生态环境部门对非道路移动机械

集中的单位提供上门服务。鼓励企事业单位、社会组织和公众进行监督。

各地依法划定非道路移动机械排放控制区，生态环境部门充分利用环境监管平台，加大执法监管力度，对违规进入排放控制区或超标排放的非道路移动机械依法实施处罚。

五、联系人及联系方式

联系人：生态环境部大气环境司　李光

电话：（010）66556245

联系人：中国环境科学研究院机动车排污监控中心　解淑霞、白涛

电话：（010）84916281-8007、（010）84913602

邮箱：fdlbmdj@vecc.org.cn

生态环境部办公厅

2019 年 7 月 29 日

附件

非道路移动机械摸底调查和编码登记技术要求

一、非道路移动机械环保登记号码编码规则

（一）非道路移动机械环保登记号码组成方式

非道路移动机械环保登记号码由 1 位排放阶段代号和 8 位机械环保序号组成，排放阶段代号与机械环保序号以短横分隔符相连。示例：2-12345678。

（二）排放阶段代号

非道路移动机械排放阶段指出厂时的排放阶段，代号采用排放阶段对应的序号（国一及以前排放阶段代号统一为“1”），电动机械排放阶段代号为“D”，不能确定排放阶段的代号为“X”。

柴油非道路移动机械的排放阶段根据《非道路移动机械用柴油机排气污染物排放限值及测量方法（中国Ⅰ、Ⅱ阶段）》（GB 20891—2007）及其以后修订的版本确定。

场内车辆的排放阶段根据《轻型汽车污染物排放限值及测量方法（I）》（GB 18352.1—2001）、《车用压燃式发动机排气污染物排放限值及测量方法》（GB 17691—2001）及其以后修订的版本确定。

（三）机械环保序号

机械环保序号采用数字和字母组合的方式，数字为 0～9，字母为英文字母表中除去 I、O 外的其余 24 个大写字母。序号由 8 位字符组成，序号第一位根据省、自治区和直辖市排序确定（见表 1），第二位至第八位各省份自行编号。

表 1　各省、自治区、直辖市机械环保序号第一位分配表

地区名称	环保序号第一位	地区名称	环保序号第一位
北京市	1	湖北省	H
天津市	2	湖南省	J
河北省	3	广东省	K
山西省	4	广西壮族自治区	L
内蒙古自治区	5	海南省	M
辽宁省	6	重庆市	N
吉林省	7	四川省	P
黑龙江省	8	贵州省	Q
上海市	9	云南省	R
江苏省	A	西藏自治区	S
浙江省	B	陕西省	T
安徽省	C	甘肃省	U
福建省	D	青海省	V
江西省	E	宁夏回族自治区	W
山东省	F	新疆维吾尔自治区（含新疆生产建设兵团）	X
河南省	G		

（四）非道路移动机械环保登记号码的确定

根据上传信息，非道路移动机械环境监管平台自动完成排放阶段的确认。工作人员根据排放阶段，发放相应号码，实现机械设备与环保登记号码关联匹配。

非道路移动机械环保登记号码与机械信息一一对应，不允许一台机械对应多个环保登记号码，也不允许多台机械共用一个环保登记号码。

二、非道路移动机械环保标牌技术要求

（一）样式及尺寸

外观标准尺寸：长 50cm×高 10cm，单字高 7cm。字体：方正大黑简体，字体水平、垂直居中。字体颜色：白色。背景颜色：蓝色（R：53、G：85、B：219）。

图 1　非道路移动机械环保标牌样式

（二）位置要求

位置应优先在机械左右两侧，每侧一个；如果侧边没有合适空间，可以选择机械尾端

或机械操作手臂等明显位置。

位于机械左、右侧或尾端时，要求水平，离地面高度至少 1 米。

（三）材料和方式

1. 金属标牌

材料要求

材质：厚度不小于 1.2 mm 的铝质材料。

耐温性能：在-40℃～＋60℃的环境中，不得有开裂、剥落、碎裂或者翘曲现象。

抗弯曲性能：在受到外力弯曲时，表面不应有裂缝、剥落、层间分离等损坏现象。

抗溶剂性能：应能经受溶剂的浸蚀，表面不得出现褪色、变色、掉色、软化、皱纹、起泡、开裂、起层、卷边或被溶解的痕迹。

耐盐水腐蚀性能：应能经受盐水的腐蚀，表面和铝板不得出现褪色、变色、掉色、软化、皱纹、起泡、开裂、起层、卷边或被浸蚀的痕迹。

抗风沙性能：应能抵御风沙，不应有破损、凹陷、剥落、掉色等缺陷。

耐候性能：按照《中华人民共和国机动车号牌》（GA 36—2018）中的 7.14 试验后，应无明显的变色、褪色、霉斑、开裂、刻痕、凹陷、侵蚀、剥离、粉化或变形；在任何边缘不应出现超过 1 mm 的收缩、膨胀或开裂。

字符要求

字符全部采用冲压方式。

安装要求

采用铆钉方式安装，要求水平、安装牢固，离地面高度至少 1 米。

2. 标牌贴

材料要求

耐温性能：按照《车身反光标识》（GA 406—2002）中的 4.8 试验后，不应有裂缝、剥落、碎裂痕迹。

耐候性能：按照《车身反光标识》（GA 406—2002）中的 4.4 试验后，不应有开裂、刻痕、凹陷、侵蚀、剥离、粉化或变形，从任何一边均不应出现明显的收缩或膨胀，不应出现从底板边缘的脱胶现象。

附着性能：按照《车身反光标识》（GA 406—2002）中的 6.10 方法试验后，背胶的 90 度剥离强度不应小于 25N。

粘贴要求

对于机械外表面漆膜完好的，可对表面作清洁处理后直接粘贴在漆膜表面；对于漆膜已经松软、粉化的，应除去漆膜、对底材作防锈处理后粘贴。

3. 标牌喷涂

要求按图 1 样式喷涂。涂料要求黏附、耐候性能好。

三、非道路移动机械环保信息采集卡技术要求

非道路移动机械环保信息采集卡使用塑封膜加防伪层塑封，外观尺寸为长 8.8cm，宽 6cm。非道路移动机械环保信息采集卡正面样式如图 2，背面样式如图 3。

图2　采集卡正面样式

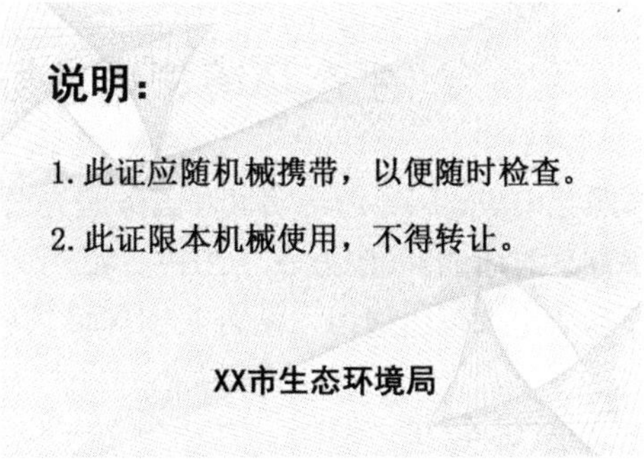

说明：

1. 此证应随机械携带，以便随时检查。

2. 此证限本机械使用，不得转让。

XX市生态环境局

图3　采集卡背面样式

采集卡样式说明如下：

①正面文字“非道路移动机械环保信息采集卡”颜色为白色，字体为12磅黑体，位置居中。

②正面文字“2-12345678”颜色为黑色、字体为30磅黑体、位置居中。

③背面文字“说明”颜色为黑色、字体为16磅黑体。

④背面文字“1.此证应随机械携带，以便随时检查。2.此证限本机械使用，不得转让。”颜色为黑色、字体为12磅宋体。

⑤背面文字“××市生态环境局”颜色为黑色、字体为12磅黑体、位置居中。

⑥正面二维码尺寸为25 mm×25 mm，二维码关联非道路移动机械环保登记号码。

关于印发《生态环境领域基层政务公开标准指引》的通知

环办厅函〔2019〕672号

各省、自治区、直辖市生态环境厅（局），新疆生产建设兵团生态环境局：

根据《国务院办公厅关于印发开展基层政务公开标准化规范化试点工作方案的通知》（国办发〔2017〕42号）要求，以及国务院办公厅关于基层政务公开工作部署，生态环境部制定了《生态环境领域基层政务公开标准指引》。现印发给你们，请组织做好落实工作。

生态环境部办公厅

2019年8月5日

生态环境领域基层政务公开标准指引

按照党中央、国务院部署和《国务院办公厅关于印发开展基层政务公开标准化规范化试点工作方案的通知》（国办发〔2017〕42号）有关要求，为进一步推进生态环境领域基层政务公开标准化规范化建设，结合生态环境领域基层政务公开试点工作实际，制定本指引。

一、总体要求

生态环境领域基层政务公开工作，要深入贯彻习近平生态文明思想，全面落实党中央、国务院关于全面推进政务公开的系列部署，不断提升标准化规范化水平。力争到2020年，生态环境领域基层政务公开工作制度机制进一步健全完善，及时、全面、准确公开信息，不断满足公众日益增长的生态环境知情权需要，助力打好污染防治攻坚战和生态文明建设。

二、适用范围

本指引适用于市级生态环境部门及其派出机构的政务公开工作。省级生态环境部门要加强对本行政区域基层政务公开标准化规范化工作的督促、指导。

三、公开事项

本指引所附《生态环境领域基层政务公开标准目录》（以下简称《标准目录》）包含行政许可、行政处罚和公共服务等5方面25类公开事项，明确了公开内容、依据、时限、主体、渠道、对象和方式，构成了生态环境领域基层政务公开的基本框架。

按照“公开是常态、不公开是例外”原则和落实决策、执行、管理、服务、结果“五公开”的要求，市级生态环境部门可以结合本地生态环境特点和工作实际，对《标准目录》进行细化调整、补充完善，不断拓展公开内容，根据工作需要拓宽公开渠道，着力提升政务公开质量。市级生态环境部门要加强对县级派出生态环境分局政务公开工作的规范和管理。

四、有关要求

（一）加强组织领导。要高度重视基层政务公开工作，健全完善政务公开工作制度、协调机制，推动标准化规范化工作落实。要定期或者不定期组织培训和业务交流，提升基层政务公开队伍能力水平。

（二）强化工作评估。建立健全政务公开工作内部考核制度，主动接受上级部门评议。完善公众参与机制，通过政府网站互动平台、公众开放日以及官方微博、微信等途径，加强与公众交流沟通。积极借助第三方开展评估，不断改进完善政务公开工作。

（三）及时回应关切。及时解读重要政策，做到政策发布和解读同步组织、同步审签、同步部署，把信息发布、政策解读、回应关切有机衔接起来，通过及时回应关切、释疑解惑，增进共识。

附件

生态环境领域基层政务公开标准目录

序号	公开事项		公开内容（要素）	公开依据	公开时限	公开主体	公开渠道和载体	公开对象		公开方式	
	一级	二级						全社会	特定群体	主动	依申请
1	行政许可	建设项目环境影响评价文件审批	1. 受理环节：受理情况公示、报告书（表）全本 2. 拟决定环节：拟审查环评文件基本情况公示 3. 决定环节：环评批复	《中华人民共和国环境影响评价法》《中华人民共和国海洋环境保护法》《中华人民共和国放射性污染防治法》《中华人民共和国政府信息公开条例》	自该信息形成或者变更之日起20个工作日内	市级生态环境部门	■政府网站 □政府公报 ■两微一端 □发布会/听证会 □广播电视 □纸质媒体 □公开查阅点 ■政务服务中心 ■便民服务站 □入户/现场 □社区/企事业单位/村公示栏 □精准推送 □其他______	√		√	
2		防治污染设施拆除或闲置审批	1. 企业或单位关闭、闲置、拆除工业固体废物污染环境防治设施、场所的核准结果 2. 企业或单位拆除、闲置环境噪声污染防治设施的审批结果 3. 企业或单位拆除闲置海洋工程环境保护设施的审批结果	《中华人民共和国固体废物污染环境防治法》《中华人民共和国环境噪声污染防治法》《中华人民共和国海洋环境保护法》《中华人民共和国政府信息公开条例》《关于全面推进政务公开工作的意见》（中办发〔2016〕8号）、《开展基层政务公开标准化规范化试点工作方案》（国办发〔2017〕42号）	自该信息形成或者变更之日起20个工作日内	市级生态环境部门	■政府网站 □政府公报 ■两微一端 □发布会/听证会 □广播电视 □纸质媒体 □公开查阅点 ■政务服务中心 ■便民服务站 □入户/现场 □社区/企事业单位/村公示栏 □精准推送 □其他______	√		√	

序号	公开事项		公开内容（要素）	公开依据	公开时限	公开主体	公开渠道和载体	公开对象		公开方式	
	一级	二级						全社会	特定群体	主动	依申请
3		危险废物经营许可证	1. 受理环节：受理通知书 2. 拟决定环节：向有关部门和专家征求意见、决定前公示等 3. 决定环节：危险废物经营许可证信息公示 4.送达环节：送达单	《中华人民共和国固体废物污染环境防治法》《中华人民共和国政府信息公开条例》《危险废物经营许可证管理办法》《国务院关于取消和下放一批行政审批项目的决定》（国发〔2013〕44 号）、《关于做好下放危险废物经营许可审批工作的通知》（环办函〔2014〕551 号）	自该信息形成或者变更之日起 20 个工作日内	市级生态环境部门	■政府网站 □政府公报 ■两微一端 □发布会/听证会 □广播电视 □纸质媒体 □公开查阅点 ■政务服务中心 ■便民服务站 □入户/现场 □社区/企事业单位/村公示栏 □精准推送 □其他______	√		√	
4	行政处罚、行政强制和行政命令	行政处罚流程	1. 行政处罚事先告知书 2. 行政处罚听证通知书 3. 处罚执行情况：同意分期（延期）缴纳罚款通知书、督促履行义务催告书、强制执行申请书等	《中华人民共和国环境保护法》《中华人民共和国水污染防治法》《中华人民共和国海洋环境保护法》《中华人民共和国大气污染防治法》《中华人民共和国环境噪声污染防治法》《中华人民共和国土壤污染防治法》《中华人民共和国固体废物污染环境防治法》《中华人民共和国放射性污染防治法》《中华人民共和国核安全法》《中华人民共和国环境影响评价法》《中华人民共和国政府信息公开条例》《环境行政处罚办法》	自收到申请之日起 20 个工作日内	市级生态环境部门	□政府网站 □政府公报 □两微一端 □发布会/听证会 □广播电视 □纸质媒体 □公开查阅点 □政务服务中心 □便民服务站 □入户/现场 □社区/企事业单位/村公示栏 ■精准推送 □其他______		√		√

序号	公开事项		公开内容（要素）	公开依据	公开时限	公开主体	公开渠道和载体	公开对象		公开方式	
	一级	二级						全社会	特定群体	主动	依申请
5		行政处罚决定	行政处罚决定书（全文公开）	《中华人民共和国环境保护法》《中华人民共和国水污染防治法》《中华人民共和国海洋环境保护法》《中华人民共和国大气污染防治法》《中华人民共和国环境噪声污染防治法》《中华人民共和国土壤污染防治法》《中华人民共和国固体废物污染环境防治法》《中华人民共和国放射性污染防治法》《中华人民共和国核安全法》《中华人民共和国环境影响评价法》《中华人民共和国政府信息公开条例》《环境行政处罚办法》	自该信息形成或者变更之日起 20 个工作日内	市级生态环境部门	■政府网站 □政府公报 ■两微一端 □发布会/听证会 □广播电视 □纸质媒体 □公开查阅点 ■政务服务中心 ■便民服务站 □入户/现场 □社区/企事业单位/村公示栏 □精准推送 □其他______	√		√	
6		行政强制流程	1. 查封、扣押清单 2. 查封（扣押）延期通知书 3. 解除查封（扣押）决定书	《中华人民共和国环境保护法》《中华人民共和国水污染防治法》《中华人民共和国海洋环境保护法》《中华人民共和国大气污染防治法》《中华人民共和国环境噪声污染防治法》《中华人民共和国土壤污染防治法》《中华人民共和国固体废物污染环境防治法》《中华人民共和国放射性污染防治法》《中华人民共和国核安全法》《中华人民共和国环境影响评价法》《中华人民共和国政府信息公开条例》《环境行政处罚办法》	自收到申请之日起 20 个工作日内	市级生态环境部门	□政府网站 □政府公报 □两微一端 □发布会/听证会 □广播电视 □纸质媒体 □公开查阅点 □政务服务中心 □便民服务站 □入户/现场 □社区/企事业单位/村公示栏 ■精准推送 □其他______		√		√

序号	公开事项		公开内容（要素）	公开依据	公开时限	公开主体	公开渠道和载体	公开对象		公开方式	
	一级	二级						全社会	特定群体	主动	依申请
7		行政强制决定	查封、扣押决定书（全文公开）	《中华人民共和国环境保护法》《中华人民共和国水污染防治法》《中华人民共和国海洋环境保护法》《中华人民共和国大气污染防治法》《中华人民共和国环境噪声污染防治法》《中华人民共和国土壤污染防治法》《中华人民共和国固体废物污染环境防治法》《中华人民共和国放射性污染防治法》《中华人民共和国核安全法》《中华人民共和国环境影响评价法》《中华人民共和国政府信息公开条例》《环境行政处罚办法》	自该信息形成或者变更之日起 20 个工作日内	市级生态环境部门	■政府网站 □政府公报 ■两微一端 □发布会/听证会 □广播电视 □纸质媒体 □公开查阅点 ■政务服务中心 ■便民服务站 □入户/现场 □社区/企事业单位/村公示栏 □精准推送 □其他________	√		√	
8		行政命令	责令改正违法行为决定书（全文公开）	《中华人民共和国环境保护法》《中华人民共和国水污染防治法》《中华人民共和国海洋环境保护法》《中华人民共和国大气污染防治法》《中华人民共和国环境噪声污染防治法》《中华人民共和国土壤污染防治法》《中华人民共和国固体废物污染环境防治法》《中华人民共和国放射性污染防治法》《中华人民共和国核安全法》《中华人民共和国环境影响评价法》《中华人民共和国政府信息公开条例》《环境行政处罚办法》	自该信息形成或者变更之日起 20 个工作日内	市级生态环境部门	■政府网站 □政府公报 ■两微一端 □发布会/听证会 □广播电视 □纸质媒体 □公开查阅点 ■政务服务中心 ■便民服务站 □入户/现场 □社区/企事业单位/村公示栏 □精准推送 □其他________	√		√	

序号	公开事项		公开内容（要素）	公开依据	公开时限	公开主体	公开渠道和载体	公开对象		公开方式	
	一级	二级						全社会	特定群体	主动	依申请
9	行政管理	行政奖励	1. 奖励办法 2. 奖励公告 3. 奖励决定	《中华人民共和国环境保护法》《中华人民共和国水污染防治法》《中华人民共和国海洋环境保护法》《中华人民共和国大气污染防治法》《中华人民共和国环境噪声污染防治法》《中华人民共和国土壤污染防治法》《中华人民共和国固体废物污染环境防治法》《中华人民共和国放射性污染防治法》《中华人民共和国核安全法》《中华人民共和国环境影响评价法》《中华人民共和国政府信息公开条例》	自该信息形成或者变更之日起20个工作日内	市级生态环境部门	■政府网站 □政府公报 ■两微一端 □发布会/听证会 □广播电视 □纸质媒体 □公开查阅点 ■政务服务中心 ■便民服务站 □入户/现场 □社区/企事业单位/村公示栏 □精准推送 □其他______	√		√	
10		行政确认	1. 运行环节：受理、确认、送达、事后监管 2. 责任事项	《中华人民共和国政府信息公开条例》《关于全面推进政务公开工作的意见》（中办发〔2016〕8号）	自该信息形成或者变更之日起20个工作日内	市级生态环境部门	■政府网站 □政府公报 ■两微一端 □发布会/听证会 □广播电视 □纸质媒体 □公开查阅点 ■政务服务中心 ■便民服务站 □入户/现场 □社区/企事业单位/村公示栏 □精准推送 □其他______	√		√	

序号	公开事项		公开内容（要素）	公开依据	公开时限	公开主体	公开渠道和载体	公开对象		公开方式	
	一级	二级						全社会	特定群体	主动	依申请
11		行政裁决和行政调解	1. 运行环节：受理、审理、裁决或调解、执行 2. 责任事项	《中华人民共和国环境保护法》《中华人民共和国水污染防治法》《中华人民共和国海洋环境保护法》《中华人民共和国噪声污染防治法》《中华人民共和国土壤污染防治法》《中华人民共和国固体废物污染环境防治法》《中华人民共和国政府信息公开条例》《关于全面推进政务公开工作的意见》（中办发〔2016〕8号）	自该信息形成或者变更之日起20个工作日内	市级生态环境部门	■政府网站 □政府公报 ■两微一端 □发布会/听证会 □广播电视 □纸质媒体 □公开查阅点 ■政务服务中心 ■便民服务站 □入户/现场 □社区/企事业单位/村公示栏 □精准推送 □其他______	√		√	
12		行政给付	1. 运行环节：受理、审查、决定、给付、事后监管 2. 责任事项	《中华人民共和国政府信息公开条例》《关于全面推进政务公开工作的意见》（中办发〔2016〕8号）	自该信息形成或者变更之日起20个工作日内	市级生态环境部门	■政府网站 □政府公报 ■两微一端 □发布会/听证会 □广播电视 □纸质媒体 □公开查阅点 ■政务服务中心 ■便民服务站 □入户/现场 □社区/企事业单位/村公示栏 □精准推送 □其他______	√		√	

序号	公开事项		公开内容（要素）	公开依据	公开时限	公开主体	公开渠道和载体	公开对象		公开方式	
	一级	二级						全社会	特定群体	主动	依申请
13		行政检查	1. 运行环节：制定方案、实施检查、事后监管 2. 责任事项	《中华人民共和国政府信息公开条例》《关于全面推进政务公开工作的意见》（中办发〔2016〕8号）	自该信息形成或者变更之日起20个工作日内	市级生态环境部门	■政府网站 □政府公报 ■两微一端 □发布会/听证会 □广播电视 □纸质媒体 □公开查阅点 ■政务服务中心 ■便民服务站 □入户/现场 □社区/企事业单位/村公示栏 □精准推送 □其他________	√		√	
14	其他行政职责	重大建设项目环境管理	1. 重大建设项目生态环境行政许可情况 2. 重大建设项目落实生态环境要求情况 3. 重大建设项目生态环境监督管理情况	《中华人民共和国政府信息公开条例》《关于全面推进政务公开工作的意见》（中办发〔2016〕8号）、《开展基层政务公开标准化规范化试点工作方案》（国办发〔2017〕42号）	自该信息形成或者变更之日起20个工作日内	市级生态环境部门	■政府网站 □政府公报 ■两微一端 □发布会/听证会 □广播电视 □纸质媒体 □公开查阅点 ■政务服务中心 ■便民服务站 □入户/现场 □社区/企事业单位/村公示栏 □精准推送 □其他________	√		√	

序号	公开事项		公开内容（要素）	公开依据	公开时限	公开主体	公开渠道和载体	公开对象		公开方式	
	一级	二级						全社会	特定群体	主动	依申请
15		生态环境保护督察	按要求公开生态环境保护督察进驻时限，受理投诉、举报途径，督察反馈问题、受理投诉、举报查处情况，反馈问题整改情况	《中华人民共和国政府信息公开条例》《关于全面推进政务公开工作的意见》（中办发〔2016〕8 号）、《开展基层政务公开标准化规范化试点工作方案》（国办发〔2017〕42 号）	自该信息形成或者变更之日起 20 个工作日内	市级生态环境部门	■政府网站 □政府公报 ■两微一端 □发布会/听证会 □广播电视 □纸质媒体 □公开查阅点 ■政务服务中心 ■便民服务站 □入户/现场 □社区/企事业单位/村公示栏 □精准推送 □其他______	√		√	
16		生态建设	1. 生态乡镇、生态村、生态示范户创建情况 2. 生态文明建设示范区和“绿水青山就是金山银山”实践创新基地创建情况 3. 农村环境综合整治情况 4. 各类自然保护地生态环境监管执法信息 5. 生物多样性保护、生物物种资源保护相关信息	《中华人民共和国政府信息公开条例》《关于全面推进政务公开工作的意见》（中办发〔2016〕8 号）、《开展基层政务公开标准化规范化试点工作方案》（国办发〔2017〕42 号）	自该信息形成或者变更之日起 20 个工作日内	市级生态环境部门	■政府网站 □政府公报 ■两微一端 □发布会/听证会 □广播电视 □纸质媒体 □公开查阅点 ■政务服务中心 ■便民服务站 □入户/现场 □社区/企事业单位/村公示栏 □精准推送 □其他______	√		√	

序号	公开事项		公开内容（要素）	公开依据	公开时限	公开主体	公开渠道和载体	公开对象		公开方式	
	一级	二级						全社会	特定群体	主动	依申请
17		企业事业单位突发环境事件应急预案备案	企业事业单位突发环境事件应急预案备案情况	《中华人民共和国环境保护法》《中华人民共和国突发事件应对法》《中华人民共和国政府信息公开条例》《企业事业单位突发环境事件应急预案备案管理办法（试行）》（环发〔2015〕4号）	自该信息形成或者变更之日起20个工作日内	市级生态环境部门	■政府网站 □政府公报 ■两微一端 □发布会/听证会 □广播电视 □纸质媒体 □公开查阅点 ■政务服务中心 ■便民服务站 □入户/现场 □社区/企事业单位/村公示栏 □精准推送 □其他________	√		√	
18	公共服务事项	生态环境保护政策与业务咨询	生态环境保护政策与业务咨询答复函	《中华人民共和国环境保护法》《中华人民共和国政府信息公开条例》	自该信息形成或者变更之日起20个工作日内	市级生态环境部门	■政府网站 □政府公报 ■两微一端 □发布会/听证会 □广播电视 □纸质媒体 □公开查阅点 ■政务服务中心 ■便民服务站 □入户/现场 □社区/企事业单位/村公示栏 □精准推送 □其他________	√		√	

序号	公开事项		公开内容（要素）	公开依据	公开时限	公开主体	公开渠道和载体	公开对象		公开方式	
	一级	二级						全社会	特定群体	主动	依申请
19		生态环境主题活动组织情况	1. 环保公众开放活动通知、活动开展情况 2. 参观环境宣传教育基地活动开展情况 3. 在公共场所开展环境保护宣传教育活动通知、活动开展情况 4. 六五环境日、全国低碳日等主题宣传活动通知、活动开展情况 5. 开展生态、环保类教育培训活动通知、活动开展情况	《中华人民共和国环境保护法》《中华人民共和国政府信息公开条例》	自该信息形成或者变更之日起 20 个工作日内	市级生态环境部门	■政府网站 □政府公报 ■两微一端 □发布会/听证会 □广播电视 □纸质媒体 □公开查阅点 ■政务服务中心 ■便民服务站 □入户/现场 □社区/企事业单位/村公示栏 □精准推送 □其他________	√		√	
20		生态环境污染举报咨询	生态环境举报、咨询方式（电话、地址等）	《中华人民共和国环境保护法》《中华人民共和国政府信息公开条例》《环境信访办法》	自该信息形成或者变更之日起 20 个工作日内	市级生态环境部门	■政府网站 □政府公报 ■两微一端 □发布会/听证会 □广播电视 □纸质媒体 □公开查阅点 ■政务服务中心 ■便民服务站 □入户/现场 □社区/企事业单位/村公示栏 □精准推送 □其他________	√		√	

序号	公开事项		公开内容（要素）	公开依据	公开时限	公开主体	公开渠道和载体	公开对象		公开方式	
	一级	二级						全社会	特定群体	主动	依申请
21		污染源监督监测	重点排污单位监督性监测信息	《中华人民共和国政府信息公开条例》《国家重点监控企业污染源监督性监测及信息公开办法》（环发〔2013〕81号）、《国家生态环境监测方案》、每年印发的全国生态环境监测工作要点	自该信息形成或者变更之日起20个工作日内	市级生态环境部门	■政府网站 □政府公报 ■两微一端 □发布会/听证会 □广播电视 □纸质媒体 □公开查阅点 ■政务服务中心 ■便民服务站 □入户/现场 □社区/企事业单位/村公示栏 □精准推送 □其他＿＿＿＿＿＿	√		√	
22		污染源信息发布	重点排污单位基本情况、总量控制、污染防治等信息，重点排污单位环境信息公开情况监管信息	《中华人民共和国环境保护法》《中华人民共和国政府信息公开条例》	自该信息形成或者变更之日起20个工作日内	市级生态环境部门	■政府网站 □政府公报 ■两微一端 □发布会/听证会 □广播电视 □纸质媒体 □公开查阅点 ■政务服务中心 ■便民服务站 □入户/现场 □社区/企事业单位/村公示栏 □精准推送 □其他＿＿＿＿＿＿	√		√	

序号	公开事项		公开内容（要素）	公开依据	公开时限	公开主体	公开渠道和载体	公开对象		公开方式	
	一级	二级						全社会	特定群体	主动	依申请
23		生态环境举报信访信息发布	公开重点生态环境举报、信访案件及处理情况	《中华人民共和国环境保护法》《中华人民共和国政府信息公开条例》	自该信息形成或者变更之日起 20 个工作日内	市级生态环境部门	■政府网站 □政府公报 ■两微一端 □发布会/听证会 □广播电视 □纸质媒体 □公开查阅点 ■政务服务中心 ■便民服务站 □入户/现场 □社区/企事业单位/村公示栏 □精准推送 □其他______	√		√	
24		生态环境质量信息发布	水环境质量信息（地表水监测结果和集中式生活饮用水水源水质状况报告）；实时空气质量指数（AQI）和 $PM_{2.5}$ 浓度；声环境功能区监测结果（包括声环境功能区类别、监测点位、执行标准、监测结果）；其他环境质量信息	《中华人民共和国环境保护法》《中华人民共和国政府信息公开条例》《国务院关于印发水污染防治行动计划的通知》（国发〔2015〕17 号）	自该信息形成或者变更之日起 20 个工作日内	市级生态环境部门	■政府网站 □政府公报 ■两微一端 □发布会/听证会 □广播电视 □纸质媒体 □公开查阅点 ■政务服务中心 ■便民服务站 □入户/现场 □社区/企事业单位/村公示栏 □精准推送 □其他______	√		√	

序号	公开事项		公开内容（要素）	公开依据	公开时限	公开主体	公开渠道和载体	公开对象		公开方式	
	一级	二级						全社会	特定群体	主动	依申请
25		生态环境统计报告	本行政机关的政府信息公开工作年度报告、环境统计年度报告	《中华人民共和国政府信息公开条例》《关于全面推进政务公开工作的意见》（中办发〔2016〕8 号）、《开展基层政务公开标准化规范化试点工作方案》（国办发〔2017〕42 号）	自该信息形成或者变更之日起 20 个工作日内；政府信息公开工作年度报告按照《政府信息公开条例》要求的时限公开	市级生态环境部门	■政府网站 □政府公报 ■两微一端 □发布会/听证会 □广播电视 □纸质媒体 □公开查阅点 ■政务服务中心 ■便民服务站 □入户/现场 □社区/企事业单位/村公示栏 □精准推送 □其他________	√		√	

注：1. 选择“公开渠道和载体”栏目中的一种或者几种渠道、载体、公开政府信息。

2. 标注“■”的为推荐性渠道、载体。

关于同意部分化工园区开展有毒有害气体环境风险预警体系建设试点工作的复函

环办应急函〔2019〕721号

辽宁省、江苏省、福建省、重庆市生态环境厅（局）：

你厅（局）推荐部分化工园区开展有毒有害气体环境风险预警体系建设试点工作的函收悉。经研究，同意大连松木岛化工园区、盘锦精细化工产业开发区、扬州化学工业园区、福州市江阴港城经济区、泉州市泉港石化工业园区、泉惠石化工业园区、漳州市古雷港经济开发区、长寿经济技术开发区等8个园区开展有毒有害气体环境风险预警体系（以下简称预警体系）建设试点工作。我部将委托有关技术单位给予技术指导。

请你厅（局）支持、指导试点化工园区结合实际积极探索，切实发挥预警体系建设实效。试点工作完成后，请组织试点工作验收，并及时将试点工作总结报送我部。

特此函复。

联系人：应急中心　刘彬彬

联系方式：（010）66556992，66556988（传真）

邮箱：hgyq@mee.gov.cn

生态环境部办公厅

2019年9月5日

关于进一步稳妥推进重点行业企业用地土壤污染状况调查工作的通知

环办土壤函〔2019〕818号

各省、自治区、直辖市生态环境厅（局），新疆生产建设兵团生态环境局：

为积极稳妥推进全国重点行业企业用地土壤污染状况调查（以下简称企业用地调查）工作，按时保质完成企业用地调查2019年工作任务，现将有关要求进一步明确如下。

一、强力攻坚确保按时完成年度任务

提高思想认识，加强组织领导，强化工作保障，为高效规范推进企业用地调查工作创造条件。对照企业用地调查年度目标任务和总体工作要求，倒排工期，细化工作安排，压实地方各级生态环境部门在调查对象全面性、信息采集、风险筛查、质量管理、成果上报等方面的责任，确保调查对象应查尽查；基础信息调查结果要与企业沟通，确保能够真实反映地块土壤和地下水污染情况。各地空间信息整合的国家入库、基础信息调查和风险筛查结果纠偏工作应于 2019 年 10 月底前完成，省级阶段成果集成报告应于 2019 年 11 月底前完成。

二、强化初步采样调查统筹管理

充分认识企业用地调查与农用地详查的差异性，借鉴农用地详查强有力的工作推进机制。应由省级生态环境部门统一负责组织实施，不将任务下放到市县级。建议优先采用全流程一包制委托一家任务承担单位或联合体单位，尽量减少委托的任务承担单位数量；若采用分环节分别委托模式，需明确对各环节的衔接、对初步采样调查结果负总体责任的任务承担单位；应谨慎使用样品流转中心。

针对企业用地初步采样调查环节多、技术要求高、专业队伍匮乏等情况，认真做好准备工作，务必先行试点打通工作流程，摸清本地技术实力，补齐本地技术短板；制定和完善布点、采样、分析测试各环节紧密衔接的组织实施模式，分批平稳实施，避免大批量返工。

对采样调查过程可能出现的企业进场难、地下情况未知、现场点位调整、重新采样、样品流转超时等问题做好充分预判，细化问题处理流程并明确相关责任方，确保采样工作顺利开展。各地应于 2019 年 12 月底前完成所有准备工作（含试点打通全流程、委托任务承担单位、落实物资保障等），全面启动初步采样调查，于 2020 年 10 月底前全面完成初步采样调查工作。

三、合理确定初步采样调查地块

基于风险筛查纠偏结果，综合本地钻探采样的技术难度、专业队伍能力、协调准备时间等因素，合理确定初步采样调查工作量，科学确定中低关注度样本地块。对关闭搬迁企业地块，中低关注度样本地块建议按风险筛查土壤二级指标“地块污染现状”的所有三级指标项和二级指标“土壤污染物迁移途径”的两个三级指标项“重点区域地表覆盖情况”“地下防渗措施”的分值加和排序确定；对在产企业地块，样本地块建议按风险筛查土壤二级指标“企业环境风险管理水平”“地块污染现状”的所有三级指标项和二级指标“土壤污染物迁移途径”的两个三级指标项“重点区域地表覆盖情况”“地下防渗措施”分值加和排序确定。

四、严格初步采样调查质量管理

利用信息化手段落实任务承担单位及质控单位的质量管理责任，强化布点采样方案审核，严格规范采样过程。压实采样单位内部质控责任，要求在撤场前完成自审内审工作；同步启动外部质控，要求对采样单位的前3个地块至少开展1次外审现场检查和资料检查，并同步对采样单位人员开展现场培训；及早统一技术要求，做到问题早发现、早纠正、早预防，从机制设计上最大程度降低采样返工概率。

严格样品分析测试的质量管理，对筛选确定的检测实验室进行检测能力验证，并组织专家对检测实验室技术能力进行复核，国家质控队伍视情况跟踪地方实验室能力验证与复核过程；督促检测实验室在正式开展分析测试任务之前完成分析测试方法的确认并形成相关质量记录；参考中国检验检测机构资质认定或者中国合格评定国家认可委员会实验室认可的工作机制定期检查检测实验室内部质控落实情况，并通过重点行业企业用地土壤污染状况调查数据上报系统及时检查样品保存时间是否超过期限要求。

强化对初步采样调查专业队伍和质控专家队伍筛选。负责布点采样的人员队伍应具备场地调查经验、专业钻探采集设备和相应技术能力；负责分析测试的实验室应具备符合测试项目要求的人员、资质、设备及能力；布点采样、分析测试工作的人员数量要与任务量相匹配，避免产生进度滞后、质量失控、样品失效等问题；加强对专业队伍的宣贯引导与现场实操培训，切实提升专业技术水平。

五、重视施工安全防范事故隐患

在初步采样调查过程中，采样单位需遵守《中华人民共和国安全生产法》等国家和地方有关法律法规及管理规定，遵守《企业安全生产标准化基本规范》（GB/T 33000—2016）等企业安全生产及设备使用相关技术规范，做好初步采样调查过程中的安全隐患防范。

采样单位在进场前需制定事故应急管理方案、安全工作方案，开展入场安全培训，与企业签订安全协议；在进场后需进行必要的安全检查，识别出工作场所中的危险因素，应通过资料收集、人员踏勘及现场物探等方式摸清地下罐槽、雨污管线、电力管线、燃气管线、通信管线等地下设施线路的位置、走向和埋深等信息，防止钻探过程中发生意外；在钻探采样过程中，应设立明显的标识牌及安全警示线，采取必要的人员防护措施，防止事故发生。

六、加强企业用地调查与日常管理衔接

加强企业用地调查对建设用地土壤污染防治工作的支撑，指导企业排查土壤污染隐患，及时发现土壤污染并采取措施防止污染扩散和扩大，降低后续修复成本。对企业用地调查发现的高关注度地块，可结合实际情况，依法要求土地使用权人按照规定进行土壤污染状况调查，2020年年底前完成；结合在产企业高关注度地块，依法依规动态更新土壤环境重点监管单位名单。

土壤环境重点监管单位应当依法开展土壤与地表水自行监测；地方生态环境主管部门应当定期对土壤环境重点监管单位和工业园区周边开展监测，2020 年 1 月底前完成行政区域内监测计划制定。企业自行监测及生态环境主管部门开展的周边监测结果可上报至重点行业企业用地调查数据库与管理平台信息系统，纳入全国土壤环境信息化管理平台统一管理使用。经地方生态环境主管部门认可的土壤污染状况调查结果可供企业用地调查使用。满足企业用地调查质控要求的初步采样调查结果和经地方企业用地调查质控部门评估满足重点监管单位土壤与地下水自行监测质控要求的结果，可相互替代使用。

生态环境部办公厅
2019 年 10 月 31 日

关于进一步做好当前生猪规模养殖环评管理相关工作的通知

环办环评函〔2019〕872 号

各省、自治区、直辖市生态环境、农业农村（农牧、畜牧兽医）厅（局、委），新疆生产建设兵团生态环境、农业农村局：

为贯彻落实党中央、国务院关于稳定生猪生产保障市场供应的工作部署，进一步做好生猪养殖建设项目环境影响评价（以下简称生猪养殖项目环评）服务，促进生猪生产加快恢复，有关要求通知如下。

一、继续推进生猪养殖项目环评“放管服”改革。近年来，生态环境领域“放管服”改革持续深化，超过 96%的生猪养殖项目（年出栏量 5 000 头以下的生猪养殖项目）在线填写环境影响登记表备案，无需办理环评审批。针对当前生猪生产形势，各级生态环境部门要加大改革力度，创新环评管理思路，进一步深化落实简政放权、放管结合相关要求，精准发力，推动生猪养殖项目尽快落地。各级农业农村部门应推进粪污资源化利用，持续推动生猪养殖绿色发展，共同落实打好污染防治攻坚战要求。

二、开展生猪养殖项目环评告知承诺制试点。对年出栏量 5 000 头及以上的生猪养殖项目，探索开展环评告知承诺制改革试点，建设单位在开工建设前，将签署的告知承诺书及环境影响报告书等要件报送环评审批部门。环评审批部门在收到告知承诺书及环境影响报告书等要件后，可不经评估、审查直接做出审批决定，并切实加强事中事后监管。试点时间自通知印发之日起，至 2021 年 12 月 31 日。

三、统筹做好生猪养殖项目环评服务和指导。各地生态环境、农业农村部门应建立部门协作机制，做好政策解读和宣传，加强服务和指导，形成政策合力。各级生态环境部门应加强对试点工作的组织，进一步提高服务意识，提前介入，指导告知承诺书和环境影响报告书编制。做好环评与排污许可、主要污染物排放总量管理的衔接，对规模以下生猪养殖项目和不设置污水排放口的规模以上生猪养殖项目，不得要求申领排污许可证和取得总量指标。粪污经过无害化处理用作肥料还田，符合法律法规以及国家和地方相关标准规范要求且不造成环境污染的，不属于排放污染物，不宜执行相关污染物排放标准和农田灌溉水质标准。各级农业农村部门要加强指导和督促，落实粪污资源化利用措施，推进粪肥养分平衡管理。完善粪污肥料化标准体系，加强粪肥还田技术指导，促进科学合理施用。

四、强化建设单位生态环境保护主体责任。生猪养殖项目建设单位应严格遵守生态环境保护法律法规及标准要求，不得占用法律法规明文规定禁止开发的区域。参照《畜禽养殖业污染防治技术规范》，根据环评技术导则要求，科学确定环境防护距离，作为项目选址以及规划控制的依据。严格落实各项生态环境保护措施，新（改、扩）建生猪养殖项目，应同步建设配套的粪污资源化利用设施，落实与养殖规模相匹配的还田土地。粪污无法资源化利用的，应明确污染处理措施，按照国家和地方规定达标排放。

五、强化事中事后监管。将生猪养殖项目纳入“双随机、一公开”环境执法范围，监督其严格落实生态环境保护措施和承诺事项。对在告知承诺书中弄虚作假或不落实承诺内容的，依法查处，并向社会公开，将失信企业纳入相关诚信体系。对守法意识强、管理规范、守法记录良好的，减少现场执法监管频次。规范适用环境行政处罚自由裁量权，对违法情节轻微并主动纠正、未造成环境污染后果的，依法从轻、减轻或者免除处罚。依法依规做好公众参与和信息公开，接受公众监督，维护公众环境权益。

生态环境部办公厅
农业农村部办公厅
2019 年 11 月 29 日

关于印发《水体污染控制与治理科技重大专项实施管理办法》的通知

环办科财函〔2019〕878 号

各有关单位：

为加强水体污染控制与治理科技重大专项（以下简称水专项）的组织管理，确保水专项总体目标圆满完成，根据《国务院关于优化科研管理提升科研绩效若干措施的通知》（国发〔2018〕25 号）等有关文件要求，结合水专项工作实际，水专项牵头组织单位生态环境部和住房城乡建设部对《水体污染控制与治理科技重大专项管理暂行办法》（环科技

〔2016〕153 号）进行了修订，形成《水体污染控制与治理科技重大专项实施管理办法》。现印发给你们，请遵照执行。

生态环境部办公厅
住房城乡建设部办公厅
2019 年 11 月 22 日

水体污染控制与治理科技重大专项实施管理办法

第一章　总　则

第一条　为保证水体污染控制与治理科技重大专项（以下简称水专项）顺利实施，充分激发水专项科研人员创新活力，保障专项总体目标圆满完成，根据《国务院关于优化科研管理提升科研绩效若干措施的通知》（国发〔2018〕25 号）、《国务院办公厅关于印发国家科技重大专项组织实施工作规则的通知》（国办发〔2016〕105 号）、《国务院办公厅关于抓好赋予科研机构和人员更大自主权有关文件贯彻落实工作的通知》（国办发〔2018〕127 号）、《国家科技重大专项（民口）管理规定》（国科发专〔2017〕145 号）、《国家科技重大专项（民口）资金管理办法》（财科教〔2017〕74 号）、《进一步深化管理改革　激发创新活力　确保完成国家科技重大专项既定目标的十项措施》（国科发重〔2018〕315 号）以及《水体污染控制与治理科技重大专项实施方案》（以下简称水专项实施方案）等有关规定以及国家科技计划管理改革的有关要求，结合水专项工作实际，制定本办法。

第二条　水专项是《国家中长期科学和技术发展规划纲要（2006—2020 年）》确定的国家科技重大专项。实施水专项对于我国依靠科技创新，促进节能减排，控制水体污染，改善水生态环境，保障饮用水安全，加快生态文明建设具有重要意义。

第三条　水专项是水体污染控制与治理重大科技工程，围绕国家水污染防治重点流域，集中攻克一批水体污染控制与治理关键技术。

水专项项目（课题）分为技术示范类、技术研究类和技术开发类。技术示范类主要开展重大关键技术研究、集成及工程应用示范，为示范区水质改善和饮用水安全保障提供技术支撑；技术研究类主要开展共性污染治理技术、管理技术和经济政策研究；技术开发类主要开展关键设备、产品等的研制和产业化。

第四条　水专项的组织实施由国务院统一领导，国家科技领导小组、国家科技体制改革和创新体系建设领导小组统筹、协调和指导。具体由生态环境部和住房城乡建设部（以下简称牵头组织单位）组织实施。

第五条　水专项组织实施管理遵循以下原则：

（一）明确目标，聚焦重点。水专项聚焦制约国民经济和社会发展的水污染治理重大科技瓶颈问题，为实现水环境治理体系现代化提供高质量的科技供给。

（二）创新机制，资源整合。充分发挥牵头组织单位的作用，调动地方政府参与实施的积极性，加强与现有科技资源及成果的衔接，整合科研院所、高校和企业以及国际合作的科技资源，发挥产学研结合的优势，集中力量开展科技攻关。

（三）厘清权责，规范管理。简政放权、放管结合，在实施方案制定、启动实施、监督管理、综合绩效评价和成果应用等各个环节，坚持科学、民主决策，压实各方责任，建立健全权责明确的管理制度和机制。

（四）定期调度，突出绩效。建立健全水专项监督与动态调整机制，对水专项组织实施过程中的技术攻关进展、水质目标改善状况、技术应用效果等进行跟踪调度，确保取得实效。

（五）注重人才，创造环境。结合水专项的实施，凝聚和培养一批高水平创新、创业、创优人才，形成一支产学研结合、创新能力强的科技队伍，完善有利于水专项实施的配套政策和良好环境。

第二章　组织机构与职责

第六条　在国家科技计划（专项、基金等）管理部际联席会议制度下，科技部会同发展改革委、财政部（以下简称三部门）负责重大专项综合协调和整体推动，研究解决重大专项组织实施中的重大问题，各司其职，共同推动重大专项的组织实施管理。

第七条　牵头组织单位应强化宏观管理、战略规划和政策保障，建立多部门共同参与的机制，充分调动全社会力量参与专项实施，保证专项顺利实施并完成预期目标。牵头组织单位应加强内部沟通、协调与配合。主要职责是：

（一）会同有关部门和单位成立水专项管理办公室（以下简称水专项办），并对水专项办队伍建设、条件保障等进行指导和监管；

（二）组建水专项总体专家组，确定水专项标志性成果责任专家；

（三）负责制订水专项实施管理相关规章制度；

（四）负责组织制订水专项阶段实施计划，制订年度指南，审核上报年度计划；

（五）批复水专项项目（课题）的立项（牵头组织单位联合行文批复）；

（六）负责对水专项项目（课题）的执行情况进行监督检查和责任倒查，指导督促水专项的实施；

（七）负责协调落实水专项实施的相关支撑条件，协调落实配套政策，推动水专项成果转化和产业化；

（八）组织协调水专项与国家其他科技计划（专项、基金等）、国家重大工程的衔接工作；

（九）核准水专项实施方案、阶段实施计划、年度计划相关内容的调整，涉及水专项目标、技术路线、概算、进度、组织实施方式等重大调整时，报三部门；

（十）组织编制上报水专项年度执行情况报告、总结报告等，根据水专项任务完成情况，提出专项验收申请；

（十一）负责水专项保密工作的管理、监督和检查。按有关规定，对涉及国家秘密的项目（课题）和取得的成果，进行密级评定和确定等。

第八条　水专项办在牵头组织单位的统一领导下，承担水专项实施的日常工作。主要职责是：

（一）组织制订水专项项目（课题）实施管理相关规章制度；

（二）参与制订水专项阶段实施计划，提出年度指南以及年度计划建议；

（三）组织受理水专项项目（课题）申请，遴选项目（课题）承担单位，按批复下达立项通知并与项目（课题）承担单位签订任务合同书，落实资金安排；

（四）组织对项目（课题）的督促、检查；

（五）组织对项目（课题）的综合绩效评价等；

（六）研究提出水专项组织管理、配套政策等建议；

（七）根据有关规定和实际需要对项目（课题）进行任务调整或预算调剂；

（八）根据需要提出调整水专项实施方案、阶段实施计划、年度计划的建议；

（九）定期报告水专项的实施进展情况；

（十）负责项目（课题）档案和保密工作的管理、监督和检查等；

（十一）承办牵头组织单位交办的事务。

第九条 地方应加强本行政区域内水专项项目（课题）实施的组织领导，根据需要成立由生态环境、住房城乡建设、科技、发展改革、财政、水利、农业农村等相关部门组成的省级水专项协调领导小组。主要职责是：

（一）组织提出地方水污染治理科技需求及拟立项项目（课题）指南建议；

（二）协调落实项目（课题）工程示范和地方投入等保障条件，组织或参与项目（课题）的立项、监督检查、评估和综合绩效评价工作；

（三）根据需要提出项目（课题）研究任务、技术支持单位及经费调整的建议；

（四）按照职责权限开展项目（课题）变更等事项的审批（查）；

（五）定期报告本行政区域项目（课题）的进展情况。

第十条 总体专家组配合水专项办做好专项的具体组织实施工作。充分发挥专家的决策咨询作用，总体专家组的咨询建议是牵头组织单位决策的重要依据。

总体专家组设技术总师和技术副总师，技术总师全面负责水专项总体专家组的工作，技术副总师协助技术总师开展工作。总体专家组的主要职责是：

（一）负责开展相关技术发展战略与预测研究，对水专项主攻方向、技术路线和研发进度提出咨询意见；

（二）负责对水专项发展规划、阶段实施计划、年度指南、年度计划提出咨询建议；

（三）对水专项集成方案设计、标志性成果推进、项目（课题）衔接和协同攻关以及促进水专项成果的集成应用等提出咨询建议；

（四）参与水专项项目（课题）检查、评估和综合绩效评价等工作；

（五）保证足够的时间和精力投入，每月至少召开一次会议，为水专项实施提出咨询建议。

技术总师、副总师应是水环境领域的战略科学家和领军人物，能够集中精力从事水专项的组织实施。水专项总体专家组成员应是水环境相关领域技术、管理和金融等方面的复合型优秀人才，能够将主要精力投入水专项的具体实施工作。总体专家组成员原则上不得承担和参与水专项项目（课题）。

第十一条 标志性成果责任专家由牵头组织单位研究确定，配合水专项办做好标志性成果推进的组织实施工作，接受总体专家组的技术指导。主要职责是：

（一）负责标志性成果的顶层设计以及总体进度把握；

（二）确定标志性成果研发方向，指导相关项目（课题）单位开展技术攻关，指导标志性成果的凝练、总结和提升；

（三）跟踪标志性成果研发动态，每季度报送标志性成果进展；

（四）全程参与标志性成果相关项目（课题）的立项、检查、评估及综合绩效评价；

（五）提出标志性成果相关项目（课题）任务调整建议；

（六）负责编制水专项标志性成果年度报告、阶段报告，进行标志性成果的总结集成；

（七）配合做好标志性成果的宣传推广；

（八）参与水专项最终成果的集成工作。

第十二条 水专项任务的承担单位是项目（课题）执行的责任主体，要按照法人管理责任制要求，强化内部控制与风险管理，对项目（课题）实施和资金管理负责。按照项目（课题）任务合同书要求，落实配套支撑条件，组织任务实施，规范使用资金，促进成果转化，完成既定目标。要严格执行重大专项和水专项有关管理规定，认真履行合同条款，接受指导、检查，并配合做好评估和综合绩效评价等工作。

第三章 阶段计划与年度计划

第十三条 牵头组织单位依据水专项实施方案，组织水专项办、总体专家组编制阶段实施计划和年度计划，并报三部门综合平衡。

根据三部门综合平衡意见，牵头组织单位组织修改和完善阶段实施计划和年度计划报三部门备案。

第十四条 水专项实施过程中，涉及水专项实施方案目标、概算、进度、组织实施方式的重大调整等事项，由牵头组织单位提出建议，经三部门审核后，报国务院批准。

涉及水专项阶段实施计划目标、分年度概算和年度预算总额的重大调整等事项，由牵头组织单位按程序报三部门。

涉及水专项阶段实施计划和年度计划其他一般性调整的事项，由牵头组织单位核准，报三部门备案。

第十五条 水专项任务以保障水专项总体目标实现为前提，坚持公平、公正的原则，采取定向委托、择优委托（包括定向择优和公开择优）、招标等方式遴选项目（课题）承担单位。

第十六条 项目（课题）立项程序包括：指南编制与发布、申报与形式审查、评审、立项批复与任务合同书签订。

第十七条 牵头组织单位根据水专项实施方案、阶段实施计划，组织总体专家组、水专项办或委托有关地方管理部门编制项目（课题）申报指南，报三部门合规性审核后，提交国家科技管理信息系统统一发布。涉密或涉及敏感信息项目（课题）的指南由牵头组织单位依照相关保密管理规定进行发布。

第十八条 根据三部门审核结果，牵头组织单位于每年 1 月 31 日前发布下一年度指南，由水专项办受理项目（课题）申报。对于定向择优的，自指南发布日至项目（课题）申报受理截止日，原则上不少于 25 个工作日；对于公开择优和招标的，原则上不少于 45 个工作日。

第十九条 项目（课题）申报单位和负责人的条件。

（一）项目（课题）申报单位基本条件

1. 在中华人民共和国境内注册，具有独立法人资格的科研院所、高等院校、企业等。

2. 科研单位在相关领域应具备良好的科研基础，取得了高水平、有影响力的研究成果，具有较高水平的学术带头人和研究团队。原则上必须主持或参与过国家级重大科研或重大工程项目。企业应具有较强的自主创新能力、相关的工程业绩和工程经验等。

3. 项目（课题）参与单位之间专业优势互补，与牵头申报单位能进行良好的沟通与合作。

4. 对于产品设备或装备开发、工程示范建设及运行，以及具有较好市场化推广前景的关键技术研发的课题，应以企业为主体或吸纳企业参与。

5. 对于申请事前立项事后补助项目（课题）的申报单位，应具有组织完成项目（课题）的研发能力以及筹措全部（或 70%及以上）项目（课题）研发费用的能力。

6. 在承担（或申请）国家科技计划项目中，没有严重不良信用记录或被记入“黑名单”。

（二）项目（课题）负责人的基本条件

1. 主持或参与过国家重大科技项目，在相关研究领域具有一定的知名度，具有高级技术职称的在职人员；具有较强的责任心、组织管理和协调能力；能够投入足够时间和主要精力。

2. 项目负责人同期只能主持 1 个项目，同时可主持本项目下的 1 个课题，不得主持其他项目下的课题。

3. 课题负责人同期只能主持 1 个课题，同时可参与 1 个课题。课题参与人员同期最多只能参与 2 个课题。

4. 项目（课题）负责人所在单位应符合本条第（一）款项目（课题）申报单位基本条件。

5. 在承担（或申请）国家科技计划项目中，没有严重不良信用记录或被记入“黑名单”。

6. 中央、地方各级行政机关及港澳特区的公务人员（包括行使科技计划管理职能的其他人员）不得申报项目（课题）。

第二十条 申报单位按照要求提交申报材料，由水专项办组织形式审查并报牵头组织单位。技术示范类项目（课题），由水专项办或委托有关省级水专项协调领导小组、地方政府组织进行立项评审；技术研究类和技术开发类项目（课题），由水专项办组织进行立项评审。

第二十一条 水专项项目（课题）任务和预算评审，采取视频评审或会议评审等方式开展。评审专家应从统一的国家科技管理专家库中选取，严格执行专家回避制度；除涉密或法律法规另有规定外，评审专家名单应向社会公开，强化专家自律，接受同行质询和社会监督。项目（课题）申报材料应提前请评审专家审阅，确保评审的效果、质量和效率。

第二十二条 项目（课题）立项评审的重点包括项目（课题）研究目标、考核指标和预期成果的科学性和可行性、研究内容和技术路线的合理性和创新性、技术示范的典型性与配套保障条件的落实情况、经费预算的合理性与任务的匹配度、承担单位和负责人的基础条件和优势以及组织实施方式的合理性等方面。

第二十三条 承担单位根据立项评审意见修改项目（课题）实施方案和预算后，由水专项办根据评审结果，形成年度计划建议（含预算建议方案），报牵头组织单位审核。

第二十四条 牵头组织单位将年度计划报三部门综合平衡。水专项办对经过综合平衡的拟立项项目（课题）（含预算）进行公示，公示情况和处理意见经牵头组织单位审核后报三部门。三部门依据公示结果向牵头组织单位反馈正式综合平衡意见，由财政部根据三部门综合平衡意见核定下一年度预算，按《中华人民共和国预算法》相关规定和程序纳入牵头组织单位预算中。

第二十五条 牵头组织单位根据三部门综合平衡意见和财政部下达的预算，批复水专项项目（课题）立项（含预算）。

第四章 组织实施与过程管理

第二十六条 根据项目（课题）立项批复文件，项目（课题）承担单位编制任务合同书并提交国家科技管理信息系统。水专项办会同有关省级水专项协调领导小组，组织相关领域专家进行审查通过后，签订任务合同书。

对于技术示范类项目（课题），牵头组织单位（水专项办）和相关地方政府作为双甲方，与项目（课题）承担单位签订任务合同书；对于技术研究类和技术开发类项目（课题），牵头组织单位（水专项办）作为甲方，与项目（课题）承担单位签订任务合同书。对于需要提供配套条件和资金投入的项目（课题），由地方有关部门（单位）出具配套证明材料或在任务合同书上盖章。对于涉密项目（课题），水专项办与项目（课题）承担单位还应签订保密协议。

第二十七条 牵头组织单位组织力量或委托具备条件的第三方独立评估机构，对水专项任务执行情况进行监督检查和责任倒查。水专项办按照项目（课题）任务合同书，检查、督促项目（课题）相关配套条件的落实，负责日常管理，并建立项目（课题）诚信档案。

第二十八条 水专项实行年度报告制度。水专项办组织总体专家组、标志性成果责任专家等，在总结项目（课题）执行情况的基础上，形成水专项年度执行情况报告，经牵头组织单位审核后按要求提交三部门。

第二十九条 水专项项目（课题）一经批准并与相关责任方签订任务合同书后，应严格按照任务合同书的要求执行。对确需调整或撤销的项目（课题），根据情况执行分类报批程序。

（一）项目（课题）实施期间，在研究方向不变、不降低申报指标和考核指标的前提下，项目（课题）负责人可以自主调整研究方案和技术路线，报水专项办备案。

（二）直接费用中除设备费外，其他科目费用调剂权全部下放给项目（课题）牵头承担单位，项目（课题）间接费用预算总额不得调增。承担单位要完善相关管理制度，及时为科研人员办理变更调整手续，确保项目（课题）目标实现。水专项办做好服务、指导工作。

（三）对项目（课题）部分研究任务、考核指标调整或取消的，或项目（课题）严重偏离任务合同书目标、实施进度严重滞后、难以完成任务合同书规定的研究任务和考核指标等需要撤销的，由水专项办会同省级水专项协调领导小组提出项目（课题）调整或撤销的建议，经牵头组织单位审批后报三部门备案，并视情况追回全部或部分经费。

（四）对于保密项目（课题）的调整或撤销，按照保密要求进行。

第三十条 水专项建立科研信用管理机制，在相关工作协议或任务合同中明确约定诚信要求，并记录在项目申报、立项评审、过程管理、监督评估、综合绩效评价等管理过程中主要参加人员的信用状况，阶段性或永久性取消具有严重失信行为相关责任主体申报水专项项目（课题）或参与项目（课题）管理的资格。

第三十一条 水专项建立责任追究机制。对在专项实施过程中失职、渎职，弄虚作假，截留、挪用、挤占、骗取专项资金等行为，按照有关规定追究相关责任人和单位的责任；涉嫌犯罪的，移送相关部门依法处理。

第三十二条 项目（课题）任务合同到期后，由水专项办或水专项办会同有关省级水专项协调领导小组负责对项目（课题）开展一次性综合绩效评价。项目（课题）综合绩效评价工作应在任务合同到期后6个月内完成，原则上，延期时间不超过1年。

第三十三条 项目（课题）综合绩效评价重点包括任务完成情况、经费管理使用情况以及档案管理情况三方面，并突出项目（课题）实施效果评估。综合绩效评价按照任务合同书（包括相关补充协议）、实施方案、立项批复文件、财政部批复的预算、水专项有关管理规定以及国家相关财经法规和财务管理制度等相关要求进行。

第三十四条 综合绩效评价结论分为“通过”“结题”和“不通过”三种。水专项办将综合绩效评价结论报牵头组织单位批准后下达项目（课题）承担单位，并抄送三部门。

存在下列行为之一的项目（课题），综合绩效评价按不通过处理：

（一）未达到任务合同书约定的主要技术经济指标，拒不配合综合绩效评价或无正当理由逾期不开展综合绩效评价的；

（二）提供的文件、资料、数据存在弄虚作假，项目（课题）牵头承担单位、其他参与单位或个人在项目（课题）执行过程中存在严重失信行为并造成重大影响的；

（三）存在编报虚假预算、套取国家财政资金等违反国家财经纪律的行为且拒不整改的。

第三十五条 按照国家科技报告制度的有关要求，项目（课题）在综合绩效评价时，应向水专项办提交完整的、统一格式的技术报告，水专项办定期将书面材料和电子版汇总后提交牵头组织单位，并抄送科技部。

第三十六条 在项目（课题）验收或综合绩效评价的基础上，水专项办组织开展每个五年计划的阶段总结，编制形成阶段执行情况报告，经牵头组织单位批准后，报送三部门。

第三十七条 牵头组织单位根据水专项目标完成及项目（课题）综合绩效评价情况，形成实施情况报告并向三部门提出水专项整体验收申请。原则上，应于水专项即将达到执行期限或执行期限结束后6个月内提出验收申请。如组织实施顺利、提前完成任务目标，可提前申请验收。

第五章　资金管理

第三十八条 水专项资金筹集坚持多元化的原则，中央财政支持水专项的组织实施，引导和鼓励地方财政、金融资本和社会资金等方面的投入。针对水专项任务实施，科学合理配置资金，加强审计与监管，提高资金使用效益。

第三十九条 水专项资金来源包括中央财政资金、地方财政资金、单位自筹资金以及从其他渠道获得的资金。

第四十条 统筹使用各渠道资金，提高水专项资金使用效益。中央财政资金严格执行财政预算管理和重大专项资金管理办法的有关规定，其他来源的资金按照相应的管理规定进行管理。水专项资金要做到专款专用、单独核算、注重绩效。

第四十一条 水专项的资金使用要严格按照有关审计规定进行专项审计，保障资金使用规范、有效。

第四十二条 项目（课题）承担单位应当按照国家有关财经法规和财务管理制度，严格管理和执行水专项资金。要切实履行法人责任，建立健全项目（课题）资金内部管理制度和报销规定，明确内部管理权限和审批程序，完善内控机制建设，强化资金使用绩效评价。

第四十三条 项目（课题）牵头承担单位应当根据项目（课题）研究进度和资金使用情况，及时向项目（课题）参与单位拨付资金。课题参与单位不得再向外转拨资金。

项目（课题）牵头承担单位不得对参与单位无故拖延资金拨付，对于出现上述情况的单位，水专项办将采取约谈、暂停项目（课题）后续拨款等措施。

第四十四条 对于项目（课题）结余资金（不含审计、年度监督评估等监督检查中发现的违规资金），项目（课题）完成任务目标并通过一次性综合绩效评价，且承担单位信用好的，结余资金按规定留归承担单位使用，在 2 年内（自综合绩效评价结论下达后次年的 1 月 1 日起计算）统筹安排用于科研活动的直接支出，2 年后结余资金未使用完的，应及时上交牵头组织单位。

第六章　成果、知识产权和资产管理

第四十五条 水专项建立知识产权保护和管理的长效机制，制定明确的知识产权目标，指定专门机构和人员负责知识产权工作，跟踪国内外相关领域知识产权动态，为科学决策提供参考。要建立知识产权管理、考核和目标评估制度。必要时，委托知识产权专业机构负责相关工作。

第四十六条 在牵头组织单位的指导和监督下，水专项办负责知识产权管理和成果转移转化的具体工作，自行或委托第三方机构开展水专项知识产权管理与成果转化交易服务体系的建设。

第四十七条 水专项取得的相关知识产权的归属和使用，按照《中华人民共和国科学技术进步法》《中华人民共和国促进科技成果转化法》《国家知识产权战略纲要》等执行。水专项项目（课题）形成的知识产权，有向国内其他单位有偿或无偿许可实施的义务；知识产权转让转化的收益分配按照国家有关规定执行。

第四十八条 水专项办应与项目（课题）承担单位事先约定知识产权归属、使用、许可等事项，促进成果转化和应用，为实现水专项总体目标提供保证。

第四十九条 水专项项目（课题）实施形成的研究成果，包括论文、专著、软件、数据库等，均应标注“水体污染控制与治理科技重大专项资助”字样及项目（课题）编号，不做标注的成果，综合绩效评价时不予认可。

第五十条 参与水专项实施的有关部门（单位）应切实采取措施促进科技成果的转化和产业化。对取得的涉及国家秘密的成果，依照国家保密法律法规进行管理。

第五十一条 项目（课题）研究过程中形成的无形资产，由项目（课题）承担单位负责管理和使用。成果转化及无形资产使用产生的经济效益按《中华人民共和国促进科技成果转化法》和国家有关规定执行。

第五十二条 使用中央财政资金形成的固定资产，按照国家有关规定执行。

第七章　保密、档案及其他

第五十三条　水专项组织实施必须严格遵守国家保密法律法规。水专项办在牵头组织单位指导下，认真开展水专项保密工作的管理、监督、检查以及教育培训和宣传等工作。

第五十四条　严格遵守国家有关加强信息安全工作的规定和要求，水专项涉密信息和档案等严格按照国家有关保密法律法规的要求进行管理。

第五十五条　水专项档案是指在水专项的规划、论证、组织实施、监督评估、考核评价等过程中直接形成的，具有保存价值的文字、图表、声像、数据信息等各种形式和载体的历史记录，是国家重要科技资源，确保收集齐全、应归尽归、保存完整。

在牵头组织单位的监督指导下，水专项办负责制定水专项档案管理制度，做好文件材料的收集整理、归档和档案的保管移交等工作。

第五十六条　水专项建立规范、健全的科学数据、成果的信息管理和共享机制。项目（课题）承担单位应按照国家有关规定，按时上报项目（课题）有关科研数据和成果信息。水专项办建立完善的项目（课题）数据和成果信息库，实现信息公开和成果资源共享，按要求向三部门报送相关信息。

第五十七条　为充分利用国际资源，水专项按照平等、互利、共赢的原则组织开展国际合作活动。水专项办在牵头组织单位的指导下，负责国际合作的具体工作。

第五十八条　水专项项目（课题）承担单位开展有关重大国际合作活动，由水专项办审批，牵头组织单位核准。

第五十九条　水专项国际合作活动应遵守有关外事工作规定和保密工作规定。

第六十条　水专项可对在关键技术突破、成果推广应用、科研管理创新等工作中作出突出贡献的承担单位和科研（管理）人员给予荣誉激励。

第八章　附　则

第六十一条　本办法由水专项牵头组织单位负责解释，自印发之日起施行。《水体污染控制与治理科技重大专项管理暂行办法》（环科技〔2016〕153 号）同时废止。

关于同意开展环境综合治理托管服务模式试点的通知

环办科财函〔2019〕881 号

上海市、江苏省、湖北省生态环境厅（局），各试点实施单位与项目承担单位：

为深入贯彻党的十九大和全国生态环境保护大会精神，落实党中央、国务院有关工作要求，进一步推进环境服务业发展，提升环境服务水平，根据《环保服务业试点工作管理办法（试行）》（环办函〔2014〕491 号，以下简称《管理办法》），我部对上海市生态环境局等单位推荐的环境综合治理托管服务模式试点项目（以下简称试点项目）进行了审核。经研究，同意上海化学工业区环境综合治理托管服务模式试点项目等4个项目作为试点项目（名单见附件）开展试点工作，期限为2020—2022年。

请各试点实施单位和推荐单位认真贯彻国家有关环境服务业发展要求和《管理办法》规定，在试点项目开展过程中积极探索政策机制和实施模式创新，推进多领域、多要素协同治理，着重提升环境服务质量和效能，推动环境质量改善。同时，各试点实施单位应及时向我部报送试点项目年度进展情况报告和试点总结报告。

生态环境部办公厅

2019年12月3日

附件

试点项目名单

序号	试点项目名称	试点内容	试点实施单位/项目承担单位	试点项目推荐单位	期限
1	上海化学工业区综合治理托管服务模式试点项目	实施危险废物一体化处置项目、给排水一体化处理项目和环境监测一体化项目3大项目15个具体项目，包括项目咨询、协同处置、合规管理和智慧管理等四项托管服务内容	上海化学工业区管理委员会/上海化学工业区发展有限公司	上海市生态环境局	2020—2022年
2	苏州工业园区环境综合治理托管服务模式试点项目	城镇供水、排水和污水处理、再生水回用环境公用基础设施一体化服务；餐厨和园林绿化垃圾、垃圾分类回收等固体废物处理处置与资源化一体化服务；危险废物收集、处置、固体废物处置及资源化利用协同服务；污泥干化处置及热电联产资源化利用一体化服务	苏州工业园区管理委员会/中新苏州工业园区市政公用发展集团有限公司	江苏省生态环境厅	2020—2022年
3	国家东中西区域合作示范区（连云港徐圩新区）环境综合治理托管服务模式试点项目	实施污水处理、固体废物处理、废气处理、环境监测及智慧园区建设等项目，开展水、气、固体废物等多要素，污染治理、环境监测、风险预警、智能园区等多领域的环境治理托管服务	国家东中西区域合作示范区（连云港徐圩新区）管理委员会/江苏方洋水务有限公司	江苏省生态环境厅	2020—2022年
4	湖北省十堰市郧阳区农村生活垃圾和污水综合治理托管服务模式试点项目	开展郧阳区19座乡镇污水处理厂、9座垃圾填埋场、郧阳区环境综合治理技术监控平台的建设与运维服务，农村环境综合整治服务（区内污水处理设施及垃圾环卫保洁系统建设）以及水、气、土、固体废物等方面环境咨询服务	十堰市郧阳区人民政府/深圳市深港产学研环保工程技术股份有限公司	湖北省生态环境厅	2020—2022年

关于印发《地表水和地下水环境本底判定技术规定（暂行）》的通知

环办监测函〔2019〕895号

各省、自治区、直辖市生态环境厅（局），新疆生产建设兵团生态环境局：

为客观准确反映水环境质量状况和水污染防治工作成效，进一步满足全国地表水、地下水环境质量评价、考核和排名等工作需求，我部组织制定了《地表水和地下水环境本底判定技术规定（暂行）》，现印发给你们，请遵照执行。

联系人：生态环境监测司　曹佩、刘杨

电话：（010）66103118、66556816

传真：（010）66556808

联系人：中国环境监测总站　嵇晓燕、孙宗光

电话：（010）84943098、84943097

传真：（010）84949055

生态环境部办公厅

2019年12月4日

附件

地表水和地下水环境本底判定技术规定
（暂　行）

1　适用范围

本规定明确了国家地表水和地下水（饮用水源）环境本底判定的原则、标准和程序等相关要求。

本规定适用于国家组织开展环境质量监测的地表水和地下水（饮用水源）环境本底判定，地方组织开展环境质量监测的湖库河流和地下水（饮用水源）可参照执行。

本规定不适用于其他形式地表水和地下水环境背景值等方面的监测、判定和研究。

2 规范性引用文件

本规定引用了下列文件中的条款。凡是不注明日期的引用文件，其最新版本适用于本规定。

GB 3838 地表水环境质量标准

GB/T14848 地下水质量标准

水污染防治行动计划实施情况考核规定（试行）（环水体〔2016〕179 号）

“十三五”国家地表水环境质量监测网设置方案（环监测〔2016〕30 号）

国家地表水采测分离监测管理办法（环办〔2019〕2 号）

国家地表水水质自动监测站运行管理办法（环办〔2019〕2 号）

3 术语和定义

下列术语和定义适用于本规定。

3.1 环境本底 environmental background

一般是指自然环境在未受污染的情况下，各种环境要素中化学元素或化学物质的基线含量。亦指人类在某个区域进行某种社会活动行为之前的自然环境状态。

3.2 环境本底值 environmental background value

对未受人类社会活动行为影响的环境区域按照规定的监测程序针对特定的监测项目所测定的数据。

4 环境本底的判定

4.1 环境本底判定要求

4.1.1 不受人类社会活动或受人类活动影响较小区域的河流（段）、湖泊和地下水。例如，河流（段）主要分布在各主要流域（水系）上游；湖泊主要分布在高原内陆地区，无出湖河流的内流湖；或其他形式的水体。

4.1.2 地表水环境本底判定主要针对受到自然地理和地质条件影响较大的水体。

4.1.3 地下水环境本底判定主要针对受到地质条件影响较大的水体。

4.1.4 水体周边无影响环境本底的人为污染源汇入。

4.2 判定监测项目

地表水：以《地表水环境质量标准》24 项常规监测项目为基础，确定不受人类活动影响而产生的监测项目。

饮用水源：以《地表水环境质量标准》109 项和《地下水质量标准》93 项为基础，确定不受人类活动影响而产生的监测项目。

环境本底判定时应考虑区域内特征污染项目，可参考的监测项目如下：

（1）地表水：pH、溶解氧、总磷、化学需氧量、高锰酸盐指数、氟化物等。

（2）饮用水源：pH、氟化物、总硬度、Fe、Mn、As、Sb、硫酸盐、溶解性总固体（TDS）、硼、钼、铊、总α放射性、碘化物等。

4.3 判定标准

4.3.1 地表水水质评价和考核情况

地表水以《地表水环境质量标准》常规监测项目Ⅲ类水质标准限值为判定标准。

地表水型饮用水源以《地表水环境质量标准》常规监测项目III类水质标准限值和补充项目、特定项目标准限值为判定标准。

地下水型饮用水源以《地下水质量标准》常规和非常规监测项目III类水质标准限值为判定标准。

4.4 判定方法

（1）当受环境本底值影响水体经常超过判定标准限值时可开展环境本底判定。当环境本底值低于判定标准限值时可不进行环境本底判定。

（2）在环境本底判定时，如果拟确定为环境本底的水体、监测项目和时段，需要证明超过判定标准限值的监测项目仅受自然地理条件和地质条件影响而非受人类社会活动影响（或影响较小）。否则不予判定。

5 环境本底判定程序及应用

5.1 判定程序

由各地方生态环境部门以文件形式向中国环境监测总站报送行政区域内的水环境本底判定申请，并附相关证明材料。证明材料需包括水环境本底情况报告及相关材料，专家评审意见等。

由中国环境监测总站会同各流域生态环境监测与科学研究中心根据地方提供的材料组织现场踏勘和专家论证，并报生态环境部备案同意。

需建立环境本底动态更新调整机制，并组织环境本底评审。

5.2 环境本底值统计处理

地表水常规监测项目以《地表水环境质量标准》III类标准限值替换为环境本底值进行统计计算（水质目标低于III类时，以水质目标值替换）。

地表水补充项目和特定项目按标准限值替换为环境本底值进行统计计算。

地下水常规监测项目和非常规项目以《地下水质量标准》III类标准限值替换为环境本底值进行统计计算。

5.3 环境本底应用

确定为环境本底的水体、监测断面（点位）及监测项目，按照确定的水体、断面（点位）、时段和监测项目，在城市地表水和饮用水源达标考核和城市排名等工作中根据实际情况可选择剔除自然本底的影响。但在全国地表水水质状况评价和饮用水源水质评价时直接参与评价，评价结果需要注明受环境本底的影响。

附录 A（资料性附录）

国家地表水和地下水环境本底判定工作需提交的相关材料

A.1 为了及时掌握国家地表水和地下水环境本底基础情况，做好环境本底的判定工作，各有关地方需提供国家地表水和地下水环境本底情况报告及相关材料。

A.2 地表水和地下水水体的基本情况，以及一定时间序列的环境本底浓度值及水质状况。

地表水可采用年度平均值及监测浓度范围（未开展监测和未检出的需注明），饮用水源需采用月度监测值。环境本底受季节影响时需采用月度监测值，以确定影响的时段。

对于咸水湖或半咸水湖、苦咸水河流等水体需提供盐度、矿化度以及相关阴阳离子浓度。

A.3　周边及上游污染源（包括点源和面源）分布及排污情况。

A.4　水体地理位置示意图。图中需标明城市、乡镇、村庄的分布情况，周边及上游污染源分布及排污情况，监测断面（点位）布置情况。

A.5　环境本底监测的相关信息

以表格的形式提交环境本底监测情况，地表水和饮用水源监测情况和分表填写，具体见表 A.1。

表 A.1　××省（区、市）地表水和地下水环境本底监测情况

水体名称	水体类型	断面名称	所在地区	监测时间	环境本底指标（超标倍数）					其他污染指标（超标倍数）				

注：1. 水体名称为地表水（河流和湖库）、饮用水源（地表水、地下水）名称。

2. 水体类型为河流、湖泊、水库、饮用水源（地表水）、饮用水源（地下水）。

3. 环境本底判定标准采用优于Ⅲ类水质的考核目标时，需在“环境本底指标”和“其他污染指标”中注明评价标准为“考核目标”。

关于进一步加强石油天然气行业环境影响评价管理的通知

环办环评函〔2019〕910 号

各省、自治区、直辖市生态环境厅（局），新疆生产建设兵团生态环境局，中国石油天然气集团有限公司，中国石油化工集团有限公司，中国海洋石油集团有限公司，陕西延长石油（集团）有限责任公司：

为贯彻习近平生态文明思想，落实习近平总书记关于油气勘探开发的重要批示精神，推进石油天然气开发与生态环境保护相协调，深化石油天然气行业环评“放管服”改革，助力打好污染防治攻坚战，现就进一步加强石油天然气行业环评管理工作通知如下。

一、推进规划环境影响评价

（一）各有关单位编制油气发展规划等综合规划或指导性专项规划，应当依法同步编制环境影响篇章或说明；编制油气开发相关专项规划，应当依法同步编制规划环境影响报告书，报送生态环境主管部门依法召集审查。规划环评结论和审查意见，应当作为规划审批决策和相关项目环评的重要依据，规划环评资料和成果可与项目环评共享，项目环评可结合实际简化。

（二）油气企业在编制内部相关油气开发专项规划时，鼓励同步编制规划环境影响报告书，重点就规划实施的累积性、长期性环境影响进行分析，提出预防和减轻不良环境影响的对策措施，自行组织专家论证，相关成果向省级生态环境主管部门通报。涉及海洋油气开发的，应当通报生态环境部及其相应流域海域生态环境监督管理局。

（三）规划环评应当结合油气开发区域的资源环境特征、主体功能区规划、自然保护地、生态保护红线管控等要求，切实维护生态系统完整性和稳定性，明确禁止开发区域和规划实施的资源环境制约因素，提出油气资源开发布局、规模、开发方式、建设时序等优化建议，合理确定开发方案，明确预防和减轻不良环境影响的对策措施。严格落实“三线一单”（生态保护红线，环境质量底线，资源利用上线，生态环境准入清单）管控要求，页岩气等开采应当明确规划实施的水资源利用上限。涉及自然保护地、生态保护红线的，还应当符合其管控要求。在重点污染物排放总量超过国家或者地方规定的总量控制指标区域内，应当暂停规划新增排放该重点污染物的油气开发项目。在具有重大地下水污染风险的地质构造区域布局开发项目应当慎重，确需开发的，应当深入论证规划实施的环境可行性，采取严格的环境风险防范措施。

二、深化项目环评“放管服”改革

（四）油气开采项目（含新开发和滚动开发项目）原则上应当以区块为单位开展环评（以下简称区块环评），一般包括区块内拟建的新井、加密井、调整井、站场、设备、管道和电缆及其更换工程、弃置工程及配套工程等。项目环评应当深入评价项目建设、运营带来的环境影响和环境风险，提出有效的生态环境保护和环境风险防范措施。滚动开发区块产能建设项目环评文件中还应对现有工程环境影响进行回顾性评价，对存在的生态环境问题和环境风险隐患提出有效防治措施。依托其他防治设施的或者委托第三方处置的，应当论证其可行性和有效性。

（五）未确定产能建设规模的陆地油气开采新区块，建设勘探井应当依法编制环境影响报告表。海洋油气勘探工程应当填报环境影响登记表并进行备案。确定产能建设规模后，原则上不得以勘探名义继续开展单井环评。勘探井转为生产井的，可以纳入区块环评。自2021年1月1日起，原则上不以单井形式开展环评。过渡期间，项目建设单位可以根据实际情况，报批区块环评或单井环评。在本通知印发前已经取得环评批复、不在海洋生态环境敏感区内、未纳入油气开采区块产能建设项目环评且排污量未超出原环评批复排放总量的海洋油气开发工程调整井项目，实施环境影响登记表备案管理。

（六）各级生态环境主管部门在审批区块环评时，不得违规设置或保留水土保持、规划选址用地（用海）预审、行业或下级生态环境主管部门预审等前置条件。涉及自然保护地、饮用水水源保护区、生态保护红线等法定保护区域的，在符合法律法规的前提下，主管部门意见不作为环评审批的前置条件。对于已纳入区块环评且未产生重大变动情形的单项工程，各级生态环境主管部门不得要求重复开展建设项目环评。

三、强化生态环境保护措施

（七）涉及向地表水体排放污染物的陆地油气开采项目，应当符合国家和地方污染物排放标准，满足重点污染物排放总量控制要求。涉及污染物排放的海洋油气开发项目，应当符合《海洋石油勘探开发污染物排放浓度限值》（GB 4914）等排放标准要求。

（八）涉及废水回注的，应当论证回注的环境可行性，采取切实可行的地下水污染防治和监控措施，不得回注与油气开采无关的废水，严禁造成地下水污染。在相关行业污染控制标准发布前，回注的开采废水应当经处理并符合《碎屑岩油藏注水水质推荐指标及分析方法》（SY/T 5329）等相关标准要求后回注，同步采取切实可行措施防治污染。回注目的层应当为地质构造封闭地层，一般应当回注到现役油气藏或枯竭废弃油气藏。相关部门及油气企业应当加强采出水等污水回注的研究，重点关注回注井井位合理性、过程控制有效性、风险防控系统性等，提出从源头到末端的全过程生态环境保护及风险防控措施、监控要求。建设项目环评文件中应当包含钻井液、压裂液中重金属等有毒有害物质的相关信息，涉及商业秘密、技术秘密等情形的除外。

（九）油气开采产生的废弃油基泥浆、含油钻屑及其他固体废物，应当遵循减量化、资源化、无害化原则，按照国家和地方有关固体废物的管理规定进行处置。鼓励企业自建含油污泥集中式处理和综合利用设施，提高废弃油基泥浆和含油钻屑及其处理产物的综合利用率。油气开采项目产生的危险废物，应当按照《建设项目危险废物环境影响评价指南》要求评价。相关部门及油气企业应当加强固体废物处置的研究，重点关注固体废物产生类型、主要污染因子及潜在环境影响，分别提出减量化的源头控制措施、资源化的利用路径、无害化的处理要求，促进固体废物合理利用和妥善处置。

（十）陆地油气开采项目的建设单位应当对挥发性有机物液体储存和装载损失、废水液面逸散、设备与管线组件泄漏、非正常工况等挥发性有机物无组织排放源进行有效管控，通过采取设备密闭、废气有效收集及配套高效末端处理设施等措施，有效控制挥发性有机物和恶臭气体无组织排放。涉及高含硫天然气开采的，应当强化钻井、输送、净化等环节环境风险防范措施。含硫气田回注采出水，应当采取有效措施减少废水处理站和回注井场硫化氢的无组织排放。高含硫天然气净化厂应当采用先进高效硫磺回收工艺，减少二氧化硫排放。井场加热炉、锅炉、压缩机等排放大气污染物的设备，应当优先使用清洁燃料，废气排放应当满足国家和地方大气污染物排放标准要求。

（十一）施工期应当尽量减少施工占地、缩短施工时间、选择合理施工方式、落实环境敏感区管控要求以及其他生态环境保护措施，降低生态环境影响。钻井和压裂设备应当优先使用网电、高标准清洁燃油，减少废气排放。选用低噪声设备，避免噪声扰民。施工结束后，应当及时落实环评提出的生态保护措施。

（十二）陆地油气长输管道项目，原则上应当单独编制环评文件。油气长输管道及油气田内部集输管道应当优先避让环境敏感区，并从穿越位置、穿越方式、施工场地设置、管线工艺设计、环境风险防范等方面进行深入论证。高度关注项目安全事故带来的环境风险，尽量远离沿线居民。

（十三）油气储存项目，选址尽量远离环境敏感区。加强甲烷及挥发性有机物的泄漏检测，落实地下水污染防治和跟踪监测要求，采取有效措施做好环境风险防范与环境应急管理；盐穴储气库项目还应当严格落实采卤造腔期和管道施工期的生态环境保护措施，妥善处理采出水。

（十四）油气企业应当加强风险防控，按规定编制突发环境事件应急预案，报所在地生态环境主管部门备案。海洋油气勘探开发溢油应急计划报相关海域生态环境监督管理局备案。

四、加强事中事后监管

（十五）油气企业应当切实落实生态环境保护主体责任，进一步健全生态环境保护管理体系和制度，充分发挥企业内部生态环境保护部门作用，健全健康、安全与环境（HSE）管理体系，加强督促检查，推动所属油气田落实规划、建设、运营、退役等环节生态环境保护措施。项目正式开工后，油气开采企业应当每年向具有管辖权的生态环境主管部门书面报告工程实施或变动情况、生态环境保护工作情况，涉及自然保护地和生态保护红线的，应当说明工程实施的合法合规性和对自然生态系统、主要保护对象等的实际影响，接受生态环境主管部门依法监管。

（十六）各级生态环境主管部门应当加强油气开采项目施工期和运行期监督检查，在建设单位主动报告的基础上，推行“双随机、一公开”监管，严格依法纠正和查处违法违规行为。在环境影响报告书（表）复核中，加强废水处理及回用（含回注）、地下水污染防治、危险废物产生及处置等污染防治措施的技术校核，发现问题依法依规查处，并督促相关责任方整改。

（十七）陆地油气开采区块项目环评批复后，产能总规模、新钻井总数量增加 30%及以上，回注井增加，占地面积范围内新增环境敏感区，井位或站场位置变化导致评价范围内环境敏感目标数量增加，开发方式、生产工艺、井类别变化导致新增污染物种类或污染物排放量增加，与经批复的环境影响评价文件相比危险废物实际产生种类增加或数量增加、危险废物处置方式由外委改为自行处置或处置方式变化导致不利环境影响加重，主要生态环境保护措施或环境风险防范措施弱化或降低等情形，依法应当重新报批环评文件。海洋油气开发项目重大变动清单另行制定。

（十八）建设单位或生产经营单位按规定开展建设项目竣工环境保护验收，并录入全国建设项目竣工环境保护验收信息平台。分期建设、分期投入生产或者使用的建设项目，其相应的环境保护设施应当分期验收。

（十九）陆地区块产能建设项目实施后，建设单位或生产经营单位应对地下水、生态、土壤等开展长期跟踪监测，发现问题应及时整改。项目正式投入生产或运营后，每 3～5 年开展一次环境影响后评价，依法报生态环境主管部门备案。按要求开展环评的现有滚动开发区块，可以不单独开展环境影响后评价，法律法规另有规定的除外。海洋油气开发项目环境影响后评价的具体要求另行规定。

（二十）工程设施退役，建设单位或生产经营单位应当按照相关要求，采取有效生态环境保护措施。同时，按照《中华人民共和国土壤污染防治法》《土壤环境质量　建设用地土壤污染风险管控标准（试行）》（GB 36600）的要求，对永久停用、拆除或弃置的各类井、管道等工程设施落实封堵、土壤及地下水修复、生态修复等措施。海洋油气勘探开发活动终止后，相关设施需要在海上弃置的，应当拆除可能造成海洋环境污染损害或者影响海洋资源开发利用的部分，并参照有关海洋倾倒废弃物管理的规定进行。拆除时，应当编制拆除环境保护方案，采取必要的措施，防止对海洋环境造成污染和损害。

（二十一）油气企业应按照企事业单位环境信息公开办法、环境影响评价公众参与办法等有关要求，主动公开油气开采项目环境信息，保障公众的知情权、参与权、表达权和监督权。各级生态环境主管部门应当按要求做好环评审批、监督执法等有关工作的信息公开。

煤层气勘探开发的环评管理可以参照执行。

生态环境部办公厅

2019 年 12 月 13 日

关于 2018 年下半年和 2019 年第一季度环评文件复核发现问题及处理意见的函

环办环评函〔2019〕913 号

各省、自治区、直辖市生态环境厅（局），新疆生产建设兵团生态环境局，各相关单位和人员：

为贯彻落实“放管服”改革要求，强化环评审批业务指导和事中事后监管，我部组织开展了 2018 年第三、第四季度和 2019 年第一季度环评文件常态化技术复核工作，共涉及 28 个省（区、市）地方各级生态环境部门和其他审批部门审批的 308 个建设项目环境影响报告书（表）。现将复核发现的问题和处理意见函告如下：

经复核，发现 6 份建设项目环境影响报告书（表）存在质量问题，主要包括建设项目概况描述不全、环境保护目标遗漏或者与建设项目位置关系描述错误、环境影响预测与评价内容不全，以及环境保护措施缺失或者不符合相关规定等问题。

根据《建设项目环境影响报告书（表）编制监督管理办法》（生态环境部令　第 9 号）第二十六条第一款、第三十二条第九项和《建设项目环境影响报告书（表）编制单位和编制人员失信行为记分办法（试行）》第七条规定，对上述环评文件相关的6家编制单位及6名编制人员予以通报批评和失信记分5分，相关失信记分情况记入其诚信档案；根据《建设项目环境影响评价资质管理办法》（环境保护部令　第36号）第三十六条规定，对上述环评文件相关的3名编制人员责令限期整改六个月，相关情况记入其诚信档案，限期整改期自本文件印发之日起计算，整改期间各级生态环境主管部门不得受理其作为编制主持人或者主要编制人员编制的建设项目环境影响报告书（表）。相关单位和人员对处理意见有异议的，可在收到本文件之日起60日内向我部申请行政复议，也可在收到本文件之日起6个月内依法提起行政诉讼。

上述环评文件相关审批部门应当针对复核发现的问题，加强后续监管，督促建设单位采取有效措施，防止项目建设对环境产生重大影响。

具体问题及处理意见等情况详见附件。

附件：2018年下半年和2019年第一季度环评文件复核发现问题及处理意见（略）

生态环境部办公厅

2019年12月16日

关于做好钢铁企业超低排放评估监测工作的通知

环办大气函〔2019〕922号

各省、自治区、直辖市生态环境厅（局），新疆生产建设兵团生态环境局：

为深入贯彻中央经济工作会议精神，落实《打赢蓝天保卫战三年行动计划》（国发〔2018〕22号）和《关于推进实施钢铁行业超低排放的意见》（环大气〔2019〕35号，以下简称《意见》）要求，按照精准治污、科学治污、依法治污的原则，做好钢铁企业超低排放评估监测工作，现就有关事项通知如下。

一、规范开展评估监测工作

钢铁企业完成超低排放改造并连续稳定运行一个月后，可自行或委托有资质的监测机构和有能力的技术机构，按照《钢铁企业超低排放评估监测技术指南》（以下简称《技术指南》，见附件），对有组织排放、无组织排放和大宗物料产品运输情况开展评估监测。钢铁企业是实施超低排放改造和评估监测的责任主体，对超低排放工程质量和评估监测内容及结论负责。经评估监测达到超低排放要求的，企业将评估监测报告报所属地（市）级生态环境部门。

二、突出重点稳步推进

钢铁企业要本着稳中求进、时间服从质量的原则，高质量实施超低排放改造，分步开展评估监测。京津冀及周边地区、长三角地区和汾渭平原等重点区域的钢铁企业，应按照《意见》要求率先开展超低排放改造和评估监测工作，其他区域有序推进。企业应重点加强烟气排放连续监测系统（CEMS）和手工监测采样点布设的规范化，无组织排放控制、大宗物料产品清洁运输等薄弱环节改造，以及建立监测监控和台账体系。

三、加强指导和服务

地（市）级生态环境部门应加强对企业的服务，为超低排放评估监测工作提供指导，定期将评估监测情况上报省级生态环境部门，并将有关事项载入排污许可证中。省级生态环境部门按照辖区内钢铁企业超低排放改造计划方案，组织指导开展评估监测工作，及时将评估监测情况汇总上报生态环境部。

地方各级生态环境部门将经评估监测认为达到超低排放的企业纳入动态管理名单，实行差别化管理。加强事中事后监管，通过调阅 CEMS、视频监控、门禁系统、空气微站、卫星遥感等数据记录，组织开展超低排放企业“双随机”检查。对不能稳定达到超低排放的企业，及时调整出动态管理名单，取消相应优惠政策；对存在违法排污行为的企业，依法予以处罚；对存在弄虚作假行为的钢铁企业和相关评估监测机构，加大联合惩戒力度。

鼓励行业协会发挥桥梁纽带作用，指导企业开展超低排放改造和评估监测工作，在协会网站上公示各企业超低排放改造和评估监测进展情况，推动行业高标准实施超低排放改造。

联系人：大气环境司　赵春丽

电话：（010）65645616

邮箱：dqsxmc@mee.gov.cn

附件：钢铁企业超低排放评估监测技术指南（略）

生态环境部办公厅

2019 年 12 月 18 日

关于印发淀粉等五个行业建设项目重大变动清单的通知

环办环评函〔2019〕934号

各省、自治区、直辖市生态环境厅（局），新疆生产建设兵团生态环境局：

为进一步规范建设项目环境影响评价管理，推进排污许可制度实施，根据《中华人民共和国环境影响评价法》和《建设项目环境保护管理条例》有关规定，按照《关于印发环评管理中部分行业建设项目重大变动清单的通知》（环办〔2015〕52号）和《关于做好环境影响评价制度与排污许可制衔接相关工作的通知》（环办环评〔2017〕84号）要求，结合不同行业环境影响特点，我部制定了淀粉等五个行业建设项目重大变动清单（试行）。现印发给你们，请遵照执行。

各地在实施过程中如有问题或意见建议，可以书面形式反馈我部，我部将适时对清单进行调整、完善。

生态环境部办公厅

2019年12月23日

淀粉建设项目重大变动清单

（试 行）

适用于淀粉及淀粉制品制造业建设项目环境影响评价管理。

规模：

1．淀粉或淀粉制品生产能力增加30%及以上。

建设地点：

2．项目重新选址；在原厂址附近调整（包括总平面布置变化）导致大气环境防护距离内新增环境敏感点。

生产工艺：

3．原料变更导致新增污染物项目或排放量增加。

4．因辅料或产品改变新增工艺设备或变更生产工艺，并导致新增污染物项目或污染物排放量增加。

5．因燃料变化，导致新增污染物项目或污染物排放量增加。

环境保护措施：

6．废水、废气处理工艺或处理规模变化，导致新增污染物项目或污染物排放量增加

（废气无组织排放改为有组织排放除外）。

7．HJ 860.2 规定的主要排放口排气筒高度降低 10%及以上。

8．新增废水排放口；废水排放去向改为农田灌溉或土地利用，或由间接排放改为直接排放；直接排放口位置变化导致不利环境影响加重。

9．固体废物种类或产生量增加且自行处置能力不足，或固体废物处置方式由外委改为自行处置，或自行处置方式变化，导致不利环境影响加重。

水处理建设项目重大变动清单

（试 行）

适用于工业废水集中处理厂以及日处理规模500吨及以上的城乡污水处理厂建设项目环境影响评价管理。

规模：

1．污水设计日处理能力增加 30%及以上。

建设地点：

2．项目重新选址；在原厂址附近调整（包括总平面布置变化）导致大气环境防护距离内新增环境敏感点。

生产工艺：

3．废水处理工艺变化或进水水质、水量变化，导致污染物项目或污染物排放量增加。

环境保护措施：

4．新增废水排放口；废水排放去向由间接排放改为直接排放；直接排放口位置变化导致不利环境影响加重。

5．废气处理设施变化导致污染物排放量增加（废气无组织排放改为有组织排放的除外）；排气筒高度降低 10%及以上。

6．污泥产生量增加且自行处置能力不足，或污泥处置方式由外委改为自行处置，或自行处置方式变化，导致不利环境影响加重。

肥料制造建设项目重大变动清单

（试 行）

适用于磷肥、钾肥、复混肥（复合肥）、有机肥和微生物肥制造建设项目环境影响评价管理，氮肥制造执行化肥（氮肥）建设项目重大变动清单相关规定。

规模：

1．磷酸（湿法）、磷酸一铵、磷酸二铵、过磷酸钙、重过磷酸钙、硝酸磷肥、硝酸磷钾肥、钙镁磷肥、钙镁磷钾肥等主要磷肥产品生产能力增加 10%及以上。

2．氯化钾、硫酸钾、硝酸钾、硫酸钾镁肥等主要钾肥产品生产能力增加 30%及以上。

3．化学方法生产的复混肥（复合肥）产品总生产能力增加 30%及以上，或物理掺混法生产的复混肥（复合肥）产品总生产能力增加50%及以上。

4．有机肥和微生物肥料总生产能力增加30%及以上，或单一品种生产能力增加50%及以上。

建设地点：

5．项目（含配套固体废物渣场）重新选址；在原厂址附近调整（包括总平面布置变化）导致大气环境防护距离内新增环境敏感点。

生产工艺：

6．新增肥料产品品种，导致新增污染物项目或污染物排放量增加。

7．磷酸（湿法）生产工艺由半水-二水法或二水-半水法变为二水法。

8．复混肥（复合肥）生产工艺由物理掺混方法（团粒型、熔体型、掺混型）变为化学方法（料浆法）。

9．主要生产单元工艺发生变化，或原辅材料、燃料发生变化（燃料由煤改为天然气除外），并导致新增污染物项目或污染物排放量增加。

环境保护措施：

10．废水、废气处理工艺或处理规模变化，导致新增污染物项目或污染物排放量增加（废气无组织排放改为有组织排放除外）。

11．锅炉烟囱或主要排气筒高度降低10%及以上。

12．新增废水排放口；废水排放去向由间接排放改为直接排放；直接排放口位置变化导致不利环境影响加重。

13．固体废物种类或产生量增加且自行处置能力不足，或固体废物处置方式由外委改为自行处置，或自行处置方式变化，导致不利环境影响加重。

14．风险防范措施变化导致环境风险增大。

镁、钛冶炼建设项目重大变动清单

（试 行）

适用于以白云石为原料生产金属镁、以氯化镁为原料生产电解镁、以钛精矿或高钛渣（金红石）或四氯化钛为原料生产海绵钛（包括以高钛渣、四氯化钛、海绵钛等为最终产品）的建设项目环境影响评价管理。

规模：

1．镁冶炼生产能力增加10%及以上。

2．海绵钛（包括以高钛渣、四氯化钛、海绵钛等为最终产品）生产能力增加20%及以上。

建设地点：

3．项目（含配套固体废物渣场）重新选址；在原厂址附近调整（包括总平面布置变化）导致大气环境防护距离内新增环境敏感点。

生产工艺：

4．白云石煅烧窑炉、还原炉和精炼炉，钛渣电炉、海绵钛氯化炉、镁电解槽等炉（槽）

型、规格及数量变化，或主要原辅料的种类、数量变化，导致新增污染物项目或污染物排放量增加。

5．燃料（种类或性质）变化或燃料由外供变为自产，导致新增污染物项目或污染物排放量增加。

环境保护措施：

6．废气、废水处理工艺或处理规模变化，导致新增污染物项目或污染物排放量增加（废气无组织排放改为有组织排放除外）。

7．HJ 933、HJ 935 规定的主要排放口及海绵钛氯化炉、镁电解槽排放口排气筒高度降低 10%及以上。

8．新增废水排放口；废水排放去向由间接排放改为直接排放；废水直接排放口位置变化导致不利环境影响加重。

9．固体废物种类或产生量增加且自行处置能力不足，或固体废物处置方式由外委改为自行处置，或自行处置方式变化，导致不利环境影响加重。

镍、钴、锡、锑、汞冶炼建设项目重大变动清单

（试 行）

适用于生产镍、钴、锡、锑、汞金属的冶炼（含再生）建设项目环境影响评价管理。

规模：

1．镍、钴、锡、锑原生冶炼生产能力增加 20%及以上。

2．含镍、钴、锡、锑等金属废物处置能力增加 20%及以上。

3．汞冶炼生产能力增加。

建设地点：

4．项目（含配套固体废物渣场）重新选址；在原厂址附近调整（包括总平面布置变化）导致大气环境防护距离内新增环境敏感点。

生产工艺：

5．冶炼工艺或制酸工艺变化，HJ 931、HJ 934、HJ 936、HJ 937、HJ 938 规定的主要排放口对应的冶炼炉窑炉型、规格及数量变化，或主要原辅料、燃料的种类、数量变化，导致新增污染物项目或污染物排放量增加。

环境保护措施：

6．废气、废水处理工艺或处理规模变化，导致新增污染物项目或污染物排放量增加（废气无组织排放改为有组织排放除外）。

7．HJ 931、HJ 934、HJ 936、HJ 937、HJ 938 规定的主要排放口排气筒高度降低 10%及以上。

8．新增废水排放口；废水排放去向由间接排放改为直接排放；废水直接排放口位置变化导致不利环境影响加重。

9．固体废物种类或产生量增加且自行处置能力不足，或固体废物处置方式由外委改为自行处置，或自行处置方式变化，导致不利环境影响加重。

关于对油（气）田测井用放射源运输和使用管理情况开展检查的通知

环办辐射函〔2019〕951号

各省、自治区、直辖市生态环境厅（局）：

为规范油（气）田测井用放射源（以下简称测井源）运输和使用管理，保护工作人员健康和环境安全，针对测井源运输和使用现状，依据《放射性物品运输安全管理条例》和《放射性同位素与射线装置安全和防护条例》等要求，现组织对油（气）田测井用放射源运输和使用管理开展检查，有关事项通知如下。

一、请于2020年6月30日前对行政区域内持有和使用放射源开展油（气）田测井服务的单位开展一次专项检查（监督检查要点见附件1），并将检查情况报送我部。

二、请督促行政区域内持有和使用放射源开展油（气）田测井服务的单位排查在用测井源运输容器，于2020年6月30日前将在用测井源运输容器相关信息（格式见附件2）报送我部，并抄送所在地省级生态环境主管部门。督促各单位制定计划，在2021年12月31日前完成所有不合规测井源运输容器的更换。

联系人：辐射源安全监管司　张京晶

电话：（010）66556369

传真：（010）66556390

生态环境部办公厅

2019年12月31日

附件1

测井源运输和使用监督检查要点

一、测井源持有者应当使用符合法规、标准要求的运输容器，属于二类放射性物品的，其运输容器在设计和制造前应报生态环境部（国家核安全局）备案；使用境外单位制造的二类放射性物品运输容器，应于首次使用前按照法规标准要求提交相关材料报生态环境部（国家核安全局）备案。

二、测井源运输容器外表面最大辐射水平不得高于2 mSv/h，运输指数不得大于10。

三、测井源运输车辆外表面辐射水平不得高于2 mSv/h，车辆外表面2米处任意一点辐射水平最大不得超过 0.1 mSv/h。

监测运输容器或车辆外表面辐射水平时，辐射监测仪器探头应尽量贴近运输容器或车辆外表面。

四、在测井源运输和使用过程中，测井源持有和使用单位应当配备合适的辐射监测仪器，至少能够满足运输容器、车辆、临时性工作场所辐射水平监测和密封源泄漏试验监测需要。

五、应当对工作人员进行个人剂量监测，配备个人剂量计，建立个人剂量档案和职业健康监护档案，并针对测井源运输作业制定年度剂量约束值，原则上不得超过 5 mSv/a。

六、对于密封放射源，应按《密封放射源的泄漏检验方法》（GB 15849—1995）要求定期开展泄漏检验，并如实做好检验记录。

七、应针对源托、源操作工具、测井工具、源贮存和运输容器等制定目视检查和维护程序，并在每次使用前和定期维护中严格执行，以保证其处于良好工作状态。

八、应针对密封源的全部操作流程制定书面程序，并严格执行。禁止在测井作业中打开、修理和修改任何密封源。

九、放射源在作业现场临时存储时应按要求划定警戒区域，并针对临时存放库房设置必要的安全和防护设施。

十、应针对测井源运输制定运输说明书和应急响应指南，并随运输车辆收存，保证随时可用。

十一、应结合测井作业特点，对直接从事测井源运输和使用的人员开展放射性物品运输和使用操作规程、辐射防护、应急响应等方面的培训和考核。

附件 2

测井源及其运输容器相关信息表

测井源编码	核素名称、出厂活度及源类别	源运输容器设计单位	源运输容器制造单位	运输容器结构、尺寸、屏蔽材料	运输容器屏蔽性能	
					外表面最高辐射剂量	运输指数

注：填写上表同时应在表后附上每个源的合格证书。